BOUXCUENGH GOHYOZ GISUZSIJ

Cinz Sangvwnz 覃尚文　　Van Fujbinh 万辅彬
Vangz Dungzliengz 王同良　Mungz Yenzyau 蒙元耀
— Cawjbien 主 编 —

（Gienj Laj）　（下卷）

壮族科学技术史

Gvangjsih Gohyoz
Gisuz Cuzbanjse
广西科学技术出版社

目录

Daihgouj Cieng　Vat Lienh Raixcauh Gisuz ·········· 477

第九章　采冶铸造技术 ············ 477

Daih'it Ciet　Haivat Caeuq Lienhcauh Mizsaek Gimsug ·········· 479

第一节　有色金属的开采与冶炼铸造 ·········· 479

Daihngeih Ciet　Haivat Caeuq Lienhcauh Gizyawz Gimsug ·········· 534

第二节　其他金属的开采与冶炼铸造 ·········· 534

Daihsam Ciet　Haivat Caeuq Gyagoeng Gij Doxgaiq Mbouj Dwg Gimsug ·········· 555

第三节　非金属的开采与加工 ·········· 555

Daihseiq Ciet　Haifat Caeuq Leihyungh Gvangcanj Nwngzyenz ·········· 575

第四节　能源矿产的开发与利用 ·········· 575

Daihcib Cieng　Dinfwngz Coj Cienz ·········· 585

第十章　传统工艺 ············ 585

Daih'it Ciet　Gij Gisuz Dajcauh Dauzswz ·········· 587

第一节　陶瓷制造技术 ·········· 587

Daihngeih Ciet　Gij Gisuz Cauhceij ·········· 641

第二节　造纸技术 ·········· 641

Daihsam Ciet　Gijgwn Gyagoeng Gisuz ·········· 664

第三节　食品加工技术 ·········· 664

Daihseiq Ciet   Ngauzlaeuj Gisuz ································· 683

第四节 酿酒技术 ······················· 683

Daihhaj Ciet   Gij Gisuz Ceiqcauh Gyuhaij ················· 696

第五节 海盐的制造技术 ····················· 696

Daihroek Ciet   Gij Gisuz Gyagoeng Haeuxgok Caeuq Youz ········· 708

第六节 粮油加工技术 ····················· 708

Daihcaet Ciet   Caux Dangz Gisuz ··············· 720

第七节 制糖技术 ························ 720

Daihbet Ciet   Caz Caeuq Ien ················· 737

第八节 茶和烟草 ························ 737

Daihgouj Ciet   Gij Gisuz Caux Doxgaiq Ngoenzyungh ········· 748

第九节 生活日用品制造技术 ·················· 748

Daih Cib'it Cieng   Ywcuengh Caeuq Gij Yw Bouxcuengh ········· 777

第十一章 壮医壮药 ······················· 777

Daih'it Ciet   Yw Bouxcuengh Guhlawz Fat Baenz ············· 779

第一节 壮医的形成和发展 ···················· 779

Daihngeih Ciet   Yungh Yw Caeuq Ndaem Yw ··········· 826

第二节 壮药的使用与种植 ···················· 826

Daih Cibngeih Cieng   Gij Denhvwnz、Ligfap、Dulienghwngz Caeuq Diyoz Bouxcuengh

··· 861

第十二章 壮族天文、历法、度量衡和地学 ············· 861

Daih'it Ciet   Gij Denhvwnzyoz Bouxcuengh Gig Miz Minzcuz Daegsaek ········· 863

第一节 富有民族特色的壮族天文学 ················ 863

Daihngeih Ciet   Gij Ligfap Caeuq Geiqseiz Bouxcuengh Ciuhgeq ········· 872

第二节 壮族古代的历法与纪时 ·················· 872

Daihsam Ciet　Bouxcuengh Gij Dulienghwngz Ciuhgeq、Ciuhgyawj Baenzlawz

Cauxbaenz Caeuq De Baenzlawz Fazcanj Yenjben ·················· 881

第三节　壮族古、近代度量衡的创造及其发展衍变 ·················· 881

Daihseiq Ciet　Diyoz ·················· 894

第四节　地学 ·················· 894

Daih Cibsam Cieng　Vehdat Byaraiz Caeuq Cauh Sawndip ·················· 905

第十三章　花山岩画和古壮字创造 ·················· 905

Daih'it Ciet　Vehdat Byaraiz ·················· 907

第一节　花山岩画 ·················· 907

Daihngeih Ciet　Dajcauh Caeuq Wngqyungh Gij Sawndip Bouxcuengh ·················· 919

第二节　壮族方块土俗字的创造及其应用 ·················· 919

Fouqloeg It　Geiq Saehhung ·················· 931

附录一　大事记 ·················· 931

Fouqloeg Ngeih　Boux Gohgi Okmingz Vunzcuengh ·················· 944

附录二　壮族科技名人 ·················· 944

Vah Satbyai ·················· 948

后　记 ·················· 948

Daihgouj Cieng　Vat Lienh Raixcauh Gisuz

第九章　采冶铸造技术

Dieg Lingjnanz Bouxcuengh seiqdaih youq de, miz gvangqcanj swhyenz gig lai. Cojcoeng Bouxcuengh gig caeux couh fatyienh le gak cungj gvangqcanj swhyenz, caemhcaiq bae haivat、dajlienh caeuq gyagoeng, cauh ok haujlai cungj hongdawz gyaqciq. Ndawde miz cungj gang'vax Cungguek ceiq caeux, miz cungj doengzgyong caeuq cinghdungzgi lumj aencung, aenhang daengj gag miz daegsaek、cauhhingz hoenghdoengh、raizcang fukcab haenx, miz cungj deihfei rinraeuz caeuq cungj deugaek doenghduz, lij miz cungj gaiqsik、saeqliuhheu、saeqliuh saekyouh、Ginhcouh Nizhinghdauz、goenhsoij gimngaenz、nyawhdeu daengj. Doengh gij doxgaiq dijbauj neix, mboujdan daejyienh le gij senhcin gunghyi daegbied youh fukcab de, caemhcaiq miz minzcuz vwnzva hamzeiq laeggyae, myig miz gij deihfueng gohgi daegsaek sienmingz. Riengz seizgan baenaj daeuj, Bouxcuengh mboujduenh supsou aeu gij senhcin gisuz beixnuengx minzcuz, sawj gij giyi vatgvangq、dajlienh caeuq cauhguh gyagoeng ndaej daengz mboujduenh daezsang. Daengz gaenhdaih le, Bouxcuengh ciepsouh le gij gohyoz lijlun engq senhcin, bae gaijcauh gij vatgvangq gisuz cienzdoengj, cobouh guhbaenz le aen gvangqcanj hangznieb moq, gihbwnj cazmingz le gak loih gvangqcanj swhyenz youq dieg Bouxcuengh aeu Guengjsae guh cungsim haenx, hawj ngoenzlaeng gyadaih haifat demhdingh le itdingh giekdaej.

壮族世居的岭南, 矿产资源非常丰富。壮族先民很早就发现了各种矿产资源, 并从事开采、冶炼及加工, 制造出许多精美的器物。其中有中国最早的陶器, 有独具一格、造型雄浑、纹饰繁缛的铜鼓和钟、鼎等青铜器, 有滑石地券及动物雕刻, 还有锡器、青瓷、彩釉瓷、钦州坭兴陶、金银饰物、玉石雕器等。这些珍品, 不仅体现了独特而又复杂的先进工艺, 而且深含民族文化意蕴, 闪耀着鲜明的地方科技特色。随着时间的推移, 壮族不断吸收兄弟民族的先进科技, 使采矿、冶炼和铸造加工技艺不断提高。到了近代, 壮族接受了更先进的科学理论, 改造传统的矿山开采技术, 初步形成了新的矿产行业, 基本查明了以广西为中心的壮族地区各类矿业资源, 为日后扩大开发奠定了一定基础。

Daih'it Ciet　Haivat Caeuq Lienhcauh Mizsaek Gimsug
第一节　有色金属的开采与冶炼铸造

Gij doengz mbanjcuengh dwg cungj mizsaek gimsug ceiq caeux deng fatyienh caemhcaiq soujsien deng daihliengh gyagoeng leihyungh haenx. Gvangqdoengz haem laeg youq lajdeih mbouj yungzheih deng vunz fatyienh. Hoeng deng funghva gvaqlaeng bienqbaenz gij gvang'vuz loih dansonhyenz doengz, lumj ringungjcoz ［CuCO₃·Cu（OH）₂] caeuq doengzlamz（CuS） daengj, lohlangh youq gwnz ndoibya roxnaeuz daebdong youq laj luegrij, deng cojcoeng Bouxcuengh louzsim daengz. Gyoengqde youq sizgi seizdaih raaeu、gyagoeng rinliuh gocwngz ndawde, fatyienh le doengh gij rin gvangqdoengz（lumj ringungjcoz）neix. Giethab coemhcauh gang'vax, damqra ok gij swnghcanj gunghyi doenggvaq coemhlienh rin'gvangq daeuj swnghcanj doengz. Gaujguj swhliu biujmingz, cojcoeng Bouxcuengh dieg Lingjnanz youq gaxgonq gunghyenz 1000 bi baedauq（daihgaiq Sihcouh seizgeiz）, couh hainduj haivat caeuq dajlienh rin gvangqdoengz daeuj cauhguh cinghdungzgi, mwh Cinz Han dabdaengz le aen suijbingz gig sang, daengz mwh Dangz Sung engqgya fazcanj. Daegbied dwg cauh nyenz, gaiqndei de miz maqhuz lai, youq ndaw guek gig mizmingz. Mwh Mingz Cingh, haivat dajlienh sik cij ndaej hoengh gvaq doengz.

壮乡的铜是最早被发现并首先大量加工利用的有色金属。铜矿深埋地下不易被人发现。但风化后成为铜的碳酸盐类矿物，如孔雀石［CuCO₃·Cu（OH）₂]和铜蓝（CuS）等，裸露在山坡或堆积在溪谷，为壮族先民所注意。他们在石器时代寻找、加工石料的过程中，发现了这些铜矿石（如孔雀石）等。结合烧制陶器，摸索出烧炼矿石产生铜的生产工艺。考古资料表明，岭南壮族先民在公元前1000年左右（大约西周时期），开始采冶铜矿石制作青铜器，秦汉时期达到了很高水平，到唐宋时期发展更快。特别是铜鼓的制造，精品颇多，享誉中华。明清时期，锡的采冶才盛于铜。

It. Mwh Gaxgonq Cinzcauz
一、先秦时期

Lingjnanz gvangqdoengz cujyau faenbouh youq rangh dieg cunggqgyang Guengjsae Byadamingzsanh、baihdoeng Guengjsae megbyai Ndoiduhbangzlingj、baihnamz Guengjsae Bwzliuz caeuq baihsae Guengjsae Dwzbauj. Gij gaujguj haivat aen moh Cunhciuh Gunghcwngz Yauzcuz Swciyen Gyahvei、aen moh Sihcouh Cunhciuh Namzningz Vujmingz Gih Majdouz Yangh Ndoiyenzlungzboh caeuq aen moh Cangoz Bingzloz Yen Ndoiyinzsanhlingj, oknamh gvaq mbouj noix gaiqdoengz, seiqhenz doengh aen moh neix cungj miz gvangqdoengz swhyenz. Lumj seiqhenz Namzningz Vujmingz Gih Majdouz Yangh Ndoiyenzlungzboh couh dwg Lienggjgyangh gvangqdoengz, seiqhenz de dieg Luzmau、Bwzluz、Luzgiz、Nanzcuih caeuq Byadamingzsanh cungj miz rin gvangqdoengz lohlangh okdaeuj. Dieg Laujcangj、Laujsanh baihbaek Ndoiyinzsanh Bingzloz Yen miz lai giz rin gvangqdoengz lohlangh okdaeuj, Ndoiyinzlingj couh dwg dieggaeuq ciuhgeq lienh doengz. Mwh neix cauhguh gaiqdoengz gaenq ndaej leihyungh aen vunqrin. 1985~1986 nienz, aen moh Sihcouh Cunhciuh Namzningz Vujmingz Gih Majdouz Yangh Ndoiyenzlungzboh oknamh le mbouj noix aen vunqcouq rinsa, ndawde miz cungj vunqsongmienh baenzdauq haenx 6 fouq, yienghgaiq danmienh ndaej nyinhcing haenx 6 gienh, yienghgaiq canzsoiq mbouj ndaej nyinh ok haenx 30 lai gienh, cungj dwg yungh rinsa nding daeuj deusiuq baenz, miz gij vunqgaiq fagyez、fagfouj、aen byainaq、cuizhung、gaiqluenz、gaiqca daengj（doz 9-1-1, baih gvaz dwg sienqdiuz veh gij doz vunqrin byainaq de）. Cauhguh seiz, doiqhab song byongh vunq cug ndaet, guenq rim raemxdoengz aen vunq neix, caj de bienq gyoet, cekhai aenvunq, couh ndaej aeu ok gaiqdoengz ndawde. Oknamh mbangj aen vunqrin ndawde miz riz coemh, ndaej gangjmingz de gaenq deng sawjyungh gvaq. Dawz mbangj gij doengzyez、doengzcax、doengzbyainaq caeuq gaiqluenz ndaw moh buenxcangq haenx, cuengqhaeuj ndaw aen vunqrin doxwngq de bae cingqngamj doxhab, ndaej gangjmingz doengh gij vunqrin neix caengzging dwg yiengh huqsaedyungh cauhguh gaiqdoengz gvaq. Linghvaih, youq dieggaeuq Gamjganjdozyenz Nazboh Yen、dieggaeuq Byasizgyozsanh Bingznanz Yen caeuq dieggaeuq Gamjsinhyenz Lingzconh Yen Dinggyangh Cin Cidenz Cunh, hix cungj raen miz gvaq aen vunqcauh rinsa. Oknamh baenzlai vunqrin, ndaej gangjmingz dieg Ouhloz youq 3000 bi gaxgonq couh miz gij gisuz cauhguh gaiqdoengz swhgeij lo. Cungj gisuz cauhguh neix dwg maqhuz yenzsij, cijndaej cauh ok gienh iq gaiqdoengz mbouj miz raiz roxnaeuz miz raiz genjdanh haenx.

岭南铜矿主要分布在桂中大明山区、桂东都庞岭余脉、桂南北流及桂西德保一带。恭城瑶族自治县嘉会春秋墓葬、南宁武鸣区马头乡元龙坡西周春秋墓葬和平乐县银山岭战国墓葬的考古发掘，出土过不少铜器，这些墓葬地附近均有铜矿资源。如南宁武鸣区马头乡元龙坡附近即是两江铜矿，其周围的渌冒、百渌、渌其、南崔和大明山都有铜矿石出露。平乐县银山岭北的老厂、老山有多处铜矿石出露，银山岭就是冶铜古遗址。这一时期铜器铸造已利用石范。1985～1986年，南宁武鸣区马头乡元龙坡的西周春秋墓葬出土了不少砂石铸范，其中有成套的双面范6副，单面能辨清器型的6件，残碎不能辨别器型的30多件，皆用红砂岩雕凿而成，有钺、斧、镞、镦、圆形器、叉形器等器物范（图9-1-1为其中一件石镞范线描图）。铸造时，将两范对合捆紧，把溶化的铜液向浇注口灌满，待其冷却，将范拆开，即可取出浇铸的铜器。出土的一些石范内有烧焦痕迹，说明已经使用过。将墓内随葬的一些铜钺、铜刀、铜镞和圆形器，放入相应的石范中恰好吻合，说明这些石范曾是浇铸铜器的实用物。此外，在那坡县感驮岩遗址、平南县石脚山遗址和灵川县定江镇聚田村新岩遗址，也都发现有砂石铸范。众多石范的出土，说明瓯骆地区在距今3000年前就有自己的青铜铸造技术了。这种铸造技术是相当原始的，只能铸造小件素面的或简单花纹的青铜器。

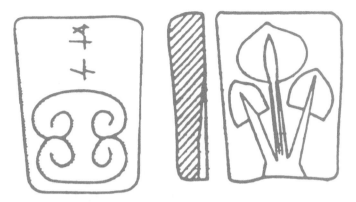

Doz 9-1-1　Namzningz Vujmingz Gih Majdouz Yangh Ndoiyenzlungzboh aen moh Sihcouh Cunhciuh oknamh gij vunqrin aen byainaq de

图9-1-1　南宁武鸣区马头乡元龙坡的西周春秋墓葬出土的石镞范线描图

Mwh neix cauhguh gij gaiqdoengz de cujyau dwg gij hongdawz yungh bae dwknyaen caeuq vujgi. Beijlumj aen moh Sihcouh Cunhciuh Namzningz Vujmingz Gih Majdouz Yangh Ndoiyenzlungzboh gaenq oknamh gaiqdoengz 100 lai gienh gvaq, dingzlai dwg fagfouj、 fagsiuq、fagcax、fagyez、aennangx、fagmid、aen byainaq, hix miz gij doxgaiq ngoenznaengz yungh lumj aenbuenz、aenyouj、aenlingz、aencung、fagcim、gaiqluenz daengj（doz 9-1-2 dwg gij gaiqdoengz dieg neix oknamh ndeu）. Ging gaujcingq, cawzliux aenbuenz caeuq aenyouj gojnwngz dwg youz diegrog daiq daeuj, gizyawz huqgaiq miz deihfueng daegsaek naeklaeg, dwg gij doxgaiq dangdieg gag cauh.

这一时期铸造的铜器主要是用于狩猎的工具和武器。例如南宁武鸣区马头乡元龙坡西周春秋墓葬曾出土铜器100多件，多是斧、凿、刀、钺、矛、匕首、镞，也有生活用品盘、卣、铃、钟、针、圆形器等（图9-1-2为此地出土的铜器中的一件）。经考证，除了盘与卣可能是由外地带入，其余器物地方特色浓厚，是当地自制产品。

Doz 9-1-2　Namzningz Vujmingz Gih Majdouz Yangh Ndoimenjlingj oknamh aen youjdoengz liengzriuj Sanghdai, gwnz liengzriuj de deu miz duzvaiz caeuq duzbid（Ciengj Dingzyiz ingj）

图9-1-2　南宁武鸣区马头乡勉岭出土的商代兽面纹提梁铜卣，提梁上有牛头和蝉雕塑（蒋廷瑜 摄）

Haeuj daengz mwh laeng Cunhciuh, dieg Lingjnanz caeuq dieg Cuj miz baedauq, neix couh coicaenh le hangz lienhdoengz caeuq cauh gaiqdoengz cojcoeng Bouxcuengh fazcanj, miz baenzraeuh gij vwnzvuz ndaw moh oknamh haenx guhcingq. Lumj gij gaiqdoengz aen moh mwh laeng Cunhciuh Gunghcwngz Yauzcuz Swciyen Ginhduihgyauz caeuq aen moh mwh caeux Cangoz Denzdungh Yen Siengznanz Ndoihahboh oknamh, baugvat aenhang yunghdawz gwnhaeux, aenleiz、aencunh yungh dawz gwnlaeuj, yozgi aen yungjcung, binghgi fagyez、faggoh、aen byainaq、faggiemq, gizyawz hongdowz miz fagfouj、fagsiuq、aengyong, lij miz gij doxgaiq yienghsaeu gyaeuj doenghduz daengj. Aenhang bakbuenz、gak cungj fagyez、giemqdinj ganjbenj、giemqgek yienghgung、aennangx caeuq fag caxgvet miz cih hauh lwg vunz、gij doxgaiq yienghsaeu caeuq nyenz dwg bonjdieg gag miz. aenleiz、aencunh caeuq aen yungjcung gojnwngz dwg gaengawq gij doxgaiq Cunghyenz daeuj ciuqguh. Gizyawz dwg diegrog cienzhaeuj（doz 9-1-3 aenleiz doengz Gvangjsih oknamh）.

　　进入春秋晚期，岭南与楚地有交往，从而促进了壮族先民冶铜铸造业的发展，有众多墓葬出土文物为证。如恭城瑶族自治县金堆桥春秋晚期墓和田东县祥南哈坡战国早期墓出土的铜器，包括食器鼎，酒器罍、尊，乐器甬钟，兵器钺、戈、镞、剑，其他器具有斧、凿、鼓，还有兽首柱形器等。盘口鼎、各种钺、扁茎短剑、弓形格剑、有人形标志的矛和刮刀、柱形器和铜鼓是本地特有的。罍、尊和甬钟可能是根据中原器物仿制的，其他为外地传入的（图9-1-3为广西出土的铜罍）。

Doz 9-1-3　Aenleiz doengz Sihcouh, youq Gvangjsih Binhyangz yen Mbanjmoegyungz oknamh yiengh ceij doegbied, bak iq、gaeu aj、miz giek luenz, vanx、rwz、fa、giek caezcienz, dwg doxaen coq laeuj rox coq raemx
图9-1-3　广西宾阳县木荣村出土的西周铜罍，造形奇特，小口、广角、圈足、环耳盖足齐全，是盛酒或水的器具

Aen moh mwh laeng Cunhciuh Gunghcwngz Yauzcuz Swciyen Ginhduihgyauz oknamh 2 gienh cunhdoengz de, yienghceij caeuq gij cunhdoengz cunghyenz mbouj miz cengca, hoeng raizcang de miz gij funghgwz Yezcuz mingzyienj, daegbied dwg gienh cunh raiz miz duz ngwzgvej de, miz gij swnghhoz heiqsik baihnamz gig haenq, wnggai dwg Bouxyez raixcauh（doz 9-1-4 dwg doxgaiq oknamh ndawde gienh ndeu，doz 9-1-5 dwg aen cundoengz cunhciuh Guengjsae oknamh de）.

恭城金堆桥春秋晚期墓出土的2件铜尊，形制与中原内地的铜尊无异，但其纹饰有明显的越族风格，尤其那件蛇蛙纹尊，南方生活气息极浓，应是越人铸造的（图9-1-4为出土实物中的一件，图9-1-5为广西出土的春秋时期的铜牺尊）。

Doz 9-1-4　Cunhciuh seizgeiz cunhdoengz miz raiz ngwz boenz gvej，youq Guengjsae Gunghcwngz Gyahvei oknamh（Ciengj Dingzyiz ingj）
图9-1-4　广西恭城县嘉会出土的春秋时期蛇戏蛙纹铜尊，高16厘米，饰有雷纹及浮雕蛇蛙（蒋廷瑜 摄）

Doz 9-1-5　Aen cunhdoengz duzseng cunhciuh seizgeiz，youq gvangjsih Hocouh Lungzcunghyenz oknamh
图9-1-5　广西贺州市龙中岩出土的春秋时期的铜牺尊造型奇特

Gij yungjcung dieg Ouhloz yienznaeuz yienghceij caeuq Cunghyenz doxlumj, hoeng sijsaeq bae yawj vanzlij miz haujlai mbouj doengz. Aen yungjcung Ouhloz yienghrog de dingzlai dwg yiengh doengzluenz, ndaw yungj gyoeng, caeuq ndaw dungx doxdoeng, aenbaenq gwnz yungj, miz mbangj gig saeq, vanzlij mbouj mingzyienj, gwnz mbangj aen yungj mbouj miz raiz, diuzgan yungh daeuj venj ngaeucung de cigciep maenhdingh youq gwnz ndang yungj. Aen de saeq caemhcaiq soem. Aen yungjcung Ouhloz myaij yungh gij dingsoem baizlied caezcingj haenx daeuj guh gekgyaiq, itbuen gij raiz song mienh de mbouj doxdoengz, dingzlai caeuq gij raizyaenq gijhoz gang'vax dangdieg miz megloh doxdoengz.（Yungjdoengz Sihcouh youq Gvangjsih Hwngzyen Meiwzsanh oknamh，raen doz 9-1-6）Gij hangdoengz Ouhloz raixcauh de caeuq aen minzcuz wnq mbouj doengz, dingzlai dwg aenhang bakbuenz、aenhang doebbien, lajdungx haemq feuz, lajdaej bingz roxnaeuz miz di luenz, sam ga saeqraez caemhcaiq iet okrog, ndawdungx mbang, baihrog dingzlai mbouj miz raiz, lajdaej miz mijndaem, cingqmingz dwg gij doxgaiq saedyungh（Hangdoengz hung youq vuzcouh Dangzyenz oknamh，raen doz 9-1-7; Gunghcwngz Ginhduihgiuz oknamh aen hangdoeng dungx feuz cunhciuh de，raen doz 9-1-8）.

瓯骆地区的甬钟虽然形状和中原地区的相似，但细看仍有很多区别。瓯骆甬钟外形多圆筒直甬式，甬中空，与体腔相通，甬上面的旋，有的很细，甚至不明显，个别的甬上无纹，用来悬挂钟钩的干直接固定在甬体上。枚细而尖。从装饰花纹看，瓯骆甬钟喜用排列整齐的尖状乳钉为界格，一般正背两面的纹饰有别，大多数与当地陶器上的几何印纹一脉相承（广西横县妹儿山出土的西周浮雕饰铜甬钟见图9-1-6）。瓯骆铸造的铜鼎与别的民族不同，多是盘口鼎、折沿鼎，腹部较浅，底平或略圆，三足细长而外撇，器壁单薄，表面大都光素无纹，底部有烟炱，证明是实用器（广西梧州市塘源出土的大铜鼎、恭城金堆桥出土的春秋时期的浅腹提梁铜鼎见图9-1-7、图9-1-8）。

Doz 9-1-6 Yungjdoengz Sihcouh，youq Gvangjsih Hwngzyen Meiwzsanh oknamh

图9-1-6 广西横县妹儿山出土的西周浮雕饰铜甬钟

Doz 9-1-7 Hangdoengz hung，youq Gvangsih Vuzcouh Dangzyenz oknamh sang 65.5 lizmij，bak gvangq 53.3 lizmij（Cienj Dingzyiz hawj doz）

图9-1-7 广西梧州市塘源出土的大铜鼎，通高65.5厘米，口径53.3厘米（蒋廷瑜 供图）

Doz 9-1-8 Hangdoengz dungx feuz cunhciuh seizgeiz，youq Gvangsih Gunghcwngz Ginhduih giuz oknamh

图9-1-8 广西恭城金堆桥出土的春秋时期的浅腹提梁铜鼎

Vujmingz Majdouz Yangh Yenzlungzboh caeuq Gunghcwngz Gyahvei Yangh、Ginhduihgiuz oknamh miz mbouj doengz gij yezdoengz de（doz 9-1-9 dwg yezdoengz yiengh haizheq）.

武鸣马头乡元龙坡和恭城嘉会乡、金堆桥出土有不同形状的铜钺（图9-1-9为铜靴形钺）。

Doz 9-1-9 Gvangjsih Gunghcwngz Ginhduih giuz oknamh gij yezdoengz yiengh haizheq cunhciuh seizgeiz

图9-1-9 广西恭城金堆桥出土的春秋时期的铜靴形钺

Mwhneix cauhguh gij gaiqsaeu de, dwg yungh daeuj cangcaenq youq gwnz gaqgouh gij vunz bouxdaeuz, dingzlai dwg gaiqsaeufueng roxnaeuz gaiqsaeuluenz, gwnz hung laj iq, baihhenz roxnaeuz cingqmienh gyaeujlaj de miz gij conghfueng, youq ndawde cab miz diuzciem, dingjsaeu cangcaenq miz gyaeuj duznyaen.

春秋战国时期制作的柱形器，是为首领人物棺架上作装饰用的，多为方柱形或圆柱形，上大下小，下端侧面或正面有方形穿孔，在其中插入条形楔，柱上端装饰着兽首。

Aen nyenz dwg aen cienzdoengj yozgi caeuq lijgi gij saujsu minzcuz ciuhgeq dieg saenamz Cungguek, daj rekdoengz yienjbienq daeuj, goekgaen youq bien sae baihgyang Yinznanz rangh dieg Wjhaij—Dahlijse lae gvaq haenx, ceiqcaeux dwg gij loihhingz van'gyahba, gvihaeuj gij habgim yienz sik doengzheu noix, siujsoq dwg gvihaeuj doengznding. Riengz minzcuz senj dieg wnq youq caeuq vwnzva gyaulouz, raixcauh gyongdoengz gisuz cugciemh cienzboq okbae. Daih'iek youq geizlaeng Cunhciuh, dieg Lingjnanz bouhfaenh vunz Lozyez gaenq supsou caemhcaiq gaemguenj gij gunghyi gisuz raixcauh gyongdaengz. 1990 nienz, youq Dunghlanz Yen Cangzgyangh Yangh Banjlungz Cunh Naguzgyauz din Byalungzsanh oknamh gij rekdoengz de, boek gvaqdaeuj couh dwg aennyenz ciuhnduj ndeu. 1993 nienz caeuq 1994 nienz youq Denzdungh Yen aen moh Cunhciuh Cangoz ndawde hix oknamh gij nyenz hingzdai daeuznduj gvaq. Doengh gij nyenz neix biujmingz dangmwh gij gisuz swnghcanj gaiqdoengzheu de gaenq dabdaengz aen suijbingz moq. Mwhneix gvaqlaeng, nyenz youq dieg Bouxcuengh riuzcienz le 2000 lai bi, aenvih aeuyungh aennyenz soqliengh mboujduenh gyalai, vihliux cauh nyenz cix gyadaih bae haivat gij rin'gvangq doengz、sik、yienz, dajneix couh doidoengh le gij gohgi cinbu gwnz lizsij Bouxcuengh.

铜鼓是中国西南地区古代少数民族的传统乐器和礼器，从铜釜演化而来，起源于云南中部偏西的洱海—礼社江流域，最早是万家坝类型，属于低铅锡青铜合金，少数属红铜。随着民族的迁徙和文化交流，铜鼓铸造技术逐渐向外传播。大约在春秋晚期，岭南地区部分骆越人吸收并掌握了铸造铜鼓的工艺技术。1990年，在东兰县长江乡板龙村那谷桥龙山脚出土的铜釜，翻过来就是一件原始的铜鼓。1993年和1994年在田东县春秋战国墓中也出土过原始形态的铜鼓。这些铜鼓表明当时青铜器的生产技术达到了新的水平。此后，铜鼓在壮族地区流传了2000多年，铜鼓的需求量不断增加，扩大了为铸造铜鼓用的铜、锡、铅矿石的开采，由此推动了壮族历史上的科技进步。

Daengz mwh Cangoz, gij giyi suijbingz cauhguh gaiqdoengzheu de youh miz di daezsang. Daegbied dwg vunqcauh ndaej daengz gaijcaenh, youz yungh vunqrin fazcanj daengz yungh vunqnaez, coengzei daezsang le raixcauh cingcinj cingzdoh, sawj gaiqdoengzheu cauhhingz engqgya ndeiyawj、sawjyungh goengnaengz engqgya caezcienz.

到了战国时期，制造青铜器的技艺水平又有所提高。特别是铸范的改进，由用石范发展到用泥范，从而提高了铸造的精度，使青铜器的造型美化和使用功能更加完善。

Doiq aennyenz guh lai fueng gaujcaz gvaqlaeng, gujnanq yungh cungj fuengfap hab aen vunqnaez daeuj raixcauh de miz caet dauh gunghsi：

对铜鼓多方考察后，推测用泥型合范法铸造有7道工序：

（1）Cauh vunqnaez. Yungh faex guhbaenz aen vunqfaex gyong ndeu, dangguh gij goetganq aen vunqgyang, yienzhaeuh yungh gij naez cab miz raemzgok de oep guh lajdaej gyang vunq, caiq oep gij naezniu cab miz daeuhnywj、haexcwz de guh caengzrog, sawj biujmienh de bienq lwenq caemhcaiq ndaej daeuqheiq haemq ndei caeuq doiqok haemq ngaih. Caiq baenjcauh seiq aen rwz saedsim haenx an youq giz rwz de.

（1）制泥模。用木料做一个鼓形木模，作为范芯骨架，然后用掺有谷壳的粗泥料敷做范芯的底层，再敷上掺有草灰、牛粪的细泥料做表层，使之表面光滑并有较好的透气性和退让性。再捏塑4个实心耳安在耳的部位。

（2）Fan vunqrog. Sien daz lauzcwz youq baihrog aen vunq gyongnaez, fuengzre doxnem, yienzhaeuh faenbied aeu gij naezniu caeuq gij naez cab miz nyinznywj、sei'ndaij daengj de oep youq najvunq、ndang'vunq, guhbaenz aen vunqrog, youq rog vunq ce miz aen bakrwed. Cekhai aen vunqrog gvaqlaeng, youq gwnz najvunq deu raiz.

（2）翻外范。先在泥模型鼓表涂牛油，防止粘连，然后在面范、身范分别敷以细泥料和掺有草筋、麻丝等的粗泥料，形成外范，在外范上留好浇口。拆开外范后，在范面刻印花纹。

（3）Guh vunqgyang. Vunqgyang aen gyong dwg gemj mbang aen vunq gyongnaez daeuj guhbaenz, gij guhfap de dwg youq daengxndang aen vunq gyongnaez sieng haeuj itdingh soqliengh gaiqdemh doengz, yienzhaeuh ciuq gij rizna gaiqdemh de gvet bae caengz naez ndeu, caemhcaiq muz rongh baihrog.

（3）做芯范。鼓芯范是由泥模型鼓减薄而成，其做法是在泥模型鼓周身嵌入一定数量的铜芯垫，然后按芯垫印痕厚度刮去一层泥料，并将表面磨光。

（4）Habvunq. Cuengq aen vunqgyang youq gwnz bingzdaiz, daengxndang nem ndei gaiqdemh, caiq doiqcingq cujhab ndei aen vunqrog ndang gyong caeuq aen vunqgyang, goeb najvunq youq gwnz aen gyangvunq, youq cungqgyang an aen cenjrwed, doeksat yungh naez fungndaet gak diuz luengqvunq, yungh cag cugndaet aenvunq, ginggvaq ringgangq, ring gij raemx ndaw vunq bae, sawj de hawq caez bienq geng.

（4）合范。将范芯放在平台上，通体粘好垫片，再把鼓身外范与范芯对正组合，把面范盖在范芯上，在中心安浇口杯，最后用泥封严各条范缝，用绳索将范绑紧，经烘烤，去掉范中的水分，使之干透硬化。

（5）Rwed raemxdoengz. Ringgangq aen vunqgyong daihgaiq ndat daengz 600℃ baedauq, couh daj aen bakcenj cungqgyang gwnz gyong rwed raemxdoengz haeuj ndaw dungxvunq bae.

（5）浇注。将鼓范烘烤预热达600℃左右，即从鼓面中央的浇口杯注入铜液，进入型腔。

（6）Cekvunq caeuq cingjleix. Rwed raemxdoengz gvaqlaeng, cekhai aen vunqrog, aeu aen vunqgyang okdaeuj. Gawqcamx aen bakrwed bae, cawzcingh gij naez ndaw rog de bae, cangndei gizraiz de, sawj baihrog nyenz bienq lwenq, giz raiz de bienq cingx.

（6）拆范及整理。浇注之后，拆开外范，取出内范。锯凿掉浇冒口，清除内外壁上的泥料，修饰花纹，使铜鼓表面光滑，花纹清晰。

（7）Diuhyaem. Aennyenz dwg gij doxgaiq dwk guh'angq, doiq yaemsaek、yaemliengh miz itdingh iugouz, ceiqsat youz canghgyongdoengz diuhyaem.

（7）调音。铜鼓是打击乐器，对音色、音量有一定要求，最后由铜鼓师进行调音。

Mwhneix dieg Bouxcuengh oknamh gij nyenz de miz song cungj：

该时期壮族地区出土的铜鼓有两种：

Cungj ndeu dwg cungj nyenz van'gyahba. 1993 nienz 3 nyied, Denzdungh Yen Siengzcouh Yangh Lenzfuz Cunh Ndoinanzhahboh aen moh Cunhciuh Cangoz ndeu oknamh le song aen nyenz cungj neix（aen ndeu raen doz 9-1-10）. 1994 nienz 6 nyied, youq Denzdungh Yen Linzfungz Yangh Hozdungz Cunh Ndoidalingjboh aen moh geizlaeng Cunhciuh ndawde youh oknamh le aen nyenz cungj neix. 3 aen nyenz neix cungj yenzsij raixcaix, gij raiz daengngoenz gwnz nyenz de mbouj gvicingj, song mbiengj ndang gak miz diuz luengq mwh habvunq louz miz haenx. Cungqgyang gwnz nyenz miz haenz, dwg gij riz youq bakcenj dingjgyang rwed raemxdoengz roengzdaeuj seiz louz miz. Baihrog cocat, miz haujlai naednyaq caeuq sa'nganx saeqsiuj. Gwnz henz nyenz miz haujlai congh'iq fueng caeuq luenz, dwg gij gaiqdemh gaemhanh dohna de mbouj ndaej yungz baenz ndangdog roxnaeuz loenqdoek cix cauhbaenz. Raixcauh gisuz caeuq cungj nyenz Yinznanz Van'gyahba doxlumj.

一种是万家坝型铜鼓。1993年3月，田东县祥周乡联福村南哈坡的一座春秋战国墓出土了两面此型铜鼓（其中之一见图9-1-10）。1994年6月，在田东县的林逢乡和同村大岭坡一座春秋晚期墓中又出土了一面万家坝型铜鼓。这3面铜鼓都很原始，鼓面太阳纹不规整，鼓身两侧各有一条合范缝。鼓面中心有疤，是中心顶注式浇注留下的浇口痕迹。表面粗糙，有许多细小渣滓和砂眼。鼓壁上有许多方形和圆形小洞，是控制厚度的垫片没有融为一体或脱落造成的。铸造技术与云南万家坝型铜鼓类似。

Doz 9-1-10 Guengjsae Denzdungh Yen Siengzcouh Yangh oknamh gij nyenz cungj Van'gyahba ban Cunhciuh Cangoz doxgyau haenx, gwnz naj nyenz miz raiz, naj nyenz hung gvaq hwet nyenz, aek nyenz doed ok, daej giek lai sang

图9-1-10 广西田东县祥周乡出土春秋、战国之交的万家坝型铜鼓，鼓面有纹饰，鼓面大于鼓腰，胸部突出，足部较高

Lingh cungj dwg cungj nyenz Sizcaisanh. Cungj nyenz Sizcaisanh aeu gij nyenz Yinznanz Cinningz Sizcaisanh doengh moh Cangoz daengz Handai oknamh de guh daiqbiuj. Youq Denzdungh Yen Siengzcouh Yangh Lenzfuz Cunh Ndoigohgailingj aen moh Cangoz、Gveigangj Lozbwzvanh aen moh Sihhan、Lungzlinz Gak Cuz Swciyen Benjyaz Yangh Gunghoz Cunh henz dah caeuq Hocouh Si Sahdenz Cin Lungzcungh Cunh aen gamj ndawde cungj fatyienh gvaq cungj nyenz neix, dwg habvunq cuenga baenz. Cungj nyenz neix yiengh baihrog de doengrat, dozanq cingx, gij raixcauh gunghyi de beij cungj nyenz Van'gyahba aeu fukcab ndaej lai, raixcauh gisuz gaenq miz cinbu gig daih（doz 9-1-11 dwg aen nyenz yiengh Sizcaisanh, youq Gvangjsih Gveigangj Lozbwzvanh ndaw moh Sihhan oknamh）.

另一种是石寨山型铜鼓。石寨山型铜鼓以云南晋宁石寨山战国至汉代墓葬出土的铜鼓为代表。在广西田东县祥周乡联福村的锅盖岭战国墓、贵港罗泊湾西汉墓、隆林各族自治县扁牙乡共和村河岸边和贺州市沙田镇龙中村的一处岩洞中都发现过这类铜鼓，是合模铸成。这类铜鼓外表造型流畅，图案清晰，比万家坝型铜鼓铸造工艺要复杂得多，铸造技术有了很大的进步（图9-1-11为广西贵港罗泊湾西汉墓出土的石寨山型铜鼓）。

Doz 9-1-11　Guengjsae Gveigangj Lozbwzvanh aen moh Sihhan oknamh gij nyenz cungj Sizcaisanh de, najnyenz hung gvaq hwet, aek nyenz doed ok, rog nyenz raiz cang gyaeundei, naj nyenz raiz cang dwg roegcauq lai, aek nyenz ciengz miz duzsiengq vunz vaij ruz

图9-1-11　广西贵港罗泊湾西汉墓出土的石寨山型铜鼓，鼓面大于腰，鼓胸突出，鼓外雕饰甚精美，鼓面纹饰多为鹭鸟，胸部多有划船人像

Cawzliux aen nyenz, gij doengzheu cibinj gag miz daegsaek de lij miz cuhingzgi. Bingzloz Yen Ndoiyinzsanhlingj aen moh Cangoz oknamh gij cuhingzgi de dingjbyai laeb miz duzroeg ndeu. Siengcouh Yen Yanacauz oknamh gij cuhingzgi de duenh gwnz miz lumj bouhfaenh hozvunz doxhwnj, laeng uk venj miz diuz mengq iq ndeu. Cwnzhih Si Nanzdu Cin Funggwnh Cunh oknamh gij cuhingzgi gyaeujvunz, duenh gwnz dwg gyaeujvunz, duenh laj dwg fanghcudij ndawhoengq. Bwzliuz Si Bwzmaj Yangh Lungzanh Cunh Sangcunh Bingz oknamh gij cuhingzgi de, dingjbyai couh dwg aen gyaeujvunz ndeu, laeng uk lij miz gij duqbyoem doed hwnj. Linghvaih, Guengjdoeng Lozding、Vaizciz、Swvei caeuq Cauging daengj dieg gij moh Cangoz de hix oknamh miz gij cuhingzgi gyaeujvunz. Raixcauh cuhingzgi seiz hix yungh aen vunq suengnaj, song beiz vunqcauh ndawde hai hoengq，gya vunqgyang guhbaenz conghsiu，couzbaenz gvaqlaeng，luengqcouz baihhenz de gojnwngz miz gizca.

除了铜鼓，别具特色的青铜制品还有柱形器。平乐县银山岭战国墓出土的柱形器顶端立一飞禽。象州县下那槽出土的柱形器上段有如人颈以上部分，脑后垂一条小辫。岑溪市南渡镇凤根村出土人首柱形器，上段人首，下段为空心方柱体。北流市白马乡隆安村上村坪出土的柱形器，顶端就是一颗人头，脑后还有凸起的发髻。此外，广东罗定、怀集、四会和肇庆等地的战国墓也有人首柱形器出土。铸造柱形器时也用双面范，两扇铸范开设型腔，加型芯形成销孔，铸成后，侧面铸缝可能会有错位。

Dieg Bouxcuengh moh Cangoz oknamh gij yezdoengz de hix miz deihfueng daegsaek. Denzdungh Yen Ndoigohgailingj、Binhyangz Yen Ganhdangz Cin Ndoiveizboh caeuq Hocouh Si Bumwnz Yangh Luzhoz gij moh Cangoz de，cungj oknamh gij yez lumj yienghbeiz gvaq. Bingzloz Yen Ndoiyinzsanhlingj aen moh Cangoz oknamh gij yez lumj yienghcihfung de，conghgaenz dwg seiqfueng，bakgungj yiengq song henz daengjvan，sienqdiuz lunzgoz de huzswnh lwenqnyinh，gig lumj yiengh cih "凤" Sawgun（doz 9-1-12）. Siengcouh Yen Lozsiu Yangh Ginhdenz Cunh Yanacauz、Bingzloz Yen Ndoiyinzsanhlingj caeuq Hocouh Si Luzhoz gij moh Cangoz de cungj oknamh gij yez lumj yienghhaizheq gvaq. Yungz Yen Luzvangz Yangh Cinz Cunh、Bingzloz Yen Ndoiyinzsanhlingj gij moh Cangoz de cungj oknamh gij yez lumj yienghcanj gvaq. Gij yez Cinz Cunh miz caengz mbaq dog，lumj fag canj hongdawz bingzciengz；gij yez Bingzloz Ndoiyinzsanhlingj miz suengcaengz mbaq，mbaq de faen song gaep，euj dauqrog，henzndaw de mboep haeujbae di he，henzrog doed okdaeuj di he.

壮族地区战国墓葬出土的青铜钺也具地方特色。田东县锅盖岭、宾阳县甘棠镇韦坡和贺州市铺门乡六合战国墓，都出土过扇形钺。平乐县银山岭战国墓出土的凤字形钺，长方銎，刃弧向两侧弯翘，轮廓线条柔和圆润，很像汉字"凤"字的外形（图9-1-12）。象州县罗秀乡军田村下那槽、平乐县银山岭和贺州市六合战国墓均出土靴形钺。容县六王乡陈村、平乐县银山岭战国墓军出土铲形钺。陈村钺是单层肩，像一般生产用具铲；平乐银山岭钺是双层肩，肩分二级，外折，器身内侧微凹，外侧微隆起。

Doz 9-1-12　Guengjsae Bingzloz Yen Yinzlingjsanh oknamh gij yezdoengz Cangoz lumj cih "凤" haenx（Cangh Leij ingj）

图9-1-12　广西平乐县银山岭出土的战国"凤"字形铜钺（张磊 摄）

Raixcauh fag yezdoengz yungh aen vunq soengnaj, song beiz vunqcauh ndawde cungj hai hoengq, doengzseiz deu ok raizva. Vihliux baujcingq raemxdoengz ndaej swnhleih rwed haeujbae caeuq daezsang gij heiqat dingjbyai de, gya miz aen vunqrwed ndeu. Rwed raemxdoengz raixcauh gvaqlaeng youq giz habvunq de mingzyienj louz miz diuz luengq ndeu, cek vunq gvaqlaeng, muz diuz luengq neix bae, caiq gyagoeng bienq geng couh baenz gij doxgaiq raeh （doz 9-1-13 dwg Guengjsae oknamh gij vunqrin cuengq yez de）.

铸造铜钺用双面范，两扇铸范都开设型腔，同时刻出花纹。为保证铜液能顺利地浇入和提高压头，加设浇口范。浇铸后在合范处留下明显铸缝，拆范后，磨去铸缝，再加工硬化即成为利器（图9-1-13为广西出土的战国时期砂石铸钺范）。

Doz 9-1-13　Guengjsae Lingzconh Yen Dinggyangh Cin Lenzvah Cunh ndaw gamj oknamh gij vunq yez Cangoz de
图9-1-13　广西灵川县定江镇莲花村聚田新岩洞出土的战国时期砂石铸钺范

Gizyawz gij doxgaiq doengzheu cauhbaenz de lij miz song cungj giemq: Cungj ndeu dwg cungj giemqdinj ganjbenj, cujyau cizcungh fatyienh youq Bingzloz Yen Ndoiyinzsanhlingj、Cwnzhih Si Nozdung Cin Byavahgojsanh caeuq Binhyangz Yen Ganhdangz Cin Ndoiveizboh daengj gij moh Cangoz. Ndang giemq dinj iq, raez 15~21 lizmij, gwnz de mbouj cang miz raizva, gyang laeng miz limq, bakgiemq raehrub. Lingh cungj giemq ndang baihgwnz de couz miz gij raiz najvunz samgak dauqdingq, song gyaeuj gek giemq daengj hwnj, gungjgoz lumj aengung, vihneix ndaej mingz heuh fag giemqgek lumj yienghgung najvunz. Liujgyangh Yen Cindwz Yangh Muzloz Cunh oknamh fag giemqganj mbouj miz gyaeujgiemq ndeu, gyaeuj gwnz de cahai yienh ok lumj faggimz, ndanggiemq raiz miz gij bwnda、lwgda、aenndaeng、aenbak najvunz de cingx. Gveigangj、Lingzsanh Yen Sizdangz Yangh、Denzyangz Yen Denzcouh Cin Lungzbingz Cunh caeuq Baksaek cungj fatyienh cungj giemq neix gvaq. Doenghgij giemqdoengz neix cungj dwg youz aen vunqnamh soengnaj habvunq couzbaenz （doz 9-1-14 dwg giemq doengz youq Guengjsae oknamh）.

其他青铜器还有两种剑：一种是扁茎短剑，主要集中发现于平乐县银山岭、岑溪市糯垌镇花果山和宾阳县甘棠镇韦坡等战国墓。剑形体短小，长15～21厘米，剑身无纹饰，中脊起棱，锋刃锐利。另外一种剑身上部铸有倒三角形的人面纹，剑格两端上翘，弯曲如弓，故名为人面弓形格剑。

柳江县进德乡木罗村出土的一件没有剑首剑茎的青铜剑，上端开叉呈钳形，剑身人面纹的眉、目、眼、鼻、口清晰。在贵港、灵山县石塘乡、田阳县田州镇隆平村和百色都发现过这类剑。这些铜剑都是由双面泥范合铸而成（图9-1-14为广西出土的铜剑）。

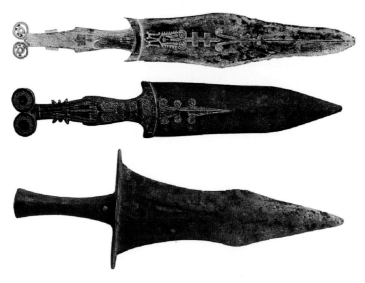

Doz 9-1-14   Guengjsae oknamh gij giemq doengz Cangoz
图9-1-14　广西出土的战国时期铜剑

Fag caxgvet doengz haenx hix gig miz daegsaek. Fag cax neix lumj mbawcuk, gyaeujbyai daengj soem, song henz miz bak, naj duenhvang de lumj cih Sawgun vunz, laeng raeh de, roxnaeuz lumj vangungj, roxnaeuz lwenqrwt mbouj miz ndoksaen. Aen vunq de ciuq yienghcax daeuj guh, couzbaenz gvaqlaeng caiq rwed raemxcaep bae cawqleix, hawj de giengeng raehrub.

铜刮刀也很有特色。该刀呈竹叶形，前端尖翘，两侧有刃，横断面呈人字形，背面有纵脊，或呈弧形，或圆滑无脊。铸范依刀的形状，铸成后再激冷处理，令其坚硬锐利。

Mwh Cangoz Vunzyez Lingjnanz lij rox dawz doengz caeuq diet cauhbaenz gij hozcigi doengz caeuq diet. Beijlumj aen hangdoengz gadiet, dungx luenz、daej luenz、bak iq、bengx rwz、ga lumj diuz saeudinj, dwg gij cauhhingz aenhang Lozyez, yungh doengz raixcauh ndanghang, dinhang ndawde yungh doengz raixcauh baihrog yungh diet daeuj bau. Fagdat, henz duenhgaenz heuxgyaeuj de dwg doengz, gaenz caeuq ndang dwg diet. Aen byainaq, samlimq, mbawdoengz hungdinj, sam bak cungj dat raeh, diuz dingj dwg luenz. Gij gisuz doengz caeuq diet gyoebcauh de beij dandog raixcauh gij doxgaiq doengz roxnaeuz gij doxgaiq diet engq dwg fukcab, iugouz engq sang.

战国时期岭南越人还会将铜和铁浇铸成铜铁合制器。如铁足铜鼎，圆腹，圜底，子口，附耳，短柱状足，是越式鼎的造型，铜铸鼎身，铜足心外包铸铁。铜首铁削，环首附近的一段柄是铜质的，柄和身是铁质的。铁铤（箭杆）铜镞，三棱形，铜叶粗短，三刃俱为削锋，铤为圆柱形。铜铁合铸的技术比单独铸造铜器或铁器更为复杂，要求更高。

Ngeih. Mwh Cinzcauz Caeuq Hancauz

二、秦汉时期

Cinzsijvangz doengjit Cungguek gvaqlaeng, gij senhcin gunghyi haivat、 lienhcauh mizsaek gimsug de cienzhaeuj Lingjnanz. Aenvih cojcoeng Bouxcuengh lai rox hagsib senhcin gisuz caemhcaiq yungh youq saedguh, mwhneix gij gisuz ceiqcauh aennyenz、 cungdoengz caeuq gaiqdoengz de youh ndaej daengz daezsang.

秦始皇统一中国后，有色金属开采、冶炼和铸造的先进工艺传入岭南。由于壮族先民善于学习先进技术并用于实践，这一时期铜鼓、铜钟和青铜器的制造技术有了新的提高。

Soujsien dwg fatyienh le dieg gvangqcanj swhyenz moq. Bwzliuz Ndoidungzsizlingj youq Handai couh hainduj haivat gvangqdoengz. 1966 nienz, youq dieg neix fatyienh 7 aen gvangqcingj ciuhgeq, gaeng cingleix 3 aen ndawde. Cingj laeg 20 lai mij, gemhcingj ndawde miz faex gaqdingj. Ging ndonj roengzbae damqyawj, fatyienh laj dieg miz gij dungzgvang'vuz cwngzyinh loihhingz mbouj doengz de, youq giz diegcaengz mbouj doengz youq. Cojcoeng Bouxcuengh youz gwnz dieg vataeu genjok rin'gvangq daengz vat cingj caijaeu gij rin gvangqdoengz lajdeih, yungh gij rengz vunz roxnaeuz rengz doihduz rag hwnjdaeuj, youq gwnz vatgvangq gisuz dwg baez yatbongh ndeu; gangjmingz cojcoeng Bouxcuengh gaeng suglienh bae gaemdawz le gij gisuz ra gvangq、 vat gvangq caeuq dingjhoh. Youq baihbaek laj Byadungzsizlingj, gwnz mbaekdieg henz haemq baihdoeng Dahgveihgyangh faensanq miz daihliengh nyaqloz、 vaxloz soiq caeuq guenjboqrumz goengqsoiq. Nyaqloz faenbouh menciz namzbaek raez daihgaiq 2000 mij, doengsae gvangq daihgaiq 200 mij, nyaqloz daebdong na daengz 20~60 lizmij. Biujmingz Ndoidungzsizlingj mboujdan dwg dieggaeuq vatgvangq ciuhgeq, caemhcaiq dwg dieggaeuq lienhdoengz ciuhgeq.

首先是发现了新的矿产资源地。北流铜石岭开采铜矿始于汉代。1966年，在该地发现7个古矿井，清理了其中3个。井深20多米，井巷内有木支架。经钻探，发现地下有不同成因类型的铜矿物，居于不同层位。壮族先民由地面挖拣矿石到挖小立井开采地面以下的铜矿石，用人力或畜力提升，在采矿技术上是一次飞跃；说明壮族先民已熟练地掌握了找矿、挖井和支护的技术。在铜石岭山麓北侧，沿圭江东岸的阶地上散布着大量的炉渣、残炉壁和残断的鼓风管。炉渣分布面积南北长约2000米，东西宽约200米，炉渣堆积厚达20～60厘米。表明铜石岭不但是古代采矿遗址，而且是古代炼铜遗址。

20 sigij 70 nienzdaih, daihngeih baez bae haivat dieggaeuq Ndoidungzsizlingj seiz, fatyienh 14 aen loz lienhdoengz、 9 aen gumzdaeuh、 2 diuz miengbaizraemx, cimh ra ndaej gij doxgaiq ciuhgeq lumj dauzfunghgvanj、 nyaqdoengz、 dungzding、 rin gvangqdoengz、 faexdanq、 vaxsoiq daengj. Daej loz haeujlaeg daengz caengznamh yienzseng bae, faenbouh youq gwnz ndoi

deihdwddwd. Gyoengqloz mbiengj baengh dingjbya de hwnq miz diuz mieng baizraemx, yinxhai gij raemx dingjbya dongj roengzdaeuj. Gij loz de dingzlai gaenq vaih, gaenjcij louz miz daejloz luenz. Ciengzloz youz namhgyuek caeuq rinsizyinghsah hwnqbaenz, na 4~7 lizmij, ciengzndaw dwg mong, ciengzrog dwg nding, daejloz vaiging 40~50 lizmij, neiging 36~43 lizmij. Aenloz mbiengj yiengq lajbya de, hai miz aen baklae ndeu, rog baklae dwg aen daemz vaqdoengz. Moix song aenloz guhbaenz cuj ndeu, baklae nyengq doxdoiq, doengzcaemh sawjyungh aen daemz vaqdoengz ndeu. Miz mbangj aenloz laj baklae giz 30~40 lizmij de miz haijlai rongz dungzding. Bouxguhnaz caengzging youq henzgaenh gizneix gip ndaej aen dungzding lumj bingj haenx naek 3 goenggaen. Nyaqloz ndawde hamz doengz 0.65%, hamz yienz 1.58%. Bwzgingh Ganghdez Yozyen（banneix dwg Bwzgingh Gohgi Dayoz）Diciz Gyauyenzsiz doiq gij nyaqloz dieggaeuq Ndoidungzsizlingj guh gvangqsiengq gienjniemh, cingqsaed gij nyaqloz de dwg gij nyaqloz lienhdoengz, gij cujyau cingzfaenh de caeuq gij nyaqloz ciuhgeq Yinznanz Dunghconh doxgaenh, gangjmingz gij lienhdoengz gisuz Ndoidungzsizlingj gaenq dabdaengz aen suijbingz maqhuz sang. Vihliux daezsang gij vwnhdu aenloz, sawjyungh le diuz guenjrumz. Diuz guenjrumz de dingzlai dwg luenzguenj, vaiging 8~8.5 lizmij, neiging 3~3.5 lizmij, yungh namhgyuek、rinsizyinghsah, cab nyangj cauhbaenz. Miz cungj guenjgoz cietgok gaenh 90° ndeu, raez daihgaiq 55 lizmij, gyaeuj depgaenh cietgok de guenj neiging daihgaiq 5 lizmij, vaiging 9 lizmij, baihrog lumj seiqfueng, biujmienh dwg saekciengq bohlizciz caemhcaiq miz doengzloeg, ndaw dwg saeknding（doz 9-1-15 dwg dauzfunghgvanj youq Guengjsae oknamh）. Bwzgingh Ganghdez Yozyen doiq guenjboqrumz guh le gvangqsiengq gienjniemh, cingqsaed doenghgij guenjboqrumz neix dwg cienmonz yungh daeuj lienhdoengz.

20世纪70年代，对铜石岭遗址再次发掘，发现炼炉14座、灰坑9个、排水沟2条，采集到陶风管、铜渣、铜锭、铜矿石、木炭、陶瓷碎片等遗物。炼炉炉座深入原生土层，密布于山坡上。炉群靠山顶的一方修有排水沟，将山顶冲下来的水引开。炼炉多已残破，仅存圆形炉底。炉壁由黏土和石英砂筑成，厚4～7厘米，内壁呈灰色，外壁呈红褐色，炉底外径40～50厘米，内径36～43厘米。炼炉向山下的一方，开有一个流口，流口之外是化铜池。每两座炼炉成一组，流口斜相对，共同使用一个化铜池。有的炼炉流口下方30～40厘米处有铜锭窝多个。农民曾在此附近拾到3千克重的饼状铜锭。炉渣内含铜0.65%，含铅1.58%。北京钢铁学院（今北京科技大学）地质教研室对铜石岭遗址的炉渣作矿相检验，证实炉渣为炼铜炉渣，其主要成分与云南东川古代炉渣的相近，说明铜石岭冶铜技术已达相当高的水平。为提高炼炉温度，使用了风管。风管多为圆管形，外径8.0～8.5厘米，内径3.0～3.5厘米，用黏土、石英砂，掺上稻草制成。有一种近90°折角的弯管，长约55厘米，靠近折角的一端管内径约5厘米，外径9厘米，外观近四方形，表面呈酱色玻璃质并有铜绿，内壁呈赭红色（图9-1-15为广西出土的陶风管）。北京钢铁学院对鼓风管作了矿相检验，证实这些鼓风管是炼铜炉专用的。

Doz 9-1-15　Dauzfunghgvanj Sihhan，youq Guengjsae Bwzliuz Dungzsizlingj oknamh（Cangh Leij ingj）

图9-1-15　广西北流市铜石岭古冶铜遗址出土的西汉陶风管（张磊 摄）

Dieggaeuq Ndoidungzsizlingj fatyienh faexdanq caeuq gij mij faexdanq，daj neix ndaej rox mwh de lienhdoengz dwg aeu faexdanq daeuj coemh. Ging Cunghgoz Sevei Gohyozyen Gaujguj Yenzgiusoj Sizyensiz guh danq14 caekdingh，vaenxfaex doiqcingq nienzdaih liz ngoenzneix miz 1910±90 nienz，gvi dwg mwh Dunghhan. Oknamh gij meng'vax de miz mbouj noix dwg gij meng'vax raiz seiqfueng youq Handai bujben miz haenx，mbangj di meng'vax nienzdaih haemq laeng. Gangjmingz gizneix youq mwh Dunghhan、Nanzcauz cingqcaih cawqyouq mwhhoengh vatgvangq、lienhgvangq，mwhde gvaqlaeng vanzlij lienzdaemh le duenh seizgan ndeu，caeuq aen seizdaih cungj nyenz Bwzliuz riuzhengz haenx doxdoengz.

铜石岭遗址发现木炭和木炭灰烬，可知当时冶铜是以木炭为燃料的。经中国社会科学院考古研究所实验室作C14测定，树轮校正年代距今1910±90年，属东汉时期。出土的陶瓷片有不少汉代常见的方格纹陶片，个别瓷片年代稍晚。说明这里在东汉、南朝时期正处在采矿、冶炼的兴盛时期，往后还延续了一段时间，与北流型铜鼓流行的时代一致。

Daj aen baih ndaej boq ok gij rumz de daeuj gujnanq，caemhcaiq ciuq yienhdaih rangh dieg Bwzliuz cungj fapdoj ndawbiengz lienhdoengz soj yungh gij aen baih de daeuj geiqsuenq，youq boqrumz soqliengh moix siujseiz 55 lizfanghmij seiz，aenloz lienzdoengz de ndaej lienh ok 0.9 goenggaen. Ciuq moix aenloz moix ngoenz guhhong 20 siujseiz daeuj suenq，moix ngoenz ndaej lienh ok doengz 18 goenggaen. Ciuq gij dienheiq diuzgen dangdieg，gij ngoenzhong bi ndeu gyajdingh dwg 180 ngoenz，daengx ndeu couh ndaej lienh ok doengz 3.2 donq. Danghnaeuz yungh gijde daeuj raixcauh gyongdoengz，couh ndaej cauhbaenz aen gyongdoengz hung yungh doengz 100 goenggaen haenx 32 aen.

从风箱的鼓风量推测，并依据现代北流一带民间土法化铜所用的风箱计算，在鼓风量每小时55立方米时，炼铜炉的产量为0.9千克。按每座炼炉每天工作20小时计，日产铜18千克。按照当地的气候条件，年工作日假定为180天，年产铜量为3.2吨。如果用它铸造铜鼓，可制成用铜100千克的大铜鼓32面。

Mwh Cinzcauz caeuq Hancauz gij gisuz raixcauh de fazcanj daengz lai cungj hingzsik. Miz cungj fuengfap daengx aenvunq raixcauh、cungj fuengfap geij aenvunq raixcauh；miz baezdog couzbaenz, hix miz faen couz gyoebbaenz. Cungj fuengfap daengx aenvunq raixcauh dwg cungj fuengfap aenvunq dog raixcauh gij doxgaiq doengz. Cungj fuengfap faen aenvunq raixcauh couh dwg cungj fuengfap cabcouz, dawz song gaiq caeuq song gaiq doxhwnj vunqcouz、gyangvunq gaemjndaet, yienzhaeuh rwed baezdog baenz doxgaiq. Cungj fuengfap geij aenvunq raixcauh de youh faen miz aenvunq song faen、aenvunq sam faen caeuq aenvunq faen lai. Bingzloz Ndoiyinzsanhlingj aen moh Handai oknamh gij hangdoengz de, daejvunq miz rizluenz, dungxvunq miz diuz riz ndeu daj gwnz din ronz gvaq, dwg yungh aenvunq sam faen baezdog couzbaenz. Cungj fuengfap faencouz couh dwg cungj fuengfap couzciep, dwg daj Cunghyenz cienz daeuj.

秦汉时期的铸造技术发展到多种形式。有全范铸造法、多范铸造法；有一次铸成的，也有分铸合成的。全范铸造法是单范铸造铜器的方法。分范铸造法即浑铸法，把两块和两块以上的铸范、范芯紧密扣合，然后一次浇铸成器。多范铸造法又有二分范、三分范及多分范的区别。平乐银山岭汉墓的铜鼎，底部范痕呈圆形，腹部范痕有一道从足上穿过，是用三分范一次铸成的。分铸法就是铸接法，是从中原传来的。

Raixcauh gunghyi lingh aen cinbu de dwg wngqyungh le cungj fuengfap saetlab raixcauh. Cungj fuengfap neix ndaej raixcauh gij dungzgi hingzyiengh fukcab、diuhlouj cingsaeq haenx. Gij gunghyi liuzcwngz cungj fuengfap saetlab neix dwg：Sien yungh lab guhbaenz aen vunq gij doxgaiq soj aeu raixcauh baenz haenx, caiq yungh naezvunq rwed youq gwnz aen vunqlab neix, sawj naez caeuq lab gietbaenz ndangdog, yienzhaeuh yungh feiz ringgangq, sawj lab yungzvaq lae okdaeuj, louzroengz aen vunqnaez aeuyungh haenx, caiq yungh daeuj rwed dungzgi. Gveigangj Lozbwzvanh moh Handai caeuq Sihlinz Bujdoz moh aennyenz gij rwzbenj gwnz nyenz de couh dwg yungh cungj fuengfap neix daeuj couzbaenz.

铸造工艺的另一个进步是失蜡铸造法的应用。该法能够铸造器形复杂、雕镂精细的铜器。失蜡法的工艺流程是：先用蜡做成所需铸造器物的模型，再用模泥往蜡模浇淋，使泥蜡凝结为一体，然后用火烘烧，使蜡熔化流出，留下所需要的泥范，再用来浇注铜器。贵港罗泊湾汉墓和西林普驮铜鼓墓的铜鼓上的扁耳即用此法铸成。

Mwh Cinzcauz caeuq Hancauz Ouhloz raixcauh dungzgi gij gunghyi bangbouj de miz gij gunghyi hamhciep、mauzciep caeuq dauqciep. Gveigangj Lozbwzvanh aen moh 1 hauh oknamh le aen daiz samga youz nyenz gaijbaenz haenx, sam ga de couh dwg linghvaih raixcauh okdaeuj gvaqlaeng hamhciep daengz gwnz naj nyenz bae；gij batdoengz caemh aen moh oknamh de, gij dinglaeng bu youq gengxhamz de dwg caphaeuj lajdaej batdoengz mauz hwnj bae. Sihlinz Bujdoz moh nyenz gij nyenz de vihliux dox dauqhab, youq giz ga'nyenz caeuq aeknyenz gak fei le 6 aen conghcuenq, gak mauz haeuj diuz ding'va miz seiq limq raiz ndeu, hix sawjyungh le cungj gunghyi mauzciep. Gveigangj Lozbwzvanh aen moh 1 hauh 6 gienh batdoengz de, cungj miz gij haenzcik yungh doengzmauzding coihbouj gvaq. Gveigangj Ndoifunghliuzlingj aen moh 31 hauh gij maxdoengz de，hix dwg faen 9 duenh daeuj raixcauh，yienzhaeuh dauqciep，caiq yungh siuding daeuj dinghmaenh baenz. Gij cangcaenq mwhde lij caijyungh le gij gim baenzsaek ndei. Sihlinz Bujdoz moh nyenz doengh gij yungjgwihmax、yungjmaxdaez、hanzbyauh cangmax、mauhgung hoemqci、gak cungj baizcaenq、gij gouhdoengz caeuq najsiengq ndaw moh gouhdoengz daengj，biujmienh cungj miz gij gim baenzsaek ndei. Gij gunghyi diuhlouj ndaw cangcaenq gunghyi de engq dwg gij cingzciu doek ok cungj cinghdungzgi dieg Ouhloz（doz 9-1-16 dwg huzdoengz veh vaet Handai youq Guengjsae oknamh）. Raixcauh gunghyi caeuq gij gunghyi bangbouj de sawj dieg Ouhloz gij gunghyi couzdoengz de dabdaengz le aen suijbingz gig sang，vihneix cojcoeng Bouxcuengh caengzging bakcienz coenz sei baenzneix："Lajdeih loemq baenz gumz，gou aeu doengz ma hanh." Gangjmingz cojcoeng Bouxcuengh doiq gij vuzlij daegsingq doengz，gaenq ndaej miz nyinhrox laegdaeuq.

　　秦汉时期瓯骆铸造铜器的辅助工艺有焊接、铆接和套接工艺。贵港罗泊湾1号墓出土了铜鼓改制的三足案，其三足就是另铸出后焊接到铜鼓面上去的；同墓出土的铜盆，其衔环铺首的后钉是插入铜盆腹壁铆上去的。西林普驮铜鼓墓的铜鼓为了互相套合，在鼓足或鼓胸处各钻了6个钻眼，各铆入一个四瓣纹的花钉，也使用了铆接工艺。贵港罗泊湾1号墓的6件铜盆，都有铜铆钉修补过的痕迹。贵港风流岭31号墓的铜马，也是分9段铸造，然后套接，再用销钉固定成器的。这时的装饰还采用了鎏金工艺。西林普驮铜鼓墓的骑马俑、马蹄俑、马饰衔镳、车器盖弓帽、各种牌饰、铜棺墓的铜棺和面具等，表面都鎏金。装饰工艺中的镂刻工艺更是瓯骆地区青铜器的突出成就（图9-1-16为广西出土的汉代漆绘铜壶）。铸造工艺及其辅助工艺使瓯骆地区铸铜工艺达到了炉火纯青的境地，以至壮族先民曾口传诗句："大（laj）地（deih）陷（loem）摇（baenz）坑（gumz），我（gou）要（aeu）铜（doengz）来（ma）焊（hanh）。"说明壮族先民对铜的物理特性，已有很深刻的认识。

Youq ndaw doenghgij vwnzvuz neix，aengyong、aen cung gaetgaeuyiengz、aen cungdoengz、aen hang bakbuenz caeuq aendoengj daengj daih bouhfaenh dwg bonjdeih swnghcanj.

　　在这些文物中，鼓、羊角钮钟、筒形钟、盘口鼎和桶等大部分是出产地当地生产的。

Mwhneix cauhguh gij nyenz de soqliengh lai，cauhhingz engq dwg ndeiyawj. Beijlumj Gveigangj Si Lozbwzvanh aen moh 1 hauh oknamh gij nyenz de gvi dwg cungj Sizcaisanh，ndawde aen nyenz bienhauh M1：10（seizneix dingh dwg gij vwnzvuz gaep gozbauj）de，doengsang 36.8 lizmij，menging 56.4 lizmij，cauhhingz doxdaengh huzndei，cungqgyang najnyenz raiz miz aen daengngoenz 12 diuz ndit，rog ndit miz 7 gvaenghndaem，cang raiz miz heujroi、gouhlenzleiz、duz roegcaeuq mbin caeuq heujgawq，gvaenghcawj

Doz 9-1-16　Huzdoengz veh caet，youq Gvangjsih Gveigangj Lozbwzvanh aen moh Hancauz oknamh（Ciengj Dingzyiz hawj doz）

图9-1-16　广西贵港市罗泊湾汉墓出土的漆绘铜壶（蒋廷瑜 供图）

de dwg 10 duz roegcaeuq heux mbin dauqnyangz, ndang nyenz cang miz gij dozanq doxdax vad ruz caeuq bouxvunz daenj buhbwnroeg diuqfoux, gij raiz de gig gyaeucingx（doz 9-1-17, seizneix dingh dwg gij vwnzvuz gaep gozbauj）. Ging gienjcaek, hamz doengz 90.89%, hamz sik 11.50%, mbouj fatyienh yienz, dwg cungj doengzsik song yiengh habgim. Aen nyenz M1：11 hauh haemq iq, ging gienjniemh, hamz doengz 86.30%, hamz sik 14.50%, hix caengz fatyienh yienz.

　　这一时期制作的铜鼓数量多，造型更为精美。如贵港罗泊湾1号墓出土的铜鼓属石寨山型，其中编号M1：10号鼓（现定为国宝级文物），通高36.8厘米，面径56.4厘米，造型对称和谐，鼓面中心太阳纹12芒，芒外7晕圈，饰栉纹、勾连雷纹、翔鹭纹和锯齿纹，主晕是10只逆时针环飞的鹭鸟，鼓身饰龙舟竞渡，羽人舞蹈图案，纹饰清晰华丽，十分精美（图9-1-17，现定为国宝级文物）。经检测，含铜90.89%，含锡11.50%，没有发现含铅，是二元合金的锡青铜。M1：11号鼓较小，经检验，含铜86.30%，含锡14.50%，也未发现含铅。

Doz 9-1-17　Gij raiz yiengh gwnz aek gwnz hwet aennyenz youq Gvangjsih Gveigangj Lozbwzvanh aen moh sihhan oknamh（Ciengj Dingzyiz hawj doz）

图9-1-17　广西贵港市罗泊湾西汉墓出土的铜鼓胸部腰部纹饰展示图（蒋廷瑜 供图）

Sihlinz Bujdoz moh nyenz oknamh 4 aen nyenz de, dwg dangguh gij doxgaiq buenxcangq dox dauqhab haem youq lajdeih. Gienh（282 hauh）ceiq iq de habgim cwngzfwn：Doengz 76.40%、sik 4.96%、yienz 7.54%, dwg gij doengzheu hamz yienzsik. 4 aen nyenz neix raixcauh ndaej gig ndei. Vihliux dauqcang, ga'nyenz caeuq aeknyenz cueng miz congh, mauz gij ding raizva lumj gaenqmakyungz daeuj dinghmaenh, fanjyingj le cojcoeng Bouxcuengh miz gij raixcauh gisuz ndei gvaq vunz.

　　西林普驮铜鼓墓出土的4面铜鼓，是作为葬具互相套合埋在地下的。最小的那件（282号）合金成分：铜76.40%、锡4.96%、铅7.54%，为铅锡青铜。这4面铜鼓铸造得很精良。为了套装，鼓足或鼓胸打有钻孔，嵌柿蒂纹花钉加以铆定，反映了壮族人民高超的铸造技术。

　　Aen cung gaeuyiengz. Dingzlai dwg cungj gyoebvax, song henz louz miz gij haenzcik habvunq. Dingjbyai ca ok song naed gaetgaeuyiengz. Roq hwnjdaeuj sing'yaem ndei dingq raixcaix. Youq Gveigangj Lozbwzvanh aen moh 1 hauh oknamh gienh ndeu, cingqmienh couzraiz miz najvunz. Sihlinz Bujdoz moh gyongdoengz oknamh 2 gienh（doz 9-1-18 dwg cungdoengz gaeu yiengz oknamh ndawde gienh ndeu）. Youq Bujbwz、Yungz Yen、Liujcwngz、Gunghcwngz hix miz oknamh, caeuq gij raizva cangcaenq youq gwnz gyongdoengz de doxlumj. Bujlwz miz gienh aencung gaetgaeuyiengz ndeu deu miz gij dozsiengq bouxvunz caeuq duznyaen hungloet.

羊角钮钟。多为合瓦式，两侧留有合范痕迹。顶端歧出两片羊角形钮。敲起来声音悦耳。在贵港罗泊湾1号墓出土1件，正面铸出人面纹。西林普驮铜鼓墓出土2件（图9-1-18为出土羊角钮钟中的一件）。在浦北、容县、柳城、恭城也有出土，和铜鼓上的装饰花纹相似。浦北有一件羊角钮钟刻有人物巨兽图像。

Aen doengzlaz lumj buenzluenz. Gveigangj Lozbwzvanh moh Handai oknamh, gwnz naj de deu miz cih "布（Bu）" ndeu, dwg gij genjcwngh "Busanh", Busanh dwg dieg Gveilinz Ginfuj Nanzyezgoz soj youq, couh dwg Gveigangj Si ngoenzneix. Giz gaenhhenz de miz diuz rizcouz ndeu, bien loq comz, gwnz bien miz diuz cagraiz ndeu doed ok, lij miz 3 naed gengxrwz iq liz doxdaengh ndaej doengh haenx.

圆盘形铜锣。贵港罗泊湾汉墓出土，面上刻有一个"布"字，是"布山"的省文，布山是南越国桂林郡府的所在地，即今贵港市。近边处有一道铸痕，边稍内敛，边上有一道突起的绳纹，还有3只等距离的活动小环耳。

Doz 9-1-18 Cungdoengz gaeu yiengz Handai, youq Gvangjsih Sihlinz Yen oknamh

图9-1-18 广西西林县出土的汉代羊角钮铜钟

Aen cungdoengz. Gveigangj Lozbwzvanh aen moh 1 hauh oknamh 2 gienh. Habvunq raixcauh, ndang doengz, gyaeuj bingz, naed gaet buenq gengx saedsim, song henz laj ndang cung miz aen conghveuq seiqfueng doiqhai. Gienh ndeu cingqmienh deu miz 5 cih "布八斤四两（Bu bet gaen seiq liengx）", saedceiq caekdingh naek 2188 gaek. Lingh gienh cingqmienh deu miz 3 cih "布七斤（Bu caet gaen）", saedceiq caekdingh naek 1866 gaek. Cungj cungdoengz neix, youq gizwnq mbouj caengz raen gvaq.

筒形钟。贵港市罗泊湾1号墓出土2件。合范铸造，直筒身，平顶，实心半环钮，钟身下端两侧对开长方形缺口。一件正面篆刻"布八斤四两"5字，实测重2188克。另一件正面篆刻"布七斤"3字，实测重1866克。这类铜钟，别处未见过。

Hangdoengz miz cungj hang Cuj caeuq cungj hang Yez song cungj. Cungj gonq dingzlai dwg youq diegrog cienz haeujdaeuj, cungj laeng dwg vunz Ouhloz dangdieg cauh ok, dingzlai miz yungzliengh sawgeiq, caemhcaiq dingzlai caijyungh habvunq raixcauh.

铜鼎有楚式鼎和越式鼎两种。前者多为外地传入的，后者为瓯骆人当地生产，多有容量铭文，且多采用合范铸造。

Doengjdoengz. Doengjdoengz dwg Nanzyezgoz seizgeiz（gaxgonq gunghyenz 196~gaxgonq gunghyenz 111 nienz）rangh dieg Dahcuhgyangh lae gvaq haenx cungj dajcang doengz gig miz daiqbiujsingq ndeu. Gveigangj Si Lozbwzvanh aen moh 1 hauh oknamh 4 gienh, Lozbwzvanh aen moh 2 hauh oknamh 1 gienh, Hocouh aen moh Sihhan oknamh 2 gienh, Gvangjcouh aen moh Sihhan Nanzyezvangz oknamh 9 gienh. Yiengh baihrog de cungj dwg yiengh doengjluenz, bak bingz, gwnz hung laj iq, daej bingz, miz ga'gvaengh daemq, rog bakhenz miz fouq rwzbuenqgengx ndeu，ndaw rwz youh miz diuz rwzronz daengj. Rog ndang de daj gwnz daengz laj raiz miz 3 cuj vadoz gijhoz. Giz hoz de dik cih "布（bu）" ndeu. Youq baihlaj rwzdoengj, dik miz sam cih "十三斤（cibsam gaen）"，dwg gij naek bonjndang aen doengzdoengj neix, saedceiq dwg naek 3405 gwz. Gij gunghyi cauhguh doengzdoengj de dwg yungh cungj fuengfap faen sueng aenvunq habcauh baenz，couz rwzdoengj gaxgonq，yienzhaeuh caeuq ndangdoengj couz youq itheij. Ndangdoengj dwg song gaiq vunq habcauh baenz，yungh gaiqdemh gaemhanh ndangdoengj na cingzdoh，daj ndaw rog ndangdoengj ndaej yawj daengz gij rizcik gaiqdemh, diuz sienq habvunq de daj gwnz daengz laj ronzdoeng daengx ndangdoengj. Linghvaih couz lajdaej，caiq couzciep daengz giz gaenh daej ndangdoengj，guhbaenz ga'gvaengh. Aen diengzhoeng seizde swnghcanj gaiqdoengz hawj ginfuj haenx，comz miz le canghcouzdoengz ceiqndei，vihneix ndaej dabdaengz Nanzyezgoz aen gisuz suijbingz ceiqsang couzdoengz（doz 9-1-19 dwg doengj doengz daiq rwz，youq Guengjsae oknamh）.

　　铜桶。铜桶是南越国时期（公元前196年～公元前111年）珠江流域极富代表性的青铜容器。贵港市罗泊湾1号墓出土4件，罗泊湾2号墓出土1件，贺州西汉墓出土2件，广州西汉南越王墓出土9件。其外形都是圆桶形的，平口，上大下小，平底，有矮圈足，口沿外有一对半环耳，耳内又有竖形贯耳。器身外表从上到下有3组几何图案花纹。其颈部刻有一个"布"字。在桶耳的下方，刻有"十三斤"3字，是这件铜桶自身的重量，实重是3405克。铜桶的制作工艺是用二分式合范铸法，先铸器耳，然后与器体铸在一起。器体为两块范合铸，用芯垫控制器壁厚度，从内外壁能看到芯垫痕迹，合范线从上到下贯穿全器。底部另铸，再铸接到器身近底处，做成圈足。那时为郡府生产铜器的作坊，集中了最好的工匠，因而能达到南越国青铜冶铸的最高技术水平（图9-1-19为广西出土的附耳铜桶）。

Doz 9-1-19　Doengj doengz daiq rwz，youq aen moh Sihhan Gvangjsih Gveigangj Lozbwzvanh oknamh（Ciengj Dingzyiz hawj doz）

图9-1-19　广西贵港市罗泊湾西汉墓出土的附耳铜桶（蒋廷瑜 供图）

Gveigangj Si Ndoifunghliuzlingj aen moh 31 hauh duz maxdoengz caeuq boux dawzmax de, dwg aen fouqgienh vunq maxci ndeu. Duz max ragci de，daj din daengz rwz sang 115.5 lizmij, raez 109 lizmij，baihlaeng gvangq 30 lizmij，youh hung youh maengh，gyaeuj、rwz、ndang、 seiq ga、rieng daengj faen 9 duenh couzbaenz，yienzhaeuh mauxswnj baenz aen cingjdaej ndeu. Bouxdawzmax dwg bouxgeq ndeu，daenjmauh，daenj buhraez，dapgyap，lwgda yawj baenaj，song ga gvihnaengh youq，lwgfwngz gut youq baihnaj lumjnaeuz dawz cagmax，gyapmumh de yawj ndaej cingcuj. Caez ok caxdoengz 1 gienh，luenzbomj gyaeujgengx，caeuq ndangcax itheij raixcauh，song naj ndangcax raiz rim fwjngaeu，giz gaenh gaenz de naj ndeu raiz duzguk，naj wnq raiz miz duzlungz，cungj dwg raizrongh，gig cingsaeq. Neix fanjyingj le geizgonq Sihhan dieg Ouhloz miz gisuz raixcauh doengzheu gig sang.

贵港市风流岭31号墓的铜马及御手，是一架马车模型的附件。拉车的马，自足至耳高115.5厘米，长109厘米，背宽30厘米，高大雄健，头、耳、身躯、四肢、尾等9段分铸，然后按卯榫装配成一整体。御手为一老者，戴冠，着长袍，披甲，眼前视，腿踞坐，手前屈作执缰状，须络甲片清晰可见。同出铜削1件，扁圆环首，与削身连铸，削身两面满布勾云纹，近柄处一面饰虎纹，一面饰龙纹，都是铸造的阳纹，极精细。这反映了西汉前期瓯骆地区极高超的青铜铸造技术。

Sihlinz Bujdoz moh nyenz oknamh gij gaiqdoengzheu de lij miz doengzswiq、bat doengz、boidoengz，caeuq gij hingzyiengh diegcunghyenz doxdoengz，hoeng seiqhenz moix gienh doxgaiq cungj miz aencuenq saeqiq，diegcunghyenz cix dwg mbouj miz. Gienh max aen moh de oknamh，dwg ndwnyouq，riengmax gag cauh，miz aen gyaeujswnj，baihgwnz gumqmax yawhlouz miz aen conghswnj fuenghingz ndeu hawj dam diuz riengmax，gwnz aemqmax miz an，bouxgizsw hamj naengh youq gwnz an. Gienh max neix caeuq gienh gamax wnq、diuzgamz bakmax、aen gungmauh faci caeuq gak cungj baizcaenqdoengz，biujmienh cungj doh miz gimgyaeu. Caemh aen dieg moh oknamh aen gouhdoengz ndeu，lumj aen sieng raezseiqfueng，raez 200 lizmij，sang 66 lizmij，gvangq 89 lizmij，na 2 lizmij，naek geij bak ciengwz，biujmienh doh miz gimgyaeu. Aen mauhngeg doengz caemh oknamh de hix doh miz gimgyaeu（doz 9-1-20）. Sihlinz Bujdoz moh nyenz dwg aen moh cangq bouxdaeuz Gouhdinghcuz cojcoeng Bouxcuengh，oknamh gij doxgaiq doengzheu de daiqbiuj le Handai Gouhdinghcuz cungj suijbingz raixcauh gaiqdoengz ceiqsang，gij gunghyi doh gimgyaeu de gaenq maqhuz cingzsug.

西林普驮铜鼓墓出土的青铜器还有铜洗、铜锏、铜耳杯，与中原地区的形制相同，但每件器物的周边都有细小钻眼，是中原地区没有的。该墓出土的骑马俑，马作站立状，马尾单独铸造，有榫头，臀部上方预留有方形榫孔供马尾插入，马背上有鞍，骑士跨坐鞍上。这件骑俑和另一件马腿俑、马饰衔镳、车盖弓帽和各种铜牌饰，表面都鎏金。同一墓地出土的一具铜棺，呈方箱形，长200厘米，高66厘米，宽89厘米，厚2厘米，重数百千克，表面鎏金。同出的铜面具也鎏金（图9-1-20）。西林普驮铜鼓墓是壮族先民句町族首领的墓葬，出土的青铜器代表了汉代句町族的最高冶铸水平，鎏金工艺已相当成熟。

Doz 9-1-20 Mauhngeg doengz，youq Gvangjsih Sihlinz yen Bujdoz aen moh Sihhan oknamh（Cangh Leij ingj）

图9-1-20 广西西林县普驮西汉墓出土鎏金铜面具，高21.7厘米，宽19.2厘米，厚0.3厘米（张磊 摄）

Geizgyang Sihhan gvaqlaeng, youq Hozbuj、Busanh（seizneix dwg Gveigangj Si）、Canghvuz daengj hawsingz hwng miz gij gunghyi youq gwnz gaiqdoengzheu siuqdik varaiz, youq biujmienh gij gaiqdoengz daihmbang lumj aendaiz、aenbuenz、aenhab、aengveiz、aenhuz、aen cenj gasang daengj, siuqdik miz gij dozanq cingsaeq lumj heujgawq、aen lamqgak、bwnroeg、aenman daengj caeuq gij raizyiengh doenghduz doenghgo lumj duzlungz、duzfungh、duzloeg、duznyaen'gvaiq、duznon、duzbya daengj, ndeiyawj youh fukcab.

西汉中期以后，在合浦、布山（今贵港市）、苍梧等城市兴起了青铜錾刻花纹工艺，在案、盘、盒、簋、魁、壶、高足杯等薄胎铜器的表面，錾刻精细的锯齿、菱形、羽毛、织锦等图案和龙、凤、鹿、异兽、虫、鱼等动植物纹样，繁缛富丽。

Aen daiz gwn haeux. Guengjsae Vuzcouh Si oknamh aen daiz gwn haeux de dwg raezseiqfueng, bakdaiz doeb dauqrog, cungqgyang feuzfwd, seiq gok yawhlouz miz aen daswnj, seiq diuz gadaiz yawhcouz gyaeujswnj, yienzhaeuh dauqcang. Gij raizcang ndaw daiz faen baenz ndaw rog song giz: Cingqgyang giz ndaw de dik miz aen hang ndeu, ndaw hang miz duzbya, bak hang miz raemx roenx okdaeuj, baihswix baihgvaz gak miz duzlungz ndeu najcoh aenhangz diuqfoux, gwnzlaj duzlungz youh miz duz bya ndeu; giz rog dik miz duzlungz、duzfungh、duznyaen'gvaiq, seiq gok gak dik miz nye faexva ndeu. Gij ranghraiz hopheux doenghgij dozanq neix dwg youz gij raizraemxlangh、raizlimq、raiz S doxngaeu gapbaenz, mingzyienj souhdaengz cunghyenz vwnzva yingjyangj（doz 9-1-21）.

食案。广西梧州市出土的东汉食案为长方形，口沿外折，浅腹，四角有预留的榫眼，四条蹄足预铸榫头，然后套装。案内纹饰分内外两区：内区正中刻一鼎，鼎内有鱼，鼎口溢出水花，左右各有一条面向鼎而舞的龙，龙的上下又有一条鱼；外区刻龙、凤、异兽，四角各刻一花树。围绕这些图案的是水波纹、菱形回纹、勾连S纹构成的纹带，明显受中原文化影响（图9-1-21）。

Aen dakbuenz. Buenzluenz, gyangfeuz, seiqhenz hwnj miz bien daemq, laj de do miz sam ga（doz 9-1-22）.

承盘。圆形，浅腹，周边起矮缘，下承三足（图9-1-22为铜承盘）。

Doz 9-1-21   Daiz gwn haeux Dunghhan gaek miz raiz va, youq Gvangjsih Vuzcouh oknamh（Ciengj Dingzyiz hawj doz）

图9-1-21   广西梧州市出土的东汉食案錾刻纹饰线描图（蒋廷瑜 供图）

Doz 9-1-22   Dakbuenz doengz sihhan, youq Gvangjsih Hozbuj oknamh（Cangh Leij ingj）

图9-1-22   广西合浦县望牛岭出土的西汉跪俑足铜承盘，高8.5厘米，直径33厘米，纹理纤细匀称，三足作人形（张磊 摄）

Aen hab gwnhaeux. 1955 nienz, youq Gui Yen（seizneix dwg Gveigangj Si）hojcehcan 74 hauh moh oknamh le gienh habdoengz ndeu, gwnzlaj ngaeuhab, lumj aengiuz, gij giujmiuq daegbied de dwg, youq giz fahab、ndanghab ngaeuhab de, cienmonz dik miz le duz roegfungh ndeu, dangguh gij byauhci aenfa caeuq aenndang doiqhab. Gyaeuj duz roegfungh youq gwnz henz fahab, ndang duz roegfungh youq gwnz ndanghab, cijmiz aengyaeuj caeuq aenndang duz roegfungh doiqhab le cijndaej ngaeundaet aenhab.

食盒。1955年，在贵县（今贵港市）火车站74号墓出土了一件铜盒，上下扣合，有如球形，独具匠心的是，在盖、身扣合处，专门刻了一只凤鸟，作为盖与身对合的标志。凤鸟的头在盖沿上，凤鸟的身在器身上，只有凤鸟的头与身对合后才能将盒扣紧。

Handai dieg Ouhloz gij gaiqdoengz siuqdik miz raizva de cungj dwg aen vunghab raixcauh, raizva cungj dwg youq couzbaenz gaiqdoengz gvaqlaeng, caiq yungh gangmid siuq roxnaeuz dik hwnj bae. Ndang rog gij gaiqdoengz lumj aengveiz、aenhuz、aencenj、aencin daengj cungj dik miz raizva, cungj dwg cingsaeq raixcaix. Siuqcauh raizva gaiqdoeng, youq gwnz gij gaiqdoengzheu dieg wnq lij caengz raen daengz gvaq, neix dwg gyoengq canghdajcang Ouhloz doiq gij doengzheu gunghyi Cungguek miz gunghawj gag miz（doz 9-1-23）.

汉代瓯骆地区的錾刻花纹铜器都是合范铸造的，花纹都是在铜器铸成以后，再用钢刀錾凿或镂刻上去的。魁、壶、杯、镇等铜器外身都刻有花纹，均甚精细。用錾凿制造铜器花纹，在其他地区的青铜器上还未见到，这是瓯骆工匠对中国青铜工艺的独特贡献（图9-1-23）。

Doz 9-1-23   Buenz doengz Sihhan gaek miz raiz va, youq Gvangjsih Hozbuj oknamh
图9-1-23   广西合浦县望牛岭出土的西汉铜盘的錾刻花纹线描图

Doengzheu lij yungh daeuj cauh mbangj gaiqmingz. Lumj gij cangdoengz siuqdik raizva Hozbuj Yen Vangznizgangh moh Sinhmangj（gaxgonq gunghyenz 9 nienz~gaxgonq gunghyenz 24 nienz）oknamh、gij cangdoengz Hozbuj Yen Ndoivangniujlingj moh geizlaeng Sihhan caeuq

Vuzcouh Dadangz moh Dunghhan oknamh. Doenghgij cangdoengz neix cungj dwg yiengh gencuz ganlanz, dwg aeu aen ranzcang caensaed guh banj ciuq beijlaeh sukiq cauhguh, gezgou fukcab, raixcauh gunghyi cinggiuj. Hozbuj Yen Ndoivangniujlingj moh geizlaeng Sihhan lij oknamh saeuqdoengz caeuq cingjdoengz, dwg ciuq huqsaed sukiq couzbaenz.

青铜还用来制造一些明器。如合浦县黄泥岗新莽（公元前9年~公元前24年）墓出土的錾刻花纹铜仓、合浦县望牛岭西汉晚期墓和梧州大塘东汉墓出土的铜仓。这些铜仓均为干栏建筑，是以真实仓房为蓝本按比例缩小制作的，结构复杂，铸造工艺精巧。合浦县望牛岭西汉晚期墓还出土铜灶和铜井，是按实物缩小而铸成。

Handai dieg Ouhloz swnghcanj gij daengdoengzheu de hix dabdaengz le aen gunghyi suijbingz gig sang. Aen daeng goujnye Gveigangj Lozbwzvanh 1 hauh moh Handai（doz 9-1-24），guhbaenz lumj gosangh, gwnz ganj faen 3 caengz yiengq rog iet ok 9 diuz nga, dingj ganj cuengq aen daengbuenz lumj duz fwzgim ndeu, gyaeuj 9 diuz nga faenbied cuengq aen daengbuenz lumj mbawsangh ndeu. Doengzseiz diemjdawz 10 aen daengbuenz, lumj go faexfeiz duj va'ngaenz. Daej、ganj、nga、daengbuenz, cungj dwg faenbied raixcauh, yungh mauxswnj dauqngaeu, habbaenz ndang ndeu, ndaej swyouz cangdiq.

汉代瓯骆地区生产的青铜灯具也达到了很高的工艺水平。贵港罗泊湾1号汉墓出土的九枝灯（图9-1-24），做成扶桑树形，主干上分3层向外伸出9条枝杈，主干顶端置1只金乌形灯盘，9条枝头各置1只桑叶形灯盘。将10只灯盘同时点燃，如火树银花。底座、主干、枝杈、灯盘，都分别铸造，用卯榫套扣，合成一体，可自由装卸。

Doz 9-1-24 Daeng gouj nga
图9-1-24 九枝灯

Hozbuj Yen Ndoivangniujlingj moh geizlaeng Sihhan oknamh doiq funghvuengz duzboux duzmeh ndeu（doz 9-1-25）. Gyoengqde ngiengxgyaeuj muenghdauq, song ga caez laeb, bwnrieng boep daengz gwnz dieg. Ga、rieng doxdingj cengjdaemx daengx ndang, yienj ndaej onj. Gyaeuj、rouj、hoz、fwed、rieng、ga, gak aen bouhfaenh daihgaiq yienghceij cingcuj, beijlaeh ndaej yinz, daengx ndang dik miz bwn iq, gyiqciq ndeiyawj. Baihlaeng funghvuengz louz miz aen conghluenz ndeu, cuengq bingz aen daengbuenz daiq miz gaenz raez ndeu. Hoz funghvuengz cienjgoz ietsang dauq laeng, youz song diuz guenjdauq swnjciep, ndaej swyouz cienjdoengh caeuq cekcang. Bak funghvuengz aj hai, hamz miz aen haeuzdaeng lumj hozlez ndeu, cingqdoiq baihgwnz daengbuenz. Ndaw dungx funghvuengz cuengq hoengq, ndaej rom raemx. Dang diemjdawz aen daeng ndaw daengbuenz seiz, iendaeuh ginggvaq haeuzdaeng nabhaeuj guenjhoz bae, caiq youz guenjhoz yinxhaeuj ndaw dungx funghvuengz, yungz haeuj ndaw raemx, fuengzre iendaeuh huqlah hoengheiq, baujciz ndaw rug cinghseuq. Gij gunghyi cauhguh de gyaqciq, yenzlij gohyoz, hawj vunz doeksaet.

合浦县望牛岭西汉晚期墓出土的铜凤灯（图9-1-25），雌雄一对。它们昂首回望，双足并立，尾羽下垂及地。足、尾形成鼎立之势支撑全身，显得稳重。头、冠、颈、翅、尾、足，各部位轮廓清晰，比例匀称，通体细刻羽毛纹，精致美观。凤凰背部留一圆孔，平置一只带长柄的灯盘。凤凰颈向后伸高弯转，由两条套管衔接，可自由转动和拆装。凤嘴张开，含一只喇叭形灯罩，正对灯盘上方。凤的腹腔内空，可以贮水。当灯盘中的灯点燃时，灰烟经过灯罩纳入颈管，再由颈管导入腹腔，溶入水中，防止烛烟污染空气，保持室内清洁卫生。其制作工艺精湛，原理科学，令人惊叹。

Doz 9-1-25　Daeng fungh doengz
图9-1-25　铜凤灯

Vuzcouh Byahozdouzsanh moh Dunghhan oknamh aen daeng lumj duzlingz de, gwnz de gvihnaengh miz doiq lingz doxinglaeng ndeu, gyaeuj lingz dingj diuz saeu ndeu, gwnz saeu cauh miz duzlungz ngiengxgyaeuj hwnj mbwn ndeu, bak lungz hamz miz diuz saeuswnj, dodawz aen daengbuenz luenz, gig hamz miz yiengh eiqsei saenzvah. Cauhbingz Yen Bwzdoz Ndoidabingz moh Dunghhan oknamh aen diuqdaeng gvihyungj de, gij siengjfap cauxguh de giujmiuq raixcaix. Daj doenghgij daeng oknamh neix ndaej yawj ok vunz Ouhloz Handai youq lienhcauh、siuqdik cangcaenq laeg gyagoeng fuengmienh mboujdan gaenq dabdaengz aen suijbingz maqhuz sang, caemhcaiq hix gaenq gaemmiz itdingh gohyoz cihsiz.

梧州鹤头山东汉墓出土的猴形灯，其上踞坐一对背靠背的连体猴，猴头顶一柱，柱上塑一条昂首仰天的龙，龙口含柱榫，承接圆形灯盘，富有神话意味。昭平县北陀大平岭东汉墓出土的跪俑吊灯，构思十分巧妙。从这些出土的灯具可以看出汉代的瓯骆人在青铜器的冶炼、铸造、雕饰深加工方面不仅已达到相当高的水平，而且也已掌握一定的科学知识。

Hancauz vatsik dingzlai dwg doenggvaq dauzswiq, fouz bae namhsa, genjaeu naek sik naek caem roengzbae de. Lienhsik yungh aen lozfeiz bak gvangq ndang soh、gwnz hung laj iq haenx, fwngz rag fungsieng boqrumz.

汉朝采锡多用水淘洗法，漂去泥沙，拣取重而沉下的锡粒。炼锡用上大下小的敞口直炉，手拉风箱鼓风。

Sam. Mwh Samguek Cincauz Dangzcauz

三、三国晋唐时期

Gij vunz baekfueng dangguen roxnaeuz ndojluenh haeuj daengz dieg Lingjnanz daeuj, daiqdaeuj le senhcin swnghcanj gisuz, cojcoeng Bouxcuengh hag ndaej gaemmiz le gij lienhcauh gisuz doengzsikyienz habgim, gaijcaenh le gij gunghyi swnghcanj gaiqdoengz, daezsang le gij caetliengh gaiqdoengz, caemhcaiq gyadaih le canjliengh.

北方人士为官或避乱进入岭南，带来了先进的生产技术，壮族先民学习掌握了铜锡铅合金的冶铸技术，改进了铜器的生产工艺，提高了铜器的质量，并扩大了产量。

Cawzbae laebdaeb gyadaih haivat aen gvangqdoengz Bwzliuz Ndoidungzsizlingj, caiq youq Yungz Yen Bwzliengz, Cwnzhih Nodung、Ginhcuz caeuq Cwngzgen, Luzconh Sahboh, Bozbwz Ningzdanz caeuq Hwngzyen fatyienh le gvangqrinyienz, daj Samguek seiz haivat, vih ceiqcauh aennyenz daezhawj yienzcaizliuh. Nanzbwzcauz caeuq Suizcauz cungj miz vwnzyen geiqsij cojcoeng Bouxcuengh Lingjnanz caux aennyenz yied guh yied daih, yungh doengz soqliengh daih. Daengz Dangzcauz, sanghyez fazcanj, mouyiz soqliengh gyadaih, aenvih aeu raixcauh doengzcienz, laebdaeb gyadaih haivat gij doengz Lingjnanz. Ndawde, Bwzliuz deng baiz guh cungdenj, gaij hingzcwnggih baenz "Dungzcouh". Linghvaih, youq Hocouh hainduj haivat gij gvangqdoengzyienzsik Byalinzhogizsanh（ngoenzneix Byabwzmensanh Hocouh）caeuq gij gvangqsik Fuconh、Faisuijnganzba、Byalandouzsanh daengj seiqhenz de. Doeklaeng youh fatyienh gij gvangqsik Hocouh Fungzswngz Yen, gij gvangqdoengz、gvangqgim Lenzcouh Lenzsanh, gij gvangqdoengz Dwngzcouh Danzcinh Yen.

除北流铜石岭的铜矿继续扩大开采外，新发现了容县自良，岑溪糯洞、筋竹和城谏，陆川沙坡，博白宁潭和横县的铅矿石，自三国时开采，为铜鼓制造提供原材料。南北朝及隋朝均有文献记载岭南壮族先民铸铜鼓越做越大，耗铜量大。到了唐朝，商业的发展，贸易量增大，因铸造铜钱的需要，继续扩大岭南采铜事业。其中，北流被列为重点，改行政区为"铜州"。此外，贺州临贺桔山（今贺州白面山）的铜铅锡矿及其周边的富川、水岩坝、烂头山等锡矿开始开采。后又发现贺州冯乘县的锡矿，连州连山的铜、金矿，滕州镡津县的铜矿。

Daj gij dieggaeuq vatgvangq yienhseiz daeuj gaujcaz, mwhde laebdaeb haivat bouhfaenh caengzgvangq lajdeih. Gij sik ngamq fatyienh de dingzlai dwg gvangqsa, daebdong youq ndoibya, haivat gig yungzheih. Hoeng yienz sinh doengz dingzlai dwg cabyouq, dingzlai dwg gvangqfanghyienz（PbS）、yienzfanz（PbSO$_4$）caeuq gvangqsanjsinh（ZnS）、rinsik（SnO$_2$）caeuq gvangqliuzsikyienz（PbSnS$_2$）, seng youq ndaw rinvahganghnganz, baenz yienghmeg roxnaeuz yienghnye faenbouh youq, dingzlai youq gwnzdeih roxnaeuz giz feuz lajdeih, haivat hix gig yungzheih.

从现存的采矿遗址考察，此时继续开采地下部分矿层。新发现的锡产地多为砂矿，堆积在山坡，很容易开采。而铅锌铜多混生，多为方铅矿（PbS）、铅矾（PbSO$_4$）与闪锌矿（ZnS）、锡石（SnO$_2$）及硫锡铅矿（PbSnS$_2$），生于花岗岩石内，成脉状或枝状分布，多在地表及地下浅部，也很容易开采。

Samguek daengz Dangz caeuq Hajdaih, ceiqcauh gij gaiqdoengz de cujyau dwg aennyenz、doengzcienz caeuq cungdoengz. Gij yienzliuh lienh de cawzliux rin'gvangq, hix cab yungh doengzliuh gaeuq. 1992 nienz 3 nyied, youq dieghong Yungz Yen Cwngzcin Vazgyauz Gaihfazgih Cauhsangh Daya, vat daengz buek goengqcangz Dangzdai ndeu, ndawde miz gij benqsoiq raizlungz doengzgingq Dangzdai、gij benqsoiq raizamq doengzgingq lamqgak daihmbang、gij benqsoiq ndangnyenz caeuq najnyenz cungj Lingzsanh, gij benqsoiq cungdoengz caeuq daeb doengzcienz Dangz Hihcungh Cunghhoz seiq bi（884 nienz）Couzdau Couh aen miuh Gaihyenz, lij miz nyaqdoengz, neix dwg gij yienzliuh raixcauh gaiqdoengz gocwngz louz roengzdaeuj haenx. Leihyungh gij doengzfeiq doengzgaeuq daeuj lienhcauh, ndaej gyangqdaemq ceiqcauh gaiqdoengz cingzbonj.

三国至唐和五代，制造的铜器主要是铜鼓、铜钱和铜钟。冶炼原料除了矿石，也掺用旧铜料。1992年3月，在容县城镇华侨开发区招商大厦工地，挖到一批唐代的窖藏，其中有唐代龙纹铜镜残片、薄胎菱形暗纹铜镜残片、灵山型铜鼓鼓身及鼓面残片，唐僖宗中和四年（884年）铸道州开元寺铜钟的残片及一叠铜钱，还有铜渣，这是铸造铜器过程中留下的原料。利用废旧铜冶铸，可以降低铜器制造成本。

Aen seizgeiz de raixcauh aennyenz cujyau fuengfap lij dwg fapvunqnaez. Fapvunqnaez dwg gij raixcauh fuengfap cienzdoengj dieg Cunghyenz caeuq dieg saenamz gvangqlangh sawjyungh. Cojcoeng Bouxcuengh caezyungh fapvunqnaez caeuq fapsaetlab, giujmiuq bae senjaeu gak cungj hidungj rwedguenq, raixcauh gak cungj loihhingz aennyenz raizva cingsaeq、cauhhingz sengdoengh haenx. Gij nyenz hung bingzciengz, doenggvaq luengqgeh bae rwedguenq, gij luengq habvunq louz roengzdaeuj de gvangq caemhcaiq doed hwnjdaeuj, miz siuqmuh haenzcik mingzyienj. Siujsoq caijyungh cungj rwedguenq fuengfap lumj mbaeklae. Gij hidungj doenggvaq luengqgeh rwedguenq aennyenz de miz song cungj habvunq fuengsik: Cungj ndeu dwg najnyenz youq gwnz, aeu aen vunq ndaw nyenz guh gihcunj, ciuq gonqlaeng cujhab doengh aen vunq rog, youq gwnz luengqgeh habvunq song mbiengj ndalaeb bakrwed, youq najgyong giz rongh raizdaengngoenz de ndalaeb bakconh. Cungj wnq dwg najnyenz youq laj, aeu aen vunq naj nyenz guh gihcunj, ciuq gonqlaeng cujhab aen vunq ndaw caeuq aen vunq rog, youq gwnz luengqgeh habvunq song mbiengj ndalaeb bakrwed, youq gyang ndaw ciengzgyong ndalaeb bakconh. Cungj habvunq fuengsik neix haemq nanz, hoeng gij raizva naj nyenz de caetliengh ndei. Daengx dauq gunghyi sang raixcauh aennyenz neix, fanjyingj le gij raixcauh gisuz suijbingz aen seizgeiz de fazcanj baenaj gig daih lo.

这一时期铸造铜鼓的主要方法还是泥范法。泥范法是中原地区及西南地区广泛使用的传统铸造方法。壮族先民把泥范法和失蜡法并用，巧妙地选择各种浇注系统，铸造花纹精细、造型生动的各种类型的铜鼓。一般的大铜鼓，采用缝隙浇注，留下的合范缝宽且突起，有明显的凿磨痕迹。少数采用阶梯式浇注法。铜鼓的缝隙式浇注系统有两种合范方式：一种是鼓面朝上，以鼓内范为基准，依次组合外范，在两侧合范缝隙上设置缝隙浇口，在鼓面太阳纹光体部位设置冒口。另一种是鼓面在下，以鼓面范为基准，依次组合内范及外范，在两侧合范缝上设置浇口，在鼓内壁中心设置冒口。这种合范方式比较困难，但鼓面花纹质量好。铜鼓铸造的一整套高超工艺，反映了这个时期的铸造技术水平大大向前发展了。

Gij nyenz mwhde raixcauh haenx aeu aen sanghung guh gviq, naj gvangq ciengh lai. Venj youq ndaw ding, miz boux hekbengz daengz, aeu gimngaenz guh caih, yungh bae dwk nyenz, soengqhawj bouxcawj. Mwh miz vunzdig daeuj ciemqfamh, roq nyenz comz vunzlai bae dingjhoenx.《Sawcin》、《Sawcinz》、《Nanzsij》、《Sawsuiz》、Du You《Dunghdenj》、Liuz Sinz《Lingjbyauj Luzyi》ndawde cungj geiqsij miz gij aennyenz mwhde. Gaujguj fatyienh Lijliuz raixcauh gij nyenz de, cungj dwg haemq daihhingz, raixcauh gyiqciq, raizcang fukcab, dabdaengz le gij gunghyi raixcauh aennyenz ceiq ndei. Gij nyenz mwhde cujyau miz 3 aen loihhingz：Cungj Lwngjsuijcungh、cungj Bwzliuz caeuq cungj Lingzsanh.

此时所铸的铜鼓以高大者为贵，面阔丈余。悬于庭中，有贵客至，以金银为钗，用以击鼓，赠予主人。有敌人侵犯时，鸣鼓聚众抗拒。《晋书》、《陈书》、《南史》、《隋书》、杜佑《通典》、刘恂《岭表录异》中均有关于当时铜鼓的记述。考古发现俚僚铸造的铜鼓，都是比较大型的，铸造精良，纹饰繁缛，达到了铜鼓铸造工艺的顶峰。这个时期的铜鼓主要有3个类型：冷水冲型、北流型和灵山型。

Cungj nyenz Lwngjsuijcungh aeu gij nyenz Guengjsae Dwngzyen Mungzgyangh Cin Hwngzcunh Lwngjsuijcungh oknamh de guh daiqbiuj. Cungj nyenz neix hungsang、mbaeumbang, gvangq 63.5～87.7 lizmij, sang 43.7～66.0 lizmij, naj nyenz gvangq hung, raizcang gyaeundei. Gij raizdaengngoenz gyang nyenz de gihbwnj dingh dwg 12 mangz, mangz caeuq mangz gab miz gij raiz aen soij sueng bwnda saedsim, henz najnyenz miz 4 duz susieng duzgoep, miz mbangj youq gyang duzgoep caiq cang miz duzmax、gyauhvaiz、duz seng gwnzraemx、duzgvi、duzbya daengj gij susieng doenghduz（doz 9-1-26、doz 9-1-27）. Naj nyenz、ndang nyenz cungj miz gak cungj raizva dozang. Cungj nyenz neix cujyau youq baihbaek Dahyi'gyangh、Dahyunghgyangh Guengjsae caeuq henz hamq Dahgenzgyangh、Dahsinzgyangh fatyienh. Ging gienjcaek gij habgim cwngzfwn 18 aen cungj nyenz Lwngjsuijcungh, gij habgim cwngzfwn gyoengqde：Doengz 65%～70%，sik 5%～15%，yienz 10%～25%，dwg cungj nyenz habgim sam yiengh miz yienz sang.

冷水冲型铜鼓以广西藤县蒙江镇横村冷水冲出土的铜鼓为代表。这类铜鼓体形高大，器体轻薄，面径63.5～87.7厘米，身高43.7～66.0厘米，鼓面宽大，纹饰瑰丽。鼓面中心太阳纹基本固定为12芒，芒间夹实心双翎眼坠形纹，鼓面边沿有4只青蛙塑像，有的在青蛙之间再饰骑马、牛橇、水禽、龟、鱼等塑像（图9-1-26、图9-1-27）。鼓面、鼓身遍布各种图案花纹。这类铜鼓主要发现于广西郁江、邕江以北和黔江、浔江沿岸。经对18面冷水冲型铜鼓的合金成分检测，它们的合金成分为：铜65%～70%，锡5%～15%，铅10%～25%，属高铅三元合金鼓。

Doz 9-1-26　Gvangjsih Dwngzyen Gujcuz yangh oknamh gij nyenz Dangzcauz cungj Lwngjsuijcungh, naj nyenz caeuq fugieh gyagoeng daegsaek mingzyiemj
图9-1-26　广西藤县古竹乡出土的唐朝冷水冲型铜鼓鼓面及附件加工特色突出

Doz 9-1-27　Guengjsae oknamh gij nyenz cungj Lwngj suijcungh, gwnzde miz vunz gwih max、duzgoep、duzbit
图9-1-27　广西境内出土的冷水冲型铜鼓鼓面上骑马、蛙、鸭塑像

Cungj nyenz Bwzliuz aeu gij nyenz Guengjsae Bwzliuz oknamh de guh daiqbiuj. Hix dwg cungj nyenz habgim sam yiengh miz yienz sang. Ndang hung youh naek, naj nyenz hunggvangq, henzbien iet ok rog hoznyenz, miz mbangj henzbien doeb roengzlaj baenz "yiemhboep", aek nyenz cigbanz doed okrog, ceiqdaih ging bienlaj. Gij susieng duzgoep naj nyenz iq caemhcaiq saedbeg. Gij raizdaengngoenz cungqgyang de luenz doed ok lumj bingj, itbuen dwg 8 mangz. Gij raizcang de cujyau dwg raizfwj raizbyaj, dohcaez daengx ndang.

北流型铜鼓以广西北流出土的铜鼓为代表。亦属高铅三元合金鼓。形体硕大而厚重，鼓面宽大，边缘伸出鼓颈之外，有的边缘下折成"垂檐"，胸壁斜直外突，最大径偏下。鼓面青蛙塑像小而朴实。中心太阳纹圆突如饼，一般是8芒。主要纹饰是云雷纹，遍布全身。

Gij nyenz seizgeiz neix hungsang ndaej mizmingz, aen nyenz hung yienzlaiz youq Bwzliuz Luzcing Yangh Suijcungh'anh de gvangq 165 lizmij, lwnaek 300 lai ciengaek, dwg aen nyenz ceiq hung daengz ngoenzneix soj rox haenx, deng haenh guh "aen nyenz vuengz". Vwnzyen ciuhgeq soj gangj gij nyenz "naj gvangq ciengh lai" de couh dwg loih nyenz neix（doz 9-1-28、doz 9-1-29）.

此时期的铜鼓以高大著称，原存北流六靖乡水冲庵的大铜鼓面径165厘米，残重300多千克，是迄今为止所知出土的最大的一面铜鼓，被誉为"铜鼓之王"。古代文献所说"面阔丈余"的铜鼓就是这类铜鼓（图9-1-28、图9-1-29）。

Doz 9-1-28　Aen nyenz vuengz Gvangjsih Bwzliuz oknamh

图9-1-28　广西北流市出土的北流型铜鼓王

Doz 9-1-29　Gij nyenz baihgwnz miz duzgoep Suiz Dangz seizgeiz, youq Gvangjsih Bwzliuz si oknamh

图9-1-29　广西北流市出土的隋唐时期铜鼓的鼓面有青蛙纹饰

Cungj nyenz Lingzsanh aeu gij nyenz Guengjsae Lingzsanh Yen oknamh de guh daiqbiuj. Hix dwg cungj nyenz habgim sam yiengh miz yienz sang. Ndangnyenz naek maenh, hingzsiengq cinggiuj. Naj nyenz mbebingz, henzbien iet ok, hoeng mbouj doeb roengzlaj, aek nyenz doed ok di he, ceiqdaih ging youq gyang. Duzgoep cang youq naj nyenz de cungj dwg "duz goep samga" song ga baihlaeng doxdep baenz ga ndeu, baihlaeng duzgoep cang miz raizvehsienq roxnaeuz raizvohluenz, cangcaenq gyaeundei, baihlaeng mbangj duz youh miz duzgoep iq, baenz "duzgoep doxdaeb". Soq duzgoep itbuen dwg 6 duz. Giz baihlaj rwz nyenz ciepgaenh din nyenz de cungj cang miz gij susieng doenghduz. Ciengzciengz dwg doiq roxnaeuz duz roeg'iq ndeu, hix miz gij susieng doenghduz lumj duzvaiz、duzguk、duzloeg daengj, doenghgij doenghduz neix cungj dwg gyaeuj doxroengz（doz 9-1-30 dwg nyenz Gvangjsih Lingzsanh oknamh haenx）

灵山型铜鼓以广西灵山县出土的铜鼓为代表，也是高铅三元合金鼓。体形凝重，形象精巧。鼓面平展，边缘伸出，但不下折，胸壁微凸，最大径居中。鼓面所饰青蛙都是后面二足并拢为一的"三足蛙"，蛙背上饰划线纹或圆涡纹，装饰华丽，有的背上又有小青蛙，成"累蹲蛙"。青蛙的数目一般为6只。鼓耳下方接近鼓足处均装饰动物塑像。常见的是一对或一只小鸟，也有饰牛、虎、鹿等动物塑像者，这些动物都是头朝下（图9-1-30为广西灵山县出土的灵山型铜鼓）。

Doz 9-1-30　Cungj nyenz Gvangjsih Lingzsanh oknamh haenx
图9-1-30　广西灵山县出土的灵山型铜鼓

Sam cungj nyenz gwnzneix cungj dwg nyenz habgim sam yiengh miz yienz sang. Youq ndaw doengz gya sik，sawj de cauxbaenz gij habgim miz beijlaeh habngamj，hauh ok lienhcauh gisuz gaenq ndaej dabdaengz aen suijbingz haemq sang. Mboujdan ndaej gyangqdaemq aen diemjyungz doengz，vanzlij ndaej daezsang gij giengzdoh caeuq gengdoh couzgen，gaijbienq yinhyangj yaugoj. Hoeng，mbouj ndaej mbouj miz hanhhaed dwk youq habgim doengzheu demgya sik，dang sik mauhgvaq 6% seiz，couh yaek bienq byot lai，ndaej iethai beijlwd couh doekroengz haenq. Danghnaeuz caiq gyahaeuj yienz itdingh soqliengh，mboujdan ndaej miz gij cozyung gyangqdaemq aen diemjyungz habgim，caemhcaiq aenvih yienz youq ndaw habgim doengzheu dwg gij gihdij cujciz unq，ndaej mizyauq bae baexmienx cungj doengzheu hamz miz sik sang de bienq byot，riuzdoengh ndaej ndei，dwg gij habgim caizliuh ndei bae raixcauh aen nyenz hung. Doiq sam cungj nyenz gwnzneix guh yienz dungzveisu caekdingh faensik fatyienh，gij gvangqliuh de dwg cizcungh youq laeng gij gvangqdoengz caeuq gvangqyienzsinh rangh Bwzliuz、Yungzyen. Dangzcauz seizgeiz lij miz cungj nyenz Sihmwngz youq seizneix rangh bien'gyaiq cungguek. Yiednamh dangq de louzhengz. Ndang nyenz sang，gwnz naj nyenz caemh miz duzsiengq doihduz（doz 9-1-31）.

　　上述三种类型的铜鼓都属于高铅三元合金鼓。在铜中加锡，使其构成适当比例的合金，是冶铸技术达到较高水平的标志。不仅可降低铜的熔点，还能提高铸件的强度和硬度，改变音响效果。但是，青铜合金的含锡量不能无限制地增加，当它超过6%时，脆性便会增大，延展率急剧下降。如果再加入一定数量的铅，不但可以起到降低合金熔点的作用，而且因为铅在青铜合金中属于软的基体组织，可以有效地避免高锡青铜的脆性，流动性好，是铸造大铜鼓较理想的合金材料。对上述三种类型铜鼓进行铅同位素测定分析发现，其矿料来源比较集中，来源于北流、容县一带的古铜矿和铅锌矿。唐朝还有流行在今中越边境一带的西盟型的鼓，鼓身较高，鼓面也有动物雕塑（图9-1-31）。

Doz 9-1-31   Cungj nyenz Sihmwngz Dangzcauz，youq Gvangjsih Lungzcouh Yangjsuij oknamh
图9-1-31   广西龙州县响水出土的唐朝西盟型铜鼓

Raixcauh aennyenz gisuz gyaqciq、cauhhingz gyaeundei、yinhyangj youhyaj, hawj gyoengqvunz youq maijyawj seiz youh ndaej miz siengjgyae，engqgya ndaej yinxhwnj gyoengq vwnzyinz dawzhaeujsim caeuq guhsei. Canghfwensei Dangzdai Vwnh Dingzginh miz swz："Roq nyenz coux saenz daeuj, fangeiz gyanghongh mbin. Mbanjraemx lumj rumzbyaj gvaq saenq, goengqbya mok sanq lumj dozveh. " Sunh Gvanghyen miz swz："Vaminz hai youq rogndoi, roeg heuh seizcin daengz. Roq nyenz caez ciengqfwen, Vunzyez boiz fuksaenz. " Du Muz miz sei："Cin daengz suen va doxriengz hai, vunz roq nyenz yiengj lumj byajraez." Hij Vwnz hix miz gij miuzsij "Gang laeuj daih hek gyae, nyaemh nyenz cingj baeddah" gij sei yienghneix. Raen ndaej, aennyenz gaenq baenz aen bouhfaenh Cunghvaz vwnzva ndeu, louzcienz daengz daihlaeng.

铜鼓的精湛铸造技术和优美的造型、优雅的音响，令人们在欣赏之余产生遐想，更引起文人的关注和吟咏。唐代诗人温庭筠词："铜鼓赛神来，满庭幡盖裴回。水村江浦过风雷，楚山如画烟开。"孙光宪词："木棉花映丛祠小，越禽声里春光晓。铜鼓与蛮歌，南人祈赛多。"杜牧诗："滕阁中春绮席开，柘枝蛮鼓殷晴雷。"许浑也有"瓦尊迎海客，铜鼓赛江神"这样的描述。可见，铜鼓已成为中华文化的一个组成部分，流传后世。

Gij vuengzdaeq Dangzcauz caeuq Hajdaih dingzlai coengzsaenq Fozgyau, hwnq miuh lai, aeu habgim doengz raixcauh fozsieng caeuq cungdoengz. Hoeng, ndaej cienz roengzdaeuj mbouj lai. 1987 nienz, youq Yungzsuij Yen fatyienh aen cungdoengz miuh Sinlozsw Dangzdwzcungh Cinhyenz sam bi（787 nienz）raixcauh haenx, ceiqsang 120 lizmij, bakgvangq 265 lizmij, dik miz "naek seiq bak gaen"，saedcaih naek 187 ciengaek. Aen cunggyong miuh Gaihyenzsw Dangzcinhyenz cibngeih nienz（796 nienz）raixcauh seizneix ce youq ndaw Guengjsae Yungz Yen Yinzminz Gunghyenz de, ndang bomj, daengx daej loegsausau, vunzhou canghcung, vangraeh deufeuz miz raizyienz, baihgyang couz miz 4 duj valuenz, dingjbyai couz miz gaetlungz, cauhhingz sengdoengh hung maengh, ceiqsang 183 lizmij, ndanggvangq 325 lizmij, dik miz "naek sam cien haj bak gaen", dwg aen cungdoengz ceiqhung ciuhgeq Guengjsae seizneix miz（doz 9-1-32）. Youq Guengjsae Buzbwz Yen Yezcouh singzgeq lij oknamh le gienh cungdoengz Dangzcauhcungh Genzningz haj bi（898 nienz）raixcauh, dan sang 46 lizmij, naek 14 ciengaek, haemq iqmbaeu. Cawz neix liux, lij canh miz gingqdoengz, gij gunghhi de gig ndei （doz 9-1-33 dwg gingqdoengz Dangzdai youq Guengjsae oknamh）.

　　唐和五代的皇帝多崇信佛教，广建寺庙，以铜合金铸造佛像和铜钟。但是，传世者不多。1987年，在融水县发现唐德宗贞元三年（787年）铸造的信乐寺铜钟，通高120厘米，口围265厘米，自铭"重肆佰斤"，实重187千克。现存广西容县人民公园内的唐贞元十二年（796年）铸造的开元寺铜钟，钟身椭圆形，通体铜色光润，浑厚庄重，纵横浮雕弦纹，中部铸4朵圆形花朵，顶部铸龙钮，造型生动雄健，通高183厘米，身围325厘米，自铭"重三千五百斤"，是广西现存古代最大的铜钟（图9-1-32）。在广西浦北县越州故城还出土了一件唐昭宗乾宁五年（898年）铸造的铜钟，仅高46厘米，重14千克，比较小巧。除此之外还铸有铜镜，制造工艺精湛（图9-1-33为广西出土的唐代铜镜）。

Doz 9-1-32　Cungdoengz Gaihyenzsw Dangzcauz

图9-1-32　唐代开元寺铜钟

Doz 9-1-33　Gingqdoengz seiqfueng Dangzdai, youq Gvangjsih Dwngzyen Sanhhoz oknamh

图9-1-33　广西藤县三合村出土的唐代方形铜镜，浮雕海兽葡萄纹，镜面光亮异常须发可鉴，制造工艺高超

Nanzhan cwnggez daihhwng saehbaed, hix hauqfeiq daihliengh doengz、sik bae raixcauh cungdoengz、baeddoengz. Gaengawq Cingh Gyahging《Guengjsae Dunghci·Ginhsiz Loz》geiqsij: Youq Guengjsae Cungzsan（ngoenzneix Cungzcoj si）miz aen cungdoengz gwnzde deu miz Dahan Genzhoz 4 bi saenhaih（946 nienz）, couz youq dunghcanz yen mingzvwnz haenx. Gij cungdoengz gvihaeuj Nanzhan de youq Guengjsae lij miz song aen: Aen ndeu youq Vuzcouh

Si Bwzsanh Cunghsanh Gunghyenz Cinzcunghdingz, dwg Genzhoz 16 bi（958 nienz）raixcauh hawj aen miuh Ganjbausw Byayinzgaisanh Vuzcouh, deu miz "naek haj bak gaen"；lingh aen youq ndaw Hocouh Si Yinzminz Gunghyenz, dwg Dabauj seiq nienz（961 nienz）raixcauh hawj aen miuh Genzhwnghsw, deu miz "naek it cien haj bak gaen". Fanjyingj le gij couzguh suijbingz canghgoeng Guengjsae mwh Nanzhan. Gyahging《Guengjsae Dunghci • Ginhsiz Loz》lij geiqsij：Youq ndaw dienh aen miuh Bauwnh Gvanghyausw Guengjsae Bingzloz, miz ndang baeddoengz Nanzhan Dabauj 4 bi（961 nienz）raixcauh ndeu, gyauga naengh youq ndaw duj va'ngaeux, sang ciengh ndeu song cik, gvangq roek cik, naengh youq sang caet ciengh, raehgvangq ciengh ndeu, lwgfwngzmeh hung haj conq. Doenghgij dijbauj geq gwnzneix, cungj dwg aeu doengz daeuj raixcauh, cinggiuj raixcaix.

南汉政权大兴佛事，也耗费大量的铜、锡铸造铜钟、铜佛。据清嘉庆《广西通志·金石略》载：在广西崇善（今崇左市）有一口上刻大汉乾和四年辛亥（946年），铸于东禅院铭文的铜钟。属于南汉的铜钟在广西还有两口：一口在梧州市北山中山公园的晨钟亭，是乾和十六年（958年）为梧州云盖山感报寺铸造的铜钟，自铭"重五百斤"；另一口在贺州市人民公园内，是大宝四年（961年）为乾亨寺铸造的铜钟，自铭"重一千五百斤"。反映了南汉时期广西工匠的铸作水平。嘉庆《广西通志·金石略》还载：在广西平乐报恩光孝寺殿内有南汉大宝四年（961年）铸造的铜佛一躯，趺坐莲花中，高一丈二尺，阔六尺，座高七尺，纵阔一丈，巨拇围五寸。金兰宝陈，皆铜所范，妙极精巧。

Dangzdai ginghci fatdad, mouyiz mwnhoengh, aeuyungh daihliengh hobi. Daj Dangzgauhcuj Vujdwz seiq nienz（621 nienz）haidaeuz, Gauhcuj couh roengzlingh youq Gveilinz laeb cangj couz cienz. Gvidingh ndaw cienz hamz doengz 83.5%、yienz 14.5%、sik 2.0%.

唐代经济发达，贸易繁盛，需要大量货币。从唐高祖武德四年（621年）起，高祖就下令在桂林设厂铸钱。规定钱内含铜83.5%，铅14.5%，锡2.0%。

Dangz daengz Hajdaih geizgan, Dwngzcouh Danzcinh caeuq Fucouh（couh dwg ngoenzneix Dwngz Yen Ginhgih、Bingzsinz、Cazdingz caeuq ngoenzneix Cauhbingz daengj dieg）haivat gvangqyienz caeuq gvangqyienzsinh.《Dangzsaw Moq》ndawde miz geiqsij ciengzsaeq. Dangz《Lingjbyauj Luzyi》daegbied daezdaengz mbayienz, naeuz gok baihbaek singz Fucouh（ngoenzneix Cauhbingz）miz aen gumz namhhau ndeu, "gij namh de youh hau youh naeh, vunz bonjdeih aeu bae gai". Mwhde "gyoengqmbwk Lingjnanz cungj aeu daeuj guh mbacangnaj". Mbayienz saek hau youh saeqnaeh, yungh daeuj daz youq gwnznaj, hawj naengnoh bienq lai hau, yawj hwnjbae engqgya oiq, vihneix bienqbaenz cungj vacanghbinj riuzhengz. Gizsaed mbayienz dwg cungj yangjvavuz sinh. Yangjvasinh saek hau mbouj miz doeg, lij miz gij cozyung suknyaeuq、siucawz mazcinj caeuq nyannyaenh. Aenvih yienzsinh dwg cungj gvang'vuz caemhyouq, yienz youh youq sinh gaxgonq deng fatyienh, aen diemjyungz yienz daemq, yungzzheih cauh'aeu, ndigah cungj yangjvasinh lumj mbahau de loek deng nyinhnaeuz dwg cungj vahozvuz yienz.

唐至五代期间，滕州的潭津和富州（即今藤县的金鸡、平寻、茶亭和今昭平等地）开采铅及铅锌矿。《新唐书》中有详细记述。唐《岭表录异》特别提到铅华，说富州（今昭平）城北隅有白土坑，"其土白腻，郡人取以为货"。当时"五岭妇女率皆用之为粉"。铅华色白，粉甚线微，搽于面部，增加皮肤白度，更显细嫩，故成为时尚流行的化妆品。其实铅华是锌的氧化物。氧化锌色白无毒，还有收敛、消除皮疹和皮炎的作用。由于铅锌是共生矿物，铅又早于锌被发现，铅的熔点低，易制取，所以白色粉状的氧化锌被误认为是铅的化合物。

Mwh Hajdaih Cibguek（927~979 nienz），Maj Yinh youq Lingjnanz laebhwnj Cuj cwnggenz, daih'it baez raixcauh cienzyienzdiet, youq dangdieg riuzhengz, caeuq cienzdoengz cib beij it caujvuenh. Dajneix, gyadaih bae ra yienz swhyenz, dauqcawq bae haivat.

五代十国期间（927~979年），马殷在岭南建楚政权，首铸铅铁钱，在当地流行，与铜钱十比一兑换。由此，扩大寻觅铅资源，广为开采。

Dunghcin（317~420 nienz），canghlienhdan Gozhungz, dingqnaeuz Gyauhcij Gin Byagouhlousanh miz rindan, couh daiq lwglan bae daengz gizde, youq Byalozfuzsanh（ngoenzneix Guengjdoeng Dunghgyangh）lienhdan. Cojcoeng Bouxcuengh gig caeux couh gaemmiz le gij gunghyi gangqcoemh rinlwedgaeq, soudauq gij heiqfwi gungj, cuengq de gietgyoet baenz raemxngaenz. Gyoengqde doenggvaq aen dajcaeng baihrog boiq miz ceijna haenx cangdawz raemxngaenz yinh bae diegndaw. Dangzdai, youh youq Yizcouh（baudaengz ngoenzneix Yizcouh Si、Hozciz Si、Nanzdanh Yen、Denhngoz Yen、Duh'anh Yauzcuz Swciyen）fatyienh le gij gvangq rinlwedgaeq. Daegbied dwg gij gvangq giz Vanbaujsanh、Gailanz caeuq Nanzvei ndaw rangh baenzgvangq Danh（ngoenzneix Nanzdanh Yen）Ciz（ngoenzneix Hozciz Si）de meggvangq laeg、binjvei sang. Gvaqlaeng youh youq Duh'anh Yauzcuz Swciyen Lungzdung、Gyahgvanh fatyienh gij gvangq rinlwedgaeq ndei caemhcaiq daihliengh bae haivat. Gaujguj fatyienh le geij bak aen conghgeq, ndaej gangjmingz mwhde haivat rinlwedgaeq gig hoengh.

东晋（317~420年），炼丹术家葛洪，听闻交趾郡勾漏山有丹砂，率子侄前往，在罗浮山（今广东东江）炼丹。壮族先民很早就掌握了焙烧朱砂，回收汞蒸汽，再行冷凝而得水银的工艺。他们把制成的水银放入外糊厚纸的容器往内地运。唐代，在宜州（包括今宜州市、河池市、南丹县、天峨县、都安瑶族自治县）发现了新的朱砂矿。特别是丹（今南丹县）池（今河池市）成矿带内的万宝山、盖兰和南胄的矿脉厚、品位高。嗣后又在都安瑶族自治县的龙峒、加关发现优质朱砂并大量开采。考古发现了数以百计的旧窟，说明当时开采朱砂的盛况。

Seiq. Mwh Sung Daengz Cinghdai
四、宋至清代时期

Sung daengz Cinghdai gij doengz swhyenz yungzheih haivat de gaenq cugciemh bienq raeg, cauhguh gaiqdoengz hix cugbouh sukgemj. Hoeng haivat sik yienz cix mbouj doekbaih.

宋至清代容易开采的铜资源日渐枯竭，铜器制造逐步缩减。而锡铅的开采则不衰。

Gij gvangqdoengz Bwzliuz Byadungzsizsanh yienznaeuz lij ndaej haivat, hoeng mbouj ndaej muenxcuk aeuyungh, couh cienjdaengz baihsae Lingjnanz bae raaeu goekgvangq moq. Sungdai Fan Cwngzda 《Gveihaij Yizhwngz Ci》caengzging ceijok: "Doengz, dieg Yunghcouh You'gyanghcouh soj ok. Vat dieg geij cik couh miz gvangq." Bwzsung,《Daibingz Vanzyij Geiq》Yoz Sij biensij haenx lij geiqsij le saenamz Guengjsae "Danhcwngz Yen"(ngoenzneix gvihaeuj Ginhcouh) miz byadoengz、huzdoengz, Vuzcouh、Dwngzcouh、Hocouh、Yunghcouh、Caucouh daengj dieg haivat gij gvangq doengz、yienz、sik, caemhcaiq miz itdingh haivat gveihmoz. Doengh loih gvangqdoengz neix dingzlai dwg cwk youq gwnz deih feuz roxnaeuz ndaw gij doxgaiq daebdong ndoibya, haivat gisuz mbouj fukcab, ndigah, ndaej baujciz demmaj itdingh canjliengh, muenxcuk le aeuyungh.

北流铜石山的铜矿虽在开采, 但满足不了需求, 转而向岭南西部寻觅新的矿源。宋范成大《桂海虞衡志》曾指出: "铜, 邕州右江州峒所出。掘地数尺即有矿。"北宋, 乐史编著的《太平寰宇记》还记载了广西"丹城县"(今属钦州)西南有铜山、铜湖, 梧州、滕州、贺州、邕州、韶州等地开采铜、铅、锡矿, 且有一定的开采规模。这类铜矿物多存于浅地表或山坡堆积物中, 开采技术不复杂, 因此, 保持了一定的产量增长, 满足了需求。

Gaengawq Bwzsung Sinzcungh Yenzfungh yienz nienz(1078 nienz) doengjgeiq, daengx guek moix bi ok sik 2321898 gaen, Hocouh dwg 878950 gaen, daihgaiq ciemq 37.85%. Nanzsung Yaucungh Genzdau nienzgan(1165~1174 nienz), ok sik 20458 gaen, Hocouh Daibingz Cangz 12600 gaen, ciemq 61.59%, raen ndaej Lingjnanz ok sik lai. Hocouh caeuq Danhciz dwg mwhde song dieg hung ok sik youqgaenj. Aen cangj Nanzdanh caeuq aen cangj Gvahungz cungj ok ngaenzsik, daj Sung gvaqlaeng, bienqbaenz dieg gyoengq canghseng'eiq gak sengj Siengh、Yez、Genz、Gan daengj cdengj daeuj cawxaeu. Sung Lij Sinhconz 《Gij Geiqcab Cauzyej Genyenz Doxdaeuj》 ndawde geiqsij daegbied ciengzsaeq(genyenz dwg Nanzsung Gauhcungh nienzhauh, gunghhyenz 1127~1130 nienz). Mwhde Gyangh、Huz、Minj、Gvangj、Cez daengj 20 aen couh ok yienz 191249 gaen, ndawde, Binhcouh 5600 gaen, Yunghcouh 5000 gaen. Linghvaih, Sinzcouh Majbingz Cangz(ngoenzneix Vujsenh Yen Bungzcunh、Gujliz、Vahyizlingj daengj dieg)、Yungzcouh Gujdai Cangz(Ngoenzneix Yungzanh Swdingj、Gujdanh daengj dieg) hix fatyienh le dieg ok gvangqyienzsinh moq caemhcaiq bae haivat.

据北宋神宗元丰元年(1078年)统计, 全国年产锡2321898斤, 贺州为878950斤, 约占37.85%。南宋孝宗乾道年间(1165~1174年), 锡产量20458斤, 贺州太平场12600斤, 占61.59%, 可见岭南产锡之盛况。贺州和丹池为当时两大重要锡产地。南丹厂和挂红厂皆产锡银, 自宋以后, 成为湘、粤、黔、赣各省客商争采跃购之地。宋李心传《建炎以来朝野杂记》中记载尤详(建炎是南宋高宗年号, 公元1127~1130年)。当时的江、湖、闽、广、浙等20州产铅191249斤, 其中, 宾州5600斤, 邕州5000斤。此外, 浔州马平场(今武宣县的朋村、古立、花鱼岭等地)、融州古带场(今融安的泗顶、古丹等地)也发现了新的铅锌矿产地并进行开采。

Bwzsung Sinzcungh Yenzfungh yienz nienz(1078 nienz), aeu Cwnzsuij Cangz guhcawj, gyahwnj aen Cunghswj Cangz caemh yienh de，ok doengz 1280 fanh gaen，ciemq daengx guek caemh bi canjliengh 80%. Mwh Bwzsung，dieg Bouxcuengh cungj lienhdoengz fuengfap suijfaz de yungh diet guh yienzliuh. Sung Veihcungh Cwnghoz nienzgan（1111～1117 nienz），gij diet youq Guengjsae Guengjdoeng sou ndaej de cienzbouh douzcuengq youq doengzcangz，ndaej aeundaej doengz 133 fanh daengz 144 fanh gaen，yungh daeuj couzcienz.

北宋神宗元丰元年（1078年），以岑水场为主，加上同县的中子场，产铜1280万斤，占全国同年产量的80%。北宋时，壮族地区水法冶铜用铁做原料。宋徽宗政和年间（1111～1117年），在广西、广东所收的铁即全部投放于铜场，可得铜133万到144万斤，用来铸钱。

Rangh dieg Guengjsae Hinghyez Lungzanh Yangh Luzloz、Luzyah、Sihcungh dwg dieg Sungdai Luzyah Dietcangz soj youq，seizneix lij ndaej youq gwnz gij deihmienh faenbouh gvangq miz 25 bingzfueng goengleix de，yawj daengz daihbenq caengzcoemhgiet caeuq nyaqlienh. Gaujguj diucaz fatyienh miz aenloz lienhdoengz 4 aen，giz nyaqlienh 13 doi，ra ndaej daengz diuz guenj boqrumz vaih、aen vunqnaez caeuq daihliengh saeqliuh soiq Sungdai. Aen lozlienh de luenzsoh，mienhvang buqhai de lumj aenlae，gwnz iq laj hung，sang 1.48～1.80 mij，bakgwnz neiging 0.44 mij，daej neiging 0.67 mij baedauq. Aen lozlienh najndaw de dwg coemh saco namhgyuek gietbaenz，najrog de dwg buoep sasaeq daengj caengz caizliuh ndaej naihfeiz. Gaengawq《Yizdi Giswng》sij：Luzyah Cangz moix bi soundaej diet 64700 gaen，gyau daengz aen cang Cauzcouh Cwnzsuij Cangz. Cwnzsuij Cangz youq baihnamz Guengjdoeng Gizgyangh Yen，dwg aen gvangcangz hung miz gimsug lai ndeu，youq Bwzsung codaeuz cauhlaeb，dwg Sungdai aen doengzcangz youq baihbaek Guengjdoeng ceiq mizmingz. Sung Veihcungh caengzging aeu 3 aen yangh Gizgyangh、Unghyenz song aen yienh neix daeuj ndalaeb Fuz Yen，raen ndaej dieggvangq mwhde dwg baenzneix hung. Doeklaeng aenvih cwnggiz okluenh，swhyenz aeu raeg，Nanzsung gvang'yez cugciemh doekbaih，hoeng Cwnzsuij Cangz daengz Gauhcungh Sauhingh samcib'it nienz（1161 nienz）vanzlij ok doengz gaenh 400 fanh gaen，siengdang dwg daengx guek ok doengz cungjsoq 57%. Aen cangz neix yejlienh gisuz sangndei，mwh hoengh de caengzging miz gisuz gunghyinz bae daengz cunghyenz cienzson giyi. Mwhde，yejlienh gisuz haemq cienzmienh，miz feizlienh caeuq raemxlienh song cungj. Raen ndaej gij yejlienh raixcauh gunghyi cojcoeng Bouxcuengh gaenq youq aen suijbingz gaxgonq. Feizlienh couh dwg leihyungh gij rin'gvangqdoengz binjvei sang haenx guh yienzliuh "feizlienh" baenz doengzhenj. Cungj fuengfap neix cingzbonj sang，youq Cwnzsuij Cangz ciemq bijcung gig iq，mizseiz bi ndeu cij ok geij cien gaen. Raemxlienh couh dwg aeu gij "namhdamj" roxnaeuz "raemxdamj"（liuzsonhdungz）binjvei daemq haenx dumzlienh baenz "doengzdamj". Gij fuengfap de youh faen miz song cungj：It dwg yungh gij namhdamj biujmienh gvangcangz gyaraemx cienq baenz doengz，cungj fuengfap neix yungzheih aeundaej yienzliuh，hoeng guhhong bouhloh haemq fukcab，moix gaen doengz cingzbonj 80 cienz. Ngeih dwg yungh henz ciengz gij raemx Dahcwnzsuij hamz miz liuzsonhdungz haenx guh yungzyez，cimq dietbenq youq ndawde，gvaq geij ngoenz le gvet roengz "gij meiznding" biujmienh dietbenq

（dietbenq vanzlij ndaej caiq yungh），diz sam baez baenz doengz. Cungj fuengfap "bienq diet baenz doengz" neix, dwg Sungdai vunz Yauzcouh Cangh Cenz gaengawq aen yenzlij liuzsonhdungz caeuq diet ndaej doxvuenh daeuj fatmingz, yungh diet 2 gaen 4 liengx ndaej doengz 1 gaen, cingzbonj 50 cienz. Cungj fuengfap neix bouhloh genjdanh fuengbienh, hoeng mwh goekraemx hawqndangj de couh deng dingzcanj. Cwnzsuij Cangz soj ok gij doengzdamj de cawzliux gaeuq gung hawj hangzcouzcienz Guengjdoeng Lu, vanzlij ndaej daihliengh yinh daengz gij cenzgenh gyanghdungh.

广西兴业龙安乡六乐、六鸦、西中一带是宋代绿鸦铁场所在地，现在还可在分布面积25平方千米的地面上，看到大片烧结层和炼渣。考古调查发现炼炉4座，炼渣13堆，采集到残风管、泥范和大量的宋代瓷片。炼炉呈圆筒形，纵剖面呈梯形，上小下大，高1.48～1.80米，上口内径0.44米，底内径0.67米左右。炼炉外壁为粗沙黏土烧结，内壁铺敷细砂等耐火材料层。据《舆地纪胜》载：绿鸦场岁收铁64700斤，往韶州岑水场库交。岑水场在广东曲江县南，是一个大型的多金属矿床，创建于北宋初年，是宋代在粤北最著名的铜场。宋徽宗曾以曲江、翁源两县的3个乡置建福县，可见当时矿区之大。后由于政局动荡，资源枯竭，南宋矿业渐衰，但岑水场到高宗绍兴三十一年（1161年）仍产铜近400万斤，相当于全国铜产量的57%。该场冶炼技术高超，盛时曾有技术人员北上中原传艺。此时，冶炼技术较为全面，有火冶和水冶两种。可见壮族先民的冶炼铸造工艺已居先进水平。火冶就是利用品位高的铜矿石做原料"火炼"成黄铜。这种方法成本高，在岑水场所占比重很小，有时一年只产几千斤。水冶就是把品位低的"胆土"或"胆水"（硫酸铜）湿冶成"胆铜"。在冶法上又分两种：一是用矿床表面的胆土加水煎铜，此法原料易得，但工序较繁，每斤铜成本80钱。二是用场边含硫酸铜的岑水河水做溶液，浸铁片于其中，几日后将铁片表面的"赤煤"刮下（铁片还可再用），三锻成铜。这种"变铁为铜"的方法，是宋代饶州人张潜根据硫酸铜和铁的置换原理发明的，用铁2斤4两得铜1斤，成本50钱。此法程序简便，但水源干涸时就得停产。岑水场所产胆铜除足供广东路铸钱业外，还大量运往江东的钱监。

Sungdai yungh doengz、sik ceiqlai de vanzlij dwg cauh nyenz. Sungdai dieg Bouxcuengh raixcauh caeuq sawjyungh gij nyenz de gaenq fazcanj baenz cungj nyenz Cunhyi caeuq cungj nyenz Mazgyangh. Cungj Cunhyi, dwg aeu gij nyenz Gveicouh Cunhyi aen moh Sungdai Bocouh dujswh gvanbaz Yangz Can oknamh haenx guh daiqbiuj. Cungj nyenz neix cujyau faenbouh youq baihsae、baihnamz Guengjsae, gyang baihdoengnamz Yinznanz caeuq baihnamz Swconh（aen nyenz Cunhyi cungj yiengh neix, raen doz 9-1-34, youq Guengjsae Gveibingz oknamh）. Doenghgij deihfueng neix, dwg gizgyang Vunzliuz Sungdai youq. Cungj Mazgyangh, dwg aeu gij nyenz aen mohgeq Gveicouh Mazgyangh Yen Guzdung Hojcehcan oknamh haenx guh daiqbiuj. Cungj nyenz neix itbuen iq caemhcaiq daemqmben, najnyenz beij aeknyenz hung di, henz najnyenz iet ok hoznyenz di he, doengh diuz sienqgoz youq gyang aek、hwet、dih de huzswnh, mbouj miz faengyaiq byauhci, gwnz aek miz song doiq rwzmben hamjdoh daih, najnyenz itbuen cungj miz song gvaengh raizyujdingh, gyang mangz raizdaengngoenz de dienz miz raizdalingz, gvaenghcawj raiz miz gij de mbouj maenhdingh, roxnaeuz raiz miz fouz, roxnaeuz lumj ingjaeu boiq raiz miz cibngeih duzseiz（Sungdai aennyenz miz raiz 12 sengsiu raen doz 9–1–35）. Guengjdoeng Sengj Bozvuzgvanj yo aen nyenz 120 hauh，baihndaw najnyenz couz miz gij saw "beksingq Gujcang，fugcoengz Lozding，guekgya an'onj，nienz dinghmauj cauh" daengj，neix cingqmingz le cojcoeng Bouxcuengh rox gag cauh aennyenz. Sungdai，Vunzliuz（cojcoeng Bouxcuengh）aeu nyenz dangguh cungj doxgaiq dijbauj bae gung hawj cunghyangh vuengzciuz. Lumj Sung Daicuj Genzdwz 4 bi（966 nienz），aen couh baihnamz gung hawj aennyenz. Yahih Couh swsij Denz Swhgenh caemh gung aennyenz、naengguk、seyangh. Sung Daicungh Cunzva yienz nienz（990 nienz），bouxdaeuz Bouxcuengh Guengjsae Nanzdanh Couh Moz Hungz dai，daegnuengx de Moz Hungzhau ciep dang swsij，vihliux hawj cunghyangh vuengzciuz cingznyinh de，couh baij daeglwg de Moz Vaizdungh gung gij doxgaiq deihfueng hawj Sung Vuengzciuz，ndaw gij doxgaiq gung de miz 3 aen nyenz. Sung Gingjcungh Gingjdwz yienz nienz（1004 nienz），Vunzliuz Siengcouh hix gung nyenz gvaq.

　　宋代耗铜、锡最多的还是铸造铜鼓。宋代壮族地区铸造和使用的铜鼓已发展成遵义型和麻江型。遵义型，是以贵州遵义宋代播州土司杨粲夫妇墓出土的铜鼓为代表。这类铜鼓主要分布于广西西部、南部，云南东南部和四川南部之间（广西桂平市出土的宋朝遵义型铜鼓见图9–1–34）。这些地方，是宋代僚人活动的中心。麻江型铜鼓以贵州麻江县谷峒火车站古墓出土的铜鼓为代表。这类铜鼓一般小而矮扁，面略大于胸，面沿微出颈外，胸、腰、足间的曲弧柔和，无分界标志，胸部有大跨度扁耳两对，鼓面一般都有两晕乳钉纹，太阳纹芒间填以翎眼纹，主晕施游旗纹，或符箓纹，或配以投影式十二生肖纹（宋代十二生肖纹铜鼓见图9–1–35）。广东省博物馆藏120号铜鼓，鼓面内壁铸有"古僮百姓，归服罗定，国家清吉，丁卯年造"等铭文，这是壮族自铸铜鼓的明证。宋代，铜鼓被僚人（壮族先民）作为珍品向中央王朝进贡。如宋太祖乾德四年（966年），南州进铜鼓内附。下溪州刺史田思迁亦以铜鼓、虎皮、麝脐上贡。宋太宗淳化元年（990年），广西南丹州的壮族首领莫洪死，其弟莫洪皓袭称刺史，为了取得中央王朝对其的承认，派其子莫淮通向宋王朝进贡方物，贡品中有3面铜鼓。宋景宗景德元年（1004年），象州僚人也献过铜鼓。

Doz 9–1–34　Cungj nyenz Cunhyi Sungcauz，youq Gvangjsih Gveibingz oknamh

图9–1–34　广西桂平市出土的宋朝遵义型铜鼓，鼓面纹饰趋简

Doz 9–1–35　Aen nyenz 12 sengsiu Sungdai

图9–1–35　宋代十二生肖纹铜鼓

Sungdai doeng'yungh hobi dwg doengzcienz. Sung Daicungh Donhgungj bi'nduj（988 nienz）, youq Guengjdoeng laeb Cauzcouh Yungjdungh Cienzgam caeuq Veicouh Fuminz Cienzgam. Doeklaeng youq Guengjsae laeb Vuzcouh Yenzfungh Cienzgam caeuq Hocouh Cienzgam. Vuzcouh Cienzgam laeb youq Sinzcungh Hihningz 4 bi（1071 nienz）, youq aen mbanjcienzgam daih'iek 100 mij hamqnamz Dahfujhoz Vuzcouh, dieggaeuq lij mizyouq. 1964 nienz fatyienh seiz, lij miz 10000 bingzfuengmij gvangq, doicwk na 2.5 mij. 1965 nienz, youq gok saenamz dieggaeuq vat ok bouhfaenh ndeu, byoengqloh ok doenghgij rizgeq lumj aen ciengz couzcienz、aen gumz dawzguh、aen gumz yienzliuh、aen loz lienzcauh、aen daemz cwkraemx、diuz miengraemx daengj, oknamh daihliengh doxgaiq ciuhgeq lumj aenloz、aencaeng、diuz guenjrumz、diuzsak、nyaqfeiq、doengzcienz daengj. Ciengzdieg couzcienz bu miz caengz sadah saeq na daih'iek miz 2 lizmij ndeu, raen miz cienz lingzsing, wnggai dwg aen deihfueng cuengq cienzvunq. Aen gumz dawzguh ndawde miz gij danq caengz coemh gvaq caeuq aencaeng caengz yungh gvaq. Bak aen gumz yienzliuh dojyenzhingz, ndaw dungx de lumj aenrek, ndaw gumz miz danq. Laj daej loz dwg cangzfanghhingz, raez 160~250 lizmij, gvangq 90~118 lizmij, miz gij namh deng coemhdawz gvaq de na 1~3 lizmij. Gwnz gij namh deng coemhdawz gvaq de miz caengz yungzyizdoengz na 2.5~3.0 lizmij ndeu. Youq seiqhenz aen gumz dawzguh、aen gumz yienzliuh miz haujlai conghsaeu, dwg gij deihfueng daphoemq aen bungz guhhong. Aenloz de dwg yungh lai caengz cienheu daeuj hwnqbaenz, daej loz miz nyaqdungzyiz caeuq gij danq coemh gvaq. Aencaeng yungh gij namh ndoisang cab sa cauhbaenz, lumj aencenj、bak bingz、ndang soh、daej luenz, ndaej faenbaenz hung、gyang、iq 3 cungj. Aencaeng hung de doengsang 23 lizmij, bakgvangq 15 lizmij, daih na 2 lizmij; Aencaeng gyang de doengsang 18 lizmij, bakgvangq 10 lizmij, daih na 1.5 lizmij; Aencaeng iq de doengsang 13 lizmij, bakgvangq 8 lizmij, daih na 1.5 lizmij. Diuz guenjrumz dwg diuz guenj boqrumz dauq youq gwnz loz, dwg diuz guenjmeng cab sa, guenj luenz, daih na 3 lizmij, ndaw bakgvangq 8.5 lizmij, gwnz de nem miz dungzyungzyiz. Diuz sak de dwg yungh namh ndoisang coemh cauhbaenz, itbuen raez 6~15 lizmij, gvangq 4.5~5.5 lizmij, diuz ceiqhung de raez 25 lizmij. Vat ra ndaej gij doengzcienz de miz "yenzhu dunghbauj" siujbingzcenz, "cwnghoz dunghbauj" danghsizcenz, "cungzningz dunghbauj" danghsizcenz, "swngsung yenzbauj" siujbingzcenz, "cwnghoz dunghbauj" siujbingzcenz, cungj dwg gij canjbinj Bwzsung Cezcungh yenzhu nienzgan daengz Veihcungh cwnghoz nienzgan（1086~1117 nienz）. Dangseiz daengx guek miz cienzgam 26 aen, Vuzcouh yenzfunghgenh gveihmoz haemq daih, moix bi raixcauh doengzcienz 18 fanh minz（moix minz dwg 1000 aen）, dwg gyanghnanz roek daih cienzgam（Hwngz、Suh、Yenz、Ngoz、Cauz、Vuz）ndawde aen ndeu.

宋代通用货币为铜钱。宋太宗端拱元年（988年），在广东设韶州永通钱监和惠州阜民钱监。后来在广西设梧州元丰钱监和贺州钱监。梧州钱监建于神宗熙宁四年（1071年），位于梧州抚河南岸约100米的钱监村，遗址仍存。1964年发现时，面积还有10000平方米，堆积厚2.5米。1965年，发掘遗址西南角的一部分，揭露出当时的铸币场、操作坑、原料坑、炼炉、贮水池、水沟等遗迹，出土大量的熔炉、坩埚、风管、陶杵、废渣、铜钱等遗物。铸币场地铺有一层厚约2厘米的细河沙，有零星钱币发现，应是存放钱范的地方。操作坑内有未烧过的木炭和未使用过的坩埚。原料坑口呈椭圆形，腹似锅形，坑内有木炭。炼炉底部呈长方形，长160～250厘米，宽90～118厘米，有厚1～3厘米的烧土。烧土之上有一层厚2.5～3.0厘米的铜溶液。在操作坑、原料坑周围有许多柱洞，是搭盖工棚的地方。熔炉是用多层青砖筑的，炉座有铜液渣和烧过的木炭。坩埚用高岭土夹砂制成，杯形、平口、直身、圆底，可分大、中、小3种。大坩埚通高23厘米，口径15厘米，胎厚2厘米；中坩埚通高18厘米，口径10厘米，胎厚1.5厘米；小坩埚通高13厘米，口径8厘米，胎厚1.5厘米。风管是套在熔炉上的鼓风管道，夹砂陶质，圆管形，胎厚3厘米，内口径8.5厘米，器表沾有铜溶液。陶杵用高岭土烧制，一般长6～15厘米，径4.5～5.5厘米，最大的一件长25厘米。采集的铜钱有"元祐通宝"小平钱，"政和通宝"当十钱，"崇宁重宝"当十钱，"圣宋元宝"小平钱，"政和通宝"小平钱，都是北宋哲宗元祐年间至徽宗政和年间（1086～1117年）的产品。当时全国有钱监26处，梧州元丰监规模较大，每年铸造铜钱18万缗（每缗为1000枚），是江南六大钱监（衡、舒、严、鄂、韶、梧）之一。

Yenzcauz dungjci 163 bi ndawde, Lingjnanz saujsu minzcuz deng epbik lai, ndaej louz miz gij vwnzvuz de mbouj lai. Dangqnaj dan fatyienh miz song aen gaiqdoengz: Libuj Vahgung Yangh oknamh aen doengzgang hung Yenz Dadwz 7 bi（1303 nienz）, couzdeu miz gij saw "Dadwz 7 bi ndwen roek ngoenzndei bouxcangh Luz Suij gaek geiq". Ciuq Cinghcauz Gyahging《Guengjsae Dunghci》geiqsij, Cinghcauz Gyahging, youq Yilinz Couh（ngoenzneix Yilinz Si）dunghmwnh baujsienghsw lij yo miz aen doengzcung Yenzcauz Ciyenz 6 bi（1269 nienz）, sang song cik gouj conq, bak gvangq song cik conq ndeu haj faen haenx. Doengzcung couzdeu miz gij saw:

"Dayenzgoz Guengjsae Dau Yilinz Couh Bozbwz Yen Yungjningz Yangh gyoengqvunz saenqdauh Yangz Ginghsiu daengj, ……cingj bouxcangh raixcauh aen doengzcung hung ndeu, soengq haeuj Swjyangzgvan bae, gung hawj vunz yawj. Ciyenz 6 bi cib nyied, bouxgienliemx Liuz Yungjcangh……bouxcangh Cinggyangh Yungz Maugingh、Cinz Dwzgvangj. "

元朝统治的163年间，岭南少数民族备受压迫，留存文物不多。目前仅发现两件铜器：荔浦花贡乡出土元大德七年（1303年）的大铜缸，铸有"大德七年六月吉日匠人卢水堪记"铭文。据清嘉庆《广西通志》记载，清嘉庆朝，在郁林州（今玉林市）东门宝相寺还保存一口高二尺九寸，口径二尺一寸五分的元至元六年（1269年）的铜钟。铜钟铸铭文："大元国广西道郁林州博白县永宁乡住企奉道信士杨经秀众信等意者，……命匠铸造大铜钟一口，舍入紫阳观，永充供养。至元六年十月，化缘人刘永昌……静江匠人熊茂卿、秦德广。"

Mingzdai, gij doengz、sik、yienz dieg Bouxcuengh lij laebdaeb deng daih gveihmoz haivat. Guengjsae Binhyangz、Hocouh caeuq Yunghcouh Dahyou'gyangh cungj ok doengz, ngamq fatyienh Binhyangz Byadungzcenzsanh caeuq Dahyou'gyangh Dwzbauj miz doengz, Yungjloz 15 bi（1417 nienz）, Mingz Cwngzcuj baij cunghswj Leiz Cungh bae haivat gij gvangq Nanzdanh, dajneix, dieggvangq Nanzdanh Hozciz haeuj daengz aen seizgeiz guenduk minzbanh daih gveihmoz haivat. Vanliz 25 bi（1597 nienz）Guengjsae canj doengz 293 gaen 10 liengx 2 cienz 7 faen. Mingz Sung Yingsingh《Denhgungh Gaihvuz》geiqsij: "Fanzdwg sik cungj dwg youq gij ginyi baih saenamz Cungguek miz ok, doengbaek miz noix, sawgeq heuh sik guh ho, aenvih Linzho Gin canj sik ceiqlai cix ndaej mingz. Ngoenzneix ndaej siugai daengz lajbiengz, cij miz Nanzdanh、Hozciz song couh neix, ciemq cungjsoq 18%." Linzho Gin couh dwg ngoenzneix Guengjsae Hocouh, sojgangj "siugai daengz lajbiengz" couh dwg ndaej siugai daengz daengx guek gak dieg, raen ndaej Mingzdai hangzsik Guengjsae youq daengx guek vanzlij gig mizmingz, caemhcaiq gij gvangqsik Nanzdanh Hozciz gaenq dingjlawh aen diegvih lingxdaeuz gij gvangq Hocouh. 《Denhgungh Gaihvuz》 doiq haivat gij gvangqsik Nanzdanh caeuq Hozciz guh le geiqsij ciengzsaeq: "Fanz sik miz sikbya、sikraemx song cungj. Sikbya ndawde youh miz gvasik、sasik song cungj. Gvasik gaiq de hung'iq lumj aen beuz iq, sasik lumj naed duh, cungj dwg vatnamh mbouj geij laeg aeundaej. Mizseiz youq ndaw megnamh, cajdaengz namhbya gag lak, hawj vunz gipaeu. Sikraemx……ok ndaw dah Nanzdanh Couh. Caet de saekndaem, faenjsoiq lumj mienh. Gij sik dah Nanzdanh, vunz dangdieg buengqndwen gonq daj namz dauz daengz baek, buengqndwen laeng youh daj baek dauz daengz namz, yied ging dauzaeu, gij sa de yied lai, mbouj rox raeg saek seiz." "Sikbya Nanzdanh miz youq dieg laengbya, dieg de mbouj miz raemx hawj dauzswiq, couh ciep haujlai diuz cauzbyau, yinxraemx daengz laengbya dauzswiq nyaq namh bae, yienzhaeuh cijndaej dwkhaeuj aenloz bae lienh." 《Denhgungh Gaihvuz》 lij veh miz aen doz "sikbya Hozciz" caeuq aen doz "sikraemx Nanzdanh" (doz 9-1-36), hingzsiengq bae fanjyingj le dangseiz gij cingzgvang dauzswiq gvangqsik. 《Denhgungh Gaihvuz》 baez deu nduj de youq Cunghcinh 10 bi (1637 nienz), ndaw saw soj sij dwg gaxgonq neix haivat gij gvangqsik Nanzdanh Hozciz saedceiq cingzgvang. Cunghcinh 11 bi (1638 nienz) ndwensam co cib daengz ngeihcibsam, canghdilijyoz Ciz Yazgwz daengz Hozciz Couh、Nanzdanh Couh、Nadi Couh gaujcaz gvaq, youq ndaw youzgeiq de sij naeuz: "Ngaenzsik ngeih cangj, youq doengnamz Nanzdanh seiqcib leix, aen cangj de miz sam dieg: Dieg ndeu heuh Sinhcouh, gvihaeuj Nanzdanh; dieg dem heuh Gauhfungh, gvihaeuj Hozciz Couh; caiq dieg dem heuh Cunghgwngh, gvihaeuj Nadi Couh. Sam dieg doxgek, ngamq miz it ngeih leix." Cungj canj ngaenzsik. Hocouh Lijsungh miz gvangqsik 7 dieg, Vanliz haidaeuz guenfueng baij suiswj daeuj haivat.

明代，壮族地区的铜、锡、铅矿开采还在大规模地进行。广西宾阳、贺州及邕州右江都出铜，新发现宾阳铜泉山矿产地和右江德保有铜，永乐十五年（1417年），明成祖遣中使雷春开采南丹矿，从此，丹池矿区进入官督民办的大规模开采时期。万历二十五年（1597年）广西生铜293斤10两2钱7分。明宋应星《天工开物》载："凡锡偏出中国西南郡邑，东北寡生，古书名锡为贺者，以临贺郡产锡最盛而得名也。今衣被天下，独南丹、河池二州，居其十八。"临贺郡即今广西贺州，所谓"衣被天下"就是销往全国各地，可见明代广西锡业在全国仍很突出，且丹池锡矿已取代贺州矿的领先地位。《天工开物》对丹池锡矿开采作了详细记载："凡锡有山锡、水锡两种。山锡中又有锡瓜、锡砂两种。锡瓜块大小如小瓠，锡砂如豆粒，皆穴土不甚深得之。间或土中生脉充牛，至山土自颓，恣人拾取者。水锡……出南丹州河内。其质黑色，粉碎如面。南丹河出者，居民旬前从南淘至北，旬后又从北淘至南，愈经淘取，其砂日长，百年不竭。""南丹山锡出山之阴，其方无水淘洗，则连接百竹枧，从山阴枧水淘洗土渣，然后入炉。"《天工开物》还绘有"河池山锡"

图和"南丹水锡"图（图9-1-36），形象地反映了当时淘洗锡矿的情况。《天工开物》初刻于崇祯十年（1637年），书中所载是此前丹池锡矿开采的实际情况。崇祯十一年（1638年）三月初十至二十三日，地理学家徐霞客对河池州、南丹州、那地州进行过考察，在游记中写道："银锡二厂，在南丹东南四十里，其厂有三：一曰新州，属南丹；一曰高峰，属河池州；一曰中坑，属那地州。三地相间，仅一二里。"皆产银锡。贺州的里松有锡矿7处，万历初有官派税使开采。

明代"河池山锡"图　　　　　　明代"南丹水锡"图

Doz 9-1-36　Sung Yingsingh youq ndaw《Denhgungh Gaihvuz》miz doz geiq Hozciz caeuq Nanzdanh aeu sik

图9-1-36　宋应星著《天工开物》书中记录河池及南丹采锡图

　　Dangseiz haivat gvangqsik ndaej faen miz lajdeih caeuq dangdien gwnznamh song cungj fuengsik. Youq lajdeih haivat dingzlai dwg riengz conghdah lajdeih roxnaeuz conghgamj haeuj bae, raaeu gij rin'gvangq soiq caem youq dahlajdeih haenx, hix miz mbangj dwg riengz diuz meggvangq siuqrin vataeu. Gwnzdeih dingzlai dwg vataeu gij gvangqsoiq cwk youq ndaw ndoibya roxnaeuz raemxrij, youq ndaw dahrij yinxraemx daeuj swiq cij aeundaej gvangq. Hix miz gizyawz fuengfap lumj cauzfaex cungswiq、aenbuenz dauzswiq、ngauz fan banjgeiz caeuq aen congz faexgenj baetgenj daengj. Youq gwnz deih haivat cingzbonj daemq, bungqdaengz dieg miz rin'gvangq lai de, couh ndaej miz gig lai.

　　当时锡矿的开采可分地下与地面露天两种方式。地下开采多是沿地下暗河或溶洞进入，寻取暗河沉积的矿石颗粒，个别也有沿矿脉凿石挖采者。地面多是开采山坡堆积物内或沟溪流沙中的矿石粒，在溪河引水淘洗得矿。也有木溜槽冲洗、淘洗盘、摇劫幌板和木简床扫选法。地面开采法成本低，遇到矿石富集处，很有收获。

　　Haivat yienzsinh caeuq haivat gvangqsik doxlumj. Aenvih gij rinsa yienzsinh yungzheih funghva, dingzlai dwg riengz daejbya laeuh'ok giz meggvangq de, siuq rin vat congh, riengz meggvangq vataeu baenaj. Gij rin'gvangq vat ok de, youq gwnzdeih yungh vunz genjok sanjsinhgvang（ZnS）caeuq fanghyenzgvang（PbS）, aenvih saek de ndongqndaem, yungzheih caeuq rin faenbied okdaeuj, caiq yungh dietcuiz dwkhai. Aenvih rin'gvangq haemq naek, dingzlai dwg yinh rin'gvangq daengz dieg canj meizdanq bae, hwnq loz daeuj lienh. Yungzanh、Vanzgyangh ngoenzneix vanzlij louz miz gij dieggaeuq doenghbaez ciuhgeq lienh yienzsinh haenx, nyaqgvangq、aencaeng daengj doxgaiq vanzlij mizyouq. Gij fuengfap lienhgvangq seizde dwg：Dwksoiq rin'gvangq, boiq aeu dietcab roxnaeuz rindiet、daeuh、hoi、rinsizyingh、meiz, yungh raemx gyauxhuz cang haeuj aen guengqnamh bae, yungh naez roxnaeuz vaxsoiq fungbak, baenz baiz cuengq haeuj ndaw aen yiuz coemhmeiz haenx coemhdiz. Ce gyoet le dub guengq couh aeundaej yienz.

铅锌的开采与锡矿相仿。由于铅锌砂石容易风化，多是沿山体出露矿脉处，凿石挖窿，追随矿脉向前掘采。采出的矿石，在地面用人工拣出闪锌矿（ZnS）及方铅矿（PbS），因其颜色黑亮，易与岩石识别，再用铁锤击打剥离。由于矿石较重，多将矿石运往煤炭产地，筑炉冶炼。融安、环江今犹存昔日炼铅锌之遗址，炼碴、坩埚等物仍在。当时冶炼之法是：粉碎矿石，配以杂铁或铁矿石、草灰、石灰、石英石、煤，用水拌和装入泥罐，用泥或瓦片封口，成排地放入烧煤的炉窑中煅烧。冷却后破罐得铅。

Mingzdai lienzcauh doengz、sik、yienz daengj mizsaek gimsug cujyau yungh daeuj cauh nyenz、cungdoengz、nyenz.

明代铜锡铅等有色金属的冶炼铸造主要制铜鼓、铜钟、铜钱。

Gij nyenz Bouxcuengh gaenq cugciemh dinghyiengh, ca mbouj geij cungj dwg cungj Mazgyangh（Rangh dieg henz Dahhoengz oknamh gij nyenz Mingzdai cungj Mazgyangh raen doz 9-1-37）. Itbuen najnyenz 47 lizmij, ndangsang 27 lizmij baedauq, habgim yenzsu hamzliengh faenbied dwg：Doengz 65%~80%, sik 10%~15%, yienz 0~10%, dwg cungj nyenz doengzheu sik lai yienz noix, cauhguh cingsaeq. Daihliengh supsou gij cangcaenq yisuz Bouxgun. Gij deu miz Sawgun de lij yienh'ok le aen nienzdaih raixcauh de, lumj aen nyenz Guengjsae Bozvuzgvanj daj Duh'anh Bouxyiuz Swciyen cwngcomz de, najnyenz deu miz gij Sawgun "Denhyenz gungjmingz" daengj. "Denhyenz" dwg aen nienzhauh Mingzdai Cogeiz bouxvuengz laeng Yenzcauz Gujwnhdezmuzwj. "Gungjmingz" dwg aen mingz dangseiz Bouxcuengh、Bouxyiuz cwngheuh aennyenz. Gwnz nyenz Guengjsae Dunghlanz Yen Dangzfangz Yangh Luzlungz Cunh mbanj Nazsang vunzcuengh Liu

Doz 9-1-37   Cungj nyenz Mazgyangh Mingzdai, youq rangh Dahhoengz oknamh, raiz cang genjdanh

图9-1-37   广西红水河流域出土的明代麻江型铜鼓，纹饰简单

Gyahdwngh soucangz haenx deu miz gij Sawgun sij fanj "Damingz Cwngzva cibngux hagseng Cinz Ginhsiz saw". Neix dwg cauhguh vunqnyenz seiz, lwghag bouxcoz yungh cimcuk swnhfwngz deuveh youq gwnz vunq. (doz 9-1-38 dwg doz guh hong cauh nyenz)

　　壮族的铜鼓已趋于定型，几乎是清一色的麻江型（广西红水河流域出土的明代麻江型铜鼓见图9-1-37）。一般面径47厘米，身高27厘米左右，合金元素含量为：铜65%～80%，锡10%～15%，铅0～10%，属高锡低铅青铜鼓，制作精细。大量吸收汉族的装饰艺术。有汉字铭文的还显示了它的铸造年代，如广西博物馆从都安瑶族自治县征集的一面铜鼓，鼓面铸有"天元孔明"等汉字铭文。"天元"是明初元后主古恩帖木儿的年号。"孔明"是当时壮、瑶民族对铜鼓的称呼。广西东兰县堂房乡六龙村那桑屯壮人寥家登收藏的一面铜鼓上铸有反写的汉字铭文"大明成化十五学生陈金习字"。这是制作鼓范时，青年学子用竹针随手刻画在范上的（图9-1-38为铜鼓制作工序图）。

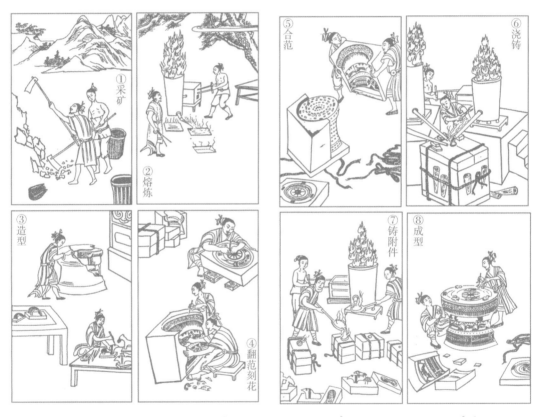

Doz 9-1-38　Aen doz cauh nyenz（Yinx ok Ciengj Dingzyiz《Yisuz Yenzgiu Aen Nyenz》）
图9-1-38　铜鼓制作工序图（引自蒋廷瑜《铜鼓艺术研究》）

　　Mingzdai Guengjsae vatlienh gij doengz、sik、yienz、sinh de, cawzliux yungh daeuj cauh nyenz, cujyau yungh youq raixcauh ngaenzcienz. Raixcauh ngaenzcienz cij cinj guenbanh, mbouj cinj minzyingz. Guengjsae Giz hai loz 15 aen, moix bi bingzyaenz cauh cienz 9039600 maenz. Doengzseiz, doengz、sik hix yungh daeuj raixcauh cungmiuh. Gij cungdoengz Mingzdai ngoenzneix baujcunz de hix mbouj noix. Mingzcauz Gyahcing 10 bi（1531 nienz），bouxdaeuz Nanzningz veimingzveihginh Vangz Coj gamduk raixcauh aen cungdoengz Bingzcujlouz，sang 180 lizmij，bakgvangq 120 lizmij，naek 1000 goenggaen，dwg aen cungdoengz ceiq hung Mingzdai Guengjsae seizneix miz haenx.

明代广西采炼的铜、锡、铅、锌，除制铜鼓，主要用于铸造钱币。铸币只准官办，不准民营。广西局开炉15座，平均年铸钱9039600文。同时，所采铜锡也用来铸造梵钟。今保存的明代铜钟也不少。明嘉靖十年（1531年），南宁卫明威军军政掌印指挥佥事王佐督铸平楚楼铜钟，高180厘米，口径120厘米，重1000千克，是广西现存明代最大的铜钟。

Linghvaih，Mingzdai gaenq daihliengh yungh sik cauhguh gaiqlaex，lumj aen lozyieng、aen daizlab、aen buenz、aen cenj iq，yungh daeuj gungsaenz caeuq guh buizcaeq，doengzseiz gij doxgaiq ngoenznaengz yungh lumj huzsik、batsik daengj hix gung hawj ranz fouqgviq caeuq ranz guenhak yungh. Gaiqsik baihrog ronghsag，mbouj miz doeg，sojlaiz vunz maij yungh. Vihneix miz ok aen hangznieb moq cauhguh gaiqsik. Aen seizgeiz neix，yienz vanzlij dwg gij caizliuh yungh daeuj camcab cauhguh habgim.

此外，明代已大量用锡制作礼器，如香炉、蜡烛台、盘、盏，用于上供和祭祀之用，同时锡壶、锡盆等生活用品也供富贵人家、官宦之用。锡器有光泽，无毒，故为人乐用。因而出现锡器制作新行业。这个时期，铅仍然是制合金的掺杂材料。

Geizgonq Cinghcauz ciuh Ganghhih daengz ciuh Genzlungz（1662～1795 nienz），vihliux cauhcienz daihlig bae raaeu gij swhyenzdoengz Guengjsae. Aenvih gij gyaqcienz doengz Guengjsae beij gij gyaqcienz doengz Yinznanz daemq，cauhcienz cingzbonj hix daemq. Youh youq Gunghcwngz Suijcuzhih、Hozciz Yangjsuij caeuq aen Byacienghginh ngoenzneix gvi Guengjdoeng Vaizciz daengj dieg ra ndaej doengzgvangq. Dieg gvangq Nanzdanh caeuq Hozciz haivat cizsi haemq luenh，vunz sengjrog daeuj lai，gag hai roencongh，seizbienh luenh haivat，diunyex nauhsaeh，seiz fung seiz hai. Hoeng haivat gvangqsik soqliengh lij dwg mbouj noix. Gvangqyienzsinh cix dwg aeu Byaswdingjsanh Yungzcouh ceiq mizmingz，caengzgvangq na，haivat yungzheih. Linghvaih，Sanglinz Neivang、Fuzsuij Luzcingj、Ginhcouh Hozyangz cungj raen miz gvangqyienzsinh，Fuzsuij Ndoihungzvahlingj louz miz geij cien aen conghgeq caeuq youq ndoibya miz baenz dong rinfeiq，ndaej doisiengj gij cingzgvang dangseiz dwg baenzlawz hwng.

清前期康熙至乾隆朝（1662～1795年），为铸钱大力寻觅桂铜资源。由于广西铜价比云南铜价低，铸钱成本也低。新找到恭城水竹圩、河池响水及今属广东怀集的将军山等地的铜矿。丹池矿点开采秩序混乱，外省人众涌入，私开窿道，乱采滥挖，寻衅闹事，时封时复。但锡矿开采量还是不少。铅锌矿则以融州泗顶山为盛，矿层厚，容易开采。此外，上林内旺、扶绥渌井、钦州河阳都发现铅锌矿，扶绥红花岭留下数千座老窿口及山坡废石堆，可推想当时之盛况。

Geizlaeng Cinghcauz，mbouj caiq raen miz dieg gvangqdoengz daih，yienznaeuz youq Yilinz Yungzdangz、Gunghcwngz Gengsangdoujgangh caiq raen miz，hoeng cwkliengh mbouj lai.

清朝末期，没有发现大的铜矿新矿点，玉林蓉塘、恭城上陡岗有新发现，但储量不丰。

Gij gvangqsik Hocouh lij hwng. Nanzdanh youq Sinhcouh、Gauhfungh、Dungzcehgyangh、Cangzboh、Dangzlungj、Gangmaj caeuq Luzdung daengj caiq raen miz dieggvangq. Bilaeng Gvanghsi（1908 nienz）, You'gyangh Dau gvanhcaz Lungz Cigvangh（Bouxcuengh）youq gizneix laeb Gingyinz Gunghswh haivat gvangqsik. Gvanghsi 32 bi（1906 nienz）daengz Senhdungj mod nienz（1911 nienz）, Guengjsae Sinzfuj Cangh Mingzgiz haibanh Sihvanh Meizgvang seiz, couh cinjbiq itheij haivat sikmeiz. Gvanghsi 22 bi（1896 nienz）youq Lingzyinz Yen Ya'gyaz raen miz gvangqdih caemhcaiq sawq bae haivat. Gvanghsi 33 bi（1907 nienz）, cwngfuj aeu dih bae dingj gyau cienz gouqcai, vatgvangq hoenghhwd. Gvanghsi 31 bi（1905 nienz）, yungh veihdihgvang（Sb_2S_3）gya 12% nyaqdiet、5%～7% suhdaj（Na_2CO_3）、10% faexdanq caeuq 4% gyu cuengqhaeuj ndaw gueng（aencaeng）bae, yienzhaeuh caiq cuengqhaeuj ndaw aenloz bae yungh faexdanq roxnaeuz meiz coemh lienh. Rin'gvangqdih deng yangjva caeuq hoizfuk, couh lienh ok dih gimsug.

贺州的锡矿尚盛。南丹在新洲、高峰、同车江、长坡、唐陇、亢马和鹿洞等地发现新矿点。光绪末年（1908年），右江道观察龙济光（壮族）在此设庆云公司开采锡矿。光绪三十二年（1906年）至宣统末年（1911年），广西巡抚张鸣岐开办西湾煤矿时，就准备煤锡共同开发。光绪二十二年（1896年）在凌云县下甲发现锑矿并试采。光绪三十三年（1907年），政府以锑代账赈，采矿旺盛。光绪三十一年（1905年），用辉锑矿（Sb_2S_3）加入12%的铁屑、5%～7%的苏打（Na_2CO_3）、10%的木灰和4%的食盐放入罐（坩埚）中，然后再放入炼炉内用木炭或煤焙烧。锑矿石被氧化和还原，炼出金属锑。

Cinghdai, Lingjnanz doengzgvangq aeu dungcaij guh cawj, riengz meggvangq vat conghroen baenaj daengz meggvangq duenhsaet roxnaeuz byaimied cix dingz. Gij rinmeh gvangcanj gimsug mizsaek bengxmaj de dingzlai dwg cungj rin rinvahgangh、rincaemhhoi, vat congh yungzheih bae henhoh, dan youq gwnz dieg roxnaeuz giz funghvadai yungh faex daeuj dingjhoh. Haivat gvangqdaej cujyau baengh fwngz daeuj dubsiuq, yauqlwd mbouj sang. Cingh Yunghcwng 7 bi（1729 nienz）caet nyied daengz 8 bi（1730 nienz）cibngeih nyied, ndaej gij doengz caengz lienh de 132258 gaen. Gunghcwngz Veizdouzsanh doengzgvangq youq Genzlungz 2 bi（1737 nienz）haibanh, 6 bi（1741 nienz）ngamq hai conghgvangq 38 bak, ndaej gvangq 25 bak. Genzlungz 4 bi（1739 nienz）caeuq 5 bi（1740 nienz）, Guengjsae ok doengz cungj dabdaengz 12 fanh lai gaen. Hoeng vanzlij mbouj gaeuq yungh daeuj cauhcienz, lij aeu baengh Yinznanz gunghawj doengzliuh. Nienz canj sinh dan Yungzyen Lwngjdungcangj couh 300 lai dunh, nienz canj yienz daih'iek 65 dunh. Ciuh Genzlungz dwg aen seizhoengh Guengjsae haivat mizsaek gimsug, gvaqlaeng yienznaeuz laebdaeb haivat, gveihmoz gaeng mboujyawx doenghbaez. Mbanj Cuengh cijmiz Swdingj yienzsinhgvangq、Nanzdanh sikgvangq ndaej haivat, gizyawz dingzlai deng fungsaek dingz vat. Cinghdai ciuh Hanzfungh（1851～1861 nienz）, Yungzyen Swdingjsanh yienzsinhgvangq miz 30 lai hoh youq laj dieg haivat, gaeng rox yungh cungj fuengfap caq rin vatgvangq. Cungj guhfap neix dwg yungh ceijmaez gienj hwnj siudoj、

vuengzcungq daeuj cuengq bauq caq rin，vat siuq conghroen caeuq haivat rin'gvangq. Cungj fuengfap neix beij yungh fwngz siuq aeu ndaej daezsang canjliengh cibgeij boix.

清代，岭南铜矿以峒采为主，沿矿脉掘窿道追踪前进至矿脉断失或尖灭而止。有色金属矿产附生的母岩多为坚硬的花岗岩、石灰岩类岩石，掘洞易于维护，仅在地表浅处或风化带处需要坑木支护。开采矿体主要靠手工锤凿器物，效率不高。清雍正七年（1729年）七月至八年（1730年）十二月，获毛铜132258斤。恭城回头山铜矿于乾隆二年（1737年）开办，六年（1741年）新开窿口38处，得矿者25处。乾隆四年（1739年）和五年（1740年），广西产铜都达到12万多斤。但是仍不能满足铸钱之需，尚依靠云南供给铜料。锌年产量仅融县冷硐厂300余吨，铅年产量约65吨。乾隆年间是广西有色金属采矿业旺兴之时，之后虽然续采，规模已不如以前。壮乡只有泗顶铅锌矿、南丹锡矿在开采，余多封闭停采。清咸丰朝（1851～1861年），融县泗顶山铅锌矿有30多家窑户在地下开采，掌握爆破采矿方法。其做法是用草纸卷上土硝、硫黄放炮炸石，掘凿窿道和开采矿石。此法比手工凿采提高产量十几倍。

Gij senjgvangq gunghyi gwnz dieg cawzliux laebdaeb yungh dauzswiq gunghyi bae haivat siksa，doengzgvangq caeuq gij sikgvangq hai conghbya vataeu de，gyahaenq le youq gwnz namh yungh fwngz senjaeu. Vihliux daezsang soudauq cinggvangq beijlwd，dingzlai dwg dwksoiq rin'gvangq baenz gaiq iq，da yawj senjaeu gij gvangqbiz de，doengzseiz buenx aeu gij genjdanh gunghyi yungh raemx daeuj dauzswiq，senjok soudauq gij cinggvangq soiqsaeq de.

地面选矿工艺除了砂锡开采继续用淘洗工艺，铜矿和窿道开采的山锡矿，加强了在地面的手选。为了提高精矿回收率，多将矿石击碎成小块，经目视后选出富矿，同时伴以水淘洗的简单工艺，将细碎的精矿选出回收。

Cinghdai Bouxcuengh lij daihliengh raixcauh cungj nyenz Mazgyangh. Gij nyenz seizde，miz mbangj diuz ronghgywg raizdaengngoenz hung dinj，diuz caeuq diuz gyangde gab miz gij raizsoij aeu genjdij raizbwnda loq gya bienqvaq cix baenz haenx. Gvaenghcawj dwg diuz raiz geizmbin raez、diuz raiz geizmbin din cih vunz fanjdij caeuq diuz raiz fouz. Miz mbangj diuz raiz cingsaeq，diuz ronghgywg raiz daengngoenz saeqraez，diuz caeuq diuz gyangde dwg diuz raizbwnda fuksienq youz diuz raizbwnda genjdij bienq daeuj haenx. Gvaenghcawj dingzlai dwg song diuz geizmbin dinj caeuq cibngeih duz sengsiu ngaeuzdaet roxnaeuz diuz raiz betgvaq. Gij nyenz geiq miz Sawgun de engq lai lo，lumj "fanh daih haeuj bauj" "baenzciuh gyacaiz" "fuk lumj Doenghaij" "souh lumj Byanamz" "seiqdaih dang guen" daengj，daegbied dwg gij nyenz sij miz nienz "Daugvangh" de gig lai. Gij cauhhingz、raizcang、hingzci aennyenz Cinghdai gihbwnj dwg baujciz miz itdingh funghgwz，gunghyi engqgya cingzsug. Gij nyenz seizde cungj dwg yungh vunqnamh raixcauh，najgyong mbouj miz gaiqdemh，gaiqdemh ndangnyenz gig noix. Daj miz seiq diuz luengqvunq daeuj yawj，ndangnyenz youz 4 gaiq vunq habbaenz. Daj gij raizdaengngoenz doed okdaeuj de daeuj faensik，doenghgij nyenz neix dwg youq giz raizdaengngoenz ndalaeb aen bakrwed，youq dingjgyang rwedguenq roengzdaeuj couzbaenz.

Doenghgij nyenz gwnz najnyenz miz 4 diuz rizndaem de，mbouj youq gizrongh raizdaengngoenz ndalaeb aen bakrwed，cix dwg youq giz rizndaem ndalaeb aen bakrwed，youq gwnz dingj lumj fwn doek neix rwedguenq roengzdaeuj cix couzbaenz. Cungj fuengfap neix ndaej gemjnoix raemxdoengz cungdongj caeuq sinzbiu，ndaej baujcingq caetliengh najgyong ndei. Vihneix doenghgij nyenz neix raiznaj cingx，biujmienh lwenq，ceiqcauh nyenz gisuz youh miz le cinbu moq.

清代壮族还大量铸造麻江型铜鼓。这时的铜鼓，有的太阳纹光芒粗短，芒间夹以简体翎眼纹稍加变化而成的坠形纹。主晕是长条游旗纹、繁体人字足游旗纹和符箓纹。有的花纹精细，太阳纹光芒细长，芒间为由简体翎眼纹蜕变而来的复线翎眼纹。主晕多为两条短游的游旗与剪影式十二生肖或八卦纹。有汉字铭文的铜鼓更多了，如"万代进宝""永世家财""福如东海""寿比南山""世代为官"等，特别是有"道光"年款的铜鼓很多。清代所制的铜鼓造型、纹饰、形制基本上保持着一定风格，工艺更加成熟。这时的铜鼓都是用泥范铸造的，鼓面无垫片，鼓身的垫片很少。从有4道范缝来看，鼓身由4块范合成。从太阳纹凸起的现象分析，这些铜鼓是在太阳纹处设置浇口，用中心顶注式浇铸的。那些鼓面上有4条黑色痕迹的铜鼓不在太阳纹光体部位设置浇口，而在黑色痕迹处置浇口，采用顶注雨淋式浇注方式浇铸。此法可减少铜液的冲击和飞溅，能保证鼓面质量良好。因而这些铜鼓鼓面花纹清晰，表面光滑，铜鼓制造技术又有了新的进步。

Riengz sanghbinj ginghci fazcanj daeuj，Mingz Cingh seizgeiz gaenq sanghbinjva swnghcanj aennyenz，daj mbangj faenzgeiq Sawgun gwnz nyenz daeuj yawj，raixcauh gij nyenz neix gaenq miz gij ciengzdieg guhhong caeuq sanghhau dinghmaenh. Doengh aen sanghhau mizmingz de miz "duzsanh sanghhoz hauh" "bwzlenzbungz hauh" caeuq "hihlijsi geiq" daengj. Gaengawq vwnzyen geiqsij，gij gisuz cauh nyenz de dwg baujmaed，cij cienz lwgsai mbouj cienz lwgmbwk. Yahben Cancwngh gvaqlaeng，ndawbiengz Cungguek fatseng le bienqvaq gaenjhaenq，gij gunghyi cauh nyenz de，youq dieg Bouxcuengh saetcienz，vihneix caiq mbouj raen daengz gij nyenz cingqcaen dwg gvihaeuj Dauhgvangh cauz gvaqlaeng raixcauh haenx. Hoeng gij nyenz yisuzbinj dijbauj Bouxcuengh cauhguh haenx，gij senhcin gunghyi gisuz cauhguh de caeuq gij vwnzva aennyenz guhbaenz de gaenq hamj ok rog guek，bienqbaenz aen bouhfaenh gapbaenz gij vwnzva vunzloih. 1884 nienz，youq gwnz aen hoih canjlanj gaiqdoengzheu youq Audili Veizyejnaz gawjbanh haenx，canj ok le gij nyenz dieg Bouxcuengh. Dajneix，gij yozcej Baihsae cij bae cienzmienh yenzgiu aennyenz，gij vwnzva goengnaengz caeuq raizcang neihanz aennyenz bienqbaenz le aen lwnhdaez gwnz seiqgyaiq ciengzseiz bae yaenglwnh haenx.

随着商品经济的发展，明清时期壮族地区铜鼓的生产已商品化，从一些铜鼓的汉字铭文看，铸造铜鼓已有固定的工场和商号。著名的商号有"独山双和号""白连朋号"和"希吕氏记"等。据文献记载，铸造铜鼓的技术是保密的，只传子而不传女。鸦片战争后，中国社会发生了急剧的变化，铸造铜鼓工艺，在壮族地区失传，因此再没发现确属于道光以后铸造的铜鼓。但是壮族制作的铜鼓艺术珍品，制作的先进工艺技术和铜鼓形成的文化已跨越国界，成为人类文化的组成部分。1884年，在奥地利维也纳举办的青铜器展览会上，展出了壮族地区的铜鼓。自此，西方学者才开展了铜鼓的全面研究，铜鼓的文化功能与纹饰内涵，成为国际文化界长论不衰的议题。

Cingh Daugvangh 17 bi（1837 nienz）, Guengjsae sinzfuj Liengz Canghgi cuengq aen nyenz ngamq ndaej de youq cingqgyang daihding fujyaz, lingxdaeuz ngon sei, bucwngswj Vah Gez、anhcazswj Sung Gizyenz、yozswj Dingh Sanging caeuq Liuz Sinz daengj 47 vunz gaenriengz ngon sei, bienbaenz le 《Bonj Gyoebngon Aennyenz》.

清道光十七年（1837年），广西巡抚梁章钜将新获的一面铜鼓放置在府衙大厅正堂，带头作诗吟咏，布政使花杰、按察使宋其源、学使丁善庆及刘浔等47人唱和，编成《铜鼓联吟集》。

Aenvih giepnoix liuhdoengz, yungh doengz raixcauh ngaenzcienz gaenjcieng, Cinghcauz gaij doi gij gunghyi aeu diet daeuj cauh aencung, vihneix gij cungdoengz Cinghdai riuzcienz roengzdaeuj de raen noix, gij cung raen haemq lai de dwg yungh diet daeuj cauhbaenz.

由于铜料的短缺，钱币铸造用铜紧张，清朝改而推行以铁铸钟工艺，故今留传的清代铸的铜钟少见，较多的是铁铸钟。

Sungdai Yizcouh、Fujsuij Couh、Yunghcouh caeuq Yungzcouh ok gij cuhsah de gaenq gig mizmingz. Daegbied dwg gij cuhsah Yizcouh heuh guh yizsah, caeuq gij cinzsah ngoenzneix Huznanz Yenzlingz ok de mizmingz doxdoengz. Sung Sinzcungh Yenzfungh bi'nduj（1078 nienz）, daengx guek itgungh canjok cuhsah 3646 gaen, Yizcouh gagciemq 3386 gaen, ciemq daengx guek 92.87%. Doengh dieg canjok yizsah de baudaengz rangh dieg Nanzdanh、Hozciz caeuq Duh'anh, miz meggvangq hix miz sa. Fujsuij Couh（ngoenzneix rangh dieg Vanzgyangh Yananz、Dungdangz）hix ok cuhsah. Gij cuhsah Yunghcouh ok youq dieg Hihdung Dahyou'gyangh. Sungdai haivat cuhsah cawzliux yungh haeuj yw bae, cujyau yungh daeuj lienhguh raemxngaenz, dangguh cungj yw ndaw moh fuengz bouxgviq funghgen daibae le ndangnoh bienq naeuh. Gij lienhfap de genjdanh：Dwksoiq gij rin'gvangq cuhsah, aen rek gwnz cuengq gij rin'gvangq cuhsah, aeu gaiq dietbanj miz congh saeq de daeuj gek, aen rek laj caeng raemx haem youq ndaw deih, haep bak song aen rek neix youq gwnz deih, fung ndaet gvaqlaeng, coemhfeiz daeuj bing. Gij gungj ndaw cuhsah（HgS）bienqbaenz heiqfwi, giet youq ndaw raemx, doek youq laj rek couh baenz raemxngaenz. Gij fuengfap cojcoeng Bouxcuengh lienhguh raemxngaenz de youq dangseiz dwg haemq senhcin. Daengz Mingzdai, caengz ndaej raen daengz dieg ok engq daih de. Cinghcauz Genzlungz nienzgan（1736~1795 nienz）ngamq raen Wnhcwngz dujcouh（ngoenzneix Dasinh Wnhcwngz）、Gojva dujcouh（ngoenzneix Bingzgoj Nanzliz）、Dingsih（ngoenzneix Bingzgoj Yungjanh、Lungzvaiz）、Sihlungz Couh Dungzyinz（ngoenzneix Lungzlinz Dungzyinz）、Nazgung（ngoenzneix Lungzlinz Lungjliengz）hix miz gij goeksa de haemq ndei, hoeng faenbouh mbouj yinz, deihcaet diuzgen fukcab. Dajneix gvaqlaeng, gij gunghyi haivat gyagoeng gvangqcuhsah de bienqvaq mbouj daih.

宋代宜州、抚水州、邕州和容州所产朱砂已享盛名。特别是宜州的朱砂称为宜砂，与今湖南沅陵所产辰砂齐名。宋神宗元丰元年（1078年），全国朱砂产量共3646斤，宜州独占3386斤，占全国92.87%。宜砂产地包括今南丹、河池及都安一带，有脉矿也有砂。抚水州（今环江下南、峒塘一带）也产朱砂。邕州朱砂产于右江溪峒。宋代开采朱砂除入药外，主要炼制水银，作为封建贵族丧葬墓地中的防腐剂。其炼法简单：将朱砂矿石打碎，上釜置朱砂矿石，隔以细眼铁板，下釜盛水埋于地，合二釜之口于地面，密封后，以火烧炙。朱砂（HgS）里的汞化为蒸汽，凝于水中，坠于釜底即为水银。壮族先民炼制水银的方法在当时是比较先进的。及至明代，未发现更大的产地。清朝乾隆年间（1736~1795年）新发现恩城土州（今大新恩城）、果化土州（今平果南立）、定西（今平果永安、龙怀）、西隆州铜仁（今隆林铜仁）、那贡（今隆林陇良）也有较好的砂源，但分布不均匀，地质条件复杂。此后，朱砂矿的开采加工技艺变化不大。

Sungdai dieg Bouxcuengh gij gunghyi cauh mbayienzsinh de miz fazcanj moq. Aenvih gvang'vuz sinh caeuq gvang'vuz fanghsinh cungj dwg saekmongndaem, yienghgiet de cambouj geij, ndigah Bouxcuengh dangdieg cungj loek naeuz dwg yienzndaem. Doenggvaq mboujduenh saedguh, Sungdai gaeng gaemndaej miz le gij gunghyi daj yienzndaem daeuj daezlienh cingcauh gaiqcangcaenq. Sungdai 《Lingjvai Daidaz》 naeuz: "Sihyungz Couh miz gumzyienz, caetliengh yienz gig ndei, vunz Gvei yungh daeuj cauh mba, aeu raemx daeuj hawj de caemsaw. Ndigah mba Gvei youq lajbiengz mizmingz. " "Sihyungz Couh" gizneix soj gangj de couh dwg ngoenzneix Yungzsuij Yen, dieg ok yienzsinh de dwg ngoenzneix Swdingj. Gij fuengfap cauhguh mba Gvei de dwg: Dwksoiq rin'gvangq cuengq haeuj ndaw aenboemh bae, gwnz bak boemh baij mbaw muengx. Yungh feiz gangq coemh, gij liuz ndaw liuzvasinh de deng yangjva baenz wyangjvaliuz, daj ndaw mbaw muengx hoemq youq gwnz de mbin okdaeuj. Sinh deng hoizdauq, youq laj itdingh dohsoq bienqbaenz lumj mok, youq heiqndat ndawde laebdaeb deng yangjva baenz yangjvasinh. Danghnaeuz ndaw rin'gvangq miz yienz seiz, bienq baenz cungj yangjvayienz saekhenj. Song cungj yangjvavuz neix cungj mbouj yungz youq ndaw raemx. Hoeng gij fwnhswj yangjvasinh mbaeu, ndaej doxcab cuengq song cungj mba neix haeuj ndaw raemx bae, yungh cungj fuengfap caem bae biuq gij mba yangjvasinh mbaeu、saekhau de okdaeuj, sauj le couh bienqbaenz cungj gaiqcangcaenq "mba Gvei". Cojcoeng Bouxcuengh doiq gij vuzlij vayoz daegsingq cungj gvang'vuz yienzsinhyangjva de gaeng rox miz di he, caenhguenj caengz ndaej dabdaengz cungj laegdoh ciuhlaeng vuzlij caeuq vayoz dinghliengh faensik geiqsuenq haenx, hoeng ndaej rox daengz dinghliengh faensik gaeng dabdaengz aen suijbingz gig sang. Daj Sungdai hainduj, gij gaiqcangcaenq yangjvasinh cojcoeng Bouxcuengh soj swnghcanj de, ndaej gai lai daengz Lingjnanz Lingjbwz, dwg cunghyenz gij doxgaiq ndei gai, miz boux ciuq bae swnghcanj, hoeng gij yienzliuh caeuq gunghyi de cungj guh mbouj daengz, cijmiz cojcoeng Bouxcuengh gag ndaej miz mingzsing, heuh guh "mba Gvei", deng yawj baenz cungj doxgaiqcangcaenq ceiqndei, ndaej cienz daengz daihlaeng cix mbouj doekbaih.

宋代壮族地区的铅锌矿制粉工艺有了新的发展。由于锌矿物和方铅矿物都是黑灰色，结晶形态差不多，所以当地壮人都误认为是黑铅。通过不断实践，宋代已掌握了从黑铅提炼制造化妆品的精细工艺。宋《岭外代答》称："西融州有铅坑，铅质极美，桂人用以制粉，澄之以桂水之清。故桂粉声天下。"这里所说的"西融州"即今融水县，铅锌产地是今之泗顶。桂粉的制作方法是：将矿石打碎放入瓮内，上口敷网。用火焙烧，硫化锌里的硫被氧化成二氧化硫，从上面覆盖的网中逸放掉。锌被还原，在一定温度下成雾状，在热空气中继续氧化即生成氧化锌。如果矿石内有铅时，生成黄色氧化铅。两种氧化物均不溶于水。但是氧化锌的分子量轻，可以将两种粉末混合物放入水中，用澄漂之法将轻的、白色的氧化锌粉漂出，经干燥后即成化妆品"桂粉"。壮族先民对于铅锌氧化矿物的物理化学特性已有一定了解，尽管未达到后世物理学与化学的定量分析计算的深度，但对定性分析的认识已达到了很高的水平。自宋始，壮族先民所生产的氧化锌化妆品，行销岭南岭北，成为中原畅销之货，模仿生产者有之，但其原料及工艺均不及，唯壮族先民生产者被冠以专名，称为"桂粉"，视为上品，久传后世不衰。

Haj. Minzgoz Seizgeiz
五、民国时期

Aenvih gij senhcin gohyoz cihsiz Saefueng caeuq gij vat lienh yungz couq gisuz moq cienzhaeuj, gij gvangcanj gimsug mizsaek dieg Bouxcuengh caiq ndaej miz fazcanj lo. Bouxcuengh maenhrox hag'aeu gij senhcin gisuz baihrog, biujyienh mingzyienj youq leihyungh gij deihcaet gohyoz lijlun caeuq fuengfap moq daeuj cazmingz gij gvangcanj swhyenz bonjdieg. Cawzliux gij doengz、sik、yienz、sinh、dih、gungj gaenq haivat gvaq de, caiq fatyienh le vuh、bi. Minzgoz 17 bi（1928 nienz）, Guengjsae laebhwnj le gvangcanj dancwzdonz, Minzgoz 23 bi（1934 nienz）, youq daengx gyaiq Guengjsae bae diucaz caeuq damqra gvangcanj swhyenz. Gunghcoz fanveiz doh daengz baih doengbaek Guengjsae、baihdoeng Guengjsae、baihsae Guengjdoeng、baih doengnamz Guengjsae、baihgyang Guengjsae. Doenggvaq diucaz caeuq damqra, caenh'itbouh cingqsaed le ndaw gij gvangcanj gimsug mizsaek Guengjsae caeuq seiqhenz de, aeu sik、vuh、dih daengj cwk miz soqliengh ceiqlai, yienz、sinh baiz daihngeih, doengz、nez、meij haemq noix. Minzgoz 28 bi（1939 nienz）, daih'it baez daezok rangh dieg Guengjsae Danh（Nanzdanh）Ciz（Hozciz）cwk miz gvangqsik 9.28 fanh dunq. Doenghgij soq neix yienznaeuz mbouj cinjdeng geijlai, hoeng doiq gveihva gij gunghyez baijbouh seized miz itdingh cijdauj cozying.

西方的先进科学知识和新的采冶熔铸技术传入，壮族地区的有色金属矿产有了新的发展。壮族善于汲取外界先进技术，突出表现在利用新的地质科学理论及方法查明本地区的矿产资源。除已开采过的铜、锡、铅、锌、锑、汞外，新发现了钨、铋。民国十七年（1928年），广西成立了矿产探测团；民国二十三年（1934年），在广西境内全面开展矿产资源的调查与勘探。工作范围遍及桂东北、桂东、粤西、桂东南、桂中。通过调查与勘探，进一步证实了广西及周边的有色金属矿产中，以锡、钨、锑等储量最多，铅、锌次之，铜、镍、镁较少。民国二十八年（1939年），首次提出广西丹（南丹）池（河池）一带锡矿储量为9.28万吨。这些数字虽然不是很准确，但对于当时的工业布局规划起了一定的指导作用。

Minzgoz 11 bi（1922 nienz）, Ging'yinz Gunghswh youq Danhciz haivat sikgvangq haenx guenj miz 5 aen cangj, couh dwg Cangzboh、Bahlij、Dungzcehgyangh、Sinhcouh caeuq

Gauhfungh. Dasanh youz Bujyiz Gunghswh haivat，Bahlij caeuq Cangzboh youz Baujcenz Gunghswh haivat，Veihloz youz Vanhingh Gunghswh haivat，cungj dwg haivat megsik，siuq aen congh bingz roxnaeuz aen cingj lingq，riengz meggvangq bien vat bien aeu. Bakcongh iq gaeb，aeu daengmeizyouz daeuj ciuqrongh，aeu cuiz dub gangciem daeuj conq congh，aeu ywcaq ndaem daeuj caq，aeu gei roxnaeuz daehmaz rap doz okdaeuj. Minzgoz 21 bi（1932 nienz），Dacangj Sikgvangq youq gwnz deih canglaeb aen gei doxringx daeuj soiq rin'gvangq，yungh aen gei swzgenj daeuj cawz diet，cungj dwg gvihaeuj gij sezbei caeuq gunghyi senhcin. Bi de，ok sik 16 fanh~18 fanh gaen（ciethab 80~90 dunq）. Minzgoz 26 bi（1937 nienz），ok sik seuq 21 fanh gaen（ciethab 105 dunq）. Canjbinj gai daengz Yanghgangj、Aumwnz lai，hix gai daengz Gveicouh daengj dieg ndaw noix di. Minzgoz 33 bi（1944 nienz），bing Yizbwnj ciemqhaeuj，gvang'yez deng buqvaih，caengz ndaej hoizdauq yienghgonq. Minzgoz geizgan（1912~1949 nienz），Guengjsae ok gij sik seuq de 29115.71 dunq，Minzgoz 27 bi（1938 nienz）ok ndaej ceiqlai，dwg 3523.92 dunq. Sik baenz cungj doxgaiq youqgaenj Guengjsae ok.

民国十一年（1922年），在丹池开采锡矿的庆云公司辖有5个厂，即长坡、巴里、同车江、新洲和高峰。大山由普益公司开采，巴里和长坡由保全公司开采，灰罗由万兴公司开采，都是开采脉锡，凿平窿或斜井，沿矿脉边掘边采。窿口窄小，以煤油灯照明，手锤钢钎钻眼，黑火药爆破，用泥箕或麻袋肩挑背驮运输。民国二十一年（1932年），大厂锡矿在地面装设对滚机破碎矿石，用磁选机除铁，均属先进的设备与工艺。当年，产锡16万~18万斤（折合80~90吨）。民国二十六年（1937年），产纯锡21万斤（折合105吨）。产品多销往香港、澳门，少量销往贵州等内地。民国三十三年（1944年），日本军侵入，矿业遭到破坏，未能恢复原貌。民国期间（1912~1949年），广西产纯锡29115.71吨，民国二十七年（1938年）产量最高，为3523.92吨。锡成为广西的重要物产。

Minzgoz 17~35 bi（1928~1949 nienz），diucaz le 13 aen yen、20 lai dieg doengzgvangq. Cawzliux Byacwx Vujmingz、Dwzbauj cwk miz itdingh soqliengh，gizyawz cungj dwg dieg gvangq iq. Mbouj raen miz moq. Minzgoz geizgan，hix diucaz le gij gvangqcanj swhyenz yienzsinh Guengjsae，doh daengz 27 aen yen. Aeu gij rin'gvangq Swdingj miz binjvei sang，ndaej haivat dabdaengz bak lai bi. Miz Yungzyen Sinhgvang Gunghswh caeuq Bwzfuz、Canghdwz、Sihgyangz daengj miz canghseng'eiq haivat，goq gunghyinz bak lai boux，dingzlai dwg doenggvaq aen conghbingz iq daeuj haivat，soujgungh dwk congh，cuengqbauq haivat. Gij gisuz lienh de mbouj miz gaijbienq daih. Minzgoz 35 bi（1946 nienz），gujsuenq Guengjsae cwk miz gvangqdoengzsinh dwg 820 fanh dunq. Diucaz gvangqgungj swhyenz gvaq.

民国十七至三十五年（1928~1949年），调查了13个县的20多处铜矿点。除武鸣大明山、德保有一定储量外，余皆为小矿点。没有新的发现。民国期间，对广西的铅锌矿也进行了资源调查，遍及27个县。以泗顶的矿石品位高，可开采时间达百余年。有融县锌矿公司及百福、昌德、西强等商人开采，雇工百余人，多为小平窿开采，手工打眼，放炮开采。冶炼技术没有大的改变。民国三十五年（1946年），估算广西铜锌矿储量为820万吨。对汞矿资源做过调查。

Minzgoz 17 ~ 34 bi（1928 ~ 1945 nienz）, diucaz le 30 lai aen dieg gvangqvuh、gvangqbi swhyenz Guengjsae, daih'it baez daezok Guengjsae cwk miz gvangqvuh 99.51 fanh dunq, ndawde Binhyangz miz 60 fanh dunq, baiz youq Guengjsae daih'it vih. Minzgoz 24 ~ 26 bi （1935~1937 nienz）, Guengjsae ok gvangqvuh 1000 dunq baedauq, dan youq laeng Gyanghsih, baiz youq daengx guek daihngeih. Seizde gvangqvuh cungj dwg gai ok rog guek bae. Canghseng'eiq youq cawx ndaej gij savuh Binhyangz seiz, guh vayoz faensik, fatyienh sahvuh ndawde hamz miz bi, yienghneix couh ok gyaqcienz sang daeuj cawxaeu bi. Doenghbaez haivat cungj dwg dawz bi cabhaeuj rinfeiq vutbae, dajneix, yenzgiu le gij gisuz faenliz vuh、bi, daj ndaw rinfeiq de soudauq bi. Yienghneix, bi couh bienqbaenz cungj gvangcanj swhyenz moq Guengjsae.

民国十七至三十四年（1928~1945年），对广西的钨、铋矿产资源调查了30多个矿点，首次提出广西钨矿储量为99.51万吨，其中宾阳的为60万吨，居广西首位。民国二十四至二十六年（1935~1937年），广西钨矿产量1000吨左右，仅次于江西，位居全国第二。当时钨矿均销往国外。外商在购得宾阳钨砂时，进行化学分析，发现钨砂里含有铋，遂出高价买铋。以往开采均将铋混入废石抛弃，从此，研究了钨、铋分离技术，从废石中回收铋。于是，铋成为广西新的矿产资源。

Minzgoz geizgan, lij diucaz le gij gvangqdih swhyenz Binhyangz daengj 30 lai aen yen, 70 lai aen dieggvangq. Daih'it baez daezok Guengjsae cwk miz gvangqdih 108.13 fanh dunq. Minzgoz 26 bi（1937 nienz）, Guengjsae ok dih 4136 dunq, dwg miz geiqloeg ceiqsang.

民国期间，还调查了宾阳等30多个县，70多个矿点的锑矿资源。首次提出广西锑矿储量108.13万吨。民国二十六年（1937年），广西产锑4136吨，为最高记录。

Minzgoz 24 ~ 26 bi（1935 ~ 1937 nienz）, Namzningz、Bingzmaj（ngoenzneix Denzdungh Yen）daengj laeb miz 10 aen cangj lienh gvangqdih.

民国二十四至二十六年（1935~1937年），南宁、平马（今田东县）等共建有10家炼锑厂。

Minzgoz geizgan, Guengjsae gij swnghcanj gunghyi gisuz haivat lienhcauh gimsug mizsaek de dwg miz daezsang caeuq cinbu. Dieg Bouxcuengh gij gunghyi haivat gimsug mizsaek caeuq lienhcauh de, hainduj sawjyungh cungj gihgai sezbei iq daeuj dingjlawh soujgungh guhhong, sawj swnghcanj mbangj cungj gvangq ndaej dabdaengz aen geiqloeg moq. Doenghgij gvangcanjbinj lumj sik、sinh、yienz、bi、vuh daengj haivat lienhcauh ok de dwg Bouxcuengh doiq guekgya caeuq seiqgyaiq vwnzmingz fazcanj guh ok gung'yen moq.

民国期间，广西的有色金属采冶铸造生产工艺技术是有提高和进步的。壮族地区有色金属的开采和冶铸，开始使用小型机械设备代替手工作业，使有的矿种生产达到新的记录。采冶出的锡、锌、铅、铋、钨等矿产品成为壮族人民对国家和世界文明发展的新奉献。

Guengjsae deihcaet yinzyenz ndawde miz gij vunz cihsiz fwnswj Bouxcuengh, beijlumj Niuj Cauvwnz daengj. Gyoengqde caeuq gij gohgi yinzyenz Bouxgun caeuq gizyawz minzcuz itheij, bae diucaz gij swhyenz gimsug mizsaek Guengjsae, aeundaej le cwngzgoj gaxgonq caengz ndaej gvaq. Youq laj gij gisuz diuzgen seizde, yinhyungh Saefueng senhcin deihcaet lijlun bae ra gvangq, giethab gwnzdeih caeuq diemj swnghcanj gvangq bae diucaz gij deihcaet lajdeih, cobouh cazmingz aen gyadaej gij swhyenz gimsug mizsaek, vih ngoenzlaeng ginghci gensez caeuq caenh'itbouh damqra dwkroengz le giekdaej.

广西地质人员中有壮族的知识分子，例如钮兆文等。他们与汉族及其他民族的科技人员一起，对广西有色金属资源进行调查，取得的成果是空前的。在那时的技术条件下，运用西方先进地质理论找矿，结合地面与生产矿点进行地下地质调查，初步查明有色金属资源家底，为日后的经济建设和进一步勘探奠定了基础。

Daihngeih Ciet　Haivat Caeuq Lienhcauh Gizyawz Gimsug
第二节　其他金属的开采与冶炼铸造

Dieg Bouxcuengh cawzliux cangz miz gij gimsug mizsaek, lij cangz miz lai gij gimsug saekndaem lumj mungj、diet、dai, gij gimsug bengz lumj gim、ngaenz. Lij miz gij gimsug noixmiz、gimsug hihduj caeuq gimsug yenzsu noixsanq daengj doeklaeng roxdaengz haenx. Yiengh cwk youq gag mbouj doengz, gij gunghyi haivat caeuq daezlienh de hix gag miz daegsaek, daegbied dwg faenliz caeuq daezseuq cungj gvangq doxbuenx caezmaj de aeuyungh gohyoz cihsiz caeuq gij giyi daegbied. Youq gij lizsij gyaeraez ndawde, cojcoeng Bouxcuengh mboujduenh nyinhrox swyenz, damqra haifat leihyungh. Youq caeuq gizyawz minzcuz baedauq ndawde, hagsib caemhcaiq ciqaeu le senhcin gisuz, mboujduenh daezsang gij suijbingz haivat lienhcauh gak cungj gimsug.

壮族地区除蕴藏着有色金属外，还富藏黑色金属锰、铁、钛，贵金属金、银。还有后来知道的稀有金属、稀土金属和稀散元素金属等。其储存状态各不相同，开采与提炼的工艺也各有特色，特别是相伴共生矿物的分离和提纯需要科学知识与特别的技艺。在漫长的历史中，壮族先民不断认识自然，探索开发利用。在与其他民族交往中，学习并借鉴了先进科技，不断提高各种金属的采冶生产水平。

It. Aen Seizgeiz Gaxgonq Cinzcauz
一、先秦时期

Gaujguj fatyienh, dieg Lingjnanz ceiqcaeux wngqyungh gij doxgaiq dietgvangq dwg youq aen seizdaih sizgi moq. Youq aen conghgamj Cwngbizyenz baihnamz Gveilinz Si ndawde, gwnz gij goetganq boux mehmbwk laux caeuq boux mehmbwk cungnienz ndeu, vanq miz mba dietgvangqseuq. Aenvih dietgvangqseuq saeknding, deng yawj baenz cungj doxgaiq mizfuk. Neix dwg gij fungsug gyoengqvunz seizde, byaujsi gingqcungh caeuq dakniemh bouxdai. Gij bya seiqhenz Cwngbizyenz miz "cungj dietgvangqseuq Ningzyangh". Neix dwg aen laeh Cungguek leihyungh rin'gvangqdiet haemq caeux ndeu.

考古发现，岭南地区最早应用铁矿物是在新石器时代。在桂林市南的甑皮岩岩洞内，一老妇人及一中年妇女的骨架上，撒有赤铁矿粉末。因为赤铁矿色红，被视为吉祥物。这是当时人们的习俗，表示对死者的尊敬与寄托哀思。甑皮岩附近的山有"宁乡式赤铁矿"。这是中国比较早利用铁矿石之例。

Cangoz seizgeiz, cojcoeng Bouxcuengh caeuq Cujgoz doxgaenh, souh daengz gij ginghci caeuq vwnzva de yingjyangj, coicaenh le hangzdoengz、hangzdiet fazcanj. Cawzliux youq ngoenzneix dieg Byaraiz henzhamq Dahcojgyangh Ningzmingz yungh daihliengh mba dietgvangqseuq veh doz youq gwnz dat, gij gaiqdiet ndaw gyoengq moh Cangoz Vujmingz Majdouz Yangh Ndoianhdwngjyanghlingj oknamh de, yienghcauh de caeuq gij gaiqdiet cunghyenz doxlumj, gojnwngz dwg daj diegrog cienz haeujdaeuj; aen moh Cangoz Bingzloz Ndoiyinzsanhlingj oknamh gaiqdiet 181 gienh, dingzlai dwg gaiqdawzhong, ndawde fag caxgvet diet cauh、fagyez lumj fag canj miz song mbaq diet cauh haenx, cauhhingz mbouj doengz, wnggai dwg bonjdieg raixcauh. Seiqhenz ngoenzneix Guengjsae Bingzloz lij miz rin'gvangqdiet, ndaej aeu daeuj guhcingq. Cojcoeng Bouxcuengh cujyau dwg ndaem go haeuxnaz, sawjyungh gaiqdawzhong diet cauh haenx, ndaej coicaenh raeq reihnaz dajndaem. Seizde lienh diet soj yungh gij yienzliuh de gojnwngz dwg gij rin hamz diet gwnzmbwn doek roengzdaeuj, mboujgvaq soqliengh mizhanh. Hoeng aeu dietgvangqseuq（Fe_2O_3）caeuq danq gangqcoemh, doenggvaq danq daeuj hoizdauq, hix ndaej cauh ok diet. Doenghgij swhyenz neix youq dieg Bouxcuengh raen miz lai.

战国时期，壮族先民与楚国相邻，受其经济与文化的影响，促进了铜、铁业的发展。除在今宁明左江沿岸花山用大量赤铁矿粉绘制崖壁画外，武鸣马头乡安等秧岭战国墓葬群中出土的铁器，其造型与中原铁器的相似，可能由外地传入；平乐银山岭战国墓葬出土铁器181件，多为农具，其中铁刮刀、铁双肩铲形钺，造型不同，应是当地铸造的。今广西平乐附近还有铁矿石，可为佐证。壮族先民是以种稻为主发展农业的，使用铁制生产工具，能促进耕作生产。这时冶铁所用的原料可能来自含铁陨石，不过其量有限。而赤铁矿（Fe_2O_3）与木炭焙烧，以炭还原，也能制出铁。这些资源在壮族地区不少见。

Ngeih. Aen Seizgeiz Cinzcauz Caeuq Hancauz
二、秦汉时期

Cinzsijvangz doengjit Lingjnanz gvaqlaeng, caeuq baihbaek baedauq deih, gij hongdawz diet senhcin de doiq cojcoeng Bouxcuengh fazcanj nungzyez swnghcanj engqgya miz leih. Gij cungjloih de haemq lai, dan baengh diegrog gunghawj dwg gunnanz. It dwg gyaudoeng mboujbienh, byadah laengzgek; ngeih dwg cogeiz Hancauz, mehvuengz Lij gaemgienz, vihliux fuengzre luenh cauh vujgi, mbouj cinj yinh gaiqdiet daengz Lingjnanz bae. Lingjnanz miz rindietgvangq swhyenz, vihliux muenxcuk nungzyez swnghcanj aeuyungh, bietyienz gag lienhdiet cauh hongdawz. Hanvujdi Yenzsouj seiq bi（gaxgonq gunghyenz 119 nienz）, gaijgwz cidu gaeuq, saedhengz gij cwngcwz guenfueng ginghyingz gyu caeuq diet, daengx guek laeb guendiet 49 giz, faenbied gvi 40 aen gin. Moix giz dietguen lajde guenj geij aen cozyezdenj, Lingjnanz dwg ndawde aen ndeu. Guenfueng ginghyingz gvaqlaeng, vunzlig、huqlig caeuq caizlig haemq cizcungh doengjit, swnghcanj gisuz lij ndaej dox gyaulouz doigvangq, doidoengh le lienhdiet caeuq nungzyez swnghcanj. Youq Cwnzhih、Yungzyen caeuq Bwzliuz daengj dieg cungj fatyienh miz dieggaeuq lienhdiet. Mwhde soj vat rin'gvangq cawzbae dietgvangqseuq, lij miz gij dietgvangqhoengz［Fe$_2$（OH）•nH$_2$O］dietgvangqseuq deng hoengheiq gvaqlaeng bienqbaenz haenx. Riengz diegndoi vat aenloz coemh danq lienh. Cauh gij doxgaiq de dingzlai dwg hongdawz, lumj fagcanj、fagcae、fagcax daengj. Cojcoeng Bouxcuengh mwhde gaenq gaemmiz le gij gisuz yangjvavuz diet youq laj dohndat sang caeuq danq guh vanzyienz cozyung cauh diet. Daengz Dunghhan seiz, gaenq miz daihliengh gaiqdiet yungh youq swnghcanj caeuq swnghhoz, lumj giengz diet、moj diet daengj（doz 9-2-1、doz 9-2-2、doz 9-2-3 cungj dwg doxgaiq diet Guengjsae oknamh）Vangz Cenzswng、Lij Yenzsiengz youq ndaw saw《Guengjsae Cangoz Moh Handai Okanmh Gaiqdiet Gohyoz Yenzgiu》vix ok, gij sodiet Cangoz duh Vujmingz Anhdwngjyangh haenx dwg gij doxgaiq aeu hang cauh baenz duh Guengjsae ceiq caeux daengz seizneix ginggvaq gohyoz genjcwz gozyin haenx. Fag giemqdiet raez Handai duh Gveigangj si Gveibingz Dadangzcwngz dwg gij doxgaiq aeu gang cauj cauh baenz. Fag giemqdiet dinj Handai youq aen dieggaeuq neix oknamh haenx dwg gij doxgaiq lienhdiet, moj diet dwg gij doxgaiq aeu hang cauh baenz. Gangjmingz Guengjsae caeuq cunghyenz riengz henzgyawj baihnamz cienzboq caeuq doxvaij ceiq noix dwg mwh cangoz, daengz cinzhan doxvaij engq deih.

秦始皇统一岭南后，与北方交往频繁，先进的铁制农具更利于壮族先民发展农业生产。其种类较多，单靠外地供给是困难的。一是交通不便，山川阻隔；二是汉朝初年，吕后执政，不准铁器输往岭南，以防滥制武器。岭南有铁矿石资源，为满足农业生产需要，必然自行发展冶铁制具。汉武帝元狩四年（公元前119年），改革旧制，实施盐铁官营政策，全国设铁官49处，分属40个郡。每处铁官下辖几个作业点，岭南是其中之一。官营后，人力、物力和财力比较集中统一，生产技术还可以互相交流推广，对冶铁和农业生产起了推动作用。在岑溪、容县和北流等地都发现有冶铁遗址。当时所采矿石除赤铁矿外，还有赤铁矿风化后形成的褐铁矿［Fe$_2$（OH）•nH$_2$O］。燃料是木炭，沿坡地挖炉烧炼。制品多为农具，如铲、犁、刀等。此时的壮族先民已经掌握了铁的氧化物在高温下与碳进行还原作用制铁的技术。至东汉时，已有大量铁器用于生产及生活，如铁锅架、铁釜等（图9-2-1、图9-2-2、图9-2-3为广西出土铁器）。黄全胜、李延祥在《广西战国汉代墓葬出土铁器的科学研究》中指出，武鸣安等秧的战国铁锸是迄今为止经科学检测确认的广西最早的生铁制品。贵港市桂平大塘城的汉代长铁剑是炒钢制品。该遗址出土的汉代短铁剑为块炼铁制品，铁釜为生铁制品。说明广西与中原及南方周边地区的文化传播和交流最迟始于战国时期，秦汉后更为频繁。

Gim dwg gij gimsug bengz henjsag sienmingz, diemjyungz sang, singqcaet onjdingh, mbouj yungzheih deng hoengheiq bienq caet, youh mbouj yungz youq soemj caeuq ndaengq, aeu de cauhbaenz doxgaiq ndaej ciengzgeiz baujcunz. Gim youq swyenzgai faenbouh mbouj yinz, soqliengh youh noix, doxgaiq aenvih noix cix bengz. Lingjnanz moh Handai oknamh bingjgim（doz 9-2-4）、yaenqgim、ngaeugim. Yiennaeuz caengz cawqmingz youq gizlawz vatlienh gyagoeng cauhbaenz, lij ndaej roxdaengz dangseiz gij vunz miz gienzseiq de yungh gim daeuj cangcaenq gwnz ndang. Raekdaiq gij cangcaenq gim ndaej yienh ok fouqmiz caeuq gyaeundei dijbauj, gimndaek dwg gij doxgaiq yienh ok caizfouq. Lingjnanz miz rinfaiz faenbouh haemq gvangq, ndawde dingzlai caezmiz gij gvang'vuz gimngaenz daengj.

　　金是黄色鲜明的有光泽的贵金属，熔点高，性质稳定，不易氧化变质，又不溶于酸和碱，制成的器物可长期保存。金在自然界分布不均匀，量又少，物以稀为贵。岭南汉墓曾出土金饼（图9-2-4）、金印、金带钩。虽未有注明由何处采冶加工制成，仍可知当时权贵上层人物用金为饰物。佩戴金制装饰品可显示富有和华贵，金锭是显示财富之物。岭南岩浆岩分布范围较广，其内多含金银等共生矿物。

Doz 9-2-1 Giengz diet youq moh Dunghhan oknamh, Guengjsae Hinghanh Mauzbingz

图9-2-1 广西兴安县茅坪东汉墓出土的铁锅架

Doz 9-2-2 Moj diet youq moh Dunghhan Guengjsae Bingzloz Yinzsanhlingj oknamh

图9-2-2 广西平乐县银山岭东汉墓出土的铁釜

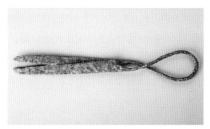

Doz 9-2-3 Geuz diet Dunghhan youq Guengjsae cenzcouh sunghsanhlij oknamh（Cangh Leij ingj）

图9-2-3 广西全州县松山里出土的东汉铁剪（张磊 摄）

Doz 9-2-4 Guengjsae Hozbuj Ndoivangniuzlingj moh Sihhan oknamh aen bingjgim "hung"（Ciengj Dingzyiz hawj doz）

图9-2-4 广西合浦县望牛岭西汉墓出土的"大"铭金饼（蒋廷瑜 供图）

Sam. Mwh Samguek Cincauz Dangzcauz

三、三国晋唐时期

Cojcoeng Bouxcuengh ndaemnaz, aeu yungh gak cungj cienmonz hongdawz diet cauh haenx. Aenvih diet nyangq youh geng, yungzheih dajdiz baenz gak cungj hongdawz bae gaijcaenh dajndaem. Gij hongdawz mwhde cungj dwg gij doxgaiq gienh iq、cangceiq genjdanh haenx, gyagoeng gisuz mbouj fukcab, hoeng soj yungh soqliengh daih, vihneix coicaenh le lienhdiet gisuz fazcanj. Gij rin'gvangqdiet yiengh yienzliuh lienhdiet haenx dingzlai lamq dong youq ndaw ndoibya roxnaeuz cab youq ndaw rin'gyaeq, sanqcomz youq luegmieng. Sojgangj haivat, cujyau lij dwg genjaeu, haemq genjdanh. Cungj lienhcauh neix dingzlai dwg gveihmoz iq ciuq lienhdoengz gunghyi bae guh.

壮族先民发展稻作农业，需要各种专用的铁制农具。由于铁的韧性、刚性好，容易锻造成各种农具去改进耕作。这时的农具都是一些件小、装置简单的制品，不需要复杂的技术加工，但所需量大，因而促进了冶铁技术的发展。冶铁原料之一的铁矿石大多残存在山坡堆积层内或混于砾石之中，散聚在沟谷。所谓开采，主要还是捡拾作业，比较简单。此等冶炼多是小规模的仿冶铜工艺。

1983 nienz 3 nyied, youq Ndoimanghdunglingj dieg gapgyaiq Hocouh Hocwngz Yangh caeuq Lenzdangz Yangh fatyienh song aen moh Samguek cangq, oknamh vwnzvuz 79 gienh, ndawde gaiqdiet 19 gienh, geiq miz aencae、faggvak、aenrauq、fagliemz、fagcax、fagsoek、faggawq、fagsiuq daengj. Aenrauq、fag gvak daiq gaenzgoz caeuq aen caesamgok gyang de miz ndoksaen dwg gij hongdawz moq. Doenghgij hongdawz diet neix dingzlai dwg hang couzbaenz.

1983年3月，在贺州贺城乡与莲塘乡交界的芒栋岭发现两座三国墓葬，出土文物79件，其中铁器19件，计有铧、锄、耙、镰、刀、削、锯、凿等。耙、带曲柄的锄和三角形中间有脊的铧是新式农具。这些铁制农具多为生铁铸成。

Mwh Samguek daengz Nanzbwzcauz（220~589 nienz）, miz hoenxciengq deih, bouxdungjci aeuyungh vujgi canghbei, mwhde hwnghengz yungh diet dizcauh midbing、buhgyaeplinh. Yungjfuz Yen oknamh gij vujswyungj Nanzcauz cangq haenx gvaq. Gwnz ndang de dik miz linhdiet daeuj hoh ndang, duz max hoenxciengq de hix longz miz buhlinh, lij miz aendiem diet cauh. Gaxgonq gij vujswyungj moh Handai cix mbouj miz cungj canghbei linhdiet neix. Ndaej raen mwhde gaenq gvangqlangh wngqyungh gaiqdiet lo. Youq mboengq de, lienhdiet、gyagoeng gisuz gaenq miz daezsang gig daih. Caiq gya'ndat hang diz de baenz diet. Diet hamz danq soqliengh daemq, nyangq lai, engqgya yungzheih cauhbaenz gij gaiqdiet hingzyiengh fukcab, muenxcuk aeuyungh.

三国至南北朝时期（220～589年），战事频繁，统治者需要武器装备，当时盛行用铁锻制军刀、铠甲。永福县曾出土南朝墓葬武士俑。其身塑刻着护身铁甲，战马也披着甲衣，还有铁制马镫。以前汉墓武士俑则无此种铁甲装备。可见此时的铁器应用更广了。在此期间，冶铁、加工技术有了很大提高。把生铁再加温锻打为熟铁。熟铁含碳量低，韧性好，更易制成形状复杂的铁器，满足使用需求。

Mwh Nanzbwzcauz（420~589 nienz）, "cungj fuengfap guenqgang" cienzhaeuj Lingjnanz, sawj lienhdiet gisuz caiq miz cungbyoengq. Gij fuengfap de dwg: Cuengq hang caeuq vengqdiet haeuj ndaw aen ganhgoh bae gya'ndat, hang sien deng yungz, yungzduk dawz diet, sawj diet hamz miz danq soqliengh lai, caiq ginggvaq dajdiz couh ndaej bienqbaenz gij gangdiet youh nyangq youh raeh. Cungj gyagoeng gunghyi neix ndaej haemq daih daezsang le gij caetliengh gaiqdiet. Dajneix, cungj gunghyi neix ndaej hwnghengz youq Lingjnanz. Hocouh、Gveilinz daengj dieg gaujguj cungj fatyienh miz.

南北朝时期（420～589年），传入岭南的"灌钢法"，使冶铁技术有了新的突破。其法是：将生铁及熟铁片放入坩埚内加热，生铁先熔，包融住熟铁，使熟铁提高含碳量，再经锻打可成为坚韧锋利的钢铁。这种加工工艺较大地提高了熟铁器的质量。自此，该工艺在岭南盛行。贺州、桂林等地均有考古发现。

Mwh Suizcauz Dangzcauz（581～896 nienz），daengx guek doengjit, ndawbiengz mwnhoengh, ginghci fazcanj. Gak dieg Lingjnanz saedhengz "gihmiz cidu", hoizrwnh le minzcuz mauzdun, ndawbiengz andingh, swnghcanj fazcanj, daegbied dwg nungzyez fazcanj haemq vaiq. Hongdawzdiet lumj fagboz（鏄，yaem bó，lumj faggvak）、faggvak、fagliemz daengj gij hongdawz vatnamh、caereih caeuq sougvej, lij miz cax、cungq daengj vujgi aeuyungh daihliengh yienzliuh diet. Yungjcouh Sienghyenz（ngoenzneix Guengjsae Cenzcouh）、Gveilingj（ngoenzneix Hocouh）Cauzgangh daengj dieg, cungj miz gij gunghcangj guenfueng haibanh haenx swnghcanj, ndaw《Sawdangz Moq》geiqsij miz. Dietgvangq iq dingzlai dwg seivunz haibanh.

隋唐时期（581～896年），全国统一，社会繁荣，经济发展。岭南各地实行"羁縻制度"，缓和了民族矛盾，社会安定，生产发展，特别是农业发展较快。铁制农具如鏄（音 bó，类似锄）、锄、镰等挖土、中耕和收割工具，还有武器刀、枪等需大量铁原料。永州的湘源（今广西全州）、桂岭（今贺州）朝冈等地，均有官办铁厂生产，载入《新唐书》中。小铁矿多系民营。

Mwh Samguek daengz Nanzbwzcauz, Lingjnanz haujlai moh Nanzcauz caengzging oknamh gij doxgaiq cangcaenq lumj goenhfwngzgim、haebfwngzgim、caihgim daengj. Gangjmingz mwhde vunz Lingjnanz gaenq gaemguenj le gij gisuz gyagoeng gaiqgim, hix gangjmingz wngqyungh gaiqgim gaenq daj bingjgim yienh ok fouqmiz cienj daengz dwg gij doxgaiq cangcaenq yienh ok gyaeundei fouqmiz. Lingjnanz dwg dieg miz gim, doilwnh doenghgij gaiqgim cangcaenq neix wngdang dwg ok laeng dangdieg.

三国至南北朝时期，岭南的许多南朝墓曾出土金手镯、金戒指、金钗等饰物。说明当时岭南居民已掌握了金器加工的技术，也说明金器应用已从金饼显示财富转向装饰物显示华富风采。岭南是产金之乡，推论这些金饰物应为当地所产。

Dangzdai, gij vunz Cunghyenz daeuj Lingjnanz dangguen de lai, liujgaij doxgaiq dangdieg hix haemq gidij, miz saw geiq roengzdaeuj lai.《Sawdangz Moq》geiqsij Lingjnanz miz haujlai gizdieg vatgim, lumj Yungjcouh（ngoenzneix Cenzcouh）、Yunghcouh（ngoenzneix Yunghningz）、Binhcouh（ngoenzneix Binhyangz）caeuq Cwngzcouh（ngoenzneix Sanglinz）cungj miz sagim. Mwhde gij vunz miz gienzseiq、gij vunz fouqmiz caeuq gij guenhak cauzdingz cungj maijgyaez vuengzgim, bienqbaenz cungj fungheiq ndeu. Gij doxgaiq cangcaenq yungh gim gyagoeng de lai cungj lai yiengh, ndei le lij gouz engq ndei, aeuyungh gim mboujduenh demgya. Cunghyangh cwnggenz iugouz Lingjnanz lai vat lai gung, mizseiz engq dwg aeu gung gim dingjlawh nab suiq, muenxcuk cauh gaiqgim aeuyungh. Dangzdaliz cibseiq bi（779 nienz）, cuengqhai mbouj cinj bingzminz vatgim, mbouj cinj gij vunzyak、guenhak deihfueng luenh bae gauxca. Mwhde mbanj Cuengh Yungjcouh（ngoenzneix Yungjcouh）Ginhniuzcungh、Binhcouh（ngoenzneix Binhyangz）、Fucouh（ngoenzneix Cauhbingz）、Cwngzcouh（ngoenzneix Sanglinz）Cwngzdai daengj, cungj dwg dieg vataeu gimsa youqgaenj.

唐代，来岭南为官者多，对物产了解也比较具体，著述记录多。《新唐书》记载着岭南有多处采金地点，如永州（今全州）、邕州（今邕宁）、宾州（今宾阳）和澄州（今上林）均有砂金。当时中原权贵、富人及朝廷官宦都钟爱黄金，成为世风时俗。用金加工的饰物多姿多彩，精益求精，对金的需求量不断增加。中央政权要求岭南各地多采多贡，甚至以贡金代替税赋，满足制造金器需要。唐大历十四年（779年），放开平民采金之限制，不准地方豪强、官吏乱加干扰。当时壮乡永州（今全州）金牛冲、宾州（今宾阳）、富州（今昭平）、澄洲（今上林）澄泰等，均为采砂金之重地。

Gimsa dwg gij gimswyenz ndaw ringiengh, roxnaeuz dwg gij gimgvangq riengz miz ngaenz, ging rumzvaq gvaqlaeng, cungcat caemdingh youq ndaw gij namhsa ndoibya roxnaeuz mienglueg. Aen bijcung gim dwg 19.32, beij namhsa naek, youq raemxlae cungringx gocwngz ndawde, youq giz dah vangoz raemxlae gemjmenh de caemdingh, comz youq miz lai. Vunz mwhde dingzlai dwg youq aen heiqciet raemxfeuz roxnaeuz mbouj miz raemx bae vataeu gimsa, youq giz caemdingh miz gim de, yungh loz roxnaeuz luenz caengdawz gij namhsa haemz gim, aeu raemx dauzswiq, namhsa riengz raemx lae bae, cij lw roengz naedgim. Dangzcauz Liuz Sinz《Lingjbyauj Luzyi》ndawde sij："Haj Lingj ndawde Fucouh（ngoenzneix Cauhbingz）、Binhcouh（ngoenzneix Binhyangz）、Cwngzcouh（ngoenzneix Sanglinz）rijdah gyangde cungj ok gim, gij vunz youq gaenh de, ngoenznaengz bae dauzgim." Aenvih naedgim hung iq mbouj doengz, bonjlaiz couh mbouj miz geijlai, youq rijdah ndawde faenbouh engqgya mbouj yinz, mizseiz "daj haet daengz haemh dauz mbouj ndaej saek naed". De youq Lingjnanz Gveicouh（ngoenzneix Gveilinz）dangguen gvaq, doiq cojcoeng Bouxcuengh guh gij hong dauzgim miz liujgaij di, nyinhnaeuz Lingjnanz aeu gij gim Cwngzcouh（gij gim dieg Sanglinz ngoenzneix ok）caetliengh ceiqndei. Dangzcauz cunggeiz canghsei Liuz Yijsiz dang bouxswsij Lenzcouh（henzgaenh ngoenzneix Guengjdoeng Lenzsanh Bouxcuengh Yauzcuz Swciyen）gvaq, doiq lingjnanz vatgim dauzgim miz liujgaij laegdaeuq, gij sei de naeuz："Daengngoenz swnghwnj mokdah sanq, mehmbwk dauzgim haenzdah rim. Goenhsoij dahsau yaenq houzvuengz, cungj dwg ndaw sa daej langh daeuj." Sengdoengh bae miuzsij le Lingjnanz haivat gimsa caeuq gij yunghcawq gimsa. Aenvih gimsa dingzlai dwg swyenz gvang'vuz, dohseuq sang, itbuen mbouj yungh caiq dajlienh daezaeu gaiqseuq.

砂金是岩浆岩内的自然金，或金伴生有银的矿物，经风化后，冲刷沉积于山坡或沟谷泥沙之中。金的比重是19.32，比泥沙重，在水流冲滚过程中，在河湾水流减速之处沉淀，形成富集。时人采金多在水浅或枯水季节，于沉淀有金处，用箩或盘盛含金之泥沙，就水淘洗，泥沙随水而去，下余为金粒。唐刘恂的《岭表录异》中记载："五岭内富州（今昭平）、宾州（今宾阳）、澄州（今上林）江溪间皆产金，侧近居人，以淘金为业。"由于金粒大小不一，数量本就不多，在河溪中分布更不均匀，有时"自旦及暮有不获一星"。他曾在岭南桂州（今桂林）为官，对壮族先民采金生产有所了解，认为岭南以澄金（今上林所产之金）质量最好。唐中期诗人刘禹锡曾任连州刺史（今广东连山壮族瑶族自治县附近），对岭南淘采砂金有深刻了解，其诗云："日照澄州江雾开，淘金女伴满江隈。美人首饰侯王印，尽是沙中浪底来。"生动地描述了岭南砂金的开采及用途。由于砂金多为自然矿物，纯度高，一般不需再炼提纯。

Dangzdai saedhengz cungj cidu dujcouh gung gimngaenz bae dingjlawh nabsuiq. Ciuq 《Sawdangz Moq》 geiqsij, gij couh gung gim caeuq ngaenz de miz 8 aen, couh dwg Yunghcouh（ngoenzneix Yunghningz）、Cwngzcouh（ngoenzneix Sanglinz）、Hwngzcouh（ngoenzneix Hwngz Yen）、Sinzcouh（ngoenzneix baihsae Gveibingz）、Lonzcouh（ngoenzneix baihsae Hwngz Yen）、Mungzcouh（ngoenzneix baihnamz Mungzsanh Yen）、Bwzcouh（ngoenzneix Bozbwz）、Dangjcouh（ngoenzneix baihbaek Yilinz）, gij couh dan gung gim de dwg Yenzcouh、Yungzcouh（ngoenzneix Yungzsuij）、Siucouh（ngoenzneix baihsaenamz Gveibingz）, raen ndaej mwhde Lingjnanz dieg ok gimsa de haemq lai. Caiq gangj daengz baenzlawz fatyienh gim miz cienzgangj haemq lai, rangh dieg Canghvuz gangjnaeuz dwg cojcoeng Bouxcuengh vat sa aeu namh seiz fatyienh, rangh dieg Nazboh gangjnaeuz dwg gajgaeq gajbit seiz, daj ndaw aen'ai de fatyienh. Cienzgangj yiennaeuz lai, hoeng gvi daengz diemj ndeu, couh dwg cojcoeng Bouxcuengh ak miz conhyenz cingsaenz, ndaej daj gij saehgienh bingzfanz ndawde, damqra caeuq fatyienh doxgaiq moq.

唐代实行土州上贡金银以代税赋之制。据《新唐书》记载，贡金银者有8个州，即邕州（今邕宁）、澄州（今上林）、横州（今横县）、浔州（今桂平西）、峦州（今横县西）、蒙州（今蒙山县南）、白州（今博白）、党州（今玉林北），仅贡金者为岩州、融州（今融水）、绣州（今桂平西南），可见当时岭南产砂金之地颇多。至于金的发现过程传说较多，苍梧一带讲的是壮族先民挖沙取泥时发现，那坡一带讲的是宰杀鸭鹅时，从其砂囊胃中发现的。传说虽多，但归于一点，就是壮族先民富有钻研精神，能从平凡的事件中，探索和发现新的事物。

Dangzdai ginghci mwnhoengh, sanghyez fazcanj mauhgvaq seizgonq, doengzcienz dangguh hobi yungh youq sanghbinj gyauvuenh, raen ndaej gyaqdaemq soqlai, cunggeiz Dangzcauz aeu ngaenz dangguh gij hobi miz dangjsw engq sang. 《Sawdangz Moq》 geijsij："Lingjnanz Yizcouh miz ngaenz." Gangjmingz gij gvangq ngaenz rangh Danhciz gaenq haivat caemhcaiq miz le itdingh gveihmoz. Mwhde dieg Bouxcuengh gij dujcouh gung ngaenz hawj cunghyangh cauzdingz de miz 14 aen couh: Gunghcouh（ngoenzneix Bingznanz）、Siengcouh（ngoenzneix Siengcouh）、Dwngzcouh（ngoenzneix Dwngz Yen）、Gveicouh（ngoenzneix Gveilinz）、Vuzcouh（ngoenzneix Canghvuz）、Hocouh、Liujcouh、Fucouh（ngoenzneix Cauhbingz）、Cauhcouh（ngoenzneix Bingzloz）、Yenzcouh（ngoenzneix Laizbinh）、Swhdangzcouh（ngoenzneix gvihaeuj Bingznanz）、Swncouh（ngoenzneix Luzconh）、Yizcouh（ngoenzneix baihdoengnamz Bwzliuz）、Yicouh（ngoenzneix baihdoeng Cwnzhih）.

唐代经济繁荣，商业空前发展，铜钱作为货币用于商品交换，显得价低量大，唐朝中叶将银作为更高一档次货币。《新唐书》记载："岭南宜州有银。"说明丹池一带的银矿已在开采并有了一定规模。当时壮族地区向中央朝廷贡银的土州有14个：龚州（今平南）、象州（今象州）、滕州（今藤县）、桂州（今桂林）、梧州（今苍梧）、贺州、柳州、富州（今昭平）、昭州（今平乐）、严州（今来宾）、思唐州（今属平南）、顺州（今陆川）、禺州（今北流东南部）、义州（今岑溪东部）。

Gij gvangqngaenz Lingjnanz dingzlai dwg cungj liuzvagvang'vuz, lumj aen yinzdihyouhdungzgvang Nanzdanh Dacangj, aen liuzbiyenzyinzgvang Canghvuz Fozswjcungh. Itbuen gij fuengfap lienh de dwg dwksoiq rin'gvangq, gyaux danq、baengzsa、sizyinghfwnj caeuq suhdaj（roxnaeuz daeuh）haeuj bae, cang haeuj aen reknamh bae, coemh danq daeuj lienh, caiq boqrumz, vwnhdu dabdaengz 800～1000 ℃. Gvaq song aen siujseiz lai le, bazdeuz gij nyaq gwnz de couzding, couh dwg ngaenz. Aen diemjyungz ngaenz dwg 960℃, beij bi（270℃）、yenz（327℃）、sinh（419℃）sang, ndaej cawzbae gij gimsug yungz gonq de bae. Aen diemjyungz doengz（1083℃）beij ngaenz sang. Mwhde caengz miz cungj soujduenh ndaej cingcinj caek ok dohndat, vanzcienz baengh gij gingniemh canghdawzguh bae buenqduenh, youq gaxgonq ngaenz yungz doengz caengz yungz, gibseiz dawz nyaq deuz couzding couh ndaej daengz ngaenz. Vihliux ndaej daezsang dohseuq ngaenz, baennzneix caiq lienh it ngeih baez. Leihyungh gij vuzlij daegsingq doenghyiengh bae lienh ngaenz, gangjmingz mwhde cojcoeng Bouxcuengh gaenq gaem miz gij vuzlij、vayoz gohyoz cihsiz maqhuz sang haenx.

岭南银矿多为硫化矿物，如南丹大厂的银锑黝铜矿，苍梧佛子冲的硫铋铅银矿。一般的冶炼方法是将矿石打碎，混入木炭、硼砂、石英粉与苏打（或草木灰），装入泥制坩埚，用木炭烧炼，加以鼓风，温度达800～1000℃。2个多小时后，扒去浮渣铸锭，即为银。银的熔点是960℃，比铋（270℃）、铅（327℃）、锌（419℃）高，可将先熔之金属除去。铜的熔点（1083℃）比银的高。当时尚无精确的测温手段，完全凭操作工匠的经验判断，在银熔铜未熔前，及时去渣铸锭就得银。为了能提高银之纯度，如是再炼一两次。利用物质的物理特性进行冶银，说明当时的壮族先民已掌握了相当高的物理、化学方面的科学知识。

Gij gaiqngaenz Lingjnanz cauhguh de youq mwh Dangzcauz hwng'vuengh gaenq dabdaengz aen suijbingz maqhuz sang, neix daj gij vwnzvuz oknamh de ndaej ndaejdaengz cingqsaed. Sanjsih rogsingz Sih'anh aen cangj cienvax daih'it de oknamh ngaenzding（ciuhgeq heuh ding）4 aen, ndawde miz aen ndeu cingqmienh deu miz saw："Langjningz Gin Duhduz fuj, Dienbauj 2 bi gung ngaenz it ding, naek hajcib liengx, cauzyiz Langzgzgenz Vaizcwz Gin daisouj……" Ciuq《Sawdangz Moq》soj geiqsij, Langzningz Gin dwg dieg Yunghcouh guenj, Vaizcwz Gin couh dwg Gveicouh（ngoenzneix Gveigangj Si）, cungj dwg gvihaeuj Lingjnanz Dau. Neix dwg gij ngaenz guendeihfueng daj Guengjsae atsoengq daengz Cangzanh gung hawj vuengzdaeq. Youq baih saenamz Sanjsih Lanzdenz Yen Gungjcunh oknamh gaiq ngaenzding ndeu gvaq, cingqmienh deu miz gij saw "Yungzgvanj ginghlozswj youq bi nduj Gvangjmingz gung ngaenz hoh doeng ding ndeu, naek 20 liengx" daengj. Neix dwg gij saenzcingz Yungzgvanj ginghlozswj (bouxguen cawjguenj rangh Yungzyen、Yilinz、Bwzliuz ngoenzneix) youq aen ciet doengceiq gung hawj Dangzhihcungh vuengzdaeq, bi'nduj Gvangjmingz dwg gunghyenz 880 nienz. Ngaenzding cawzliux guh hobi, hix ndaej yungh guh cunghyangh caizlig roxnaeuz bwhcwk vuzswh. Mwhde, lij cauhguh le mbouj noix gaiqngaenz gyaqciq. Youq Sanjsih Lanzdenz Danghyuz Yangzgyah Gouh oknamh mbangj gaiqgimngaenz Dangzdai gvaq. Ndawde miz aen buenzngaenz raiz miz duz roegyenhyangh caeuq diuzsai ndeu, daejbuenz ga'gvaengh deu miz saw "Boux daihcaenz Gveigvanj Lij Ganj gung". Gveigvanj ginghlozswj dwg Dangz Gauhcungz Gaihyau bi de (681 nienz) gvaqlaeng ndalaeb, guenj dieg Gveilinz caeuq baihbaek Guengjsae ngoenzneix. Lij Ganj youq gizhaenx dangguen, de yungh gij ngaenz dangdieg gyagoeng baenz aenbuenz, gung hawj vuengzdaeq. Daihcaenz gung gij dwzcanj dangdieg hawj vuengzdaeq, muzdiz dwg youq dangqnaj vuengzdaeq biujyienh gij cwngciz swhgeij, daj aen fuengmienh wnq hix gangjmingz le dangdieg miz gij giyi sang lienh ngaenz caeuq cauhguh gaiqngaenz. Sanjsih Swngj Fuzfungh Yen deihgung aen miuh Fazmwnz oknamh le gienh loengz ngaenz conghlou gimgyaeu ndeu, dwg Dangzdai Gvei couh (ngoenzneix Gveilinz) cauh (doz 9-2-5). Gaengawq gaujcingq dwg yungh daeuj ring mbawcaz, hix dwg boux daihcaenz Gveigvanj Lij Ganj gung hawj.

岭南制作的银器物在盛唐已达到相当高的水平，这从出土文物中可得到印证。陕西西安市郊第一砖瓦厂出土银铤（锭之古称）4个，其中有1个正面刻有铭文："朗宁郡都督府，天宝二年贡银壹铤，重伍拾两，朝仪郎权怀泽郡太守……"据《新唐书》所载，郎宁郡乃邕州治地，怀泽郡即贵州（今贵港市），均属岭南道。这是地方官从广西解送到长安的贡银。在陕西蓝田县西南巩村曾出土一块银铤，正面刻有"容管经略使进奉广明元年贺冬银壹铤，重贰拾两"等字。这是容管经略使（主管今容县、玉林、北流一带的官员）进贡献给唐僖宗皇帝冬至节的礼物，广明元年是公元880年。银锭除做货币外，也可作中央财力或物资储备之用。这时，还制作了不少精美的银制器物。在陕西蓝田的汤浴杨家沟曾出土一些唐代金银器。其中有一个鸳鸯绶带纹银盘，盘底圈足錾刻"桂管臣李杆进"的铭文。桂管经略使是唐高宗开耀年（681年）以后设立的，辖今桂林及桂北部分地区。在那里任官的李杆用当地银加工成盘，贡送给皇帝。臣下进贡当地特产，目的是在皇帝面前表现官员的政绩，从另一方面也说明了当地冶炼银及制作银器的高超技艺。陕西省扶风县法门寺地宫出土了一件唐代桂州（今桂林）制作的鎏金镂孔银笼子（图9-2-5）。据考证是烘茶叶用的，由桂管臣李杆进贡。

Doz 9-2-5　Aen loengz ngaenz conghlou gimgyaeu Gveicouh（ngoenzneix Gveilinz）Dangzdai，youq Sanjsih Fuzfungh deihgung aen miuh Fazmwnz oknamh（Ciengj Dingzyiz hawj doz）

图9-2-5　陕西扶风法门寺地宫出土唐代桂州（今桂林）制作的鎏金镂孔银笼子（蒋廷瑜 供图）

Seiq. Mwh Sung Yenz Mingz Cingh

四、宋元明清时期

Riengz nungzyez fazcanj daeuj, aeuyungh hongdawz hix demgya, haivat lienhdiet gisuz miz le fazcanj moq. Lingjnanz cawzliux Yilinz、Binhcouh（ngoenzneix Binhyangz）、Dwngzcouh（ngoenzneix Dwngz Yen）caeuq Vuzcouh daengj dieg laebdaeb swnghcanj gaiqdiet, henzgaenh Denzcouh（ngoenzneix Denzyangz）、Dungcouh（ngoenzneix saenamz Lungzcouh）、Cunghcouh（ngoenzneix Fuzsuih）、Gyanghcouh（ngoenzneix Cungzcoj）hix lienhcouz gaiqdiet. Daegbied dwg gij dietgvangq Yungzcouh（ngoenzneix Yungzsuij）, Sungcauz youq Byabaujcizsanh nda gam haivat guenjleix. Nanzsung Gauhcungh nienz Sauhingh daengz Yaucungh nienz Genzdau gyangde（1131~1173 nienz）, cwngfuj youq 20 aen couh baij guen bae cujciz vatdiet, ok diet 88302 gaen, ndawde Guengjsae Yilinz ok 27500 gaen, ciemq 31.14%, Binhcouh（ngoenzneix gvihaeuj Binhyangz Yen）ok 14600 gaen, ciemq 16.53%, song aen couh neix gya hwnjdaeuj ca mbouj geij ciemq dingz ndeu. Gij rin'gvangqdiet de cujyau dwg gvangqdiet nding caeuq gvangqdiet henjndaem, lienh ngaih, aen loz lienh diet de goucau genjdanh, dingzlai dwg aen loz luenzsoh. Daj dingj loz dwk liuh roengzbae, doxgek coux haeuj caengz rin'gvangqdiet caeuq caengz danq ndeu, caemhcaiq coux rincaemhhoi haeujbae, bae bang baizcawz gij yenzsu miz haih ndaw diet. Baih ceiqlaj de miz caengz fwnz ndeu, daj daej loz diemjfeiz. Vunzrengz boqrumz bang coemh daezsang dohndat. Yangjvadez caeuq danq youq laj diuzgen ndat haenq, fatseng vanzyienz fanjwngq, raemxdiet daj aen bak daej loz lae okdaeuj. Nyaqfeiq daj aen bak gwnz aen bak ok diet baiz okdaeuj. Guenq gij raemxdiet lae okdaeuj de haeuj gwnz deih aen cauz yawhsien vat baenz haenx, bienq gyoet gvaqlaeng couh dwg dietsug, hix heuh guh hang. Danghnaeuz siengj daezaeu seuq, ndaej dwksoiq dietsug, caiq caeuq danq faen caengz cang loz caiq lienh, roxnaeuz doenggvaq gya ndat ndaek dietsug bae diz, gyagoeng baenz gij dietsug hamz danq daemq haenx.

　　随着农业的发展，对农具的需求增加，采铁冶炼技术有了新的发展。岭南除了玉林、宾州（今宾阳）、滕州（今藤县）和梧州等地继续生产铁器，田州（今田阳）、冻州（今龙州西南）、忠州（今扶绥）、江州（今崇左）附近也冶铸铁器。特别是融州（今融水）铁矿，宋朝在宝积山设监开采管理。南宋高宗绍兴年至孝宗乾道年之间（1131～1173年），政府在20州派官主持采铁，产铁88302斤，其中广西的玉林产27500斤，占31.14%，宾州（今属宾阳县）产14600斤，占16.53%，二州之和几占总量一半。所开采的铁矿石主要是赤铁矿和褐铁矿，冶炼容易，其炼铁炉构造简单，多为圆筒形直立炉体。自炉顶进料，一层铁矿石与一层木炭相间装入，并装入石灰石，以助排除铁中有害的元素。最下部有一层木柴，从炉底点火。人力鼓风助燃提温。氧化铁与木炭在高温条件下，发生还原反应，铁水从炉底出铁口流出。废渣从出铁口上面的排渣口流出。将流出的铁水注入地面预挖成的地槽内，冷却后即是毛铁，也称为生铁。如欲提纯，可以将毛铁击碎，再与木炭分层装炉再炼，或将生铁块加热进行锻打，加工成含碳低的熟铁。

　　Guenq gang gisuz youq Sungdai miz le caenh'itbouh fazcanj. Vuzcouh gaenq ndaej swnghcanj gij gang caetliengh ndei. Gij diet yungzlienh de lumj raemxlae, couzbaenz yiengh gaiq de mbang lumj mbaw ceij, maenhdwtdwt, gawq mbaeu youh naihyungh.《Lingjvai Daidaz》ceijok：Miz mbangj canghdiet youq diz gij gienhdiet Vuzcouh seiz, aeu raemxdoengz daeuj rwed, gyagoeng baenz gij diet habgim doengz, guhbaenz gij caizliuh moq ndaej fuengz hwnjsingq, baihrog gyaqciq, mingz heuh vuzdiet, mwhde cungj miz mingz raixcaix.

　　灌钢技术在宋代有了进一步发展。梧州已能生产优质钢。熔炼的铁如流水，铸器薄如纸，坚不可破，既轻又耐久。《岭外代答》指出：有的铁匠在锻打梧州所产的铁件时，淋以铜水，加工成铜合金铁，成为防锈、外观精美的新材，名为梧铁，享誉于世。

　　Aenvih gij gunghyi cauhguh gaiqdiet de ndaej daengz daezsang, dieg Bouxcuengh cauhguh binghgi hix dabdaengz le aen suijbingz gaxgonq caengz miz gvaq, oknamh miz fagcax、diuzcungq、faggiemq、faggiz、aen byainaq、fagcax sueng nga、diuzgoh、diuznangx、aengung、fagcax sueng gyaeuj、fagfouj haibya、fagliemz sueng gyaeuj daengj. Daegbied dwg fagcax sueng gyaeuj, ganj raez lumj diuz faexgyaengh heujmanaez, song gyaeuj ancang miz fag caxdinj bakcax doxdoiq ndeu, gak fagcax raez 33 lizmij, bakcax vangungj, baksoem raehrub. Gij engq daegbied de dwg, gaenzcax miz faggiz raehrub, giujmiuq giethab le gij goengnaengz fagcax、diuznangx、aengiz youq ndangdog, ndaej heuh dwg cungj vujgi moq.

　　由于铁器制作工艺的提高，壮族地区的兵器制造也达到了前所未有的水平，出土有刀、枪、剑、戟、镞、双丫刀、戈、矛、弩、双头刀、开山斧、双头镰等。特别是双头刀，长杆如狼牙棒，两端安装有刃向相同的短刀，刀各长33厘米，刃为弧形，刺尖锐利。更为奇特的是，刀把处有戟的半月形利刃，将刀、矛、戟的功能巧妙地结合于一体，堪称新式武器。

　　Sungdai cawzliux youq Yunghcouh、Cwngzcouh laebdaeb vatgim, cwngfuj youq rangh dieg You'gyangh, baij guen laeb ciengz vatgim. Sung Sinzcungh Hihningz 7 bi daengz 10 bi

（1074~1077 nienz）, dan youq rangh dieg Denzyangz couh aeundaej gim cek baenz cienz 25 fanh minz, doeklaeng daengz Yenzfungh 4 bi（1081 nienz）, gimgvangq swhyenz gemjnoix cij mienx gung. Vwnzgen geiqsij: Yunghcouh gak dieg dungminz（couh dwg cojcoeng Bouxcuengh）vatra gij gimsa ndaw doenghnaz、mienglueg, doenggvaq dauzswiq bae senjaeu, naed hung de lumj naed mienh, naed iq de lumj mbaw mienh, ginggvaq yungzvaq couzbaenz ndaekgim. Danghnaeuz mbouj gyagoeng, cingzsaek haemq ca. Ginggvaq cing lienh, siuhauq cibfaen cih ngeihsam, ndaej lienh baenz gim, couh dwg gij gim dohseuq sang.

宋代除在邕州、澄州继续采金外，政府在右江一带，派官设场采金。宋神宗熙宁七年至十年（1074～1077年），仅在田阳一带得金折钱25万缗，后至元丰四年（1081年），金矿矿源减少才免贡。文献记述：邕州所辖各地峒民（即壮族先民）采集田野、沟谷中的砂金，用淘洗之法选取，大者似麦粒，小者若麸片，经熔而铸。若不加工，成色稍差。经过精炼，消耗十之二三，可炼成熟金，即纯度高的金。

Youq ndaw gak aen gvangqdiemj vataeu gim de, Yungzcouh、Yizcouh、Cauhcouh caeuq Dwngzcouh cungj dwg vatra gimsa. Nanzsung Yaucungh Cunzhih 10 bi（1183 nienz）, Guengjsae yinswh bauq hwnj bae "miz gumzgim haj, cug bi souhaeuj mbouj lai". Munglingz Yen（ngoenzneix Canghvuz）mbanj Gujcenz miz gumzgim sam, lij miz gij gim megbya, cwngfuj baij vunz cujciz haivat, seizde gimsa swhyenz gaenq noix, cienj daengz bae haivat gij gim ndaw rin. Haivat gisuz fukcab, cingzbonj sang.

在各采金矿点中，融州、宜州、昭州和滕州皆是采集砂金。南宋孝宗淳熙十年（1183年），广西运司上报"有金坑五，递年收入不多"。孟陵县（今苍梧）古钱村有金坑三，还有山体脉金，政府派员组织开采，此时的砂金资源已少，转向开采岩石内的脉金。开采技术复杂，成本高。

Sung、Yenz song daih vihliux mbaetyungh ngaenzhau caengzging fathengz ngaenzceij. Hoeng aenvih ngaenzceij bienq cienh daengj yienzaen, ngaenzhau caeuq doengzcienz youh yungh daeuj guh gaicawx. Cwngfuj yawjnaek swnghcanj gij ngaenzhau Lingjnanz, youq aen daibingz ngaenzciengz Linzho（ngoenzneix aen sikyienzdoengzngaenzgvangq Byabwzmensanh Hocouh）、aen dangzlinz ngaenzciengz Cwnzhih Yen（ngoenzneix aen ngaenzyienzsinhgvangq Fuzswjcungh）、aen ngaenzciengz Hozciz（ngoenzneix aen yienzsinhngaenzgvangq Ndoigencuhboh、Conghsanhbaizdung）、aen fuyinz yinzgenh Fujsuij Couh cungj baij vunz bae laeb ciengz swnghcanj. Sungdai gig gaemndaet hangz canjngaenz, genh dwg aen cujciz gihgou guenjleix gvangyez haemq gaepsang. Linghvaih lij miz 16 aen dujcouh moix bi gung hwnj ngaenzhau, baudaengz Ho、Gvei（Gveilinz）、Yungz、Yungh、Sieng、Vuz、Dwngz、Gungh、Sinz、Gvei（Gveigangj）、Liuj、Yiz、Binh、Hwngz、Bwz、Yilinz daengj dieg. 1992 nienz, youq Nanzdanh Yen Siujcangz Yangh Fucwngz Cunh Lahyau Dunz Byaguk oknamh le buek gaiqngaenz Sungdai ndeu, baudaengz aen bat fwngz ngaenz daz gim、aen duixngaenz、aen buenzngaenz daengj. Doenghgij gaiqngaenz neix cungj dwg cuiz baenz, deu miz raizva gyaqciq, ndawde aen bat fwngz ngaenz daz gim sang 14.8 lizmij, raez 34 lizmij, hingzsiengq sengdoengh raixcaix.

宋、元两代曾发行纸币以节省白银。但由于纸币贬值等原因，白银与铜钱又流通于贸易中。政府重视岭南的白银生产，派员设场生产的有临贺太平银场（今贺州白面山锡铅铜银矿）、岑溪县棠林银场（今佛子冲银铅锌矿）、河池银场（今箭猪坡、三排洞铅锌锑银矿）、抚水州富仁银监。宋代对产银业抓得很紧，监是较高级的管理矿业的组织机构。另外还有16个土州每年上贡白银，包括贺、桂、容、邕、象、梧、藤、龚、浔、贵、柳、宜、宾、横、白、郁等地。1992年，在南丹县小场乡附城村拉要屯虎形山出土了一批宋代银器，包括鎏金银摩羯、银碗、银盘等。这些银器都是锤揲成型，錾刻有精致花纹，其中鎏金银摩羯高14.8厘米，长34厘米，形象生动传神。

　　Yenzcauz youq Cenzcouh hix fatyienh le dietgvangq, caemhcaiq laeb loz lienhcauh. Mingzdai, Yungzcouh Byabaujcizsanh haivat dietgvangq laebdaeb hoenghhwd mbouj doekbaih. Youq aen Byaroegheu baih saebaek Vuzcouh Fuj Yilinz Couh 35 leix, fatyienh miz dietgvangq moq, vunz dangdieg yungh gij naez henjheu（couh dwg gij faenjdietgvangq ndinglaeg）cauhbaenz aengiuz, langh hawq, caiq caeuq faexdanq cang haeuj aenloz bae, lienh diet cauh rek. Mingz Sinzcungh Vanliz 25 bi（1597 nienz）, Guengjsae gyau suiqdiet 10294 gaen 4 liengx. Ciuq cungj fuengfap geiqsuenq suiqlwd samcib faenh aeu ngeih seizde, gij diet bi de canj haenx dwg 154110 gaen.

　　元朝在全州也发现了铁矿，并设炉冶炼。明代，融州宝积山铁矿开采继盛不衰。梧州府玉林州的绿鸟山位于州西北35里，新发现有铁矿，当地人用青黄泥（即褐铁矿粉）制成球，晾干，再与木炭装炉，炼铁制锅。明神宗万历二十五年（1597年），广西熟铁交税10294斤4两。按当时三十分取二的税率计算，当年的铁产量为154110斤。

　　Mingzdai, Guengjsae、baihdoeng Yinznanz vanzlij dwg aeu haivat gimsa guh cawj. Baihdoeng Guengjsae gim swhyenz mbouj fatyienh miz moq. Yunghcouh Senhva Yen（ngoenzneix Yunghningz）youq miengrij fatyienh gimsa, caemhcaiq fatyienh ndaek gim sengcingz miz haenx hung lumj gyaeqgaeq, ndaej heuh baenz gimmeh, saedcaih dwg noix raen. Baihsae Guengjsae、baihdoeng Yinznanz hix miz gimsa, ndaej vataeu soqliengh mbouj daih, gunghhyi fuengfap lij dwg yungh fwngz bae dauzswiq. Seizde gyagoeng gaiqgim ndaej dabdaengz aen suijbingz moq. Mingzdai aen moh dujswh Bouxcuengh oknamh aen mauhgim duzfungh gvaq, yungh gim gyagoeng baenz mbawsienq saeqmbang, cauhbaenz aen mauh lumj duzfungh dujva, cingsaeq raixcaix. Youq ndaw gij moh Mingzdai Majsanh、Denhdwngj、Siengcouh daengj hix oknamh le gij doxgaiq cangcaenq goenhfwngzgim、haebfwngzgim daengj, cauhhingz hix gig gyaqciq（doz 9-2-6 dwg cangcaenq gim Mingzdai youq Guengjsae oknamh）.

　　明代，广西、滇东还是以开采砂金为主。桂东金资源没有新的发现。邕州的宣化县（今邕宁）在沟溪发现砂金，并发现大如鸡蛋的自然金块，称之为金母，实为罕见。桂西、滇东也有砂金，采集量不大，工艺还是手工淘洗法。此时金器加工达到新的水平。明代壮族土司墓曾出土金凤冠，用金加工成细丝薄片，制成如凤如花的冠帽，甚为精细。在马山、天等、象州等明代墓葬中也出土了镯、戒指等金饰物，造型也很精美（图9-2-6为广西出土的明代金饰件）。

Haivat ngaenzgvangq cujyau lij dwg youq Nanzdanh、Gveiyen（ngoenzneix Gveigangj Si）、Gveibingz caeuq Bingznanz daengj dieg. Gij rin'gvangq de lij dwg gij gvang'vuz cab miz ngaenz caeuq gizyawz yienzsinhdih. Lienh ngaenzgvangq gvaqlaeng, dingzlai dwg couzbaenz ndaekngaenz, miz raezseiqfueng、lumj dujva（mingz heuh go）, hix miz couzbaenz lumj aen yienzbauj, dangguh hobi. Gizyawz de miz gij doxgaiq saedyungh lumj aenbuenz、aenduix、diuzdawh daengj, hix cauhbaenz gij doxgaiq cang gyaeuj、lienhhoz daengj. 1956 nienz, youq Yinhcwngz Yen aen moh dujswh ranz Mueg oknamh le doiq goenhfwngzngaenz Vanliz dujswh ranz Mueg mehyah singq Meg yungh haenx. Linghvaih, lij miz di gaiq ngaenz daz gim（doz 9-2-7 dwg doxgaiq ngaenz daz gim Guengjsae oknamh）.

银矿开采仍以南丹、贵县（今贵港市）、桂平和平南等地为主。开采的矿石仍是银与其他铅锌锑的混生矿物。银矿物冶炼后，多铸成银锭，有长方形、花朵形（名锞），也有铸成元宝形，作为货币。其他器物有盆、碗、筷等实用物，也制成头饰、项链等物。1956年，在忻城县莫氏土司墓出土了万历莫氏土司麦氏夫人用的一对银镯，此外，还有一些银制鎏金器物（图9-2-7为广西出土的银制鎏金器物）。

Doz 9-2-6 Fungh gim cangcaenq Mingzdai, youq moh hakdoj Guengjsae Ningzmingz oknamh（Cangh Leij ingj）
图9-2-6 广西宁明县土官墓出土的明代金凤饰件（张磊 摄）

Doz 9-2-7 Aen bat fwngz ngaenz daz gim sungdai, youq Guengjsae Nanzdanh Byaguk oknamh
图9-2-7 广西南丹县虎形山出土的宋代鎏金银摩羯

Cinghcauz cogeiz, cwnggiz onjdingh, daihlig fazcanj swnghcanj, cuengqhai gimqcij vatgvangq, gujli ndawbiengz bae haifat gak cungj gvangqcanj, daegbied dwg aeu diet、yienz、sinh lai. Genzlungz 7 bi daengz 35 bi（1742~1770 nienz）gyangde, daengx swngj Guengjsae miz lozdiet 50 aen, moix bi moix aen loz nabsuiq 10 liengx. Yungjgangh（ngoenzneix Fuzsuih）、Swh'wnh（ngoenz Vanzgyangh）、Hocouh、Hozciz、Lingzconh、Hingh'anh、Vaizciz（ngoenzneix gvihaeuj Guengjdoeng）、Cojcouh（ngoenzneix Cungzcoj）、Lozyungz（ngoenzneix gvihaeuj Luzcai）、Gunghcwngz cungj vat gvangq lienh diet. Gyahging nienzgan（1796~1820 nienz）hainduj haivat gij dietgvangq Yangjsuij、Cunghdu（ngoenzneix Luzcai）Yungjningz Couh, laeb Yangjsuij、Liengzsiz、Cangznung caeuq Yenzhingh 4 aen dietcangj gvaq，vataeu rin'gvangqdiet、lienh diet couq aenrek，cigdaengz geizlaeng Cinghcauz. Danghnaeuz lwnh gveihmoz cix dwg Hocouh Roek Fuz Seiq Naj Dungx Dietgvangq guh daih，miz it ngeih bak boux gunghyinz. Haivat gij dietgvangq Fuzsuih Nungdauh caeuq Nunggauh hix gig nanz. Cinghcauz sat byai，Cungguek deng digozcujyi haephangz，vihliux henre bien'gyaiq，yungh diet couq bauq，cix aeuyungh daihliengh diet. Bouxcuengh caeuq gyoengq minzcuz beixnuengx doengzcaez haemz vunzdig，swnghcanj ok gij diet gij gang ndei，bae cauh vujgi，youq henre bien'gyaiq dingjhoenx guekrog haephangz fuengmienh fazveih le cozyung gig daih. Seizde，aen loz lienh de haemq daih，geij aen loz doengzseiz lienh，gyonjcomz daeuj doengzseiz ok diet，rwedcouq ndang bauq. Vihneix，iugouz soj ok gij raemxdiet de baujciz miz caetliengh doxdoengz，iugouz boux cijveih swnghcanj yienhciengz de miz cujciz caiznaengz ak lai. Youq haijlai boux goengcangh maenhndei cijveih baihlaj，swnghcanj ok gij daihbauq ndangbauq gaeuq geng、guhgoeng cingsaeq haenx.

清朝初期，政局稳定，大力发展生产，放开矿禁，鼓励民间开发各种矿产，特别是对铁、铅、锌的需求量大。乾隆七年至三十五年间（1742~1770年），广西全省有铁炉50座，每年每座炉纳税10两。永康（今扶绥）、思恩（今环江）、贺州、河池、灵川、兴安、怀集（今属广东）、左州（今崇左）、雒容（今属鹿寨）、恭城均采矿炼铁。嘉庆年间（1796~1820年）开始开采永宁州的响水、中渡铁矿（今鹿寨），曾设响水、良石、长弄和元兴4个铁厂，采铁矿石、炼铁铸锅，直至清末。若论规模则以贺州六浮四面肚铁矿为大，有工人一两百名。扶绥弄刀和弄高铁矿开采也很久。清朝末年，中国备受帝国主义欺凌，为保卫边疆，利用铁铸炮，需用大量的铁。壮族和兄弟民族同仇敌忾，生产出好铁好钢，制造武器，在保卫边疆抗击外侮方面发挥了很大作用。此时，冶炼炉体较大，数炉同时开炼，集中同时出铁，浇铸炮身。为此，要求数炉所出铁水保持相同质量，现场的生产指挥者有很好的组织才能。在许多优秀工匠的指挥下，生产出炮身有足够强度，做工精细的大炮。

Gvanghsi 34 bi（1908 nienz），vunz Sanghaij Ciz Beihyenz youq Yinhcouh Vangzvuh Dunz vat gvangq lienh diet seiz，raen miz rin'gvangqmungj cab youq ndawde，gij diet lienh ok de，gig gengnyangq. De nyinhcaen diucaz dieg rin'gvangq gvaqlaeng，buenqdingh dwg gvangcangzmungj，riengzlaeng couh vataeu gvangqmungj caeuq lienhguh dietmungj，gvangqmungj couh dwg dajneix hainduj ndaej daengz vataeu. Doeklaeng youq Senhdungj song bi（1910 nienz），Liuz Yungjfuz hix youq Vangzvuh Dunz caeuq Fangzcwngz Daciz haivat aeu gvangqmungj，bae couqcauh binghgi.

光绪三十四年（1908年），上海人徐悲元在钦州黄屋屯采矿炼铁时，发现锰矿石混于其中，所炼出之铁，甚坚韧。他认真调查矿石所在地后，判定是锰矿床，随后进行采锰和炼锰铁，这是采锰之始。后于宣统二年（1910年），刘永福也在黄屋屯及防城大直开采锰矿，铸制兵器。

Cinghdai cogeiz，cwngfuj daihlig fazcanj hangzgvangq dieg Bouxcuengh，gujli beksingq vat gim，cujyau dwg gimmeg. Gvangqgim gyonjcomz youq Hocouh、Canghvuz caeuq Sanglinz，ndawde，Canghvuz Yiyinghsanh、Hocouh Lungzsuij cungj dwg gij gvangcangzgim miz lai, dingzlai dwg gimmeg. Haivat rin'gvangqgim gvaqlaeng, dubsoiq youq gwnz deih, muh baenz naed saeq, yienzhaeuh dauzswiq cawz rin bae genjaeu gim. Doengh dieg gwnzneix hix miz gij gimsa dwg gvangqgim deng funghva gvaqlaeng caem youq gwnzndoi ndawlueg haenx. Ciuqgaeuq dwg yungh cungj fuengfap dauzswiq daeuj genjaeu gimgvangq. Yunghcwng 7 bi daengz 9 bi（1729～1731 nienz）, saedhengz guenbanh, itgungh vat ndaej gim 3142 liengx 4 faen 4 leiz, doeklaeng gaijbaenz sanghban. Genzlungz seizgeiz（1736～1795 nienz）youq Canghvuz Ndoidohbanzlingj（ngoenzneix Byaginhgihsanh）, Sanglinz Mingzfungh、Cangzlingj caeuq Lanzdangz, lienzdaeb raen miz diemj gvangqgimsa caemhcaiq bae vataeu. Doenggvaq ciengzgeiz haivat, raen miz gij gvangqgim Canghvuz、Dwngzyen、Hocouh、Cauhbingz、 Mungzsanh caeuq Bingznanz gig ndaej vataeu lai. Doenghgij deihfueng neix meggvangqgim de faenbouh miz itdingh gvilwd ndaej ra, deihcaet diuzgen mbouj fukcab geijlai, cwk miz gim haemq daih. Linghvaih, raen miz gij gimsa Dahgveigyangh、Dahsinzgyangh、Dahcojgyangh、 Dahyou'gyangh lij ndaej vataeu lai. Dungminz（Bouxcuengh youq gyangdoengh youq haenx） cungj bae dauzaeu, hoeng caengz ndaej guhbaenz gveihmoz haemq daih.

清代初期，政府大力发展壮族地区的矿业，鼓励百姓采金，主要是脉金。金矿集中于贺州、苍梧和上林，其中，苍梧的芋英山、贺州的龙水都是很有前途的金矿床，多呈脉状。开采金矿石后，在地面锤碎，磨成细粒，然后淘洗除石选金。上述地区也有金矿风化后沉积在山坡、沟谷的砂金。依然用淘洗法选矿。雍正七年至九年（1729～1731年），实行官办，共采金3142两4分4厘，后改为商办。乾隆时期（1736～1795年）在苍梧多盘岭（今金鸡山），上林鸣凤、长岭和兰塘，相继发现有新的砂金矿点并进行淘采。通过长期的开采，发现苍梧、藤县、贺州、昭平、蒙山和平南的金矿很有发展前途。这些地方金矿脉的分布有一定的规律可循，地质条件不很复杂，金的储量较大。另外，发现桂江、浔江、左右江水系的砂金还有进一步开发的前景。峒民（居住在田野的壮族）皆行淘采，但未形成较大规模。

Cinghcauz cogeiz hix cuengqhai le gimqcij haivat gvangqngaenz. Ganghhih caeuq Yunghcwng vuengzdaeq youq gwnz gij mbawcingz mbanj bouxguen sij haenx daezdaengz Yezsih bya lai naz noix, saedceij Bouxcuengh hojnanz, hoeng miz gvangqcanj lai, cinjhawj cazmingz swhyenz banhleix gij soujsuz cingqsik gvaqlaeng bae haivat, daegbied dwg nyinhnaeuz cungj ginghyingz fuengsik minz banh guen duk neix ndei. Guekgya sousuiq, canghseng'eiq douzcienz, gagguh guenjleix, ndaej gemjnoix gij vunz cwngfuj, lij ndaej baexmienx baengh seiqlig bae haep aeu, bik aeu yaeuh dued. Neix dwg hangh cosih mizrengz gaijfang swnghcanjliz, coicaenh swnghcanj ndeu, sawj hangz vatgim ndaej daengz fazcanj haemq daih. Gij gvangqngaenzyienzsinh Nanzdanh Dujcouh Byamung'yinghsanh、Hocouh Byaciuhmuzsanh、Linzgvei Ruhsuijcauz caeuq Ndoiyejgihlingj、Libuj Byacazhihsanh caeuq Yizbwz Yen Byabwzsanh（ngoenzneix Vanzgyangh Byabwzsanh）dwg doenggvaq hai congh vataeu. Aenvih yungh ywbauq bae caq rin'gvangq, beij doenghbaez gij gunghyi gaeuq yungh feiz gangq rin caiq byoq raemxcaep sawj rin'gvangq dek ok de daezsang le goeng'yauq, itbuen ndaej lai ok gvangq 3 boix baedauq. Yunghcwng 9 bi（1731 nienz）, ok ngaenz daih'iek 39030 liengx（cek miz 1.22 dunq）. Caenh'itbouh cingjcoih haivat gvangqngaenz cizsi, laeb miz bouxdukcaz, gamduk nabsuiq sou'ngaenz, gyaepdeuz boux mbouj miz mbawcingq caeg haivat de, baujcingq cingqciengz swnghcanj. Cinghcauz co'nienz, gij rin'gvangqngaenz vat ndaej de dingzlai dwg lienh youq dieg ok meizdanq haenx. 1972 nienz, youq ndaw gyaiq ngoenzneix Vanzgyangh Mauznanzcuz Swciyen haibanh Hungzsanh Meizgvang seiz, youq dieggaeuq lienh de raen miz 2 gaiq ngaenzding, gaiq ndeu couq miz saw "南十一号（nanz cib'it hauh）", gaiq wnq couq miz saw "东林（dunghlinz）". Ding dwg cangzfanghhingz, raez 300 hauzmij, gvangq 200 hauzmij, sang 200 hauzmij. Yiennaeuz deng moek nanz, hoeng gij saek ngaenzhau baihrog de cij caengz deng myaex. Ginggvaq vaqniemh dwg gij doxgaiq cab sinh caeuq ngaenz, hamz sinh 72%. Goek rin'gvangq de dwg gij gvangqyienzsinhngaenz Byabwzsanh. Genzlungz 60 bi（1795 nienz）, aen gvangqngaenz neix aenvih dieg laj cingj deng vat hoengq gvangq lai, dingj loemq dub dai gvanggungh cix deng gvenhaep. Cawzliux neix, gij gvangqngaenzyienzsinh Linzgvei Yen Yanghcaujbingz、Lungzgouj hamz miz gimngaenz lai, 100 gaen sa'gvangq lienh ndaej ngaenz 15 liengx.

　　清初也放开采银的矿禁。康熙和雍正皇帝在一些官员奏折上都提到粤西山多田少，壮民生计困难，但矿产丰富，准许查明资源办正式手续后开采，特别是认为民办官督的经营方式好。国家课税，民商投资，自行管理，可以节省政府官员丁役人数，还可避免仗势勒索，强取豪夺。这是解放生产力，促进生产的一项有力措施，使采金银业有了较大发展。南丹土州孟英山，贺州蕉木山、临桂水槽和野鸡岭，荔浦茶溪山和宜北县北山（今环江北山）的银铅锌矿开窿挖矿。由于使用炸药爆破含矿岩石，比过去用火烧烤岩石再用冷水喷浇使矿石爆裂的旧工艺提高了工效，矿石产量增产了3倍左右。雍正九年（1731年），产银约39030两（折合1.22吨）。进一步整顿银矿开采秩序，设官员任督察（官名），监督纳税收银，驱赶无照盗采者，保证正常生产。清朝初年，所产含银矿石多就煤炭产地冶炼。1972年，在今环江毛南族自治县境内开办红山煤矿时，在炼场遗址发现2块银锭，一块铸字"南十一号"，另一块铸字"东林"。锭为长方体，长300毫米，宽200毫米，高200毫米。虽湮没多年，外表银白色未蚀没。经化验是锌银混合物，锌含量72%。矿石来源为北山铅锌银矿。乾隆六十年（1795年），该银矿因井下采空区面积大，冒顶砸死矿工而被关闭。除此之外，临桂县香草坪、龙口银铅锌矿金银品位高，100斤矿砂可冶炼得银15两。

Oknamh gaiq ngaenzsinhding couq miz saw "南十一号（nanz cib'it hauh）" de dwg gij doxgaiq Cinghdai, geizlaeng Cinghdai, roengzrengz haivat Gveigangj Byasanhbinzsanh caeuq Byadenhbingzsanh gij gvangqngaenz ngamq ndaej fatyienh haenx. Yiennaeuz youq Mingzcauz couh roxdaengz gizneix miz ngaenz, hoeng aenvih caengz ndaej gaemmiz gij gvilwd daejgvangq faenbouh cingzgvang, fazcanj mbouj daih. Gvanghsi 10 bi（1884 nienz）, hai'gvangq daih'iek miz bak aen, vat ngaenz ndaej canh gig lai, seizde heuh dwg "aen gvangqngaenz seiqgyaiq daihsam". Daj Gvanghsi 22 bi（1896 nienz）daengz Senhdungj bi'nduj（1909 nienz）, haijlai canghsheng'eiq douzcienz bae vatgvangq, gwnz deih laeb miz aen ruh daeuj swiqgvangq genjgvangq, cungj fuengfap doenggvaq gihgi daeuj genjaeu gvangq neix dwg hangzgvangq

Guengjsae gaxgonq caengz miz gvaq, miz yingjyangj gig daih. Hoeng aenvih gij hong deihcaet doeklaeng, mbouj ndaej gaengawq gij gvilwd meggvangq bienqvaq, bae ra daengz dieg daejgvangq comz miz lai de, mbouj ndaej dabdaengz aen gveihmoz yawhgeiz. Linghvaih, gij gvangqngaenz Byasoem Hocouh cawzliux vunz dangdieg haivat, Guengjdoeng Lenzsanh caeuq Huznanz Gyanghvaz hix miz vunz daeuj neix haivat, cizsi haemq luenh. Lingzconh Byayanghluzsanh、Bujbwz Sinhvaz、dieg Ginhgaih、Bingzsanh（ngoenzneix Lozcwngz）Denhhoz Yen、Cenzcouh Senhyinzgyauz hix cungj fatyienh le gvangqngaenz caemhcaiq bae vataeu, hoeng aeundaej mbouj lai.

出土的铸字"南十一号"的银锌锭系清代后期产物，当时着力开采新发现的贵港三贫山及天平山银矿。虽然在明朝即知此地有银，由于未掌握矿体分布规律，发展不大。光绪十年（1884年），开矿约有百处，采银获利甚丰，时称为"世界第三银矿"。从光绪二十二年（1896年）至宣统元年（1909年），许多商人投资挖矿，地面设重力溜洗槽选矿，成为广西矿业机器采选的创举。但地质工作落后，没能根据矿脉变化规律，找到富集的矿体，没能达到预期发展的规模。另外，贺州尖山银矿除当地人开采外，广东连山和湖南江华也有人来此开采，秩序比较混乱。灵川香炉山、浦北新华、天河县金阶、坪山（今罗城）、全州仙人桥也都发现了银矿并进行了开采，但收获不大。

Haj. Aen Seizgeiz Minzgoz

五、民国时期

Minzgoz 17 bi（1928 nienz）, laebbaenz Guengjsae Gvangcanj Dancwzdonz gvaqlaeng, gaengawq gij deihcaet gohyoz lijlun moq ngamq cienzhaeuj Cungguek haenx bae bujcaz gij deihcaet gvangcanj mbanj Cuengh seiz, gij gvangq diet、mungj dwg cungdenj. Diucaz fanveiz baenzneix daih, gaujcaz baenzneix laeg dwg gaxgonq caengz miz gvaq, dabdaengz 30 aen yen baedauq. Niuj Cauvwnz（Bouxcuengh）youq 1946 nienz ganhvuz《Guengjsae Gensez》ndawde sij bien faenzcieng "Gij Vwndiz Hangzgvangq Guengjsae", guh le cienzmienh lwnhgangj caeuq bingzgyaq. Seizde dieg vat rin'gvangqdiet youqgaenj de dwg Luzcai Cunghdu, Lozcwngz Aidung、Yizsanh、Sanhgyangh、Nanzdanh、Bwzliuz caeuq Hocouh daengj dieg. Seizde lienh diet cujyau dwg raixcauh aenrek caeuq gaiqhongdawz, gihgai gunghyez doeklaeng, yungh diet mbouj lai, hoeng lienh diet gisuz miz daezsang lo. Gij lienhdiet gisuz diegrog cienzhaeuj le, goengcangh Bouxcuengh gig vaiq couh ndaej hagrox caemhcaiq gaemdawz lo. Beijlumj Luzcai Cunghdu Diet Cangj, hwnq gij loz lienhdiet moq de song aen, moix bi swnghcanj diethang 100 dunh. Minzgoz 23 bi（1934 nienz）, Guengjsae ok diethang dwg 7500 dunh, haivat rin'gvangqdiet 15000 dunh.

民国十七年（1928年），广西矿产探测团成立后，根据传入中国的新的地质科学理论开展壮乡地质矿产普查时，铁、锰矿是重点之一。调查范围之大，考察之深是空前的，达30个县左右。钮兆文（壮族）在1946年《广西建设》刊物中著文《广西矿业问题》，作了全面的叙述和评价。当时重要的采铁矿石地点是鹿寨中渡、罗城爱峒及宜山、三江、南丹、北流、贺州等地。当时炼铁主要是铸造锅和农具，机械工业落后，用铁不多，但冶铁技术有了提高。外地的炼铁技术传入后，壮族工匠很快学会并掌握了。如鹿寨中渡铁厂，建新式炼铁炉两座，年产生铁100吨。民国二十三年（1934年），广西生铁产量为7500吨，开采铁矿石15000吨。

Diemj gvangqmungj Minzgoz seizgeiz. Gij gvangqmungj Gveibingz cujyau faenbouh youq Muzgveih、Bizdanh caeuq doeng、sae seiq gih ndawde, itgungh 52 aen diemjgvangq. Youq diemjgvangq Muzgveih ginggvaq cuenqdamq ndaej cingqsaed cwk miz 200 lai fanh dunq. Seizde cujyau dwg youq dangdien haivat aeu rin'gvangqmungj, yungh vunz bae vataeu gij rin'gvangq ndaw caengz dongjrom gwnzdeih. Mungj dwg miz youq ndaw ringiengh, youq namhnding deng funghvaz gocwngz ndawde, rweddaih canzcwk baenz gvangq. Gij rin'gvangqmungj vat ndaej de gyonjcomz cang ruz daeh daengz Yanghgangj cienjgai daengz Yizbwnj. Gij gunghswh haivat de dabdaengz 20~30 ranz, moix ranz moix bi ok 3~5 cien dunq. Vatmungj baenz seizde hangzvatgvangq cujyau. Bauqfat Gang Yiz Cancwngh gvaqlaeng, gimqcij gai gvangqmungj ok guek; gangcan ndaej hingz gvaqlaeng, hoizfuk swnghcanj, hoeng gaenq gig beij mbouj ndaej doenghbaez. Daj 1928 daengz 1939 nienz, itgungh swnghcanj rin'gvangqmungj 127640 dunq, bingzyaenz moix bi ok 10636 dunq, bi canj ok ceiqlai de dwg 54113 dunq youq Minzgoz 26 bi（1937 nienz）. Linghvaih, youq mbanj Cuengh Yinhcouh、Laizbinh、Liujcouh caeuq Yizsanh haivat miz gvangqmungj noix di. Aenvih caengz ndaej gaemmiz gij gisuz gyagoeng rin'gvangqmungj baenz cungj gimsug doxcab, ndigah dingzlai dangguh yienzgvangq gai okrog bae.

民国时期的锰矿点。桂平的锰矿主要分布在木圭、碧滩和东、西四区内，共52个矿点。在木圭矿点经钻探证实有储量200多万吨。当时锰矿石的开采主要是在露天，用人力挖采地表冲积层内的矿石。锰来自岩浆岩，在红土化过程中，淋滤残积成矿。采得的锰矿石集中装船运至香港转销日本。开采公司达二三十家，每处年产三五千吨。采锰成了当时主要的采矿业。抗日战争爆发后，禁止锰矿出口；抗战胜利后，恢复生产，但已大不如前。从1928年至1939年，共生产锰矿石127640吨，平均年产10636吨，最高产量是民国二十六年（1937年）的54113吨。此外，在壮乡钦州、来宾、柳州及宜山有少量的锰矿开采。由于未掌握锰矿石加工成合金的技术，所以多作为原矿外销。

Minzgoz seizgeiz, daihliengh gaujcaz le gij deihcaet gvangqgim Guengjsae, miz Yunghningz、Sanglinz、Dwngzyen daengj 20 aen yen, 60 lai aen diemjgvangq. Minzgoz 34 bi（1945 nienz）, goengbouh Guengjsae cwk miz gvangqgim 622 fanh liengx. Sanglinz ciemq 95.98%, ndawde gimsa ciemq gij daengx aen yen de cwk haenx 74.88%, gimmeg ciemq 25.12%. Hoeng gaujcaz gij deihcaet Denzyangz daengj dieg lij dwg guh mbouj gaeuq. Youq aen geizgan neix, Niuj Cauvwnz（Bouxcuengh）sij geij bien faenzcieng, geiq miz gij gvangqgim Guengjsae baenzlawz guhbengz、faenbouh youq gizlawz caeuq ndaej haivat geijlai daengj. Minzgoz seizgeiz, haivat gvangqgim lij cujyau dwg dauzswiq gimsa ndaej daengz. Youq seizhoengq dienheiq caengz nit seiz, gij vunz roengz dah bae vat sa dauz gim de dabdaengz baenz fanh. Minzgoz 24 bi（1935 nienz）fatyienh aen gimmeg Sanglinz, Guengjsae Swngj cwngfuj douzcienz ginghhyingz, ceiq le aen gei nienjsoiq、aen gei nienzmuh、aen daiz saenqdoengh dongjswiq, souaeu gij gvangqco gim、ngaenz, moix ngoenz ndaej cawqleix 20 dunq rin'gvangq.

民国期间，对广西金矿做了大量地质考察工作，有邕宁、上林、藤县等20个县，60多个矿点。民国三十四年（1945年），公布广西金矿储量622万两。上林县占95.98%，其中砂金占该县储量74.88%，脉金占25.12%。但对于田阳等地的地质工作做得还是不够的。在此期间，钮兆文（壮族）著文数篇，对广西金矿的形成、分布及储量前景均有记述。民国时期，金矿开采仍以砂金淘洗开采为主。在农闲天气未寒之时，下河挖淘达万人之众。民国二十四年（1935年）发现上林脉金，广西省政府投资经营，购置了轧碎机、研磨机、冲洗振动台，收金、银粗矿，日处理矿石20吨。

Gyagoeng cinglienh gij gimnaed、gimsoiq dauzswiq gimsa caeuq gimmeg genj ndaej haenx baenz gaiq. Gij sezbei gingciengz yungh daengz de dwg aencaengq（dwg yungh namhgyuek、sasizyingh caeuq mbasigndaem cauhbaenz，naih ndaej ndat haenq）. Coemh danq gaxgonq，hawj aencaengq gyandat，baengh gij gingniemh goengcangh daeuj buenqduenh dabdaengz 800 ℃ seiz，gya gimsa nem gimnaed daengj caeuq sanaek haeuj ndaw aencaengq bae，caiq goemq di bungzsa he，cuengq haeuj ndaw aen loz bae gya ndat，dang gij doxgaiq ndaw aencaengq bienq yungz le，dingzcij boqrumz，laebdaeb gya liuh caiq gya ndat bienq yungz，daihgaiq 1.5 siujseiz，caj cienzbouh yungz ndei le，yungh faggimz nep aencaengq ndaw loz de okdaeuj，raix gij raemx de haeuj ndaw aen guenqnaengh（cungj guenqdiet yenzcuihhingz bak hung daej iq haenx）guh faen caengz bienq gyoet. Caj gyoetgiet gvaqlaeng，raix ok guenq daeuj，yungh cuiz faen ok gimsug caeuq nyaq. Gaiq gim daih'it baez lienh ndaej haenx ndawde hamz miz ngaenz、doengz daengj gimsug，gyangqdaemq le gij dohseuq gim，ndaej caiq bae lienh cingh. Gij fuengfap lienh cingh de dwg cang gij gim daih'it baez lienh ndaej de caeuq liuzvangz haeuj ndaw aencaengq bae. Ngaenz nem doengz caeuq liuz giethab baenz liuzvadungz caeuq liuzvayinz，bienqbaenz nyaq. Gim caeuq liuz mbouj fatseng vahoz cozyung，caem youq daej caengq，dawz nyaq deuz louz gim roengzdaeuj couh ndaej gij gim cingh lai haenx. Gij gisuz lienh gim Bouxcuengh dwg senhcin，gangjmingz Bouxcuengh gaenq ndaej roxdaengz gij vuzlij caeuq vayoz daegsingq gimsug lai，gaemmiz le gij gisuz lienhyungz caeuq daezcingh gim. Hoeng deng gij gisuz fazcanj suijbingz seizde hanhhaed，doenghgij gimsug hihduj、gimsug yenzsu noixmiz caeuq gimsugbengz bwz daengj Lingjnanz cwk miz haenx cungj caengz ndaej haivat.

砂金及脉金洗选后的金粒、金屑须加工精炼成块。常用设备为坩埚（系用黏土、石英砂和石墨粉塑制而成，可耐高温）。先燃木炭，进行坩埚加温，凭工匠经验判断达到800℃时，将砂金及金粒等和重砂加入坩埚内，再覆盖少量硼砂，放入炼炉内加温，当坩埚内物料熔化后，停止鼓风，继续加料再进行加温熔化，约略1.5小时，待全部熔好后，用钳从炼炉中取出坩埚，将溶液倒入蹲罐（一种口大底尖的圆锥形铸铁罐）内进行分层冷却。待冷凝后，倾倒出铸体，用铁锤将金属与渣分离。初炼的金块内含有银、铜等金属，降低了金的纯度，可再进行精炼。精炼方法是在坩埚中装入初炼金和硫黄同炼。银和铜与硫结合成硫化铜和硫化银，化成炼渣，金与硫不发生化合作用，沉于底部，去渣留金即得纯度高的金。壮族的炼金技术是先进的，说明壮族对金属的物理与化学特性十分了解，掌握了金的熔炼及提纯技术。但受当时技术发展水平的制约，岭南储存的稀土金属、稀有元素金属和贵金属铂等均未开采。

Daihsam Ciet   Haivat Caeuq Gyagoeng Gij Doxgaiq Mbouj Dwg Gimsug
第三节   非金属的开采与加工

Gij dieg cojcoeng Bouxcuengh Lingjnanz swnghhoz ndawde, hix cwk miz haujlai gij gvangcanj mbouj dwg gimsug haenx, suenq miz rincaemhhoi、rinvahganghyenz、rinveihluzyenz、rindalijsiz、rinraeuz、rincungcinghsiz、rinfwjhau、namhgyuek naih ndat、namhgang'vax、rin'gveihsiz、faiqrin、siggau daengj 30 lai cungj, ndawde cwk miz cungj liuh gyaux guh suijniz、cungj liuh boiq guh suijniz、cungj rinfwjhau yungh guh bohliz、cungj namhgyuek guh cienvax、sinh、cungj suijcingh atdienh cungj ciemq youq daengx guek daih'it, cungj rinhoi yungh guh suijniz、majnauj、rin'gveihsiz vaqfeiz caeuq rinngaeuz ciemq daihngeih. Gak cungj rinliuh gwnzneix yungh bae hwnqranz dwg ceiqndei. Cojcoeng Bouxcuengh vataeu caeuq sawjyungh gij gvangcanj swhyenz mbouj dwg gimsug de miz lizsij gyaeraez, beij vataeu caeuq sawjyungh gij gvangcanj gimsug caeux, daj aen seizdaih sizgi gaeuq vunz ciuhgonq dwkcauh gaiqrin hainduj daengz 1949 nienz, yaek gaenh miz geij fanh bi, louzroengz vwnzvuz lailai daihdaih, daj ndawde ndaej yawj ok swnghcanj fazcanj, vwnzmingz cinbu. Cojcoeng Bouxcuengh doiq fazcanj Cunghvaz vwnzva caeuq seiqgyaiq gohyoz gisuz, guh ok le gung'yen gig daih. Dang'yienz, souh daengz lizsij diuzgen hanhhaed, miz mbangj gvangcanj mbouj dwg gimsug cwk miz maqhuz lai haenx lumj rincaemhhoi caeuq gak cungj rinliuh yungh daeuj hwnqranz de, cix caengz ndaej haifat caeuq leihyungh.

岭南壮族先民生活的地域内, 非金属矿产储存也很丰富, 计有石灰岩、花岗岩、辉绿岩、大理石、滑石、重晶石、白云石、耐火黏土、陶瓷土、硅石、石棉、石膏等30多种, 其中水泥混合材、水泥配料、玻璃用白云岩、砖瓦黏土、砷、压电水晶储量均为全国第一, 水泥用灰岩、玛瑙、化肥硅石和滑石储量均为全国第二。各种岩石的建筑材料多为上品。壮族先民采集和使用非金属矿产资源的历史久远, 早于金属矿产, 从旧石器时代古人打制石器开始至1949年, 将近数万年, 留下了无数的文物, 从中可以看出生产的发展, 文明的进步。壮族先民对发展中华文化和世界科学技术, 做出了很大的贡献。当然, 受历史局限, 有些储量颇丰的非金属矿产如石灰石和各种建筑石材, 没有得到大量的开发和利用。

It. Aen Seizgeiz Yenzsij Sevei
一、原始社会时期

Gij gaiqrin vunz ciuhnduj Lingjnanz ceiqcaeux cauhguh haenx, fatyienh youq dieggumh Baksaek Dahyou'gyangh, faenbouh youq song hamq Dahyou'gyangh ngoenzneix Bingzgoj、Denzdungh、Denzyangz、Baksaek caeuq Denzlinz daengj dieg. Daj 1973 nienz hwnj daengz ngoenzneix，itgungh fatyienh dieg miz gaiqrin de 86 aen，vataeu ndaej gaiqrin 4000 lai gienh. 1986 nienz、1988 nienz caeuq 1993 nienz，ginggvaq Cungguek Gohyozyen Doenghduz Miz Ndoksaen Ciuhgonq Nem Vunz Ciuhgonq Yenzgiusoj caeuq Guengjsae Vwnzvuz Gunghcozdui doxgap gaujcaz，youq gij dieggaeuq Denzdungh Linzfungz Yangh Danzhoz、Baksaek Si Nazbiz Yangh Dahoz Cunh Bwzguz Dunz haivat，youq caengz namh ciennding ndawde fatyienh miz gaiqrin caeuq cungj rin gwnzmbwn doek haenx. Ginggvaq caekdingh aen nienzdaih de liz ngoenzneix miz 70 fanh bi（±500 bi）doxhwnj，dwg Guengjsae gij gaiqrin fatyienh liz ngoenzneix ceiqcaeux haenx. Doenghgij gaiqrin neix dingzlai dwg yungh gij rin'gyaeq rinsizyinghyenz、rin'gveihcizyenz、rinsahyenz guhbaenz haenx guh yienzliuh cauhbaenz，ndangdaej haemq daih，itbuen aen dog naek 600～1000 gaek. Doenghgij gaiqrin neix deng heuh guh cungj vwnzva rin'gyaeq. Gaiqrin dwg doenggvaq dizrin daeuj gyagoeng baenz. Gaiqrin miz gak cungjloih，faen miz gaiqraemjdub、gaiqsoem、gaiqgyaeujgvet、gaiqgvetgat、fag foujfwngz、cuizrin、benqrin caeuq gaiqrin'gyaeq daengj，ndaej yungh youq gak cawq. Miz gij gyagoeng song mbiengj caeuq gij gyagoeng mbiengj dog daeuj cauhbaenz haenx. Yungh daeuj dwknyaen，roxnaeuz yungh daeuj boknaeng、roengzndok caemhcaiq gatheh duznyaen.

岭南原始居民制造最早的石器，发现于右江百色盆地，分布在今平果、田东、田阳、百色和田林等地的右江两岸。从1973年起至今，共发现有石器的地点86处，采集到的石器4000余件。1986年、1988年和1993年，经中国科学院古脊椎动物与古人类研究所和广西文物工作队合作考察，在田东县林逢乡檀河、百色市那毕乡大和村百谷屯遗址发掘，在砖红壤土层内发现石器及陨石。经测定其年代距今有70万年（±500年）以上，是广西发现距今最久的石器。这些石器多用石英岩、硅质岩、砂岩形成的砾石为原料制成，形体比较大，一般单个重量为600～1000克。这些石器被称为砾石文化。石器是用锤击法加工而成。石器有不同种类，计有砍砸器、尖状器、端刮器、刮削器、手斧、石锤、石片和石核等，供不同用途使用。有两面加工和一面加工而成的。用以捕杀猎物，或用其对猎物剥皮、去骨并切割。

Fag foujfwngz oknamh de cauhhingz daegbied，gyaeujlaj de vangungj daih，gyaeujgwnz vangungj iq，fuengbienh fwngz gaemdawz，yienghneix heuh guh fag foujfwngz. Gij foujfwngz dieg Baksaek dingzlai dwg yungh rin'gyaeq cauhbaenz（doz 9-3-1）. Gij daihgaiq yienghceij gaiqndang miz samgak、lumj aenmak、lumj baknangx. Miz gij rizcik dizdub、bungzzheng、doxroq、gyagoeng song mbiengj de mingzyienj. Gij foujfwngz Baksaek caeuq gij gaiqrin vunz Baekging nem gij gaiqrin Conghguenyaem Gveicouh miz cauhhingz mbouj doengz，cauhhingz daih，gyagoeng saeqnaeh，soqliengh lai，gaenq miz baenz 100 lai gienh.

Doz 9-3-1　Fag fouj seizdaih sizgi gaeuq youq Guengjsae Baksaek oknamh haenx（Ciengj Dingzyiz hawj doz）

图9-3-1　广西百色市出土的旧石器时代手斧（蒋廷瑜 供图）

出土的手斧造型奇特，下端弧形大，上端弧小，便于手持，是为手斧。百色地区的手斧大部分是用砾石制成（图9-3-1）。器身轮廓有三角形、肾形、矛头形。有明显的锤击、碰砧、交互打击、双面加工痕迹。百色手斧与北京人石器和贵州观音洞石器造型不同，造型大，加工细致，数量多，已超过100件。

Gij foujfwngz dieggumh Baksaek caeuq gij foujfwngz gaeudeih Fwnz Vei、dieglueg Hansuij soj ok de gapbaenz gij vwnzva foujfwngz Cungguek, ginggvaq caeuq seiqgyaiq gak dieg gij foujfwngz gizyawz de doiqbeij, gangjmingz cojcoeng Bouxcuengh gig caeux couh youq Lingjnanz youq caemhcaiq youq ndaw aen lizsij cincwngz gyaeraez de cauh ok le cungj vwnzva gaiqrin swhgeij. Gij gyagoeng gisuz de caeuq seiqgyaiq gij gaiqrin doengzgeiz fatyienh de ca mbouj geij, gangjmingz cojcoeng Bouxcuengh dwg coengmingz miz caiznaengz.

百色盆地、汾渭地堑、汉水谷地所出的手斧构成中国手斧文化，经与世界各地其他的手斧对比，说明壮族先民很早就生存在岭南并在漫长的历史进程中开创了自己的石器文化。其加工技术与世界同期发现的石器不相上下，说明壮族祖先是聪明智慧的。

1979 nienz, youq dieggaeuq conghgamj Baujcizyenz Gveilinz Si vat ndaej oknamh gij heujvunz vaqsig caeuq 12 gienh gaiqrin dubcauh baenz de, dwg yungh gij rin'gyaeq co rinsasizyingh cauhbaenz, miz rin'gyaeq、gaiqraemjdub、gaiqgvetgat daengj, yienghceij gaiqrin gaenq haemq dinj iq, hab fwngz vunz dawzguh. Ginggvaq caekdingh liz ngoenzneix daih'iek 3 fanh bi. Doeklaeng youq aen Conghbwzlenzdung baihnamz Byabwzmensanh rogsingz doengnamz Liujcouh Si haivat ok gij gaiqrin sam aen seizgeiz. Caengz vwnzva baihlaj de hamz miz gij gaiqrin hung dwkdub cauhbaenz haenx, liz ngoenzneix 3 fanh lai bi, dwg gij doxgaiq aen seizdaih sizgi gaeuq. Caengz vwnzva gyang de hamz miz gij gaiqrinfeiz iq, dingzlai dwg yungh benq rin cauhbaenz, dwg gij doxgaiq aen seizdaih sizgi gyang, liz ngoenzneix daih'iek 2 fanh bi. Caengz vwnzva baihgwnz de hamz miz gij gaiqrin muhbaenz, liz ngoenzneix daih'iek 7000 bi. Geizgyang yungh sasizyingh daengj gaiqmuh daeuj muh mbang bouhbak gaiqrin baenz bakmid soem, linghvaih lij miz gij gaiqrin mbongqcongh. Yungh gij fuengfap mbongq caeuq muh youq gwnz gaiqrin mbongq congh okdaeuj, youq ndaw cungj gaiqrin miz conghluenz de, cap hwnj diuzfaex, dangguh gij hongdawz diemj conghnamh doek faenceh. Caeuq neix doengzseiz, lij oknamh miz fag foujrin caeuq fag bwnhrin, gangjmingz gaiqrin gaenq ndaej gvangqlangh yungh bae guh reihnaz. Gaemdawz gij gisuz muhcauh gaiqrin, dwg hangh gisuz cinbu youqgaenj ndeu. Youq doenghgij dieggaeuq Gveilinz Cwngbizyenz、Namzningz Bauswjdouz、Fuzsuih Gyanghsih'an、Cenzcouh Luzgyahgyauz、Ginhcouh Duzliu Cunh caeuq Lungzanh Dalungzdanz daengj dieg cungj oknamh miz gij gaiqrin muhcauh baenz haenx（doz 9-3-2 daengz doz 9-3-4 dwg Guengjsae oknamh gij hongdawz rin haenx）. Ndawde Gveilinz Cwngbizyenz caeuq Namzningz Bauswjdouz dwg gij dieggaeuq cungj vwnzva geizcaeux aen seizdaih sizgi moq, liz ngoenzneix daih'iek 1 fanh bi；Lungzanh Dalungzdanz haemq laeng, liz ngoenzneix daih'iek 4000 bi.

1979年，在桂林市宝积岩洞穴遗址发掘出土的人牙化石和12件打制石器，是用石英粗砂岩砾石制成，有石核、砍砸器、刮削器等，石器外形已较短小，适合人手操作。经测定距今约3万年。后在柳州市东南郊白面山南麓白莲洞发掘出三个时期的石器。下部文化层含有粗大的打击石器，距今3万多年，是旧石器时代之物。中部文化层含有燧石质小石器，多用石片制成，是中石器时代之物，距今约2万年。上部文化层含有磨制石器，距今约7000年。中期用石英砂等磨料将石器刃部磨薄成锐刃，另外还有穿孔石器。用钻和磨的方法在石器上钻出孔来，在这种带孔圆形石器孔内，插上木棍，作为农业点穴下种工具。与此同时，还出土有石斧、石锛，说明石器已广泛用于农业生产。掌握磨制石器技术，是一项重要的技术进步。在桂林甑皮岩、南宁豹子头、扶绥江西岸、全州卢家桥、钦州独料村和隆安大龙潭等地遗址都有磨制石器出土（图9-3-2至图9-3-4为广西出土的石器线描图）。其中桂林甑皮岩和南宁豹子头是新石器时代早期文化遗址，距今约1万年；隆安大龙潭较晚，距今约4000年。

Gaiqrin moq caijyungh gij gisuz muhcauh gyagoeng、cauhhingz ndeiyawj、iqmbaeu soemraeh、binjcungj miz lai、cawzliux fagfouj、fagbwnh、diuznangx、diuzsak、gaiqrin mbongqcongh、rinmuh、youh caiq cauh ok le fagsiuq、mbaenqmuh、fagcuiz、fagcuenq、soijmuengx、fagcanj、faggvak、fagcae、fagliemz、loekfaiq caeuq rinsizcuj daengj、gangjmingz gaiqrin gaenq yungh youq guh hong reihnaz caeuq dwknyaen.

新石器采用了磨制技术加工后，制品的造型美观、轻巧锋利、品种繁多，除斧、锛、矛、杵、穿孔器、磨石外，又新制出了凿、磨棒、锤、钻、网坠、铲、锄、犁、镰、纺轮和石祖等，说明石器的发展已用于农业和渔猎生产。

Youq aen geizgan neix, cojcoeng Bouxcuengh hix rox cauhguh gaiqndok. Leihyungh gij gisuz muhcauh bae gyagoeng gaiqrin, gyagoeng ok gij cimndok、cax ndokfw daengj engqgya soemraeh caeuq saedyungh haenx. Dieggaeuq Yinhcouh Duzliu Cunh miz gij rizgeq aen ranz lumj bungzrongz haenx, lij miz diuz mieng baizraemx、aen gumz feiqliuh, dwg aen mbanj haemq hung ndeu. Miz aen mbanj le, cojcoeng Bouxcuengh gig vaiq couh byaij haeuj vwnzmingz sevei lo.

在此期间，壮族先民也会制作骨器。利用磨制加工石器的技术，加工出更加锐利和实用的骨针、甲刀等。钦州独料村遗址有窝棚似的房屋遗迹，还有排水沟、废料坑，是一个较大的村落。有了村落，壮族先民很快步入了文明社会。

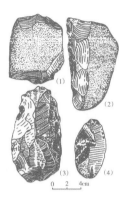

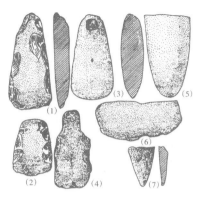

Doz 9-3-2 Gij gaiqrin Gveilinz Baujcizyenz oknamh haenx（geizlaeng aen seizdaih sizgi gaeuq）（1）cungj gaiqraemjdub bak doedok，（2）cungj gaiqraemjdub bak soh，（3）cungj gaiqraemjdub bak raezluenz，（4）gaiqgvetgat

图9-3-2 桂林宝积岩出土的石器（旧石器时代晚期）（1）凸刃砍砸器，（2）直刃砍砸器，（3）椭圆砍砸器，（4）刮削器

Doz 9-3-3 Gij gaiqrin Gveilinz Cwngbizyenz oknamh haenx（geizcaeux aen seizdaih sizgi moq）（1）fag foujrin，（2）nangxrin，（3）gaiqrin mbongqcongh，（4）gaiq lumj aenbuenz

图9-3-3 桂林甑皮岩出土的石器（新石器时代早期）（1）石斧，（2）石矛，（3）穿孔石器，（4）盘状器

Doz 9-3-4 Gij gaiqrin dieggaeuq Gvangjsih Ginhcouh Duzliu Cunh oknamh haenx（aen seizdaih sizgi moq）（1）fagbwnh，（2）（3）fagfouj，（4）fag fouj miz mbaq，（5）fagcanj，（6）fagcax，（7）faggvak

图9-3-4 广西钦州独料村遗址出土的石器（新石器时代）（1）锛，（2）、（3）斧，（4）有肩斧，（5）铲，（6）刀，（7）锄

　　Youq oknamh baenzlai gaiqrin ndawde，gaiq ceiq daegbied de dwg fag canjrin. Dieggaeuq Dalungzdanz Lungzanh Yen miz 5000 bingzfuengmij，dieggaeuq Nazlinz Dunz Fuzsuih Yen miz 1500 bingzfuengmij. Fag canjrin oknamh de cungj dwg yungh rin'gyap muhcauh guhbaenz，miz cungj song mbaq gaenz iq、cungj souhwet gaenz iq、cungj souhwet gendinj gaenz iq caeuq cungj souhwet gendinj heujgawq gaenz iq. Canjrin cauhguh gvicingj，daengx ndang muh ndaej ronghlwenq，goklimq cingcuj，cauhhingz ndeiyawj. Yinhyungh le gij gisuz geuhbok ndaek rin baenz benq caeuq gij giyi gatheh、gaekmuh gyagoeng，cauh ok gij canjrin de miz gisuz suijbingz gig sang（doz 9-3-5 dwg canjrin Guengjsae oknamh）. Dieg oknamh canjrin de cungj dong miz gaiq daeuh doenghgo ndeu，baek miz canjrin youq seiqhenz de，bakcanj youq gwnz. Lungzanh Dalungzdanz caeuq Yinhcwngz Sanhduih cungj raen miz canjrin caeuq doi daeuh doenghgo，neix gojnwngz dwg dieg buizcaeq. Canjrin daj cungj hongdawz reihnaz fazcanj baenz cungj doxgaiq dancunz guh buizcaeq，dakdawz miz gij eiqsei moq laeng cingsaenz seiqgyaiq yenzsij cunghgyau，sinjmeij yinhsu aeundaej fazcanj gaxgonq caengz miz gvaq，caemhcaiq guhbaenz cungj vwnzva moq ndeu，gaiqcanjrin miz gij yisuzbinj gyaciz geizcaeux. 1964 nienz，youq dieggaeuq geizlaeng sizgi moq Lungzanh Yen Gyauzgen oknamh le gienh canjrinnyawh cauhhingz gyaeundei ndeu，dwg yungh nyawh muh baenz（doz 9-3-6）. Canjndang bejbingz、souhwet、bakcanj vangungj，yienzsaek loegsagsag，gvanghcwz ronghlwenq，nyangqmaenh raeuzrad， dwg gienh doxgaiq dijbauj youh saedyungh youh miz yisuz gyaciz ndeu. Gij vwnzva canjrin ndaej gangjmingz gij swnghcanj gisuz caeuq vwnzva cojcoeng Bouxcuengh ciuhgeq dabdaengz le aen suijbingz maqhuz sang.

在出土的众多石器中，最为特殊的是石铲。隆安县大龙潭遗址有5000平方米，扶绥那淋屯遗址有1500平方米。出土的石铲都是用页岩磨制而成，有小柄双肩形、小柄束腰形、小柄短袖束腰形和小柄锯齿短袖束腰形。石铲制作规整，通体磨制光滑，棱角清晰，造型美观，运用了撬剥岩石成片技术和切割、琢磨加工技艺，制作出的石铲技术水平很高（图9-3-5为广西出土的石铲线描图）。石铲出土之地均有一块草木灰烬堆积，一些石铲插在其周围，铲刃朝上。隆安大龙潭和忻城三堆都发现石铲及灰烬堆，这可能是祭祀之地。石铲由耕作农具发展成单纯祭物，寄寓着原始宗教精神世界的新意，审美因素获得空前发展，并形成为一种新的文化，石铲制品具有早期艺术品价值。1964年，在隆安县乔建新石器时代晚期遗址出土了一件造型精美的玉铲，是用青玉磨制而成（图9-3-6）。铲身平扁、束腰、弧形刃口，颜色碧绿，光泽明亮，坚韧润滑，是一件既实用又有艺术价值的珍品。石铲文化说明古代壮族先民的生产技术与文化达到了相当高的水平。

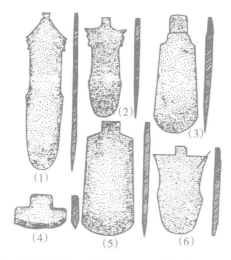

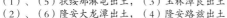

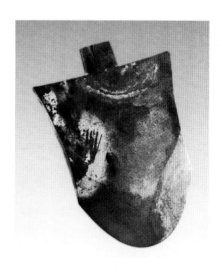

Doz 9-3-5　Gij canjrin dieggaeuq ndoi baih saenamz Guengjsae oknamh（geizlaeng aen seizdaih sizgi moq）（1）（5）Fuzsuih Nazlinz Dunz oknamh,（3）Yilinz Danzliengz oknamh,（2）（6）Lungzanh Dalungzdanz oknamh,（4）Lungzanh Luswh oknamh

图9-3-5　广西出土的石铲（新石器时代晚期）（1）、（5）扶绥那淋屯出土，（3）玉林潭良出土，（2）、（6）隆安大龙潭出土，（4）隆安路兹出土

Doz 9-3-6　Guengjsae Lungzanh Yen Gyauzgen oknamh fag canj rinnyawh aen seizdaih sizgi moq, sang 16.2 lizmij（Yinx ok《Ouhloz Yizcui》）

图9-3-6　广西隆安县乔建出土的新石器时代青玉磨制石铲，高16.2厘米（引自《瓯骆遗粹》）

Riengz lizsij fazcanj daeuj, cojcoeng Bouxcuengh gaemmiz le gij gisuz cauh gang'vax. Youq Huznanz Swngj Dau Yen Souyen Cin Gamjyicanz oknamh le gij gang'vax liz ngoenzneix daih'iek 1 fanh bi haenx；youq Gveilinz Cwngbizyenz dieggaeuq aen gamj vunz ciuhgeq youq de, raen miz gij vaxsoiq rek、huz、guenq、bat、duix daengj, dwg gij doxgaiq geizcaeux aen seizdaih sizgi moq, liz ngoenzneix 9000 bi doxhwnj, dwg Cungguek gij gang'vax ceiqcaeux miz haenx ndawde cungj ndeu, gangjmingz cojcoeng Bouxcuengh ceiqcaeux nyinhrox gij daegsingq namhgyuek caemhcaiq gaemmiz le gij gunghyi cauh gang'vax.

随着历史的发展,壮族先民掌握了制陶技术。在湖南省道县寿雁镇玉蟾岩出土了距今约1万年的陶制品;在桂林甑皮岩古人穴居遗址,发现的陶器釜、壶、罐、钵、碗等碎片,是新石器时代早期的产品,距今9000年以上,是中国最早的陶器之一,说明壮族先民最早认识黏土的特性并掌握了制陶工艺。

Ngeih. Aen Seizgeiz Gaxgonq Cinzcauz
二、先秦时期

Riengz gaiqdoengz ndaej cauh daeuj, gaiqrin cugciemh nyienghvih, aenvih gyagoeng gaiqrin yungh seizgan lai youh hoj guh, sawjyungh goengnaengz nanz ndaej muenxcuk swnghcanjliz fazcanj aeuyungh, bietyienz deng gaiqdoengz、gang'vax dingjlawh. Hoeng mbangj doxgaiq naih ndat de vanzlij aeuyungh gaiqrin, ceiq denjhingz dwg gij vunqrin yungh daeuj cauh gaiqdoengz haenx, yungh song gaiq rin, muhbingz mienh doiqhab de, caiq vatdeu ok yiengh doxgaiq couq, lumj byainaq daengj. Couq gij raemxdoengz gaenq deng yungz de haeuj ndawde bae, caj bienq caep gvaqlaeng, mbehai benq vunq gwnz de bae, aeu gienh doengzcouq de okdaeuj, caiq guh caenh'itbouh gyagoeng. Lumj gij lwnhgangj gaxgonq neix, gij vunqrin aen moh Sihcouh Cunhciuh Vujmingz Majdouz Yangh Ndoiyenzlungzboh oknamh de, cauh ndaej cingsaeq raixcaix.

随着铜器的制造,石器逐渐让位,因为石器加工费时费事,使用功能难以满足生产力发展的需要,必然被铜器、陶器取代。但是某些耐火器物仍需用石器,最典型的是制铜器的石范,用两块石块,磨平对合面,再挖雕出铸物形状,如箭镞等。将熔化的铜水注于其中,待冷却后,打开范之上片,取出铜铸件,再行进一步加工。如前所述,武鸣马头乡元龙坡西周春秋墓出土的石范,制作得很精细。

Aen seizgeiz Cunhciuh, cojcoeng Bouxcuengh Lingjnanz gij gisuz cauh gang'vax de miz daezsang engq daih, gaenq gaemmiz le aen gihlij gang'vax caetliengh caeuq gij namhvax caetliengh soj senjaeu de miz cigciep gvanhaeh. Gaenq rox gij namhgyuek cingzfaenh hamz miz rinyihlisiz、namhndoisang de cij dwg gij yienzliuh ceiqndei cauh gang'vax, ndaej baujciz mbouj bienqyiengh、mbouj dekceg. Miz mbangj gang'vax gwnz de lij daz miz youhloeg roxnaeuz youhloegheu, neix dwg gij gang'vax dazyouh youq Lingjnanz raen daengz ceiqcaeux haenx, gangjmingz cojcoeng Bouxcuengh gaenq gaemmiz gij gisuz leihyungh namhsaeqliuh guh youhliuh. Gij rin'gvangqcangzsiz ndaw namhgyuek dwg gij yienghyungz cauh youq, dwg gij gihbwnj yienzliuh coicaenh rinmozlaizsiz guhbaenz gij doxgaiq lumj bohliz caengzyouh. Cauh gang'vax dazyouh dwg gij gisuz daihngeih baez coemhcauh, fatyienh caemhcaiq leihyungh gij yienzliuh cauhyouh dwg cojcoeng Bouxcuengh youq cauh gang'vax fuengmienh lingh aen gung'yen daih.

春秋时期,岭南壮族先民的制陶技术有了更大提高,已掌握了陶器质量与所选择的陶土质量有直接关系的机理。已知含有伊利石、高岭土成分的黏土才是制陶上乘原料,保持不走形、不开裂。

有的陶器表面还施了绿釉或青黄釉，这是岭南发现的最早的施釉陶器，说明壮族先民已掌握利用瓷土作釉料的技术。黏土内的长石类矿物是制釉的熔剂物质，是促进莫来石和釉层玻璃相物质形成的基本原料。陶器施釉是二次烧制技术，发现并利用制釉原料是壮族先民对制陶的另一大贡献。

　　Aen seizgeiz Sihcouh, cojcoeng Bouxcuengh gaenq bujben deumuz gyagoeng rinnyawh baenz gaiqcang. Youq Vujmingz Majdouz Yangh Ndoiyenzlungzboh 300 lai aen moh Cunhciuh Cangoz ndawde, daih bouhfaenh miz gij gaiqcang rinnyawh buenxhaem. Ndawde miz gienh nyawhdeu ndeu, raez 8.4 lizmij, giz ceiqgvangq de 2.5 lizmij, hingzyiengh luenzraez. Daengx ndang muh ndaej ronghlwenq, hausak saeqseuq, youq gwnz giz gvangq 20 bingzfueng lizmij de，deu、muh、heh ok le haujlai congh、raiz. Miz 4 aen congh luenz roxnaeuz luenzraez hung'iq mbouj doxdoengz haenx, miz mbangj aen deurag miz diuz raiz riengraez, lumj duzngwz gut youq. Aen nyawhdeu neix caeuq benqnyawh、guenjnyawh nem gengxnyawh、gyoznyawh baizlied baenz aen luenz ndeu, diuz cagroix de gaenq bienq naeuh fukdauq mbouj ndaej, nanz ndaej yawj ok yienghceij yienzlaiz de. Doiguj gienh nyawhdeu neix dwg gij doxgaiq bouxdai lij lix seiz cang youq najaek. Lingh miz song gienh gaetnyawh：Gienh ndeu lumj najvunz（naj lwgnyez）, daengx ndang deng muz lwenq, hausak saeqnyinh, cingqgyang deu miz conghvang, yungh daeuj cugcag. Lingh gienh dwg luenz, cizging 2.2 lizmij, na dan 0.4 lizmij, muznyinh ndaej ronghsagsag, caeuq bak lai gienh guenjnyawh、benqnyawh seiqhenz de ronz baenz roix ndeu, gig mingzyienj dwg gij doxgaiq cang'aek. Gij guenjnyawh baenz diuz de miz raez miz dinj, miz luenz miz luenzraez, itbuen raez 4 lizmij, cizging 1 lizmij, daengx aen muz ndaej ngaeuzyebyeb. Gengxnyawh dwg luenz, gyangde miz doengh aen congh hung'iq mbouj doxlumj, aen hung de cizging 4 lizmij, aen iq de cizging 2 lizmij. Gyoznyawh caeuq guenjnyawh youq mbiengj ndeu miz conghveuq. Gij benqnyawh miz lai de cungj dwg gig mbang, dan 0.4 lizmij baedauq, dingzlai dwg luenz, benq ceiqhung de cizging 4 lizmij, benq cungdaengj de 2 lizmij, benq iq de 1 lizmij, benq ceiq iq de dan 0.4 lizmij, congh iq ndaw gyang de cijndaej ronz geu bwn'gyaeuj ndeu. Goenhnyawh dwg gaiq cang fwngz, youq gyoengq mohcangq Ndoiyenzlungzboh Vujmingz ndawde，miz aen moh ndeu gengoenh gvaz bouxdai dawz miz 7 aen goenhnyawh doxlienz baenz roix haenx.

　　西周时期，壮族先民已普遍用玉石琢磨加工后的制器作为饰物。在武鸣马头乡元龙坡春秋战国墓300多座中，大部分有玉石陪葬品。其中一件玉雕，长8.4厘米，最宽处2.5厘米，呈椭圆形。通体磨制光滑，洁白细净，在20平方厘米的面积上，镂空、琢磨、切割了许多孔眼、花纹。有4个大小不同的圆或椭圆孔眼，有的拖着长尾刻纹，似蛇蜷曲。这个玉雕，与玉片、玉管、玉环、玉玦摆列成圆圈状，串绳已经腐朽不能复原，难观原貌。推测玉雕是死者生前的胸饰。另有两件玉扣：一件呈人面形（儿童面孔），通体磨光，洁白细润，正中凿有横穿孔眼，作为系绳之用。另一件圆形，直径2.2厘米，厚仅0.4厘米，打磨润滑有光泽，与周围百余件玉管、玉片穿为一串，显然是胸饰。条状玉管有长有短，有圆形或椭圆形，一般长4厘米，直径1厘米，通体琢磨光滑。玉环呈圆环状，中间有大小不一孔眼，大的直径4厘米，小的2厘米。玉玦和玉管在一侧开有缺口。众多玉片都很薄，厚度仅0.4厘米左右，多是圆形，最大的直径4厘米，中型的2厘米，小型的1厘米，最小的仅0.4厘米，中间小孔只能穿一根头发。玉镯是手饰，在武鸣元龙坡墓葬群中，一个墓内死者右手腕戴有7只成串相连的玉镯。

Rinnyawh huq noix gyaqcienz bengz caemhcaiq gyagoeng gunnanz, ndaej yienh ok bouxraekdaiq de gyaeundei miznaj. Seizneix soj yungh gij rinnyawh de dingzlai dwg rinnyawh hau, gyagoeng gisuz ndeiak, dingzlai dwg yungh gij gvang'vuz genggangq lumj rinsizyinghsah guh rinbaenz, nyomxraemx menhmenh muh saeq gyagoeng, gunghsi beij cauh gaiqrin fukcab, daegbied dwg mbongq congh aeu miz gi'gyauj suglienh, suengmienh nienzmuh, cingcinj doiq vih ronzdoeng. Daj daihliengh vwnzvuz oknamh haenx yawj ndaej ok, cojcoeng Bouxcuengh deumuh gyagoeng rinnyawh caeuq deudik gij yisuz cauhhingz de miz deihfueng minzcuz daegdiemj mingzyienj.

玉石物稀为贵且加工困难，令佩戴者显得华美与荣耀。此时所用玉石多为白玉，加工技术高超，多用石英砂类的坚硬矿物为研磨料，沾水慢慢细磨加工，比石器制造工序复杂，特别是钻孔技术需要有熟练的技巧，双面研磨，精确对位贯通。从大量的出土文物可以看出，壮族先民对玉石的琢磨加工和艺术造型具有鲜明的地方民族特点。

Sam. Aen Seizgeiz Cinzcauz Hancauz

三、秦汉时期

Cinz vuengzcauz doengjit Lingjnanz gvaqlaeng, cienz gij senhcin vwnzva cunghyenz haeuj daeuj, cojcoeng Bouxcuengh hagsib daezsang le gij giyi cauh gang'vax, vihneix couh doiq gij caetliengh namhgyuek cauh gang'vax de miz iugouz engq sang lo. Handai ngamq fatyienh le Vuzcouh、Siengcouh、Dwngzyen cungj miz gij gvangcanj swhyenz ndei cauh gang'vax haenx.

秦王朝统一岭南后，传入中原先进文化，壮族先民学习提高了制陶技艺，对制陶黏土的质量要求更高了。梧州、象州、藤县都有汉代新发现的制陶瓷的优质矿产资源。

Rinngaeuz dwg Lingjnanz gij gvang'vuz swhyenz mbouj dwg gimsug de cwk miz lai、binjcaet ndei haenx. Youq Handai, cojcoeng Bouxcuengh raen rinngaeuz unqnemq, mbouj geng geijlai, yungzheih deugaek. Rinngaeuz miz lai cungj yienzsaek, hau、loeg、ndinglaeg、nding、ndaem. Soujsien yungh guh gaiqcang, youq aen moh iq Handai ndawde raen miz lai gij cenj、buenz、mou daengj yungh rinngaeuz cauhbaenz haenx, cungj dwg gij doxgaiq buenxhaem, dwg yungh daengx ndaek gaiqndip cauhbaenz, yungh gij gisuz canj、siuq、heh、deu、gaek、muh daengj gyagoeng. 1984 nienz, youq aen moh Handai Liujgyangh Lijyungh oknamh le gienh mobhaeuq rinngaeuz ndeu, gaekmuz ndaej ronghlwenq bingzcingj, biujyienh ok gij saenzcingz viyiemz yakhaenq caez, de dwg duzsaenz souj moh. Linghvaih oknamh gij nyawhrinngaeuz de, giz congh siuq de ndaej cingcinj, rinnyauq muh ndaej bingzcingj, song henz ronghlwenq, yungh gaiqraeh deugaek gij raiz haeuxgok, baij deih youq song naj nyawh, moix naed raizhaeuxgok hung iq doxlumj, gaekcauh cingsaeq raixcaix. Handai seiz cunghyenz maijgyaez nyawhhau. Lingjnanz deugaek rinngaeuz hix dingzlai dwg yungh gij saekhau de. 1956 nienz, aen moh Handai Byayinzgaisanh Vuzcouh oknamh aen canghaeux rinngaeuz ganlanz. Yungh ndaek rinngaeuz ndeu deubaenz, sang 31 lizmij, cizging aenfa 16.3 lizmij, yienghceij lumj dingjliengj neix luenz. Cingqmienh gatheh baenz aen gvaengh fuenghingz, ndaw gvaengh hai miz aen bakdou raezseiqfueng, ndawde deuhoengq. Laj daejnaengh fuenghingz miz seiq diuz saeulimq hung. Yungh gij giyi hehbingz、gaekmbat、deuhoengq、gaekmuz daengj, gaekheh bingzcingj, gaekmuz saeqngaeuz, deugaek seuqsak mbouj louz rizmid. Daengx aen cozbinj lumjnaeuz dwg mbat ndeu guhbaenz, mbouj bouj miz saek bak loeng, ndaej heuh dwg gisuz lauxhangz, dwg Handai gyagoeng rinngaeuz gij ceiqndei de. Vuzcouh liz Lungzswng dieg cujyau ok gij gvangqrinngaeuz haenx mbouj gyae. Aenvih rinngaeuz dohgeng de cijmiz 1.0～1.5 doh, doengciengz cungj dwg cauhbaenz gij doxgaiq buenxhaem, gij yungh youq ngoenznaengz de haemq noix. Aen moh Sihhan Ndoiyinzsanhlingj Guengjsae Bingzloz oknamh gij hang、cauz yungh rinngaeuz cauhbaenz haenx cungj beij gij doxgaiq saedceiq sawjyungh de iq（doz 9-3-7）.

滑石是岭南非金属矿物类储量多、品质好的资源。在汉代，壮族先民发现滑石性柔，硬度不大，易于雕刻。滑石有多种颜色，白、绿、褐、红、黑。首先作装饰品用，在小型汉墓中多见用滑石制成的杯、盘、猪等，都是明器，是用整块坯料制成，用铲、凿、切、镂、雕、刻、磨等技术加工。1984年，在柳江里雍汉墓出土了一件滑石面具，琢磨得光滑平整，淋漓尽致地表现狞厉威严的神态，它是镇墓之神。另出土的滑石璧，凿孔位置精确，砺石打磨平整，侧边光滑，用利器雕刻椭圆形谷纹，密布两边璧面，每粒谷纹大小如一，刻造极为精细。汉时中原崇尚白玉，岭南滑石雕刻也多用白色的。1956年，梧州云盖山汉墓出土干栏滑石囷。用整块滑石雕成，高31厘米，盖径16.3厘米，状如伞顶，囷圆形。正面切割成方框形，框内开有长方形门口，内里镂空。方形底座之下有四根粗壮棱柱，用平切、斜刻、镂雕、琢磨等技艺，切刻平整、琢磨细滑、镂雕干净不留刀痕。整个作品似一气呵成，无错刀补漏，堪称技术老成，是汉代滑石工艺的精品。梧州距滑石矿的主要产地龙胜不远。由于滑石硬度只有1.0～1.5度，通常都是制成葬器，日常生活用具较少。广西平乐银山岭西汉墓出土的滑石制成的鼎、槽均比实用之物为小（图9-3-7）。

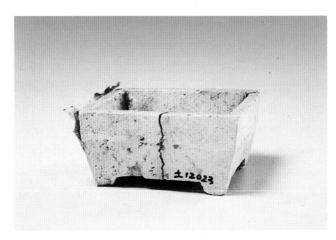

Doz 9-3-7   Gij cauzrinngaeuz aen moh Sihhan Ndoiyinzsanhlingj Guengjsae Bingzloz Yen oknamh（Cangh Leij ingj）
图9-3-7   广西平乐县银山岭西汉墓出土的滑石槽（张磊 摄）

Geizlaeng Handai wngqyungh rinnyawh gaenq gya'gyangq daengz heusau、loegsau、mongheu caeuq dietnding, gangjmingz cojcoeng Bouxcuengh gij yisuz sinjmeij gvanhdenj gvendaengz gaiqcang rinnyawh caeuq gij fanveiz sawjyungh rinnyawh de engq dwg gya'gvangq. Cawzliux goenh、gengx、guenj、caw caeuq benq, lij miz cenj、yaenqcieng、biz caeuq vunqduz. Gij gengxnyawh aen moh gyongdoengz Sihlinz oknamh de, gij cenjnyawh aen moh 1 hauh Sihhan Gveigangj Si Lozbwzvanh oknamh de, yungh daengx ndaek nyawhgeng saek ndinglaeg de deu muh gyagoeng cij baenz, cauhhingz gig gyaeundei, deugaek cingsaeq. Henzbak caeuq lajdungx gaek miz diuz yienz saeq caeuq gij raizfwj ngaeu, ndangcenj baij rim miz raizyujdinghvwnz, gwnz laj ngaeulienz, swixgvaz doxheux, gaekraemh doedrongh gyauca, lizdijganj haenq, dwg Handai gij gaiqnyawh ceiqndei deugaek baenz haenx, miz deihfueng daegdiemj mingzyienj, biujyienh ok cojcoeng Bouxcuengh miz gij giyi deurin ndeiak.

汉代后期对玉石的应用已扩展至翠青、碧绿、青灰及褐铁色，说明壮族先民对玉石饰物的艺术审美观点更为拓宽，对玉石的使用范围更为扩展。除镯、环、管、珠和片外，还有杯、印章、璧及动物模型。西林铜鼓墓出土的玉环，贵港市罗泊湾西汉1号汉墓出土的玉杯，用整块褐红色硬玉镂雕琢磨加工而成，造型极其优美，镂刻精细。口沿及下腹刻有细弦和勾云纹，杯身满布乳钉纹，上下勾连，左右相绕，阴刻阳突交错，立体感强烈，是汉代最突出的玉雕珍品，具有鲜明的地方特点，显示了壮族先民精湛的石雕技艺。

1955 nienz, aen moh Handai henz Gveigangj Si Gauhcungh oknamh le gienh bidnyawh hamz youq ndaw bak vunz ndeu（Ciuhgeq nyinhnaeuz, cuengq gaiqnyawh youq ndaw bak bouxdai, ndaej fuengz seihaiz bienq naeuh）, gienh bidnyawh neix ndang raez hoz dinj, song da doed okdaeuj, laeng aek miz raiz, gonqlaeng miz 4 fwed moz, caemhcaiq fwed gonq beij fwed laeng hung. Cauhhingz lumjlili, deugaek gisuz suglienh, ca mbouj geij cungj dwg yungh sienqdiuz ngaeu baenz.

1955年，贵港市高中学校附近一座汉墓出土了一件蝉形玉含（古时认为，玉器放入死者口中，可防尸体腐烂），玉蝉体长颈短，双眼突出，胸背有斑纹，前后有4支翅膜，且前比后大。造型逼真，栩栩如生，雕刻技术娴熟，几乎都是用线条勾勒的。

Handai aenvih gij gisuz gyagoeng gaiqnyawh ndaej daengz daezsang, couh aeuyungh gij yienzliuh gaiqnyawh lai. Suijcingh、majnauj、rinluzsunghsiz gonqlaeng deng haifat leihyungh. Gij rincang Lingjnanz miz feijcui、nyawh、suijcingh caeuq rinraiz, daegbied dwg rinraiz, yungzheih raen youq meggamj caeuq ndaw conghbya diegbya Lingjnanz, miz rinluzsunghsiz、rincinghginhsiz、ngviznyawh（baudaengz majnauj）、rinlwedndik、rinvadauz caeuq rinhungzbaujsiz daengj, dingzlai dwg mbouj daeuqmingz, hoeng miz saek gyaeundei, gig deng daengz vunz gyaez. Aen moh gyongdoengz Sihlinz Bujdoz oknamh gij cawluenz yungh rinluzsunghsiz gyagoeng baenz haenx gvaq, naed hung de cizging daih'iek 3 hauzmij, naed iq de dan 1 hauzmij. Yienzsaek miz saeknding caeuq saekhenj. Doenghgij rinluzsunghsiz neix caeuq gij caw rinsuijcingh、roix caw majnauj nyib youq gwnz buh dangguh gaiqcang. Aen moh gyongdoengz Sihlinz Bujdoz oknamh le song aen gengxmajnauj saekhau，15 naed gaetmajnauj saekhau，gangjmingz cojcoeng Bouxcuengh gaeng hwng aeu majnauj guh gaetbuh. Roix cawmajnauj ndeu geiq miz baenz cien naed，dwkmuz ndaej gig gyaqciq，dingzlai dwg saeknding，cauhhingz miz luenz caeuq benj song cungj. Youq aen moh Handai Hozbuj Dangzbaiz oknamh le duz hanqmajnauj ndeu，gunghyi cauhhingz gig ndei，dwg gij doxgaiq dijbauj citgeiz. Daj gij cangcaenq rinnyawh aen moh Handai oknamh de yawj ndaej ok，cojcoeng Bouxcuengh doiq gij singqcaet rinnyawh gaeng ndaej liujgaij laegdaeuq，roxdaengz cungj rinnyawh mbouj doengz de miz gengdoh mbouj doengz. Youq deu muh gyagoeng seiz，aeu gijgeng daeuj deu gijunq. Doiq baenzlawz genjaeu yienzsaek，baenzlawz dox boiqdap cauhhingz，deugaek laegfeuz cungj ndaej giethab ndei，dabdaengz gij yisuz suijbingz ndei gvaq vunz.

　　汉代随着玉器工艺加工技术的提高，扩大了对玉器原料的需求。水晶、玛瑙、绿松石相继被开发利用。岭南的装饰玉石有翠、玉、晶、石四大类，即翡翠、软玉、水晶和彩石，特别是彩石，在岭南山区岩脉及晶洞内容易发现，计有绿松石、青金石、玉髓（包括玛瑙）、血滴石、桃花石和红宝石等，多是不透明的，但色彩艳丽，甚为人爱。西林普驮铜鼓墓曾出土绿松石加工成的圆珠，大者直径约3毫米，小的仅1毫米。颜色有红色和米黄色。这些绿松石，与水晶石珠、玛瑙串珠缝缀在衣襦上作为装饰物。西林普驮铜鼓墓出土了两件乳白色玛瑙环，15件白色玛瑙扣，说明壮族先民用玛瑙作为衣扣已盛行。玛瑙串珠数以千计，打磨极精致，多为红色，造型有球形及扁圆形两种。在合浦堂排汉墓出土了一件玛瑙鹅，工艺造型极佳，是希罕珍品。从汉墓出土的玉石饰物可以看出，壮族先民对玉石的性质有很深刻的了解，知道种类不同的玉石有不同的硬度。在琢磨加工时，以硬琢软。对颜色的选择，造型的协配，雕镂深浅都能有机地结合，达到高超的艺术水平。

　　Lingjnanz cwk miz gij rinsizyinghyenz caeuq gij sasizyinghsah henzhaij de caetliengh ndei，yungh gijde cauhbaenz "giuzlinz" "luzliz" roxnaeuz "bohliz". Doenghgij neix cungj dwg Handai gij doxgaiq yungh bohliz cauhbaenz. Gij moh Sihhan Lingjnanz oknamh le daihliengh bohliz gunghyibinj，Cauhbingz、Vuzcouh、Liujcouh、Hingh'anh caeuq Hocouh gak dieg 160 lai aen moh Handai oknamh gij doxgaiq yungh bohliz cauhbaenz de daih'iek miz 5000 gienh，aen moh Handai 3 hauh Hozbuj Dangzbaiz itgungh oknamh cawbohliz 1080 naed，dwg aen moh oknamh gij doxgaiq yungh bohliz cauhbaenz de ceiqlai（doz 9-3-8 dwg cawbohliz saek lamz oknamh）. Cawbohliz dwg doxgaiq cangcaenq. 1985 nienz，aen moh Handai 1 hauh Hozbuj Lenzcouh Bauqcuk Cangj oknamh 800 lai naed cawbohliz caeuq 500 lai aen doengzcienz cuengq youq ndaw aen habcaet. Yienzsaek miz heu、sawheu、loeg、lamzraemxhuz、hau、hauronghndwen、ndingcien caeuq gyaemq，gij mbouj ronghcingx de dwg dingz lai，gak cungj gak yiengh，miz lumj naedcaw suenqbuenz、lumj aen luenzraez、lumj aenlimq caeuq lumj aen maklamj. Linghvaih lij miz cungj cangrwz wjdangh，cauhhingz miz souhwet、hozlez daengj. 1982 nienz，aen moh Sihhan 1 hauh Hozbuj Vwnzcanghdaz oknamh le gienh cangcaenq duz fwbohliz saekheu ndeu，yienghceij lumj duzfw lili. Aen moh Dunghhan 1 hauh Gveigangj Nanzdou Cunh oknamh le aen cenjbohliz ga sang ndeu，youz cenj caeuq buenzdak de gapbaenz（doz 9-3-9）. Cenj caeuq buenz cungj dwg buenqronghcingx，saek sawheu，gig gyaeundei.

岭南储存优质的石英岩及海滨石英砂，用其制成"瑠琳""陆璃"或"颇璃"。这些都是汉代的玻璃制品。岭南西汉墓出土了大量的玻璃工艺品，昭平、梧州、柳州、兴安和贺州各地160余座汉墓出土的玻璃制品约5000件，合浦堂排3号汉墓共出土玻璃珠1080颗，是出土最多者（出土的蓝料玻璃穿珠见图9-3-8）。玻璃珠是装饰品。1985年，合浦廉州炮竹厂1号汉墓出土的800余颗玻璃珠与500余枚铜钱放在漆盒内。颜色有青、淡青、绿、湖水蓝、白、月白、砖红和紫褐色，不透明者居多，形状多样，有算珠形、椭圆形、菱形和橄榄形。另外还有耳珰，制成束腰形、喇叭形等。1982年，合浦文昌塔1号西汉墓出土了一件青色龟状玻璃佩饰，形态逼真。贵港南斗村1号东汉墓出土了一件玻璃承盘高足杯，由杯及托盘组成（图9-3-9）。杯盘皆为半透明，呈淡青色，十分精美。

Ginggvaq canghgaujguj cibgeij bi yenzgiu caekdingh，gij gaiqbohliz aen moh Handai cunghyenz seizde oknamh haenx cwngzfwn dingzlai dwg yienz、bei，habyungh youq mozci bohliz. Gij bohliz rog guek cwngzfwn dwg naz、gai，hoeng gij bohliz Lingjnanz dingzlai dwg gyaz. Doxgaiq de gengndongj，naih ndat，ndigah ndaej cauhbaenz gij doxgaiq yungh youq gwndaenj，lumj aencenj、aenbuenz daengj.5 gienh doxgaiq bohliz aen moh Handai Lingjnanz Guengjsae、Guengjdoeng oknamh de，ginggvaq vaqniemh，miz 4 gienh dwg bohlizgyaz. Ngoenzneix goengnyinh bohlizgyaz dwg youz bohlizyienzbei fazcanj daeuj，dwg gohyoz gisuz cinbu. Gij bohlizyienzbei aen moh Handai Guengjsae oknamh de hix caeuq baihbaek mbouj doengz，aen dungzveisu hisu yienz daemq，hoeng mbouj baizcawz gij fuengfap cauhguh bohlizyienzbei neix dwg hag laeng baihbaek. Cienznaeuz cojcoeng Bouxcuengh cauhguh bohliz，yungh rinsizyingh、rincangzsiz、genj guh cujyau yienzliuh，yungh rincangzsizgyaz roxnaeuz daeuh doenghgo guh yungzci，ndigah cauhbaenz gij bohliz de hamz gyaz youq 13% baedauq. Dajneix raen ndaej caeux youq Hancauz，cojcoeng Bouxcuengh couh gaenq gaemmiz le gij gisuz leihyungh rinsizyingh caeuq rincangzsiz daengj gvang'vuz daeuj coemhguh bohliz，caemhcaiq senjndei gij cwngzfwn de miz deihfueng daegsaek sienmingz. Gij goengcangh seizde lij miz yisuz suijbingz gig sang，ndaej cauh ok gij gaiqyungh caeuq gaiqcang gyaeundei.

经考古学家十几年的研究测定，当时中原汉墓出土的玻璃器物的成分多是铅、钡，适用于模制玻璃。国外的玻璃成分为钠、钙，而岭南玻璃多为钾。其质硬，耐高温，故可制成杯、盘等生活器物。岭南广西、广东汉墓出土的5件玻璃器物，经过化验，有4件为钾玻璃。当今公认钾玻璃是由铅钡玻璃发展而来，是科学技术的进步。广西汉墓出土的铅钡玻璃也与北方不同，铅的同位素系数低，但不排斥制作铅钡玻璃方法学自北方。世传壮族先民制作玻璃，用石英、长石、碱为主要原料，用钾长石或草木灰做熔剂，所以制成的玻璃含钾在13%左右。由此可见早在汉朝，壮族先民就已掌握了利用石英和长石等矿物烧制玻璃的技术，而且成分的优选具有鲜明的地方特色。当时的匠人还有很高的艺术水平，制造出精美的器物和饰物。

Doz 9-3-8 Gij cawbohliz Sihan aen moh Handai Guengjsae Hozbuj Yen Dangzbaiz oknamh (Cangh Leij ingj)

图9-3-8 广西合浦县环城堂排西汉墓出土的蓝料玻璃穿珠 (张磊 摄)

Doz 9-3-9 Aen cenjbohliz (nem miz buenzdak) saek sawheu aen moh Dunghhan Guengjsae Gveigangj Si Nanzdou Cunh oknamh, cenj sang 8.3 lizmij, bakgvangq 6.4 lizmij (Cangh Leij ingj)

图9-3-9 广西贵港市南斗村东汉墓出土的淡青色玻璃承盘高足杯，杯高8.3厘米，口径6.4厘米（张磊 摄）

Seiq. Aen Seizgeiz Samguek Cincauz Dangzcauz

四、三国晋唐时期

Vuzcouh、Gveigangj、Hozbuj、Canghvuz、Mungzsanh、Hocouh、Cunghsanh、Fuconh、Bingzloz、Libuj、Gunghcwngz、Gveilinz、Hingh'anh、Yungjfuz、Luzcai、Siengcouh、Yungzanh caeuq Gveibingz daengj cungj faenbouh miz namhsaeqliuh. Aen seizgeiz Samguek caeuq Nanzbwzcauz, cojcoeng Bouxcuengh couh raen daengz gij namhsaeqliuh doengh dieg neix cingh, couh youq seizhenz de vatnamh dauzguh、guh yiuz coemh saeqliuh.

梧州、贵港、合浦、苍梧、蒙山、贺州、钟山、富川、平乐、荔浦、恭城、桂林、兴安、永福、鹿寨、象州、融安和桂平等均有瓷土分布。三国及南北朝时期壮族先民即发现这些地区的瓷土质纯，就在其附近挖土淘制、建窑烧瓷。

Cincauz seiz gaenq miz saw geiqloeg aeu rinsizyingh cauh bohliz. Beijlumj Gozhungz youq 《Gotlwgbwz》 ndawde naeuz bohliz dwg yungh haj cungj daeuh daeuj cauhbaenz, Sungdai Lij Cangh youq 《Daibingz Yilanj》 ndawde guh miz cekgej, haj cungj daeuh de miz genjcingh henzhaij (roxnaeuz daeuhdoenghgo)、rinsizyinghsah、mba rincangzsiz、rinhoi、gij mba yangjvagai gangqcoemh gvaq, lij miz mba namhgyuek. Bouh cucoz gwnzneix mbouj miz ciengzsaeq geiqloeg baenzlawz hableix boiqbeij haj cungj daeuh neix, hix mbouj gangjmingz baenzlawz gyagoeng, hoeng cojcoeng Bouxcuengh cix gaemmiz le gij gunghyi gisuz hableix boiqbeij haj cungj gvang'vuz sengcingz neix, doenggvaq yungzvaq gyagoeng cauhbaenz bohliz.

晋时对采集石英制玻璃已有文字记录。如葛洪在《抱朴子》中说玻璃是用五种灰制成，宋代李窬在《太平御览》中作了解释，五种灰有海滨纯碱（或草木灰）、石英砂或长石粉、石灰石、焙烧过的氧化钙粉，还有黏土粉。上述著作没有详细记录五种灰的合理配比，也没有说明加工方法与步骤，但壮族先民却掌握了五种天然矿物合理配比，熔融加工制成玻璃的工艺技术。

Minzgoz 27 bi（1938 nienz），guh diuz Siengh Gvei dietloh seiz haeuh, youq aen Gvanhyinhgwz baihbaek rogsingz Gveilinz Si oknamh le gaiq feideih ndeu. Gwnz de gaek miz "Sung Daisij 6 bi 11 nyied 9 hauh". Neix dwg gaiq rinfei cawx diegmoh ndeu, yungh gaiq rinngaeuz ndeu deugaek cauhbaenz. "Sung Daisij" dwg aen nienzhauh Sung Mingzdi Nanzcauz, "6 bi" couh dwg gunghyenz 470 nienz. 1962 nienz, aen moh Nanzciz baihdoeng rogsingz Gveilinz hix oknamh le gaiq feideih rinngaeuz ndeu, gwnz fei gaek miz "Ciz Yungjmingz 5 bi", "Ciz Yungjmingz" dwg aen nienzhauh Ciz Vujdi Nanzcauz, "5 bi" couh dwg gunghyenz 487 nienz. Seizde hwng ndalaeb feimoh guh baengzcingq. Aenvih rinngaeuz yungzheih deugaek, dingj aeu le gij rinnyawh noix raen haenx. Nanzcauz seizgeiz hangz deugaek rinngaeuz Lingjnanz fazcanj gig vaiq, gij aenyungj、moumeng、aensieg、aen batboh、aennaengj、aenbuenz、aencenj、aenyienh caeuq feideih youq doengh aen moh Nanzcauz Vuzcouh、Gveilinz、Yungjfuz caeuq Yungzanh daengj dieg oknamh de cungj dwg gij gunghyibinj gyaqciq yungh rinngaeuz deugaek baenz, daegbied dwg aenyungj ceiq miz seizdaih daegdiemj, hix daibyauj le gij gunghyi suijbingz aen seizgeiz neix. Gij yungjrinngaeuz aen moh Nanzcauz Yungzanh Anhningz oknamh de, dwg youz daengx ndaek rinngaeuz deubaenz, cax dog gaekbaenz bwnda, laeg feuz ngamjhab. Najbyak youh gvangq youh luenz, ngaeuzngubngub, gig miz gij yisuz funggek siengqbaed. Hoeng ndangdaej byom iq dwg aendang vunz baihnamz. Cungfaen biujyienh ok le cungj yisuz dwzcwngh gij vwnzva bonjdieg cojcoeng Bouxcuengh caeuq gij vwnzva baihrog haeujdaeuj de dox yungzhab.

民国二十七年（1938年），修建湘桂铁路时，在桂林市北郊观音阁出土了一块地券。上刻"宋泰始六年十一月九日"。这是一块购买冢地之券石，用一块滑石雕刻制成。"宋泰始"是南朝宋明帝年号，"六年"即公元470年。1962年，桂林东郊南齐墓也出土了一块滑石地券，券上刻着"齐永明五年"，"齐永明"是南朝齐武帝年号，"五年"即公元487年。当时盛行设冢立券为凭。由于滑石易于雕刻，取代了罕见的玉石。南朝时期岭南的滑石雕刻发展很快，在梧州、桂林、永福和融安等地南朝墓出土的俑、猪、勺、钵、甄、盘、杯、砚和地券都是镌刻精致的滑石工艺品，尤以俑最具时代特点，也代表着这一时期的工艺水平。融安安宁的南朝墓出土的滑石俑，系由整块滑石雕成，一刀刻成眼眉，深浅得体。天庭饱满，地阁方圆，具有典型的佛像艺术风格。但躯体瘦小是南方人身态。充分显示了壮族先民的土著文化和外来文化交融的艺术特征。

Gij gunghyibinj rinngaeuz Nanzcauz dingzlai caeuq swnghhoz miz cigciep gvanhaeh, aen moh Nanzcauz 5 hauh Yungzanh Anhningz, oknamh le aen siegrinngaeuz ndeu, youq byai sieg cauh miz aen ngaeudauq samgak, neix ndaej gangjmingz goengcangh Bouxcuengh miz swnghhoz gingniemh fungfouq. Aen moh Nanzcauz Yungzanh lij oknamh le song gienh mourinngaeuz. Linghvaih lij oknamh le gij ranz rinngaeuz buenxhaem, ndaek rin daej saeu ranzganlanz daj dandwg vihliux saedyungh，fazcanj daengz gawq vihliux saedyungh youh aeu ndeiyawj lo. Aen seizgeiz neix，gij gvangcanj rinngaeuz Lungzswng caeuq Luzconh daengj dieg laebdaeb ndaej daengz haivat.

南朝的滑石工艺品多与生活有直接联系，融安安宁5号南朝墓，出土了一件滑石勺，在勺尾制作了三角形倒勾，说明壮族工匠有丰富的生活经验。融安南朝墓还出土了两件滑石猪。另外还出土了滑石房屋葬器，干栏建筑的柱础从只有实用性，向既实用又美观的方向发展。这一时期，龙胜和陆川等地滑石矿产继续开采。

Dangzdai miz Bouxgun cunghyenz daeuj Lingjnanz dangguen，hix miz mbouj noix bouxhozsiengh roengz namzfueng daeuj gangj sawging cienz fozgyau，hwng miz gij siengqbaed youq gwnz dat gaekcauh haenx. Byayansizsanh Bozbwz dwg Lingjnanz gij siengqbaed miz nienzdaih ceiqcaeux. Youq gwnz dat rinsa'nding liz deihmienh miz 3 mij haenx，deusiuq le 3 aen ham baiqbaed miz hotgungj soem haenx，cingqgyang miz cunh siengqbaed ndeu naengh youq，song mbiengj faenbied miz cunh siengqbaed ndeu naengh youq caeuq cunh siengqyou ndeu ndwn youq. Gveilinz Si Byasihsanh dwg seizde dieg fozgyau gig daih haenx，gij funggek deu siengqbaed Byasihsanh caeuq cunghyenz nem baihbaek mbouj doengz. Aenvih gij gisuz cauhguh dietgaiq de ndaej daengz daezsang，gyahwnj wngqyungh le gij gisuz doenggvaq gya ndat daeuj cawqleix，cauh ok le doenghgij hongdawz lumj fagsiuq、fagsiuq iq、fagcuiz、fagcuenq daengj ndaej deu youq cungj rin geng neix，sawj gij gisuz gyagoeng rin de caiq miz daezsang.

唐代有中原汉人来岭南为官，也有不少僧人南下布经传扬佛教，摩崖造像盛行。博白宴石山有岭南年代最早的佛像。在距地面3米的红砂岩壁上，雕凿了3个尖拱形佛龛，正中有坐佛，两侧也有坐佛和二侍立菩萨像。桂林市西山是当时很大的佛教区，西山佛像镌雕风格与中原及北方不同。由于铁器的制作技术提高，加上热处理技术的应用，制造了镌刻砂岩这类坚硬岩石的凿、錾、锤、钻等工具，使石材加工技术有了新的提高。

Aen seizgeiz Suizcauz Dangzcauz，gij gunghyi cauhguh gang'vax caiq miz fazcanj，cauh gij doxgaiq saeqliuh saekheu de doiq gij cwngzfwn namhsaeqliuh caeuq baenzlawz gyagoeng gijde iugouz engq sang lo. Aen seizgeiz neix haivat le gij namhsaeqliuh Ndoiciengjgyahlingj Cenzcouh、mbanj Sang'yauz Cunh Gveilinz Si，youq dangdieg cauh aenyiuz swnghcanj.

隋唐时期，陶瓷工艺有新的发展，制造青瓷器对瓷土的加工和成分更讲究了。这一时期开采了全州蒋家岭、桂林市上窑村的瓷土，就地造窑生产。

Dangzdai hangz haivat rinngaeuz de laebdaeb fazcanj. 1960 nienz，Guengjsae Gencaiz Gunghyez Dicizdui youq Lungzswngh Gak Cuz Swciyen dieggvangq Caujgaeq raen miz gizdieg vatgvangq ciuhgeq，gij rinfeiq de dong sang daengz 10 mij. Caengz rinfeiq gwnz de dwg lumj heujgawq，gangjmingz gij gunghyi haivat rinngaeuz de gaenq youz yungh cax raemjaeu yienjbienq daengz yungh gawq gawqaeu，neix ndaej gemjnoix huqfeiq caeuq sonjsied，dwg gij gisuz vatrin aen cinbu daih ndeu. Doengzseiz raen daengz gaiq rinfeiq ndeu gaeksij miz saw "唐朝宝应二年（Dangzcauz Baujying 2 bi）"（763 nienz）. Gangjmingz gij haivat gizneix dwg youq Dangzdai.

唐代的滑石开采业继续发展。1960年，广西建材工业地质队在龙胜各族自治县鸡爪矿区发现古采场，其废石堆高达10米。上层废石为锯齿状，说明开采滑石的工艺由刀砍取石演变为锯采，可以减少废品和损耗，是采石技术的一大进步。同时发现一块刻有"唐朝宝应二年"（763年）字样的废石器。说明这里的开采是唐代所为。

Haj. Aen Seizgeiz Sungcauz Yenzcauz Mingzcauz Cinghcauz

五、宋元明清时期

Gij gohyoz gisuz Sungdai ciepswnj le gij senhcin cwngzgoj Dangzdai， caemhcaiq miz fazcanj moq， daegbied dwg gvendaengz haivat、gyagoeng rinsaeqliuh nem namhsaeqliuh caeuq coemhcauh gaiqsaeqliuh， dabdaengz le gij suijbingz moq. Lingjnanz swnghcanj gaiqsaeqliuh soqliengh beij doenghbaez cungj lai， Fozsanh、Vuzcouh、Yungzyen、Bwzliuz daengj dieg ngamq raen daengz gij swhyenz namhsaeqliuh de gig vaiq couh ndaej daengz haifat leihyungh. Ngoenzneix fatyienh gij yiuzsaeqliuh Sungdai de miz 40 lai dieg， moix dieg miz cibgeij aen lozyiuz. Gij namhsaeqliuh dieggaeuq doengh aen yiuzsaeqliuh Sungdai lumj Dwngzyen Cunghhoz、Yungzyen Dava caeuq Cwngzgvanh、Bwzliuz Lingjdung、Cwnzhih Yen Nanzdu caeuq Gveibingz Yen Cwngzsiengh daengj caetliengh ndei、yienzsaek yinzrub、hamz cab noix， dwg gij namhsaeqliuh ceiqndei coemhcauh gaiqsaeqliuh hau， vunz seizde heuh guh naezhau.

宋代的科学技术继承了唐代先进成果，并有新的发展，特别是对瓷石和瓷土的开采、加工及烧制瓷器，达到了新的水平。岭南瓷器生产量空前提高，佛山、梧州、容县、北流等地新发现的瓷土资源迅速得到开发利用。现发现宋代瓷窑有40余处，每处有十几个窑炉。藤县中和窑、容县大化窑和城关窑、北流岭峒窑、岑溪县南渡窑和桂平县城厢窑等宋代瓷窑故址处的瓷土质优、色泽均一、含杂质少，是烧制白瓷的佳品，时人称为白泥。

Cawzliux ngamq fatyienh gij swhyenz namhsaeqliuh Bwzliuz、Luzconh、Binhyangz daengj dieg， gij namhgyuek deihcaengz ciuhgeq sizdangij daengj hix deng leihyungh， hoeng caetliengh haemq ca， dan ndaej cauhguh gaiqsaeqliuh heu， gvangqlangh yungh youq ndawbiengz.

除北流、陆川、宾阳等地瓷土资源有新的发现外，石炭纪等古老地层的黏土也被加以利用，但质量次，仅能制作青瓷，广泛用于民间。

Cinghcauz Hanzfungh nienzgan （1851～1861 nienz）， fatyienh gij namhnaez henzgyawj Ginhcouh， ok youq ndaw caengz naeznding hamz diet daihsam gij， ginggvaq muhsaeq cauhbaenz naezbih， gij gang'vax coemhcauh ndaej de gig miz gij funggek swjsahdauz Gyanghsuh Yizhingh， deng heuhguh nizhinghdauz.

清咸丰年间（1851～1861年），发现钦州附近陶土，产于第三纪含铁的红泥层中，经磨细制成坯泥，烧制出来的陶器很有江苏宜兴紫砂陶器的风韵，被称为坭兴陶。

Aen seizgeiz neix， gij rinngaeuz Lungzswng、Fangzcwngz daengj dieg laebdaeb deng haivat， hoeng gveihmoz gaenq mboujyawx Dangzdai. Sungdai gvaqlaeng gij gaiqrinngaeuz buenxhaem ndaw moh de raen noix, dingzlai dwg yungh gaiqsaeqliuh heuhau daeuj dingj. Mingzcauz Gyahging nienzgan（1522~1566 nienz）, lij geiqsij miz gyauhwnj rinngaeuz 1004 gaen.

这个时期，龙胜、防城等地的滑石矿继续开采，但规模已不如唐代。宋代以后墓葬内滑石器物少见，多用青白瓷器代之。明代嘉靖年间（1522~1566年），还有上缴滑石1004斤的记载。

Bonj saw《Yenzfungh Goujyiz Geiq》Sungdai Vangz Cunz daengj biensij haenx geiqsij le Vuzcouh gunghwnj rinbwzsizyingh 2 gaen. Sungdai lij haivat le gij rinlab Fangzcwngz Fuzlungz Yangh Denzsinh Cunh, neix dwg cungj gvang'vuz lijgveihsonhyenz hamz raemx haenx, baihrog nyinzngaeuz ronghlwenq, ndaej deugaek baenz gunghyibinj, dingzlai cauhbaenz yaenqcieng、bat gingjsaek raemxbya.

宋代王存等编著《元丰九域志》记载了梧州上贡白石英2斤。宋代还开采了防城扶隆乡田心村的叶蜡石，这是含水的铝硅酸盐矿物，外表润滑光润，可以雕塑为工艺品，多制成印章、山水盆景。

Mingzcauz Gyahging nienzgan（1522~1566 nienz）, miz gij geiqsij naeuz dujcouh gung yungzvuengz 40 gaen. Mingzcauz Vanliz nienzgan（1573~1619 nienz）, cienznaeuz Swcwngz Couh（ngoenzneix rangh dieg Sihlinz、Lingzyinz caeuq Lozyez）ok ndaek yungzvuengz hung. Yungzvuengz dwg liuzvasinh（AsS）, dwg gij yw gajnon yauqgoj ndei, lij ndaej gyahaeuj yw bae guh ywfuk. Mingzcauz Lij Sizcinh gaenq sij yungzvuengz haeuj ndaw bonj sawgeq ywfuk bae, ciengzsaeq geiqsij le yungzvuengz gij cozyung ywbingh. Ndigah gij yungzvuengz Lingjnanz ndaej dangguh gaiqgung gyauhwnj. Danghnaeuz cuengq yungzvuengz haeuj ndaw aenboemh bae gya'ndat, ndaej miz sanhyangjva'wsinh, dwg cungj doeg haenq saenqsig. Hix ndaej guh yw gaj nonhaih.

明朝嘉靖年间（1522~1566年），有土州贡雄黄40斤的记载。明朝万历年间（1573~1619年），传闻泗城州（今西林、凌云和乐业一带）产大块雄黄。雄黄是硫化砷（AsS），是良好的杀虫剂，还可入作中药。明朝李时珍已将雄黄列入本草之内，详细记述了雄黄之医疗作用。故岭南雄黄作为贡品上缴。若将雄黄置瓮中加热，可得三氧化二砷，是为剧毒之砒霜。也可作药杀灭害虫。

Liuz dwg gij gvang'vuz mbouj dwg gimsug, swyenzgai raen noix, dingzlai guhbaenz cungj gvangqdietliuz. Doenghgij gvang'vuz neix deng rumzheiq gvaqlaeng, liuzvuengz couh faenliz okdaeuj, nem youq baihrog gvang'vuz. Mingzcauz seiz, gaenq roxdaengz liuzvuengz dwg gij yienzliuh youqgaenj cauh bauqdanq. Cinghcauz Yunghcwng 10 bi（1732 nienz）,《Cin'anh Fuj Geiq》（ngoenzneix Dwzbauj）geiqnaeuz bi'byai Mingzcauz, Bouxcuengh dangdieg haivat gvangqdietliuz lienh liuzvuengz. Dwksoiq gvangqdietliuz, cawz gaiq rincab de bae, cuengq haeuj ndaw aenboemh bae gya'ndat, bak gwnz de yungh diuz guenjmeng ndeu yinx daengz ndaw aenboemh wnq bae, heiqfwi liuzvuengz bienq caep gvaqlaeng, youq ndaw aenboemh wnq gietsig. Cin'anh Fuj soj ok gij liuzvuengz de, cawzliux muenxcuk bonj sengj bingdoih aeuyungh, lij ndaej gaeuqcaeq Yinznanz、Huznanz、Guengjdoeng gak sengj. Doeklaeng youh fatyienh Lozcwngz vat meiz lienh yienzsinh seiz, ndaw caengz meiz miz naed dietliuz hung iq mbouj doengz, hix ndaej lienh baenz liuzvuengz. Aenvih vat luengq aeu gvangq yungh daengz le ywbauq, aeuyungh ywbauq haemq lai, hangz cinglienh gvangqliuz couh habseiz youq mwh neix miz ok.

　　硫是非金属矿物，自然界少见，大多数形成硫铁矿。这些矿物风化后，硫黄还原析出，粘在矿物表面。明朝时，已知硫黄是制炮弹的重要原料。清雍正十年（1732年），《镇安府志》（今德保）记述明朝末年，当地的壮民曾开采硫铁矿炼硫黄。将其击碎，剔去杂物石块，放入陶瓷内加热，上口用一陶管引至另一瓷内，硫黄蒸汽冷却后，在另一瓷内壁结晶。镇安府所产之硫黄，除满足本省军队所需，尚接济滇、湘、粤各省。后又发现罗城采煤炼铅锌时，煤层内有大小不一的硫铁结核，也可炼制成硫黄。由于采矿掘凿巷道使用了炸药，炸药需量较大，采硫精炼业应运而生。

Roek. Aen Seizgeiz Minzgoz

六、民国时期

　　Conienz Minzgoz, ginhfaz doxhoenx, beksingq gwndaenj hojnanz, haivat gij gvang'vuz mbouj dwg gimsug de mbouj miz fazcanj geijlai. Daengz Minzgoz 17 bi（1928 nienz）, Guengjsae laebbaenz le gvangcanj dancwzdonz, youq damqra gimsug gvangcangz doengzseiz, hix bae diucaz gij swhyenz mbouj dwg gimsug lumj rincungcinghsiz daengj. Aenvih seizde gunghyez giekdaej buegnyieg lai, gunghcangj gawq noix youh iq, lij ndaej guhbaenz gunghyez dijhi, gij gvangcanj swhyenz mbouj dwg gimsug aeuyungh boiqdauq haifat haenx caengz ndaej liedhaeuj gij saehcingz aeu bae banhleix haenx.

　　民国初年，军阀混战，民不聊生，人民生计困难，非金属矿产品的开采没有大的发展。至民国十七年（1928年），广西成立了矿产探测团，在进行金属矿床勘察的同时，也对重晶石等非金属资源进行调查。由于当时工业基础甚为薄弱，工厂既少又小，还没形成工业体系，需要配套开发的非金属矿产资源未能列入议事日程。

　　Minzgoz geizgan, hangz gang'vax cijmiz Ginhcouh nizhinghdauz ndaej miz fazcanj moq（huzcaz Ginhcouh lumj makdauz Minzgoz seizgeiz raen doz 9-3-10）, haivat namhnaez fanveiz ndaej daengz gyadaih. Ngamq fatyienh dieg gvangq namhnaez Ginhcouh Si Damajanh caeuq dieg gvangq gij namhgyuek boiq namhnaez Hozbuj Yen Cizgyangh, daegbied dwg gij gvangcangz namhnaez Ginhcouh, miz gaiqcab noix, ndaej gaijcauh ngaih, caetliengh saeqnaeh, naih soemj naih ndaengq, coemhcauh ndaej gij doxgaiq de maenhndongj naih yungh, saekrongh ndei.

Doz 9-3-10　Guengjsae Ginhcouh aen huzcaz gang'vax lumj makdauz youq Minzgoz seizgeiz ceiqcauh haenx（Cangh Leij ingj）

图9-3-10　民国时期广西钦州坭兴陶桃式茶壶（张磊 摄）

Lizdangz、Binhyangz、Luzhih、Gveibingz、Gunghcwngz、Yunghningz（Ngeihdangz caeuq Samdangz）daengj dieg cungj raen miz namhgang'vax moq. Doenghgij caizliuh neix dingzlai dwg yungh youq ceiqcauh gij doxgaiq ngoenznaengz yungh.

民国期间的陶瓷业只有钦州坭兴陶有新的发展（民国时期钦州坭兴陶桃式茶壶见图9-3-10），陶土的开采范围扩大。新发现钦州市大马鞍陶土矿点和合浦县赤江陶土配料黏土矿点，特别是钦州陶土矿床，杂质少，可塑性好，质地细腻，耐酸耐碱，烧制的器物坚固耐用，光泽度好。黎塘、宾阳、芦圩、桂平、恭城、邕宁（二塘和三塘）等地都发现新的陶瓷土。这些材料多用于制作生活用品。

Minzgoz geizgan cawzliux laebdaeb haivat gij naedgvangq liuzvadez ndaw caengz meizdoengj danq rinlaj nem rindaejgoek rangh dieg Lozcwngz、Cenzcouh caeuq gij gvangqdietliuz Ndoivangznizboh Dwzbauj Yen，youh fatyienh gij gvangqdietliuz Gveigangj Roek Lingz、Hingh'anh、Hwngz Yen caeuq Libuj.

民国期间除罗城、全州一带下石炭统煤层及基底岩石内的硫化铁结核和德保县黄泥坡的硫铁矿继续开采外，新发现港北、兴安、横县和荔浦的硫铁矿。

Gij gisuz haifat caeuq dajlienh gvangqliuz de cungj dwg fapdoj，mbouj miz gijmaz daezsang. Bi ok liuz ceiqlai de daih'iek 56 dunh.

开采及炼硫业技术都是土法，没有什么提高。最高年产硫约56吨。

Minzgoz geizgan，haifat gij gaiqgvangq mbouj dwg gimsug de ceiqlai dwg rincungcinghsiz，gij vayoz cwngzfwn de dwg liuzsonhbei. Bi ok ceiqlai de dwg 305 dunh. Dieg cujyau de dwg Siengcouh，daegbied dwg gij Ndoiswngmujlingj ok de dwg ceiqndei. Youq Fuzsuih、Yungjfuz caeuq Sanhgyangh daengj dieg hix raen miz. Gyoengq nungzminz dangdieg riengz gyaeuj loh'ok caengzgvangq de yungh fwngz bae vat，yienzhaeuh vunzgoeng genjaeu. Aen beijcungq rincungcinghsiz hung（4.3～4.5），cujyau yungh youq atcingj damqra sizyouz. Ndaw guek aeuyungh noix，dingzlai dwg gai ok rog guek.

民国期间，非金属矿产品开采量最多的是重晶石，其化学成分是硫酸钡。最高年产量为305吨。主要产地是象州，尤以圣母岭所产为佳。在扶绥、永福和三江等地也有发现。当地农民沿矿层露头用手工挖采，人工拣选。重晶石的比重大（4.3～4.5），主要用于石油勘探压井。国内需求量少，多销国外。

Gij rinngaeuz Lungzswngh laebdaeb ndaej haivat，bi ok ceiqlai de dwg 222 dunh. Linghvaih youq Luzconh、Sanglinz、Bwzliuz caeuq Cingsih hix raen miz，cwk miz lai，hoeng caetliengh mbouj lumj gij gvangq Lungzswng ndei. Gaij yungh youq dangdien caq aeu，yienzhaeuh vunzgoeng genjaeu，gij rinngaeuz Guengjsae cujyau dwg yungh youq biuqbeg faiqgeu.

龙胜滑石矿继续开采，最高年产量为222吨。此外在陆川、上林、北流和靖西也有发现，储量大，但不及龙胜矿石质量好。开采方式改用露天爆破法开采，手工拣选，广西滑石主要是用于纺纱漂浆。

Minzgoz geizgan，youq daengx Guengjsae bujcaz le liuz、sinh、siggau、namhgang'vax，yungh gij lijlun deihcaet yozsoz bae ra gvangq caemhcaiq guh bingzgyaq，gij cwngzgoj de gaxgonq caengz ndaej gvaq，vih ngoenzlaeng dieg Bouxcuengh guh ginghci gensez、swhyenz haifat daezhawj le fueng'yiengq.

民国期间，在整个广西普查了硫、砷、石膏、陶瓷土，用近代地质学理论进行找矿并对资源评价，所取得的成果是空前的，为日后壮族地区的经济建设、资源开发提供了方向。

Linghvaih，ndaw dieg Bouxcuengh faenbouh miz rindansonhyenz gvangq，Bouxcuengh gig caeux couh leihyungh rincaemhhoi guh gij caizliuh hwnq ranz、cauh giuz、dajcauh liuhrin、gaiqrin，caemhcaiq coemh hoi，yungh daeuj guh hoisa caeuq gaijcauh namhnaz caeuq daz ranz、cauh yw'nyumx（romj）daengj.

此外，壮族地区内碳酸盐岩广布，壮族人民很早就利用石灰岩做建材，用于建房、造桥、打制石材、石器，而且还烧制石灰，用之制作三合土和改造稻田土壤以及粉刷房屋、制造染料（兰靛）等。

Daihseiq Ciet　Haifat Caeuq Leihyungh Gvangcanj Nwngzyenz
第四节　能源矿产的开发与利用

Dieghawq mbanj Cuengh cangz miz gvangqcanj nwngzyenz mbouj lai，meizdanq binjcungj mbouj caezcienz，miz gij meiz ndei de noix，haifat meizdanq lizsij beij baihbaek laeng. Youq dieggumh Baksaek lueg Dahyou'gyangh baihsae Guengjsae raen cang miz sizyouz，hoeng caengz hatvat. Minzgoz geizgan，guh deihcaet diucaz fatyienh le gij gvang'vuz cungj youz. Daj cungjdaej daeuj bingzgyaq，mbanj Cuengh haifat leihyungh nwngzyenz gagmiz daegdiemj.

壮乡陆地蕴藏的能源矿产不多，煤炭的品种不全，缺少优质烟煤，煤炭的开采历史迟于北方。在桂西右江河谷的百色盆地发现有石油蕴藏，但未进行开采。民国期间，进行地质调查发现了铀类矿物。从总体评价，壮乡的能源开发利用独具特点。

It. Haifat Leihyungh Meizdanq
一、煤炭的开发利用

（It）Aen Seizgeiz Sungcauz Yenzcauz
（一）宋元时期

Cungguek dwg gwnz seiqgyaiq aen guekgya ceiqcaeux yungh meiz ndeu，Hancauz daengz Sungcauz seizgeiz heuh meiz guh danqrin. Yenzcauz Cicwng 2 bi（1342 nienz），haivat gij Sihsanh meizdanq gingsingz，dajneix gaij heuh guh meizdanq. Bouxcuengh itcig heuh "煤" guh meiz, heuh "炭" guh danq, ndaw Vahcuengh mbouj miz heuh rindanq gvaq. Dajneix doilwnh mbanj Cuengh vat meiz caeuq yungh meiz lizsij mbouj youq caeux gaxgonq Sungdai. Ciuq Minzgoz 27 bi（1938 nienz）, faenh《Faenh Saw Gvendaengz Baugau Hangzgvangq》 Lozcwngz Yen Swmwnz Gvang'yez Gunghswh sij haenx geiq: "Daj Sungdai doxdaeuj, vunz dangdieg Lozcwngz couh vataeu meizdanq."

中国是世界上用煤最早的国家，汉至宋时期称煤为石炭。元朝至正二年（1342年），开采京城的西山煤炭，自此改称为煤炭。壮族一直称煤为 "Meiz"（新壮文，下同），称木炭为 "danq"，壮语中没有出现过石炭称谓。推论壮乡采煤与用煤历史不早于宋代以前。据民国二十七年（1938年），罗城县寺门矿业公司著《矿业报告书》记载："迄自宋以来，罗城即有土人开采煤炭。"

（Ngeih）Aen Seizgeiz Mingzcauz

（二）明朝时期

Aen seizgeiz Mingzcauz, mbanj Cuengh caeuq cunghhyenz gyaulouz vwnzva miz fazcanj moq. Lienhcouq gij gimsug mizsaek aeuyungh daihliengh doxgaiq coemh, vat meiz ndaej boujcung meizdanq miz mbouj gaeuq. Vanliz 25 bi（1597 nienz）, Suh Cin biensij《Guengjsae Doenggeiq》geiqsij: Gij vunz dangdieg song aen yen Swh'wnh（ngoenzneix Vanzgyangh）、 Liboh "comzgyoengq mbongq namh" vat meiz. Gangjmingz seizneix gaenq mbouj dwg gak gya gak hoh vat meiz gagyungh, cix dwg haujlai vunz itheij vat meiz swnghcanj, miz itdingh gveihmoz.

明王朝时期，壮乡与中原文化的交流有新的发展。有色金属的冶铸需要大量燃料，挖煤可以补充柴炭之不足。万历二十五年（1597年），苏浚编纂《广西通志》记载：思恩（今环江）、荔波二县当地居民 "群聚穿土" 挖煤。说明此时已不是一家一户为自用挖煤，而是多人一起挖煤生产，具有一定规模。

1970 nienz, hwnqguh Vanzgyangh Hungzsanh Meizgvangq Sam Hauh Cingj seiz, youq ciengzdieg bingz dieg cungjbendencan caeuq dieg haivat diuz luengq daihngeih 301 bingzdung, cungj fatyienh miz dieg rizgaeuq aen yiuz vatmeiz ciuhgeq. Youq giz loh ok caengzmeiz de, vat miz luengq, sang daih'iek 1.5 mij, gvangq daih'iek 1 mij, hoeng gaenq deng gij rin baihgwnz caengzmeiz loemq roengzdaeuj dienzrim, gij meiz song mbiengj luengq gaeuq de caengz vataeu, baujcunz ndaej lij ndei, gij haenzcik luengq gaeuq de mingzyienj. Doenghgij luengq iq neix vat laeg mbouj mauhgvaq 5 mij. Ginggvaq cingleix, fatyienh mbouj miz gij faex daemxhen caeuq gizyawz doxgaiq louzce. 1975 nienz, diucaz gij deihcaet aen meizdenz Maulanz Gveicouh Swngj Liboh Yen seiz, youq Gyazyungz Cunh hix fatyienh youq giz loh ok caengzmeiz de miz rizgeq luengqgaeuq, caeuq Hungzsanh soj raen gij de doxdoengz. Fatyienh doenghgij dieggaeuq neix ndaej cingqmingz le gij geiqsij Suh Cin dwg caensaed baengh ndaej. Bonj saw neix youq gienj seiqcib ngeih "geiqcab haj" lanz "doxgaiq" de lij geiq miz: "Gyaiq saebaek Swh'wnh、

Liboh song aen yen neix caeuq Gveicouh Landuj、Lizbingz doxciep, mbouj caeuq baihrog baedauq, laj bya maj miz gosamoeg, dingjbya lak roengzdaeuj goemqdawz mbouj rox miz geijlai cien bi lo. Ndawbiengz cienznaeuz dwg Cuhgoz cwngzsieng raemjhaem. Yiennaeuz mbouj vanzcienz dwg baenzneix, hoeng hix dwg gij doxgaiq aen seizgeiz Hancauz roxnaeuz gaxgonq Cinzcauz. Gyoengqvunz dangdieg moix caj daengz dieg de miz heiqaeuj bongh hwnj, couh comz youq gizde mbongq namh vataeu. Aeundaej gij doxgaiq de dwg saekaeuj, geng lumj gaeuvaiz, douzhaeuj ndaw raemx couh caem."

1970年，建设环江红山煤矿三号井时，在总变电站址平场地和开挖301平峒副巷工地上，都发现有古窑采煤遗迹。在煤层出露处，掘有巷道，高约1.5米，宽约1米，但已被煤层上部岩石塌下填满，旧巷两侧煤体未采，保存尚完好，旧巷的痕迹明显。这些小巷掘深不超过5米。经清理后，发现巷道没有支护材料及其他遗物。1975年，调查贵州省荔波县茂兰煤田地质时，在甲荣村也发现在煤层出露处有旧巷道遗迹，与红山所见略同。这些遗址的发现证明苏浚的记载属实可靠。该书在卷四十二"杂记五"的"物产"栏还记载："思恩、荔波两县西北界与贵州烂土、黎平诸民相接，不通王化，有美杉生山下，山颓覆压不知几千百年矣。民云是诸葛丞相伐而埋之。虽未尽然，要亦两汉先秦时物也。民人每俟其地有紫气上腾，则群聚穿土，辄得之。紫色，坚类牛角，投入水中即沉。"

Doenggvaq vataeu dieggaeuq caeuq doiqciuq lizsij vwnzyen ndaej yawj ok：

通过遗址发掘与历史文献的对照可以看出：

（1）Cojcoeng Bouxcuengh Guengjsae Vanzgyangh caeuq Gveicouh Liboh（Mingzcauz seiz gvi Guengjsae Ging'yenj Fuj）comzgyoengq vatmeiz dwg youq mboujduenh nyinhrox swyenz ndawde, cwkrom le gij gingniemh yungh meiz guh cungj doxgaiq coemh, cugbouh gaemmiz le gij gisuz vatmeiz. Doenghgij cihsiz neix mbouj dwg youq dieg rog cienz haeujdaeuj. Bouxcuengh heuh conghluengq vatmeiz de guh "congh", Vahgun baihbaek heuh guh "luengq", cwngheuh mbouj doengz, hix dwg cungj cingqmingz mingzbeg ndeu.

（1）广西环江与贵州荔波（明朝时属广西庆远府）的壮族先民聚众采煤是在不断认识自然，积累了用煤做燃料经验的条件下，逐步掌握采煤技术的。这些知识不是外地传入的。壮族称挖煤的巷洞为"窿"，北方汉语为"巷道"，称谓不同，也是一明证。

（2）Gyoengq cojcoeng Bouxcuengh daj youq dangdien gipaeu gaiqmeiz daengz vat luengq yiengq baihndaw caengzmeiz vatmeiz, dwg vatmeiz gisuz baez cinbu ndeu. Seizde, mbouj yungh faex daeuj daemxhoh, caenhliengh suk iq gij cikconq najgat conghluengq, neix gangjmingz cojcoeng Bouxcuengh gaenq roxdaengz gij dauhleix doenggvaq cawqleix daejrin atlig bae baujhoh conghluengq, doiq ngoenzlaeng vat luengq meizgvangq gig miz gij eiqngeih cijdauj.

（2）壮族先民们从露天捡拾煤块到掘凿巷道向煤层内部挖煤，是采煤技术的一次进步。当时，不用木材支护，尽量缩小巷洞的断面尺寸，说明壮族先民已懂得处理岩体压力保护巷道的道理，对日后煤矿掘巷很有指导意义。

（3）Doenggvaq cazyawj，cojcoeng Bouxcuengh fatyienh gij meizdanq Vanzgyangh gingciengz raen miz raizfaex caeuq vaenxfaex，buenqduenh dwg gofaex ciuhgeq deng moek laeg youq lajdieg，ginggvaq ndwenngoenz raezlangh cozyung cix ndaej bienq baenz meiz，neix caeuq gij gvanhdenj deihcaet meizdenz yozsoz ngoenzneix doxlumj caez. Doiduenh gij seizgan de dwg Samguek caeuq Cinzcauz Hancauz mbouj cinj. Gvaqlaeng《Denhhaij Yizhwngz Geiq》bouxyozcej Cinghdai Danz Cui sij haenx，caeuqlienz vunz Yinghgoz Laizyih'wj（1791~1875 nienz）gaenhdaih boux daihsae deihcaet yozsoz saefueng，yiennaeuz hix cungj daezok le meizdanq dwg gofaex ciuhgeq deng haem laeg youq laj dieg，ging bienqcaet cix baenz，hoeng gij geiqsij doenghgij cucoz neix beij gij geiqsij Mingzcauz Suh Cin laeng le 200 lai bi.

（3）通过观察，壮族先民发现环江的煤炭常见有树木纹路和年轮，判断是古代的树木被深埋于地下，经过漫长岁月的作用而变质为煤，这与现代煤田地质学的观点完全一致。推断为三国和秦汉的时间不准确。以后清代学者檀萃著《滇海虞衡志》，以及西方近代地质学大师英国人莱伊尔（1791~1875年）虽然也都提出了煤炭是古代的树木被深埋于地下，经变质作用而成，但这些著述比明朝苏浚的记述晚了200多年。

（4）Suh Cin geiqsij naeuz cojcoeng Bouxcuengh rox gij vuzlij singqcaet meizdanq gig cingcuj. Cuengq meiz youq ndaw raemx ndaej caem daengz daej raemx，ndaej gangjmingz aen beijcungq meiz hung gvaq 1.1973 nienz，leihyungh yienhdaih gohyoz yizgi caekdingh aen beijcungq gij meiz Hungzsanh caeuq gij meiz Liboh dwg 1.36. Cojcoeng Bouxcuengh nyinhnaeuz gij meiz Hungzsanh geng lumj gaeuvaiz，gij gengdoh gaeuvaiz siengdang cib gaep gengdoh ndawde daihngeih gaep. 1970 nienz，deihcaet bouhmonz aeu yienghmeiz guh saedniemh，aen gengdoh gij meiz Hungzsanh dwg 1.3~2.0. Neix caeuq gij geiqsij Suh Cin doxdoengz，gangjmingz cojcoeng Bouxcuengh cazyawj gij meiz Hungzsanh ndaej gig saeqnaeh，fanjyingj le cojcoeng Bouxcuengh dieg neix youq vatmeiz caeuq deihcaet fuengmienh gaenq miz nyinhrox laegdaeuq.

（4）苏浚记述壮族先民对煤炭的物理性质很有了解。将煤置于水中能沉于水底，说明煤的比重大于1。1973年，利用现代科学仪器测定红山煤和荔波煤的比重为1.36。壮族先民认为红山煤坚如牛角，牛角的硬度相当十级硬度的第二级。1970年，地质部门取煤样做实验，红山煤的硬度为1.3~2.0。这与苏浚的记述一致，说明壮族先民对红山煤的观察非常细致，反映了这一地区壮族先民在采煤和地质方面有深刻的认识。

（Sam）Aen Seizgeiz Cinghcauz

（三）清朝时期

Cinghcauz conienz，daihlig fazcanj swnghcanj，cuengqsoeng caemhcaiq gujli gak sengj haivat meizgvangq. Genzlungz 12 bi（1747 nienz），baecinj haivat gij gvangqyienzsinh Byaganhdungsanh Guengjsae Swh'wnh Yen（ngoenzneix seiqhenz Vanzgyangh Yen Sangcauz Cin），yinh rin'gvangq daengz Hungzsanh dieg ok meiz haenx bae lienh，hai conghmeiz 4 aen.

Genzlungz 21 bi（1756 nienz）, baecinj haivat gij gvangqyienzsinh Byaluzgyasanh Swh'wnh Yen, yinh rin'gvangq daengz ndoibya doiqmienh Yaginh Cunh bae lienh, hai conghmeiz 3 aen. Hungzsanh bienqbaenz Guengjsae dieg ok meiz youqgaenj ndeu, moix bi ok meiz sam seiq bak dunq. Laeng doengh aen mbanj Yaginh、Hungzsanh、Davwnz、Siujvwnz caeuq Sanggya、Cunghgya daengj cungj miz Bouxcuengh cienmonz bae vatmeiz.

清朝初年，大力发展生产，放松矿禁，鼓励各省开挖煤矿。乾隆十二年（1747年），批准开采广西思恩县干峒山铅锌矿（今环江上朝镇附近），将矿石运往红山产煤处冶炼，开煤窿4个。乾隆二十一年（1756年），批准开采思恩县卢架山铅锌矿，将矿石运到下金村对面山坡冶炼，开煤窿3个。红山成为广西一处重要的煤产地，年产煤三四百吨。下金、红山、大文、小文、上架、中架等村庄的壮族人都有挖煤为业者。

1970 nienz, haifat Hungzsanh meizgvangq, vatsiuq aen congh suijbingz dajyinh 600 mij seiz, vatdoeng le 3 diuz luengqgaeuq Cinghdai, cingleix gvaqlaeng fatyienh：① Luengqgaeuq dwg riengz caengzmeiz bae vat, sang 1.8 mij, gvangq 1.8 mij, lumj raezseiqfeung. Lumjnaeuz miz faex daemxhoh hoeng gaenq nduknaeuh, gangjmingz Cinghdai gij vatmeiz gisuz Guengjsae beij doenghbaez gaenq miz daezsang；②youq najciengz aen congh vatmeiz gaeuq Cinghdai vat miz haujlai dieg congh, diencung miz gij rinfeiq dingjgyaeuj lak roengzdaeuj haenx, mbouj yinh daengz bak congh bae raix, gawq gemjnoix le gij rinfeiq aeu yinh okrog bae, lij ndaej vat ok meiz, youh baujciz le lohluengq caezcingj, ndaej gangjnaeuz dwg guh baez ndeu ndaej sam yiengh, neix caeuq gij gisuz vat diuzluengq meizgvangq ngoenzneix doxdoengz caez；③gwnz daejbanj luengqgaeuq miz diuz mieng loekci de daih'iek gvangq 10 lizmij, dwg gij riz aen loekci iq loekfaex dog yinh meiz nienj louz roengzdaeuj haenx. Yungh aen daeujci iq yinh meiz beij yungh mbaq rap caeuq yungh baihlaeng aemq, ndaej daezsang dajyinh soqliengh, gyangqdaemq cingzbonj, dwg hangh gisuz cinbu ndeu.

1970年，开发红山煤矿，掘凿标高600米水平运输平峒时，挖通了3条清代旧巷，经清理后发现：①旧巷沿着煤层挖掘，高1.8米，宽1.8米，近似矩形。似有坑木支护但已腐朽，说明清代广西采煤技术比过去已有提高；②清代旧窿的煤壁有多处挖洞，充填着冒顶塌方的废石，不运到窿口外边倾倒，既减少了外运废石，还出了煤，又保持了巷道的完整，可谓一举三得，这与今日的宽巷掘进技术完全相同；③旧巷底板上有宽约10厘米的沟辙，是小木轮的独轮运煤车留下的辙迹。小斗车运煤比肩挑背驮，提高运量，降低成本，是一项技术进步。

Cinghcauz Genzlungz nienzgan（1736～1795 nienz）, ndaw gyaiq Guengjsae miz congh meiz haj roek cib dieg, gij vunz vatmeiz de miz gaenh cien vunz, moix bi ok meizdanq seiq haj cien dunq. Mboujlwnh ok miz soqliengh roxnaeuz haivat gisuz cungj ndaej heuhguh dieg Bouxcuengh haifat meizdanq aen seizgeiz ceiq hoengh. Aenvih meizdanq baenzgaiq noix baenzmba lai, goengcangh couh cab sam faenh cih it gij namhhenj gwnz deih haeuj meizmba bae, yungh raemx gyauxhuz, cauhbaenz bingjmeiz, daksauj gvaqlaeng cang haeuj ndaw lozfeiz bae, lienhcauh gij gimsug mizsaek. Neix daezsang le leihyungh meizmba yauqlwd, baujcingq le aen lozfeiz ndaej doengrumz ndei caeuq ndaej miz ndat gaeuqyungh, dwg hangh mbatnaengz gisuz senhcin ndeu. Youq dieggaeuq lienh gvangqyienzsinh Hungzsanh meizgvangq Vanzgyangh dongcwk miz daihliengh nyaqloz, dwg gij doxgaiq coemh meizbingj lw gietbaenz. Ndawde mbouj lw miz naedmeiz, raen ndaej coemhmeiz yauqlwd lij dwg gig sang.

清乾隆年间（1736～1795年），广西境内有煤窿五六十处，从业人员近千人，年产煤炭四五千吨。无论产量还是开采技术都可称为壮族地区煤炭开发的鼎盛时期。由于煤炭块少粉末多，工匠将粉煤掺入三分之一的地表黄土，用水拌和，制成煤饼，晒干后装入炉内，炼制有色金属。它提高了粉煤的利用率，保证了炼炉良好的通风和所需的炉温，是一项先进的节能技术。在环江红山煤矿旧炼铅锌遗址处堆存着大量燃后炉渣，是黏土烧结物。其内没有残余煤粒，可见燃烧效率还是很高的。

Genzlungz 60 bi（1795 nienz），gvangqyienzsinh aenvih laj cingj dingjgyaeuj loemq roengzdaeuj dubdawz gvanggungh dai cix deng dingz vat. Mbouj miz rin'gvangq daeuj lienh, Hungzsanh meizgvangq riengz daeuj deng dingzbanh caemhcaiq dajneix deng mued. Cij lw miz Lozcwngz meizgvangq ndaej lienzdaemh daengz Cinghcauz Dau'gvangh 10 bi（1830 nienz）. Geizgyang Cinghcauz bauqfat le Ginhdenz Gijyi, Cinghcauz cwngfuj roengzlingh gvenhaep gij meizgvangq henzgyawj Gveigangj Si, gij meizgvangq Guengjsae Guengjdoeng deng gemjcanj doiqdauq.

乾隆六十年（1795年），铅锌矿因井下冒顶砸死矿工而被停采。没有矿石冶炼，红山煤矿随之停办并就此湮没。只剩下罗城煤矿延续到清道光十年（1830年）。清朝中期爆发了金田起义，清政府下令关闭贵港市附近的煤矿，两广煤矿减产倒退。

Daihngeih baez Yahben Cancwngh gvaqlaeng（1860 nienz），gak aen guekak ciemqhaeuj ginghci daeuj, bik hai diegseng'eiq, cienz haeuj gij senhcin gohyoz gisuz cihsiz saefueng. Seizde ciuq guh gij saeh guekrog（Yangzvu Yindung）, ciuq hag gij swnghcanj gisuz saefueng, haibanh gij gunghcangj、bya'gvangq swhgeij minzcuz, ak guekgya fouq lwgminz. Cinghcauz Gvanghsi 32 bi（1907 nienz）, Guengjsae sinzfuj Cangh Mingzgiz sij sawcingz hawj cauzdingz naeuz:

"Guengjsae reihnaz ndongjmbang lwgminz gungzhoj, gij saeh gaenj bae guh de, soujsien dwg hwng guh minzcuz gunghyez. Hangz ceiq ndaej canhcienz caemhcaiq yungzheih hwng hwnj de mboujyawx hai'gvangq." Youh naeuz "Rangh dieg Sihvanh Guengjsae Fu（conh）Ho（couh）song aen yen neix gapgyaiq haenx, miz megbya meizgvangq doengrat hoenghhwd, cingjgouz buedcienz 50 fanh liengx daeuj haibanh, doenggvaq yienghneix daeuj dizcang". Ginggvaq cauzdingz baecinj, Cinghcauz Gvanghsi 34 bi（1908 nienz）, nyaemhmingh Cangh Ginhswngh guh cungjgvangswh, guhdaeuz damqrau、dajveh caeuq hwnqguh Sihvanh meizgvangq. Cangh Ginhswngh riengz lauxsae hagsib gij gohyoz cihsiz saefueng gvaq, rox gij hai'gvangq gisuz caeuq banhgvangq cwngzsi moq saefueng, haivat ndoi hung laeb cingj, cawxaeu gij gvangsanh gihgai Dwzgoz ceiqcauh haenx. Ginggvaq song bi lai gensez, Cinghcauz Senhdungj 2 bi（1910 nienz）, hainduj ok meiz. Doeklaeng youh daj bak cingj daengz henz Dahsihvanh bu diuz dietloh mbaeu raez miz 1000 mij ndeu, gvangqcingj bingzyaenz moix ngoenz ok meizdanq 180 dunq. Sihvanh meizgvangq dwg Guengjsae daih'it aen meizgvangq yienghmoq miz damqrau deihcaet、 miz dajveh hwnqguh haenx. Hwnqguh Sihvanh meizgvangq ndaej baenzgoeng, vih dangdieg beizyangj le buek vunz rox caekveh deihcaet ndeu, guh gij hong gvangqcingj swnghcanj gisuz; dawz doengh bouxcoz Bouxcuengh daih'it buek ciuaeu de beizyin baenz cangh ndaej hai senhcin sezbei haenx, meizgvangq gohgi suijbingz ndaej daezsang gig daih.

第二次鸦片战争后（1860年）, 列强进行经济侵略, 强开商埠, 传进了西方先进的科学技术知识。当时开展洋务活动, 仿效西方生产技术, 开办民族自己的工厂、矿山, 强国富民。清光绪三十二年（1907年）, 广西巡抚张鸣岐上奏朝廷: "广西地瘠民贫, 善后要政, 首在民兴。利而兴之最丰者莫如开矿。" 又言 "广西富（川）贺（州）两县交界西湾一带, 煤矿苗脉畅旺, 拨款50万两开办, 以资提倡"。经朝廷批准, 清光绪三十四年（1908年）, 任命张金生为总矿师, 主持西湾煤矿勘测、设计及施工。张金生曾在新学受业, 知晓西方新的开矿技术和办矿程序, 开挖大岭立井, 购买德国制造的矿山机械。经过两年多的建设, 清宣统二年（1910年）, 开始出煤。后又铺设由井口到西湾河畔1000米长的运煤轻便铁道, 矿井平均日产180吨煤炭。西湾煤矿成为广西第一座有地质勘测、有矿山设计兴建的新式煤矿。西湾煤矿的建设是成功的, 培养了一批当地的地质测绘业务人员, 从事矿井生产技术工作; 将招募的第一批壮族青年培训成能操作先进设备的司机, 煤矿的科技水平有很大提高。

（Seiq）Aen Seizgeiz Minzgoz

（四）民国时期

Saenhaih Gwzming gvaqlaeng, Guengjsae ngamq hwnq le dendwnghcangj、gihgaicangj, vihneix dem yungh meizdanq di. Seizde Sihvanh meizgvangq ok gij meiz de, cujyau lij dwg yungh youq lienhsik. Lozcwngz、Denzyangz、Baksaek、Yunghningz、Hozsanh daengj dieg beksingq gag haivat congh cingj iq de dwg doenggvaq fapdoj daeuj vat meiz. Minzgoz 17 bi （1928 nienz）Guengjsae Gvang'vuz Sicazdonz Cuh Gozdenj、Liuz Dingzyangz caeuq Niuj Cauvwnz（Bouxcuengh）daengj doengh boux guh hong deihcaet de diucaz le Hozsanh meizdenz deihcaet cingzgvang, daezok le faenh baugau 《Gij Deihcaet Guengjsae Genhgyangh Hozsanh Meizdenz》, doekdingh le ok meiz deihcaengz、meizdenz fanveiz、meizcaengz ok meiz cingzgvang caeuq cwk miz soqliengh, vih haifat Hozsanh meizdenz daezhawj le faenh deihcaet swhliu haemq caezcingj ndeu. Minzgoz 21 bi（1932 nienz）, Hozsanh hai gvangq vat meiz. Minzgoz 22 bi（1933 nienz）, laebbaenz Hozsanh Meizgvangq Gujfwn Youjhan Gunghswh. Minzgoz 25 bi（1936 nienz）, Hozsanh meizgvangq gaijcuj gaijbaenz guenfueng caeuq canghseng'eiq gapbanh gvaqlaeng, nyaemhmingh vunz Cingsih Cwngh Gizsinh（Bouxcuengh）guh dungjswcangj giem cungjginghlij, doeklaeng cien nyaemh dungjswcangj, laebhwnj dungjswvei、genhswvei cujciz. Binqyungh canghlauxhangz miz gisuz vatgvangq haenx dang ginghlij, giyez saedhengz cungj cidu cungjgvanljicu caeuq dieggvangq song gaep guenjleix, cungjgvanljicu gaep dog haedsuenq. Youq cungjgvanljicu laeb miz cungjgunghcwngzswh, saedhengz cungjgunghcwngzswh gisuz cwzyinci. Youz cungjgunghcwngzswh nyaemhmingh conhyez gunghcwngzswh faenguenj vat meiz、gihgai、dojmoeg conhyez gisuz. Dwng Bwzveih、Cinz Yici、Ningz Swhcuz、Vuj Ging'veih 、Lij Swnghan caeuq Veiz Lizwnh (Bouxcuengh) daengj cungj youq gwnz gij gisuz ganghvei Hozsanh meizgvangq fazveih le gisuz bonjsaeh ak. Hozsanh meizgvangq dungjsw Vangz Cunghyuz (vunz Laizbinh, Bouxcuengh) daihlig doicaenh gij swnghcanj gisuz moq, Minzgoz 25 bi (1936 nienz), hwnq moq Dalungzgvang, bu diuz dietloh gveijdau gab yinh meiz. Dajneix, Hozsanh meizgvangq baenz mbanj Cuengh aen meizgvangq yienghmoq dem. Minzgoz 26 bi (1937 nienz), bauqfat Gang'yiz Cancwngh, haujlai gunghcangj baihbaek vihliux ndoj doxhoenx cix senj daengz Guengjsae, daiqdoengh le Guengjsae gunghsanghyez fazcanj, demgya yungh meiz, coicaenh le Guengjsae meizdanq swnghcanj gisuz cinbu. Swngj cwngfuj caenh'itbouh guhndei gij swnghcanj sezsih Sihvanh caeuq Hozsanh song aen meizgvangq goetganq neix, demgya sezbei, boiqdauq hwnq gij sezsih gungdienh、gungraemx caeuq yinh okrog. Minzgoz 32 bi (1943 nienz), mbanj Cuengh Guengjsae ok meiz 128993 dunq, ndawde Hozsanh meizgvangq ok meiz 94220 dunq, ciemq 73.04%, dwg aen geiqloeg ceiqsang mbanj Cuengh miz lizsij ok meiz.

辛亥革命后，广西新建了电灯厂、机器厂，对煤炭的需求有所增加。当时的西湾煤矿产的煤，主要还是用于炼锡。罗城、田阳、百色、邕宁、合山等地民窿小井土法采煤。民国十七年（1928年）广西矿务视察团的朱国典、刘廷扬和钮兆文（壮族）等地质工作者调查了合山煤田地质情况，提出了《广西迁江合山煤田地质》报告，确定了煤系地层、煤田范围、煤层产状和储量，为合山煤田的开发提供了比较完整的地质资料。民国二十一年（1932年），合山开矿挖煤。民国二十二年（1933年），成立合山煤矿股份有限公司。民国二十五年（1936年），合山煤矿改组改为官商合办后，任命靖西人曾其新（壮族）为董事长兼总经理，后任专职董事长，建立董事会、监事会组织。聘任采矿技术专家为经理，企业实行总管理处与矿场两级管理，总管理处一级核算制度。在总管理处设总工程师，实行总工程师技术责任制。由总工程师任命专业工程师分管采煤、机械、土木专业技术。邓伯辉、陈玉制、宁师竹、伍庆辉、李盛汉和韦立恩（壮族）等都在合山煤矿的技术岗位上发挥了技术业务专长。合山煤矿董事黄宗儒（来宾人，壮族）大力推进新的技术生产，民国二十五年（1936年），新建大隆矿，铺设窄轨运煤铁路。自此，合山煤矿成为壮乡又一个新式煤矿。民国二十六年（1937年），抗日战争爆发，许多北方的工厂为避战火南迁到广西，带动了广西工商业发展，需煤增加，促进了广西煤炭生产技术的进步。省政府进一步完善了西湾和合山两座骨干煤矿的生产设施，增添设备，配套供电、供水和外部运输设施。民国三十二年（1943年），广西壮乡产煤128993吨，其中合山矿产煤94220吨，占73.04%，为壮乡产煤史的最高记录。

Ngeih. Sizyouz
二、石油

Minzgoz 23 bi （1934 nienz）, gyoengq nungzminz Bouxcuengh youq baihdoeng dieggumh Baksaek Denzdungh Yen Linzfungz Yangh Yenzvaiz Cunh lajdaej diuz mieng baizraemx sengcingz de fatyienh miz gij rinsa hamz youz. Caemh bi, hwnq diuz goengloh Vujmingz daengz Bingzmaj Cin seiz, gyoengq minzgungh Bouxcuengh youq daej mieng Yenzvaiz Cunh haivat giekdaej doenjgiuz seiz, fatyienh di rinndaem, yungh de daeuj dap rek goenjraemx cawjhaeux, fatyienh gij rinndaem neix ndaej deng feiz coemhdawz, caemhcaiq nyouq daengz heiqyouz. Doenghgij rinndaem neix couh dwg rinsayouz. Song aen fatyienh gwnzneix gangj daengz haenx yinxhwnj le mizgven bouhmonz yawjnaek. Minzgoz 25 bi （1936 nienz）, Guengjsae、Guengjdoeng deihcaet yenzgiusoj Ciz Gimenj、Hoz Cwngzlonz, Minzgoz 27 bi （1938 nienz）Se Gyahyungz、Vangz Ciz、Cangh Vwnzhan daengj lauxhangz faenbied youq Denzyangz Nazmanj caeuq Denzdungh gaujcaz liux, cungj duenhdingh gij rinsayouz neix dwg caengz Yunghningz daihsam hi, goekyouz dwg daj caengz namhgyuek vaqsig baihlaj de miz ok. Minzgoz 26 bi （1937 nienz）Denhnanz Yejlensoj youq Denzdungh guh le aen cangj lienhyouz iq ndeu, cujciz nungzminz Bouxcuengh bae vataeu gij rinsayouz loh youq ndoi baihnamz Nazmanj haenx, cuengq youq ndaw rekdiet hung cawjgoenj, sawj gij sizyouz ndaw rinsa de deng ndat faenliz okdaeuj. Fouz youq gwnz raemx, daek sizyouz okdaeuj, aenvih gyagoeng mbouj ndaej canh geijlai, doeklaeng caengz ndaej laebdaeb bae guh, hoeng doenghgij saenqsik neix mingzbeg naeuz ok le dieggumh Baksaek miz sizyouz, vih ngoenzlaeng damqra gij sizyouz Baksaek caep le giekdaej.

民国二十三年（1934年），壮族农民在百色盆地田东县林逢乡岩怀村东的天然排水沟底发现有含油砂石。同年，修建武鸣到平马镇的公路时，壮族民工在岩怀村沟底开挖桥墩基础时，发现一些黑色岩石，用其架锅烧水煮饭，发现黑岩石能被柴火引燃，并闻到汽油味。这些黑色岩石就是油砂。上述两个发现引起有关部门重视。两广地质研究所徐继勉、何成銮于民国二十五年（1936年），谢家荣、王植、张文汉等专家于民国二十七年（1938年）分别在田阳那满和田东考察后，都断定油砂岩是第三系邕宁层，油源来自其下的化石黏土层。民国二十六年（1937年）滇南冶炼所在田东建一小炼油厂，组织当地壮族农民挖采那满南面山坡出露的油砂岩，放在大铁锅内煮沸，使砂岩内的石油受热析出。浮在水上面，舀出石油，加工获利不大，未能继续进行，但这些信息昭示着百色盆地有石油存在，为日后百色石油勘探奠定了基础。

Camgauj Vwnzyen　参考文献

［1］赵尔巽.清史稿［M］.北京：中华书局，1928（民国十七年）.
［2］丁文江.中国官办矿业史略［M］.1928（民国十七年）.
［3］杭长松.广西矿产资源开发史［M］.南宁：广西人民出版社，1992.
［4］黄旭初.中国革命与广西建设［M］.1939（民国二十八年）.
［5］张廷玉.明史［M］.北京：中华书局，1974.
［6］章鸿钊.古矿录［M］.北京：地质出版社，1954.

［7］莫乃群.广西地方简史［M］.中国人民政治协商会议广西壮族自治区委员会，1978.

［8］杜石然.中国科学技术史稿［M］.北京：科学出版社，1983.

［9］中国人民大学.清代的矿业［M］.北京：中华书局，1983.

［10］黄体荣.广西历史地理［M］.南宁：广西民族出版社，1985.

［11］吴晓煜.中国古代煤炭开发史［M］.北京：煤炭工业出版社，1986.

［12］蓝日勇.广西战国铁器初探［J］.广西文物，1986（4）.

［13］孙淑云，刘云彩，唐尚恒.广西北流县铜石岭冶铜遗址的调查研究［J］.自然科学史研究，1986，5（3）.

［14］黄现璠，黄增庆，张一民.壮族通史［M］.南宁：广西民族出版社，1988.

［15］蒋廷瑜.铜鼓艺术研究［M］.南宁：广西人民出版社，1988.

［16］谢启昆，胡虔.广西通志［M］.南宁：广西人民出版社，1988.

［17］韦仁义，郑超雄，周继勇.广西武鸣马头元龙坡墓葬发掘简报［J］.文物，1988（12）.

［18］谭其骧.简明中国历史地图集［M］.北京：中国地图出版社，1989.

［19］广西煤炭厅修志办公室.广西煤炭工业大事记［M］.南宁：广西人民出版社，1990.

［20］马进尧.中国近代煤矿史［M］.北京：煤炭工业出版社，1990.

［21］广西壮族自治区地方志编纂委员会.广西通志·煤炭工业志［M］.南宁：广西人民出版社，1997.

［22］郑超雄.广西工艺文化［M］.南宁：广西人民出版社，1996.

［23］广西壮族自治区地方志编纂委员会.广西通志·科学技术志［M］.南宁：广西人民出版社，1997.

Daihcib Cieng   Dinfwngz Coj Cienz

第十章　传统工艺

Daih'iek 1 fanh bi gaxgonq, gij Yezyinz Lingjnanz youq Gvangjsih Gveilinz Cwngbiznganz gvaq saedceij de couh fatmingz le gij dauzgi guek raeuz ceiqcaeux haenx, baenz gij vunzloih ciuhgeq ceiqcaeux hagrox dajcauh dauzgi ndawde aen ndeu. Cangoz seizgeiz dieg Bouxcuengh gij youdauz de dwg cungj yenzsij cinghswz ndeu. Gij cinghswz Bouxcuengh, daj Handai haidaeuz rox cauh youq Sungdai hwng, ginggvaq ligdaih mboujduenh fazcanj bienqvaq, youq ndaw swzgi hangznieb Cungguek ciemq miz diegvih youqgaenj. Daegbied dwg daengz Cinghdai, gij Nizhinghdauz Ginhcouh, lumj aen ginhdui sawqmwh saenhwnj neix, aeundaej gozci daihciengj, dwg cauxdauznieb guek raeuz duj va daegbied ndeu. Dangzoij Bouxcuengh, goek gyae rag raez, doiq Cungguek dangzyez fazcanj, miz gvaq gung'yen hung. Linghvaih, mbanj Bouxcuengh gij ceijsa、laeuj、gijgwn gyagoeng、gij doenghyiengh gvaq saedceij yungh haenx daengj haujlai fuengmienh, hix cungj miz gij fatmingz dajcauh caeuq gung'yen swhgeij, caemhcaiq gig miz minzcuz daegsaek.

大约1万年以前，生活在广西桂林甑皮岩的岭南越人就创造发明了我国最早的陶器，成为最早学会制造陶器的古人类之一。而战国时期壮族地区的釉陶是原始青瓷的一种。壮人的青瓷，源于汉代而繁荣于宋代，绵延发展变化于历代，在中国瓷业中占有重要的席位。尤其到了清代，钦州的泥兴陶，异军突起，获国际大奖，是我国制陶业的一朵奇葩。壮家蔗糖，源远流长，对中国糖业的发展，有过卓著的贡献。此外，壮乡的纱纸、酒、食品加工、生活用品等诸多方面，也都有自己的发明创造和贡献，且很具民族特色。

Daih'it Ciet　Gij Gisuz Dajcauh Dauzswz
第一节　陶瓷制造技术

It. Sijcenz Seizgeiz Gij Dajcauh Dauzgi Gisuz
一、史前时期的制陶技术

Gij dauzswz Cungguek dangqnaj fatyienh ceiqcaeux dwg Gvangjsih Gveilinz Cwngbiznganz dauzgi. Daj daengx aen seiqgyaiq daeuj yawj, cojcoeng Bouxcuengh wngdang dwg gij vunzloih ciuhgeq ceiqcaeux hagrox dajcauh dauzgi.

中国目前发现最早的陶器是在广西桂林甑皮岩发现的。从整个世界范围看，壮族先民应该是最早学会制造陶器的古人类。

Cunghgoz Gohyozyen gaujguj yenzgiusoj dan 14 sizyensiz caeuq Bwzgingh Dayoz Gaujgujhi dan 14 cwzsi sizyensiz, 1987 nienz gvaq le gonqlaeng song baez bae daengz Cwngbiznganz vwnzva yizcij ra biubonj cwzsi faensik, cunghab faensik le 13 aen cwzsi sugi le nyinhnaeuz：

"Cwngbiznganz yizcij aeu daihngeih caengz gaivabanj guh gyaiq, baen baenz caeux laeng song aen seizgeiz, geizlaeng nienzdaih liz seizneix daih'iek 7500 bi, geizcaeux nienzdaih liz seizneix miz 9000 bi doxhwnj." 2001 nienz vat giz yizcij haenx seiz, youq ndaw caengz namh geizcaeux youh fatyienh gij gyapsoiq gig na de, caenh'itbouh gangjmingz gij nienzdaih de liz seizneix daih'iek 1 fanh bi. Doeklaeng, youq Gveilinz Lijgyahdangz Cunhmyau'nganz yizcij hix oknamh gyapsoiq dauzgi, caeuq de caemh haem youq lajnamh de miz gij sizgi、binqgyaeuj ndok vunz baenz daengj. Ginggvaq dan 14 caekdingh nienzdaih, dwg liz seizneix daih'iek 13000 daengz 11000 bi. Geij bi neix, youq Yunghningz Yen Dingjswhsanh yizcij hix fatyienh le gij dauzgi seizcaeux. Dingjswhsanh yizcij itgungh baen seiq geiz vwnzvacwngz, daih'it geiz vwnzvacwngz nienzdaih liz seizneix 1 fanh bi baedauq；daihngeih、daihsam geiz vwnzvacwngz nienzdaih liz seizneix daih'iek 8000 caeuq daih'iek 7000 bi, daihseiq geiz vwnzvacwngz nienzdaih liz seizneix daih'iek 6000 bi. Gij laeh baihgwnz gangj de cukgaeuq gangjmingz, cojcoeng Bouxcuengh youq doenghbaez liz seizneix daih'iek 1 fanh bi gaxgonq, gaenq bujbienq hagrox dajcauh dauzgi lo, gijneix dwg hangh dajcauh fatmingz ak ndeu.

中国科学院考古研究所碳-14实验室会同北京大学考古系碳-14测试实验室，1978年以来先后两次到甑皮岩文化遗址全面采集标本进行测试分析，综合分析了13个测试数据后认为："甑皮岩遗址以第二层钙化板为界，分为早晚两期，晚期年代距今约7500年，早期年代距今在9000年以上。"2001年发掘该遗址时，在早期的地层中又发现了很厚的陶器残片，进一步说明其年代距今约1万年。后来，在桂林李家塘村庙岩遗址也出土有陶器碎片，共存的遗物有打制石器、骨笄等。经碳-14测定年代，为距今约13000年～11000年。近年发掘的邕宁区顶蛳山贝丘遗址也发现有早期陶器。顶蛳山遗址共分四期文化层，第一期文化层的年代距今1万年左右；第二、第三期文化层的年代距今约8000年和约7000年，第四期文化层的年代距今约6000年。上述例子足以说明，壮族先民在距今约1万年以前，已普遍学会制造陶器了，这是一项了不起的创造发明。

Daj gwnz 921 gienh gij gyapsoiq dauzgi Cwngbiznganz oknamh de（doz 10-1-1）daeujyawj, dangseiz gij dauzgi binjcungj miz aenguenq、aenrek、aenbat、aenboemh daengj, aenguenq ceiq lai. Youq gyang gyapsoiq fatyienh ndawde miz cungj doxgaiq sam ga ndeu, aen de caeuq aenguenq sam ga 1973 nienz youq Dasinh Yen Gohsounganz yizcij fatyienh de gig doxlumj. Gyonj hwnjdaeuj gangj, 1 fanh bi gaxgonq cojcoeng Bouxcuengh dajcauh dauzgi gij yienghceij caeuq binjcungj de gaenq miz gak cungj mbouj doengz hingzsik.

从甑皮岩出土的921件陶器碎片（图10-1-1）看，当时的陶器品种有罐、釜、钵、瓮等器物，以罐最多。在碎片中发现有一种三足器，与1973年在大新县歌寿岩遗址发现的一件三足罐相类似。总之，1万年前壮族先民所制造的陶器器型和品种已有各种不同的形式。

Doz 10-1-1　Gij canz dauzgi Gvangjsih Gveilinz Cwngbiznganz oknamh
图10-1-1　广西桂林甑皮岩出土的陶器残片

Gij dauzgi Cwngbiznganz yizcij cocat de yienznaeuz dwg cogaep gaihdon, hoeng gij gisuz de gaenq haidaeuz daj gij dauzgi cab sa de yiengq dauzgi namh fazcanj. Gij dauzgi aen yizcij haenx oknamh de giz mbang giz na, gyap ceiq na miz 2.5 lizmij, gyap ceiq mbang miz 0.3 lizmij, itbuen dwg 0.5～0.7 lizmij. Aen dauzgi na mbang mbouj yinz, gangjmingz dajcauh dauzgi gunghyi vanzlij dwg fwngz cauh cix mbouj dwg baenq loek bae guh. Ca mbouj lai cienzbouh dauzgi ndawde cungj cabmiz naed rinsizyingh（"羼"音"忏"，chàn，ceij cab haeuj）, gijneix dwg cojcoeng Bouxcuengh daegdaengq gya haeujbae, moegdik de dwg vihliux hawj dauzgi engqgya gaenj, fuengzre dauzgi ndip youq seiz coemh de dek roxnaeuz bienqhingz, cungj neix heuhguh "gij dauzgi cabsa". Gizneix aeu daegbied ceijok de dwg, Cwngbiznganz yizcij oknamh siujliengh gyapsoiq mbouj cabmiz naedsa de, gaujgujyoz heuh de guh "gij dauzgi namh". Dajneix roxndeq dangseiz cojcoeng Bouxcuengh gij dajcauh dauzgi gisuz de gaenq haidaeuz daj dauzgi cabsa fazcanj yiengq dauzgi namh.

　　甑皮岩遗址粗糙的陶器虽属初级阶段，但其技术已开始从夹砂陶向泥质陶发展。该遗址出土的陶器胎质厚薄不匀，最厚的陶片为2.5厘米，最薄的为0.3厘米，一般为0.5～0.7厘米。陶胎厚薄不均，说明制陶工艺仍是手制工艺而非轮制工艺。几乎所有的陶胎内部都羼（音"忏"，chàn，指搀杂之意）和有石英石颗粒，这是壮族先民有意为之，目的是为了增强陶胎的抗拉强度，防止陶坯在加温烘烤时爆裂或变形，这种叫"夹砂陶"。这里要特别指出的是，甑皮岩遗址出土有少量不羼和砂粒的陶器残片，考古学上称之为"泥质陶"。可知当时壮族先民的制陶技术已开始从夹砂陶向泥质陶发展。

　　Gij dauzgi Yunghningz Dingjswhsanh yizcij oknamh de baugvat gij dauzgi daj geizcaeux daengz geizlaeng haenx, gijneix ndaej dangguh cojcoeng Bouxcuengh dajcauh dauzgi gisuz cinbu gocwngj aen sukingj ndeu. Youq ndaw yizcij daih'it geiz vwnzvacwngz, oknamh dauzgi soqliengh haemq noix, cungjloih genjdanh, gij liuh gyauxcab youq ndaw namhvax de dingz lai dwg naed rinsizyingh, mbouj raen dauzgi namh. Linghvaih, dingzlai givuz baihndaw de raen miz rizfwngz, daengx aen na mbang mbouj yinz, gangjmingz aen seizgeiz neix dauzgi cienzbouh yungh fwngz guh, feiz mbouj rengz geijlai, baihrog de dandan dajcang raizcag; daihngeih geiz vwnzvacwngz oknamh dauzgi soqliengh mingzyenj gyalai, hoeng cungjloih haemq genjdanh, dan raen miz gij guenqdaejluenz bak soh、bak mbe roxnaeuz bak cumh de, dauzgi lij dwg fwngz guh, hoeng gij yiengh de gveihcwz caezcingj, baihrog lai dwg dajcang gij raizlamz haemq laeg, caemhcaiq miz siujliengh raizcag; daihsam geiz vwnzvacwngz beij daihngeih geiz oknamh dauzgi lai di, cungjloih hix gyalai, cienzbouh dwg gij dauzgi cabsa. Feiz haemq rengz, rog de raizcag haemq caezcingj、saeq; daihseiq geiz vwnzvacwngz dauzgi dajcauh gunghyi mingzyenj daezsang, bouhfaenh dauzgi yiengh de gveihcwz caezcingj, baihrog de mingzyenj miz gij rizcik baenq loek ceiqcauh, de gangjmingz baenq loek ceiqcauh gisuz gaenq haidaeuz yinhyungh. Gij dauzgi cabsa yienznaeuz vanzlij ciemq beijlaeh haemq hung, hoeng dingzlai dauzgi gwnz de cab naed rinsizyingh lauxiq yinzrubrub, caemhcaiq okyienh le dauzgi namh, namhvax de sawseuq、saeqnaeh, gig mingzyenj gij namhvax caeuq cungj liuh gyauxcab de cienzbouh sijsaeq leh、raeng gvaq. Baihrog gij raiz dajcang dawz raiz cag saeq guh lai, caemhcaiq okyienh haemq lai gij raiz gaekveh saeq. Cungjloih cawzliux aenguenq hoz raez、aenguenq daejluenz、aenrek daengj, youh miz cenj okdaeuj. 1973 nienz youq Dasinh Yen Gohsounganz sinhsizgi yizcij hix fatyienh aen rek cabsa caezcingj ndeu caeuq aen guenq sam ga ndeu, gyoengqde mbang youh yinz, miz riz baenq loek gig mingzyenj（doz 10-1-2）. Sang 18.6 lizmij, bak gvangq 8.7 lizmij, dungx gvangq 13.2 lizmij, meng mbang.

　　邕宁顶蛳山遗址出土的陶器包括有从早期至晚期的陶器，这可作为壮族先民制陶技术进步过程的一个缩影。遗址第一期文化层中，出土陶器数量较少，器类简单，陶土的羼和料多是石英碎粒，不见泥质陶。另外，大部分器物的内壁可见手指捺窝痕迹，器壁厚薄不匀，说明这个时期的陶器皆为手制，火候不高，器表仅饰粗绳纹；第二期文化层出土的陶器数量明显增多，但器类较简单，仅见直口、敞口或敛口的圜底罐，陶器仍为手制，但器形完整，器表多饰印痕较深的篮纹，而且有了少量绳纹；第三期文化层出土的陶器又较第二期多，器类也增多，均为夹砂细陶。器物火候较高，器表绳纹较规整、纤细；第四期文化层的陶器制作工艺有了明显提高，部分器形规整，器表留有明显轮制痕迹，它说明轮制技术已开始运用。夹砂陶虽仍占较大比例，但大部分陶器所夹的石英砂颗粒大小均匀，并出现了泥质陶，陶土纯净、细腻，显然其陶土和羼和料都是经过仔细遴选、筛洗了的。器表纹饰以细绳纹为主，并出现较多细刻画纹。器类除高领罐、圜底罐、釜外，又新出现了杯品种。1973年在大新县歌寿岩新石器遗址也发现一件完整的夹砂绳纹陶釜（图10-1-2）和三足陶罐，陶胎薄而均匀，有明显的轮制旋纹。通高18.6厘米，口径8.7厘米，腹径13.2厘米，胎薄。

Doz 10-1-2 　Aenrek miz raiz cag cabsa sinhsizgi seizgeiz，youq Gvangjsih Dasinh Yen Gohsounganz oknamh

图10-1-2 　广西大新县歌寿岩出土的新石器时代的夹砂绳纹陶釜

Daj ndaw Dingjswhsanh gij vwnzva yenjben de daeujyawj，mbouj nanz yawjok cojcoeng Bouxcuengh gij dajcauh dauzgi gisuz de，dwg youq ciengzgeiz swnghcanj hozdung ndawde canjseng caemhcaiq cugciemh fazcanj hwnjdaeuj. Daj geizcaeux soqliengh noix daengz geizlaeng soqliengh lai，daj namh de caeuq gij caizliuh gyauxcab seihbienh sawjyungh daengz sijsaeq leh、raeng，daj gij raizcag dajcang youz hung bienqbaenz saeq，cungj gangjmingz dajcauh dauzgi gisuz ndaej daengz cinbu. Fwngznding dajcauh fazcanj daengz baenq loek dajcauh gisuz dwg baez yatbongh ndeu，engq dwg gij gisuz cinbu hai aen seizdaih moq de. Baenq loek dajcauh fuengfap youh baen baenz baenq menh、baenq riuz. Baenq menh bae caux，couh dwg aeu namhvax coq youq gwnz buenzloek menhmenh baenq，yienghneix gawq fuengbienh youq gwnz buenz dajcauh caeuq gya raizsienq，youh ndaej leihyungh de baenq menh bae coih bak de bingz. Baenq riuz bae caux，hix dwg aeu namhvax coq youq gwnz buenzloek，hoeng de baengh gij rengz buenzloek baenq riuz haenx，aeu fwngz bae beng hawj de baenz yiengh. Gij daegdiemj de dwg aen yiengh dauzgi gveihcwz caezcingj，gizgiz na doxlumj，cij mboujgvaq baihndaw de bujbienq miz raiz baenqcienq doengzbingz deihdinz de. Gaujguj swhliu biujmingz，Cangoz gaxgonq Gvangjsih mbanj Bouxcuengh cienzbouh dwg aeu fwngznding roxnaeuz yungh gij fuengfap aen loek baenq menh bae dajcauh dauzgi，gij fuengfap aen loek baenq riuz de daih'iek gvaq Cangoz cij dauqcawq sawjyungh.

从顶狮山遗址的文化衍变中不难看出，壮族先民的陶器制作技术是在长期的生产生活活动中产生并逐步发展起来的。从早期的数量少到晚期的数量增多，从陶土及羼和材料的随意使用到仔细遴选、筛洗，从饰粗绳纹到饰细绳纹，都说明制陶工艺的进步。而手制技术发展到轮制技术是一个飞跃，更是具有划时代意义的技术进步。轮制法又有慢轮、快轮之分。慢轮制坯，即把泥坯放在轮盘上慢慢转动，这既便于在制坯时盘筑和加印纹饰，又可以利用其慢速旋转以修整口沿使之平整。快轮制坯，也是将坯土放在轮盘上，但它借助轮盘快速转动的力量，以手提拉使之成型。其特点是器形规整，器胎厚薄均匀，只是陶壁表里普遍遗有平行密集的轮旋纹。考古资料表明，战国以前广西壮乡都是采用手制或慢轮的方法制作陶器，快轮法约在战国以后才广泛使用。

Vunzloih doeklaeng vihmaz ndaej daj civunzrag、civaiz、cimax daengz giceh、hojceh, daj loekfaex daengz loekgyauh、loekdiet, cienzbouh dwg dajcauh dauzgi cogeiz gij "baengh loek dajcauh" neix gijdiz cix fazcanj hwnjdaeuj. Gaengawq minzcuzyoz caizliuh yienhdaih ndaej rox, sijcenz vunzloih soujgungh dajcauh dauzgi daihgaiq miz sam cungj fuengfap：①Fwngz baenj gunghyi. Lumj gaiq dauzcuj Gvangjsih Ginhcouh Nazliduzliu yizcij oknamh de, gig mingzyenj dwg yungh le gij gunghyi aeu fwngz baenj haenx；②Mozcifaz. Gaengawq seizneix Daizvanh Ganhsanhcuz gij yenzsij dajcauh dauzgi fuengfap de ndaej rox, gyoengqde aeu naed rinluenz haemq hung daeuj guh neimoz, aeu daeuj guh gij dauzgi dungx luenz daej gengx de. Gij rekvax Gvangjsih sijcenz oknamh de, dungx luenz、daej gengx, mboujmiz neimoz dwg mbouj hojnaengz dajcauh ndaej gveihcwz caezcingj baenzde；③Cungj fuengfap aeu diuznamh daeb baenz. Aeu namhvax guhbaenz diuznamh raez gonq, yienzhaeuh hopheux hwnjdaeuj, baenz caengz baenz caengz daeb hwnjbae, caemhcaiq mad bingz rog ndaw, guh baenz yiengh de. Doenghgij fuengfap neix hix caemh dwg gij fuengfap cojcoeng Bouxcuengh sawjyungh haenx.

人类后来之所以能从人力车、牛车、马车到汽车、火车，运输工具的木轮到胶轮、铁轮，都是来自陶器初期"轮制"的启迪而发展起来的。根据现代民族学材料可知，史前人类手制陶器方法大致有三：①捏塑工艺。如广西钦州那丽独料遗址出土的陶祖，显然是采用手捏塑的工艺。②模制法。据现在台湾高山族的原始制陶方法可知，他们用较大的圆形砾石做内模，以制成圆腹环底的陶器。广西史前出土的陶釜，圆腹、环底，没有内模是不可能制造得那样规整的。③泥条筑成法。先将坯泥制成泥条状，然后圈起来，一层一层叠上去，并将里外抹平，制成器形。这些方法也都是壮族先民使用的方法。

Dajcauh gij raiz dajcang yenzsij dauzgi de miz gaemhyaenqfap、bekyaenqfap caeuq gaekyaenqfap. Ndawde, raizcag dajcang cujyau dwg yungh gaemhyaenqfap：De dwg aeu cag bae heux mboengq faex iq, heux baenz buenqgyang hung song gyaeuj saeq, aeu de gaemh youq gwnz aen dauzgi ndip caengz hawq de, yaeng ok baenzbaiz raizcag, hawj de caezcingj, hix heuhguh ringxatfap. Yunghningz Dinghswhsanh yizcij geizcaeux vwnzvacwngz ndawde oknamh gij dauzgi haenx, cungj raizcag dajcang de cienzbouh dwg yungh ringxatfap. Bekyaenqfap gij gaiqdawz bekyaenq dwg aeu cag heux youq gwnz benj, yienzhaeuh aeu de youq gwnz dauzgi ndip baizlied bekyaenq, bek ok gij raizcag caezcingj miz gonqlaeng de. Raizlamz caeuq raizmbinj cujyau yungh cungj fuengfap neix, hoeng gep bekbenj de caeuq gep bekbenj cag heux haenx mboujdoengz, de dwg cigsoh youq gwnz benj roxnaeuz gwnz gaiqbek gaek raizlamz caeuq raizmbinj, gaek baenz dozanq, aeu de cigsoh bekyaenq youq gwnz dauzgi ndip couh baenz. Aen rekvax Gvangjsih Dasinh Yen Gohsounganz oknamh de, laj dungx de couh miz cungj raizmbinj caeuq raizcag neix vang'vet dajcang. Dieg Bouxcuengh mboengqbyai sinhsizgi seizdaih couh okyienh le dwkyouh gisuz. Lumj Gvangjsih Bingznanz Yen Sizgyozsanh yizcij oknamh gyap dauzgi namh ndeu, gwnzde veh miz saekndaem dajcang dozanq, youz diemjluenz、aen luenz gapbaenz. Gij fuengfap dwkyouh de dwg aeu aen dauzgi namh saeqnaeh de cat luemj gonq, yienzhaeuh dwk caengz dauzlaez mong hau ndeu, caj dauzlaez hawq le cij veh saekndaem. Saekndaem aiq dwg moux cungj gvangvuz caeuq iengfaex cauxbaenz. Linghvaih, youq Gvangjsih Swhyenz Yen Yaujginj yizcij、Nazboh Yen Conghganjdoznganz yizcij hix fatyienh le gij dauzgi veh saeknding de. Ganjdoznganz dwg yizcij mboengqbyai sinhsizgi daengz Sanghdai , oknamh dauzgi haemq lai, gij dajcang gisuz dauzgi miz bekyaenq、gaekveh、mbon、dep、hwnjsaek daengj, dajcang neiyungz miz raizcag、raizlamz、gaekvah raizvang、raizraemx、raizutngeux、raizfaenzgawq、raizding、baekyaenq raizutngeux daengj. Saek de veh baenz diuz, gveihcwz caezcingj at youq gyang song diuz baekyaenq raizutngeux, dajcang soujfap gig daegbied、moq. Gij saeknding dajcang song giz yizcij neix okyienh de caeuq gij veh gwnz dat Vahsanh doxbeij, yienzsaek ca mbouj geijlai, aiq dwg raemx moux cungj caggaeu gya lwed doenghduz caeuq gvangvuzciz doxgyaux cauxbaenz, ndigah dep ndaej gig maenh caemhcaiq mbouj yungzheih doiqsaek, ginglig geij cien bi vanzlij ronghsien gyaeundei. Youh youq Gvangjsih baihdoeng、baihbaek、baihsae mbanj Bouxcuengh doengzseiz okyienh, gangjmingz youq mboengqbyai yenzsij sevei, cojcoeng Bouxcuengh gaenq cugciemh hagrox le gak cungj mobujdoengz doenghyiengh vayoz fanjying mbangjdi gvilwd, caemhcaiq aeu de sawjyungh daengz ndaw dajcauh dauzgi gisuz bae.

原始陶器的纹饰制作有压印法、拍印法和刻印法。其中，绳纹的装饰主要是采用压印法：它是在细木棒上用绳子缠绕成中间粗两端细的轴状工具，用它在陶坯未干硬时压印出成排而整齐的绳纹，也叫滚压法。邕宁顶蛳山遗址早期文化层中出土的陶器，所饰的绳纹皆用滚压法。拍印法的拍印工具是在木板上缠绕绳子，然后用它在器坯上排列拍印，以获得整齐有序的绳纹效果。篮纹和席纹主要采用此法，但其拍板与绳纹拍板有别，它是直接在木板或陶拍上阴刻篮纹和席纹图案，用它直接拍印于器坯上即得。广西大新县歌寿岩出土的陶釜下腹部位就有这种席纹和绳纹交错纹饰。壮族地区在新石器时代晚期就出现了施釉技术。如广西平南县石脚山遗址出土的一块泥质灰陶陶片上，绘有圆点、圆圈组合的黑彩纹饰图案。其施釉方法是先将质地细腻的泥质陶器磨光，然后上一层灰白的陶衣，等陶衣晾干后才绘上黑彩。黑彩可能是某种矿物和新鲜树脂制成。此外，在广西资源县晓锦遗址、那坡县感驮岩洞穴遗址也发现了红色彩绘陶。感驮岩是新石器晚期至商代遗址，出土的陶器较多，陶器的装饰技术有拍印、刻画、镂空、堆贴、彩绘等，纹饰内容有绳纹、篮纹、刻画弦纹、水波纹、曲折纹、锯齿纹、乳钉纹、戳印曲折纹等。彩绘画成条形状，规整地压在两道戳印曲折纹之间，装饰手法非常特殊、新颖。这两个遗址出现的红色彩绘与花山岩画色调差不多，可能是某种藤汁加上动物血和矿物质混合而成，因而附着力很强并且不易褪色，历数千年仍然鲜艳夺目。釉在桂东、桂北、桂西壮乡同时出现，说明在原始社会末期，壮族先民已逐渐掌握了各种不同物质化学反应的某些规律，并把它实践于陶器制作技术之中。

Dieg Bouxcuengh sijcenz seizgeiz gij dajcauh dauzgi gisuz caeuq coemhyiuz fuengfap, aenvih gaujguj caizliuh gizhan, seizneix lij mboujmiz banhfap cienzmienh bae gaigoz de, hoeng mbanj Bouxcuengh miz mbangj dieg（lumjbaenz Gvangjsih Cingsih Si Yungzlauz Yangh Nencej Dunz）daengz seizneix vanzlij miz cungj dajcauh dauzgi gisuz caeuq coemhyiuz fuengfap haemq yenzsij ndeu, vunz gizhaenx lij yungh daeuj dajcauh gij dauzgi cabsa. Daj gizneix, ndaej yawjraen roxnaeuz gyaqguj ciuhgeq cojcoeng Bouxcuengh dwg baezlawz bae dajcaux dauzgi、coemh dauzgi de. Gij gocwngz de miz roek yamq, seizneix gaigoz youq lajneix：

壮族地区史前时期的制陶技术及烧窑方法，由于考古材料的局限，现在还无法对其全貌加以概括，但壮乡一些地区（如广西靖西市荣劳乡念者屯）至今仍保存有一种较原始的制陶技术和烧窑方法，以制作夹砂陶器。从这里，可以窥视或推测远古壮族祖先制陶、烧陶情况。其工序计有六道，具体如下：

Aeu namh. Namhvax leh aeu gij namhniu saeqnaeh、gig niu、cabcaet noix de. Namh dangdieg miz nding、henj、ndaem 3 cungj yienzsaek, saek nding、henj ceiq ndei, aeu de coemh baenz dauzgi sing'yaem sep, roq de fatsing lumj gimsug neix；namhndaem yaez di, aeu de coemh baenz dauzgi, sing'yaem mbouj sep, mbouj miz sing gimsug. Aeu namh ceh coq ndaw aengang laux, hawj de unq.

采泥。陶土选取细腻、黏性强、杂质少的黏土。当地泥土有红、黄、黑3种颜色，以红、黄土为佳，烧成的陶器声音清脆，敲击时发金属声；黑土次之，用它烧成的器物，声音沉闷，没有金属声。采回的泥，放入大缸里浸泡，使之软化。

Aeu rin. Henzgyawj Nencej Dunz mbouj miz dah, ndigah mbouj miz sa, gij liuh gyauxcab coq dauzgi de dwg rinfanghgaij, youq byongh bya baihbaek Nencej Dunz 300 mij de miz. Aeu rin seiz aeu feiz coeb hawj ndaekrin ndat gonq, yienzhaeuh aeu dietcuiz roxnaeuz cungj rinndongj wnq bae dub de, ndaej ndaekrin laux lumj gaemxgienz roxnaeuz lwgfwngz, daeh dauq dwksoiq.

采石。念者屯附近没有河流，因而没有细砂石，所制作的夹砂陶器的羼和料是方解石，产于念者屯北边300米的半山腰上。采石时先用火烧热石头表面，趁热用铁锤或其他硬石打击，得拳头或指头大的石块，运回陶坊加工粉碎。

Daem rin. Aen rinfanghgaij coq haeuj ndaw doiq, aeu sak bae daem, yienzhaeuh aeu raeng bae raeng, raeng ndaej naed rin youh saeq youh yinz, couh ndaej cigsoh aeu de gyaux bae namhvax caux dauzgi.

舂石。将方解石放入石臼以木杵捣之，然后用竹筛筛滤，使之呈均匀细小的颗粒状，即可直接羼入陶土里制坯。

Gyaux namh. Gyaux namh dwg youq gwnz gep benjrin ndeu guh. Swiq saw gep benjrin gonq, aeu naed rinfanghgaij vanq coq gwnz benjrin, aeu boengj namhvax goemq gwnz, song fwngz bae caenjat mbouj daengx, hawj naed rinfanghgaij gyaux yinz daengz ndaw namhvax bae. Gij beijlaeh namhvax caeuq rinfanghgaij baengh ginghnen daeuj dingh, itbuen dwg 2 goenggaen namhvax, daih'iek gyaux 0.5 goenggaen rinfanghgaij.

　　抟泥。抟泥是在一块石板上操作。先将石板用清水洗净，把颗粒状的方解石粉撒在石板上，置以泥团，双手不停地抟揉泥团，使方解石均匀地羼入泥团中。陶土和方解石的比例凭经验而定，一般是2千克陶土，约羼入方解石0.5千克。

　　Baenq loek caux aen dauzgi ndip. Youq gwznnamh daengj diuz faex ndeu guh sug, aeu buenzloek dauq gwnz de, aeu din bae dieb roxnaeuz aeu fwngz bae baenq aen buenzloek, baengh gij rengz baenqcienq, beng hawj namhvax baenz dauzgi ndip. Gij gunghyi de daihgaiq dwg：Sien youq gwnz buenzloek vanq caengz daeuh ndeu, moegdik dwg mbouj hawj namhvax caeuq luenzloek doxnem, aeu namhvax gaemh youq gwnz daeuh, na 2 lizmij baedauq, guh luenz lumj aen bingj neix, de couh dwg daej aen dauzgi, yienzhaeuh aeu diuznamh menhmenh daj daej daeb hwnjdaeuj, guh baenz dungxndang de caeuq hozbak de. Beng dwg aeu song gep benj faexdiet dojyenzhingz daegbied dajcauh de, Vahcuengh dangdieg heuhguh "faex gvet", fwngz ndeu gaem gaiq benj ndeu youq baihndaw, lingh fwngz ndeu gaem gaiq benj ndeu youq baihrog, doengzseiz roengzrengz, baengh suzdu buenzloek, mboujduenh beng hwnjgwnz, beng daengz itdingh sangdoh le, cij caux gij bak de. Gij fuengfap caux bak de dwg aeu vengq baengzna ndeu heux lwgfwngz, baengh soujganj caeuq ginghnen cauxbaenz bak mbe、bak cumh roxnaeuz bakmehlwg daengj hingzcang.

　　用轮制法制坯。在地上竖一根铁梨木条作为轴，上面套木制轮盘，以脚踏或用手拨转盘子，靠转速力量，拉塑陶土成器坯。其工艺大致是：先在转盘上撒一层草木灰，目的是防止陶土与轮盘粘连，在草木灰之上按压厚约2厘米的圆饼形陶土做器坯底部，然后在上面用泥条盘筑做坯身及其口沿。拉坯是用两块特制的椭圆形铁木刮板，当地壮语称为"眉刮"，一手持一块刮板在内壁，另一手持一块刮板在外壁，同时用力，靠转盘速度，不断往上提拉，将器坯拉到一定高度后，才开始制作口沿。制口沿的方法是用一块厚布条缠在指头上，凭手感和经验将口沿制成敞口、敛口或子母口等形状。

　　Coemh dauzgi. Dauzgi ndip youq laj liengz dak hawq le couh ndaej aeu bae coemh. Nencej Dunz mboujmiz yiuz, dwg cigsoh youq baihrog coemh, gijneix dwg gij fuengfap ceiq yenzsij de. Gyoengqde youq gwnz diegbingz vat gumz ndeu raez 1.6 mij、gvangq 0.8 mij、laeg 0.3 mij, guh gumz coemh feiz, caemhcaiq hai conghfeiz, youq gwnz gumz coq baiz faexdiuz heu（roxnaeuz dietdiuz）, aeu dauzgi ndip doxdab cuengq youq gwnz faexdiuz. Gyaeng dauzgi ndip seiz, aen hung de cuengq youq caengz laj, aen iq dab youq caengz gwnz, baez ndeu coemh ndaej 50 lai aen dauzgi, dauzgi dab sang gvaq deihmiemh daih'iek mij ndeu, cienzbouh lohlanglang mboujmiz gijmaz goemq, gij coemh cujyau dwg nyaroz.

　　烧陶。陶坯阴干后即可烧制。念者屯没有陶窑，而是明火露天烧制的，这是最原始的烧陶方法。壮民在平地上挖个长1.6米、宽1.8米、深0.3米的长方形坑，作为烧火坑，并开有火口，在坑上横置1排生木条（或铁条），将器坯叠垒在木条上。装器坯时，大件器物放在下层，小件器物置于上层，1次可烧制50余件器物，器物垒得高出地面约1米，全部是裸露无掩盖物，烧窑的燃料主要是杂草。

Coemh dauzgi gij rengzfeiz de faen feizunq caeuq feizhaen song aen gaihdon. Feizunq gaihdon: Aeu nyaroz coq conghfeiz menhmenh coemh, feiz mbouj ndaej ak lai, rengz lai cix aen dauzgi ndip yungzheih dek. Danghnaeuz rengz lai, cix aeu diuzfaex dit nyaroz ok conghfeiz. Gyonj hwnjdaeuj gangj, feizunq gaihdon aeu baujciz feiz iq, lienzdaemh coemh 4 aen cung baedauq. Gyangde aeu "baizheiq" 3 baez, couh dwg doxgek aen cung ndeu, aeu yungh youq baihrog dauzgi cigsoh cit 2 faencung, heuhguh "baizheiq", gijneix saedceiq dwg cungj bouj feiz fuengfap ndeu. Aenvih feiz daj daej oq hwnjdaeuj, dauzgi ndip baihdaej feizrengz, baihgwnz feizunq, dauzgi gak giz vwnhdu mbouj doxlumj, yienghneix youq baihgwnz de caijyungh gij cosih cigsoh aeu feiz bae coemh de. Feizrengz gaihdon: Feizunq gaihdon sat le, couh dwg daengx feiz ndaw conghfeiz, ciepdwk cigsoh aeu nyaroz cienzbouh goemq gwnz dauzgi, citfeiz cigsoh coemh, mboujduenh gya nyaroz, laemxdaemh coemh 40 faencung baedauq, dauzgi couh coemh ndei lo. Dauzgi mbouj dwkyouh, gaengawq feiz gaemhanh yienzsaek, seizgan dinj baenz saeknding, seizgan raez baenz saek monghau, danghnaeuz yaek hawj de baenz saekndaem, couh aeu mbawfaex heu caeuq nyaheu youq ndaw conghfeiz coemh, hawj hoenzfeiz roemz de ndaem bae.

烧陶的火候分阴火和阳火两个阶段。阴火阶段：将杂草放进火膛内缓慢燃烧，火势不能过旺，过旺过猛则器坯容易爆裂。如果过旺，则以木棍将正在燃烧的杂草拨出火膛之外。总之，阴火阶段要保持细火，持续约4个小时。其间要"排气"3次，即每隔1个小时，需在器坯表面直接点火燃烧2分钟时间，称为"排气"，这实际上是一种补加火的做法。因为火从底部升起，器坯下部火温高，上部火温低，器物各部位受火温度不均匀，于是在其上部采用明火补温措施。阳火阶段：阴火阶段结束后，即停熄火膛内的炉火，接着将杂草全部覆盖器坯，点火直接明烧，不断加草，持续烧40分钟左右，陶器就烧成了。陶器不施釉，根据火候控制颜色，时间短呈铁红色，时间长则呈灰白色，如果想要黑色效果，则以生树叶及生草在火坑内烧出浓烟将器物熏黑。

Bouxcuengh Nencej Dunz doenghgij dajcauh dauzgi gunghyi neix, mingzyenj baujlouz miz gij daegsaek sijcenz seizgeiz. Aenvih gij namhvax de dwg aeu namh gyauxcab naedsa, mbouj ginggvaq yiengh swiq、daezlienh gunghsi lawz, gijneix dwg sijcenz seizgeiz gij vat namh caux dauzgi fuengfap ceiq yenzsij youh denjhingz de. 1997 nienz, Cunggoz Gohyozyen Gaujguj Yenzgiusoj Gvangjsih Gunghcozdui youq henz Nanzningz Si Bauswjdouz yizcij vat namh seiz, youq giz ndeu fatyienh le aen diengzhoeng caux dauzgi de, ndawde oknamh le boengj namhhenj ndeu, ndawde gyauxcab miz naed rinfanghgaij, namhhenj baujciz yenzswnghdai, mbouj raen miz gij rizcik vunzgoeng swiq、daezlienh de, caeuq gij namhvax Bouxcuengh Nencej Dunz aeu daeuj dajcauh dauzgi de doxlumj, gangjmingz songde miz cienzciep gvanhaeh. Linghvaih, Bouxcuengh Nencej Dunz seizneix gij fuengfap youq dangdien coemh dauzgi de, couh dwg sijcenz seizgeiz mboengqcaeux gij coemh dauzgi gunghyi cienz roengzdaeuj. Gaengawq gaujguj saedniemh roxndeq, gij dauzgi mbouj yungh yiuz coemh de vwnhdu de mbouj mauhgvaq 900 ℃, fanzdwg gij dauzgi vwnhdu dabdaengz 900 ℃ doxhwnj de dwg yiuz coemh.

Cwngbiznganz dauzgi dwg 680 ℃，Bauswjdouz dauzgi dwg 800 ℃，Gohsounganz dauzgi dwg 1000 ℃ doxhwnj. Daj gijneix doi bae roxndeq, cojcoeng Bouxcuengh youq sinhsizgi seizdaih mboengqcaeux、mboengqgyang lijcaengz miz cungj dauzgi yiuz coemh, gvaq mboengqbyai sinhsizgi seizdaih cij okyienh cungj dauzgi yiuz coemh.Gij fuengfap Bouxcuengh Nencuj Dunz dangdien coemh dauzgiz de ciepswnj gij fuengfap geizcaeux cojcoeng de, engqgya yenzsij.

念者屯壮人的这些制陶工艺，明显地保留有史前时期的特色。因为其陶土是用原生土质羼和砂粒而成，没有经过任何洗练工序，这是典型的史前时期最原始的取土制陶方法。1997年，中国科学院考古研究所广西工作队在南宁市郊豹子头遗址发掘时，在一探方内发现了制陶作坊，其中出土了一团黄土，内羼和方解石颗粒，黄土保持原生态，未见有人工洗练的痕迹，与念者屯壮人制陶用的陶土相似，说明两者具有传承关系。此外，念者屯壮人现时的露天烧陶方法，即是史前时期早期烧陶工艺的遗风。据考古实验知道，无窑烧成的陶器温度不超过900℃，凡900℃以上的陶器属窑烧。甑皮岩陶器为680℃，豹子头陶器为800℃，歌寿岩陶器为1000℃以上。由此推知，壮族先民在新石器时代的早期、中期尚无窑烧陶，新石器时代晚期以后才出现窑烧陶器。念者屯壮人露天烧陶法承传其先民早期烧陶方法，更具原始性。

Ngeih. Senhcinz Seizgeiz Gij Dajcauh Dauzgi Gisuz De

二、先秦时期的制陶技术

Senhcinz seizgeiz gij dajcauh dauzgi gisuz cojcoeng Bouxcuengh dwg youq gwnz giekdaej gij dajcauh dauzgi gisuz Sijcenz de fazcanj hwnjdaeuj. Sangh Couh gvaqlaeng, gij dajcauh dauzgi gisuz yienghmoq gaenq mboujduenh okyienh, baenq loek dajcauh gisuz gaenq bujbienq sawjyungh, doengzseiz lij okyienh le swnjhab gisuz、dajcang gisuz daengj, gij gisuz gaemhanh rengzfeiz coemh dauzgi hix bujbienq ndaej daengz daezsang. Gaengawq gaujguj swhliu faensik, daih'iek youq Cunhciuh seizgeiz, cojcoeng Bouxcuengh gaenq naengzgaeuq caux ok gij dauzgi ndongj raizyaenq gauhvwnh de.

先秦时期壮族先民的制陶技术是在史前制陶技术的基础上发展起来的。商周以后，新的制陶技术已不断出现，轮制技术已普遍使用，同时还出现了接合技术、施装饰土技术等，烧陶火候技术也普遍得到了提高。据考古资料分析，约在春秋时期，壮族先民已能烧制出高温印纹硬陶。

1986 nienz 3 nyied, youq Vujmingz Luzvoz Cin Cinzneicunh Bahmajsanh baihnamz miz conghgamj ndeu, Gvangjsih vwnzvuz gunghcozdui youq ndawde cingleix aenmoh Sihcouh mboengqbyai daengz Cunhciuh seizdaih, gij doenghyiengh ndaw moh itgungh miz dauzgi 17 gienh, sizgi 9 gienh, rin 58 naed, nyawh gienh ndeu. Gyang sizgi miz faggoh ndeu, nei soh mbouj miz huz, de miz gij daegdiemj faggoh Sanghdai. Gij dauzgi oknamh binjcungj deg dwg huz lai, linghvaih lij miz rek、cenj caeuq fangjlunz 3 cungj.

1986年3月，广西文物工作队在武鸣陆斡镇覃内村岜马山南面一岩洞内清理了一处西周晚期至春秋时代的墓葬，随葬品计有陶器17件，石器9件，石子58颗，玉器1件。石器中有一件直内无胡的戈，具有商代戈的特点。出土的陶器品种以壶为多，另外还有釜、杯、纺轮3种。

Doenggvaq gij dauzgi daj ndaw aenmoh conghgamj Vujmingz Bahmajsanh oknamh de daeuj cazyawj, gij givuz seizhaenx, aen hung lumjbaenz aen miz gyongxhangx de gaenq caijyungh swnjhab gisuz. Sojgangj swnjhab gisuz, couh dwg aeu givuz baen baenz geij bouhfaenh yawhsien cauxbaenz dauzgi ndip, yienzhaeuh swnjhab baenz aen givuz caezcingj. Aen huz Bahmajsanh oknamh de, caux ndei ndang huz caeuq gyongxhangx de, yienzhaeuh doxnem, youq giz doxnem de youh yungh diuz namhniu bae dienzbouj mad bingz, giz swnjhab de ciengzseiz louz miz rizfwngz gaemh'at, cingcuj raixcaix. Gij dauzgi sawjyungh swnjhab gisuz dajcauh okdaeuj de engqgya fuengbienh、saedyungh、ndeiyawj.

从武鸣岜马山岩洞葬出土的陶器观察，此时的大件如有圈足的器物已采用接合技术。所谓接合技术，即是将器物分成若干部分预制成坯件，然后接合成完整的器物。岜马山出土的陶壶，先将壶身及圈足制好，然后黏合，在黏合处又用黏性很强的泥条填补抹平，接合处往往留下明显的按压手指纹。使用接合技术制造出的陶器更方便、实用、美观。

Aen huzvax aenmoh conghgamj Bahmajsanh oknamh haenx, gyang de cab miz sasaeq, hoeng baihrog de dauqfanj luemjwenq, lumj cat gvaq ityiengh, ginggvaq sijsaeq cazyawj giz dek de, yienzlaiz gijde dwg lap saeqnaeh daz youq rognaeng givuz ndeu, gig yinz gig lumj youh, gijneix couh dwg namh dajcang. Sihcouh gvaqlaeng, dieg Bouxcuengh okyienh le gij dauzgi gwnz de yaenq gijhoz dozanq haenx.Hoeng youq aen seizgeiz neix, dwg gij dauzgi namh dajcang raizyaenq lai, hix miz gij dauzgi cabsa dajcang raizyaenq de. Mboujguenj cungj dauzgi namh dauzgi cabsa lawz, feiz cungj haemq rengz, caemh dwg dauzgi ndongj hidungj.Gij dauzgi gwnz de yaenq gijhoz dozanq haenx dwg gij dauzgi ciuhgeq Cungguek baihnamz bujbienq sawjyungh, gij daegdiemj de dwg：①Rognaeng gangbat dajcang miz gak cungj gak yiengh gij raiz gijhoz dozanq. Cungj raiz neix, gihbwnj cungj dwg diuzsienq baizlied caeuq doxgyau gapbaenz, youh dwg anqciuq itdingh gakdoh、doxliz caeuq fueng'yiengq iet okbae, gapbaenz gij gijhoz dozanq gig miz gvicaek、dawz seiqfueng lienzdaemh raizyiengh guhcawj haenx；②gij fuengfap dajcang doenghgij raiz gijhoz dozanq neix de, gawq mbouj dwg gaekveh, youh mbouj dwg vehsaek, cix dwg caijyungh bekyaenq fuengfap. Gaengawq mbouj vanzcienz dungjgi, Gvangjsih Cenzcouh、Gvanyangz、Hingh'anh 、Gunghcwngz、Gveilinz、Fuconh、Cunghsanh、Hoyen（Hocouh Si seizneix）、Cauhbingz、Vuzcouh、Cwnzhih、Bingznanz、Yungzyen、Bwzliuz、Bujbwz、Hozbuj、Dunghhingh、Ginhcouh daengj yen（si）cungj miz gij dauzgiz raizyaenq de faenbouh. Gvangjsih gij dauzgi raizyaenq cujyau dwg raizduzgveiz、raizfwjbyaj、raizbwn、raiz cih saw 米、raiz aen saw 回、raizfanghgwz daengj（raen doz 10-1-3 daengz doz 10-1-6）. Gij dauzgi raizyaenq okyienh ndaej beij raizcag、raizlamz aeu laeng. Sawq bae vat Fuconh Yauzcuz Swciyen Lijyizsanh conghgamj Cagoujnganz yizcij, gaengawq namh caengz cazyawj, gij dauzgi yaenq miz gijhoz dozanq haenx（couh dwg raizduzgveiz、raizbyaj）lap vwnzvacwngz de at youq gwnz gij dauzgi raizcag, gijneix couh dwg laehcingq. Gij dauzgi raizduzgveiz youq Gvangjsih faenbouh fanveiz haemq iq, dangqnaj dandan youq dieg doengbaek Gvangjsih Hocouh、Fuconh、Cunghsanh、Cauhbingz、Gunghcwngz、Gvanyangz 6 aen yen（si）fatyienh. Miz song cungj hingzsik, cungj ndeu sienqdiuz gig unqswnh, cujsen songmbiengj ok rib, miz mbangj vunz heuh de guh raiz "f"；lingh cungj sienq goz baenz cihfueng, gingciengz caeuq raizbyaj、raizfanghgwz caemh dajcang aen dauzgi ndeu. Raizbyaj, hix miz vunz heuh de guh lingzhingz duzfanghgvaijvwnz, gij dieg de faenbouh haenx cawzliux 6 aen yen（si）baihgwnz gangj de caixvaih, baihbaek Gvangjsih Cenzcouh caeuq baihnamz Gvangjsih Ginhcouh hix fatyienh. Raizduzgveiz caeuq raizbyaj ndij Gvangjdungh diegbya baihbaek caeuq dieg baihdoeng gij dauzgi yaenq gijhoz dozanq haenx, cungj funghgwz de doxlumj, Gvangjdungh yozcej nyinhnaeuz gij nienzdaih de daihgaiq dwg Sihcouh daengz Cunhciuh. Gijneix caeuq gij cingzgvang Gvangjsih daihgaiq doxdoengz（doz 10-1-3、doz 10-1-4、doz 10-1-5 dwg dauzgi Gvangjsih oknamh）.

岜马山岩洞葬出土的陶壶，内胎夹细砂，但表层却非常光滑完整，似打磨过一样，经断面仔细观察，原来那是在器物表面施一层近似釉的非常均匀的稀泥层，这就是化装土。西周以后，壮族地区出现了几何印纹陶器。而这个时期，以泥质印纹陶为多，也有夹砂印纹陶。不管哪种陶质，火候都较高，均属硬陶系统。几何印纹陶是中国古代南方普遍使用的陶器，其特点是：①器皿表面装饰有各种各样的几何图案花纹。这种花纹，基本上都是以线的排列和交织组成，又是按照一定的角度、距离和方向延伸展开，形成以四方连续纹样为主的有规则的几何形图案；②装饰这些几何形图案花纹的方法，既不是刻画，又不是彩绘，而是采用拍印的方法。据不完全统计，广西的全州、灌阳、兴安、恭城、桂林、富川、钟山、贺县（今贺州市）、昭平、梧州、岑溪、平南、容县、北流、浦北、合浦、东兴、钦州等县（市）都有印纹陶分布。广西的印纹陶主要是夔纹、云雷纹、羽状纹、米字纹、回字纹、方格纹等（见图10-1-3至图10-1-6）。印纹陶出现的时间比绳纹、篮纹要晚。据富川瑶族自治县鲤鱼山岔口岩洞穴遗址试掘地层观察，几何印纹陶（即夔纹、雷纹）文化层压在绳纹陶之上，就是例证。夔纹陶在广西分布范围较窄，目前仅发现于桂东北地区的贺州、富川、钟山、昭平、恭城、灌阳六县（市）。有两种形式，一种线条很柔和，主线两侧出爪，有的人称之为"f"纹；另一种折线成方角，常与雷纹、方格纹同饰于一器。雷纹，也有人叫菱形突方块纹，其分布地区除上述6个县（市）之外，桂北的全州和桂南的钦州也有发现。夔纹和雷纹与广东北部山地及东部地区的几何印纹陶风格是一致的，广东的学者认为其年代相当于西周至春秋。这与广西的情况大致相同（图10-1-3至图10-1-5为广西出土的陶器）。

Youq aenmoh Cangoz Bingzloz Yen Yinzsanhlingj caeuq aenmoh Cangoz Gvanyangz Yen Sinhgaih Gujcwngzgangj cungj fatyienh miz gij dauzgi yaenq aen saw 米, de youq baihdoengbaek Gvangjsih cungj miz faenbouh, baih saenamz Gvangjsih Vujmingz Yenz hix fatyienh（doz 10-1-6）.

米字纹陶器在平乐县银山岭战国墓和灌阳县新街古城岗战国墓都有所发现，其分布范围遍及广西东半部，桂西南的武鸣也有发现（图10-1-6）。

Doz 10-1-3　Aenrek miz raiz Cunhciuh seizgeiz, youq Gvangjsih Hocouh Gveilingj oknamh, sang 22.6 lizmij, bak gvangq 19 lizmij, gwnz de yaenq rim raizfwj caeuq raizgek（Cienj Dingzyiz hawj doz）

图10-1-3　广西贺州桂岭出土的春秋时期的印纹陶釜，高22.6厘米，口径19厘米，饰云雷纹和方格纹（蒋廷瑜 供图）

Doz 10-1-4　Aengueng miz raiz Cunhciuh seizgeiz, youq Gvangjsih Hocouh Gveilingj oknamh, sang 24.9 lizmij, bak gvangq 19.2 lizmij, gwnzde yaenq rim raizduzgveiz

图10-1-4　广西贺州桂岭出土的春秋时期的印纹陶罐，高24.9厘米，口径19.2厘米，布满夔纹

Doz 10-1-5　Aengueng sam ga miz gaenz, youq aenmoh Cangoz Bingzloz Yinzsanhlingj oknamh, baihrog de miz lap youh mbang ndeu, sang 14.7 lizmij, bak gvangq 9.4 lizmij, gwnz dungx de miz raizhop rim liux（Cienj Dingzyiz hawj doz）

图10-1-5　广西平乐银山岭战国墓出土的单柄三足陶罐，器表有薄釉，高14.7厘米，口径9.4厘米，腹部布满弦纹（蒋廷瑜 供图）

Doz 10-1-6　Aen boemh miz raiz cih "米", youq aenmoh Cangoz Bingzloz Yinzsanhlingj oknamh, sang 81.1 lizmij, bak gvangq 20 lizmij, dungx gvangq 27 lizmij, meng gig ndongj

图10-1-6　广西平乐县银山岭战国墓出土的米字纹陶瓮，高81.1厘米，口径20厘米，腹径27厘米，陶质坚硬

　　Gij raiz cih saw 回 doxca lumj muengx de, miz vunz heuh de guh raiz fuksienq doxca, youq baihdoengbaek Gvangjsih lumj Gvanyangz、Gunghcwngz、Hocouh fatyienh ceiq lai, baihdoengnamz Gvangjsih Bwzliuz hix miz. Gij dauzgi gwnz de caemh dajcang cungj raiz neix caeuq raiz cih 米 de, nienzdaih de wngdang youq Cangoz, ceiq laeng aiq laeng daengz Sihhan mboengqcaeux.

　　回字网状纹，有人称为复线交叉纹，以桂东北如灌阳、恭城、贺州最多，桂东南的北流也有。这种纹饰与米字纹同饰于一器者，其时代当在战国，下限可能延伸到西汉初。

Raiz fanghgwz faen nyawq saeq, lienzdaemh seizgan ceiq nanz. Geizcaeux de caeuq raizcag caemh mizok, caemhcaiq caeuq raizduzgveiz、raizbyaj cujhab yaeng youq gwnz dauzgi; mboengqbyai cix deng gvangjfan yungh youq gwnz aengueng、aenboemh、aenrek daengj dauzgi. Raizfanghgwz youq Sihhan baenz gij raiz dajcang sawjyungh ceiq lai haenx, de faenbouh fanveiz engq gvangq, aenmoh Dunghhan giz diegbiengyae Duanh Yauzcuz Swciyen hix miz gij dauzgi raizfanghgwz oknamh.

方格纹有粗细之分，延续时间最长。早期的与绳纹伴出，并与夔纹、雷纹相组合施于一器上；晚期的则在罐、瓮、釜等陶器上广泛施用。方格纹在西汉成为压倒优势的装饰花纹，其分布范围更大，边远的都安瑶族自治县的东汉墓也有方格纹硬陶出土。

Dieg Bouxcuengh cungj dauzgiz gwnz de yaeng raiz gijhoz dozanq haenx gij gisuz de ndaej daengz cinbu, cujyau biujyienh youq bekyaeng gizsuz ndaej daengz fazcanj. Gij cozyungh de cujyau yungh daeuj bekyaeng gij raiz dajcang. Sihcouh gvaqlaeng okyienh gij dauzgi yaeng raiz haenx, gij bekyaeng gisuz de miz song fuengmienh cozyungh：It dwg gyamaenh dauzgi; ngeih dwg bekyaeng gij raiz dajcang gijhoz. Youq bekyaeng raizyaeng gaxgonq, aeu gepbenj luemj bae bek daengx aen dauzgi ndip, bek gvaq le, hawj aen dauzgi ndip mbouj danh netndongj, caemhcaiq bingz luemj dem, vih mohyaeng gunghyi dwk roengz le aen giekdaej ndei.

壮族地区几何印纹陶的技术进步，主要表现在拍印技术的发展。其作用主要用来拍印装饰花纹方面。西周以后出现的印纹陶器，其拍印技术具有两方面的作用：一是加固器坯；二是拍印几何形纹饰。在拍印纹饰之前，用光面木板对器坯进行通体拍打，经过拍打之后，使胎体不但致密坚硬，而且平整光滑，为模印工艺打下了良好基础。

Gij raiz dajcang aen dauzgi yaeng raiz gijhoz dozanq de cujyau dwg caijyungh mohyaengfap. Aeu mohyaeng bae dajcang raiz dauzgi, fouzngeiz dwg cungj gisuz cinbu ndeu. Caemh aenmoh ndaej lienzdaemh youq gwnz lai aen dauzgi bekok raizyaeng, mboujdanh riuz、yauqlwd sang, vanzlij mbouj yungzheih guh loeng, yaeng ok gij raiz dajcang haenx hix gveihfan, gig hab sim vunzciuhgeq. Dieg Bouxcuengh oknamh mboujdoengz dauzgi, gwnz gyoengqde yaeng miz raizfanghgwz、raiz cih 米、raiz megmbawfaex daengj gij raiz dajcang caezcingj doxlumj de.

几何印纹陶的纹饰装饰主要是采用模印法。使用印模装饰陶器纹饰，无疑是一种技术进步。同一个模子可以连续在不同的陶器上拍印纹饰，不但速度快、工效高，而且不易出差错，印出的纹饰也规范，很符合古人的审美心理。壮族地区出土的不同陶器上印有规整相同的方格纹、米字纹、叶脉纹等。

Gij dauzgi yaenqraiz de gig netndongj, gangjmingz dangseiz gaenq miz aen yiuz cienmonz de daeuj coemh. Youq Gvangjdungh Sauzgvanh fatyienh 1 hauh yiuzgeq, gij seizdaih de dwg Sihcouh mboengqcaeux roxnaeuz loq caeux di, gij gezgou de baen baenz luzfeiz、rugyiuz caeuq sokfeiz 3 bouhfaenh. Luzfeiz youq baihdoeng rugyiuz, de dwg congh guenjdauq raez ndeu, raez 1.8 mij, gvangq 0.45 mij, baihrog gvangq, yied haeuj ndaw yied sukiq, giz caeuq rugyiuz doxlienz de dandan gvangq 0.34 mij. Baihdaej luzfeiz luenz, daj rugyiuz yiengq baihrog baen baenz song gaep nyeng coh baihrog. Youq ndaw rugyiuz gwnz ciengz baihdoengbaek caeuq baihsae, giz sang daih'iek 0.5 mij de, miz 3 congh cangzfanghhingz iq iet coh baihrog, congh gvangq 0.16～0.18 mij, raez 0.22～0.34 mij, ceiq sang 0.2 mij, aiq dwg giz aeu daeuj cuengq aen dauzgi iq. Sokfeiz youq baihbaek rugyiuz, giz ciengz sang 0.2 mij de, lumj bolingq neix, yiengq baihgwnz doenggvaq duenh namhmbu ndeu gvangq 0.4 mij, yienzhaeuh iet yiengq baihgwnz. Sokfeiz bakcongh baihndaw de baenz dojyenzhingz, vanggvangq 0.23 mij, bakcongh baihrog vanggvangq 0.37 mij, caeuq rugyiuz doxliz 0.28 mij, caemhcaiq youq ndawde vat diuz mieng'vang ndeu, raez 0.10～0.16 mij, iet yiengq baihrog mij ndeu, diuz mieng'vang neix caeuq sokfeiz ityiengh, caemh miz ok ien cozyungh. Rugyiuz baenz yienzhingz, daengj doxroengz. Gvangjdungh caeuq Gvangjsih youq Senhcinz seizgeiz couh caemh dwg dieg hozdung Sih'ouh、Lozyez、Canghvuzcuz, song dieg neix oknamh gij dauzgi yaenq raiz gijhoz dozanq de cungj funghgwz de doxlumj doxdoengz. Gizneix okyienh gij yiuz yienzhingz daengj doxroengz de, cungj coemhvax gisuz neix cienzbouh dwg gij bonjsaeh maenh'ak cojcoeng Bouxcuengh. Sokfeiz、conghheuq okyienh, miz baiz ien ndoet rumz cozyungh, doiq daezsang rugyiuz vwnhdu daeuj gangj dwg gij gisuz cosih gig youqgaenj de. Sijcenz seizgeiz oknamh gij dauzgi de vwnhdu dwg 800 ℃ baedauq, ceiq sang hix dandan dwg 1000 ℃ baedauq. Sanghcouh seizgeiz okyienh gij dauzgi yaenq raiz gijhoz dozanq haenx gij vwnhdu de youq gyang 1150～1250 ℃. Gijneix cingqdwg ndaw yiuz laeb miz sokfeiz、conghheuq daengj sezsih cij miz cungj yauqgoj neix.

　　印纹陶的陶胎坚硬，说明当时已有专门的窑室烧造。广东韶关发现的1号窑址，时代属于西周前期或稍早些，其结构分成火膛、窑室和烟道3个部分。火膛在窑室的东部，呈1条长筒形管道，长1.8米，宽0.45米，从外端逐渐向窑室内缩小，与窑室相接处仅宽0.34米。火膛底部呈圆形，从窑室向外分两级倾斜。在窑室东北面和西面的半壁，高约0.5米处，有3个长方形的小洞向外伸延，洞宽0.16～0.18米，长0.22～0.34米，最高0.2米，可能是用来置放小件陶器之处。烟道在窑室北壁高0.2米的地方，呈斜坡状，向上通过一段宽0.4米的生土层，然后向上伸出。烟道内口呈椭圆形，直径0.23米，烟道出口处直径最宽为0.37米，与窑室相隔0.28米，并在其中挖成1条深0.10～0.16米向外延伸长达1米的横沟，这条横沟和烟道一样，都起着出烟的作用。窑室呈圆形竖穴形式。广东和广西在先秦时期同属西瓯、骆越、苍梧族的活动区域，两地出土的几何印纹陶风格相近似。这里出现的圆形竖穴式陶窑烧造技术都是壮族先民的杰作。烟道、烟囱的出现，起到排烟抽风的作用，对提高炉室温度是非常重要的技术措施。史前时期出土的陶器烧制温度在800℃左右，最高也只在1000℃以内。商周时期出现的几何印纹陶烧制温度在1150～1250℃之间。这正是窑室设有烟道、烟囱等设施才产生的效果。

　　Cigndaej daezok de dwg, gwnz gij dauzgi Cangoz seizgeiz okyienh le cungj gaekveh cihsaw fouzhauh ndeu. Dangqnaj youq dieg Bouxcuengh itgungh miz 4 giz fatyienh miz gij dauzgi gaekveh cihsaw fouzhauh, gyoengqde faenbied dwg：

　　值得提出的是，战国时期的陶器上出现了一种刻画文字的符号。目前在壮族地区发现有陶器刻画文字符号的地点共有4处，它们分别是：

（1）Aenmoh Cangoz Bingzloz Yinzsanhlingj oknamh gij givuz miz gaekveh cihsaw fouzhauh de ca mbouj geij bak gienh ndeu，miz 73 aen fouzhauh. Ndawde mboujdoengz fouzhauh 40 lai aen，gij fouzhauh cungzfuk okyienh de 10 lai aen. Lumj gij gaekveh fouzhauh neix，ceiqcaeux okyienh youq ndaw baihbaek Cungguek Sih'anh Banboh Sinhsizgi yizcij，hoeng haeujdaengz cinghdungzgi seizdaih le，cungj fouzhauh neix couh youq baekfueng dieg Cunghyenz menhmenh siusaet. Gij yienzaen siusaet，aiq dwg sawndokfw okyienh cauhbaenz. Youq baihnamz Cungguek，gaekveh fouzhauh ceiqcaeux dwg youq Cezgyangh Hozmujdu vwnzva yizcij ndawde okyienh，dangqnaj namzfueng Cungguek Cezgyangh、Gyanghsih、Gvangjdungh、Gvangjsih itgungh fatyienh mbouj doengz lizsij seizgeiz gij gaekveh fouzhauh de 400 lai aen，de gangjmingz dieg namzfueng aenvih seizhaenx sawndokfw lijcaengz doihengz，vunzlai vanzlij aeu gaekveh fouzhauh guh geizcaeux gij cihsaw gaiqdawz daeuj cienzndenq saenqsik、gyauhliuz swhsiengj de.Doenghgij fouzhauh neix dwg：

（1）平乐银山岭战国墓出土的有刻画文字符号的器物近百件，有符号73个。其中不同的符号40多个，重复出现的符号10多个。类似的刻画符号，最早在中国北方的西安半坡新石器时代遗址中出现，但进入青铜器时代以后，这种符号就在北方中原地区逐渐消失。消失的原因，很可能是甲骨文的出现所致。在中国南方，刻画符号最早是在浙江河姆渡文化遗址中出现，目前中国南方的浙江、江西、广东、广西共发现不同历史时期的刻画符号四百余个，它说明南方地区由于当时甲骨文未能推行，人们仍然用刻画符号作为传递信息、交流思想的早期文字工具。这些符号是：

（2）Vujmingz Gih Majdouz Yangh Anhdwngjyangh（deihmingz）aenmoh Cangoz fatyienh gij gaekveh cihsaw fouzhauh 20 lai aen，miz 17 aen mbouj cungzfuk. Doenghgij fouzhauh neix dwg：

（2）武鸣区马头乡安等秧（地名）战国墓发现的刻画文字符号有20多个，不重复的有17个。这些符号是：

（3）Cwnzhih Si Vahgojsanh aenmoh Cangoz oknamh gij gaekveh cihsaw fouzhauh de dwg：

（3）岑溪市花果山战国墓出土的刻画文字符号是：

（4）Siengcouh Yen Lozsiu Yangh Yanazcauz Cunh oknamh gij gaekveh cihsaw fouzhauh de dwg：

（4）象州县罗秀乡下那曹村出土的刻画文字符号是：

Daengx guek gak dieg gij gaekveh fouzhauh de, mizmbangj dwg gak dieg gag miz, gij fouzhauh gaekveh gag miz de dwg gij vunz gak dieg gak caux. Gaengawq yigen Goz Mozyoz sienseng, nyinhnaeuz doenghgij gaekvenh fouzhauh neix cienzbouh dwg cihsaw Cungguek gij yenzsij gaihdon de, roxnaeuz gangj dwg Cungguek yenzsij cihsaw gij yiengh ceiq nduj haenx. De nyinhnaeuz cihsaw fazcanj, youq gezgou fuengmienh miz song aen hicungj, aen ndeu dwg gaekveh hidungj（couh dwg gij "ceij saeh" ndaw 《Roek Saw》）, lingh aen ndeu dwg dozhingz hidungj（couh dwg gij "siengqhingz" ndaw 《Roek Saw》）. Gaekveh hidungj dwg hot cag、gaek faex bienqvaq fazcanj daeuj, mbouj miz geij lai. Aen hidungj neix wngdang canjseng youq gonq dozhingz hidungj, aenvih sojmiz minzcuz youq seiz nienzoiq gij cihsaw de yaek byaij hwnj diuzloh siengqhingz, couh dwg miuzveh gij hingzsiengq gwzgvanh saehfaed aeu veh ndaej lumj, yienghde lij aeu duenh fazcanj gocwngz ndeu. Seihbienh gaekveh dauqfanj dwg haemq ngaih. Gaekveh hidungj dwg cuzveih de haemq noix, hix couh cwngmingz gyoengqde dwg gij cihsaw geizcaeux. Gyonj hwnjdaeuj gangj, dieg Bouxcuengh gij gaekveh cihsaw fouzhauh youq Cinz Han gvaqlaeng couh siusaet lo, daihgaiq dwg aenvih Cinzsijvangz doengjit Lingjnanz le doihengz "doengjit cihsaw" cauhbaenz.

全国各地的刻画符号，有些是各地所独有，那些独有的刻画符号当然是各地先民自己创造的。根据郭沫若先生的意见，认为这些刻画符号都是中国文字的原始阶段，或者说是中国原始文字的孑遗。他认为文字的发展，在结构上有两个系统，一个是刻画系统（即《六书》中的"指事"），另一个是图形系统（即《六书》中的"象形"）。刻画系统是结绳契木的演进，为数不多。这一系统应在图形系统之前，因为任何民族的幼年时期文字要走上象形的道路，即描画客观事物形象而要能像，那还要一段发展过程。随意刻画却是比较容易的。刻画系统属族徽的比较少，也就证明它们是早期文字。总之，壮族地区刻画文字符号在秦汉以后灭迹，大概是因为秦始皇统一岭南后推行了"书同文"的结果。

Gij gaekveh cihsaw fouzhauh okyienh youq gwnz dauzgi de miz song fuengmienh gohyoz eiqngeih：Yiengh ndeu dwg dajcauh cihsaw eiqngeih. Dajcauh moix cungj gaekveh fouzhauh, youq fuengmienh baenzlawz bae biujdab gij eiqsei de, cungj dwg ginggvaq gohyoz swhveiz, caemhcaiq dwg ginggvaq daihgya daujlun dabbaenz gungsiz le cij ndaej riuzdoeng de；lijmiz yiengh ndeu dwg dajcauh guenjleix dauzgi fuengmienh gij gohyoz eiqseiq de. Daj gaekveh cihsaw fouzhauh faensik, mizmbangj aiq dwg cihsoq, mizmbangj dwg geiqsaeh, mizmbangj aiq dwg gij geiqhauh huqcawj ciemqmiz roxnaeuz dwg gij sanghbyauh geiqhauh yiuzcawj. Daj neix ndaej rox seizneix gaenq miz gij diengzhoeng cienmonz caux dauzgi haenx. Baenzlawz bae gohyoz guenjleix aen diengzhoeng caux dauzgi, guhdaengz fuengbienh doxvuenh, fat huq daengj, hawj daihgya nyinhrox daengz itdingh aeu youq gwnz mbangj gij dauzgi daegbied de gaekveh fouzhauh, cij baexmienx doxgyaux ndaej.

陶器上出现的刻画文字符号具有两方面的科学意义：其一是文字创造的意义。每一个刻符的创造，在如何表达其意思方面，都是经过科学思维的，并且是经过众人讨论取得共识后才能流通的。其二是陶器制作管理方面的科学意义。从刻画文字符号分析，有些可能是数字，有些是记事，有些可能是货主占有标记或是窑主的商标标记。由此可知这时候已经有了专门制作陶器的作坊。对制陶作坊如何进行科学管理，做到利于交易、发货等需要，使人们认识到必须在一些特殊的陶器上刻画符号，才能避免混淆。

Sam. Cinzcauz Daengz Cinghcauz Seizgeiz Gij Dajcauh Dauzgi Gisuz De

三、秦至清时期的制陶技术

Gunghyenzcenz 3 sigij mboengqbyai, Cinzsijvangz doengjit Lingjnanz, laeb Gveilinz、Nanzhaij、Siengcouh sam aen gin, caemhcaiq "doenggvaq fad 50 fanh vunz senj bae souj haj lingj, caeuq cojcoeng Bouxcuengh cabyouq", laebhwnj funghgen cwngci dungjci sizsi caeuq swnghcanj gvanhaeh, coicaenh le dieg Lingjnanz sevei cwngci ginghci fazcanj. Dajneix gvaqlaeng, dieg Bouxcuengh haeujdaengz le ginyen seizgeiz. Handai, cunghyangh vuengzciuz caenh'itbouh gyagiengz gaemhanh Lingjnanz, Cunghyenz gij vwnzva bouxgun senhcin de youq mbanj Bouxcuengh ndaej daengz caenh'itbouh cienzboq, gij gisuz aeu vaiz cae naz caeuq gij hongdawz aeu diet caux haenx ndaej daengz sawjyungh caeuq doigvangj, gijneix sawjndaej mbanj Bouxcuengh sevei ginghci ndaej daengz fazcanj vaiqvit, doengzseiz hix dwg aen seizgeiz youqgaenj aen hangznieb dajcauh dauzgi fazcanj vaiqvit haenx. Dieg Bouxcuengh haujlai gij moh Handai cungj oknamh daihbuek gij dauzgi caeuq vunz caemh haem youq lajnamh de, neix couh dwg cwngmingz. Doenghgij dauzgi haem ndaw moh neix ndawde, mboujdanh cungj gaiqdawz ngoenznaengz saedceij gij binjcungj de demlai, caiqlij okyienh le daihliengh gunghyibinj gang'vax. Cungj gaiqdawz ngoenznaengz saedceij gij binjcungj de miz duix、cenj、deb、buenz、cenjlaeuj（doz 10-1-7）、doengjriuj（doz 10-1-8）、bat、aenboemh、guenq、huz、dingj、haj aen guenq doxrangh（doz 10-1-9）、rek（doz 10-1-10）、doengj、lenz（㽅）、fangh（钫）daengj；gij gunghyibinj gang'vax miz ranzlaeuz、cang、saeuq、diengzcingj、hoggaeq、naz caeuq mou、vaiz、yiengz、gaeq、bit hanq daengj gij mozhingz gencuz caeuq doihduz. Youq Hingh'anh Yen Dayungzgyangh aen singz Cinzcauz yizcij ndawde vanzlij oknamh gij gepvax hung raizcag haenx（doz 10-1-11）, neix dwg dangqnaj dieg Gvangjsih gij gencuz caizliuh gang'vax fatyienh ceiqcaeux.

公元前3世纪末，秦始皇统一岭南，置桂林、南海、象州三郡，并"以谪徙民五十万戍五岭，与越杂处"，建立起封建的政治统治秩序和生产关系，促进了岭南地区社会政治经济的发展。从此，壮族地区进入了郡县时期。汉代，中央王朝对岭南的控制进一步加强，中原先进的汉文化在壮乡得到进一步传播，先进的牛耕技术和铁制生产工具得以使用和推广，这使得壮乡的社会经济得到了迅速发展，也是制陶业迅速发展的重要时期。壮族地区的许多汉墓都出土了大批陶器陪葬品，这就是明证。这些陪葬的陶器中，不但日常生活用器品种增多，而且出现了大量的陶制工艺品。日常生活用器的品种有碗、杯、碟、盘、樽（图10-1-7）、提桶（图10-1-8）、大盆、瓮、罐、壶、鼎、五联罐（图10-1-9）、釜（图10-1-10）、奁、钫等；陶制工艺品有楼房、仓、灶、井亭、鸡埘、水稻田等建筑以及猪、牛、羊、鸡、鸭、鹅等禽畜模型。在兴安县大容江秦城遗址还出土有绳纹筒瓦（图10-1-11），这是目前广西地区发现最早的陶制建筑材料。

Doz 10-1-7　Cenjlaeuj ga mwi gaek va, gwn fa miz duzfungh, you Gvangjsih Gveigangj Si Sinhcunh ndaw mo Dunghhan oknamh（Cangh Leij ingj）

图10-1-7　广西贵港市新村东汉墓出土的刻花凤钮熊足陶樽（张磊 摄）

Doz 10-1-8　Aen doengjvax Gvangjsih Hozbuj Vangniuz lingj aenmoh Sihhan oknamh, sang 31.5 lizmij, ndaw gaek miz saw "九真府"（Yinx ok《Ouhloz Yizcui》）

图10-1-8　广西合浦县望牛岭西汉墓出土的陶提桶，高31.5厘米，子口合盖，圈有对双孔，可穿绳带，盖有双片钮，壁有纹和弦纹四道，内有隶书"九真府"等字（引自《瓯骆遗粹》）

Doz 10-1-9　Gveigangj Hojcehcan aenmoh Handai oknamh haj aen guenq doxrangh（五联罐），sang 9.6 lizmij, gvangq 20 lizmij, dwg gij gaiqdawz seizhaenx riuzhengz de（Yinx ok《Ouhloz Yizcui》）

图10-1-9　贵港火车站汉墓出土的五联罐，通高9.6厘米，宽20厘米，是当时流行的石器（引自《瓯骆遗粹》）

Doz 10-1-10　Aen rek raiz gek Handai, youq Gvangjsih Vuzcouh Daboh Dauzyiuz dieggaeuq oknamh

图10-1-10　广西苍梧县大坡陶窑遗址出土的汉代方格陶釜

Doz 10-1-11　Doengzvax raizcag Handai, youq Gvangjsih Hinghanh Cinzcwngz dieggaeuq oknamh

图10-1-11　广西兴安县秦城遗址出土的汉代绳纹筒瓦

　　Fanh lai aen gij doxgaiq gang'vax oknamh ndawde, mboujguenj dwg gij doxgaiq saedyungh lijdwg gunghyibinj, gij sinjmeij gyaciz de cungj haemq sang. Daibyauj aen seizgeiz neix gij dajcauh dauzgi yisuz suijbingz de dwg ranz、cang、cauzmou、saeuq daengj gij mozhingz gang'vax neix caeuq saedceij lajmbanj mizgven haenx. Moix gienh gij mozhingz yienghceij daegbied de cengdi cungj lumj dwg ingj ok gij saedceij lajmbanj gig gyaeundei gig hoengq, ingj ok le mbanj Bouxcungj gij lizsij doenghbaez de. Doenggvaq doenghgij yisuzbinj neix, mwngz ndaej nyouq daengz heiqhom namh lajmbanj Bouxcuengh, daejniemh daengz gij minzcuz fungsug ciuhgeq "daengngoenz ok cix guhhong, daengngoenz doek cix ietnaiq", cungfaen fanjyingj le cojcoeng Bouxcuengh gij dinfwngz dajcauh dauzgi suglienh、ndei gvaq vunz haenx.

　　出土的数以万计的陶制品中，不管是实用器还是工艺品，都具有较高的审美价值。代表这个时期制陶艺术水平的是那些与农村田园生活有关的陶屋、陶（仓）、陶猪圈、陶灶等模型。每一件造型别致的模型几乎都是一幅诗情画意的农村田园生活写照，是古代壮乡历史的再现。透过这些艺术品，你可以闻到壮族乡村阡陌泥土的芬芳，体验到"日出而作，日入而息"的民俗古风，充分反映了壮族先民娴熟、高超的制陶技艺。

　　1955～1972 nienz, youq Gvangjsih Gveiyen（Gveigangj Si ngoenzneix）、Hozbuj daengj dieg oknamh ranz、laeuz、saeuq daengj gij gencuz mozhingz gang'vax neix, sezgi gohyoz, siengjsiengq lingzvued、hingzsiengq lumj gaiq dahraix, miz gij gencuz funghgwz Bouxcuengh gig laeg. Gij saeuqvax Handai oknamh de, dwg gij gunghyibinj gang'vax ndaw aenmoh Handai giz dieg Bouxcuengh gingciengz raen daengz. Gij saeuqvax oknamh de cengdi cungj dwg caeuq ranz、cang、mbung、diengzcingj itheij haem youq ndaw moh, gijneix youq daihroek cieng（gencuz gisuz）gaenq gaisau gvaq. Gyonjyawj Handai cojcoeng Bouxcuengh gij dauzgi yisuz neix, de dwg daengx aen Bouxcuengh sevei cungjdaej gohyoz gisuz cinbu aen sukingj ndeu.

Gienh dauzgi yisuz cibinj ndeu, daj siengjsiengq sezgi、leh namh lienh liuh、dajcauh soujduenh、haeuj yiuz bae coemh daengj, yienghyiengh cungj dwg gohyoz gisuz yinhsu cunghab fazveih cozyungh.

1955～1972年，在广西贵县（今贵港市）、合浦等地出土的陶屋、陶楼、陶灶等建筑模型，设计科学，构思灵活，形象逼真，具有浓厚的壮族建筑风格。汉代出土的陶灶，是壮乡汉墓中经常见到的陶塑工艺品。出土的陶灶几乎都是与房屋、仓、囷、井亭一起陪葬。综观汉代壮族先民的陶艺，它是整个壮族社会总体科学技术进步的缩影。一件陶艺制品，从构思设计、选土洗练、制坯手段、入窑烧制等，无不包含科学技术因素的综合作用。

Dauzyi youq mboujdoengz lizsij seizgeiz miz mboujdoengz funghgwz, gienh yisuzbinj ndeu couh dwg daegdingh sevei lizsij aen gingq ndeu. Handai, funghgen cwngci dungjci youq dieg Bouxcuengh gaenq ndaejdaengz gyamaenh, funghgen swnghcanj gvanhaeh gaenq youq dingzlai dieg Bouxcuengh ndaejdaengz doeknyinh, gij swnghcanj fuengsik senhcin cingq youq gak dieg doihengz, leihyungh hongdawz diet、vaiz cae naz, dajcauh ok le daihliengh vuzciz caizfouq, gij swyenz ginghci de gaenq laebbaenz, ndigah, hix ganqfat le aen seizdaih neix gij sinjmeij gvanhnen Bouxcuengh. Ganlanz、aenlaeuz、canghaeux、diengzhoeng、suennaz、vaiz yiengz、bit gaeq、mou ma …… yiengh yiengh cungj miz, ndei youq swyouz, vunz angqbuepbuep. Handai gij dajcauh dauzgi yisuz de miuzveh le gij dozgingj gyoengq vunz siengjgyaez saedceij ndei, de dwg siujnungz ginghci gij caensaed miuzsij de. Gij dauzgi Handai oknamh haenx, cengdi cienzbouh dwg aen namh caux. Seizhaenx, gij dauzgi cabsa doenghbaez riuzhengz de gaenq siuj raen engqlij mboujmiz, hoeng gij givuz hung dauqfanj gingzciengz raen daengz. Lumj gij laeuzvax mozhingz aenmoh Dunghhan Gveigangj oknamh de, sang 31.8 lizmij, raez 30 lizmij, gvangq 23.8 lizmij, lijmiz gij duixlaux、batlaux、boemhlaux daengj. Doenghgij neix youq ndaw gij dauzgi namh doenghbaez gig siuj raen. Doenghgij givuz eix gig ndongj, mizmbangj gaenq yaek ndongj lumj swz neix. De gangjmingz Bouxcuengh ciuhgeq youq caux dauzgi gaxgonq, gaenq miz eiqsik bae doiq namhvax guh gvaq gohyoz cawqleix. Soujsien dwg bae leh namh, aeu gij namhhenj roxnaeuz namhhoi cazciz noix, gig niu de；daihngeih, ginggvaq lai baez leh oemq, caiq fanfuk caeddaj；doeklaeng cij aeu de caux doenghyiengh.

陶艺在不同的历史时期产生不同的风格，一件艺术品就是特定社会历史的一面镜子。汉代，封建政治统治在壮族地区已得到巩固，封建的生产关系已在大部分壮族地区获得确认，先进的生产方式正在各地推行，利用铁器、牛耕创造了大量的物质财富，自然经济已经形成，因此，也孕育了这个时代壮民族的审美观念。干栏、角楼、粮仓、作坊、田园、牛羊、鸡鸭、猪狗……应有尽有，怡然自得，其乐融融。汉代陶塑艺术构筑了人们向往美好生活的图景，它是小农经济的真实写照。汉代出土的陶器，几乎都是泥质陶。此时，以往流行的夹砂陶已经少见甚至没有，而大件器物却屡见不鲜。如贵港东汉墓出土的陶楼模型，高31.8厘米，长30厘米，宽23.8厘米，还有大型的碗、盆、瓮等。这些都是以往年代的泥质陶中所少见的。这些器物的胎质都非常坚硬，有些已接近瓷胎的硬度。它说明古代壮族人在制陶之前，已经有意识地对陶土进行过科学的处理。首先是有选择地采土，采用杂质少，黏性强的黄土或白膏泥；其次，经过数次的练洗沤酵，再反复搓揉；最后才用之制坯。

Gij dajcauh dauzgi gisuz Handai gaenq fazcanj daengz aen cingzdoh cunghab sawjyungh gak cungj gisuz. Gij gaiqdawz luenz bingzciengz sawjyungh de, seizneix gaenq bujbienq caijyungh gij gisuz aen loek baenq riuz, hoeng gij gunghyibinj daegbied, cix caijyungh ciepswnj、mbonvat（镂空）、gaek、dizsu（提塑）daengj gisuz. Lumj cih ranzvax caeuq saeudaej ganlanz cienzbouh yungh ciepswnj fuengfap；aen ranz gij dou、cueng caeuq conghheuq、conghsaeuq、conghfeiz daengj cix yungh mbonvat（镂空）gisuz；sokvax gwnzranz、raiz dajcang gwnz saeuq lai yungh deugaek gisuz；vunz、vaiz yiengz、mou ma、bit gaeq cix dwg yawhsien baenj ndei le cix nem youq giz habdangq. Aen ranzvax ndeu haujlai buqgienh cungj aeu yawhsien guh ndei, yienzhaeuh cij cujhab baenzhingz, neix couh iugouz gak buqgienh beijlaeh aeu fukhab cungjdaej cikconq iugouz. Aeu dabdaengz aen beijlaeh iugouz neix, mboujmiz itdingh suyoz gainen dwg nanz ndaej guh baenz de. Doenghgij gisuz neix youq dangseiz siengdang senhcin.

汉代的制陶技术已发展到综合使用各种技艺的程度。那些圆形的生活用器，这时已普遍采用快轮技术，而特殊的工艺品，则采用接合、镂空、雕刻、提塑等技术。如陶房的边角及干栏式的底柱都用接合法；房子的门窗和灶眼、灶门、火膛等则用镂空技术；房上的瓦垄、灶台上的纹饰装饰多用雕刻技术；人俑、牛羊、猪狗、鸡鸭则是事先捏塑好后才贴附在适当的位置。一座陶屋的许多部件都要事先预制，然后才组合成型，这就要求各部件比例要符合总体尺寸需求。要达到这一比例需求，没有一定的数学概念是很难完成的。这些技艺在当时是相当先进的。

Gvendaengz gij gisuz cangcoemh dauzgi. Dangqnaj dieg Bouxcuengh gaenq fatyienh 12 giz yiuzgeq Handai. Vuzcouh Si Fuminzfangz dwg yiuzgeq mboengqcaeux Sihhan, 1977 nienz 5 nyied, ginggvaq gaujguj gunghcozcej bae cingleix aen yiuzgeq haenx, itgungh vat ok 27 hongq rugyiuz. Hingzcang rugyiuz lumj vemax neix, youz dou yiuz、luzfeiz、yiuzcongz、sokfeiz seiq bouhfaenh gapbaenz, mbangj hongq yiuz gij luzfeiz de yungh cien daeb baenz.

关于陶器的装烧技术。目前壮族地区已发现12处汉代窑址。梧州市富民坊为西汉早期窑址。1977年5月，经考古工作者对该窑址的清理，共发掘了27个窑室。窑室呈马蹄形，由窑门、火膛、窑床、烟道四部分组成，个别窑的火膛口用砖砌筑。

Cungj yiuz neix sugvah heuhguh yiuzvemax, gij gezgou de yienznaeuz genjdanh, hoeng beij doenghbaez cungj yiuz hwnq youq dieg bingz de engqgya gohyoz. Rugyiuz ing bo bae guh, yiuzcongz baihnaj daemq baihlaeng sang, miz di nyeng, ndei ndoet rumz, hawj feiz yiuzcongz engq rengz. Linghvaih, youq daej yiuzcongz bu caengz sasaeq ndeu, it miz dinghmaenh dauzgi ndip cozyungh, ngeih ndaej cienz ndat bauj raeuj.

这种窑俗称马蹄窑，其结构虽然简单，但较以往那种平地建窑更具科学性。窑室依山坡而建，窑床前低后高，有一定的倾斜度，利于抽风，以提高窑床的火温。另外，在窑床底部铺有一层细砂，一可起到固定器坯的作用，二可传热保温。

Linghvaih，Canghvuz Yen Dabohhih hamq baihnamz Dahvuzdinghhoz giz dieg heuhguh Gihfanghlingj caeuq Ganhgyozlingj de，hix fatyienh giz yiuzgeq Dunghhan mboengqcaeux ndeu, gij saeuqyiuz mingzyenj nyinh ndaej ok de miz 8 aen，gezgou de cienzbouh dwg saeuqnamh vemax neix，youz douyiuz、luzfeiz、yiuzcongz、sokfeiz gapbaenz. Douyiuz baenz dojyenzhingz, daej luzfeiz aeu cien bae demh，daej yiuzcongz bu sasaeq. Sokfeiz itgungh miz 3 diuz，baenz fuenghingz，bingzbaiz youq baihlaeng yiuzcongz，daj baihdaej cigsoh doeng daengz baihrog. Rugyiuz gwnzde baenz gungjhingz. Loih yiuz neix cujyau aeu daeuj coemh aenguenq、aenhuz. Mizmbangj givuz dajcang raizfanghgwz、raizraemx、raizhop. Mizmbangj givuz dwk gij youhhenj cujyau yenzsu dwg yangjvasih de.

此外，苍梧县大坡圩无定河南岸鸡方岭和干脚岭，也发现一处东汉早期窑址，明显可认的窑灶有8座，均为马蹄形土洞窑结构，由窑门、火膛、窑床、烟道组成。窑门呈椭圆形，火膛底垫砖石，窑床底部铺细砂。烟道共3条，呈方形平列于窑床后端，从底部直通窑外。窑室上部为穹隆顶。此类窑以烧造罐、壶为主。部分器物装饰方格印纹、水波纹、弦纹。有些器物施有含氧化矽为主要元素的黄釉。

Dwngzyen Gujlungz Yangh Cunghbohcunh Majdouzluzbo fatyienh giz yiuzgeq Dunghhan mboengqcaeux ndeu, gezgou de hix dwg saeuqnamh vemax，luzfeiz baenz gumz dihhingz, baihnaj gaeb baihlaeng gvangq，yiuzcongz baihnaj daemq baihlaeng sang，sokfeiz luenz, faenbouh youq yiuzcongz song cih. Gij canjbinj de dawz aen duixdwkyouh caeuq aenguenq sasaeq guhcawj. Duix miz daejbingz caeuq gyajgyokhangx song cungj, dajcang raizhop, mizmbangj dwk youhhenj caeuq youhheu. Aenguenq lai miz seiq rwz, dajcang raizraemx caeuq raizfanghgwz. Aeu namhvax guhbaenz yenzcuihhingz bae demh coemh dauzgi. Gij gunghyi de beij geizcaeux cinbu haemq daih.

藤县古龙乡冲坡村马头鹿坡发现的东汉晚期窑址，也是马蹄形土洞窑结构，火膛是前窄后宽的梯形深坑，窑床前低后高，烟道圆形，分布于窑床的两角。其产品以釉陶碗和细泥硬砂陶罐为主。碗有平底和假圈足两种，饰弦纹，有些施黄色和青色釉。罐多有四耳，装饰水波纹和方格纹。采用圆锥形陶土做支垫焙烧工具。其工艺比早期有较大进步。

Siengcouh Yen Yin'gyangh Yangh fatyienh geij giz yiuzgeq Handai mboengqcaeux, gig miz gyaciz. Yiuzgeq youq ndaw aen vaxcangj gaeuq Yazcunh caeuq Nazgyaucunh、Lazcunh, cienzbouh faenbouh youq henz Dahliujgyangh，gag baujcunz geij hongq rugyiuz，gezgou cienzbouh dwg lungzyiuz bolingq，coemhhyiuz nienzdaih daj mboengqcaeux Sihhan haidaeuz, daengz Nanzcauz nienzgan dingzcij. Gij dauzgi Handai caux de，gihhingz miz boemh、guenq、 bat、duix. Baihrog dauzgi itbuen gaepyaenq raizfanghgwz、raizraemx、raizduk. Gij givuz seizdaih haemq laeng de dwk saekndaem. Cincauz、Nanzcauz aeu coemh swzgi heu guhcawj, canjbinj miz guenq、duix、bat、huz daengj，aendaih de monghau，saek youh de heuhenj，haemq yinz saw. Gij swzgi biubonj oknamh de，gaijgez le aen vwndiz gvendaengz yenzgiu dieg Gvangjsih gij swzgi heu ndaw aenmoh Cincauz、Nanzcauz de daj gizlawz daeuj haenx. Gij yiuzgeq Yingyangh ceiqnoix gangjmingz, youq mboengqcaeux Sihhan dieg Siengcouh gaenq miz lungzyiuz, lungzyiuz coemh dauzgi gisuz ndei gvaq yiuzvemax lai lo. Daj coemh dauzgi yiengq coemh swzgi cienjvaq, dwg hangh gohgi cinbu hungnaek ndeu; fatyienh yiuzgeq Yingyangh, vih gaujgujyoz daezgungh le gij baengzgawq daj dauzgi daengz swzgi de.

象州县运江乡发现的西汉早期窑址，非常有价值。窑址在牙村和那教村、腊村的旧瓦厂里，都分布在柳江边，各保存有几处窑室，皆为斜坡式龙窑结构，烧造的年代始于西汉早期，止于南朝年间。汉烧制的陶器，器型有瓮、罐、钵、碗。器表一般装饰带戳印的方格纹、水波纹、篦纹。时代较晚的器物施黑色陶衣。晋、南朝以烧青瓷器为主，产品有罐、碗、钵、壶等，胎质灰白，青黄色釉，比较匀净。出土的瓷器标本，解决了关于研究广西晋、南朝墓葬中青瓷器的来源问题。运江窑址至少说明，在西汉早期象州地区已有龙窑存在，龙窑烧造技术远胜于马蹄土洞窑。从烧制陶器到向烧制瓷器转化，是一项重大的科技进步；运江窑址的发现，提供了从陶到瓷的考古学证据。

Handai dieg Bouxcuengh gij dajcauh dauzgi gisuz, lingh aen cingzcik couh dwg gij dauzgi dwkyouh de ndaej daengz fazcanj caeuq riuzhengz. Saedceiq, dieg Bouxcuengh gij dauzgi dwkyouh okyienh youq Cangoz seizgeiz. Lumj Bingzloz Yen Yinzsanhlingj aenmoh Cangoz oknamh gij dauzbu（陶瓿）sam ga、aen hab miz fa sam ga cungj dwk youhheuhenj liux. Doenghgij swzgi neix lap youh de mbouj yinz, aen swz caeuq youh giethab mbouj gaenjmaed ndigah yungzheih lotdoek, gij yenzsijsing de gig mingzyenj. Daj gij dauzgi mbouj dwkyouh daengz gij dauzgi dwkyouh, dwg dieg Bouxcuengh gij lizsij dajcauh dauzgi gisuz gwnzde cungj duzbo hungnaek haenx. Mboengqbyai Sihhan gvaqlaeng, gij dauzgidwkyouh canjliengh mboujduenh gyalai, daengz Dunghhan, gij dauzgi dwkyouh gaenq dauqcawq riuzhengz. Aen seizgeiz neix gij saek youh de vanzlij dwg saek heuhenj, hoeng dwk ndaej yinz, na mbang haemq ityiengh, aen dauzgi caeuq youh giethab ndaej ndei, mbouj yungzheih lotdoek. Gyonj hwnjdaeuj gangj, gij dauzgi dwkyouh Bouxcuengh daj Cangoz haidaeuz miz, youq Sihhan hwng, gisuz mboujduenh daezsang, daengz Dunghhan siujbingz gaenq haemq sang.

汉代壮族地区制陶技术的另一成就就是釉陶的发展和流行。实际上，壮族地区的釉陶出现于战国时期。如平乐县银山岭战国墓出土的三乳足陶瓿、三乳足带盖陶盒都施有青黄釉。这些器物釉层不均匀，胎釉结合不够紧密因而易于剥落，带有明显的原始性。从无釉陶到敷釉陶，是壮族地区制陶技术史上的重大突破。西汉晚期后，釉陶产量不断增多，到东汉，釉陶已广泛流行。此时期的釉色仍然是青黄釉，但施釉均匀，厚薄较一致，胎釉结合得好，不易剥落。概而言之，壮族的釉陶始于战国，盛行于西汉，技术不断提高，到东汉已达到相当高的水平。

Daengz Nanzcauz seizgeiz, aenvih swzgiheu gaenq bujbienq sawjyungh, gij doxgaiq ngoenzyungh gang'vax de menhmenh gemjnoix, hoeng gij gunghyibinj gang'vax dauqfanj baujciz gij mwnhoengh geizmienh Handai. 1981 nienz, Gvangjsih Yungjfuz Yen Soucwngz Yangh henz aen youzgu gunghsiuhse fatyienh aenmoh Nanzcauz seizgeiz ndeu, de dwg aeu cien daeb baenz, ndawde oknamh gij dunghyibinj gang'vax lai cungj lai yiengh, binjcungj miz gij dauzgi vunz gwihmax、vunz ramgiuh、vunz gwedgeiz、vunzhoiq、vujsw、vunz roqgyong, caeuq aen

ranz、rongz bitgaeq、duzmou、duzyiengz、duzgaeq、duzbit caeuq siujliengh gaiqdawz lumj
bat、buenz daengj. Ndawde, gij dauzgi vunz gwihmax dandan fatyienh gienh ndeu, wngdang
dwg gij ndangfaenh geiqhauh bouxcawj aenmoh. Boux gwihmax de ndangbiz ndangcangq,
gyaeuj daenj mauhsang, daenj vaq raez, gwih youq gwnz max, song fwngz gaem cag,
da yawj bae naj. Gwnz max raek an, gij man demh laj an de duengh daengz laj dungx, gyaeuj
max miz danghluz（当卢）dajcang, hauzvaz raixcaix. Boux vunzvax caeuq maxvax caemh
caijyungh gij gisuz dizsu（提塑）、nem、mbonvat、gatheh、daengj dox giethab neix,
lizdijganj haemq haenq. Lumj gwnzndang duzmax gak cungj dajcang caeuq cag, cienzbouh dwg
yawhsien nep baenzhingz, yienzhaeuh caiq nem hwnjbae. Da、bak boux vunzvax caeuq bak
duzmax cix caijyungh gij gisuz yinhsen mbonvat gatheh, yienghneix, dawz bouxcawj aenmoh
gij saenzcingz dasang、ndaengndiengq de veh ndaej lumjliuxliux. Vihliux gyaepgouz hingzsik
gyaeundei, aeu gyaeuj duzmax dajcang ndaej gig gyaeundei gig hauzvaz, danghnaeuz gangj dwg
biujyienh "rengzdin", mboujyawx gangj dwg siengcwngh caeuq daejyienh "caizfouq". Cungj
dauzsu（陶塑）yisuz gyaepgouz hauzvaz、luemjrog neix, youq Handai lijcaengz ndaej raen gvaq.

　　到了南朝时期，由于青瓷器已普遍使用，陶制日常生活用品逐渐减少，但是陶制的工艺品却依
然保持汉代的繁荣局面。1981年，广西永福县寿城乡供销社油库附近发现一座南朝时期的砖墓室，
出土的陶塑工艺品丰富多彩，品种有骑马俑、步辇俑、扛旗俑、侍从俑、武士俑、击鼓俑，以及房
屋、禽舍、猪、羊、鸡、鸭和少量的生活用器如钵、盘等。其中，骑马俑仅发现一件，当是墓主的
身份标志。骑俑体胖健壮，头戴高冠，着长裤，骑于马上，双手紧握缰绳，目视前方。坐骑背有
鞍，鞍下垫褥垂至腹下，马头饰当卢，非常豪华。陶俑及陶马均采用提塑、堆贴、镂雕、切割等相
互结合的技法，具有较强的立体感。如马身上的各种佩饰及缰绳，都是预先捏塑成型，然后再粘贴
上去的。俑的眼睛、嘴及马嘴则采用阴线镂雕切割的技法，这样，把墓主的清高、孤傲神态刻画得
惟妙惟肖。为了追求形式之美，把马头装饰得富态，与其说是"脚力"的表现，毋宁说是"财富"
的象征和体现。这种追求豪华、虚荣的陶塑艺术，在汉代是从未见到的。

　　Nanzcauz seizgeiz, dieg Bouxcuengh gij dauzsu（陶塑）yisuz daezcaiz, mboujdanh miz
gij neiyungz fanjyingj gij swnghhoz deihfueng gveicuz, vanzlij hix miz gij neiyungz fanjyingj gij
swnghhoz nungzminz sinhoj guhhong. Canghvuz Yen Daujsuij aenmoh Nanzcauz oknamh gij
caenaz mozhingz de, gij heiqsik swnghhoz mbanj Bouxcuengh de haenq. Gij mozhingz naz loq
baenz fuenghingz, raiz 18 lizmij, gvangq 15 lizmij, gyang de miz saenj haenz ndeu, dawz naz
baen baenz song raih, gag miz bouxvunz ndeu youq ndaw laeh vaiz dawz naz. Boux vunzvax de
fwngzswix gaem cae, fwngzgvaz yaek bien laeh vaiz. Vaiz youq ndaw gyangnaz guh yamq guh
yamq byaij baenaj, dwgrengz raixcaix, naiq raixcaix. Moix raih naz cih ndeu, vanzlij mbonvat
congh iq ndeu, lumj aen laeuh neix, de fouzngeiz dwg giz baiz raemxnaz de. Dieg Bouxcuengh
naz lai, moix raih naz cih de cungj vat aen dwngj ndeu, de miz guenqraemx caeuq baizraemx
cozyungh. Boux bouxcangh mbouj louz coh neix, dwg vunzzak raixcaix, cazyawj swnghhoz
sijsaeq nyinhcaen baenzde, caemhcaiq dawz de dengcinj fanjyingj daengz ndaw gij yisuz cozbinj
swhgeij bae.

南朝时期，壮族地区的陶塑艺术题材，不但有反映地方贵族生活的内容，而且也有反映农民艰辛耕耘的劳动生活内容。苍梧县倒水南朝墓出土的犁田模型，具有浓郁的壮乡生活气息。田的模型略呈方形，长18厘米，宽15厘米，中间纵贯1条田埂，将田分为两块，各有一人在赶牛犁田。犁田俑左手扶犁，右手作扬鞭赶牛状。牛在泥融的水田中一步一步向前移动，那样艰辛，那样劳累。每块水田的一角，还镂挖有1个漏斗状的小洞，这无疑是稻田的排水设施。壮族地区多水田，每一块水田的角落处都挖有1个排水洞，起到灌溉和排水的作用。这位未留名字的工匠，堪称高手，对生活的观察是那么的仔细认真，并将之准确地反映到自己的艺术作品中。

Dangz、Sung gvaqlaeng, dieg Bouxcuengh gij hangznieb dajcauh dauzgi de menhmenh doekbaih, cawzliux gangraemx、boemhsoemj、boemhhaeux、duix、guenq daengj mbangjdi doengh aen dajcaeng lij laebdaeb swnghcanj, gij doxgaiq ngoenzyungh ca mbouj geij gaenq deng swzgi dingjlawh. Hoeng youq mbangjdi yisuzbinj fuengmienh lijmiz gij cozbinj hawj vunz doeksaet. Lumj 1920 nienz youq Gvangjsih Ginhcouh Bingzgiz Yangh Bingzsinhcunh oknamh gaiq beivax ndeu, dwg gij vaxbei mucimingz Dangzcauz Ginhcouh swsij Ningz Dauvu. Bei sang 90 lizmij, gvangq 60 lizmij, gig ndongj, gwnz de gaek miz 1400 lai aen saw, itgungh 30 baiz, moix baiz miz 40 aen saw baedauq, gaijsuh, aen saw gaek ndaej miz rengz, bakcax swnhdoeng. Dajcauh aen beivax laux baenzneix, ndaw guek raen noix dahraix. De aiq dwg caijyungh gaqfaex dajcauh fuengfap, aeu benj guh gaq cangzfanghhingz ndei gonq, yienzhaeuh youq ndaw gaqfaex demh namhvax, caj de hawq daengz habdangq cingzdoh caiq gaek cihsaw. Coemh ndei le, beivax mbouj bienqhingz, gangjmingz namhvax ginggvaq sijsaeq leh ndei; ndaek bei laux baenzneix hix coemh ndaej cug, gangjmingz aen yiuz gaeng siengdang gohyoz, laemxdaemh baujciz ndaej haemq sang vwnhdu, boux coemhyiuz hix cungfaen dawzndei ndaej rengz feiz. Ndaw bonjsaw vunz Dangzcauz Liuz Sinz《Lingjbyauj Luz Yi》gaisau aen cauqhozvax（土锅镤）dwg "gij doxgaiq banggungz", dwg dwzcanj Lingjnanz, rungyw、rung'oemj、runghaeux cungj baenz, gyahwnj de gyaq cienh, daengz seizneix, de vanzlij dwg gij doxgaiq runghaeux Bouxcuengh gyaezmaij.

唐宋以后，壮族地区的制陶业呈衰落之势，除水缸、酸坛、米瓮、碗、罐等一些大的盛水装物的陶器尚继续生产，日常生活用品几乎已为瓷器所取代。但在某些艺术品方面还有惊人之作。如1920年在广西钦州平吉乡平心村出土的一方陶碑，是唐钦州刺史宁道务的墓志铭碑。碑高90厘米，宽60厘米，陶质坚硬，上刻铭文1400余字，分30行，每行有40字左右，楷书，字体苍劲有力，刀法流畅。制作这样大的陶碑，国内实属罕见。很可能是采用框架制作法，先用木板制好长方形框架，然后在框架内填充陶土，待干透至适当程度再刻字。烧成之后，陶碑没有变形，说明陶土曾经过精选淘练；而这样大的碑能烧透，说明陶窑已相当科学，能保持持续的高温，窑工也能充分掌握好火候的分寸。唐刘恂的《岭表录异》中介绍的"济贫之物"土锅镤，是岭南特产，煮药、熬粥、煲饭都能胜任，加上价廉，时至今日，仍然是壮家人喜好的炊具。

Mingz Cingh gvaqlaeng, dieg Bouxcuengh hwnghwnj aeu aenboemh bae gyaeng ndok vunz bae haem（sugvah heuhguh boemhgim）, aen seizgeiz neix aenboemh caux ndaej gig lai, hoeng dajcauh ndaej haemq cocat, feiz mbouj doh rengz, aiq cienzbouh dwg ndawbiengz mbangj gij yiuznamh genjdanh de coemh ok.

明清以后，壮族地区兴用陶坛作二次葬的葬具（俗称金坛），此时期陶坛的烧造量很大，但制作都比较粗糙，火候不高，可能都是民间一些简陋的土窑烧造。

Seiq. Minzgoz Geizgan Ginhcouh Gij Swjsah Dauzyi De
四、民国期间钦州紫砂陶艺

1915 nienz, youq gwnz aen hoih "Bahnazmaj Daibingzyangz Fanh Guek Bozlanjvei" youq Meijgoz Giuginhsanh ciuhai de, gij swjsahdauz canjbinj Gvangjsih Ginhcouh soengq bae canjlanj haenx ndaej daihngeih mingz; 1930 nienz, youq gwnz aen hoih Bijlisiz "Seiqgyaiq Dauzyi Canjsaivei", gij swjsahdauz canjbinj Ginhcouh youh ndaej it daengj ciengj. Song aen sinhvwnz neix gingdoengh ndaw guek rog guek, dangseiz Sanghaij daengj dieg lai ranz bauqceij fatbiuj bingzlwnh, heuh Ginhcouh guh "Cungguek aen dauzduh daihngeih".

1915年，在美国旧金山"巴拿马太平洋万国博览会"上，广西钦州送展的紫砂陶产品荣获第二名；1930年，在比利时"世界陶艺展赛会"上，钦州紫砂陶产品又荣获一等奖。这两起新闻震惊了国内外，当时上海等地多家报纸发表评论，称钦州为"中国第二陶都"。

Ginhcouh swjsahdauz dwg aeu gij namhnding hamz yangjvadez gig sang de cauxbaenz, coemh baenz le daengx aen gyaemq liux, mbouj yungh dwkyouh hix gig gyaeundei, hawj vunz gyaez mbouj cuengqfwngz. Swjsahdauz ceiqcaeux dwg boux canghvax Gyanghsuh Yizhingh Yen dajcauh fatmingz, haidaeuz youq Sungdai miz, daengz Mingz Cingh hwnghoengh. Ndigah, ndawbiengz youh heuh de guh "Yizhinghdauz", heuh Yizhingh guh guek raeuz aen dauzduh daih'it. Ginhcouh dwg youq Cinghcauz Hanzfungh seizgeiz (1851~1861 nienz) haidaeuz rw coemh swjsahdauz, hoeng dauqfanj "hag de danqfanj ndei gvaq de". Aenvih yienzliuh hamz miz gij cwngzfwn de mboujdoengz caeuq dajcauh ndaej ndei, naeng Ginhcouh swjsahdauz beij Yizhinghdauz engqgya luemjndongq. Baihrog givuz ciengzseiz gaekveh miz gij dozanq hau roxnaeuz nding de, sugvah heuhguh "gi nding va hau" "gi hau va nding", engqgya miz deihfueng daegsaek, vunz seizde heuh de guh "nizhinghdauz".

钦州紫砂陶是用含氧化铁很高的红泥制成，烧成之后胎质呈紫红色，无须施釉也很艳丽，令人爱不释手。紫砂陶最早是江苏宜兴县陶匠的创造发明，始于宋代，兴盛于明清。因此，民间又称之为"宜兴陶"，把宜兴誉为我国第一陶都。钦州是在清咸丰年间（1851~1861年）开始仿烧紫砂陶，但却"青出于蓝而胜于蓝"。由于原料所含成分不同和创作的精琢，钦州紫砂陶的器表比宜兴陶光滑细润。器物表面往往刻饰以白粉或赭粉图案，俗称"红器白花""白器红花"，更具地方特色，时人称之为"坭兴陶"。

Ginhcouh haidaeuz rw coemh swjsahdauz seiz, dandan swnghcanj mbangj daeujien、hab'ien daengj gij doxgaiq iq neix, doeklaeng ginggvaq gyoengq bouxcangh mboujduenh gaijcaenh，gyadaih binjcungj，cij miz huzcaz、bingzva daengj doxgaiq ngoenzyungh caeuq gij gunghyibinj hawj vunz yawj de. Cinghcauz Dungzci daengz Gvanghsi nienzgan（1862～1908 nienz），Ginhcouh aen hangznieb dajcauh swjsahdauz de ndaej daengz haemq daih fazcanj，gij bouxcangh swnghcanj swjsahdauz de ngoenz beij ngoenz lai，gyoengqde comzyouq gizndeu，gapbaenz diuz "nizhinghhaw" mwnhoengh ndeu. Swnghcanj ok gij swjsahdauz canjbinj de，lai cungj lai yiengh，miz mbokbit、huzraemx、aen swiq bit daengj vwnzgi，miz duix、deb、huzcaz daengj gij gaiqdawz gwnhaeux gwncaz，miz lozyieng、congzyieng daengj gij doxgaiq buizcaeq de，engqlai de dwg gak cungj gij bingzva aeu daeuj baij haenx. Youq gunghyi gisuz fuengmienh，gaenq naengzgaeuq swnghcanj mbangjdi gij canjbinj baenzhingz caeuq nanzdoh haemq laux de. Minzgoz conienz，Ginhcouh swjsahdauz youq gwnz gozci bozlanjvei lienzdaeb ndaej ciengj hung，mingzdaeuz hungloet，yienghneix engqgya gikfat swjsahdauz fazcanj baenaj. Minzgoz 28 bi（1939 nienz），bing，yizbwnj ciemqhaeuj Ginhcouh daengj dieg，daihliengh bouxcangh deuz ranz deuz mbanj，swjsahdauz swnghcanj deng nyoegnyamx yenzcung，ca di raeg bae.

钦州开始仿烧紫砂陶时，仅是生产一些烟斗、烟盒之类的小件器物，后来经过工艺师们的不断改进，扩大了品种，才出现了茶壶、花瓶等日用品及欣赏工艺品。清同治至光绪年间（1862～1908年），钦州紫砂陶烧造业有了较大的发展，从事紫砂陶生产的工匠日益增多，他们聚居在一起，形成了一条繁荣的"坭兴街"。生产的紫砂陶产品，丰富多彩，有笔筒、水壶、笔洗等文具，有碗、碟、茶壶等餐具、茶具，有香炉、香案等祭祀用器，更多的是各种陈设性花瓶。在工艺技术方面，已经能够生产一些成型及烧造难度较大的产品。民国初年，钦州紫砂陶在国际博览会上连获大奖，声名大震，从而更加刺激了紫砂陶的发展。民国二十八年（1939年），日本侵略军入侵钦州等地区，大量工艺匠人流离失所，紫砂陶生产遭到严重摧残，濒于绝迹。

Swjsahdauz gij dajcauh gunghyi de haemq fukcab, soujsien dwg leh namh. Gij namhnding baihdoeng Dahginhgyangh heuhguh namhdoeng, gij namh neix unqnemq, ndei nep baenzhingz, hoeng dingj mbouj ndaej feizrengz geijlai, dandog caux coemh, aen ndip de yungzheih bienqyiengh; gij namhnding baihsae Dahginhgyangh heuhguh namhsae, gij namh neix ndongj, dingj ndaej feiz rengz, hoeng mbouj ndei nep baenzhingz, nanzndaej dandog caux baenzyiengh. Gyoengq bouxcangh daezaeu roek cwngz namhdoeng、seiq cwngz namhsae doxgyaux sawjyungh, ginggvaq nyugswiq lai baez, caemdingh daih ndei, cawzbae gij raemx laiyawz, caj daengz namh yaek hawq mbouj hawq ndei nep baenzyiengh seiz, couh ndaej caux baenz aen yiengh lo. Ginggvaq cungjgez gij ginghnen binaengz, aen yiuz Ginhcouh swjsahdauz gaenq coemhcaux ndaej gij bingzva sang 2 mij lai de.

紫砂陶的制作工艺比较复杂，首先是陶土的精选。钦江以东的红泥称为东泥，质地柔软，可塑性好，便于成型，但耐火度低，单独烧造，器坯易变形；钦江以西的红泥称为西泥，质地坚硬，耐火性好，但可塑性差，难以单独成型。工匠们提取东泥六成、西泥四成混合使用，经过数次淘洗，沉淀过滤，除去多余的水分，待泥半干可塑性较强时，便可制坯成型了。经过历年的经验总结，钦州紫砂窑已可以烧制2米多高的花瓶。

Ginhcouh swjsahdauz baenzhingz, caijyungh gij fuengfap fwngz baenq aen loek caux de（轳 辘手工拉坯法）, hix miz aeu fwngz nep caeuq yungh moz guh；coemh yiuz caijyungh "feizndin gfap" caeuq "yiuzbienqfap".

钦州紫砂陶的成型, 采用轳辘手工拉坯法, 也有捏塑法和模印法；装窑烧造采用"红火法"和 "窑变法"。

"Feizndingfap" dwg mbouj hawj aen dauzgi ndip cigsoh bungq feiz, cuengq de youq ndaw hab coemh. Guh neix coemh, cwngzbinjliz sang, hoeng dandan ndaej saeknding cungj ndeu, haemq dandiuh. "Yiuzbienqfap" dwg hawj dauzgi ndip bungq feiz. Cungj coemh fap neix, cwngzbinjliz daemq, caemhcaiq bienqyiengh dem, mienx mbouj ndaej roh dek, hoeng ndaej youq gwnz aen giekdaej gij saek nding baenznduj, ndaej daengz gij saek doengz、saek gyaemq、saek heu、saek henjgim、saek fodheu daengj laicungj yauqgoj, mumjgyumq mueklah. Vunz dangdieg heuh cungj yienhsiengq neix guh "yiuzbienq". De caeuq gwnz dauzswzyoz gij "yiuzbienq" de mbouj dwg caemh aen eiqsei. Gij "yiuzbienq" dauzswzyoz dwg saekyouh youq ndaw mbouj doengz rengzfeiz fatseng bienq saek cix ndaej aen coh haenx. Vunz Ginhcouh heuh aen dauzgi yienzsaek bienqvaq guh "yiuzbienq" dwg mbouj gveihfan. Hoeng cungj heuhfap neix gaenq miz 100 lai bi, daihgya cungj nyinhdoengz, hix mbouj ndei gaij lo. Gij yenzlij Ginhcouh swjsahdauz "yiuzbienq", cujyau dwg ndaw namhnding hamzmiz 5% ~ 8% yangjvadez caeuq siujliengh yangjvadai cwngzfwn, aenvih diet、dai youq ndaw yangjva caeuq vanzyienz gij coemhfeiz vanzging mbouj doengz neix, bungq daengz hoengheiq canjseng vahozgya, sawj vahozgya fatseng bienqvaq, caiq gyahwnj coemhdawz ndawde dansu caemh gyahaeuj cozyungh, cauhbaenz dauzgi bienqsaek.

"红火法"是不使陶坯件直接接触火焰, 存放于匣钵内焙烧。这样烧造, 成品率高, 但只能得红色一种, 较单调。"窑变法"是任由陶坯件接触火焰。此种烧制, 成品率低, 且变形, 漏裂现象难免, 但可获得在原来铁红色的基础上隐约呈现的古铜、紫红、铁青、金黄、墨绿等多种色泽效果。当地人把这种现象称为"窑变"。它和陶瓷学上的"窑变"不是一个意思。陶瓷学上的"窑变"是釉色在不同火候中发生颜色变化而得的名。钦州人将坯体胎质颜色变化称为"窑变"是不规范的。但此叫法已有100余年, 约定成俗, 也不好改了。钦州紫砂陶胎质"窑变"的原理, 主要是红泥内含有5% ~ 8%的氧化铁及少量的氧化钛成分, 由于铁、钛在氧化与还原不同的焙烧环境中, 接触空气产生化合价的不同变化, 再加上燃烧中碳素的参与作用, 导致坯体变色。

Swjsahdauz gij gisuz guh raiz dajcangh gig lingzvued, lai cungj lai yiengh, sueng miz fuzdiuh、yenzdiuh、bingzdiuh、nezdiuh、mbonvat caeuq doxhaebhaeuj daengj gunghyi, gyoengqde gag miz gij gisuz singnwngz caeuq daegdiemj swhgeij. Doenghgij fuengfap neix, bouxcangh cungj yinhyungh ndaej suglienh swnhfwngz. Daegbied dwg mboujguenj cungj fuengfap lawz, haidaeuz gij leh namh、boiqliuh daengj gyagoeng gunghyi gisuz, cungj dwg aen vanzcez gig gvanhgen, caemhcaiq hix dwg gij gvanhgen gisuz caux aen givuz ndip de. Bouxcuengh Ginhcouh caeuq gizyawz minzcuz ityiengh, cungj miz swhgeij gij gisuz ndei gvaq vunz, gijneix dwg mbouj gangj gag rox.

　　紫砂陶的纹饰装饰技术灵活性强，丰富多彩，计有浮雕、圆雕、平雕、捏雕、镂空和镶嵌等工艺，它们都有自己的技术性能和特点。这些方法，工匠都能运用自如。特别是不管哪种方法，开初的陶土选择、配料等加工工艺技术，都是很关键的环节，并且也是制坯的关键技术。钦州壮族同其他民族一样，都练就有自己的绝技，这是不言而喻的。

　　Swjsahdauz youq ndaw vwnzva swnghhoz vunzlai siengdang youqgaenj, daegbied dwg gij vwnzva gwncaz, ca mbouj geij dwg noix mbouj ndaej gij huz、cenj gij Ginhcouh swjsahdauz neix. Ranz beksingq bingzciengz, itbuen cungj raen ndaej yungh aen huz Ginhcouh swjsahhuz rung caz ndei daihhek miznaj, boux cangh gwncaz rox caz de, cix nyinhnaeuz ndaej bingzgyaq swjsahhuz rung caz miz haujlai gijndei guh mingzdaeuz, aeu gijneix daeuj yienh'ok gij cazvwnzva de miz geijlai laeg. Gij gangjfap caeznyinh de, aeu swjsahhuz rung caz miz 7 aen ndeicawq：（1）Rung caz gij feihdauh baeznduj de mbouj bienq, mboujdanh guh daengz "saek hom feihdauh cungj miz", caiqlij "mbawcaz engqgya homfwdfwd"；（2）huzcaz yungh ndaej nanz, mbouj yungzheih vaih, doiq aen swjsahhuz rung caz gvaq de, couhcinj hoengq le, aeu raemxgoenj coq bae, hix miz feihdauh；（3）rung okdaeuj gij caz de, mbouj yungzheih fatmwt bienqcaet；（4）huzcaz dingj ndaej ndat, seizdoeng dauj raemxgoenj haeujbae, hix mbouj lau dek, lij ndaej hai feiz iq menhmenh rung；（5）aenhuz cienz ndat menh, gaem mbouj ndat fwngz；（6）aenhuz sawjyungh yied nanz, yied luemjndongq；（7）aenhuz saek de lai bienq, cigndaej vunz menhmenh bae naemjsiengj. Cawzbae gijneix, ciennaeuz aeu swjsahdauz bingzva bae gyaeng va, caeuq gij bingzva wnq doxbeij, de hawj gova baujciz va hai mbaw heu seizgan ceiq nanz. Gyonj hwnjdaeuj gangj, gij swjsahdauz Ginhcouh, youq mbanj Bouxcuengh, daj miz de doxdaeuj, ginggvaq bouxcangh Bouxcuengh Bouxgun caeuq bouxcangh gij minzcuz wnq caemh naihhaemz yenzgiu, baengh gij giyi gig hab gohyoz, gij deihfueng minzcuz daegsaek de, daj mbanj Bouxcuengh daengz ndaw guek rog guek, dauqdaej ndaej daengz sevei cingznyinh, baenz le gij canjbinj bouxboux yaek cawx haenx. Youq ndaw lai cungj nizhinghdauz, lijmiz haujlai gij canjbinj gisuz gig sang haenx, lumj gij bingzva gaugaep sang 3 cik doxhwnj、gag cungj gag yiengh aen siengq duzbaed、gij lozyieng hungloet、gij doxgaiq buizcaeq raizva fukcab daengj, hix dwg gij vunzlai bingzciengz yungh daengz de.

　　紫砂陶在人们的文化生活中具有相当重要的位置，特别是饮茶文化，几乎是不能缺少钦州紫砂陶茶具。寻常百姓家，一般都以能用钦州紫砂陶壶泡好茶待客为荣，而资深的茶客，则以品评紫砂陶壶泡茶的诸多优点为荣誉，以显示其茶文化的渊博。公认的说法，用紫砂陶壶泡茶有7大好处：①泡茶不失原味，非但做到"色香味皆蕴"，而且"茶叶越发醇郁芳沁"；②茶壶经久耐用，对泡过茶的紫砂陶壶，即使空壶，以沸水注入，也有茶味；③泡的茶，不易霉馊变质；④茶壶耐热性好，冬天沸水注入，无冷炸之虑，还可以文火炖烧；⑤壶体传热慢，握拿不烫手；⑥壶使用愈久，愈闪光发亮；⑦壶身色泽多变，耐人寻味。除此之外，盛传用紫砂陶花瓶插花，与别的花瓶相比，它能保持花叶茂盛的时间最长。总之，钦州的紫砂陶，在壮乡，自从问世以来，在壮汉工匠和其他兄弟民族工匠的共同刻苦钻研下，以其科学的技艺，独特的地方民族色彩，从壮乡到国内外，终于获得了社会的认可，成了热门的产品。坭兴陶陶器中，还有不少的高超技术的产品，如高3尺以上的高级花瓶、各种各样的佛像、巨型香炉、花纹复杂的祭器等，也是人们生活中常用的。

Minzgoz gvaqlaeng dauzgi yienznaeuz deng swzgi dingjlawh, hoeng youq dieg Bouxcuengh gvangqlangh, lijmiz haujlai gij dauzgicangj ndawbiengz, swnghcanj vaxheu（小青瓦）、 dauzdujvaj（陶土瓦）、gihcivaj（机制瓦）、rumvax（米糊臼）、guenqgyu、gij guenq ngauz laeuj gyaeng laeuj daengj, cienzbouh dwg gij dauzgi gig miz minzcuz daegsaek de, dwg gij doxgaiq vunzlai gvaq saedceij itdingh aeu yungh haenx.

民国以后陶器虽然被瓷器所取代，但在广大壮乡，还有很多的民间陶厂，生产小青瓦、陶土瓦、机制瓦、米糊臼、盐罐、酿酒装酒的酒罐等，都是很具民族特色的陶器，为人们生活的必需品。

Haj. Gij Goekgaen Cinghswz Caeuq De Baenzlawz Fazcanj
五、青瓷的起源与发展

Daj dauzgi daengz swzgi, dwg vunzloih conzdungj ginghgungh gohyoz gisuz baez cinbu hungloet ndeu. Cungguek dwg aen guekgya ceiqcaeux fatmingz swzgi de, daj Sanghdai haidaeuz, Cungguek couh gaenq miz swzgi lo. Cangoz daengz Sihhan dwg yenzsij cinghswz seizgeiz. Dunghhan gvaqlaeng, cij okyienh gij cinghswzgi caencingq. Vei Cin Nanzbwzcauz daengz Suiz Dangz, dwg swzgi fazcanj gaihdon, cix Sung Yenz dwg aen seizgeiz fazcanj ceiq hwng de, Mingz Cingh cix dwg aen seizgeiz cingzsug haenx.

从陶到瓷，是人类传统轻工科学技术的一大进步。中国是最早发明瓷器的国家，从商代开始，中国就已经有了瓷器。战国至西汉属于原始青瓷时期。东汉以后，才出现了真正的青瓷器。魏晋南北朝到隋唐，是瓷器的发展阶段，而宋元是它的发展高峰期，明清则是其成熟时期。

Mbanj Bouxcuengh gij yenzsij cinghswz, ceiqcaeux youq Cangoz seizgeiz ndaej raen. 1974 nienz, youq Bingzloz Yen Yinzsanhlingj aenmoh Cangoz ndawde, fatyienh miz yenzsij cinghswz, lumj cenj、hab、duix daengj gij doxgaiq neix. Cungj yenzsij cinghswz neix gij feiz de haemq rengz, roq de miz sing gimsug, caiqlij baihrog givuz cungj dwk youhheuhenj liux. Dunghhan seizgeiz, Gvangjsih Gveiyen（Gveigangj Si seizneix）、Hingh'anh、Cunghsanh daengj dieg ndaw aenmoh haidaeuz okyienh le cinghswzgi, aendaih de monghau saeqnaeh, namh swz ginggvaq fanfuk dauzswiq, aendaih de gezgou netndaet, boprumz noix, baihrog givuz dwk youhheu（doz 10-1-12 dwg duix cinghswz Dunghhan youq Guengjsae oknamh）. Sam Guek、 Vei Cin Nanzbwzcauz seizgeiz, cinghswzgi youq dieg Bouxcuengh bujbienq riuzhengz（doz 10-1-13 dwg huz gyaeuj gaeq cinghswz youq Guengjsae oknamh）. Youq Vuzcouh、Dwngzyen、 Gunghcwngz、Bingzloz、Gveiyen（Gveigangj seizneix）、Gveilinz、Yungjfuz、Yungzanh daengj dieg, ndaw gij moh aen seizgeiz neix, cungj fatyienh miz cinghswzgi buenxhaem, caemhcaiq youq Siengcouh gaenq fatyienh le yiuzgeq cinghswz, gangjmingz gij cinghswzgi daj ndaw moh oknamh de wngdang dwg gij yiuzswz bonjdieg coemh. Suiz Dangz seizgeiz, yienznaeuz youq dieg Bouxcuengh gaujguj fatyienh mbouj lai, hoeng daj mbangjdi gij moh Suiz Dangz seizgeiz lingzding vat okdaeuj de, cengdi cungj miz cinghswzgi buenxhaem. 1976 nienz, Gvangjsih vwnzvuz gunghcozdui youq Ginhcouh Giujlungz vat、cingleix le 7 aen moh Suiz Dangz seizgeiz, itgungh oknamh cinghswzgi 53 gienh, beij gij givuz wnq lai ndaej lai, gangjmingz gij swzgi Suiz Dangz seizgeiz, gaenq baenz gyoengq vunz saedceij ndawde gij doxgaiq ngoenzyungh cujyau haenx. 1988 nienz, youq baihnamz rog singz Gveilinz Si Cemuz Cin sanghyauzcunh vatok 3 aen yiuzgeq, gyoengqde dwg yiuz mboengqbyai Nanzcauz daengz Dangzdai, ndawde oknamh cinghswzgi 2000 lai gienh, hawj raeuz doiq Suiz Dangz seizgeiz gij caux coemh cinghswz gisuz de liujgaij ndaej haemq haeujlaeg.

　　壮乡的原始青瓷，最早见于战国时期。1974年在平乐县银山岭战国墓中，发现有原始青瓷杯、盒、碗等器物。这种原始青瓷火候较高，敲击时发出金属声，而且器物外部都施青黄釉。东汉时期，广西贵县（今贵港市）、兴安、钟山等地墓葬中发现了青瓷器，其胎质灰白细腻，瓷土经过反复淘洗，胎体结构紧凑，气泡少，器物表面施青釉（图10-1-12为广西出土的东汉青瓷碗）。三国、魏晋南北朝时期，青瓷器在壮族地区普遍流行（图10-1-13为广西出土的青釉鸡首壶）。在梧州、藤县、恭城、平乐、贵县、桂林、永福、融安等地这一时期的墓葬中，都发现有青瓷器陪葬，而且在象州已发现了青瓷窑址，说明墓葬中出土的青瓷器应属当地瓷窑烧造的。隋唐时期，虽然在壮族地区的考古发现不多，但从一些零星发掘的隋唐墓葬中，几乎都有青瓷器陪葬。1976年，广西文物工作队在钦州久隆发掘清理了7座隋唐时期的墓葬，出土的青瓷器共53件，远比其他器物都多，说明隋唐时期的瓷器，已成为人们生活中的主要用器。1988年，在桂林市南郊柘木镇上窑村发掘的3座南朝晚期至唐代的窑址中，出土青瓷器多达2000余件。通过这些考古发掘的随葬品使我们对隋唐时期的青瓷烧造技术有了较深入的了解。

Doz 10-1-12　Aen duix cinghswz Dunghhan youq Gvangjsih Gveigangj Si Gauh cungh oknamh, sang 12 lizmij, bak gvangq 18.5 lizmij

图10-1-12　广西贵港市高中出土的东汉青瓷碗，高12厘米，口径18.5厘米，胎灰白，内外施釉，夏如泪流，叩声清越，烧制技术成熟

Doz 10-1-13　Aen huz gyaeuj gaeq cinghswz Cindai, youq Guengjsae Vuzcouh Si oknamh, sang 24.5 lizmij, dungx gvangq 20.5 lizmij, bak gvangq 10 lizmij, bangx bak miz gaenz（Ciengj Dingzyiz ingj）

图10-1-13　广西梧州市出土的晋墓青釉鸡首壶，通高24.5厘米，腹径20.5厘米，口径10厘米，盘口有把手，胎细白，通体施青釉，泛黄色，莹润光亮（蒋廷瑜摄）

Dieg Bouxcuengh Dunghhan daengz Sam Guek seizgeiz gij dajcang cinghswz yisuz de, cujyau dwg gij raizhop gaekveh haemq genjdanh haenx, hoeng daengz mboengqbyai Sihcin, okyienh le cungj diemjsaek dajcang moq ndeu. Gij gisuz gunghyi de dwg youq gwnz daengx aen givuz dwk lap youhheuhenj ndeu, yienzhaeuh miz eiqsik aeu yag lingh cungj raemxyouh hamz sanhyangjva'wdez gig sang de ndik coq gwnz youhheuhenj giz mbaq roxnaeuz giz dungx givuz, coemh ndei le gwnz youhheuhenj dansaek de couh okyienh raizban saekfonxnding, hawj aen givuz engqgya gyaeundei. 1972 nienz, Vuzcouh Si Vwnzvalu aenmoh Cinzcauz oknamh guengqseiqrwz、bat daengj gij givuz diemjsaek neix, youq gwnz gij youhloeghenj lwenqndongq diemj raizban saekfonxnding, vavaloekloek, yienzsaek fanjca gig laux, dwg gij cinghswzgi aen seizgeiz neix ndawde gij cinghbinj noixraen haenx（doz 10-1-14）. Okyienh gij swzdiemjsaek de, dwg coemh swzgi gisuz ndaej daengz cinbu.

　　壮族地区东汉至三国时期的青瓷装饰艺术，主要是比较简单的刻画弦纹，而到西晋晚期，出现了一种新的点彩装饰。其技术工艺是先在器物上通体施一层青黄釉，然后有意识地在器物的肩部或腹部青黄釉之上，点滴含三氧化二铁很高的另一种釉液，烧成之后便在单色青黄釉之上出现了褐色斑点纹，使瓷器的装饰效果更富美感。1972年，梧州市文化路晋墓出土的四系罐，在晶莹碧亮的黄绿色釉之上点缀以褐斑彩，斑彩烂漫，色调反差很大，是这个时期青瓷器中不可多见的精品（图10-1-14）。点彩瓷的出现，是瓷器烧造技术的进步。

Doz 10-1-14　Aen guenq diemj saek seiq rwz, cinghswz, youq Gvangjsih Vuzcouh Si Vwnzva Lu ndaw moh Cindai oknamh（Ciengj Dingzyiz hawj doz）
图10-1-14　广西梧州市文化路晋墓出土的青瓷点彩四系罐（蒋廷瑜 供图）

Doz 10-1-15　Aen huz bakbuenz seiq rwz youhheu, youq Gunghcwngz Cangzcazdi oknamh（Ciengj Dingzyiz hawj doz）
图10-1-15　恭城长茶地出土的青釉四系盘口壶（蒋廷瑜 供图）

Nanzcauz seizgeiz, dieg Bouxcuengh gij cinghswzgi de okyienh le cungj gisuz yaenq raizva dajcang haenx. 1974 nienz youq Gvangjsih Gunghcwngz Yauzcuz Swciyen Sinhgaih Cangzcazdi aenmoh Nanzcauz oknamh le buek cinghswzgi ndeu, sueng miz banzgoujhuz（doz 10-1-15）、 duix、cenj、aenloz sam ga、aenyienh haj ga、buenz daengj. Gij yiengh givuz ndeiyawj，youh de yinz、na、luemjndongq. Ndawde aen buenz gyangsim de yaenq miz va ngaeux、nya daengj，gijsuz sug，sienqdiuz swnh，dwg Gvangjsih seizneix fatyienh gij cinghswzgi yaenqva ceiqcaeux de. Youq aen seizgeiz neix，gij gisuz gaek va hix haemq riuzhengz，cujyau raen dajcang baihrog givuz lai，neiyungz de dwg va ngaeux lai. 1980～1982 nienz，Gvangjsih vwnzvuz gunghcozdui youq henz Yungzanh Yen Anhningz Yangh Vangzgyahcai vatok 5 aen moh Nanzcauz，oknamh aen huzgyaeujgaeq daengx aen dwk youhheucenj liux，youq dungx de gaek mizraiz va ngaeux daujgyaeuj. Youq 2 hauh moh ndawde oknamh gaiq digen rin ndeu，gwnz de miz "Daisui gijhai ndwenlab coseiq，Cinz Vaz，vunz Cizhih Gin Cinzcungh Yen Duhyangh，mingh mbouj ndei dauqdaej dai lo" daengj gij vah neix. Singq Cinz dwg Bouxcuengh gij singq hung de，boux dai wngdang dwg Bouxcuengh. Gangjmingz doenghgij cwzgi gyaeundei neix cingqcaen dwg gij doxgaiq cojcoeng Bouxcuengh sawjyungh.

南朝时期，壮族地区的青瓷器出现了印花装饰技术。1974年在广西恭城瑶族自治县新街长茶地南朝墓出土了一批青瓷器，计有盘口壶（图10-1-15）、碗、杯、三足炉、五足砚、盘等。器形浑厚，釉匀肥厚润泽。其中的盘心印饰莲花、卷草等纹饰，技法娴熟，线条流畅，是广西目前发现的最早的青瓷印花器。在这个时期，刻花技术也比较流行，主要见于器物外部装饰，内容以莲花居多。1980～1982年，广西文物工作队在融安县安宁乡黄家寨附近发掘的5座南朝墓，出土的鸡首壶通体施青黄釉，在腹部刻有倒覆的莲花瓣纹。在2号墓中出土了一块滑石地券，券文有"太岁己亥十二月四日，齐熙郡覃中县都乡治下里覃华，薄命终归蒿里"等句。覃姓为壮族大姓，死者当是壮族。说明这些精美的瓷器确实是壮族先民使用的器物。

Bae faensik gij givuz oknamh baihgwnz dangj de biujmingz，daengz Suiz Dangz，dieg Bouxcuengh gij gunghyi dajcang cinghswz gaenq caijyungh lai cungj gisuz，gij gifaz ciengz raen de cujyau miz veh va、gaek va、yaenq va、ngeix coeg，mbonvat daengj. Veh va、gaek va raen youq rog duix caeuq gyangdungx guenq、aenyienh sawqbit ndij lajdungx aencenj ga sang lai；yaenq va raen youq gyangsim aenduix aenbuenz lai；mbonvat cix raen youq din aenyienh sawqbit lai. Gij neiyungz gaemh raizyaenq（纹刹）de dwg va ngaeux lai，mbangjseiz hix raen miz raizbya、raiz maxdaez（荸荠）、raizraemx、raizmbawnya、raiz gimngaenzva、raizmbawfaex daengj（doz 10-1-16 dwg huzmeng raizroeg Dangzdai，youq Gvangjsih Cauhbingz oknamh；doz 10-1-17 dwg huzmeng saek henjgeq Dangzdai，youq Gvangjsih Yungzzyen oknamh）.

对以上出土器物的分析表明，至隋唐，壮族地区青瓷的装饰工艺已采用多种技艺，常见的装饰技法主要有划花、刻花、印花、锥刺和镂空等。划花、刻花多见于碗的外缘和罐、洗砚的腹中部和高圈足杯的腹下部；印花多见于碗、盘中心；镂空则见于洗砚的圈足。纹刹内容以莲花为多，间或见有鱼纹、荸荠纹、水波纹、草叶纹、忍冬花纹、树叶纹等（广西昭平和容县出土的唐代釉下彩绘鸟纹瓷壶和黄釉褐彩棱瓷壶见图10-1-16、图10-1-17）。

Doz 10-1-16 Huzmeng raizroeg laj youh veh saek Dangzdai, youq Gvangjsih Cauhbingz Myauyah oknamh

图10-1-16 广西昭平县庙枰出土的唐代釉下彩绘鸟纹瓷壶

Doz 10-1-17 Huzmeng saek henjgeq youhhenj Dangzdai, youq Gvangjsih Yungzyen Cwngzsiengh Cin oknamh（Cangh Leij ingj）

图10-1-17 广西容县城厢镇红卫路出土的唐代黄釉褐彩棱瓷壶（张磊 摄）

Nanzcauz daengz Suiz Dangz seizgeiz gij gisuz coemhyiuz gaenq miz haemq daih cinbu, okyienh gij lungzyiuz bo lingq de hawj coemh swzgi caetliengh ndaej daengz baujcingq. Cigdaengz seizneix, ndawbiengz coemh swzgi vanzlij caijyungh lungzyiuz gisuz. Youq dieg Bouxcuengh, aen lungzyiuz coemh swzgi ceiqcaeux fatyienh de, dwg aen yiuzgeq Siengcouh Ying'yangh, hoeng aenvih lijcaengz ginggvaq gohyoz bae vat, cungj gezgou gij lungzyiuz aen seizgeiz neix, cingzgvang lijcaengz cingcuj. Gij yiuzgeq Gveicouh（Gveilinz Si seizneix）dwg gij yiuz Nanzcauz daengz Dangz Sung seizgeiz, seizneix vat、cingleix ndei 3 hongq rugyiuz, cienzbouh dwg gij lungzyiuz bolingq. Ndawde 1 hauh yiuz dwg dieg Bouxcuengh lungzyiuz cungj hingzsik geizcaeux, dwg daj gij yiuzvemax Handai bienqvaq fazcanj daeuj. Daengx aen yiuz baen baenz luzfeiz、sokfeiz、yiuzcongz、conghheuq、caengzbaujraeuj daengj. Luzfeiz sokfeiz itgungh raez 23 mij, lingq 11°, gvangq 2 mij baedauq. Yiuzcongz bae vemax hingz, raiz 19.3 mij, lingq 17°. Baihgvangq de gaenq vaih, daihgaiq caeuq baihraez ca mbouj lai. Cungjdaej daeuj yawj, lumj duzlungz binbya ndeu neix, gyangde doedok bop dojyenzhingz ndeu. Baihlaeng de dwg sokien caeuq conghheuq, cujyau dwg baizien. Ciengz yiuz aeu ndaek cien cangzfanghhingz daeb, nawz de gungj hwnj gwnz, aeu gij cienz lumj ciem de daeb baenz. Gwnz gij cien lumj ciem de miz caengz namhmongnding ndeu, na 6 lizmij, aeu gij namh dingj ndaej feiz de cuk baenz, gijde couh dwg caengzbaujraeuj.

南朝至隋唐时期烧窑技术已有较大的进步，斜坡式龙窑的出现使瓷器烧造质量有了保证。直至今日，民间烧造瓷器仍采用龙窑技术。在壮族地区，烧制瓷器的龙窑最早发现于象州运江窑址，但由于未经科学发掘，这个时期的龙窑结构情况尚不清楚。桂州（今桂林市）窑是南朝至唐宋时期的窑址，目前发掘清理的3座窑室，全部都是斜坡式龙窑。其中1号窑是壮族地区龙窑的早期形式，是从汉代马蹄窑演化发展而来的。全窑分火膛、火道、窑床、烟囱、保温层等。火膛火道全长23

米，倾斜度11°，宽2米左右。窑床呈马蹄形，长19.3米，倾斜度17°。其宽度已残，大致与长度差不多。总体观察，犹如一条长龙爬坡，中间凸出1个椭圆鼓包。其后是出烟的烟道和烟囱。窑壁用长方形砖砌筑，窑顶拱券，用楔形砌筑。楔形砖之上有一层厚6厘米、用耐火泥土夯成的灰红色土层，即是保温层。

2 hauh yiuz dwg yiuzgeq mboengqcaeux Bwzsung, beij 1 hauh yiuz gaijcaenh haujlai, sokfeiz、yiuzcongz、sokien cienzbouh lumj duzlungz neix, gvangq 2~2.2 mij, gij yiuzcongz bopluenz lumj vemax de gaenq mbouj miz, cix baen baenz 2 hongq rugyiuz cangzfanghhingz. Cingjdaej baijbouh dwg sokfeiz raez 7.2 mij, song hongq rugyiuz cungj raez 3.3 mij, sokien raez 7.2 mij, henz baihrog giz song hongq rugyiuz doxrangh de gak gya caengz cien ndeu. De dwg gij hingzsik yiuzmbaeklae mboengqcaeux de.

2号窑属北宋早期窑址，较1号窑有较大改进，火道、窑床、烟道均呈长龙形，宽2.0~2.2米，鼓圆的马蹄形窑床已不存在，而变成了2个长方形的分室。整体布局是火道长7.2米，两个分室各长3.3米，烟道长7.2米，两分室的衔接处外侧各加1层砖。它属早期阶梯窑的形式。

Lungzyiuz miz laux gvangq、coemh baenz riuz、mbaet gij coemh、cauhgyaq noix daengj ndeicawq. Gij lungzyiuz mboengqcaeux, caenhguenj gya raez le sokfeiz、sokien, hoeng aenvih yiuzcongz dwg gij yiengh vemax dojyenz, byaifeiz daengz gizneix faensanq, mbouj miz banhfap baiz ok sokien, cauhbaenz ndoet rumz mbouj swnh, yingjyangj vwnhdu ndaw yiuz daezsang. 2 hauh yiuz aeu rugyiuz gaij baenz raezgaeb, baihgvangq caeuq sokfeiz、sokien doxlumj, byaifeiz ndaej gig yungzheih caemhcaiq gig swnh doenggvaq sokfeiz、yiuzcongz、sokien、conghheuq yienzhaeuh baizok baihrog. Danhseih, aen yiuz luzfeiz raezgaeb baenzneix, youq seiz coemhfeiz gij rengz ndoet rumz gig hung, byaifeiz ronh gvaq riuz lai, saengqsai naengzyenz, itdingh aeu ra ok lingh cungj banhfap, gawq aeu hawj byaifeiz youq ndaw rugyiuz ronh ndaej swnh, youh ndaej gaijgez gij mauzdun byaifeiz ronh riuz lai neix, aen banhfap neix couh dwg 2 hauh yiuz gij gezgou mbaeklae faen rug neix, de dwg ginggvaq gaijcaenh cix baenz. Gij gohyoz yenzlij de ndaej gaemhanh byaifeiz ronh gvaq vaiqmenh dwg: Luzfeiz beij sokfeiz daemq, sokfeiz beij aen faenrug daih'it daemq, aen faenrug daih'it youh beij aen daihngeih daemq, aen faenfug daihngeih youh beij sokien daemq, moix mbaek cungj miz gij cozyungh gazlanz caemhcaiq diuzcez byaifeiz ronh riuz lai haenx, coisawj byaifeiz youq rumzswyenz boq baihlaj, menhmenh、swnhdoeng bae doenggvaq rugyiuz, yienghneix baujciz ndaej vwnhdu lienzdaemh mboujduenh.

龙窑具有体积大、热效高、省燃料、造价低等优点。早期的龙窑，尽管加长了火道、烟道长度，但由于窑床是椭圆马蹄形，火焰至此分散，无法集中排出烟道，致使抽风不够流畅，影响室温的提高。2号窑将窑室改成狭长状，其宽度与火道、烟道相同，火焰可以很容易且流畅地通过火道、窑床、烟道、烟囱而排出室外。但是，这样狭长的窑炉，在燃烧时抽力很大，火焰流速过快，浪费能源，必须另找出一种办法，既要使火焰在窑室中通畅，又能解决火焰流速过快的矛盾，这个办法就是经改进而成的2号分室阶梯结构。其所以能控制火焰流速的科学原理是：火膛比火道低，火道比第1分室低，第1分室又比第2分室低，第2分室又比烟道低，每一个台阶都能起到阻拦并调节火焰流速过快的作用，促使火焰在自然风的鼓动下，缓慢、流畅地通过窑室，从而保持了火温的持续性。

Gij baujraeuj sezsih 2 hauh yiuz hix dwg gyoengq vunz ciengzgeiz coemhyiuz sizcenj ginghnen gij gohyoz cungjgez de, cawzok caengzbaujraeuj gwnz yiuz, ciengz yiuzcongz song mbiengj gak gya faj ciengzcien ndeu: It fuengmienh ndaej gyamaenh ciengzyiuz; lingh fuengmienh, engqgya cujyau de dwg ngeixnaemj gij baujraeuj cozyungh de. Faj ciengzcien dog yungzheih sawj vwnhdu sanqbae, song faj ciengzcien gij vwnhdu ndaw rugyiuz cix mbouj yungzheih sanqbae. Cingq aenvih miz le cungj baujraeuj sezsih neix, cij coemh ndaej ok gij swzgi vwnhdu youh sang youh ndongj de.

2号窑的保温设施也是人们长期烧窑实践经验的科学总结，除了窑顶的保温层，窑床壁两侧各加一道砖墙：一方面可加强窑壁稳固；另一方面，更主要的是考虑其保温作用。单道砖壁容易走温散热，双道砖壁则室温不易流散。正因为有了这种保温设施，才能烧制出高温质硬的瓷器。

Caux yiuz coemh yiuz, cawzliux ndoet rumz、baujraeuj hidungj caixvaih, gyaeng yiuz gunghyi hix gig youqgaenj. Baenzlawz caenhliengh sawjyungh hoenggan ndaw yiuz liux, hawj moix yiuz cungj coemh ndaej ceiq lai, dabdaengz gyangqdaemq cingzbonj moegdik, dwg gij nanzdaez moix boux cangh bungqdaengz de. Gij rugyiuz lungzyiuz cienzbouh dwg bolingq, cuengq gij swzgi ndip yungzheih ngengq bae ngengq dauq, daegbied dwg seiz rengz ndoet rumz hung gvaq de, heiq youq ndaw rugyiuz ronh gvaq riuz lai, gij swzgi ndip gyaeng ndei de couh yungzheih laemxlak、vaih bae. Ndigah, gyoengq vunz gaengawq mbouj doengz givuz, caijyungh mbouj doengz gyamaenh cosih. Ndaw yiuz oknamh gij dingdingj、bingjdemh、gengxdemh、giendemh、aenhab、gaiqdemh daengj gij gaiqdawz ndaw yiuz, gangjmingz fuengmienh neix gij gisuz de miz cinbu. Dingdingj miz gij sam ga caeuq sam ca. Gij dingdingj sam ga cujyau aeu bae gek gij duix ndip、deb ndip, mbouj hawj gyoengqde doxnem, aen givuz ndip ndeu demh geij naed dingdingj. Coemh ndei le givuz caeuq givuz ndei faenhai cix mbouj doxnem. Saenj dingdingj sam ca haenx, daihgaiq dwg aeu bae dingjdemh gij givuz bak iq dungx laeg de, hawj loih givuz neix hix doxdieb coemh ndaej, mbouj saengqsai hoenggan. Gij huz、guenq、boemh laux de, cix aeu bingjdemh giendemh cuengq youq ndaw caengz sasaeq, yienzhaeuh cij cuengq gij huz、guenq de youq gwnz, hawj gyoengqde youq ndaw aen rugyiuz lingq de ndaej baujciz daengjsoh bingzonj.

瓷窑的烧造，除抽风、保温工艺系统之外，装窑工艺也至关重要。如何尽量全部使用窑室的空间，加大每窑的烧瓷数量，达到降低成本的目的，是每一个窑工遇到的难题。龙窑的窑室都是斜坡式的，置放器坯易东歪西倒，特别是抽风力过大时，气流在窑室中流速过快，装好的器坯就容易出现倒覆、损坏等现象。于是，人们根据不同的器物，采取了不同的稳固措施。窑中出土的支钉、垫饼、垫环、垫圈、匣钵、垫托等窑具，说明了这方面的技术进步。支钉有三足式和三叉式。三足支钉主要是作碗、碟坯件叠装的间隔工具，一个坯件垫数粒支钉。烧成之后器物之间易拆开而不粘连。柱状三叉支钉，估计是支放在小口深腹的器坯，使这类器物亦能采用叠烧，不浪费空间。大型的壶、罐、坛之类，则在细砂层中置放垫饼、垫圈，然后才放置壶、罐类瓷器，使其在斜坡的窑室中能保持垂直平稳状态。

Gij yiuz Gveicouh（Gveilinz Si seizneix）oknamh le cungj gaiqdemh cienmonz aeu daeuj gyaeng gij swzgi ndip iq dungx laeg de, dwg gij yiuzgeq doengzgeiz ndaw guek cauxnduj, cibfaen gohyoz. Gaiqdemh miz sang miz daemq, de dwg youq gyangsim aen doxgaiq mben de daengj saenj saeu iq ndeu, nawz saeu u lumj aen duix neix, ndaw cuengq gienh givuz ndeu, seiqhenz saenj saeu ndaej cuengq 4～10 aen cenj ndip. Gaiqdemh ndaej caengzcaengz dieb youq ndaw yiuzcongz, gij gaiqdemh ceiq dingj haenx, gwnz de ndaej cuengq aen givuz hung ndeu. Gijneix dwg cungj cujhab dieb gyaeng fuengfap ndeu, lingzvued raixcaix.

桂州（今桂林市）窑出土了一种专用于装烧深腹小坯的垫托，是国内同期窑址中的首创，非常科学。垫托高矮不等，系在扁圆形的中央凸起的一圆柱，柱顶端作圆窝形，可放置一件器物，圆柱周围可放置4～10个杯坯。垫托可以层层叠放于窑床中，最顶端的垫托圆柱之上放一件大的器物。这是一种组合叠装方法，非常灵活。

Gij yiuz Gveicouh（Gveilinz Si seizneix）gij hab de yunghfap hix gig miz deihfueng daegdiemj. 1 hauh yiuz lap namhfouz baihgwnz de oknamh le haujlai gij hab caezcingj, miz gij sang gij daemq song cungj, cienzbouh dwg baenq loek dajcauh, lijmiz gij fahab lumj aenbat roxnaeuz lumj aenbingjluenz de, moix aen hab died gyaeng ndaej song gienh givuz doxhwnj. Hab caeuq hab gyangde caengzcaengz doxdied, caengz cang gwnz aeu fahab goemqcw. Miz mbangj aeu gaiqdemh bae goemq, caemhcaiq youq gwnz gaiqdemh cuengq 4～8 gienh givuz. Cungj coemh yiuz fuengfap aeu gaiqdemh dingjlawh fahab neix, youq ndaw rugyiuz daengx guek saedcaiq noix raen, dwg bouxcangh aen yiuz Gveicouh fatmingz. Youq gizneix gaiqdemh gawq ndaej dangguh fa, hix ndaej dangguh gaiqdemh cungj doxgaiq deng coemh haenx, guh it ndaej song, mbouj saengqsai hoenggan, ginghci yauqik mingzyenj daezsang.

桂州（今桂林市）窑匣钵的用法也很有地方特点。1号窑上层堆积出土了不少完整匣钵，有高矮两种，均为轮制，还有覆盆形或圆饼状匣钵盖，每件匣钵可叠放两件以上器物。匣钵与匣钵之间层层堆叠，最上层用匣钵盖住。部分以垫托代盖，并在垫托上置放4～8件器物。这种以垫托代替匣钵盖的装烧法，在全国窑室中实属罕见，是桂州窑工的发明。在这里垫托既可以做器盖，又可做承烧器物的垫托，一举两得，不浪费空间，经济效益明显提高。

Roek. Gij Swzyi Sungdai Mwnhoengh De
六、繁荣的宋代瓷艺

Sungdai, dwg aen seizgeiz dieg Bouxcuengh dajcauh swzgi ceiq hwng de, mboujlwnh dwg gij yisuz caux aen yiengh、dajcang swzgi roxnaeuz dwg coemh swzgi gisuz, cungj ndaej daengz cungfaen fazcanj. Gij yiuzgeq aen seizgeiz neix, Gvangjsih gak dieg hix miz fatyienh.

Cawzok Gveicouh（Gveilinz Si seizneix）2 hauh yiuz, dieg Bouxcuengh Cenzcouh、Hingh'anh、Yungjfuz、Bingzgoj、Bwzswz、Yizsanh、Yunghcouh、Lungzcouh、Yungzyen、Bwzliuz、Dwngzyen、Gveibingz、Liujgyangh、Liujcwngz、Vujsenh daengj dieg cungj miz gij yiuz swzgi Sungdai yizcunz, caemhcaiq gveihmoz siengdang laux, miz geij cib aen rugyiuz, gij noix de hix miz 10 lai aen. Doenghgij luzyiuz neix ing bya gyawj raemx, hwnq baenz gij lungzyiuz bolingq de, aen yiuz itbuen raez 60 mij baedauq, gvangq 2.0～2.5 mij, moix aen yiuz baez ndeu coemh ndaej fanh lai gienh givuz.

宋代，是壮族地区烧造瓷器的高峰时期，无论是瓷器的造型装饰艺术还是烧造技术，都得到了充分发展。这一时期的窑址，广西各地都有发现。除桂州（今桂林市）2号窑外，壮族地区的全州、兴安、永福、平果、百色、宜山、邕宁、龙州、容县、北流、藤县、桂平、柳江、柳城、武宣等地都有宋瓷窑遗存，而且规模都相当大，拥有窑室多达数十座，少者也有10余座。这些窑炉都依山傍水，建成斜坡式龙窑，窑长一般在60米左右，宽2.0～2.5米，每窑每次可烧万余件器物。

Gaengawq mizgven gij saw raiz youq gwnz doenghyiengh aen yiuz de geiqsij, bouxcawj gij yiuzciengz gwnzneix gangj de dingzlai dwg vunz dangdieg, gijneix ndaej daj gij mingzcoh gaek youq gwnz cungj gaiqdawz ndaw yiuzciengz de ndaej daengz cwngmingz. Lumj gwnz gij hab ndaw Dwngzyen Cunghhozyauz、Yungzyen Yasahyauz de haujlai gaek miz mingzcoh bouxcawj aen yiuz. Ndawde okyienh haemq lai de dwg：Moz Yiz、Moz Siz、Moz、Moz Nengiujgungh、Moz Siujyiz、Moz Sizyiz、Moz Sizw、Moz Sizsanh、Moz Sizsw、Moz Swgungh、Moz Nengiuj、Moz Sanhlangz、Cinz、Cinz Swda daengj. Singq Moz caeuq singq Cinz liglaiz dwg singq hung Bouxcuengh. Gyonj hwnjdaeuj gangj, Sungdai gak dieg okyienh gij yiuzciengz de, bouxcawj yiuzciengz miz siengdang bouhfaenh dwg Bouxcuengh.

据窑具上有关的铭文记载，上述窑场的主人绝大部分是土人，这可从窑场的一些制瓷工具刻有的姓氏得到证明。如藤县中和窑、容县下沙窑出土的匣钵上多刻有窑主的姓氏。其中出现较多的是：莫一、莫十、莫、莫廿九公、莫小一、莫十一、莫十二、莫十三、莫十四、莫四公、莫廿九、莫三郎、覃、覃四大等。而莫姓与覃姓历来是壮家大姓。总之，宋代各地出现的窑场，其窑主的民族属性有相当部分是壮人。

Gaengawq gaujguj swhliu doisuenq, seizneix dandan youq Gvangjsih couh fatyienh 40 lai giz gij yiuzswz Sungdai yizcunz, moix giz cungj miz 10 aen luzyiuz doxhwnj, 40 lai giz moixbi coemh ok gij swzgi de cungjsoq mbouj noix gvaq 4000 fanh gienh. Gaengawq Sungdai Sauhingh 22 bi（1152 nienz）doenggeiq, dangseiz vunz Gvangjsih boux daenggeiq huciz de miz："488655 ranz, 1341572 boux." Daj dangseiz gij cingzgvang vunzding Gvangjsih daeuj yawj, Gvangjsih mboujmiz banhfap siufeiq liux baenzlai swzgi, gijneix haengjdingh caeuq gai bae rog cigsoh sienggven. Geij bi neix daeuj yozsuzgai daezok gij laeblwnh Gvangjcouhvanh caengzging dwg "diuz roen seicouz" gwnz haij, vanzlij ceijok gij canjvuz de gai okbae haenx cujyau dwg swzgi, ndawde, youh dwg gij swzgi Sungdai ceiqlai. Ndaej yienghneix gangj, gij swzgi Sungdai dwg gij cujyau sijcej gueknhdaw guekrog vwnzva doxndei baedauq, cix mbanj

Bouxcuengh gij swzgi cicauyez Sungdai hwnghwnj, couh dwg swnh wngq、ingbaengh "diuz roen seicouz" gwnz haij neix canjseng caeuq fazcanj hwnjdaeuj de.

据考古资料推算，目前仅广西发现的宋代瓷窑遗存就有40余处，每处均有10个窑炉以上，40余处每年烧造的瓷器总数不下于4000万件。据宋绍兴二十二年（1152年）统计，当时广西在籍人口数为："户四十八万八千六百五十五，口一百三十四万一千五百七十二。"从当时广西人口的情况看，广西无法消费得了那么多的窑瓷产品，这肯定与外销直接相关。近年来学术界提出广州湾曾经是海上的"丝绸之路"的立论，并指出其营销的主要物产是瓷器，其中，又以宋代瓷器为大宗。可以这样说，宋代的瓷器是中外友好文化交往的主要使者，而壮乡的宋代瓷器制造业的崛起，就是在这条海上"丝绸之路"背景下产生和发展起来的。

Swzgi Sungdai hwnghwnj gij lizsij gaigvang caeuq giyi cingzcik：

宋瓷崛起的历史概貌与技艺成就：

（It）Gij swzyouh

（一）釉瓷

Dieg Bouxcuengh Sungdai swzyi gij cingzcik ceiq hung couh dwg coemh baenz gak cungj swzyouh.Gvangjsih Sungdai gaxgonq gij swzyouh de dandan raen miz youhheu cungj ndeu, raen baenz dandiuh youh gungz. Caenhguenj youq Cincauz caengzging miz gvaq swzdiemjsaek, hoeng mbouj raen ciuhlaeng riuzcienz. Gij swzyouh Sungdai mboujdanh aendaih ndij youh giethab maedsaed, youh ndongq youh nyinh, caemhcaiq binjcungj lai, cawzliux gij youhheu yienzmiz, youh okyienh le youhheuhau、youhfonx、youhdaimau、youhyiuzbienq、youhnding daengj yienghmoq. Ndaw moix cungj youh youh miz bienqvaq. Lumj youhheu couh miz heuhau、heuloeg、heufod、heuhenj daengj. Yungjfuz Yen Yauzdenzlingj aen yiuz Sungdai oknamh gij swzgi dwk youhheufod de, heu lumj mbawfaex, ndeigyaez raixcaix, caengzging faenbied soengq daengz Baekging、Sanghaij、Yinghgoz、Fazgoz daengj dieg bae canjlanj, cienzbouh ndaej haenh. Bonjsaw《Gij Lizsij Dauzswz Cungguek》1982 nienz okbanj de nyinhnaeuz：Gij swzgi heufod Yungjfuz "cungj saek youh de dawz saekhenhenj caeuq heufod song cungj ceiq miz daiqbiujsingq, daegbied dwg gij youh saekheufod de ceiq gyaeundei. Youq dieg Gyanghnanz gij yiuz cinghswz ndawde, cungj saek neix ceiq noix, dawz miz gij deihfueng funghgwz gij yiuz Yungjfuz daegbied haenx". Cawz gij swzgi youhhen caixvaih, Sungdai dieg Bouxcuengh lij okyienh gij swzgi youhheuhau、youhfonx、youhdaimau、youhyiuzbienq、youhnding daengj gij swzyouh canjbinj moq. Gij cujyau gisuz singqnaengz de dwg lajneix：

壮族地区宋代瓷艺的最大成就是成功烧造各种釉瓷。广西宋代以前的釉瓷仅见青色釉一种，显得单调而贫乏。尽管在晋代曾有过点彩瓷，但是未见后世流传。宋代釉瓷不但胎釉结合紧凑，光彩润泽，而且品种丰富，除原有的青釉之外，新出现了青白釉、黑釉、玳瑁釉、窑变釉、红釉等。每一种釉中又有变化。如青色釉就有浅青、青绿、翠青、青黄等。永福县窑田岭宋窑出土的翠青釉瓷器，翠如绿叶，十分可爱，曾分别送到北京、上海、英国、法国等地展览，均获好评。1982年出版的《中国陶瓷史》认为：永福翠绿瓷的"釉色以青黄及翠绿两种最具代表性，尤以翠绿釉釉色为美。在江南地区青瓷窑之中极少有此釉色，带有永福窑独特的地方风格"。除青釉瓷外，宋代的壮族地区还出现有青白釉瓷、黑釉瓷、玳瑁釉瓷、窑变釉等釉瓷新产品。其主要技术性能如下：

（1）Sungdai, Gvangjsih Gveibingz Sihsanhyauz、Yungzyen Yasahyauz、Bwzliuz Lingjdungyauz、Dwngzyen Cunghhozyauz daengj cienzbouh dwg gij yiuzciengz coemh cungj swzgi dwkyouh heuhau guhcawj haenx. Gij givuz gijhaenx coemh baenz de, aendaih de saeqnaeh hausak, mbang mbaeu ndongj, saek youh luemjndongq, gij youh de cungj bandoumingzdu gig ndei, roq de miz sing gimsug, naeng byot ndeinyi, caemhcaiq naeng ndaej haujnanz cij dingz, ndaej naeuz dabdaengz le "hau lumj nyawh、mbang lumj ceij、sing lumj caenh" aen ginggai haenx（doz 10-1-18、doz 10-1-19 faenbied dwg meng youh、meng vunq songdai youq Gvangjsih oknamh）. 1984 nienz, Cungguek Dauzswz Ciuhgeq Yenzgiuvei Yozsuz Daujlunvei youq Swconh Gyungzlai Yen ciuhai nienzhoih seiz, daengx guek gak dieg cungj soengq swzgi biubonj daengz gwnz hoih canjlanj, Gvangjsih aeu gij cinghswz heuhau ciuhgeq youq Yungzyen daengj dieg oknamh de soengq bae. Cien'gya yawj le nyinhnaeuz, gij swzyouh heuhau Gvangjsih coemh haenx gij suijbingz de gaenq dabdaengz caemh aen seizgeiz gij swzginh heuhau Gingjdwzcin.

（1）宋代，广西的桂平西山窑、容县下沙窑、北流岭峒窑、藤县中和窑等都是以烧青白釉瓷为主的窑场。其窑烧成的器物，胎质细腻洁白，轻薄坚硬，釉色莹润光洁，胎釉均有良好的半透明度，叩之有清脆悦耳的金属声，且余音经久，可谓达到了"白如玉、薄如纸、声如磬"的境地（图10-1-18、图10-1-19分别为广西出土的宋代釉瓷、瓷印模）。1984年，中国古代陶瓷研究会学术讨论会在四川省邛崃县召开年会时，全国各地都送有瓷器标本到会展览，广西送去容县等地出土的古青白瓷器。专家看后认为，广西烧制的青白釉瓷已达到同时期景德镇青白瓷的水平。

Doz 10-1-18   Aen duix bak va raiz geuj youh heuoiq, Sungdai Gvangjsih Dwngzyen Yiuz Cunghhoz oknamh（Cangh Leij ingj）
图10-1-18   广西藤县宋中和窑青白釉席地缠枝纹花口碗（张磊摄）

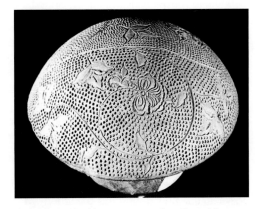

Doz 10-1-19   Vunqyaenq geuj va Sungdai, youq Gvangjsih Dwngzyen dieggaeuq yiuz Cunghhoz oknamh
图10-1-19   广西藤县中和窑遗址出土的宋代缠枝花瓷印模，刻珍珠地缠枝团葡图案，印把呈圆柱形

（2）Swzyouhfonx dwg swzgi Sungdai gij binjcungj moq. Gvangjsih Yunghzyen、Yungjfuz、Dwngzyen daengj dieg gij yiuzgeq Sungdai de cungj coemh, caemhcaiq coemh ndaej siengdang ndei, cungj swzyouhfonx ndawde gij cenjbwndouq dwg dangseiz gij swzgi binjcungj ceiq miz daiqbiujsingq haenx. Cungj cenj neix, bak laux gyokdaeuj iq（圈足底）, daengx aen dwk youhfonx, youq gyangdungx caeuq baihdaej aen cenj, gyang youhfonx loh ok raiz ndongq, baenz diuz baenz diuz saeq raez lumj bwn duzdouq neix, ndigah ndaej aen coh neix. Cenjbwndouq ceiqcaeux dwg youq Fuzgen Genyangzyauz coemh, doeklaeng Swconh、Gyanghsih、Gvangjsih cij rw de coemh. Cenjbwndouq youq Sungdai couh yinxhawj gyoengq vunz maij de, haujlai vwnzyinz、canghfwensei cungj caengzging sij sei haenh de. Lumj Suh Dunghboh couh raiz gvaq gij sei "Bouxdauh ngomx ok Nanzbingzsanh, daeuj sawq gwn caz sanhveisouj. Gaej lau aen cenj raiz bwndouq, gyaeng ok laeuj ndei ndaw aenboemh" neix, Yangz Vanlij hix miz gij coenzsei "rib yiuh caz moq raemx dabaeu, rumz boq sing nae cenjbwndouq" de.

（2）黑釉瓷是宋瓷的新品种。广西的容县、永福、藤县等地的宋代窑址都有烧造, 而且相当成功, 黑釉中的兔毫盏是当时最有代表性的瓷器品种。这种盏, 大口小圈足底, 通体施黑釉, 在盏的中间腹部和底部, 黑釉中露出一条条细长如兔毛并呈银光的纹路, 故而得名。兔毫盏最早是在福建建阳窑烧造, 以后四川、江西、广西才进行仿烧。兔毫盏在宋代就广泛引起人们的审美兴趣, 许多文人墨客都曾作诗称赞。如苏东坡就有"道人绕出南屏山, 来试点茶三味手。勿惊午盏兔毛斑, 打出春瓮鹅儿酒"的诗句, 杨万里也有"鹰爪新茶蟹眼汤, 松风鸣雪兔毫霜"之句。

（3）Gij swzgi dwk youhdaimau dwg aeu saekfonx、saekhenj、daekheu daengj doxgyaux, duz youq baihrog baihndaw aen givuz, coemh ndei le, gij saek de lumj fwhaij neix, ndihgah heuh de guh youhdaimau. Youhdaimau ceiq nanzndaej de dwg bienqvaq fungfouq, gij saek de doxhuz nyinh ndei, mbouj doengz saekrongh ciuqrongh bae, ingj ok mbouj doengz yienzsaek. Gaengawq mizgven sijliu geiqsij, Sungdai Gvangjsih Yungzyen aen Yasahyiuz hix coemh ndaej ok gij swzgi dwk youhdaimau, cujyau dwg rw gij gisuz Gyanghsih Yungjhozyauz.

（3）玳瑁釉瓷是以黑、黄、青等色交织混合在一起, 分布在器物内外, 烧成之后, 有如海龟的色彩, 故称之为玳瑁釉。玳瑁釉的可贵之处是富于变化, 色调和谐滋润, 在不同的光线照射下, 折射出不同的颜色。据有关史料记载, 宋代广西容县下沙窑也能烧造玳瑁釉瓷, 主要是仿江西永和窑技术。

Youhdaimau caeuq cenjbwndouq caemh gvihaeuj youhfonx hidungj. Gaengawq vaqniemh ndaej rox, Dangzdai gvaqlaeng, gij youhfonx Cungguek dwg sizveihgenjyouh, ndaw youhfonx gak cungj mbouj doengz binjcungj, cungj hamzmiz haemq lai dezvahozvuz, doenghgij dezvahozvuz neix couh dwg gak cungj youhfonx gij cujyau swzci de. Ndaw youhfonx lij hamzmiz di rox siujliengh yangjvamungj、yangjvaguj、yangjvadungz、yangjvagwz daengj gizyawz swzci, yienznaeuz hamzliengh gig noix, hoeng mbangj seiz doiq yienzsaek hix miz itdingh yingjyangj. Ndigah youhfonx bienqvaq lai, gij neix couh dwg cungj yienzaen ndeu. Cenjbwn'douq aen cinghbinj ndaw youhfonx neix gij cauxbaenz gihlij de dwg："Youq laj yenjveizging bae cazyawj, cungj bwn neix gij gezgou de lumj gyaepbya. Youq baihhenz song mbiengj gaiq bwn, gak miz diuz raiz co ndeu, de dwg cizdezgvang cinghdij gapbaenz. Gyang gaiq bwn dwg youz haujlai cizdezgvang cinghdij iq cujbaenz. Aendaih cenjbwndouq ndawde yangjvadez hamzliengh dabdaengz 9% doxhwnj, youq seiz vwnhdu sang aendaih de miz mbangj diet rox vaq daengz ndaw youh, gijneix doiq gapbaenz bwndouq aiq miz itdingh yingjyangj. Gapbaenz bwndouq aiq dwg aenvih youq seiz coemh haenx, gij bop canjseng youq ndaw lap youh dawz gij diet byangde ok daengz rog youh, seiz coemh daengz 1300 ℃ haenx, lap youh riuzdoengh seiz, dingz hamzmiz diet de couh lae baenz raiz, gyoet le daj ndawde set ok cizdezgvang iq cix baenz." Gij cenjbwndouq Gvangjsih oknamh de yienznaeuz caengz ginggvaq cienmonz faensik, hoeng gij cauxbaenz gihlij de caeuq Fuzgen daengj dieg doengzloih binjcungj wngdang dwg doxdoengz roxnaeuz doxlumj.

玳瑁釉与兔毫盏都属于黑釉系统。据化验可知，唐代以后，中国的黑釉是石灰碱釉，各种不同品种的黑釉中，都含有较多铁化合物，这些铁的化合物就是各种黑釉的主要着色剂。黑釉中还含有微量到少量的氧化锰、氧化钴、氧化铜、氧化铬等其他着色剂，虽然含量很低，但有时对色调也有一定的影响。因而黑釉富于变化，此乃原因之一。黑釉中的精品兔毫盏的形成机理是："在显微镜下观察，这种毫毛呈鱼鳞状结构。在毫毛两侧边缘上，各有一条粗条纹，系由赤铁矿晶体构成。毫毛中间是由许多小赤铁矿晶体组成。兔毫盏的胎中氧化铁含量高达9%以上，在高温时胎中部分铁质会熔入釉中，这对兔毫的形成可能也有一定影响。兔毫的形成可能是由于在烧制过程中，釉层里产生的气泡将其中的铁质带到釉面，当烧到1300℃以上，釉层流动时，富含铁质的部分就流成条纹，冷却时从中析出赤铁矿小晶体所致。"广西出土的兔毫盏虽未经过专门分析，但其形成机理与福建等地的同类品种应该是相同或近似的。

（4）Youhyiuzbienq youh heuhguh ginhyauz. De ceiqcaeux dwg youq Hoznanz Swngj Yijyen（Yijcouh Si seizneix）coemh, Sungdai seiz Yijyen gvihaeuj Ginhcouh, ndigah heuhguh ginhyauz. Ginhyauz deng ciuhlaeng heuhguh Sungdai haj aen yiuz mingzdaeuz ceiq hung ndawde aen ndeu, canjbinj de dwg gij swzyouh binjcungj fwtok saenhwng haenx.Gaengawq gij gaujguj swhliu seizneix roxndeq, Sungdai youq daengx guek fanveiz ndawde cijmiz Gvangjsih Hingh'anh caeuq Liujcwngz fatyienh gij yiuzgeq rw ginhyauz de, gizwnq lijcaengz raen miz baudau.

（4）窑变釉又名钧窑。其最早是在河南省禹县（今禹州市）烧制，宋时禹县属钧州，故名为钧窑。钧窑在后世被称为宋代五大名窑之一，其产品是异军突起的釉瓷品种。就目前考古资料所知，宋代在全国范围内只有广西的兴安和柳城发现有仿钧瓷窑的遗存，别的地方尚未见有报道。

Youhyiuzbienq dwg cungj youh lumj raemxcij ndeu, saek youh youq gwnz aen givuz ndeu ndaej yienh'ok heu、loeg、cij、nding、hau daengj yienzsaek, miz gwd miz saw, ronghsien gyaeundei, dwg saek youh youq ndaw coemh gocwngz doxyungzhab、vagaij、iemq cij miz cungj yauqgoj neix （Cenj ga sang youh heu youq Gvangjsih Hingh'an Yiemzgvan yiuz gaeuq Sung swz oknamh, raen doz 10-1-20）. Miz mbangj yienzsaek bienqvaq, gaxgonq hix hawj vunz mo mbouj ndaej, coemh ndei le cij fatyienh ronghsien gyaeundei. Lumj saeknding, ndaw heu ok nding, miz mbangj lumj gij fwjhaemh gwnzmbwn, miz mbangj cix nding lumj haijdangz roxnaeuz vameizgveiq neix. Saeklamz bienqvaq engq laux, gij haemq saw de heuhguh heu, haemq laeg de heuhguh lamz, beij heu engq saw de heuhguh hau. Geij cungj youh neix cungj miz gij saeklamz ndeiyawj lumj yingzgvangh neix, gij gyaeundei de, gangj hix gangj mbouj liux. Ndaw youhyiuzbienq miz cungj binjcungj ndeu, raiz de lumj duzndwen banh namh neix, engqgya ndei, dwg gij ceiq ndei de, couh dwg youq ndaw gyang boengj saek ndaem'aeuj ndeu, ingj ok diuz raiz nding ndeu lumj duzndwen neix. Ndaej cauxbaenz cungj raiz neix, dwg aenvih lap youh youq seiz hawqsauj roxnaeuz seiz ngamq coemh de dek, doeklaeng youq gauhvwnh gaihdon youh deng lingh cungj youh lae haeuj geh dek cauxbaenz. Hoznanz Yijyen Sungdai coemh gij swzgi dwk youhyiuzbienq, baen song baez coemh baenz, aeu aen givuz gijmaz hix mbouj dwk de coemh baenz gonq, yienzhaeuh dwk youh, caiq dawz haeuj yiuz yungh feiz iq coemh baez ndeu. Aenvih aen cwz dwg gauhvwnh coemh baenz, hoeng youhyiuzbienq dwg gij youh vwnhdu daemq, danghnaeuz vwnhdu sang lai couh rox lae deuz. Mbanj Bouxcuengh gak dieg coemh gij swzgi dwk youhyiuzbienq de, cujyau dwg saek hau lai, hix miz gij binjcungj youq ndaw youhsaeklamz yienh'ok saeknding roxnaeuz saekgyaemq de, ronghsien gyaeundei, hawj vunz roxnyinh singjsien. Cigndaej daezok de dwg, gij Gvangjsih coemh de dwg youhyiuzbienq, youq gunghyi fuengmienh, cung byoengq le cungj fuengfap conzdungj coemh song baez haenx, de dwg baez dog couh coemh baenz；gij yenzlij coemh caux de, seizneix lij cingq damqra.

　　窑变釉是一种乳浊釉，釉色在一件器物上能呈现出青、蓝、紫、红、白等颜色，浓淡不一，色彩艳丽，是釉色在烧制过程中相互融合、化解、渗透所取得的效果（广西兴安县严关宋瓷旧址出土的高足杯施青釉呈天蓝色，见图10-1-20）。有些色泽变化，事前也令人捉摸不定，烧成后才发现其多姿多彩。如红色，青中泛红，有的如蓝天中的晚霞，有的则像海棠红或玫瑰红。蓝色的变化更大，较淡的称为天青，较深的称为天蓝，比天青更淡的称为月白。这几种釉都具有荧光一般幽雅的蓝色光泽，其色调之美，实非言词所能表达。窑变釉中有一种蚯蚓走泥纹的品种，更是贵为上品，即在一片紫褐色的釉面中，映现出一条条血红色的类似蚯蚓的条纹。这种纹形成的原因是由于釉层在干燥时或烧制初期发生干裂，后来在高温阶段又被另一种色釉流入空隙填补裂罅所形成的。河南禹县宋代烧造窑变釉瓷，分两次烧成，先将坯胎素烧，然后施釉，再回炉低温烧一次。因为瓷胎是高温胎，而窑变釉是低温釉，倘若温度过高就会走釉。壮乡广西各地烧造的窑变釉瓷，主要以月白色为多，也有在天蓝色釉中显现出茄红色或紫红色等品种，颜色绚丽多彩，令人耳目一新。值得提出的是，广西烧的是窑变釉，在工艺上突破了传统的二次烧法，它是一次性烧成的，其烧造原理，目前仍在探索中。

Doz 10-1-20 cenj ga sang youh heu, youq Gvangjsih Hingh'anh Yiemzgvan yiuz gaeuq Sung swz oknamh, sang 8.3 lizmij, bak gvangq 10 lizmij

图10-1-20　广西兴安县严关宋瓷旧址出土的青釉高足杯，高8.3厘米，口径10厘米

（5）Swzyouhnding. Cawzliux gak cungj saekyouh binjcungj gwnzneix gangj de, youq Gvangjsih Yungzyen Cwngzgvanh Cin aen yiuzgeq Bwzsung ndawde, fatyienh 4 gep swzyouhnding laux lumj mehfwngz neix, dijbauj raixcaix, de dwg gij swzyouhnding caenhuq Cungguek seizneix ceiqcaeux fatyienh haenx, sawj gyoengq dauzswz cien'gya ndaw guek rog guek gig dawz de haeuj sim. Swzyouhnding, gij geiqsij ceiqcaeux raen youq ndaw coenz sei Suh Dunghboh《Siyen Rung Caz》"Dingcouh swzraiz cang nyawh nding", hoeng youq gwnz lizsij dandan miz coenz sei geiqsij hix lijcaengz raen saedhuq gvaq, gij saek de nanzndaej duenhdingh. Gvangjsih fatyienh gij swzyouhnding de dwg cungj swzyouh aeu yangjvadungz guh swzci de, aendaih hausak saeqnaeh, dwk youh mbang yinz, saek de ronghsien gyaeundei, aendaih caeuq youh giethab netndaet, youq laj gauhvwnh baezdog coemh baenz, gunghyi gig sug. Cungj saek youh neix baenzlawz cauxbaenz lij caj yenzgiu.

（5）红釉瓷。除了上述各种窑色品种，在广西容县城关镇北宋窑址内，还发现4片拇指般大小的红釉瓷片，非常珍贵，是中国目前最早的红釉瓷实物，引起国内外陶瓷学者的极大关注。红釉瓷，最早记载见于苏东坡《试院煎茶》"定州花瓷琢红玉"的诗句中，但历史上只有诗文记载而未见实物，其色泽难定。广西发现的红釉瓷是一种以氧化铜为着色剂的釉瓷，胎质洁白细腻，施釉薄而均匀，色泽艳丽鲜明，胎与釉结合紧凑，在高温下一次性烧成，工艺十分娴熟。这种釉色的形成机理尚待研究。

Gak cungj swzyouh saek mbouj doengz de dwg gij youhyienzliuh fatseng vuzlij vayoz bienqvaq baenz, doiq neix, gyoengq vunz lij cingq mboujduenh damqra. Caenhguenj dangseiz Bouxcuengh lijcaengz miz yienhdaih gij vuzlij vayoz gohyoz lijlun gainen de, gak cungj swzyouh gisuz cienzbouh dwg daj diegrog cienz haeuj dieg Bouxcuengh, hoeng gyoengqde dauqfanj youq swnghcanj sizcenj ndawde mboujduenh sawqniemh caemhcaiq cauxbaenz lo. Itdingh aeu cingznyinh, dieg Bouxcuengh miz gij giekdaej sou senhcin gisuz, aenvih, daj Cangoz seizgeiz bouxcangh Bouxcuengh couh gaenq hagrox dajcauh yenzsij swzyouhheu, Dunghhan seizgeiz miz gij swzheu haemq cingzsug, Cindai miz swzdiemjsaek, Bwzsung seizgeiz gak cungj swzyouh youq gak dieg mboujduenh okyienh, doengzseiz senhcin gisuz cienzhaeuj roxnaeuz deng yinxhaeuj dieg Bouxcuengh gvaqlaeng, gig riuz couh cauxbaenz le gij canjnieb youqgaenj, gangjmingz bouxcangh Bouxcuengh gij naengzlig ciepsouh gohyoz gisuz moq gig ak.

各种不同的釉色瓷是釉原料物理化学变化的产品，对此，人们仍在不断地探索。尽管当时壮族还没有现代的物理化学科学理论概念，各种色釉瓷技术都是外地传入壮族地区的，但他们却在生产实践中不断试验并取得成功。必须承认，壮族地区具备接纳先进技术的基础，因为，从战国时期壮族工匠即已学会制造原始青釉瓷，东汉时期就有了较成熟的青瓷，晋代有点彩瓷，北宋时期各种釉瓷在各地纷纷出现的同时，各种先进技术传入或被引进壮族地区以后，很快就形成了重要的产业，说明壮族工匠对新的科学技术的接受能力是很强的。

（Negih）Yiuzswz

（二）瓷窑

Sungdai coemh swzgi gij rugyiuz gezgou cienzbouh dwg lungzyiuz, daengz mboengqbyai Bwzsung, mbanj Bouxcuengh gij gezgou lungzyiuz youh gaijcaenh haujlai, caemhcaiq engqgya gohyoz lo. Lumj Yungjfuz Yen yauzdenzlingjyauz caeuq Dwngzyen Cunghhozyauz, cienzbouh gya guh congh cuengq fwnz、congh sawq feiz、fajciengz lanz feiz daengj. Congh cuengq fwnz dwg youq songmbiengj cingqgyang luzyiuz hai congh cuengq fwnz bae coemh. Aenvih rugyiuz raez lai, dandan baengh gij feiz luzfeiz baihnaj, nanzndaej hawj feiz yinz soengq daengz mboengq baihlaeng, itdingh aeu youq buenqgyang hai congh cuengq fwnz bae coemh. Congh sawq feiz dwg aeu aen swzgi ndip vat congh ndeu roix youq gwnz diuzdiet, dawzde cuengq haeuj ndaw luzfeiz bae sawq feiz, yienghneix daeuj dengcinj gaemhanh fung yiuz seizgan. Aen Yungjfuz Yen yauzdenzlingjyauz caijyungh fajciengz lanz feiz daeuj gekleiz, dwg doiq Gveicouh（Gveilinz Si seizneix）2 hauh faenrugyiuz caenh'itbouh gaijmoq gaijndei, hawj de engqgya gohyoz bae leihyungh feizndat. Yauzdenzlingjyauz itgungh miz 3 aen faenrug, moix aen rug raez 2～3 mij, gij gaijcaenh gisuz de dwg youq mboengq laeng rugyiuz aeu cien hwnq ciengzgek, daej ciengz hai miz 6～7 aen sok feiz. Gij gunghcoz yenzlij de dwg：Seiz feiz riengz heiqriuz haeuj daengz rugyiuz mboengqbaihnaj, aenvih deng gekciengz lanz, couh gvaenxgvax itdingh seizgan le, cij deng gij rengzfwi mboujduenh bongh haeuj daeuj de at haeuj sokfeiz haeuj daengz aen faenrug daih'it, yienzhaeuh caemh baenzneix haeuj daengz aen faenrug deihngeih、daihsam, gij cozyungh de dwg gaemhanh rengzfeiz, hawj feiz youq ndaw luz laemxdaemh daengx nanz di, dabdaengz aen moegdik daezsang vwnhdu ndaw rugyiuz, mbaet fwnz, gyangqdaemq goekbonj de.

宋代烧造瓷器的窑室结构全部是龙窑，至北宋晚期，壮乡龙窑的结构又有了不少改进，并且更科学化。如永福县的窑田岭窑和藤县中和窑，都增设了投柴孔、试火眼、挡火墙等。投柴孔是在窑炉的中部两侧开孔投入柴火燃烧加温的。因为窑室太长，仅靠前面火膛的火温，很难均匀地送到窑室的后半部，须在中间开孔投柴燃火增温。试火眼是将一块穿了孔的瓷坯串在铁条上，将试火瓷置入炉室内测试火温，以准确地控制封窑时间。永福县的窑田岭窑采用挡火墙隔离，是对桂州（今桂林市）2号分室窑的进一步革新改进，使其更科学地利用热源。窑田岭窑共有3个分室，每室长2～3米，其改进技术是在窑室的后半部用砖筑起隔墙，墙底部开有6～7个通火道。其工作原理是：当火温随气流进入窑室前半部后，因被隔墙挡住，就地回旋一定时间后，才被不断冲进来的气压压入通火道进入第一分室，然后以同样原理进入第二分室、第三分室，其作用是控制火候，使火温在炉室内持续停留的时间长些，达到提高室内温度，节省柴草，降低成本的目的。

Aen seizgeiz neix gyang、coemh givuz hix gapbaenz le itdingh gvilwd. Aeu Yungjfuz Yen yauzdenlingjyauz guh laeh, rugyiuz mboengq baihnaj caeuq mboengqgyang vwnhdu sang, gij swzgi ndip cuengq youq gizneix de, lumj duix、canj、cenj、buenz、deb daengj, cienzbouh aeu aenhab gyaeng, rugyiuz mboengq baihlaeng vwnhdu daemq, cujyau cuengq gij givuz hung,

lumj yauhguj、biengx hung、guenq hung、boemh hung daengj. Aen hab gij hingzsik de miz song
cungj: Cungj ndeu dwg aen laeuh yiengh, cienmonz gyaeng gij givuz bak laux daej iq, lumj
duix、canj、cenj、buenz、deb daengj; lingh cungj dwg doengjnyouh yiengh, cienmonz gyaeng
gij givuz songgyaeuj laux iq doxca mbouj lai de, lumj bingz、huz daengj. Lumj duix、buenz
daengj geij gienh doxdab gyaeng youq ndaw hab, gyangde aeu dingdingj daeuj gek. Dingdingj
gig genjdanh, aeu namhvax gyaux haujlai cosa nap baenz naed, coemh ndei le, gig mboeng,
fwngz baez caenj couh soiq, gawq ndaej gek dauzgi ndip, youh ndaej youq coemh ndei le
yungzheih faenhai gij givuz coemh ndei haenx. Aen hab gyaeng givuz de youq ndaw rugyiuz dwg
doxdab hwnj sang, gij hab doxdab de mbouj yungh fa goemq, dandan youq gwnz aen ceiq sang
de aeu gij fa luenz roxnaeuz dojyenzhingz cienmonz cauxbaenz haenx bae goemq. Gij givuz hung
lumj boemh、biengx daengj mbouj yungh aeu hab gyaeng, dan youq gyang sa aeu gaiqdemh
bae demh maenh couh ndaej.

这个时期器物的装烧也形成了一定的规律。以永福县的窑田岭窑为例，窑室的前半部和中部火
温高，在此置放的器坯，如碗、盏、杯、盘、碟之类，都用匣钵装置，窑的后半部火温低，主要放
大件器物，如腰鼓、大坛、大罐、大瓮等。匣钵的形式有两种：一种是漏斗式，专装大口小底的器
物，如碗、盏、盘、碟之类；另一种是马桶形，专装上下相差无异的器物，如瓶、壶之类。如碗、
盘类数件叠套在钵内，相互之间用支钉间隔。支钉很简单，用陶土羼很多粗砂捏成颗粒状，烧成之
后，极疏松，手捏即碎，既能隔离器坯，又能在烧成之后轻易分离成品器物。装了器物的匣钵在窑
室内的置放是相互套叠垒高，堆叠中的匣钵都不用盖子，唯独在最高一个匣钵上专制一个圆形或椭
圆形盖子盖住。大件器物如瓮、坛之类不用匣钵装，只在砂子中间用垫圈加以稳固即可。

（Sam）Raizdajcang
（三）纹饰

Gij neiyungz raizdajcang gwnz cungj swzgi Gvangjsih Sungdai de cujyau miz gij vagut
euj nga、va ngaeux、mauxdan heux nga、caeuq bya youzhaij、lwgnyez ap haij、nyumq va
humxheux "fuksouh"、biengzbeih、duzngwz buenzgienj daengj. Gij gisuz raizdajcang haenx
dawz yaenqva guhcawj（vunq yaenq vanj mengz Sungdai youq Gvangjsih Dwngzyen dieg
yiuz Cunghhoz oknamh haenx raen doz 10-1-21）, doengzseiz hix miz gaek va、dep va、
mbonvat、vehsaek daengj gisuz. Gij giyi de cujyau dwg caeuyungh sijsaed soujfaz, lumjbaenz
gij raiz bya youz haij de, itbuen dwg youq baihndaw aenduix、aenbuenz roxnaeuz aencanj、
aendeb, aeu gaiq duk maedsaed de bae diemjveh guh daej, gwnzde yaenq raizraemx, youq
gyang raemxlangh bauqhoho de, gaekveh song duz roxnaeuz seiq duz bya gyaeuj soem rieng
mbe、geiz hai、bongh bae bongh dauq de. Youh lumjbaenz raiz lwgnyez ap haij, gyoengq
lwgnyez dwggyaez hozboz de ndangnding youq gyang raemxlangh doxlaeh guhcaemz, dawz aen
cingzgingj sengdoengh gaekveh ndaej lumjliuxliux, gig miz gij saedceij daegdiemj ndawbiengz
namzfueng.

广西宋代的瓷器上的纹饰内容主要有缠枝、拆枝的菊花、莲花、牡丹花和海水游鱼、海水婴戏、簇花拥"福寿"、蜻蜓、盘蛇等。纹饰的装饰技术以印花为主（广西藤县中和窑址出土的宋代瓷碗印模见图10-1-21），兼有刻花、贴花、镂空、彩绘等技术。其技艺主要是采用写实手法，如出土的海水游鱼纹，一般是在碗、盘或盏、碟的内部，以细密的篦点纹作底，上印以海水水波纹，在汹涌的波涛中，刻画两条或四条尖头展尾、背鳍怒张、窜跃追逐的游鱼。又如海水婴戏纹，一群天真活泼的婴孩，赤裸全身，在水波浪花中，逐浪戏玩，将一个生动的画面淋漓尽致地刻画出来，具有浓郁的南方民间生活气息。

Doz 10-1-21　Vunqyaenq vanjmeng Sungdai，youq Gvangjsih Dwngzyen dieg yiuz Cunghhoz oknamh（Ciengj Dingzyiz hawj doz）

图10-1-21　广西藤县中和窑址出土的宋代瓷碗印模（蒋廷瑜 供图）

Gij nyumq va humxheux "fuksaeuh" youq Hingh'anh Yenzgvanhyauz oknamh de youh lingh miz daegdiemj. Youq baihndaw aenduix、aenbuenz cienzbouh aen mbaw vagut roxnaeuz dwg mbaw va ngaeux、mauxdan daeuj dajcang，caemhcaiq youq gyang mbaw daegdaengq ce 4 gizhoengq baenz yienzhingz roxnaeuz dojyenzhingz，caemhcaiq youq ndawde dienz sij "fuk"、"saeuh" roxnaeuz "fuk bya saeuh haij"、"saeuh bya fuk haij" daengj gij coenzvah ndei neix，gig miz yungzvaz fouqgviq meijganj.

兴安严关窑出土的簇花拥"福寿"又别具一格。在碗、盘之内壁满地饰以菊花花叶或是莲花、牡丹花叶，并在花叶之间有意空出4个圆形或椭圆形的空地，并在其内填写"福""寿"或是"福山寿海""寿山福海"等吉祥语字样，富有荣华富贵的美感。

（Seiq）Yauhgujswz

（四）瓷腰鼓

Vunz Sungdai Couh Gifeih youq Gveilinz nyaemh dunghban cizvu seiz，ndaej raen gij cingzgvang dieg Gveilinz caux yauhgujswz de，de youq ndaw 《Lingjvai Daidaz》 miuzsij naeuz：

"Gij yauhguj Cinggyangh，sing de ceiq hung，dwg Linzgvei Yen Cizdenz Yangh cauxok，gij namh de daegbied hab vunz dangdieg guh yiuz coemh guh gyong. Gien diet gwnz gyong de dwg Gujyen（Yungjfuz Yen seizneix）swnghcanj, giz dieg haenx swnghcanj gij diet de gig ndei, bouxcangh gig rox diz diet, ndigah gien diet miz rengz hoeng mbouj bienca saekdi. Naeng de aeu naengyiengz hung guh, namzfueng yiengz hung lai, naeng hix lai, miz mbangj hix aeu naeng nuem bae guh. Seiz roq gyong de, sing de cienz bae gig gyae, it ngeih aen gyong, sing de gaenq hung lumj cib aen lo." Fan Cwngzda dwgvunz caemh seizdaih, de youq ndaw 《Gveihaij Yizhwngz Ci》 hix naeuz："Gij yauhguj yaenqva dwg Linzgvei Cizdenz Yangh caux, gij namh de daegbied hab guh aen'gyong. Vunzmbanj cienmonz guh yiuz coemh de, aeu youz veh va' nding dajcang." Gaujguj fatyienh cingqsaed le gij vwnzyen geiqsij haenx dwg caensaed de. Yungjfuz Yauzdenzlingj 2、3 hauh yiuz oknamh le haujlai gij yauhguj vaih de, gaengawq aen coihndei de ndaej rox, cungj yauhguj neix itbuen raez 50 lizmij baedauq, songgyaeuj laux buenqgyang iq, Gyaeuj ndeu baenz lumj hozloz, gyaeuj ndeu lumj hozlez, buenqgyang hung hwet iq raez lumj dot cuk（doz 10-1-22）. Daengx aeu yauhguj seiz caux de baen baenz sam ciet, faenbied caux ndei gonq, couh dwg caux ndei aen gyong songgyaeuj caeuq buenqgyang, yienzhaeuh caiq nem baenz aen ndeu. Giz doxciep de cawqleix ndaej gig giujmiuq, bouxcangh youq giz doxciep de daz gien raizdot, ngamj lumj dot cuk neix. Ndang gyong cienzbouh dwg youhheuhenj, gwnz youh aeu mauzbit veh sam cuj dozangq nding; songgyaeuj veh song duzngwz, gyoengqde geujheux baenz gvaengxluenz, gak loh ok gyaeuj rieng; hwet aen'gyong veh song duz biengzbeih doxlaeh, duz gonq duz laeng, duz laeng gut rieng coh baihnaj, caeuq duz gonq doxej, lumjlili, hawj vunz doenghsim. Loih yauhguj neix Yungzyen Yasahyauz、Dwngzyen Cunghhozyauz hix coemh.

宋人周去非在桂林任通判一职时，目睹了桂林地区制作瓷腰鼓的情况，他在《岭外代答》中描述说："静江腰鼓，最有声腔，出于临桂县职田乡，其土特宜乡人作窑烧腔。鼓面铁圈，出于古县（今永福县），其地产佳铁，铁工善煅，故圈劲而不偏。其皮以大羊之革，南多大羊，故多皮，或用蚺蛇皮鞔之。合乐之际，声响特远，一二面鼓，已若十面矣。"同时代人范成大在《桂海虞衡志》中亦说："花腔腰鼓出临桂职田乡，其土特宜鼓腔。村人专作窑烧之，油画红花纹以为饰。"考古发现印证了文献记载的真实性。永福窑田岭2、3号窑出土了许多瓷腰鼓残件，据修复完整的鼓件可知，这种腰鼓一般长50厘米左右，两端大中间小，一端呈葫芦状，一端呈喇叭状，中间鼓腰细长如竹节（图10-1-22）。整个腰鼓制作时分三节预制，即是将两端鼓部和中间鼓腰预先制好，然后再粘接成全器。衔接部件的处理很巧妙，匠师在衔接处抹起一圈节纹，恰似竹节形状。鼓身满施青黄釉，釉上用毛笔绘红彩图案三组；两端鼓部绘双蛇纹，双蛇盘缠成圆圈状，各露出首尾；鼓腰绘两只蜻蜓相互追逐，一前一后，后者屈尾向前，与前者尾部交媾，栩栩如生，非常逼真动人。这类腰鼓在容县下沙窑、藤县中和窑也有烧制。

Doz 10-1-22　Yauhgujswz Sungdai，youq Gvangjsih Yungjfuz Yen Yauzdenzlingj oknamh

图10-1-22　广西永福县窑田岭出土的宋代瓷腰鼓

Cigdaengz mboengqbyai Cinghcauz，Gvangjsih Bouxcuengh、Bouxyiuz vanzlij miz cungj fungsug coemh caeuq sawjyungh cungj yauhguj neix. Siengcouh Yen Cunghbingz Yangh Ouhcunh lij yo miz aen yauhgujswz ndeu，gwnz de gaek miz gij saw "Bi Daugvangh 21 bi Ciengj Gau guh aen gyong raez ndeu，cib fueng gingqhoh，gyae gyawj cienzyiengz" neix，aen gyong haenx raez 51.5 lizmij，naeng de aeu naeng yiengz goemq youq gwnz gien diet，gyangde aeu cag、ngaeu diet bengq haen naeng de，gijneix caeuq ndaw bonjsaw vunz Sungdai 《Lingjvai Daidaz》 geiqsij de ityiengh. Gvangjsih Ginhsiu Yauzcuz Swciyen Luzhang Yangh Luzhangcunh hix yo miz aen yauhgujswz ndeu，gyang hwet de hix gaek miz gij saw "cib fueng gingqhoh，gyae gyawj cienzyiengz"，hingzsik caeuq aen'gyong Siengcouh doxdoengz，gvanjsi hix ca mbouj geij lai，wngdang dwg caemh aen yiuz coemh baenz. Gyoengqde mizmbangj dwg gij hongdawz yienjheiq bohmo sawjyungh de，mizmbangj cix dwg gij yozgi hawj vunz angq haenx. Daj Sungdai doxdaeuj，itcig cienzciep mbouj duenh.

直至晚清，广西壮、瑶等民族仍有烧制和使用这种腰鼓的习俗。而象州县中平乡的欧村所存的一个瓷腰鼓，鼓腰刻有"岁次道光二十一年蒋告作长古（鼓）一个，十方庆旺，四远传扬"字款，该鼓长51.5厘米，鼓皮以羊皮蒙包在铁圈上，中间用绳索、铁钩拉紧铁圈鼓皮，与宋人的《岭外代答》中记述的一样。广西金秀瑶族自治县六巷乡六巷村也保存有一个瓷腰鼓，鼓腰亦刻"十方庆旺，四远传扬"字款，形式与象州鼓相同，款式也差不多，应是同窑烧制的产品。它们有些作为巫师使用的道具，有些则是娱人的乐器。自宋以来，一直传承不断。

Gyonj hwnjdaeuj gangj，Sungdai dwg aen seizgeiz mbanj Bouxcuengh yiuzswz fazcanj ceiq saenhwng de，gij gisuz hwnqguh luzyiuz，gij binjcungj saekyouh givuz caeuq gij gisuz dajcang raizva cungj beij doenghbaez miz gig daih cinbu. Gijneix hix dwg Sungdai gvaqlaeng gak aen lizsij seizgeiz beij mbouj ndaej de.

总之，宋代是壮乡窑瓷发展的高峰时期，窑炉建造技术、器物釉色品种及花纹装饰技术都比历代有长足的进步。这也是宋以后的各个历史时期所无法相比的。

Caet. Yenz Mingz Gvaqlaeng Gij Swzyi Gunghyi De

七、元明以后的瓷艺

Yenz Mingz gvaqlaeng dwg aen seizgeiz mbanj Bouxcuengh swzgi haidaeuz gemjcanj de. Gij yienzaen de miz lajneix geij aen fuengmienh：①Aen cungsim dawz swzgi gai okrog daj Gvangjcouh senj daengz Fuzgen Cenzcouh；②Gyanghsih Gingjdwzcin cinghvahswz caeuq Cezgyangh lungzcenzyauz canjbinj lungjdon hawciengz；③Yenzcauz giengzhengz diuhcomz gij bouxcangh ceiq ndei de bae Gingjdwzcin，yienghneix siu nyieg le dieg Bouxcuengh gij caux swz gisuz ligliengh daengj.

元明以后是壮乡瓷艺进入产量剧减的时期。究其原因有以下几个方面：①外销瓷的中心从广州转移到福建泉州；②江西景德镇青花瓷和浙江龙泉窑瓷产品垄断了市场；③元朝强行把优秀工匠调集景德镇，从而削弱了壮族地区制瓷的技术力量，但仍有各种瓷器出土。

Sojgangj "cinghvah"，dwg ceij gij swzgi wngqyungh guj yenzliu youq gwnz aendaih veh veh，yienzhaeuh dwk gij youh ronghcingx，youq laj gauhvwnh baezdog coemh baenz，de baenz raizva lamz，raiz de youq laj youh. Gij daegdiemj de dwg：It dwg cinghvahswz gij dwk saek naengzlig giengz，saek de ronghsien，gij heiq ndaw yiuz doiq de yingjyangj mbouj hung，aen fanveiz coemh baenz de haemq gvangq，saek de onjdingh；ngeih dwg cinghvah dwg gij saek youq laj youh，gij raizdajcang de ciengxlwenx mbouj lot；sam dwg deih hau va lamz，miz gij gamjgyoz sawseuq de，miz Cungguek conzdungj suijmwzva gij goeng'yauq haenx；seiq dwg ndeiyawj saedyungh，gig ndaej vunzlai gyaez；haj dwg guj yenzliu lai，yungzheih cawx ndaej，mbouj giep caux swz yienzliuh.

所谓"青花"，是指应用钴原料在瓷胎上绘画，然后上透明釉，在高温下一次烧成的呈现蓝色花纹的釉下彩瓷器。其特点：一是青花瓷着色力强，颜色鲜艳，窑内气体对它影响较小，烧成范围较宽，呈色稳定；二是青花为釉下彩，纹饰永不褪脱；三是白地蓝花，有明净素雅之感，具有中国传统水墨画的效果；四是美观实用，深受人们的喜爱；五是钴料充足，容易购到，制瓷原料不缺。

Cinghvahswz youq dangseiz dwg aen swzgi binjcungj gohgi hamzliengh siengdang sang ndeu. Gingjdwzcin dwg gizdieg fatmingz cinghvahswz，hoeng aenvih guj yenzliu yunghliengh lai，dangdieg gung'wngq mbouj doh，daj Yenz daengz Mingz cungj caengzging daj guekrog cawx daeuj，roxnaeuz yungh gij guj yenzliu aen swngj henzgyawj（Yinznanz、Cezgyangh、Gvangjdungh、Gvangjsih）de.Gaengawq Cinghcauz Yunghcwng seizgeiz（1723～1735 nienz）bonjsaw《Nanzyauz Bitgeiq》 ndawde geiqsij：Gij cinghvah（guj）liu Cinghdai yungh de，cawzliux gij liuh Mingzdai Cezgyangh、Gyanghsih，"ciuz raeuz Gvangjdungh、Gvangjsih cungj ok liuh，gij liuh de yungh ndaej". Ceiqnoix，gijneix hix gangjmingz le dieg Bouxcuengh bouxcangh caux dauzswz dwg yungh gij cinghvahliu，dwg gyoengq bouxcangh fatyienh、nyinhrox、sauqyungh、haifat ndaejdaengz，neix sawj dauzsizyez mbanj Bouxcuengh youq gwnz Cungguek dauzswzsij ciemq miz aen diegvih ndeu（doz 10-1-23、doz 10-1-24 dwg bingz meng va heu Mingzdai youq Gvangjsih oknamh）.

　　青花瓷在当时是一个科技含量相当高的瓷器品种。景德镇是青花瓷的发源地，但由于钴料用量巨大，当地供应不足，从元朝至明朝都曾从国外进口，或用邻省（滇、浙、粤、桂）的钴料。据清雍正年间（1723～1735年）的《南窑笔记》中记载：清代所用的青花（钴）料，除了明代的浙江、江西料，"本朝则广东、广西俱出料，亦属可用"。至少，这也说明了壮族地区的陶瓷工匠所用的青花料来源于本地，是工匠们发现、认识、试用、开发的结果，这使壮乡的瓷业在中国陶瓷史上占有了一席之地（图10-1-23、图10-1-24为广西出土的明代青花瓷）。

Doz 10-1-23　Gvangjsih Gveilinz bingz moiz cinghvah, youq Mingzdai daihcaet daih Cinggyanghvangz Anhsuzvangz ndaw moh de oknamh, sang 38.4 lizmij, bak gvangq 6 lizmij, veh miz vunz

图10-1-23　广西桂林市明第七代靖江王安肃王墓出土的青花瓷梅瓶，高38.4厘米，口径6厘米，绘有人物

Doz 10-1-24　Bingz moiz lienz fa, dwg cinghvahswz Mingzdai, youq Gvangjsih Luzcai oknamh

图10-1-24　广西鹿寨县出土的明代青花瓷云龙梅瓶及瓶盖

　　Aen seizgeiz neix, caenhguenj gij dauzswzyez dieg Bouxcuengh deng gij diegrog cungdongj, hoeng vanzlij miz haujlai gij yiuzgeq yiuzvaih Mingz Cingh de deng fatyienh, faenbouh fanveiz mboujduenh gyagvangq. Lumj Hozbuj sang'yauz, Lingzyinz gohmohyauz, Yungzyen gujciuhyauz、bwzfanyauz, Bwzliuz Lingjdung'yauz, Bujbwz siujgyanghyauz caeuq Binhyangz couhhihyauz daengj, daengx gih gak dieg cungj miz.

　　这个时期，尽管壮族地区的瓷业受到区外瓷器的冲击，但仍有不少明清瓷窑遗存被发现，分布范围在不断扩大。如合浦上窑，凌云哥么窑，容县古蕉窑、白饭窑，北流岭峒窑，浦北小江窑和宾阳邹圩窑等，分布遍及全区。

　　Hozbuj Sang'yauz. Dieg aen yiuzgeq youq Hozbuj Yen Fuzcwngz Yangh baihsae 0.5 goengleix. Gezgou aenyiuz dwg lungzyiuz bolingq. Aenvih dangdieg deih bingz, mboujmiz bya ing, bouxcangh dangdieg aeu namh caeuq sadah daeb baenz bolingq, gvaqlaeng, moix coemh baez ndeu, couh aeu gij nyaqfeiq cingleix okdaeuj de bae daebdong laebdaeb hwnqguh yiuzcongz, hawj gij sang caeuq lingq de yied daeuj yied gohyoz hableix, ndwenngoenz gyae raez, doeklaeng dauqdaej cauxbaenz le aen yiuz sang 5 mij de. Aen yiuz haenx luzyiuz de raez 50 mij, gvangq 1.6 ~ 1.8 mij, rugyiuz lingq 25°, songmbiengj caeuq nawz de cienzbouh aeu cienheu daeb baenz, daej de mbouj daeb cien, dandan cuk net, caemhcaiq youq gwnz de bu caengz sadah ndeu na 20 ~ 30 lizmij. Loih yiuz neix mbouj yungh aeu aenhab gyaeng givuz bae coemh, cixdwg cigsoh aeu givuz haem hoh iq ndeu youq laj sadah, aeu gij gaiqdemh raez luenz yawhsien caux ndei bae dingh ndei. Aenvih baihdaej givuz miz hoh ndeu haem youq laj sa, ndigah, baihrog givuz dingz baihdaej mbouj dwkyouh. Aeu givuz ndip baijcuengq youq yiuzcongz seiz, dwg aen givuz ndeu ciemq dieg ndeu, gwnz de mbouj daeb gij wnq. Hoeng gij givuz laux lumj aenboemh neix daengj, gwnz de ciengzseiz goemq aen bat ndeu. Gij aenboemh aenbat doxdab gyangde mbouj yungh giendemh roxnaeuz dingdingj bae gek, dandan youq giz doxdep de vanq di naedsa. Ndigah, givuz coemh ndei le gig yungzheih faenhai. Seizneix gij givuz gaenq oknamh de miz moegloih, mbokndaek, aenboemh, huz, bat, batloih, aenguenq, aenbiengx, iendaeuj, gak cungj doenghduz daengj (doz 10-1-25). Givuz dingzlai mboujmiz raizdajcang, cijmiz dingznoix lumj bat, huz daengj miz raizdajcang, hoeng cungj haemq genjdanh, gij raizdajcang miz roeghaij, gova heux nga, duzrwi, raizfwjbyaj, raizraemxlangh daengj. Dajcang soujfap dwg aeu mauzbit veh saeknding. Mizmbangj givuz gwnz de lij raiz miz saw nding "fuk" "saeuh" "raez" "mingh" "bat" daengj. Gij youh givuz dwg youhheuhenj, vanzlij caiyungh Sungdai gaxgonq gij yienzsaek conzdungj de. Dieg haenx oknamh gij moegloih de gwnzde gaek miz "Gyahcing 28 bi ndwenseiq 24 hauh caux", mbouj miz ngeiz dwg gij yiuz Mingzcauz dajcauh.

合浦上窑。窑址在合浦县福成乡驻地西0.5千米处。窑的结构为斜坡式龙窑。因当地地势平坦，无山可依，当地匠人以地表土和河沙垒筑人工斜坡，以后，每烧造一次，就以清理出来的废渣废品堆积继续修造窑床，使其高度和倾斜度日臻科学化，日久天长，最后终于形成了5米高的窑堡。该窑炉全长50米，宽1.6~1.8米，窑室的倾斜度为25°，两侧及顶部皆用青砖砌筑，底没砌砖，只经过夯实，并在其上铺了20~30厘米厚的河沙。此类窑器物不用匣钵装烧，而是直接埋小半截于河沙中，用预制的长圆陶垫支撑固定。由于器物底部有半截被埋于沙中，因此，器物外面的下半部不施釉。器坯在窑床摆放时，是一个器物占据一个位置，器物之上不叠压其他器物。但是大件的器物如瓮等，其上往往倒扣一件盆等。套叠的瓮盆之间不用垫圈或支钉间隔，只在接触处撒上少许沙粒。因此，器物烧成之后极易分开。

Doz 10-1-25 Iendaeujmeng, youq Gvangjsih Hozbuj Sang'yauz dieggaeuq yiuzmeng Mingzdaih oknamh

图10-1-25 广西合浦县上窑明代瓷窑旧址出土的瓷烟斗

目前已出土的瓷器有压槌、拔火罐、瓮、壶、盆、擂盆、罐、灯具、坛、烟斗（图10-1-25）、各种动物模型等。器物大多没有纹饰，只有少部分如盆、壶等饰有纹饰，但都较简单，纹饰计有海鸟、缠枝花叶、蜜蜂、云雷纹、水波纹等。装饰手法是用毛笔绘朱红颜色。有些器物上还有朱书"福""寿""长""命""盆"等字。器物的釉色为青黄釉色，仍采用宋代以前的传统色调。该地区出土的压槌上刻有"嘉靖二十八年四月二十四日造"，无疑是明窑所出。

Lingzyinz Yen gohmohyauz. Dieg yiuzgeq youq henzgyawj Gvangjsih Lingzyinz Yen Lozlouz Yangh Gohmohcunh, dwg giz cinghvahyauz Cinghdai ndeu. Gij yiuzgeq de miz song giz, giz ndeu youq Lungdingjdunz, giz ndeu youq Hahlijdunz. Aenyiuz gizneix luz de daih'iek raez 20 mij, gvangq 2 mij, songmbiengj hai miz congh coq fwnz. Moix yiuz moix baez coemh ndaej 150 boengj（dap）, moix boengj 11 aen duix, gak boengj gwnzde lij cuengq miz gizyawz givuz. Doenghgij yiuz neix cujyau dawz coemh duix guhcawj, lingjvaih lijmiz buenz、cenj、guenq、biengx、daeng、bingz、loz daengj. Gij givuz neix, aendaih de hausaksak, hoeng haemq cocat, lwgda hix yawj ndaej ok gwnzde miz naed. Youhcinghvah youh mbang youh ronghsien, gij raizdajcang de miz siujsenhvah、meizvah、sanhcazvah daengj, lai dwg sejyi soujfap, simlangh raixcaix, daegbied dwg sanhcazvah, gij yiengh de caeuq gij dozanq gwnz man dieg baihsae Gvangjsih de doxlumj. Gij canjbinj gohmohyauz cujyau dwg youq bonjdieg roxnaeuz aen yen henzgyawj gai. 1975 nienz, aenmoh boux dujswh Lingzyinz Cinghcauz heuhguh Cinz Yingjhan de deng buqvaih, ginggvaq gaujcaz fatyienh aenmoh haenx seiqhenz aen gouh cienzbouh dwg aeu duix daeb baenz, ndawde miz song aen duix daej de raiz miz "cinz vuengz" song aen saw, gij funghgwz aenduix caeuq gij swzgi gohmohyauz coemh de daihgaiq doxdoengz. Gujgeiq gij cinghvahswzyauz gizneix dwg dujswh okcienz hwnqguh.

凌云县哥么窑。窑址位于广西凌云县逻楼乡哥么村附近，是一处清代青花窑址。该窑址共两处，一处在弄顶屯，一处在哈里屯。这里的窑炉长约20米，宽约2米，两侧开有投柴孔。每窑每次可烧150墩（叠），每墩11个碗，各墩上面还可以放置其他器物。这些窑主要以烧碗为主，另外还有盘、杯、罐、坛、灯、瓶、炉等。所出瓷器，胎质洁白，但较粗，肉眼都可以看出颗粒状。青花釉淡薄鲜艳，其纹饰有水仙花、梅花、山茶花等，多是写意手法，非常浪漫，尤其是山茶花，与桂西一带的壮锦图案造型相似。哥么窑的产品主要是在本地及邻县销售。1975年，清代凌云土司岑映翰墓被破坏，经考察发现该墓棺四周全部是用碗堆砌而成，其中有两个碗底写有"岑王"两个字，碗的风格与哥么窑烧造的瓷器大致相同。估计这里的青花瓷窑是土司出资所建。

Yungzyen gujciuhyauz caeuq bwzfanyauz. Song aen yiuzgeq caemh dwg riengz bya hwnq baenz gij lungzyiuz bolingq de, coemh fwnz coemh nya. Gij yiuz haenx cienzbouh dwg coemh cinghvahswzgi, givuz dawz buenz、duix、deb guhcawj, gizyawz de miz huz、guenq daengj. Gij swzgi de aendaih haemq cocat, saek cinghvah gyang saeklamz miz di saekfonx, nienzdaih de daihgaiq dwg Mingzcauz Gyahcing daengz Cinghcauz.

容县的古蕉窑和白饭窑。窑址皆是依山建造的斜坡式龙窑，燃料为柴草。该窑全是烧造青花瓷器，器物以盘、碗、碟为主，其余有壶、罐等。其瓷器胎质较粗，青花颜色蓝中发暗黑色，其年代约为明嘉靖至清代。

Mboengqbyai Cingzcauz daengz Minzgoz geizgan, Binhyangz cinghvahswzgi youq Gvangjsih yingjyangj gig hung, gak dieg gak minzcuz ndawbiengz gij swzgi ngoenzyungh de lai dwg Binhyangz caux. Gij swzgi Binhyangz daih'iek youq mboengqgyang Cinghcauz gaxgonq couh gaenq coemh, dawz duix、buenz、cenj guhcawj, cienzbouh dwg ndawbiengz ranz yiuzcawj dandog gag dajcauh. 1935 nienz, Gvangjsih Dauzswzcanj senj daengz Binhyangz Luzhih, aen cangj neix doenghbaez heuhguh Yinhnanz Dauzyez Gunghswh, dwg sanghyez singqcaet, swhbwnj 7.9 fanh maenz, doeklaeng youh gya daengz 9 fanh maenz, ancang miz gij fazdunggih coemh danq caeuq gij fazdunggih coemh nywjlauz、suisizgih gak aen ndeu, canjbinj miz huzcaz、duix、lenzswjhuz、huzlaeuj yiengh lwggwz、aencung、cenjcaz、cenj gahfeih、ciennaihfeiz daengj. Niex hix dwg mbanj Bouxcuengh aen giyez ceiq caeux sawjyungh gihgaiva guhhong dajcaux dauzswz haenx. Miz de, coicaenh le dieg Bouxcuengh dauzswzyez caenh'itbouh fazcanj.

晚清至民国年间，宾阳青花瓷器在广西影响很大，各地各民族的民间日常生活用瓷多属宾阳产品。宾阳瓷器约在清朝中期以前就已有烧制，以碗、盘、杯为主，都是民间单家独户窑主所为。1935年，前身为商办的薰南陶业公司的广西陶瓷厂迁到宾阳芦圩，资本7.9万元，后又增资9万元，设有木炭发动机、油渣发动机、碎石机各1部，产品有茶壶、碗、莲子壶、茄形酒壶、口盅、茶杯、咖啡杯、耐火砖等。这也是壮乡广西最早使用机械化作业制作陶瓷的企业。它的出现，促进了壮族地区瓷业的进一步发展。

Daihngeih Ciet   Gij Gisuz Cauhceij
第二节   造纸技术

Ceij dwg gangj gij doxgaiq aeu maesei caeuq senhveiz guh cujyau yenzliu cauxbaenz de. Gij cauhceij gisuz Cungguek daj Dunghhan Yenzhingh yenznenz（105 nienz）couh miz lo. Dangseiz Cai Lunz nyaemh sangfanghling, de cungjgez gij ginghnen vunz ciuhgonq, fatmingz le cungj cauhceij fuengfap haemq ndei aeu muengx gaeuq、baengz rwix、gyaeuj ndaij、naeng faex daengj guh yenzliu haenx, gij ceij neix dangseiz heuhguh "ceij Caihouz". Sam Guek seizgeiz（220～280 nienz）, ceij dangguh gij gaiqdawz raizsaw de gaenq caeuq duk、baengzsei caemhyungh. Doeklaeng ginggvaq Dunghan Coj Bwz、Sihcin Gungj Danh daengj vunz bae gaijndei, Cindai（265～420 nienz）yungh ceij gaenq siengdang bujbienq. Biensaw Coj Swh《Sanduh Fu》aenvih vunz causij lai, caengzging okyienh aen denjgu "Lozyangz Ceij Bengz". Dungcin Andi Yenzhingh yenznenz（402 nienz）roengzlingh: "Ciuhgeq mboujmiz ceij cix yungh duk, seizneix gij yungh duk de wngdang aeu ceijhenj daeuj dingjlawh." Caemhcaiq roengzlingh doengjit mbaw ceij laux iq: "Cin roengzlingh caux gij ceij de, mbaw laux it cik sam conq，gvangq it cik bet conq；mbaw iq gouj conq haj faen，gvangq it cik seiq conq." Gvangjsih Gijneix dwg ciuhgeq Cungguek youz cwngfuj roengzlingh cingqhangq yungh ceij gij haidaeuz de. Youq dieg Bouxcuengh（baugvat baihdoeng Yinznanz、Gvangisih、Gvangjsih caeuq baihsae Gvangjdungh），gij ceij ciuhgeq daengz seizneix vatok caeuq yo roengzdaeuj de noix lai, aenvih ceij yungzheih naeuh cix nanzndaej yo roengzdaeuj. Mboujlwnh dwg gij "deihheiq" Nanzcauz aeu cungj gaijsuh cingzsug raiz baenz youq Gveilinz caeuq Yungzanh fatyienh de, roxnaeuz dwg gij bonj vwnzsuh "gij saw gvaq roen" geiq miz Dangz Sung cauzdingz nienzhauh de, sawjyungh gij ceij haenx lij mbouj ndaej nyinhdingh dwg cojcoeng Bouxcuengh caux. Mboujgvaq, youq dieg Bouxcuengh dauqfanj fatyienh le dauq sezbei soujgungh daek ceij Mingzdai ndeu, dwg aeu gocuk guh fwz, gijneix dwg gij hongdawz daek ceij ciuhgeq, aeu duk dinghmaenh gyaq fwz, aeu duk saeq guh fwz, gij gveihgwz de dwg 37 lizmij×28 lizmij, dwg 1956 nienz daj Gvangjsih Ginhsiu Yauzcuz Swciyen Dayauzsanh cwngcomz ndaej. Dauq fwz haenx seizneix yo youq Baekging Cunghyangh Minzcuz Dayoz.

纸是指用丝絮和纤维为主要原料的制成品。中国造纸技术起源于东汉元兴元年（105年）。时任上方令的蔡伦，总结前人经验，发明了用旧鱼网、破布、烂麻头、树皮等为原料的比较好的造纸方法，其制成品时称"蔡侯纸"。三国时期（220～280年），纸作为书写工具已与简（竹）、帛（绢）并用。后经东汉左伯、西晋孔丹等人的改进，晋代（265～420年）用纸已相当普遍。左思的《三都赋》中因传抄者众，曾出现"洛阳纸贵"的典故。东晋安帝元兴元年（402年）下令："古者无纸故用（竹）简，今诸用简者宜以黄纸代之。"并且下令统一了纸幅尺寸："晋令诸作纸，大纸一尺三寸，广一尺八寸；小纸九寸五分，广一尺四寸。"这是中国古代由政府下令正式用纸的开端。在壮族地区（包括云贵东部、广西和广东西部），迄今发掘和保存的古纸太少，因纸易腐而难保存。无论是在桂林和融安发现的南朝以成熟楷书书写的"地券"，还是记有唐宋朝廷年号的写本文书"过山牒文"，所用的纸还不能认定是壮族祖先制造的。不过，在壮族地区却发现了一套明代手工竹帘捞纸设备，这是古老的抄纸工具，全竹固定帘床，竹席作帘，其规格为37厘米×28厘米，是1956年从广西金秀瑶族自治县大瑶山征集到的。该套竹帘工具现在保存在北京中央民族大学。

It. Cauxceij Gisuz Cienzhaeuj Caeuq Fazcanj

一、造纸技术的传入与发展

（It）Cauxceij gisuz cienzhaeuj

（一）造纸技术的传入

1. Ceijsa cienzhaeuj

1. 纱纸的传入

Ceijsa, eiqsei de dwg "mbang lumj sa". Coh Gun ceijsa ciuhgeq heuhguh ceijfaexsa、sa, youh heuhguh ceijnaengsa, dwg cungj ceijnaeng ndeu. Ceijsa cujyau aeu daeuj causij ndawbiengz gij fwen caeuq sei raez、sawging saegoeng yungh sawndip sawcuengh geiqsij haenx、baucang、dajcang、caux gij liengj、cijyiuh、mwnz bauqbej、soqbouh mbawheiq、raiz saw veh veh、cug cienz、gij doxgaiq saehhau daengj.

纱纸，取其"纸薄如纱"的意思。纱纸的汉名古称楮纸、纸，又名构皮纸，属于皮纸的一种。纱纸的主要用途是抄写古壮字民歌、民间长诗、师公经书，制作雨伞、风筝、鞭炮引线、账簿契约、丧葬冥器、书写绘画、捆扎钞票和包装等。

Aenvih Cunghyenz hoenxciengq, vunz baekfueng senj daengz namzfueng youq, gij vwnzva Bouxgun mboujduenh cienz haeuj namzfueng. Siengdoiq daeuj gangj, Lingjnanz haemq andingh, lumj 《Suizsuh·Sw Sez Con》 geiqsij: Vunz Canghvuz Sw Sez（137～226 nienz）nyaemh Gyauhcij daisouj（gvi Gyauhcouh）, seiz de youq vih, ndaw dieg gvanjyaz gihbwnj andingh, haibanh hagdangz. 《Suizsuh·Linghuz Hih Con》 hix geiqsij miz: Suiz Gaihvangz 17 bi（597 nienz）, baij Linghuz Hih bae Gveilinz, bae guenjleix 17 couh sojmiz saehcingq. Aen seizgeiz neix "hwnqguh hawsingz, hailaeb hagdangz, beksingq dangdieg baiqfug, haujlai gij Bouxcuengh dangdieg de daeuj eifouq, heuhguh dava". Dangzyencungh Yenzhoz 10 bi（815 nienz）, Liuj Cunghyenz nyaemh Liujcouh swsij, gaijgwz gig miz yauqgoj. Gyonj hwnjdaeuj gangj, daj Suiz Dangz doxdaeuj, gohgij gaujsi hawj mbangj gij vunz miz dungxcaiz de miz gihvei bae deihfueng dangguen, cizgiz hailaeb hagdangz, hwngbanh gyauyuz, sojmiz doenghgij gijco neix cungj liz mbouj hai ceij. Cingq aenvih yienghneix, Lingjnanz yungh ceij soqliengh demgya gig riuz, cauxceij gisuz hix gaenriengz cienz daengz mbanj Bouxcuengh.

由于中原战乱，北人南迁，汉文化不断南传。相对而言，岭南比较安定，如《隋书·士燮传》载：苍梧人士燮（137~226年）任交趾太守（属交州），在任期间，境内基本安定，开办学校。《隋书·令狐熙传》也写道：隋开皇十七年（597年），派令狐熙到桂林，征拜总管十七州诸事。这一时期"建城邑，开设学校，民夷悦服，溪洞生越多来归附，称为大化"。唐宪宗元和十年（815年），柳宗元任柳州刺史，改革尤为显著。总之，自隋唐以来，科举考试使一些博学者有机会充任地方官吏，积极开设学校，兴办教育，所有这些举措都离不开纸。正因为如此，岭南用纸量迅速增加，造纸技术也随之传到壮乡。

Caeux youq Sam Guek seizgeiz, vunz Vuzgoz Luz Gih youq ndaw 《Cawqgej Gij Faex Nya Roeg Nyaen Non Bya Ndaw Seiging 》 couh raiz naeuz: "Guz, vunz Youhcouh（baekfueng）heuguh guzsangh roxnaeuz cuzdiuz, Gingh、Yangz、Gvangj、gyauh（couh）heuhguh guz. Vunz Gyanghnanz ciuhneix aeu naeng de daeuj daemj guh baengz, youh daem de guh ceij." Guz couh dwg gosa, Bouxcuengh heuhguh "gosa"（Sawcuengh moq, baihlaj doxdoengz）, cigsoh fanhoiz couh dwg goceijsa. Gwnzneix gangjmingz youq Sam Guek seizgeiz dieg Gyanghnanz de, ceiqnoix youq dieg Vuz Yez gaenq aeu naeng faexsa daeuj cauxceij. Gizsaed, Gyanghnanz baugvat dieg baihnamz Cangzgyangh, Dunghhan Cai Lunz dwg vunz Huznanz Leijyangz, gosa youh dwg gij doenghgo diegraeuj dieghwngq ndaem gig lai de, Cai Lunz doiq gosa wngdang sugrox, ndigah de cauxceij gij yenzliu haenx soujsien couh dwg naeng faex、baengzrwix. Naeng faex couh dwg naeng gosa. Ndigah, vunz Cincauz Beiz Yenh youq ndaw 《Gvangjcouh

Geiq》 raiz naeuz："Aeu naeng faexsa, dub soiq le ndaej aeu guh ceij." Daengz Dangzcauz, Don Gunghlu youq 《Bwzhu Geiq》、Liuz Sinz youq ndaw 《Lingj Byauj Luzyi》 cungj geiqsij miz "Lozcouh miz faex canyanghsu, go de sang lumj goliux hung, naeng de ndaej dub soiq cauxceij, vunz dangdieg heuh de guh ceijnaenghom". Daengz Nanzsung, Cinz Giuz youq ndaw 《Fu Senh Yej Luz》 geiqsij ndaej engqgya ciengzsaeq："Gosa Gyanghnanz, vunz Dangzcauz yungh sij saw lai, dieg namzfueng swnghcanj ceijnaenghom, saekhau, raiz de lumj gyaeqbya, Leizcouh、Lozcouh、Yiningz、Sinhvei Yen daiqdaeuz yungh de, gij ceij neix youh mbang youh unq, bungq raemx couh vaih, ndei mbouj beij ceij naengsa." Aen namzfueng Lozcouh gizneix, couh youq baihbaek aen Lenzcouh ciuhgeq（Gvangjdungh Sinyiz Yen seizneix）giz Gvangjdungh Gvangjsih gapgyaiq de, Dangzcauz seiz dwg dieg youqgaenj Bouxcuengh ciuhgeq, dwg giz cojcoeng Bouxcuengh comzyouq haenx. Gangjmingz Dangzdai gizneix mboujdanh swnghcanj ceijnaeng, vanzlij gaem le gij gisuz gya hom. "Ceijnaenghom" dwg Dangzcauz lingh cungj ceijndeu, gaengawq vunz dangdaih Se Dwzvaz sienseng gaujcwng："Gij ceij neix daj Cindai cij miz." Couh dwg cauxceij gisuz daj Cindai couh gaenq cienz daengz dieg Bouxcuengh. Hoeng, faex canyanghsu dwg faex Haijnanz, ciuhgeq, gizneix hix dwg Lingjnanz fancouz.

　　早在三国时期，吴国人陆玑在《毛诗草木鸟兽虫鱼疏》中就写道："榖，幽州（北方）人叫榖桑或楮条，荆、扬、广、交（州）谓之榖。今江南人绩（织）其皮以为布，又捣以为纸。"榖就是构树，壮族人叫做"gosa"（新壮文，下同），直译就是纱纸树。以上说明在三国时期的江南，至少在吴越地区已经用构树皮造纸。其实，江南包括长江以南地区，东汉蔡伦是湖南耒阳人氏，而构树又是广为栽种的温、热带植物，蔡伦对构树应该是熟悉的，所以他造纸首选的原料就是树皮、破布。树皮即构（榖）树皮。因此，晋人裴渊在《广州记》中写道："取榖树皮，熟槌堪为纸。"到了唐代，段公路在《北户录》、刘恂在《岭表录异》都有"罗州多栈香树，身如巨柳，皮堪捣纸，土人号为香皮纸"的记载。到了南宋，陈道在《负喧野录》中记述得就更为详细："江南榖皮树，唐人多用蛮笺字，南番中出香皮纸，色白，纹如鱼子，雷州、罗州、义宁、新会县率多用之，其纸漫而弱，沾水即烂，不及楮皮者。"这里的南番罗州，就在两广交界的古廉州以北（今广东信宜县），唐时为俚僚重地，是壮族先民聚居的地方。说明了唐代这里不仅有了皮纸生产，而且还掌握了加香技术。"香皮纸"是唐代的另一类皮纸，据今人谢德华先生考证称："此纸始自晋。"即是造纸技术从晋代就已传入壮族聚居区。但是，栈香树出自海南，古代，这里也属岭南范畴。

　　Yaek fazcanj cauxceij gisuz, itdingh aeu miz cungcuk yenzliu caeuq gij goengrengz gyaqcienh ndij gij cauxsa gisuz cingzsug haenx. Gij naeng faexsa dangguh yenzliu cauxsa de seng youq dieg byarin. Cawzliux Lozcouh ciuhgeq（baihbaek Gvangjdungh Lenzgyangh Yen seizneix）, mbanj Bouxcuengh Binhyangz、Sanglinz、Gojva（benq Gvangjsih Denzdungh、Lungzanh seizneix）cungj dwg byarin, daegbied dwg Duh（Duh'anh Yen gaeuq）、Lungz（Lungzsanh Yen gaeuq, gvihaeuj Majsanh Yen seizneix）、Na（Namaj Yen gaeuq, gvihaeuj Majsanh Yen seizneix）, cienzbouh dwg dieg byarin mizmingz, youh dwg cingq gyang dieg Bouxcuengh, miz gij ndoeng faexsa hung lijcaengz haifat de. Mingzdai Ciz Hungzcuj gig caeux couh louzsim giz dieg neix, de youq ndaw 《Ciz Yazgwz Youzgi》 raiz naeuz: Sanglinz yienhsingz baihsae aen bya "Veizgveihsanh, baihgyang yiengq doengnamz, cighsoh caeuq baihbaek yienhsingz doxdoiq. Geij cib ranz ing baihbaek aenbya, baengh caux ceijsa gvaq ndwenngoenz, aenranz gyoengqde doxdab doxrangh." Lozcouh ciuhgeq gij cauxceij gisuz de, ginggvaq Ginhcouh daengz Nanzningz, fuzse dieg mbanj Bouxcuengh giz baihsae Gvangjsih、baihdoengnamz Yinznanz, gyahwnj ranghdieg neix bonjlaiz couh miz gij diuzgienh dangguh cauxceij yenzliu gihdi haenx, vunz dangdieg youh gungzhoj raixcaix, yiennaeuz caux ceijsa gig sinhoj, hoeng naengzgaeuq aeu ceijsa guh fuyez, lij vuenh ndaej gwn imq daenj raeuj, yienghneix ceijsa canjnieb couh ndaej fazcanj hwnjdaeuj.

要发展造纸，必须有充足的原料和廉价的劳动力及成熟的造纸技术。作为造纸原料的构树皮产于大石山区。除了古代的罗州（今广东廉江县北），壮乡宾阳、上林、果化（今广西田东、隆安一带）都是山区，特别是都（旧都安县）、隆（旧隆山县，今属马山县地）、那（旧那马县，今属马山县地），都是有名的大石山区，又是壮族地区腹地，有大面积连片待开发的构树林。明代徐弘祖很早就关注了这一块地方，他在《徐霞客游记》中写道：上林县城西的"韦龟山，中悬东南，直北向相对之。数十家倚山北麓，以造楮（纸）为业，栖舍垒垒。"古代罗州古老的造纸技术，经钦州抵达南宁，辐射桂西、滇东南壮乡，加上这一带本来就具备造纸原料基地的条件，当地居民又十分贫穷，虽抄纸万分辛苦，然能以纱纸为农家副业，尚可换取温饱，于是纱纸产业遂得以发展。

Aen seizgeiz ceijsa swnghcanj ceiq hoengh de dwg Cinghdai Gvanghsi nienzgan（1875～1908 nienz）. Dangseiz Gvangjdungh、Yanghgangj gaenq baenz giz Cungguek caeuq rogguek dieg guh seng'eiq de, hix dwg haj aen dunghsangh goujan aen goujan doiq rog haeuj ok dandog de, aenvih deihleix fuengmienh yienzyinh, mbanj Bouxcuengh gij rin'gvangq、huqbya、ceijsa cungj dwg bouxseng'eiq Yanghgangj、Gvangjdungh cienj gai okrog lai. Dangseiz youh dwg ceijsa Duh、Lungz、Na sam aen yen canjliengh ceiq lai, moixbi souhgou soqliengh ceiq lai daengz 4 fanh～5 fanh rap. Doeklaeng, aenvih deng gij ceij gihgi caux de cungdongj, cauhbaenz ceijsa swnghcanj doekbaih.

纱纸生产的鼎盛时期是清代光绪年间（1875～1908年）。当时的广东、香港已成为华洋通商发祥地，也是五口通商的唯一外贸进出口岸，因其地理上的原因，壮乡的矿石、山货和纱纸多由港粤商人转口外销。当时又以都、隆、那三县的纱纸产量最多，年收购量最高达到4万～5万担。后来，因受机制纸的冲击，致使纱纸生产衰落。

Minzgoz 4 bi（1915 nienz）, Duh'anh youz Duhyangz、Anhding song aen dujswh baznduj de gyoeb baenz yen, aen yen haenx ranz cauxsa de cujyau faenbouh youq Gaujlingj、Dahingh、Luzhoz daengj aen yangh youq henz Dahcwngzgyangh de. Ndawde, gij ceijsa "Fanzconzbaiz" aen Gaujlingj Yangh liz yienhsingz 15 goengleix swnghcanj de caetliengh ceiq ndei, heuhguh ceijsa Duh'anh. Gij ceijsa dieg wnq aenvih caetiengh itbuen hix deng heuhguh ceijsa Anhding. Boux guh seng'eiq ceijsa ceiqcaeux daeuj daengz ranghdieg neix dwg Minzgoz conienz（1912 nienz）, youz vunz Gvangjdungh youq Duh'anh hailaeb sahcijcangh （genjcwngh "Gvangjcangh"）, itgungh miz 8 ranz. Doenghgij "Gvangjcangh" neix aenvih cienz lai、souhgou soqliengh lai cix mizmingz. Dawz gij ceijsa souhgou daeuj de daeh daengz Fuzsanh、Yangzgyangh、Cauzsan, roxnaeuz cigsoh gai ok rog guek. Minzgoz 13 bi（1924 nienz）, gij sanghhau bouxseng'eiq Gvangjdungh hailaeb de seiz ceiq lai miz 15 ranz, ranz ceiq laux de dwg "Dayoujsiengz" sanghhau, de moix bi gaicawx ceijsa daih'iek 3.5 fanh rap.

民国四年（1915年），都安由原都阳、安定两土司合并成县，该县造纸农户主要分布在澄江边的高岭、大兴、六合等乡。其中，以距县城15千米的高岭乡生产的"帆船牌"纱纸质量最好，称都安纸。而其他地区的纱纸质量因一般而统称安定纸。纱纸经销商最早进入这带地区是在民国初年（1912年），由广东人在都安开设纱纸庄（简称"广庄"），共有8家。这些"广庄"因资金充足、收购量大而驰名。把收购的纱纸运到佛山、阳江、潮汕，或直接外销。民国十三年（1924年），粤商开设的商号最多时达15家，最大的一家为"大有祥"商号，其年经销纱纸量约3.5万担。

Nungzhoh cauxceij Lungzsanh cujyau faenbouh youq Gujcai、Lijdangh、Gyahfangh daengj geij aen yangh youq dieg baihdoengbaek aen yen neix, caeuq ranghdieg Bwzsanh、Hozginz yangh henzgyawj yienhsingz, dandan swnghcanj gij ceijsa gveihgwz dwg 1 cik 3 conq. Gij ceijsa gizneix caetliengh haemq cocat, aenvih Gyahfangh Yangh Gyahyenjcunh（cawqgej: gij vwnzyen swhliu ciuhgeq seizneix geiqsij gij "ceijgyahyenz" dwg aeu Sawgun geiq yaem miz loek, saed dwg gij "ceijgyahyenj", mbanj Gyahyenj caux）canjliengh haemq lai, ndigah cienzbouh heuhguh ceijgyahyenj. Minzgoz 22 bi（1933 nienz）, vunz Binhyangz Yangz Veih youq aen yen haenx haibanh Mouhinghlungz cijcangj, dwg gij cangjceijsa ndawde ceiq miz gveihmoz ndeu, goq 40 boux gunghyinz, moix ndwen swnghcanj ceijsa 20 rap, douzswh ngaenzzhau 4000 maenz, dangbi haihong, cienzbouh gunghawj Nanzningz "Gvangjhozsiengz" sanghhau cienj daeh bae Gvangjcouh gai.

隆山造纸农户主要分布在该县东北地区的古寨、里当、加芳乡和县城附近的白山、合群乡一带，只生产1尺3寸小规格纱纸。这里的纸张质地比较粗糙，因加芳乡的加显村（注：古今文献资料所记载的"加言纸"是用汉字记音之误，实为加显村生产的"加显纸"）产量较多，故统称加显纸。民国二十二年（1933年），宾阳人杨威在该县开办茂兴隆纸厂，是最有规模的纱纸厂之一，雇工40人，月产纱纸20担，投资大洋4000元，当年开工，全部供给南宁"广和祥"商号转运广州销售。

Nungzhoh cauxceij Namaj cujyau faenbouh youq Gungconh、Cuzlungj、Suhhoz daengj yangh cunh, ndawde Gungconh gij cauz daekceij de ceiq lai, moixbi swnghcanj ceijsa 460 dunq, gveihgwz ca mbouj lai cienzbouh dwg gij ceijsa hung 1 cik 8 conq de. Giz dieg de aenvih deng Gvangjdungh yingjyangj, Minzgoz conienz youh ceiqcaeux yungh sauhgenj、biubwzfwnj swnghcanj ceijsa, gyahwnj saeqsim leh liuh, aeu huq ndei gou gyaq, ndigah canjbinj caetliengh ceiq ndei, senhveiz ndei, yienzsaek hausak, giengzdoh sang, cazciz noix diemj fonx noix, caetliengh dwg sam aen yen ceiq ndei, seizhaenx heuhguh "ceijsa Gungconh". Gij ceijsa neix mbouj youq ndaw haw gai, cigsoh haeuj cangh（souhgoucan）, cienzbouh cienj gai daengz

Cajvah、Anhnanz、siujlijsung daengj Dunghhnanzya gak dieg.

那马造纸农户主要分布在贡川、竹陇、苏合等乡村，其中以贡川乡纸槽最多，年产纸460吨，规格几乎都是1尺8寸的大纱纸。该地因受广东影响，民国初年又最先使用烧碱、漂白粉生产纱纸，加上精心选料，追求以优求价的观念，故产品质量上乘，纤维精细，颜色洁白，强度高，杂质黑斑少，纸质为三县之冠，时称"贡川纱纸"。此纸不入圩场交易，直接入庄（收购站），悉数转口爪哇、安南、小吕宋等东南亚各地。

2. Ceijcuk Cienzhaeuj

2. 竹纸的传入

Gij ceij aeu gocuk guh yenzliu cauxbaenz de couh dwg ceijcuk, hix heuhguh ceijmoiz. Aenvih aeu hoi bae oemqceh cauxbaenz, cungj ceij neix bonjndang saekhenj, cujyau dwg aeu daeuj dangguh ceijcienz coemh. Linghvaih, anqciuq ceijcuk na mbang mbouj doengz, lij aeu de guh gijwnq dem, lumjbaenz ceij mbang guh ndaej saeqnaeh, aeu daeuj raed va veh veh, lienh sijsaw raiz sawging (gij ceij aeu daeuj causij sawging de itdingh aeu govangzbwz（黄柏）nyumx gvaq, daeuj fuengz mod haeb, youh heuhguh gienjhenj）; ceij na guh ndaej cocat, gingciengz aeu daeuj gienj mbok bauqbej roxnaeuz guh gij ceij mehmbek seng lwg demh yungh.

以竹为原料造的纸即竹纸，也叫竹麻纸。因用石灰沤制，这种纸本身呈黄色，其主要用途是作焚化的冥纸。此外，竹纸按薄厚不同，另有他用，如薄纸做工细腻，用于剪花作画，临帖写经（抄写经文的纸须用黄柏染过，以防蠹虫蛀咬，又称黄卷）；厚纸做工粗糙，常用于卷鞭炮筒和产妇垫纸。

Ceijcuk beij ceijsa ok laeng, dwg gocuk geng, mbouj yungzheih daem myaix, nanzndaej daezaeu senhveiz, ndigah youq Dangzdai gaxgonq bingq mboujmiz geiqsij. Ceiqcaeux daezdaengz ceijcuk de dwg Dangzcauz Lij Cau youq ndaw《Bouj Gozsij · Gienj Laj》ciet miuzsij geij aen couh gij ceij ndei de miz "gij ceijcuk Sauzcouh", naeuz de couh dwg Lingjnanz mbanj Bouxcuengh ranghdieg Sauzgvan swnghcanj ceijcuk. Ndaw bonjsaw Bwzsung Suh Yigenj《Vwnzfangz Seiq Buj》geiq miz: "Ceijcuk lumj raiz gij saw baexmaed neix, mboujmiz vunz gamj sik hai, aenvih de baez doenghfwngz couh mbek, mboujmiz banhfap coih dauq lo." Ndigah ceijcuk wngdang daj Dangzcauz haidaeuz miz, daengz Sungdai, cij ndaej daengz haemq daih fazcanj. Yenzdai, Senj Yizsuh raiz《Sacenh Con》, ndawde geiqsij miz "Yezcungh caeuq Minj Gvangj, aeu cuk oiq cauxceij, heuhguh ceijcuk". Gangjmingz le Sung Yenz seizgeiz Huznanz、Huzbwz、Fuzgen、Gvangjdungh gij ceiqcauh ceijcuk hangznieb de gaenq maqhuz fatdad. Cauxceij gisuz ndaej gyaulouz, ceijcuk ndaej fatmingz caeuq cojcoeng Bouxcuengh bwzyez minzcuz mizgven. Ceijcuk swnghcanj gunghyi gisuz wngdang dwg daj Huznanz、Fuzgen、Gvangjdungh Sauzgvanh menhmenh cienzhaeuj baihsae Lingjnanz（cujyau dwg dieg baihdoeng Gvangjsih）. Bouxcuengh、Bouxgun caeuq gizyawz beixnuengx minzcuz cungj gag miz bouxcangh caux ceijcuk swhgeij.

竹纸比纱纸出现较晚，是因为竹竿坚硬，不易捣烂，提取纤维困难，故在唐代以前并无记载。最早提及竹纸的是唐朝李肇在《国史补·卷下》中描述诸州精纸一节中有"韶之竹笺"，讲的就是岭南壮乡韶关一带有竹纸生产。北宋苏易简的《文房四谱》中记有："竹纸如做密书，无人敢拆开之，盖随手便裂，不复帖也。"故竹纸应起源于唐，至宋，始有较大的发展。元代，鲜于枢作《笺纸谱》，其中记述有"越中和闽广，以嫩竹造纸，称竹纸"。说明了宋元时期湘、鄂、闽、粤的竹纸业已相当发达。作为造纸技术的相互交流，竹纸的发明与壮族祖先百越民族相关。竹纸生产工艺技术应该是从湖南、福建、广东的韶关渐渐传入岭南西部（主要是广西东部地区）。壮、汉和其他兄弟民族都拥有他们自己的竹纸生产制造工匠。

Dieg Bouxcuengh gyoengq vunz doiq ceijcuk miz haujlai heuhfap, lumj sienghcij、gveihcijvah、vanginhcij、dafanghcij、bwzyicij、fuzcij、dunghcij、dungj（dungj）cij、cenzliucij、gij sa boqfeiz dajcang daengj. Hix aenvih sacuk baihrog de caeuq gij sacuk Fuzgen、Gyanghsih daengj swngj haenx doxlumj, ndigah dieg Bouxcuengh mizmbangj bouxseng'eiq hix heuh sacuk guh mauzbenh、yigou、lenzsij daengj, hoeng mbouj bujbienq geijlai.

壮族地区人们对竹纸有很多叫法，如湘纸、桂纸花、万金纸、大方纸、白玉纸、福纸、东纸、冬（东）纸、全料纸、吹火用裱芯纸等。也因竹纸的外观和闽、赣等省的竹纸相近，壮族地区的一些商家也把竹纸叫成毛边、玉扣、连史等，但不很普遍。

Hingh'anh nungzhoh caux ceijcuk cujyau faenbouh youq ranghdieg Luzdung、Vazgyangh、Conhgyangh、Yungzgyangh caeuq Bwzsou, aenvih miz haujlai gij bouxcangh cauxceij daj Huznanz senj daeuj de cijdauj, yinxhaeuj le gij cauxceij gunghyi haemq senhcin de, ndigah gij ceij de caetliengh gig ndei, baihrog hausak, caemhcaiq caengzging youz guenfuj ginghyingz, heuhguh "sienghcij", Minzgoz nienzgan canjliengh lai daengz 1 fanh rap.

兴安制造竹纸的农户主要分布在六垌、华江、川江、溶江及百寿一带，因有不少湖南迁来的造纸工匠指导，引进了比较先进的造纸工艺，故纸质甚佳，外观光洁，并曾经由官府经营，冠称"湘纸"，民国年间产量高达1万担。

Yungzsuij nungzhoh cauxceij cujyau faenbouh youq song hamq Dahbeigyangh Swyungzgih Yijbuz、Gujduh、Yanghfwnj 3 aen yangh. Aen Byayenzbaujsanh gizneix bya laeg faex lai, soqlaiz heuhguh mbanjcuk. Gij nanzcuzcij conzdungj aenvih gig cocat、nanaek, dangdieg heuhguh "dunghcij". Cinghcauz Hanzfungh nienzgan（1851～1861 nienz）bouxcangh Fuzgen、Gvangjdungh daeuj gizneix cienzson gisuz, aeu gij cieng cuk cawz nyinz ok de daeuj cauxceij, dangdieg heuhguh "cenzliucij", gij ceij neix nyangq, youh ronghcingx youh mbang, caetliengh ceiq ndei, seizhaenx heuhguh "dafanghcij", caemhcaiq laeb miz aen binjbaiz "lozyangzhingh", moixbi swnghcanj 3000 rap, ndawde miz 2000 rap daeh daengz Vuzcouh caiq cienj gai bae Gvangjdungh、Yanghgangj caeuq Dunghnanzya. Minzgoz conienz, miz gij ceijcuk heuhguh "bwzyicij", dwg nungzhoh Liengz Binjsanh、Liengz Bwzcangh swnghcanj, 1915 nienz youq gwnz aen hoih Bahnazmaj Fanh Guek Bozlanjvei ndaej daengz ngeih daengj ciengj.

融水造纸农户主要分布在贝江两岸四荣区的雨卜、古都、香粉3个乡。这里的元宝山山岚叠嶂，竹木苍翠，素有竹乡之称。传统的楠竹纸因纸质十分粗糙、厚重，当地叫"冬（东）纸"。清咸丰年间（1851～1861年）闽粤工匠到此传艺，用除掉全部粗筋的竹浆做纸，当地叫"全料纸"，其质地柔韧，轻薄透明，质量甚佳，时称"大方纸"，并创有"落阳兴"的品牌，年产量为3000担，其中有2000担运销梧州转粤港及东南亚。民国初年，有农户梁品三、梁伯庄生产取名为"白玉纸"的竹纸，在1915年巴拿马万国博览会上荣获过二等奖。

　　Cauhbingz nungzhoh cauxceij cujyau faenbouh youq ranghdieg Vwnzcuz、Majswng、Gveivah Yangh. Cinghdai Gyahging nienzgan（1796～1820 nienz），Vunz Fuzgen Vangz Yicangh daj Fuzgen daiqdaeuj mauz、nanz、ben、danh seiq cungj cuk, ndaem youq Dahfujhoz、Dahginzhoz liuzyiz, doeklaeng aeu daeuj cauxceij. Minzgoz nienzgan dabdaengz aen seizgeiz ceiq hwng de, moixbi swnghcanj ceijcuk dabdaengz 4 fanh rap. Aenvih gij ceijcuk Gveihvah Yangh swnghcanj de caetliengh ceiq ndei, ndigah heuhguh "gveivahcij". Linghvaih, Yungjfuz Yen Dauzcwngz、Veizlungz hix miz 300 lai cauz, gij cauzceij de hwnqlaeb youq ndawlueg lai. Gvanyangz Yen、Luzcai Yen、Lungzswng Yen caeuq Lingzconh Yen daengj hix swnghcanj ceijcuk, canjliengh hix siengdang lai.

　　昭平县造纸农户主要分布在文竹、马圣、桂花乡一带。清嘉庆年间（1796～1820年），福建人王义章从福建带来毛、楠、鞭、丹四种竹，植于抚河、勤河流域，以后用之造纸。民国年间达到鼎盛时期，年产竹纸达4万担。因为以产自桂花乡的竹纸质量甚佳，故称"桂花纸"。此外，永福县的桃城、回龙也有300余槽，其纸槽多设在山谷中。灌阳县、鹿寨县、龙胜县和灵川县等也都有竹纸生产，产量亦相当可观。

　　Yungzyen swnghcanj ceijcuk hix haemq caeux. Ndaw bonjsaw Mingzcauz《Ciz Yazgwz Youzgi》geiq miz："Ok aen dou baihbaek Yungzyen couh yiengq baihsae byaijbae, gwnzdieg cuk hung gig lai, baq gocuk baenz gep, gep laux cik lai." Dangseiz vunzdangdieg cingq yawhbwh aeu de bae oemqceh cauxceij. Aen yen haenx miz "gij cuk da laux" gig lai, hix heuhguh fujcuz、mazcuz, go oiq de ndaej caux "fuzcij", mbaw ceij saeqnaeh luemjngaeuz, go geq de ndaej caux "vanginhcij", mbaw ceij cocat. Ganghhih nienzgan（1662～1722 nienz）bouxhek daj Minj Cauz daeuj de cienzson caux "fuzcij", youq ndaw bya dap liux haujlai diengzhong, dangseiz heuhguh "diengzceij", lai "daengz geij bak aen, bouxcangh ciengzseiz aeu cien daeuj geiqsuenq". Moixbi haicieng oemq cuk ndaij, daengz Genzlungz nienzgan（1736～1795 nienz），gaenq dabdaengz 200 lai cauz. Minzgoz 22 bi（1933 nienz），miz diengzceij 2000 lai aen, moixbi swnghcanj fuzcij 200 dunh. Swnghcanj fuzcij, hawj beksingq dangdieg "danghnaeuz bungqdaengz cainienz, ok rengz bae diengzceij guhhong, vunz lai mbouj daiiek".

　　容县生产竹纸也比较早。明《徐霞客游记》一书中记："出容县北门即西行，地多大竹，裂竹片大至尺许。"而当时的当地人正准备以此沤竹造纸。该县盛产"大眼竹"，也叫扶竹、麻竹，其嫩竹可造"福纸"，纸质细腻平滑，而老竹可造"万金纸"，纸质粗糙。康熙年间（1662～1722年），闽潮来客教做"福纸"，在山里建许多作坊，时称"纸蓬"，多"达数百间，工匠动以千计"。每年初春沤竹麻，至乾隆年间（1736～1795年），已达200余槽。民国二十二年（1933年），有纸蓬2000多家，年产福纸200吨。福纸的生产，使当地人民"如遇荒年，供役力，全活者众"。

Bwzliuz nungzhoh cauxceij cujyau faenbouh youq ranghdieg Minzcwng Yangh、Sihyang Yangh，ginhcung aeu gij sahlozcuz（couh dwg swhlauzcuz）daeuj swnghcanj ceijdoj. Ranghdieg Binhyangz、Sanglinz cix aeu faexduk danhcuz daeuj caux ceijdoj. Cungj ceijdoj neix hix heuhguh "vanginhcij".

北流县造纸农户主要分布在民正乡、西让乡一带，群众用当地的沙箩竹（即思劳竹）生产土纸。而宾阳、上林一带则用单竹的竹篾肚生产土纸，这种土纸也叫"万金纸"。

（Negih）Cauxceijnieb fazcanj
（二）造纸业的发展

1. Cauxceijnieb cauxbaenz

1. 造纸业的形成

Dieb Bouxcuengh cauxceijnieb youq seizlawz cauxbaenz gak dieg gag mbouj doxdoengz, fazcanj menh vaiq hix mbouj doxdoengz. Gaengawq《Hozciz Yenci》banj moq geiqsij: Dieg haenx soujgungh cauxceij youq Cinghcauz Yunghcwngz nienzgan（1723～1735 nienz）couh miz, youq mboengqbyai Cinghcauz mboengqcaeux Minzgoz hwng'vuengh, seiz de gij ranz cauxceij de miz 10000 lai ranz, moixbi swnghcanj ceijsa 2.5 fanh rap. Minzgoz 10 bi（1921 nienz）, gij ceij gihgi caux de haeuj daengz dangdieg, soujgungh cauxceij doekbaih, daengz Minzgoz 35 bi（1946 nienz）, ranz cauxceij gaeng gemjnoix daengz 305 ranz, moixbi swnghcanj ceijsa dandan miz 1.2 fanh rap. Cunghab gak dieg yenci swhliu, canggvang daihgaiq cungj dwg yienghneix.

壮族地区其形成时间各地不一，发展速度也不甚相同。据新版《河池县志》称：该地区的手工造纸始于清雍正年间（1723～1735年），昌盛于清末民初，这个时候的造纸户多达1000多家，年产纱纸2.5万担。民国十年（1921年），机制纸入境，手工造纸衰落，至民国三十五年（1946年），造纸户数已减少到305家，年产纱纸仅1.2万担。综合各地县志资料，状况大体都是如此。

Daengz gang yiz cancwngh geizgan, dieg Bouxcuengh gij cauxceijnieb gaeng cauxbaenz 5 aen dieg cujyau swnghcanj, couh dwg dieg Duh Lungz Na（Duh'anh、Lungzsanh、Namaj sam aen yen gaeuq）swnghcanj ceijsa；dieg Hingh'anh、Bwzsou swnghcanj sienghcij；dieg Yungzsuij swnghcanj dunghcij caeuq dafanghcij；dieg Cauhbingz、Hoyen swnghcanj gveivahcij；dieg Yungzyen、Bwzliuz、Cwnzhih swnghcanj vanginhcij caeuq fuzcij. Linghvaih, Yinznanz Funingz, Gvangjdungh Lenzsanh, Gvangjsih Yungzyen、Cauhbingz、Hingh'anh daengj haujlai yienhfaenh hix cungj swnghcanj ceijsa. Haujlai Bouxcuengh cizgiz camgya cauxceijnieb haifat caeuq guenjleix, gyoengqde gaenx guhhong, youq haujlai fuengmienh gig miz gij naemjfap ndei haenx. Lumj Yinznanz Funingz Guzlah Yangh Guzliuzcunh miz boux Bouxcuengh ndeu heuhguh Vangz Yenzbei, de youq Minzgoz geizgan caengzging leihyungh naeng gosa gya hoi cauxbaenz ceijsahau, ndaej aeu daeuj raiz saw, youq dangdieg gai ndaej gig ndei. Minzgoz 26~28 bi（1937~1939 nienz）, vunz Bouxcuengh Veiz Sung'wnh、Cinz Dencingh daengj youq Lungzsanh Yen（Majsanh Yen seizneix）Ginzdunz cauhbanh Lungzsanh Vwnzva Sahcijcangj, swnghcanj gij vwnzva ceijsa fukgvangq de guhcawj, gij gveihgwz de dwg raez 3 cik 3 conq, gvangq 2 cik 8 conq, lijmiz na、mbang lai cungj daengjgaep, saek de miz heu oiq、henjoiq、mong hau 3 cungj, ndaej yungh daeuj veh gozva、raiz saw、yaenqsaz, caux deihheiq cwngsuh caeuq caux liengj、baucang daengj. Aen cangj haenx sojmiz cizgungh（baugvat giswh）cienzbouh dwg Bouxcuengh, canjbinj cujyau gai bae Yunghningz、Vujmingz、Duh'anh caeuq Binhyangz daengj dieg.

到抗日战争期间，壮族地区的造纸业已形成五个主要生产区，即都隆那（旧都安、隆山、那马三县）区生产纱纸；兴安、百寿区生产湘纸；融水区生产冬（东）纸和大方纸；昭平、贺县区生产桂花纸；容县、北流、岑溪区生产万金纸和福纸。此外，云南富宁，广东连山，广西容县、昭平、兴安等许多县份也都生产纱纸。许多壮族人士积极参与了造纸业的开发和管理，他们勤奋工作，在许多地方颇有创意。如云南富宁县谷拉乡谷留村壮人黄元配，于民国期间曾利用构树皮加石灰制成白绵纸，可用于书写，在当地颇为畅销。民国二十六至二十八年（1937~1939年），壮人韦颂恩、覃电清等在隆山县（今马山县）琴屯创办隆山文化纱纸厂，以生产宽幅文化纱纸为主，其规格是长3尺3寸、宽2尺8寸，并有厚、薄多种等级，颜色有浅蓝、浅黄、灰白3种，可作国画、书写、印刷及地券证书和制伞、包装等用。该厂的所有职工（包括技师）都是壮人，产品主要销往邕宁、武鸣、都安和宾阳等地。

2. Gihgi cauxceij

2. 机制纸

Cungguek yienznaeuz dwg dieg fatmingz cauxceij, hoeng aeu gihgi cauxceij aeu beij Ouhcouh laeng le 80 bi. Cinghcauz Gvanghsi 17 bi（1891 nienz）, Lij Hungzcangh baecinj Cwngh Swjveih cauhbanh "Sanghaij Gihgai Caucijgiz", comzcienz ngaenzhau 20 fanh cangz, cawx daeuj aen gihgi cauxceij 76 yinghconq muengx raez gang lai de, aeu baengzrwix guh yenzliu swnghcanj gij ceij raiz saw hau haenx, moix ngoenz swnghcanj 2 dunq, miz cizgungh 100 boux, aen cangj haenx itcig fazcanj daengz ngoenzneix, couh dwg Sanghaij Denhcangh Caucijcangj seizneix. Dieg Bouxcuengh aeu gihgi cauxceij hwnjdin haemq laeng, youq gveihi ginhfaz gaemgienz geizgan, caengzging daezok aen goujhau "gensez Gvangjsih、fukhwng Cungguek", Minzgoz 17 bi（1928 nienz）youq Yungzsuij hwnqlaeb Beigyangh Caucijcangj, gaenq dinghcawx sezbei, doeklaeng aenvih "Ciengj Gvei Cancwngh" cix daengx banh.

中国虽然是造纸发源地，但机制纸比起欧洲要晚80年。清光绪十七年（1891年），李鸿章批准曾子辉创办"上海机械造纸局"，集资白银20万两，购进76英寸长网多缸纸机1台，以破布为原料生产漂白文化用纸，日生产纸为2吨，有职工100名，该厂即为今上海天章造纸厂的前身。壮族地区机制纸起步较晚，在桂系军阀主政期间，曾提出"建设广西，复兴中国"的口号，民国十七年（1928年）在融水筹建贝江造纸厂，已经订购设备，后因"蒋桂战争"而停建。

Minzgoz 24 bi（1935 nienz），Gvangjsih Swngj cwngfuj cingj Gyanghsuh Cenz Swjningz sienseng youq Gveilinz couzbanh Gvangjsih Cauxceij Sizyensoj, doengzseiz yiengq Sanghhaij、Vuzsiz daengj dieg dinghcawx sezbei. Minzgoz 27 bi（1938 nienz）7 nyied, sezbei yinh daengz Gveilinz, swngjcwngfuj douzswh 6.5 fanh maenz, aeu Lingzconh Ganhdangzdu guh cauxceij sifancangj. Minzgoz 28 bi（1939 nienz）9 nyied guhbaenz douzcanj, swnghcanj gak cungj gij ceij raiz saw、gij ceij yaenqsaz de. Bi de, youh youq Gveilinz Ngansanh cauhbanh Gvangjsih Swngh Gunghyez Siyensoj. Minzgoz 30 bi（1941 nienz）, aen cauxceij siyensoj haenx gyoeb haeuj Gvangjsih Cauxceij Siyensoj, senj daengz Gveilinz Si Lungzcouhbingz, ginhdui Yizbwnj ciemqhaeuj Gveilinz seiz dengbik senj daengz Cauhbingz Yen laebdaeb swnghcanj. Minzgoz 34 bi（1945 nienz）gang yiz cancwngh hingz le, aen soj haenx cij youh senj dauq Gveilinz Byadougihsanh, coyungh diegcangj Cunghyangh Dengungh Gicaiz Cangj, Minzgoz 36 bi（1947 nienz）, cij cingqhangq fukgoeng, couh dwg Siengsanh Caucijcangj. Gij canjbinj de vanzlij dwg gak cungj ceij raiz saw、ceij yaenqsaz de. Cujyau sezbei miz 2 aen raeluenz hung, 4 aen dajcienghgih, aen siujyenzvangj caucijgih ndeu. Cizgungh 28 boux. Gij naengzlig sezbei dwg ngoenz ndeu swnghcanj 0.5 dunq ceij, dangbi dandan swnghcanj le 3050 gienj ceij, moix gienj 100 mbaw, hab 600 ling. Aen cangj haenx swnghcanj hai hai daengx daengx, guh hong gig mbouj cingqciengz. Mboujgvaq, de dauqdwg dieg Bouxcuengh aen gihgi caucijcangj ceiqcaeux dahraix.

民国二十四年（1935年），广西省政府聘请江苏钱子宁先生在桂林筹创广西造纸试验所，同时向上海、无锡等地订购设备。民国二十七年（1938年）7月，设备运到桂林，省政府投资6.5万元，选址灵川甘棠渡建造纸示范厂。民国二十八年（1939年）九月建成投产，生产各色书写纸、印刷纸。这一年，又在桂林雁山创办广西省工业试验所。民国三十年（1941年），该造纸试验所并入广西造纸试验所，迁入桂林市龙船坪，日军入侵桂林时被迫迁到昭平县继续生产。民国三十四年（1945年）抗战胜利，该所才又迁回桂林斗鸡山，租用中央电工器材厂厂地址，民国三十六年（1947年），才正式复工，即象山造纸厂。其产品仍是各色书面纸、印刷纸。主要设备有蒸球2个，打浆机4台，小圆网造纸机1台。职工28名。设备能力为日产0.5吨，当年只生产了3050卷纸，每卷100张，折600令。该厂生产开开停停，生产极不正常。不过，这的确是壮族地区最早的机器造纸厂。

3. Gohyenz sawqniemh

3. 科研试验

Aen Gvangjsih Cauxceij Siyensoj Minzgoz 24 bi（1935 nienz）cauhbanh de, doeklaeng gyoeb haeuj Gvangjsih Swngj Gunghyez Siyensoj, cujyau dwg guh diucaz yenzgiu gunghcoz.

Lumj aen soj haenx doiq Cauhbingz gij ceijcuk soujgungh caux de aeu gihgaiva swnghcanj ndaej mbouj ndaej guh le yenzgiu, caengzging daezok 《Aen Baugau Cauhbingz Cijyez Canggvang Caeuq Gij Yigen Gaijndei De》. Youh lumj cimdoiq Gvangjsih aen vwndiz gvendaengz caenh'itbouh fazcanj cauxceij gunghyez daezok le 《Gij Sawqniemh Baugau Aen Caizliuh Bonj Swngj Guh Gienghceij Cauxceij》 daengj.

民国二十四年（1935年）创办的广西造纸试验所，后被并入广西省工业试验所，主要是做调查研究工作。如该所对昭平手工竹纸能否用机械化生产进行了研究，曾提出《昭平纸业状况及其改良的意见报告》。又如针对广西关于进一步发展造纸工业问题提出了《本省材料制浆造纸之试验报告》等。

Aeu hoi bae ceh Mauznanzcuz cungj fuengfap doj neix cauxceij yungh seiz nanz lai, caiqlij itdingh aeu gocuk oiqwtwt dem, nanzndaej gunghawj aen gunghcangj yungh gihgi cauxceij de daih gveihmoz swnghcanj, vihneix aen soj haenx bae guh le "gij sawqniemh aeu siuhsonh caux ciengceij". Sawqniemh diuzgienh caeuq gunghyi dwg: Gocuk seng 3 bi, gocuk caeuq raemx beijlaeh dwg 1︰6, youq cingqciengz heiqyaz baihlaj rung 1~5 diemj cung, siuhsonh nungzdu dwg 3.5%~7%, rung ndei caiq aeu 2% sauhgenj rung diemj cung ndeu le bae swiq de, ndaej ciengnyawq lwd 36%~32%, aeu 3%~7% youjyauluz biuqbieg le, ndaejlwd dwg 33%~29%. Hoeng dauqdaej aenvih hauqsied siuhsonh soqliengh sang daengz 30%（doiq cwngzbinjcieng）cix mbouj ndaej cunghsi. Linghvaih, youz Dwng Vazgiuz、Vangz Aiginz hozcoz, bae damqra aen vwndiz baenzlawz bae biuqbieg gij ceijcuk yungh gij fuengfap doj caux ceijcuk, ginggvaq ithaehlied sawqniemh le nyinhnaeuz, gij ciengcuk yungh fuengfap doj caux ndaej de dajdingh aeu 100% biuqlwd hix mboujmiz banhfap biuqbieg, itdingh aeu caiq yungh sauhgenj roxnaeuz cunzgenj cawqleix, yunghgenjliengh dwg 4%~8%（cieddoiq cienghawq）, youq 80℃ baihlaj rung 4 diemj cung ndaejlwd dwg 81%, yienzhaeuh caiq yungh youjyauluz 4%~7%, couh ndaej bae biuqbieg, biuqbieg le ndaejcienglwd dwg 76%. Doenghgij gunghcoz miz dansozsing neix, doiq fazcanj dieg Bouxcuengh gij cauxceij hangznieb de miz eiqngeih raixcaix.

毛楠竹土法石灰淹料需时甚久，并且一定要嫩竹，难于供给机制纸厂大规模生产，为此该所进行了"硝酸法制浆试验"。试验条件及工艺为：三年生毛竹，液比为1∶6，常压煮1~5小时，硝酸浓度3.5%~7.0%，煮后用2%烧碱再煮1小时后洗涤，得粗浆率36%~32%，用3%~7%有效氯漂白后，得浆率为33%~29%。但终因硝酸耗量高达30%（对成品浆）而未能进行中试。此外，由邓华求、黄爱群合作，对土法竹纸的漂白问题做过探索，在经过一系列试验后认为，土法淹料的竹浆即使用100%漂率也无法漂白，必须再用烧碱或纯碱处理，用碱量为4%~8%（绝对干浆），在80℃煮4小时得粗浆率为81%，然后再用有效氯4%~7%，即可进行漂白，漂白后得浆率为76%。这些探索性的工作，对发展壮族地区的造纸业都是很有意义的。

Ngeih. Gij Yienzcaizliuh Cauxceij

二、造纸原材料

（It）Naengsa

（一）纱皮

Naengsa couh dwg naeng gosa. Gosa，dwg gij faex seng laibi doek mbaw，sang 10 mij baedauq，gwnz mbaw de miz bwnyungz. Cungj faex neix ceiq heih seng，seng youq dieg byarin，naeng de ndaej cauxceij，gofaex de ndaej coemh，mbaw de dwg gij byaekmou ndei ndeu. Bouxcuengh raemj gosa bok naeng，itbuen youq seizhoengq hwnj bya，ra gosa 2～3 bi，raemj nga bok naeng. Go seng 3 bi doxhwnj naeng de geq lai，go caengz rim bi de naeng oiq cieng lai，cungj mbouj hab aeu daeuj caux gij ciengceij ndei. Gij naeng seizcin bok daeuj de heuhguh samoq，gij seizcou bok de heuhguh sagaeuq. Gij sa seizcin ndei mbouj yawz sa seizcou. Caux ceijsa aeu lap naeng baihndaw. Boux gai naengsa，mboujdanh aeu bok naengsa，vanzlij aeu bok lap naenggeq baihrog okbae. Bok lap naenggeq，itdingh aeu yungh feiz byamz，caiq yungh cax hot，gij hong de gig saepsoiq，baenzneix guh boux vunz ndeu ngoenz ndeu ceiq lai bok ndaej 5 goenggaen naengsa，cietsuenq baenz saroz 2～3 goenggaen. Hot naenggeq okbae iugouz guhdaengz hausak，mbouj miz diemj fonx caeuq diemj mwt，mboujne cauxbaenz ceij le gwnz ceij couh miz banq，yingjyangj caetliengh.

纱皮就是构树的外皮。构树，是多年生落叶乔木，高可达10米左右，叶面遍有绒毛。此树最易生，产于大石山区，皮可为纸，材可做薪炭之用，而叶乃喂猪的好饲料。壮民采伐构树皮，一般在农闲时上山，寻找2～3年生的构树砍枝取皮。3年以上者皮质粗糙，1年以内者皮嫩多浆，皆不适宜制作上等纸浆之用。春季所采的皮叫新纱，秋季采的皮叫旧纱。春纱不如旧纱优良。制造纱纸乃用纱皮之内层。卖纱皮者，不仅需剥取纱皮，且须除去纱皮之外层老皮。去除外皮，必先火燎，再用刀刮，工作十分烦琐，如此操作1人1日剥纱皮不过5千克，折合干皮2～3千克。除纱皮外皮要求做到外观洁白，不留黑点及霉坏，否则成纸后有斑点，影响成品质量。

Gij senhveiz gosa caeuq naenggosangh doxlumj，beij naenggosangh dinj di co di，bingzyaenz raez 3.7 hauzmij，ceiq raez 6.2 hauzmij，itbuen 1.3～6.1 hauzmij，senhveiz raez 3.5 hauzmij doxhwnj de ciemq 50%. Naengsa gij cujyau vayoz cwngzfwn ndawde gojgyauh、cungj doxgaiq cou okdaeuj gij hamzliengh de gig lai，muzcizsu hamzliengh siengdoiq youh noix，ndigah，naengsa aeu hoi oemq baenz ciengceij haemq yungzheih.

构树纤维类似桑皮，比桑皮稍短且粗，平均长3.7毫米，最长6.2毫米，一般1.3～6.1毫米，纤维长在3.5毫米以上的占50%。构树皮的主要化学成分中果胶、抽出物的含量都非常高，木质素含量相对又低，因此，纱皮经石灰沤熟成浆比较容易。

（Negih）Faex canyanghsu

（二）栈香树

Seizneix gaenq mboujmiz saedhuq daeuj gaujcwng. Dingqnyi naeuz dieg Bouxcuengh Lozcouh ciuhgeq（baihbaek Gvangjdungh Lenzgyangh Yen seizneix）miz faex canyanghsu. Ndaw saw vunz Dangzcauz geiqsij haujlai："Faex canyanghsu, sang lumj goliux hung, va de youh hau youh lai, mbaw de lumj mbaw makgam." Naeng de ndaej caux ceij, caemhcaiq ceij miz heiqhom. Gaxgonq caengzging nyinhnaeuz dwg faex cinzyanghsu roxnaeuz faex mizyanghsu. Gaengawq Ciz Cibingz sienseng youq ndaw 《Gveihaij Yizhwngz Ci·Bien Yauqbouj》 ciet gvendaengz "Yizvwnz Ciepbouj·Geiqsij Hom" bae gaujcwng ceijok："Canyangh, seng youq Haijnanz, lumj bwnduzfongz、songzmaklaeq, yiengh de lumj buhguiq…… mbaw heu luenz, naeng lumj naeng gosa hoeng engq na, va de henj lumj vabyaek, mak de heuhenj lumj makcaujcij…… Canyangh mbouj dwg cinzyangh." Youh gaengawq Banh Gizsingh sienseng gaujcwng nyinhnaeuz："Faex canyanghsu caeuq faex bwzyanghsu roxnaeuz faex dujmuzyangh （suiyanghgoh, dwg cinzyangh cungj ndeu）ceiq doxlumj." Yiennaeuz faex canyanghsu miz heiqhom（gij ceij aeu de cauxbaenz haenx, ciuhgeq heuhguh ceijnaenghom）, hoeng gij heiqhom ceijnaenghom wngdang dwg cauxbaenz ceij le cij gyahaeuj liuhhom, ndigah, dajdingh gij naengfaex de hom, hix mbouj hojnaengz ginggvaq lai dauq gunghsi gyagoeng le lij louz ndaej heiqhom. Youq ndaw doenghgo suiyanghgo, dieg Bouxcuengh Gvangjsih Hozciz Digih lijmiz naeng faex sanhmenz、godeihgoek（yauzvah）, hix dwg gij yenzliu swnghcanj ceijsa de, gij senhveiz de gig iq, cauxbaenz ceij gig unq, ndaej caux gij ceij cat gingq de, cij mbouj gvaq canjliengh haemq noix.

今已无实物可考。据说在壮族地区古罗州（今广东廉江县北）有栈香树。唐人书中多有记载："栈香树，身如巨柳，其花白而繁，其叶如桔。"皮可造纸，而且纸有香味。过去曾以为是沉香树或密香树。据齐治平先生在《桂海虞衡志·校补本》中关于《佚文续补·志香》节进行的考证指出："栈香，出海南者，如猬毛、栗蓬，鱼蓑状……叶多青而圆，皮似楮皮而厚，花黄类菜花，子青黄类羊矢……栈香不是沉香。"又根据潘吉星先生考证认为："栈香树与白香树或土木香（瑞香科，沉香属）最为相似。"虽然栈香树有香味（所制的纸，古称香皮纸），但香皮纸的香应当是成纸后加的香料，因为，即使其树皮有香，也不可能经过多道工序的加工后还能把香留住。在瑞香科植物中，广西壮乡河池地区还有山棉皮、了哥王（莞花），也是生产纱纸的好原料，纤维很细，成纸甚柔，可做擦镜用的棉纸，只不过产量较少。

（Sam）Gocuk（cuzmaz）
（三）竹（竹麻）

Gocuk dwg gij doenghgo faex de hamzmiz senhveiz haenx, binjcungj lai, miz 30 suz 300 lai cungj, faenbouh haemq gvangq. Dieg Bouxcuengh aenvih dienheiq raeuj, bya lai, dauqcawq miz gocuk, daj ciuhgeq couh miz gij cwngheuh "mbanj cuk mizmingz" de. Danhseih, gij cuk hab cauxceij de itdingh aeu bae leh, daegbied dwg caux ceijdoj mboujdanh bae leh gij binjcungj de, engq dwg aeu leh gij gocuk oiq ngamq seng 1～2 bi haenx. Gocukhenj、danhcuz（丹竹）noix, mauznanzcuz lai, aeu daihliengh cauxceij couh soujsien aeu leh de. Bingzciengz, daengz fawh muengzcungq couh raemj gocuk, raemj ndei le daet baenz mboengq raez 1.7～2.0 mij, yienzhaeuh baq baenz gepduk, cug baenz gwed laux 50～67 lizmij, itbuen boux vunz ndeu ngoenz baq ndaej rap ndeu（daih'iek 50 goenggaen）. Cug ndei le dawz de doxdab cuengq daengz ndaw daemz bae ceh, moix cuengq caengz ndeu couh vanq caengz hoi ndeu, faenhliengh hoi dwg faenhliengh gepduk 1／10. Hoi lai gvaq couh rox naeuh, noix gvaq cix liuh nyawq. Gwed gepcuk dab bingz bak daemz couh ndaej, aeu rin hung at gwnz, hai raemx coq daemz ceh duk, ceh 40 lai ngoenz couh ndaej cuengq raemx ndaw daemz okbae, gek ngoenz vuenh baez raemxsaw ndeu, yienghneix vuenh cib lai baez, baizraemx le hawj de gag oemqfat ndwen lai, couh baenz yenzliu ceijcuk, sugvah heuhguh cuzmaz. Aen gocwngz gocuk bienqbaenz cuzmaz de, itgungh aeu 3 ndwen seizgan.

竹子是茎秆纤维植物，品种甚多，有30属300多种，分布较广。壮族地区因气候温和、山岭纵横，到处有竹，自古就有"著名竹乡"之称。但是，适宜造纸的竹必须有所选择，尤其制土纸不仅择其品种，更是选1～2年生的嫩竹。黄竹、丹竹量小，毛楠竹量大，是大批量造纸的首选。通常，至芒种季节始伐竹，砍伐后的竹子，被截成1.7～2.0米的长筒，然后劈成一根根竹片，捆成50～67厘米之圆捆，一般每人每日可劈1担（约50千克）。捆妥后层叠放入浸料池塘，每一层撒入一层石灰，石灰为竹片重量的十分之一。石灰过多则过烂，少则料粗。竹捆堆叠至塘面即止，其上压以大石，导山水淹竹，淹浸40余日即可放掉塘内石灰水，隔日换清水1次，如此十余次，排水后任其自然发酵月余，即为竹纸原料，俗称竹麻。竹子变成竹麻的过程，总共要3个月时间。

Gocuk youq ndaw gij doenghgo hozbwnjgoh de, dwg gij doenghgo senhveiz raezdinj cungdaengj. Cauxsa yungh go nanzcuz seng 2 bi de, gij senhveiz de bingzyaenz raez 1.3 hauzmij, ceiq raez 3.3 hauzmij, itbuen 0.7~1.9 hauzmij；naeng senhveiz haemq na, daih'iek 6.6 hauzmij. Ndigah senhveiz raen ndaej haemq genggyaengx, siengdoiq daeuj gangj cauxbaenz sa le sa mbouj gaeuq net, miz di mboeng.

竹子在禾本科草类植物中，属于中等长度纤维植物。造纸用两年生楠竹，其纤维平均长度为1.3毫米，最长3.3毫米，一般0.7～1.9毫米；纤维壁比较厚，约6.6毫米。所以纤维显得比较僵硬，相对来说成纸紧度低，显得松泡。

Gij vayoz cwngzfwn gocuk ndawde, gij daegdiemj ceiq hung de dwg hamz daeuh noix, daih'iek dwg 1%（fiengz hamz daeuh liengh dwg 15.5%）, coemh le daeuh noix, yungzheih mbin hwnj mbwn, caemhcaiq gij daeuh de mong hau, ndigah, dwg gij caizliu ndei caux sacienz de. Cij mbouj gvaq de hamzmiz muzcizsu lai, gojgyauh caeuq gij doxgaiq cou okdaeuj de youh noix, dandan baengh swyenz oemqfat, hawj gojgyauh lot okdaeuj baenz gienghceij gig nanz. Gij gienghceij aeu fuengfap doj caux ok de yaek baenz gij gienghceij biuqbieg de dwg aen goqdaez gig nanz haenx.

竹子的主要化学成分中，其最大的特点是灰分低，大约是1%（稻草的灰分为15.5%），燃烧后纸灰少，容易轻飘上飞，且呈灰白色，因此，是制作冥纸的好材料。唯其木质素含量高，果胶和抽出物又低，仅靠自然发酵，沤制脱胶很难成浆。土法制造的竹浆要成为漂白纸浆是十分困难的课题。

（Seiq）Fiengz
（四）稻草

Gij fiengz Bouxcuengh naeuz de，couh dwg fiengz haeuxgok. Mbanj Bouxcuengh dwg guh naz ndaem haeux guhcawj，cungj swhyenz neix miz lai. Gaengawq Yinznanz《Funingz Yenci》banj moq naeuz："Mingz Cingh seizgeiz，rangh dieg Lijdaz nungzminz leihyungh fiengz gya hoi cauxbaenz gij saco henj de，youq ndawbiengz aeu daeuj guh gij ceijcienz buizcaeq." Ndaej raen，dieg Bouxcuengh mboengqcaeux，hix aeu fiengz daeuj guh gij yenzliu cauxceij de，cij mbouj gvaq cauxbaenz gij ceij de caetliengh yaez lai，cij mbouj ndaej fazcanj.

壮家人称的稻草，就是禾秆草。壮乡以水稻耕作为主，此种资源丰富。据新版云南《富宁县志》称："明清时期，里达一带农民利用谷草加石灰制成黄色粗纸，民间用于祭祈纸钱。"可见，壮族地区早期，也用过稻草作为造纸原料，只是所得的纸质量极差，才没有得到发展。

（Haj）Ywceij
（五）纸药

Ywceij dwg gij doenghgo bungqdaengz raemx couh rox niu de. Fatyienh caeuq sawjyungh ywceij，dwg gij gvanhgen ciuhgeq soujgungh caux ndaej baenz ceij de，dwg gij fuengfap bouxcangh daihdaih doxcienz mbouj hawj vunzrog rox haenx. Ywceij ndaej hawj gij senhveiz ndaw gienghceij fouz youq gyang aencauz，mbouj baenz ndaek mbouj caemdingh. Yungh ywceij mboujdanh hawj mbaw da yinzrub，caemhcaiq lij ndaej hawj dab ceij biengj ndaej. Aenvih gij gienghceij gya ywceij de youh luemj youh niu，ndigah Bouxcuengh gingciengz heuh cungj iengniu neix guh vazsuij roxnaeuz gyauhsuij. Mbanj Bouxcuengh gij gyauhsuij cauxceij de miz gyauhfaex、gyauhgaeu、gyauhmbaw 3 cungj.

纸药是遇水能产生黏液的植物。纸药的发现和使用，是古代手工造纸能够成功的关键，是工匠代代相传的秘诀。纸药可以使纸浆中的纤维能悬浮于槽，不产生絮聚与沉淀。用纸药不仅使成纸均匀，而且还能够将叠在一起的纸页揭开。由于加入纸药的纸浆手感很黏滑，所以壮民们常把这种植物黏液叫作滑水或胶水。壮乡造纸的胶水有木胶、藤胶、叶胶3种。

（1）Gyauhfaex. Aeu faex bauzvah nanzmuz bok naeng okbae，bauz baenz gep mbang，aeu raemxgyoet ceh 10 faencung couh ok gyauh，4 siujseiz couh yungh ndaej. Faex bauzvah nanzmuz cujyau seng youq rangh dieg Gvangjsih Hozciz、Nanzdanh，faen nding、hau song cungj. Go hau baenzgyauh ceiqndei，saek de hausak ronghcingx；go nding baenzbyauh saeknding，caetliengh haemq yaez. Gyauhfaex dwg gij ywsa dieg Duh、Lungz、Na ceiq gingciengz sawjyungh de.

（1）木胶。用刨花楠木去皮刨成薄片，冷水浸泡10分钟出胶，4小时可用。刨花楠木主要产于广西河池、南丹一带，分红、白两种。白木成胶最好，色泽纯白透明；红木成胶颜色深且发红，质量较差。木胶是都隆那地区最为常用的纸药。

（2）Gyauhgaeu. Raemj gaeu Iwggaeng（youh heuhguh gaeu yangzdauz），aeu raemxgyoet ceh 30 faencung couh ok gyauh，gyauh saw lumj raemx，hausaksak，dwg gij ceiq ndei de. Mizhouzdau heuh coh de liux dwg Cunghvaz mizhouzdauz，cujyau seng youq baihbaek Gvangjsi. Gij senhcij Anhveih daj ciuhgeq daeuj mingzdaeuz gig hung de，itcig couh dwg aeu gaeu mizhouzdauz giz baihbaek Gvangjsih bae guh ywceij.

（2）藤胶。采猕猴桃的藤（又叫羊桃藤），用冷水浸泡半小时即可出胶，胶清似水，色泽纯白，实属上乘。猕猴桃全称中华猕猴桃，主要产于桂北山区。自古享有盛名的安徽宣纸，一直就是采用桂北一带的猕猴桃藤做纸药。

（3）Gyauhmbaw. Fanzdwg gij doxgaiq niu de，Bouxcuengh cungj aeu aen saw "cid" ndeu gya hawj de，lumj faex mauzdunghcingh、faex ginjsu daengj，mbaw de bungq raemx couh niu，heuhguh mbawcid. Rangh dieg Gvangjsih Nanzdanh miz mbawcid，moixbi 8 nyied mbaet mbaw de，youq lajraemh dak roz、dwksoiq，cwngzbinj dwg saekloeg ceiq ndei，saekhenj daihngeih，fung ndaet yo ndei，seiz yungh de cuengq youq ndaw raemx 60℃ menhmenh hoedgyaux，caemdingh le hawj raemxsaw daiqmiz di saekheuloeg，couh dauj okdaeuj gya raemx gyaux yinz sawjyungh. Gyauhmbaw caeuq gyauhfaex、gyauhgaeu ityiengh，caemh dwg ceh raemx daezaeu，mbouj ndaej roengzrengz hoedgyaux，mboujne，de couh sikhaek saedyauq，caemhcaiq baez ceh couh yungh，nyengh mbouj ndaej yo nanz. 3 cungj ywceij gwnzneix youq mbanj Bouxcuengh cungj sawjyungh，gij mboujndei gyoengqde caemhmiz de dwg yunghliengh daiq lai，ciemq gij cingzbonj ceij 4%～7%.

（3）叶胶。大凡有黏性的物质，壮人都冠以"糯"字，如毛冬青、槿树等，其叶遇水有黏性，叫糯叶。广西南丹一带产的糯叶，每年8月采摘树叶，阴干、粉碎，成品以绿色为佳，黄色次之，密封保存，用时放在60℃的水中轻轻搅拌，沉淀后清液略带青绿色，即可倾出稀释后使用。叶胶与木胶、藤胶一样，都是浸泡提取，不可剧烈搅拌，否则迅即失效，而且必须现泡现用，绝不可久置。以上3种纸药在壮乡都有使用，其共同的缺点是用量过大，占纸成本的4%～7%。

Sam. Ceijsa Swnghcanj Gunghyi Caeuq Cauhcoz
三、纱纸的生产工艺及操作

Dieg Bouxcuengh ciuhgeq，cauxceij dwg gij fuyez ranz guhhong Bouxcuengh. Seizcou seizdoeng seizhoengq de，godij bae swnghcanj，gij sezbei de genjdanh，dandan yungh cauqrung、rum、cauzceij satlo，cujyau baengh rengz caeuq dinfwngz cangh. Gij gunghyi liuzcwngz Bouxcuengh cauxceij de dwg: Naengsa caeuq hoi roxnaeuz genj caemh ceh→rung sa→swiq sa→ biuqbieg sa→ daem sa→gyaux sa→gya ywceij→daek ceij→ at ceij→biengj ceij→gangq ceij→cingjleix ndei. Gij gidij cauhcoz bouhloh dwg:

古代壮族地区造纸是壮族农家之副业。秋冬农闲时，个体进行生产，其设备简单，仅蒸煮锅、杵臼、纸槽而已，主要靠力气和技巧。壮人造纸的工艺流程：纱皮与石灰或碱浸泡→煮纱→涤纱漂纱→捣纱→搅纱→加纸药→捞纱纸→压纸→揭纸→焙干纸→整理完成。其具体操作步骤是：

Soujsien, aeu gij naengsa leh ndei de bu bingz youq ndaw cauq, moix cuengq caengz naengsa ndeu cuengq caengz hoi ndeu, aeu raemx coq cauq rung 6～8 aen cung le moekfeiz, daengz ngoenzlaeng ok liuh, daebdong youq bingzdieg 20 lai ngoenz hawj de gag oemqfat cij ndaej baenz giengh. Gvanghsi nienzgan（1875～1908 nienz）, Gvangjdungh miz vagunghcangj swnghcanj sauhgenj、biubwzfwnj, Minzgoz nienzgan（1911～1949 nienz）"Gungconh ceijsa" couh dwg aeu sauhgenj rung, dangngoenz couh ndaej baenz giengh. Aeu biubwzfwnj biuqbieg engq hawj caetliengh ceijsa ndaejdaengz daezsang. Biuqbieg doengciengz yungh ngaeuca, ca ndaek cieng naengsa ndeu, cigsoh yomx gij raemxbiuqbieg nungzdu sang de, baenz ndaek daeb dong, aeu baengzcien goemq de cangzvwnh biuqbieg, gijneix suenq dwg gwnzbiengz cungj fuengfap doj "gij gisuz nungzdu sang biuqbieg" ceiq caeux de. Yienzhaeuh aeu giengh naengsa cuengq ndaw aen raeng faexcuk luenz, vunz ndwn gyang rij aeu de swiq gyang raemxrij, swiq saw le, cuengq youq ndaw rum, daem cieng naengsa, moixbaez daih'iek daem 1 goenggaen, boek daem geij cib faencung, cigdaengz senhveiz faensanq daengz habyungh cij daengx. Doeklaeng, aeu gij ciengceij daem ndei de cuengq youq henz aen cauz daek ceij caj yungh.

首先，将拣选后的纱皮平铺入锅，每放一层纱皮放一层石灰，注水入锅蒸煮6～8小时后闷火，到第二天出料，堆积于平地20余日令其自然发酵才能成浆。光绪年间（1875～1908年），广东有了化工厂生产烧碱、漂白粉，民国年间（1911～1949年）"贡川纱纸"就是用烧碱蒸煮，当日即可成浆。用漂白粉漂白更提高了纱纸的质量。漂白通常用钩叉，叉一团纱皮浆，直接沾高浓度漂液，逐团堆积，覆以毡布常温漂白，堪称世界上最早的土法"高浓漂白技术"。然后置纱皮浆于竹圆箕上，人站溪中借小溪流水冲洗后，放入杵臼，踏捣纱皮浆，每次捣浆量大约1千克，翻捣数十分钟，直至纤维分散至适用为止。最后，将捣好的纸浆置于捞纸槽一侧待用。

Ciep dwg, daek ceij at ceij. Mbanj Bouxcuengh gij cauz daek ceij cungj dwg aeu rin siuq baenz. Daek ceij seiz aeu song fwngz gaem gaiq gaq fwz, yiengq ndaw cauzceij daek ciengceij, yienzhaeuh yiengq najlaeng ngauz 7～8 mbat, caiq yiengq swixgvaz ngauz 3～4 mbat, dauj ok gij ciengliuh lwyawz, gwnz fwz couh baenz mbawceij mbaeq ndeu, aeu caxcuk coih cingq song henz, gaiq fwz baihcingq yiengq laj bingz bu youq gwnz ekceij, loq at baihlaeng gaiq fwz, mbaw ceij mbaeq couh senj daengz gwnz ekceij, yienghneix cungzfuk guh, mbaw laeng dab youq gwnz mbaw gonq, guh baez ndeu couh dit naed suengbuenz ndeu, gyoebsuenq 1000 lai baez dab ceij daih'iek na 30 lizmij seiz, aeu benj at gwnz dab ceij mbaeq, gwnz benj at rin, ngoenzlaeng aeu ok. Gyangde, cienzbouh baengh bouxguh bae nyinhdingh gya cieng、gya yw soqliengh caeuq gyaux cieng geij baez daeuj dingh gij caetliengh de. Gaiq fwz daek ceij, yiengq ranz cienmonz caux fwz de cawx.

其次，捞纸、压纸。壮乡的捞纸槽多用石头凿成。捞纸时用双手握住纸帘的帘框，向纸槽中舀纸浆，随之前后摇动7～8次，左右摇动3～4次，倾去剩余的浆料，纸帘上形成湿纸页，即用竹刀裁正两边，纸帘正面向下平铺纸架上，稍压湿纸帘背面，湿纸页即移向纸架，如此重复下一张叠于上一张的反复操作，每次拨算盘珠1次，累计千余次积厚约30厘米时，将木板放在湿纸上，压上石头，次日取下。其间，全凭操作者认定加浆、加药数量和搅浆次数以定其质量。捞纸的纸帘，向制纸帘专业户订购。

Daihsam, baez yieb baez yieb bae biengj hai gij ceijsa mbaeq at gvaq haenx, diep youq gwnz gaqfeiz. Gaqfeiz dwg aeu duk san baenz, aeu namhhenj bae baihrog, dieg Bouxcuengh heuh cohdoj de guh "daeg cwz", gij yiengh de baenz cih saw "人", raez 3 mij. Gaqfeiz baihnaj cuengq fwnz coemh, baihlaeng ok hoenz, songmbiengj diep ceijsa, hawq le biengj roengzdaeuj couh guhsat cienzbouh gunghyi. Ceijsa gig mbang, hawq riuz, ndigah gaqfeiz mbouj yungh hung geijlai, lumjbaenz aen gaqfeiz baihdaej gvangq 0.6 mij, raez 3 mij, sang 2 mij de, ngoenz ndeu gangq ndaej 2000 lai mbaw ceijsa.

再次，将压榨后的湿纸页一层层剥开，裱于壁炉。壁炉是用竹片扎成，外涂黄泥，壮族地区的土名叫之为"黄牛"，呈"人"字形，长3米。壁炉前面放柴（烧），后面出烟，两侧贴纸，干后揭下即完成全部工艺。纱纸很薄，干得快，故壁炉无须很大，如底边约0.6米，长3米，高2米的壁炉，日可产纸量2000多张。

Gvangjsih Lungzsanh Yen（Majsanh Yen seizneix）swnghcanj cungj ceijsa yaenq saw raiz saw haenx gij cauzsa de dwg 2 mij ×1.8 mij ×0.8 mij, daih'iek gyaeng ndaej raemx 400 goenggaen, beij itbuen cauzsa laux di. Doengciengz, aen cauz ndeu boiq 5～6 boux vunz, dawz swnghcanj gij ceijsa mbaw hung 1 cik 8 conq de guh laeh, moix rap ceijsa naek 45 goenggaen, aeu yungh naengsa 100 goenggaen, gyauhmbaw 7.5 goenggaen roxnaeuz gyauhfaex 2.5 goenggaen, hoi 13 goenggaen, fwnz 200 goenggaen.

广西隆山县（今马山县）生产文化纱纸的纸槽为2米×1.8米×0.8米，容水约400千克，比一般的纸槽稍大。通常，每个槽配5～6人，以生产1尺8寸的大纱纸为例子，每担纸重45千克，需要纱皮100千克，叶胶7.5千克或木胶2.5千克，石灰13千克，山柴200千克。

Gveihgwz caetliengh：Ceijsa ciuq cik daeuj geiqsoq, doengciengz miz 1 cik 3 conq、1 cik 5 conq、1 cik 8 conq sam cungj, baenz fueng, saedceiq raudag cungj sa 1 cik 8 conq de dwg 580 hauzmij ×540 hauzmij. Ceijsa suenq mbaw, 40 ndaw guh "dau ndeu", 10 dau guh "bog ndeu", 20 bog guh "rap ndeu", rap ndeu miz 8000 mbaw, cungj neix dwg dieg Bouxcuengh gij geiqliengh fuengfap conzdungj daegbied de.

规格质量：纱纸是按市尺长度计，通常有1尺3寸、1尺5寸、1尺8寸的三种，近似方形，实测1尺8寸纸为580毫米×540毫米。纱纸以张计量，40张为"一刀"，10刀为"一把"，20把为"一担"，一担8000张，此为壮族地区特殊的传统计量方法。

Canjbinj daengjgaep：Dieg Bouxcuengh aeu "yaenq" daeuj vehfaen gij daengjgaep ceijsa. Yaenq nduj dwg gij ceiq ndei, roengzbae dwg song yaenq、sam yaenq cigdaengz haj yaenq,

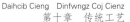

haj yaenq dwg gij ceiq yaez de. Gij ceijsa yaenq nduj Duh'anh swnghcanj de, gij cujyau gisuz cijbyauh de dwg: dinghliengh dwg 18 ~ 22 gaek moix bingzfuengmij, haudoh dwg 55%, dingj ndaej rengz mbek 92 gwz, dingj ndaej rengz bengq doxroengz 10 niuz（dun）, dingj ndaej rengz bengq doxvang 5 niuz（dun）, bingzyaenz sik ndaej raez 3600m, sup raemx sukdoh 30 hauzmij / 10faencung, dingj ndaej doeb 700 baez.

产品等级：壮族地区以"印"划分纸品等级。头印为一级品，依次是二印、三印直到五印，五印为最差。都安产的头印纱纸，其主要技术指标是：定量18~22克／平方米，白度55%，撕裂度92克，纵向拉力约10牛（顿），横向拉力约5牛（顿），平均裂断长3600米，吸水速度30毫米／10分钟，耐折度700次。

Seiq. Ceijcuk Swnghcanj Gunghyi Caeuq Cauhcoz
四、竹纸的生产工艺及操作

Ceijcuk binjcungj gig lai, coh de youh gak mbouj doxdoengz, hoeng gij gunghyi liuzcwngz de doxca mbouj lai, couh dwg cuzmaz→ swiq → gaenx liuh→ daem liuh → vax ceij→ at ceij→ biengj ceij→gangq ceij→cingjleix ndei, gij mbouj doxdoengz de, gaenjcij dwg gyagoeng saeqnaeh mbouj saeqnaeh satlo. Doengciengz, gij sienghcij、dafanghcij haemq mbang de gij dinghliengh de cijmiz 28 ~ 40 gwz / moix bingz-fuengmij, iugouz giengh de saeqnaeh; gij vanginhcij、dunghcij haemq na de, gij dinghliengh de cungj youq 150 ~ 250 gwz / moix bingz-fuengmij doxhwnj, giengh nyawq di hix mbouj youqgaenj. Dieg Bouxcuengh daj ciuhgeq daeuj swnghcanj gij sacuk de lijcaengz raen miz geiqsij rung naengj mazcuz de, danghnaeuz dwg gij mazcuz ginggvaq rung naengj, dangyienz mbouj yungh gaenx liuh aen gunghsi neix. Cingq dwg mbouj yungh rung naengj gij cingzbonj de cij noix, hab youq dangdieg gai, hoeng ceij caetliengh haemq yaez, biuqbieg mbouj ndaej.

竹纸品种很多，名称又各不相同，但其工艺流程大体相近，即竹麻→洗涤→搓料→捣料→捞纸→压纸→揭纸→烘干→完成，所异者，只是加工精细不同而已。通常，比较薄的湘纸、大方纸其定量只有28~40克／平方米，要求浆细；比较厚的万金纸、东纸，其定量都在150~250克／平方米以上，浆粗些也无妨。壮族地区自古以来生产的竹纸尚未找见蒸煮记载，如果是经过蒸煮的竹麻，当然无须搓料这一工序。正因为不蒸煮才成本低，适合当地销售，但是质量较差，几乎不能漂白。

Gaenx liuh gunghsi, couh dwg aeu gij mazcuz oemq ndei de swiq seuq, cuengq youq gwnz sat aeu din bae caij soiq, hawj liuh raez bienq dinj、bienq iq. Aenvih gij naengheu de mbouj yungzheih baenz cieng, itdingh aeu vax ok, gij cieng mbouj miz naengheu de dangdieg heuhguh "ciengcienzliuh", dwg gij buenqcingzbinj swnghcanj sienghcij、dafanghcij. Gij naengheu leh ok haenx itdingh aeu yungh cuiz bae dub myaix, ndaej aeu de daeuj guh dunghcij、vanginhcij daengj cungj ceij co haenx. 1949 nienz, hix miz gij aeu loekraemx guh doenghlig, ragdoengh gij sezbei lumj cungj cauzsi dajcienghgih de, feihdauh aeu loekfaex hung（φ600 hauzmij × φ600 hauzmij）cauxbaenz, gwnz loek aeu baenz baiz baenz baiz majvangzdingh guh fagfeihdauh, daej feihdauh hix dwg aeu majvangzdingh ding song baiz, loq ding ngeng di, hawj de deudoeng mazcuz. Gij gaenx liuh deudoeng le gangq hawq aeu daeuj gai de，couh dwg "gij benj ciengcuk doj" haenx.

搓料工序，就是将沤好的竹麻漂洗干净，放到竹席上用脚搓碎，将长料变短、体积变小。由于青皮不易成浆，必须撩出，不带青皮的浆当地叫"全料浆"，是生产湘纸、大方纸的半成品。拣出的青皮必须用锤打烂，可用来生产东纸、万金纸等粗纸。1949年前后，也有用水车做动力，带动类似槽式打浆机的设备，飞刀用大木轮（ϕ600毫米×ϕ600毫米），轮上以一排排蚂蟥钉做飞刀片，底刀也是用蚂蟥钉略斜放两排，以疏解竹麻。搓料疏解后晒干出售的，就是"土竹浆板"。

Aeu gij ciengliuh gaenx ndei de cuengq daengz ndaw rum bae daem，hawj de bienq nwnh，sawj senhveiz faenliz，couh dwg dajcieng cwngzsi. Mbaw ceij mbang na、yinz mbouj yinz、luemj mbouj luemj、nyangq mbouj nyangq cienzbouh youz de daeuj gietdingh. Lumjbaenz yaek swnghcanj vanginhcij daengj cungj ceij na neix，dandan aeuyungh baez daem cieng nyawq couh ndaej；hoeng caux sienghcij daengj cungj ceij mbang neix seiz，cix aeu dajcieng haemq nanz，hawj gwnz senhveiz miz engqlai bwnyungz，coujva demgya mienhcik de，mizok engqlai "ginghgen" sawj de engq nyangq. Ndigah，ceij yied mbang yied aeu daem nanz，ceij cij yied yinz，yied nyangq. Ceijcuk itbuen gyaqcienz daemq，canjliengh hix lai，gij cauzceij de youh hwnqlaeb youq giz gyang rij miz raemx de lai，leihyungh loekraemx daem liuh daj ciuhgeq daeuj gaenq miz lo，danhseih，dingzlai godij noengzhoh vanzlij caijyungh "din dog caij doiq，fwngz gaem diuzfaex，baez dit baez caij" cungj vunzgoeng daem cieng fuengsik neix，hong naek raixcaix，boux mboujmiz rengz guh mbouj ndaej.

将搓好的浆料放入水碓中冲捣，舂之令其变细，以分离纤维，即打浆工序。纸张的厚薄、均匀、平滑、强韧与否皆由此定。如欲生产万金纸等厚纸者，只需粗打浆即可；而制湘纸等薄纸时，则要较长时间的打浆，使竹纤维表面产生更多的绒毛状分丝，帚化以增加表面积，产生更多的"氢键"以取得强度。因此，纸越薄越要捣得久，成纸才越均匀，强度才会越大。竹纸一般价格低，产量也大，其纸槽又多设在有水流的山溪，利用水车捣料古已有之，但是，大多数个体农户还是采用"单足踏碓，上手持棍，一挑一踩"的人工捣浆方式，工作之辛苦，非强有力者莫能为之。

Dieg Bouxcuengh aen cauzsa daek ceij de dwg aeu cien roxnaeuz faex cauxbaenz，baihndaw de daih'iek laux 1.5 mij ×1.2 mij×0.6 mij，hoeng beij gij cauzceij Anhveih、Swconh de iq. Haeuj fwz cauhcoz fuengfap hix miz cabied，doengciengz cungj dwg aeu raemx、cieng、ywsa ciuq beijlaeh doxgyaux le，aeu faexsaux gyaux yinz，caiq yungh gaiq "mboengq faex haj ngaz" daegbied guh de vax gij senhveiz nyawq haenx okdaeuj，yienzhaeuh cij daek ceij. Aenvih senhveiz dinj gyaux yinz ngaih，ndigah mbouj yungh lumj ceijsa yienghhaenx ngauz laibaez，gizyawz cungj caeuq daek ceijsa ityiengh，cij mbouj gvaq gaiq fwz de beij fwz ceijsa deih. Baihbaek Gvangjsih rangh dieg Yungzsuij miz cungj fwz gaeu ndeu，gij fwz de youq songmbiengj gvaengz an song gaiq rwz，gij ndeicawq de miz song cungj：It dwg song fwngz mbouj yungh cuengq haeuj cauzcieng；ngeih dwg donh ndang baihgwnz mbouj yungh ngaem lai dwgrengz. Giz mbouj cuk dwg nanz ndaej gyaux，ceij mbouj yinz. Mboujguenj baenzlawz gangj，cungj cingsaenz gamj bae gaijgwz neix dwg hoj ndaej de.

　　壮族地区捞竹纸用的纸槽用砖或木制，内空尺寸约为1.5米×1.2米×0.6米，但比安徽、四川的纸槽要小。入帘操作方法也不尽相同，通常都是将水、浆、纸药按比例混合后，用竹竿搅拌均匀，再用特制的"五爪棍"把粗纤维捞出，然后才可捞纸。因为纤维短极容易均匀，所以无须像纱纸那样多次摇动，其他都和捞纱纸一个样，唯纸帘比纱纸帘细。桂北融水一带有一种钩帘，其帘在帘框两边装有两个提手，其好处有两个：一是双手可以不入浆槽；二是能免除上身过倾之劳。缺点是难于搅动，成纸不匀。不管怎么说，此种敢于改革的精神是难能可贵的。

　　Ceijcuk mbaeq mbouj nyang, mbouj roengzrengz biengj mbouj hai, roengzrengz haemq daih youh yungzheih vaih, cauhcoz saepsoiq, cienzbouh baengh ginghnen. Doengciengz dwg aeu gij ceij cumx guh mbaw guh mbaw faenhai de diep youq gwnz aen ruggangq coemhfeiz de gangq hawq, yienzhaeuh caiq guh mbaw guh mbaw biengj ok couh ndaej. Vihliux gyangqdaemq cingzbonj, gij ceij nyawq na de（lumj vanginhcij daengj）at ndei le baez biengj okdaeuj couh bu youq gwnz faexsaux dak, roxnaeuz cuengq daengz ndaw aen diengzfuengzfwn hawj de youq laj raemh gag hawq. Danghnaeuz mbaw ceij baenz saekhenj ronghrien, mbangjseiz lij aeu youq ndaw ruggangq cit liuzvangz hawj de vanzyienz bienq hau. Gij ceij mbang de, itbuen ciuq aen cauzceij ndeu boiq 4 boux vunz daeuj suenq, moix ngoenz swnghcanj ndaej sacuk 1000 lai mbaw.

　　竹纸的湿强度甚低，用力小揭不开，用力稍大则易破损，操作烦琐，全凭经验。通常是将逐张分开的湿纸页刷贴于烧有木柴的焙屋内至干，然后再一张张揭下即成。为降低成本，粗厚的纸（如万金纸等）从压榨后一揭下就以竹竿挑晒，或放入防雨棚中自然阴干。如果纸的外观呈鲜艳的黄色，有时还要在烘房里面点燃硫黄进行还原漂白。薄型纸，一般按照1个纸槽配4人计，每天可生产竹纸1000多张。

　　Gij gveihgwz caetliengh de：（1）Gij ceijcuk nyawq na de（lumj vanginhcij daengj）. Daih'iek raez cik ndeu, gvangq 7 conq baedauq（saedceiq dagrau dwg 320hauzmij×240hauzmij）, de moix bingzfuengmij daihgaiq naek 200～260gaek, gai guh gaen. Caetliengh iugouz dwg hamzmiz boenq hoi yied noix yied ndei, ceij yied mboeng yied ndei, saedceiq cwzliengz netdoh dwg 0.36～0.48gaek /laebfueng lizmij.（2）Gij ceij mbang（lumjbaenz sienghcij、gveivahcij daengj）. Daih'iek raez 2 cik, gvangq cik ndeu baedauq（saedceiq dagrau dwg 500hauzmij×290hauzmij）, moix bingzfuengmij daihgaiq naek 28～45gaek, mbanj Bouxcuengh gai guh mbaw. Moix 100 mbaw Bouxcuengh heuhguh "hab ndeu". Sienghcij haemq mbang, moix 25 hab heuhguh "gaem ndeu"；gveivahcij na di, moix 20 hab heuhguh "gaem ndeu". Caetliengh iugouz mboeng、gaenj, saedceiq cwzliengz netdoh dwg 0.35 gaek / laebfueng lizmij, mbek raez 2000 mij.

　　规格质量：（1）厚型粗竹纸（如万金纸等）。长约1市尺，宽约7市寸（实测为320毫米×240毫米），其每平方米的重量大体是200～260克，以市斤计量销售。质量要求是含石灰粉尘越少越好，纸越疏松越好，实测紧度为0.36～0.48克／立方厘米。（2）薄型纸（如湘纸、桂花纸等）。

长约2市尺，宽约1市尺（实测为500毫米×290毫米），每平方重量大体上有28～45克，壮乡以张计量销售。每百张壮民叫"一盒"。湘纸较薄，每25盒叫做"一把"；桂花纸较厚，每20盒为"一把"。质量要求紧度低、强度高，实测紧度为0.35克／立方厘米，裂断长为2000米。

Daihsam Ciet　Gijgwn Gyagoeng Gisuz
第三节　食品加工技术

Dieg Bouxcuengh cawqyouq diegraeuj, yienghyiengh cungj hwng, gijgwn gig lai. Gij "vunz Liujgyangh" doenghbaez 5 fanh bi, gij "vunz Byagizlinzsanh" doenghbaez 3 fanh bi, ndaw conghgamj gyoengqde cungj miz daihliengh gij vasiz dayungzmauh、cunghgozsih、dunghfangh gencijsieng、moz（貘）、mou、mui、duzhon、vaiz、duzloeg、vanh、duzfongz, gij neix dwg gijgwn dangseiz lamq roengzdaeuj de. Daengz doenghbaez 1 fanh bi aen Cwngbiznganz seizdaih, ciengx mou gaenq haemq bujbienq, youq ndaw conghgamj haenx, oknamh gij ndok mou dajciengx de couh miz 67 duz. Yawj ndaej ok dieg Bouxcuengh gig caeux couh haidaeuz ciengx doihduz lo. Doenggvaq ciengzgeiz swnghcanj sizcenj, gij doihduz liengzcungj gizneix miz yiengzbya Vwnzsanh、yiengzdon Vwnzsanh、yiengzbya Nanzdanh Nadi Dujcouh、yanghcuh Bahmaj Cizlij、mou Lungzlinz、mou Dwzbauj、moundangq Gveicungh、mou laux Yilinz、cwz Lungzlinz、Vaizbyaek Vanzgyangh、cwz Nanzdanh、vaiz Sihlinz daengj, gyahwnj fanh cungj doenghgo gwnz dieghawq, gyoengqde hawj dieg Bouxcuengh gij gijgwn gyagoeng daezgungh le gij vuzciz giekdaej funghfu de, ndigah, gijgwn gyagoeng Bouxcuengh hix bietyienz dwg lai cungj lai yiengh. Gij fazcanj gaigvang de youq lajneix:

壮族地区地处亚热带，利于生物繁衍，食物资源丰富。5万年前的"柳江人"，3万年前的"麒麟山人"，其洞穴都有大量的大熊猫、中国犀、东方剑齿象、貘、猪、熊、箭猪、牛、鹿、玃、果子狸化石存在，这是当年的食物遗存。到1万年前的甑皮岩时代，饲养猪已颇普遍，在该洞穴中，出土的饲养猪骨骼多达67个个体。可见壮族地区禽畜饲养很早就已经开始。通过长期的生产实践，这里的良种禽畜有文山山羊、文山羯（骟）羊、南丹那地土州山羊、巴马七里香猪、隆林猪、德保猪、桂中花猪、郁林大猪、隆林黄牛、环江菜牛、南丹黄牛、西林水牛等，加上近万种陆地植物物种，它们给壮族地区的食品加工提供了丰富的物质基础，因此，壮族的食品加工也必然是丰富多彩的。其发展概况如下：

It. Cinzcauz Gaxgonq
一、秦以前

Cinzcauz gaxgonq, dandan naeuz gijgwn, fanzdwg miz feiz、miz gijgwn de, couh rox miz dajcawj. Gij Vunz Yenzmouz youq dieg Bouxcuengh gvaq saedceij haenx youq 170 fanhbi gaxgonq，fatmingz le yungh feiz，80 fanhbi gaxgonq cojcoeng Bouxcuengh Vunz Bwzswz hix sawjyungh le feiz，cunghsizgi seizdaih（liz seizneix fanh bi hwnjroengz）dieg Bouxcuengh oknamh gij dauzgi haenx caeuq gij doengzgeiz baihsaebaek Cungguek ndij Cunghyenz digih oknamh de doxbeij，"rengz feiz haemq sang，aen de gig ndongj"，cwngmingz gij lizsij cojcoeng Bouxcuengh yungh feiz haenx gig gyaeraez，caux dauzgi gisuz gig gvenqsug. "Vunz Laizbinh" youq gvaq conghgamj Bahlah，youq ndaw gij vwnzvacwngz de，daj "gwnz gij rizcik ndok doenghduz deng feiz coemh gvaq（yawj），doisiengj dangseiz dwg ginggvaq feiz bing cug le". "Aenguenq caeuq aenbat aeu guh aen dajcawj de，cienzbouh dwg gij dauzgi saco dingj ndaej feiz haenx". Gig mingzyenj，seizneix cojcoeng Bouxcuengh gaenq gwn gijgwn cug. Daj gwn ndip daengz gwn cug，dwg aen cinbu ndeu. De vihneix ndaej hawj gyoengq cojcoeng Bouxcuengh noix baenz bingh dungx bingh saej. Linghvaih，gwn cug couh miz dajcawj（couh dwg cauj、rung）. Cojcoeng Bouxcuengh youq henzhaij，raemxhaij hamzmiz gyu，dajcawj seiz yungh gyu hix haemq caeux；gyu dwg cujyau boiqliuh，boiqliuh gisuz dwg cojcoeng Bouxcuengh daj ciuhgeq couh cugbouh roxndeq dawzndei de. Gyonj hwnj daeuj gangj，aen gaihdon neix dajcawj fuengfap cawzliux bing、ring，rung、oemq gaenq miz lo. Gijneix dwg gijgwn gyagoeng gizsuz geizcaeux. Gij daegdiemj aen seizgeiz haenx dwg：Aenvih sevei swnghcanjlig nyieg，dangseiz cojcoeng Bouxcuengh vanzlij cawqyouq aen gaihdon roengzrengz hoenxhingz gij vanzging yaez、gaijgez gwndaenj、gouz senglix、gouz fatsanj. Youq ra mak、dwkbya dwknyaen caeuq "rung bya gwn haeuxnaz" aen cogaep guhnaz dajndaem seizgeiz neix，senglix vanzging gig yaez，dieg Bouxcuengh dwg gizdieg "binghraq" lai fat de. "Binghraq" baeznduj raen geiqsij youq《Fueng Danghaeng Laeng Cug》，youq neix gaxgonq，《Vangdi Neigingh》caeuq 《Saenznoengz Bonjcauj Ging》lienz aen saw "cang" hix lijcaengz daez daengz. Ndigah，《Lwnh Bae Cazyawj Gij Goekgaen Lai Yiengh Bingh · Daih cib'it Gienj · Yawj Binghraq》naeuz "cungj bingh neix youq Lingjnanz baenz"，dwg gij bingh youq mbanj Bouxcuengh fatbingh caeuq ciengzraen haenx.《Swnh Meg Yw Bingh · Daih Seiq Gienj · Baenz Binghraq》cix ceijok：

"Gij goekgaen binghraq，dwg youqgwnzbya gyang rij，giz heiqdoeg oemqfat de，heiqdoeg haeuj daengz ndang vunz，lwed hwnj gyaeuj，yienzhaeuh giet youq ndaw sim，heiqdoeg banh comz youq daep、mamx，binghraq fat lo." Couh dwg youq laj cungj senglix diuzgienh neix，cojcoeng Bouxcuengh youq gij giekdaej vuzciz mbouj lai，gyagoeng cocat，ndip cug caemh gwn neix，miz ok caemhcaiq cugbouh gapbaenz le oemq raemxdang bouj ndang caeuq gwn、yw dox giethab cungj gijgwn gyagoeng fuengfap caeuq lohnaemj neix，sawjndaej it daih it daih cojcoeng Bouxcuengh mboujdanh hab'wngq le vanzging，vanzlij saenhwng fatdad hwnjdaeuj. Mbanj Bouxcuengh hwnghengz gij "aeu rin guh gaiq dajcawj" "bunaijgwngh"、gwn ngwz gwn non、gwn bya ndip、gwn mbeingwz ndip、yung ndaeng gwn、bing gwn ring gwn daengj，cingqdwg gij sukingj aen seizgeiz neix gij gijgwn gyagoeng caeuq dajgwn fuengfap miz minzcuz daegsaek haenx.

　　秦以前，就饮食而论，凡有火、有食物者，烹饪就会应运而生。生活在壮乡的元谋人在170万年前，发明了用火，80万年前的壮族祖先百色人也使用了火，中石器时代（距今1万年左右）壮族地区出土的烧陶与中国西北和中原地区同期相比，"火候较高，陶质坚硬"，证明壮族先民利用火的历史久远，制陶技术纯熟。在"来宾人"住过的岜拉岩洞文化层中，从"动物骨头被火烧过的痕迹上（看），推想当时是经过火烧热了的"。"用做炊器的罐和钵，都是一些比较耐火的粗砂陶制造。"显然，这时熟食已进入壮族祖先的生活领域。从生食到熟食，是一个进步。它因而使壮族先民们的肠胃疾病大大减少。另外，有熟食就有烹饪（"烹"即煎，"饪"即煮）。壮族先民临海而居，海水含盐，烹饪中使用食盐也较早；盐是主要调味品，调味技术是壮族先民自古逐步掌握的。总之，这个阶段的烹饪之法除了烧、烤，煮熬已有了。这是早期的食品加工技术。该时期的特点：由于社会生产力的低下，当时的壮族先民尚处在努力战胜恶劣环境、解决温饱、求生存、求繁衍的阶段。在采集、渔猎及"渔羹饭稻"的初期农耕时期，生存环境恶劣，壮乡是"瘴疟"横行的地方。"瘴疟"首见于《肘后备急方》，在此之前，《黄帝内经》和《神农本草经》连"瘴"字都还未提到。因此《诸症源候论·卷十一·山瘴疟候》说"此病生于岭南"，是壮乡的地方病和常见病。而《症因脉治·卷四·外感疟疾》则指出："瘴症之因，山岚溪间，湿毒蒸酿之处，瘴气入人肺腑，血浆上焦，败血瘀于心窍，毒涎聚于肝脾，则瘴毒症疾之症作矣。"就在这种生存条件下，壮族先民在物质不丰富，加工粗糙，生食、熟食并行的基础上，萌发并逐步形成了羹汤大补和吃、疗结合的食品加工方法和思路，使得一代又一代的壮族先民不仅适应了环境，而且兴旺发达了起来。壮乡盛行的"石烹法""不乃羹"、吃虫蛇、吃鱼生、生吃蛇胆、鼻饮、烧烤等，正是这个时期具有民族特色的食品加工及饮食方法的缩影。

　　"Aeu rin guh gaiq dajcawj" youh heuhguh "youq gwnz rin rung haeux", gijneix youq Cunghyenz dwg vunz ciuhgeq cungj dajcawj fuengfap ndeu, cojcoeng Bouxcuengh Lingjnanz gig caeux couh sawjyungh le cungj dajcawj fuengfap neix, caemhcaiq gig miz cangcausing. Dangzcauz Liuz Sinz youq ndaw bonjsaw 《Lingjbyauj Luz Yi·Conghrin》 naeuz: "Ganghcouh Yezcwngz Yen baihbaek aen lai goengleix miz aen bya ndeu, ndaw de miz conghrin ndeu. Moix bi, vunzmbanj mbon de guh gaiq dajcawj. Aeu feiz coemh hawj de ndat daeuq, aeu doxgaiq demh ndei, cuengq youq gyang buenz, yienzhaeuh couh aeu nohbya ndip caeuq coeng suenq caeuq byaeksoemj daeuj cuengq bae ndaw, baez cuengq couh ndat, daengx fwx haeux cungj goenj. Nanzcungh miz youxdoih beixnuengx hoihcomz lai yungh de. Gwn lai hix gig ndat, hozngeiz dwg ndaw rin miz doegfeiz." Gig mingzyenj, gijneix beij cigsoh yungh feiz bing gijgwn cinbu yamq laux ndeu.

　　"石烹法"又叫"石上燔谷"，这在中原属上古人类的一种烧饭方法，岭南壮族先民很早就使用了这种烹饪之法，而且还颇有创新。唐刘恂撰的《岭表录异·樵石穴》云："康州悦城县北余里山中，有樵石穴。每岁，乡人琢为烧食器。但烧令热彻，以物衬阁，置于盘中，旋下生鱼肉及葱韭斋菹腌之类，顷刻即热，而终席煎沸。南中有亲朋聚会多用之。频食亦极壅热，疑石中有火毒。"显然，这比直接用火烧食品进了一大步。

　　"Bunaijgwngh" dwg Vahcuengh, saedceiq couh dwg raemxdangbouj. Aenvih

Vahcuengh "bu"（Sawcuengh moq dwg "bouj"）gij eiqsei de dwg "bouj", cix "naij" ceij vunz gig naiq. Cojcoeng Bouxcuengh rung "bunaijgwngh", dwg seiz gyoengq vunz naiq lai, yienzheiq deng sieng de, gwn le ndaej dauqfuk, boujcung yienzheiq. Gijneix dwg gij raemxdang Bouxcuengh nienzdaih ceiq caeux haenx.《Hihmanz Cungzsiu》nyinhnaeuz："Lingjbyauj Luz Yi naeuz：Vunz Gyauhcij gyaez gwn bunajgwngh, sien aeu ndaeng cup raemx de. Bunaij, fanjcez aen saw "baij"." Youq gizneix, cozcej Cuh Fuj caijyungh gij fuengfap Sawgun daeuj gejhoiz "bu naij" song aen saw neix, saetbae le gij eiqngeih bonjlaiz de. Gaengawq vwnzyen geiqsij, "bunaijgwngh" baenzneix guh：Aeu noh caeuq ndok gak cungj doenghduz yungh feiz unq menhmenh oemq, hawj ndok byot noh myaix ceiq ndei, yienzhaeuh vax ok nyaq de, louz raemxdang, aeu boiqliuh gya haeujbae couh baenz, gwn le gig bouj.《Lingjbyauj Luz Yi》 naeuz："Vunz Gyauhcij（Gyauhcij ciuhgeq ceij hajlingj gvaqbae, gyae daengz gyang、baihbaek Yeznanz, cojcoeng Bouxcuengh rangh dieg neix deng heuhguh yienghneix, bouxyinxyungh cawqmingz, lajneix doxdoengz）gyaez gwn bunaijgwngh." "Raemxdang, aeu noh caeuq ndok yiengz、loeg、gaeq、mou, cuengq youq aen rek ndeu caemh rung, hawj de myaix bae, gya coeng suenq, gya boiqliuh, aeu bat gyaeng, cuengq youq gyang buenz. Ndaw raemxdang miz aen siegngaenz（aen siegngaenz miz bak）, gyaeng ndaej swng ndeu. Daengzseiz gwn dang doxyiengh, lai dwg bouxcawj yaengxhwnj gonq. Dauj rim sieg ndeu, aeu bak sieg cuengq haeuj ndaeng, ngiengx gyaeuj menhmenh dauj haeuj bae gwn liux. Doxcienz gwn lumj gwn laeuj neix. Gwn sat le, ciepdwk gwn haeux, heuhguh bunaijvei（Hix heuhguh senhnauj）. Vunz Gyauhcij mizmbangj vunz banhsaeh, ciepdaih bouxhek youqgaenj, cijaeu banh aen hoih neix, daihgya doxndei angqyangz liux." Vunz Sungcauz Cuh Fuj naeuz："Bunaijgwngh, aeu saej daep vaiz、yiengz maqhuz swiq di, couh rung daeuj daihhek, haeu raixcaix. Gwn le, cix angqyangz." Ndaej raen, Dangzdai vunz Lingjnanz aeu "bunaijgwngh" guh gij byaek ndei daihhek, caemhcaiq aeu de dangguh cungj gaiqdawz dox baedauq haenx. Daengz Cinghdai, Cau Sinhgi youq ndaw souj libujsih de soengq hawj youxdoih de miz："Roq nyienz boq luzswngh guh'angq, laeujyeh cauq doxdag bunaijgwngh." Gig mingzyenj, cungj raemxdang neix gig ndaej vunz coux. Doeklaeng, daihgaiq aenvih doenghduz ndaw ndoeng yied daeuj yied noix, nanz caiq gaeb ndaej yiengzbya caeuq duzloeg, sawjndaej cungj byaek ciuhgeq neix mbouj caiq miz. Danhseih Bouxcuengh lijmiz gak cungj gak yiengh gij gwn bouj fuengfap lumj "bunaijgwngh" neix, lumjbaenz dwk ndaej nyaen le, vanzlij aeu ndok de dapboiq daengx duz gaeq oemq raemxdang, heuhguh "cienzdang", hawj vunz daengx mbanj doxbaen gwn, couh dwg "cienzbouj". Linghvaih, lijmiz "raemxdang daengx duz mou" "raemxdang sousingh" daengj, caemh dwg ciepswnj cungj dauhleix bouj ndang de. "Raemxdang daengx duz mou", Vahcuengh heuhguh "gwn dang mou". Bouxcuengh Gvangjdungh Lenzsanh gajmou seiz, ce gyaeuj、rieng、saej daep mbouj gai, cienmon aeu daeuj cingj lwgmbwk lwggwiz、beixyez nuengxgwiz、bohniengq bajniengz caeuq au bohlungz、daeggo daegnuengx daengj daeuj gwn laeuj. Gij byaek neix baenzneix guh, aeu gyaeuj mou rieng mou（eiseiq dwg daengx duz mou）rung cug dawz bae saxcaeq cojcoeng gonq, yienzhaeuh dawz gyoengqde caeuq dungxsaej mou caemh ronq cuengq youq ndaw raemxsaw rung cug couh gwn. "Raemxdang sousingh" cix dwg aeu iu mou、daep mou、nohmoiz caeuq di nohcing rung raemxdang, hawj bouxgeq miz 61 bi doxhwnj gwn, daengx mbanj miz geij boux bouxgeq couh rung geij duix. Aenvih cungj dang neix yingzyangj lai, yungzheih gaepsou, ndigah aeu de daeuj gingq bouxgeq.

"不乃羹"是壮语，实际上就是大补汤。因为壮语"不"（新壮文为"bouj"）是"补"的意思，而"乃"（新壮文为"naiq"）指人很劳累。壮族先民制作"不乃羹"，是当人们过度劳累，元气大伤之时，服用它以恢复疲劳，补充元气。这是壮族最古老的汤类食品。《溪蛮丛笑》认为："岭表录异曰：交趾重不乃羹，先鼻引其汁。不乃者，反切摆也。"在这里，作者朱辅采用汉语办法解释"不乃"二字，失去了原意。据文献记载，"不乃羹"的做法是将各种动物的肉和骨头以文火煮到骨酥肉烂汤浓为最佳，然后捞出渣质，留汤佐以调料，即得，食之甚补。《岭表录异》云："交趾之人（古交趾指五岭以远至越南中、北部，这一带的壮族先民谓之，引者注，下同）重不乃羹。""羹，以羊、鹿、鸡、猪肉和骨，同一釜煮之，令其肥浓，漉去肉，进葱姜，调以五味，贮以盆器，置之盘中。羹中有觜银杓（觜，音 zuǐ，指带嘴的银杓），可受一升。即揖让，多自主人先举。即满斟一杓，纳觜入鼻，仰首徐倾之饮尽。传杓如酒巡行之。吃羹后，续以诸馔，谓之不乃会（亦呼为先璐也）。交趾人或经营事务，弥缝权要，但备此会，无不谐者。"宋人朱辅说："不乃羹，牛羊肠脏略摆洗，羹以饷客，臭不可近。食既之，则大喜。"可见，唐代岭南之人以"不乃羹"作招待宾客之盛会，并用做交际关系的一种工具。到了清代，赵申季在其送友人的荔浦诗中有："渊渊铜鼓间鹅笙，椰酒争餐不乃羹。"显然，此汤很受欢迎。后来，大概由于野生动物越来越少，捕捉山羊和鹿之类已很不容易，以致这种古代食谱不再出现。然而壮家人仍有各种各样类似"不乃羹"的补食方法，如打猎得到野兽以后，仍将全部骨头配以全鸡熬汤，叫做"全汤"，供全村人分食共享，即"全补"。此外，还有"全猪汤""寿星汤"等，均沿袭大补之理。"全猪汤"，壮话叫"根巫浸"。广东连山壮族杀猪时，留下猪头、猪尾、猪内脏不卖，专门用来宴请女儿女婿、姐夫妹夫、姑父姑母以及叔伯堂兄弟等。其做法是，先将猪头猪尾（意为全猪）煮熟后祭拜祖先，然后与猪内脏一道切块在清水中煮熟即食。"寿星汤"则是将猪腰、猪肝、腰梅肉和一些瘦肉煮汤，供61岁以上的老人享用，全村有多少老人就做多少碗。因为这种汤营养丰富，易于吸收，故用以敬老。

Gangj saedvah, gwn "bunaijgwngh" ndaej dabdaengz aen moegdik "cienzbouj", aeu gij yienzleix caeuq fuengfap gijgwn gohyoz yienhdaih bae faensik, gijde dwg miz dauhleix de. Ndok gak cungj doenghduz, hamzmiz haujlai gai linz diet.Daengx duz gaeq hix hamzmiz haujlai gai、linz、diet, gangjdaengz daw gaeq、daep gaeq、sim gaeq daengj, vanzlij hamzmiz itdingh soqliengh gij lauz doenghduz、danbwzciz caeuq veizswnghsu daengj yingzyangj vuzciz, doenghgij neix cungj dwg gij ndang vunz aeuyungh de, daegbied engqgya hab lwgnyez、mehmbwk seng lwg caeuq bouxgeq daengj gij vunz aeuyungh daihliengh boujcung gai haenx. Gyoengqvunz gwn gij "bunaijgwngh" yingzyangj lai、yungzheih gaepsou de, cienzmienh bae boujhawj gij yingzyangj ndang vunz aeuyungh haenx, fouzngeiz dwg ndaej coicaenh dokmaj、 giengz nyinz doeng megloh、demgiengz dijciz、fuengzbingh cawzbingh、hawj vunz souhlaux de.

说实话，食用"不乃羹"可以达到"全补"的目的，用现代饮食科学的原理和方法去分析，那是有道理的。各种兽类的骨头，富含钙磷铁。全鸡的骨头，也富含钙、磷、铁，至于鸡肫、鸡肝、鸡心等，还含有一定数量的动物脂肪、蛋白质及维生素等营养物质，这些都是人体所需的，尤其是对需要大量补钙的儿童、生育的妇女和老人更为适宜。人们食用营养丰富、易于吸收的"不乃羹"，对人体所需的营养予以全面的补给，无疑是可以促进发育生长、强筋活络、增强体质、防病除疾、延年益寿的。

Ngeih. Cinzcauz Daengz Sungcauz Yenzcauz Seizgeiz
二、秦至宋元时期

Ndaw gij bat、guenq、aen dajcawj vax daj aenmoh Hancauz dieg mbanj Bouxcuengh oknamh de, dandan "guenq" couh miz seiqlienzguenq、hajlienzguenq、aen guenq song rwz daengj lai cungj lai yiengh, gangjmingz gij neiyungz dajcawj funghfu le, vayiengh engq lai le, gyagoeng engqgya cingsaeq le, daegbied louzsim gwn、yw、bouj sam yiengh dox giethab. Cungj dajgwn suciz neix daezsang, hawj gijgwn gyagoeng gisuz engqgya miz minzcuz funghvei.

从壮乡汉墓出土的钵、罐、陶炊器具中，仅仅"罐"就有四联罐、五联罐、二耳罐等多种多样，说明烹饪的内容丰富了，花样更多了，加工更精细了，特别注意了吃、疗、补三者的结合。这种饮食素质的提高，使食品加工技术更具民族风味。

Youq Handai, Bouxcuengh aeu gij makyizci youh hom youh doiq beiz dungx mizleih de, gyaux ndaw haeuxcid guh haeuxfaengx, gawq ndei gwn youh ciengx vunz, ndigah bienqbaenz le gij dwzcanj ceiq ndei. Doiq neix, youq ndaw 《Gijyiengh Faex Nya Namzfueng》 geiqsij miz: "Makyizci, seng youq Gyauhcij Hozbuj. Gen'anh 8 bi (203 nienz), Gyauhcouh cwsij Cangh Cinh caengzging aeu gij haeuxfaengx cabmiz makyizci de gingqhawj Veivujdi." Haeuxfaengx, dwg gij dwzcanj Bouxcuengh, "haeuxfaengx" Bouxcuengh miz song loih: Loih ndeu dwg haeuxut, duenngux aeu mbaw cuk cumh, yiengh de lumj gaeuyiengz, ndigah heuhguh "haeuxut". Seiz cumh de youq ndaw haeuxcid gya di cizvuzgenj. Gij seizhah bingzseiz hix cumh de, gij yiengh de benj bemj raez, heuhguh "faengxliengz". Ronq baenz gaiq iq, caemj dangzrwi (roxnaeuz ieng dangznding) gwn, youh byot youh liengz, diemz hoeng mboj yeq. Lingh loih ndeu dwg gij faengxcieng aeu rongfaengx daeuj cumh haenx. Cungj faengx neix gyang caed, song gyaeuj loq bamj, daej bingz, miz seiq cih. Seiz cumh de, sien aeu haeuxcid ndei ceh raemx geij aen cung, vax hwnjdaeuj, yienzhaeuh cuengq youq gwnz rongfaengx, gyang de saiq baenz rongh, gya gij duhheu lot naeng ok haenx haeujbae, baihgwnz cuengq gaiq nohbiz laux lumj lwgfwngz、gaenq iep ndei ndeu, caiq ciuq gonq laeng gya duhheu、haeuxcid, yienzhaeuh cumh ndei cug maenh, cuengq ndaw cauq menhmenh oemq couh baenz. Hix miz yungh "oemqfaengxfap" bae rung de, couh dwg cumh ndei haeuxfaengx le aeu de gyaeng daengz ndaw gangraemx, dauj raemxgoenj haeujbae, fung ndaet, aeu fiengz bwz baenz saenj cag gvangq lumj fajfwngz、na conq ndeu de, aeu de daj gwnz daengz laj baenz hop baenz hop heux gangraemx baenz lungzfeiz（couh dwg gaiq sienq yinx feiz）, gwnz de cuengq danq, caiq vanq raemz, hawj de daj gwnz daengz laj menhmenh oq, oemq haemh ndeu, faengx couh cug lo. Cungj faengx neix homfwdfwd. Faengx Bouxcuengh cungjloih lai, miz gij faengx raez 21～25 lizmij, daih'iek naek 0.5 goenggaen de; miz gij faengx dwksouh aeu 10～15 goenggaen haeuxcid ndei cumh de; miz aen faengx hung aeu 10～50 goenggaen haeuxcid cumh baenz haenx, hawj vunz daengx mbanj baen gwn; miz gij faengx aeu maenz boknaeng bauz baenz sei gyaux haeuxcid（beijlaeh dwg 1：1）guh baenz haenx; linghvaih, lijmiz gij faengxfonx de. Faengxfonx dwg gij faengx Bouxcuengh ceiq dijbauj. De dwg aeu fiengz coemh baenz daeuh, gyaux haeuxcid nyumx fonx cumh baenz aen faengx. Cungj faengx neix, fonx ndongq ndei gwn, aen vih cizvuzgenj fazveih cozyungh, ce ndaej haemq nanz. Yinznanz Vwnzsanh dieg Bouxcuengh gij "faengxvemax" de hix dwg cungj faengxfonx ndeu. De hix dwg aeu fiengz coemh baenz daeuh gyaux haeuxcid, gyahaeuj mba batgak、mba makhaeuq、nohlab daengj, yienzhaeuh aeu rongfaengx cumh ndei oemq cug. Aenvih gij yiengh de lumj vemax hix ndaej aen coh neix. Linghvaih, gwnz haw lij miz gij faengxnaengj ndeu. Cungj faengx neix, aenvih dwg aeu bae gai, ndigah haemq iq, raez 12 lizmij lainoix, daih'iek naek saek 100 gwz, aeu nohbiz guh sim, ndawde cawzliux duhheu、lij miz maklaeq、raetnae、nohlab、nohbya daengj, cingzbonj haemq sang, liengh hix noix, hoeng gyagoeng ndei, ndigah youh hom youh luemj, gig ndei gwn.

　　在汉代，壮族人就把芳香而又能健脾胃的益智子，掺到糯米里做成粽子，既好吃又养人，因此变成了贡品。对此，在《南方草木状》中记曰："益智子，出交趾合浦。建安八年（203年），交州刺史张津尝以益智粽饷魏武帝。"粽，是壮家的特产，壮家"粽"有两类：一类是用竹叶包的端午粽，形如羊角，故叫"羊角粽"。包时糯米加点植物碱。夏日平时也有包的，其状呈扁体方形，谓之"凉粽"。吃时切成小块，蘸蜜糖（或红糖浆），爽脆清凉，甜而不腻。另一类是用大粽叶包的年粽。中间呈尖顶，两头略扁，底平，有四角。包时，先将上等糯米浸泡数小时，捞起，然后放在粽叶上，中拨成小槽，放上淘洗去皮的绿豆，其上搁条手指粗细、腌好了的肥肉条，再依次放上绿豆、糯米，然后包好捆牢，入锅慢火熬熟即成。也有用"焖粽法"煮的，即把包好的粽子装入大水缸里，倒进热水，密封盖严实后，用稻草编织成巴掌宽、一寸厚的稻草辫子从上到下密匝匝地把水缸缠绕成火龙（即引火线），搁上炭火，再撒上谷壳，让其自上而下慢慢燃烧，焖一个晚上，粽就熟透了。这种年粽特别香。壮族的年粽种类很多，有长21～25厘米，重约0.5千克的年粽；有用10～15千克上等糯米做成的祝寿粽；有10～50千克糯米包成的粽王，供全村寨分着吃；有用去皮红薯刨成丝，然后与糯米（比例为1：1）一起包成的红薯糯米粽。此外，还有通体黝黑的黑粽。黑粽是壮家粽类的珍品。制法是将雪白的大糯用禾秆灰染成黑色，簸去灰分后包成粽子。这种粽，乌黑透亮，吃时清脆爽口，由于植物碱的作用，保存期比较长。云南文山壮族地区的"马脚秆"粽也是黑粽的一种。它也是用糯米谷草灰将糯米染黑后，掺进八角粉、草果粉、腊肉丝等，以粽叶包好煮熟做成的。因其外形酷似马脚而得名。此外，还有市售的裹蒸粽。这种粽，出于商业需要，个体较小，长12厘米左右，重约100克，用肥猪肉做馅心，中间除了绿豆，还放有板栗、冬菇、腊味、海味等，成本较高，量也少，但加工精细，因而浓郁甘滑，香甜可口，味道特美。

Gij rongfaengx Bouxcuengh aeu daeuj cumh faengx haenx：Dwg gij caujbwnj daengjndwn, daihgaiq sang mij ndeu, gvihaeuj beiswj cizvuzmwn、dan mbaw cizvuzgangh、cuzyigoh, yozmingz heuhguh mbawdoeng roxnaeuz mbawfaengx. Rag de baenz ndaek, mbaw de baenz dojyenzhingz, haemq raez, gwnz mbaw miz raiz bingz baiz, mbaw raez 30~50 lizmij, gvangq 10~20 lizmij, song mienh mbouj miz bwn, gaenz daih'iek raez 60 lizmij. Faenbouh youq dieg baihsae Lingjnanz, baugvat Yinznanz、Gvangjsih、Gvangjdungh daengj dieg, seng youq gizhaijbaz sang 700 mij baihlaj dieg cumx ndaw lueg、gyangndoeng de. Rag de baenz yw, doiq daepfoeggawh、dungxmbit、oknyouh in miz yauq；mbaw de gyangq huj、oknyouh swnh；gaenz de baenz yw conghbak naeuh、laeujfiz daengj.

壮族人用来包粽子的大粽叶：直立草本，高约1米，属被子植物门、单子叶植物纲、竹芋科，学名柊叶。其根为茎块状，叶呈矩圆状披针形，长30~50厘米，宽10~20厘米，两面均无毛，叶柄长约60厘米。分布于岭南以西地区，包括云南、广西、广东等地，生长于海拔700米以下的山谷、密林下的湿地。其根可治肝肿大、痢疾、小便赤痛；叶清热、利尿；叶柄治口腔溃疡、酒醉等。

Bouxcuengh gwn faengx, fuengfap lai cungj lai yiengh, rung、naengj、cien、saz cungj ndaej, gak miz feihdauh, daegbied dwg saz ndaw gyoqfeiz, engq miz daegsaek. Hwnj bya guhhong, ok ranz bae gyae, raek doiq faengx ndeu, yaek gwn couh cauhfeiz, aeu faengx saz haeuj gyang gyoqfeiz, caj rongfaengx remj le aeu okdaeuj, bongx saw, aen faengx rog henj ndaw ndat, youh hom youh byot, ndei gwn raixcaix, youh ndaej youq bya gwn, youh ndaej dingjiek, ndei raixcaix. Gij goengnaengz haeuxfaengx, cawz liux aeu gwn, lij dwg gij doxgaiq ndei soengq vunz haenx. Bouxcuengh bae ranz beixnuengx baengzyoux, gingciengz leh geij gouh haeuxfaengx, caiq boiq gaiq nohlab ndeu, aen "laex" neix couh siengdang naek lo. Daegbied dwg ngamq aeubawx aen cieng bi nduj, ranz bouxgvan cungj aeu guh cauq haeuxfaengx laux ndeu, hawj bawxmoq rap bae ranzdaiq, ronq baenz gep luenz lumj bingj neix baen soengq hawj beixnuengx baengzyoux, caemh hoh va gyaeu ndwen luenz.

壮家的粽，吃法多样，可煮、可蒸、可煎、可煨，各有其味，特别是用炭火"煨"法，更具特色。上山做工，或出远门，带上一对粽子，吃时抓几把柴草一烧，将粽投入热灰中，待粽叶烧焦取出，拍打干净，其粽外焦内热，又脆又软，喷香无比，既是野炊美肴，又能果腹充饥，其乐无穷。粽的功能，除了主食，还是馈赠的好礼品。壮家人串门走亲访友，往往挑上几对粽子，再配上一块腊肉，这个"礼"就相当重了。尤其娶新媳妇后的第一个春节，夫家总要做一大锅粽子，由新媳妇挑回娘家，切成圆饼块儿分送给亲朋好友，同贺花好月圆。

Cingqlumj baihnaj daez daengz de, haeuxfaengx Bouxcuengh dangguh vwnzva "dasij", Handai couh cienzhaeuj dieg Bouxgun Cunghyenz, vunzlai gig gyaez gwn de. Doeklaeng, ndaw 《Nanzsij · Daih Haj Gienj》 geiqsij, "Vunzhoiq dawz gijgwn haeujdaeuj, miz gij cumhnaengj de，vuengzdaeq gvej de baenz aen saw "十"，naeuz："baq seiq gaiq gwn gonq，gij lw de ce doengxhaemh cij gwn.'" Seizhaenx，haeuxfaengx Bouxcuengh gaenq swngsang baenz haeuxgwn vuengzdaeq，gizneix，"cumhnaengj" wngdang dwg aen cohgun ceiqcaeux. Ndaej doisiengj，seizcaeux haeuxfaengx dangguh "gij doxgaiq soengq hawj cauzdingz" haenx cienzhaeuj Cunghyenz，aenvih de ndei gwn cix swngsang baenz haeuxgwn vuengzdaeq，cij mbouj gvaq Bouxgun mbouj rox Vahcuengh，mbouj rox aen coh Vahcuengh de dwg gijmaz，hoeng daj de deng mbawrong cumh，seiz gwn itdingh aeu naengj unq（roxnaeuz rung unq），couh dwg "youh cumh youh naengj" diemj neix lienzsiengj，cigsoh couh heuhguh "cumhnaengj" lo. Yienghneix "cumhnaengj" couh baenz aen cohgun de，itcig sawjyungh daengz seizneix. Baenzneix suenq daeuj，guh haeuxfaengx，daengz seizneix ceiqnoix hix yaek miz 2000 bi lizsij lo.

正如前面提到的，壮家粽子作为文化"大使"，汉代时就走进了中原汉族地区，受到人们的喜爱。尔后，《南史·卷五》中又记，"太宫进御食，有裹蒸，帝十字画之，曰：'可四片破之，余充晚食。'"此时，壮家年粽已跃为御食，这里，"裹蒸"应该是它最早的汉译名。可以推想，当初粽作为"贡品"进入中原，因其味诱人而升为御食，只是汉人不通壮语，叫不出它的壮语名字，但从它由叶子裹着的，吃时必须蒸软（或煮软），即"又裹又蒸"这点联想，干脆就叫做"裹蒸"了。于是"裹蒸"遂成了它的汉名，沿用至今。如此算来，制作裹蒸粽，距今至少也有近两千年的历史了。

Ndaw《Houhansuh》hix geiqsij miz Bouxcuengh gwn aemj haeuxrou，naengzgaeuq "ndang mbaeu mbouj iek" "mbouj deng hanh binghraq". Vunz Cunghyenz doeklaeng cij youz Maj Yenz daj Gyauhcij raek ceh haeuxrou daeuj gwn. Haeuxrou，dwg gij dwzcanj Bouxcuengh diegbya Yezcwngzlingj，moux ndeu sou ndaej 100~150 goenggaen，caemhcaiq naed hung，hamz youz、mba、dangz lai，dwg doenghgo seng bi ndeu roxnaeuz seng lai bi haenx. Ceh de baenz naed luenz roxnaeuz naed bomj，laux lumj duhhenj neix，naeng hau roxnaeuz loegfonx，lwenqndongq，bok naeng de okbae，naed hau，lumj naedcaw iq neix. Haeuxrou rung cug lumj haeuxcid neix，gig ndei gwn，doiq aendungx miz leih，miz gyangq ndat roengz liengz miz goeng'yauq，cungj gijgwn bouj neix youq ndaw guek rog guek cungj gig ndei gai.

《后汉书》中也载有壮族人食用薏米粥，可"轻身省欲""以胜瘴气"。中原人后来才由马援从交趾带回薏苡种子以食用。薏苡即薏米，属于壮乡越城岭山区的特产，亩产可达100~150千克，而且粒大，含脂肪、淀粉、糖分多，属禾本科一年生或多年生草本植物。其籽呈卵圆或椭圆形，大小如黄豆，壳灰白色或棕黑色，有光泽，去壳的米仁呈白色，如小粒珍珠。薏米煮吃糯性强，香鲜可口，有健脾胃、清湿热、清凉消暑等功效，是畅销国内外的滋补食品。

Gij baihgwnz gangjmingz，dajdingh dwg haeuxgwn，Bouxcuengh cungj gig yawjnaek gij yaugoj gwn、yw、bouj de，cungj swhsiengj neix daih ciep daih.

以上表明，哪怕是主食，壮族人都很注重其食、疗、补的效果，这种思想是一脉相承的。

Makndok，De dwg Bouxcuengh ndawbiengz cungj gijgwn conzdungj ndawde yiengh ndeu. Couh dwg aeu gij ndok mou ndok yiengz daiq miz di noh haenx daem myaix, gya hing、coeng、gyu、ciengqyouz、mbahajhom daengj, nyaenj baenz naed laux lumj lwgfwngz neix, aeu daeuj rung roxnaeuz caq, youh byot youh hom, dwg gij doxgaiq ndei bouj gai haenx, daegbied hab cungj lwgnyez lij majndang haenx gwn. Makndok lizsij gyaeraez, 《Houhansuh》 yinxyungh gij vah ndaw 《Yivuzci》 de naeuz："Vunz Vuhhuj miz cungj fungsug gwn makndok haenx." Vuhhuj dwg Bouxgun doiq cojcoeng Bouxcuengh lingh cungj cwngheuh.

骨丸，壮族民间传统食品之一。将带有少量肉的猪骨或羊骨砸碎剁烂，加姜、葱、盐、酱油、五香粉等，捏成手指头大的骨丸，或煮或炸，既脆又香，是补钙的佳品，尤适宜长身体的儿童食用。骨丸历史悠久，《后汉书》引《异物志》中称："乌浒人有吃骨丸之俗。"乌浒是汉人对壮族先民的又一种称谓。

Doenggvaq aenmoh Sihhan giz Gvangjsih Gveigangj Lozbwzvanh 1、2 hauh caeuq Hozbuj Hinghbingz oknamh gij Dezdunghcingh（couh dwg Vangzlaujgiz ngoenzneix）de ndaej rox, cojcoeng Bouxcuengh gig caeux couh haifat le cungj yinjliu seizhah gyangq ndat yw hawq neix. Youq ciuhgeq, Bouxcuengh ndawbiengz gig caeux couh roxndeq aeu ganjlanj maklamj daem soiq gya gyu gyaeng youq ndaw gang'vax, seizseiz daek okdaeuj buengq（勾兑）raemx gwn, yienghneix daeuj gyangq ndat yw hawq. Ndaw Nanzsung 《Gveihaij Yizhwngz Ci》 lij gaisau le cungj doenghyiengh youq ndwennat gwnraemx ndeu："Aen cenjndaeng, vunz namzfueng gyaez aeu ndaeng gwn raemx, miz cungj doenghyiengh ndeu lumj aen duix aen cenj, henz de an mbok guenj ndeu lumj bak bingz neix, aeu ndaeng sup guenj ndoet laeuj, ndwen ndat aeu daeuj ndoet raemx. Ndoet raemx haeuj conghhoz, ndeiyouq raixcaix. Vunz Yunghcouh gaenq baenzneix guh lo." Vihliux doiqfouq mbwn ndat, fuengz fatsa fuengzbingh, cojcoeng Bouxcuengh daj sizcenj ndawde ra ok haujlai gij yinjliu caeuq fuengfap daeuj gyangq ndat yw hawq.

通过广西贵港市罗泊湾1、2号墓和合浦兴坪西汉墓出土有铁冬青（即今之王老吉茶）可知，壮族先民很早就开发了这种盛夏去暑解渴的饮料。在古代，壮族民间很早就懂得把橄榄捶碎加盐贮于陶缸，随时取出兑水而饮，以消暑解渴。南宋的《桂海虞衡志》中还介绍了一种暑月饮水的饮器："鼻饮杯，南人习鼻饮，有陶器如杯碗，旁植一小管若瓶嘴，以鼻就管吸酒浆，暑月以饮水。云水鼻入咽，快不可言。邕州人已如此。"为了对付酷热天气，制服瘴气，战胜湿热，壮族先民从实践中已探索出了许多消暑解渴的饮料和方法。

Daengz Dangzdai, Bouxcuengh roengzrengz haifat cungj gijgwn hamz danbwzciz lai de. Lumj ndaw 《Lingjbyauj Luz Yi》 geiqsij："Lueng mbanj gyang bya dieg Gyauhcij、Gvangjsih, Bouxdaeuz bae soucomz gyaeq moed, swiq seuq, aeu de oemq baenz ciengq. Mizmbangj vunz naeuz, feihdauh de gig lumj ciengqnoh. Mbouj dwg bouxguen bouxhek caeuq beixnuengx baengzyoux, yaek gwn hix gwn mbouj daengz." 《Cizyaj》 daengj haujlai vwnzyen hix miz cungj geiqsij neix. Saedceiq, ciengqgyaeqmoed couh dwg ciengqmoed. Gaengawq yienhdaih gohyoz yenzgiu, ndang duzmoed hamzmiz 28 yiengh anhgihsonh caeuq lai cungj veizswnghsu, mboujdanh dwg yiengh bujbinj ndeu, vanzlij yw ndaej funghsizbing、lauzbingz、gvansinhbing、ukhaw、ga in hwet in daengj lai cungj bingh. Ndigah, ciengqmoed Bouxcuengh saedceiq dwg cungj yw ndeu. Ciuhgyawj, Bouxcuengh vanzlij yungh gohyoz fuengfap caux gij ciengqliuh wnq, lumj ciengqbya、ciengqmak、ciengqlwgmanh、ciengqmakmaed、ciengqmakmoiz daengj, miz mbangj ciengq dwg gijgwn yienh guh yienh gwn, lumj ciengqbit, youq Gvangjsih Liujgyangh、Luzcai、Liujcwngz、Yungzanh、Lungzswng caeuq Gvangjdungh Lenzsanh daengj dieg Bouxcuengh haemq hwnghengz, dwg gij ciengqbyaek Bouxcuengh ndawbiengz gvaqciet yaek gwn ndawde yiengh ndeu. Gij fuengfap cauxguh de dwg aeu itdingh liengh gyu、laeuj、meiq、manhheu、hing、coeng、byaekhom daengj gyaux daengz ndaw lwed bit sing sien, goemq ndaet 30 faencung, couh ndaej aeu noh bit caemj gwn, ndei gwn raixcaix, feihdauh de gig ndei. Sojmiz doenghgij neix, mboujdanh yingzyangj lai, caemhcaiq hix dwg gij fuengfap ndei Bouxcuengh yo、leihyungh cungj gijgwn hamz danbwzciz lai haenx.

到了唐代，壮民努力开发高蛋白食品。如《岭表录异》中记载："交广溪峒间，酋长多收蚁卵，淘泽令净，卤以为酱。或云，其味酷似肉酱。非官客亲友，不可得也。"《赤雅》等许多文献也都有类似记载。实际上，蚁卵酱即蚁子酱。据现代科学研究，蚂蚁含有28种氨基酸和多种维生素，不但是一种补品，而且还可治疗风湿、肺结核、冠心病、神经衰弱、腰腿痛等多种疾病。因此，壮家的蚁卵酱实际上是一种食疗药物。近代，壮家人还用科学方法制作其他酱料，如鱼酱、果酱、辣子酱、黄皮酱、酸梅酱等，有些酱乃是现做现吃的食物，如鸭酱，比较盛行于广西柳江、鹿寨、柳城、融安、龙胜和广东连山等壮族地区，是壮族民间节日的酱菜之一。其制作方法是将适量的盐、酒、醋、青椒、姜、葱、香菜等放入新鲜鸭血中搅拌，严盖半小时，即可用鸭肉蘸吃，鲜嫩无比，其味极香醇。所有这些，不仅营养丰富，而且也是壮族人保存、利用高蛋白物质的好办法。

《Lingjbyauj Luz Yi》dwg gij vwnzyen seizneix ceiqcaeux geiqsij Bouxcuengh gwn byaseng ndawde aen ndeu. Liuz Sinz gaisau aeu makdoengjbya caeuq hingbya guh boiqliuh daeuj guh byaseng seiz naeuz：（Doenghgij caizliuh neix）"Ronq baenz gaiq iq, mbouj yungh caiq gya gijmaz, aeu gyu nox ndei dak roz cawj dang, gwn le dingj ndaej nit." Gij ronq baenz gaiq iq de, youq gizneix Liuz Sinz cienmonz ceij gwn byaseng, makdoengjbya caeuq hingbya caemh dwg gij boiqliuh dangseiz gwn byaseng itdingh aeu miz haenx, miz gijneix, feihdauh de cij ndei, caemhcaiq lij yw ndaej bingh dem. Vunz Cinghcauz Giz Daginh youq ndaw 《Vah Moq Gvangjdungh》gaisau byaseng engqgya ciengzsaeq, naeuz："Fungsug Gvangjdungh gyaez gwn byaseng, dawz gyaluzyiz、byasij、byacauzbieg、byahenj、byacinghci、byasezlingz、byavanx ceiq ndei; byavanx youh dwg byavanx hau ceiq ndei. Aeu duzbya ngamq dwk ndaej de, gajdai, yut ndok ok, gvet gyaep okbae, swiq saw, menhmenh ronq baenz gaiq mbang iq, noh nding raiz hau, mbaeu lumj sa, mbang lumj fwed bid, aeu laeujai bae oemq, gyaux lwgmanh caeuq bwzcij, gwn bae youh sangjbak youh ndei gwn. Cix byasiz caeuq bya'gyahyiz engqgya ndei." Sojgangj gij gyagoeng gisuz neix cungj dwg ndei gvaq vunz. Gij goekgaen de couh dwg ciepswnj le gij fuengfap Bouxcuengh gyagoeng byaseng haenx.（Mbanj Bouxcuengh ndawbiengz itbuen baenzneix gyagoeng byaseng：Aeu duz bya lix naek 1.0~1.5 goenggaen ndeu, ceiq ndei dwg byavanx. Byalienz yienznaeuz noh de mienz, hoeng noh mbang lai；byaleix yienznaeuz noh de gawq saensien youh na, aenvih hamz raemx lai, feihdauh cit；byavanx ceiq ndei, noh na、saensien、mienz、byot, dwg gij caizliuh ndei guh byaseng haenx. Swiq seuq, gvet gyaep、bok naeng, lez lap noh nding henz naeng okbae, aeu saej ok caemhcaiq yut ndok okbae, aeu ceijsa cumh noh de, caj sup raemx hawq, aeu raemxgoenj swiq cax caeuq heng, aeu noh bya ronq baenz gep nohndip "mbang lumj fwed bid"、ndongqlwenq de, cuengq youq ndaw buenz. Yienzhaeuh leh gij youzduhdoem、youzlwgraz, laujswnghcouh, laujcinzcu caeuq sei hingsoemj、makcengz、sei moeggva、ciengqmanh、ciengqmakmoed、dangzhau、duhdoem byot、gyu、lwgraz cauj daengj, faenbied aeu duix iq deb iq gyaeng ndei caj yungh. Caih gak boux gyaez gwn gijmaz coh leh gij boiqliuh gwnz neix cuengq daengz ndaw duix iq, yienzhaeuh aeu gep byaseng caemj youzduhdoem、youzlwgraz daengj, gya hwnj gij boiqliuh wnq gwn, sangjbak cix mbouj miz bingh, yingzyangj gyaciz sang, gawq hab veiswngh, youh lingh miz funghvei. Dangyienz, guh byaseng gwn seiz, danghnaeuz leh liuh、caux guh mbouj gohyoz mbouj seuq, gig yungzheih baenz gak cungj gij bingh ndang miz nonsengz haenx. Gijneix dwg itdingh aeu louzsim de.）

《岭表录异》是目前最早记载壮族人吃鱼生的文献之一。刘恂在介绍鱼生作料用山橘子和山姜时说：（这些作料）"为脍，无加也，以盐藏曝干煎汤，极能治冷气。"脍者，刘恂在这里专指吃鱼生，而山橘子和山姜都是当时吃鱼生必备的作料，有此，其味才香美，而且还有治病的功效。清人屈大均在《广东新语》中对鱼生介绍更详，曰："粤俗嗜鱼生，以鲈、以鳓、以鳟白、以黄鱼、以青鲚、以雪鲚、以鲩为上；鲩又以白鲩为上。以初出水泼刺者，去其皮剑，洗其血鱼，细剑之为片，红肌白理，轻可吹起，薄如蝉翼，两两相比，沃以老醪，和以椒芷，入口冰融，至甘旨矣。而鲋与嘉鱼尤美。"所讲的这些加工技艺都是很高超的。其源流就是传承于壮族先民的鱼生饮食加工方法。（壮乡民间鱼生的一般制法：取1.0~1.5千克重的鲜活鱼，以草鱼为上。鲢鱼肉虽细嫩，但浅而绵薄；鲤鱼肉虽鲜厚，因含水量大，其味浅寡；草鱼最好，肉质厚、鲜、嫩、脆，是做鱼生的好材料。将其洗净，去鳞，剥皮，切去近皮的一层红肉，除内脏及其骨刺，用纱纸包裹其鱼肉，待吸干水分后，用开水把刀和砧板洗净，将鱼肉切成"薄如蝉翼"、晶莹透明的鱼生片，置之盘中。然后选上等花生油、麻油、老生抽、老陈醋，以及酸姜丝、柠檬、芫荽、木瓜丝、辣酱、黄皮酱、白糖、脆花生、精盐、炒芝麻等，分别以小碗浅碟装起备用。随各人喜爱选择上述配料放入小碗中，然后将鱼生片蘸花生油、麻油等味汁，加上其他作料食之，爽口而不致病，营养价值高，既符合卫生，又别有风味。当然，制作鱼生时，如果选料、制作不科学不卫生，很容易患各种寄生虫病。这是万万要加以注意的。）

Dangzdai, Bouxcuengh gaenq gwn mba gvanghlangz lo, gijneix dwg cungj mba daj gogvanghlangz aeu okdaeuj、mong hau、saeqluemj myigmyanz ndeu. Vunz Dangzcauz Liuz Sinz youq ndaw 《Lingjbyauj Luz Yi》raiz naeuz, gvanghlangz "cungj faex neix ndaw naeng de miz mba lumj mienh neix, ndaej aeu de guh bingj gwn". Gij "mba lumj mienh" neix, ginggvaq gyagoeng couh dwg mba gvanghlangz. Moixbi Bouxcuengh leh go faexgvanghlangz youh hung youh sang de, youq de hai va gaxgonq raemj laemx, bok gvamq, aeu gij noh sim ndinghenj haenx, raemj soiq, cuengq youq ndaw rum daem myaix, caiq aeu bae muh, caiq aeu de cuengq ndaw gang gya raemx gyaux, caem dingh le daih gij nyaq okbae, aeu gij daem myaix de gyaeng ndaw daeh cuengq youq ndaw gangraemx fanfuk fou, hawj mba riengz raemx daj geh baengz iemq okdaeuj, caem gvaq 3 baez le, couh ndaej mba cumx, dak hawq couh dwg mba gvanghlangz. Cungj mba neix saeqluemj, hausag, miz gij goengnaengz gyangq ndat roengz liengz、yw hozhawq、simdingh bwt nyinh de, dwg gij gijgwn ndei cienmonz yw sanghhanz、dungxmbit、yenhhouzyenz caeuq lwgnyez baenz gam daengj, gingciengz gwn naengzgaeuq bouj ndangdaej, hawj ndangdaej maenhcoek. Seizhah aeu de guh raemxdangz, gyangq ndat roengz liengz. Aeu de guh yw, cix doiq yw dungxmbit daegbied miz yauq. Bouxcuengh bae leh gijgwn, yiengh yiengh daj gwn、yw、bouj roengzfwngz, guhdaengz gwn le miz leih. Cingq aenvih yienghneix, cigdaengz ciuhgyawj, mba gvanghlangz vanzlij dwg dieg Bouxcuengh gij dujdwzcanj youqgaenj gai daengz dieg rog、engqlij gai daengz guekrog haenx.

唐代，壮族人已食用桄榔粉，这是取自桄榔树髓心的一种灰白、细滑闪光的淀粉。唐刘恂在《岭表录异》里写道，桄榔"此树皮中有屑如面，可为饼食之"。这个"屑如面"者，经加工就是桄榔粉。每年壮家人选好高大的桄榔树，在其开花以前砍倒，剥去皮层，取赤黄髓心，斩成碎片后，置石臼捣烂，再经石磨，入缸加清水搅和，沉淀后滤除其粗渣，把捣碎物装入布袋在水缸中反复搓洗，让淀粉随水由布眼中渗出，经过3次沉淀后，即得湿淀粉，晒干即为桄榔粉。此粉嫩滑，色泽洁白，具有消暑清热、止渴生津、清心润肺之功能，是专治伤寒、痢疾、咽喉炎症和小儿疳积等的优质食品，常食可滋补去湿，益体强身。夏天以之做甜食，清凉消暑。入药，则是医治痢疾的特效药剂。壮族对食品的选择，处处从吃、疗、补入手，做到食之有益。正由于这样，直到近代，桄榔粉仍然是壮族地区销至外地甚至海外的重要土特产品。

Dieg Bouxcuengh dwgmbanj ndaem oijdangz, gijgwn cungcuk, ndigah daj ciuhgeq daeuj couh rox guh gaudiemj, hoeng daengz Cinzhan seizgeiz cij miz lizsij geiqsij, liz ngoenzneix ceiqnoix hix miz 2000 lai bi lizsij lo. Gaengawq bonj 《Gvangjsih Dunghci》aen banjbonj Minzgoz de geiqsij: Youq Dangzdai, vunzdoj Hwngzcouh（Hwngzyen seizneix）, haemh bet nyied cibngux itdingh guh bingj hung daengj cib lai cungj doxgaiq, sax ronghndwen gwnlaeuj, fad meg eu fwen, angqangq yangzyangz, gyae gyawj cungj nyi. Ginggvaq fazcanj, ciuhgyawj dauqdaej gapbaenz le gij liuzbai Gvangjsih miz cungj funghvei Lingjnanz caeuq minzcuz funghgwz daegbied haenx, lumj yezbingj、yinzbengauh、sagau、gauduhheu、bingjhaeuxrou daengj. Ndawde, gij yinzbengauh aen mbanj Bouxcuengh Liujcwngz guh haenx, aeu gij haeuxcid youh hom youh unq、gij dangzoij gig diemz caeuq lauzmou daengj yenzliu guhbaenz, gep gau mbang lumj faj fwj, ndaw diemz daiq hom, unqnup loq nyangq.

壮族地区是蔗糖之乡，粮食充足，因此糕点制作古已有之，但有史载始于秦汉，距今至少也有2000多年历史了。据民国版的《广西通志》中记载：在唐代，横州（今横县）土民，中秋之夜必做大月饼等至十余品，拜月欢饮，击麦讴歌，声闻远近。经过发展，近代终于形成了具有岭南风味和独特民族风格的广式流派，如月饼、云片糕、沙糕、绿豆糕、薏米饼等。其中，壮乡柳城出产的云片糕，以纯香柔软的大糯和清甜的蔗糖及猪油等原料做成，糕片薄如白云，甜里带香，柔软稍韧。

Bwzsung Vangz Dingzgenh youq ndaw bien ngoenzgeiq《Yizsanh Gyahcwngz》 lai giz daezdaengz mbanj Bouxcuengh gij hozbauh iep、roeglaejiep、byaiep daengj. Ndaw bonj saw 《Lingjvai Daidaz》naeuz：“Vunz namzfueng aeu bya daeuj iep, miz mbangj 10 bi hix mbouj vaih. Gij fuengfap de dwg aeu（bya）caeuq gyu mienh doxgyaux, gya raemx hawj de baenz ceiz, gyaeng daengz ndaw boemh, hop bak boemh miz u raemx, aeu duix goemq ndei, aeu raemx cuengq rim u, raemx sied couh gya. Baenzneix couh mbouj laeuh rumz, gvaq geij bi seng gij mwthau lumj va de couh dwg naeuh lo. Fanzdwg beixnuengx doxbiek, cungj aeu laeuj caeuq noh iep neix doxsoengq, yied nanz vunz yied gyaez.” Gijneix itcig dwg cungj gijgwn conzdungj Bouxcuengh.

北宋黄庭坚在《宜山家乘》日记中多处提到壮乡的荷苞鲊、雀鲊、鱼鲊等。宋《岭外代答》中云：“南人以鱼为鲊，有十年不坏者。其法以篓（鱼）及盐面杂渍，盛之以瓮，瓮口周围水池，覆之以碗，封之以水，水耗则续。如是故不透风，乍数年生白花似损坏者。凡亲戚赠遗，悉用酒鲊，惟以老为至爱。”这一直是壮人的传统食品。

Haeuxnaengj haj saek（fonx、nding、henj、gyaemq、hau）, hix heuhguh haeuxndei. Bouxcuengh gyaez gwn haeuxcid. Saekhau dwg saek haeuxcid baeznduj, gijwnq cienzbouh dwg aeu doenghgo daeuj nyumx baenz. Lumjbaenz aeu gyaemq hoengz daeuj nyumx haeuxcid baenz saeknding, aeu vamai roxnaeuz hinghenj、cehvuengzgae daeuj nyumx baenz saekhenj, aeu mbaw faexraeu daeuj nyumx baenz saekfonx, aeu go'gyaemq（hix heuhguh nyalamznding）daeuj nyumx baenz saekgyaemq daengj, doeklaeng aeu gij haeuxcid nyumx ndei de naengj cug baenz haeuxnaengj. Gijneix dwg gijgwn conzdungj Bouxcuengh “saxbya（sauqmoh）” caeuq haeuj hawfwen itdingh aeu bwh miz haenx. Lij Sizcinh youq ndaw bonj《Bwnjcauj Ganghmuz》 de doiq gij vuengzgei nyumx haeuxcid baenz saekhenj neix raiz naeuz：“Cujyau yw da nding da in、gyangq ndat roengz liengz、hawj da saw.” Youh baenzneix bae raiz raemx mbaw raeu, ndaej hawj vunz “ndangmaengh rengz hung, gwn nanz ndang mbaeu gyaeu raez”. Go'gyaemq、vamai daengj gij doenghgo neix, miz gij heiqhom daegbied de, lij gyangq ndaej ndat、gej ndaej nywnx、hawj vunz dungx ndeiyouq. Ndigah, haeuxnaengj haj saek Bouxcuengh, aenvih de guh ndaej ndei, saek de ronghsien, heiqrang yaeuh vunz, mboujdanh saek、hom、feihdauh cienzbouh ndei, caemhcaiq miz gij goeng'yauq gyangq ndat gaijdoeg、raeuj dungx cangq ndang neix dem, ndigah ligdaih cungj doxcienz mbouj duenh.

五色（黑、红、黄、紫、白）糯米饭，也叫青精饭。壮族人爱吃糯米。白是糯米本色，其余均靠植物色染制。如用红蓝草将糯米染成红色，用黄花或黄姜、栀子果将糯米染成黄色，用枫叶将糯米染成黑色，用紫蕃藤（也叫红蓝草）将糯米染成紫色等，最后将染色糯米蒸熟而成。这是壮族"拜山（扫墓）"和"三月三"赶歌圩必备之传统食品。李时珍在其《本草纲目》中对染糯米呈黄色的栀子写道："主治目赤热痛、解暑消渴、明目。"对枫叶液又写道，能使人"强身益气力，久服轻身长年"。紫蕃藤、黄花等植物，颇有宜人的特异香味，还能消暑、解腻、温胃健脾。所以，壮家的五色糯米饭，因其制作精巧，色泽鲜艳，香气诱人，不仅色、香、味俱全，而且有清热解毒、健胃强身的功效，故历代盛传不衰。

Sam. Mingz Cingh Daengz Minzgoz

三、明清至民国

Aenvih ciengzgeiz gapbaenz minzcuz yungzhab hawj dieg Bouxcuengh ngoenz beij ngoenz iq, hoeng gaenriengz sevei ginghci mboujduenh fazcanj, Mingz Cingh daengz Minzgoz, gijgwn Bouxcuengh gaenq youq gwnz aen giekdaej gwn、yw、bouj sam yiengh dox giethab de haidaeuz bae gyaepgouz saek、hom、feihdauh daengj cungj gijgwn binjvei engq sang gij gyagoeng gisuz haenx, gawq yawjnaek guh ndei ndei yawj, youh roengzrengz yiengq gohyoz dajgwn fuengmienh fazcanj. Ndawde, Cinghdai dwg aen seizgeiz mbanj Bouxcuengh gyagoeng gijgwn ceiq hwng'vuengh de, cawzliux engqgya yawjnaek gij fuengfap gwn ndip conzdungj, ndawbiengz gij fuengfap saz、luj、lab、cien、cauj、caq、aeuq、ceh……yiengh yiengh cungj miz. Ndawde, youh dwg "lab" ceiq ndei ceiq lai.

由于长期形成的民族融合使壮乡范围在日益缩小，但随着社会经济不断地发展，明清至民国，壮民族的饮食已在吃、疗、补三者结合的基础上开始追求色、香、味等更高品位的食品加工技术，既讲究精细美观，又努力往科学饮食方面靠拢。其中，清代是壮乡食品加工的昌盛时期，除了传统的生食之法更讲究，民间的烧、卤、腊、煎、炒、炸、焖、炖、浸、泡……应有尽有。其中，又以"腊"为最。

Gaengawq mizgven sijliu geiqsij, caeux youq 200 lai bi gaxgonq, cojcoeng Bouxcuengh couh roxndeq gij gisuz gyagoeng nohlab de. Nohlab（miz hawj rumz boq roz caeuq aeu feiz oenq roz song cungj）dieg Bouxcuengh、bitlab Cingsih、sauhyaz、roeggumj roz、noh iep caeuq yanghcangz nohmax Nanzningz daengj, Mingz Cingh gvaqlaeng gaenq haidaeuz mizmingz lo. Youq mboengqbyai Cinghcauz caeuq Minzgoz cogeiz, nohlab Nanzningz couh aenvih noh saensien lwenjndongq, nohbiz ronghcingx sangjbak, nohcing homvan, feihdauh hom, youq Yanghgangj Aumwnz mingzdaeuz gig hung. De baenzneix guh: Leh nohsamcaengz laj dungx mou 100 goenggaen, mbouj biz mbouj cing ceiq ndei. Heh lap naeng de okbae, ronq baenz diuz, moix diuz daih'iek na 1.4 lizmij, daih'iek raez 40 lizmij, yienzhaeuh aeu diuz noh gyaeng youq ndaw bat, aeu 5 goenggaen dangzhau、4 goenggaen ciengqyouz、2.5 goenggaen laeuj、youz nding caeuq gak cungj liuhhom dox gyaux, aeu de rwed haeuj ndaw bat, gyaux yinz iep de 8 aen cung, gek 4 aen cung gyaux baez ndeu, hawj nohmou cungfaen supaeu boiqliuh, doeklaeng aeu cagndaij ndonj ndei venj youq laj ndit dak, roxnaeuz venj youq gwnz feiz coemh nyamqoij bae oenq, lienzdaemh sam ngoenz doxhwnj, hawj noh de hawqroz couh ndaej lo. Gak cungj gak yiengh gij nohlab ginggvaq saeqsim gyagoeng iep baenz neix, yo ndaej hauj nanz. Doenghloih gijgwn neix, youq mbanj Bouxcuengh ranz ranz cungj rox guh. Gijneix hix dwg gij fuengfap Bouxcuengh liglaiz gingciengz aeu daeuj yo noh de. Linghvaih, youq gwnz aen giekdaej siuhva、supsou caeuq gaijmoq Bouxcuengh cungj gijgwn fungsug cienzdungj, gak cungj gij gijgwn funghvei daegbied de hix mboujduenh miz ok, lumj saz yanghcangz、rung nohma（aeuq nohma、gouyuz nohma、guenq bongqma daengj）、saz gaeq、bongq、baisan（youh heuhguh baimij、nohhaeuxsan、nohmij）、oemqlwghaemz、nohsoemj、rung sae、Denzcouh bazbaujfan、mbok cuk saz haeux、byaekaengjgwxbohliz cumh haeux、haeuxceiz、faenj caeuq aemj daengj, haeujlaeg cibinj aenvih caetliengh ndei, yungh liuh ndei, gyagoeng sijsaeq、saek ronghsien、ndei gwn, gig miz deihfueng minzcuz daegsaek cix mingzdaeuz gig hung. Bonj《Yunghningz Yenci》Minzgoz banjbonj de naeuz: Ndaw yen guengjdaih mbanj Bouxcuengh, gag miz bouxvunz cangh cien、cauj、aeuq、naengj、caq de, gyoengqde cangh bae guh byaekndip、byaekcug、guh noh. Gij vah neix mbouj mauhgangj saekdi. Youq dieg Bouxcuengh, danhfanz miz saehnding saehhau, "8 aen byaek" "10 aen byaek" "12 aen byaek" cungj miz bouxcangh guh ndaej. Gojraen, daengx aen mbanj Bouxcuengh, dajcawj gisuz bujbienq gaenq hwnj daengz mbaek daizgaih moq ndeu.

据有关史料记载，早在200多年前，壮族先民就掌握了腊肉的加工技艺。壮族地区的腊肉（有风干和火熏干两种）、靖西腊鸭、南宁烧鸭、干香鹧鸪、腌肉和马肉香肠等，明清以后已开始有了名气。在清末民初，南宁腊肉就以其肉质鲜嫩有光泽，肥肉透明爽脆，瘦肉甘香，腊味浓郁而盛誉港澳。其制法是：选五花腩肉100千克，以肥瘦适中者最佳。将猪肉割去皮层，切成条状，每条厚约1.4厘米，长约40厘米，然后将肉条盛于盆里，用5千克白糖、4千克酱油、2.5千克酒、红油和各种香料一起调和，将其淋入盆内，拌匀腌渍8小时，隔4小时复拌一次，使猪肉充分吸收调料，最后用麻绳穿入悬挂在阳光下晾晒，或置于火膛上以甘蔗渣的烟熏烤，连续三天以上，至肉质干透便成。这些经过精心加工腌制而成的各种各样的腊味品，可长期保存。这类食品，在壮乡家家户户都会制作。这也是壮族人历来保存肉类蛋白的常用方法。此外，在消化、吸收和革新壮族传统食俗的基础上，各种风味独特的食物制品纷纷面世，如烤香猪、烹狗（焖狗、狗扣、填狗肠等）、煨鸡、龙棒、拜散（又称拜咪、挪候散、挪咪）、酿苦瓜、酢肉、制田螺、田州八宝饭、竹筒煨饭、生菜包饭、糍粑、粉和粥品等，许多制品由于品质优异，用料考究，加工精细，色泽鲜艳，风味香美，富地方民族特色而闻名遐迩。民国版的《邕宁县志》称：县内广大壮族农村，自有烹饪的煎、炒、炖、蒸、炸能人，他们精通生、熟、荤烩菜。这话一点也不夸张。在壮族地区，哪怕是穷乡僻壤，凡是红、白喜事，"八菜""十菜""十二菜"都有能人胜任。可见，整个壮乡的烹饪技术，普遍都已登上了一个新的台阶。

Conzdungj gijgwn Bouxcuengh gij lizsij de gyaeraez, gyagoeng ndei, cungj gohyozsing de biujyienh youq lajneix geij aen fuengmienh:

壮族的传统食品历史久远，加工精良，其科学性表现在如下几个方面：

（1）Gvangjbuj sizvuzlen. Bouxcuengh cawqyouq baihsae Hajlingj, baihbaek ingbaengh byahung Yinznanz Gveicouh, baihnamz dwg haij, sizvuzlen de dwg gvangjbuj sizvuzlen, noh doihduz、bya gungq gyangdah、haijyangz canjbinj、gyaekheu、haeuxhau haeuxyangz、doengh go haeux cabliengz, yienghyiengh cungj miz, mbouj siuj aen vanzcez lawz. Gij gvangjbuj sizvuzlen neix, caeuq gij minzcuz diegnywj ndij gij minzcuz henzhaij cungj gijgwn gezgou haemq lingxcingx de doxbeij cabied gig mingzyenj. Gij eiqngeih gvangjbuj sizvuzlen dwg, daezgungh hawj vunz gij yingzyangj vuzciz de haemq caezcingj caeuq cienzmienh, gijneix hawj Bouxcuengh senglix caeuq sanjfat daezgungh le diuzgienh ndei. Bouxcuengh ndaej baenz ndaw guek aen minzcuz laux daihngeih, caeuq gijneix miz itdingh gvanhaeh.

（1）广谱食物链。壮族居民住地处于五岭以西，北靠云贵大山，南濒南海，其食物链属于广谱食物链，禽畜肉类、淡水鱼虾、海洋产品、根基叶蔬菜、大米玉米、五谷杂粮，应有尽有，皆不缺环。这一广谱食物链，与草原民族或海事民族较单纯的食品结构形成鲜明的对照。广谱食物链的意义在于，所提供的营养物质较为完整和全面，这给壮族人的生存和繁衍提供了优越的条件。壮族成为国内第二大民族，与此不无关系。

（2）Gyaez gwn gij byaekheu daiq mbaw de. Youq ndaw gij fusiz Bouxcuengh, gij byaekheu daiq mbaw ciemq miz diegvih youqgaenj, ngoenz ndeu hix noix mbouj ndaej. Itbuen daeuj gangj, bingzseiz gwnz congz mbouj miz bya noh hix ndaej, hoeng mbouj ndaej mbouj miz byaekheu. Yenzgiu biujmingz, gij byaekheu daiq mbaw mboujdanh hamz miz gak cungj veizswnghsu caeuq veihliengz yenzsu gig lai, ndaej hawj vunz daezgungh gij yingzyangj aeu daeuj bingzyaenx ndangdaej haenx, caemhcaiq gij senhveiz de baet saw dungxsaej, ndaej fuengzre bingh'aizcwng caeuq yw laicungj bingh, doiq gengangh mizik.

（2）喜食带叶青菜。壮族的副食中，新鲜的带叶青菜占有重要的地位，日不可缺。一般而言，日常生活的餐桌上可以没有肉，没有鱼，但青菜则是不可短缺之物。研究表明，带叶青菜不仅富含各种维生素和微量元素，能给人体提供平衡所需的营养物，而且其纤维在肠胃的蠕动中起到清扫的作用，可以防癌和治疗多种疾病，有益健康。

（3）Gyagoeng itdingh aeu saw. Dieg Bouxcuengh dah lai raemx lai, vih swiq saw gyagoeng fusiz daezgungh le gij diuzgienh mizleih. Aeu byaekheu daeujgangj, conzdungj byaekheu cienzbouh dwk bwnhranz, dwg gij loegsaek sizbinj mboujmiz uqlah de. Seizlawz yaek gwn couh bae mbaet, sikhaek swiq saw gyagoeng, gij yingzyangj de baujciz ndaej haemq ndei. Swiq seiz gig saeqsim, sah namhhaex caeuq gyaeqnon okbae, gwn le cuengqsim.

（3）加工务求干净。壮族地区江河纵横，流水遍布，为副食的清洁加工创造了有利的条件。以青菜而言，传统青菜皆施农家肥，为无污染的绿色食品。食用时随手采来，马上清洗加工，其营养成分得到较好的保持。清洗时十分细心，去泥去粪，去虫卵，吃了放心。

Doiq noh loih, Bouxcuengh itbuen cujyau gwn noh moq, couh dwg dangngoenz gaj dangngoenz gyagoeng, dangngoenz gwn, gij noh gvaqhwnz cungj itdingh aeu gyagoeng、yo ndei gonq, fuengz de bienqcaet. Bouxcuengh mbouj gwn noh duzdai, mbouj gwn gij nohmou baenz "naed haeux" de. Doiq rog ndang caeuq dungxsaej doihduz, daegbied louzsim swiq saw.

对于肉类，壮族人一般主要吃新鲜肉类，即当天宰杀，当天加工，当天食用，过夜之肉类事先都必须加工好、放好，以防变质。壮族人不吃死畜之肉，不吃带"米粒"的猪肉。对禽畜体表及内脏，特别注意清洗干净。

（4）Louzsim baujciz yingzyangj cwngzfwn. Bouxcuengh guh byaek，aeu cauj guh cawj，doiq gij noh byaek saensien，itbuen youq ndaw cauq yungh feiz laux cauj daengz caet、bet faen cug，couh vad ok hawj congz，ndigah byaekheu yawj daeuj lij loeg，nohgaeq bwzcanj lij miz di raizlwed. Gohyoz yenzgiu biujmingz，dajcawj seiz feiz rengz gvaq itdingh hanhdoh，roxnaeuz aeuq ndaej nanz gvaq myaix lai，veizswnghsu couh deng buqvaih，gyangqdaemq yingzyangj gyaciz. Gij dajcawj fuengfap Bouxcuengh，caeuq gijgwn yienhdaih habngamj doxciep ndaej gig gohyoz.

（4）注意保持营养成分。壮族人做菜，以炒为主，对鲜肉鲜菜，一般在锅内猛火煸炒七八成熟，即出锅上席，故而蔬菜其色尚青，白斩鸡略带血丝。科学研究表明，烹调时火力超过一定限度，或炖得过长过烂，维生素便会遭到破坏，降低营养价值。壮族人之烹调方法，与现代食品科学吻合相接。

（5）Louzsim goengnaengz dapboiq. Bouxcuengh youq gyagoeng gijgwn seiz，mboujdanh ngeixnaemj gij saek、hom、feihdauh gijgwn baenzlawz hawj vunz ndwnjnaiz，doengzseiz hix ngeixnaemj gijgwn gij laicungj goengnaengz. Aeu aemj daeuj gangj，Bouxcuengh gyaez gwn aemj，daegbied youq seizhah engqgya gyaez gwn. Gij boiqliuh gyahaeuj ndaw aemj de，gingciengz ngeixnaemj de baenz gijmaz yw. Lumjbaenz aemj nohgaeq byaekcoeng，mboujdanh ndei gwn，caemhcaiq baenz yw dwgliengz dem，yauqgoj gig ndei. Gizyawz lumj ywbouj aeuq gaeq daengj，cienzbouh dwg gij byaekyw gig ndei haenx. Gyonj daeuj gangj，Bouxcuengh haujlai gijgwn，caemh miz yingzyangj caeuq baenzyw lai cungj goengnaengz.

（5）注意功能搭配。壮族人在加工食品时，不仅考虑到食品的色、香、味对食欲的促进，同时也考虑了食品的多重功能。以粥而言，壮族人喜粥，尤以炎夏为甚。而粥中所加作料，常考虑其药用功能。如茴香鸡肉末粥，不仅味美，而且对伤风感冒有很好的疗效。其他如补药炖鸡等，都是很好的药膳。总之，壮族的不少食品，兼有营养和药用的多重功能。

（6）Louzsim yo ndei. Bouxcuengh gyaez gwn noh moq byaek moq haeux moq，hoeng cungj miz gij sizbinj geizdinj gwn mbouj liux de. Ginggvaq ciengzgeiz saedceij sizcenj，Bouxcuengh ra ndaej le haujlai gij gohyoz fuengfap youq laj yayezdai diuzgienh yo ndei gijgwn haenx. Haeuxhau dwg cujyau gijgwn Bouxcuengh，gyoengqde yo haeuxgok gig ndei，haeuxgok dauqdaej beij haeuxhau yungzzheih yo，ndigah，ranz ranz cungj miz aen canz dakhaeux ndeu. Bouxcuengh gingciengz aeu sat demh youq gwnz canz dak haeux，fuengz non fuengz cumx. Bouxcuengh moix ngoenz haetromh cij daem gaeuq gij haeuxhau dangngoenz gwn，nyengh mbouj daem lai，yienghneix gawq saensien，youh mbouj lau miz non.

（6）注意保存。壮族人喜吃鲜肉鲜菜鲜米，但总有不可能短期吃完的食品。经过长期的生活实践，壮族人找到了不少在亚热带条件下保存食品的科学方法。大米是壮族人的主要食品，对稻谷的保存十分精心，稻谷毕竟比大米易于保存，因而，每个家庭都有一个竹晒台。壮族人经常用大竹垫在晒台上翻晒稻谷，防虫防潮。壮族人每天凌晨只舂够当天吃用的大米，决不多舂，这既新鲜，又无虫蛀之弊。

Bae yo nohloih cujyau yungh song cungj fuengfap：Cungj ndeu dwg aeu nohmou moq swnh ndokrek heh baenz rag gvangq 6 lizmij、raez 40 lai lizmij de，aeu gyu nu baihrog，aeu duk roix ndei venj youq gwnz saeuq，hawj feiz roemz baenz gaiq nohlab ronghcingx，yienghneix yo ndaej geij bi. Lingh cungj fuengfap dwg ronq baenz gaiq noh haemq mbang，aeu gyu bae gyaux，yienzhaeuh aeu gij haeux rang cug de daeuj goemq geij lap，gaemh net，fungmaed hawj de oemqfat，noh couh yo ndaej gig nanz. Yenzgiu biujmingz，haeuxmienh oemqfat mizok yujsonh，dangmwh nungzdu dabdaengz 0.7% doxhwnj，mizok gij goengnaengz haednaenx cungj sigin miz haih haenx sanjfat，dabdaengz baujciz moegdik.

肉类的保存主要用两种方法：一种是将新鲜猪肉顺肋骨拉6厘米宽、40多厘米长的肉条，外涂一层盐，以竹篾穿起悬挂于火灶上方，靠火烤烟熏变成透明的腊肉，可保存经年。另一种方法是切成较薄的肉条，糊以盐，用炒熟的大米层层盖住，压紧，密封使之发酵，肉便可长期保存。研究表明，米面发酵产生乳酸，当浓度达到0.7%以上时，产生很强的抑制有害细菌繁殖的功能，达到保质的目的。

Aenfaengx gwn cieng aeu baujcunz haemq nanz de，aeu raemx daeuhfiengz bae ceh haeuxcid，baihrog aeu mbawfaengx cumh ndaet，baujcunz ndaej daengx ndwen. Haeuxceiz hamz raemx haemq noix，baihrog hawqsauj，hix ndei baujcunz caeuq soengq hawj beixnuengx baengzyoux.

过年需保存较长的驼背粽，常以过滤的稻草灰水浸糯米，外裹以不易透气的粽叶可保持盈月。糍粑类水分含量较少，表面干燥，也易于保存和馈赠亲友。

Daj geij diemj gwnz neix yawj，Gij conzdungj gaiqgwn gyagoeng fuengfap Bouxcuengh，miz haujlai gohyoz roxnaeuz haidaeuz hamzmiz gohyoz yinhsu. Yienznaeuz dangseiz lijcaengz dabdaengz lieng'va caeuq gveihfanva，hoeng gij yauqgoj de gingsouh gvaq gaujniemh.

从以上几点看，壮族传统的食品加工方法，有许多科学或科学的萌芽。虽然当时尚不能达到量化和规范化，但其效果是经受了考验的。

Gij dajcawjyoz ngoenzneix dwg monz cunghabsingq gohyoz baudaengz baenzlawz gwn、baenzlawz baujsien、baenzlawz dajcawj caeuq swnghvuz vayoz、yingzyangjyoz、sizliuzyoz daengj，de mboujdanh fanjyingj ok vunzloih gij eiqsik、giyi yinhyungh gijgwn vih dem'ak ndangdaej fuzvu、yawjnaek boiqliuh caeuq gij suijbingzduix swnghcanj cauhguh dawh、gaiqdawz dajcawj haenx，caemhcaiq vanzlij fanjyingj le conzdungj gijgwn vwnzva funghsang aen minzcuz ndeu.　Bouxcuengh doiq gijgwn hix lai fuengmienh bae damqra，daj ciuhgeq daengz ngoenzneix，genhciz mboujduenh.

当今的烹饪学乃是一门包括膳食技术、食料保鲜、烹调技艺、生物化学、营养学、食疗学等的综合性科学，它不仅反映人类运用食物为增强体质服务的知识、技艺，以及讲究食料、食器和炊具的生产制作水平，而且还反映了一个民族的传统饮食文化风尚。壮民族对饮食也进行了多方面的探索，自古至今，坚持不懈。

Daihseiq Ciet　Ngauzlaeuj Gisuz
第四节　酿酒技术

Bouxcuengh ngauzlaeuj, goekgaen gyaeraez. Dieg Bouxcuengh cawqyouq yayezdai, raemx fwn lai, hab doenghgo cwx caeuq gomiuz cwx sengmaj, vih ngauzlaeuj hangznieb fazcanj daezgungh vuzciz giekdaej gig lai. Gaengawq gaujguj roxndeq, 4000 lai bi gaxgonq dieg Bouxcuengh couh gaenq miz gij saenqsik caeuq laeuj vwnzva mizgven haenx. Lumj Gvangjsih mbanj Bouxcuengh Ginhcouh Nazli、Lungzau Yen Lungzdanz caeuq Nazboh Yen Ganjdoznganz sijcenz vwnzva yizcij, cienzbouh oknamh le cenjvax、dauzcunh、huzvax、duixvax daengj gij gaiqdawz gyaeng laeux haenx. Gaujguj ceijok, vunz Yezyinz Lingjnanz gij ngauzlaeuj seizgan ndaej ragoek daengz mboengqbyai sinh sizgi sizdai. Youq Sangh Couh seizgeiz, Gvangjsih Vujmingz、Hingh'anh、Liujcouh、Gunghcwngz、Bingzloz、Hoyen、Gvangjdungh Cinghyenj、Cauging、Dwzging daengj dieg (ciuhgeq dwg diegyouq Bouxcuengh) hix cungj oknamh le aen seizgeiz haenx gij doengzyouj、doengzcunh、doengzleiz、cenjdoengz、huzdoengz daengj doengh aen gyaenglaeuj haenx, dajneix ndaej yawj ndaej ok dangseiz cojcoeng Bouxcuengh baenzlawz gyaez gwnlaeuj caeuq gij laeujnieb de fazcanj ndaej gig vaiq. Mbanj Bouxcuengh cumxyinh, Bouxcuengh mboujlwnh sai mbwk, caemh gwn ndaej laeuj, aeu gwn laeuj ak guh yiengh ndei. Gij laex laeuj、fungsug laeuj Bouxcuengh gig lai, lumj laeuj dangjroen、laeuj haeujdou、laeuj gingqhek、laeuj gyaucenj、laeuj beixnuengx mbwk、laeuj aeubawx、laeuj rimndwen、laeuj lwgnyez、laeuj buiz cojcoeng、laeuj guhranz caeuq laeuj soengq hek daengj, cungj dwg Bouxcuengh gij minzcuz fungsug cinghseuq lauxsaed riuzcienz daengz seizneix haenx. Couhcinj dwg youq 1949 nienz gaxgonq aen seizgeiz gungzhoj haenx, gyoengq Bouxcuengh ndaw Nanzdanh Yen Lahyiz Yangh, ranzranz gag ngauzlaeuj gag gwn, bingzyaenz moix ranz moixbi cungj gwn laeujhau 60~70 goenggaen baedauq. Laeuj naengzgaeuq "huz lwed ciengx heiq, raeuj dungx raeuj ndang". Youq ndaw aen gocwngz ciepswnj fazyangz laeuj vwnzva, Bouxcuengh vanzlij dajcauh fatmingz le haujlai laeujyw, aeu de daeuj sanq fungheiq dem ciengx ndang, lajmbanj haujlai Bouxcuengh cungj roxmbouj siuj caux laeujyw gisuz, miz mbangj lij laebbaenz gij aen ngauz laeujyw swhgeij, cauxbaenz gak cungj laeujyw mizmingz. Laeuj mbanj Bouxcuengh, lai cungj lai yiengh, miz gak cungj gak yiengh laeujhau、laeujvan、laeujyw daengj. Haujlai laeuj Bouxcuengh miz minzcuz daegsaek, hix fanjyingj le Bouxcuengh cungj gijgwn swhsiengj gwn、yw、bouj sam yiengh doxgiethab neix. Gyonj hwnjdaeuj gangj, laeuj baenz le lizsij vwnzva Bouxcuengh mbangj ceiq youqgaenj de. Bouxcuengh gij gisuz caux laeuj haenx，miz gij fazcanj megloh swhgeij.

　　壮族人酿酒，源远流长。壮族地区地处亚热带，雨量充足，适合野生植物和农作物生长，为酿酒业的发展提供了丰富的物质基础。据考古得知，4000多年前壮族地区就已经有与酒文化相关的信息。如广西壮乡钦州那丽、隆安县龙潭和那坡县感驮岩史前文化遗址，都出土了陶杯、陶樽、陶壶、陶碗等用酒器皿。考古指出，岭南越人的酿酒时间可以追溯到新石器时代晚期。而商周时期，广西武鸣、兴安、柳州、恭城、平乐、贺县，广东清远、肇庆、德庆等地（古时为壮人居住地区）也都出土了该时期的铜卣（yǒu）、铜樽、铜罍（léi）、铜杯、铜壶等酒器，由此可以窥见当时壮族先民饮酒风气之盛和酒业发展之一斑。壮乡气候潮湿，壮族人无论男女，皆能喝酒，以善饮为豪举。壮族人的酒礼、酒俗很多，诸如拦路酒、进门酒、敬客酒、交杯酒、姐妹酒、婚礼酒、满月酒、娃娃酒、祭祖酒、立房酒和送客酒等，都是壮族人民遗传至今的古朴民俗。即使是在1949年前那种贫寒时期，南丹县拉易乡的壮民们，家家酿酒自饮，平均每户每年都消耗米酒60～70千克不等。酒能"和血养气，暖胃辟寒"。在继承发扬酒文化的过程中，壮族人还创造发明了许多药酒，以祛风寒和保养身体，许多村寨的壮族人都掌握了不少药酒的自酿自制技术，有的还形成了私人药酒作坊，有各种著名药酒产品面世。壮乡的酒，种类繁多，有各种各样的白酒、甜酒、药酒等。不少具有民族特色的壮乡酒，也反映了壮族人的吃、疗、补三者相结合的饮食思想。总之，酒的确成为壮民族历史文化的重要组成部分。壮族有关酒的制作技术，有其发展脉络。

It. Cinz Han Cin Suiz Seizgeiz

一、秦汉晋隋时期

Cinzsijvangz doengjit roek guek le，Lingjnanz mbanj Bouxcuengh cij hawj vunz daengx guek yawjnaek. Ndaw gij sijliu Cinzcauz de geiqsij mbouj lai，hoeng dieg Bouxcuengh oknamh gij vwnzvuz song aen Hancauz seizgeiz ndawde，aenboemh、guenq、biengx、huzgva、cunh樽、caeuq fanghdoengz，doengjdoengz、huzmui doengz、cenjdoengz daengj gij gaiqdawz gwnlaeuj neix gaenq gig bujbienq. Daj ca mbouj geij daengz cien aen moh Handai ndawde，ca mbouj lai moix aen moh cungj haem miz gaiqdawz gwnlaeuj. Cungj cingzgvang neix gangjmingz gijneix dwg aen seizgeiz laeuj vwnzva gaenq fazcanj daengz le aen suijbingz haemq sang ndeu.

　　秦始皇统一六国后，岭南壮乡才为国人所瞩目。秦代史料记载不多，但壮族地区属于两汉时期出土的文物中，陶瓮、陶罐、陶瓿、瓜壶、樽，以及铜钫、铜桶、铜熊壶、铜杯等酒器极为普遍。从已发掘的近千座汉墓中，几乎每座古墓都有陪葬的酒器。这一情况足以说明这是一个酒文化已发展到了较高水平的时期。

　　Handai miz boux vunz ndeu heuhguh Yangz Fuz，de raiz bonjsaw《Gyauhcouh Yivuzci》（hix heuhguh《Gyauhcij Yivuzci》《Nanzyez Yivuzci》roxnaeuz《Yivuzci》），ndawde daezdaengz cingj cingzgingj Handai Fuzboh cienghginh daiq bing daengz Hozbuj seiz，"Yezvangz minghlingh song boux sijcej laeh vaiz bak duz，raek cien cung laeuj caeuq hugoujbu beksingq song aen gin bae daengz henz roen baiqraen cienghginh" haenx. Baenzneix lai laeuj, mboujmiz itdingh ngauzlaeuj giekdaej dwg guh mbouj daengz de. 1970 nienz, youq Gvangjsih Gveiyen (Gveigangj Si ngoenzneix) Lozbwzvanh 1 hauh aenmoh Sihhan, oknamh le gaiq benj gag hai daezmoeg guh 《Cungzgi Ci》 ndeu, gwnz de geiqloeg le gij daenj、gij gwn、gij yungh、gij guhcaemz、cungqcax daengj 70 lai cungj doenghyiengh haem ndaw moh de, ndawde couh miz "sam leiz疉 laeuj". Gig mingzyenj, cungj laeuj neix dwg boiqliuh dajcawj. Han Cin seizgeiz, "laeujmbawcuk Canghvuz" gaenq lied guh dangdieg gij laeuj mizmingz, youq ndaw bien faenzcieng vunz Cincauz Cangh Vaz raiz heuhguh 《Gingmuenx Bien》 de, couh geiqsij miz laeujmbawcuk Canghvuz. Ndaej raen, daj soqliengh fuengmienh、yunghcawq fuengmienh、mingzdaeuz fuengmienh, laeuj Bouxcuengh cungj cinbu gig daih, biujmingz gij fazcanj de haidaeuz haeujdaengz aen lizsij seizgeiz moq.

汉人杨孚撰的《交州异物志》（也称《交趾异物志》《南越异物志》或《异物志》）中提到汉伏波将军率汉兵到达合浦时，"越王令二使得赉牛百头，酒千钟及二郡民户口簿诣路将军"的情景。如此大量的酒，没有一定的酿酒基础是办不到的。1970年，在广西贵县（今贵港市）罗泊湾1号西汉墓出土的一件自题为《从器志》的木牍上，记录了衣、食、用、玩、兵器等70余种随葬品，其中就有"厨酒三疉"。显然，这是烹饪用酒。汉晋时期，"苍梧竹叶酒"已列为当地名酒，在晋人张华的《轻满篇》中，就有苍梧竹叶酒的记载。可见，从数量上、用途上、知名度上，壮乡的酒都在进行大步跨越，表明其发展开始进入新的历史时期。

Gij daegdiemj aen seizgeiz neix dwg: Cojcoeng Bouxcuengh bujbienq rox gij gisuz ngauzlaeuj. Aen mbanj aen lueng gyoengqde comzyouq de, ranzranz cungj ngauzlaeuj, gag ngauz gag gwn, couh dwg sojgangj gij "laeuj seivunz". Ngauz laeujring (couh dwg laeujnaengj, aeu cabliengz、haeuxhau guh yienzliuh) caeuq laeujai (mbouj dwg laeuj naengj, aeu haeuxcid guh yienzliuh), lijmiz gij laeujmakseq、laeujmakvengj youh hom youh sangjbak de dem. Ngauz laeujmak mbouj aeu haeux caeuq ndolaeuj, baengh gij ndoceh cwx gag gyuek youq naeng mak de oemqfat baenz. Ndolaeuj dwg ngazhaeux, cujyau miz gij cozyungh hawj de baenz dangz, mbouj miz oemqfat goengnaengz. Daj ngauz laeujhau caeuq laeujcabliengz daeuj yawj, cojcoeng Bouxcuengh gig caeux couh gaenq rox caux ndolaeuj, gaijgez le gij vwndiz hawj mbw bienqbaenz dangz caeuq hawj dangz bienqbaenz laeuj daengj. Doengciengz caux ndolaeuj iq, gya yw'nya dwg gig bizyau. Boux gauj gohgi ciuhgyawj guhlaeb mbouj noix doiqbeij saedniemh, ndaej ok ndaw yw'nya dingzlai cigsoh roxnaeuz ganciep bae coicaenh gij veizswnghvuz oemqlaeuj sengmaj caeuq fatsanj, doiq cugdaih cienz ceh caeuq onjdingh cungj veizswnghvuz oemqlaeuj gij singqnaengz de miz eiqngeih youqgaenj, doiq baujciz laeuj gij daegdiemj yienzmiz de gvenhaeh gig hung. Gij "gaeu ywlaeuj" cojcoeng Bouxcuengh ciuhgeq fatmingz de "daegbied habngamj ngauzlaeuj", couh dwg aenvih de doiq gij veizswnghvuz oemqlaeuj miz coicaenh cozyungh cauhbaenz. Gijneix dwg gij ginghnen dijbauj cojcoeng Bouxcuengh youq ciengzgeiz ngauzlaeuj sizcenj ndawde aeundaej haenx, doiq ngauz ok laeuj ndei miz cozyungh youqgaenj. Ndolaeuj iq dwg cungj beizyangjvuz baenz ndaek ndeu, dwg gij fuengfap ndei bae baujcunz gij veizswnghvuz ngauzlaeuj de. Youq laj gij diuzgienh hawqsauj veizswnghvuz mbouj hozcung, gij hozsing de gihbwnj baujciz mbouj bienq. Bouxcuengh caux ndolaeuj iq caeux gaenq caijyungh gij fuengfap liuhndip caeuq "swnjceh" de, swiq seuq haeuxhau, muh baenz mba, mbouj yungh naengj cug, gya mba yw'nya（Vahcuengh heuhguh "gosamcaz", "gosamvengq"）、raemx caeuq buek ndolaeuj iq（hix couh dwg ndolaeuj meh）ndei gaxgonq swnghcanj haenx "swnjceh", gyaux yinz le, caux baenz naed roxnaeuz naedfueng, ginggvaq ringx mba（baugvat mba ndip caeuq mba ndolaeuj iq）, cuengq ndaw rug ndolaeuj ce 2～3 ngoenz, riengq sauj baenz ndolaeuj. Liuh ndip caux ndolaeuj, caeuq seizneix aeu liuh ndip ngauzlaeuj miz di doxlumj, miz mbaetnwngz eiqngeih hungnaek. Ndaej naeuz liuh ndip ngauzlaeuj dwg youz liuh ndip caux ndolaeuj fazcanj daeuj roxnaeuz souh liuh ndip caux ndolaeuj daezsingj cix miz ok de. Aihgiz ciuhgeq caeuq Dicunghhaij vunz Ouhcouh hix gag miz gij ngauzlaeuj fuengfap gyoengqde, hoeng gisuz ngaih nanz cingzdoh mboujmiz banhfap caeuq Bouxcuengh doxbeij. Gij caux ndolaeuj gisuz Bouxcuengh gaemdawz de aeuyungh gij veizswnghvuz cihsiz engq lai engq laeg. Daj swyenz oemqfat daengz leihyungh ndolaeuj ngauzlaeuj, gijneix dwg ngauzlaeuj gisuz cungj cinbu miz haiok seizdaih moq yiyi haenx. Caux ndolaeuj gisuz youq 19 sigij cienzhaeuj Saefueng, daj neix hwnj couh demhroengz le aen giekdaej ciujcingh gunghyez, doiq yienhdaih oemqfat gunghyez caeuq meizcici gunghyez miz yingjyangj gyaelaeg.

　　这个时期的特点是：壮族先民普遍掌握了酿酒技术。他们聚居的村村寨寨、家家户户都有酿酒，自酿自饮，即所谓"私酒"。酿造烤酒（即蒸馏酒，以杂粮、大米为原料）和甜酒（非蒸馏酒，以糯米为原料），还有香醇甜爽的杨梅酒、金樱果酒。酿造果酒不用粮糵，靠果实表面自然附着的野生酵母发酵而成。糵是谷芽，主要起糖化作用，没有发酵的功能。从酿制米酒和杂粮酒看，壮族先民很早就已掌握了制曲技术，解决了淀粉糖化和糖的酒化等问题。通常制小曲，添加草药是十分必要的。近代科技工作者做了一系列对比实验，得知草药中绝大多数对酿酒微生物的生长和繁殖有直接或间接的促进作用，对逐代传种和稳定酿酒微生物的性能有重要意义，对保持酒的固有特点关系很大。古代壮族先民发明的"酒藤药""特宜酿酒"，就在于它对酿酒微生物有促进作用所致。这是壮族先民在长期的酿酒实践中取得的宝贵经验，对酿出好酒起到了重要的作用。小曲是一种固体培养物，是保存酿酒微生物的良好方法。在干燥条件下微生物处于休眠状态，活性基本保持不变。壮族人制小曲早已采用生料和"接种"的方法。把大米洗净，磨成米粉，不经蒸熟，加草药粉（壮话叫"gosamcaz"，读音近"科三茶"，"gosamvengq"，读音近"科三荒"，即三叉苦晒制的草药粉）、水和前批生产的优质小曲（即曲母）"接种"，拌匀后，制成颗粒状或小方块，经裹粉（包括生米粉和小曲粉），置于曲房中培养2～3天，烘干成曲。生料制曲，与当前生料酿酒有相似之处，具有重大的节能意义。可以说生料酿酒源于生料制曲或受生料制曲启发而产生的。古代埃及和地中海欧洲人也有他们的酿酒方法，但技术的难易程度无法与壮族人相比。壮族人掌握的制曲技术需要更多更深的微生物知识。从自然发酵到利用曲制酒，这是酿酒技术的划时代进步。制曲技术于19世纪传入西方，从此奠定了酒精工业的基础，给现代发酵工业和酶制剂工业带来了深远的影响。

Ngeih. Dangz Sung Seizgeiz

二、唐宋时期

Dangzdai caeuq Sungdai, mbanj Bouxcuengh gaenq ngauz ok gak cungj gij laeuj ndei mingzdaeuz cienz bae gyae haenx. Ndaw bonjsaw vunz Sungdai Couh Gifeih《Lingjvai Daidaz》 miz "Gvangjyou mbouj gimq laeuj. Goenggya seivunz cungj miz laeuj ndei, ceiq ndei de dwg laeuj suilu Saiswh, funghvei daegbied, lumj boux ginhswj ndeu yienghyiengh cungj ndei neix, mingzdaeuz cienz daengz Huzgvangj liux. Cungj laeuj neix bonjlaiz dwg Hocouh ngauz baenz, seizneix yaek gwn laeuj Hocouh cix gyae lai gwn mbouj daengz lo. Gij laeuj geij aen gin hix beij mbouj ndaej de. Laeuj Cauhcouh get lai, dingqnaeuz gyoengqde ngauzlaeuj seiz, aeu va mandozloz daeuj cuengq bak boemh, hawj laeuj supsou heiqdoeg de. Vihmaz baenzneix guh ne? Ndaw Binhcouh Hwngzcouh, miz aen haw Gujlazhih古辣圩, gwnz bya miz gaeuyw, raemx hix hab ngauzlaeuj, ndigah saek laeuj miz di nding, couhcinj raek de youq laj ndat byaij geij ngoenz, gij saek caeuq feihdauh de hix mbouj bienq. Danghnaeuz lij get, cix mbouj gaeuq ndei. Geij aen gin neix ranz beksingq fouqmiz dingzlai cungj ngauz laeujgeq, yo ndaej 10 bi, saek de bienq ndingfonx, hoeng feihdauh de mbouj bienq. Geij giz neix miz vunz youq henz roen gai laeujhau, youq cinggyangh engqgya hwnghengz, boux byaijroen yungh 14 maenz cienz cawx bingz laeuj hung ndeu caeuq raemxdang daeuhfouh, heuhguh laeuj daeuhfouh." Duenh geiqsij neix, cwngmingz aen seizgeiz neix youq mbanj Bouxcuengh, "bet sien gvaq haij, gag yienj bonjsaeh", goenggya ngauzlaeuj caeuq seivunz ngauzlaeuj caemh ndaej daengz haemq daih fazcanj, ngauzlaeuj gisuz hix miz cinbu hung, hawj vunz doeksaet. Laeuj goenggya dawz laeujsuilu youz Gvangjsih Saiswh ngauz de ceiq mizmingz. Suilu bonjlaiz dwg Hocouh ngauzbaenz, gij ngauzlaeuj fuengfap de cienzhaeuj Gveilinz, gingqyienz beij Hocouh ngauz ndaej engq ndei. Nanzsung Fan Cwngzda youq ndaw《Gveihaij Yizhwngz Ci》haenh naeuz:

"Ndaej daeuj Gveilinz, danghnaeuz gwn le laeujsuilu, cij roxnyinh daengz gij ndeicawq de liux, gij mingzdaeuz de youq Huzgvangj byawz cungj rox." Caemhcaiq nyinhnaeuz laeujsuilu mboujlwnh mingzdaeuz caeuq caetliengh cungj mauhgvaq dangseiz baekfueng Yenhsanh gij laeuj mizmingz "ginhlanz" de haujlai. Saehsaed, aeu laeujsuilu gyaeng ndaw bingz le ngauz de, rox miz hung、mbouj hung mbouj iq、iq sam caengz bopheiq, caemhcaiq laemxdaemh haemq nanz, gijneix dwg Gvangjsih gij laeujnaengj haemq caeux. Cojcoeng Bouxcuengh youq Sungdai gaenq naengzgaeuq swnghcanj laeujhau, Lij Sizcinh nyinhnaeuz Cungguek baekfueng daj Yenzcauz haidaeuz ngauzlaeuj, lotlaeng mbanj Bouxcuengh 400 lai bi, loet laeng Ginhcauz (1975 nienz gaujguj yozgyah youq Hozbwz Cwngzdwz oknamh dauq cauqngauz doengz guh duh Ginhcauz ndeu) ceiq noix aeu caeux 300 lai bi. Ciuhgeq gwn "laeujhoemz", aeu aenraeng dauq haeuj ganglaeuj, yienzhaeuh daek laeuj, laeuj yienznaeuz hoemz, hoeng mboujmiz ndwqlaeuj. Daengz Sungdai, okyienh gij laeujsanhvah couh dwg laeuj ngauz. Mizok laeujhau, wngqyungh le ngauzlaeuj gisuz, caemhcaiq haicauh le gij gaiqdawz ngauzlaeuj, dwg ngauzlaeuj gisuz cungj cung byoengq caeuq fazcanj hungnaek ndeu.

唐代和宋代，壮乡已酿出美名远扬的各种好酒。宋周去非的《岭外代答》中有"广右无酒禁。公私皆有美酝，以帅司瑞露为冠，风味蕴藉，以备道全美之君子，声震湖广。此酒本出贺州，今临贺酒乃远不逮。诸郡酒皆无足称。昭州酒颇能醉人，闻其造酒时，采曼陀罗花，置之瓮面，使酒收其毒气。此何理耶？宾、横之间，有古辣圩，山出藤药，而水亦宜酿，故酒色微红，虽以行烈日中数日，其色味宛然。若醇厚，则不足也。诸郡富民多酿老酒，可经十年，其色深沉赤黑，而味不坏。诸处道旁率沽白酒，在静江尤盛，行人以十四钱买一大白及豆腐羹，谓之豆腐酒"。这段记述，证明这个时期的壮乡，"八仙过海，各显神通"，公酿和私酿都获得了较大的发展，酿酒技术也取得令人瞩目的进步。公酿以广西帅司生产的瑞露酒最著名。瑞露原产贺州，其酿制方法传入桂林，竟青出于蓝而胜于蓝。南宋的范成大在《桂海虞衡志》中赞曰："得来桂林，如饮瑞露，乃尽之妙，声震湖广。"并认为瑞露不论名声和质量都大大超过当时北方燕山名酒"金蓝"。事实上，瑞露装瓶后摇动，会产生大、中、小3层气泡，而且持续时间较长，这是广西较早的蒸馏酒。壮族先民在宋时已能生产白酒，李时珍认为中国北方烧酒制作始于元朝，这比壮乡迟了400多年，比金朝（1975年考古学家在河北省承德地区出土的一套金朝铜制蒸酒锅）至少早300多年。古时饮"浊酒"，用竹筛套入酿酒缸中，然后取酒，酒虽混浊，但无酒糟。到宋时出现三花酒即蒸馏酒。白酒问世，应用了蒸馏技术，并创造了蒸馏设备，是酿酒技术的突破和重大发展。

Gij laeuj seivunz ngauz de, dawz gij laeuj Gujlaz aen haw Gujlaz gyang Binhcouh（Binhyangz Yen seizneix）caeuq Hwngzcouh（Hwngzyen seizneix）swnghcanj de ceiq ndei. Laeuj Gujlaz aeu raemxmboq ndaw haw ngauzbaenz. Ndaw《Gveihaij Yizhwngz Ci》naeuz："Rung mbouj hawj cug, aeu de haem lajnamh, caj seizgan gaeuq le vat okdaeuj, gij saek de miz di nding, feihdauh diemz, ndaej raek byaijroen gyae, couhcinj youq laj ndit byaij, gij saek caeuq feihdauh de hix mbouj bienq, vunz Nanzcouh yawj de guh bauj." Laeuj Gujlaz caeuq laeujsuilu ityiengh youq Sungdai gaenq gig mizmingz. Hoeng laeuj Gujlaz mbouj dwg laeujngauz, "rung mbouj hawj cug", couh dwg oemqfat baenz le mbouj naengj. "Haem youq lajnamh", couh dwg fungndaet le haem youq lajnamh, youq laj gij diuzgienh siengdoiq onjdingh de heuhguh laeujgeq roxnaeuz laeujsug.《Gvangjsih Dunghci》daih it it haj gienj ndawde yinxyungh le coenzvah vunz Sungdai Ciz Anhgoz "Hek laeuj Gujlaz fiz" neix. Laeuj Gujlaz cit hom mbouj get, saek、hom、feihdauh cungj ndei, haeuj bak sim angq, dangyienz rox "hawj hek fiz" lo.

私酿以宾州（今宾阳县）与横州（今横县）间的古辣圩生产的古辣酒最佳。古辣酒以圩中的泉水酿造。《桂海虞衡志辑佚校注》中云："既熟不煮，埋之地中，日足取出，色浅红味甘，可致远，虽行烈日中不致坏，南州珍之。"古辣酒与瑞露酒一样在宋代已十分著名。但古辣酒是非蒸馏酒，"既熟不煮"，即发酵成熟不蒸馏。"埋之地中"，即密封存于地下，在温度相对稳定的条件下陈酿或叫老熟。《广西通志》卷一一五中引有宋人徐安国"古辣觞客醉"之句。古辣酒度数低，甘醇不烈，余味悠长，色、香、味俱佳，进口悦人，当然会"客醉"了。

Gvanyangz laeuj haeuxcid hungzcauj dwg 1000 lai bi gaxgonq youq Gvangjsih Gvanyangz Yen ngauz baenz, de dwg laeujai, gvihaeuj laeujhenj, dwg aeu haeuxcid, makhungzcauj guh cujyau yienzliuh saeqsim ngauz baenz, dwg Gvanyangz Bouxcuengh gij gijgwn conzdungj mizmingz haenx. Daj ciuhgeq doxdaeuj, Gvanyangz Yen miz haujlai makhungzcauj, gaengawq mizgven swhliu geiqsij, caeux youq Sihhan Hanvwnzdi 12 bi (gunghyenzcenz 168 nienz) gaxgonq, Gvanyangz Yen couh miz makhungzcauj. Makhungzcauj Gvanyangz Yen caetliengh ndei, hamz miz haujlai dangz, danbwzciz, youz, gai, diet, linz caeuq veizswnghsu C, veizswnghsu B, veizswnghsu B_2 daengj yingzyangj vuzciz. Heiq de diemz, miz "ciengx beizheiq, fungfouq heiq dungx, doeng gouj congh, bangcoh cibngeih ginghloz, bouj heiq iq", "nyinh simbwt, yw ae, bouj dungxsaej, yw naiqnyieg, cawz heiqdoeg ndaw dungxsaej" daengj yunghcawq. Bouxcuengh Gvanyangz 1000 lai bi gaxgonq couh roxndeq aeu mak dingj haeux ngauzlaeuj, yienghneix dabdaengz gwn, yw, bouj sam yiengh cungj miz gij daegbied goeng'yauq neix. Cungj ngauzlaeuj gunghyi neix caeuq gij fuengfap bingzciengz mbouj doxdoengz. Leh haeuxcid moq daeuj, swiq saw ceh ndei, naengj cug. Mbe liengz, gya ndolaeuj gyaux yinz, gyaeng daengz ndaw gang, hawj de bienq baenz dangz oemqfat. Youq oemqfat gocwngz aeu laeujhau daengz ndaw ndwqlaeuj song baez: Baeznduj gya laeujhau moegdik de dwg vihliux gyangqdaemq oemqfat vwnhdu, baexmienx soemj lai, hawj laeuj diemz soemj habngamj; daihngeih baez gya laeujhau dwg vihliux diuzcingj doh laeuj, hawj de dabdaengz iugouz biucinj. Youq oemqfat cunggeiz aeu makcungzcauj cuengq haeuj bae, couh haeujdaengz oemqfat geizlaeng; doeklaeng bae doknap, daih saw, oemq de geij bi, ginggvaq saeqsim biengq ndei couh baenz lo. Cungj laeuj neix mbouj get, youh diemz youh hom, caiqlij miz raeuj dungx nyinh bwt bouj lwed yw naiq daengj goengnaengz dem, vunzlai cungj gyaez gwn. (Gaengawq 《Gvanyangz Yenci》 caeuq 《Cungguek Conzdungj Gijgwn Dacenz·Gvangjsih Conzdungj Sizbinj》swliu gaijsij, caemhcaiq gamqdingh gij nienzdaih de)

灌阳红枣糯米酒于1000多年前的宋代，产于广西灌阳县，它属黄酒类甜酒，是以糯米、红枣为主要原料精心酿制而成，是灌阳壮族人著名的传统食品。自古以来，灌阳县就盛产红枣，据有关资料记载，早在西汉汉文帝十二年（公元前168年）前，灌阳县就特产红枣。灌阳红枣品质优异，富含糖分、蛋白质、脂肪、钙、铁、磷和维生素C、维生素B、维生素B₂等营养物质。它气味甘平，具有"养脾气、丰胃气、通九窍、助十二经、补小气"及"润心肺、止咳、补五脏、治虚损、除肠胃癖气"等功用。灌阳壮族人1000多年前就知道以果代粮酿酒，以达到饮、疗、补三者兼及的奇特效果。这种酒酿造工艺不同于其他常法。选用新鲜的糯米，经淘洗浸泡后，蒸煮成饭。摊凉，加入白曲拌匀，置于缸中，进行糖化发酵。在发酵的酒醅中分两次加入米烧酒：第一次加米烧酒的目的是为了降低发酵温度，避免酸度过大，以使酒甜酸适度；第二次加米烧酒是为了调整酒度，以达到标准要求。在发酵的中期投入红枣，即进入后期发酵；最后进行压榨、澄清、陈酿，经精心勾兑即成。这种酒酒度低，甜绵香醇，并具有开胃、健脑、润肺、益血、补五脏、止咳、治虚损等功用，

深受人们青睐。（据《灌阳县志》和《中国传统食品大全·广西传统食品》资料改写，并鉴定其年代）

Linghvaih, mbanj Bouxcuengh lij miz cungj laeuj mizmingz ndeu heuhguh "laeujgeq", hix mbouj dwg laeujhau, aeu meg caeuq ndolaeuj doxgyaux bae oemq, fung ndaet yo ndei, gvaq geij bi hix mbouj vaih. Bouxcuengh aeu laeujgeq guh bauj, miz hekgviq daeuj, cix aeu laeujgeq daeuj daihhek angq hek, aeubawx hix aeu laeujgeq guh laex laux. Yaek ngauz laeuj ndei itbuen aeu bwhmiz 3 aen diuzgienh: It dwg yienzliuh（baugvat doenghgohaeux caeuq raemx）aeu ndei; ngeih dwg ndolaeuj hawj gij dangzvaliz caeuq oemqfatnaengzlig aeu ak; sam dwg ngauzlaeuj gisuz aeu ndei. Bouxcuengh gij ngauzlaeuj gisuz ndei, gyoengqde rox daengx dauq ngauzlaeuj gisuz caeuq yaulingj yienghneix de: "Haeux liuh aeu caezcienz, ndolaeuj aeu gibseiz, swiq doenghgohaeux aeu saw, raemx aeu hom, aen gyaeng aeu ndei, feiz aeu rengz, caemh yungh roek cungj doxgaiq……yiengh yiengh cungj ndei liux."（《Lijgi · Nyied Lingh Cungq Doeng》）"Roek cungj saehfaed", couh dwg youq doengceiq gaxgonq aeu yawhbwh ndei yienzliuh（haeuxgok、megmax daengj）; aeu gibseiz bae caux ndolaeuj caeuq ganq ngazhaeux daengj gij dangzva fazgyauci haenx; ceh liuh seiz doenghgohaeux aeu swiq seuq; gij raemx naengj liuh de aeu seuq; gij raemx aeu daeuj ngauzlaeuj de itdingh aeu seuqset mbouj haeu; doengh aen dajcang luemj, mbouj laeuh caetliengh ndei; dangzva oemqfat aeu baujraeuj. "Roek cungj saehfaed" neix fukhab gij gvilwd caeuq iugouz ngauzlaeuj veizswnghvuz sengmaj caeuq swnghvameiz cozyung, dwg gohyoz de. Daengz ngoenzneix, laeujsanhvah Gveilinz caeuq laeujsienghsanh Cenzcouh youq seiz ngauzlaeuj de vanzlij ciuqei caeuq ciuq yungh. Ciuhgeq cojcoeng Bouxcuengh yienznaeuz mbouj liujgaij gij gihlij ngauzlaeuj swnghva, hoeng gyoengqde gaenq roxndeq ngauzlaeuj roek aen yausu caemhcaiq wngqyungh daengz sizcenj, gijneix gig nanzndaej. Caeuq caemh aen nienzdaih seiqgyaiq gak aen minzcuz gij ngauzlaeuj gisuz de doxbeij, Bouxcuengh gag miz daegdiemj bonjfaenh caeuq giz senhcin de. Ciuhgeq Cunghdungh daengj dieg, gij ngauzlaeuj gisuz vunz gizhaenx mboujmiz banhfap caeuq "roek cungj saehfaed" doxbeij. Aenvih, "roek cungj saehfaed" dwg hot gaeu hot, hot hot dox gaeu ndaet liux, dwg dauq ngauzlaeuj gunghyi haemq caezcingj ndeu.

此外，壮乡还有一种名酒叫"老酒"，也是非蒸馏酒，以麦曲酿造，密封藏之，可数年不坏。壮族人视老酒为贵重，有贵客至则设老酒以示勤，婚娶亦以老酒为厚。要酿好酒通常要具备3个条件：一是原料（包括谷物和水）要好；二是曲的糖化力和发酵力要强；三是酿技要精。壮族人酿技很高，他们掌握了"秫稻必齐，曲蘖必时，湛（炽）必洁，水泉必香，陶器必良，火齐必得，兼用六物……无有差货"（《礼记·月令仲冬》）的一整套酿酒技术和要领。这"六物"，就是冬至前酿酒的原料（稻谷、高粱等）要准备好；制曲和焙制谷芽等糖化发酵剂要及时进行；浸料时谷物要淘洗干净；蒸料用水要洁净；酿酒用的水必须清澈透明无臭味；用的陶质容器要光滑，无漏质地好；糖化发酵要保温。这"六物"符合酿酒微生物生长和生化酶作用的规律和要求，是科学的。至今，桂林三花酒和全州湘山酒在酿酒中仍在遵循和沿用。古代壮族先民虽然不了解酿酒生化的机理，可是他们已掌握酿酒六要素并应用于实践，这是难能可贵的。与同时代的世界各民族的酿技相比，壮族人具有其独特和先进的地方。古时中东等地方的人的酿酒技术无法与"六物"相比。因为，"六物"是一环扣一环，环环扣紧，是一套较完整的制酒工艺。

Aen seizgeiz neix cojcoeng Bouxcuengh gaenq roxndeq gij gvanhaeh yienzliuh caeuq ngauzlaeuj. 《Cenzcouh Yenci》 ndawde nyinhnaeuz "ndaem haeuxciem caeuq haeuxcid, haeuxciem gwn, haeuxcid guh laeuj." Ndaw 《Gveihaij Yizhwngz Ci Cizyi Gyaucu》 naeuz："Aenvih ndaw dieg（saiswh）miz sojcingj、gucingj, raemxcingj gyoetcaep……Guen caeuq beksingq aeu daeuj rung caz, danghnaeuz aeu daeuj ngauzlaeuj, wngdang ndaej caeuq laeujsuilu doxbeij." Gizneix mingzbeg ceijok le gij eiqngeih youqgaenj haeuxcid caeuq raemxmboq dangguh yienzliuh ngauzlaeuj haenx, dwg gij yinhsu gvanhgen ngauz ok laeuj ndei de, cobouh nyinhrox daengz hab liengh gailizswj doiq ngauzlaeuj veizswnghvuz miz giklix caeuq baujhoh cozyung, couh dwg vunzlai sojgangj gij dauhleix "raemx dwg lwed laeuj", "mboq ndei ok laeuj ndei" haenx. Bouxcuengh youq ciengzgeiz ngauzlaeuj sizcenj ndawde, daj cungjgez daezsang daengz haemq haeujlaeg nyinhrox de gij fanjcozyung de doiq sizcenj haenx, yienghneix daihdaih coicaenh le ngauzlaeuj hangznieb cinbu caeuq fazcanj.

这个时期的壮族先民已懂得原料与酿酒的关系。《全州县志》中认为"种籼与糯，籼以为饭，糯以为酒"。而《桂海虞衡志辑佚校注》中称："由于署内（即帅司）有所井、库井，泉皆薄冽……官民取之以瀹茶，若以酿酒，当亦与瑞露并赛争先。"这里明确指出了糯米与泉水作为酿酒原料的重要意义，是酿出好酒的关键因素，初步认识到适量钙离子对酿酒微生物的激活和保护作用，即人们所说的"水是酒之血"，"名泉出佳酿"的道理。壮族人在长期的酿酒生产实践中，从总结提高到较深层次地认识其对实践的反作用，从而大大地促进了酿酒业的进步和发展。

Cigndaej daezdaengz de dwg, Bouxcuengh beksingq ceiq gyaez gwn cungj yinjliu ndeu——laeujvan, Sawcuengh moq dwg "laeujvan". Cungj laeuj neix lizsij gyaeraez, Dangzdai 《Lingjbyauj Luz Yi》 ndawde heuh de guh laeujsaw roxnaeuz laeujraemx, dwg ceij gij laeuj mbouj ginggvaq naengj haenx. Aeu haeuxcid guh yienzliuh, naengj cug、gya ndolaeuj、hawj de baenz dangz oemqfat, ngauzlaeuj gunghyi caeuq laeujhenj doxlumj. Laeujvan, aenvih saimbwk lauxiq cungj gwn ndaej, ndigah youq mbanj Bouxcuengh, ca mbouj geij ranzranz cungj miz. Caiq gangj naeuz mehnaenghndwen, gyaeqgaeq laeujvan engqgya noix mbouj ndaej. Mbanj Bouxcuengh lij miz cungj laeujvan cienmonz aeu haeuxcid fonx ngauz baenz ndeu, "youq gyang haw cawx", "bouj ndang dem heiq", dwg doxgaiq daih bouj.

值得一提的是，壮族民众最喜欢的饮料——甜酒，新壮文为"laeujvan"（读"篓玩"的近音）。此酒历史久远，唐代的《岭表录异》中称其为清酒或水酒，指不经过蒸馏的酒。以糯米为原料，蒸熟、加曲、糖化发酵并行，酿造工艺与黄酒相似。甜酒，由于男女老少皆宜，所以在壮乡，几乎家家都备有。至于坐月产妇，鸡蛋甜酒更是少不得的。壮乡还有一种专门用黑糯米酿成的甜酒，"酤于市"，"补中益气"，是为大补之物。

Sam. Yenz Mingz Cingh Seizgeiz
三、元明清时期

Dieg Bouxcuengh gaenriengz ngauzlaeuj gisuz bujgiz、daezsang caeuq fazcanj, cawzliux okyienh laeujsuilu、laeujgujlaz caeuq laeujgeq daengj laeuj ndei caixvaih, Yenz Mingz Cingh gvaqlaeng, mbanj Bouxcuengh gak dieg lij lienzdaemh swnghcanj le laeujvan、laeujmak caeuq laeuj doenghgo doenghduz daengj miz deihfueng daegsaek de, cwkrom le cungj ngauzlaeuj gisuz doxwngq, hawj laeuj mbanj Bouxcuengh lai cungj lai yiengh.

壮族地区随着酿酒技术的普及、提高和发展,除了出现瑞露酒、古辣酒和老酒等佳酿外,元明清以后,壮乡各地还陆续生产了具有地方特色的甜酒、果酒和动植物酒,积累了相应的酿酒技术,使壮乡酒园繁花似锦。

Laeujsanhlanz Gujyangz（couh dwg laeujhungzlanz Dwzswng seizneix）, dwg laeuj Gvangjsih Yizsanh dieg Dwzswng, daj Yenzcauz Dadwz 4 bi（1300 nienz）haidaeuz ngauz baenz. Bouxcuengh aeu haeuxsan、haeuxcid caeuq go'gyaemq guh yienzliuh, aeu gij laeujai sangdoh ngauz ndei de guh daej laeuj gonq, yungh cauqdiet cauj go'gyaemq, aeu haeuxcid cauxbaenz ndwqlaeuj, dawz gij go'gyaemq gyagoeng ndei haenx caeuq gij laeujai sangdoh ciuq itdingh beijlaeh ndij ndwqlaeuj caemh ceh, gvaq 1~3 bi, daek caengz laeuj saw baihgwnz de okdaeuj, caiq daih nyaq ok, caeuq laeujsaw doxbiengq baenz laeuj. Laeujsanhlanz Gujyangz saek de ndinglamz, ndongqsaw, miz heiqhom go'gyaemq caueq heiq laeuj, gwn bae sangjvan, gag miz gij funghgwz bonjfaenh, laeuj mbouj get, gvihaeuj gij laeujhaeuxcid ciepgaenh laeujhenj haenx, hoeng ngauzlaeuj gisuz youh ndij laeujhenj mbouj doxlumj. Go'gyaemq mbanj Bouxcuengh, cohsaw heuhguh maeseinding, youh heuhguh sanhlanz, gvihaeuj doenghgo cozcangzgoh, miz liengz lwed、daengx lwed、hawj baksieng ndei riuz daengj cozyungh, gwn le yw ndaej lauzbingh ae lwed, aeu nu gizin yw ndaej infoeg、daengx lwed daengj. Laeujhungzlanz hamzmiz cungj "hungzlanzsu" bonjndang daegmiz ndeu, dwg gij yingzyangj hungzhezgiuz ndaw ndang vunz aeuyungh de, liglaiz Bouxcuengh gingciengz aeu cungj laeuj neix daeuj yw foegfouz caeuq lwedhaw, yauqgoj gig mingzyienj. Laeujsanhlanz Gujyangz yo ndaej nanz le saek laeuj youz ndongqsaw bienq fonx, yawj daeuj gig yakyawj, gijneix cujyau caeuq aen cauqdiet aeu daeuj gyagoeng nyahungzlanzcauj mizgven, dwg diet caeuq ndaw nyahungzlanzcauj ndawde gij danhningz fatseng cozyungh roxnaeuz danhningz yangjva cauhbaenz.

古阳山兰酒（即今德胜红兰酒）,源于广西宜山德胜地区,始于元朝大德四年（1300年）。壮族人以大米、大糯米和红蓝草为原料,用先酿好的高度小曲酒作为底酒,用铁锅把红蓝草炒热加工,用大糯米制成酒酿,把加工好的红蓝草和高度小曲酒按一定比例与酒酿一起浸泡,经1~3年,取上清酒液,再把渣过滤,与清酒液一起勾兑成酒。古阳山蓝酒呈红蓝色,清亮透明有光泽,有红蓝草及酒的特有醇香,入口清爽醇甜,风格独特,酒度不高,属于仿黄酒类的糯米酒,但酿技又别于黄酒。壮乡红蓝草,学名红丝线,又名山蓝,属爵床科植物,具有凉血、止血、散瘀、消肿、止

痛等作用，内服能治疗肺结核咳血，外敷能治疗跌打肿痛、外伤出血等症。红蓝酒含有一种独特的
"红蓝素"，是人体红血球所需要的养分，历来壮族人多以此酒治疗浮肿和贫血症，疗效显著。古
阳山蓝酒长期贮藏后酒色由清亮变成暗黑色，外观欠佳，主要与加工红蓝草时所用的铁锅有关，是
铁与红蓝草中的单宁作用或单宁氧化后所致。

Laeujlingzcih, mboengqbyai Yenzcauz、Mingzcauz cogeiz（1360～1375 nienz）, Gvangjsih
Sihlinz、Lungzlinz、Nazboh Bouxcuengh caeuq gizyawz beixnuengx minzcuz gaenq miz cungj
sibgvenq ra lingzcih daeuj ceh laeuj de. Haidaeuz, Bouxcuengh aeu bujdungh laeujhau daengj
ceh, doeklaeng, fatyienh gij laeuj gaij aeu haeuxcid caeuq lingzcih ngauz baenz de engq ndei
gwn, dajneix hwnj couh hwnghengz aeu haeuxcid caeuq lingzcih daeuj ngauzlaeuj caiqlij cienz
daengz ciuhlaeng. Cungj laeuj neix saek de ndaemhenj, ndongqsaw, youh hom youh sangjbak,
funghvei daegbied. Gingciengz gwn, vunz yaek souhlaux.

灵芝酒，元末明初（1360～1375年），广西西林、隆林、那坡的壮族和其他兄弟民族已有采集
灵芝用以泡酒的习惯。开始，壮族人以普通米酒浸泡，后来，发现改用糯米与灵芝酿制的酒风味更
佳，从此盛行酿制灵芝糯米酒并沿袭至后世。此酒呈褐黄色，清亮透明有光泽，芬香芳郁，口感甘
醇，落喉爽净，风味独特。常服，能延年益寿。

Laeujsamngwz, miz gij yunghcawq sawj vunz gengangh maengh'ak. Ciuhgeq bwzyez
minzcuz aeu duz ndaw raemx guh cujyau fusiz swhyenz. Youq Lingjnanz, cawzliux suijcanj,
dij raet mak、ngwz nuem、nyaen roeg daengj, cungj dwg byaek cojcoeng Bouxcuengh. Mbei
ngwz, engq dwg gij huq ligdaih cunghyangh vangzcauz yiengq Bouxcuengh gyangzci cwngsou
haenx. Gyagoeng caeuq cunghab leihyungh mbei ngwz gij ywyungh gyaciz de, couh baenz le gij
cienleih Bouxcuengh, Ndawde, cawz caux laeujngwz ceiq mizmingz, dwg mbanj Bouxcuengh
cungj gijgwn fungsug conzdungj haenx. Laeujsamngwz aeu ngwzfaenzhab、ngwzgapdan caeuq
ngwzbonghsaux guh cujyau yienzliuh. Bouxcuengh gajdai duzngwz, cawz dungxsaej ok, cuengq
youq ndaw gang gya laeujhau ceh 2 bi doxhwnj, ndawde, ginggvaq "seiq aeu seiq ceh ",
caenhliengh ceh ok gij cwngzfwn mizyungh de, caiq caem saw、daih、biengq ndei、yo nanz
song baez cix baenz. Cungj laeuj neix henj、hom、miz di haeusing、sangjbak, dwg mbanj
Bouxcuengh ndawbiengz gij yw ndei yw fungheiq、ndangrag、ndok in caeuq foegfouz haenx.
Nanzningz、Vuzcouh cungj miz laeujsamngwz, ndawde dawz laeujsamngwz Vuzcouh haemq
mizmingz.

三蛇酒，有驱风祛湿、活血养颜、舒筋活络、强身健骨的功用。古代百越民族以水产为主要副
食资源。在岭南地区，除水产外，山林中的菌果、蝉蛇、禽兽，都是壮族先民的美味佳肴。蛇胆，
更是历代中央王朝对壮族人强要的贡品。加工和综合利用蛇的药物价值，就成了壮家人的专利，其
中，以泡制蛇酒最为出名，是壮乡的传统吃俗。三蛇酒以吹风蛇、金环蛇、过树龙蛇为主要原料。
壮族人把蛇宰杀和去除内脏后，置缸中加米烧酒浸泡2年以上，当中，经"四取四浸"，以尽量浸取
出其有用成分，再两经澄清、过滤、勾兑、陈酿而成。此酒浅黄、香馥、微腥、净爽，是壮乡民间

治疗风湿、半身不遂、骨节疼痛和浮肿的良药。南宁、梧州都有三蛇酒面世，其中以梧州三蛇酒较为驰名。

Laeujvangzcingh黄精，yw ndaej hawnyieg、leih cingh、bouj lwed，dwg laeujyw bouj. Vangzcingh，gvihaeuj bwzhozgoh，dwg gij caujbwnj seng lai bi de，seng youq laj gofaex gwnz bya，rag de baenz ndaek bi ndeu maj raez dot ndeu，hingzcang de luenz roxnaeuz fueng，naeng henjhau，noh de fonx，hamz dangzfaen gig lai，feihdauh de van，yienzlaiz dwg mbanj Bouxcuengh ndawbiengz gij ywbouj yw beizheiq naiqnyieg、bwt haw ae、hawj vunz cangq haenx，daj Yinznanz Vwnzsanh daengz Gveibwz diegbya cungj miz，hoeng gij seng youq Gvangjsih Vangzyauz de ceiq ndei. Gij gunghyi de dwg swiq seuq vangzcingh，cuengq ndaw rek rung ngoenz ndeu，vax okdaeuj dak hawq dak rauj di，dauq cuengq daengz ndaw rae naengj，naengj gouj baez dak gouj baez，heuhguh gij vangzcingh naengj gouj baez. Yienzhaeuh，aeu faenh vangzcingh ndeu、10 faenh laeujhau cuengq youq ndaw gang，ceh 3 ndwen doxhwnj，daek caengz saw baihgwnz de daih ndei couh baenz. Laeujvangzcingh saek de henj、ronghcingx，miz gij heiqhom daegmiz vangzcingh caeuq laeuj doxcab haenx，van didi，feihdauh naek cingq. Moixbi daengz seiz sou vangzcingh de，mbanj Bouxcuengh gak cuz yinzminz aeu laeujvangzcingh doxsoengq，gingqhoh fungsou.

黄精酒，能治虚损、益精、补血，是滋补类药酒。黄精，属百合科，多年生草本植物，野生于山坡树木之下，其根茎薯块 年长 ·节，方圆形，皮黄白色，肉黑褐色，富含糖分，食之味甜，原是壮乡民间主治脾胃虚弱、肺虚咳嗽、消渴益身的补药，从云南文山到桂北山区都有产出，但以广西黄姚为上乘。其工艺是将黄精洗净，置于锅中水煮1天，捞起沥干，晒至稍干，再放到甑内蒸，九蒸九晒，称为九制黄精。尔后，取1份黄精、烧酒10份置于缸中，浸泡3个月以上，取上清液过滤即成。黄精酒深黄色、透明，有黄精及醇的特有芳香，口感微甘，味厚而正。每年黄精收获季节，壮乡各族人民取陈酿黄精酒互相馈赠，庆贺丰收。

Laeujaekex蛤蚧，Cangh Swh youq ndaw《Youz Baeg Cab Loeg》geiqsij："Vunz Lingjnanz gyaez gwn ngwz，gaijcoh de guh mauzsan，caujcungh heuhguh mauzyah，duznou heuhguh loegranz，gungqsou heuhguh aekex，cienzbouh dwg gij bingzciengz gwn de." Gizneix，Cangh Swh yienznaeuz miz di luenhan，hoeng dieg Bouxcuengh miz aekex cungj doenghduz neix dahraix，aenvih de gyanghaet banhaemh cungj fatok cungj sing'yaem neix，ndigah Bouxcuengh baenzneix heuh de. De ndang raez daih'iek 20 lizmij、gyaeuj baenz sanhgozhingz、hangz doed luenz，lwgda doed'ok，daengx ndang git iq rim liux，baihlaeng baenz naed gig mingzyenj，rieng caeuq ndang raez doxlumj，rieng de yungzheih gat，gat le rox dauq seng，gyaez youq giz hawq giz raeuj，itbuen youq gyang rin laj dat，gwn non iq，de baenz doxgaiqbouj caeuq baenz yw，dwg gij yingzyangjbinj cangq ndang boujndang haenx. Gij laeujaekex aeu duzlix daeuj ceh haenx miz gij goengnaengz bouj iu、bouj lwed caeuq yw funghsizbing de. Ndawde，Cingsih Yen ranz Bouxcuengh gij laeujaekex haj rib de，youq Cinghdai Genzlungz 34 bi（1769 nienz）gonqlaeng swnghcanj.《Gveihsun Cizlicouh Ci》 geiqsij："Dieg Huzyun miz duzaekex lai, gizwnq lai youq gwnz byarin, gizneix miz ciengz miz dat, caemhcaiq gij duz gizwnq dandan miz seiq rib, dandan gizneix miz haj rib." Gizyawz sawyw caemh geiqsij doxlumj：Gangjnaeuz fanzdwg duz aekex seng haj rib caeuq duz gizwnq mbouj doengz de, dwg gij ywbouj ceiq ndei, rieng de ceiq ndei. Bouxcuengh Cingsih gajdai aekex, vat song da okbae, cawz bae uk de caeuq dungxsaej, aeu baengz uet seuq lwed de, ce rieng, ciuq 1 : 5 beijlaeh gya laeuj, cuengq youq ndaw gang fung ndaet ceh 5 ndwen doxhwnj, daek caengz laeuj saw daeuj gwn couh ndaej. Cungj laeuj neix saek de miz di henj, heiq hom, miz di haeusing, feihdauh hawj vunz gyaez, dwg laeuj ndei, Bouxcuengh aen yen haenx gyaez gag gwn, roxnaeuz dangguh laexnaek soengq vunz.

　　蛤蚧酒，张师正在《倦游杂录》中写道："岭南人好啖蛇，易其名曰茅鳝，草螽曰茅虾，鼠曰家鹿，虾蟆曰蛤蚧，皆常所食者。"这里，张氏虽然有些乱套，但壮族地区确实有蛤蚧这种动物，因为它早晚发出这种叫声，所以壮家人以此命名之。它体长约20厘米，头呈三角形，吻端凸圆，眼大突出，全身密生细鳞，背部有明显疣粒，尾长与体长相等，尾巴易断，断后可再生，喜居于温暖干燥的陡峭石山隙中，以小虫为食，可作补品和药用，是很好的健身强肾和清补的营养品。生浸的蛤蚧酒有滋阴补肾、补血养颜和治疗风湿的功能。其中，靖西县壮家五爪蛤蚧酒，产生于清代乾隆三十四年（1769年）前后。《归顺直隶州志》中记载："蛤蚧湖润所出甚多，他处多在山岩，此地墙壁皆有，且其他只有四爪，兹独有五。"其他医书有类似记载：称蛤蚧凡脚生五航与别处不同者，最为补药上品，其功在尾。靖西壮族人将蛤蚧宰杀，挖去眼睛，除去脑浆和内脏，用布擦净血污，存其尾，按1：5加米烧酒，置于缸中密封浸泡5个月以上，取其清酒液即成。此酒呈浅黄色，香醇微腥，滋味可人，是该县壮族人自饮或作馈赠之佳品。

Seiq. Minzgoz Seizgeiz

四、民国时期

　　Minzgoz geizgan, gij yienzliuh ngauzlaeuj Bouxcuengh laebdaeb youz haeuxgwn cienjyiengq haifat doenghgo cwx, aeu mak cwx dingjlawh haeuxgwn ngauzlaeuj：Caemhcaiq, couhcinj dwg "haeuxgwn", hix menhmenh aeu cabliengz daeuj dingjlawh haeuxhau, baugvat lwggva、lwgmaenz、maenzfaex daengj. Gijneix cawzliux hawj gak cungj swhyenz ndaej hableix sawjyungh, doengzseiz hix cwngmingz le ngauzlaeuj gunghyi gisuz ndaej daengz cinbu caeuq fazcanj. Lumj《Funingz Yenci》 aen banjbonj moq ceijok：Minzgoz geizgan Bouxcuengh aen yen haenx aeu haeuxhau、haeuxyangz、lwgmaenz、maenzfaex、megmax、gyoij、makdauz、makleiz、bwzbu百部、makvengj、nyaqoij daengj guh yienzliuh, ngauz baenz laeujhau caeuq laeujvan. Laeujhau aeu rae roxnaeuz rek naengj, 20 doh baedauq, heuhguh "mauzdaiz doj", bingzciengz moix ranz moixbi daih'iek gwn bae 50 gaen, ranz miz bouxgeq cix gingciengz bwhmiz 100 lai gaen, heuhguh "laeuj souh". Ndawde, laeujbwzbu（mak cwx）vanzlij baenz yw ae.

　　民国期间，壮族人民的酿酒原料继续由粮食向野生植物开发，以野生植物的果实替代粮食酿酒；而且，即使是"粮食"，也由大米向杂粮方面拓展，包括南瓜、红薯、木薯等。这除了使资源做到物尽其用外，同时也有力地证明了酿酒工艺技术的进步和成熟。如新版的云南《富宁县志》指出：民国期间该县壮族人可以用大米、包谷、红薯、木薯、高粱、芭蕉、荬桃、沙梨、百部、金樱子、蔗渣等为原料，酿制白酒和甜酒。白酒用甑或锅蒸，20度左右，俗称"土茅台"，常年每户大约消耗25千克，有老人的家庭则常备50余千克，称为"寿酒"。其中，百部（野果）酒还可治咳。

Daj ciuhgeq daengz ngoenzneix, laeuj itcig dwg gij yinjliu Bouxcuengh beksingq gvaq saedceij noix mbouj ndaej haenx, ndigah, mbanj Bouxcuengh ngauzlaeuj hangznieb fazcanj gig riuz, vasaek binjcungj lai, miz laeujhau、laeujvan、laeujmak caeuq laeuj doenghgo doenghduz（couh dwg luciuj）, ngauzlaeuj gisuz hix mboujduenh cinbu caemhcaiq yied daeuj yied ndei. Haujlai gij diengzhoeng guh laeuj gai caeuq gij bingj ngauzlaeuj de okyienh, gikcoi le mbanj Bouxcuengh ngauzlaeuj hangznieb ndaej daengz bonghyat fazcanj baenaj. Dajneix gvaqlaeng, Bouxcuengh caeuq Bouxgun ndij gak beixnuengx minzcuz caemh youq de itheij haifat le gij laeujsamva Gveilinz mijyanghhingz、laeujsienghsanh Cenzcouh daengj cungj laeuj miz mingz neix. Ndawde, laeujsamva Gveilinz ronghcingx fouz saek, hom saw, ndei gwn sangjbak, deng heuhguh Gveilinz sam bauj ndawde de yiengh ndeu, vih aen Gveilinz byaraemx lajmbwn daih'it ndei haenx dem yiengh ndei ndeu. Laeujsienghsanh Cenzcouh fouz saek ronghcingx, ndei gwn raixcaix, baenz guek raeuz cungj laeuj ndei ndeu.

自古至今，酒一直是壮族人民生活中不可缺少的饮料，因此，壮乡酒业发展迅速，花色品种很多，有白酒、甜酒、果酒和动植物酒（即露酒），酿酒技术也不断进步并臻于完善。许多商品酒作坊和造酒饼的出现，刺激了壮乡酒业的大踏步地前进。此后，壮族人和汉族人，以及聚居在一起的各兄弟民族共同开发了米香型的桂林三花酒、全州湘山酒等名酒。其中，桂林三花酒无色透明，蜜香清雅，入口柔绵，落口爽净，回味香醇，被誉为桂林三宝之一，为山水甲天下的桂林增添了光彩。全州湘山酒无色，晶亮透明，蜜香清雅，芬芳甘冽，入口醇甜，落口纯净，成为我国小曲酒中的后起之秀。

Daihhaj Ciet   Gij Gisuz Ceiqcauh Gyuhaij
第五节   海盐的制造技术

Lingjnanz cojcoeng Bouxcuengh youq henzhaij, gij gihgou caux caeuq daehyinh、gai、guenjleix gyuhaij de caeux couh miz lo. Lumjbaenz Hangingjdi Cunghyenz 2 bi（gunghyenz cenz 148 nienz）, Haijnanzgin Banhyiz caeuq Canghvuzgin Gauhyau gaenq laeb aen guenvih guenjleix gyu de. Dangz Sung seizgeiz, gij dieg dak gyu mbanj Bouxcuengh gaenq daj doeng yiengq sae gyagvangq, swnghcanj gveihmoz gyadaih le, caux gyu gunghyi hix ngoenz beij ngoenz ndei. Mingzcauz Hungzvuj 2 bi（1369 nienz）, Cuh Yenzcangh aeu giz dieghaij bonjlaiz gvihaeuj Gvangjsih de veh hawj Gvangjdungh le，dieg Bouxcuengh cij bienqbaenz aen swngj "neiluz" ndeu，liz hamqhaij gyae，gyaudoeng mbouj fuengbienh，mboujmiz haij mbouj miz gyu. Gyahwnj Mingzcauz 270 lai bi geizgan，baihdoeng Gvangjsih gingciengz hoenxciengq（dandan miz 10 lai bi mbouj hoenxciengq），daeh gyu gig nanz，cauhbaenz diegbya henz Yinznanz、Gvangjsih de ciengzgeiz gyu mbouj doh gwn. Miz mbangj dieg，engqlij miz gij yensieng aeu daeuh caeuq gij namh hamz gyu haenx daeuj daezaeu gyu gwn. Couhcinj dwg giz miz gyuhaij gunghawj de，gyagwz hix mbouj hableix. Lumj Yinznanz《Funingz Yenci》aen banjbonj moq naeuz：Cinghcauz Genzlungz 19 bi（1754 nienz），Bouxcuengh beksingq Bozai aeu doengz bae vuenh gyu，1 goenggaen denhdungz cij vuenh ndaej 17 goenggaen gyusan. Youh lumj Gvanghsi 20 bi（1894 nienz），Gvangjsih Lungzswng Yen Lungzciz Yangh Bouxcuengh aeu yungh 10 gaem haeuxfwngz（daih'iek miz 4 goenggaen haeuxgok）cij vuenh ndaej gaen gyu ndeu. Caemhcaiq doenghgij gyu neix cienzbouh dwg "gyusan". Doengciengz，dieg Bouxcuengh cungj aeu gij gyuhaij dak baenz naed hung de heuhguh "gyusan". Beksingq cawx gyusan dauqbae，aeu gya raemx hawj de vaq，yienzhaeuh dawz sa okbae，caemhcaiq aeu rekdiet rung bae "gyusug"，cij gwn ndaej. Haujlai ranz gungzhoj de，mbouj ndaej mbouj cigsoh aeu raemxgyu rung byaek.

岭南壮族先民临海而居，对海盐的制取和运输销售管理机构早已有之。如汉景帝中元二年（前148年），南海郡番禺和苍梧郡高要已设盐官。唐宋期间，壮乡的盐场已从东往西扩展，生产规模扩大了，制盐工艺也日臻成熟。明洪武二年（1369年），朱元璋把属于广西的海域划归广东以后，壮族地区才变成了"内陆"省份，远离海岸，交通不便，无海无盐。加上明朝270多年间，桂东战火频起（不受战争殃及的时间仅有十来年），盐运艰难，致使壮族聚居的云桂边大山区，长期供盐不足。有些地方，甚至出现了利用植物灰分或含盐地层提取食用盐的现象。即使是有海盐供应的地方，价格也很不合理。如新版云南《富宁县志》中称：清乾隆十九年（1754年），剥隘壮民以铜换盐，1千克滇铜只得生盐17千克。又如光绪二十年（1894年），广西龙胜县龙脊乡的壮民需用10把秆草禾（有谷4千克左右）才能换得500克盐。而且这些盐都是"生盐"。通常，壮族地区都把大颗晒制的结晶海盐称为"生盐"。老百姓把生盐购买回去以后，需自行溶滤去沙，并用铁锅煮成"锅巴盐"，才可供食用。许多贫困户，只好直接以盐水煮菜。

Lingjnanz bonjlaiz dwg diegcoj cojcoeng Bouxcuengh，gyawj haij. Cinz Han gvaqlaeng，baekfueng moixbaez hoenxciengq，cungj cauhbaenz vunz baekfueng senj daeuj namzfueng，Lingjnanz dieg Bouxcuengh cengdi baenz le giz ndoj cainanh de. Ginggvaq ciengzgeiz Bouxcuengh Bouxgun cabyouq，cungqvunz caemh gvaq saedceij，yungzhab doxyouq. Sung Yenz gvaqlaeng，Gvangjdungh gizdieg Bouxcuengh faenbouh de gya riuz yungzhab；haeujdaengz Mingz Cingh，cungj yienhsiengq neix laebdaeb doicaenh daengz dieg baihdoeng Gvangjsih. Minzcuz yungzhab，hawj dieg Bouxcuengh cugciemh sukiq，dieg cungsim Bouxcuengh comzyouq de "senj" yiengq baihsae，gyahwnj Mingzdai Cuh Yenzcangh hwnjdaiz le，aeu hamqhaij Lingjnanz cienzbouh veh hawj Gvangjdungh gvanjyaz，cij hawj dieg Bouxcuengh faenbouh seizneix cingq sukiq haenx bienq ndaej "fouz haij fouz gyu". Ndigah，damqdauj Bouxcuengh gij "dajcauh gyuhaij gisuz" neix seiz, couh okyienh le gij vwndiz aeu lizsij veh baenz duenh de, baugvat youq seizlawz gapbaenz dieg yungzhab daengj. Gig mingzyenj, gijneix mboujdwg gij saeh baenzde yungzheih ndaej ok gezlun haenx. Cojcoeng Bouxcuengh seiqdaih cungj youq Lingjnanz henzhaij gvaq saedceij, doenghgij nazgyu gyoengqde hai gvaq de, yiennaeuz ginglig hauj nanz ndwenngoenz, hoeng gij caux gyu gunghyi gisuz de cauh'ok haenx, caeuq cungjcungj gij cingzcik de doiq fazcanj gyuhaij swnghcanj fuengmienh guh ok haenx, goenglauz hungdaih, wngdang raiz haeuj lizsij.

岭南本来是壮族先民居住的故乡，临海而居。秦汉以后，北方的每次战乱，都导致北人南迁，岭南壮乡几乎成了战时避难所。经过长期壮汉杂居以后，人们共同生活，融合相处。宋元以后，广东壮族分布地区，融合速度加快；进入明清，这种现象继而推进到广西东边地区。民族融合，使壮乡的面积在缩小，壮族人聚居中心位置西"移"，加之明代朱元璋上台后，把岭南海岸线全部划归广东管辖，才使正在缩小的现在壮族分布地区变成"无海无盐"。因此，探讨壮族人的"海盐制造技术"时，就出现历史区段划分问题，包括融合区的形成时间等。显然，这不是那么容易得出结论的事。作为世代生活在岭南沿海的壮族先民，他们开垦过的这些盐田，虽饱经了岁月的沧桑，但他们所创造的制盐工艺技术和对发展海盐生产方面的种种成就，功不可没，应彪炳史册。

It. Haifat Caeuq Fazcanj Gyuhaij

一、海盐的开发与发展

Youq Cungguek dieg swnghcanj gyuhaij ndawde, Bouxcuengh haifat caux gyu gisuz beij Bouxgun lotlaeng di, hoeng gij lizsij de hix doengzyiengh gyaeraez. Handai, Gvangjdungh mbanj Bouxcuengh gaenq laeb miz guengyu guenjleix haifat nazgyu. Bonj《Hozbuj Yenci》 Minzgoz okbanj haenx naeuz：Caeux youq Nanzciz seizgeiz（479～502 nienz）, Hozbuj cojcoeng Bouxcuengh rung raemxhaij caux gyu, ndigah ndalaeb Yenzdenzgin, guenjleix gij beksingq caux gyu, sou gvaeh gyu. Youh naeuz：" Ciuq《Dacingh Yizdung Ci》 cawqmingz, Yenzdenzgin hozngeiz couh dwg aen Yenzcangz Yen Hajdaih seizgeiz haenx, youq Hozbuj ngoenzneix gyaiqsienq baihdoengnamz." Dangzdai, Lingjnanz swnghcanj gyu lai, caux guh hangznieb mwnhoengh, guenfueng vihliux lungjdon gaicawx gyu、caz、laeuj, Genzyenz yenznenz（758 nienz）laeb Lingjnanz sinzyen, "gaeb boux caeggai gyu, bouxvad bouxcaeg gyaeb leix". Hajdaih Nanzhan Genzhwngh yenznenz（917 nienz）, laeb Cangzlozcouh, aeu Bozden、Lingzluz、Yenzcangz sam aen yen gyoeb guh Sizgangh Yen（youq rangh Hozbuj Yen Sizgangh Cin ngoenz neix）. Vunz Sungdai Couh Gifeih youq ndaw《Lingjvai Daidaz》naeuz："Seizneix Gvanghyou gij giva lohraemx daehyinh de, dandan dwg gyu lo. Dieg caux gyu youq henzhaij, aeu ruz daeh daengz Lenzcouh Sizgangh cang. Dieg wnq daeuj cawx gyu bae gai, daj Lenzcouh daeh daengz Yilinzcouh, yienzhaeuh ndaej yungh ruz daehyinh." Daj neix ndaej raen, couhcinj dwg dieg Bouxcuengh Gvangjsih giz baihsae Lingjnanz, gij lizsij de haifat gyuhaij de hix gaenq miz 1500 lai bi lo.

在中国的海盐产区中，壮族对制盐技术的开发时间比汉族略晚，但也具有悠久的历史。汉代，广东壮乡已设盐官管理盐田开发。民国版的《合浦县志》称：早在南齐时期（479～502年），合浦壮族先民煮海水制盐，因而置盐田郡，管理盐民，征收盐赋。又云："按《大清一统志》注，盐田郡疑即五代之盐场县，在今合浦东南界。"唐代，岭南产盐甚多，盐业繁荣，官方为垄断盐茶酒贸易，乾元元年（758年）置岭南巡院，"捕私盐者，奸盗为之衰息"。五代南汉乾亨元年（917年），置常乐州，以博电、零绿、盐场三县并为石康县（在今合浦县石康镇一带）。宋人周去非在《岭外代答》中称："今日广右漕计，在盐而已。盐场滨海，以舟运于廉州石康仓。客贩西盐者，自廉州运至郁林州，而后可以舟运。"由此可见，即使是岭南西部的广西壮乡，其海盐开发历史也已有1500多年。

Dangz Sung seizgeiz, dieg caux gyu gaenq miz 29 giz. Sungdai, daegbied dwg Nanzsung, Gvangjsih mbanj Bouxcuengh gyuhaij swnghcanj ndaej daengz fazcanj, seizhaenx dwg seiz fazcanj haemq riuz ndawde mboengq ndeu. Ndawde, Bwzsung Cinhcungh nienzgan（998～1022 nienz）, Gvangjnanz Sihlu cijmiz Lenzcouhfuj Bwzsiz、Sizgangh song aen dieg caux gyu. Sungcauz Yenzfungh 3 bi（1080 nienz）, cauzdingz gvidingh le song aen dieg caux gyu neix moixbi rung gyu 3 fanh dan（ciuq moix dan 55 goenggaen geiqsueng itgungh 1650 dunq）, gung'wngq gyu hawj Lenz、Yungz、Bwz、Ginh、Va、Mungz、Gungh、Dwngz、Sieng、Yiz、Liuj、Yungh、Sinz、Gvei、Binh、Vuz、Hwngz、Nanzyiz、Yilinz daengj 19 aen couh. Sungcauz Yenzfungh 2 bi（1079 nienz）, dangseiz Gvangjsih dieg Bouxcuengh miz 287791 ranz, cawz 19 aen couh mboujsuenq, lij baugvat Ginghhuz nanzlu Cenzcouhfuj caeuq Gvangjnanz dunghlu Hozconhfuj, aeu Cenzcouh、Hocouh cawzbae mbouj geiq youq ndaw le, moix ranz moixbi bingzyaenz mbouj daengz 6 goenggaen gyu. Daengz Nanzsung Sauhingh 7 bi（1137 nienz）, Ginhcouh cojcoeng Bouxcuengh haifat le Bwzbiz aen dieg caux gyu neix. Gaengawq ndaw 《Sungvei Yaucizgauj》geiqsij："Giganh Ginhcouh coengzlaiz mbouj dwg giz caux gyu, aenvih coh bonj couh heuhguh 'Bwzbiz', duenh neix seng'ok genjduj, seizneix moixbi gyaunab 30 lai fanh gaen gyu." Daengz seizhaenx, Gvangjnanz sihlu Lenzcouh、Ginhcouh itgungh miz 3 aen dieg caux gyu. Sauhingh 30 bi（1160 nienz）, Bwzsiz、Sizgangh、Bwzbiz sam aen dieg caux gyu neix moixbi swnghcanj siugai 3000 dunh, seizhaenx vunz Gvangjsih miz 390924 ranz 1073258 boux, bingzyaenz moix boux moixbi gwn bae 2.8 goenggaen, gihbwnj doh gwn. Lingjnanz mbanj Bouxcuengh gij canjnieb caux gyu gai gyu de fazcanj mbouj bingzyaenz. Sungdai 《Lingjvai Daidaz》ceijok："Gvangjdungh swnghcanj gyu lai hoeng gwn gyu noix, Gvangjsih swnghcanj gyu noix hoeng gwn gyu lai, gyu baihdoeng haeuj daengz dieg baihsae, faensanq daengz lai couh, miz diuzdah ndeu fuengbienh daehyinh. Sihlu gij couh swnghcanj gyu de, lohraemx lohhawq cungj mbouj fuengbienh, seizhaenx vunz sihlu, gig gyaez cingj gyu baihdoeng haeujdaeuj, ciemq gij soqngeg de haemq lai."

唐宋时期，壮族地区的盐场已达29处。宋代，尤其是南宋，是广西壮乡海盐生产发展速度较快的时期之一。其中，北宋真宗年间（998～1022年），广南西路只有廉州府白石、石康两个盐场。

宋元丰三年（1080年），朝廷规定了这两个盐场每年煮盐3万石（按每石55千克计，共1650吨），供应廉、容、白、钦、化、蒙、龚、藤、象、宜、柳、邕、浔、贵、宾、梧、横、南仪、郁林等19个州的食盐。宋元丰二年（1079年），当时的广西壮乡有287791户除19个州外，还包括荆湖南路的全州府和广南东路的贺州府在内，把全、贺二州除去不参加统计后，每户每年平均不到6千克盐。到南宋绍兴七年（1137年），钦州的壮族先民开发了白皮盐场。据《宋会要辑稿》中记载："契勘钦州自来不系产盐去处，缘本州地名'白皮'，近来碱土生发，日今每岁纳盐货三十余万斤。"至此，广南西路廉州、钦州共有3个盐场。绍兴三十年（1160年），白石、石康、白皮这3个盐场产销量年达3000吨，此时广西人口有390924户1073258人，平均每人每年消费量为2.8千克，基本达到自给。岭南壮乡的盐业发展是不平衡的。宋代《岭外代答》中指出："广东产盐多而食盐少，广西产盐少而食盐多，东盐西入，散往诸州，有一水之便。西路产盐之州，水陆不便，异时西路客人，乐请东盐，占额为多。"

Dieg Bouxcuengh gij dieg caux gyu de aenvih deng Yenz Mingz song ciuz gij cancwngh de yingjyangj，canj gyu gai gyu hangznieb sukreuq。Cinghcauz gvaqlaeng，cij cugciemh ndaej daengz hoizfuk。Ganghhih 19 bi（1680 nienz），Bwzsah、Bwzbiz、Bwzsiz sam aen dieg caux gyu doxgyoeb，heuhguh Bwzsizcangz；Ganghhih 56 bi（1717 nienz），aenvih Bwzsizcangz yazgih hung，mbouj ndei guenjleix，youh aeu Bwzsizcangz baen baenz Bwzsizdunghcangz（youq Hozbuj）caeuq Bwzsizsihcangz（youq Ginhcouh、Fangzcwngz）。Genzlungz 39 bi（1774 nienz），cauzdingz gvidingh Bwzsizdunghcangz moixbi swnghcanj gyu 1550 dunq，Bwzsizsihcangz moixbi swnghcanj gyu 1315 dunq。Doeng、sae song aen dieg caux gyu moixbi itgungh swnghcanj gyu 2865 dunh，seizhaenx daihgaiq gaenq hoizfuk daengz gij canjliengh Nanzsung Sauhingh nienzgan de。Hoeng，gaenriengz vunzsoq demmaj yied daeuj yied riuz（Genzlungz 20 bi，Gvangjsih mbanj Bouxcuengh miz 370 fanh boux vunz，36 bi doeklaeng，couh dwg Genzlungz 56 bi，gaenq sawqmwh demlai daengz 665 fanh boux），Bwzsiz doeng、sae song aen dieg caux gyu youq Genzlungz nienzgan（1736～1795 nienz），moixbi gai gyu 17910 dunq，cienzbouh gunghawj Gvangjsih mbanj Bouxcuengh，gaggaeuqlwd dan dwg 16.67%，bouhfaenh mbouj gaeuq de doenggvaq Gvangjsih Gvangjdungh duhconj yenzyin sijswh（Gvangjsih Gvangjdungh yenzyisij、yenzyen、Gvangjsih yizyenzdau、Gvangjsih yenzfazdau）saemjlwnh baecinj Gvangjsih gai gyu Gvangjdungh daeuj gaijgez。

　　壮族地区盐场由于受元明两代的战争影响，盐业生产萎缩。清以后，才逐渐得到恢复。康熙十九年（1680年），白沙、白皮、白石三场合并，统称为白石场；康熙五十六年（1717年），因白石场辖区辽阔，管理不便，又将白石场分为白石东场（在合浦）和白石西场（在钦州、防城）。乾隆三十九年（1774年），朝廷规定白石东场每年收盐额为1550吨，白石西场每年收盐额为1315吨。东西两场共计每年收盐额为2865吨，此时大致已恢复到南宋绍兴年间的产盐量。但是，随着人口的迅速增长（乾隆二十年，广西壮乡的人口只有370万，36年后即乾隆五十六年，人口已猛增至665万），白石东、西二场在乾隆年间（1736～1795年），年销盐17910吨，全部供应广西壮乡，自给率仅为16.67%，短缺部分通过两广都转盐运使司（两广巡盐御史、盐院、广西驿盐道、广西盐法道）议准广西行销粤盐（即东盐）以解决。

Gaengawq Minzgoz banjbonj 《Gvangjdungh Dunghci》 geiqsij: Bwzsizcangz cangzsuj laeb youq Hozbuj. Minzgoz cogeiz, bibi hoenxciengq, cangzsuj deng ginhdui ciemq youq, sawjndaej youh rwix youh vaih, youq mbouj ndaej lo, couh youq Minzgoz 5 bi（1916 nienz）linghvaih bae co ranz beksingq camhseiz guh giz bangungh, sojmiz Hozbuj、Lingzsanh、Ginhyen、Fangzcwngz seiq aen yen cienzbouh dwg aen fanveiz cangzsuj guenjleix. Aen cangz haenx baihlaj laeb Dagangj、Cuzlinz、Gunghgvanj、Bingzsanh、Sizdouzbu、Sihniuzgyoz、Gyanghbingz、Gisah、Vuhniz、Cehbanj、Lanzswjgwnh daengj 11 aen faencangj. De swnghcanj ok gij gyu haenx, cienzbouh dwg baen daengz gak dieg bae siugai. Gyonj hwnj daeuj gangj, daengz Minzgoz, dieg caij gyu hix mboujduenh demlai.

据民国版《广东通志》载：白石场场署设于合浦。民国之初，连年兵燹，场署被军队占住，以致废坏不堪，不能居住，乃于民国五年（1916年）另租赁民房暂作行署，所有合浦、灵山、钦县、防城四县皆属场管范围。该场下设大岗、竹林、公馆、平山、石头埠、犀牛脚、江平、企沙、乌泥、车板、榄子根等11个分厂。其所产的盐，均系坐配平柜各埠行销。总的说来，到了民国，采盐点也在不断增多。

Daj caux gyu gisuz fazcanj daeuj yawj, mbanj Bouxcuengh caux gyu dwg gij hangznieb geqlaux. Dangzcauz daengz Bwzsung seizgeiz, caux gyu caij yungh gij fuengfap rungcien de bae caux gyu. Nanzsung daengz ciyenz, dak、cien "song cungj fuengfap caemh yungh". Lumj Sungdai《Yenjfanzlu》daih cib'it gienj geiqsij: "Seizneix caux gyu gaenq dwg aeu raemxluj bae dak ndat, geij ngoenz couh baenz fanghyin lo." Fanghyin couh dwg gyuhaij linghvaih cungj coh ndeu, aenvih youq bingzciengz vwnhdu baihlaj luzvanaz cinghdij baenz naed cingqfuenghingz roekmienhdaej. Bonjsaw Yenzcauz guenfueng biensij《Yenz Denjcangh》haenx ndaw de geiqsij: Daengz ciyenz 29 bi（1292 nienz）, "aen swngj neix dak gyu mbouj yungh fwnz, danghnaeuz fuengbienh wnggai caeuq gyucien itheij demgya canjliengh". Ndaej raen, youq Cungguek mboengqbyai Sungdai daengz Yenzcauz cogeiz, gaenq miz gij fuengfap dak sa guh raemxluj, dak raemxluj baenz gyu de.

从制盐技术的发展上看，壮乡的制盐属于古老行业。唐至北宋时期，制盐采用的是煎煮法。南宋至元，晒、煎"二法兼用"。如宋代的《演繁露》卷十一中记载："今盐已成卤水者，暴烈日中，数日即成方印。"方印就是海盐的别称，因为在常温下氯化钠的晶体为正方形的六面体。元朝官修的《元典章》中有：至元二十九年（1292年），"本省照得晒盐不用柴薪，若（方）便（应）与煎盐一体增添"。可见，在中国宋末元初，已有晒沙制卤、晒卤成盐之法。

Daj dak sa rwed raeuxluj cien gyu, daengz dak raemx caux raemxluj caiq dak raemxluj baenz gyu, mizok dauq gunghyi swnghcanj gihsuz neix, dwg gij lizsij swnghcanj gyuhaij gwnzde baez cinbu hungdaih ndeu, aenvih cigsoh cienrung raemxhaij baenz gyu gig nanz. Raemxhaij hamz gyu lai, gaengawq doiq sam aen haijyangz 77 giz raemxhaij guh faensik, gezgoj ndaej ok raemxhaij hamz gyu 3.5% baedauq. Ndigah, aeu ndaejdaengz goenggaen gyu ndeu, itdingh aeu gya ndat dak hawq 28 goenggaen raemxhaij. Ndaej naeuz, aeu cigsoh cienrung raemxhaij cauxgya gaijbaenz yungh ndat dak hawq baenz gyu, dwg caux gyu swnghcanj lizsij gwnzde gij gisuz gwzming hungnaek de dahraix.

从晒沙淋卤煎盐，到晒水制卤再晒卤水成盐，这套工艺生产技术的产生，是海盐生产史上的一大进步，因为直接煎煮海水成盐是很不容易的。海水含盐量不多，根据对三大洋的77处海水进行分析，结果是含盐3.5%左右。为此，要取得1千克盐，必须加热蒸干28千克海水。可以说，改直接煎煮海水成盐为日晒制卤，确实是制盐生产史上的重大技术革命。

Linz Suhanz sienseng youq Yezsih Yenzvu Gvanjlijgiz guhhong, de caengzging daezok gij laeblwnh "Cungguek gij lizsij caux gyuhaij gwnzde miz sam baez gisuz gwzsinh hung" neix, de bae yenzgiu gak cungj geiqsij mizgven gyuhaij swnghcanj ndaw vwnzyen ciuhgeq haenx le ceijok: Daih'it baez gisuz gwzsinh hung dwg aeu cigsoh ngauz raemxhaij baenz gyu gaijbaenz dak sa daih ndei baenz raemxluj caiq rung baenz gyu, cungj caux gyu gisuz neix youq Dangzdai daj Gvangjdungh caeuq Gyanghvaiz haidaeuz; daihngeih baez dwg youq gwnz gij gisuz baeznduj caiq leihyungh nditndat caeuq rengzrumz caux gyu, aeu rung raemxluj baenz gyu gaijbaenz dak raemxluj baenz gyu, dwg Sungdai youq Fuzgen caeuq Gvangjdungh haidaeuz; daihsam baez dwg engqgya cungfaen leihyungh nditndat caeuq rengzrumz bae caux gyu, aeu dak sa daih ndei caux raemxluj gaijbaenz dak raemxhaij caux raemxluj, aeu gij raemxluj gwd de yinxhaeuj aen daemz gietnaed caiq dak raemxluj baenz gyu, yienghneix fatmingz le "dakndit caux gyu fap" （hix heuhguh "daknditfap" "dakraemxfap" roxnaeuz "dakfap"）, cungj fuengfap neix youq Mingzdai daj Fuzgen haidaeuz. Cungj fuengfap neix youq Mingzdai Vanliz 《Fuzgen Yinswh Ci》 ndawde yienghneix geiqsij: "Henzhaij giz bingz raemxhaij ngamj daengz de, leh giz sang、giz loh ok sa haenx, aeu laez humxhop baenz luenz, hawj gyang de hoengq, heuhguh '土漏'. Yienzhaeuh leh namhndaengq demh ndaw, hawj raemxhaij guenq gwnz de, youq henz '土漏' hai congh ndeu, hawj raemx daj congh haenx okdaeuj baenz raemxluj, youh aeu sa hwnq aen bo nawz bingz ndeu, aeu vax bu gwnz de, aeu raemxluj bae rwed gwnz vax, caj ndat dak baenz naed, couh baenz gyu lo."

粤西盐务管理局的林树涵先生曾提出"中国海盐生产史上有三次重大技术革新"的立论，他在对古代文献中有关海盐生产的各种记载进行研究后指出：第一次重大技术革新是改直接煎海水成盐为晒沙土淋滤制卤再煮成盐，此制盐技术始于唐代的广东和江淮；第二次是在原技术上再进一步利用日光和风力制盐，改煮卤成盐为晒卤成盐，是在宋代的福建和广东开始的；第三次是更充分地利用日光和风力进行制盐，改晒沙土淋滤制卤为晒海水制卤，把浓厚卤引入结晶池再晒卤成盐，从而完成了"天日制盐法"（也叫"天日法""晒水法"或"晒法"）的发明，此法始于明代的福建。该法在明万历《福建运司志》中有记述："滨海潮水平临之处，择其高露者，用腻泥筑四周为圆，而空其中，名曰'墒'。仍挑（咸）土实墒中，以潮水灌其上，于墒旁凿一孔，令水由此出卤，又高筑丘盘，用瓦片平铺，将卤洒埕中，候日暴成粒，则盐成矣。"

Mingzyienj，dieg cojcoeng Bouxcuengh Lingjnanz haifat hangzgyu，dwg mbanj Bouxcuengh Gvangjdungh loq caeux，gisuz caemh haemq senhcin，doenggvaq gyoengqde cienzhai，daiqdoengh le hangzgyu swnghcanj Gvangjsih fazcanj.

显然，古代岭南壮族先民分布地区的盐业开发，以广东壮乡开发较早，技术也比较先进，通过它的辐射功能，带动了广西壮乡盐业生产的发展。

Ngeih. Dakgyufap Cienzhaeuj Caeuq Doigvangj
二、晒盐法的传入与推广

Gaengawq 《Cungguek Yenzyezsij》 geiqsij：Mingzdai doxdaeuj，baihnamz dieg caux gyu bujbienq doigvangj dak gyu gisuz. Mingzcauz Cungzcinh 3 bi（1630 nienz），Ciz Gvangjgij caengzging youq Vaiz、Cez daengj dieg gyu doigvangj Fuzgen dakgyufap. Dangseiz，gaenq caijyungh dakgyufap de miz Hozbwz Cangzluz、Sanhdungh、Fuzgen、Cezgyangh、Gvangjdungh daengj dieg bouhfaenh dieg caux gyu. Daengz Cinghdai，dakgyufap youh caenh'itbouh ndaejdaengz doigvangj，caemhcaiq dakgyu gisuz hix miz haujlai cinbu. Bonjsaw de lij naeuz，cungj fuengfap leihyungh nditndat dak gyu（couh dwg dakndatfap），beij cungj fuengfap yungh feiz cien gyu de habsuenq，couhcinj dakndatfap deng ngoenzfwn yingjyangj，mbangjseiz nanzndaej baujcwng canjliengh gyu，hoeng cingzbonj beij cien（rung）gyu noix ndaej lai. Lumj Cinghdai，aenvih gij doxgaiq coemh gyagwz hwnjsang，cauhbaenz mboujduenh miz dieg caux gyu "gaij cien guh dak". Youh lumj Fuzgen cungjduz Yangz Gingjsu，youq Genzlungz 43 bi（1778 nienz）yiengq vuengzdaeq baugau naeuz：Canghvanhcangz、cunzgvanjcangz、Gen'gyanghcangz "soj swnghcanj gij gyu de cienzbouh dwg cien baenz，heuhguh gyusaeq"，"cungj gyusaeq neix，cawzliux cae sa caux raemxluj caixvaih，caeuq gyudak doxbeij youh lai ok cienz fwnz，geiqsuenq rap gyucien ndeu，aeu yungh 4、5 rap fwnz，doenghbaez moix rap cij aeu 30 lai maenz cienz，geij bi neix moix rap aeu yungh cienz 90 daengz 100 lai maenz. Goekcienz fwnz gaenq demlai daengz song boix lai，cienz saeuq cix deng hawj gonq，boux guhhong gaenx guh daengx bi，ging'yenz mbouj miz saekdi souhaeuj." Cienz fwnz hwnj gyaq caeuq gyaq gyu guding，dwg gij yienzaen youqgaenj boux cien gyu yied daeuj yied gungzhoj、caeg gyu laeuh gyu haenx，hix dwg gij gihvei gak ciengz iugouz "gaij cien guh dak" de. Cinghcauz Genzlungz 57 bi（1792 nienz）gvaqlaeng，aenvih fwnz bengz lai，aeu Bwzsizsihcangz baeznduj swnghcanj gyucug haenx，"doeklaeng hix dak gyusan". Daengz mboengqlaeng Cinghdai，Gvangjdungh cawzliux "sangconhswh gyucug gyusan caemh swnghcanj"，"gizwnq cungj gaij cien guh dak，gaij caux gyucug baenz caux gyusan lo". Dieg caux gyu giz Hozbwz Cangzluz、Sanhdungh，daihgaiq dwg youq Daugvangh yenznenz（1821 nienz）gvaqlaeng，cij gaij cien gyu guh dak gyu.

据《中国盐业史》中称：明代以来，南部盐场普遍推广晒盐技术。明崇祯三年（1630年），徐光启曾在淮、浙等盐区推广福建晒盐法。当时，已经采用晒盐法的有河北长芦、山东、福建、浙江、广东等地的部分盐场。到了清代，晒盐法又进一步得到推广，并且晒盐技术也有了许多进步。

该书还说，利用太阳能量晒盐方法（即天日法），比用火煎盐法合算，即使前者受阴雨影响，有时难以保证盐的产量，但工本比煎（煮）法低得多。如清代，因燃料价格上涨，导致不断有盐场"改煎为晒"。又如福建总督杨景素，于乾隆四十三年（1778年）上奏曰：漳湾场、淳管场、鉴江场"所产盐斤俱系煎收，名曰细盐"，"此项细盐，除耙沙沥卤之外，较晒盐又多柴薪之费，计煎盐一担，需柴四五担，从前每担只需钱三十余文，近年每担需钱九十至百余文。柴本已增至两倍有余，而灶价则仍前给发，穷丁终岁勤勉，竟无所获"。柴薪涨价和盐场价格固定，是导致灶户贫困化、灶户偷漏私盐的重要原因，也是各场要求"改煎为晒"的契机。清乾隆五十七年（1792年）后，因柴薪昂贵，原产熟盐的白石西场，"嗣亦晒生熟兼产"外，"余皆易煎以晒，改熟为生矣"。河北长芦、山东盐区，大致是在道光元年（1821年）以后，才改煎盐为晒盐。

Cinghdaih，swnghcanj geijlai gyu dwg youz bouxguen couhfuj gietdingh，couh dwg moix aen dieg caux gyu hanhdingh youq itdingh dieg ndawde gai gyu，siugai soqliengh haemq guding，gij moegdik de dwg doenggvaq boux guh seng'eiq gyu gaemhanh swnghcanj、daehyinh caeuq siugai gak aen vanzcez. Hoeng youq Gvangjdungh Gvangjsih，boux guh seng'eiq gyu gij swhbwnj bingq mbouj dwg cienzbouh cienj daengz gwnz fazcanj swnghcanj，hai nazgyu vanzlij youz guenfouj okcienz. Vihliux doidoengh dangseiz dieg neix gyunieb swnghcanj fazcanj，Genzlungz 21 bi（1756）nienz 8 nyied，song gvangj cungjduz Yangz Yinggi youq ndaw gij baugau de raiz hawj gaepgwnz cingjgouz hai nazgyu de naeuz："Mouveih、Denmou song ciengz gvi Gauhcouhfuj gvanjyaz，gyoengqde lij miz gij diegfwz guenfouj guenj haenx，wnggai bae ganhcaz yienzhaeuh humx guh daemz，hai daemz caux gyusan." "Hoeng seiz ngamq hai de，seiz hwnq ciengz humx de，daem、daeb ciengz daemz，aeu cienz gig lai，beksingq henzhaij gungzhoj，seizseiz aenvih cienz mbouj doh nyapnyuk，cingjgouz camhseiz daj ndaw swhginh yingu ciq 8000 cangz ngaenz，faenfat veijyenz caeuq gak boux yinzyenz ndaw ciengz de cazmingz ranz lauxsaed de，yawj cingzgvang ciq cienz hawj gyoengqde，bangcienz hai daemz caux gyu." Baugau ndaej daengz baecinj le，Gvangjdungh Denbwz daengj dieg hai daemz dak gyu fazcanj youh vaiq youh haenq，doeklaeng gij "rumz" neix cugbouh deng duihgvangj daengz dieg caux gyu wnq. Daengz Daugvangh yenznenz（1821 nienz），swnghcanj gyu 1628914 cumh，ndawde gyusan miz 1584561 cumh，gyucug 44353 cumh.

清代，食盐的生产数量是由州府官员决定的，即每个产区限定行销于一定的区域，销量较为固定，其意图是通过盐商控制盐的生产、运输和销售各个环节。但在两广地区，盐商资本并未全都转到发展生产上来，垦辟盐田仍由官府出资。为了推动当时这个地区盐业生产的发展，乾隆二十一年（1756年）八月，两广总督杨应据在其奏请垦辟盐田的奏文中称："高州府属茂晖、电茂二场，尚有官荒地亩，堪以筑基围，垦辟生盐池之处。""但垦辟之始，凡挑筑基围，春砌池，需费颇繁，边海穷黎，每苦资本不继，请暂于运库币本内借支银两八千两，分发委员同各该场员查明诚实之户，酌量借给，以资垦辟。"奏章获准后，广东电白等地垦辟晒水盐田迅猛发展，嗣后此"风"逐步被推广到其他盐场。到道光元年，产盐1628914包，其中生盐1584561包，熟盐44353包。

Daj cungjdaej gangj, gij gunghyi gisuz dakgyufap（daknditfap）cienzhaeuj dieg caux gyu Gvangjdungh Gvangjsih ndaej baen baenz 3 aen gaihdon：Daih'it gaihdon daj Mingzdai haidaeuz, dwg aen gaihdon didnyez；daihngeih gaihdon youq Cinghcauz Genzlungz（1736～1795 nienz）mboengqgyang mboengqbyai, dwg aen gaihdon duihgvangj fazcanj；daihsam gaihdon youq Cinghcauz Daugvangh nienzgan（1821～1850 nienz）, cawqyouq aen cingzsug gaihdon gaenq gapbaenz itdingh swnghcanj youhsi haenx. Caiq gangj daengz gij gangjfap nyinhnaeuz youq Cinghdai cogeiz, dwg Denhcujgyau bouxcienzgyauq dawz gij dakgyufap Yidali cienzhaeuj guek raeuz de dwg mbouj miz saekdi baengzgawq de, youq gizneix wngdang bae foujdingh.

从总体上说，晒盐法（天日法）的工艺技术传入两广盐区可分成3个阶段：第一阶段始于明代，为萌芽阶段；第二阶段在清乾隆（1736～1795年）中后期，为推广发展阶段；第三阶段在清道光年间（1821～1850年），处于已形成一定生产优势的成熟阶段。至于那种认为清代初期，由天主教传教士将意大利的晒盐法传入我国的说法是毫无根据的，在此应给予否定。

Sam. Caux Gyu Gunghyi Cauhcoz Gisuz
三、制盐工艺操作技术

（It）Gij fuengfap dak sa rwed raemxluj rung gyu de
（一）晒沙淋卤煮盐法

（1）Gij gunghyi gisuz swnghcanj gyucwx. Dangzcauz daengz Hajdaih, Lingjnanz mbanj Bouxcuengh swnghcanj gyuhaij, yawj dieg dajndaem ciuq cingzgvang dingh geiq, gig miz daegsaek. Lumj ndaw bonjsaw Dangzdai Liuz Sinz《Lingjbyauj Luz Yi》geiqsij："Cien gyucwx：Gvangjnanz rung haij, de mboujmiz hanhceiq……Hoeng yungh vunzlig bae soucomz sa ndaengq, vat naemh guh gumz, bak gumz aeu faex roxnaeuz go ndoek bu youq gwnz, caiq aeu sat bu gwnz faex, doi sa, raemxhaij maj le couh daeuz sa, gij raemxluj ndaengq de rwed youq ndaw gumz. Caj raemxhaij doiq bae, aeu feiz ciuqrongh, heiq de byoq okdaeuj boq feiz ndaep, couh daek raemxluj okdaeuj, aeu aen buenz faexcuk cien, mboujnanz couh guh baenz ……" "heuhguh cien cwx. Ndaej ngaih baenzneix." Doenghgij geiqsij neix ciengzsaeq geiqsij le gij cojcoeng Bouxcuengh youq Gvangjdungh Gvangjsih de baenzlawz bae cienrung gyuhaij, yungh gijmaz fuengfap. Cungj fuengfap neix heuhguh haijcauz romlujfap, hix heuhguh gij cien'gyufap cwx, yienznaeuz sezsih youh rwix youh yenzsij, hoeng aeundaej gij raemxgyu de nungzdu siengdang sang, caemhcaiq cienrung yungh cienz yungh rengz hix gig noix. De fanjyingj le Dangzdai dangz Hajdaih Lingjnanz mbanj Bouxcuengh gij cienrung gyuhaij gisuz gaenq haeujdaengz aen gaihdon haidaeuz miz cingzyauq haenx.

（1）野盐之生产工艺技术。唐至五代，岭南壮乡的海盐生产，因地制宜，很有特色。如唐代刘恂的《岭表录异》中记载，"野煎盐：广南煮海，其无限……但将人力收聚咸沙，掘地为坑，坑口稀布竹木铺蓬簟于其上，堆沙，潮来投沙，咸卤淋在坑内。伺候潮退，以火炬照之，气冲火灭，则取卤汁，用竹盘煎之，顷刻而就……" "谓之野煎。易得如此也。"这些记载详述居住在两广地区的壮族先民煎煮海盐的过程和方法。此法叫海潮积卤法，也叫野煎盐法，虽然设施简陋原始，但所取得的盐水浓度相当高，且煎煮也极为省资省工。它反映了唐至五代岭南壮乡煎煮海盐技术已进入初具成效的阶段。

（2）Cungj fuengfap dak sa rwed raemxluj rung gyu gij swnghcanj gunghyi gisuz de. Youq raiq giz dah doxgap de, loq humx di giekdaej daemq, sauq mboeng coih bingz dieg sa（hix heuhguh nazsa）ndaw dieg humx, yinx raemxhaij haeujdaeuj dakhawq, yienzhaeuh caiq yinx haeujdaeuj caiq dak, yienghneix lienzdaemh fanjfuk geij baez, gij gyu ndaw sa cwkrom ndaej lai, yienzhaeuh rauq ndei romcomz gij sa ndaengq haenx, aeu de cuengq youq gwnz gaq faexcuk, aeu raemxluj rwed gwnz, daih ok gij raemxluj engqgya ndaengq de, dabdaengz baujhoz seiz, couh dawz de cuengq youq ndaw cauqhung rung, daj aen cauq dog rung fazcanj daengz 6~7 aen cauq doxrangh rung baenz gyu, daih hawq couh ndaej. Gijneix dwg cugbouh gaijcaenh gij gunghyi gisuz swnghcanj "gyucwx" de le, haeujdaengz aen cingzsug gaihdon gig miz cingzyauq haenx.

（2）晒沙淋卤煮盐法之生产工艺技术。在港汊的浅滩上，修筑低矮的简易基围，将围内沙幅（亦称沙田）整平耙松，引入海水浅晒，干后再引海水再晒，如此连续反复数次，沙中盐分积累增多，然后将咸沙耙起收集，置于竹编的漏床上，淋上卤水，滤出更高浓度的卤水，达到饱和时，即置于大锅内煮，从单口锅煮制发展到6~7口锅的连灶熬煮成盐，沥干而得。这是把"野盐"的生产工艺技术逐步改进后，进入大见成效的成熟阶段。

（Negih）Cungj fuengfap dak raemxhaij caux raemxluj rung gyu gij swnghcanj gunghyi gisuz de

（二）晒水制卤煮盐法的生产工艺技术

Raemxhaij aenvih deng daengngoenz fuzse caeuq rengzrumz hozdung cix fwi, yiengh neix caux gij raemxluj nungzdu mbouj doengz de, mwh gij raemxluj neix gij nungzdu de baujhoz le, aeu raemxluj rung baenz gyucug. Gij guhfap de dwg：Youq ndaw nazgyu hwnq saeuq gyu, moix aen saeuq aeu cauqhung（bingzciengz heuhguh "cauqvaiz"）lied baenz baiz, noix de 8~9 aen, lai de 11~12 aen, aen rangh aen, raez 10 mij lainoix, conghheuq baih rieng sang 5~6 mij, heuhguh "saeuq rieng vaiz". Gij gyu yungh cungj fuengfap neix rung baenz de, beij gij yungh cungj fuengfap dak sa rwed raemxluj rung baenz de ndei. Gij gyu neix saw, youh saeq youh hau, mbanj Bouxcuengh gak cuz yinzminz cungj gyaez cawx de.

海水因受到太阳光的辐射和风力的活动而蒸发制出各级浓度的卤水，当达到饱和浓度时，将卤水煮制成熟盐。其做法是：在盐田中附设盐灶，每座灶用大铁锅（俗称"牛三镬"）少者8~9个，多者11~12个，串联成行，长10米左右，灶尾烟囱有5~6米高，称为"牛尾灶"。此法比晒沙淋卤煮盐法煮出的盐好，其盐含杂质少，质地细白，深受壮乡各族人民青睐。

（Sam）Daknditfap gij swnghcanj gunghyi gisuz de

（三）天日制盐法的生产工艺技术

Cungj swnghcanj gunghyi haenx youz gyaeng raemxhaij、caux raemxluj、daez raemxluj、gietnaed、baet gyu、doi baenz boengj daengj gunghsi gapbaenz. Sien dwg youq seiz hwnjcauz, hai doucab hawj raemxhaij haeuj ndaw daemz, yienzhaeuh cuggaep cuengq haeuj aen daemz cogaep、cunggaep、gaugaep hawj de fwi hawq bienq ndaengq, caiq daengz aen daemz diuzcez, itbuen aeu fwi 8～16 baez raemx, caemhcaiq boiq miz gij sezbei bauj raemxluj（aen gang gyaeng raemxluj）, caj fwi daengz baujhoz cangdai（youq 24～25 bohmeijdu gyangde）, doeklaeng cuengq haeuj aen daemz gietnaed, laebdaeb dak daengz 26 bohmeijdu seiz, couh giet baenz naed luzvanaz, sugvah heuhguh gyusan.

该生产工艺由纳潮、制卤、提卤、结晶、扒盐、堆坨等工序组成。首先是在涨潮时，打开闸门把海水纳入水塘，然后逐级放入初、中、高级蒸发池加以蒸发浓缩，再到调节池，一般要8～16步水，并配有保卤设备（卤缸），等待蒸发浓缩到饱和时（在24～25波美度之间），最后进入结晶池，继续晒至26波美度时，即结晶出氯化钠晶体，俗称生海盐。

Seiq. Yenzvu Caeuq Yenzsui

四、盐务与盐税

Daj Hancauz laeb yenzgvanh doxdaeuj, gij gyunieb Lingjnanz mbanj Bouxcuengh itcig deng cunghyangh cwnggenz doengjguenj. Dangzcauz Banjying yenznenz（762 nienz）, doihengz youq dangdieg conhmai, cungj gyu beksingq caux de cienzbouh gai hawj guenfueng, daehyinh siugai cienzbouh hawj bouxseng'eiq ginghyingz, cungj fuengfap neix "lajmbwn cienzbouh saedhengz, Nanzhaij、Canghvuz、Gveilinz daengj dieg, cungj eiciuq cungj cidu neix".Daengz Sungdai, gyu mbanj Bouxcuengh cienzbouh saedhengz guenfueng siugai, dajneix gvaqlaeng itcig ciuq yungh. Cungj guenfueng siugai cidu beksingq swnghcanj、guenfueng cawx、guenfueng gai neix dwg vihliux saedbauj sou ndaej gvaeh lai cix laeb de. Ndaw《Lingjvai Daidaz》ceijok: Sungdai Sauhingh 8 bi（1138 niez）, gyu Gvangjsih "bi ndeu gai 8 fanh loz, moix loz 100 gaen, cauzdingz couh dingh de guh gij moegbiu moixbi. Loz ndeu gai ndaej haj roix cienz, moixbi ndaej 40 fanh roix". Yienzhaeuh daj ndaw gij cienz neix cou ok dingz ndeu, guh Hwngzsanhcai（Denzdungh Yen seizneix）、Yungjbingzcai（Ningzmingz Yen seizneix）gij cienz "cienz cawx max". Nanzsung daihliengh cawx max Gvangjsih bae hoenxciengq, gij cienz cawx max de couh dwg cienzgvaeh gyu. Minzgoz 3 bi（1914 nienz）5 nyied hwnj, gyu Gvangjsih saedhengz gij cidu swyouz gai cawx, sou gvaehsuiq. Minzgoz 3～36 bi（1914～1947 nienz）gvaeh gyu Gvangjsih gyoebrom souhaeuj 5352.1 fanh maenz, moixbi bingzyaenz miz 157.4 fanh maenz（cienz Minzgoz）.

自汉设盐官起，岭南壮乡的盐业一直被置于中央政权统管之下。唐宝应元年（762年），推行就场专卖制度，民制的盐全部官收，运销皆归商营，此法"遍行天下，南海、苍梧、桂林等处，悉遵法度"。至宋，壮乡的盐均行官卖，此后一直沿用。这种民产、官收、官销的官卖制度是为了确保能够获取高额税收而设的。《岭外代答》中指出：宋绍兴八年（1138年），广西盐"一岁卖及八万箩，每箩一百斤，朝廷遂为岁额。每一箩钞钱五缗，岁得四十万缗"。然后从这个钱数中抽一部分，作为横山寨（今田东县境）、永平寨（今宁明县境）"市马之费"。南宋大量采购广马作为军马，所用的军马费，均来源于广西盐税。民国三年（1914年）五月起，广西盐实行自由买卖制度，收取税捐。民国三年至三十六年（1914~1947年）广西盐税累计收入为5352.1万元，年平均为157.4万元（国币）。

Daihroek Ciet　Gij Gisuz Gyagoeng Haeuxgok Caeuq Youz
第六节　粮油加工技术

It. Gij Gisuz Gyagoeng Haeuxgok Caeuq Youz
一、粮食加工技术

（It）Senhcinz seizgeiz
（一）先秦时期

Gij lizsij cojcoeng Bouxcuengh sawjyungh gij hongdawz gyagoeng haeuxgok haenx ndaej ragoek daengz mboengqcaeux sinhsizgi seizdaih. 1936 nienz, Gvangjsih Vwnzvuz Gvanjlij Veijyenzvei youq Nanzningz Digih Yunghningz、Hwngzyen、Fuzsuih daengj yen henz Dahyunghgyangh, caeuq song hamq donh dah baihgwnz Yunghgyangh heuhguh Cojgyangh、Yougyangh de, fatyienh le 314 giz sinhsizgi seizdaih geizcaeux gij beigiuh yizcij. Youq ndaw lap vwnzvacwngz lijcaengz vat gvaq de, oknamh le sakrin、diuzrin、muhrin、cuizrin daengj gij hongdawz gyagoeng haeuxgok haenx. Gvangjsih dwg dieg yayezdai, hab gak cungj mak cwx、maenz、biek caeuq duzraemx、duzbo fatsanj caeuq sengmaj, yienghneix vih Bouxcuengh caeuq gak cuz yinzminz daezgungh le haujlai gijgwn, hoeng gwn doenghgij doenghgo doenghduz neix mbouj yungh muh、diuzrin、sak daengj cungj hongdawz daem haeux nienj haeux neix, gyahwnj dangseiz Gvangjsih mbanj Bouxcuengh lijcaengz miz meg、haeuxyangz daengj loih doenghgo neix, ndaej raen, doenghgij hongdawz gwnzneix fouzngeiz dwg aeu daeuj daem nienj haeuxgok.

　　壮族先民使用谷物加工工具的历史可追溯到新石器时代早期。1963年，广西文物管理委员会在南宁地区的邕宁、横县、扶绥等县沿邕江及其上游的左、右江两岸，发现了314处新石器时代早期的贝丘遗址。在未经扰动的文化层里，出土了石杵、磨棒、石磨盘、石锤等加工谷物的工具。广西地处亚热带，适宜各种野生瓜果、薯、芋及水生小动物、陆生小动物的繁殖和生长，从而为壮族及各族人民提供了较为丰富的食物资源，而食用这些动植物是不需要磨、棒、杵等脱粒、脱壳工具的，加上当时的广西壮乡尚未有麦、粟等植物种类，可见，以上的这些工具无疑是用于稻谷脱壳加工的。

Haeuxgok aeu daem reb ok cij gwn ndaej. Aeu reb ok miz haujlai cungj fuengfap, gij ceiq yenzsij de aiq dwg yungh fwngz fou、din caij, hoeng youq geizcaeux sinhsinzgi seizdaih okyienh muhrin、diuzrin、ndaeknienjrin gij gisuz neix le, gaij aeu muhrin bae nienj haeuxgok. Muhrin dwg gij hongdawz nienj haeux yenzsij. Aen muhrin yenzsij dwg aeu song ndaek rin denhyenz, lumj gij "swzdaz" Yinznanz Duzlungzcuz, couh dwg ndaek rin raez 50 lizmij、na 6.6 lizmij ndeu, aeu haeuxgok cuengq youq gwnz rin, caiq aeu ndaek rin mienhvang raez 10 lizmij ndeu youq gwnz haeuxgok nienj bae nienj dauq. Doeklaeng, cungqvunz menhmenh aeu ndaek rin baihlaj gyagoeng luenzbomj, aeu ndaek rin nienj baihgwnz gyagoeng baenz yenzcuhingz. Gvangjsih mbanj Bouxcuengh haujlai gij yizcij daj cunghsizgi seizdaih daengz mboengqbyai sinhsizgi seizdaih de cungj miz muhrin caeuq diuzrin oknamh. Youq Dunghhingh Si Yabuzsanh、Majlanzcuij、 vaizgyausanh 3 giz sinhsizgi seizdaih beigiuh yizcij henzhaij, vat ok 8 gienh muhrin caeuq sakrin, cienzbouh dwg aeu rinsa cauxbaenz, aenvih ciengzgeiz sawjyungh, muhrin siengdang luemj, lij miz di mboep bae ndaw, sakrin(diuzrin)song gyaeuj luenz, diuzrin lij lw 21 lizmij, sakrin lij lw 18.2 lizmij. Gijneix dwg cungj hongdawz denjhingz geizcaeux guh nungzyez gyagoeng ndeu. Youq baihnamz, cungj nienjmuh gisuz neix mbouj fatdad, haeuxgok dawz reb ok lai yungh rum daem, gaujguj fatyienh haujlai sakrin, wnggai dwg gij hongdawz gyagoeng gijgwn. Gig mingzyenj, doengh gij hongdawz caeuq sawjyungh gisuz neix gij yenzsij caeuq lozhou de.

稻谷需要去壳方可食用。去壳的方法很多，最原始的方法可能是用手搓、脚搓，在新石器时代早期，出现石磨盘、石磨棒、碾磨的技术后，改用石磨（即磨盘）去壳。磨盘是原始的粮食去壳工具。原始的石磨盘是两块天然石块，如云南独龙族的"色达"，就是一块长约50厘米、厚6.6厘米的石头，将谷物倒在石板上，再用一块直径10厘米左右的鹅卵石做磨棒在其上碾磨。以后，人们逐渐将下面的石块加工成扁平状，将碾磨用的石块加工成圆柱形的磨棒。广西壮乡从中石器时代到新石器时代晚期的许多遗址中都有石磨盘和石磨棒出土。从东兴市亚菩山、马兰嘴、怀较山3处新石器时代海滨贝丘遗址发掘出了8件石磨盘和石杵，均用砂岩制作，由于长期使用，磨盘相当光滑，并微向内凹，磨杵（磨棒）的两端圆形，磨棒残长21厘米，磨杵长18.2厘米。这是一种典型的早期舂磨谷物的农业加工工具。在南方，这种碾磨技术不发达，稻谷去壳多采用舂臼技术，考古发现许多石杵，应是粮食加工工具。显然，这些工具和使用技术是十分原始和落后的。

Senhcinz seizgeiz, aenvih Lingjnanz dieg Bouxcuengh gij gihou de gig ndei, swyenz swhyenz lai, youq mboengq lizsij siengdang raez ndeu, gij ginghci gwn mak caeuq dwknyaen youq ndaw saedceij cungqvunz ciemq miz diegvih youqgaenj, ndigah nungzyez swnghcanj fazcanj haemq menh, swnghcanjliz suijbingz ciengzgeiz mbouj sang, gij iugouz sawjyungh cungj hongdawz moq guh reihnaz haenx mbouj haeng, ndigah, aen seizgeiz neix gij hongdawz swnghcanj daegbied dwg gij hongdawz gyagoeng gijgwn de gihbwnj vanzlij dwg rin.

先秦时期，由于岭南壮族地区气候得天独厚，自然资源丰富，在相当长的历史时期内，采集和渔猎经济在人们生活中占有重要地位，因而农业生产发展比较缓慢，生产力保持较低水平，对新的农业生产工具的使用要求不强烈，因此，这一时期的生产工具特别是粮食加工工具基本上仍是石器。

（Negih）Han Cin Nanzbwzcauz
（二）汉晋南北朝

Youq ndaw gij doxgaiq Handai louz roengzdaeuj youq dieg Bouxcuengh oknamh haenx，miz haujlai gij mozhingz vax fanjyingj gyagoeng haeuxgok. Lumj Gvangjsih Bingzloz Yen Yinzsanhlingj aenmoh Handai oknamh gij mozhingz ganlanz vax de，ndawde miz hongq ranz ndeu miz bouxvunz ndeu gaem sak daem rum；lingh hongq dwg rugrum，ndaw rug hix miz bouxvunz ndeu gaem sak daem rum. Cauhbingz Yen aenmoh Dunghhan oknamh aen ranz vax he，bakdou laux baihhenz de miz song boux vunzvax ndwn youq gizhaenx，daem doxgaiq，baihgvaz hai song aen dou，ndawde aen dou baihgvaz song henz dou gag miz song duz mouvax，yienghceij de lumj yawj coh ndaw ranz，aen dou baihswix miz boux vunzvax ndeu gvih youq gwnz namh，fwngz gaem doxgaiq. Gvangjsih henz Gveiyen（Gveigangj Si seizneix）baihbaek aenmoh Dunghhan oknamh gij ranzvax haenx，baihnaj hai song aen dou，henz dou miz sai mbwk song boux vunzvax，bouxsai fwngz gaem sak daem haeux，mehmbwk riuj aen ndoengj ndwn youq henz rum. Handai，dieg Bouxcuengh gij hongdawz nienj haeuxgok de cujyau dwg sak caeuq rum（Sawcuengh moq dwg "aenrum"，baihlaj doxdoengz），cigdaengz ciuhgyawj，vanzlij dwg yienghneix. Youq lajmbanj，ca mbouj geij ranz ranz cungj miz hongq ranz ndeu ancang aenrum，guh dieg gyagoeng haeuxgok. Gij fuengsik daem haeuxgok miz fwngz gaem sak daem；hix miz aeu faex naek guh sak，guh cabmax gaq buenqbyongh，haih raez an dak，baih dinj yungh din dieb hwnjdaeuj，cuengq roengzbae daem. Aenrum aeu rin caeuq faex cauxbaenz. Handai cujyau dwg yungh fwngz gaem sak daem，doeklaeng cij menhmenh yenjben baenz yungh din dieb ganj sak daem. Dieg Bouxcuengh haemq noix sawjyungh muhrin daeuj nienj haeux. Yawj ndaej ok，gij mozhingz vax baihgwnz gangj de fanjyingj le Handai gyagoeng haeuxgok gij itbuen canggvang haenx. Dangyienz，caeuq sinhsizgi seizdaih doxbeij，aen seizgeiz neix，dangmwh haeuxgok deng nienj dek le，lij demgya feiq haeux aen vanzcez neix：Couh dwg aeu ndoengj feiq reb ok. Gvaqlaeng haidaeuz miz le aen daeuj diz haeux，seiz diz haeux de，aeu rienghaeux cuengq ndaw aen daeuj，gaem gaiq sak daem de hawj naed haeux doek. Dangzdai Liuz Sinz youq ndaw 《Lingjbyauj Luz Yi》 sengdoengh geiqsij le gij ciengzgingj Bouxcuengh aeu sak daem haeux（couh dwg sawjyungh aen daeuj diz haeux）haenx："Gvangjnanz miz aen ranz daemhaeux，aeu faex hung mbon baenz ruq，youq song mbiengj baizlied 10 gaiq sak. Sai mbwk doxcab ndwn youq song mbiengj daem haeux. Gij sing'yaem roq henz ruq de gig miz cezbwz，hung lumj singgyong，cienz daengz geij goengleix bae，couhcinj dwg mehmbwk youq henz dah aeu sak fob buh，hix beij mbouj ndaej." Yawj ndaej ok，aeu sak daem haeuxgok youq dieg Bouxcuengh gig bujbienq，gij lizsij de gig gyaeraez.

在壮族地区出土的汉代遗物中，有不少反映稻谷加工的陶制模型。如广西平乐县银山岭汉墓的陶制干栏模型，其中一间屋内有1人持杵春臼；另一间前屋为碓房，屋内也有1人持杵春臼。昭平县东汉墓出土的陶质屋，正门内侧有两俑站作春臼状，右侧开两门，其中右门两侧各有一头陶猪，作向内张望状，左侧门有一陶俑跪地，手捧实物。广西贵县（今贵港市）北郊东汉墓出土的陶质屋，正面开二门，门侧有男女二俑，男俑持杵作春米状，女俑持簸箕站立于春臼旁。汉代，壮族地区稻谷脱壳工具主要是杵和臼（新壮文为"aenrum"，下同），直到近代，依然如此。在农村，几乎每家每户都有一间屋安装春臼，作为谷物加工场地。春谷方式有用手持杵而春的；也有用重木做杵杆，以支架从中架起，长端装杵，短端用做脚踏而春的。臼有木质和石质两种。汉代主要是用手持杵春臼，以后才逐渐演变为脚踏杠杆春臼。壮族地区较少用石磨给稻谷脱壳。可见，上述出土的陶制模型反映了汉代稻谷加工的一般状况。当然，比起新石器时代，这个时期，当稻谷破壳之后，还增加了一个簸米的环节：即使用簸箕进行谷糠与米分离。嗣后开始有了打谷槽，打谷时，将禾穗置于槽中，持杵春之脱粒。唐代刘恂的《岭表录异》中记述了壮家人用杵春稻（即使用打谷槽）的生动场景："广南有春堂，以浑木刳为槽，一槽两边约排十杵。男女间立以春稻粮。敲磕槽舷皆有遍拍。槽声若鼓，闻于数里，虽思妇之巧弄秋砧，不能比其浏亮也。"可见以杵春稻谷在壮族地区是具有广泛性和悠久性的。

（Sam）Dangz Sung Seizgeiz

（三）唐宋时期

Dangz Sung nienzgan（618~1279 nienz），Gvangjsih baihdoeng、baihnamz gaenq haidaeuz sawjyungh aen muhnamh、aen doiq daengj gij hongdawz gyagoeng haenx. Muhnamh, sugvah heuhguh "aen muh haeux". De dwg gij hongdawz nienj reb ok, ndaej ok daeuj dwg "haeux cauq", aeu aenraeng raeng reb caeuq nyap okbae, caiq aeu nienj roxnaeuz oiq、aenrum daeuj gyagoeng hawj de baenz haeuxhau.

唐宋年间（618~1279年），壮乡的桂东、桂南地区已开始使用砻、碓等加工工具。砻，俗称"谷磨"。它是除去谷壳的工具，得到的是"糙米"，用簸箕、筛子分离谷壳、杂质，再经碾或碓或杵臼等加工使之变成精（白）米。

（Seiq）Mingz Cingh Seizgeiz

（四）明清时期

Daengx aen Mingz Cingh seizgeiz, dieg Bouxcuengh gij hongdawz guh naz de mbouj miz geijlai bienqvaq, dandan dwg youq gwnz aen giekdaej baeznduj boiqdauq engq ndei. Aen seizgeiz neix gij hongdawz gyagoeng gijgwn de miz aenmuh、muhnamh、aendoiq caeuq nienjraemx daengj. Ndawde：

整个明清时期，壮族地区稻作农业的生产工具没有发生太大的变化，只是在原来的基础上进一步配套完善。此时期粮食加工工具主要有磨、砻、碓、水碾等。其中：

（1）Aenmuh caeuq muhnamh dwg youz aenmuh hangzgwnz caeuq hangzlaj、genmuh、gaqdaej gapbaenz. Aenvih yinxhaeuj haeuxyangz, muhrin mboujdanh dwg muh raemxhaeux, engqlai dwg aeu daeuj muh mba haeuxyangz. Muh rin hangzgwnz caeuq hangzlaj giz dox hab de siuq baenz faenzmuh, hangzlaj dinghmaenh, hangzgwnz baenq, couh ndaej aeu haeuxyangz caeuq haeuxhau muh baenz mba（ciengraemx）. Muhnamh dwg cungj muh ndeu, lai dwg aeu daeuj muh haeuxgok ok haeuxsan, hangzgwnz hangzlaj aeu faexcuk roxnaeuz diuzgaeu san baenz lumj aenloz neix, baihndaw aeu namhniu saek net, youq gyang namhniu aeu cuk、 faexdiuz guh faenz saep baenz baiz, daj cungsim fangse okdaeuj（doz 10-6-1）. Seiz guhhong de, hangzlaj mbouj doengh, vunz ngoengx hangzgwnz baenq, faenz muh doxcat, hawj naed haeux naeng dek, hoeng naed haeuxhau baihndaw mbouj vaih. Gaiq genmuh dwg diuz faex ndeu raez 1.5 mij, gyaeuj ndeu goz baenz 90 doh, laeu byai de luenz, ndonj haeuj congh gaenz muh, lingh gyaeuj gya diuz faex ndeu doxvang, raez 0.7 mij, aeu cag cug gyaeuj diuz faex vang dawz de venj sang, gaenz de caeuq diuzfaex baenz yiengh T, leihyungh le gangganj yienzleix, yungh daeuj bae rengz siengdang noix.

（1）磨和砻都由上臼、下臼、摇臂和支座构成。由于玉米的引入，石磨不仅仅是磨米浆，更多的是磨玉米面的工具。石磨上下臼工作面都凿有磨沟，下臼固定，上臼转动，就可以把玉米或稻米磨成粉（或浆）。砻是磨的一种，用于破谷取米，上下臼以竹或藤编织成筐状，内以黏土填实，在黏土中镶上放射状竹、木列齿（图10-6-1）。工作时，下臼不动，人力推动上臼转动，借臼齿搓擦，使谷壳裂脱，但不伤米粒。摇臂是一根长约1.5米的木制曲杆，前端成90°角，把头削圆，可以插到上臼把的圆孔里，后头加一根约0.7米长的横杆做把，用绳吊住横把的两端，把与长杆成"T"形，操作起来相当省力，因为它利用了杠杆原理。

Doz 10-6-1　Gij muhnamh Mingz、Cingh、Minzgoz seizgeiz Bouxcuengh ciengzyungh haenx

图10-6-1　明、清、民国时期广西壮族民间常用的竹编砻

（2）Aendoiq, dwg gij hongdawz daem haeux de, vat namh an doiq, gwnz de gaq diuz faex hung ndeu, gyaeuj diuz faex cang sak, bak sak dauq gaiq dauqdiet ndeu, caij rieng doiq, hawj doiq hwnjroengz. daem reb ok roxnaeuz cigsoh daem haeuxgok baenz haeuxhau roxnaeuz mba haeux. Leihyungh raemx doidoengh, heuhguh doiqraemx. Dieg Bouxcuengh rij lai raemx lai, gaq doiqraemx gig fuengbienh, daj seizlawz hwnj miz doiqraemx mboujmiz banhfap gaujcwng, hoeng daj Mingzdai Cinz Ginj souj sei de《Youq Aen Caeh Rwix Gwnz Byacinghsanh Siengjniemh Ciuhgeq》ndawde coenz "doiqraemx lumj naecin, fwjhaemh ciuq ranz faex" neix ndaej rox, Nanzningz rangh Byacinghsiusanh youq Mingzdai gaenq miz doiqraemx. Cinghcauz Daugvangh nienzgan（1821～1850 nienz）, Ningzmingz Yen boux seivunz Bouxcuengh Vangz Dijyenz raiz souj sei《Lajmbanj》: "Doiqraemx daem fwj nit, lwg mbanj raen hek nyaenq.

Byaek dan gungh gorangz，daeng gyaez diemj youzgyaeuq." Mingzbeg ceijok Cinghdai mbanj Bouxcuengh gaenq bujbienq miz doiqraemx. Cinghdai gij doiq Nanzdanh，cawzliux gaiq bakdoiq diet itdingh daj baihrog cawx，gizyawz lumj diuz faex hung caeuq rumrin cienzbouh dwg bouxcangh bonjdieg gag caux.

（2）碓，是舂捣谷物的工具，掘地安放石臼，上架木杠，杠端垂直装杵，杵一般套有铁铸的套头，用脚踏动木杆，使杵起落，舂去谷粒的壳或直接将谷粒舂成白米或米粉。利用水力推动，称为水碓。壮族地区山涧溪水很多，架设水碓十分方便，水碓出现的时间虽然无考，但从明代陈瑾的《青山废寺览古》之"水碓犹春雪，松房半宿霞"的诗句可知，南宁青秀山一带明代已敷设有水碓。而清道光年间（1821～1850年），宁明县壮族诗人黄体元的《山村》诗："水碓春云冷，村童见客羞。蔬惟供竹笋，灯惯点桐油。"明白指出了清代壮乡已普遍有水碓。清代南丹壮乡的碓，除了用于碓嘴的铁铸须从外地购入，其他木杆和石臼都是由本地工匠自制。

（3）Nienj youz daiznienj、gaqnienj、cauz nienj gapbaenz，baen miz nienjraemx caeuq nienjhawq song cungj. Aenvih mbanj Bouxcuengh raemx lai，ndigah，Bouxcuengh lai yungh nienjraemx. Nienjraemx dwg yungh rengz raemx cung loekraemx，caemhcaiq doenggvaq gaiq sug rag aen nienj youq ndaw cauz ringxdoengh，hawj haeuxgok dek naeng，hix miz aeu daeuj ninej haeuxhau caeuq reb de；nienjhawq dwg aeu doihduz daeuj rag，gij gezgou caeuq yienzleix de caeuq nienjraemx doxlumj. Nienjraemx dieg Bouxcuengh，ceiq lot daj Cinghdai hwnj gaenq dauqcawq hwnghengz，Lingzsanh Yen ceiq lai. Aen yen haenx fanzdwg gij mbanj youq henz rij de，gizgiz cungj miz nienjraemx，gihbwnj mbouj caiq yungh rengzvunz bae daem bae muh. Nanzdanh Yen Lahyiz Yangh youq Cinghdai Hanzfungh nienzgan（1851～1861 nienz）gaenq miz nienjraemx caeuq nienjhawq，yungh de nienj haeux，hix yungh de daeuj nienj makyouzcaz caeuq makgyaeuq. Gvanghsi 10 bi（1884 nienz），Cungh Faz cancwngh gvaqlaeng，Suh Yenzcunh youq Bingzsiengz Bingjgwngcunh（seizneix heuhguh Lenzganhcunh）laebhwnq Dalenzcwngz seiz，youq lueng Nazvangz giz baihbaek liz singz 6 goengleix de an miz 3 aen nienjraemx，leihyungh raemxdiuqdan daeuj nienj siucungq caux bikmax. Gij nienjraemx Yizsanh Yen Lozdungh Yangh de，cix gaenq miz 100 lai bi lizsij，cujyau hawj Bouxcuengh dangdieg nienj haeux.

（3）碾由碾台、碾架、碾槽组成，分为水碾和旱碾两种。因为壮乡水资源丰富，所以，壮族人多用水碾。水碾是用水的自然冲击力推动水轮，并通过碾轴带动碾盘在槽中滚动，使稻谷脱壳，也有用来碾精米和米糠的；旱碾则是用畜力带动，其结构和原理与水碾大致相同。壮族地区的水碾，最晚自清代起已普遍盛行，并以灵山县最众。该县凡近江溪诸村，遍设水碾，基本不再用人力舂碓。南丹县拉易乡的水碾和旱碾，于清咸丰年间（1851～1861年）就已有，既用它碾米，也用它碾茶籽和桐油籽。光绪十年（1884年），中法战争以后，苏元春在凭祥禀更村（今名连堪村）建大连城时，在城北6千米的那皇屯设有水碾3座，利用瀑布作动力，用来碾火药造军火。而宜山县洛东乡的水碾，则已有100多年的历史，主要供当地壮民碾米用。

（Haj）Minzgoz Geizgan

（五）民国期间

Minzgoz geizgan, cawzliux yungh muhnamh duk, mbanj Bouxcuengh gij nienjraemx、doiqraemx、muhraemx daengj miz gij fazcanj moq lajneix.

民国期间，民间继续使用竹制的谷磨和舂外，壮乡的水碾、水碓、水磨等有以下新的发展。

（1）Nienjraemx. Minzgoz 3 bi（1914 nienz）okbanj bonj《Lingzsanh Yenci》, ndawde geiqsij le gij cingzgvang dangdieg sawjyungh nienjraemx caeuq nienjhawq de：“Ndaw yen faidaemz ciraemx、nienjraemx daihgaiq mbouj noix gvaq geij bak aen, gijneix dandan dwg geiqloeg gij soqmoeg gaengawq caijfangj ndaej de, mbouj dwg naeuz daengx yen miz lai baenzneix.” “Ndaw yen daj 20 bi gaxgonq couh caux nienjraemx, seizneix dah hung rij iq dauqcawq miz liux. Fanzdwg gij mbanj gyawj dah henz rij de, cienzbouh okrengz bae caux diuhraemx, yungh rengz noix mizleih lai, miz mbangj aeu de an youq henz ciraemx, hawj ciraemx rag, daegbied fuengbienh, gij liz dah rij gyae de, miz mbangj caux muhhawq, yungh cwz roxnaeuz max rag baenq, yiennaeuz aeu rengz cwz rengz max, aeu vunz bae laeh, fuengbienh mbouj lumj nienjraemx, hix okrengz haemq noix, nienjraemx ngoenz ndeu dingj ndaej rengz sam bouxvunz（nienjhawq ngoenz lienz hwnz guhhong mbouj ndaej, yawj max yietnaiq）, gijneix dwg nungzyez gohyoz cinva gij byainaq.” Minzgoz 11～25 bi（1922～1936 nienz）, Vanzgyangh Yen Lungzsuij Yangh Bouxcuengh lajmbanj itgungh hwnq le 39 aen ranznienjraemx（doz 10-6-2 dwg aen nienjraemx Minzgoz seizgeiz guh de）. Gaengawq 《Swh'wnh Nenzgen》 Minzgoz 31 bi（1942 nienz）naeuz：Swh'wnh Yen（seizneix gvihaeuj Vanzgyangh）itgungh miz nienjraemx 239 aen, moixbi nienj ndaej 62430 rap haeux. Aen seizgeiz neix, doiq gij swhliu mbanj Bouxcuengh doengjgeiq mbouj liux, daj ndaw gij doengjgeiq soqgawq de daeuj yawj, Denhngoz Yen Bwzding Yangh miz 4 aen nienjraemx, Bwzswz Yen Liengjbaz Yangh miz 2 aen nienjraemx, linghvaih, dieg'wnq lumj Yinznanz Vwnzsanh Digih, Gvangjsih Lingzyinz、Cungzcoj、Ginhsiu、Lungzswng、Sanhgyangh daengj yen（si）, hix geiqsij miz laebhwnq caeuq sawjyungh nienjraemx.

（1）水碾。民国三年（1914年）出的《灵山县志》记载了当地使用水碾和旱碾的情况：“邑中塘坝水车、水研（按：应为碾，下同）约计不下数百，此仅据采访所报录之，非谓全邑止此数。”“邑自前20年始造水研，今则大江小涧四处遍设。凡近江溪诸村，尽废人力珑舂，力省利多，或附设于水车，尤为利便，其距江溪远者，或设旱研，以黄牛或马旋转之，虽需牛马费，需人驱策，不如水研之利便，亦颇省力，旱研一日可抵三人之力（旱研不能日夜程功，休马力也），亦农学进化之蒿矢也。”民国十一年至二十五年（1922～1936年），环江县龙水乡的壮族农民共修建了39间水碾房（环江县民国期间制作的水碾见图10-6-2）。据《思恩年鉴》民国三十一年（1942年）称：思恩县（今属环江）共有水碾239座，每年可碾米62430担。这一时期，从对壮乡资料进行的不完全统计得知，天峨县白定乡有水碾4座，百色县两琶乡有水碾2座，此外，其他如云南文山地区、广西凌云、崇左、金秀、龙胜、三江等县（市），都有建造和使用水碾的记载。

Doz 10-6-2　Minzgoz seizgeiz gij nienjraemx Gvangjsih Vanzgyangh
图10-6-2　广西环江县民国期间制作的水碾

（2）Doiqraemx. Mbanj Bouxcuengh haujlai nungzminz gag caux ndaej doiqraemx, moix ngoenz okhong gaxgonq, aeu haeuxgok cuengq youq ndaw rum, hawj de gag daem, caj souhong dauqma, haeux couh daem ndei lo. Vihliux hawj gyagoeng habngamj, aeu dawzndei gij raemxliengh lae haeuj ruqdoiq. Raemx lae hung, daem ndaej riuz, raemx lae iq, couh daem ndaej menh. Boux sawjyungh ndaej lingzhoz dawzndei, seihbienh gaemhanh, gijneix hix dwg cungj gisuz cinbu ndeu.

（2）水碓。壮乡许多农民都能自己设计制造水碓，每天出工之前，将稻谷放入碓臼内，让其自舂，等收工回来，米就舂好了。为了使加工适度，要掌握好进入碓槽的流水量。流水量大，舂击速度就快；流水量小，舂击速度则慢。使用者可灵活掌握，调控自如，此亦一种技术进步。

（3）Muhraemx. Gij yienzleix gezgou caeuq cungj muh baihnaj lwnhgangj de ityiengh, cij mbouj gvaq de dwg aeu rengzraemx bae nyoengx, ndigah heuhguh muhraemx. Muhraemx daih'iek youq Cincauz fatmingz, youq mbanj Bouxcuengh daj seizlawz haidaeuz, caj bae gaujcwng. Gij muhraemx caengzging youq Gvangjsih louzhengz gvaq de, baen baenz gij bamq caeuq gij ndwn, Bouxcuengh cujyau aeu de daeuj gyagoeng gijgwn.

（3）水磨。原理结构与前述的磨具一样，只是它用水力作为动力，故称水磨。水磨大约发明于晋，在壮乡始于何时，待考。曾在广西地区流行过的水磨，分卧式和立式，壮民主要用它加工粮食。

（4）Loekrumz（couh dwg funghgvei）. Aeu daeuj boq gij cehvaeng、naed beb caeuq gizyawz nyapnyaj gyang haeuxgok okbae roxnaeuz nienj haeux ndei le boq reb ok daengj. Loekrumz aeu faex caux, baihhangx de miz congh hawj rumz boq nyapnyaj ok, baihnaj dwg aen siengfaex lumj gyong, ndaw sieng aeu 4～6 gep benj caux baenz beizrumz, fwngz baenz gaiq gaenz goz beizrumz, hawj beizrumz baenq. Gwnz de doq aen daeuj gyaeng haeux, gij haeuxgok dak ndei daj congh gaebgeb laj daeuj menhmenh roh haeuj ndaw sieng, baenq beizrumz, couh miz rumz boq gij cehvaeng、naed beb caeuq gizyawz nyapnyaj gyang haeuxgok daj congh okrumz baihhangx okdaeuj，naed haeux haemq naek cix doek haeuj ndaw aen ruq baihlaj，daj congh wnq ok rog loekrumz，yienghneix couh dabdaengz aen moegdik boq haeux seuq（loekrumz faex doq Minzgoz seizgeiz Gvangjsih caux，raen doz 10-6-3）.

　　（4）风车（即风柜）。用来吹除稻谷中之稗子、瘪谷和其他杂质或舂碾米后的米糠等。风车为木制，车身后面有扇出杂物的出口，前身为鼓形的大木箱，箱中装有4～6片木板制成的风扇页轮，手摇风扇轮的曲柄，使扇轮转动。风车顶上有盛谷斗，晒干的稻谷从斗中经狭缝徐徐进入车中，通过转动的风轮，形成气流将较轻的稗子、瘪谷和其他杂质吹出车后的出口，较重的谷粒则掉落车底木槽中，由另一个出口流出车外，从而达到除净的目的（广西民国时期制作的木制风车见图10-6-3）。

Doz 10-6-3　Loekrumz faex doq Gvangjsih Minzgoz seizgeiz
图10-6-3　广西民国时期制作的木制风车

Gyonj daeuj gangj，dieg Bouxcuengh gij hongdawz gyagoeng gijgwn de，daj rin daengz diet，daj genjdanh daengz fukcab，daj rengzvunz daengz rengz doihduz、rengz raemx，ginglig le mboengq lizsij gyaeraez ndeu，cigdaengz Mingz Cingh，cij gapbaenz le gij hongdawz cienzdoengj dawz muhnamh、aendoiq guhcawj、caijyungh fuengfap doj bae gyagoeng haeuxgok haenx. Gij boiqdauq caeuq gyagoeng gunghyi de，lumj daem gyap、raeng gyap raeng nyapnyaj ok、haeuxcauq gyagoeng baenz haeuxhau，caeuq muh baenz ciengraemx muh baenz mba daengj gunghsi hix menhmenh caezcienz. Muh、muhnamh、aendoiq、aenndoengj、aenraeng itcig dwg mbanj Bouxcuengh guh gijgwn、youz gyagoeng gak aen cujyau gunghyi vanzcez gij hongdawz haenx deng ciuq yungh daengz seizneix.

　　总之，壮族地区的粮食加工工具，由石器到铁器，由简单到复杂，由人力到畜力、水力，经历了漫长的历史时期，直到明清，才形成了以砻、碓为主的土法稻米加工传统器具。其配套和加工工艺，如破壳、筛分除壳除杂、糙米加工精米，以及磨浆磨粉等工序也渐趋完善。而磨、砻、簸箕、筛则一直是壮乡作为粮、油食品加工各主要工艺环节的工具被沿用至今。

（Roek）Gihgai Gyagoeng Gijgwn

（六）粮食机械加工

Dieg Bouxcuengh daj Mingz Cingh doxdaeuj ginghci couh lotlaeng lo. Ndigah, dieg Bouxcuengh gij hangznieb gihgai gyagoeng gijgwn（baugvat youzliuh）mbouj fatdad. Daengx aen dieg Bouxcuengh gij lizsij sawjyungh gihgai daeuj gyagoeng haeuxhau de, aenvih mboujmiz lizsij swhliu geiqsij cix nanzndaej bae ragoek. Hoeng Gvangjsih guh giz dieg Bouxcuengh cujyau faenbouh, gij lizsij de sawjyungh gihgai gyagoeng haeuxhau, bae ragoek de cix gaenq miz 100 bi lainoix lizsij lo. Cinghcauz Gvanghsi 33 bi（1907 nienz）, vunz Bouxcuengh Cinz Lungzcangh youq Nanzningz Si Sinhgaih（Nanzlunzgaih seizneix）haibanh aen cangj nienjhaeux, cawx aeu gihgi nienjhaeux ndeu, yungh aen cwnghgigih ndeu rag baenq, moix ngoenz gyagoeng haeuxsan 1500～2000 goenggaen. Daj aen cangj nienjhaeux Cinz Lungzcangh baeznduj aeu gihgi gyagoeng haeuxsan gvaqlaeng, baihdoengnamz Gvangjsih dieg ndaem haeux lai de doxriengz hailaeb lai aen gunghcangj nienjhaeux seivunz, aeu gihgi gyagoeng haeuxsan. Daengz Minzgoz 26 bi（1973 nienz）, daengx aen Gvangjsih miz 23 aen gij gunghcangj aeu gihgi nienjhaeux, gyoengqde youz Bouxcuengh、Bouxgun daengj haibanh. Gij faenbouh cingzgvang de dwg: Nanzningz 4 aen, Gveibingz 5 aen, Bwzliuz 3 aen, Gveilinz 3 aen, Gveiyen 2 aen, Vuzcouh、Liujcouh、Denzdungh、Yizsanh、Liujgyangh caeuq Lozyungz（seizneix deng Luzcai gvanjyaz）gak miz aen ndeu. Doengh gij cangj nienjhaeux neix, itbuen cungj ndalaeb youq gyang haw haeux giz dieg haeuxgok caeuq haeuxsan comz sanq, gij cujyau sezbei de dungjgi miz 32 aen gih gyanx haeux（bauhamz 14 aen muhnamh）, 32 aen loekrumz, 29 aen saihgih, 5 aen muhnamh raemz, 31 aen nenjmijgih, 25 aen fazdunggih, itgungh 841 majliz. Daengz Minzgoz 28 bi（1939 nienz）, cienzbouh fazdunggih gij majliz de doekroengz daengz 666 majliz. Minzgoz 38 bi（1949 nienz）, daengx Gvangjsih dandan lw 12 aen gih gyanx haeux, 12 aen nenjmijjgih. Aen seizgeiz neix, gak cungj nenjmijgih aeu haeuxgok nienjok haeuxsan yauqlwd dwg 64%～68%.

　　壮族地区自明清起经济落后了。因此, 壮族地区的粮食（包括油料）机械加工业不发达。整个壮族地区使用机械加工大米的历史, 因史料缺少而难以究其始。但作为壮族主要分布区的广西, 其使用机械加工大米的历史, 追溯起来则已有上百年的历史了。清光绪三十三年（1907年）, 壮族人覃隆昌在南宁市布新街（今南伦街）开办米厂, 购进碾米机一台, 用一台蒸汽机做动力驱动, 日加工大米1500～2000千克。自覃隆昌米厂首开机器加工大米之后, 桂东南稻谷集中产区相继有多处设立了私营米厂, 用机器加工大米。到民国二十六年（1937年）, 全广西由壮汉各族人士开的机器碾米厂共有23家, 其分布情况是: 南宁4家, 桂平5家, 北流3家, 桂林3家, 贵县2家, 梧州、柳州、田东、宜山、柳江和雒容（今属鹿寨县）各1家。这些米厂, 一般都设在谷米集散区的米市内, 其主要设备计有砻谷机32台（含土砻14台）, 风柜32架, 筛机29台, 砻糠机5台, 碾米机31台, 发动机25台, 共841马力。至民国二十八年（1939年）, 全部发动机总动力下降到666马力。1949年, 全广西只剩有砻谷机12台, 碾米机12台。这个时期, 各碾米机机制米的稻谷出米率为64%～68%。

Minzgoz 37 bi（1948 nienz）, mbanj Bouxcuengh Liujcouh Si Cungguek Nungzyez Gihgai Gujfwn Youjhan Gunghswh caengzging yenzgiu cauxok 14 aen 2 hauh、3 hauh nenjmijgih. Binaengz yiennaeuz bae bujgiz caeuq duihgvangj gvaq, hoeng guengjdaih Bouxcuengh lajmbanj vanzlij yungh gveng muhnamh、doiq、nienjraemx、nienjhawq daengj gij hongdawz gyagoeng haeuxgok cienzdoengj de, haujlai diegbya cix itcig sawjyungh sak rum daem haeux.

民国三十七年（1948年），壮乡柳州市中国农业机械股份有限公司曾研制生产过2号、3号碾米机14台。历年虽有普及推广，但广大壮族农村仍然习用传统的砻、碓、水、旱碾等稻米加工工具，而许多山区则一直用杵臼工具。

Ngeih. Gij Gisuz Gyagoeng Youzliuh

二、油料加工技术

（It）Lizsj Gaigvang

（一）历史概况

Youq dieg Bouxcuengh, bae gyagoeng gij youzdoenghgo gwn lumjbaenz duhdoem、makcaz、lwgraz、cehbyaekyouz daengj caeuq gij youz gunghyez lumjbaenz makgyaeuq、makgocoengh daengj, bujben sawjyungh gaqdokyouzfaex doj bae dok.

在壮乡，食用植物油料如花生、茶籽、芝麻、油菜籽和工业油料如桐籽、蓖麻籽等，普遍使用土木榨方法进行制油加工。

Ciuhgeq dieg Bouxcuengh daj seizlawz sawjyungh gij hongdawz dokyouz, mboujmiz cihsaw geiqsij. Hoeng gaengawq《Gij Lizsij Swnghcanj Gijgwn Gvangjsih》geiqsij, Cinghcauz Hanzfungh nienzgan（1851～1861 nienz）, Nanzdanh Lahyiz Yangh miz vunz hwnq nienjhawq, cujyau aeu daeuj nienj makgyaeuq caeuq makcaz daeuj dokyouz. Daj neix doi rox, gij seizgan sawjyungh hongdawz dokyouz wngdang youq Cinghdai roxnaeuz Cinghdai gaxgonq. Nanzdanh Lahyiz Yangh daj mboengqbyai Cinghdai hwnj, itgungh laebhwnq 10 aen diengzdokyouz, cienzbouh dwg Bouxcuengh ginghyingz. Aen diengzdokyouz ndeu, aeu song hongq ranzhaz, aen gaqdokyouzfaex ndeu, aen nienjhawq ndeu, linghvaih, lij miz rekvaiz、caeugq faex daengj sezbei dem. Youzgyaeuq、youzcaz、youzbyaek cungj dok, ngoenz ndeu dok song baez, ndaej dok makgyaeuq caeuq makcaz 300 goenggaen, daih'iek dok ndaej 75 goenggaen youz. Aen Yangjlicouh（seizneix gvihaeuj dieg Dasinh Yen）gvihaeuj Sihyenz、Nungzdung de, 98% dwg Bouxcuengh, Minzgoz geizgan gizhaenx youz 10 ranz nungzminz Bouxcuengh giemyingz laebhwnq 10 aen diengzdokyouz, moixbi dok ndaej 3 fanh lai goenggaen youzduhdoem aeu bae gwnz haw gai. Caiq gangj daengz aeu gihgi dokyouz, cix daj Minzgoz 17 bi（1928 nienz）haidaeuz, dangseiz mbanjcuengh aen Gvangjsih Sizyez Yenzgiuyen, vihliux haifat youzgyaeuq, caengzging cawx aen gihgi dokyouz lozsenzsiz ndeu, aeu daeuj guh sawqniemh yenzgiu. Minzgoz 26 bi（1937 nienz）, Liujcouh Sahdangz Gwnjciz Sibangih yungh gvaq aen cayouzgih

20 dunq ndeu. Minzgoz 31 bi（1942 nienz）, Gvangjsih Gveilinz Ginhvuj gihgaicangj caux ok cayouzgih. Minzgoz 37 bi（1948 nienz）, Liujcouh Cungguek Nungzyez Gihgai Gujfwn Youjhan Gunghswh sawq caux ok le 10 aen gij yezyaz cayouzgih fwngz baenq 90 dunq haenx, haidaeuz youq bouhbouh hawsingz gij diengzdokyouz sawjyungh. Danhseih, guengjdaih lajmbanj Bouxcuengh vanzlij sawjyungh gaqdokyouzfaex cienzdoengj.

古代壮族地区使用工具榨油的历史，始于何时，未见文字记载。但据《广西粮食生产史》记载，清咸丰年间（1851～1861年），南丹拉易乡有人造旱碾，主要用于榨油时碾磨桐籽和茶籽。由此推测，使用工具榨油的时间应在清代或清代之前。南丹拉易乡从清末起，共建榨油坊10个，全由壮族人经营。一个榨油坊，需茅屋两间，木榨油机一台，旱碾一台，此外，还有大锅、木甑等设备。桐油、茶油、菜油都榨，每天两榨，可榨桐籽或茶籽300千克，产油约75千克。属于西原、农峒的养利州（今属大新县境），98%是壮族人，民国期间那里由十户壮族农民兼营建起的10个油坊，年榨上市的花生油达3万多千克。至于机器榨油，则始于民国十七年（1928年），当时建于壮乡的广西实业研究院，为了开发桐油，曾购进螺旋式榨油机一台，供试验研究用。民国二十六年（1937年），柳州沙塘垦殖试办区使用过1台20吨的榨油机。民国三十一年（1942年），广西桂林君武机械厂试制成功了榨油机。民国三十七年（1948年），柳州中国农业机械股份有限公司试制成功90吨手摇液压榨油机10台，开始在部分城市油坊使用。然而，壮乡广大农村仍在使用传统的土木榨。

Gaqdokyouzfaex doj, couh dwg youz gij cwngheuh singzmbanj diengzdokyouz cungj dokyouz fuengfap doj de, gij sezbei de cujyau dwg aenmuh、loekrumz、aenraeng、doiq hawq roxnaeuz doiq raemx、nienjhawq roxnaeuz nienjraemx caeuq gaqdokfaex daengj gapbaenz（doz 10-6-4 caqdokyouzfaex lajmbanj Yangzsoz）. Gaqdokfaex baen baenz daenghdok caeuq cuizdok（youh heuhguh byajdok）. Daenghdok dwg aeu faexhung vanggvangq 50~60 lizmij、raez 3~4 mij, vat hoengq baihndaw vanggvang 30~40 lizmij、raez 1.2~1.5 mij guh congh dok, doxboiq gyongxbingjdiet、sehfaex、cuizdok caeuq ganjfaexdok cix baenz. Dokyouz fuengsik dwg aeu ndaek cuizdok roxnaeuz gaiq ganjdokfaex gyaeuj diet venj sang, aeu de bae daengh gaiq sehfaex nap bingjyouz ok youz. Cuizdok congh de haemq iq, itbuen dwg 25 lizmij baedauq, gyongxbingj lai dwg aeu duk san baenz, aeu ndaek cuizfaex hoenx gaiq sehfaex, nap bingjyouz ok youz.

土木榨，即城乡手工业榨坊的土法榨油的统称，其设备主要由脱壳磨、风柜、筛子、旱碓或水碓、旱碾或水碾和木榨等组成（广西阳朔农村曾使用过的土木榨设备见图10-6-4）。木榨有撞榨和锤榨（又名雷公榨）之分。撞榨系用直径50～60厘米、长3～4米的坚实木干挖空内径30～40厘米、长1.2～1.5米做榨膛，配以铁制饼圈、木

Doz 10-6-4　Gij caqdokyouzfaex gaxgonq lajmbanj Yangzsoz

图10-6-4　广西阳朔农村曾使用过的土木榨设备

楔、榨锤或榨杆而成。压榨方式是以悬吊的榨锤或铁头榨杆，撞击木楔压缩油饼出油。而锤榨的榨膛内径较小，一般为25厘米左右，饼圈多以竹篾编成，以木制的榨槌槌击木楔，压缩油饼出油。

（Negih）Gaqdokyouzfaex Gij Gunghyi Liuzcwngz De
（二）木榨的工艺流程

Bouxcuengh caeuq gizyawz minzcuz giz dieg Bouxcuengh, ginggvaq ciengzgeiz swnghcanj sizcenj, gapbaenz le gij gaqdokyouzfaex gunghyi haemq cingzsug de, gij youz de dokok haenx dabdaengz gij youz yienzliuh hamzmiz 90% doxhwnj, youz de sawseuq ronghcingx, baujciz ndaej gij funghvei diegbied, baiz youq gonq gij dokyouz fuengfap doj aen swngj haihhenz haenx. Gij gunghyi liuzcwngz de dwg：Leh yienzliuh→mbiq→nienj soiq→naengj→caux baenz bingj→cuengq haeuj aen gaqdok→dok→aeu nyaq ok→dokndei（ok youz、ndaek bingjnyaq）. Doiq duhdoem、lwgraz daengj gij doenghyiengh hamz youz haemq lai de dok song baez, couh dwg baeznduj（youz gyaeuj nduj）aeu mba caux bingj dok ok daih'iek 80% youz, yienzhaeuh swnh raeuj diq gaqdok, aeu aen ndaek bingjnyaq baeznduj dok baenz de nienj soiq le cigsoh gya feiz、cauj liuh、cauxbaenz bingj le caiq dok baez moq.

壮族地区的壮族人和其他兄弟民族，经过长时期的生产实践，形成了比较成熟的木榨工艺，其木榨榨油的出油率达到原料含油率的90%以上，毛油澄清透明，保持其特有的风味，跃居毗邻省份土法榨油的前列。其工艺流程是：原料选取→脱壳→碾粉→蒸炒→制饼→进榨→压榨→出榨脱圈→成品（毛油、麸饼）。对含油量较高的花生、芝麻等均采用二次榨干法，即第一次（头油）采用蒸粉制饼榨取约80%的油，然后趁热卸榨，将头榨麸饼粉碎后直接用火加温、炒料、制饼后复榨。

Gij gunghyi gaqfaex dokyouz, gig yawjnaek leh liuh, yienzliuh aeuyungh leh naed fag, lij aeu guh daengz leh saw、nienj soiq、naengj cauj yinz di、cauxbaenz bingj le sikhaek gyaeng ndei、bingj mbang dok lai baez、dok baeznduj nap mbaeu nap lai、ok youz hoenx naek hoenx menh daengj gisuz iugouz. Doengh gij neix cienzbouh dwg gij ginghnen dijbauj daj ndaw ciengzgeiz swnghcanj sizcenj cwkrom daeuj de.

木榨榨油的工艺，很讲究选料，原料需选用成熟饱满的，还要做到除杂干净、碾粉确保细度、蒸炒温度均匀、制饼快装保温、薄饼复榨、初榨轻压勤压、出油重锤慢打等技术要求。这些都是从长期生产实践中积累下来的宝贵经验。

Daihcaet Ciet   Caux Dangz Gisuz
第七节   制糖技术

Daj ciuhgeq doxdaeuj, dieg Bouxcuengh couh dwg Cungguek dieg cujyau swnghcanj dangzoij giz ndeu. 糖，Sawcuengh moq dwg "dangz". Gij coh neix biujmingz "oij" "dangz" coenz Vahcuengh cungj dwg bonjdieg miz ok hix mbouj dwg daj baihrog cienz haeuj. Dieg Bouxcuengh daj baihdoeng Yinznanz daengz Baihsae Gvangjdungh, ca mbouj geij giz giz cungj ndaem oij, giz giz cungj caux dangz. Gaengawq Minzgoz 30 bi（1941 nienz）doengjgeiq, dandan Gvangjsih aen yienhfaenh dokoij de couh miz 78 aen, ndawde, aen yienhfaenh Bouxcuengh comzyouq de dwg 53 aen. Youq ndaw 78 aen yienh, miz gaqdokoij 6585 aen, caux dangz 914650 rap（rap ndeu daengjndaej 50～60 goenggaen, baihlaj doxdoengz）, gai daengz Gveicouh、Huznanz、Gyanghsih、Cezgyangh daengj swngj. Youq mbangj Bouxcuengh giz ndaem oij de, youh dawz gij dangzhenj Gvangjsih Yunghningz Liengzging、Liujcwngz Douzdangz、Lozyungz Dalungz caeuq gij dangzduix Yinznanz Bozai、Majvanh de mingzdaeuz ceiq hung.

自古以来，壮族地区就是中国蔗糖主要产区之一。甘蔗壮语叫做"oij"。糖，新壮文为"dangz"。这些名字表明壮语"蔗""糖"都是土生土长的而非舶来品。壮族地区从滇东到粤西，几乎是无处不种蔗，无处不产糖。据民国三十年（1941年）统计，仅广西榨糖的县份就有78个，其中，壮族聚居的县份为53个。在78个县里，拥有糖榨6585副，产糖914650担（一担合50～60千克，下同），远销黔、湘、赣、浙诸省。而在壮乡的蔗糖产地中，又以广西邕宁良庆、柳城头塘、雒容大龙的黄片糖和云南剥隘、马关的碗糖等最负盛名。

It. Senhcinz Seizgeiz

一、先秦时期

Dieg Bouxcuengh dwg dieg cujyau faenbouh oijcwx caeuq doenghgo caeuq de doxlumj——go'ngem caeuq go'ngox ndawde giz ndeu, go'ngem dwg cungj oij he, go'ngox dwg cungj em he, dieg Bouxcuengh hix dwg dieg ndaem oij ceiqcaeux youqgaenj de. Go'ngem Sawcuengh moq dwg "go'ngem", go'ngox, Sawcuengh moq dwg "go'ngox", gooij Cungguek couh dwg gyoengqde cabgyau le ciengzgeiz yenjva baenz. Youq mbanj Bouxcuengh, song cungj doenghgo neix gij daegdiemj doxlumj de dwg: Faenbouh gvangq, soqliengh lai, caemhcaiq daj giz haijbaz 0 mij daengz 2000 mij cungj miz. Gij oijcwx neix, dwg gij doenghgo vuzsing sanjfat naengzlig gig ak de. Youq aen sinhsizgi seizdaih fanh bi ndeu gonq, mwh cojcoeng Bouxcuengh haeujdaengz yenzsij nungzyez seizgeiz, gwn le cungj ganj hamz dangz neix, mbouj miz sim couh fatyienh le gyoengqde gig yungzhaih seng rag didnyez. Ginggvaq ciengzgeiz lehceh sanjfat, de mboujduenh bienq diemz, doeklaeng baenz le go "oij"（Sawcuengh moq, baihlaj doxdoengz）, couh dwg gij oijcuk geizcaeux. Oijcuk, couh dwg gwnz saw lizsij gij dizce（roxnaeuz luzce、langjce、mauzce daengj）, dwg gij binjcungj oij Cungguek ceiqcaeux ganq de yienghndeu, aenvih ganj de iq lumj luz、diz cix ndaej aencoh neix. Leihyungh "oij", haidaeuz aiq dwg cungj boiqliuh aeuqdang ndeu, lumj seizneix Bouxcuengh aeuq nohma aeu geij dot oij cuengq gwnz de hawj de mbouj haeusing ityiengh, roxnaeuz youq ngoenz ndat gwn raemx de yw hozhawq. Gyonj hwnjdaeuj gangj, mbouj yungh geij lai, caiqlij ra daeuj、gyagoeng、leihyungh fuengsik cungj gig genjdanh. Doeklaeng couhlienz buizcaeq hix yungh daengz lo, aeuyungh cij menhmeh lai. Yienghneix, yungh gaiqdawz rin roxnaeuz gaiqdawz faex daeuj dok raemx de（baugvat gya raemx daem，cungliu aeu raemx daengj），aeu raemx de cuengq ndaw cauq rung（roxnaeuz dak lajndat）hawj de bienq gwd，gijneix couh dwg cezciengh. Byai gunghyenzcenz 4 sigij，ndaw bonj saw Giz Yenz《Cujswz·Cauhvwnz》 couh geiqsij miz "naengj fw bing yiengz，boiq di raemx cezciengh"（eiqsei de dwg naengj fw bing yiengz，ndaej doxboiq raemx cezciengh gwn cij ndei gwn）. Gig mingzyenj，gizneix cezciengh couh dwg seiz dajcawj aeu daeuj guh boiqliuh，cawzbae haeusing. Hojsik oij caeuq gij hongdawz dokoij ceiq yenzsij haenx nanzndaej yo. Cigdaengz seizneix，gaujguj lijcaengz ra ndaej gijmaz huqsaed，ndigah，aeu damqdauj doenghgij fatmingz neix gij cangdai ceiq yenzsij haenx haemq hojnanz. Mboujgvaq，miz diemj ndeu ndaej haengjdingh：Senhcinz seizgeiz gij hongdawz caeuq gisuz fuengfap gyagoeng cezciengh haenx cungj gig yenzsij，canjbinj de liz "dangz" lij gyae. Gyonj hwnjdaeuj gangj，aen seizgeiz neix，dwg aen gaihdon ceiqcaeux cojcoeng Bouxcuengh ra aeu、leihyungh raemxoij de.

　　壮族地区是野生甘蔗及其近缘植物——甘蔗属的割手密和芒属的五节芒的主要分布地区之一，故壮族地区也是甘蔗的主要原产地。割手密新壮文为"go'ngem"，五节芒即芭茅，新壮文为"go'ngox"，中国的野生甘蔗就是它们杂交后长时期演化而成的。在壮乡，这两种植物的共同特点是：分布广，数量多，而且从海拔0米到2000米都能找到它们存在的踪迹。所生成的野生甘蔗，是无性繁殖力极强的植物。1万年以前的新石器时代，当壮族先民们进入了原始农业时期，在采集嚼食这些含糖的茎后，无意中竟发现了它很容易生根发芽。经过长时期的育种选择，其甜度不断提高，最终形成壮家人的"oij"（新壮文，下同），即早期的竹蔗。竹蔗，即史书上的荻蔗（或芦蔗、朗蔗、茅蔗等），是中国古代最早栽培的甘蔗品种之一，因其茎小如芦、荻而得名。对"oij"的利用，开始可能是炖汤的一种配料，类似今日壮家人焖狗肉搁上几节甘蔗以去腥臭那样，或者是在酷热气候时嚼食其汁以解渴。总之，用量不会太大，而且采集、加工、利用的方式方法都很简单。后来连祭祀等活动也都用上了，其需求量才渐渐增加。于是，采用石器或木具绞取其汁（包括加水舂捣，稀释以取汁等），而将汁加温（或暴晒）浓缩，这就是柘浆。公元前4世纪末屈原的《楚辞·招魂》中就有"腼（音ěr）鳖炮羔，有柘浆些"（意思是清炖甲鱼、烧烤羊羔，得配点甘蔗汁）的记载。显然，这里的柘浆是烹调时作调料用的，以去腥臭。遗憾的是甘蔗和它的最原始的压榨工具不易保存。直到今天，考古没有发现什么实物依据，因此，要探讨这些发明创造的初始状态是比较困难的。不过，有一点可以肯定：先秦时期柘浆的加工器械和技术方法都很原始，其产品离"糖"还比较遥远。总之，这一时期，是壮族先民采集、利用甘蔗原汁的初级阶段。

Ngeih. Cinz Han Daengz Nanzbwzcauz Seizgeiz

二、秦汉至南北朝时期

　　Cinz Han dwg aen fazcanj gaihdon Bouxcuengh daihlaeng ndaem oij caemhcaiq fatmingz caux sadangz de. Cinz Han seizgeiz，cezciengh cungj canjbinj neix gaenq yiengq yinjliu fazcanj，lumj ndaw《Hansuh》caeuq ndaw《Swjhihfu》Swhmaj Sieng'yuz（youq mboengqbyai gunghyenzcenz 2 sigij raiz）cungj geiqsij miz sawjyungh cezciengh. Doiq doenghgij geiqsij neix，Ying Sau cawqgej naeuz："Aeu raemxoij daeuj gwn." Bingzciengz raemxoij，itbuen hamz raemx 77%~88%，hamz dangzoij 8%~21%，hamz vanzyenzdangz 0.3%~3.0%，hamz gij youjgihvuz mbouj dwg dangz de 0.5%~1.0%，hamz gij vuzgihvuz mbouj dwg dangz de 0.2%~0.6%，doenghgij cwngzfwn neix youh aenvih binjcungj、gihou、sengmaj diuzgienh、cingzsug cingzdoh、binghhaih nonhaih、dok oij fuengfap、yo geij nanz daengj mbouj doengz cix miz cabied. Gyonj hwnj daeuj gangj，mwh cezciengh fazcanj daengz yinjliu gaihdon le，gij yunghliengh de doxwngq gya lai，hoeng vvwndiz hix doxriengz daeuj lo. Sien dwg，mboujmiz gij gaiqdawz dokoij couh mboujmiz banhfap aeu ndaej lai baenzde. Daihngeih，baenzlawz bae ciengzgeiz yo hix dwg aen nanzdaej ndeu，iugouz gohyoz gisuz bae haekfug. Gaengawq ndaw 《Hansuh • Nanzcungh Bet Yen Ci》geiqsij：“Oij laux geij conq，raez ciengh lai，gig lumj faexngox，euj daeuj gwn，diemz raixcaix，dok aeu raemx de dak geij raq，dangzniu，haeuj bak couh vaq，daihgya heuh de guh dangzrin.” Saedceiq，dangzniu couh dwg dangz（dangzbenj）. Aen gaihdon lij dwg cigsoh gwn raemxoij，doiq dingz itseiz yungh mbouj liux de，“dak geij raq baenz dangzniu”，guhfap mbouj nanz，saedyienh ndaej ngaih，gisuz fuengfap hix genjdanh. Gunghyenzcenz 1 sigij geizgyang，ndaw 《Yilinz • Gienj Daihngeih》geiqsij：“Mboujmiz mehyah daemjrok，mbouj buh daenj；nanz gih fouz linx，dangz gyaux haeux gwn.” Dangzrwi caeuq sadangz，cungj dwg baenz mba baenz naed lumj sa neix. Aeu sadangz bae rung，hamz ciuhdangz cwngzfwn haemq lai，saek de caeuq feihdauh de mbouj ndei. Gij neix couh dwg sadangz doj ciuhgeq. Gunghyenzcenz 1 sigij，ndaw bonj saw Yangz Fuz 《Yivuzci》vixok：“Oij gyae'gyawj cungj miz，gij Gyauhcij ndaem de ceiq ndei……dok aeu raemx de gwd lumj dangzniu，heuh guh dang，engqgya bae insik de，youh bae rung de dak de，couh giet baenz nae.” Aenvih de dwg raemxoij giet baenz ndaek，lumj rin neix，caetliengh lumj dangzrwi，ndigah heuhguh dangzrin. Vunz Cincauz Gwz Hungz caengzging iugouz daeuj Gvangjsih mbanj Bouxcuengh dangguen，youq ndaw bonj saw de 《Sihgingh Cazgi》geiqsij miz “Nanzyez miz dangzrin” caeuq “Nanzyezvangz yiengq Gauhdi gunghawj 5 huz dangzrin”. Nanzyez couh dwg Nanzyez，Cau Doz guenj Gvangjsih Gvangjdungh，Gaujcuj couh dwg Liuz Bangh，nienzdaih de dwg gunghyenzcenz 206~gunghyenzcenz 195 nienz. Gig mingzyenj，gunghyenzcenz 3 sigij cojcoeng Bouxcuengh gaenq rox caux dangzrin lo，de dwg dujdwzcanj Gvangjsih Gvangjdungh. Saedceiq，de dwg gij dangzbenj roxnaeuz dangzyouz youz raemxoij rung dak baenz. Cungj dangzrin neix，caetliengh mbouj sang，ceiqlai cijnaengz heuhguh dangzrin doj. Danhseih naengzgaeuq yungh gietndongj fuengfap yo raemxoij，youq dangseiz wngdang dwg gohyoz gisuz fuengmienh hangh fatmingz ndeu. Cawzliux dangzrin，vunz Nanzsung Sung Swngzcuj youq ndaw 《Yozcaih Canbiz》naeuz：“Rung raemxoij guh dangz，youq Hancauz gaenq raen lo.” Gangjmingz yungh feiz rung dangz，youq Hancauz couh haidaeuz guh le. Ndigah，ndaw bonjsaw 《Gvangjsih Dunghci • Gohgisij》1997 nienz 12 nyied okbanj de nyinhnaeuz：

“Gvangjsih gij gohyoz gisuz aeu oij caux dangz neix youq Sihhan seizgeiz gaenq miz lo，dangseiz gyoengqvunz aeu vaiz rag rin、diuzfaex dok aeu raemxoij，rung gwnz feiz，hawj raemxoij giet baenz dangzniu.”

秦汉时期是壮族人广为种植甘蔗并发明制作砂糖的发展阶段。秦汉，柘浆这种产品已向饮料发展，如《汉书》及司马相如的《子虚赋》（作于公元前2世纪后期）中都有使用柘浆的记述。对这些记述，应劭注曰："取甘蔗汁以为饮也。"通常的甘蔗汁，一般含水77%～88%，含蔗糖8%～21%，含还原糖0.3%～3.0%，含有机非糖分0.5%～1.0%，含无机非糖分0.2%～0.6%，这些成分又随品种、气候、生长条件、成熟程度、病虫害、提汁方法、存放时间等的不同而异。总之，当柘浆的利用发展到饮料阶段后，其用量相应加大，但问题也随之而来。首先，没有压榨工具是提取不了那么多的。其次，如何长期保存也是个难题，要求科学技术给予攻克。据《汉书·南中八郡志》中记述："甘蔗围数寸，长丈余，颇似竹，断而食之，甚甘，榨取汁曝数时成饴，入口消释，人谓之石蜜。"实际上，饴即糖蜜（或糖块）。当蔗浆处于饮用阶段时，对那些一时用不完的部分，"曝数时成饴"，做法不难，容易实现，技术方法也不复杂。公元前1世纪中期的《易林·卷二》中则载："无女推床，不成文章；南箕无舌，饭多砂糖。"糖蜜和砂糖，都是粉状或细沙状的晶体。后者经火久煎，含焦糖成分较多，成品色味欠佳。这就是早期的土砂糖。公元前1世纪杨孚的《异物志》中指出："甘蔗远近皆有，交趾所产特醇好……榨取汁如饴饧，名之曰糖，益复珍之，又煎而曝之，既凝而冰。"因它是蔗汁浓缩变成的固体物质，形类石，质如蜜，故名石蜜。曾经要求到广西壮乡为官的晋人葛洪，在其《西京杂记》里载有"南粤出产石蜜"和"南越王献高帝石蜜五斛"的记述。南粤即南越，赵陀管辖两广之地，高祖乃刘邦，其年代为公元前206年～公元前195年。显然，公元前3世纪壮族先民已会生产石蜜，它是两广的土产。实际上，它是甘蔗压汁煎曝形成的糖块或糖油。这种石蜜，质量并不高，充其量只能叫做土石蜜。然而能以浓缩办法保存蔗汁，在当时应该属于科学技术上的一项创造发明。除了石蜜，南宋人宋绳祖在《学斋占毕》中称："煎蔗为糖，已见于汉。"说明以火熬糖，汉已开始。所以，1997年12月出版的《广西通志·科技志》中认为："广西甘蔗制糖科学技术始于西汉时期，当时人们用牛拉石、木辊榨蔗取汁，以火煎熬，使蔗汁浓缩成糖浆。"

Daengz gunghyenz 1 sigij, Lingjnanz mbanj Bouxcuengh gaenq ndaem oij baenz ndoeng. Ndigah ndaw 《Sinzyigingh》 geijsij miz "Ndaw diegfwz namzfueng, ndaem oij baenz ndoeng". Gizneix gij "ndaw diegfwz namzfueng", aen fanveiz ceijok de yienznaeuz haemq gvangq, hoeng cujyau lijdwg Lingjnanz mbanj Bouxcuengh, baugvat Gvangjdungh Gvangjsih caeuq baihgyang baihbaek Yeznanz ndij Fuzgen rangh dieg neix. Ndaem oij lai baenzneix, cieddoiq mbouj dandan aeu de dangguh mak gwn, aen vwndiz baenzlawz haeujlaeg gyagoeng couh okdaeuj lo. Ginggvaq ciengzgeiz bumhbax, mizok gij caux dangz gisuz doj, swnghcanj le sadangz doj caeuq dangzrin doj. Daengz Dunghhan, Cangh Hwngz youq ndaw 《Caet Buek》 de naeuz: "Sadangzniu（couh dwg dangzrin）caeuq de dwg daengjloih ndeu." Seizneix doenghgij dangz doj neix gij caetliengh de gaenq ndaej daengz daezsang, ndaej baen baenz gij "daengjloih" caetliengh mbouj doengz de lo. Cinz Sou youq ndaw 《Sangozci》 naeuz daengz Sunh Lieng 《Gyanghbyauj Con》, geiqsij miz "Heuh boux vunzdon swqhaeuh gijgwn de dawz gij dangzniu Gyauhcouh soengq hawj haenx okdaeuj". Gyauhcouh couh dwg mbanj Bouxcuengh Gvangjsih、Gvangjdungh、Yinznanz caeuq baihbaek Yeznanz（couh dwg Gyauhcij、Giujcinh、Yiznanz sam gin）. Seizneix, dangz gaenq baenz gungbinj, dijbauj raixcaix. Daengz le Nanzcauz Ciz Liengz seizgeiz, Dauz Hungzgingj youq ndaw 《Canghyw Biedloeg》 geiqsij gij lajneix："Oij dwg gij Gyanghdungh ndaem de ceiq ndei, Luzlinz hix miz gij ndei；gij oij Gvangjcouh ndaem baez ndeu, couh seng geij bi haenx, laux lumj gocuk neix, raez ciengh lai. Aeu raemx de daeuj caux dangz (couh dwg sadangz, bouxbien cawqmingz), doiq vunz ikcawq gig lai." Gangjmingz doenghgij dangz doj neix mboujdanh gij cwngzbinj caetliengh de gaijndei, caemhcaiq wngqyungh fanveiz cingq gyadaih, swnghcanj ceiqcauh hix cingq ndaej daengz duihgvangj bujgiz. Gijneix dwg gienh saehndei hung gvenhaeh daengz guekgya ginghci yinzminz swnghhoz ndeu, ndigah dangseiz miz haujlai vwnzyen, cungj ceng bae gaisau. Gyoengqde cungj dwg gij caensaed geiqloeg Lingjnanz cojcoeng Bouxcuengh baenzlawz haeujlaeg bae gyagoeng oij haenx. Ndigah, dangzrin doj caeuq sadangz doj dwg gij canjbinj youqgaenj aen seizgeiz neix.

到公元1世纪，岭南壮乡已育蔗成林。故《神异经》中有"南方荒内，盰蔗之林"的记述。这里的"南方荒内"，指的范围虽然比较广，但主要还是岭南壮乡，包括两广和越南中北部以及福建一带。这么多的蔗林，绝非只做水果食用，深加工问题于是应运而生。通过长期的摸索，形成了土法制糖技术，生产了土砂糖和土石蜜。到东汉，张衡在其《七辩》中称："沙饴（即石蜜）乃其等类。"这时这些土糖质量已有提高，可以划出质量不同的"等类"了。陈寿的《三国志》中说到孙亮的《江表传》有"使黄门就中藏吏取交州献甘蔗饧"的记述。交州即壮乡广西、广东、云南及越南北部（即交趾、九真、日南三郡）。这时，糖已列为贡品，名贵之极。到了南朝齐梁时期，陶弘景在《名医别录》中有如下记述："蔗出江东为胜，庐陵亦有好者；广州一种，数年生（的甘蔗），皆大如竹，长丈余。取汁为沙糖（即砂糖，编者注），甚益人。"这说明这些土糖不仅成品质量有了改进，而且应用范围正在扩大，生产制造也在推广普及。这是一件关系到国计民生的大好事情，所以当时的许多文献，都争以介绍。它们都是岭南壮族先民对甘蔗深加工的实录。因此，土石蜜和土砂糖乃是这个时期的重要产品。

Gvendaengz dangseiz gyagoeng sadangz gij gisuz fuengfap de, saedceiq couh dwg gij caux dangz fuengfap doj louzhengz youq mbanj Bouxcuengh de. Gak dieg yienznaeuz loq miz di cabied, hoeng gihbwnj doxlumj. Lumjbaenz Gvangjsih Liujcwngz aeu gooij cuengq gyang aendokoijrin, aendok neix dwg song ndaek saeurin bingzbaiz, aeu vaiz rag, hawj de baenqcienq, gooij daj baihnaj haeujbae, nyaqoij couh daj baihlaeng okdaeuj, raemxoij couh daj mbokfaexcuk lae haeuj aen doengj hung. Itdingh aeu lienzdaemh dok sam baez, baeznduj dok gvaq, aeu gya gaiq ciemfaex (couh dwg "conghhoz duzlungz"), hawj gooij deng dok engq ndaet, raemxoij dok ndaej engq saw, yienghneix dauq dok song baez couh ndaej. Rung dangz seiz, aeu raemxoij dauj haeuj rekhung rung goenj, gij fugfauz fouz youq gwnz de, gibseiz vez ok, ce daeuj ngauzlaeuj. Rek ndeu ndaej 15～20 goenggaen dangz. Rung dangz seiz moix aen rek cuengq 5～6 cenj raemxhoi, sieg youzndip ndeu, doxcung hawj gij soemj de cit di, caemhcaiq caeuq naezuq daengj gij cabhuq ndaw raemxoij de doxgiethab baenz fugfauz, caj de yaek giet seiz, dauj coq lingh aen rek, hoedgyaux daengz baenz sa seiz, dauj haeuj gwnz mbinj caj de nit le，couh ndaej gij dangzgeb caeuq dangzhenj saek haemq henj saw、cabhuq haemq noix haenx. Ginghnen cwngmingz，dangnaeuz aeu gij oij haemq geq de daeuj dok raemx，raemx oij mbouj soemj geij lai，mbouj yungh gya raemxhoi doengzyiengh caux ndaej ok gij dangzbenj ndei. Doengciengz 3000 goenggaen oij，caux ndaej 250 goenggaen dangz. Laizbinh Yen rung dangz，dandan gya habliengh hoi，couh caux ndaej sadangz，okdangzlwd daih'iek dwg 10%. Gij dangnieb Yungzyen，dwg gij dangz Cangzanh ceiq ndei. Gij caux dangz fuengfap de dwg：Cirin song aen，gvangq 2 cik，oij daj gyang de ndonj gvaqbae，aeu song duz vaiz rag baenq，ndaej raemxoij daeuj，loq gya di hoi rung，gyoet le couh giet baenz dangz，ronq baenz gep couh dwg dangzhenj，hix miz guh baenz ndaek lumj cien neix，heuhguh dangzcien. Gig mingzyenj，dangzbenj dwg dangzrin "doj" ginggvaq yenjben baenz，okyienh seizgan beij binghdangz caeux，aiq dwg mbanj Bouxcuengh Gvangjdungh Gvangjsih soujsien cauxbaenz. Gij saehnieb swnghcanj dangzbenj gizneix liglaiz mwnhoengh，mboujdanh soqliengh lai，caetliengh ndei，caiqlij（ndawbiengz）swnghcanj bujbwn. Gyonj daeuj gangj，gijneix dwg cojcoeng Bouxcuengh aen gungyen hung ndeu.

关于当时砂糖加工的技术方法，实际上就是流传于壮乡民间的制糖土法。各地虽略有差别，但基本大同小异。如广西柳城先将蔗条置石榨中，其榨为两直立之石（圆）柱相并而成，用牛牵引，使之旋转，蔗自前边放入，蔗渣即从后面出，所压之蔗汁，由竹筒引注于大木桶内。蔗须连榨三次，第一次过后，须加木制的楔子（即"龙喉"），使蔗条绞贴更紧，蔗汁榨出更净，如此反复榨两次即得。煎糖时，将蔗汁倒入大锅内煮沸，锅面所浮之糖泡，及时捞出留作酿酒之用。每锅得糖15～20千克。煎糖时每锅须放石灰水5～6杯，生油1匙羹，中和蔗汁的酸度，并与蔗汁中的污泥等混杂物结合形成糖泡。细心撇掉糖泡，俟其将要凝结时，倾于另一锅中，搅拌至起砂时，倒入糖席上待冷，遂得颜色比较黄净、杂质较少的片糖和黄砂糖。经验证明，如果取成熟度较高的甘蔗榨汁，其汁酸度较低，不加石灰水也同样炼制得质量上乘的片糖。通常3000千克蔗，可得糖250千克。来宾县的煎糖，只加适量的石灰，即制得砂糖，出糖率约为10%。融县的糖业，以长安为最。其制法是：石车2架宽2尺，蔗从中通过，二牛转之，盛取蔗水，稍加石灰煎炼凝结，切成方片即为黄糖，亦有范成砖式者，名为砖糖。显然，片糖是"土"石蜜经演变而得，形成时间比冰糖早，很可能创始于两广壮乡。这里的片糖生产事业历来繁荣，不仅数量多、质量好，而且（民间）生产普遍。总之，此乃壮族先民的一大贡献。

Aendokfaex gij caizliuh de lai dwg aeu gij faexndongj lumjbaenz faexyienq roxnaeuz faexcab（lumj gvahmuz、cuihmuz、diuhmuz）cauxbaenz.

壮乡木榨的木料多用坚实的蚬木或杂木（如瓜木、椎木、㭴木）做成。

Sam. Dangz Daengz Mingz Cingh Seizgeiz
三、唐至明清时期

Dangz daengz Mingz Cingh seizgeiz，dwg aen gaihdon Bouxcuengh ndaem oij lai，daezsang gaijndei caux dangz gyagoeng gisuz，fatmingz caux dangzhau、caux binghdangz，caemhcaiq caux gij canjbinj ndei haenx. Dangzdai, baihnamz Cangzgyangh（cawzliux Gvangjdungh Gvangjsih, lij miz Fuzgen、Gyanghsih、Huznanz、Cezgyangh caeuq Swconh ndij Yinznanz dem）cungj ndaem oij caux dangz, ndawde, Lingjnanz mbanj Bouxcuengh ndaem oij ceiq lai. Gaengawq vunz Dangzcauz Mung Sinh youq ndaw《Gij Go Gwn Daeuj Ywbingh》naeuz："Oij miz oij nding, heuhguh oijgunhlunz, miz oij hau, heuhguh oijdiz, oijcuk youq Swconh caeuq Lingjnanz miz lai." Sungdai, dieg Bouxcuengh gawq ndaem oij youh caux dangz. Mingzcauz Lenzcouh, gij gunghcangj caux dangz de lai raixcaix. Cinghcauz mboengqcaeux, youq henz nazoij, hwnq aen diengz ndeu dok oij, heuhguh diengzoij, gijneix dwg diengzzhoeng soujgungh caux dangz ndeu, canjbinj dawz dangzzhenj、dangznding guhcawj. Genzlungz 29 bi（1764 nienz）, gij "liujdangz" Gvangjsih gaenq gig miz mingz. Couhcinj dwg aen Funingz Yen youq baihdoengnamz Yinznanz Swngj de, hix miz oij bonjdieg caeuq oij diegrog 22 cungj. Ndigah, Cinghcauz mboengqcaeux, Yinznanz Bozai gij dangznding faex dok caux baenz de, aenvih caetliengh ndei cix mingzdaeuz hung.

唐至明清时期，是壮族人广为种植甘蔗，提高改进制糖加工技术，发明制取白糖、制取冰糖，并创造优质产品的阶段。唐代，长江以南（除两广外，还有闽、赣、湘、浙，以及川和滇）都种蔗制糖，其中，岭南壮乡的甘蔗种植名列前茅。据唐人孟诜的《食疗本草》中称："蔗有赤色者，名昆仑蔗，白色者名荻蔗，竹蔗以蜀及岭南为多。"宋代，壮乡腹地既种蔗，又制糖。明之廉州，糖厂林立。清代前期，壮乡蔗田附近，搭盖简易的工场榨蔗取糖，称为糖寮，这是一种手工制糖作坊，产品以黄、赤糖为主。乾隆二十九年（1764年），广西"柳糖"已享盛名。即使是在滇东南深处的云南富宁县，也有了本地和外地蔗种多达22种。因此，清初云南剥隘的木榨红糖，由于质优而得以驰名。

Aen seizgeiz neix gij caux dangz gisuz de youh miz duzbo moq. Dangzdai gij oijcuk Lingjnanz, mingzdaeuz de daengx guek gaenq rox liux, hoeng gij caux dangz fuengfap de youh geq youh lozhou, swnghcanj ok gij sadangz de caetliengh mbouj sang, daengx guek cungj yienghneix. Ngamj dwg seizhaenx, aen Mozgezdozgoz（baihnamz Bijhah'wjbangh seizneix）ndaw Yindu Bandauj youq "Cinhgvanh 21 bi（647 nienz）, haidaeuz baij vunz daeuj baiqraen vuengzdaeq, gunghawj go faexbohloz, gij faex de lumj faexbwzyangz. Daicungh baij vunz bae hag gij fuengfap rung dangz, couh roengzlingh Yangzcouh giz ndaem oij de, ciuq cungj fuengfap haenx daeuj dok aeu raemxoij caux dangz, caetliengh beij gij Sihyiz ndei hauj lai". Yawj ndaej ok, gij bouxcangh Gvangjdungh Gvangjsih youz Yangzcouh guenjyaz haenx, yungh gij rung dangz fuengfap Sihyiz daeuj rung raemxoij caux dangz, yauqgoj gig ndei, yienzsaek、feihdauh cungj beij gij Sihyiz de ndei. Aen hengzdoengh neix, fouzngeiz doiq Cungguek dangseiz fuengfap swnghcanj dangzoij de miz cizgiz coicaenh cozyungh. Itdingh aeu ceijok, youq neix gaxgonq, youq ndawbiengz dieg Bouxcuengh Gvangjdungh Gvangjsih, gaenq miz dauq caux sadangz fuengfap cingzsug ndeu. Miz le doenghgij giekdaej neix, ndigah ndaej gig riuz bae yenzgiu、siuhva caeuq supaeu gij gisuz yinxhaeuj de, daj ndaw sizcenj bae guh gisuz duzbo, swnghcanj ok gij dangzrin（couh dwg sadangz hau）de mboujlwnh dwg yienzsaek lij dwg feihdauh cungj mauhgvaq le Sihyiz.

这个时期的制糖技术又有新突破。唐代岭南竹蔗已闻名全国，但制糖方法古老落后，所产砂糖质量不高，全国如此。适时，印度半岛的摩揭陀国（今比哈尔邦南部）于"贞观二十一年（647年），始遣使者自通于天子，献波罗树，树类白杨。太宗遣使取熬糖法，即诏扬州上诸蔗，榨渖如其剂，色味愈西域远甚"。可见，由扬州管辖的广东、广西工匠，用西域熬糖法对甘蔗榨汁炼制，效果极好，色味均比西域的好。此举，无疑对中国当时的蔗糖生产起到了积极的促进作用。必须指出，在这之前，两广壮族地区的民间已有了一套成熟的炼制砂糖的方法。有了这些基础，所以能很快地对引进技术加以研究、消化和吸收，从实践中给予技术突破，生产出的石蜜（即白砂糖）无论是颜色还是味道都超过了西域。

Dangzcauz Sangyenz yenznenz（674 nienz），Cungguek fatmingz le doekyagfap caux dangzhau，caemhcaiq youq Gvangjsih mbanj Bouxcuengh cugbouh duihgvangj. Gij fuengfap haenx sawjyungh dauq gang'vax（cohsaw heuhguh "vajliuh"，Sawcuengh moq dwg "aenlaeuh"）ndeu，yiengh de lumj aenlaeuh neix，dawz de caeuq gij doxwngq sezbei wnq doxboiq，aen gij raemxoij rung baenz dangzniu de dauj hawj aenlaeuh，aeu raemxnamhhenj rwed gwnz de，baengh raemxnamhhenj ndoet saek de ok cix cauxbaenz dangzhau. Bouxcuengh Gvangjsih Vujmingz Yen Dwnggvangj Yangh Cizgiz Cunh，vihliux baujcwng caetliengh dangz，fatmingz le cungj fuengfap ndeu：Yungh ficngz swiq seuq cuengq gyang daemz，aeu boengz bae gyaux ndei ceh gyang raemx，hawj de oemqfat le aeu okdaeuj，youq gyangdah swiq seuq，aeu doenghgij fiengz henj ndei neix cwgoeb gwnz aenlaeuh，hawj de miz doiqsaek cozyungh，youq baihdaej aenlaeuh hai congh iq ndeu，gij raemxdangz liu、miz saek de doenggvaq congh iq baihdaej lae haeuj aen gang iq baihlaj aenlaeuh，gij dangzhenj gwnz aenlaeuh de couh cugciemh bienqbaenz sadangz hau de. Yienghneix，baenz lap ndeu couh gvet lap ndeu daeuj dak hawq，couh baenz dangzhau doj lo，feihdauh de diemz raixcaix. Aen mbanj de cienzbouh dwg Bouxcuengh，miz mbangj gij ranz ciuhciuh caux dangz de，daengz seizneix lij yo miz aenlaeuh，gak cungj hingzhauh gveihgvz cungj miz，ranz miz lai de miz geij cib aen，gyoengqde aeu de yawj baenz cienzgyabauj，seiqdaih doxcienz. Gaengawq bouxgeq ndaw mbanj cienznaeuz，cungj fuengfap neix daj Dangzcauz cienz daengz seizneix，daihdaih doxcienz，ciuq gaeuq mbouj bienq. Gyonj daeuj gangj，cungj fuengfap daj gwnz aenlaeuh gvet dangz neix ndaej daengz bujgiz，doidoengh gij caux dangz gisuz mbanj Bouxcuengh hwnj daengz aen sangdoh moq ndeu.

唐上元元年（674年），中国发明了滴漏法制取白糖，并在壮乡广西逐步推广。该法使用了一套漏斗形的陶器（学名为"瓦溜"，新壮文为"aenlouh"），配以瓦缸和别的相应设备，将熬制浓缩了的蔗汁倒入瓦溜，从上淋入黄泥浆，靠黄泥浆吸附脱色以制取白糖。广西武鸣县邓广乡赤旗村的壮民，为保证糖质，发明了一种方法：用干净稻草（禾秆）置于池中，用烂泥在水中把它糊住，使其在水中发酵后取出，到河中捶洗干净，将这些干净透黄的禾秆，盖到瓦溜面上面，使之产生脱色作用，瓦溜底部开个小孔，那些稀的、带色的糖液通过底部小孔流入瓦溜下面的小缸，瓦溜上的黄糖则逐渐形成白色的砂糖。如此，形成一层刮下一层并晒干，即成土白糖，其味尤甜。该村全是壮族人，一些制糖世家，至今仍保留有各种型号规格的瓦溜，众者多达数十枚，视为传家宝贝，世代相传。根据村里长老口碑相传，此法自唐代起做到如今，代代相传，沿袭不变。总之，瓦溜面上取糖法的普及，把壮乡的制糖技术推上了一个新的高度。

Dangzcauz Daliz nienzgan（766～779 nienz），Swconh《Suizningz Ci》naeuz miz cungj fuengfap caux binghdangz ndeu，dwg Couh Hozsang son daihgya caux，couh dwg fatmingz le cungj fuengfap caux binghdangz de. Cungj fuengfap "roemzdangzoij baenz dangzhau" haenx，baugvat baenzlawz cawqleix oij（dat naeng、nienj、dok）caeuq baenzlawz cawqleix raemxoij（rung、lienh、giet、dak）. Sungdai，cungj fuengfap neix gaenq siengdang hwnghengz，mbanj Bouxcuengh hix gibseiz yinxhaeuj duihgvangj，ndigah miz cungj gangjfap "Fuzdangz、Swmingz、Banhyiz、Gvangjhan、Suizningz cungj miz，dandan dwg gij Suizningz de ceiq ndei" neix. Sungcauz Senhhoz（1119～1125 nienz）cogeiz，gij（binghdangz）"swnghcanj okdaeuj de engq daegbied"，"binghdangz dwg gij lajmbwn ceiq diemz de". Gig mignzyenj，mboujlwnh gij yiengh、gij saek、gij caetliengh、duihgvangj wngqyungh daengj，cungj guh ndaej ndei，biujmingz le gij gisuz caux binghdangz de cinbu gig riuz.

唐大历年间（766～779年），四川《遂宁志》称邹和尚授糖霜法，即发明了冰糖（糖霜）制法。该法"窨蔗糖为霜"，包括蔗处理（削、碾、榨）和蔗汁处理（煎、炼、凝、曝）。宋代，此法已相当盛行，壮乡也及时引进推广，故有"福唐、四明、番禺、广汉、遂宁有之，独遂宁为冠"之说。宋宣和（1119～1125年）初，（糖霜）"所产益奇"，"糖霜之甘擅天下"。显然，无论形、色、质量、推广应用等，都做得不错，表明了冰糖的制造技术进步很快。

Sungdai，dieg Bouxcuengh miz mbangj giz，gij diengzhoeng soujgungh caux dangz de gig lai，ndigah baenz le Cungguek gij dieggoek ndaem oij caux dangz youqgaenj de giz ndeu. Dangseiz，"vunzdoj Dwngzcouh youq henz dah ndaem oij，seizdoeng geizcaeux dok raemxoij caux dangz，aeu doengh aen dajcang seuq bae gyaeng，aeu nga cuk bae caemj，cienzbouh giet baenz naedhau". Gij naedhau de，couh dwg binghdangz. Gangjmingz cojcoeng Bouxcuengh gaenq rox gij fuengfap caux binghcangz de. Bonj saw Sungcauz Vangz Coz《Dangzsangh Buj》faen baenz gij laizyouz binghdangz、geiqloeg oij ciuhgeq、gij fuengfap ndaem oij、gij gaiqdawz caux dangz、gij fuengfap giet naed、gij mingh giet naed caeuq gij saeh goengq gwn、gij singqcaet feihdauh binghdangz ndij fap caux gwn 7 bien，doiq Cungguek（baugvat Lingjnanz mbanj Bouxcuengh）gij dangzoij gisuz guh le haemq cienzmienh、ciengzsaeq gohyoz lwnhgangj caeuq cungjgez，caemhcaiq baenz le Cungguek gij cucoz cienmonz lwnhgangj ndaem oij caux dangz ceiq caeux de.

宋代，壮族地区的一些地方，手工作坊制糖盛行，因而成为了中国种蔗制糖的重要基地之一。当时，"滕州土人沿江种蔗，冬初压汁作糖，以净器贮之，蘸以竹枝，皆结霜"。霜者，即冰糖也。这说明壮族祖先已掌握了冰糖的制法。宋朝王灼的《糖霜谱》分糖霜原委、蔗古记、种蔗之法、造糖之器、结霜之法、结霜运命与供御诸事、糖霜性味与制食诸法7篇，对中国（包括岭南壮乡）的蔗糖技术做了较全面、详细的科学论述和总结，并成为中国最早的甘蔗制糖专著。

Yenzcauz, dieg Bouxcuengh gij caux dangz gocwngz de youz "aeu oij dok raemx" "aeu raemx caux dangz" song aen gunghsi cugciemh fazcanj baenz dok oij、rung dangz caeuq okyiengh sam aen gunghsi, gijneix beij Dangzcauz gij caux dangz gisuz de youh hamj bae naj yamq hung ndeu.

元代，壮族地区的制糖过程由"以蔗取汁""以汁取糖"两道工序逐步发展为压榨、熬糖和成型三道工序，这比盛唐的制糖方法又前进了一大步。

Mingzdai, Canghvuz、Lenzcouh dangzcangj gig lai, Denhgij yenznenz（1621 nienz），Vangz Siengcin youq ndaw bonj saw de bien《Ginzfangh Buj》de nyinhnaeuz: Dangzoij vanzlij "dwg gij Lingjnanz swnghcanj de ceiq ndei". Mingzdai Sung Yingsingh doenggvaq《Denhgungh Gaihvuz》（aen banjbwnj Mingzcauz Cungzcinh 10 bi gaek yaenq）doiq Cungguek （baugvat mbanj Bouxcuengh）gij caux dangz fuengfap saetsanq youq ndawbiengz de guh le cungjgez. Aen dok oij dangseiz couh dwg "cidangz", aeu faex cauxbaenz. Baihgwnz baihlaj song gep benj vang, moix gep raez 5 cik, na 5 conq, gvangq 2 cik, song gyaeuj mbongq congh an saeu. Gaiq sunj saenj saeu baihgwnz mauhgvaq benj didi, gaiq baihlaj ndonj gep benj 2~3 cik, haem daengz laj namh, hawj aen cidangz maenh. Youq gyangsien gep benj baihgwnz mbongq song congh, an song gaiq faex, gij dauhleix de caeuq aen dangzfaiq doxlumj, aeu daeuj dok oij, yungh doihduz rag de baenqcienq, oij daj gyang song gaiq faex ndonj gvaqbae, nap soiq, caiq ginggvaq gij "bak bit" gwnz sug fanjfuk dok, 2~3 baez le, raemx oij deng dap ok liux, couh dan lw nyaqoij. Raemxoij daj sok gwnz benj deng yinx haeuj ndaw gang. Danh raemxoij ndeu gya raemxhoi 5 hab（daengjndaej buenqswng）. Rung dangz seiz, ciuq aen saw "品" aeu sam aen cauq rung dangz baij ndei, aeu gij raemxoij gaeng rung niu de gyoebgyonj youq aen cauq ndeu, yienzhaeuh aeu gij raemxliu de cugciemh gya haeuj lingh song aen cauq. Rung dangz feiz aeu rengz, feiz mbouj rengz, cix cienzbouh dwg fugfauz, couh baenz "dangz yaez", mbouj miz saekdi yunghcawq. Cigdaengz 20 sigij, gij sawoij cij haidaeuz miz "dangz yaez" "raemxoij yaez" cungj gangjfap neix, 380 bi gaxgonq《Denhgungh Gaihvuz》gaeng aeu de guh ginghnen fuengfap bae geiqsij.

明代，苍梧、廉州糖厂林立，天启元年（1621年）王象晋编的《群芳谱》中认为：蔗糖仍"以岭南出者为胜"。明代宋应星通过《天工开物》（明崇祯十年刻本）对中国散落于民间（包括壮乡）的制糖方法做了总结。当时的糖榨即"糖车"，为木制。上下两块横板，每块长5尺，厚5寸，宽2尺，两端凿孔安柱。柱的上榫突出板上少许，下榫穿过下板2~3尺，以埋入地下，使机身稳定。在上板中线凿孔两个，并列安装两根木辊，和轧棉花的道理相似，用以轧蔗。用畜力使辊运转，蔗从两辊之间一轧而过，再经轴上的"鸭嘴"重复放入压榨，2~3次后，蔗汁榨尽，即为蔗渣。蔗汁经板上的槽被引导流入缸内。每石蔗汁加石灰水五合（即半升）。煮糖时，按品字形把三口熬糖锅摆好，先将熬浓的蔗汁集中在一口锅里，然后把稀汁逐渐加进其余两口锅中。熬糖火力要足，不足，则满是泡沫，遂成"顽糖"，将毫无用处。20世纪的蔗书始有"顽糖""顽汁"之说，而380年前的《天工开物》已作为经验方法进行了记载。

Caux dangzhau, dauj raemxxoij haeuj cauq, mwh raemxdangz goenj aeu gaemhanh ndei rengz feiz. Raemx goenj baenz naed raemx iq, couh dwg rung goenj daengz lumj oemj neix, seizneix aeu fwngz bae nap yawj, danghnaeuz nem fwngz cix dangz gaenq rung ndei. Seizneix raemxdangz saek de lij henjfonx, aeu doengj gyaeng ndei, caj de giet gwd, cij dauj haeuj aenlaeuh, hawj raemxdangz gag faenliz baenz dangzrwi (lap baihdaej)、dangzhau caeuq dangzsihyangz (lap ceiq gwnz, daih'iek 5 conq, aenvih haucakcak, ndigah heuhguh dangzsihyangz) daengj.

制造白糖，把蔗汁入锅，当糖汁沸腾出水花时要严格控制火候。熬到水花呈细珠状，即煮沸至稀粥状，此时用手捏试，能粘手者则糖已熬好。这时的糖浆还是黄黑色的，用桶装起，待凝成糖膏，才倒入瓦溜，任由糖膏利用其自身重量分离形成糖蜜（最下层）、白糖和西洋糖（最上面一层，约5寸，因为非常洁白，故称西洋糖）等。

Yaek caux binghdangz, dwg aeu dangzhau gya ndat hawj de vaq, aeu gyaeq gaeq gij hau de sup hau caemhcaiq gvet fugfauz baihgwnz okbae, habdangq gaemhanh feiz rengz, aeu gocuk heu liep baenz duk, raez conq ndeu, vut duk haeuj cauq, coisawj de baenz naed, gvaq hwnz ndeu, couh baenz gij binghdangz lumj nae de lo. Aen seizgeiz neix gaenq caux ok 5 aen dangzhau (binghdangz) binjcungj："rinsan" ceiq ndei, "donzcih" "vunghgen" daihngeih, "naed iq" daihsam, "sa gyoz" ceiq yaez.

欲造冰糖，得将白糖加热熔化，用鸡蛋白澄清并撇去面上浮渣，适当控制火候，将新鲜青竹破成一寸长的篾片，撒入其中，促使其起晶，经一夜之后，即成状如天然冰块似的冰糖。这个时期所制的白（冰）糖已有5个品种："石山"是上品，"团枝""瓮鉴"次之，"小颗"又次，"沙脚"为下品。

Seizneix gij caux dangz gunghsi youh youz 3 aen fazcanj baenz 5 aen. Ndawde aeu hoi hawj raemx saw, aeu aenlaeuh daeuj dingh sa, aen dokoij gaij yungh gij loek daegbied de guh gij sezbei baenqcienq daengj, cungj dwg caux dangz gisuz ndaej daengz gaijndei, ndawde Bouxcuengh hix miz goenglauz. Youq mbanj Bouxcuengh gak dieg, swnghcanj ndaej haemq lai de miz 5 cungj：Couh dwg dangzbenj fonx (youh hoemz youh fonx)、dangzbenj henj (youh saw youh henj)、sadangz nding (couh dwg yizcinghdangz)、sadangz hau (couh dwg sanghcinghdangz)、binghdangz daengj. Ndawde gij dangzbenj henj Bouxcuengh swnghcanj de canjliengh ceiq lai, gijneix dwg cungj dangznding ndeu, gyang de baenz sa, raezseiqfueng, baenz gep, itbuen gveihgwz dwg 12 lizmij ×3 lizmij ×1 lizmij, dwg gij dangznding hamz miz dangzrwi de. Youz raemxxoij ginggvaq rung gwd baenz dangzniu le, gaenjhaenq gyaux de gik de, hawj de baenz naed (sugvah heuhguh dwksa), dauj haeuj congzdangz hawj de gyoet le dinghhingz couh baenz.

　　此时的制糖工序又由3道发展为5道。其中用石灰以清汁，用瓦溜以定沙，压榨改用特殊的木辘做运转设备等，都是制糖技术的革新，这里面也有壮家人的贡献。在壮乡各地，比较普遍生产的糖有5种：即黑片糖（浊而黑）、黄片糖（清而黄）、赤砂糖（即一清糖）、白砂糖（即双清糖）、冰糖等。其中壮乡的黄片糖产量最大，这是一种长方形带有砂心的块状红糖，一般规格为12厘米×3厘米×1厘米，属于含蜜红糖。由蔗汁经浓缩成饱和糖浆后，急剧搅拌刺激其生成晶体（俗称打砂），倒到糖床冷却定型即得。

　　Cinghdai, dangzoij gaenq baenz gij sanghbinj youqgaenj mbanj Bouxcuengh. Gak aen yen cungj swnghcanj dangzdoj swhgeij aeu bae haw gai. Miz mbangj dieg, vanzlij okyienh le "gaicawx dangz sengleix", cienmonz bau cawx gij dangzoij swnghcanj okdaeuj haenx. Youq caux dangz gisuz fuengfap fuengmienh, gak dieg gihbwnj doxlumj. Lumjbaenz Gvangjsih Yunghningz gij caux dangz fuengfap de dwg: Aeu doihduz rag aendokrin、aennienjfaex daeuj dok oij, caiq aeu raemxoij rung gwd dauj haeuj aenvunq giet baenz dangzbenj henj, roxnaeuz dauj haeuj aen laeuh vax dangz（caeuq aenlaeuh ndaw《Denhgungh Gaihvuz》naeuz haenx）de, yag hawq dangzrwi couh baenz dangzhau. Vanzlij ndaej caux binghdangz dem. Hoeng Gvangjsih Liujcwngz gij caux dangz fuengfap de dauqfanj dwg aeu raemxoij rung goenj daih ndei, rung daengz baenz sei cij hab, heuhguh raemxdangz, aeu raemxdangz dauj haeuj aenboemh daej soem miz congh haenx, raemxdangz baen 3 baez dauj haeuj, baeznduj liu di, baez daihngeih haemq na, baez daihsam engq gwd engq na. Cuengq 5～6 ngoenz hawj de gyoet le, hai congh baihdaej aenboemh, hawj dangzrwi lae okdaeuj, aeu gang ciep ndei, daih'iek 10 ngoenz, yag raemxdangz liux le, aeu gij fiengz ceh raemx gvaq de goemq gwnz, 10 lai ngoenz caj fiengz hawq le, miz lap dangz naed hau ndeu na conq lai, gvet de roengzdaeuj. Dak le engqgya hau, nienj baenz mba, couh dwg dangzhau. Moix gvet baez ndeu, couh dauqcungz aeu fiengz mbaeq goemq gwnz. Gvet 3 baez cij daengx. Gvet baeznduj ceiq hau, baez daihngeih haemq yaez di, baez daihsam ceiq yaez. Aeu gij ceiq hau caux binghdangz. Gij raemxdangz lw de, itdingh aeu lingh rung baez dem, cij caiq caux ndaej. Cungj fuengfap neix moix rap dangzhau aeuyungh raemxdangz 140 goenggaen, gij raemxdangz lw mbouj baenz dangzhau de heuhguh raemxgam, ndaej aeu de guh ciengqyouz. Aendokoij Bouxcuengh Yinznanz Majgvanh, hix miz 200 lai bi lizsij lo, de aeu faex ndongj doq baenz, ndawde gaiq sejcawj caeuq gaiq sejhenz laux 0.3～0.4 mij, raez 0.5 mij baedauq. Gyaeuj baihgwnz gaek miz faenz, gyaeuj baihlaj aeu mbok diet fan sa haenx gyok ndei, gaiq sejcawj nawz de an saenj faex ndeu guh laeuq, raez 3～4 mij, aeu doihduz rag gaiq laeuq sawj gaiq sejcawj baenqcienq, vunz couh aeu gooij cuengq gyang song gaiq sej dok raemx okdaeuj, aeu raemxoij dauj haeuj 3 cauq doxrangh aen nduj de rung, yienzhaeuh caiq ginggvaq aen daihngeih、aen daihsam rung, gvet cazciz caeuq fugfauz okbae, caemhcaiq habdangq gya di hoi caeuq youzlwgraz, caj raemxoij rung gwd le, daek cuengq gang'vax aeu diuzfaex gyaux geij cib mbat, gyoet le aeu aensieg daek cuengq aen duixdangz, daej duixdangz aeu mbaw faexvujgyahbiz gaenq aeu raemx rung gvaq de cuengq gonq, yungh de daeuj gek mbouj hawj dangz caeuq duix doxnem. Duixdangz duix ndeu heuhguh "beiz" ndeu, song beiz guh hab ndeu, daih'iek naek 100 gwz. Doenghgij gwnzneix, yiennaeuz loq miz di doxca, hoeng gihbwnj doxlumj, caemh dwg ciuhgeq gij caux dangz fuengfap cienz roengzdaeuj caeuq fazcanj baenz.

清代，蔗糖已成为壮乡重要的商品。各个县都在生产自己的土糖以面市。有些地方，甚至出现了"贩糖生理"，专门包买生产出来的蔗糖。在制糖的技术方法上，各地基本相同。如广西邕宁的制糖方法是：用畜力牵引石、木碾以榨取蔗汁，再将蔗汁煮稠倒入模具凝固成黄片糖，或倒入陶制的糖漏（类似《天工开物》中记述的瓦溜）漏干糖蜜即成白糖。还可以制作冰糖。而广西柳城的制法却以蔗汁煮沸过滤熬到起丝为合度，名曰"糖水"，将糖水注入尖底有孔之钵，汁分3次注入，第一次汁略稀，第二次稍厚，第三次更浓厚。放5~6日待冷后，开放钵底之孔，让糖蜜漏出，用缸接之，约10日，漏完糖液，盖上用水泡制过的禾秆，十余日俟禾秆干后，有一寸许的白色结晶糖，即可刮取。晒之更白，碾成粉末，就是白糖。每刮一次，复以湿禾草盖上。刮至3次为止。头为尖白，次为中白，三为下白。用尖白可制冰糖。所余糖水，须经另熬，方可再制。此法每担白糖需糖水140千克，剩余不成白糖之水叫做桔水，可以入酱。云南马关壮族人的土榨，也有200多年的历史，它以坚硬的木料制成，其中主辊和附辊直径为0.3~0.4米，长约0.5米。上端刻有木齿，下端以翻砂的铁筒箍套，主辊顶端安上一根3~4米长的圆木做杠杆，由畜力牵引杠杆驱动辊筒转动，人工将甘蔗送入两辊之间榨出蔗汁，把蔗汁放入3口连灶的第一口锅中熬煮，然后再经过第二口、第三口锅熬煮，撇去杂质和泡沫，并添加适量的石灰和香油，待蔗汁熬成糊状后，舀入瓦缸用木棒搅拌数十次，降温后用糖勺舀入糖碗，糖碗底部预先放有一张水煮过的五加皮树叶，以它分离凝结后的糖、碗。糖碗一碗称一"扇"，两扇为1盒，约重100克。以上这些，虽略有小异，但基本大同，都是古代制糖方法的沿袭和发展。

Linghvaih, Cinghdai mboengqgyang mboengqbyai, gij gaiqdawz caux dangz haidaeuz daj loekfaex gaij baenz loekrin, mbouj yungzheih hed vaih, youh yauqlwd haemq sang. Caeux youq Cinghdai cogeiz, Yinznanz Funingz Yen Bozai、Gveihcauz miz bouxcangh Bouxcuengh, ginggvaq bumhbax damqra, aeu faex cauxbaenz le gij aendokoij aeu doihduz rag hungloet haenx, hawj gij fuengfap cauq rung raemxoij caux dangz conzdungj de daezsang geij cib boix yauqlwd.

此外，清代中后期，制糖工具开始从木辘改为石辘，既耐磨耐损，又获得较高的运转效率。早在清初，云南富宁县剥隘、归朝的壮族木匠，经过了摸索，制成了巨型畜力木质榨糖机，利用传统的锅煮取糖方法将工效提高了几十倍。

Gij baihgwnz, dwg aen fazcanj seizgeiz haemq gyaeraez ndeu, binghdangz caeuq dangzhau couh gij canjbinj daiqbiuj aen seizgeiz neix. Ndawde binghdangz itcig dwg gij conzdungj canjbinj Cungguek.

以上，是一个比较漫长的发展时期，冰糖和白糖就代表了这个时期的产品。其中冰糖一直是中国的传统产品。

Seiq. Minzgoz Seizgeiz

四、民国时期

Minzgoz seizgeiz, dwg aen gaihdon moq Bouxcuengh yamq haeuj gohyoz caux dangz de. Ciuhgyawj, gohyoz caux dangz fuengfap gaenq cauxbaenz. Caux dangzhau, dwg aeu raemxoij ginggvaq yaliuzsonhfaz caeuq dansonhfaz roxnaeuz yunghhoifap roxnaeuz linzsonhfaz daengj vayoz fuengfap（lijmiz vuzlij fuengfap dem, lumjbaenz gij lizswj gyauhvanfaz aeu lizswj gyauhvan sucih guh cinghcingci、aeu guzdan roxnaeuz hozsingdan guh cinghcingci daengj gij fuengfap neix）dizcunz（cinghcing）le, ginggvaq rung caeuq faenriuz dangzniu cix ndaej. Ndawde, dansonhfaz dwg gij fuengfap aeu hoi caeuq wyangjvadan guh cujyau cinghgezci caux dangzhau de. Gidij youh baen baenz dan、sueng、sam dansonhfaz 3 cungj. Dan dansonhfaz couh dwg baez dansonhfaz ndeu, youq cinghcing gozcwngz ndawde, raemxoij dandan gya baez hoi ndeu caeuq baez ndeu baujcungh；gya baez hoi ndeu caeuq song baez dansonh baujcungh dwg sueng dansonhfaz；gya song baez hoi caeuq sam baez baujcungh, couh dwg sam baez dansonhfaz. Dansonhfaz caeuq yaliuzsonhfaz doxbeij, cungjdaej dauqsoulwd haemq sang, caux baenz gij dangz de haemq cinghseuq, yienzsaek haemq noix, caemhcaiq yo geij nanz hix mbouj bienqsaek. Aen gunghcangj hung caeuq aen gunghcangj swnghcanj dangzhau ndei de lai yungh cungj fuengfap neix. Cungj fuengfap neix gunghyi liuzcwngz fukcab、yungh bae daihliengh hoi caeuq wyangjvadan, goekcienz siengdoiq haemq lai. Linzsonhfaz couh dwg linzsonh gya hoi fap. Youq gwnz aen giekdaej gya hoi, caiq gya linzsonh caeuq raemx golinzsonhgai, hawj gya hoi fap gij cinghseuq yauqgoj de engq ndei. Gij yenzlij de dwg leihyungh linzsonh caeuq raemxhoi dox fatseng vayoz fanjying, seng baenz daihliengh giek dansonhgai daeuj sup gij cwngzfwn mbouj dwg dangz haenx, hawj de cinghseuq. Caeuq gya hoi fap doxbeij, yauqlwd sang, caemdingh riuz, cazciz yungzheih deng daih okbae. Gij fuengfap neix lai yunghdaeuj caux dangzco. Yaliuzsonhfaz dwg leihyungh gij raemxhoi gya youq ndaw raemxdangz de caeuq gij heiq yaliuzsonh（SO_2）doenggvaq haenx fatseng vayoz fanjying, sengbaenz gij yaliuzsonhgai miz gaepsou naengzlig de, yungh de daeuj cawzok gij cwngzfwn mbouj dwg dangz haenx. Ciuq cawqleix cwngzsi mboujdoengz, youh baen baenz sonhsing、cunghsing yaliuzsonhfaz caeuq linzsonh yaliuzsonhfaz daengj. Gunghyi beij gya hoi fap fukcab, beij dansonhfaz genjdanh, miz douzcienz noix daengj ndeicawq, hoeng caetliengh ndei mbouj lumj dansonhfaz（couh dwg gij dangzhau de yungzheih bienqsaek）, caemhcaiq gij sezbei de baenz nek yenzcung, lai yungh daeuj swnghcanj bujdungh（it gaep）dangzhau.

民国时期，是壮族人步入科学制糖的新阶段。近代，科学制糖方法已形成。制取白砂糖（俗称白糖），是以甘蔗汁经碳酸法、磷酸法、石灰法或亚硫酸法等化学方法（也还有物理方法，如以离子交换树脂为清净剂的离子交换法、以骨炭或活性炭为清净剂的方法等）提纯（清净）后，经煮炼及分蜜而得。其中，碳酸法是采用石灰和二氧化碳作为主要清洁剂制取白糖的方法。具体又分成单、双、三碳酸法3种。单碳酸法即一次碳酸法，在清净过程中，蔗汁只经过一次加灰和饱充；而一次加灰和两次碳酸饱充者为双碳酸法；两次加灰和三次饱充者，为三次碳酸法。碳酸法与亚硫酸法比较，总回收率较高，成品糖的纯度较高，色值较低，且久藏不变色。大工厂和生产优质白糖的厂家多用此种方法。此法工艺流程复杂、耗费大量石灰和二氧化碳，成本相对较高。磷酸法即磷酸石灰法。在加石灰的基础上，再加磷酸或过磷酸钙清液，达到强化石灰法清净效果。其原理是利用磷酸与石灰乳之间发生的化学反应，生成大量的磷酸钙沉淀来吸附非糖分，达到清除的目的。与石灰法相比，效率高，沉淀快，泥质易于过滤。多用于粗糖生产。亚硫酸法是利用加在糖汁中的石灰和通入亚硫酸气（SO_2）的化学作用，生成具有吸附性能的亚硫酸钙，用它除去非糖分。按处理程序不同，又分酸性、中性亚硫酸法和磷酸亚硫酸法等。工艺比石灰法复杂，比碳酸法简单，具有投资少等优点，但质量不如碳酸法（即其白糖容易变色），而且设备积垢较严重，多用于普通（一级）白砂糖的生产。

Minzgoz 23 bi（1934 nienz），Gvangjsih Swngj cwngfuj dajsuenq youq Liujcouh Sahdangz hwnq aen gunghcangj gihgi caux dangz, bi laeng senj daengz Gveiyen（Gveigangj Si ngoenzneix）Lozbwzvanh, moixbi dok oij caux dangz 5 fanh rap, daih'iek dij 80 fanh naenz. Dieg Bouxcuengh Liujcwngz、Yizsanh、Lozyungz daengj yen, youq Minzgoz 31 bi（1942 nienz）gaenq duihgvangj aendokoij yungh diet caux aeu doihduz rag, cungj aendokoij neix yauqlwd beij loekrin sang, oij dok baez ndeu, ndaej raemxoij 65% doxhwnj, yungh rengz、seizgan noix, guh ndaej ngaih, ngoenzhwnz ndeu doxlwnz yungh 10 duz vaiz, dok ndaej 5000 lai goenggaen oij. Doengzseiz, lij bae sifan duihgvangj gij gihgi fwngz baenq faen rwi de, ciq daeuj dizcang swnghcanj dangzhau. Doeklaeng, gij dangzcangj iq moix ngoenz dok 10～30 dunh oij de hix lienzdaemh youq mbanj Bouxcuengh hwnqguh. Lumj Minzgoz 35 bi（1946 nienz）, Gvangjsih Lungzcouh Yadunggaih Cau Gojyin（Bouxcuengh）caeuq Nanzyangz Giyez Gunghswh gapbonj youq Lungzcouh cauhbanh aen dangzcangj iq ndeu, moixbi swnghcanj dangzhenj 100 dunh lainoix. Sojmiz gijneix, doiq doidoengh mbanj Bouxcuengh dangzoijnieb fazcanj miz haujlai ndeicawq.

民国二十三年（1934年），广西省政府拟在柳州沙塘建机制糖厂，翌年移至贵县（今贵港市）罗泊湾，年榨蔗炼糖5万担，价值约80万元。作为壮族地区腹地的柳城、宜山、雒容等县，于民国三十一年（1942年）已推广铁制畜力榨蔗机，这种榨蔗机效率比石辘榨高，榨一次甘蔗，可得蔗汁65%以上，省工省时，操作轻便，每昼夜轮流用牛10头，可榨蔗5000多千克。与此同时，还进行了手摇分蜜机的示范推广，借以提倡白糖生产。随后，日榨10～30吨的小糖厂也陆续在壮乡兴建。如民国三十五年（1946年），广西龙州下冻街赵可任（壮族）与南洋企业公司合资在龙州创办小型糖厂，年产黄糖100吨左右。所有这些，对推动壮乡的蔗糖业发展都是大有好处的。

Dojfap caux dangz, yiennzaeuz miz dauqsoulwd daemq、yauqlwd daemq, saengqsai swhyenz lai、mbouj ndei guenjleix caeuq caetliengh mbouj onjdingh daengj gizyaez de, hoeng de hix itdingh gohyozsing. Gij swnghcanj fuengsik gak ranz gag guh neix, gij swnghcanj de gveihmoz iq, sezbei genjdanh, guh ndaej ngaih, daegbied dwg oij gig dingj ndaej rengx, couhcinj mbwnrengx, sonjsaet hix beij ndaem doenghgo wnq noix. Ndaem oij, lij ndaej saedyienh aen moegdik dieg Bouxcuengh aeu dangz vuenh haeux gag gaeuq neix, nungzminz gyaez ndaem. Dangzoij, dwg dwzcanj mbanj Bouxcuengh, dieg Bouxcuengh gig caeux couh dwg guek raeuz giz swnghcanj dangzoij youqgaenj ndeu le. Minzgoz seizgeiz yiennaeuz miz dangz baihrog daeuj cungdongj, hoeng gij dangznieb bonjdieg lij miz fazcanj, ndigah 《Hozciz Yenci》youq bingzgangj gij dangznieb aen yen de seiz naeuz："Cinghdai mboengqbyai Minzgoz cogeiz, dangz bonjdieg swnghcanj couh menhmenh baenz gveihmoz, 20 sigij 30~40 nienzdaih gaenq haemq miz fazcanj, Luzhih dwg gizdieg ropcomz faensanq dangz bonjdieg ceiq hung de, moixbi gaicawx dabdaengz 2400~2800 rap, gai daengz Liujcouh、Gveicouh bae." Ginggvaq bae dungjgi Yinznanz、Gvangjsih 68 aen yen giz Bouxcuengh comzyouq de, gezgoj biujmingz：Minzgoz 21 bi（1932 nienz）, caux dangz 488437 rap；Minzgoz 22 bi（1933 nienz）, dwg 539000 rap；Minzgoz 26 bi（1937 nienz）, dwg 605020 rap；Minzgoz 27 bi（1938 nienz）, dwg 593160 rap；Minzgoz 28 bi（1939 nienz）, dwg 826520 rap；Minzgoz 29 bi（1940 nienz）, dwg 965820 rap；Minzgoz 30 bi（1941 nienz）, dwg 802600 rap（miz song aen yen mbouj miz swhliu）；Minzgoz 33 bi（1944 nienz）, dwg 381900 rap；Minzgoz 34 bi（1945 nienz）, dwg 217000 rap；1949 nienz, dwg 28000 rap. Ndawde, miz mboengq ndeu gig hoenghvuengh, hoeng saehndei mbouj gyaeraez. Minzgoz 31~38 bi（1942~1949 nienz）, Yizbwnj ciemqhaeuj gonq, mbanj Bouxcuengh haujlai aen yen deng ciemq, yienzhaeuh dwg gozminzdangj gauj neican, haeuxgyaq hwnj sang, lumj Minzgoz 35 bi（1946 nienz）, rap dangz ndeu vuenh mbouj ndaej bueng rap haeuxgok, mbouj ndaej mbouj raemj oij ndaem haeux, dangzoij canjliengh gemjnoix gig lai. Daengx aen Minzgoz seizgeiz, dieg Bouxcuengh vanzlij dwg dawz fuengfap doj dok oij guhcawj, cujyau canjbinj dwg sadangzhenj caeuq dangzhaudoj, ndawde, dangzhau beijlaeh dandan miz 8%~13%.

　　土法制糖，虽然有回收率低、效率低、资源浪费大、不好管理和质量不稳定之不足，但也有它一定的科学性。家庭作坊式的生产，规模小，设备简单，容易操作，特别是由于甘蔗对旱害适应性较强，即使受旱，损失也比其他旱地作物少。栽种甘蔗，还可以实现壮族地区以糖换粮的自救目的，因此农民爱种。蔗糖，是壮乡的特产，壮族地区很早就是我国重要的蔗糖产区之一了。民国时期虽有外糖冲击，但本地糖业还是有所发展，故《河池县志》在评述该县的糖业时称："清末民初，土糖生产就粗具规模，20世纪30至40年代已有相当大的发展，六圩是最大的土糖集散地，每年交易达2400~2800担，远销柳州、贵州。"经对云、桂壮族聚居的68个县进行统计结果表明：民国二十一年（1932年），产糖量为488437担；民国二十二年（1933年），为539000担；民国二十六年（1937年），为605020担；民国二十七年（1938年），为593160担；民国二十八年（1939年），为826520担；民国二十九年（1940年），为965820担；民国三十年（1941年），为802600担（少两个县的资料）；民国三十三年（1944年），为381900担；民国三十四年（1945年），为217000担；1949年，为280000担。这当中，是有个鼎盛时期，但好景不长。民国三十一（1942年）至1949年，先是日本入侵，壮乡许多县份沦陷，继而是国民党制造内战，粮价上涨，如民国三十五年（1946年），一担糖换不到半担谷，只好毁糖田而植稻，蔗糖产量大大减少。整个民国时期，壮族地区仍以土法榨糖为主，主要产品是黄砂糖和土白糖，其中，白糖的比例只有8%~13%。

Daihbet Ciet   Caz Caeuq Ien
第八节   茶和烟草

It. Caz
一、茶

Caz dwg seiqgyaiq sam yiengh yinjliu ndawde yiengh ndeu, Cungguek dwg diegcoj caz, dieg Bouxcuengh giz Yinznanz、Gvangjsih、Gveicouh sam aen swngj gapgyaiq de cingq dwg cungqgyang goekgaen caz Cungguek. Ciuhgeq, dieg Bouxcuengh cazcwx gig lai, cigdaengz ciuhgyawj, Yinznanz Vwnzsanh Digih caeuq Gvangjsih Denzyangz、Fungsanh、Lungzcouh、Fuzsuih、Dasinh、Vujmingz、Sanglinz、Nazboh、Lingzyinz、Linzgvei daengj haujlai dieg, cungj miz daihliengh cazcwx. Lumj Lingzyinz go cazcwx hung, youq Minzgoz 10 bi（1921 nienz）deng raemj le, youh did ok 7 nga, seizneix hop goek de raez 140 lizmij、hop nga de ceiq laux 55 lizmij. gofaex sang 2 mij、daengx go langh 6 mij lai, naengzgaeuq doengzseiz did 3 fanh lai nyod caz. Go cazcwx Fuzsuih Cunghdungh Yangh, daih'iek sang 6.7 mij. 1961 nienz, Sanglinz Damingzsanh vanzlij miz go cazcwx laux lumj doengjraemx neix senglix. Doenghgij cazcwx neix baugvat bwzmauzcaz、housanhcaz、gujdinghcaz、ganghdihcaz daengj. Vunz Mingzcauz Lij Sizcinh youq ndaw 《Bwnjcauj Ganghmuz》 de, caengzging baenzneix bae miuzsij cazbya mbanj Bouxcuengh：“Mbaw de lumj caz, youh aeu gwn ndaej, ndigah hix heuhguh caz.” “Gij caz Nanzsanh ndaw song gvangj, va de beij gij va Cunghcouh laux boix ndeu, saek de hau di, gwn mbaw loq miz bwn.” “Cazbya mbaw oiq gangq cug aeu raemx dauz gwn, hix ndaej naengj dak ceh raemxgoenj gwn.” “Va de、ceh de baenz yw.” Cojcoeng Bouxcuengh gig caeux couh roxndeq caz baenz yw, caemhcaiq baenz Bouxcuengh gwn、yw、bouj aen swhsiengj dijhi neix gij gapbaenz bouhfaenh youqgaenj haenx. Gij caz Bouxcuengh, cawzliux gij cwx, lij miz gij binjcungj ganq de. Daengz Mingz Cingh, gij caz de gaenq baenz haehlied lo. Minzgoz seizgeiz dandan Gvangjsih aen swngj dog moixbi couh swnghcanj caz 1000 ~ 1500 dunh, bi soucingz ndei dabdaengz 5000 lai dunh, moixbi cuzgouj 30 ~ 50 dunh.

茶是世界三大饮料之一，中国是茶的故乡，云、桂、黔三省区交界的壮族地区正是中国茶树原产地之中心。古代，壮族地区野生茶树资源十分丰富，直到近代，云南文山地区和广西田阳、凤山、龙州、扶绥、大新、武鸣、上林、那坡、凌云、临桂等地，都有大量的野生茶树生长。如凌云野生大茶树，在民国十年（1921年）被砍后，又萌发了7条分枝，现基部围径140厘米，分枝的最大围径55厘米，树高2米，树幅6米多，能同时发芽头3万多个。扶绥中东乡的野生茶树，高约6.7米。1961年，上林大明山仍有小水桶粗的野生大茶树存活。这些野生茶包括白毛茶、后山茶、苦丁茶、康梯茶等树种。明人李时珍的《本草纲目》，曾对壮乡的山茶作过如下描述：“其叶类茗，又可作饮，故得茶名。”“广中南山茶，花大倍中州者，色微淡，叶薄有毛。”“山茶嫩叶炸熟水淘可食，亦可蒸晒作饮。”“其花、子均能入药。”壮族先民很早就知道茶的药用，并成为壮民吃、疗、补思想体系的重要组成部分。壮家茗茶，除了野生，还有栽培品种。至明清，已形成了系列茗茶。民国时期仅广西一省就年产茶1000～1500吨，丰年可达5000多吨，年出口量为30～50吨。

Caz, gyaez youq dieg raeuj cumx caeuq youq gwnz gij namh loq dwg sonhsing de sengmaj, ndigah, de gig hab youq diegbya Lingjnanz ganq. Cungj gangjfap mizgven Gvangjsih mbanj Bouxcuengh ganq caz neix, daj Cinz Han couh miz, lingh cungj gangjfap cix nyinhnaeuz, yiennaeuz gij goekgaen caz youq baihnamz Cungguek, hoeng haifat ndaej haemq caeux de dwg Bahsuz, yienzhaeuh dwg Cuj, ganq caz gisuz aiq dwg daj Cuj riengz Dahsienghsuij cienzhaeuj Gvangjsih dieg Bouxcuengh. Ndigah, 《Gveibingz Yenci》 miz cungj gangjfap（caz Gvangjsih） "youq Hancauz Cincauz gyang de haidaeuz miz, daengz Dangzcauz ceiq hwnghengz" neix. Aen gaihdon codaeuz, rung gwn, aeu guh yw gwn. Gij gyagoeng fuengfap de cij mbouj gvaq dwg dak ndip ceiq ndei, feiz gangq daihngeih. Hoeng daj seizlawz haidaeuz, lizsij fuengmienh mboujmiz banhfap gaujcwng.

茶，性喜温暖湿润和微酸性土壤，因此，它很适合在岭南山区培植。有关广西壮乡的茶叶栽培一说始于秦汉，另一说则认为，虽然茶原产于中国南方，但开发得比较早的是巴蜀，继而是楚，栽培茶的技术可能是由楚沿湘水传入广西壮族地区。因此，《桂平县志》有（广西茶）"盖始于汉晋之间，至唐而大盛"之说。初始阶段，生煮羹饮，作为药用。其加工方法不外乎生晒为上，火则次之。但何时开始，史无可考。

Dangzdai, caz Cungguek gacnq gapbaenz le bet dieg canj caz hung. Diegcaz Gvangjsih miz Siengcouh caeuq Yungzcouh（yawj Luz Yij 《Cazgingh》）. Seizneix, gizneix dauqcawq miz cojcoeng Bouxcuengh, gwn caz gaenq baenz gij saedceij bingzciengz gyoengqde dingz ndeu. Youq ndaw 《Sinhdangzsuh·Veiz Danh Con》, geiqsij miz mwh Veiz Danh nyaemh Yungzcouh swsij de, "son beksingq dajndaem daemj rok, gaijbienq gij sibgvenq gikgyangq caeuq youzlangh de …… Son ndaem caz、ndaem meg", gig mingzyenj, gijneix doiq doidoengh dangseiz mbanj Bouxcuengh gij caz nieb swnghcanj miz itdingh coicaenh cozyungh. Gaengawq Liuj Cunghyenz 《Ya Cou Ouj Coz》 geiqsij: "Youq Nanzcouh seiz ndat laeujfiz lo, hai cueng baihbaek ninzndaek liux. Seiz ringz bouxdog gag gwn caz, henz ranz lwgnyez daem caz naeng." Daj souj sei neix ndaej doekdingh, seizhaenx Bouxcuengh gaenq roxndeq gij gisuz gyagoeng cazndaek de. "Daem caz naeng" couh dwg miuzsij gyagoeng cazndaek seiz "rum caz" fatok sing'yaem. Sojgangj cazndaek, youh heuhguh cazbingj roxnaeuz cazbenj, couh dwg aeu mbaw caz guh baenz bingj baenz benj, seizlawz yaek gwn couh daem soiq, aeu raemxgoenj cung gwn. Cungj caz neix, lij haemz, ndigah, caz hom mbouj saw.

唐代中国茶已形成了八大产区。广西茶区有象州和容州（见陆羽《茶经》）。此时，这里广布壮族先民的群落，饮茶已成了他们日常生活的一个部分。在《新唐书·韦丹传》上，记载有韦丹任容州刺史时，"教民耕织、止惰游……教种茶、麦"，显然，其对推动当时壮乡的茶业生产是有一定的促进作用的。据柳宗元的《夏昼偶作》载："南州溽暑醉如何，隐几熟眠开北牖。日午独觉无馀声，山童隔竹敲茶臼。"从此诗可以确认，这时的壮族人已掌握了加工团茶的技术。"敲茶臼"

就是加工团茶时"臼茶"发出声音的描写。所谓"团茶"，又称为"饼茶"或"片茶"，即将鲜叶制成饼片，临用则捣成碎末，和以水。这种茶，苦味尚未去掉，因此，茶香不正。

Sungdai, Bouxcuengh ndaem caz, cawzliux gag gwn caeuq dakdaih bouxhek, hix aeu gai. Bwzsung Loz Sij youq ndaw《Daibingz Vanzyij Gi》（987 nienz）sij naeuz:"Lingjdanzdau⋯⋯ Yunghcouh、Sanglinz aen byacaz youq baihsae yienhsingz 60 leix, aen bya de miz caz." Bonj saw haenx yinxyungh le gij vah《Cazgingh》:"Yungzcouh Vangzgyahdung miz cazcuk, mbaw lumj cuk oiq, vunz dangdieg aeu daeuj gwn, vanhom raixcaix." Nanzsung Couh Gifeih youq ndaw《Lingjvai Daidaz》hix miz:"Cinggyanghfuj Siuhyinz Yen miz caz, vunz bonjdieg aeu de caux baenz ndaek seiqfueng. Ndaek laux song conq lai cix loq na, raiz miz 'hawj saenzsien' dwg gij ceiq ndei; ndaek laux 5、6 conq cix loq na, daihngeih ndei; ndaek youh laux youh co caemhcaiq mbang de, yaez lo. Siuhyinz gij mingzdaeuz de gig daih. Aeu caz rung gwn, saek de fonx, feihdauhh naek, yw ndaej gyaeuj in dwgliengz. Gujyen hix miz caz, feihdauh de caeuq gij Siuhyinz doxca mbouj lai." Siuhyinz, couh dwg Gvangjsih Libuj seizneix, dangseiz lijcaengz dwg mbanj Bouxcuengh. Gig mingzyenj, cungj caz neix gij feihdauh "cwx" de lij youq, ndaej aeu guh yw youh guh caz gwn. Daengz Nanzsung Sauhingh 32 bi（1162 nienz）, Cinggyanghfuj gak aen couh、yen caeuq Yungzcouh、Yilinzcouh、Cauhcouh、Sinzcouh、Binhcouh daengj dieg hix miz caz, gapbaenz le 6 dieg ok caz hung, Gvangjnanz Sihlu swngcanj caz 90681 gaen 6 cangz （daih'iek 45 dunh）. Daj daengx guek fanveiz daeuj gangj, Sungdai gij caux caz gisuz de gaenq daj naengj caz heu baenz ndaek gaijbienq baenz rang caz heu sanq.

宋代，壮族人种茶，除了自用或招待客人，亦售于市。北宋乐史在《太平寰宇记》（987年）中写道："岭南道⋯⋯邕州、上林茗山在县西六十里，其山出茶。"该书引《茶经》曰："容州黄家洞有竹茶，叶如嫩竹，土人作饮，甚甘美。"南宋周去非的《岭外代答》也有："靖江府修仁县产茶，土人制为方。方二寸许而差厚，有'供神仙'三字者，上也；方五六寸而差薄者，次也；大而粗且薄者，下矣。修仁其名乃甚彰。煮而饮之，其色惨黑，其味严重，能愈头风。古县亦产茶，味与修仁不殊。"修仁者，今之广西荔浦县域也，当时尚属壮乡。显然，这种茶野"味"尚存，可药茶并用。到了南宋绍兴三十二年（1162年），靖江府属各州县及融州、郁林州、昭州、浔州、宾州等地俱产茶，形成了六大茶区，广南西路产茶数为90681斤6两（约45吨）。从全国范围而言，宋代制茶技术已从蒸青团茶向炒青散茶变革。

Mingzdai, gij caznieb dieg Bouxcuengh youh miz fazcanj, biujyienh dwg moixbi sou gvaehcaz 1183 roix. Caux caz gisuz cij daj caz heu gyalai daengz gak cungj caz.

明代，壮族地区的茶业又有发展，表现为年收茶税多达1183贯。制茶技术则从绿茶向各种茶类拓展。

Couh Gvangjsih daeuj gangj, youq Cinghdai, mboujlwnh dwg Gveidungh giz Bouxcuengh Bouxgun cabyouq, roxnaeuz giz Gveisih Bouxcuengh comzyouq haenx, dingzlai dieg bo ndaw lueg cungj ndaem caz, miz 60 lai aen yen ndaem caz, mbawcaz binjcungj hix miz 100 cungj lainoix，moixbi swnghcanj caz daih'iek 30 fanh rap。Ndigah，bonj 《Nanzningz Fujci》 youq Ganghhih nienzgan okbanj haenx miz gij lwnhgangj yienghneix：“Senhva（Yunghningz Yen seizneix）Duhmingzsanh miz caz，Hwngzcouh（Hwngzyen seizneix）Luzfung、Bojgih、Cinzdangz geij aen cunh neix。Seizneix Hwngzyen cungj aeu Luzfung guh mingzdaeuz。Dujcunghcouh（Fuzsuih seizneix）hix miz caz。” Gvanghsi 《Sinzcouh Fujci》 cix naeuz：“Lungzsanhcaz，Gveiyen Lungzsanh swnghcanj；dunghyanghcaz、myauvangzcaz、gujcaz、yauzcaz、ahbozcaz，Gveiyen Muzswj swnghcanj；yinzcwngzcaz，Bingznanz swnghcanj。Cazbya dwg gij gwnzneix de ceiq ndei。” Gvanghsi 25 bi（1899 nienz）《Yezsih Hihman Sojgi》 lij ceijok Lingzsanh sanghfungcaz、Lozcwngz vangzginhcaz、Sanglinz mingzsanhcaz、Fangzcwngz bwzsizyazcaz、Gveigangj lungzsangcaz、Sangswh fungvangzcaz、Nanzdanh lungzmajcaz caeuq liuzgyahcunhcaz daengj，cungj dwg gij caz youq dangseiz mbanj Bouxcuengh deihfueng mingzdaeuz gig hung haenx。Youq ndaw haujlai gij binjcungj caz ndei neix，Nanzsanh bwzmauzcaz、Lingzyinz bwzmauzcaz daengj gij mingzdaeuz de gaenq haidaeuz youq ndawguek rog guek cienzboq lo。

就广西而言，在清代，无论是壮汉杂居的桂东，或是壮族聚居的桂西，丘陵土岭间大多种茶，种茶县份达60多个，茶叶品种也有上百个之多，每年产茶约30万担。因此，康熙版的《南宁府志》有这样的记述：“茶出宣化（今邕宁县）之都茗山，横州（今横县）之六凤、簸箕、陈塘诸村。今横县总以六凤为名。土忠州（今扶绥）今亦出。”而光绪《浔州府志》则称：“龙山茶，产贵县龙山；东乡茶、庙王茶、苦茶、瑶茶、阿婆茶，产贵县木梓；云乘茶，产平南。山茶以此为上。”光绪二十五年（1899年）《粤西溪漫琐记》还指出了灵山双凤茶、罗城黄金茶、上林明山茶、防城白石牙茶、贵港龙上茶、上思凤凰茶、南丹龙马茶和刘家村茶等，都是壮乡当时地方上负有盛名的茗茶。而在众多茗茶品种中，南山白毛茶、凌云白毛茶等已开始饮誉海内外。

Minzgoz，caznieb deng nyoegnyamx，gijgvangq suencaz mboujduenh sukiq。Lumjbaenz Minzgoz 21 bi（1932 nienz），Gvangjsih aen yen ndaem caz de cijmiz 47 aen，moixbi canj caz 28819 rap。Caenhguenj dwg yienghneix，miz mbangj caz vanzlij gai daengz Yanghgangj Aumwnz bae，lumj Lingzyinz bwzmauzcaz daengj。

民国时期，茶业受到摧残，茶园面积不断缩小。如民国二十一年（1932年），广西产茶县份只有47个，年产茶叶28819担。尽管如此，一些茗品还是远销港澳，如凌云白毫等。

（It）Caz Loeg

（一）绿茶

（1）Bwzmauzcaz。Bwzmauzcaz mbanj Bouxcuengh miz mbaw laux、mbaw iq song cungj，Gvangjsih Hwngzyen、Lingzyinz、Lozyez、Denzyangz daengj yen miz。Gij ngaz de bizbedbed，bwnhau gwnz mbaw deih，gig hom，dwg gij ceiq ndei de。

（1）白毛茶。壮乡白毛茶有大叶、小叶两种，产于广西横县、凌云、乐业、田阳等县。其芽壮叶肥，白毛茂密，香味芳浓，其中佼佼者有以下两种。

① Nanzsanh bwzmauzcaz. Gvangjsih Hwngzyen Nayangz Nanzsanh miz, gaenq ung ndaej 500 lai bi. Gwnz mbaw miz raiz deih loq goz, saek heuloeg, miz bwn hau, feihdauh hom naek, loq miz di haemz, heiq hom nanz, raemx de henjloeg ronghlwenq, mbaw oiq daengj daegdiemj. Gangq caz seiz, gangq 3 baez fou 3 baez, hawj raemxsibauh iemq okdaeuj, nem mbaw caz, ndigah seiz cung caz daegbied hom. Ndigah, 《Yezsih Cizvuz Gijyau》 naeuz："Nanzsanhcaz gij saek caeuq feihdauh de ndei gvaq lungzgingj, gwn le hom saw, lumj gij va ngaeux denhyenz, dwg gij doxgaiq dijbauj guekgya dahraix." Aenvih binjcaet ndei, Cinghcauz Daugvangh 2 bi（1822 nienz）, caengzging bingz ndaej Bahnazmaj Gozci Nungzcanjbinj Bozlanjvei ngeih daengj ciengj, mingzdaeuz cienz daengz ndaw guek rog guek.

①南山白毛茶。此茶产于广西横县那阳南山，已有500多年的栽培历史。有条索紧细微曲，色泽翠绿、白毫显露、滋味浓厚、略带苦涩、香气持久、汤色黄绿明亮、叶底鲜嫩等特点。炒制时，三炒三揉，使细胞液渗出，黏裹茶身，故泡茶时其味极浓。因此，《粤西植物纪要》称："南山茶色味胜龙井，饮之清芬沁齿，天然荷花，国之真异品也。"因品质优良，清道光二年（1822年），曾获巴拿马国际农产品博览会二等奖，名传中外。

② Lingzyinz bwzmauzcaz. Gvangjsih Lingzyinz、Lozyez diegbya sang, baihbaek Cunghlungzsanh miz. Gizneix haijbaz sang 1100～1300 mij, moixbi bingzyaenz dienheiq caep ndat 19.5～23 ℃, moixbi yingzyaenz doekfwn 1700～1800 hauzmij, siengdoiq ndidoh dwg 80%, dienheiq habngamj、cumx, mboq lai, namh biz, ndit ciuq mbouj haenq, seizdoeng raeuj seizhah liengz, fwjmok hopheux, mbouj doek nae mwi, dwg giz ceiq hab cazbya sengmaj haenx. Ndigah, Lingzyinz bwzmauh daj ciuhcaeux couh miz lo. Ndawde, youh dwg Lingzyinz Yihungz Yangh swnghcanj ceiq lai, binjcaet ceiq ndei, caemhcaiq aenvih bwnhau rim mbaw cix ndaej mingz. Lingzyinz bwzmauzcaz bonjlaiz dwg caz cwx, nga lai mbaw deih, dwg cungj binjcungj mbaw laux haenx, go faexcaz sang 7 mij lai, laux lumj duix neix, go laux de lumj doengj neix, mbit caz aeu yungh bin laegiuz cij ndaej. Ginggvaq vunzgoeng ganj le, baihrog yawj daeuj raez biz, beij itbuen ngazcaz naek boix lai, caemhcaiq gwnz de cienzbouh dwg bwn hau, feihdauh gig hom, raemx de henjloeg ronghlwenq, dwg ndaw caz gij ceiq dijbauj de. Gij caux caz gunghsi dwg gangq— fou— gangq baez song—gangq baez sam.

②凌云白毛茶。此茶产于广西凌云、乐业高寒山区，青龙山北麓。这里，海拔1100～1300米，年平均气温为19.5～23℃，年平均降水量1700～1800毫米，相对湿度为80%，气候温和潮湿，山泉遍布，土壤肥沃，日照稀少，冬暖夏凉，云雾环绕，罕见霜雪，是山茶的天堂。因此，凌云白毛自古有之。其中，又以凌云玉洪乡出产最多，品质最佳，并因白毛满身而得名。凌云白毛茶原是野生，枝繁叶茂，属大叶种类型，其树高7米有余，树干碗粗，大者如桶，采芽需攀梯而摘。经人工栽培后，外形条索肥壮，比一般茶芽重一倍多，而且白毫遍体，滋味浓厚，清香持久，汤色黄绿明亮，堪称茶中珍品。其制作工序为杀青—揉捻—炒二青—炒三青等。

（2）Sihsanhcaz. Youh heuhguh yujconzcunh, Gvangjsih Gveibingz Sihsanh miz. Dangzdai haidaeuz ndaem, daengz Mingzdai mingzdaeuz de gaenq cienz daengx dieg Huznanz、Fuzgen、

Gvangjdungh Gvangjsih liux. Gij daegdiemj de dwg：Cungj go caz neix, seng youq "laj ndaekrin Gvanhyinh giz Sihsanh Gizbanzsiz Yujcenzcingj, go daemq, ndaem sanq, rag de ndonj daengz gyang rin, mbaw langh goemq rin, feihdauh hom raixcaix"（raen《Gveibingz Yenci》）. Sihsanhcaz daj 3 nyied daengz 11 nyied cungj ndaej mbit. Ngaz de oiq, baenz diuz ndei, saek heu loeg, raemx de henjloeg ronghlwenq, feihdauh hom saw, gingciengz gwn hoz mbouj hawq, roengz liengz, doiq beizheiq ndangdaej mizleih, mingzdaeuz gig hung. Sihsanhcaz dandan mbit ngaz oiq ngaz biz, gingciengz leh ngaz ndeu rangh mbaw ndeu roxnaeuz rangh song mbaw, iugouz mbouj raez gvaq 4 lizmij, caemhcaiq mbit mbaeu gyaeng mbaeu. Caux fap aeu "sam gangq sam fou", gunghsi yiemzgek, itgungh baen baenz：gangq heu— gangq roz— fou —gangq fou—fou baenz diuz—gangq hawq—dauq hom daengj 7 aen.

（2）西山茶。此茶又名乳泉春，产于广西桂平县西山。唐代开始种植，明代已名扬湘闽两广。其特点是：这种茶树，生长于"西山棋盘石乳泉井观音岩下，矮株散植，根吸石髓，叶映朝暾，故味甘腴，而气芬芳"（见《桂平县志》）。西山茶从三月到十一月都可采摘。茶芽细嫩，分条索紧细匀称，色泽翠绿乌润，汤色黄绿清澈，滋味浓厚鲜爽，常饮能生津止渴，消暑治滞，健脾壮身，久负盛誉。西山茶只采摘细嫩壮实的芽头，常选一芽一叶或一芽二叶，长度要求不超过4厘米，而且轻采轻装。制法需"三炒三揉"，工序严格，共分为：摊青—杀青—揉捻—炒揉—炒条—煨茶—复香等7道。

（3）Cazdahsau. Hix heuhguh cazmbokcuk、dijihihcaz. Yinznanz Vwnzsanh Gvangjnanz Yen Dijhih Yangh miz. Moixbi seizcin, dahsau Bouxcuengh dangdieg gyaez aeu caz oiq caeuq haeuxcid caemh naengj, yienzhaeuh aeu dot cuk ndeu gyaeng ndei, menhmenh ring, cauxbaenz cazmbokcuk, dangguh gij "doxgaiq seivunz dahsau" hawj daegmbauq de, ndigah heuhguh "cazdahsau". Cungj caz neix raemx de heu saw, hom gij heiq cuk caeuq heiq haeuxcid, dwg cungj caz ndei ndeu.

（3）姑娘茶。此茶也叫竹筒茶、底圩茶。产于云南文山广南县底圩乡。每年春季，当地壮族姑娘喜欢将嫩茶与糯米共蒸，然后取嫩竹一节装之，慢慢烘烤，制成竹筒茶，作为"闺私"献给心爱的人，故称"姑娘茶"。此茶汤碧绿透亮，有青竹和糯米的清香，是茶中佳品。

（Negih）Caznding

（二）红茶

Funghdangz hungzsuicaz, Gvangjsih Lingzsanh Yen Funghdangz Yangh miz. Gizneix bonjlaiz couh dwg mbanj Bouxcuengh giz miz caz ciuhgeq ndeu, caeux youq mboengqbyai Mingzcauz mboengqcaeux Cinghcauz couh haidaeuz caux hungzsuicaz. Cungj caz neix, baihrog de baenz naed, laux iq doxlumj, youh naek youh net, saek fonx ndongq, raemx de ndingsien, heiq hom sangjbak. Gij cauxguh gunghsi de dwg lehliuh—dak reuq—fou ronq—oemqfat—dak hawq— sijsaeq caux daengj.

丰塘红碎茶，产于广西灵山县丰塘乡。这里本来就是壮乡的古老茶区之一，早在明末清初，就开始制作红碎茶。这种茶，外形呈颗粒状，大小均匀，重实紧结，色泽乌黑，汤色红艳明亮，滋味浓烈，收敛性强，鲜爽，香气清纯持久。其制作工序为选料—萎凋—揉切—发酵—干燥—精制等。

（Sam）Gijwnq

（三）其他

（1）Gyaujgujlanzcaz. Cungj caz neix dwg aeu mbaw gyaujgujlanz guh cujyau yienzliuh cauxbaenz, dieg Bouxcuengh haujlai giz cungj miz, hoeng gij Yinznanz Vwnzsanh daengj dieg de mingzdaeuz haemq hung. Cungj caz neix aenvih hamzmiz yinzsinhcaudai, vunz gwn le dingj ndaej naiq、gyangqdaemq hezyaz、hawj vunz ninzndaek daengj, lij yw ndaej bingh bwn'gyaeuj hau dem, vunz ndaw guek rog guek cungj gyaez.

（1）绞股蓝茶。此茶实际上是用绞股蓝叶为主要原料制成，壮乡许多地方均有产出，但以云南文山等地比较有名。此茶因含人参皂苷，有抗衰老、抗疲劳、抗溃疡、降血压、平喘和催眠等功效，以及治老少白发病等，深受海内外用户欢迎。

（2）Cazdaeng. Cazdaeng dwg gij caz mbanj Bouxcuengh youq ndaw guek rog guek cungj mizmingz de, Gvangjsih Dasinh、Lungzcouh、Fuzsuih、Denzyangz、Nazboh、Vujmingz、Sanglinz daengj dieg cungj miz haujlai gofaex cazdaeng cwx, hoeng dwg gij Dasinh Yen Lungzmwnz Yangh Gujdinghcunh de mingzdaeuz ceiq hung, caemhcaiq aeu coh aen mbanj daeuj heuh coh caz, daengz seizneix gij lizsij mizmingz de gaenq miz 100 lai bi lo. Minzgoz cogeiz, Vancwngzcouh（couh dwg Dasinh Yen seizneix）bouxguen danyaz veijyenz Cangh Hungzhwngz aeu "guj" gaijbaenz "fu", ndigah youh heuhguh fudinghcaz. Cungj faex neix sang geij ciengh, mbaw de dwg caz, naengzgaeuq gyangqliengz nyinh hoz, gaij lawh, dwg cazcwx gij ceiq ndei de, youh ndaej guh yw, feihdauh de haemz、singqcaet de liengz、mboujmiz doeg, dwg gij yw dwgliengz ndei de, naengzgaeuq gyangq liengz gej doeg, yw fatsa、dungxin、okdungx daengj. Cungj caz neix lij miz vanzyienz dwzsing dem, cenj raemxgoenj ndeu cijaeu cuengq 1～2 mbaw caz, gig riuz couh ok raemxhenj lumj sei neix, yienzhaeuh mbaw de couh youz fonx vanzyienz baenz loeg. Yienghneix lienzdaemh gwn song sam baez（ngoenz）, mbaw de mbouj naeuh, caemhcaiq yauqgoj engq ndei. Gujdinghcaz moixbi seizcin caeuq seizhah mbit, mbit mbaw oiq de, faen buek cuengq ndaw cauq hai feiz iq menhmenh gangq, caj mbaw de daj loeg bienq fonx couh aeu ok, aeu fwngz fou mbaeu di, caiq aeu bae dak laj ndit roxnaeuz gangq hawq, cuengq geij ngoenz couh baenz lo. Gyagoeng fuengfap yienznaeuz genjdanh, diuz de hix haemq co, hoeng raemxcaz haidaeuz haemz doeklaeng diemz, youh hom youh sangjbak.

（2）苦丁茶。苦丁茶，是壮乡闻名海内外的名茶，广西大新、龙州、扶绥、田阳、那坡、武鸣、上林等地都有不少野生苦丁茶树，但以大新县龙门乡苦丁村最为驰名，并因村而得茶名，至今已有100多年的成名史。民国初年，万承州（即今大新县）的州官弹压委员张宏恒把"苦"改成"富"，故又名富丁茶。此树高数丈，其叶既是茶，能清凉润喉，清除食去油腻，堪称野生茶中上品，又可作药用，其味苦、性寒、无毒，为凉肝散风要药，能消暑解毒，治痧气、肚痛、疟疾等。

该茶有还原特性，一杯开水只需放1～2叶，就能很快分泌出丝状黄汁，然后叶色即由黑还原为绿。如此连续饮用两三次（天），其叶不腐烂，而且效果更佳。苦丁茶每年春夏两季采收，取鲜嫩叶，分批入锅慢火细炒，至鲜叶由绿转黑取出，用手轻揉轻搓，再到阳光下晒干或烘干，放置数天即可饮用。加工方法虽然简单，条索也较为粗放，但茶汤先苦而后甘，净口爽快，芬芳香醇。

Linghvaih, mbanj Bouxcuengh gij lingzsanhcaz、damingzsanhcaz、cazdiemz caeuq gij lungzcizcaz Lungzswng miz heiqhom vameizgveiq denhyenz、yw ndaej hungzleih begleih de, hix gig miz daegsaek.

此外，壮乡的灵山茶、大明山茶、甜茶，以及具有天然玫瑰香、能治红白痢的龙胜龙脊茶，都颇具特色。

Ngeih. Ien
二、烟草

Ien yienzlaiz dwg Meijcouh cijmiz, Mingzdai cienzhaeuj baihdoeng. 1980 nienz, youq Gvangjsih Hozbuj aen yauzcij ciuhgeq sang'yauz fatyienh 3 aen daeujien（ndaw de miz song aen dozyiengh raen doz 10-8-1）, nienzdaih dwg Mingzcauz Cwngdwz daengz Gyahcing nienzgan（1506～1565 nienz）, gijneix dwg gaiqdawz gwn ien Cungguek fatyienh ceiq caeux de. Aenvih 3 aen daeujien hingzsik mbouj doxlumj, youh haemq cocat, yozcej nyinhnaeuz dwg gij gaiqdawz beksingq gwn'ien, de gangjmingz aen seizgeiz neix Hozbuj Digih gaenq roxndeq ndaem gak cungj ien lo. Dajneix gvaqlaeng, ien menhmenh riengz lohraemx caeuq loh hawq "yinxhaeuj" mbanj Bouxcuengh.

烟草（新壮文为"yien"），烟草原产美洲，明代传进东方。1980年，在广西合浦上窑窑址内发现明朝正德至嘉靖年间（1506～1565年）的烟斗3件（其中2种瓷烟斗线描图见图10-8-1），这是中国发现最早的烟具。由于三件烟斗形式不一，又比较粗糙，学者认为系平民吸用的烟具，它说明这个时期合浦地区已学会种植烟草。从此，烟草渐渐沿水路和陆路"引入"壮乡。

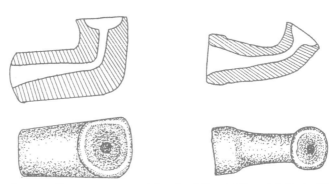

Doz 10-8-1　Gij yiengh caeuq gij goucau song cungj daeujien Mingzdai Gvangjsih Hozbuj Yen sang'yauz oknamh haenx

图10-8-1　广西合浦县上窑出土的明代两种瓷烟斗外形及构造线描图

Vunz Mingzdai Cangh Gaibinh naeuz："Cungj doxgaiq neix daj ciuhgeq daeuj caengz raen gvaq, geij bi neix, daj mwh Mingzcauz Vanliz raeuz cij haidaeuz youq gyang Fuzgen caeuq Gvangjsih okyienh, gvaqlaeng gyang Vuz Cuj hix ndaem lo." Ien haidaeuz dandan ndaem guh yw, dangseiz bouxgwn'ien noix. Saedceiq, Cungguek sojmiz ien cungj dwg yinxhaeuj ndaem de, ndawde iendak dwg 16 sigij mboengqgyang（1573～1620 nienz）yinxhaeuj；iengauj aen sigij neix cogeiz swnh'wngq yenhcaij gunghyez aeuyungh yienzliuh cij yinxhaeuj. Iendak gaengawq gij hongdawz dakien mboujdoengz, baen baenz iendakcag、iendakdoeb、caeuq iendakgaq sam loih；gaengawq saek mbaw de mboujdoengz youh baen baenz iendakhenj caeuq iendaknding song cungj. Ndawde iendaknding mbaw haemq noix, haemq na, aeu danfeiz haemq lai, daegdiemj de dwg hamz dangz haemq noix, hamz danbwz caeuq yenhgenj haemq lai, feihdauh naek, get. Langh ien dwg cungj fuengfap gyagoeng ien ndeu, dwg aeu ien daengx go venj youq laj giz doengrumz de langh, caj mbawien roz le doi baenz boengj、gyagoeng oemqfat. Mbawien oemq ndei saek de fonx, youz lai, miz danzsingq, sup heiq doh. Cinghcauz Daugvangh 22 bi（1842 nienz）, Vujmingz gaenq miz gij geiqloeg ndaem ien haenx, caemhcaez caeuq Yinznanz Yungjswng baenz Cungguek giz swnghcanj iendak conzdungj dandog haenx. Linghvaih, mbanj Bouxcuengh laemxdaemh yinxhaeuj de lij miz iennyinzhau、iensezgyah、ienyiengliuh caeuq ienvangzvah daengj. Engq mizyinx dwg, Mingzdai bing Bouxcuengh lij dawz ndaem ien gisuz cienz daengz dieg Doengbaek bae, coisawj ien Gvanhdungh hwnghwnj. Cungj gangjfap neix ciengzsaeq bae yawj vunz Mingzdai Yangz Swcungh《Yidangz Veigi》, ndaw saw raiz naeuz："Ien laeuj daj ciuhgeq daeuj mbouj raen gvaq, Liuzcoj miz saeh, diuh bing Gvangjsih daeuj, cij menhmenh miz（ien laeuj）, daj duenhgyang bi Denhgij haidaeuz. 20 bi doxdaeuj dieg baekfueng hix ndaem de."

明朝人张介宾称："此物自古未闻也，近自我明万历时始出于闽广之间，自后吴楚间皆有种植矣。"烟草开始只作药物种植，当时的烟民也少。实际上，中国所有的烟草都是引种的，其中晒烟16世纪中叶（1573～1620年）引入；烤烟本世纪初应卷烟工业对原料的需求而引入。晒烟因晒制工具不同，分为索晒烟、折晒烟和架晒烟三类；因叶色不同又分为晒黄烟和晒红烟两种。其中晒红烟叶片较少，叶肉较厚，需氮肥较多，特点是含糖量较低，含蛋白和烟碱较高，烟味浓，劲头大。晾烟是指调制方法上将整株烟挂在阴凉通风场所，待叶片干后再堆积、加工发酵。调制后的晾烟烟叶为黑褐色，油分足，弹性强，吸味丰满。清道光二十二年（1842年），壮乡武鸣已有烟草种植记录，而且与云南永胜成为中国唯一的传统晾烟产地。此外，壮乡陆续被引进的还有白肋烟、雪茄烟、香料烟和黄花烟等。更有趣的是，明代的壮族士兵还把烟草种植技术传授到东北地区，促成了关东烟的崛起。此说详见明人杨士聪著《玉堂荟记》，书中写道："烟酒古不经见，辽左有事，调用广兵，乃渐有之，自天启年中始也。二十年来北土亦多种之。"

Aenvih ginghci yauqyiz ndei, daengz Cinghcauz Genzlungz nienzdaih, mbanj Bouxcuengh gig riuz couh dauqcawq ndaem ien. Minzgoz nienzgan, Gvangjsih Vujmingz、Liujgyangh、Lungzanh daengj yen gaenq baenz aen yen ndaem ien mizmingz. Vujmingz ienlozboh、Lungzanh ienfanghcunh, gaenq mizmingz hauj nanz lo. Minzgoz 22 bi (1933 nienz) , dandan Gvangjsih couh miz 80 lai aen yen ndaem ien, ndaem ien mienhcik dabdaengz 172103 moux, canjliengh daih'iek 143144 rap, youq daengx guek daihgouj vih; Minzgoz 26 bi (1937 nienz) , canjliengh dwg 29 fanh rap; Minzgoz 27 bi (1938 nienz) , canjliengh dwg 26.7 fanh rap. Ndawde, Gvangjsih Vujmingz ndaem ien ceiq lai, moixbi canjliengh gingqyienz dabdaengz 16、17 fanh rap. Ndawbiengz gihbwnj dwg ciuq saek de daeuj gifaen ien, miz ienhenj caeuq iennding song cungj. Dieg ok iennding cujyau miz Vujmingz、Liujgyangh daengj yen, lai dwg ndaem gyang nazraemx; dieg ok ienhenj cujyau dwg Linzgvei、Bwzliuz、Hoyen (Hocouh Si seizneix) 、 Bingznanz daengj yen、si, cujyau youq gyang nazrengx ndaem. Doenghgij ien neix dingzlai youq henzgyawj gyagoeng baenz iensei, caiq cienj gai bae Cojgyangh Yougyangh liuzyiz roxnaeuz Yinznanz、Gveihcouh daengj swngj, engqlij gai daengz Yanghgangj Aumwnz caeuq guek rog bae.

由于经济效益显著，到清乾隆年代，种烟很快就遍及壮乡。民国年间，广西武鸣、柳江、隆安等县已成为著名的烟草基地。武鸣的罗波烟、隆安的方村烟，已久负盛名。民国二十二年（1933年），仅广西就有80余县种植烟草，种植面积已达172103亩，产量约143144担，居全国第九位；民国二十六年（1937年），产量为29万担；民国二十七年（1938年），产量为26.7万担。其中，壮乡武鸣产烟最多，年产竟达十六七万担。对烟草，民间基本上以颜色区分，有红烟和黄烟两种。红烟主要产地有武鸣、柳江等县，多植于水稻田；黄烟主要产地为临桂、北流、贺县（今贺州市）、平南等县、市，以旱田种植为主。这些烟草大多就近加工成熟烟丝，再转销左右江流域或滇黔诸省，甚至远销港澳和海外。

（It）Langh、Dak Ien
（一）晾、晒烟

Mbanj Bouxcuengh ndaem ienlangh、iendak ndaej ragoek daengz Mingzcauz Gyahcing nienzgan. Yinznanz Vwnzsanh gak aen yen caeuq Gvangjsih Bwzswz "sam linz" (Lungzlinz、 Sihlinz、Denzlinz) digih dwg giz ndaem ien gauhyenz lumj ien Yinznanz de, gizhaenx aenvih ndit ciuq lai, doengrumz ndei, gyangngoenz gyanghaemh dohraeuj doxca lai, mbawien gizhaenx ceiq ndei. Daengz Cinghcauz, mbanj Bouxcuengh cujyau ndaem iendak. Daengz Minzgoz, dieg Bouxcuengh gaenq ganq ok le haujlai ienlangh、iendak gij binjcungj deihfueng ndei haenx. Lumj Gvangjsih Vujmingz niuzliyenh、Lungzanh fanghcunhyen、Liujgyangh lahbaujyenh、Lingzsanh sinhhihyenh daengj, cungj dwg gij huq dangseiz Yanghgangj Aumwnz doxceng cawx haenx.

壮乡的晾、晒烟的种植可以追溯到明代嘉靖年间。云南文山各县和广西百色"三林"（隆林、西林、田林）地区是云烟型高原烟区，该地区因太阳辐射大，空气流通好，昼夜温差大，其烟叶品质特优。到清代，壮乡种植的烟草品种主要是晒烟。至民国，壮族地区已培育了许多晾、晒烟的地方优良品种。如广西武鸣的牛利烟、隆安的方村烟、柳江的拉堡烟、灵山的新圩烟等，都是当年港澳地区的抢手货。

Ndawde, Vujmingz ien linxvaiz gaenq ganq ndaej 100 lai bi, gij Lozboh Yangh swnghcanj de caetliengh ceiq ndei. Aenvih 3 mbaw ceiq byai de, dwg gij yienzliuh caux sezgyahyenh caeuq yenhcaij vwnhozhingz haenx, ndigah, youh heuhguh "sam va nawz". Aen binjcungj haenx go sang 150～170 lizmij, go de baenzlumj aen dap neix, miz 30 mbaw lainoix, mbaw de lumj bihcinh, saek loeg, cawjmeg saeq, byai mbaw、mbaw de haemq na. Ndaem gyangnaz itbuen sengmajgeiz dwg 100～120 ngoenz, dingj ndaej bwnh、dingj ndaej nit, gij naengzlig dingj binghgafonx、binghmbawva caeuq binghmbawraiz de haemq ak, itbuen moux ndeu sou ndaej 150 goenggaen.

其中，武鸣牛利烟已有100多年的栽培史，以罗波乡所产的晾烟质量最优。由于其顶部3片烟叶，是雪茄烟和混合型卷烟的上好原料，因此，又名"三花顶"。该品种株高150～170厘米，植株呈塔形，叶数30片左右，叶片披针形，深绿色，主脉细，叶尖、叶片较厚。大田生育期为100～120天，耐肥、耐寒，抗黑胫病、花叶病和叶斑病能力较强，一般亩产可达150千克。

Dasiyenh Youq dieg Nanzsanh、Dasisanh、Meizdung daengj giz Gvangjdungh Lenzsanh mbanj Bouxcuengh caeuq Gvangjsih Hoyen (Hocouh Si seizneix) doxgap de miz. Gizneix deihseiq sang, lueg lai, raemxrij lai, namh biz, daengx bi fwjmok cwgoemq. Bouxcuengh nyaq duhdoem、nyaq meizdung guh goek bwnh, ganq ok le cungj ien mbaw de ndaw henj miz fonx、loq loeg di haenx, mbaw na caemhcaiq yenhgyauh lai, ronq baenz iensei miz di niu, mbouj sanq, feiz baez diemj couh oq, heiq ien gig hom, youh miz di diemz, baenz gij iendak ceiq ndei, caengzging deng guh doxgaiq ndei soengqhawj cauzdingz.

大旭烟产于广东连山壮乡和广西贺县（今贺州市）交界的南山、大旭山、梅洞等地。这里地势高，山谷多，溪水纵横，土地肥沃，常年云雾缭绕。壮民们用花生麸、桐油麸做基肥，培育了一种金黄带黑、浅绿隐现的烟叶，叶厚且多烟胶，切成烟丝黏而不散，点火即燃，烟味醇香，回味带甜，成为晒烟的珍品，曾被定为朝廷贡品。

(Negih) Iengauj

（二）烤烟

Iengauj, ceij gij mbawien yungh mboujdoengz hingzsik doenggvaq vunzgoeng ring feiz gyagoeng baenz. Iengauj homdiemz, loq soemj, hamz dangz lai, hamz danvahozvuz、sonhlei caeuq yenhgenj noix daengz cungdaengj, ndigah baenz gij cujyau yienzliuh cungj yenhcaij vwnhozhingz haenx. Minzgoz 27 bi (1938 nienz) haidaeuz yinxhaeuj iengauj, hoeng aenvih gyagoeng、siugai daengj yienzaen, mbouj ndaej duihgvangj ndaem.

烤烟，指以不同形式的人工加热方法烤制而成的烟叶。烤烟具有甜香和微酸性，糖含量高，氮化合物、酸类及烟碱含量低至中等，因而成为混合型卷烟的主要原料。民国二十七年（1938年）开始引进烤烟，但因加工、销售等原因，未能推广种植。

（Sam）Gyagoeng Yenhcaij

（三）卷烟加工

Ciuhgyawj cij haidaeuz gyagoeng swnghcanj Yenhcaij, daengz 1949 nienz, Liujcouh gaenq laebhwnq 5 aen swhyingz genjyenhcangj. Aen Sinhvaz Yenhcangj gveihmoz ceiq laux de miz genjyenhgih 2 aen, gij gihgi ronq ien gwnzlaj doxhaeb de 4 aen. Linghvaih, lij miz mbangjdi gij gunghcangj gyagoeng iensei, gihbwnj faenbouh youq Nanzningz, gveihmoz mbouj hung.

卷烟加工生产始于近代，至1949年，壮乡柳州已经兴建了5家私营卷烟厂。规模最大的新华烟厂有卷烟机2台，上下式切丝机4台。此外，还有一些加工烟丝的工厂，基本分布在南宁，规模都不大。

（Seiq）Gij Doengzien Ngaenz Duk Faexsa Cauxbaenz

（四）银包秃杉烟筒

Gijneix dwg gij gunghyibinj Bouxcuengh ndawbiengz Yinznanz Gvangjnanz Yen de, gaenq miz 300 lai bi lizsij, dwg leh gij faexsa mbouj yungzheih nduk、miz heiqhom de, yungh fwngz saeqsim deugaek cauxbaenz, doengzien raez 48～50 lizmij, laux 5.0～5.5 lizmij, mboujdanh youh ndei youh gyaeundei, caemhcaiq moix aen yungh ndaej baenz 100 bi hix mbouj vaih, gyahwnj gwn'ien seiz, ndaej aeu heiqhom faexsa caemh sup haeuj bak, hawj vunz gvaqyinx raixcaix, vihneix, cungj canjbinj neix seizseiz ndei gai.

这是云南广南县壮族的民间工艺品，已有300多年历史，系选用耐腐蚀、有香气的秃杉经手工精心雕制而成，烟筒长48～50厘米，直径5.0～5.5厘米，不仅精巧美观，而且每支可用百年之久，加上吸烟时，能把秃杉清香味一并吸入，令人心旷神怡，回味无穷，因而该产品一直畅销不衰。

Daihgouj Ciet　Gij Gisuz Caux Doxgaiq Ngoenzyungh
第九节　生活日用品制造技术

Youq caux gij doxgaiq ngoenzyungh fuengmienh, Bouxcuengh miz gij fazcanj lizsij gyaeraez. Sinhsizgi seizdaih gij cenj vax、guengq vax、rek vax、dingj vax caeuq nyawh ndij beidiuh daengj, gij doxgaiq gvaqcaet Sihcouh, Handai gij doxgaiq aeu nyawh、vazsiz、bohliz、doengz、ngaenz guhbaenz haenx, mauhngeg、fagcax Dangzdai, aen domq Sungdai, gij bit maeg ceij yienh Mingzcauz Cinghcauz daengj, cungj aenvih de miz minzcuz daegsaek cix mingzdaeuz hung, sawjndaej haujlai Bouxgun youq mwh bien sawciuhgeq de cungj doxciengj lwnhgangj geiqloeg, lumj nanzanh、manzvanj、manzbien、cenjgaeuvaiz、dungdauh、habbinghlangz、bitbwngaeq、"heiqmienh"（couh dwg mauhngeg）、beidiuh daengj geiqloeg ndaej gig ciengzsaeq. Doengging doxgaiq ngoenzyungh neix cungj dwg gij doenghyiengh ndei dangseiz dieg Cunghyenz gig nanzndaej raen de.

在生活日用品制造方面，壮族人有着悠久的发展历史。新石器时代的陶杯、陶罐、陶釜、陶鼎和玉器，以及贝雕装饰品等，西周的漆制品，汉代用玉石、滑石、玻璃、铜和银做成的制品，唐代的面具、刀具，宋代的绣球，明清的文房四宝等，都因其富有民族特色而著称，以至许多汉人编的古籍中都争先述录，如蛮鞍、蛮碗、蛮鞭、牛角杯、峒刀、槟榔盒、鸡毛笔、戏面（即面具）、贝雕等记述颇详。这些日用品都是当时中原地区罕见的珍品。

Bouxcuengh dajcauh doxgaiq ngoenzyungh, gij swnghcanj fuengsik de cujyau dwg godij faensanq ginghyingz, caemhcaiq dwg aeu Cinggyangh（Gveilinz seizneix）、Canghvuz、Banhyiz（Gvangjcouh seizneix）siujsoq geij aen couh、fuj guh giz doxcomz doxsanq, doeklaeng ginggvaq Lingzgiz soengq daengz Cunghyenz gak dieg. Dangseiz doenghgij canjbinj neix, cungjloih lai, caetliengh ndei, gyahwnj gunghyi suijbingz haemq sang, gij mingzdaeuz de gaenq hung lo. Dangzdai, Gvangjdungh Gvangjsih vanzlij dwg giz cojcoeng Bouxcuengh comzyouq. Aenvih hawsingz fazcanj, sanghyez riuzdoeng, cungqvunz doiq doxgaiq ngoenzyietnaiq aeuyungh demlai, gikcoi cicauyez fazcanj. Daengz Mingzcauz Cinghcauz, Gvangjsih Liujcouh haidaeuz bienqbaenz aen hawsingz hungnaek diengzhoeng soujgunghyez gyonjgyoeb de. Dangseiz aen Yinzwnh baihdoeng hawsingz caeuq Diuhsuijhang baihsae hawsingz, couh dwg dieg diengzhoeng soujgunghyez mizmingz de, lumj sahom、cungqsa、daengloengz、deugaek、goenhsoij gimngaenz、gaiqdawz doengz sik、buh haiz naeng、gingq veh daengj, yienghyiengh cungj cugcot okdaeuj lumj rangz neix. Minzgoz daegbied dwg gangcan gvaqlaeng, Liujcouh cinhcizcangj、bohlizcangj、yazsazcangj、yinsazcangj caeuq gij gunghcangj gyagoeng gak cungj gunghyibinj haenx faenfaen hwnjbaenz, biujmingz le dieg Bouxcuengh Mingz Cingh daengz Minzgoz geizgan, dajcauh gij doxgaiq ngoenzyungh miz haemq daih fazcanj.

壮族民众的日用品制造，其生产方式主要是分散性的个体经营，并以静江（今桂林）、苍梧、番禺（今广州）少数几个州、府治所作为集散地，最后经灵渠输送到中原各地的。当时这些产品，种类多，质量好，加上工艺水平较高，已名震一时。唐代，两广仍是壮族先民聚居的腹地。由于城市的发展，商业流通，人们对生活日用品的需求增多，刺激了制造业的发展。到了明清，桂中的柳州开始变成手工业作坊汇集的重镇。当时的城东仁恩坊和城西挑水巷，就是著名的手工业作坊区，诸如香纸、鞭炮、灯笼、雕刻、金银首饰、铜锡器、服装革履、镜妆镜画等，有如雨后春笋般地出现。民国特别是抗战以后，柳州的针织厂、玻璃厂、牙刷厂、印刷厂，以及各种工艺品加工制造厂纷纷建成，表明了壮族地区明清到民国期间，日用生活用品的制造有了一个较大的发展。

Daegbied cigndaej daez daengz de dwg, Gvangjsih Binhyangz Yen aen yen Bouxcuengh Bouxgun cabyouq neix, gij siujsoujgunghyez ciuqguh de, yiengqcoh lajmbanj, mboujdanh hawj beksingq dieg Bouxcuengh dawz daeuj fuengbienh, caiqlij gij gisuz de hix miz itdingh fuzse caeuq sanqgvangq cozyungh.

特别值得一提的是，壮汉杂居的广西宾阳县的仿制小手工业，面向山村，不但给壮族地区的人民带来了方便，而且其技术亦起到了一定的辐射和扩散作用。

It. Vujginh Iq

一、小五金

Caxyangj. Youq gwnz veh gwnz dat ciuhgeq dieg Bouxcuengh, veh miz haujlai gij vunz hwet raek caxyangj de, doenghgij caxyangj neix dwg gij hongdawz cojcoeng Bouxcuengh boiq daeuj haifat diegdeih, vuet haz vuet em de. Ndaw 《Genvuj Ci》 naeuz: "Bouxdung baez seng daeuj, vunzranz couh caengh diet ceh ndaw raemx, caj lwgnyez daengz 15 bi couh aeu daeuj caux cax, gyaez gij diet de raixcaix, bae gizlawz cungj raek, ninz hix raek, roxnaeuz aeu bae doxvuenh, soengq baengzyoux, dandan soengq fag hung de, fag iq gak louz, daengx ciuh mbouj gveng." Mizmbangj sijliu lij geiqsij giz Sihyenz geij aen dung cojcoeng Bouxcuengh youq de（Dangzcauz miz nungzdung, couh dwg Loiz、Huj、Binz、Boz seiq aen dung, Bwzsung youq Lungzcouh seizneix Vujdwz yangh laeb miz Vujdwz dung、Cingsih Si Bingzdung yangh miz Yindung、Denhdwnjj Yen miz Gezanhdung）, laux iq sai mbwk hix raek caxyangj, danghnaeuz deng naqdoeg roxnaeuz ngwzdoeg sieng, gaenjgip aeu cax gvej giz deng haeb ok cix mbouj dai. Gig mingzyenj, caxyangj dwg cungj hongdawz cojcoeng Buxcuengh ciuhgeq diz、hawj beksingq sawjyungh ndeu. Sungdai, aenvih de caux ndaej ndei, gig caeux couh mingzdaeuz hung lo. Mizmbangj vwnzyen lij naeuz, caxyangj Bouxcuengh, bak de raez 4 cik（daih'iek 1.4 mij）, gaenz raez 2 cik（daih'iek 0.7 mij）, gij Dungcouh（Gvangjsih Lungzcouh seizneix）diz de ceiq ndei, lienzdaemh gaj 5 duz vaiz hix mbouj moet. Doenghgij caxyangj neix lai dwg Denzcouh（Denzyangz seizneix）、Cunghcouh（Fuzsuih seizneix）、Gyanghcouh（Cungzcoj seizneix）Lungzcouh、Leizcouh daengj dieg swnghcanj. Gij gaiqdawz gwn caz aeu diet couq de hix gig ndei、saedyungh. Sungdai Couh Gifeih youq ndaw 《Lingjvai Daidaz》 haenh naeuz: "Bouxcangh Leizcouh ak raixcaix, caux cenj caz、duix dang doenghgij neix, yienghyiengh lumj raixcauh neix. Gou aeu de caeuq gij Genningz caux haenx doxbeij, faen mbouj ok yiengh lawz engq ndei." Lungzcouh fag caxbyaek cinghlungzbaiz, youq Cinghcauz Gvanghsi 10 bi（1884 nienz）haicauh, de couh dwg youq gwnz aen giekdaej gij gisuz conzdungj geqlaux gyagoeng caxyangj de, gapbaenz le dauq gunghyi gisuz swhgeij, baugvat haeuj gang、cuzhoj、yezculij caeuq baenz cax cungj gig geng, fag cax gig raeh, mboujdanh raemj ndaej ndok, caemhcaiq baq ndaej geij aen doengzcienz doxdaeb, bak de mbouj bumj.

峒刀。在壮族地区古代的崖壁画上，画有许多佩挂腰刀的人像，这些腰刀乃是壮族先民为了开发这片热土，披荆斩棘而配备的工具。《建武志》中曰："峒人始生，家即称铁浸之水中，至年十五取为刀，古其铁甚，卧起带之，或以博易，友赠遗，只送大刀，自留其小者，终生不舍。"有些史料还记述壮族先民居住的西原诸峒（唐有侬峒，即俗称之雷火频婆四峒，北宋在今广西龙州武德乡设有武德峒、靖西市平峒乡设有任峒、天等县设有结安峒等），男女老幼皆佩带峒刀，如遇药箭和蛇毒所伤，急以刀剜其肉而不死。显然，峒刀乃是古代壮族先民锻冶的、供老百姓使用的一种工具。宋代，由于其制造工艺精良，早享盛名。一些文献还说，壮族人峒刀，刃长4尺，靶长2尺，以冻州（今龙州）打制最佳，连斩五牛而刃不钝。这些峒刀多产于田州（今田阳）、忠州（今扶绥）、江州（今崇左）、龙州、雷州等地。用铁铸的茶具也十分精巧实用。宋代周去非在《岭外代答》中赞曰："雷州铁工甚巧，制茶碾、汤瓯、汤匦之属，皆若铸就。余以比之建宁所出，不能相上下也。"创于清光绪十年（1884年）的龙州青龙牌菜刀，就在峒刀古老的传统加工技术的基础上，形成了自己一套过硬的入钢、淬火、热处理和水磨的工艺技术，其刀锋利异常，不仅可以砍骨头，而且能劈断几个叠起的铜钱，而其刃不损。

Ngeih. Dajcaux Doxaen Cuk Faex

二、竹木器加工制造

Gij canghfaex Bouxcuengh ndaej baen baenz song daihloih：Gij doenghyiengh aeu cuk dajcauh caeuq faex dajcauh haenx. Gijneix mboujdanh daj ciuhgeq couh miz，caemhcaiq gak dieg cungj miz gyoengq bouxcangh dinfwngz gig ndei ndeu，gij doenghyiengh gyoengqde dajcauh haenx caengzging mingzdaeuz gig hung. Ndawde，Bouxcuengh aeu duk san doenghyiengh，goek gyae rag raez. Mbanj Bouxcuengh daj ciuhgeq daeuj couh miz gocuk lai，gizneix gocuk mwncup，binjcungj lai，lizsij naeuz mi cuk hung、cukraiz、dauzcuz、mauhcuz（couh dwg mauzcuz）、sahmazcuz、danhcuz、sezcuz、swzcuz、cencuz、swzyouzcuz、dangcuz、yinzmencuz、gizcuz（miz oen，aeu guh haenzsuen）、diuswhcuz、cinghvangzcuz、gveihcuz、youzvuzcuz、ginhcuz、fungveijcuz daengj. Gijneix hawj san doenghyiengh daezgungh haujlai yenzcaizliu. Ndigah，youq ciuhgeq，cojcoeng Bouxcuengh gaenq roxndeq cungfaen leihyungh gocuk bae san gak cungj gunghyibinj. Lumj 1978 nienz《Gaujguj Yozbau》daih 2 geiz daengh miz youq aenmoh Cangoz giz Gvangjsih Bingzloz Yen Yinzsanhlingj de fatyienh le canz sat. Gvangjsih Gveigangj Lozbwzvanh 1 hauh aenmoh Hancauz cix oknamh le aen'gyaemq、aen'gyangj、aenloz、fa goemq 4 yiengh gij doenghyiengh aeu duk san haenx. Ndawde，aen'gyaemq dan lw gyap vaih，duk de gvangq 0.5 lizmij，na 0.1 lizmij，gij san fap de dwg ciuq saw "人" san，gij gunghyi de ndei lumj gij sat ndaw aenmoh Majvangzduih neix；aen'gyangj yungh gij san fap song gep doxgek de san baenz；aenloz san baenz lumj damuengx neix，congh de baenz roek cih；gaiq fa aeu dukna guh ndok fuzse bae seiqhenz gonq，yienzhaeuh aeu duk iq daj gyangsim yiengq baihrog hopheux san bae；gij caetliengh sat caeuq gij sat seizneix ceiq ndei de doxlumj，yungh gij san fap saw "人" bae san baenz，moix gep duk gvangq 0.4 lizmij，na 0.1 lizmij. Gep duk mbang na laux iq doxlumj，cih de miz di luenz，san ndaej sijsaeq，miz mbangj giz gvaqcaet. Oknamh aen dig de raez 36.3 lizmij，laux 2.2 lizmij，youz song dot cuk cauxbaenz，dot hangx de mbongq doeng. Hai 8 congh，miz 7 congh hai youq caemh dot，lingh congh ndeu hai youq dot wnq. Giz hai congh de gvet naeng heu ok，gvet baenz san aen bingzmienh，congh daih'it、congh daihngeih、congh daihsam、congh daihseiq、congh daihhaj、congh daihroek、congh daihcaet、congh daihbet gak ciemq aen ndeu. Daengz Dangzcauz，Gveilinz gaenq swnghcanj fag baeh，cujyau leihyungh gij cuk ndei baihbaek Gvangjsih，aeu cuk、ndok guh yienzliuh，fag baeh ndeu miz 200 lai saenj faenzbaeh，aenvih caux ndei cingsaeq，faenz de gaenj，mbouj sieng naeng gyaeuj, baeh nyaq ok saw liux, caemhcaiq gaenjmaenh naihyungh, baenz ndaw guek cungj "baeh miz mingz" ndeu. Gaengawq《Sinhdangzsuh》geiqsij, Dangzdai gij sat Nanzhaijgin、gij danh Gveilinz Sijanhgin, aenvih guh ndaej ndei, cienzbouh caengzging deng aeu guh laex soengq hawj cauzdingz.《Lingjbyauj Luz Yi》lij daez daengz Bouxcuengh aeu swhlauzcuz guh cax, aeu de "gvej naeng duzciengh lumj ronq" neix.《Yezsih Cungzcaiz》hix miz gij lwnhgangj "Nanzcungh miz vunz aeu faexcuk guh cax, danghnaeuz loq bumj, dauqcungz aeu raemx swiq de, couh raeh lumj baeznduj. Gvangjcouh geiq naeuz, sizlinzcuz youh gaenj youh ndongj, laeu de guh cax bae gvej naeng duzciengh lumj gvej nywj neix". Sungdai gij guiq caeuq gyaep cuk Bouxcuengh, youh heuhguh gyaepbouxmanz. Couh Gifeih《Lingjvai Daidaz》naeuz: "Gij gyaepbouxmanz Saenamz, aeu cuk guh gaq, gwnz de goemq cien. Nawz de soem luenz, sang cik lai, seiq mbiengj duengq roengzdaeuj." "……Ceiq hab gwih max. Nawz de sang hoeng dingh ndaej maenh, seiq henz duengq rumz boq mbouj haeuj. Gij gyaep gizwnq beij mbouj ndaej." Mingz Cingh gvaqlaeng, saedceij Bouxcuengh fuengfueng mienhmienh cungj yungh daengz gij doenghyiengh aeu cuk cauxbaenz, lumjbaenz aeu gocuk daeuj hwnq ganlanz, san gyaep、aen loz、geicat、ndoengj、raeng、swxbyaek、aen mbung、loengzgaeq、loengzbit、loengzfeiz、aen lamz、rieng bya、valanz、beiz cuk、sieng cuk、fa cuk、sat、liengj, gwn rangz（lumj《Lingjbyauj Luz Yi》gaisau gij rangzsohmoz、rangzlwzcuz daengj）, caux digcuk, caux gung naq daengj, fanzdwg gij doxgaiq ngoenzyungh, yienghyiengh cungj miz. Ndigah vunz ciuhgeq gaigoz naeuz: "Vunz Hungznanz wngdang docih faexcuk, gwn gorangz, goemq gep cuk, naengh sazcuk, coemh cuk rung haeux, daenj naeng cuk, aeu cuk caux sa, aeu cuk guh haiz, caen dwg ngoenz ndeu mbouj miz cuk cungj mbouj ndaej ha." Dwg yiengh neix dahraix. Mingzdai, Binhyangz san duk gaenq gig mizmingz, cujyau dwg aeu faexlwi liep guh duk san gak cungj doenghyiengh. Gij sat Vanzgyangh, gij swnghcanj lizsij de hix yaek miz 200 lai bi, aeu naeng gij youzcuz dangdieg daeg miz de san baenz. Cungj cuk neix dot de haemq raez, senhveiz iq, youh unq youh gaenj. Vihliux fuengz mod haeb, leh aeu go youzcuz geq 2 bi de, raemj daeuj ranz, swnh de caengz roz baq de baenz duk, caiq ginggvaq liep、rung、dak daengj 10 dauq gunghsi, hawj moix gep duk cungj bienq ndaej youh mbang youh luemj, gyaeuj rieng yinzrubrub, yienzhaeuh cij yungh fwngz san. Sat Vanzgyangh ciuq seiz raemj faex liep duk de, baen baenz duk seizdoeng caeuq duk seizcin song cungj. Duk seizcin saek de mong, mbouj luemjndongq; duk seizdoeng youh unq youh gaenj, mbouj yungzheih gat, saek de luemjndongq, san baenz sat le gwnz de gig luemj, mbouj miz duq, yungh ndaej 10 bi hix mbouj vaih.

　　壮族的木器加工制造可分成两大类：竹器和木器。这些不仅古已有之，而且各地都有一批技术精良的加工制造高手，他们所精制的竹器、木具等都曾经名噪一时。其中，壮家的竹器编织，源远流长。壮乡自古就是产竹的地方，这里的竹子生长茂密，品种繁多，史称有大竹、斑竹、桃竹、猫竹（即茅竹）、沙麻竹、簞竹、雪竹、涩竹、箭竹、慈游竹、荡竹、人面竹、棘竹（有刺，可为栅）、钓丝竹、青黄竹、圭竹、油梧竹、筋竹、凤尾竹等。这给竹器制造提供了极为丰富的原材料。因此，在古代，壮族先民已懂得充分利用竹子去制造各种工艺品。1978年《考古学报》第2期的一篇文章介绍了在广西平乐县银山岭战国墓中发现有竹席残骸。广西贵港罗泊湾1号汉墓则出土了竹笥、篓、筐、器盖4种竹制品。其中，竹笥为残片，所用竹篾宽0.5厘米，厚0.1厘米，为人字形编织法，其工艺可以与马王堆墓葬竹围媲美；篓用隔二跳二编织法编成；筐采取自左右编织成六角网状；器盖先以篾片作辐射状骨干，再用细篾条由中心向外围作同心圆式编织；竹席质地与当今上等竹席相当，用人字形编织法，每根篾宽0.4厘米，厚0.1厘米。所用竹篾厚薄均匀，转角圆润，织艺精细，部分表面髹漆。而出土的竹笛长36.3厘米，径2.2厘米，由两节竹子制成，尾端竹节打通。共开8孔，其中7孔开在同一节内，另一孔开在竹节的另一端。开孔处竹青刮除，形成第一孔、第二孔、第三孔、第四孔、第五孔、第六孔、第七孔、第八孔各为一组的平面。到了唐朝，桂林梳篦已有生产，主要利用桂北地区的上好竹子资源，以竹、骨做原料，每把篦子有200多条篦齿，由于制作精细，篦齿柔韧，不咬头发，不伤头皮，能较彻底地篦去头发中的发屑和尘垢，而且坚固耐用，成为国内"名篦"之一。据《新唐书》记载，唐代南海郡的竹席、桂州始安郡的箪，由于制作精良，都曾经被列为贡品。《岭表录异》还提到壮族人用思牢竹做刀具，用它"割象皮如切"。《粤西丛载》也有"南中有以竹为刀锉子者，如少钝，复以浆水洗之，如初。广州记云，石林竹劲利，削为刀切截象皮如裁草也"的记述。宋代壮家的鱼毡竹笠，又称蛮笠。周去非《岭外代答》载："西南蛮笠，以竹为身，而冒以鱼毡。其顶尖圆，高起一尺余，而四围颇下垂。""……最宜乘马。盖顶高则定而不倾，四垂则风不能。他箸笠所不及也。"明清以后，竹制品几乎遍及壮族人的生活领域，诸如利用竹子建造干栏，编织雨帽、竹壳帽、箩筐、撮箕、簸箕、米筛、菜篮、谷囤、鸡笼、鸭笼、火笼、提篮、吊篮、鱼篓、花篮、竹扇、竹箱、竹锅盖、鱼笱、竹篝、竹器、竹席、竹伞、食竹笋（如《岭表录异》介绍的掌摩笋、勒竹笋等），制竹笛，造弓箭等，凡日常生活需用品，无所不包。故古人概括为："弘南人当有愧于竹，食者竹笋，庇者竹瓦，载者竹筏，爨者竹薪，衣者竹皮，书者竹纸，履者竹鞋，真可谓一日不可无此君也耶。"确实如此。明代，壮乡宾阳的竹编就已经有名，主要是以单竹的篾丝、篾条、篾片编织各式各样的竹器。而环江壮乡的凉席，也有近200多年的生产历史，以当地特产的油竹皮编织而成。这种竹子的竹节比较疏，纤维细，性柔韧，拉力强。为了防止虫蛀，都选2年生的油竹，砍下后，趁竹子未干时将其剖成篾皮，再经过剖、煮、晒等10多道工序，使条条竹篾变得平薄光滑，头尾均匀，然后才进行手工编织。环江凉席按砍伐削成竹皮的时间，分为冬篾和春篾两种。春篾呈灰色，欠光鲜；冬篾柔软细韧，不易断裂，色泽光亮，席面平滑无结，使用寿命可达10年以上。

　　Gij doenghyiengh aeu faex caux de hix miz haujlai cungjloih, daegbied dwg heiqmienh（couh dwg mauhngeg）mingzdaeuz de hwng hauj nanz lo. Heiqmienh, sugvah heuhguh "gyapnajfangz", Vahcuengh heuhguh "mauhngeg", dwg ndawbiengz saegoeng Bouxcuengh baiq baed cungj gaiqdawz ndeu. Aenvih cujyau dwg youq ndaw gij hozdung saegoeng diuqfoux baiqbaed —— heiqnoz haenx sawjyungh, youh heuhguh mauhngeg heiqnoz. Gvangjsih Ningzmingz Byaraiz gwnz de ciuhgeq couh veh miz bouxvunz dawz mauhngeg, de gangjmingz gijneix dwg cojcoeng Bouxcuengh baiqbaed cungj gaiq dawz ndeu, goek gyae rag raez. 20 sigij 60 nienzdaih mboengqbyai, youq Gvangjsih Sihlinz Yen Bujdozdunz Diulungzsanh oknamh aen doengzguen sieng gim Handai ndeu, gwnz de couh venj miz mauhngeg doengz. Dangz Sung aenvih heiqnoz hwnghengz, gij mingzdaeuz mauhngeg gaenq cienz daengz baihrog bae lo. Doenghgij mauhngeg neix cienzhaeuj gingsingz, lwgmbauq、lwgsau ranz fouqmiz de aeu daeuj dajcang swhgeij. Sungdai Couh Gifeih youq ndaw 《Lingjvai Daidaz》naeuz："Nozdui Gveihlinz, daj Cwngzbingz seiz youq gingsingz couh gig mizmingz, heuhguh cinghgyangh cuhginhnoz. Cix giz de youq haenx, youh gag miz heiqnoz beksingq. Daengx ndang cungj aeu de daeuj dajcang liux……Vunz Gvangjsih rox caux mauhngeg, gij ndei gaiq ndeu dij ndaej fanh maenz cienz, aen couh wnq engqgya bengz." Sungdai Fan Cwngzda youq ndaw 《Gveihaij Yizhwngz Ci》 hix naeuz："Vunz Gveilinz aeu faex gaek mauhngeg, guhndaej gig cingsaeq, gaiq ndeu mbangj seiz dij ndaej fanh maenz cienz." Bouxcuengh saenq lai cungj saenz, ndigah, mauhngeg gij neiyungz de gig lai, miz 36 saenz 72 cungj yiengh gij gangjfap neix, cujyau miz saenz byaj、saenz hai bya, vwnzsinz、vujsinz、mozvangz、vujboz、duzfangz iq yakyawj daengj, gak mbouj doxdoengz. Canghsei Luz Youz raiz 《Laujyozanh Bizgi》 haenh naeuz：mauhngeg "dwg aeu 800 maenz ngaenz guh fouq ndeu, geq iq ndei yawj yakyawj, mbouj miz gaiq lawz doxlumj"！Gak loh saenzsien mauhngeg ndawde, youh baen baenz vwnz、vuj、yakyawj sam daih loih. Gij vwnz de miz mbangj baenzmbauq, yiemzsug, miz mbangj unqswnh, naj riu nyumjnyumj, mizmbangj gyaeundei, unqswnh cingz lai；gij sienqdiuz yienghceij de soh saeq, hwnj saek maeq、henj、nding. Gij vuj de mizmbangj maenh'ak, mizmbangj da laux hwk bot、da nding naj fonx, mizmbangj bak gaeq sam da、ngaz raez seng gaeu, cienzbouh seng ndaej geizheih, lumj yaek gwn vunz neix, dwglau remcieng, hawj vunz yawj le couh lau；cauhhingz fuengmienh sienqdiuz rengz ndongj, hwnj saek nding、hau、fonx. Gij yakyawj de gij yienghceij de gig yakyawj, saenzcingz dwgriu geizheih, lumj gyaeujndoq、najbyak doed、da dog、naj mbeuj ndaeng mbaep, hwk bongz hangz bingz daengj, cauhhingz youh doj youh sengdoengh, hwnj saek lamz、henj、hau、nding. Gak loih mauhngeg cienzbouh yungh fwngz aeu faexgyaeuq roxnaeuz faexcueng gaek baenz, gaek ndaej cingsaeq, cauhhingz sengdoengh, saenzcingz lumj gij caen neix, singgwz sienmingz, hingzsieng lumjlili, yisuz suijbingz gig sang.

　　木器制品亦有许多种类，尤以戏面（即面具）久负盛名。戏面，俗称"鬼脸壳"，壮语叫"木额"，是壮族民间师公敬祭神祇脸谱的一种法具。由于主要用于师公祭神的舞蹈活动——傩（音nuó）戏中，又被称为傩面具。古代广西宁明花山岩画就有戴傩面具的人物画像，它说明这是壮族先民事神的一种面具，源远流长。20世纪60年代末，在广西西林县普驮屯调龙山出土的汉代鎏金铜棺上，就悬挂有铜面具。唐宋由于傩戏盛行，面具已闻名岭外。这些面具流入京都，是豪门公子、千金小姐的时髦装饰品。宋代周去非的《岭外代答》中云："桂林傩队，自承平时闻名京师，曰静江诸军傩。而所在坊巷村落，又白有百姓傩。严身之具甚饰……盖桂人善制戏面，佳者一值万钱，他州贵之。"宋代范成大的《桂海虞衡志》中亦说："桂林人以木刻人面，穷极工巧，一枚或值万钱。"壮族信多神，因此，傩面具内容丰富，有三十六神七十二相之说，主要有雷神、开山神、文神、武神、莫王、武婆、丑陋小鬼等，各不相同。诗人陆游撰写的《老学庵笔记》赞曰：傩面具"乃是以八百枚为一副，老少研陋，无一相似者"！傩面具的各路神类中，又分文、武、丑三大类。文者或俊逸清秀，庄重严肃，或和蔼慈祥，笑容可掬，或端庄贤淑，温柔多情；线条造型流畅精细，着粉红、土黄、赤红色。武者或威武轩昂，或暴眼鼓腮、红眼黑脸，或鸡嘴三目、獠牙长角，均形象奇异，咄咄逼人，狰狞勇猛，令人望而生畏；造型上线条刚劲粗犷，着色多用土红、白、黑。丑者其样子丑陋，神情滑稽古怪，如秃头、凸额、独眼、歪脸塌鼻、肿腮平下巴等，造型古拙生动，多以蓝、土黄、白、红着色。各类面具均以桐木或樟木手工刻制而成，雕工精细，造型生动，神态逼真，性格鲜明，形象栩栩如生，有很高的艺术造诣。

Linghvaih, Dangzcauz gij "haiz faexsoek veh youz" caeuq Sungcauz gij "duix manz" de hix mingzdaeuz gig hung. Liuz Sinz youq ndaw 《Lingjbyauj Luz Yi》 naeuz: "Faexsoek, seng youq henz dah gyang rij, mbaw saeq, go ndongj lumj faexgyaeuq, dandan rag de unq dingj mbouj ndaej cax raemj gawq hai. Seizneix lai yungh rag de, laeu de guh haiz. Seiz caengz roz de, raemj de lumj baq gva; roz le, nyangq raixcaix. Aeu youz veh de, roxnaeuz gvaqcaet. De mbaeu lumj saejdwnx, seiz ndat daenj, gek cumx gek heiq lumj faexsa neix." Doenghgij haizfaex guh ndaej ndei neix, youq dangseiz, mboujlwnh dwg beksingq, roxnaeuz Gvangjcouh gak aen couh gij bouxguen de cungj daenj, gai bae geij lai, daj neix couh yawj ndaej ok. Aenvih haizfaex miz baujgen goengnaengz, de itcig dwg gij doxgaiq vunz Lingjnanz gyaezmaij haenx. Gvendaengz faexbauzmuz, gaengawq vunz Dangzcauz Liuz Sinz（baugvat boux Don Gunghlu caeuq de caemh aen seizdaih）daezgungh gij daegcwng de, Cinghcauz gvaqlaeng youq Lingjnanz gaenq ra mbouj ndaej cungj faex neix lo. Ndigah, Cinghdai mizmbangj cucoz cix nyinhnaeuz faexsoek dwg cungj faex banh youq gwnz faexcoengz sengmaj ndeu, gij faex neix mbaeu, hab caux haizfaex. Gangjfap gaenq mbouj doxdoengz. Saedceiq, mbanj Bouxcuengh bouxcangh caux haizfaex de nyinhnaeuz: Cawzliux faexcaet mbouj ndaej caux haizfaex, gizyawz cungj faex lawz cungj caux ndaej. Itbuen iugouz dwg, doenghgij faex neix ceh raemx le aeu hawqroz riuz, aeu mbaeu、aeu ndei, raiz faex aeu soh, mbouj deng mod, caiqlij cauxguh seiz, cax raemj van mbak ndaej ngaih. Itbuen cungj dawz faexcueng ceiq ndei, daihngeih dwg faexdinbit caeuq faexrenz, daihsam dwg faexmyaz. Ndawde, faexrenz mbaeu, henz ranz cungj ndaem miz, yungh ndaej ceiq lai, faexmyaz ceh raemx mbouj naeuh. "Duix manz" Bouxcuengh youh ndei youh gyaeundei, gig miz daegdiemj. Ndaw 《Gveihaij Yizhwngz Ci》naeuz: "Duix manz, aeu faex gaek baenz, aeu caet nding caeuq caet fonx doxgek dwk de, dungx laux miz ga." Doenghgij neix cungj dwg gij canjbinj miz seiz ndeu mingzdaeuz gig hung. Linghvaih, lij miz gizyawz gij doenghyiengh aeu faex caux de, lumj doengj、congz、eij、daengq、cae、rauq、soujbaj、ciraemx、civaiz、aen lae, gij dou cueng、saeu liengz gaek va, miz geij cib cungj, cienzbouh dwg gij doxgaiq ngoenzyungh, youz bouxcangh Bouxcuengh doq baenz. Ndawde gij ceiq ndei de, dwg Mingzcauz Hungzvuj yenznenz（1368 nienz）Gvangjsih Dwzbauj Yen gij doenghyiengh faex caux haenx, de aenvih faex ndei、doq ndei、saedyungh cix okmingz. Cungj heng faexyienq Lungzcouh, mingzdaeuz de cienz daengz gyae gyawj seiqhenz, gij haifat lizsij de hix miz 300 lai bi lo.

此外，唐的"油画枹木履"和宋的"蛮碗"亦颇有盛名。刘恂于《岭表录异》中云："枹木，产江溪中，叶细如桧，身坚类桐，惟根软不胜刀锯。今潮循多用其根，刳而为履。尚未干时，刻削如割瓜；既干之后，柔韧不可理也。或油画，或漆。其轻如通草，暑月著之，隔卑湿地气如杉木。"这些精制的木履，在当时，不论平民百姓，或是广州各郡的长官们都著之，其销量之大，由此可见。由于木履具有保健功能，它一直是岭南人喜爱之物。关于枹木，据唐人刘恂（包括同时代的段公路）提供的特征，清代以后在岭南已找不到这个树种。因此，清代的一些著作则认为枹木乃是寄生于松树的一个物种，质轻，适做木履。说法已不甚一致。实际上，壮乡制作板鞋（即木履）的匠人认为：除漆树木不能做板鞋以外，什么木都可以。通常的要求是，这些木料泡水后干的要快，木质要轻、要好，纹理要直，不生虫，而且制作时，刀劈斧砍容易。一般都以银木为最好，次为鸭脚木（壮话叫"肥颠笔"）和苦楝木（壮话叫"科连"），再次是五眼果木（即"南酸枣"）。其中，苦楝木轻，房前屋后都种有，用得最多，而五眼果木泡水不烂。壮族的"蛮碗"精巧、别致、富有特点。《桂海虞衡志》中说："蛮碗，以木刻，朱（即红）黑间漆之，侈腹而有足。"这些都是名噪一时的产品。此外，还有其他木制品，如水桶、桌、椅、板凳、犁、耙、手把、水车、牛车、梯子，雕花的门窗、梁柱，多达数十种，都是壮乡日常生活必需品，由壮族木匠制作。其中佼佼者，属明洪武元年（1368年）广西德保县木器，以木料好、制作精致、实用而著称。而远近闻名的龙州蚬木砧板，也有300多年的开发历史。

Aeu ceijok de dwg, Se Caucez youq ndaw bonj conhcu《Vujcazcuj》de caengzging naeuz gvaq mbanj Bouxcuengh miz cungj yienhsiengq "saeu ranz dingzlai baenz mod, gyanghwnz mod gaet naeng gvagva, daengx hwnz hawj vunz ninz mbouj ndaek, saw baenz mod engq yenzcung, ndigah gizhaenx mbouj miz aen ranz lawz dingj ndaej 100 bi, mbouj miz bonj saw lawz dingj ndaej 50 bi" haenx, gizsaed boux canghfaex Bouxcuengh coengmingz de gig caeux couh miz duicwz lo, couh dwg yungh aen banhfap "caet cuk bet faex" bae cawqleix de. Fanzdwg raemj faex raemj cuk daeuj yungh, itdingh aeu youq ndwencaet ndwenbet bae raemj, yienzhaeuh ceh de daengz ndaw daemz geij bi, seizlawz yungh seizlawz vax okdaeuj, yienghneix couh baujcwng mbouj deng mod. Ndigah, mbanj Bouxcuengh gij ranz 100 bi de（baugvat ganlanz）gak dieg gak yen cungj miz. Gij gangjfap Se Caucez neix, wngdang gaijcingq.

需要指出的是，谢肇淛在其专著《五杂俎》中曾说过壮乡存在"屋柱多为虫蠹，入夜则齿声刮刮，通宵搅人眠，书籍虫蛀尤甚，故其地无百年之屋，五十年之书"的现象，其实聪明的壮家木工早有对策，即以"七竹八木"处之。凡取竹木者，须在七八两个月内采伐，然后沉入鱼塘中长年累月地浸泡，随用随取，如此就可以保证不生虫。因此，壮乡百年老屋（包括干栏建筑）各地县都有。谢氏之说，应予更正。

Daengz Minzgoz seizgeiz, Gvangjsih dieg Bouxcuengh haidaeuz hwngbanh le mbangj gij gunghcangj gawq faex、gawq benj、caux benj caeuq caux yangzhoj de, doxgaiq faex gyagoeng cugciemh byaij yiengq yendai gunghyezva swnghcanj.

到了民国时期，广西壮族地区开始兴办了一些锯木厂、锯板厂、板厂和火柴制造厂，木器制造加工逐渐走向现代工业化生产。

Sam. Caux Naeng Caeuq Gij Doxgaiq Aeu Naeng Caux

三、制革和革制品

Bouxcuengh caux naeng, lizsij gyaeraez. Gaengawq 《Lingjbyauj Luz Yi》 geiqsij, Dangzcauz seiz, gij hogcax、gyazcou caeuq anmax aeu naeng caux haenx youq cunghyenz gaenq mizmingz；youq cungjloih fuengmienh gaenq mbouj hanh youq naeng vaiz、naeng ciengh、naeng nyaen, caiqlij gyadaih daengz naeng sahyiz、naeng duzfanz daengj, miz mbangj gij doxgaiq aeu naeng caux haenx vanzlij deng soengqhawj cauzdingz. Lumj ndaw 《Sinhdangzsuh》 geiqsij gij naeng fw Lingjnanz Dau Nanzhaij Gin、Luzcouh Yizsanh Gin soengqhawj cauzdingz, gij naeng fw Cauzyangz Gin、Linzfungh Gin、Anhnanz Cunghduhhufuj soengqhawj cauzdingz, gij naeng Gveicouh Sijanh Gin soengqhawj cauzdingz daengj, cungj dwg gij canjbinj naeng caux cojcoeng Bouxcuengh sinhoj haifat dajcauh. Mboengqbyai Cinghcauz, Nanzningz caeuq Binhyangz Yen gaenq miz gij gyadingz soujgunghyez yungh ringnaeng fap caux naengcug de. Minzgoz cogeiz, mbanj Bouxcuengh gaenq bujben yungh ringnaeng fap caeuq cizyouzfaz bae caux naeng, naeng doihduz ginggvaq veihgenj lot bwn, aen youz doenghgo nu le dawz de cuengq henz lozfeiz ring, yienzhaeuh aeu daihliengh youz bae nu、ceh, yungh vunzgoeng fanfuk bae caij、ap, yienzhaeuh dak hawq.

壮族人制革，历史久远。据《岭表录异》载，唐时以原皮制作的刀鞘、甲胄和马鞍已驰名中原；在种类上已经不限于牛皮、象皮、兽皮，而且扩大到鲨鱼皮、黄猄皮等，有些革制品甚至被列为贡品。《新唐书》中记载岭南道南海郡、陆州玉山郡进贡的鳖皮，潮阳郡、临封郡、安南中都护府进贡的鲛（即鲨鱼）革，桂州始安郡土贡京皮革华等，都是壮族先民辛勤开发创造的革类产品。清末，南宁和宾阳县已有使用熏皮法制作熟皮的家庭手工业。民国初期，壮乡已普遍采用烟熏法和植鞣法进行制革，原皮经灰碱脱毛，鞣制处理后用炉将皮熏透，将皮用大量的植物油涂浸，用人工反复踩、压，然后晾干。

Youq gij doxgaiq naeng caux fuengmienh, Sungdai Bouxcuengh gaenq aeu naeng caux haiz. Lumj 《Lingjvai Daidaz》 geiqsij："Aeu naeng guh daej, gyang de laeb gaiq saeu iq ndeu, raez conq lai, gyaeuj baihgwnz baenz bom iq. Aeu ngamz din gap de couh byaij. Roxnaeuz aeu naeng nding raed baenz saw "十", aeu sam gyaeuj de hoemj youq gwnz gaiq daej naeng, daenj de couh byaij." Cungj haiz neix yiengh de caeuq liengzhaiz seizneix doxlumj, doengrumz、mbaeu、habyungh, gig miz cauhmoq eiqsik.

在革制品方面，宋代壮族人已用皮革制鞋。如《岭外代答》载："以皮为底，而中施一小柱，长寸许，上有骨朵头。以足将指夹之而行。或以红皮如十字倒置其三头于皮底之上，以足穿之而行。"这种鞋的式样和当今的凉鞋差不多，透气、轻便、适用，颇富创意。

Minzgoz geizgan, bouxcangh Bouxgun Bouxcuengh dieg Bouxcuengh gaenq rox caux loengxnaeng、haiznaeng, ndij sai naeng、sai bikmax、songz cungq daengj, cienzbouh dwg fwngz guh.

民国期间，壮族地区的壮汉工匠已能制作皮箱、皮鞋，以至皮带、子弹带、手枪套等用品，全系手工操作。

Swnhbienh daezdaengz dwg, Bouxcuengh Binhcouh lij fatmingz le gij doxgaiq dingjlawh "naeng" de, heuhguh "gyap ceij Yezsih". Cungj naeng vunzcaux neix youh nyangq youh maenh, ndongj raixcaix, gij yienzliuh gyoebbaenz caeuq dajcauh gunghyi haemq fukcab. Vunz Mingzcauz Se Caucez youq ndaw 《Bwzyez Funghduj Gi》 naeuz："Naq caeuq rin hix hoenx mbouj byoengq, nyangq gvaq diet. Cungj sa neix dwg Liujcouh Binhcouh swnghcanj, aeu faiq rwix suek youq ndaw, cab di iengcoengz, moegloih hoenx cien baez, baihrog aeu baengz cumh ndaet, seuj ndei. Dauq gyaz ndeu yungh bae gimhau roek caet cangz. Danghnaeuz hoenx mbouj net, bauq hoenx hix byoengq." Gij yienzleix de caeuq "bohlizgangh" doxlumj, gijneix gig nanz ndaej.

顺便提及的是，宾州壮族人还发明了"革"的代制品"粤西纸甲"。这种人造革质地韧固，比较坚硬，其原料合成和制造工艺比较复杂。据明人谢肇淛的《百越风土记》中称："矢石不能入，胜于铁也。其纸出于柳之宾州，裹以旧絮，杂松香，熟槌千杵，外固以布，缀以缝之。每甲费白金六七钱许耳。槌不熟，则炮亦穿。"其原理与"玻璃钢"相仿，这是难能可贵的。

Bouxcuengh lij aeu naeng caux gyong dem. Cungj gyong naeng neix, itbuen laux lumj doengj, ndaw hoengq, dungx de baenz homz, song mienh aeu naeng goemq ndei, aeu duk roxnaeuz caggaeu gyok maenh. Gij gyong neix Handai couh miz lo, doeklaeng menhmenh fazcanj baenz gak cungj gak yiengh. Minzgoz geizgan, Gvangjsih Lungzsanh Yen（Majsanh seizneix）Bouxcuengh caengzging gawjhengz saigujvei, aen'gyong lauxlaux iqiq, hwnz ndeu deng ram ok rungh, gyoebcomz hwnjdaeuj. Cien lai aen gyong doengzseiz roq yiengj, sing laux lumj byajraez. Ndawde, aen laux de raez ciengh lai, dwg aeu daengx gaiq naeng'vaiz cauxbaenz, aen'gyong aeu faex laux mbon baenz（miz mbangj gij gyong laux de, dwg aeu benj habbaenz, gij yienghceij de lumj "doengjraemx" neix）. Doenghgij gyong neix, miz aeu ci rag de, miz aeu vunz ram de, hix miz venj youq lajhoz gag roq de.

壮族还以革制鼓。这种革鼓，一般大如水桶，中空，腰呈弧形，两面蒙皮，用竹条或藤条绷紧。这种鼓汉代就有，后来慢慢发展形成各式各样。民国期间，广西隆山县（今马山）的壮民曾举行过赛鼓会，大大小小的革鼓，一夜之间，抬出山寨，汇集一起。上千个革鼓同时敲响，鼓声如雷。其中，大者长丈余，其鼓面用整张大水牛的皮做成，鼓身由巨大的原木掏空而成（有些大鼓鼓身，也有用木板拼装而成，其形状如"水桶"）。这些革鼓，有用车拉的，有用人抬的，也有挂在脖子上自己敲的。

Gyong Bouxcuengh cawzliux gij aeu faex guh dungx caizvaih, lij miz gij aeu gang'vax caux de. Lumj gij gyonghwet gang'vax Cinggyanghguj haenx. Cungj gyong neix, itbuen raez 50 lizmij

baedauq, aeu gang'vax cauxbaenz, aeu naengyiengz roxnaeuz naengnuem guh naenggyong, seiz roq de, sing de cienz bae gig gyae. Gijneix dwg cojcoeng Bouxcuengh ciuhgeq doiq gyongnaeng cungj gaijgwz ndeu. (ciengzsaeq yawj cieng neix daih 1 ciet "gyonghwet gang'vax")

壮族革鼓除木腔以外，还有陶瓷腔的。如静江府的陶质腰鼓。这种鼓，一般长50厘米左右，瓷质，以羊皮或蚺蛇皮做鼓皮，合乐之际，声响特远。这是壮族古代先民对革鼓的一种改良。（详见本章第一节"瓷腰鼓"）

Seiq. Gunghyibinj Meijsuzbinj
四、工艺美术品

（1）Habbinhlangz. Vunz Cinghcauz Giz Daginh youq ndaw bonj 《Gvangjdungh Sinhyij》 de geiq miz: "Vunz Gvangjdungh gyaez gwn binhlangz. Bouxfouq aeu gim ngaenz、bouxhoj aeu sik guh aenhab iq, gwnz de deu vunz caeuq va, gyaeundei raixcaix. Ndaw de gek baenz song gek, gek baihgwnz gyaeng veihciz、loujhih、binhlangz, gek baihlaj gyaeng mbawlouj……" Cungj hab neix guh ndaej ndei, ciuq gij boiqliuh gwn binhlangz de faen gek, miz gij aeu faex doq baenz, hix miz gij aeu gimsug cauxbaenz, gig yawjnaek gij dajcang baihrog de. Baihrog aenhab lij miz aendaeh aeu hazbiz san baenz de cumh ndei, aen cumh aen, gvangq 3 conq lai, heuhguh daehbinhlangz. Aenvih cojcoeng Bouxcuengh gyaez geux binhlangz, ndigah caux cungj hab neix caeuq daehbinhlangz daeuj gyaeng. "Seiz youq ranz aeu hab gyaeng, seiz okranz aeu daeh gyaeng", gak miz yunghcawq, fuengbienh habyungh, youh gyaeundei mbouj saetlaex, hix dwg cungj gunghyibinj nanzndaej ndeu.

（1）槟榔盒。清人屈大均的《广东新语》中记有："广人喜食槟榔。富者以金银、贫者以锡为小盒，雕嵌人物花卉，务极精丽。中分二隔，上贮灰脐、蒌须、槟榔，下贮蒌叶……"这种盒制作精巧，按吃槟榔配料次序分格，有木质的，也有用金属做成的，其外观雕饰都极为讲究。盒外面还有龙须草织成的包，大小相含，广三寸许，是曰槟榔包。由于壮族先民喜好嚼食槟榔，因此制作这种盒子和槟榔包来装载，"盒用于居，包用于行"，各有各的用途，既方便适用，又精巧得体，也是一种难得的工艺品。

（2）Beizbwn caeuq buhbwn. Sungdai Couh Gifeih youq ndaw 《Lingjvai Daidaz》 naeuz: "Vunz Cinggyangh (Gveilinz seizneix) cangh gaeb duzmbin, couh aeu bwn de daeuj caux beiz……duzgiu, cungj roeg laux ndeu. Aeu bwn de guh beiz, raez geij cik, saek fonx, vad daeuj rumz hung, boux ak yungh de, gig ndeiyawj." "Bwn roeghau, saek hau, mbaeu, vad daeuj rumz unq, bouxguen caeuq bouxdoegsaw yungh lai. Aeu raemxgyauh caet nu gongq de yienzhaeuh youq gwnz de veh veh, hix gig ndeiyawj." Yawj ndaej ok, youq Sungdai, Bouxcuengh gizneix couh miz gaeb duzmbin daeuj aeu bwn de caux beiz aen hangznieb neix lo. Gij fuengfap de dwg raed song gaiq fwed de daeuj, mbehai, aeu cag cug ndei, hawj noh de roz nyinz de dinghmaenh, couh baenz beiz lo. Bwn duzgiu bwn raez geij cik, saek fonx, vad daeuj rumz hung, boux ak gyaez yungh；roeghau bwn hau, mbaeu, vad daeuj rumz unq, bouxguen caeuq bouxdoegsaw ciengzyungh. Doeklaeng roeg yied daeuj yied noix, cix aeu bwnhanq daeuj san baenz beizbwn, couh dwg beizbwnhanq. Ndaw《Bwzhu Luz》Dangzdai geiqsij：

"Nanzhihdung Yunghcouh, bouxdaeuz de aeu bwnhanq guh moeg, aeu bwnyungz gwnz gyaeuj gwnz hoz, seuj baenz rongh lumj naz neix, daenj daeuj raeuj lumj buh mienz." Ndaw《Lingjbyauj Luz Yi》 hix geiqsij："Namzfueng Bouxcuengh, bouxdaeuz fouqmiz de gyaez leh bwnyungz duzhanq, aeu de caeuq gij baengz faiq doxnap guh moeg, seuj doxroengz doxvang, unq luemj lumj sei neix. Sugvah naeuz bwnhanq unq raeuj, hab aeu daeuj hawj lwgnyez goemq, doengz seiz youh fuengzre lwgnyez doeksaet caeuq fat bagmou." Dangseiz gij beizbwn、buhbwn Bouxcuengh de mboujdanh caux ndaej ndei, vanzlij rox gij baujgen goengnaengz de dem.

（2）羽扇和羽绒。宋代周去非的《岭外代答》中记载："静江（今桂林）人善捕飞禽，即以其羽为扇……鹭，大禽也。以其羽为扇，长数尺，黑色多风，勇士用之，颇壮观。""鹭羽，白色轻质而风细，士大夫多用之。以胶漆涂其筋骨而丹之，颇亦雅尚。"可见，在宋代，这里的壮民就有捕捉飞禽用其羽毛为扇这个行当。在制法上是取其两边羽翅，将其生羽张开，以线索系住，待肉干筋定，即成扇。鹭鸟羽毛数尺，黑色多风，勇士喜用；鹭鸟羽毛洁白质轻，和风徐徐，士大夫常用。后来鸟类减少，则以鹅毛编制成羽扇，这就是鹅毛扇。唐代的《北户录》中记："邕之南溪洞，酋长以鹅毛为被，取头颈细软毛，如稻畦衲之，其暖如绵。"《岭表录异》中亦载："南蛮之酋豪，多选鹅之细毛，夹以布帛絮而为被，后纵横衲之，其温柔不下于挟纩也。俗云鹅毛柔暖而性不偏冷，偏宜覆婴儿，兼辟惊痫也。"当时壮族人羽扇、羽绒不仅制作精巧，而且还熟知其保健功能。

（3）Bit maeg ceij yienh. Youq ndaw bit maeg ceij yienh, cojcoeng Bouxcuengh daj Cincauz haidaeuz caux ceij. Aeu naeng faexsa guh yienzliuh, aenvih cauxbaenz gij ceij de mbang lumj sa neix, ndigah heuhguh ceijsa. Cungj ceij neix, youh unq youh nyangq, ndaej aeu daeuj raiz saw、veh veh. Aeu cuk guh yienzliuh caux ceij cix dwg youq Sungdai gvaqlaeng lo, gij ceij de dwg aeu guh gij doxgaiq maezsaenq de lai.

（3）文房四宝。在纸笔墨砚中，壮族先民的造纸业始于晋。以构（楮）树皮为原料，因成纸极薄似纱，故称纱纸。这种纸，质地强韧绵软，可作书写、绘画之用。而用竹子为原料则是宋以后的事，其纸多作迷信品之用。

Yienh. Lingjnanz dieg Bouxcuengh miz liujyienh caeuq donhyienh song cungj. Liujyienh dwg aeu rin ndaw Lungzbiz henzgyawj Liujgyangh Fung'vangzcuij de guhbaenz. Dangzcauz Liuj Cunghyenz nyaemh Liujcouh swsij seiz, youq ndaw《Gij Byaraemx Liujcouh Henzgyawj Dieg Gvanjyaz Giz Ndei Lah De》miz "Daengz laj benq rin hung, benq rin hung heuhguh lungzbiz, laj de miz haujlai rin ndei ndaej caux yienh" gij lwnhgangj neix. Lap rin gapbaenz lungzbiz de, youh fonx youh ndongq youh nyinh, dwg gij caizliuh ndei caux yienh. Liuj Cunghyenz aeu cungj rin neix caux yienh, soengqhawj boux youxdoih de Liuz Yijsiz, Liuz Yijsiz lumj ndaej daengz bauj neix, angq raixcaix, cienmonz raiz le souj sei《Docih Liuj Swjhou Soengq Aen Yienhrin'gyap Hawj Gou》, naeuz："Bingzseiz caemh yawj aenyienh, mwngz fak aenyienh daeuj hawj gou roxnyinh ndei gvaq vunz lai; ndaek de sing'yaem byot lumj ndaek nyawh neix, raiz de baenz lap lumj fwj gwnzmbwn. Menhmenh muh maeg, raemx caeuq maeg doxgyaux ndei yawj raixcaix; gou gyaez caeuq Dauz Cinhbwz itheij, hai cueng youq laj faexcoengz raiz sei." Daj neix yawj ok, liujyienh gij sing'yaem de byot lumj ndaek nyawh neix, gij raiz aenyienh doxdap lumj fwj gwnzmbwn, gij raemx maeg muh ndei haenx hix gig gyaeundei, gijneix dwg Gij yienh ceiq ndei haenx.Liujyienh maedcaed、nyinh、ndongj、baujraemx, fatmaeg singnwngz ndei; aeu bit cumj caemj raemxmaeg, luemj nyinh mbouj sieng bwn bit; gij raemxmaeg muh ndei de, raiz saw swnh、maeg riengz bit baenq, swnh fwngz swnh sim. Liujyienh caeuq donhyienh dwg doxgaiq caemh aen seizdaih, cij mbouj gvaq de dwg youq gyang dieg Bouxcuengh swnghcanj, ciuhgeq gyaudoeng mbouj fuengbienh, saenqsik mbouj doeng, ra mbouj ndaej sanghgih haifat cix itcig mbouj miz vunz rox. Gij donhyienh baihdoeng mbanj Bouxcuengh, youq Donhcouh ciuhgeq（Gvangjsih Cauging seizneix, Dangzdai Donhcouh dwg diegyouq Lijliuz）swnghcanj, aeu gak cungj gij rinyienh Donhcouh swnghcanj de cauxbaenz, daegbied dwg gij rin daej daemz de ceiq ndei. Doiq gijneix,《Lingjvai Daidaz》geiqsij ndaej ceiq siengzsaeq："Gij binjcaet rin mbouj doxlumj, daihgaiq miz sam cungj: rin bya, rin gumz, rinvangzbusiz. Rin bya, ceiq ndei; rin gumz, daihngeih; rinvangzbusiz, ceiq yae. …… Rin bya miz sam cungj: Rin lap gwnz, rin lap gyang, rin lap daej. Gij rin youq gwnz byongh bya de, heuhguh rin lap gwnz; gij rin bingz gwnznamh de, heuhguh rin lap gyang; gij rin haem laeg daengz laj raemx, heuhguh rin lap daej（couh dwg gij sugvah heuhguh rin daej daemz de, bouxbien cawqmingz）. Rin lap gwnz hawqsauj, rin lap gyang nyinh ndaej hab, nanz le hix luemj, rox byad; lap rin daej de, cix dwg gij ceiq ndei, gij rin neix lumj nyawh, yawj daeuj gyaeundei, rub daeuj youh luemj youh nyinh…… Danghnaeuz miz ndaek rin ndeu, haem youq laj namh gyang rij, laux lumj daeuj neix, gij rin baihndaw de swnh bit hab maeg, bak bi mbouj vaih, gijneix couh dwg gij bauj ndawbiengz." Vat de seiz, "daj bak congh aeu faex guh lae, ngutngut ngeujngeuj haeuj bae, haeuj daengz laj namh, geij bak bouxvunz baiz baenz coij, aeu mbokfaex daek raemx lajnamh ok, hawj congh hawq, yienzhaeuh diemjdaeng bae mbon, cij ndaej gij rin neix, gig nanz ndaej vat ha". Gyonj hwnjdaeuj gangj, donhyienh gij caizliuh de gauhdangj, raiz rin gyaeundei, gyahwnj cojcoeng Bouxcuengh menhmenh dajcaux, gaenq baenz gij yienh ndei de. Dangzcauz Liuz Yijsiz naeuz "Gij yienh Donhcouh ndawbiengz ceiq ndei", yawj ndaej ok dangseiz gij mingzdaeuz de gaenq gig hwng, gyahwnj ligdaih ndaej daengz ranz vuengzdaeq dangguh bauj, ndigah cien bi mbouj doekbaih.

砚。岭南壮族地区有柳砚和端砚两种。柳砚采用柳江凤凰嘴附近的龙壁石料做成。唐代柳宗元任柳州刺史时，在其《柳州山水近治可游者记》中有"尽大壁下，其壁曰龙壁，其下多秀石可砚"的记述。构造龙壁的层层叠石，色泽乌亮，石质细润，是制砚的好材料。柳氏用此料制成墨砚，赠送给好友刘禹锡。刘氏如获至宝，专门写了《谢柳子厚寄叠石砚》一诗云："常时同砚席，寄砚感离群；清越敲寒玉，参差叠碧云。烟岚馀斐亹，水墨两氤氲；好与陶贞白，松窗写紫文。"可见，柳砚清脆之声如轻敲的寒玉，砚石纹路的交叠宛如彩云，而研磨好的烟墨呈水墨交融状态，这是砚中珍品。柳砚石质细密、滋润、坚实、保水，发墨性能良好；用笔舔砚，滑润而不伤笔毫；研磨的墨液，书写流利，墨随笔转，得心应手。柳砚与端砚属同一时代的产物，只是它地处壮乡腹地，古代交通不便，信息闭塞，没有找到商机开发而一直被湮没而已。壮乡东部的端砚，产于古端州（今广东肇庆，唐代端州为俚僚住地），用端州产的各种砚石做成，尤以水坑岩为佳。对此，《岭外代答》记述最详："石品不一，大概有三：曰岩石，曰坑石，曰黄步石。岩，上也；坑，次也；黄步，其下也。……岩石有三：上岩，中岩，下岩。高在山之胸乳间，曰上岩；深入至与平地等，曰中岩；深入至水府，曰下岩（即俗称的水坑岩，笔者注）。上岩石理燥渴；中岩温润宜人，岁久亦滑墨；至于下岩，则奇绝一世，石理如玉，望之如蕴德君子，循之则溜滑滋润……若夫山心石根，韬藏深涧，其大如斗，中有子石，宜笔宜墨，百年不枯，盖世之宝在是。"开采时，"自窍口叠木为小级道，委蛇曲折，入于黄泉，以数百人高下排比，以大竹筒传水以干其洞，然后续膏烛幽，而施椎凿，其得之也，可以为难矣"。总之，端砚石材高档，纹理优美，加上壮族先民的精工雕琢，已成砚中精品。唐刘禹锡称"端州石砚人间重"，可见当时其声誉已经很高，加上历代均为皇室珍品，因此千年不衰。

Mauzbit. Cunghyenz Ciuhgeq couh miz bitcuk caeuq gij mauzbit aeu bwndouq、bwnyiengz、bwnnouguk、bwnduzdiuh、coengmou、mumhnou cauxbaenz haenx. Dangzdai, cojcoeng Bouxcuengh gij fatmingz ceiq miz cangcausing de couh dwg aeu bwngaeq caux bit. 《Lingjbyauj Luz Yi》geiqsij: "Cauhcouh、Fucouh、Cunhcouh、Ginzcouh daengj, leh bwngaeq caux bit, yungh daeuj caeuq bwndouq mboujmiz cabied." Sungdai 《Lingjvai Daidaz》hix naeuz: "Gvangjsih miz gaeqdon lai, bwn de gig ndei. Vunz loek bwn hoz de, sik sanq yienzaeuh caiq comz de guh bit, caeuq bwndouq doxlumj, gonj ndeu dijndaej seiq haj cienz." Cinghcauz Hanzfungh nienzgan, boux siucaiz Vangz Canghdenj gauj mbouj ndaej de daj Vazdungh cingj bouxcangh daeuj Gveilinz hai diengzhoeng caux bit, coh aen bouq heuhguh "Vangz Canghdenj". Vangz Canghdenj mauzbit baen baenz bwnyiengz、bwnmanaez、bwncij、bwncab seiq daih loih, miz 70 lai aen binjcungj. Aenvih Lingjnanz yiengz、douq haemq noix, bwnmaguengz、bwnduzdiuh hix mbouj yungzheih ndaej, ndigah bit gig bengz. Caeuq gijneix doxbeij, mbanj Bouxcuengh bwngaeq lai, ciuhgeq cojcoeng Bouxcuengh vihliux lwg swhgeij ndaej doegsaw, cangcausing bae aeu bwngaeq caux bit, gaijgez le aen hojnanz neix, neix doiq dangseiz vwnzva fazcanj miz itdingh cozyungh. Cigdaengz Minzgoz, gij bitbwngaeq Binhyangz caux haenx, vanzlij dwg gij doxgaiq lwghag mbanj Bouxcuengh itdingh aeu bwhmiz haenx.

毛笔。古代中原就出现了竹笔和用兔毛、羊毛、黄鼠狼毛、紫貂毛、猪鬃、鼠须制成的毛笔。唐代，壮族先民最富于创造性的是发明了用鸡毛制笔。《岭表录异》载："昭、富、春、勤等州，则择鸡毛为笔，其为用与兔毛不异。"宋代《岭外代答》也称："广西多阉鸡，羽毛甚泽。人取其颈毛，丝而聚之以为笔，全类兔毫，一枝值四五钱。"清咸丰年间，落第秀才黄昌典从华东聘请名师到桂林开设制笔作坊，店名即叫"黄昌典"。黄昌典毛笔分羊毫、狼毫、紫毫、兼毫四大类，有70余个品种。由于岭南羊、兔较少，黄鼠狼毛、紫貂毛也不易得到，因而笔价昂贵。比较之下，壮乡鸡毛资源丰富，古代壮族先民为了子弟能够求学，创造性地用鸡毛做笔，解决了这一困难，这对当时的文化发展是有一定作用的。直到民国，宾阳产的鸡毛笔，仍然是壮乡学子的必备之物。

Maeg. Sungdai, dieg Bouxcuengh gaenq caux maeg baenz caemhcaiq aeu daeuj haw gai. 《Lingjvai Daidaz·Gienj Roek》geiqsij："Yungzcouh miz faexcoengz hung lai, vunz giz de caux maeg baenz, gij ndei de huz ndeu mbouj daengz 100 cienz, gij yaez cix gaen ndeu dandan dijndaej 200 cienz. Bouxseng'eiq ciuq soqliengh cix doxdap gai. Maeg Gyauhcij yiennaeuz mbouj dwg ceiq ndei, hix mbouj dwg ceiq yaez. Vunz Gyauhcij aeu maeg caeuq yienhgaeu、bit venj sai hwet." Mingz Cingh Gveilinz、Liujcouh、Binhcouh miz le gij diengzhoeng soujgungh caux maeg de. Minzgoz seizgeiz, Gveilinz Gvangjvaz Mwzcangj, miz yenzgungh 19 boux, haidaeuz riengz gihgi daiqdoengh swnghcanj raemxmaeg.

墨。宋代，壮族地区已能制墨并投放市场。《岭外代答·卷六》记为："容州多大松，其人能制墨，佳者一笏不盈百钱，其下则一斤只直钱二百。商人举数则搭卖之。交趾墨虽不甚佳，亦不至甚腐。交人以墨与角砚、笔，并垂腰间。"明清桂林、柳州、宾州都有了手工制墨作坊。民国时期，桂林广华墨厂，有员工19名，开始在机器带动下生产墨汁。

（4）Beidiuh. Beidiuh dwg mbanj Bouxcuengh ndawbiengz deugaek gunghyi ndawde cungj ndeu, aeu gak cungj gak yiengh gij gyapsae hoengzhoengz heuheu de deugaek doxhab baenz. Sinhsizgi seizdaih cojcoeng Bouxcuengh couh aeu gyapsae mbongq congh roix daeuj dajcang swhgeij. Sungdai, Fan Cwngzda youq ndaw 《Gveihaij Yizhwngz Ci》geijsij："Ceh, lumj duzsaehab, vunz henzhaij aeu gyap de bae muh, guh gij doxgaiq guhcaemz." "Saecinghloz, yienghceij de lumj sae, laux lumj gienz. Cat lap naeng baihrog okbae, ndawde saek lumj feijcui, deu de guh cenjlaeuj." "Saeroegyengj, muh de ok saek, hix deu de guh cenjlaeuj." Couh Gifeih youq ndaw 《Lingjvai Daidaz》hix geiqsij："Nanzhaij miz sae laux, vunz namzfueng aeu de guh cenjlaeuj. Sae miz haujlai cungjloih, miz gij bakaj luenz raez de, heuhguh lozbih；miz gij youh mbe youh mboek lumj mbawngaeux, cix heuhguh suyenbeih；miz gij gaq bueng ndeu saek ndingmaeq, heuhguh cenjsae'nding；miz gij yienghceij lumj duzroegyengj ninz de, heuhguh cenjroegyengj." Gig mingzyenj, doenghgij canjbinj neix mboujdanh binjcungj lai, bak nding gyaeuj loeg caemhcaiq gig miz daegsaek, ligdaih daeuj mingzdaeuz gig hung.

（4）贝雕。贝雕是壮乡民间雕刻工艺的一种，用各式各样色彩斑斓的贝壳雕琢镶嵌而成。新石器时代壮族先民就将贝壳穿孔制作装饰品。宋代，范成大的《桂海虞衡志》中记载："车，似大蚌，海人磨治其壳，为诸玩物。""青螺，状似田螺，甚大如两拳。揩磨去粗皮，如翡翠色，雕琢为酒杯。""鹦鹉螺，磨治出精采，亦雕刻为杯。"周去非的《岭外代答》中也载："南海出大螺，南人以为酒杯。螺之类不一，有哆口而圆长者，曰螺丕；有阔而浅形如荷叶者，则曰漱滟杯；有剖半螺色红润者，曰红螺杯；有形似鹦鹉之睡者，曰鹦鹉杯。"显然，这些产品不仅品种多，朱喙绿首而且又具特色，历代都享有盛名。

（5）Nyawh caeuq sizgi. Ciuhgeq dieg Bouxcuengh gij hong gyagoeng nyawh caeuq sizgi de gaenq siengdang fatdad, mboujdanh gisuz suglienh, caemhcaiq binjcungj hix lai. Lumj Gvangjsih Bingzloz Yinzsanhlingj aenmoh Cangoz oknamh haujlai nyawh caeuq sizgi, miz naedcaw caeuq gij doxgaiq dajcang lumj aen sim、sizgoh、lisiz daengj 115 gienh, gyoengqde dwg aeu nyawh caeuq luzsunghsiz cauxbaenz. Ndawde, gyang nyawh baenz congh luenz, song mienh muh bingz, miz gij fueng caeuq gij luenz song cungj, miz mbangj lij miz seiq dip gij raiz dajcang doxdaengh de, gij gunghyi muh cat de gig ndei. Gij gunghyi fuengfap gyagoeng nyawh de daihgaiq miz siuq、baenz、muh、deu、mbongq daengj. Daengz Handai, Gvangjsih dieg Bouxcuengh gij binjcungj nyawh caeuq sizgi gaenq miz haujlai, miz yibiz、yivanz、yibei、bya nyawh、yihanz、yaenqcieng、naedcaw majnauj、naedcaw suijcingh、naedcaw liuzliz、yidaigouh、faggiemq nyawh daengj 20 lai cungj（doz 10-9-1 daengz doz 10-9-6）. Cawzliux nyawh, lij oknamh haujlai gij doxgaiq aeu vazsiz deu baenz haenx, lumj dingj、huz、fangh、biz caeuq yungj、mou、vaiz、yiengz、cingj、ganlanz canghaeux daengj mingzgi, gunghyi gisuz cungj haemq sang, caemhcaiq dingzlai dwg bonjdieg gag caux.

　　（5）玉石器。古代壮族地区的玉石器加工已相当发达，不但技术娴熟，而且品种也多。如广西平乐银山岭战国墓出土的玉石器有玉、绿松石做的珠和心形石饰、石戈、砺石等115件。其中，玉中央有圆孔，两面磨平，有方形和圆形两种，有的还有四瓣对称的纹饰，琢磨工艺相当精细。其加工制作玉器的工艺方法大抵有凿、琢、磨、雕、钻等。到了汉代，广西壮族地区的玉石器品种已经很多，有玉璧、玉环、玉佩饰、玉鱼、玉含、印章、玛瑙珠、水晶珠、琉璃珠、玉带钩、剑具等20多种（部分出土玉石器见图10-9-1至图10-9-6）。除了玉器，还出土许多滑石雕器，如鼎、壶、钫、璧、俑、猪、牛、羊、井、干栏谷仓等明器，工艺技术都较高，而且大多是本地自制的。

Doz 10-9-1　Aen cenjnyawh youq aenmoh Sihhan giz Lozbwzvanh oknamh haenx, sang 11.2 lizmij, bak laux 4.5 lizmij, aeu nyawhndongj caux baenz, dungx laeg, daej iq ndaw hoengq, gaek miz raiz fwj caeuq naed doed（Ciengj Dingzyiz hawj doz）

图10-9-1　广西贵港市罗泊湾汉墓出土的玉杯，高11.2厘米，口径4.5厘米，硬玉琢成，深腹，小底中空，刻勾云纹和乳钉纹（蒋廷瑜 供图）

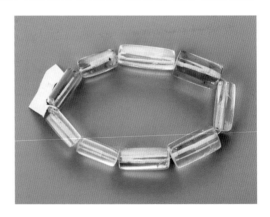

Doz 10-9-2　Gij goenhcaw suijcingh youq aenmoh Sihhan giz Gvangjsih Hozbuj Yen oknamh haenx（Cangj Leij ingj）

图10-9-2　广西合浦县堂排西汉墓出土的六棱柱形水晶穿珠（张磊摄）

Doz 10-9-3   Gij doxgaiq dajcang aeu majnauj cauxbaenz（gwnz）aeu hujbwz caeuxbaenz（laj）youq aenmoh Sihhan giz Gvangjsih Hozbuj Yen oknamh haenx（Cangh Leij ingj）

图10-9-3   广西合浦县堂排西汉墓出土的玛瑙小动物（上）和琥珀小狮（下）（张磊 摄）

Doz 10-9-4   Gij doxgaiq dajcang aeu majnauj cauxbaenz youq aenmoh Sihhan giz Gvangjsih Hozbuj Yen oknamh haenx（Cangh Leij ingj）

图10-9-4   广西合浦县堂排西汉墓出土的橄榄形花玛瑙穿珠（张磊 摄）

Doz 10-9-5   Gij yaenqgienh nuk ngwz aeu hujbwz guh baenz, youq Hozbuj Dangzbaiz ndaw moh Sihhan oknamh（Cangh Leij ingj）

图10-9-5   广西合浦县堂排西汉墓出土的蛇钮琥珀印章（张磊 摄）

Doz 10-9-6   Gij cenj boiqliuh Dunghhan youq Gveigangj Hojcehcan oknamh haenx, sang 4 lizmij, bak laux 7.7 lijmiz, aeu caizliuh saeklamz coemh baenz, haemq na, bak mbe, daej luenz（Ciengj Dingzyiz hawj doz）

图10-9-6   广西贵港火车站出土的东汉玻璃杯，高4厘米，口径7.7厘米，蓝料烧制，器壁厚实，广口，圆底（蒋廷瑜 供图）

（6）Gij doxgaiq aeu caggaeu san baenz. Lingjnanz miz caggaeu gig lai, gak cungj gak yiengh cungj miz, gijneix youq ndaw haujlai vwnzyen cungj geiq miz. Lumj ndaw 《Lingjbyauj Luz Yi》 geiqsij："Dieg Lingjnanz miz haujlai caggaeu. Gomiuz de miz mbangj laux lumj gyae gaeq neix, saeq gvaq dawh, aeu daeuj guh huqbya gai daengz daengx guek. Danhcouh、Daizcouh、Gingzcouh、Gvanjcouh beksingq, cungj caux caggaeu, aeu daeuj san yiemz, bouxcangh naengzgaeuq youq gwnz de san baenz raiz va、yw、bya、roeg, aeu de dangguh gvaehsuiq gyau hawj guenfouj." Ndaw 《Lingjvai Daidaz》 hix geiqsij："Caggaeu, seng youq Vuzcouh, gij laux de ndaej aeu daeuj caux congz, gij iq de san baenz aenbuenz, gij engq iq youh raez de, aeu daeuj san aenloengz aenloz、sat, dingj ndaej hauj nanz caemhcaiq raiz de ndeiyawj. Mbaw de cix ndaej aeu daeuj guh guiq bouxdwkbya, geu ndeu yungh daengx ciuh." "Gaeuraiz seng youq Sihyungzcouh. Gaeu de raiz va, raiz de lumj mbongq mbaw yinzhing, roxnaeuz lumj vengq vamauxdan, ndat ciuq de ronghcingx. Aeu de daj le san baenz doxgaiq daeuj yungh, daihgya cungj insik de." Aenvih Lingjnanz mbanj Bouxcuengh dieg ndei, caggaeu gig lai, cojcoeng Bouxcuengh aeu doenghgij caggaeu neix gyagoeng baenz doxgaiq daeuj yungh, ndawde, Dwzbauj gij doxgaiq aeu caggaeu san baenz de ceiq ndei. Beksingq Dwzbauj aeu bonjdieg gij davangzdwngz、gihdwngz、gaeunaeng'vaiz、siujyenzdwngz bae san doxgaiq. Doenghgij caggaeu ndaw lueg ndaw bya de, youh gaenj youh nyangq, danzsingq ndei, gvej daeuj ranz le ginggvaq cawz nga ok, bok naeng, raemx swiq biuqbieg daengj gunghhsi, couh baenz gij caizliuh ndei san doxgaiq de. San baenz gij doxgaiq de doengrumz liengzsumx、ndeiyawj、maenhsaed naihyungh、mbouj ndongj mbouj unq、daengxbi habyungh, gyahwnj gyagwz mbouj bengz, bouxlawz yungh bouxlawz haenh. Mbanj Bouxcuengh gij doxgaiq caggaeu san baenz de, binjcungj caezcienz, vayiengh lai, daj aendaiz aendaengq daengz daizcaz、gaqsaw、mbinj、ci lwgnyez、duix、mauh、sieng iq、hab、sieng daengj, cungj aeu caggaeu sanbaenz, vanzlij ndaej aeu caggaeu san baenz ruz dem. Lumj ndaw 《Lingjvai Daidaz》 Sungdai geiqsij:

"Gvangjsih henzhaij gak aen couh gij ginhdui de, nanz ra ndaej dietding youzgyaeuq, caux ruz cienzbouh dwg aeu caggaeu bae cug benj. Aeu gij nyasihcauj seng ndaw haij de dak roz le saek geh caggaeu, bungq raemx couh gawh, ruz couh mbouj roh. Gij ruz de gig hung, gij vunz hamj haij guh seng'eiq de cungj yungh de." Doenghgij canjbinj neix, gunghyi ndei, caux ndaej lig, funghgwz daegbied, binjcungj lai, caemhcaiq gig miz cangcausing. Funghgen seizdaih, mizmbangj lij deng soengqhawj cauzdingz guh laex. Linghvaih, Fangzcwngz、Dunghhingh aeu guthaz daeuj san doxgaiq, lizsij gyaeraez, gunghyi ndei. Guthaz dwg cungj gut ndeu, de lumj gaeu mbouj dwg gaeu、lumj cuk mbouj dwg cuk、lumj nya mbouj dwg nya, sugvah heuhguh gaeudoj. Naeng de luemjndongq, saek de lumj gahfeih, gyangsim miz saenj saej ndeu. Aeu saej de、naeng de daeuj san doxgaiq cungj ndaej, gij doxgaiq de gawq saedyungh, youh ndeiyawj, bouxcawx gig gyaez.

（6）藤器。岭南地区盛产各种各样的藤，这在许多文献中都有记载。如《岭表录异》中记载："南土多野鹿藤。苗有大于鸡子白者，细于箸，采为山货流布海内。儋台琼管百姓，皆制藤线，编以为幕，其妙者亦能排纹为花药鱼鸟之状，业此纳官，以充赋税。"《岭外代答》中也记载："藤，梧州产，大者可为胡床，小者圈为盘盂，又其小而细长者，织以为笼篋、卧簟，耐久而纹理可观。其叶则以为渔父之蓑，一领可终身用矣。""花藤在西融州。藤中烂斑，其花纹如攒银杏叶，或似牡丹花片，照之透明。乃镟以为器用，人多珍之。"由于岭南壮乡得天独厚的地理环境，藤的资源十分丰富，壮族先民把这些藤条加工成藤器制品，其中，德保藤编为壮乡的佼佼者。德保壮民采用本地产的大黄藤、鸡藤、牛皮藤、小圆藤进行编织。这些深山老林里的山藤，质地坚韧，拉力强，弹性好，采割后经剪除杂枝，剖去表皮，水洗漂白等工序，即成为优质藤编材料。其制成品通风凉快、美观大方、结实耐用、松软适中、四季适宜，加上价格便宜，深受用户欢迎。壮乡的藤编，品种齐全，花样繁多，从藤制的桌椅板凳到藤茶几、藤书架、藤席、藤童车、藤碗、藤帽、藤篋、藤盒、藤箱，甚至能以藤为舟。如宋代的《岭外代答》中记载："深广沿海州军，难得铁钉桐油，造船皆空板穿藤约束而成。于藤缝中，以海上所生茜草干而窒之，遇水则胀，舟为之不漏矣。其舟甚大，越大海商贩皆用之。"这些产品，工艺精良，精巧雅致，风格独特，品种繁多，而且富有创造性。封建时代，有些还被纳入贡品。此外，壮乡防城、东兴的芒箕编织，历史悠久，工艺精湛。芒箕属蕨类植物，介于藤、竹、草之间，俗称土藤。其皮光滑细腻，呈咖啡色，皮里包着一根芒心。用芒心、芒皮都能编织，其制品既实用，又富观赏价值，很受顾客青睐。

（7）Gij doxgaiq dwkcaet. Aenmoh Cangoz giz Gvangjdungh Cauging caengzging oknamh mbangj gij doxgaiq dwkcaet vaih de, gizneix dwg diegcoj cojcoeng Bouxcuengh, gangjmingz Lingjnanz mbanj Bouxcuengh gig caeux couh haidaeuz caux caeuq sawjyungh doxgaiq dwkcaet. Gij doxgaiq dwkcaet Sihcouh mbanj Bouxcuengh oknamh haenx dingzlai dwg aeu cuk、faex cauxbaenz, seizneix gij dozanq aeu caet veh de haemq genjdanh, dandan miz raiz fwjbyaj caeuq raiz lingzhingz song cungj, hoeng bitfap ndei, cingsaeq habdangq, dwg aeu gij hongdawz lumj mauzbit de veh baenz. Dieg Bouxcuengh lij oknamh le daihbuek gij doxgaiq dwkcaet Handai, baugvat gij gouh、daemh、hab、buenz dwkcaet caeuq soij、roi、baeh、byukgiemq daengj gij doxgaiq ngoenzyungh daz caet haenx. Ndawde gij doxgaiq ngoenzyungh dwkcaet, cienzbouh dwg aeu faex doq baenz, gij caux fap de miz 3 cungj：siuq mbon、laeu doq、gienj benj. Gij caetnding、caetfonx dwk youq gwnz doxgaiq de, yienzsaek gyaeundei, raiz dajcang doeng swnh. Lumj 1976 nienz, Gveiyen（Gveigangj Si seizneix）Lozbwzvanh aenmoh 1 hauh oknamh gij daemhcaet de, moq lumj ngamq caux, bak gvangq 13.5 lizmij, dwg aeu benj gienj hab baenz, couh dwg aeu benj mbang gienj baenz mbok, baijdaej caeuq caek gwnz aeu gij benj mbang bauz ndei de caeuq gaiq mbok doxhab baenz, baihrog daz caetfonx, caemhcaiq aeu caetnding veh fuzfung'vangz caeuq raiz byaj youq gwnz, baihndaw daz caetnding, yienghceij ndeiyawj, yienzsaek gyaeundei, gawq gyaeundei youh saedyungh（doz 10-9-7）. Gij doxgaiq dwkcaet siuq mbon baenz de haemq naek, dwg aeu gij faexdaet laux iq habseiz de baenq laeu baihrog caeuq baihdaej, baih ndaw cix aeu siuq mbon baenz, yienzhaeuh baihrog daz caetfonx, baihndaw daz caetnding, veh gak cungj raiz dajcang, yawj daeuj youh geq youh ndei. Soij dwkcaet ndaw aen moh de ceiq lai, cienzbouh dwg aeu faex laeu baenz, couh dwg aeu benj laeu baenz. Gwnz de miz song gaiq rwz buenq luenz, daej bingz, bingzmienh baenz dojyenzhingz, baihrog daz caetfonx, baihndaw daz caetnding, gwnz rwz veh miz raiz raemx, henz bak veh gij duzfung'vangz bienqyiengh. Mizmbangj doxgaiq gwnz de nad miz gij saw "Busanh"（couh dwg "Gveigangj" seizneix）, gangjmingz dwg youq dangdieg caux. Linghvaih, Handai, bouxcanghcaet Bouxcuengh vanzlij aeu caet youq gwnz cungj doxgaiq aeu doengz caux de（gij vwnzvuz oknamh de miz huzdoengz、buenzdoengz、doengjdoengz daengj）veh veh, yienzsaek ronghsien, bitfap ndei, gezgou hableix, yienghceij swnghdung hozboz, daegbied dwg mizmbangj gij veh vunz de, engq dwg lumjlili.

（7）漆器。广东肇庆的战国墓曾经出土过一些漆器残迹，这里是壮族先民的故地，说明岭南壮乡很早就开始制作和使用漆器。壮乡所出土的西周漆器大多是竹木制品，这时的漆绘图案比较简单，仅有云雷纹和菱形纹两种，但笔法圆润，精细得当，是用类似毛笔之类的工具绘制而成。壮族地区还出土了大批汉代漆器，包括黑漆棺材、漆奁、盒、钵、盘，以及经过髹（即涂沫的意思）漆的耳环、梳、篦、剑鞘等日常用品。其中日常生活用的漆器，胎骨全是木胎，制法有旋木胎、斫木胎、卷木胎3种。各器物所施的红、黑漆，色泽艳丽，纹饰流畅。如1976年出土的贵县（今贵港市）罗泊湾1号墓漆奁，完好如新，口径13.5厘米，胎骨是卷木胎，即用薄木片卷成卷筒状器身，底部和上部用刨好的薄板与卷筒接合而成，外面髹光亮的黑漆，并以红漆描绘变形的凤纹和雷纹，内壁髹红漆，形态华美，色彩鲜丽，既美观又实用（图10-9-7）。旋木胎的漆器比较厚重，是采用大小合适的原木旋出外壁和底部，腹腔则靠剜凿而成，然后外髹黑漆，内髹红漆，饰以各种纹饰，古朴大方。漆耳环在该墓中数量最多，均是斫木胎，即用木板斫削而成。器上有两个半圆耳，平底，平面呈椭圆形，外髹黑漆，内髹红漆，耳上饰水波纹，口沿饰变形的凤纹。有些器具烙有"布山"（即现在的"贵港"）字样，说明是当地所产。此外，汉代的壮族漆工还在铜器（出土的文物有铜壶、铜盘、铜桶等）上进行漆画，色泽鲜艳，笔法流畅，结构合理，造型生动活泼，特别是一些人物画，更是栩栩如生。

Doz 10-9-7　Aen daemhcaet youq moh Sihhan giz Lozbwzvanh oknamh haenx，gwnz daemh miz raiz duzlungz（Cangh Leij ingj）
图10-9-7　广西贵港市罗泊湾西汉墓出土的变形龙纹漆奁（张磊 摄）

（8）Goenhsoij gimngaenz. Bouxcuengh Yinznanz Vwnzsanh Gvangjnanz Yen Bazbauj Cin Bohyen Cunh, caux ok gak cungj gak yiengh goenhsoij gimngaenz, gij gunghyi de dwg daj Binhyangz cienz daeuj, cingsaeq gyaeundei, hingzsik lai yiengh, gaenq miz 200 lai bi lizsij lo. Bouxcuengh Gvangjsih Sihlinz Yen Veizsinh Yangh roxndeq dajcauh gij goenhsoij ngaenz gwnz de yaenq miz vamoiz、duzlungz duzfungh、bya nyauh、mbungqmbaj daeng raiz va dozanq haenx. Gij gisuz de saeqnaeh, raiz va lai yiengh. Mingz Cingh seizgeiz, miz mbangj dujswh hawj canghngaenz Bouxcuengh cienmonz vih lwg yah de de dajcauh goenhsoij gimngaenz, baenz ranz daihdaih cienmonz dajcauh goenhsoij gimngaenz haenx. Gij doxgaiq gimngaenz gyoengqde dajcauh miz goenh、yunghbaiz、gengxhoz、soij、gaiq gyok byoem roxnaeuz cam ngaenz，ndei raixcaix，miz gak cungj gak yiengh va、gaeu、bya、bidyeng、lozhan、mak daengj raiz va dozanq，mizmbngj raiz va dwg deugaek baenz，youh saeq youh ndei，gunghyi ndei gvaq vunz.（gij goenhsoij dajcang bouxcuengh raen doz 10-9-8 daengz doz 10-9-10）．

（8）金银首饰。云南文山广南县八宝镇坡现村壮族，制作各种各样的金银首饰，工艺是从东部壮乡宾阳传来，首饰精巧美观，形式多样，已有200多年历史。广西西林县维新乡的壮族亦会制作梅花、龙凤、鱼虾、蝴蝶等花纹的银饰。其雕工细致，纹饰多姿。明清时期，有的土司利用壮族银匠，专为其妻女打制金银饰器，形成专门的世家。所制的金银饰器有手镯、胸排、项圈、耳环、发箍或银簪，十分精巧，有各种各样的花卉、藤蔓、山峰、鸣蝉、罗汉、水果等花纹，有些花纹经雕刻而成，玲珑剔透，工艺高超（壮族部分银饰见图10-9-8至图10-9-10）。

Doz 10-9-8 Gvangjsih Lungzcouh beksingq yo miz gij doxgaiq dajcang ngaenz ban Minzgoz seizgeiz louzhengz de

图10-9-8 广西龙州县民间保存的民国时期流行的妇女银首饰

Doz 10-9-9 Mehmbwk Gveisih lij yungh ciuhgeq cienz roengzdaeuj gij doxgaiq dajcang ngaenz guh de

图10-9-9 桂西妇女仍在使用先辈留传下来的银头饰

Doz 10-9-10 Mehmbwk Bouxcuengh Yinznanz Vwnzsanh yungh gij doxgaiq dajcang ngaenz guh de

图10-9-10 云南省文山县壮族妇女使用的传统银头饰和银胸饰

（9）Yozgi. Bouxcuengh daj ciuhgeq daeuj couh rox caux yozgi, cungjloih gig lai, miz gij yozgi daz、gij yozgi roq, lijmiz gij yozgi boq dem. Miz gij yozgi youz aenlazdoengz、aengyongdoengz iq bienboiq baenz de, lijmiz cungj ndeu heuhguh yag（doz 10-9-11）, aeu namhdauz、doengz roxnaeuz faex daeuj guh ndang, song gyaeuj goemq naeng, aeu cag geuj ndaet, dwg gij yozgi heiq saegoeng, louzhengz youq mbanjcuengh song bak lai bi lo. Miz gij gimz aeu lwggyoux cauxbaenz de heuhguh hozlozgimz, miz gij gimzndok aeu ndok caeuq yienz cauxbaenz de, lijmiz deng dem, Vahgun heuhguh "denhgimz"（doz 10-9-12）. Doenghgij gimz loih neix cienzbouh dwg aeu gungyienz daz, sing'yaem gig ndei. Gij gimz caet yienz aeu cuk faex cauxbaenz haenx（doz 10-9-13）, danz de, sing'yaem hix gig ndei. Yozgi boq miz dig faexcuk（Gvangjsih Gveigangj Lozbwzvanh aen moh Sihhan oknamh gvaq dig cuk bet congh, raez 36.3 lizmij, 2.2 lizmij gvaq gingq, yungh song hoz faexcuk guh baenz, miz 8 congh, 7 congh youq hoh ndeu, miz congh ndeu youq lingh hoh, raen doz 10-9-14）. Lijmiz aeu gyapsae guh baenz aenhauh, seiz boq de, hoizyaem fubfab, gig miz yinxdaeuz. Hix miz gij yozgi lumj loxlez de, Vahcuengh heuhguh "bohlez". Doenghgij yozgi boq neix, dwg youq seiz byaujyenj heiqcuengh caeuq angqhoh de cij boq. Gij yozgi Bouxcuengh hix gig yawjnaek yozbuj yinhliz, dingzlai dwg youh lauxsae bak naeuz son lwgsae（doz 10-9-12、doz 10-9-13、doz 10-9-14 dwg mbaw siengq saedhuq mbangj gij yozgi Bouxcuengh）.

（9）乐器。壮族自古就擅于制作乐器，种类很多，有打击乐器、弦乐器、吹奏乐器。打击乐器有铜铸的芒锣，有小铜鼓组成的编配乐器，还有一种叫蜂鼓（图10-9-11），它用陶、铜、木制成鼓身，再在端部蒙以皮革，用索牢，是师公戏中最重要的乐器，壮话叫"aen yag"，已盛行于壮乡200多年。弦乐器有用葫芦制成的琴叫葫芦琴，有用骨头和拉弦组成的骨琴，还有天琴（图10-9-12，壮话叫"deng"）。这些琴类都用弓弦拉奏，音色优美。另外，还有用竹木制成的七弦琴（图10-9-13），弹奏之，音色优美。吹奏乐器有竹笛（广西贵港市罗泊湾西汉墓出土的八孔竹笛，长36.3厘米，外径2.2厘米，用竹2节制成，有8孔，有7孔在一节，1孔在另一节，见图10-9-14）；有用螺壳制成的田螺号，吹奏时回声荡漾，别有情趣；也有像唢呐样的乐器，壮话叫"bohlez"（波列）。这些吹奏乐器都是为壮剧伴奏和喜庆奏乐之用。壮族的乐器也很讲究乐谱音律，多是由师徒口授相传（图10-9-12、图10-9-13、图10-9-14为壮族乐器部分实物照片）。

Doz 10-9-11　Aen yag gang'vax yo youq Gvangjsih Lingzconh Yen Bozvuzgvanj, youq Cinghcauz Senhdungj 2 bi cauxbaenz（Bungz Suhlinz ingj）

图10-9-11　广西灵川县博物馆收藏的清宣统二年陶蜂鼓（彭书琳 摄）

Doz 10-9-12 Deng dwg gij yozgi Gvangjsih Mingz Cingh daengz Minzgoz seizgeiz hwnghengz de
图10-9-12 广西明清至民国时期盛行的乐器天琴

Doz 10-9-13 Gimz caet yienz，Gvangjsih Mingz Cing daengz Minzgoz seizgeiz hwnghengz de
图10-9-13 广西明清至民国时期民间盛行的乐器七弦琴

Doz 10-9-14 Dig cuk bet congh，youq Gvangjsih Gveigangj Lozbwzvanh aenmoh Sihhan de oknamh（Cangh Leij ingj）
图10-9-14 广西贵港市罗泊湾西汉墓出土的八孔竹笛（张磊 摄）

Daj gwnzneix yungzheih yawjok，dieg Bouxcuengh dajcauh doxgaiq ngoenzyungh youq ciuhgeq miz aen seizgeiz ndeu hoenghvuengh gvaq，gij gohyozsing de biujyienh youq gwnz leh caizliuh、cauhhingz、gyagoeng、fuengz nduk daengj gak aen vanzcez，lumj leh caizliuh，aeu doiq swyenzvuz gij daegsingq、goengnaengz daengj miz itdingh liujgaij caeuq yenzgiu，cij yienghyiengh cungj fazveih ok gij yunghcawq de. Hojsik aenvih cungjcungj yienzyouz，doeklaeng gihbwnj daengx youq aen cangdai gag swnghcanj gag yungh neix，mboujmiz sanghbinj yinhsu gikcoi，gisuz gunghyi baujsouj，swnghcanj gveihmoz iq. Daegbied dwg Mingzcauz, Cuh

Yenzcangh aeu hamqhaij dunghdau Gvangjsih vag hawj Gvangjdungh le，dieg Bouxcuengh gij geizmienh fungsaek de ngoenz beij ngoenz yenzcung，daengx aen dieg Bouxcuengh gij sanghbinj ginghci de cigsoh sukreuq roengzdaeuj，sawjndaej aen hangznieb dajcaux doxgaiq ngoenzyungh ciengzgeiz doekbaih.

从上不难看出，壮族地区的日用品制造在古代有过辉煌的时期，其科学性表现在选材、造型、加工、防腐等各个环节上，如选材，需对自然物的特性、功能等有一定的了解和研究，才能物尽其用。可惜由于种种原因，后来基本停留在自产自销状态，缺少商品刺激因素，技术工艺保守，生产规模不大。特别是明朝，朱元璋把广西海岸通道划给广东以后，壮族地区封闭局面日益突出，整个壮族地区的商品经济发生急剧萎缩，致使日用品制造业长期趋于衰落。

（10）Ndangdaenj. Bouxcuengh aeu daeuj guh ndangdaenj gij caizliuh de haemq lai，miz faiq、ndaij、sei，gig ndei guh buh vaq. Gij moh Hancauz oknamh gvaq canzlw buh faiq caeuq haiz baengzndaij. Aenvih senhveiz doenghgo mbouj yungzheih ceh nanz，gaiq canzlw faiq、ndaij oknamh de gig nanz hoizfuk yiengh gaeuq okdaeuj. Cinghcauz satbyai caeuq Minzgoz seizgeiz lw roengzdaeuj gij ndangdaenj Bouxcuengh haemq lai，miz buh、vunj、vaq、haiz、buhmbengq、gaen'gyaeuj daengj. Yienghceij gig miz minzcuz daegsaek. Gij buh vaq daenj guh hong haenx nyib ndaej lai genjdanh，gij ndangdaenj youq ranz roxnaeuz okbae guh hek haenx couh roengz goengfou gyagoeng；caemhcaiq gak dieg miz mbouj doengz daegsaek. Bouxcuengh Gveisih lai gyaez daenj buh saek ndaem，mehmbwk daenj buh ndaem，laj daenj vunj roxnaeuz vaqraez，gyaeuj cet gaen ndaem. Buh youh faen ceg aek caeuq cap aek song cungj（doz 10-9-15、doz 10-9-16）.

（10）服饰：壮族制服饰原材料很多，有木棉、苎麻、蚕丝，利于制做衣服。汉墓曾出土木棉衣服残片和麻布鞋等物。由于植物纤维不易保存，出土的残片较难恢复其原貌。清朝末年和民国期间留存下来的壮族服饰较多，主要有上衣、裙、裤、鞋、背心、头巾等。式样具有鲜明民族特色，劳动耕作衣裤的缝纫加工较简单，休闲家居和外出活动的装饰衣物加工较繁复；且具有地域不同的特色。桂西壮族崇尚身穿黑色衣衫，妇女穿黑色上衣，下身有裙和长裤，头着黑头头巾。上衣又分对襟和右纫开襟两种（图10-9-15、图10-9-16）。

Bouxsai cix lai daenj buhrog caeuq vaqraez，gyaeuj caemh cet gaen，caemh gyaez saek ndaem（doz 10-9-17）.Mebmbwk Gveicungh cawzliux ndangdaenj saek ndaem，lij gyaez buh vaq saek lamz caeuq vunj（doz 10-9-18、doz 10-9-19）. Gyaeuj yungh gaen dajcang lai. Gvangjdungh、Gveicouh、Yinznanz gij ndangdaenj Bouxcuengh haenx caeuq gij Gvangjsih doxgyawj，caemh miz gak dieg daegsaek（doz 10-9-20、doz 10-9-21、doz 10-9-22）.

男人则多穿外上衣和长裤，头戴围巾，也崇尚黑色（图10-9-17）。桂中的妇女除有黑色衣衫外也喜欢穿蓝色衣衫和裙（图10-9-18、图10-9-19）。头部多用毛巾为饰。位于广西附近的广东、贵州和云南的壮族衣饰与广西壮族基本相同又有各自的地域特色（图10-9-20、图10-9-21、图10-9-22）。

Doz 10-9-15 Mehmbwk Bouxcuengh Nazboh daenj gij buh、vaq、vunj haenx, buh dwg saek ndaem ceg aek

图10-9-15 广西那坡县黑衣壮妇女身着传统衫裙、裤、衫为黑色对襟

Doz 10-9-16 Mehmbwk Bouxcuengh Nazboh daenj buh cap aek ndaem

图10-9-16 广西那坡县身着右纫开襟黑色衣衫的壮族妇女

Doz 10-9-17 Gij bouxsai daenj conzdungj ndangdaenj rangh dieg Gvangjsih Yougyangh

图10-9-17 广西右江地区身穿壮族传统服饰的男子

Doz 10-9-18 Rangh dieg Gveicungh mehmbwk daenj gij ndangdaenj ngoenzciet conzdungj haenx

图10-9-18 广西桂中地区身穿传统节日盛装的壮族妇女

Doz 10-9-19 Mehmbwk Gvangjsih Cingsih daenj gij buh、vunj de, seizneix lij dauqcawq louzhengz

图10-9-19 广西靖西市身穿传统的壮族妇女衫、裙，今仍广为流行

Doz 10-9-20　Meh laux Bouxcuengh Gvangjdungh Lenzsanh daenj gij ndangdaenj conzdungj haenx

图10-9-20　广东省连山壮族瑶族自治县壮族老年妇女身穿传统衣衫

Doz 10-9-21　Mehmbwk Bouxcuengh Gveicouh daenj gij ndangdaenj conzdungj haenx

图10-9-21　贵州省壮族妇女身穿的传统服装

Doz 10-9-22　Mehmbwk Yinznanz Vwnzsanh daenj gij ndangdaenj ngoenzciet haenx

图10-9-22　云南省文山县壮族妇女身穿节日服饰

　　Bouxcuengh cawz buhvaq ndangdaenj，haizbaengz、daeh riuj、daeh ien、yiengbau、aendom daengj，cungj dwg fwngz guh，mae sei raiz va siuq ndaej gyaeundei，gig miz daegsaek swhgeij minzcuz（doz 10-9-23、doz 10-9-24）。

　　壮族除衣衫服装外，布鞋、手袋、烟包、香包、绣球等均为手工制作，彩线刺绣精致，更添民族风采（图10-9-23、图10-9-24）。

Doz 10-9-23　Minzgoz seizgeiz gij haizva caeuq daehnengq mbanjcuengh

图10-9-23　民国时期壮乡的刺绣鞋和刺绣袋

Doz 10-9-24   Minzgoz seizgeiz gij gunghyibinj mbanjcuengh louzhengz（swix: aendom；gyang：yiengbau；gvaz：daeh'ien）

图10-9-24 民国时期壮乡流行的手工艺品（左：绣球；中：香包；右：烟包）

Camgauj Vwnzyen   参考文献

[1] 中国科学院考古研究所，北京大学历史系考古专业.石灰岩地区碳14样品年代的可靠性与甑皮岩等遗址的年代问题[J].考古学报，1982（2）.

[2] 陈文.右脚山彩陶.广西日报[N]，1994-04-05.

[3] 郑超雄.广西靖西县念者屯壮族原始制陶技术考察[J].广西民族研究，1997（3）.

[4] 广西文物工作队.广西几何印纹的分布概况[J].文物集刊，1981（3）.

[5] 桂林博物馆.广西桂州窑[J].考古学报，1994（4）.

[6] 广西文物队.广西合浦上窑窑址发掘简报[J].考古，1986（12）.

[7] 谢德华.文房四宝纵横谈[M].天津：天津人民出版社，1990.

[8] 潘吉星.中国造纸技术史稿[M].北京：文物出版社，1979.

[9] 广西省政府.调查都隆那纱纸工业报告[J].建设汇刊，1938（2）（民国二十七年）.

[10] 次生撰.兴安造纸手工业[N].南宁民国日报，1935-04-16（民国二十四年）.

[11] 何淑英.广西造纸国韧皮纤维形态[J].广西轻工，1983（2）.

[12] 潘吉星.中国科技史·造纸印刷卷[M].北京：科学出版社，1998.

[13] 田雨德.都安纱纸[J].纸和造纸，1983（3）.

[14] 陶文台.中国烹饪史略[M].南京：江苏科学技术出版社，1983.

[15] 广西壮族自治区地方志编纂委员会.广西通志·科学技术志[M].南宁：广西人民出版社，1997.

[16] 闫海清，等.中国酒[M].沈阳：辽宁人民出版社，1988.

[17] 黎莹.中华传统食品大全·广西传统食品[M].北京：中国食品出版社，1988.

[18] 卓秀明.曲香艺高的酿酒业[J].广西科技史话，1981.

[19] 黄福添，杨绍光.广西糖业史[M].南宁：广西人民出版社，1996.

[20] 陈橼.茶业通史[M].北京：农业出版社，1984.

[21] 周恩肖.广西烟草史[M].南宁：广西科学技术出版社，1992.

[22] 陈爱新.广西茶业史[M].南宁：广西科学技术出版社，1992.

Daih Cib'it Cieng　Ywcuengh Caeuq Gij Yw Bouxcuengh

第十一章　壮医壮药

Yienznaeuz aen biengz Bouxcuengh bya heu raemx saw, huq ndei huq lai, hoeng ciuhgeq gizneix caemh dwg aen biengz mokmbw ngeujngeuj, doenghduz yakdoeg, baenz bingh ngaih lai ndeu. Bouxcuengh youq gizneix ndaej youq onj, mboujgag miz gaiqgwn gaiqdaenj ndwi, lij miz yw lingz yw cwg dem. Yw Bouxcuengh dwg gyoengq lwgminz geij cien bi roengzma guh hong roxnaeuz cauh gwndaenj baenz bingh baenz gyaej liux muengh yw bingh ndei cix cauh baenz, De caemh dwg faenh bauj ndaw yw guekcoj yihyoz ndeu, de mboujgag vunzlai ciuhgeq aeu ma yw gyaej hawj ndang ak ndwi, vunzlai ciuhgeq caemh aeu de ma re gyaej yw gyaej dem. Yw Bouxcuengh daeq ciuhnduj fat baenz ciuhgeq, bi'miuz baenz nanz lailai gvaq. Yw Bouxcuengh dwg cungj haehdoengj yw ndaw biengz ndeu, daeq ciuhgeq gag did ngad daengz ciuhneix mwncupcup, gangjnaeuz yw Bouxcuengh lajndang gag rengzrwdrwd.

壮乡虽然山清水秀，资源丰富，但历史上曾经是山岚瘴气弥漫，毒虫猛兽不绝于路的伤病高发区域。壮族先民之所以能在这块地方生存，靠什么？除靠基本的物质生活保障外，重要的是靠神奇的壮医壮药。壮族医药是壮族人民在长期的生产生活实践和同疾病做斗争的过程中形成和发展起来的，是祖国医学的重要组成部分。壮族医药不仅在历史上曾经对本民族的健康繁衍作出了重要的贡献，而且至今仍是广大壮族群众赖以防病治病的有效手段和方法之一。壮医壮药从其萌芽到形成发展，经历了漫长的历史时期。作为民族民间的医药体系，壮医壮药由自生自长到兴旺发达，表明了它有极其顽强的生命力。

Daih'it Ciet   Yw Bouxcuengh Guhlawz Fat Baenz
第一节   壮医的形成和发展

It. Goekgaen Yw Bouxcuengh
一、壮医的起源

Yw ndaej cauh okma, dwg gyoengq vunz caeuq mbwnndaen、binghgyaej、baenzsieng、dungxiek doxdaeuq ndaej cauh baenz. Cojcoeng Bouxcuengh youq ndaw biengz doenghduz yak lai、mok mbw mok doeg de gwn haemz gwn hoj, yienghneix coj deng sieng roxnaeuz baenz bingh. Lumjnaeuz bi 1980 youq ndaw Gamjcienz Dujboz Yienh Liujgyangh vat ndaej gouj naed heuj vunz, gwnz heuj neix miz conghmod. Gij gyaej wnq lumj gyaejlah、gyaejnaeng、gyaej dungxsaej roxnaeuz ndang roz ndang reuq, ciuhnduj ciengzmbat baenz ngaih. Yienghneix, gyoengq vunz ciuhnduj nwh lix roengzma, mboujgag guh hong guh miuz, lienh ndang ak ndang ma re gyaej ndwi, lij deng ngeix bae ngeix dauq bae ra gij yw re gyaej rox yw gyaej haenx dem. Gangj bae gangj dauq, gyoengq vunz guh hong caeuq gwndaenj nwh aeu, yienghneix cix caux yw okma.

医药卫生的出现，是人类与自然环境、疾病、创伤、饥饿作斗争的必然结果。壮族先民在野兽横行、瘴气弥漫、山重水复的艰苦环境中生活，疾病、创伤是无法避免的。例如1980年在柳江县土博甘前洞出土的九枚人牙化石中，即发现有龋齿洞。其他如各种感染性疾病、皮肤病、胃肠病乃至营养不良症等，在当时的条件下也是极为常见的。正因为如此，人们要生存，除了通过劳动生产、锻炼身体以不断地同各种伤病做斗争外，还要千方百计地寻找一些防病治病的有效药物。总之，人类生产劳动和生活生存的需要，决定了医药卫生的产生和发展。

（It）Ngad Yw Bouxcuengh
（一）壮医药的萌芽

Ciuhnduj vunzlai guh hong gvaq ngoenz cihmaet dwgrengz lai, gwn haemz gwn hoj, yienghneix vunzlai ciuhnduj cix dwk bya dwk daeuq fong bak, gyoengqde bae mbaet lwgmak roxnaeuz laeh lwgduz, mbangj deng oen camz, roxnaeuz deng rin heh rox coeg. Deng camz liux, mbangjseiz roxnyinh gij gyaej ndaw ndang senq baenz de bienq loq mbaeu, liux gyoengqde cix baez doek baez, daengzlaeng cix uk gvai gvaq, naihnaih roxnyinh aeu cimrin、cimndok ma camz yw gyaej, yienghneix Yw Bouxcuengh aeu cim camz ma yw gyaej cix naihnaih did ngad lo.

在原始社会生产力极其低下的条件下，采集渔猎是壮族先民的主要谋生手段，在采集野果、捕猎动物的活动中，被尖利的植物刺伤，被岩石划伤、戳伤是常有的事。这种刺伤，有时偶然竟会使一些原有的病痛得到缓解，在经过反复实践之后，人们受到启迪，渐渐地便认识到用石针、骨针刺激可治某些病，于是逐渐有了壮医针刺疗法的萌芽。

Ciuhnduj vunzlai dungx iek fagfag, gwn bazsiz bazsag, mbangjseiz gwn mbangj lwgmak caeuq byaekcwx liux cix rueg roxnaeuz deng doeg, roxnaeuz gwn liux ndang lai soengsup. Yienghneix ngoenz doek ngoenz guh baez doek baez, baeuqyah Bouxcuengh cix roxndeq mbangj doenghgo miz doeg vunz gwn mbouj ndaej, mbangj dauqfanj ndaej coengh vunz yw gyaej, yienghneix gij yw ciuhnduj Bouxcuengh cix naihnaih did ngad lo. Ndaw biengz raeuz riuznaeuz ciuhnduj "Saenznoengz cimz bak go, ngoenz raen caetcib go miz doeg", gaiq neix mbouj gag gangjnaeuz yw Bouxgun byaij gvaq ga roen mbefat neix, yw Bouxcuengh caemh byaij gvaq ga roen did ngad caeuq hwnj goek neix dem. Aenvih ciuh doek ciuh nanz lai gvaq, vunzlai mbouj rox gij goekmboq yw, yienghneix cix cienznaeuz dwg boux vunz ndeu rox duz sien ndeu cauh okma, lumjnaeuz Bouxgun cienznaeuz "Saenznoengz cimz bak go, liux cij miz yw", Bouxcuengh caemh cienznaeuz "Vuengzyw" gouq vunzbiengz. Saedcaih, neix dwg gohyoz vwnzva cihsiz lotlaeng laj de, Bouxcuengh gij yawjfap doiq gij goekgaen goyw, hoeng de gangjmingz liux yw Bouxcuengh caeuq yw aen minzcuz wnq ityiengh, miz gij ginglig youh gyae youh raez de.

在古代饥不择食的环境中，人们往往会因误食某些野果、野菜而导致呕吐、中毒，或者有些野果吃了反而能使某些病痛减轻。在经过反复验证之后，壮族先民逐渐知道了有些植物对人体有毒，有些却能治病，从而催生了原始壮药的萌芽。中国历史上有"神农尝百草，一日而遇七十毒"的传说，这不仅是对汉族中药起源的论述，而且也是壮族古代医药起源所走过的路。由于年代久远，人们在不了解药物起源的真正原因的情况下，根据传说把它归于某一个人或某一个神，如汉族有"神农尝百草，始有医药"之说，壮族亦有"药王"救黎民的类似传说。当然，这只是在科学文化知识落后的情况下，壮族人对于医药来源的看法，但它说明了壮族医药也和其他的民族医药一样，有着源远流长的发展历史。

Cojcoeng Bouxcuengh 80 fanh bi gonq — "Vunz Baksaek" rox yungh feiz gvaq. Feiz ne ndaej aeu ma raeuj ndang, aeu ma re duznyaen. Rox sawj feiz liux, Bouxcuengh cix mbouj cae gwn doxgaiq ndip. Gwn ndip bienq baenz gwn cug, hawj ndang siu gaiqgwn seiz gan bienq dinj, caemhcaiq feiz ndaej gaj doeg gaj non, hawj dungxsaej mbouj luenh baenz gyaej roxnaeuz mbouj luenh deng non nem；aen biengz Bouxcuengh doek fwn lai, namh dumz mbaeq, youq mbouj soeng nauq, yienghneix vunz baenz ndang saek cix ngaih lai, rox yungh feiz liux cix ndaej re rox yw gij gyaej neix；feiz caemh ndaej aeu ma oem yw caeuq rung yw, hawj yw lai baenz yungh, hawj vunz ciuhgeq Bouxcuengh ndang lai ndei raeuh. Caemhcaiq dem, rox sawj feiz liux ywdangq caeuq ngaih cit Bouxcuengh cix ndaej daj goek. Vunzlai byoq feiz, roxnyinh mbangj gyaej bienq mbaeu roxnaeuz bienq gyai, yienghneix baez doek baez guh roengzbae, cojcoeng Bouxcuengh cix roxnyinh feiz caemh baenz yw, daengzlaeng Bouxcuengh aeu feiz aeu gok ma yw bingh cix riengz yungh feiz ndaej cienzhai cix hwng hwnjdaeuj.

80万年前的壮族祖先——"百色人"已经会用火。火可以御寒、防兽。火的应用，改变了壮族祖先茹毛饮血的生食习惯。从生食过渡到熟食，能缩短人体消化食物的过程，同时火对食物能起到灭菌杀虫的作用，减少胃肠疾病及寄生虫病的发生；壮族地区雨水多，土地潮湿，居住条件恶劣，人易染上与之有关的病症，如痹症等，火的使用可以预防和治疗这些疾病；火还能改进药物的加工、服用过程，提高疗效，对增强壮族先民的体质有着重大作用。还有，火的使用也为壮医热熨法、灸治法的产生奠定了基础。人们在烤火取暖时，发现某些疾病会减轻甚至消失，经过无数次的经验积累，壮族先民逐渐认识到火的治疗功能，因而壮医灸法的应用便伴随着壮族先民对火的使用而产生与发展起来。

（Ngeih）Cauh Cim Camx Yw Gyaej
（二）创用针刺疗法

Caux hongdawz caeuq gaijmoq hongdawz, hawj aeu cim camz ma yw gyaej ndaej caux okma. Youq ndaw gij dieggaeuq raemxrox ciuhnduj Bouxcuengh biengznamz ra raen lailai hongdawzrin soem caeuq angqrin, youq baih dieggaeuq Caenghbiznganz Gveiqlaemz、dieggaeuq lwgsae Namzningz、Gamjbeglienz Liuxcou、Byaraiz Ningzmingz caeuq gij gamj henzgyawj Cawsan duh Guengjsae, caemh ra raen cimndok dem（doz 11-1-1）. Gij hongdawzrin soem、angqrin soem caeuq cimndok soem dwg mbouj dwg aeu ma cienmonz yw gyaej, lij deng ngeixyaeng dem, hoeng daeq gaiq hongdawz baenz geij yiengh yungh cungj fapnaemj neix bae naemj, gij doxgaiq soem neix aeu ma camz yw gyaej goj ndaej dahraix.

生产工具的制造和改进，促进了针刺疗法的产生。在岭南壮乡原始时代的文化遗址中发现有很多尖利的石器、石片，在广西壮乡桂林甑皮岩遗址、南宁地区贝丘遗址、柳州白莲洞遗址、宁明花山和珠山附近的岩洞里，还发现有骨针实物（图11-1-1）。这些尖利的石器（片）、骨针等器械是否是专用的医疗工具，尚待进一步考证，但从一器多用的角度看，它们完全可以作为针刺的用具。

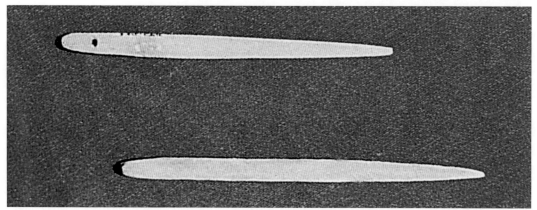

Doz 11-1-1　Cim ndok，youq ndaw gamj Caenghbiznganz Gvangjsih Gveilinz oknamh
图11-1-1　广西桂林市甑皮岩洞穴新石器时代遗址出土的骨针

Haeuj daengz ciuh sizgi moq liux, riengzlaeng raemxrox gang'vax Bouxcuengh baenz hwng, cimvax cix cugciemh okdaeuj, daengz ciuh Cangoz cix gizgiz haengj yungh. Mbangj yozcej roxnyinh cimvax fatndei hawj "gouj cim" Yw Cungguek lai gyazciz. Banneix raeuz ngeixyaeng gij cimvax ciuhgeq ce roengzma haenx, aen yiengh cim de caeuq yiengh cim maeuj gouj cim—cimcamz doxlumj lailai. Aenvih baenz yw dahraix, dawz caemh ngaih lai, cimvax cien bak bi roengzma youq ndaw biengz Bouxcuengh cix cienz yungh mbouj duenh, banneix lij yungh dem. 1976 nienz 7 nyied, youq ndaw mo 1 hauh Lozbwzvanh Gveiqyen（banneix heuh Gveiqgangj）Guengjsae vat ndaej 3 fag cim ngaenz, sam fag cim neix hung iq doxdoengz, bak raeh bak soem, ndang cim geux, sam fag faenbiek raez 8.6、9.0、9.3 lizmij, ging gaujcwng, gij de dwg gij cim camz yw gyaej Bouxcuengh ciuhgeq （miz song fag raen doz 11-1-2）. Gamdingh biujmingz, gij nienzdaih cim ngaenz neix dwg sihhan cogeiz. Bi 1985, youq ndaw gij moh Bouxcuengh ciuhnduj mwh Saecou daengz Cincou vat youq Boyienzlungz Maxdaeuz Vujmingz haenx, raen le song fag cim luengzheu, yiengh cim de caeuq yiengh cim Gveiqyienh （banneix heuh guh Gveiqgangj）doxlumj, hoeng nienzdaih fag de lai caeux gvaq fag Gveiqyienh （Gveiqgangj）, fag de dwg fag cim Bouxcuengh ciuhgeq aeu ma yw gyaej haenx.

进入新石器时代之后，伴随着壮族先民陶瓷文化的崛起，壮医陶针疗法逐渐出现，到战国时代已普遍流行。有学者认为它对中医"九针"的形成产生了积极的影响。据对现存壮医陶针的考证，其针型与九针之首——镵针极为相似。因疗效确切，简便易行，壮医陶针在民间的流传经久不衰，至今还在使用。1976年7月，广西贵县（今贵港市）罗泊湾1号汉墓出土了精致的银针3件，大小相同，针锋尖锐，针身呈绞索状，长度分别为8.6、9.0、9.3厘米，据考证为古代壮族先民用于针灸的针具（其中两件见图11-1-2）。鉴定表明，银针的年代为西汉初期。1985年，在广西武鸣马头乡元龙坡发掘的西周至春秋时期壮族先民的墓葬遗址中，发现了2枚青铜针（以下简称马头青铜针），形体与贵县（今贵港市）银针类似，但年代却比贵县银针早，它是古代壮族先民针灸用的砭针。

Doz 11-1-2　Cim ngaenz youq Gveigangj Lozbwzvanh aen moh sihhan de oknamh
图11-1-2　广西贵港市罗泊湾西汉墓出土的银针

Daengz banneix cij, Cungguek gij cim gimsug ciuhgeq oknamh de cawz liux Gvangjsih, lij youq Neimungzguj、Hozbwz oknamh liux gij cim doengzheu mwh Cangoz daengz Sihhan haenx. Bi 1968, youq ndaw moh Liuz Swng dieg Hozbwz Manjcwngz oknamh liux 4 fag cim gim caeuq 5 fag cim ngaenz canz raek, couhgyah nyinhnaeuz gij cim neix dwg gouj cim ndaw de mbangj huq saed ndeu. Aeu gij dinfwngz caux cim sam yiengh cim haenx ma doxbeij liux, cix roxndeq gaiq Guengjsae、gaiq Neizmungzguj caeuq gaiq Hozbwz doengj ca mbouj lai, hoeng raez、hung、iq aenvih dieg mbouj doengz dieg caemh miz di doxca, gaiqneix cix gangjmingz mwh Cangoz daengz Cinz Han youq Cungguek raeuz gij dinfwngz caux cim Bouxcuengh、Bouxmungzguj caeuq Bouxgun haenx doengj doxlumj, doengj dinfwngz loq ak. Danghnaeuz gij fap aeu cim camx yw gyaej duh Bouxgun dwg aeu gouj cim gimsug caezcienz de ma guh biugeiq baenz caez, Bouxcuengh youq mwh Cangoz daengz Cinz Han caemh miz gij cim cingqdaeuj bonjgeij. Yienghneix, ndaej nyinhdingh, Bouxcuengh aeu cim camx ma yw gyaej caemh dwg baenz youq mwhde dem.

迄今为止，中国有古代金属针具出土的除了广西壮乡，尚有内蒙古、河北出土的战国至西汉时期的青铜砭针。1968年，在河北满城西汉刘胜古墓出土了4根金针和5根残损的银针，专家论证认为是九针当中的部分实物。比较三者的制针技术，广西、内蒙古、河北的针具都差不多，但长、短、大、小有区域性差异，表明战国至秦汉时期中国壮族、蒙古族、汉族先民的针刺技术基本处于同一档次，都达到了较高的水平。如果说，汉族针刺疗法是以金属九针的齐备为其正式形成的主要标志的话，那么，壮族先民在战国至秦汉已有了自己的正式针具。因此，可以认为，壮医针刺疗法大抵也是在这一时期初步形成的。

Gij cim luengz Maxdaeuz dwg gij cim cojcoeng Bouxcuengh sawj gvaq haenx, gij cim neix gangjnaeuz Bouxcuengh ciuhgeq caux yw ndaej daengz cwngzciu mbwk, caemh gangjnaeuz mwh Cinz cauz doekgonq, youq ndaw biengz Bouxcuengh senq rox aeu cim ma camx yw gyaej gvaq, raeuz yawj gij coenz "yienghneix gouj fag cim de ne, caemh daj baihnamz cienz gvaqma" ndaw 《Noihging》 dem, cix gangjnaeuz aen biengz ciuhnduj Bouxcuengh dwg aen biengz goekmboq cim camx yw gyaej caeuq gouj cim ndeu. Gij baengzcingq guh aen gietlwnh neix dwg：① Aeu cimluengz Maxdaeuz caeuq cim cimluengz Saesiengnyaiz Lozyangz、cimluengz Neimungzguj、cimgim cimngaenz Manjcwngz Hozbwz ma doxbeij liux cix ndaej roxndeq, yawj ciuhdaih ne, cim Maxdaeuz liux caeux；yawj yienghcaux ne, cim Maxdaeuz lai cwg, miz gij yiengh bouxnoix caeuq gij yiengh mbanjmiengz；yawj caetliengh ne, cim Maxdaeuz caeuq gij cim giz wnq vat ndaej haenx dinfwngz caux cim sang doxlumj, caemhcaiq dem, yawj caezcienz bae ne, gij fap aeu cim camx yw gyaej Bouxcuengh lienz daengz gij suijbingz daengxliux yw Bouxcuengh dem, mwhde doengj loq sang. ②《Vangzdi Neigingh • Suvwn Yifaz Fanghyilun》 cek saw neix naeuz："Gij vunz baihnamz, mbwnndaen ma ciengx, gizde heiq yangz hwng lai, gizde mok raiz comz lai. Gij vunz baihde gyaez gwn soemj caemh gwn numq, baenzneix gij vunz baihde noh gyaemq noh nding, baenz hwnjgeuq roxnaeuz ndang naet noh maz ne, hab aeu cim ma camx aeu, Yienghneix, gouj cim ne, daj baihnamz cienz ma." Gij coenz neix dwg saw laux Yw Cungguek sohsoh gangjmingz aen goekmboq cim camx yw gyaej. Gangj caen dahraix, ndawde naeuz "baihnamz", mbouj dingh dwg naeuz aen biengz Bouxcuengh, hoeng baudaengz aen biengz Bouxcuengh. ③Ngeixyaeng gvaq gij cim yw Bouxcuengh banneix lij ce roengzma haenx liux cix gangjnaeuz, aen yiengh de caeuq aen yiengh cim maeuj gouj cim—cimcamx doxlumj lailai, song fag de caemh caeuq rincamz doxlumj. Seizde, gouj cim baenz gij hongdawz yw gyaej gvaq. Ciuq gij saimeg vunzbiengz mbefat, youq gyang mwh hongdawzrin caeuq mwh hongdawzluengz, miz duenh vwnzva gang'vax hoengh ndeu, cimvax dwg gij doxgaiq mwh vwnzva gang'vax caux okma ndeu. Mwh Cunghyenz gouj cim caux caez gaxgonq, aenvih diegyouq Bouxcuengh daegbied, deng re gyaejdeihfueng caeuq gyaej ngaih lai, yienghneix canghyw Bouxcuengh cix rox aeu rincamx ma dub baenz meng bae, hawj meng lai raeh gvaq rin, guh yienghneix ma camx noh yw gyaej. Cimvax hoengh youq ndaw biengz Bouxcuengh, ciq noix dwg mwh Cangoz gaxgonq couh louzhengz. Aenvih cimvax camx noh saed yw ndaej lai yiengh gyaej, dawz de riengz ndang caemh ngaih, seizde aen biengz Bouxcuengh sawj hongdawzfaz lai gvaiz, yienghneix cimvax cix hoengh youq ndaw biengz Bouxcuengh nanznanz mbouj naiq, daengzlaeng cix bienq baenz aen ciengz yungh fuengfap yw gyaej Bouxcuengh ndeu. Cojcoeng Bouxcuengh caux yungh gij doxgaiq ngaih ra neix ma yw gyaej, ndaej nyoengx gij hongyw cimcamx Cungguek mbefat baenaj. ④Song fag cim luengzheu Maxdaeuz oknamh youq aen biengz Bouxcuengh haenx, ging donq liux rox song fag de dwg aeu ma camzfeuz yw gyaej. Gijneix cix gangjnaeuz mwh Saecou daengz mwh Cincou Cangoz, cojcoeng Bouxcuengh rox aeu cim ma camx yw gyaej gvaq, caemhcaiq caux hongdawz cim camz dinfwngz goj sang dem. Baenzneix, vunzlai roxnyinh aen biengz Bouxcuengh dwg aen dieg goek cim camx yw gyaej ndeu, mbouj hoj ngeiz lai.

马头青铜针作为壮族先民的针刺用具，集中反映了古代壮族先民医药的成就，说明在先秦时期，壮族地区已使用针刺治病，结合《内经》"故九针者，亦从南方来"的论述，足以说明古代壮族地区是针刺疗法、九针的发源地之一。此结论的依据是：①从马头青铜针与洛阳西商崖铜针、内蒙古青铜针、河北满城金银针的比较来看，就年代而言，马头青铜针最早；从形制上看，马头青铜针形状独特，具有明显的民族风格和地方风格；就质地而论，马头针与其他地区出土的针都具有高超的制针技术，而且，从整体上看，壮族先民的针刺疗法乃至医药整体水平，在当时也是比较高的。②《黄帝内经·素问异法方宜论》中谓："南方者，天地所长养，阳之盛处也，雾露之所聚也。其民嗜酸而食胕，故其民皆致理而赤色，其病挛痹，其治宜微针。故九针者，亦从南方来。"这是中医经典著作关于针刺疗法来源的直接记载。诚然，这里的"南方"，不一定特指壮族地区，但应当包括壮族地区。③对现存的壮医陶针的考证说明，其针形与《内经》中所述的九针之首——镵针极为相似，二者又与砭石相近。此时，九针已是金属医疗工具。按人类历史发展的规律，于石器时代与铜器时代之间，曾有一段灿烂的陶器文化，陶针当是陶器时代的产物。在中医九针形成齐备以前，由于壮族地区的地理环境艰苦，需要防治地方病和多发病，壮族民间医生已经知道在砭石的基础上敲击陶片，使之比砭石更锋利，有目的地进行针刺治疗。陶针在壮族地区的使用，至少在战国之前就已相当流行。其对多种病症确有疗效，简便易行，加上岭南壮乡铁器使用较晚，这些都是造成陶针在壮族民间流传不衰，并成为壮医一种常用治疗手段的重要原因。壮族先民这些因陋就简的发明创造，对针灸医学的产生发展起到了推动作用。④在壮乡出土的两枚马头青铜针，据考证认为是两枚浅刺用的医疗用针。这说明了在西周至春秋战国时期，壮族先民已使用针刺治病，而且针具的制作技术已具相当的水平。基于如上的分析，认为壮族地区是针刺治病的发源地之一，是无可争议的。

Gangj bae gangj dauq, cojcoeng Bouxcuengh ciuhgeq mboujgag miz dinfwngz sang caux cim, caemh miz dinfwngz sang aeu cim camx yw gyaej, gij suijbingz yungh yw Bouxcuengh ciuhde caemh goj sang dem. Sam fag cim gimsug geux gaenz bi 1976 youq ndaw moh 1 hauh Sihhan Lozbwzvanh Gveiyen（banneix Gveigangj）oknamh haenx, gij yiengh 3 fag cim de doiq gaenz cim ciuhlaeng caux yingjyangj naek lai, gij cim yienghde daengz ciuhneix lij yungh dem, baenzneix de youq ndaw ciuhdaih caux cim Cungguek miz eiqngeih naek lai. Gaiq neix caemh dwg aen goenglauz cojcoeng Bouxcuengh guh hawj aeu cim camx yw gyaej haenx.

总之，古代壮族先民不仅具有高超的制针技术，而且其针刺疗法乃至医药整体水平在当时已处于较高水平。此外，1976年在贵县（今贵港市）罗泊湾1号汉墓出土的3枚绞索状针柄的金属针具，该针形对后世针具的针柄造型有深远的影响，这种针具一直沿用至今，它在中国针具史上具有重要的意义。这是壮族先民对针刺疗法的又一贡献。

Canghyw Bouxcuengh roxyungh cim yw gyaej, Sungdai《Lingjvai Daidaz》cek saw Couh Gifeih raiz gvaq：“Gij vunz baihnamz fatsa baenz saek song ngoenz liux, cix aeu cim daeuj camx naengbak gwnz laj. Guh yienghneix camz：Bengq naengbak ndaw okma, aeu cim camx baihndaw cingqgyang, liux aeu fwngz naep lwed okma, caiq aeu mbaw faexsa ma uet linx, liux heuh bouxnaiq gyoebdin ndwn youq, aeu cim ma camx song geu nyinz hozhengh, hawj lwed lae okma, liux aeu goheiqvaiz ceh raemx hawj bouxnaiq gwn, mbouj geijlai nanz cix ndang ndei.” Mwh caeux gvaq Couh Gifeih, cek saw Goz Hungz《Fueng Danghaenq Laeng Cug》caemh naeuz gvaq vunz baihnamz aeu cim ma diu sa. Gij fuengfap aeu cim camx cuengq lwed yw gyaej, cim camx caeuq gwn yw caez yungh, canghyw Bouxcuengh ciuhgeq heuh guh “diu biuceh”, banneix youq ndaw biengz Bouxcuengh caemh lij dauqcawq yungh, aeu ma yw lai yiengh gyaej mboujgag fatsa ndwi, dwg gij dinfwngz ak canghyw geq Bouxcuengh. Miz yozcej naeuz：Gij cim ceiq caeux aeu ma diu yw gyaej haenx, aiqnaeuz dwg gij oen baihnamz roxnaeuz gij oen ndaw doengh Bouxcuengh. Youz neix doenq daeuj, gij goek cim diu yw gyaej, lai caeux gvaq gij rincamx、cimndok、cimvax caeuq cimgim daeuj yw gyaej haenx.

壮医擅长于针刺治疗，尚见于宋代周去非《岭外代答》的记载：“南人热瘴发一二日，以针刺其上下唇。其法：卷唇之里，刺其正中，以手捻去唇血，又以楮叶擦舌，又令病人并足而立，刺两足后腕横缝中青脉，血出如注，乃以青蒿和水服之，应手而愈。”在此之前，葛洪的《肘后备急方》中也有岭南人针挑沙虱虫的记述。这种针挑放血、针药并用的治疗方法，古壮医又称之为“挑草子”，至今在壮族民间仍广为流传，并用以治疗瘴疾以外的多种疾病，是不少老壮医的拿手技法。有学者指出：针挑治病最初用的针器，比较多的可能是南方或壮族地区常见的天然植物长刺。由此推之，则挑针之起源，当比砭石、骨针、陶针、金针更为久远。

（Sam）Gyaez Saetloengh Caeuq Heiqgoeng

（三）崇尚舞蹈气功

Daj Namzningz naengh ruz nyig raemx bae gwnz, ma daengz Fuzsuih、Cungzcoj、Lungzcouh、Ningzmingz rangh dieg Cojgyangh neix, cix raen gij dathau gwnz bya de miz lailai raiz yiengh nduj yiengh ngaih haenx, ging gaujcingq liux naeuz dingzlai veh gwnz dat neix dwg cojcoeng Bouxcuengh veh baenz. Banneix ndaej ra raen 81 aen dieg、180 giz miz gij veh dat neix，gij veh lij yawj ndaej seuq haenx miz 4500 lai fuk. Daj Byagamj Yienh Lungzcouh dahgwnz Cojgyangh bae daengz bangxdat Byacinglungz Yienh Fuzsuih，gij veh dat de miz 200 lai goengleix raez，lumj mbaw veh raezranghrangh ndeu. Daegbied dwg gij veh dat Byaraiz bangxdoeng Dahmingzgyang Yienh Ningzmingz de，youq aen bangxdat henz dah gvangq 200 mij、sang saek 40 mij haenx，gizgiz cungj duz miz doz nding ndongqda liux caez，veh ndaej deihdwddwd，banneix lij yawj ndaej seuq miz 1800 lai fuk，fuk doz vunz liux hung de miz 2.41 mij sang. Gij veh dat neix dwg gij caizliuh dijbauj yenzgiu gwndaenj aenbiengz Bouxcuengh haenx.

从广西壮族自治区首府南宁市乘船逆江而上，进入左江流域的扶绥、崇左、龙州、宁明等地，就会看到沿河两岸悬崖峭壁上笔触粗犷、风格浑朴的巨型岩画，经考证大多属战国至东汉时期壮族先民所作。目前已发现的岩画共有81个地点、180处，尚可辨认的各种画像4500多幅。从左江上游的龙州县岩洞山到扶绥县青龙山崖壁地点，其画绵延200多千米、形成一条规模宏大的岩画长廊。特别是宁明县明江东岸花山岩画，在宽200米，高约40米的临江一面崖壁上，密密麻麻地布满了各种用赭红色颜料绘成的色彩鲜艳的画像，尚可辨认的画像有1800多幅，最大的人物画像高达2.41米。它是研究壮族社会生活的极有价值的资料。

Dwen daengz gij doxgaiq gwndaenj caeuq aenbiengz Bouxcuengh ndaw veh dat yaek gangjnaeuz haenx，aenvih mbouj miz saw gei cienz roengzma，yienghneix gyoengq yozcej lij haeuj laeg bae mu. Hoeng banneix nemdaengz hongyw Bouxcuengh miz song yiengh yawjfap：It dwg daj ciuhdaih hongyw Bouxcueng ma yawj，gij veh dat Byaraiz Ningzmingz gveihmoz ceiq hung，dozsiengq ceiq ndei yawj，gwnz de saed miz gij doxgaiq nemdaengz re gyaej yw gyaej haenx dahraix. Youq gwnz aen bangxdat henz dah sang 40 lai mij、gvangq 130 lai mij、menhciz saek 600 bingzfanghmij haenx，veh baenz 1370 lai fuk doz lwgvunz. Gij vunz gwnz dat de song fwngz yaengx dox hwnj，gencueg gut baenz 90 daengz 110 doh，bueng maeu youq，song hoq gut baenz go daengz 110 doh（doz 11-1-3）. Gij vunz ngengq ndang de dingzlai baizbaenz lad，song ga gut coh baihlaeng，song fwngz iet coh baihgwnz. Neix couhnaeuz，mboujguenj dwg yawj najcingq de roxnaeuz yawj najngengq de，gij doz neixdwg gij doz saetloengh caez，caemh lumjnaeuz miz bouxak son dem. Gij ningloengh saetloengh ndaw doz neix yaek gangjnaeuz gijmaz，caih vunzlai gak boux gak ngeix，hoeng raeuz coj yaek yawjnaek aen goenglauz de—Ndaej cangq ndang，daegbied dwg ndaej lienh gij noh gyaemj hwet、gyaeujhoq、mbaq caeuq gencueg gak giz. Aen biengz Bouxcuengh aenvih dieg mbouj doengz baihbaek，gizneix fwn doek lai，yienghneix dinro、fungheiq caeuq ndangnaiq cix baenz ngaih lai，hawj vunzlai gvaq ngoenz mbouj soeng nauq. Yienghneix cojcoeng Bouxcuengh cix caux gij saetloengh doeng saek doeng hoh haenx okma，caemhcaiq guh baenz doz veh youq gwnz bangxdat nen gij fap re gyaej yw gyaej haenx roengzma. Ciuhgeq mbouj miz geijlai saw geiq daengz gij veh dat Byaraiz，hoeng cinghdai miz boux heuh guh Vangh Sinh，ae miz cek saw ndeu coh guh《Yezsih Cungzcaij》，cek saw neix cienjyinx gij coenz nemdaengz veh dat henz dah Daiqbingz Fouj Guengjsae ndaw cek saw《Yivwnzluz》Cangh Muz raiz haenx，cienjyinx liux cix daegbied naeuz："Bouxvaijruz

luenh vix lwgfwngz cix goenq，bouxlawz luenh naeuz luenh boq cix baenz gyaej." Gij coenz neix
miz di maezsaenq，hoeng gij coenz neix mbatnduj gangjnaeuz veh dat caeuq gyaej doxnangq.
Vunzlai yawj gij doz bangxdat yaengx fwngz aj ga haenx，gag nai gag gingq ndwi. Langhnaeuz
hag gij doz de ne，cix ndaej re gyaej；langhnaeuz luenh boq luenh naeuz ne，yienghneix cix
baenz gyaej yakyouq. Gij coenz gangj cwg lai neix，hawj raeuz bae ganjcaz gij veh dat Byaraiz
caemh uk lingz uk hai. Ngeih dwg conhgyah hongyw Bouxcuengh Cinz Baujlinz daj heiqgoeng
bae yawj gij veh dat Byaraiz. Ae nyinhnaeuz gij doz denjhingz ndaw de，lumjnaeuz vunz naj cingq
ndwn youq，song gyaeujhoq gut di capmax，song gencueg gut di yaengx hwnjma hawj fajfwngz
guhlumj vambu，ciuq gij yiengh lienh goeng neix bae guh，gij cingqgyang ndang vunz cix
doenq haeuj baih heiqhaij dandienz laj saejndw，vunz cix ndwn ndaej maenh. Youq ndaw biengz
Bouxcuengh，vunzlai lienh heiqgoeng、gwed rin caeuq ram naek doengj ciuq aen yiengh lienh
goeng neix bae guh. Youq dieg rangh cojgyangj，aen bi daengngoenz ndeu，youz muengzcungq
haeuj daengz hahceiq，gyawj siujsawq gonqlaeng，doengj miz mwhseiz daegdingh，
daengngoenz cingqlingz ma daengz gwnz nengzmbwn sienqceijnguxz，seizde dwg seiz lienh
heiqgoeng canghyw Bouxcuengh daegdingh leh aeu haenx. Seizde lienh heiqgoeng aenvih
vunz、mbwn、ndaen sam yiengh doxgaiq caez youq gwnz diuz sienq ndeu，yienghneix lienh
heiqgoeng ceiq ndei. Cinz Baujlinz nyinhnaeuz，gij heiqgoeng Byaraiz ndaej gangj ok gij leix yw
Bouxcuengh，gij nemnangq vunz caeuq mbwn、ndaen haenx dwg vunz mbwn ndaen sam heiq
caez yinh，hab gij dauhleix hung mbwnndaen. Ndang vunz deng gij rengz diendaej beng rag，liux
cix diuz gij gak cungj gihnwngz ndaw ndang，hawj ndang、gen ga、dungxsaej caeuq lwed heiq
ndaej doengzcaez yinzhengz，vaijdoengh mbouj daengz，yienghneix cix ndaej lienh ndang yw
bingh hawj ndang ak. Goeng Cinz Baujlinz haenh naeuz gaiq nyawh dik miz saw nem heiqgoeng
mwh Cincou Cangoz haenx、gaiq dozbaengz daxson ndaw moh Hanccauz Maxvuengzdoi
Cangzsah caeuq gij veh dat heiqgoeng Byaraiz Bouxcuengh Guengjsae sam yiengh doxgaiq neix
dwg sam yiengh huqbauj ciuhgeq heiqgoeng Cungguek.

　　对岩画所反映的社会生活内容，由于缺乏明确相应的文字记载，学者尚在全面深入研究之中。
但目前与壮医学相关的已形成两种看法：一是从民族医史的角度认为，规模最大、图像最为壮观
的宁明县花山岩画所反映的古代壮族社会生活中，确有涉及防病治病的医药卫生方面的内容。在这
处高达40多米、宽130多米、面积约600平方米的临江岩画上面，绘制有1370多幅人像。这些人像正
面多为两手上举，肘部弯曲成90~110度，半蹲状，两膝关节弯成90~110度（图11-1-3）。侧身的
人像多排列成行，两腿向后弯曲，两手向上伸张。可以说，不管是正面图还是侧面图，都是一种舞
蹈动作形象，且似有首领示教。人们对于这些舞蹈动作间接表现的社会生活内容，当然可作出种种
猜测或分析，但决不能忽视它的直接效果——祛病强身，特别是对腰、膝、肩、肘等处关节肌肉的
锻炼，是显而易见的。壮族地区由于特殊的自然地理环境所致，阴湿多雨，脚气、风湿、身重等为
其常见多发病症，严重影响人们的生产和生活。故而壮族先民在实践中创造了这些具有宣导滞着、
疏利关节作用的舞蹈动作，并作为永世流传的防治疾病的方法而绘制下来。花山岩画的文献记载
甚少，但清代汪森的《粤西丛载》，转引张穆的《异闻录》在述及广西太平府沿江两岸的这些岩

画时，特别指出："舟人戒无指，有言之者，则患病。"人们对于这些手舞足蹈的人像，只能顶礼膜拜。仿而学之，就可防病；相反，如果妄加评论或微言指责，就要受到病魔的惩罚。这种被神化了的传说性记载，对于我们考察花山岩画无疑是很有启发的。二是壮医专家覃保霖先生从气功的角度考察花山岩画，认为其中的典型画面，人物正面站桩形式，双膝微弯成平马步，双肘微屈上举成莲花掌，按这样的功式实测，人体重心自然凝聚于脐下气海丹田，是人体站得最稳的功式。壮族民间练气功、扛石、举重均用此种功式。左江流域在一个回归年中，由芒种经夏至回到小暑前后，都有特定时刻，太阳正临当地子午线天顶，这是壮医选择的特定气功日。此时练气功则因人、天、地同在一宏观引线上，故效果最佳。覃氏认为，花山气功体现了壮医理论，人与自然界的关系是人天地三气同步运行，符合关于天体力学的宏观理论。人体受天体宏观引力作用，调动体内微观生理机能，使躯肢脏腑气血同步运行，健运不息，起到养生健身祛病康复之效。覃氏将春秋战国时期带气功铭文的玉佩、长沙马王堆汉墓的导引图帛画及广西花山壮族先民古代气功岩画，并称为中国三大气功文物。

Doz 11-1-3　Gij siengq vunz youq gwnz veh dat Byaraiz Ningzmingz Guengjsae
图11-1-3　广西宁明县花山崖壁上的人物像临摹

Ciuhgeq Bouxcuengh yw gyaej, gyaez saetloengh lienh heiqgoeng mboujgag youq gwnz dat Byaraiz ndaej yawj raen, lij youq ndaw gij huqbauj ciuhgeq Bouxcuengh vat okma haenx ndaej yawj raen dem. Lumjnaeuz, gij raiz gwnz nyenz youq Sihlinz caeuq Gveiyen（banneix Gveigangj）Guengjsae vat ndaej haenx, couh miz haujlai yiengh duzsiengq saetloengh. Gij siengq saetloengh ngengq coh baihlaeng, ndanggwnz enj ai di；song gen iet ok, caemh bi gwnz bi laj dem, lumj hag roegyangz aj fwed mbin hauhneix. Daengz banneix youq ndaw biengz Bouxcuengh, vunzlai yw gyaej, lij guh mbangj yienghning lumj doz Byaraiz caeuq doz saetloengh gwnz nyenz haenx. Baenzneix, raeuz ndaej yienghneix gangj, aeu saetloengh、caeuq lienh heiqgoeng ma yw gyaej, dwg aen daegsaek yw gyaej Bouxcuengh ciuh doek ciuh cienz ndaej gyae raez ndeu.

在壮族先民的早期医疗活动中，崇尚舞蹈气功除了体现在花山岩画的人物图像外，在壮族的一些其他出土文物上也有所反映。例如在广西贵县（今贵港市）和西林县出土铜鼓的纹饰上面，就有许多舞蹈形象。舞姿的重心偏后，上身微微昂起；双臂前后屈伸，并上下摆动，似乎在模仿鹭鸟展翅飞翔时的矫健姿态。至今一些民间壮族医生在治病时，还在演示类似花山岩画人像和铜鼓纹饰舞蹈图像的动作。可以这么说，广泛利用舞蹈导引，循矫气功治病，是传统壮医源远流长的一大特色。

（Seiq）Canghyw Bouxcuengh Caeuxgeiz Yw Gyaej Caeuq Ndaw Saw Geiqloeg
（四）壮医早期的医疗活动及文献记载

Yungh yw caeuq vunz raeuz sengsanj caemhyamq. Ciuhgeq, Bouxcuengh mbouj miz sawcih caez yungh baenzneix ciuhnduj Bouxcuengh guhlawz yw gyaej, yw gyaej miz gingniemh maz cix mbouj miz saw cienz roengzma, gag aeu bak ma daengq ndwi, roxnaeuz gauq gaujguj daeuj ra baengzcingq. Lumj nienzdaih ceiq caeux gij cim doengz cim ngaenz de, mbouj miz saw geiq, Gix youq ndaw gaujguj raen. Neix couh hawj raeuz yaek rox gij saeh ciuhnduj Bouxcuengh yw gyaej haenx gya dwgrengz, hoeng raeuz mbouj ndaej luenh naeuz ciuhnduj Bouxcuengh mbouj miz gij saehliux yw gyaej nauq. Lij yaek gangj dem, mbangj coenz ndaw sawgeq dwen daengz yw Bouxcuengh haenx caemh ndaej guh baengzcingq hawj ciuhnduj miz yw Bouxcuengh, caemh ndaej yienh'ok gij cingzgvang yw Bouxcuengh ciuhnduj dem. Lumjnaeuz youq ndaw cek saw 《Yicouhsuh・Vangzgvaigaij》 mwh Sangh Couh haenx naeuz："Youq baihnamz miz Aeu、Daengh、Gveiqguek、Sonjceij、Canjleix、Bakboek、Goujgunq, ndaej lingh liux cix aeu caw、duzdaeuq、heujciengh、gokhit、bwn roeggoekma、roegyangzraet、donjgouj ma soengq guh laex." Caw caeuq duzdaeuq gij huq soengq hawj Sanghcauz haenx, seizde aiqnaeuz aeu ma daep dawz cang ndang, hoeng caemh ndaej gangjnaeuz gijde goj baenz yw. 《Sanhhaijgingh》 cek saw mwh Cincou Cangoz neix dwg cek saw guek raeuz ceiq caeux dwen daengz hongyw haenx. Cek saw 《Sanhhaijging Cenhsuh》 Hauj Yihingz guh haenx gyonjgeq naeuz miz yw doenghduz 66 yiengh, yw doenghgo 51 yiengh, yw rin'gvangq 2 yiengh. Gij yw ndaw 《Sanhhaijgingh》 dwg yw doenghduz lai, banneix youq haujlai dieggaeuq hongdawzrin seizgeiz biengz Bouxcuengh caemh vat ndaej baenz bo ndokrin doenghduz. Aeu aen sibgvenq Bouxcuengh ciuhneix gwn lwed ndip doenghduz caeuq aen daegdiemj canghyw Bouxcuengh fuz cingq bouj haw dingh aeu lwed noh ma boiq haenx ma giethab faensik, 《Sanhhaijgingh》 caeuq yw Bouxcuengh mizmaz nemnangq, raeuz hab ngeixyaeng roengzbae dem.

医药的起源，几乎是和人类的起源相同步。历史上，壮族没有自己规范统一的文字，壮族这个古老民族的早期医疗情况、诊疗经验等没能用文字记载下来，只能靠口耳相传，或者靠考古发现。如在壮族地区先后发现了年代最早的青铜针及银针，未见有文字记载，却是在考古中发现了。这就给我们了解早期壮医的活动情况增加了困难，但不能因此而否定它的客观存在。此外，古籍中有关壮医药的星散记载也印证了壮医药的存在及反映了壮医药早期的情况。如商周时期的《逸周书·王会解》中记载："正南瓯、邓、桂国、损子、产里、百濮、九菌，请令以珠玑、玳瑁、象齿、文犀、翠羽、菌鹤、短狗为献。"向商朝进贡的珠玑（即珍珠）、玳瑁等物，当时可能只作为装饰佩戴之用，但也不排斥有其药用价值。《山海经》是我国最早记载有医药的古籍。据郝懿行的《山海经笺疏》统计，其记载的药物计有动物药66种，植物药51种，矿物药2种。《山海经》记载的药物以动物药居多，而在岭南壮乡的很多石器文化遗址中发现有成堆的动物化石。结合现代壮族有生饮动物血的习俗及壮医扶正补虚必配用血肉之品的特点分析，《山海经》与壮医壮药的关系有待深入探讨。

Yawj daengxliux, mwh gonq Ranzcaenz dwg mwh yw Bouxcuengh did ngad, gaiq neix dwg daeq yw Bouxcuengh gag fat gag mbe ma gangjnaeuz. Daeq vang bae yawj, mwh gonq Ranzcaenz, dwg mwh aen biengz Bouxcuengh gag fat ndeu. Seizde gij rengz guh hong biengz Bouxcuengh caeuq gij dieg Bouxgun Cungyienz doxbeij, yienznaeuz doxca di, hoeng gangj daengz mbangj hong ne, biengz Bouxcuengh lai ak dem, lumjnaeuz ndaem naz caeuq daengj ranz, daengzlaeng lij miz caux nyenz dem, youq ndaw Cungguek seizde, geij yiengh neix baenz lwgfwngzmeh dahraix. Lij lai gangj dem, daengzlaeng Ranzcaenz caeuq Ranzaeu doxdwk, gij baeuqyah Bouxcuengh seizde ndaej laengz gij lwgbing Ranzcaenz baenz 3 bi bae, gaiq neix caemh gangjmingz seizde gij rengz guh hong Bouxcuengh hixgoj sang. Gag gangj yw ndwi ne, yw ndaej mbefat coj deng aeu rengz guhhong itdingh caeuq suijbingz guenjbiengz itdingh ma guh goek, caemhcaiq deng caeuq rengz guh hong seizde caemhyamq mbefat ndijgaen dem. Daeq gij rengz mbefat guenjbiengz caeuq gij dinfwngz gohyoz Saeaeu、Lagvied haenx geij bangxfamh neix ma yawj, giethab haujlai huqce raemxrox hongdawzrin biengz Aeu Lag, daegbied dwg gij faensik nemdaengz cim yw gimsug Saecou haenx, hongyw Aeu Laeg mwh gonq Ranzcaenz caeuq hongyw gij dieg wnq gij bouxcoeg wnq dwg caemhyamq mbefat. Yw Bouxcuengh caeuq Yw Cungguek fat goek dieg mbouj doengz dieg, Yw Cungguek fat goek goek dwg lai yiengh lai dangq.

总的来看，先秦时期是壮族医药的萌芽阶段，这是从壮医药自身发展的纵向而言。横向方面，先秦时期，是壮族社会的自由发展阶段。此时壮乡社会生产力的发展与中原先进地区相比，虽然存在着差距，但也有某些领域发展较快，甚至居于领先地位，如水稻栽培和干栏建筑技术，以及稍后的铜鼓铸造技术等，在当时的中国，是领先无疑。甚至后来的秦瓯战争中，壮族祖先西瓯人与强大的秦军抗衡达3年之久，也集中反映了当时壮族的社会生产力水平是相当高的。就医药而言，医药的发展总是以一定的社会生产力和经济的发展水平作为基础，而且是与一定时代的社会生产力水平同步发展的。从西瓯、骆越当时的社会发展水平及科学技术等侧面来看，结合瓯骆地区众多的石器文化遗物，特别是对西周金属医针的分析，先秦时期的瓯骆医药与其他民族和地区的医药是同步发展的。壮医和中医各有自己的发源地，中国医药的起源是多元的。

Ngeih. Mwh Rom Gingniemh Gij Yw Bouxcuengh

二、壮族医药的经验积累时期

Bi 214 gonq goengyienz, Cienzsijvangz bingzdingh Lingjnanz, liux daengz Suizcauz, duenh neix dwg mwhseiz yw Bouxcuengh rom aeu gingniemh haenx. Biujyienh dwg：Bouxcuengh rox yw gya lai, yw moq mbouj duenh dem gya, mbangj yw gaxgonqmiz haenx caemh gya le yunghcawq moq, gingniemh yw gyaej ndaej lai rom caeuq comzgyonj.

公元前214年，秦始皇平定岭南，后至隋朝这段时间，是壮族医药的经验积累时期。表现为：壮医壮药知识有了新的积累，新的药物品种不断增加，一些原有的药物也增加了一些新的用途，诊疗经验得到了进一步的积累和总结。

Yiemz daeuj gangj, gij bonjsaeh yungh yw Bouxcuengh hwnj geiq youq Handai, daengzlaeng naihnaih bienq lai. Ndawde, gij yw mwh Cinz Han youq biengz Bouxcuengh Guengjsae caux okma roxnaeuz senq yungh gvaq haenx, miz gij loih baihlaj neix ndaej gaujcingq okma：Cawgyapbangx、duzdaeuq、gokhit、diengzrwi、makdoengj、makgam、makbug、maknganx、maklangz、makgyamj、laehcei、goveh、haeuxrou、yiengfuz、gaeugat、rinrangz、mbawbek、dansa、mbarinraeuz、heiqvaiz、houbuj、goruenz、vagimngaenz、gizlicauj、byaekmbungj、vadougou lai yiengh neix.

严格地说，壮医壮药知识的记载始于汉，尔后历代才有所增加。其中，属于秦汉时期广西壮乡出产的或已使用的药物，品种可考的有以下几种：珍珠、玳瑁、犀角、蜂蜜、橙、柑、柚、龙眼、槟榔、橄榄、荔枝、桂、薏苡仁、菖蒲、葛、钟乳石、柏叶、丹砂、滑石、青蒿、厚朴、铁冬青、金银花、吉利草、蕹、豆蔻花等。

Mwh Handai, doenggvaq gij huqbauj ciuhgeq liux raeuz rox miz gij yw baihlaj neix：Mbawgoruenz、ngveih makgyamj、golozfuzgauj、guengjdoenghanzsiu、vagimngaenz、vaciu、hing geij yiengh youq ndaw moh Handai 2 hauh Lozbwzvanh Gveiyen（banneix Gveigangj）Guengjsae vat ndaej haenx, caemhcaiq miz haeuxrou youq ndaw moh Handai Ngaenzsanlingj Bingzloz vat ndaej haenx dem. Yawj sawgeq ciuhgeq rox miz gij yw baihlaj neix：① 《Hajcibngeih Binghfueng》cek saw vat youq ndaw moh Handai Maxvuengzdoi haenx, dwg cek sawbaengz hongyw ceiq caeux Cungguek. Gij yw ndaw de miz daegdiemj baihnamz lailai, lumjnaeuz youq ndaw fueng daih'it yw gaenqgyoenj de naeuz：“Go'heiqyaiz, youq baih Gingcou coh guh dig；govamauhhozsieng, youq baih Gingcou coh guh Lwznywz.” Lij miz houbuj lai yiengh dem, doengj dwg gij ywdoj baihnamz. Mbangj gyaej ndaw saw miz haenx, lumjnaeuz nyancaet、ngwz haeb、bing haeb、guj dawz ndang daengjdaengj gyaej neix doengj dwg gij gyaej baenz ngaih baihnamz. Gij yw ndaw cek saw 《Hajcibngeih Binghfueng》geiq roengzma haenx, miz mbangj dwg yw Bouxcuengh. ② 《Saenznoengz Bonjcauj Ging》cek saw ywgo cienmonz ceiq caeux Cungguek banneix ce miz, mwh Dunghhan raiz baenz haenx, ndawde geiq miz 365 yiengh yw, lumjnaeuz ginhgvei、mujgvei、haeuxrou、dansa、rinrangz daengj gij yw Guengjsae miz lai haenx, ndaw cek saw caemh geiq miz.

汉代，通过出土文物知道的药物：广西贵县（今贵港市）罗泊湾2号汉墓出土的铁冬青叶、橄榄核、罗浮栲、广东含笑、金银花、花椒、姜，以及平乐银山岭汉墓出土的薏米等。通过文献了解到的药物：①马王堆汉墓出土的《五十二病方》，这是中国最早的医方帛书。其中记载的药物，有比较浓厚的南方色彩。如在治疗牡痔的第一方中说："青蒿者，荆名曰荻；屈者，荆名曰卢茹。"以及厚朴等，都是南方土产药物。书中所述的一些疾病，如漆疮、蛇毒、蛭蚀、中蛊等也是南方的常见病。《五十二病方》中记载的南方药物，当包括有一部分壮药。②成书于东汉年间的中国现存最早的本草专著《神农本草经》中所载的365味药中，壮族地区盛产的菌桂、牡桂、薏苡仁、丹砂、钟乳石等也被收入。

Gij vunz ciuhgeq Bouxcuengh youq Handai senq rox gyagoeng yw gvaq. Gaxgonq youq ndaw moh Hancauz gwnz Ndoimuenghvaiz Yienh Habboj vat ndaej gij rum sak luengz gvaq. Mwh Cindai Gih Hanz raiz gvaq cek saw ndeu coh guh 《Nanzfangh Caujmuzcang》, ndaw saw neix miz haujlai yw Bouxcuengh, lumjnaeuz gizlicauj、byaekmbungj、va dougou daengj. 《Fueng Danghaenq Laeng Cug》 cek saw Goz Hungz raiz baenz haenx caemh miz mbangj yw Bouxcuengh baihnamz. Lumjnaeuz ndaw saw raiz naeuz gij gingniemh baihnamz guhlawz yw dinhaeu、re duznaenz haeb haenx. Gij fap gejdoeg Bouxdaez（coh wnq Bouxcuengh）rox yungh gij yw Guengjsae miz lai haenx lumjnaeuz gocamz、mbu、maenzgat ndip、hing roz、yungzvuengz、cuzlizcingh lai yiengh neix doengj gej doeg naq. Gij yw Guengjsae miz lai haenx lumjnaeuz nywjcimfangz、gofeq ndip、hing、mbaw goging daengj, gwn rox oep doengj yw ndaejngwzdoeg haeb. Caemhcaiq dem, lij gangjnaeuz gij yw de yungh gvaq haenx lumjnaeuz hing、cangzsanh、duzcangzsanh、vangzdwngz、duhlinzdwngz、ganhlanzsiz、bwzvahdwngz、gamjcauj、oij、gyoij daengj, "youq baihnamz doengj miz caez".

汉代壮族先民已掌握药材的加工技术。合浦县望牛岭西汉墓曾出土铜杵臼。晋代嵇含的《南方草木状》中，记载了许多壮族用药，如吉利草、蒌、豆蔻花等。而葛洪的《肘后备急方》中有关岭南壮医壮药的记载也不少。如书中记载了岭南地区治疗脚气病、防治沙虱毒（恙虫病）的经验。俚人（壮族的先称）会用广西盛产的蓝青、藕、生葛根、干姜、雄黄、竹沥等解箭毒。广西盛产的鬼针草、生蓼、干姜、荆叶等，内服或外敷，可治毒蛇咬伤。同时，还指出了他所用的方药如生姜、常山、土常山、黄藤、都淋藤、干蓝实、白花藤、甘草、甘蔗、芭蕉等，"岭南皆有"。

Cek saw 《Lwnh Gak Yiengh Bingh Goek》 Cauz Yenzfangh Suiz cauz raiz haenx, geiq le gij fap yw gej doeg caeuq haj yiengh ywdoeg Bouxdaez Lingjnamz haenx："Bouxdaez Lingjnamz miz ywbaetgiengz、ywlamz、ywciudoengz、ywgim、ywgun gij yw neix. Haj yiengh yw neix mbw vunz ne, vunz couh dai. Hoeng ngamq deng mbw ne, vunz goj mbouj rox nauq, nwh rox baenz mbw rox mbouj baenz ne, ngamq deng mbw cix aeu daeuh ma muh, liux aeu ngaenzcug daeuj ceh haeuj raemx daeuh bae, liux aeu nye gosuijyangz ma ceh raemx daeuh swiq bak, swiq liux cix gamz ndaek ngaenz de ninz haemh ndeu, daengz haet daihngeih cix biq okma yawj, langhnaeuz ngaenz bienq ndaem ne yw cix baenz ywbaetgiengz, bienq ndaem'bik ne cix baenz ywlamz，bienq gyaemqraiz ne cix baenz ywciudoengz." Mwh Suizcauz, cojcoeng Bouxcuengh guh ywmbw caeuq gejmbw, gij dinfwngz neix senq cienz haeuj Cungyienz bae gvaq. 《Lwnh Gak Yiengh Bingh Goek》 cek saw neix lij gangjnaeuz, mokdoeg dwg cungj gyaej baenz ngaih baih Lingjnamz, aenvih coep fwi heiq lai cix baenz cungj gyaej oem gaenj neix, baen guh saheu caeuq sa henj song yiengh. Aenvih baih Lingjnamz ok mokdoeg lai, yienghneix cojcoeng Bouxcuengh cix rom ndaej haujlai gingniemh yw sa heiq haenx. Youq ndaw cek saw 《Lwnh Gak Yiengh Bingh Goek》, lij dwen gvaq doeg raemx、duznaenz、segungh、guj dawz ndang、din ro daengj lai yiengh gyaej mbanjmiengz neix dem.

隋朝巢元方所著的《诸病源候论》，记载了岭南俚人的五种毒药及中毒诊断方法："岭南俚人别有不强药，有蓝药，有焦铜药，金药，菌药，此五种药中人者，亦能杀人。但此毒初著，人不能知，欲知是毒非毒者，初得便以灰磨好熟银令净，复以水杨枝洗口齿，含此银一宿卧，明旦吐出看之，银黑者是不强药，银青黑者是蓝药，银紫斑者是焦铜药。"隋代，壮族先民制造毒药及救治中毒的有关知识，早就传入中原。《诸病源候论》还指出，瘴气是流行于岭南的地方性疾病，是由于感触了湿蒸之气而产生的急性热病，分青草瘴和黄茅瘴等。由于岭南多发瘴气，壮族积累了较为丰富的治疗瘴气的经验。对岭南的地方病如水毒、沙虱、射工、蛊毒、脚气病等，在《诸病源候论》中都有专篇论述。

Lingjnamz dwg mbanjranz Bouxcuengh. Mwh Cinzcauz daengz Suizcauz, gij dinfwngz caux yw caeuq yw gyaej cojcoeng Bouxcuengh gaem dawz haenx, ndaej daj aen goek maenh hawj hongyw Bouxcuengh mbefat baenaj. Hongyw Bouxcuengh dwg youq aen goekgiek neix mbefat caeuq cugbouh caezcienz hwnjma.

岭南是壮族先民的故乡。秦汉至隋这个时期，这里的壮族先民所掌握的药物知识和医疗技术，对壮族医学的发展具有重要的奠基作用。壮族医学是在这个时期壮族先民们创立的医药知识基础上发展和完善起来的。

Sam. Hongyw Bouxcuengh Cobouh Heijbaenz Caeuq Mbefat
三、壮医药的初步形成与发展

Aen seigeiz neix nanz lai, daj Dangz Sung daengz Minzgoz. Daihgaiq youq mwh Dangzcau daengz mwh Sung, gij leixlwnh Bouxcuengh senq did baenz ngad gvaq, biugeiq dwg canghyw Bouxcuengh yw gij gyaej baenz ngaih Lingjnamz haenx lumjnaeuz mokdoeg、doeg、sa、rumz（fung）、dumz（caep）daengj dinfwngz senq ak gvaq. Mwh Dangz sung gvaqdaeuj, riengzlaeng aen biengz baenaj, vunzlai gvaq ngoenz goj bienq ndei, daengz Mingzcauz cinghcauz seizgeiz, yw Bouxgun caeuq yw Bouxcuengh doxhaeuj, baenzneix yw Bouxcuengh cix mbefat ndaej riuzfwtfwt. Haeuj daengz mwh Minzgoz liux, gij yw Bouxcuengh cix dem lai gvaq, gij gingniemh yungh yw caemh bienq lai, gij dinfwngz yawj bingh bajmeg bienq ak, daihgaiq rom baenz gwn ywbyaek、swiq yw'byaek、oemq yw、oep yw、raek yw、gvat sa、gok feiz、camz cim、diu cim caeuq cim gim cib lai yiengh yw gyaej, caux ndaej haujlai dunfueng、fapyaem okma，caux ndaej haujlai dinfwngz moq yawj gyaej，canghyw okmingz Bouxcuengh ngoenz lai gvaq ngoenz，baenzneix cix ndaej moek aen goekgiek hawj hongyw Bouxcuengh. Aen seizgeiz neix gak yiengh yihyoz sihciz youz lingzsing rom ndaej cugciemh bienq baenz hidungj，baugvat yawjgyaej yungh yw、goekaen gyaej geileix gyaej、faenloih caeuq re gyaej daengj. Baihlaj neix raeuz daj bet diemj bae gangj.

这个时期的跨度比较大，从唐宋到民国。大约在唐宋之际，壮医理论已处于萌芽状态，其标志是壮医对岭南壮族地区常见和多发的瘴、毒、痧、风、湿等病证的防治达到了相当高的水平。唐宋以后，随着社会的发展，人们生活水平的提高，以及明清时期中医与壮医的互相渗透，壮医得到迅速发展。进入民国，壮药使用的品种范围更加扩大，用药经验日趋丰富，诊疗技术进一步获得提高，大抵形成了草药内服、外洗、熏蒸、敷贴、佩药、骨刮、角疗、灸法、挑针、金针等十余种治疗方法，创制了大量的验方、秘方，发明了丰富的诊疗技术，壮族名医日渐增多，为壮医的形成打下了基础。这个时期的医药知识也由零星的积累到逐渐系统化，包括临床表现、病因病机、分类到治疗预防等。下面可以从八大方面去加以认识。

（It）Nyinhrox mokdoeg、sa、guj、doeg

（一）对瘴、痧、蛊、毒的认识

Mokdoeg、sa、guj、doeg dwg gij bingh baenz ngaih baih Lingjnamz. Aen biengz Bouxcuengh youq giz dieg hwnga，gizneix bya lai、ndoi lai、dah lai、oem ndat lai、fwn lai、ndoeng lai、doih duz lai. Youq ndaw biengz neix cojcoeng Bouxcuengh gvaq ngoenz goj ngaih，hoeng caemh baenz gyaej goj ngaih，daegbied haeuj fawh fwn fawh ndat liux，duz dai rox go roz cix naeuh，naeuh liux cix haeu，bienq baenz mokdoeg，cix sieng ndang Bouxcuengh haih mingh vunz. Gij "mokdoeg" baih Lingjnamz，ndaw cek saw《Houhansuh·Majyenz Con》naeuz："Baij bing bae dwk Geu，lwgbing deng mokdoeg lai." "Hakbing dai mokdoeg cib miz seiq，haj." Dajneix raen gij mokdoeg yak lai. Cek saw《Lwnh Gak Yiengh Bingh Goek》seizcauz neix nyinhnaeuz mokdoeg dwg "mbwn raeuj liux gij doeg cab bienq baenz" caeuq "dwg gij fwi doeg ndaw rij ndaw ndoeng fat baenz haenx". Cek saw《Lingjvai Daidaz》Sungcauz mboujgag geiq gij fap Bouxcuengh yw mokdoeg haenx gig cingcuj，caemh naeuz gij geileix baenz gyaej mokdoeg okma dem："Mbwn oem lai，heiqyngz hwng lai，fawhnit daenz mbouj ndaej，go'nywj gofaex caeuq raemxmboq doengj ok mok yak，langhnaeuz vunz youq ndaw mok de ne，cix deng mbw deng doeg，heiqmingh cix mbouj onj，cix baenz gyaej mokdoeg lo." Cek saw《Gveihaij Yizhwngz Ci》mwh Sungcauz naeuz："Mokdoeg，Guengjsae Guengjdoeng song giz neix gag Gveilinz mbouj miz，daj gizneix roengz baihnamz，gizgiz doengj dwg giz mokdoeg caez." Lij gangj dem："Cojgyangh Yougyangh song ga dah neix，raemx doem yak lai，bi daengz haemh doengj baenz mokdoeg caez. Fawhraeuj coh guh mokdoeg nywjheu；fawhndat coh guh mokdoeg lwgmoiz；ndwenloeg ndwencaet coh guh mokdoeg gyajmoq；ndwenbet ndwengouj coh guh mokdoeg hazroz. Bouxcuengh bonjdeh naeuz mokdoeg hazroz ceiq yak." Cojgyangh

Yougyangh dwg rangh dieg cawgyang Bouxcuengh. Yienznaeuz gij coenz baihnaj neix mbouj dwg canghyw raiz sohsoh，hoeng gij bouxraiz de doengj youq Guengjsae dangguen baenz lai bi，rox gij fungcingz vunzbiengz Guengjsae lai，dwg gij "Guengjsae Doeng"，yienghneix gij coenz saw gyoengqde miz gyaqciz camgauj youqgaenj. Gij vunz deng heuh guh "Bouxdoj" haenx，dwg naeuz gij vunz canghyw Bouxcuengh Gig mingzyiemj，gijj canghyw Bouxcuengh ciuhde，senq rox ciuq fawh bae baen mokdoeg gvaq，caemhcaiq daj ndaw guh sienq ndaej rox，fatbingh ceiq naek dwg mokdoeg hazroz ndwengouj. Gij neix caeuq coenzrauq ndaw biengz Bouxcuengh "mok nywjheu hazroz，mbouj dai goj gyaeuj ndoq" haeujngamj lai. Raeuz yawj gij gangjnaeuz nemdaengz goekaen baenz gyaej、geileix baenz gyaej mokdoeg ndaw 《Lingjvai Daidaz》 haenx，raeuz ndaej rox，Ywcuengh mbwn、ndaen、vunz sam heiq caemhyamq caeuq doeg、haw baenz gyaej cungj leixlwnh neix，mwh Sungcauz gyoengq bouxguen caeuq bouxdoegsaw senq ciepsouh lw.

瘴、痧、蛊、毒是岭南壮族地区的常见和多发病症。壮族地区地处亚热带丘陵山区，层峦叠嶂，丘陵延绵，江河纵横，气候炎热，多雨潮湿，植被茂密，动物繁多。这种气候环境虽为壮族先民的生存提供了便利，但同时也利于疾病的滋长，尤其是炎热多雨的气候，使动物的尸体及败草落叶易于腐烂而产生瘴毒，严重地威胁着壮族先民的生命。岭南的"瘴"，《后汉书·马援传》中称："出征交趾，士多瘴气。""军吏经瘴疫死者十四五。"可见瘴气为害之烈。隋代的《诸病源候论》认为瘴气是由"杂毒因暖而生"及"皆由山溪源岭瘴湿毒气故也"。宋代的《岭外代答》中不仅详细地记述了瘴疾的壮医治疗方法，而且指出了瘴的病因病机："盖天气郁蒸，阳多宣泄，冬不闭藏，草木水泉禀恶气，人生其间，日受其毒，元气不固，发为瘴疾。"宋代的《桂海虞衡志》中则指出："瘴，两广惟桂林无之，自是而南皆瘴乡矣。"又说："两江（按：指左江、右江）水土尤恶，一岁无时无瘴。春曰青草瘴；夏曰黄梅瘴；六七月曰新禾瘴；八九月曰黄茅瘴。土人以黄茅瘴尤毒。"左右江是岭南壮乡腹地。上述记载虽然不是直接出自壮医的手笔，但作者都是在广西为官多年，对当地风土人情了解较多的文人，是"广西通"，因而所述是有重要参考价值的。所称的"土人"，指的是民间壮医。显然，这时的壮医，已经知道按发病季节对瘴疾进行分类，并从实践中得知，发作于八九月的黄茅瘴，病情最重。这和壮族地区民间谚语"青草黄茅瘴，不死成和尚（按：指头发掉光）"的说法是一致的。从《岭外代答》对瘴气病因、病机的描述中，我们也可以看到，壮医天、地、人三气同步和毒、虚致病的理论，早在宋代就已为汉族文人和流官们所接受。

Fatsa dwg cungj gyaej fawhndat rox fawhliengz baihnamz Cungguek baenz ngaih ndeu，canghyw Bouxcuengh senq roxyiuj cungj gyaej neix gvaq. Yienznaeuz haeuj daengz Ranzyienz Veiz Yilinz raiz cek saw 《Siyih Dwzyozfangh》 liux caengq raiz gvaq aen gyaej neix，hoeng mwh caengz raiz saw doekgonq，canghyw Bouxcuengh senq rox gvaq. Fatsa dwg cungj gyaej ndawndat roxnaeuz gyaej maezndat. Gij geileix baenz gyaej de dwg：Ndaw ndang haw，heiqcingq mbouj doh，ndat lai dumz lai cix miz sadoeg，heiqndat cix ndonj haeuj ndang bae，hawj ndang vunz heiq lwed deng saek，geiheiq hwnj roengz bae dauq bienq mezsez，baenzneix cix baenz gyaej. Canghyw Bouxcuengh naeuz fatsa ne dwg naeuz baenz gyaej liux

cix gyaeuj ngunh da raiz，noh ndat gyaeuj dot，aek oem，roxnaeuz rueg，roxnaeuz okdungx，
dungxndaemqleq，hanh conh，fwijbak baenz gyamq，rib baenz gyamq，aek rox laeng baenz
mazraiz，dwg cungj gyaej ndawndang gaenjriuz ndeu. Bouxcuengh caih bouxgeq lwgnyez，
caih bouxsai mehmbwk doengj rox gij yienghnaj fatsa. Banneix ndawbiengz baen fatsa guh
cibgeij yiengh，fatsa ciuq haeujgyawj mbonq ma baen，ndaej baen guh saheiq、sabwnnding
（sabwnmbej）、sabyanouq、sadungxndaemqleq、sagabsaek、salinxndaem、sahoz lai yiengh
dem. Sa mbouj doengz sa ne，fap yw caemh mbouj doxdoengz，langhnaeuz baenz mbaeu ne
cix aeu fwngz bae naep oen aeu、gvat aeu、camz aeu、diu aeu、diemj aeu、niuj aeu roxnaeuz
mbaet noh aeu、oemq aeu、ap raeuj aeu、cat ndang aeu，caemhcaiq gwn gij ywbyaek baet
rumz gej doeg haenx dem，ndang cix soeng lw. Canghyw Bouxcuengh aeu gouq mingh ma guh
goek，daih dingzlai fap yw vunz mbouj gag lajndang rox ndwi，hauhneix，youq ndaw biengz
vunzlai caemh rox dem. Raeuz bae ra aen goek de，youq ndaw gij sawgeq mwh Ranzsoengq raiz
gvaq canghyw Bouxcuengh "diu caujceij" aeu cim ma camz cuengq lwed yw fatsa "mazraiz"，
raeuz cix roxndeq canghyw Bouxcuengh roxndeq fatsa senq baenz nanz lw.

　　痧病是壮医认识较早的一种中国南方夏秋季节多发的病症。虽然直到元代危亦林撰《世医得
效方》才有痧病的记述，但在此之前，壮医对痧病已早有认识。痧病指热性疫病，或暑热病症。其
病因病机是：机体内虚，正气不足，暑热湿秽所生之痧毒、疠气乘虚而入，使人体气血阻滞，气机
升降运行失常而发病。壮医所称的"痧"系指患病以后出现头晕眼花，发热头痛，胸脘满闷，或上
吐，或下泻，腹痛如绞，大汗淋漓，唇甲青紫，胸部或背部常透发斑点（壮医称"斑麻"）为临床
特征的一类内科急症。痧病的临床表现及类型对壮族来说是妇孺皆知的。如今民间壮医对痧病的分
类已达数十种，痧病按其临床分为痧气、红毛痧（又称羊毛痧）、标蛇痧、绞肠痧、夹色痧、黑脷
（舌）痧、喉痧等。而且针对主症和病因，各有不同的治疗方法，病情较轻的可选徒手捏刺法、刮
痧疗法、炙痧疗法、挑痧法、点痧法、绞痧法或捏痧器疗法、熏蒸疗法、温浴疗法、擦治疗法，并
可配合祛风解毒的中草药内服，疗效更佳。壮医以救民为本，其治疗方法多不保密，因此，在壮族
民间广为流行，普及率高，几乎尽人皆知。而究其源，早在宋代的文献中，就已经有壮医"挑草
子"针刺放血治疗"斑麻"痧的记载，真可谓是源远流长。

　　"Guj" dwg gijmaz，haujlai vunz doengj roxnaeuz geizheih lai. Ndaw cek saw Ranzdangz
《Lingbyauj Luzyi》 naeuz："Gij goengqbya Lingjbyauj，goengq doek goengq，deihdwddwd，
baenzneix cix baenz mok naek lai. Vunz haeujgyawj liux cix baenz gyaej ngaih，dungx raeng baenz
guj. Riuznaeuz miz vunz rom bak yiengh nengz ma guh guj mbw vunz，ndaw biengz hix dumz
hix ndat de，gizgiz miz nengzdoeg，mbouj dwg gij doihduz Lingjbyauj daeuj guh haih nauq."
《Lingjvai Daidaz》 cek saw Ranzsoengq neix naeuz："Guengjsae miz song cungj gujdoeg，miz
cungj gaj vunz riuz ndeu，miz cungj gaj vunz numq ndeu. Cungj riuz de ne，yaep vunz cix dai.
Cungj numq de ne，gvaq donh bi caengq dai." Cek saw Ranzmingz 《Ciyaj》 miz "Mehmbwk
Bouxcuengh rom guj" diuz saw geiq neix，ndaw diuz neix naeuz "Ndwenhaj cohaj，rom guj
duznengz doeg，cuengq haeuj hab bae，hawj gyoengq duz de gag doxhaeb，bouxlawz lix ne cix

ce de guh guj, miz guj duzngwz、guj aekex、guj mbungjmbwt, yawj boux gwn de gwn baenz nanz rox mbouj nanz, cix sueng ndaej bouxdai de dai riuz rox dai numq". Baenzneix, raeuz cix roxndeq ndaw biengz Bouxcuengh mwh doekgong Ranzdangz Ranzsoengq cix roxndeq baenz guj caeuq duzngwz duznengzdoeg doxnem lw, baenz guj liux cix baenz dungx get、aek oem、rueg lwed、lwed roengz、hix ndat hix nit、dungx raeng lumj ndoengj daengj, baenz naek ne vunz cix dai. Yw baenz guj ne, yaek aeu goginhcahsizfuz、gogujlouswj、goyinzganhdwngz daengj ywbyaek ma yw. Ndaw 《Lingbyauj Luzyi》 lij naeuz dem: "Ywhau Ranzcinz. Gaxgong Ranzcinz Nguxcou miz yw neix, cangh gej doeg guj lai, miz vunz baenz guj ne cix daeuj gouz, baenzneix ywhau Ranzcinz cix gouq vunz lai……gij yw wnq ne, goengrengz ak mbouj gvaq ywhau Ranzcinz." Aenvih baenz yw lai, Fouj Guengjcou bibi doengj yaek soengq ywhau Ranzcinz haeuj Ging bae.

　　"蛊"为何物,对许多人来说颇为神秘。唐代的《岭表录异》中称:"岭表山川,盘郁结聚,不易疏泄,故多岚雾作瘴。人感之多病,腹胀成蛊。俗传有萃百虫为蛊以毒人,蓄湿热之地,毒虫生之,非茅岭表之家牲惨害也。"宋代《岭外代答》谓:"广西蛊毒有二种,有急杀人者,有慢杀人者。急者,顷刻死。慢者,半年死。"明代的《赤雅》中的"僮妇畜蛊"条有"五月五日,聚诸虫之毒者,并置器内,自相吞食,最后独存者曰蛊,有蛇蛊、蜥蜴蛊、蜣螂蛊,视其食者久暂,卜死者迟速"的记载。追溯起来,可以说壮族民间远在唐宋以前,就已认识到蛊病与虫蛇毒气有关,在发病后主要表现为心腹刺痛、胸胁支满、吐血下血、寒热闷乱、腹大如鼓等,能致人于死命。在治疗上,可选用金钗石斛、古漏子、人肝藤等草药。《岭表录异》中还特别提到:"陈家白药子。本梧州陈氏有此药,善解蛊毒,有中者即求之,前后救人多矣……诸解毒药,功力不及陈家白药。"由于具有奇效,广州府每年都要将陈家白药作为贡品上送京城。

　　Gangj daengz doeg ne, hamzeiq cix lai, doeg baenz gij yienghnak haeujgyawj mbonq lai yiengh gyaej haenx goj ndaej, dwg gij goekaen cawjyauq baenz gyaej lai yiengh haenx goj ndaej. Ndaw cek saw 《Bwnjcauj Sizyiz》 Ranzdangz Cinz Cangzgi raiz haenx naeuz: "Lingjnamz miz doxgaiqdoeg lai, caemh miz doxgaiqgej lai, gaiqgaiq mehmbwn hawj gyanh！" Lailai vunz deng doeg liux baenz nanh rox dai bae, hawj baeuqyah Bouxcuengh nen doeg laeglaeg bae, caemhcaiq rom ndaej gij gingniemh gej doeg dem. Cek saw Ranzcaenq Goz Hungz de raiz haenx 《Fueng Danghaenq Laeng Cug》 naeuz gvaq gij gingniemh Bouxdaez Lingjnamz guhlawz re doeg duznaenz、doeg mokmbw、doeg naq caeuq doeg ngwz haenx; cek saw Ranzsuiz Cauz Yenzfangh raiz de 《Cuhbingyenz Houlun》 rom ndaej haj yiengh ywdoeg Lingjnamz yungh haenx: Ywbaetgiengz、ywlamz、ywciudoengz、ywgim caeuq ywgung. Raeuz daegbied yaek dwen baez dwg, cek saw Ranzdangz 《Sinhsiuh Bwnjcauj》 rom ndaej song yiengh ywgejdoeg okmingz ndaw biengz Bouxcuengh——ywhau Ranzcinz caeuq ywhau Ranzgam. Raeuz yawj gij sawgeq caeuq gij caizliuh diuhcaz diegsaed liux ndaej rox, gij ywdoeg caeuq ywgejdoeg canghyw Bouxcuengh caeuq ndaw biengz Bouxcuengh yungh haenx miz bak yiengh doxhwnj. Gij neix youq ndaw yw cienzdoengj Cungguek raeuz, angjda caemh najrongh.

毒的内涵非常广泛，可以是多种病症的临床表现，更是招致百病的主要病因。唐代陈藏器的《本草拾遗》中写道："岭南多毒物，亦多解物，岂天资乎！"无数中毒致病甚至死亡的实例和教训，使壮族先民对毒有着特别直接和深刻的感受，并总结了丰富的解救治疗方法。晋代葛洪《肘后备急方》记载了岭南俚人防治沙虱毒、瘴毒、箭毒、蛇毒的经验；隋代巢元方《诸病源候论》收入了岭南使用的五种毒药：不强药、蓝药、焦铜药、金药、菌药。特别值得一提的是，唐代《新修本草》收载了两种壮族地区著名的解毒药——陈家白药和甘家白药。而据文献记载和实地调查资料，壮医和壮族民间使用的毒药和解毒药在百种以上。这在中国的民族传统医药中，应是具有特色和优势的。

（Ngeih）Cobouh Rox Daengz Cekgej Caeuq Binghleix

（二）对解剖及生理病理的初步认识

Canghyw Bouxcuengh rox gij cekgej ndang vunz caeuq sengleix haenx，it dwg guh hong lai cix rox，ngeih dwg yw Bouxgun haeujdaeuj liux ndaej rox. Ndaw biengz Bouxcuengh gvenq gip ndok lingh cangq，lumjnaeuz《Ningzmingz Yenci》geiq naeuz：（Bouxcuengh）"Moek baenz saek sam haj bi liux，cix vat deih，gip ndok okma，heuh guh 'gip gim'，gip ndok okma liux cix uet seuq bae，liux aeu feiz ma gangq ro bae，ro liux cix ciuq gvigawj cuengq haeuj ndaw suengj bae ce……" Cungj sibgvenq neix guh baenz nanz gvaq，banneix ndaw biengz lij guh dem. Cek saw Ranzcaenqguek《Mwzswj·Cezcangq Benh》naeuz："Gij vunz Guekyienz baihnamz Guekcawj，ndaw ranz miz vunz dai，cix ce seihaiz hawj noh naeuh liux bae，liux cix dawz ndok bae haem，guh yienghneix cix baenz lwglan hauqswnh." Cungj fungsug Bouxcuengh gip ndok neix，hawj baeuqyah Bouxcuengh roxndeq gij ndok vunz lai soh，baenzneix gangj Cuengh cix miz haujlai coh ndok.

壮医对人体解剖及生理的认识，一方面来源于社会生产生活实践，另一方面，中医的影响也起到了非常重要的作用。壮族民间有拾骨迁葬的习俗，如《宁明县志》中记载：（壮族人）"于殡葬三五载后，挖开坟墓，仔细拾出枯骨，俗称'拾金'，把拾出的枯骨抹拭干净，再用香火熏干，然后按一定规则纳于瓦坛中……"这种习俗由来已久，并延续至今。战国时期的《墨子·节葬篇》中说："楚之南有炎人国者，其亲戚死，朽其肉而弃之，然后埋其骨，乃成为孝子。"壮族人的拾骨迁葬习俗，使壮族对人体骨骼系统有了较客观的认识，故壮语中有许多人体骨骼的名称。

Mwh Gingqlig Baeksoengq（1041~1048 nienz），Ngizsan（banneix heuh guh Ngizcou）Guengjsae gyoengq boux vunzguhnaz guh baez hwnjbing ndeu. Bouxsaeq bouxhak cix aeu laeuj mandozloz ma lox Ouh Hihfan daengj 56 boux bouxmaeuj hwnjbing，liux cix gaeb gyoengqde hwnjdaeuj gaj dai liux bae，caemhcaiq heuh bouxduiguen Ngizcou Lingj Genj caeuq bouxdajveh Sung Gingj daengj vunz，bae heh ndang，caemhcaiq veh doz baenz cek bae，coh cek saw guh《Ouh Hihfan Hajcang Duz》. Cek sawdoz neix cawjyauq dwg gangjnaeuz ndawdungx vunz haenx，geiq gij diegyouq caeuq yienghbaenz daep、mak、sim caeuq haj muengxhung haenx deng nduj，lumjnaeuz baihlaj bwt miz sim、daep、mbei、mamx，baihlaj dungx miz saejiq， lij roengzbae dem miz saejlaux, baihhenz saejlaux miz rongznyouh……Mak miz song aen: Aen youq baihgvaz aen daep loq daemq di, aen youq baihswix aen mamx loq gwnz di daengjdaengj. Caemhcaiq lij daj leixgyaej bae guh liux cobouh ngonzyawj caeuq geiqloeg, lumjnaeuz "Mungz Ganh youq lix ae ngab, bwt caeuq mbei ndaem caez; Ouh Cenz lij oiq lwgda cix baenz gyaej, daep miz diemjhau". Baez buq ndang neix, yienznaeuz dwg vunzguhnaz hwnjbing liux deng at, caemh gangjliux vuengzciuz swng cauz yak lai, hoeng youq ndaw sienqgeq hongyw Cungguek, daegbied dwg youq sienqgeq hongbuqndang, gij vamzngveih de dawzhaenh, cungj ndaej nyoengx gij raemxrox hongbuqndang ndaw yw Cungguek caeuq yw Bouxcuengh haenx bae naj. Gij geiqloeg baez buqndang leixgyaej neix loq hab caen, youq ndaw sienqgeq hongyw seiqgyaiq caemh miz geiqraiz loq caeux dem. Aenvih baez buqndang neix caeuq 《Ouh Hihfan Hajcang Duz》 cek saw neix ndaej langhgvangq, lij miz fungsug gip ndok Bouxcuengh dem, canghyw Bouxcuengh cix roxliux mbouj noix doxgaiq buq ndang vunz, caemh rox gij dungxndaw vunz engqgya mingzbeg, baenzneix gangj Cuengh cix ndok、heiq lwed、saejdungx doengj miz coh daegdingh, caemhcaiq rox gij goengrengz goekgiek caeuq bienqvaq leixgyaej duh saejdungx neix, hawj canghyw Bouxcuengh rox gij leixgyaej caeuq goekaen baenz gyaej ndang vunz baenz lai laeg dem. Daihgaiq haeuj daengz mwh Dangz sung, gaiq yaem yangz caeuq dungxsaej duh yw Bouxgun cienz haeuj ndaw biengz Bouxcuengh, canghyw Bouxcuengh ciep aeu de, yinx yungh de, liux lij ciuq gij dungxmaeg lajndang, aeu gij de ma guh hongdawz gangj leix, aeu ma gejnaeuz gij yienhsiengq leixseng、leixgyaej ndang vunz caeuq gij leixgyaej、aen'gyaej baenz gyaej dem, baenzneix gij suijbingz leixlwnh caeuq gij suijbingz yw gyaej duh canghyw Bouxcuengh cix ndaej hwnj gyaek dem.

北宋庆历年间（1041~1048年），广西宜山县（今宜州市）爆发了一次农民起义。统治阶级用曼陀罗花酒诱捕了欧希范等起义首领56人，全部杀害，并命宜州推官灵简及绘工宋景等对尸体进行解剖，绘图成册，名曰《欧希范五脏图》。该图册主要是关于人体内脏的图谱，对肝、肾、心、大网膜等解剖位置和形态的记载基本正确，如肺之下有心、肝、胆、脾，胃之下有小肠，再下有大肠，大肠之旁边有膀胱……肾有二：一在肝之右微下，一在脾之左微上，等等。而且还从病理的角度去进行初步的观察和记录，如"蒙干生前患咳嗽，肺胆俱黑；欧铨少得目疾，肝有白点"。这次解剖事件，虽然以镇压农民起义为背景，说明了北宋王朝的极端残忍，但在中国医学史上，特别是解剖学史上，其历史意义是肯定的，对中医和壮医在人体解剖及生理、病理方面的发展，有促进作用。这些病理解剖的记述比较符合实际，在世界医学史上也是比较早的记载。由于这些尸体解剖及《欧希范五脏图》绘制知识的传播，加上壮族民间的拾骨迁葬习俗，壮医对人体解剖有了一定的认识，对人体脏腑组织器官有了较明确的概念，因此能对骨骼、气血、五脏六腑都有相应的叫法，并认识了这些脏腑的基本生理功能及病理变化，从而使壮医对人体的生理病理及病因病机有了更进一步的认识。大约在唐宋时期，随着汉族中医学的阴阳、脏腑等概念的传入，壮医在消化、引进的基础上，结合自身的认识水平，用来作为说理工具，以解释人体的生理、病理现象及疾病的病因病机，壮医的理论水平及临床诊疗水平得以进一步提高。

Mwhde canghyw Bouxcuengh yawj daengx ndang vunz, mbouj sueng caen cingcuj. Gyonj ma naeuz, ndang gwnz ndang laj caeuq ndawdungx, baengh lwed ma ciengx, angqfaengz angqvued, aeu heiq ma nyoengx, rox daengx aen ndang caeuq goengrengz ndawdungx doxdawz doxhaeuj. Heiqmbwn、heiqndaen、heiqvunz doxlawh doxvaij, caemhdoih nyoengx, lwed baenz doh, heiq baenz doeng, ndang vunz cix soeng cix ndei. Langhnaeuz fan gvaqdaeuj, heiqmbwn bienq nyauq, heiqndaen bienq uq, heiqvunz bienq rab, mbwn ndaen vunz sam heiq doxvaij baenz yak, baenzneix sam heiq cix mbouj caemhdoih, heiqcingq caeuq heiqyak cix doxdwk, liux heiq cix saek, lwed cix mbouj vaij, liux cix baenz gyaej. Yienznaeuz canghyw Bouxcuengh hag ndaej gij gaiq niemh dungxndaw, hoeng rox goengyungh dungxndaw, lai cienj gvaq canghyw Bouxgun, lumjnaeuz canghyw Bouxcuengh ciengzmbat baen ndang vunz guh gwnz、gyang、laj sam gyaengh ndwi. Baihgwnz lumj mbwn, heuh guh "gyaeujuk", dwg giz rom heiqcing；baihlaj lumj ndaen, heuh guh "dungx", dwg giz rom heiqcaen, ndaej bouj ndang vunz；baihgyang lumj vunz, heuh guh "laeng", dwg giz rom heiqhaeux, ndaej siu haeux baenz niq, doxvaij gwnz laj, doxdoeng ndaw rog, roengz noengz hwnj cing, boujndei daengx ndang. Doiq daengz sim、daep、mamx、bwt、mak、saejlaux、saejlwg、mbei、dungx、rongznyouh lai yiengh dungxsaej neix, gag rox gij goengyungh goekgiek ndwi, mbouj rox ngvanh gij geinaengz yienghseuq caeuq bienqvaq leixgyaej dangq yiengh dungxsaej haeuj laeg nauq, baenzneix cix caux baenz gij fap yw gyaej daegbied Bouxcuengh.

这个时期壮医对人体结构的认识，基本上还是不真切的。总的来说，躯肢脏腑，靠血濡养，生机活泼，由气推动，知道人体结构与脏腑功能的协调一致。天气、地气、人气互相交感，同步推移，营血充沛，气机畅达，则机体生理趋于常态。反之，天气异变，地气涸秽，人气失调，天地人三气交感戾气，以致三气不同步，致使邪正纷争，气机阻塞，血质淤滞，则变生诸症。壮医虽然吸收中医的脏腑概念，但对脏腑功能的认识，较之中医为简，如壮医一般把人体分为上、中、下三部。上部像天，称为"巧坞"，为精气所聚之处；下部像地，称为"胴"，是津气所聚，能滋养全身；中部像人，称为"廊"，为谷气所聚，融化精微，条达上下，沟通内外，降浊升清，营养全身。对于心、肝、脾、肺、肾、大肠、小肠、胆、胃、膀胱等脏腑，只知道其大致的功能区别，并不追究每一脏腑的具体生理机能或病理变化，由此初步形成了自己独特的医治方略。

（Sam）Hongyw Bouxcuengh Mbefat
（三）壮药学的发展

Mwh Dangzcauz Sungcauz gvaqdaeuj, hongyw Bouxcuengh mbefat lai hung. Lumjnaeuz 《Sinhsiuh Bwnjcauj》cek saw neix dwg cek saw yw Dangzcauz cunghyangh fat haenx, ndaw saw de geiq miz haujlai yw baih Lingjnamz. 《Bwnjcauj Sizyiz》cek saw Dangzcauz Cinz Cangzgi raiz haenx caeuq《Lingjbyauj Luzyi》cek saw Dangzcauz Liuz Sinz raiz haenx caemh geiq le haujlai yw Bouxcuengh caeuq gij gingniemh yungh gij yw neix haenx；《Haijyoz Bwnjcauj》cek saw mwh Haj Daih Lij Con raiz haenx geiq loeg yw ndaw biengz Bouxcuengh

100 lai yiengh；《Bwnjcauj Ganghmuz》 cek saw Mingzcauz Lij Sizcin raiz haenx, caemh geiq haujlai yw Bouxcuengh baih Lingjnamz dem. Yiennaeuz gij saw nen sienq deihfueng mbouj dwg gij saw cienmonz nen yw, hoeng ndaw gij saw de caemh miz mbangj yw deihfueng, mbangj lij geiq gij fap yungh yw dem, baenzneix ndaej daej bangx henz bae yawj hongyw mwhde baenz yienghlawz fazcanj. Lumjnaeuz 《Gvangjsih Dunghci》 cek saw Mingzcauz Linz Fu、Vangz Coj bienraiz haenx youq ndaw 《Huqgwn》 cieng neix ndaw gienj daih ngeihcib'it de, raiz baenz "Doxgaiqyw" ciet neix, geiq le 100 lai yiengh yw Guengjsae. Gij wnq lumj 《Nanzningz Fujci》《Liujcouh Fujci》《Binhcouh Ci》 daengj haujlai saw deihfueng yienh cou caemh geiq le yw ciengz yungh mbouj noix, baenzneix raeuz cix rox mwh Mingz Cing lwgminz Bouxcuengh yawjnaek yw doj. Ndawde gij fap yw deng doeg ne, miz haujlai geiq loeg haemq saedcaih. Gij saw deihfueng Guengjsae caeuq gij sawgeq mizgven mwh Minzgoz bien baenz haenx, mboujgag geiq gij huqdoj、yw ok lai Guengjsae doenghbaez noix geiq rox caengz geiq haenx, lij doiq mak、byaek guh yw geiq liux mbouj noix. Gve byaek ngoenzngoenz gwn, miz lai, bouj ndang lienh ndang caemh ndei. Gaiqneix cix ndaej gangjnaeuz aen daegsaek "gaiqyw caeuq gaiqgwn caemh goek" Bouxcuengh lwnh naeuz haenx.

唐宋以后，壮药学有了较大的发展。如《新修本草》是唐朝中央政府颁发的药典，收载了部分岭南地区的药物。唐代陈藏器的《本草拾遗》和刘恂著的《岭表录异》中都收载了不少壮药及使用这些药物的经验；五代李珣的《海药本草》中记录有壮族地区的药物100多种；而明代李时珍的《本草纲目》，也收载了岭南地区的不少壮药。地方志虽然不是专门记录医药学知识的，但其中对地方出产的药物，乃至有关药物的用法都有记载，可以从侧面窥见医药发展的情况。如明代林富、黄佐编纂的《广西通志》，在第二十一卷《食货》一章下，立"药属"一节，记载了100余味广西盛产的药物。其他如《南宁府志》《柳州府志》《宾州志》等大量的州府县志中亦收载了不少常用药物，反映了明清时期壮民对壮医壮药的重视。其中对各种中毒的抢救措施，都有较翔实的记载。民国时编修的广西地方志和有关文献，除收载以前未记载或较少记载的广西特产、多产药物之外，对于果菜类入药论述尤多。瓜菜乃日常生活所用，来源充足，对养生保健有重要的意义。这也是壮医"药食同源"的特色体现。

Aen mwh yw fueng Bouxcuengh ngamq baenz di yiengh haenx, gij doxgaiq de cawz liux rox yungh ywdoeg caeuq rox gejdoeg, canghyw lij rox yungh mbangj yw doenghduz dem. Guhlumj aeu yw duznengz duznon ma siu fungheiq、daengx in、dingh ging；aeu yw duz miz gyaep ma doeng meg doeng lwed, bienq gengq baenz unq；aeu yw rib yw gyap ma bouj heiqyangz, hawj hoen onj sim net；aeu duzroeg duznyaen ma bouj lwed bouj heiq, diuzleix yaem yangz. Daegbied dwg mbangj duzbauj gobauj, aenvih gij de maj youq ndaw ndoenglaeg, ndaej heiqcingq daengngoenz ronghndwen ndaw mbwnndaen gig lai, baenzneix canghyw Bouxcuengh nyinhnaeuz gij rengzbouj de lai ndei dem. Canghyw Bouxcuengh rox gij yiengh ceij caeuq yunghcawq ywgo, goj miz yawjfap mbouj doengz, Lumjnaeuz gyoengqde roxnyinh gij gaeu gij faex gyang byouq haenx daih dingzlai ndaej siu fungheiq；gij go mbaw miz oen haenx daih dingzlai ndaej siu foeg；gij go mbaw miz ieng haenx daih dingzlai ndaej cawz doeg；gij go ganj nduen va hau haenx ndaej raeuj ndang dingh in，go saemj saep ndaej sou bak swiq nong；gij go va henj rag henj haenx ndaej yw vuengzdamj，gij yw hoh laux haenx ndaej ciep ndok daengjdaengj，caemhcaiq rom gij gingniemh yungh yw de，aeu fwen ma ciengq，son hawj lwgsae caeuq ciuhlaeng.

壮医方药学雏形阶段，其主要内容除了毒药和解毒药的应用以外，壮医对动物药的使用也有了一定的认识。如虫类药祛风止痛镇惊，鱼鳞之品化瘀通络，软坚散结；介甲之属滋补潜阳，安神定魄；飞禽走兽滋养气血，燮理阴阳。特别是一些山珍野味，因其生长于大自然和深山老林，得天地日月纯正之气最多，壮医认为其补力更胜一筹。对植物药的形态和功能的认识，壮医亦颇有独到之处。如认为藤木通心者大都有祛风的作用；枝叶带刺者多能消肿；叶里藏浆者可拔毒；圆梗白花者祛寒定痛，酸涩能收敛涤脓；花黄根黄能退黄疸，节大之药可驳骨，等等，并将这些经验总结，编成歌诀，传授给徒弟和后人。

Gij rox yw yungh yw caeuq gij gingniemh yw gyaej ndaej rom ngoenz lai gvaq ngoenz，hawj hongyw Bouxcuengh caux baenz aen goekgiek. Mwh Dangzcauz Sunh Swhmiuj miz saw 《Cenhginh Yozfangh》《Cenhginh Yifangh》，Liuj Cunghyenz miz saw 《Liujcouh Giu Sanh Swj Fangh》 daengj，gij saw neix cungj rom haujlai gingniemh yungh yw mbanjbiengz Bouxcuengh. Mwh Baeksoengq，guenfouj comz gyoengq boux canghyw bae sou gij saw caeuq gij fuengyw gak aen ciuhdaih，liux cix bien baenz cek 《Swngci Cungjluz》，ndaw de rom fuengyw gyawj 20000 aen，ndawde caemh miz gij yw Lingjnamz dem. Lumjnaeuz：“Yw baenz guj nywj……vunz Lingjnamz yungh aen doeg neix lai，yawj hoz buenq in，cix aeu gamcauj、raemx romj song yiengh neix ma yw.” Mwh Namzsoengq Cwng Ciuh youq ndaw saw 《Dunghci》 cienmonz raiz fueng Lingjnamz aen hangh neix，haenh gij yw boux baihnamz baugvat yw Bouxcuengh haenx youq ndaw ciuhgeq hongyw Cungguek miz faenh dieg ndeu.

药物知识及医疗经验的不断积累，为壮医方剂学的形成奠定了基础。唐代孙思邈的《千金要方》《千金翼方》，柳宗元的《柳州救三死方》等，都是大量博采了当地壮医的医药经验。北宋年间，政府组织医家广泛收集历代方书及民间方药，编成《圣济总录》，载方近20000，其中也有岭南方药。如：“治草蛊……岭南人多行此毒，从咽判痛，方（用）甘草（炙）、蓝汁二味。”南宋郑樵氏在《通志》中设岭南方一项，肯定了包括壮族医药在内的南方少数民族医药在中国医学中的明确地位。

（Seiq）Hongyw Bouxcuengh Ndaw Ciuh Bouxsaeq
（四）土司制度下的壮医药

Cidu bouxsaeq ndaw biengz Bouxcuengh，goek fat youq Cinh Han gij guen doj hak doj，ngad youq Dangzcauz geimeiz，mwh Yenzcauz ndaej fat hwnj，mwh Mingzcauz ndaej hwngvuengh，mwh cinghcauz cix doekbaih，liux daengz mwh Minzgoz cix gatcaw. Aen gaiduenh nanz raez neix，caemh dwg caemh dwg gij seizgeiz yw Bouxcuengh mbefat lai riuz haenx.

壮族地区的土司制度，源于秦汉的土官土吏，始于唐代的羁縻制度，形成发展于元代，全盛于明代，衰落于清代，消亡于民国时期，历史悠久。这个漫长的历史阶段，也正是壮医药发展较快的时期。

Youq cidu bouxsaeq baihlaj, guenfouj banh miz gij ranz guenj yw, guenfouj caeuq ndawbiengz doengj miz mbangj vunz cienmonz guh canghyw. Haeuj Mingzcauz liux, gij saw gak dieg fouj cou yienh Guengjsae haenx, cungj doiq neix miz geiqloeg caen. Ciuq gij gyonjgeq mbouj caezcienz, Mingzcauz Gyacingh 10 bi（1531 nienz）, Guengjsae miz 40 lai aen cou fouj yienh bouxsaeq laeb baenz swhguenjyw. Gij canghyw ndaw swhguenjyw de "bouxdoj" gyanh, couh dwg youz vunz bonj dieg ma guh canghyw. Gijneix doiq yw Bouxcuengh mbefat goj dwg coicaenh, caemh gangjnaeuz bouxsaeq maqhuz yawjnaek yw mbanjranz.

在土司制度下，官方设有医药机构，官方和民间有一定数量的专职医药人员。明代以后广西各地的州府县志，对此都有明确的记载。据不完全统计，明嘉靖十年（1531年），广西有40多个州府县土司设有医学署。医学署的医官"本为土人"，即由本民族的医生担任。这对于壮医壮药的发展当然是一个促进因素，也说明土官对本民族的传统医药，相对来说是比较重视的。

Saedsaeh, ndaw beixnuengx bouxsaeq caemh miz mbangj guh hong canghyw. Miz sawgeq naeuz, mwh Sungcauz youq Cou Guengjyienz（dieggaeuq youq ndaw Yienh Cinghsae banneix）bouxdaeuz Bouxcuengh Nungz Cigauh—Daxmeh de A'noengz dwg meh canghyw dinfwngz ak ndeu, gig rox yw ndok sieng. Nungz Cigauh hwnjbing bae fanj sengq, dwk saw liux deuz bae Daihleix, A'noengz lij riengz bingdoih cienz fap yw gyaej bae daengz Yinznanz. Ndaw gyog ranz Mueg Yinhcwngz Guengjsae, caemh miz canghyw cienmonz. Mwh Dauhgueng Cingciuz（1821~1850 nienz）, Yinhcwngz yaxmonz baihsae laeb gvaq aen "Ranz Daihfou" ndeu. Boux lan ciuh daih 19 bouxsaeq ranz Maueg Moz Suginh（hauh guh Ginhmingz）couh dwg boux canghyw ndaw ranz daihfou, de coengh yw gyaej, coengh bauj ndang hawj daengx bang bouxguen caeuq vunz ranz bouxsaeq caez, caemhcaiq yw mbangj gyaej ndaw biengz dem. Aen fuengz yw gyaej, fuengz yw Moz Suginh, hwnj youq ndaw dangzgyaeuj ranz daihfou, fuengz yw gyaej youq baihswix, fuengzyw youq baihgvaz, cienmonz aeu yw Bouxgun caeuq yw Bouxcuengh ma yw gyaej. Vunzranz bouxsaeq guh canghyw, cix gangjnaeuz yw Bouxcuengh youq ndaw ciuh bouxsaeq caemh ndaej ok mbangj naj. Miz ranz cienmonz yw gyaej caeuq cangyw cienmonz yawj gyaej, cix caux ndaej mbangj diuzgienh okma hawj yw Bouxcuengh ndaej byaij bae naj.

事实上，在土官家属中，亦有直接从事医药工作的人。据有关史料记载，宋代广源州（今靖西市境）首领侬智高的母亲阿侬，就是一位医术颇精的女壮医，擅长骨伤科。侬智高起兵反宋，兵败大理，阿侬还随军把壮医医术传播到云南。广西忻城县莫氏土司家族中，也出现了专职的医生。清道光年间（1821~1850年），在该县土司第署西侧曾建一栋"大夫第"。莫氏土司第19代孙莫述经（号钦明）就是"大夫第"里的专职医生，主管土司衙署大小官员及其眷属的保健事务，同时也兼理一些民间疾患。莫述经的诊室、药房设在"大夫第"的头堂，诊室在左，药房在右，专用中医、壮医药物防病治病。土司的亲属从事医疗工作，说明在土司制度下壮医药还是有一定地位的。有了医药机构和专职医生，这就为壮医的学术进步创造了条件。

Bouxsaeq dwg cungj cidu vuengzdaeq funggienh "aeu bouxyaej guenj bouxyaej" haenx. Cungj cidu funggienh gaemdog neix, mboujgag gaz aen biengz Bouxcuengh bae naj baenz ndei, lij gaz liux hongyw Bouxcuengh cingq ciengz fatdad. Ndaw ciuh bouxsaeq, canghyw noix lai, boux ndaej haeuj ndaw ranz guenfouj cienmonz guenj yw、guh canghyw haenx engqgya noix. Daih dingzlai canghyw, doengj gag sanq youq ndaw biengz yw gyaej. Youq mbangj saw nen sienq deihfueng mwh Ranzcing, yienznaeuz miz gvaq swhyw'gyaej geiqloeg, hoeng gij ranzyw'gyaej gaxgonq de banneix mbouj ce saek fong nauq. Yw Bouxcuengh baenloih caemh ngaih lai. Gij dinfwngz canghyw bouxdoj yawj gyaej haenx lij daengx youq gyaek gingniemh gaiduenh, caengz ndaej cingjleix daezsang；mbangj fapak aenvih mbouj miz vunz ma swnj cix mied bae. Youq ndaw cidu bouxsaeq, yw Bouxcuengh ciengzmbat deng naeuz dwg maezsaenq dem, miz di lumj guh mo guh gimq guh dauh. Cek saw 《Lingjbyauj Gi Manz·Caz Ci》 Liuz Sizfanh banj Minzgoz haenx naeuz："Bouxmanz aeu yw ma yw sieng laemx caeuq baenznyan doenghgij gyaej cab neix, baez yw gig lingz, cix naeuz duzbaed bauj hawj."

土司是封建王朝"以夷制夷"建立的统治制度。这种封建专制的政权，不但严重阻碍了壮族地区社会生产力的发展，也同样影响了民族医药的正常成长。土司时期民族医疗队伍数量太少，能进入官办医疗机构的民族医生更是寥若晨星。绝大多数民族医生，只能流散在民间行医。在清末民初编纂的一些地方志中，虽然还有医学署的记载，但实际上这些机构的屋舍早已荡然无存。壮医药的分科也比较简单。许多民族医生的诊疗技法停留在经验阶段，未能整理提高；有的绝招甚至由于后继乏人而失传。在土司制度下，壮医壮药的诊疗技术还常常被披上迷信的外衣，甚至带有巫医的色彩。民国版刘锡蕃的《岭表纪蛮·杂志》中指出："蛮人以草药治跌打损伤及痈疽疮毒外科一些杂症，每有奇验，然亦以迷信出之。"

（Haj）Laebbaenz Cidu Yw Bingh Caeuq Ranzguenj Hongyw

（五）医疗制度和医疗机构的建立

Youq ndaw biengz Bouxcuengh, cidu yw bingh caeuq ranzguenj hongyw laebbaenz lai gvaiz. Ciuq sawgeq naeuz, daihgaiq haeuj daengz mwh Sungcauz liux caengq miz. Mwhgyang bakbi daih 11, bouxdaeuz Bouxcuengh Nungz Cigauh dawz gyoengq boux vunzbiengz Bouxcuengh caeuq Bouxgun bae fanj Sungcauz. gejdoeg ndaek bei Yenzcauz 《Gu Da Swh Bwz Si Mu Beih Mingz Bing Si》 liux ndaej ciuq rox, lwglan Bwz Gihyi de Bwz Hozyenz, youq Guengjsae caemh haeuj doih hwnjbing neix dem, mwhde ae youq ndaw doih guh "canghyw daeuz", daengzlaeng Ranzbeg cix bienq baenz canghyw lai ciuh, gijneix gangjmingz youq ndaw doihbing miz mbangj canghyw Bouxcuengh、canghyw Bouxgun, caemhcaiq miz cidu hongyw dem.

壮族地区医疗制度和医疗机构的建立都比较晚，据文献记载，大约在宋代才有。11世纪中叶，广西爆发了壮族人侬智高领导的有壮、汉等民族人民参加的反宋起义。根据新出土的元碑《故大师白氏墓碑铭并序》考释，白居易的后代白和原，在广西参加了这次起义，当过"医长"，后来白家变成了医药世家，说明在起义部队中有不少壮、汉医生，并已设立了医疗制度。

Ndaw yaxmonz bouxsaeq Yinhcwngz de laeb aen "Ranz Daihfou", guh aen neix bae coengh doenghgij bouxguen caeuq vunzranz bouxsaeq yw gyaej rox bauj ndang, caemh yw mbangj gyaej ndaw biengz dem. Aen "ranz daihfou" neix miz di lumj fuengzywgyaej ciuhneix, ndawde miz "fuengzyawjgyaej" caeuq "fuengzyw".

忻城土司衙署内设"大夫第"，主理大小官员及其眷属的医疗保健，兼理一些民间疾患。该"大夫第"即类似现在的诊所，设有"诊室"和"药房"。

Mwh Cinghcauz, youq ndaw biengz Bouxcuengh laeb miz mbangj ranzguenj hongyw ma guenj gij yw mbanjbiengz caeuq coengh bouxhoj yw gyaej、gouq mingh. Ndaw cek saw 《Bwzhaij Cazluz》naeuz: "Gugyw Daiqhuz, youq Guengswh 16 bi（1890 nienz）laeb baenz, cingj canghyw ma hwnjban, 7 diemj daengz 11 diemj, coengh bouxhoj yawj gyaej." 《Lungzcinh Yenci》naeuz: "Gugyw bi'nduj Siendoengj ndaej laeb baenz, cingj canghyw Bouxgun ma yw gyaej. Bouxlawz hoj lai gvaqma yawj gyaej, mbouj aeu ngaenz yawj gyaej nauq, mbangj lij soengq yw hawj dem." Gij gugyw neix mbouj onjdingh geijlai, mbangj dieg ngamq laeb baenz mbouj geijlai nanz cix goem lw.

清代，壮族地区建立了一些卫生机构，负责管理地方医药和救济、诊疗贫穷患者。《北海杂录》中云："太和医局，设于光绪十六年（1890年），聘请医师驻局，7点至11点，以便贫病人到诊。"《龙津县志》中亦曰："医药局于宣统初年成立，延请中医生，主任医药杂务。民间贫寒之家有疾病者，就局诊治，不收诊金，间或有赠药剂者。"这些医药机构都不稳定，而有些地方成立不久又取消了。

Mwhde, mbangj vunz guekrog haeuj daengz ndaw biengz Bouxcuengh guh mbangj ranzyw, lumjnaeuz ndaw cek saw《Bwzhaij Cazluz》Guengswh 31 bi（1905 nienz）haenx naeuz: "Ranzyw Fazgoz, yaek soengq yw roxnaeuz coengh vunz yawj gyaej ne, dwg canghyw Fazgoz gag guh, dwg cwngfuj Fazgoz baij ma, co ranz vunzbiengz ma guh ranzyw." "Ranzyw Bujyinz, Gvanghsi 12 bi（1886 nienz）laeb baenz, dwg Yinghgoz Yehsuh gyausw daeuj guh, ndawde miz boux canghyw Yingh goz ndeu, coengh vunz yw gyaej roxnaeuz soengq yw mbouj aeu saek faen ngaenz nauq, aen haw neix roxnaeuz mbanj seiqhenz ma yawj gyaej ngoenzngoenz doengj gawh lai." Gij neix dwg gij yienhsiengq Cungguek gaeuq buenq funggienh buenq dieg cizminz haenx. Dingz ranzyw neix mbouj lai, caemh comz youq gwnz haw ndwi, doiq yw Bouxcuengh yamq bae naj mbouj miz geijlai bangbouj.

在此期间，也有些外国人在壮族地区兴建了一些医院，如清光绪三十一年（1905年）的《北海杂录》中记载："法医院，每以赠医施药为事，归法医士办理，由法政府派来，向僾民房以为医所。""普仁医院，创于光绪十二年（1886年），为英耶稣教士所设，驻隆英医一名，赠医施药不受分文，每日本埠及附近村落就诊者颇众。"这是半封建半殖民地的旧中国特有的现象。这些医院数量少，且集中于市镇，对壮医药发展的影响不是很大。

Mwh Minzgoz，Guengjsae gonq laeng laeb baenz Namzningz、Nguzcou caeuq Gveiqlimz. sam aen sengjlaeb yihyoz yenzgiusoj. Yienznaeuz caemh sawq gaijmoq mbangj yw Bouxgun caeuq yw Bouxcuengh，lienh gij yw de baenz gauieng、gauhawq、raemxyw、mbayw caeuq cingyw doenghgo，hoeng yenzgiu caeuq sawj yungh yw Bouxcuengh lij mbouj gaeuq，baenzneix yw Bouxcuengh lij lumj cien bak bi gonq yienghde youq ndaw biengz gag riuz cienz.

民国时期，广西先后成立了省立南宁、梧州、桂林医药研究所。虽然也对部分中药、壮药进行剂型改革的尝试，提炼成流膏、干膏、水液、粉末、植物结晶等，但对壮医药的研究、应用还是有其局限性，因此壮医药仍以其千百年来自生自长的原始方式在民间流传。

（Roek）Canghyw Bouxcuengh Yungh Ywdoeg Caeuq Ywgejdoeg
（六）壮医对毒药和解毒药的认识和使用

1. Canghyw Bouxcuengh banhnyinh ywdoeg caeuq ywgejdoeg
1. 壮医对毒药和解毒药的认识

Aenvih deng gvaq ngoenz deng fong bak，baenzneix baeuqyah Bouxcuengh cix yaek rox baen ywdoeg caeuq ywgejdoeg，liux cix rom ndaej lailai gingniemh yungh ywdoeg caeuq ywgejdoeg. Youq ndaw sawgeq gak ciuhgeq de，doengj miz haujlai saw dwen daengz ywdoeg caeuq ywgejdoeg Bouxcuengh，gijde gangjnaeuz Bouxcuengh roxgij ywdoeg caeuq ywgejdoeg senq nanz lai gvaq，caemh gangjmingz gij daegdiemj yungh yw neix miz swhgeij diegdeih cojcoeng cienzswngz.

由于生存和生活上的需求，迫使壮族先民不得不对毒药和解毒药进行认识，因而对毒药和解毒药的使用也积累了相当丰富的经验。在历代的一些史籍文献中，都比较多地对壮族使用毒药及解毒药给予记载，它充分说明了壮医对毒药和解毒药的认识和使用历史悠久，显示了其明显的民族性、地域性和传统性。

Mwh Cincauz，Bouxdaez Lingjnamz cix rox daj ndaw gij doenghgo、doenghduz、rin'gvang miz doeg haenx aeu doeg okma lienh baenz ywdoeg，ndaw gij sawgeq de 《Cuhbingyenz Houlun》 naeuz liux seuq. Cek saw Gih Hanz raiz haenx 《Nanzfangh Caujmuzcang》 caemh miz geiqloeg gij ywdoeg caeuq ywgejdoeg vunz baih Lingjnamz. Cek saw Goz Hungz raiz haenx 《Fueng Danghaenq Laeng Cug》 cienmonz dawz gij yw gej naq doeg haenx okma. Haeuj daengz mwh Dangzcauz Sungcauz liux，cojcoeng Bouxcuengh cix rom ndaej haujlai gingniemh yungh ywdoeg caeuq ywgejdoeg，caemh rox ndaej lai haeuj laeg，caemhcaiq miz le mbangj ywgejdoeg daegyauq dem，lumjnaeuz ywhau Ranzcinz、ywhau Ranzgam. 《Lingjvai Daidaz》 cek saw neix daegbied naeuz Bouxcuengh rox baen dengdoeg guh gaenj numq song yiengh，caemh rox gij ywdoeg neix caeuq mbwnndaen seiqhenz doxgven. Haeuj daengz mwh Mingzcauz

Cinghcauz liux, Bouxcuengh rox ywdoeg caeuq ywgejdoeg lij lai haeuj laeg dem. Lumjnaeuz cek saw Mingzcauz Cangh Gaibinh 《Gingjyez Cenzsuh》 naeuz："Vunz baih Lingjnamz aeu ngwzdoeg ma gaj, liux aeu nyaj ma hoemq ngwz dai, aeu raemx ma faet, caj geij ngoenz cix hwnj moengj, liux cix aeu gij moengj de naenj baenz mba bae, liux aeu mba bae ndau laeuj caiq dawz ma mbw vunz." Lij naeuz dem："Ndaw bya Guengjsae Guengjdoeng miz gaeugei, youh heuh gaeu vahenj, langhnaeuz vunz aeu raemx gaenj ma soengq de gwn, hauhneix cix dai riuz, aeu raemx numq ma soengq de gwn, cix dai numq, banneix ndaej raen baih Gingcawj miz gosujmangj, vunz gwn liux cix dai, ngeixnaeuz dwg miz gaeugei." Cek saw Lij Sizcinh 《Bwnjcauj Ganghmuz》 naeuz Majdouhlingz "vunz Lingjnamz aeu ma guh guj……", caemh naeuz dem："gaeuhenj, Bouxdaez ciengzmbat gwn cungj gaeu neix, ndaw gaiqgwn miz doeg, gwn liux doengj mbouj lau deng doeg". Cek saw Cinghcauz Se Gijgunh 《Gvangjsih Dunghci》 naeuz："Gomehfaengh, gak cou yienh cungj miz, go de maj baenz sam bi liux, langhnaeuz vunz loeng gwn ne, baenzneix cix daimbaet." "Mwzli, Bingzloz、Siuhyinz、Libuj、Hoyen ok lai, naeng de noh de ndaem caez, haeu lai haemz lai caemh manh lai, miz doeg gwn mbouj ndaej. Langhnaeuz loeng gwn vunz cix dungxsaej naeuh, liux cix dai." "Dienhuj, cungj duzgyau hung, daengx ndang miz bwn, vunz rox lwgduz deng haeb cix dai." Cek saw Vangz Ginj 《Liujcouh Fujci·Duzvuz Denh》 geiq ngwzsonggyaeuj、ngwzdungxbongz、duzsip、duzbanhmauz、duzdoq、duzcoengmax、ngwzroujgaeq、ngwzheuhien、roegraeu、nyaenma riengdinj、nyaenmeuz、ngwzdenhsez lai yiengh doenghduz miz doeg haenx, gijneix gangjnaeuz cojcoeng Bouxcuengh rox mbangj doenghgo、doenghduz miz doeg haenx lai laeg lai gvangq gvaq gaxgonq, caemhcaiq rox re dengdoeg dem.

　　早在晋代，岭南俚人就懂得从有毒的植物、动物、矿物中提炼毒药，古代文献以《诸病源候论》记载最详。嵇含的《南方草木状》亦有岭南人使用毒药和解毒药的记载。葛洪的《肘后备急方》专门列出岭南俚人解毒箭的方药。到了唐宋时代，壮族先民对毒药和解毒药的使用已积累了相当丰富的经验，认识上有了进一步的提高，而且有了解毒特效药，如陈家、甘家白药。宋代的《岭外代答》特别指出壮族先民对中毒已能区分急性中毒和慢性中毒两大类，以及知道了这些毒药与当地的地理环境密切相关。明清时期，壮族先民对毒药和解毒药的认识又向前迈进了一大步。如明代张介宾的《景岳全书》中记载："岭南人取毒蛇杀之，以草覆之，以水洒之，数日菌生，取菌为末，酒调以毒人。"又载："两广山谷间有草曰胡蔓草，又名断肠草，或人以急水吞之则急死，以缓水吞之则缓死，今见荆楚之地有曰鼠莽昌者，人食之则毒死，意即有蔓草也。"李时珍的《本草纲目》则曰马兜铃"岭南人用治蛊……"，又曰："黄藤，俚人常服此藤，纵饮食有毒，亦自然不发"。清代谢启昆《广西通志》曰："野芋，州县俱出，芋种到三年者，人误食之，烦闷而死。""墨荔，出平乐、修仁、荔浦、贺县，皮肉俱黑，味臭如苦辣，有毒不可食。误食之令人心腐肠烂而死。""天虎，大倍蜘蛛，遍体生毛，人物被咬立死。"王锦的《柳州府志·毒物篇》记载了两头蛇、蝮蛇、蜈蚣、斑蝥、毒蜂、四脚蛇、鸡冠蛇、报冤蛇、斑鸠、短尾狐、山猫、天蛇等有毒的动物，集中地反映了这一时期壮族先民对一些植物、动物毒性的认识，范围扩大了，种类增加了，而且事前开始有了预防办法。

2. Vihmaz canghyw Bouxcuengh rox yungh ywdoeg caeuq ywgejdoeg

2. 关于促使壮医善用毒药、解毒药的因素分析

　　Cawjyauq miz song aen fuengmiemh, aen daih'it dwg mbwnndaen caux baenz. Yawj haujlai sawgeq caeuq bae diemjcaz diegcaen ndaej rox, ndaw biengz Bouxcuengh hab doenghgo miz doeg caeuq doenghduz miz doeg youq, ndawde gij ywdoeg aeu ma yw gyaej haenx miz 99 yiengh. Cojoeng Bouxcuengh youq ndaw biengz yienghhneix comzyouq, gingciengz bungq deng gij doxgaiq miz doeg neix, dengdoeg baenz ngaih lai, lumjnaeuz deng duzngwz roxnaeuz duznengz haeb, nengzdoeg ndat daengj saeh gip, baenzneix cijcoeng Bouxcuengh cix menhmenh roxgeiq gij ywdoeg caeuq ywgejdoeg, caemhcaiq hag ndaej haujlai gingniemh yw gejdoeg dem. Baenzneix, aen biengz Bouxcuengh miz doeg lai dwg aen goekaen mizcaen yinx canghyw Bouxcuengh rox yungh ywdoeg caeuq ywgejdoeg. Ndaw 《Bwnjcauj Sizyiz》 naeuz：

　　"Lingjnamz miz doxgaiq doeg lai, caemh miz doxgaiq gejdoeg lai, gijneix dwg mehmbwn hawj caez." Aen daihngeih, dengdoeg youq ndaw biengz Bouxcuengh baenz bingh ciengz raen lai raen. Deng doeg cungj saeh neix, miz bet yiengh neix ciengz raen：① Doeg gimsug. Sawgeq Bouxgun heuh ywgimsig roxnaeuz doeggimsig, itbuen dwg naeuz ngaenzraemx caeuq ywdan raemxngaenz lienh baenz haenx（couh dwg liuzvagungj）caeuq yungzvuengz（cungj doxgaiqliuzvaq duh sinh "砷"）daengj. Gij ywgimsig ndaw biengz Bouxcuengh ciuhgeq ok haenx lai ndei. 《Lingjvai Daidaz》 naeuz gij sagimcienz caeuq gungjcaen（gungj dienyienz） doengh Yougyangh、Hawdaihsiuq Cou Gveidaek ok haenx dwg gij yw'gvangq Cungguek raeuz moix raen. Ndaw biengz Bouxcuengh ciuhgeq miz huq lailai, gizneix dwg dieg lienhdan ceiq habngamj, deng ywgimsig mbw cix baenz ngaih lo. Canghyw mwh Sungcauz aeu goek oij ma yw doeg ywgimsig. ②Doeg doenghgo. Youq ndaw biengz Bouxcuengh miz doenghgo miz doeg de lailai, bingzciengz guh hong lujlaj di cix deng doeg. Gij doeg doenghgo ciengz raen miz deng doeg gaeugei、deng doeg vuhdouz、deng doeg mandozloz、deng doeg mehfaengh、deng doeg cidmou、deng doeg bwzgoj、deng doeg duhbap、deng doeg sanghluz、deng doeg majcenzswj daengj. ③Doeg gaiqgwn. Deng doeg byahozdunz、deng doeg raet、deng doeg maenzfaex baenz lai ngaih, daegbied dwg deng doeg maenzfaex baenz ceiq ngaih, aenvih doenghbaez maenzfaex dwg yiengh haeuxgwn ndaw biengz Bouxcuengh. Youq ndaw biengz Bouxcuengh lij miz "caemhgwn cix deng doeg" coenz neix. Coenz neix dwg naeuz mbangj doxgaiqgwn mbouj ndaej caemhgwn, langhnaeuz caemhgwn cix deng doeg. ④Doeg ciujcing. Bouxcuengh gyaez gwn laeuj, aenvih gwn maeuz gwn fiz cix deng doeg. ⑤Deng duzngwz、duznengz、duznon haeb rox ndat. Youq ndaw mbanj Bouxcuengh miz duzngwz、duznengz caeuq duznon miz doeg de lailai. Baenzneix, deng duznon、duznengz caeuq duzngwz haeb liux roxnaeuz ndat liux baenz sieng loq dwglau. Baugvat duzsip、duzdoq、ngwzgapndoengj、ngwzfaenzhab、ngwzgapdan、ngwzheu、ngwzheubakhau daengj. ⑥Doeg naq. Doeg naq dwg cungj doxgaiq dwk ciengq caeuq dwk noh ciuhgeq Bouxcuengh ciengz yungh haenx. Baenzneix, deng naq nyingz liux deng doeg caemh ciengz raen. ⑦Doeg mok. Aen biengz Bouxcuengh ciuhgeq deng vunz heuh guh "biengz mokdoeg", aen neix caeuq raemx namh biengz neix doxgven. Cojcoeng Bouxcuengh nyinhnaeuz gij yiengh aenvih gyuek heiquq liux lwgfwngh baenz gyaej、baenz dungx in、rueg、ngunh haenx, cungj heuh guh "mokdoeg". ⑧Doeg guj. Guj dwg cungj gyaej ndaw biengz Bouxcuengh baenz ngaih baenz lai ndeu. Bouxcuengh nyinhnaeuz dawz duzngwz rox duznengz coq haeuj ndaw hab bae, caih gyoengqde doxhaeb, daengzlaeng gag lw duz ndeu ndwi, duz lw de cix heuh guh guj. Vunz aeu gij duz doeg de coq haeuj ndaw gaiqgwn roxnaeuz ndaw aen yungh bae, guh yienghneix haih vunz deng doeg, heuh guh "deng dawz guj". Gij yiengh baenz guj de dwg "ma baenz geij ngoenz, rox baenz geij bi, sim in dungx get liux cix dai", roxnaeuz "dungx ndaemq, roxnaeuz rueg mbouj daengx, naj heu naj ndaem, naek ne cix rib ndaem dem". Banneix guj doeg ceng mbouj lai goenq ngwenx lo.

　　主要有两个方面，其一是地理生态环境的影响。从大量的文献记载及实地考察得知，壮族聚居区的自然条件适合有毒的植物生长及有毒的动物繁殖，其中仅壮族地区用于治病的毒药就有99种。壮族先民生活在这样一个多毒的环境中，经常接触这些毒物，极易发生误服中毒，或被毒蛇、毒虫咬伤或蜇伤中毒等紧急情况，这就使壮族先民逐渐对毒药和解毒药有所认识，并积累了相当丰富的经验。因此，壮族地区多毒的地理生态环境是促使壮医善用毒药和善解毒药的客观原因。因而《本草拾遗》中曰："岭南多毒物，亦多解物，岂天资乎。"其二，中毒是壮族地区的多发病和常见病。壮族地区"中毒"这种常见病和多发病，比较常见的有八种：①金属毒。古医书称为金石药或金石毒，一般指水银及其制剂丹砂（即硫化汞）与雄黄（砷的硫化物）等。古代壮族地区出产的金石药质量较好。《岭外代答》称邕州右江溪峒、归德州大秀圩的金缠砂及真汞（天然汞·）是国内少有的矿物药。古代壮族地区资源丰富，因此这里曾是理想的炼丹地之一，金石药中毒是常发生的事。宋代的壮医就曾用甘蔗根治疗金石毒。②植物毒。壮乡有毒的植物很多，日常生活中稍有不慎极易发生中毒。常见的植物中毒有钩吻中毒、乌头中毒、曼陀罗中毒、野芋中毒、附子中毒、杏仁中毒、巴豆中毒、商陆中毒、马钱子中毒等。③食物中毒。河豚中毒、毒蕈中毒、木薯中毒在壮乡较常见。特别是木薯中毒的发生率较高，因为木薯曾经是广西壮乡的主粮之一。在壮乡还有"并食毒"一说。所谓并食毒，指有些食物不能合食，合食则会中毒。④酒精中毒。壮族有饮酒的嗜好，因恣饮过度以致中毒时有发生。⑤被毒蛇、毒虫咬伤或蜇伤。壮族地区毒蛇、毒虫特多。因此，被毒虫、毒蛇咬伤或蜇伤是一种危害较大的外伤病。包括蜈蚣、毒蜂、银环蛇、眼镜王蛇、金环蛇、竹叶青、白唇竹叶青等。⑥毒箭。毒箭是古代壮族常用的狩猎和作战武器。因此，毒箭中毒也是古代壮族地区的常见病之一。⑦瘴毒。古代壮族地区素有"瘴乡"之称，它与水土环境有关。壮族先民把人因触及秽浊之气，突然起病，出现腹痛、呕吐、神志昏厥等症状，称为"瘴气"。⑧蛊毒。蛊为壮族地区的地方病和多发病。壮族人认为将许多虫蛇之类于一个器皿中，任其互相啖食，直到最后只剩下一只虫或一条蛇，这东西就叫"蛊"。人为地将蛊置于食物或其他器物里，使人中毒，就叫做"中蛊"。其症状为"归或数日，或经年，心腹绞痛而死"，"或腹中搅痛，或吐逆不定，面目青黄，甚者指甲紫黑"。现在蛊毒已基本绝迹。

3. Canghyw Bouxcuengh yungh ywdoeg caeuq ywgejdoeg

3. 壮医对毒药和解毒药的使用

Ywdoeg. Cojcoeng Bouxcuengh senq cix rox aeu ywdoeg bonjdieg ma caux naqdoeg gvaq, aeu naqdoeg bae dwk noh rox dwk ciengq. Gij ywdoeg yungh lai miz geij yiengh baihlaj neix: ①Ciudoengz. ②Nywjngwzdoeg. ③Duzngwzveij. Duzngwzveij dwg cungj ngwz doeg ndaw sawgeq Bouxgun. ④Duzroegcaemj. Duzroegcaemj dwg cungj roeg miz doeg ndaw sawgeq Bouxgun. ⑤ Gaemoux. Cek saw Mingzcauz Fangh Yi 《Nanzningz Fujci • Vuzcanj》 naeuz: "Gaemoux, aeu ma mad naq liux dawz bae nyingz duznyaen, duznyaen doq dai." Bouxcuengh doq caux naqyw doq bae ra ywdoeg moq dem. Mwh Cincauz yungh ciudoengz lai, daengz mwh sungcauz liux cix dem nywjngwzdoeg caeuq duzngwzveij song yiengh neix, mwh Mingzcauz dem duzroegcaemj caeuq gaemoux song yiengh neix, gij doxgaiq neix doxgaiq miz doeg yak gyanh, vunz deng liux cix dai. Gijneix ndaej gangjnaeuz naqdoeg Bouxcuengh ndaej mbefat, gak aen ciuzdaih doengj okmingz. Cek 《Laizbinh Yenci》 banj moq de naeuz: Mwh Mingzcauz bouxdaeuz Bouxcuengh Laizbinh Danz Gunghbingj rox guh naqdoeg, de dawz gyoengq lwgbing "Bingvadmax" bae laeh gij lwgbing daeuj hah haenx. Haeuj daengz ciuhgyawj liux, ndaw biengz Bouxcuengh lij riuznaeuz lwgbing Geizndaem dawz vunzlai yungh gvaq gij "naqmbin" ceh gvaq raemx ywdoeg haenx bae dwk lwgbing Fazgoz. Mwh Cinghcauz caeuq Minzgoz, haujlai saw deihfueng de doengj dwen gvaq gij naqdoeg Bouxcuengh.

毒药。壮族先民很早就懂得利用本地出产的毒药制作毒箭,用于狩猎和战争。其所使用的毒药有如下几种:①焦铜。②毒蛇草。③毒虺。"虺"是古书上说的一种毒蛇。④鸩。鸩是一种毒鸟。⑤鸡母。明代方喻的《南宁府志·物产》中曰:"鸡母,涂箭射禽兽立死。"壮族人在制作毒箭的实践中不断寻找新的毒药。由晋代焦铜为主,宋代增加了毒蛇草和毒虺,明代又增加了鸩和鸡母,这些都是剧毒药物,中人即死。这充分说明壮族的毒箭在发展,历代都很有名。新版《来宾县志》称:明代来宾地区的壮族领袖谭公柄善造毒箭,曾带领"划马军"抗击追剿的官军。到近代,壮族民间还流传着黑旗军带领群众使用泡过毒药的"飞箭"抗击法军的故事。清代和民国,许多地方志书都提到壮族的毒箭。

Bouxcuengh mboujgag rox yungh ywdoeg, lij rox aeu gij ywdoeg bonjdieg haenx bae yw gyaej, lumjnaeuz cek saw Dangzcauz Cinz Cangzgi 《Bwnjcauj Sizyiz》 naeuz Bouxcuengh ciuhde aeu raet byaeu baenz daeuh liux aeu ma yw baenznyan、aeu bak roegraeu ma gej doeg duzngwz、aeu duzsip ma yw doegrumz caeuq doegndat daengj. Mwh Sungcauz, ndaw biengz Bouxcuengh miz vunz aeu va mandozloz ma yw lwgnyez baenz gyaej nanz, aen gingniemh neix deng Couh Gifeih geiq haeuj ndaw 《Lingjvai Daidaz》 de bae. Youq ndaw biengz Bouxcuengh, bingzciengz lij aeu vangzyozswj ma yw hozai, aeu dinghgunghdwngz ma yw gyaejrumz, aeu gogowx ma yw sienglaemx caeuq ndok raek daengj, caemhcaiq aeu mbangj ywdoeg lumjnaeuz gocoengh、duhbap、yangjcizcuz、banya、sanhdougwnh、caugoz、ndaekndaeu ma yw gyaej dem, ndaw gij saw deihfueng mwh Mingzcauz Cinghcauz, doengj dawz gij doxgaiqdoeg neix rom haeuj ndaw hangh huqdeihfueng bae, baenzneix gij ywdoeg de cix bienq baenz cungj huqyungh dijbauj gvaq. Gij laeuj ngwz Bouxcuengh gag oemq haenx caemh baenz yw, lumjnaeuz cek saw bi'nduj Gingjdaiq Mingzcauz（1450 nienz）Cinz Lenz raiz haenx《Gveilinz Ginci》naeuz："Laeujngwz, Dwngzyen ok, bouxdoj gizneix gyaez coq ngwz haeuj laeuj bae caemh oemq, laeuj get laeuj hom, baenz yw fungcaep." Gangj bae gangj dauq, yungh gij diuzgienh mbwnndaen ndei raeuh, Bouxcuengh dwk fangzgyaej ciuh doek ciuh, cix rom ndaej haujlai gingniemh yungh ywdoeg ma yw gyaej haenx, hawj hongyw Bouxcuengh dieg yungh bienq ndaej engq hung.

除了善用毒药，壮族人还知道利用本地生长的某些毒药来治疗疾病，如唐代陈藏器的《本草拾遗》中记载了壮族先民在当时用菌药烧灰治疮疖、用鸩喙解蛇毒、用蜈蚣治风毒和热毒等经验。宋代，壮族民间曾用有毒的曼陀罗花治疗小儿积疾，这一经验被周去非收录在《岭外代答》中。壮乡各地，在平时还有用黄药子治瘿疾，用丁公藤治风疾，用罗裙带治跌打损伤和骨折等经验，以及用一些毒药如蓖麻、巴豆、羊踯躅、半夏、山豆根、皂角、薯莨治病等，明清以后的县志或府志中，都把这些毒物收入地方物产条目中，变成了一种珍贵的资源。壮家自酿的蛇酒也能治病，如明代景泰元年（1450年）陈琏的《桂林郡志》中记载："蛇酒，出藤县，土人尝以蛇置酒内同烧，味极香酽，能去风湿。"总之，利用得天独厚的自然条件，壮族人在长期同疾病作斗争的实践中，积累了许多使用毒药治病的宝贵经验，使壮医的发展空间变得更大。

Ywgejdoeg. Gij ywgejdoeg Bouxcuengh daihgaiq baen guh gouj yiengh baihlaj neix.

解毒药。壮族人的解毒药粗略分成如下九类。

（1）Gij yw gej doeg naq yungh lai haenx. ①Oij；②Ywrin；③Mak duzmou；④Ngozbau；⑤Lwg duzbeiqgveih；⑥Ndok lwngqma, ndawde, aeu ndok lwngqma gej doeg naq dwg cungj gingniemh Bouxcuengh gag miz haenx.

（1）解箭毒的常用药。①甘蔗；②石药；③猪腰子；④鹅抱；⑤蠮龟血；⑥狗獾骨，其中，用狗獾骨解毒箭是壮族民间的独特经验。

（2）Gej doeg yw. ①Gej deng doeg aeugei. Ndaw biengz Bouxcuengh nanz mbouj nanz cix bungq gaeugei deng doeg. Bouxcuengh miz lai yiengh fap gej doeg, lumjnaeuz aen fap ceiq caeux ndaej geiqloeg haenx dwg aeu raemx byaekmbungj ma gej. Haeuj daengz mwh Dangzcauz liux, cix aeu rueg ma gej roxnaeuz aeu lwed mou、lwed yiengz、lwed hanq caeuq lwed bit ma gej, lumjnaeuz cek saw Liuz Sinz《Lingjbyauj Luzyi》naeuz："Goyejgoz, cungj godoeg ndeu, ndawbiengz（Bouxgun）heuh guh huzmancauj, loeng gwn, cix aeu lwedyiengz ma gej doeg." Cek saw sungcauz《Lingjvai Daidaz》naeuz："Deng doeg liux doq bae aeu gyaeqhonz ma, liux aeu youzraz daeuj geux, naep bak guenq haeuj bae, hawj boux deng doeg de rueg gyangz doxgaiq gyuek de okma, liux cix ndei, langhnaeuz ngaiz nanz ne cix dai lw." Gienj daihcibgouj ndaw caep naj《Youjyangz Cazcuj》naeuz："Huzmancauj, maj youq Yungcou Yungzcou……langhnaeuz gwn loeng, gvaq geij ngoenz cix dai, aeu lwed hanqhau、lwed bithau ma gej doeg ndaej." Haeuj daengz Cinghcauz liux, mbangj saw deihfueng ndaw biengz Bouxcuengh geiq gij fap engq lai, lumjnaeuz aeu mbawge rung raemx, raemxhaex、mbawmaenz dem diengzsa, haj、mbeingwz、mbeimui、benhcuizcauj dub yungz liux aeu raemx, raemx haeuxcid daengj guenq haeuj hoz bae yaek rueg daengj, guh yienghneix ma gej doeg, banneix gij fap neix youq ndaw biengz Bouxcuengh lij yungh dem. ②Ywhau Ranzcaenz、ywhau Ranzgam. Song yiengh yw neix doengj baenz yw gej doeg. ③Rag gosanhdou caeuq lwed duzdaeuqdaimau doengj dwg gij yw gej doeg Bouxcuengh ra ndaej haenx.

（2）解药毒。①解钩吻中毒。壮族地区时有钩吻中毒发生。壮民的解救方法很多，如最早的记载是用蕹菜汁。唐代以后，使用催吐法及猪、羊、鹅、鸭血，如刘恂《岭表录异》曰："野葛，毒草也，俗呼胡蔓草，误食之，则用羊血浆解之。"宋代《岭外代答》曰："急取抱卵不生鸡儿，和以麻油，挟口灌之，乃吐出恶物而苏，小迟不可救矣。"《酉阳杂俎》前集卷十九云："胡蔓草，生邕容间……误食之，数日卒，饮白鹅、白鸭血则解。"到清代，壮乡一些县志记载的方法更多，如用松毛煮汁，粪水、红薯叶加黄糖，猪油、蛇胆、熊胆、垂鞭草捣烂取汁，糯米水等灌服催吐等，这些方法壮乡民间至今仍在使用。②陈家白药、甘家白药。两者均具有主解诸药毒的功效。③山豆根和玳瑁血也是壮族人发掘的解毒良药。

（3）Gej doeg duzngwz duznengz. ①Duzngwzlanz, duzngwzlanz de gyaeuj miz doeg, aeu gyaeuj duz de ma guh ywlanz cungj ywdoeg neix, hoeng diuzrieng duz de ndaej aeu ma gej doeg aen'gyaeuj duz de. ②Gogveijgiu, go neix coh caemh guh duzgyozlenz. Banneix ndaw biengz lij aeu go neix ma yw deng duzngwzdoeg haeb sieng. ③Suzseizswj, caemh heuh guh bancihlenz, aeu de ma yw duzngwz duznengz duznon haeb sieng rox ndat sieng baenz yw lai. Banneix ndaw biengz lij aeu cungj yw neix ma yw duzngwz haeb sieng. ④Byaekmiek. ⑤Lwngjsiz, 《Deihleix Ci》caeuq 《Da Gangh Di Gi》song cek saw Vuzgoz raiz haenx naeuz, Yienh Buhsan（banneix dwg ranghdieg Singz Gveiqgangj Guengjsae）miz duzngwzdoeg lailai, langhnaeuz deng duz de haeb sieng ne, vunzdoj baihde cix aeu lwngjsiz nganh baenz mwnh bae oep youq gizsieng, mbouj geij nanz cix baenz ndei lw. 《Cunghyoz Daswzdenj》 nyinhnaeuz lwngjsiz dwg naeuz vazsiz. Hoeng gij goengrengz cawjyauq vazsiz de dwg cingqndat leihmbaeq, yw gej doeg ngwz mbouj ndaej. Baenzneix, lwngjsiz dwg mbouj dwg vazsiz, banneix lij deng gaujcingq dem.

（3）解制虫毒。①蓝蛇尾，蓝蛇头有毒，可用来制造蓝药这种毒药，但蓝蛇的尾却可用来解蓝蛇头之毒。②鬼臼，鬼臼又名独脚莲。目前壮族民间仍广泛使用鬼臼治疗各种毒蛇咬伤。③续随子，当地称之为"半支莲"，用来治疗蛇虺蝎螫咬伤"立有奇验"。现在壮族民间仍广泛使用续随子治疗毒蛇咬伤。④苦荬菜。⑤冷石，据吴的《地理志》及《大康地记》中记载，布山县（今广西贵港市一带）毒虺很多，若被毒虺咬伤，当地人用冷石研末敷患处即愈。《中药大辞典》认为冷石是滑石，但滑石的主要作用是清热利湿，无解蛇毒的功效。因此，对于冷石是否就是滑石，尚待考证。

（4）Gej doeg guj. ①Gizlicauj；②Lingzyanghcauj；youq ndaw biengz Bouxcuengh, lij aeu cungj go'nywj neix ma re duznyungz、duzmod；③Yanghhoz；④Veizyangh；⑤Ywhau Ranzcaenz. Gij yw neix cungj dwg gij yw gej guj Bouxcuengh yungh lai haenx.

（4）解蛊毒。①吉利草；②菱香草，又称为"灵香草"，在壮族民间，还有用菱香草来预防蚊虫、蛀虫等；③襄荷；④芸香；⑤陈家白药。这些都是壮族人常用的解蛊毒药。

（5）Gij yw gej doeg gaiqgwn. ①Swnggih；②Makgyamj；③Ginhgingh；④Vangzdwngz.

（5）解食物中毒的常用药。①圣齑；②橄榄；③金荆；④黄藤。

（6）Gij yw gej doeg laeuj. ①Lauxbaeghau；②Dougou hau；③Lujgujswj daengj.

（6）解酒毒的常用药。①白萝卜；②白豆蔻；③橹罟子等药。

（7）Gij yw gej doeg gimsug. ①Ngwzgim；②Goek gyoij.

（7）解金属毒的常用药。①金蛇；②甘蔗根。

（8）Gij yw gej doeg mokdoeg：①Maksaejgaeq；②Cazvahoengz；③Maklangz；④Byaekbat（seizneix Bouxcuengh lij gwn gij mbaw de，lumj sijsu ityiengh，guh byaekboiq）；⑤Dugingsanh；⑥Gauhliengzgyangh；⑦ Sagieng（go neix caemh dwg gaiqcaemj gwn gaeqdumq）；⑧ Giengvuengz；⑨Byaeksa（gij mbaw de aeu ma guh byaekmou roxnaeuz guh yw，gij naeng de aeu ma guh ceij sa）；⑩Lwgdieng；lwghaemz；lwgmanh；haeuxrou；duznuem.

（8）解瘴毒的药。①马槟榔；②红花茶；③槟榔；④蒟酱（本地汉话叫假蒌。如今壮族人仍食其叶，与紫苏一样，作佐料）；⑤杜茎山；⑥高良姜；⑦山奈（俗称沙姜。它也是吃白斩鸡的必备作料）；⑧姜黄；⑨楮叶（楮古称"穀"，即构树，俗名沙纸树，其叶作饲料或作药，其皮可造纱纸）；⑩黄瓜；苦瓜；辣椒；薏苡仁；蟒蛇（又称蚺蛇）。

（9）Gij yw gej lai yiengh doeg ciengz yungh haenx. ①Gamcauj（banneix canghyw Bouxcuengh lij aeu go neix ma yw lai yiengh doeg）；②Denhsenhdwngz；③Ginjdiloz；④Cahswjguj；⑤Vangzdwngz；⑥Goho；⑦Makfiengz；⑧Gaeuvahau.

（9）解诸毒的常用药。①甘草（目前壮医还在使用甘草治疗各种中毒）；②天仙藤（又名都淋藤、兜铃苗）；③锦地罗；④钗子股（又名金钗股）；⑤黄藤；⑥蒜；⑦杨桃；⑧白花藤。

Yawj baihgwnz neix liux，raeuz cix ndaej rox gij yw gej doeg Bouxcuengh mboujgag miz cungjloih lai，miz fap caemh lai，ndaej yw gyaej lai dem，baenz yw dahraix.

综上所述，壮医用于治病的解毒药不仅品种繁多，方法多种多样，而且治病范围广泛，疗效显著。

（Caet）Gij Dinfwngz Yw Gyaej Ngoenz Ndei Gvaq Ngoenz
（七）诊疗技法的进步

Gij fap yw gyaej Bouxcuengh ciuhnduj ngaih lai，gag aeu cim iq ma yw mbangj gyaej hwnjgeuq ndwi；loenghsaet lienh heiqgoeng ma yw mbangj gyaej fungcaep；gij ywbyaek mbouj lai，daegbied dwg aeu gaiqyw caeuq gaiqgwn caemhgoek aen fap neix bae yw mbangj gyaej baenz ngaih、baenz lai haenx. Riengzlaeng bonjsaeh vunz ngoenz ndei gvaq ngoenz，vunz cix caux gij hongdawz yw gyaej lai moq okma，roxnaj caeuq rox yungh yw ngoenz lai gvaq ngoenz，ngoenz baenz gvaq ngoenz，caemh rom ndaej gij fap yw gyaej lai gvaq gaxgonq，ndei gvaq gaxgonq. Gij fap cienzdoengj yw gyaej Bouxcuengh de, lumjnaeuz yawj aeu、cam aeu、naep aeu、yawj linx aeu、yawj da aeu、mup aeu、yawj rib aeu、naep meg aeu、naep dungx aeu daengj, caemh menhmenh mbefat caeuq caezcienz. Baengh gij fap yw gyaej cunghab neix, canghyw Bouxcuengh doiq bingh gyaej goekgaen caeuq fat gyaej gveilwd engq rox laeg lo, caemh daezswng liux yw gyaej bonjsaeh. Ndawde, aen fap yawj da aeu ndaej baenz yungh caeuq fatdad, dwg aen biugeiq fap yw gyaej Bouxcuengh ndaej fatmoq bae naj haenx.

早期的壮医诊疗技法比较简单，只借取微针技术治疗某些挛痹病；通过舞蹈气功防治风湿一类关节肌肉疾病；使用数量不多的草药，特别强调用药食同源的办法治疗一些常见病、多发病。随着生产力的发展，人们创制了更先进的医疗工具，认识和使用了更多、更有效的药物，发现和总结了更好、更多样的诊疗方法。壮医传统的诊断方法，如望诊、问诊、按诊、舌诊、目诊、闻诊、甲诊、脉诊、腹诊等，也得到了逐步的发展与完善。依靠这些综合的诊断手段，壮医加深了对疾病的本质和规律性的认识，从而提高了治疗水平。其中，壮医目诊的形成和发展，是壮医诊断方法进步的一个重要标志。

Lwgda, vunz nyinhnaeuz de dwg bakcueng vunz yawj doxgaiq haenx, dwg boux soengq rongh, dwg aen dieg rom huqcing mbwn、ndaen、vunz sam heiq neix haenx. Gij huqcing ndawdungx vunz comz youq lwgda, yienghneix ndaw lwgda hamz daengxliux, yawj daengxliux, caemh ndaej gangjnaeuz baenz gyaej gijmaz dem. Baenzneix yawj gyaej ne, yawj da aeu cungj fap neix cix youqgaenj raixcaix. Yawj lwgda aeu ndaej yawj gyaej, ndaej duenz baenz gyaej maz, caemh ndaej duenz yaek mbouj yaek dai. Gij heiq lwed ndawdungx vunz, "sam sai" （saihaeux、sairaemx、saiheiq）、"song loh" （lohlungz、lohfeiz） caeuq "gyaeujuk" langhnaeuz baenz gyaej baenz naiq ne, yawj lwgda cungj yawj ndaej seuq baenz maz gvaq. Canghyw Bouxcuengh yawjnaek aen fap yawj lwgda aeu, hoeng caemh yungh gij fap wnq dem, aeu canghyw cam bouxgyaej han ma guh gij baengzcingq cawjyauq baenz gyaej maz, youq ndaw diemjcaz guhcaen de raeuz ndaej roxndeq, mbangj canghyw geq dinfwngz loq raeh de, cungj rox geij aen fap yw gyaej, baez yawj gyaej cix aeu geij aen fap doxgap hwnjma yungh, baenz ngaih raixcaix. Canghyw Bouxcuengh roxnyinh mbwn、ndaen、vunz sam heiq caemhyamq caeuq ndang vunz caemh dwg aen mbwnndaen iq, baenzneix cix roxnyinh mbangj gapndang ndaw ndang doeng coh baihrog haenx, lumjnaeuz da、rwz、ndaeng、linx、bak daengj, doengj dwg gij ngaeuzsuk gak gyaengh ndang vunz, yawj gyaej ne cix dingh gak yiengh dinghvih、dinghsingq mbouj doxdoengz haenx caeuq gij gyaq ngeixcog hawj gij gapndang de. Haeujgyawj mbonq yawj gyaej, gij fap de baenz yungh lai, gijneix raeuz yaek ngeixyaeng haeujlaeg bae dem. Canghyw Bouxcuengh caemh yawjnaek caeuq sijsaeq yawj gij doxgaiq ok "sam sai" （nyouh、haex、mug、raemxda、hanh、myaiz caeuq doxgaiq rueg） dem, yawj gij saek、yiengh、heiq caeuq soq miz maz mbouj doxdoengz, liux cix aeu ma guh gij baengzcingq camgauj haeujgyawj mbonq.

壮医称眼睛为"勒答"，认为它是天地赋予人类洞察事物的窗口，是光明的使者，是天、地、人三气精华之所在。人体脏腑之精上注于目，所以眼睛能包含一切，洞察一切，也能反映百病。因此在疾病诊断上，把目诊提到十分重要的地位。目诊可以确诊疾病，可以推测预后，可以确定死亡。人体内的脏腑气血，"三道"（谷道、水道、气道）、"两路"（龙路、火路）及"巧坞"（大脑）的器质或功能性病变，都可以通过目诊而获得相对准确的信息。壮医重视目诊，但并不排斥其他多种诊断方法，把问诊主诉当做症状诊断的主要依据。在实际调查中发现，一些造诣较深的老壮医，往往掌握多种诊断方法，在临床上合参运用，得心应手。壮医基于天、地、人三气同步和人体也是小天地的认识，对人体与外界相通的一些器官，如眼、耳、鼻、舌、口等，认为又可以作为人体各部分的缩影或反映，在疾病诊断上具有特殊的定性定位和判断预后价值。验之临床，往往也颇为准确，值得进一步深入研究。壮医对"三道"排泄物（尿、粪、涕、泪、汗、痰、呕吐物等）的观察也比较重视，以其颜色、形态、气味、数量的异常变化，作为临床诊断的重要参考。

Gij fap yw gyaej Bouxcuengh ngoenz moq gvaq ngoenz. Gij fap banneix raeuz roxndeq haenx, mboujgag cim camz、heiqgoeng ciuhnduj ndwi. Gag gij ywbyaek gwn rox oep haenx, banneix miz cien yiengh doxhwnj, caemhcaiq ciuq gij daejhaeh leixlwnh canghyw Bouxcuengh, yw gyaej ndaej yungh baenz bienh lai. Gij fap yw gyaej Bouxcuengh, mboujgag gwn ywbyaek ndwi, lij miz oemq aeu、dawz yw riengz ndang aeu、dub yw oep yw aeu、swiq ndaeng sup fwi aeu、gok goeb aeu、ndok gung aeu、yw gvat aeu、naep aeu、vadaeng camz aeu、maeyw camz aeu、cim diu aeu、cimvax yw aeu、cimfajfwngz yw aeu、cimlajdin yw aeu、cimgyaeuj yw aeu daengjdaengj, lai cungj lai yiengh.

壮医的治疗方法也在不断地进步。目前已知的壮医治疗方法，已经远远不止于古代的微针和导引、按矫、舞蹈气功。光是内服外用的民族草药，就在千种以上，并可依据壮医理论体系，在临床上灵活运用。壮医治疗方法，除了内服草药外，还有熏洗疗法、带药佩药疗法、捶药敷贴疗法、洗鼻雾化疗法、角吸疗法、骨弓疗法、药刮疗法、夹捏疗法、灯花灸疗法、药线灸疗法、挑针疗法、陶针疗法、掌针疗法、跖针疗法、颅针疗法等，可谓丰富多彩。

Canghyw Bouxcuengh miz haujlai dinfwngz daegbied dem, banneix lij bae menh mu menh cingjleix, caemh cugyamq laeb baenz gvigawj, cix ndei son'gyauq hawj canghyw dawz bae yw gyaej.

壮医许多独特的诊疗技法，目前仍在深入发掘整理研究之中，并逐步规范化，以利于在临床上推广应用。

（Bet）Sawgeq Geiq Miz Gij Canghyw Ndaw Biengz Bouxcuengh

（八）文献记载的壮族地区的医药历史人物

Ciuh doek ciuh, cojcoeng Bouxcuengh caeuq fangzgyaej doxdaeuq, liux hongyw Bouxcuengh cix ngoenz maj laux gvaq ngoenz, aen doih cienmonz yw Bouxcuengh caemh ngoenz hung gvaq ngoenz. Cek saw Sungcauz Suh Sung bien haenx 《Bwnjcauj Duzgingh》 naeuz gvaq "Canghyw Bouxdaez Song Guengj". "Canghyw Bouxdaez" dwg aen coh ceiq caeux ndaw sawgeq heuh canghyw Bouxcuengh ciuhneix, gijneix cix gangj liux gvaiz daengz mwh Sungcauz, Bouxcuengh cix miz canghyw cienmonz gvaq, lumjnaeuz Anoengz、Yiz Cungcangh、Liengz Dayung daengj, gyoengqde ndaej vunzbiengz caez nyinh. Mwh Mingzcauz cinghcauz miz haujlai sawgeq geiqloeg gij saeh mbangj canghyw ndaw biengz miz mingz yawj gyaej gouq vunz haenx. Dan ndaw biengz Bouxcuengh Guengjsae, gij saw deihfueng Mingzcauz cinghcauz cix geiq miz 33 boux canghyw Bouxcuengh okmingz, daengz mwh Minzgoz（gat daengz 1949 nienz）, couh miz 38 boux. Gijneix dwg aen biugeiq suijbingz dinfwngz veihseng Guengjsae hwnj ndaej loq sang dem haenx.

在长期与疾病做斗争的实践中，壮医药事业逐渐兴旺，壮医药专业人员队伍不断壮大。宋代苏颂主编的《本草图经》中提到"二广俚医"。"俚医"是对壮族民间医师的最早称呼，说明至少在宋代，壮族已出现专职医师，如阿侬、俞仲昌、梁大用等，并得到社会的承认。明清以后许多文献记载了一些较有名气的民族民间医生治病救人的事迹。仅广西壮乡，明清时地方县志记载的著名壮医人数就有33人，而民国期间（截至1949年），地方县志记载的著名壮医已达38人。这是广西卫生技术水平较高的一个标志。

Seiq. Aen Daejhaeh Leixlwnh Hongyw Bouxcuengh Ndaej Caux Baenz

四、壮族医学理论体系的形成

Gij leixlwnh hongyw Bouxcuengh dwg gij roxmai langhgvangq canghyw Bouxcuengh yawj vunz caeuq mbwnndaen doxvaij haenx, dwg gij roxnyinh cawsoh yawj ndawdungx ndang vunz caeuq goengrengz gyoengqde haenx, dwg gij romcomz canghyw Bouxcuengh miz gvigawj bae roxmai goekgaen baenz gyaej、geileix baenz gyaej、fap yawj gyaej gak yiengh gyaej haenx dem. Baenzneix, gij leixlwnh hongyw Bouxcuengh ndaej caux baenz, dwg aen biugeiq hongyw Bouxcuengh ndaej gag baenz yungh caemh miz swhgeij daegsaek haenx, caemh yienh'ok hongyw Bouxcuengh youq gwnz yozsuz yamq hwnj baenz saeh cingzdoh. Ginggvaq gvinab, aen daejhaeh hongyw Bouxcuengh cawjyauq baugvat gij noihyungz baihlaj neix.

壮医理论是壮医对人体与大自然关系的一种宏观认识，是对人体自身脏腑器官及其功能的一种朴素理解，是对各种疾病的病因、病机和诊断防治方法规律性的一种认识上的积累。因此，壮医理论体系的形成，乃是壮医学作为一门相对独立并具有特色的民族传统医药学的重要标志，也是壮医学在学术上走向成熟的具体体现。经过初步归纳，壮医理论体系主要包括以下内容。

（It）Canghyw Bouxcuengh Ndomq Mbwn Vunz—Yaem Yangz Guh Goek, Sam Heiq Caemh Yamq

（一）壮族医学的天人自然观——阴阳为本，三气同步

Aen biengz Bouxcuengh youq rangh dieg ndat, yienznaeuz gizneix mbwnraeuj mbwn ndat, hoeng seiq geiq baenmingz. Ngoenz ndwen doxlawh, hwnz ngoenz doxlwnz, ndat nit doxvuenh, doeng bae cin ma, baenzneix cojcoeng Bouxcuengh cix roxliux yaem yangz. Caeuq

Bouxgun Cungyienz gyaulouz deng vwnzva gyoengqde yingjyangj, guenniemh yaem yangz youq ndaw guh hong、ndaw gvaq ngoenz cix yungh ndaej ngoenz gvangq gvaq ngoenz, liux cix deng canghyw Bouxcuengh aeu bae gej gij dauhleix hoj gangj mbwnndaen caeuq goekaen ndang vunz baenz gyaej haenx. Gienj daih it caet ndaw 《Gvangjsih Dunghci》 mwh Mingzcauz naeuz: Ndaw biengz Bouxcuengh "saenq yaem yangz lai". Boux canghyw Bouxcuengh okmingz Loz Gyah'anh youq ndaw saw de 《Sacwng Cinhfangh Duzgaij》 couh mingzbeg aeu yaem hoengh yangz naiq、yangz hoengh yaem naiq、yaem hoengh yangz hoengh ma hawj fatsa baen loih, aeu ma guh gij ganggyonj yawj gyaej. Gangj bae gangj dauq ne, canghyw Bouxcuengh roxnyinh gak yiengh bienqvaq ndaw mbwnndaen, doengj dwg yaem yangz doxdaem、yaem yangz doxlawz、yaem yangz hwnj roengz、yaem yangz doxbingz、yaem yangz cienjvaq caux baenz haenx.

壮族聚居和分布地区处于亚热带，虽然平均气温较高，但四季仍较分明。日月穿梭，昼夜更替，寒暑消长，冬去春来，使壮族先民很早就产生了阴阳的概念。加上与中原汉族文化的交流和受其影响，阴阳概念在生产、生活中的应用就更为广泛，自然也被壮医作为解释大自然和人体生理病理之间种种复杂关系的说理工具。明代的《广西通志》卷一七中称：壮族民间"笃信阴阳"。著名壮医罗家安在所著的《痧证针方图解》一书中，就明确以阴盛阳衰、阳盛阴衰、阴盛阳盛对各种痧证进行分类，作为辨证的总纲。总之，壮医认为大自然的各种变化，都是阴阳对立、阴阳互根、阴阳消长、阴阳平衡、阴阳转化的反映结果。

Mbwn、ndaen、vunz sam heiq caemh yamq aen cawjcieng canghyw Bouxcuengh neix dwg ligdaih canghyw Bouxcuengh cungj swnjnet haenx, hoeng dawz guh leixlwnh cix dwg boux canghyw geq Bouxcuengh okmingz Liuxcou ciuhgyawj Cinz Baujlinz sien gvinab liux cix daezok. Mbwn、ndaen、vunz sam heiq caemh yamq, dwg ciuq Vahcuengh "vunz mbouj ndaej nyig mbwn ndaen" roxnaeuz "vunz dingh yaek ei mbwn ndaen" song coenz neix hoiz okma. Gij eiqsei cawjyauq de dwg: ①Vunz baengh gij heiq mbwnndaen cix doekfag, dwg duz heiqlingz fanh mingh lajmbwn; ②Vunz seng、maj、laux、geq、gyaej、dai cungj miz mwhhop, deng gij heiq mbwnndaen ciengx caeuq haed, heiq vunz caeuq heiq mbwn、heiq ndaen doxvaij doxdoeng; ③Gij heiq mbwnndaen coengh vunz caux baenz aen "ciengzdoh" itdingh hawj youq lix caeuq ndang ak, hoeng gij heiq mbwnndaen caemh rox bienq mbouj daengx; ④Ndang vunz dwg aen mbwnndaen iq ndeu, dwg aen danyienz seiqgyaiq iq mizhanh ndeu. Canghyw Bouxcuengh roxnyinh daengx ndang vunz baen guh sam gyaengh: Baihgwnz dwg mbwn, gangj Cuengh heuh guh gyaeuj; baihlaj dwg ndaen, gangj Cuengh heuh guh dungx; baihgyang dwg vunz, gangj Cuengh heuh guh laeng. Gij heiq ndaw sam gyaengh ndang vunz neix caemh caemh yamq bae ning, doxing doxbaengh, baenzneix vunz caengq ndaej lix ndaej rengz. Ndang vunz caeuq goengnaengz doxdoengz, daihdaej dwg heiq mbwn cawj roengz, heiq ndaen cawj hwnj, heiq vunz cawj huz, hwnj roengz habngamj, cunghuz hamzyiengj, yienghneix heiq cix huzndei, yaem yangz bingzyaenz, ndawdungx cix onj, cix habhoz vuxcouh hung ndaej youq soeng. ⑤Gietgaeuq caeuq goengnaengz ndang vunz, heiq mbwn doekgonq caeuq heiq ndaen doeklaeng, guh yienghneix caux baenz gij bonjsaeh ndang vunz habngamj caeuq refuengz mbwnndaen baihrog, liux cix ndaej daengz mbwn ndaen vunz caemh yamq, hawj ndang ndei.

壮医关于天、地、人三气同步的主张是历代壮医所坚持的观点，但作为学说则是近代柳州著名老壮医覃保霖首先归纳整理提出的。所谓的天、地、人三气同步，是根据壮话"人不得逆天地"或"人必须顺天地"之意译过来的。其主要内涵为：①人禀天地之气而生，为万物之灵；②人的生、长、壮、老、病、死生命周期，受天地之气涵养和制约，人气与天地气息息相通；③天地之气为人体造就了生存和健康的一定"常度"，但天地之气又是在不断地变化；④人体也是一个小天地，是一个有限的小宇宙单元。壮医认为整个人体可分为三部：上部天（壮语称"巧"），下部地（壮语称"胴"），中部人（壮语称"廊"）。人体内三部之气也是同步运行，制约化生，才能生生不息。形体与功能相一致，大体上天气主降，地气主升，人气主和，升降适宜，中和涵养，则气调和，阴阳平衡，脏腑自安，并能适应大宇宙的变化。⑤人体的结构与功能，先天之气与后天之气，共同形成了人体的适应与防卫能力，从而达到天地人同步的健康境界。

（Ngeih）Canghyw Bouxcuengh Yawj Leixgyaej Ndang Vunz—Dungxsaej、Heiq、Lwed、Ndok、Noh，Saihaeux、Sairaemx、Saiheiq、Lohlungz、Lohfeiz

（二）壮医的生理病理观——脏腑、气、血、骨、肉，谷道、水道、气道、龙路、火路

Canghyw nyinhnaeuz dungxsaej、heiq、lwed、ndok、noh, dwg gij goekgiek doxgaiq gap baenz ndang vunz haenx. Gij doxgaiq doglaeb doxdoiq cang youq ndaw gyaeuj、ndaw aek、ndaw dungx haenx heuh guh dungxsaej, mbouj lumj Bouxgun yienghde baen guh "cangq" caeuq "fuj" song yiengh neix. Gij dungxsaej neix gak miz gak goengrengz, caemhdoih gaemguenj gij yiengh cingqciengz ndang vunz, mbouj baen rog caeuq ndaw nauq. Langhnaeuz dungxsaej deng sieng roxnaeuz baenz nanh wnq le, goengnaengz de cix saetdiuz, baenzneix ndang vunz cix baenz gyaej. Aenvih canghyw Bouxcuengh mbouj miz aen leixlwnh hajhangz boiq haj dungxsaej haenx, baenzneix roxnyinh gij gyaej dungxsaej mbouj miz mozsi gijmaz seng haek cienjbienq itdingh haenx.

壮医认为内脏、气、血、骨、肉，是构成人体的主要物质基础。位于颅内和胸腔、腹腔内相对独立的实体都称之为脏腑，没有很明确的"脏"和"腑"的区分观念。这些内脏各自有自己的功能，共同维持人体的正常生理状态，没有什么表里之分。当内脏实体受损伤或者由于其他原因引起功能失调时，就会引发疾病。由于壮医没有五行配五脏的理论，因此认为脏腑疾病也没有什么必然的生克转变模式。

Ndok caeuq noh gap baenz aen gyaq caeuq yiengh ndang vunz, caemhcaiq bauj dungxsaej mbouj deng sieng baenz ngaih. Ndok noh deng sieng ne, baenzneix saihaeux、sairaemx、saiheiq cix deng saek baenz gyaej.

骨和肉是构成人体的框架和形态，并保护人体内的脏器在一般情况下不受伤害。骨肉损伤，可导致谷道、水道、气道受阻而引发其他疾病。

Lwed dwg cungj doxgaiq soengq gaiqbouj youqgaenj lai hawj ndok noh、dungxsaej、gen ga daengx ndang haenx, dwg baengh heiq mbwnndaen seng okma, baengh heiq mbwnndaen ndaej guh ning. Diemjcaz lwed niu baenzlawz，lwed saek baenzlawz，dwg cungj baengzcingq youqgaenj canghyw Bouxcuengh yawj gyaej haenx.

　　血液是营养全身骨肉脏腑、四肢百骸的极为重要的物质，得天地之气而化生，赖天地之气以运行。查验血液颜色变化及黏稠度变化，是壮医判断疾病预后的重要依据之一。

　　Canghyw Bouxcuengh yawjnaek heiq lailai. Gij heiq gizneix dwg naeuz gij heiq ndang vunz，heiq dwg yangz，lwed dwg yaem，heiq dwg rengzning，dwg goengrengz，dwg gij biujyienh rengz mingh ndang vunz. Diuz mingh vunz aeu heiq ma guh naek，aeu heiq ma guh yungh，vunz baenz gyaej ne cix aeu heiq ma yw. Heiq dwg aen goekgiek leixlwnh youqgaenj canghyw Bouxcuengh yawj gyaej yw gyaej haenx.

　　壮医对气极为重视。这里主要指人体之气，气为阳，血为阴，气是动力，是功能，是人体生命活力的表现。人体生命以气为要，以气为用，有了疾病则以气为治。气是壮医临床的重要理论基础之一。

　　Aen leixlwnh sam heiq caemh yamq canghyw Bouxcuengh cawjyauq dwg aeu saihaeux、sairaemx、saiheiq ndaw ndang vunz caeuq gij baenzyungh doxgaem doxdiuz dungxsaej mizgven haenx ma guh baenz. Diuz sai haeuxgwn haeuj bae ndaw dungx caemhcaiq deng siu haenx heuh guh "saihaeux"，cawjyauq dwg naeuz saihoz caeuq saej. Diuz sai raemx haeuj bae ndaw ndang haenx heuh guh "sairaemx". Sairaemx caeuq saihaeux caemh goek hoeng mbouj caemh nga，ndang vunz ndaej sup aeu gij doxgaiq gaiqbouj niqreg raemx caeuq haeux liux，saihaeux cix ok haex ok bae，sairaemx cix ok hanh、ok nyouh okbae daengj，baenzneix guh hawj ndang vunz ndaej caeuq mbwnndaen doxvaij liux soh、liux deih. "Saiheiq" dwg diuz sai heiq ndang caeuq heiq mbwnndaen doxlawh haenx，daj ndaeng haeuj rox ok，giz dieg doxvuenh de dwg bwt. Sam diuz sai doeng，gaemdiuz habngamj，heiq vunz cix ndaej caeuq heiq mbwnndaen baujdingh maenhnet bingzonj caemh yamq，baenzneix cix heuh guh ndang ndei ndang ak. Langhnaeuz sam diuz sai saek roxnaeuz gaemdiuz mbouj habngamj，baenzneix sam heiq cix mbouj caemh yamq，ndang vunz cix baenz gyaej.

　　壮医三气同步理论主要是通过人体内谷道、水道和气道及其相关的枢纽脏腑的制化协调作用来实现的。谷食进入人体得以消化吸收之通道称为"谷道"，主要是指食道和胃肠道。人体水液进出的通道称为"水道"。水道与谷道同源而分流，在吸收水谷精微营养物质后，谷道排出粪便，水道排出汗、尿等，从而与大自然发生最为直接、最为密切的联系。"气道"是人体之气与大自然之气相互交换的通道，进出于口鼻，其交换枢纽的脏腑为肺。三道畅通，调节有度，人体之气就能与天地之气保持同步协调平衡，即健康状态。三道阻塞或调节失度，则三气不能同步而疾病丛生。

　　Lohfeiz caeuq lohlungz dwg song diuz loh daepdou youqgaenj lai ndaw ndang vunz yienznaeuz mbouj caeuq mbwnndaen doxvaij sohsoh，hoeng caemh baujdingh rengzseng ndang vunz caeuq yienh'ok yiengh gyaej haenx. Bouxcuengh mbatgonq roxnyinh lungz gaem raemx，lohlungz youq ndaw ndang vunz dwg diuz sai daeh lwed，gij goengrengz de cawjyauq dwg daeh gaiqbouj hawj ndok noh、dungxsaej daengx ndang. Lohlungz dwg saigoek，miz muengx，daz daengx ndang doh baenz，doxvaij baenz hop，aen dadiemj de dwg caw. Feiz dwg aen doxgaiq baez coeb cix dawz haenx，beizheiq de gaenj，vamzdeng de ndat. Canghyw Bouxcuengh roxnyinh lohfeiz youq ndaw ndang vunz dwg diuz sai daeh vamzdeng，aen dadiemj de dwg uk，ndaej roxnyinh gak yiengh vamzdeng baihrog，caemhcaiq deng aeu gyaeujuk ma gaemguenj，ma oklingh，baenzneix guh hawj roxnyinh gij bienqvaq gak yiengh ndaw biengz baihrog，guh baenz onjnet leixseng "sam heiq caemh yamq".

龙路与火路是壮医对人体内虽未直接与大自然相通，但却是维持人体生机和反映疾病动态的两条极为重要的内封闭通路的命名。壮族传统认为龙是制水的，龙路在人体内即是血液的通道，其功能主要是为内脏骨肉输送营养。龙路有干线，有网络，遍布全身，循环往来，其中枢在心脏。火为触发之物，其性迅速，感之灼热。壮医认为火路在人体内为传感之道，其中枢在颅内脑，感受外界的各种信息和刺激，并经中枢"巧坞"的处理，迅速作出反应，以此来感受外界的各种变化，实现"三气同步"的生理平衡。

（Sam）Canghyw Bouxcuengh Yawj Goekgyaej—Doeg Haw Baenz Bak Gyaej
（三）壮医的病因病机——毒虚致百病

Canghyw Bouxcuengh nyinhnaeuz，doeg dwg aeu sieng mbouj sieng ndang vunz caeuq haih ndang vunz baenz gyaej rox mbouj baenz ma guh baengzgawq. Mbangj doeg yak，mbangj doek numq；mbangj miz yiengh，mbangj nauq yiengh；mbangj sieng naeng sieng noh，mbangj sieng dungxsaej caeuq gij sai ndaw ndang. Doeg hawj ndang baenz gyaej，it dwg aenvih doeg caeuq heiqcingq vunz doxdik，heiqcingq ndaej at doegyak，doegyak caemh ndaej sieng heiqcingq，song gaiq de doxdwk，langhnaeuz cingq hingz mbouj ndaej yak，baenzneix sam heiq cix deng gaz hawj ndang baenz gyaej；ngeih dwg mbangj doeg youq ndaw ndang vunz saek "sam sai" caeuq "song loh"，hawj sam heiq mbouj ndaej caemh yamq cix baenz gyaej. Aenvih gak yiengh doeg singqcaet mbouj doengz，haih ndang vunz mbouj doengz，gij geiceiq de mbouj doxdoengz，cingzdoh sieng ndang vunz dingj doeg mbouj doxdoengz，baenzneix cix yienh'ok gak cungj yienghsiengq baenz gyaej caeuq yiengh ndang naiq mbouj doxdoengz，canghyw Bouxcuengh cix aeu gij neix ma guh baengzgawq saemjduenh caeuq yw doeg. Haw dwg naeuz heiqcingq noix，roxnaeuz lwed heiq haw，haw dwg gij goekrag baenz gyaej，caemh dwg aen yienhsiengq baenz gyaej. Baenz gyaej miz song aen goekgaen hung，haw yienh'ok ndang vunz naiq、roz、sing iq，heiq nyemq，langhnaeuz baenz naek ne cix dai. Aenvih haw，gij goengrengz siu yinh caeuq gij goengrengz refuengz ndaw ndang cix bienq yaez，deng doeg baihrog haih cix baenz gyaej ngaih，liux ndang vunz cix baenz haw doeg caemh miz. Gij goekgaen baenz haw ne，canghyw Bouxcuengh gyoebgyonj baenz song aen：It dwg doekfag doekgonq cix baenz，bohmeh ndang yaez，meh raekndang sup gaiqbouj mbouj ndei roxnaeuz meh sengcaeux daengj；ngeih dwg vunz guh hong dwgrengz lai，roxnaeuz vunz caeuq doeg doxdwk siu heiq lwed gvaq mauh，hoeng mbouj ndaej bouj doxdauq riuz，roxnaeuz ndang vunz lajndang de siu

yinh bienq luenh， sup gaiqbouj mbouj doh， baenzneix cix baenz haw. Gangj bae gangj dauq，
doeg caeuq haw ndaej hawj ndnag vunz bienq yaez、baenz gyaej. Langhnaeuz gij gyaej neix
ndaej yw habhoz，roxnaeuz gij rengz ndaw ndang vunz gag re、gag coih haenx ndaej dwk hingz
gij doeg，ndang vunz cix naihnaih bienq ndei bienq ak doxdauq. Mboujne sam heiq mbouj caemh
yamq nauq，heiq vunz cix nyemq，heiq gat vunz cix dai.

　　壮医认为，所谓毒，是以对人体是否构成伤害及伤害致病的程度为依据的。有的毒性猛烈，有的则是缓慢起毒性作用；有的为有形之毒，有的则为无形之毒；有的损伤皮肉，有的则伤害脏腑和体内重要通道。毒之所以致病，一是因为毒性本身与人体正气势不两立，正气可以祛邪毒，邪毒也可损伤正气，两者争斗，若正不胜邪，则影响三气同步而致病；二是某些邪毒在人体阻滞"三道""两路"，使三气不能同步而致病。因各种毒的性质不同，侵犯的主要部位有别，作用的机制各异，以及人体对毒的抵抗程度不同，在临床上表现出各种不同的典型症状和体征，成为壮医诊断和鉴别诊断的重要依据。虚即是正气虚，或气血虚，虚即是致病的原因，同时也是病态的反映。作为致病的两大原因之一，虚本身可以表现出软弱无力、神色疲劳、形体消瘦、声低息微等临床症状，甚至衰竭死亡。而且因为虚，体内的运化能力和防卫能力相应减弱，特别容易招致外界邪毒的侵袭，出现毒虚并存的复杂临床症状。虚的原因，壮医归结为两个方面：一是先天禀赋不足，父母羸弱，孕期营养不良或早产等；二是后天过度劳作，或与邪毒抗争气血消耗过度而得不到应有的补充，或人体本身运化失常，摄入不足而致虚。总之，毒和虚可使人体失去常度而表现为病态。如果这种病态得到适当的治疗，或人体的自我防卫、自我修复能力能够战胜邪毒，则人体常度逐步恢复而疾病趋于好转痊愈。否则终因三气不能同步，导致人体气脱、气竭而死亡。

（Seiq）Fuengfap Saemjduenh Canghyw Bouxcuengh——Yawjnaek Dasaemj，Lai Yiengh Saemjfap Caez Yungh

（四）壮医的诊断方法——重视目诊，多种诊法合参

　　Canghyw Bouxcuengh gig yawjnaek da saemj，da saemj megmeh dwg: Canghyw lwgda yawj raen bak bingh，bouxbingh lwgda caemh yienj ok bak bingh. song mbiengj doxhab，couh saemjduenh ndaej binghgyaej. Canghyw geq Bouxcuengh doenggvaq lwgda swhgeij yawj lwgda bouxbingh，cim gij saenzsaek、lingzsingjdoh、saephawq、daraeh、lohmeg daengj，daj neix saemjduenh binghgyaej，daengz vunz baihlaeng caiq comzrom daezswng，caemh ndaej canghyw vaiz max da saemj gijfaz，cij baenz liux banneix dauq da saemjfap ywcuengh haemq gveihfan neix. Yawj gwnz lwgda gij saek mueg、yienghsiengq caeuq ndaw da gij megloh bienqvahiq de，daeuj buenqdingh gizlawz baenz bingh，ra ok binghgoek，guh ok saemjduenh.

　　壮医极重视目诊，而目诊的要义是：医者的眼睛可以洞察百病，患者眼睛可以反映百病。两者配合，就可以诊断疾病。老一辈壮医主要是通过肉眼观察患者眼睛的神采色泽、灵活度、干涩、视力、脉络等诊断疾病，至后代有总结发展提高，并受牛、马等兽医目诊的启发，形成了现在一套比较规范的壮医目诊法。通过观察眼睛巩膜的色泽、形态及眼睛上脉络的细微变化，来判断疾病的病位，辨别疾病的病因性并作出诊断。

Canghyw Bouxcuengh yawjnaek da saemj, hoeng mbouj baizcawz yiengh'wnq saemjduenh fuengfap, lumj cam、ndum、bajmeg、yawj rib、yawj lwgfwngz、lumh dungx daengj saemjfap. Daegbied dwg cam saemj dingq lwnh, dwg saemj bingh eigawq yiuqgaenj. Gij canghyw geq bonjsaeh haemq laeg haenx, doengciengz miz lai cungj saemjduenh goengfou caeuq fuengfap, yw bingh seizhaeuh doengzcaez yungh daengz, cibfaen gvenqsug. Canghyw Bouxcuengh nyinhnaeuz mbwn、deih、vunz sam heiq doengz yamq, aen ndang vunz caemh dwg mbwn deih iq, doiq ndang vunz gij doxaen caeuq baihrog doxdoeng haenx, lumj da、rwz、ndaeng、bak linx daengj, caemh nyinhnaeuz dwg sukingj aen ndang gak bouhfaenh, youq saemj bingh fuengmienh miz gyaciz dinghsingq dinghveih caeuq buenqduenq gvaqlaeng cingzgvang neix.

壮医重视目诊，但并不排斥其他多种的诊断方法，如问诊、闻诊、脉诊、甲诊、指诊、腹诊等。特别是问诊主诉，是症状诊断的主要依据。那些造诣较深的老壮医，往往掌握多种诊断手段和方法，在临床上合参运用，得心应手。壮医基于天、地、人三气同步和人体也是小天地的认识，对人体与外界相通的一些器官，如眼、耳、鼻、口舌等，认为又可作为人体各部分的缩影或反映，在疾病诊断上具有特殊的定性定位和预后价值。

（ Haj ）Canghyw Bouxcuengh Yw Bingh Yenzcwz——Diuh Heiq、Gej Doeg、Bouj Haw
（五）壮医的治疗原则——调气、解毒、补虚

Canghyw Bouxcuengh cungj yw bingh yenzcwz neix, dwg doiq ndang vunz baenz bingh goekgaen miz liux mingzbeg cij daez okdaeuj, caemh ciuq aen dauhleix neix bae roengz yw. Diuh heiq, dwg doenggvaq gak cungj fuengfap bae diuhhwnj、gikfat roxnaeuz dajdoeng gij heiq ndaw ndang, hawj de cingqciengz yinhbyaij, caeuq gij heiq mbwn deih caez ndaej sam doengz yamq. Heiq bingh youq gwnz ndang vunz dwg yienj ok in get dem gak cungj mbouj ndei youq, doengciengz yungh cim saek ngaih cwt、saek lwed、ciemz gok roxnaeuz roengz yw diuh heiq couh ndaej cingqciengz. Doeg bingh ciengzseiz yienh ok foeg hoengz、ndat in、ok nong、ndaekfoeg、baez ding、vuengzdamj、lwedbingh daengj gipsingq fatak caeuq gak cungj gwnz ndang binghbienq, doengzseiz miz goengnaengz gaijbienq. Gej doeg dwg doenggvaq yungh yw daeuj yw bingh, miz mbangj doeg youq ndaw ndang vunz couh vaqgej ndaej, miz mbangj deng doenggvaq "sam sai" daeuj baizcawz, doeg bae cix ndang onj cingqheiq fuk dauq. Ndang haw, biujyienh youq bingh menh、bingh bouxgeq roxnaeuz cawz doeg baiz doeg liux ndaw fukhoizgeiz ndang nyemq. Yw gij bingh nyemq neix aeu bouj haw guh daeuz. Canghyw Bouxcuengh yawjnaek doxgwn yw bingh caeuq aeu doenghduz guh yw, nyinhnaeuz gij neix youq bouj haw fuengmienh gig habyungh. Aenvih vunz miz lingzsingq, heiq doengz doxra, aeu doengz miz lwed noh gij yw doenghdoz daeuj bouj haw dwg ceiq miz yauq.

壮医的这一治疗原则，是根据壮医对人体生理病理和病因病机的认识而提出来的，并有效地指导实践。调气，即通过各种具体的治疗方法调节、激发或通畅人体之气，使之正常运行，与天地之气保持三同步。气病在临床上主要表现为疼痛及其他一些功能障碍性疾病，一般通过针灸、刺血、

拔罐或药物调气即可恢复正常。毒病在临床上主要表现为红肿痛热、溃烂、肿瘤、疮疖、黄疸、血液病等急性炎症及器官组织器质性病变，以及同时出现的功能改变。解毒主要通过药物的作用来达到治疗目的，有些毒在人体内可以化解，有些需要通过"三道"来清除，毒去则正安气复而向愈。以虚为主要临床表现的，多见于慢性病、老年病或邪毒祛除之后的恢复期内，治疗上以补虚为首要任务，壮医重视食疗和动物药，认为这在补虚方面尤其适用。因人为灵物，同气相求，以血肉有情之动物药来补虚最为有效。

(Roek) Canghyw Bouxcuengh Rox Binghmingz Caeuq Fuengfap Yawj Bingh
（六）壮医对病症名称的认识以及辩证辨病的基本方法

Ndaw saw geiq miz caeuq caen dieg caz ndaej mbanjcuengh bingh mingz daenz geij bak cungj. Ndawde mbouj noix bingh mingz miz baihnamz minzcuz daegsaek. Gyoeb daeuj gangj cujyau miz sa、mokdoeg、guj、doeg、rumz、caep roek daihloih. Suizdai Cauz Yenzfangh ndaw 《Lwnh Gak Cungj Binghgoek》nyinhnaeuz Lingjnanz hawj vunz baenz bingh dwg cungj "heiq yak" ndeu, caemh heuh heiqdoeg, fat cix dwgbingh. Yienghneix youq yw bingh fuengmienh aeu doeg guh binghmingz dwg gig ciengz raen, lumj sadoeg、mokdoeg、caepdoeg、rumzdoeg、gujdoeg、hanzdoeg、ndatdoeg、fouzmingz foegdoeg ddaengj. Daihloih baihlaj youh faen miz haujlai binghmingz engq saeq engq cibfaen hingzsiengqhaenx. Lumj sadoeg faen sa' ndat、sahanz、majvangzsa、sabeuhcez、sahoengzmauz、samoen daengj; mokdoeg faen guh mokdoeg hazheu、mokdoeg hazhenj、mokdoeg gyoet、mokdoeg ndat、mokdoeg ngoemx、mokdoeg hoenz、mokdoeg bya、mokdoeg heiq daengj; gujdoeg youh faen guj non、guj gwn、guj raemx、guj heiq daengj; rumzdoeg baugvat gij binghgyaej de engqgya lai dem, miz 36 cungj rumz caeuq 72 cungj doeg. Canghyw Bouxcuengh cawjcieng yawj bingh caeuq banhcwngq doxgap, yawj bingh guh cawj. Yawj bingh, dwg gietdingh baenzlawz bae yw caeuq baenzlawz hai dan yw; banhcwngq, couh dwg yawj binghsiengq, cim binghsiengq daeuj hai danfueng yungh yw, daj binghsiengq bienqvaq bae ndomq bingh bienq naek bienq yak, yw mbouj yw ndaej.

文献记载和实地调查搜集到壮医病症名称达数百种之多。其中不少病症名称具有浓厚的岭南地方民族特色。概括起来主要有痧、瘴、蛊、毒、风、湿六大类。隋代巢元方《诸病源候论》认为岭南致病因素是一种"恶气"，亦称毒气，发而为病。因此临床上以毒命名的病名最为普遍，如痧毒、瘴毒、湿毒、风毒、蛊毒、寒毒、热毒、无名肿毒等。大类下面又可分为许多更为具体的甚至十分形象的病症名称，如痧毒分为热痧、寒痧、蚂蝗痧、漂蛇痧、红毛痧、闷痧等；瘴毒分为青草瘴、黄茅瘴、冷瘴、热瘴、哑瘴、烟瘴、岚瘴、毒气瘴等；蛊毒又分为虫蛊、食蛊、水蛊、气蛊等；风毒包括的疾病更为广泛，有36种风和72种毒之分。壮医主张辨病与辨证相结合，以辨病为主。辨病，是决定治疗原则和开方用药的主要依据；辨证，则是处方用药的重要参考，从证的变化可以预测疾病是否趋重和恶化，甚至预后不良。

（Caet）Canghyw Bouxcuengh Rox Cim Cit Caeuq Gij Yunghcawq Yw
（七）壮医对针灸及药物治疗的认识

Canghyw Bouxcuengh youq ciengzgeiz hawj vunz yw bingh ndaw de roxnyinh，cim cit、saek lwed、beng gok、gvet sa gij yw bingh fuengfap neix cujyau dwg daj rog yw vunz，youq gwnz ndang vunz lohlungz、lohfeiz moux giz heiq comz de diuh heiq，coih cingq gyaemx dajdoeng lwedheiq ndangvunz，gya ak ndangvunz goengrengz naih bingh，gyavaiq gej doeg roxnaeuz baiz doeg okrog ndang，hawj sam heiq fuk dauq doengzbouh cix yw ndei ndang bingh. Bouxcuengh canghyw ywsienq diemj cit mizmingz、canghdaeuz Lungz Yigenz gangj：“Binghgyaej mbouj dwg gag miz，cix dwg lwedheiq mbouj bingzyinz”，nyinhnaeuz ywsienq diemj cit daeuj yw bingh gij geileix de couh dwg diuhcingj、diuhleix、diuhdoengh lwedheiq ndangvunz，hawj de bingzyinz，binghgyaej cix gag ndei lo.

壮医从长期的临床实践中认识到，针灸、刺血、拔罐、刮痧等这一类的治疗方法，主要是通过外治的方法，在人体龙路、火路的某些体表气聚部位施以调气治疗，调整调节和畅通人体气血，增强人体抗病能力，加速邪毒化解或排出体外，使三气复归同步而达到治疗目的。著名壮医药线点灸专家龙玉乾指出，“疾病并非无中生，乃系气血不均衡”，认为药线点灸的治疗机理就在于调整、调节、调动人体气血，使之趋于均衡，则疾病自然痊愈。

Canghyw bouxcuengh miz gingniemh aeu yw daeuj yw bingh，nyinhnaeuz yw miz yungh，couh youq gij yw singq bien haenq，aeu daeuj coih cingq ndang bingh gij yaem yiengz bienca dem sam heiq mbouj doengzyamq. Yw miz doenghduz、doenghgo caeuq rin'gvang，ciuq goengyungh daeuj faen miz ywdoeg dem yw gej doeg、yw mokdoeg、ywsieng、yw doiq ndat、ywbouj、yw fatsa、yw fungheiq、yw gaj non daengj. Comz hwnjdaeuj，faen baenz gej doeg caeuq boujhaw song daih loih. Aeu ywdoeg dem yw gej doeg daeuj gangj，canghyw Bouxcuengh miz aen dauhleix saedcaih ndeu：miz yiengh doeg lawz ndaej bingh，couh miz yiengh yw gej doeg de daeuj yw bingh，neix dwg it duz cawz it duz. Cix naeuz ywdoeg bonjndang youq itdingh liengh baihndaw，de lij dwg yw ndei yw bingh，gig miz yungh，neix couh dwg aeu doeg gung doeg. Mingzcauz canghyw ak Cangh Gingjyoz gaujcaz liux Lingjnanz Gij dieg mokdoeg de liux naeuz：“Yw yungh daeuj yw bingh，cix dawz doeg guh ak. Naeuz gij ywdoeg，dwg doxgaiq singqheiq miz bienca de …… aeu daeuj cawz heiq yak ndaw ndang vunz.”

壮医具有丰富的药物治病的经验，认为药物的治疗作用，在于以其性味之偏，来纠正人体病态下的阴阳偏胜和三气不同步状态。药有动物、植物和矿物，以功用区分有毒药和解毒药、治瘴气药、治跌打损伤药、清热药、补益药、治痧证药、祛风湿药、杀虫药等。总而言之，可分为解毒和补虚两大类。以毒药和解毒药来说，壮医基于一个极其朴实的道理：有什么样的邪毒致病，必然有相应的解毒药治病，即所谓一物降一物。而且毒药本身，在一定的量内，还是具有重要治疗作用的良药，所谓以毒攻毒。正如曾经考察过岭南瘴区的明代医家张景岳所说：“药以治病，因毒为能。所谓毒药，是以气味之有偏也……所以去人之邪气。”

Dieg Bouxcuengh nywj nya faex mwn, seiqgeiq ciengz heu, hawj canghyw yungh gvenq liux yw seng, caemh daezgoengq liux gij vanzgingj caeuq diuzgienh yungh yw singjsien. Yungh yw saedsaeh biujmingz, miz mbouj noix yw singjsien, gij ywyauq de ndei gvaq yw roz yw ceiq. Daegbied dwg yw ngwzdoeg haeb sieng, doengciengz cungj yung yw singjsien ndei. Hawyw Bouxcuengh daj ciuhgeq daengz banneix cungj itcig louzhengz mbouj saix. Lumj Cingsih Guengjsae, moix bi Donngux cungj miz hawyw hung, hwnj haw yw seng miz baenz geij bakcungj, vunz ganj hawyw baenz fanh. Neix dwg gyaulouz gingniemh rox yw caeuq re bingh yw bingh ceiq ndei seizgei, caemh yienh'ok gij bingjsingq Bouxcuengh gyaez yw haenx. Mbouj noix vunz daj goyw yienghsiengq feihdauh couh daihgaiq cai ok gij goengnaengz de, caiq dawz gij gingniemh yungh yw bien baenz go, fuengbienh damz boih caeuq biet sae. Lumj: Go gaeu doeng sim dingh gyoenq rumz, doiq nga doiq mbaw ndaej cawz hoengz; ngeiq mbaw miz oen ndaej siu foeg, ndaw mbaw miz ieng goeng cawz doeg; manh hom daengx in caenh hanz caep, feih gam baenz bouj ndang nyemq yungh; gongq nduen va hau yw singq hanz, yw ndat go fueng va saek hoengz; rag henj siu ndat doiq henj yungh, hoh hung laemx sieng ciep ndok ak; haemz ndaej gej doeg caemh siu ndat, hamz liengz roengz laj gung gij nyangq; feih cit lai dwg yw leih raemx, saep soemj sou bak swiq nong uq……

壮族地区草树繁茂, 四季常青, 使壮医形成了喜欢使用生药的习惯, 并提供了使用新鲜药物的环境和条件。临床实践表明, 有不少新鲜药物, 效果优于干品和炮制品。特别是治疗毒蛇咬伤的草药, 一般都是以鲜用为佳。壮乡的药市, 从古到今, 一直盛行, 经久不衰。如广西靖西, 每年端午节都自发举行规模盛大的药市, 上市的生草药达数百种之多, 赶药市者上万人。可以说这是交流药材知识和防治经验的良好机会, 也是壮族人民崇尚医药的体现。不少民间壮医, 从生草药的形态性味, 就能大抵推测出其功能作用, 并将这些用药经验编成歌诀, 便于吟诵和传授。如: 藤木通心定祛风, 对枝对叶可除红; 枝叶有刺能消肿, 叶里藏浆拔毒功; 辛香定痛驱寒湿, 甘味滋补虚弱用; 圆梗白花寒性药, 热药梗方花色红; 根黄清热退黄用, 节大跌打驳骨雄; 苦能解毒兼清热, 咸寒降下把坚攻; 味淡多为利水药, 酸涩收敛涤污脓……

Gij lijlun dijhi ywcuengh, dwg canghyw Bouxcuengh youq gwnz gingniemh rox haeuj laeg le ndaej daengz daezswng. De mbouj dwg moux boux canghyw gag caux, cix dwg fouzsoq boux canghyw ciengzgeiz caeuq bingh gyaej doxdaeuq ndaej gingniemh caiq daezswng. Ywcuengh Lijlun cobouh baenz le dijhi, yinx loh hawj canghyw Bouxcuengh bae yw bingh, miz swhgeij deihfueng minzcuz daegsaek, gij sengmingh ywcuengh lijlun couh youq gizneix. Ywcuengh daj neix hwnj caemh ndaej heuh guh "yw cuenghhag". Riengz canghyw Bouxcuengh yw bingh caeuq gohyoz gisuz seizneix cinbu, ywcuengh lijlun youq saedyungh ndawde ndaej mboujduenh boujcung、coihcingq、gaijndei, youq gohyoz gisuz seizneix doidoengh liux cix mboujduenh daezsang. Ywcuengh geq laux itdingh ndaej daj lijlun daengz yw bingh cungj miz mienhsiengq moq ndwn youq lajmbwn seiqgyaiq gyang conzdungj yihyoz ndawde.

壮医理论体系, 是壮医的实践经验在认识上的飞跃。它不是某一个壮医的个人创造, 而是无数壮医长期同疾病做斗争的经验总结和升华。初步形成体系并有效地指导着壮医的临床实践，具有一定的地方民族特色，这是壮医理论的生命力所在。壮医从此可称之为"壮医学"。随着壮医临床实践的发展和现代科学技术的进步，壮医理论将在实践的检验中不断补充、修正和完善，在现代科学技术的推动下不断提高。古老的壮医必将从理论到临床，以崭新的面貌屹立于中国和世界传统医学之林。

Daihngeih Ciet　Yungh Yw Caeuq Ndaem Yw
第二节　壮药的使用与种植

Ciuq Cungguek ligdaih gij saw bwnjcauj caeuq gak cungj cazgi、difanghci geiq miz haenx, dou cobouh sou ndaej 1949 nienz gaxgonq gij yw dieg Bouxcuengh canjok haenx daengz 215 cungj doxhwnj. Ndawde yw gvang'vuz 9 cungj, yw doenghduz 13 cungj, yw doenghgo 193 cungj. Daj yw hauq daeuj faen, miz yw funghanz、yw doiq ndat gej doeg、yw dingh ging、yw dungxhanz、yw fungheiq、yw vaqdoengq、yw leih nyouh baiz raemx、yw ngab、yw hoenq、yw liengz lwed hoiz feiz、yw liengz lwed ndat、yw gej sa、yw ndaw haw ndat、yw baiz doeg doiq feiz、yw haex conh、yw bouj heiq、yw daengx rueg、yw sanq lwed、yw daengx lwed、yw gej doeg、yw bouj yaem、yw bouj yangz、yw bouj mamx、yw bouj bwt、yw cangq mak、yw bouj lwed、yw daengx hanh liengz、yw an saenz、yw doeng ndaeng saek、yw daj non、yw fatnit、yw diuh ging、yw doeng ging、yw coi cij、ywsieng、yw baiz nong、yw maj noh moq、yw ro、yw baez gyoenj、yw oep daengj. Linghvaih, cojcoeng Bouxcuengh youq Cincauz roxnaeuz Cincauz gaxgonq, couh rox yungh gak cungj ywdoeg guh naqdoeg, ligdaih doiq neix lai miz geiq loeg. Lumj Cincauz Cangh Vaz《Bozvuz Ci》gienj daih ngeih geiq miz：Vunz daez aeu doengz guh byainaq, duz ywdoeg youq bak naq liem, boux deng nyingz doiq couh dai.《Mingzsij》gienj daih sam it caet geiq miz：Bouxcuengh ceiq rox coq ywdoeg youq byainaq liem, byawz deng nyingz doiq cungj dai, lienz Bouxyiuz cungj lau. Ndaej raen gij naq doeg vunzciuhgonq Bouxcuengh cauh haenx vilig haemq hung, youq dangseiz dwg cungj vujgi senhcin ndeu. De doiqfouq ndaej gak cungj nyaen ak, hix doiqdingj ndaej vunzrog daeuj famh, ligdaih cungj caux cungj yungh, eiqngeih laux raixcaix. Daj neix yawj, daengz 1949 nienz, yw Bouxcuengh gij monzloih de gaenq maqhuz caezcienz lo.

根据中国历代本草、各种杂记、地方志的记载，我们初步收集到1949年以前壮族及其先民使用的药物达215种以上。其中矿物药9种，动物药13种，植物药193种。从药物的功效来分，有祛风寒药、疏风热药、解痉药、温寒药、祛湿药、化浊药、利尿逐水药、化痰止咳药、止喘药、清热泻火药、清热解毒药、清血热药、解暑药、清虚热药、清肝明目药、止泻药、理气药、止呕药、活血散瘀药、止血药、解毒药、补阴药、补阳药、健脾药、补肺药、固肾药、补血药、止汗药、安神药、开窍药、驱虫药、治疟药、妇科调经药、通经药、下乳药、消肿止痛药、解毒排脓药、去腐生肌药、治癣药、治痔疮药、外用药等。此外，壮族先民在晋或晋以前，就已经掌握和利用各种毒药制备毒箭，历代对此多有记载。如晋张华的《博物志》卷二中记载：俚人以焦铜为镝（箭头），涂毒药于镝锋，中人即死。《明史》卷三一七中记载：壮族人善传毒药弩矢，中人无不应毙，四姓瑶亦惮之。可见壮族先民制备的毒箭具有相当的威力，在当时是一种先进的武器。它既可以对付各种猛兽，亦可抵御外侵，历代都有制造和应用，意义重大。由此可见，壮族所使用的药物，至1949年，就其门类而言已经是相当齐全了。

Gij yw dinzyienz 215 cungj ok youq rangh dieg Bouxcuengh haenx miz cihsaw ndaej ciuqyawj, ndawde Handai miz 13 yiengh, Veicin Nanzbwzcauz 17 yiengh, Suizcauz 28 yiengh, Sungdai 23 yiengh, Mingzdai 44 yiengh, Cinghdai 21 yiengh, Minzgoz 69 yiengh. Aen cwngzgoj yw caeuq bingh caez doucwngh baenz haenx, dwg gij doxgaiq gyoengq vunz cien bak bi daeuj saedceij sizcen ginghnen cix aeundaej. Yienghneix, moix aen minzcuz cungj miz gij yw de sien fatyienh caeuq sawjyungh haenx, Bouxcuengh hix mbouj laehvaih. Aekex、samcaet、rummumhlungz、gizlicauj、hingbya、gaeuhenj、majdouhlingz、goekgyoij、lanzyoz、daimau、duzgvi、duznag daengj, couh dwg gij yozvuz vunzciuhgong Bouxcuengh sien yungh gonq.

壮族使用的有据可考的215种天然药物中，始于汉代的有13种，魏晋南北朝的17种，隋唐的28种，宋代的23种，明代的44种，清代的21种，民国的69种。药物是人类与疾病斗争的成果，是人们千百年来生活实践经验的产物。因此，每个民族都有其首先发现和使用的药物，壮族也不例外。蛤蚧、三七、钗子股、吉利草、山姜、黄藤、马兜铃、甘蔗根、蓝药、玳瑁、疟龟、山獭等，都是壮族先民首先使用的药物。

Gij saw ceiq gonq geiq Bouxcuengh yungh yw haenx, miz vunz nyinhnaeuz dwg Cangoz seizgeiz saw《Sanhhaijgingh》, baengzgawq de gojnwngz dwg bonj saw neix geiq miz le go'gviq. Linghvaih, miz vunz nyinhnaeuz gij yw《Sanhhaijgingh》soj geiq haenx, "cuzyiz" couh dwg "gviqcaz", "bwzgiu" couh dwg gosijsu Bouxcuengh yungh daeuj cawz sing lwgsae sing gyapbangx. Hoeng, ndaw《Sanhhaijgingh》yienznaeuz geiq miz "go'gviq", cix mbouj sij goengnaengz yaugoj, gangjmingz dangseiz gyoengqvunz lij caengz dawz go'gviq guh yw daeuj yungh. Gvendaengz cuzyiz caeuq bwzgiu,《Sanhhaijgingh》gangj cuzyiz dwg "rum"（caujbwnj cizvuz）, "yiengh de lumj byaekgep"；bwzgiu dwg "faex"（muzbwnj cizvuz）, "yiengh de lumj gosa（couh dwg gosa yungh daeuj caux ceij）", "feihdauh lumj diengzniu". Mingzyienj, ndaw《Sanhhaijgingh》geiq gij cuzyiz caeuq bwzgiu nem gveicaz、gosijsu ca haeuj lai. Ndaej raen daengz miz saw geiq Bouxcuengh yungh yw, dwg daj《Sanhhaijgingh》hwnj cungj gangjfap neix, caengz miz baengzgawq ndei saenq. Couh seizneix soj miz swhliu daeuj gangj, cihsaw geiq Bouxcuengh yungh yw ceiqcaeux youq Handai, hoeng bouxvunz ganq ndaem goyw cix daj Mingzdai cij miz.

关于壮族使用药物的最早文字记载，有人认为是战国时期的《山海经》，其依据可能是该书记载了广西盛产的肉桂。另外，有人认为《山海经》中所载的药物，"祝余"即是"桂茶"，"白咎"即壮族用以去除螺蚌腥臭的紫苏。但是，《山海经》中虽载有"桂"，却没有写其功效，说明当时人们还未把桂当做药物使用。至于祝余和白咎，《山海经》中说祝余为"草"（草本植物），"其状如韭"；白咎为"木"（木本植物），"其状如穀（楮树，即造纸的沙树）"，"其味如饴"。显然，《山海经》中所载的祝余与白咎和桂荼与紫苏相去甚远。可见所谓壮族用药的文字记载，始于《山海经》中之说，尚无可靠依据。就目前所见资料而言，壮族用药的最早文字记载是在汉代，而人工栽培药物则始于明代。

It. Gij yozvuz rangh dieg Bouxcuengh mizok、sawjyungh ligdaih vwnzyen geiq miz haenx

一、历代文献记载的壮族常用药物

（It）Ywcuengh Handai

（一）汉代壮药

Guek raeuz ceiq caeux miz bonj saw yw cienmonz ndeu—《Sinznungz Bonjcaujgingh》, Dunghhan seiz sijbaenz saw. Bonj saw neix, geiq miz gij yw vunzciuhgonq Bouxcuengh yungh haenx 9 cungj. Linghvaih, youq gij diegcomz vunzciuhgonq Bouxcuengh haenx vat aen moh Handai, youh fatyienh 3 cungj. Lingh miz cungj ndeu, geiq youq 《Nanzfangh Caujmuzcang》.

我国最早的药学专著《神农本草经》，成书于东汉。在这部专著中，收载了壮族先民使用的药物9种。此外，壮族先民聚居地出土的汉墓中，又发现壮族先民使用的药物3种。另有一种，载于《南方草木状》中。其中几种如下。

（1）Go'gviq（gviqbeiz、nga go'gviq）Guengjsae miz go'gviq ceiq lai, dangguh yw sou haeuj bwnjcauj bae, ceiq sien geiq youq 《Sinznungz Bonjcaujgingh》. "Go'gviq ok youq Hozbuj，" yw singq sanq hanz daengx in, vaij lwed doeng ging, doeng lwedmeg, cawz cou nit. Nga go'gviq sanq hanh, naeng go'gviq baenz bouj. （Guengjsae go'gviq mbaw saeq raen doz 11-2-1）.

（1）桂（桂皮、桂枝）。广西盛产桂，作为药物收载于本草的，则始载于东汉成书的《神农本草经》。"桂出合浦"，药性散寒止痛，活血通经，通血脉，除秋冷。桂枝发散，皮能补益。（广西细叶香桂见图11-2-1）。

（2）Hingsa（doz 11-2-2）. Hingsa hom youh doiq mamx dungx ndei,

Doz 11-2-1　Guengjsae go'gviq mbaw saeq
图11-2-1　广西细叶香桂

cojcoeng Bouxcuengh youq Dunghhan caeux couh rox yungh lo，gyoengqde lij dawz hingsa caeuq gij haeuxcid Bouxcuengh maij gwn haenx guhbaenz faengxhingsa miz mingz.“Hingsa doiq mamx doiq dungx ndei，Cujyau yw dungxget caeuq sim heiq mbouj gaeuq，yw gyanghwnz nyouh conh hoengz doengq."

　　（2）益智子（图11-2-2）。壮族先民早在东汉就已经使用了既芳香又具有健脾胃作用的益智子，将益智子和壮族人爱吃的糯米做成有名的益智粽。“益智子能益脾胃……主治冷气腹痛及心气不足，梦泄赤浊。”

Doz 11-2-2　Hingsa
图11-2-2　益智子

　　（3）Go'gyamj.“Makgyamj feihdauh singj，loq haemz saep，nyaij cix hom，giengz gvaq gamz linxgaeq hom."“Caemh ndaej cawj guh caz，gwn liux ndaej singj laeuj." 1976 nienz，daj aen moh Handai 1 hauh dieg Guengjsae Gveiyen（seizneix heuhguh Gveigangj Si）Lozbwzvanh vat ok ngveih go'gyamj，Cienzbouh dwg 3~4 gak.

　　（3）橄榄。“橄榄味雅苦涩，咀之芳馥，胜含鸡舌香。”“亦堪煮饮，饮之能消酒。”1976年，广西贵县（今贵港市）罗泊湾1号汉墓出土的橄榄核，俱3~4角。

　　（4）Haeuxrou（doz 11-2-3）.《Sinznungz Bonjcaujgingh》lied guh doxgaiq ndei，cujyau yw hwnjgeuq，iet gaeuz mbouj ndaej，gwn nanz ndang ndei. 1974 nienz，Guengjsae Bingzloz Yen Yinzsanhlingj vat aen moh Handai seiz vatok haeuxrou.

　　（4）薏苡仁（图11-2-3）。《神农本草经》中收载了薏苡（仁），列为上品，主治筋急拘挛，不可屈伸，久服益气。1974年，广西平乐县银山岭汉墓出土薏苡（仁）。

Doz 11-2-3　Go Haeuxrou
图11-2-3　薏苡仁

（5）Hing. Gyoengq vunz Bouxcuengh maij yungh hing, gak ranz ndaw suen ciengzseiz ndaem miz.《Sinznungz Bonjcaujgingh》 gangj: Gwn hing nanz le cix gyaenq ndaej heiq haeu, cingsaenz ndei. Hing ndip yungh ma fat hanh, Hing cug yungh ma hoz ndang. 1976 nienz daj aen moh Handai 1 hauh dieg Guengjsae Gveiyen（seizneix heuhguh Gveigangj Si）Lozbwzvanh vat ok gij doenghgo ndawde couh miz hing.

（5）生姜。壮族群众习用姜，多有种植。《神农本草经》中言：姜久服去臭气，通神明。生用发散，熟用和中。1976年广西贵县（今贵港市）罗泊湾1号汉墓出土的植物中有姜。

（6）Maknganx. Rangh dieg Bouxcuengh lai miz maknganx（ciuhgonq dwg mak cwx）, bouxboux cungj maij gwn. Dangguh yw,《Sinznungz Bonjcaujgingh》 baeznduj geiq miz, cujyau yw bingh dungxsaej, mbouj maij gwn. Gwn nanz le ndangcangq vunz coengmingz, ndangmbaeu vunzoiq, cingsaenz ndei.

（6）龙眼。壮族地区盛产龙眼（古时为野生），人人喜食。作为药物，始载于《神农本草经》，主治五脏邪气，安志厌食。久服强魂聪明，轻身不老，通神明。

（7）Sahoengz（cuhsah）.《Sinznungz Bonjcaujgingh》sou miz sahoengz, lied guh doxgaiq ndei, cujyau yw "ndawndang dungxsaej gak cungj bingh", "ciengx saenz, dingh hoenz, bouj heiq da cingx". 1972 nienz, Guengjsae Sihlinz Yen vat aen moh Handai ndeu miz sahoengz.

（7）丹砂（朱砂）。丹砂在《神农本草经》中被列为上品，主治"身体五脏百病"，"养神明，安魂魄，益气明目"。1972年，广西西林县出土汉墓中有丹砂。

（8）Rinraeuz. Rinraeuz baenz yw, baeznduj geiq youq 《Sinznungz Bonjcaujgingh》, cujyau yw ndang remj, siu gij remj gij nit ndaw dungx. 1984 nienz, Guengjsae Liujgyangh Yen vat aen moh Handai ndeu, miz rinraeuz oknamh.

（8）滑石。滑石，作为药物，始载于《神农本草经》，主治身热泄澼，荡胃中积聚寒热。1984年，广西柳江县汉墓出土有滑石。

（9）Rinyagnywx.《Sinznungz Bonjcaujgingh》heuhguh sizcunghyij, lied guh doxgaiq ndei. Cujyau yw ae'ngab, doiq lwgda doiq mak ndei, onjdingh dungxsaej, doeng gak aen gvanhcez, ndei da、rwz、bak daengj, coi raemxcij.

（9）钟乳石。《神农本草经》中将其取名石钟乳，并列之为上品。主治咳逆上气，明目益精、安五脏，通百节，利九窍，下乳汁。

（10）Vagimngaenz. Youh heuhguh "yinjdung". Cujyau yw nit ndat ndang foeg, gwn nanz le ndang mbaeu ndaej gyaeu. 1976 nienz aen moh Handai 1 hauh dieg Guengjsae Gveiyen（seizneix Gveigangj Si）Lozbwzvanh vat ok vagimngaenz（doz 11-2-4）.

（10）金银花。又名"忍冬"，主治寒热身肿，久服轻身长年益寿。1976年广西贵县（今贵港市）罗泊湾1号汉墓出土有金银花。（图11-2-4）

Doz 11-2-4　Vagimngaenz
图11-2-4　金银花

（11）Vaceu（cinzciuh）.《Sinznungz Bonjcaujgingh》 geiq miz cinzciuh. Gveigangj Si Lozbwzvanh aen moh Handai 1、2 hauh dieg cungj vat ok gij vaceuuguh yw yungh haenx.

（11）花椒（秦椒）。《神农本草经》收载秦椒。贵港市罗泊湾1、2号汉墓均出土了作为药用的花椒。

（12）Goruenz（gouqcouh'wngq, youh heuh guh faex mbeimui, doz 11-2-5）. Cujyau yw gij bingh seizhah ndat lai deng ganjmau haenx, senq youq Handai couh rox yungh. 1976 nienz daj aen moh Handai 1 hauh youq Gveiyen（seizneix dwg Gveigangj Si）Lozbwzvanh vat ok habvax cang miz goruenz（doz 11-2-6）.

（12）铁冬青（救必应，又称"熊胆木"，图11-2-5）。铁冬青主治暑季外感高热，是消暑的有效良药，早在汉代就广泛应用。1976年贵县（今贵港市）罗泊湾1号汉墓出土的陶盒内盛有铁冬青（图11-2-6）。

Doz 11-2-5　Goruenz Guengjsae
图11-2-5　广西的铁冬青

Doz 11-2-6　Gveigangj Lozbwzvanh aen moh sihhan oknamh gij yw goruenz cang youq ndaw habvax
图11-2-6　广西贵港市罗泊湾西汉墓出土的陶盒内盛有铁冬青（药）

（13）Goginqsauj（doz 11-2-7）.《Sinznungz Bonjcaujgingh》 lied go yw neix baenz yw ndei. Bouj dungxsaej naiqhaw, bouj yaem bouj yiengz, ak saej dungx.

（13）铁皮石斛（图11-2-7）。铁皮石斛被《神农本草经》列为上品，补五脏虚劳，强阴益精，厚肠胃。

Doz 11-2-7　Gogingqsauj
图11-2-7　铁皮石斛

（Ngeih）Ywcuengh Veihcin Nanzbwzcauz

（二）魏晋南北朝壮药

Youq mwh Veihcin Nanzbwzcauz（220~589 nienz），bonj saw 《Nanzfangh Caujmuzcang》 duh Gih Hanz、saw 《Fueng Danghaenq Laeng Cug》 duh Goz Hungz daengj geiq miz gij yw Lingjnanz "Vunznamz" "Vunzdaez" "lwgdaez" "vunzdo"（vunzciuhgonq Bouxcuengh mbouj doengz heuhfap）yungh haenx cib lai cungj.

在魏晋南北朝（220~589年）期间，嵇含的《南方草木状》，葛洪的《肘后备急方》等记载有岭南"南人""俚人""俚子""彼土人"（壮族先民不同称谓）使用的药物十多种。

（1）Gizlicauj. Cindai 《Nanzfangh Caujmuzcang》 geiq miz："Gizlicauj, ganj de lumj rummumhlungz, yiengh lumj gogingqsauj, goek lumj goek gocozyoz. Ndawbiengz Gyauhgvangj lai miz doenghduz lai miz gujdoeg, cij miz cungj yw neix gaij ndaej ceiq lingz."

（1）吉利草。晋代的《南方草木状》中记载："吉利草，其茎如金钗股，形类石斛，根类芍药。交广俚俗多蓄蛊毒，惟此草解之极验。"

（2）Maklangz. Baihnamz mokdoeg lai, cojcoeng Bouxcuengh gwn maklangz daeuj caenh mokdoeg, roengz heiq, siu gaiqgwn, gaenq hwnj yinx gvaq.

（2）槟榔。岭南多瘴气，壮族先民吃槟榔以驱瘴、下气、消食，已成酷嗜。

（3）Hingbya. Cojcoeng Bouxcuengh youq Cindai couh rox yungh dang hingbya daeuj yw dungx liengz, Cindai 《Nanzfangh Caujmuzcang》 geiq: "Hingbya, gaenh va, mbaw couh dwg hing…… Vunz baihnamz senj gohing caengz hai va de mbaet, coq gyu dak roz le baek yw gwn, yw heiq liengz ndei dangqmaz."

（3）山姜。壮族先民在晋代使用山姜汤治冷气，晋代的《南方草本状》中记载："山姜，花茎，叶即姜也……南人选未开折者，以盐藏曝干煎汤，极能治冷气。"

（4）Byaekmbungj. Byaekmbungj youh heuh "byaekdoengsim", dwg cungj byaek Bouxcuengh ciengz gwn ndeu. Lai ndaem ndaw reih, hix ndaem youq ndaw raemx. Ndawbiengz yungh daeuj gaij gij doeg gaeugei. Cindai 《Nanzfangh Caujmuzcang》 geiq: "Byaekmbungj, mbaw lumj gobaeng hoeng lai iq, singq liengz mbaw van, vunz baihnamz bien sazgo'ngox, ndaem youq ndaw raemx, dwg gij byaek geizheih baihnamz, gaeugei miz doeg haenq, aeu gij raemx byaekmbungj doek coq nyod de, dangseiz couh dai."

（4）蕹菜。蕹菜又称"通心菜"，是壮族常吃的蔬菜。多种于地，也种于水。民间用之解断肠草中毒。晋代的《南方草木状》中记载："蕹，叶如落葵而小，性冷叶甘，南人编苇筏，种于水上，南方之奇蔬也，冶葛有大毒，以蕹汁滴其苗当时萎死。"

（5）Gamcauj. Cindai Goz Hungz sij 《Fueng Danghaenq Laeng Cug》 gangj: "Lingjnanz ywdoeg, Bouxdaez miz fap gaij ndaej……, yw neix dwg yw bingzciengz, lumj gaeuhenj、duhlinzdwngz、lanzsiz、gaeuvahau、gamcauj、go'gyoij、govahaeux、govahaeuxdoj daengj." Neix couh gangjmingz vunz ciuhgonq Bouxcuengh Cindai gaenq yungh gamcauj daeuj gaij doeg lo. Nanzcauz bonj saw 《Mingzyih Bezluz》 geiq miz: "Gamcauj youq gyoengq yw ndawde dwg yw ceiq cujyau, ndaej caeuq doengh ywgo caez gaij ywdoeg."

（5）甘草。晋代葛洪在《肘后备急方》中说："岭南毒药，俚人有解治法……其药并是常药，如黄藤、都淋藤、蓝实、白花藤、甘草、甘蕉、常山、土常山等。" 说明晋代的壮族先民已使用甘草作为解毒药。南朝《名医别录》中记载："甘草最为众药之主，能安和草石而解诸毒也。"

（6）Gaeuhenj. Cindai 《Fueng Danghaenq Laeng Cug》 gangj daengz Lingjnanz Bouxdaez yungh gaeuhenj gaij ywdoeg.

（6）黄藤。晋代的《肘后备急方》中说及岭南俚人使用黄藤做解毒药。

（7）Majdouhlingz（gaeu duhlinz, doz 11-2-8）. Vunzciuhgonq Bouxcuengh youq Cindai caeux couh yungh Majdouhlingz gaij ywdoeg, Cindai Goz Hungz sij 《Fueng Danghaenq Laeng Cug》, ndaw de yinx vah bouxguen Siz Ben: "Lingjnanz Bouxdaez, lai miz gijgwn dengdoeg, vunz dengdoeg neix menhmenh cix gwn mbouj ndaej, ndang cix menh raeng hwnjdaeuj, nit lumj deng mokdoeg. Yungh gaeu duhlinz cib lienqx, raemx daeuj ndeu, laeuj song swng, cawj baenz sam swng, faen sam faenh, ok nyouh doeg cix ok. Mbouj ndei caiq gwn. Vunzdoj heuhguh goneix guh yw sam bak liengx ngaenz."

（7）马兜铃（又名"都淋藤"，图11-2-8）。壮族先民早在晋代就用马兜铃做解毒药，晋代葛洪的《肘后备急方》中引席辩刺史言："岭南俚人，多于食中毒，人渐不能食，胸背渐胀，先寒似瘴。用都淋藤十两，水一斗，酒二升，煮三升，分三分，毒逐小便出。不瘥更服。土人呼为三百两银药。"

Doz 11-2-8　Majdouhlingz

图11-2-8　马兜铃

（8）Gaeuvahau. Cojcoeng Bouxcuengh caeux youq Condai couh rox yungh gaeuvahau daeuj gaij doeg. Cindai Goz Hungz sij《Fueng Danghaenq Laeng Cug》，ndawde fueng'yw gaijdoeg yinx vah bouxguen Siz Ben："Yungh gaeuvahau 4 liengx, swiq le cab, gya cehcamz rauj 4 liengx, raemx 7 swng, cawj lij miz donh raemx ndeu, iek dungx faenh donq gwn. Aek miz di ndaet, mbouj lau, doeg couh gaij ndaej."

（8）白花藤。岭南壮族先民在晋代就已知用白花藤作为解毒药。晋代葛洪的《肘后备急方》中有引席辩刺史的解毒方："取白花藤4两，洗切，同干蓝实4两，水7升，煮取半，空腹顿服。少闷勿怪，其毒即解。"

（9）Cehcamz.《Sinznungz Bonjcaujgingh》lied guh yw ndei. Cehcamz cujyau gaij doeg. Cindai Goz Hungz sij《Fueng Danghaenq Laeng Cug》geiq miz gij ginghnen Lingjnanz Bouxdaez yungh cehcamz gaijdoeg haenx.

（9）蓝实。《神农本草经》列之为上品。蓝实主解诸毒。晋代葛洪的《肘后备急方》中记载了岭南俚人以蓝实解毒的经验。

（10）Goekgyoij. Go'gyoij couh dwg Bahciuh. Cindai bonj saw《Fueng Danghaenq Laeng Cug》，ndaw de geiq miz yungh goekgyoij yw ndei sojmiz bingh foegdoeg、funghcinj、gyaeujin，yungh goekgyoij cuk baenz boengz cix cat.

（10）甘蔗根。甘蔗即芭蕉。晋代的《肘后备急方》中有以甘蔗根治一切肿毒、赤游风疹、用芭蕉根捣烂涂之解风热头痛的记载。

（11）Sijginhswj（liuzgiuzswj, doz 11-2-9）.Gih Hanz《Nanzfangh Caujmuzcang》gangj liuzgiuzswj, yw bingh lwgnding, cujyau yw lwgnyez baenz bingh gam、nyouh henj, gaj deh, yw haexconh, dwg yw gwn ciengz donq.

（11）使君子（又名"留求子"，图11-2-9）。嵇含《南方草木状》谓之留求子，其可疗婴孺之疾，主治小儿五疳、小便白浊，杀虫，疗泻痢，是药膳重要原料。

Doz 11-2-9　Sijginhswj
图11-2-9　使君子

（12）Ngaihsaeq（doz 10-2-10）. Vunzcuengh cawj ngaihsaeq, gwn gij raemx neix yw fatnit, rog cix yw ndang humz. Cujyau yw nyanmboeng, gaj duznaenz, yw hohndok ndaw remj, da cingx. Goz Hungz youq Lingjnanz nanz, caen raen Lingjnanz fatnit yiemzcungh. De sij 《Fueng Danghaenq Laeng Cug》, ndaw saw sou miz dan fueng yw fatnit："Yungh heiqvaiz gaem ndeu, raemx song swng, cuk baenz raemx cix gwn."

（12）青蒿（图11-2-10）。壮民用青蒿水煎内服治疟疾，外用治身痒。主治疥痂疮，杀虱，治留热在骨节内，明目。葛洪久住岭南，目睹岭南疟患严重。在其《肘后备急方》中收载了疟疾寒热方："用青蒿一握，水二升，捣汁服之。"

Doz 11-2-10 Ngaihsaeq（cgoheiqvaiz）
图11-2-10 青蒿

（13）Govahaeux. Goz Hungz caengzging gangj Lingjnanz Bouxdaez yungh govahaeux、govahaeuxdoj，ndaw 《Fueng Danghaenq Laeng Cug》 duh de sou miz ywraemx ei binghnit：Yungh govahaeux liengx ndeu，haeucid bak naed，raemx roek swng，cawj baenz sam swng，faen sam mbat gwn.

（13）常山。葛洪曾言及岭南俚人使用常山、土常山，在《肘后备急方》中收载了截疟汤：用常山一两，秫米一百粒，水六升，煮三升，分三服。

（14）Maenzgex.《Sinznungz Bonjcaujgingh》lied baenz yw ndei. Nanzcauz Dauz Hungzgingj gangj："Yicouh ok go neix，Vunzdoj haenx rox raemj gocoengz ndaem maenzgex."

（14）茯苓。茯苓被《神农本草经》列为上品。南朝陶弘景言："今出郁州，彼土人及斫松作之。"

（Sam）Suizdangz Hajdaih Ywcuengh
（三）隋唐五代壮药

Suizcauz sevei ginghci caengzging miz mboengq ndeu ndaej fazcanj haemq daih. Suizcauz canghyw Cauz Yenzfangh sij miz 《Cuhbingyenz Houzlun》. Dangzdai engq seih miz 120 lai bi dwg aen seizgeiz hoenghhwdhwd. Aenvih ginghci fazcanj ndei lai，yihyoz ndaej fazcanj hoenghhwd，guek raeuz daih'it bonj yozdenj 《Sinhsiuh Bonjcauj》（genjcwngh guh 《Dangzbonjcauj》，baihlaj doxdoengz）cix sij ndaej okseiq lo，doeklaeng youh miz Cinz Cangzgi sij 《Bwnjcauj Sizyiz》、Lij Sinz sij 《Haijyoz Bonjcauj》. Doenghgij saw neix geiq miz bae yw cojcoeng Bouxcuengh yungh de. Linghvaih，Dangzdai lij miz gij saw cabgeiq lumj 《Bwzhuluz》

《Lingjbyauj Loegheih》daengj, caemh geiq liux mbangj yw cojcoeng Bouxcuengh yungh haenx, itgungh miz 28 cungj. Ndawde gij yw Bouxcuengh sien fatyienh、sien yungh de lumj aekex、rummumhlungz、duzgvi daengjdaengj.

隋朝社会经济曾有一段时期得到较大的发展。隋太医巢元方撰有《诸病源候论》。唐代更有120多年的全盛时期。由于经济繁荣昌盛，医药得到蓬勃发展，我国第一本药典《新修本草》（简称《唐本草》，下同）面世，此后又出了陈藏器的《本草拾遗》，李珣的《海药本草》。在这些专著中，记载有一批壮族先民使用的药物。此外唐代的一些杂记如《北户录》《岭表录异》等也记载了壮族先民使用的一些药物，总共28种。其中有壮族首先发现、使用的药物如蛤蚧、钗子股、疟龟等。

（1）Ngwzgim. Dangzdai Cinz Cangzgi naeuz："Lingjnanz lai doeg, yw ndaej gaij doeg, dwg ngwzgim caeuq mba samcaet."

（1）金蛇。唐代陈藏器言："岭南多毒，足解毒之药，金蛇、白药是矣。"

（2）Aekex（doz 11-2-11）. Aekex dwg gij yw mizmingz Bouxcuengh sien yungh haenx. Bouxcuengh heuh de guh "aekex", vih sing heuh cix ndaej mingz. Aekex yw bwt bingh heiq baeg, gwn aekex le heiq hoenq couh bienq ndei. Aekex youq Gveisihnanz miz lai, gyaep naeng mong ndaem, ndij Yeznanz、Dunghnanzya ok gij aekex gyaep loq hoengz de mbouj doengz. Dangzdai《Haijyoz Bonjcauj》geiq：Aekex youq Gvangjnanz, Bouxdaez hai dungx aekex, aeu duek cengq hai, dak rengj le cix bae haw gai, gijvunz aeu daeuj yw sieng……Cujyau yw lauzbingh、rueg lwed、deng ae. Cimq laeuj seiz deng vat lwgda aekex deuz, yienghneix saek laeuj engqgya ndei yawj（saek henj heu）. Aekex Guengjsae ok haenx duz hung, hauq yw hung, dwg yw ndei yw bwt bingh heiq hoenq, duz haj nyauj ceiq ndei.

（2）蛤蚧（图11-2-11）。蛤蚧是壮族首先使用的有名药物。壮族呼蛤蚧为"蜢蚥"（新壮文为"aekex"），因声而名。蛤蚧能治肺气喘，食用蛤蚧后气喘有所好转。蛤蚧主产于桂西南，其鳞皮灰黑色，与越南等东南亚所产蛤蚧鳞皮微红有异。唐代的《海药本草》中记载：蛤蚧生广南，俚人采之割腹，以竹张开，曝干鬻（卖）于市，彼人以疗拼伤……主肺痿上气、咯血、咳嗽。泡酒时要将蛤蚧的眼睛摘掉，以使酒色更为好看（黄绿色）。广西出产的蛤蚧个体大，药效高，是治疗肺气喘的良药，尤以五爪者为贵。

Doz 11-2-11　Aekex
图11-2-11　蛤蚧

（3）Daimau.《Bwnjcauj Sizyiz》 geiq："Daimau, nit, mbouj miz doeg, cujyau gaij Lingjnanz gak cungj yw doeg, Bouxdaez gwn lwed daimau, gaij gak cungj doeg."

（3）玳瑁。唐代的《本草拾遗》中记载："玳瑁，寒，无毒，主解岭南百药毒，俚人刺其血饮，以解诸药毒。"

（4）Mbeiduznuem.《Dangzbonjcauj》geiq：Duznuem ok youq Guengjsae、Gvangjcouh baihnamz Gauhcouh、Hocouh daengj dieg. "Mbei duznuem cujyau yw da foeg, simdungx get, dungx miz baez." Dangzdai Cinh Genz sij《Yozsing Bonjcauj》gangj："Rangh dieg Lingjnanz, gwn duznuem, mokdoeg mbouj famh."

（4）南蛇胆。《唐本草》中记载：蚺蛇（即南蛇）出桂、广以南高、贺等州。"蚺蛇胆主治目肿痛，心腹蜃痛，下腹蜃疮。"唐代甄权的《药性本草》中言："度岭南，食蚺蛇，瘴气不侵。"

（5）Rummumhlungz（Ginhcaihguj）. Cungj yw neix canj youq dieg Bouxcuengh Guengjsae baihsae. Vunzciuhgonq Bouxcuengh sien couh youq Dangzdai roxnaeuz beij neix lij gonq couh yungh cungj yw neix yw gujdoeg, vanzlij yw ndaej ndei. Dangzdai《Lingjbyauj Luzyi》geiq miz："Guengjsae lai miz gujdoeg, gijvunz de yungh ywdoj rummumhlungz daeuj yw, cib vunz gouq ndaej bet gouj vunz, cungj yw neix yiengh lumj goginqsauj."

（5）钗子股（金钗股）。本品产于桂西壮族地区。壮族先民早在唐代或此前用之治疗蛊毒，疗效甚佳。唐代的《岭表录异》中记载："广中多蛊毒，彼人以草药金钗股治之，十救八九，其状如石斛也。"

（6）Dujlozcauj. Dangzdai《Bonjcauj Sizyiz》geiq miz：Dujlozcauj, feihdauh van、raeuj, mbouj miz doeg, mbaw saeq raez, hwnj youq ndaw bya Lingjnanz, vunzdoj gwn neix, mienx deng mokdoeg.

（6）土落草。唐代的《本草拾遗》中记载：土落草，味甘、温，无毒，叶细长，生岭南山谷，土人服之，以避瘴气。

（7）Maknim. Dwg cungj mak Bouxcuengh maij gwn ndeu. Dangzdai《Lingjbyauj Luzyi》gangj：Naeng aeuj ndaw hoengz, van dangqmaz, doiq dungxsaej、doiq ndangnoh ndei. Lij Sizcinh sij《Bonjcauj Ganghmuz》hix geiq miz maknim, caemh gangj doiq dungxndaw、doiq ndangnoh ndei.

（7）都念子（倒捻子、桃金娘）。壮族称都念子为"稞檊"（古壮字，新壮文为"maknim"），是壮族爱吃的一种野果。唐代的《岭表录异》中说：外紫内赤，味甚甘软，暖腹脏、益肌肉。明代李时珍的《本草纲目》中有载，亦言暖腹脏、益肌肉。

（8）Gonoenh. Dangzdai Cinz Cangzgi gangj：Vunz Lingjnanz muz ngveih baenz mba, soemj hamz gej hat, gwn neix fuengz mokdoeg.

（8）盐肤子。唐代陈藏器言：岭南人取子为末吃之，酸咸止渴，将以防瘴。

（9）Makyid. Dangzdai Suh Gungh naeuz goyid hwnj youq Lingjnanz Gyauhcouh、Gvangjcouh、Aicouh daengj. Dangzdai《Haijyoz Bonjcauj》gangj：Gwn nanz le, ndang mbaeu ndaej gyaeu. Bouxcuengh gwn makyid lumj gwn mak. Mingzdai《Nanzningz Fujci》gangj：Cujyau boujheiq、rengz ak.

（9）余甘子（庵摩勒）。唐代苏恭言庵摩勒生岭南交、广、爱等州。唐代的《海药本草》言：久服，轻身延年长生。壮族将余甘子当野果吃。明代的《南宁府志》中云：主补益、强气力。

（10）Cazdaeng（gauhluz）. Dangzdai《Bonjcauj Sizyiz》sou miz gauhluz. Cawj raemx gwn, gej hat singj da sim mbouj fanz, hawj vunz mbouj ninz, siu myaiz leih nyouh. Vunz youh heuh "gujdinghcaz", hamz gwn, cing sim bwt, doiq hoz ndei.

（10）苦登（皋芦）。唐代《本草拾遗》中收载皋芦。煮饮，止渴明目除烦，令人不睡，消痰利水。俗称"苦丁茶"，噫咽，清上膈，利咽喉。

（11）Sizyoz. Dangzdai《Bonjcauj Sizyiz》geiq "Cungj yw neix daj rin ndaw bya Hocouh aeu daeuj, lumj rinsoiq、rinnauzsah. Feihdauh hamz、nit, mbouj miz doeg, Bouxdaez maij de, raek youq hwet, fuengz deng naq doeg, hix yw baezyak、ndat doeg baenzfoeg、baenznwnj、viz yoj daengj, caeuq raemx caez gwn".

（11）石药。唐代的《本草拾遗》中记载其"出贺州山内石上，似碎石、硇砂之类。味苦、寒，无毒，俚人重之，带于腰，以防毒箭，亦主恶疮、热毒痈肿、赤白游风、瘘蚀等疮，并水和服之"。

（12）Duzgvi. Dangzdai《Bonjcauj Sizyiz》geiq："Duzgvi, cujyau yw fatnit mbouj dingh, Bouxdaez heuhguh nitgvaiq, coemh duzgvi baenz daeuh, donq gwn song cienz, wngdang gwn noix di, yungh gyaeuj gvi ceiq ndei, roxnaeuz fat bingh seiz cawj dang naengh youq ndaw dang, roxnaeuz venj coq diegninz bouxbingh."

（12）疟龟。唐代陈藏器的《本草拾遗》中记载："疟龟，主治老疟无时，俚人呼为妖疟，用疟龟烧灰，顿服二钱，当微利，用头弥佳，或发时煮汤坐于中，或悬于病人卧处。"

（13）Gienghenj.《Dangzbonjcauj》geiq："cujyau yw lwed giet, doeng heiq, maj noh moq cij lwed, buq lwed rwix, ok nyouh lwed, yw sieng rog".

（13）郁金。《唐本草》中记载其"主治血积下气，生肌止血，破恶血，血淋尿血，金疮"。

（14）Diucangh.《Dangzbonjcauj》geiq："Diucangh hwnj youq luegbya Liujcouh, faex ciengh lai sang, bet gouj nyied vat rag, dak roz. Muz gwn yw binghhozlonq, rog yungh yw sieng cij lwed dingz."

（14）钓樟。《唐本草》中记载："钓樟生柳州山谷，树高丈余，八九月采根，日干。磨服治霍乱，外用金疮止血。"

Cawz neix liux, lijmiz rinhajfeiz、byaekninz、ho、vangzginz、vangzlienz、lienzgieng daengj yw caemh youq ndaw saw deihfueng loeg miz.

此外还有赤石脂、睡菜、蒜、黄岑、黄连、廉姜等药也在有关志书内载录。

（Seiq）Sungdai Ywcuengh

（四）宋代壮药

Bwzsung cogeiz, guenfueng cingjleix le《Gaihbauj Bonjcauj》；cunggeiz, aenvih miz youq daengx guek comz ndaej yozvuz swhliu、byauhbwnj, youz canghdenhvwnz Suh Sung bien le

《Bonjcauj Duzgingh》. Song bonj saw neix，geiq miz gij yw lwgminz Bouxcuengh yungh haenx gungh 17 cungj. Sungdai Fan Cwngzda、Couh Gifeih faenbied sij miz 《Gveihaij Yizhwngz Ci》《Lingjvai Daidaz》，song bonj saw neix geiq le gij yw Bouxcuengh sawjyungh haenx.

北宋初期，官修了《开宝本草》；中期，在征集全国药物资料、标本的基础上，由天文学家苏颂编修了《本草图经》。在这两书中，记载有壮族人民使用的药物共17种。宋代范成大、周去非分别撰有《桂海虞衡志》《岭外代答》，它们也记载了壮族人民使用的药物。

（1）Ragduhbya（doz 11-2-12）. Sungdai 《Bonjcauj Duzgingh》 geiq："Gij yw neix dwg Cunghcouh（seizneix heuhguh Fuzsuih Yen）、Vancouh（seizneix heuhguh Dasinh）ceiq ndei. Gamz youq ndaw bak gwn yw raemx，gaij ndaej hoz get". Guek raeuz 2000 nienz banj yozdenj vanzlij sou miz，vanzlij yungh daeuj yw hoz get hoz foeg.

（1）山豆根（图11-2-12）。宋代的《本草图经》中记载："以忠州（今扶绥县）、万州（今大新县）者为佳。含之咽汁，解咽喉肿痛"。我国2000年版药典仍收载，仍用于治咽喉肿痛。

Doz 11-2-12　Ragduhbya
图11-2-12　山豆根

（2）Noubya. Sungdai Fan Cwngzda gangj："Noubya cienmonz gwn ragduhbya，vunz Binhcouh dak rauj dungx Noubya guh yw. Heuhguh dungxnoubya，yw binghhozget，yauqgoj saenz raixcaix."

（2）石鼠。宋代范成大言："石鼠专食山豆根，宾州人以其腹干之，治咽喉疾，效如神。谓之石鼠肚。"

（3）Bwzdougou. Suh Sung gangj："Gvangjcouh、Yizcouh miz cungj neix". 《Gaihbauj Bonjcauj》geiq miz："Cujyau yw ndang liengz，dingz rueg，yw dungxfan，ndei baiz nyouh baiz haex."

（3）白豆蔻。苏颂言："广州、宜州有之"。《开宝本草》中记载："主治积冷气，止吐逆反胃，清谷下气。"

（4）Raetsamoeg. Sungdai 《Bonjcauj Dozgingh》 geiq miz："Raetsamoeg Yizcouh miz. Gwnz gosamoeg geq miz, yiengh lumj raet. Van、manh、loq raeuj, mbouj miz doeg. Cujyau yw heiqndat sim get daengj".

（4）杉菌。宋代的《本草图经》中曰："杉菌出宜州。生积年杉木上，状若菌。甘、辛、微温，无毒。主治心脾气痛及暴心痛"。

（5）Lwgcidmou. Sungdai Fan Cwngzda gangj："Boux deng mokdoeg, bingh lumj baenznit, ciengzseiz gwn lwgcidmou daeuj yw." Sungdai Couh Gifeih sij 《Lingjvai Daidaz》 gangj："Baihnamz fanh miz bingh, cungj gangj dwg deng mokdoeg, gizsaed dwg lumj binghsienghanz Cunghcouh, gibseiz gwn ywdan lwgcidmou, itbuen cungj ndei."

（5）附子。宋代范成大言："瘴者，如疟状，常以附子为急须。"宋代周去非的《岭外代答》中亦言："南方凡病，皆谓之瘴，其实似中州伤寒，急以附子丹砂救之，往往多愈。"

（6）Vagienghenj. Cungj yw neix couh dwg va gienghenj. Miz geiq cij miz Lozcwngz Yen ok. Sungdai 《Gaihbauj Bonjcauj》 geiq miz："Cujyau yw deng guj daengj gak cungj doeg."

（6）郁金香。本品即为郁金之花。一统志惟载罗城县出。宋代的《开宝本草》中记载："主治蛊野诸毒。"

（7）Caw. Cungj neix dangguh yw souhaeuj bonjcauj bae, Sungdai 《Gaihbauj Bonjcauj》 baeznduj sou, cujyau yw dinghsim, coq lwgda yw damueg. Cat naj nohnaj ndei. Coq rwz, yw rwznuk.

（7）珍珠。本品作为药物载于本草的，始于宋代的《开宝本草》，主治镇心，点目去肤翳障膜。涂面令人润泽好颜色。绵裹塞耳，主聋。

（8）Duzlinh. Sungdai Suh Sung gangj："Huzbwz Huznanz、Lingjnanz gak aen couh miz." Mingzdai 《Gvangjsih Dunghci》 geiq miz："Gyaep duzlinh guh yw, cujyau yw dingz dawzsaeg、raemxcij mbouj daeuj、baeznong miz doeg、hoh ndok in、mazmwnh noh sup."

（8）穿山甲。宋代的苏颂言："生湖广、岭南诸州。"明代的《广西通志》中有载："其鳞甲供药用，主治经闭、乳汁不涌、疽肿疮毒、关节痹痛、麻木拘挛。"

（9）Vamwnhdaxlaz. Sungdai 《Lingjvai Daidaz》 geiq："Guengjsae mwnhdaxlaz daz doh doengh liux, mbaw laux va hau, ceh lumj lwggwz, hoeng go miz oen saeq. Dwg cungj yw aeu bae doeg vunz ndeu." Yungh vamwnhdaxlaz guh ndaej ywmaz.

（9）曼陀罗花。宋代的《岭外代答》中记载："广西曼陀罗花遍生原野，大叶白花，结子如茄子而遍生小刺。乃药人草也。"用曼陀罗花可制成麻药。

Cawzliux gijneix, Lijmiz duznag、nyaenfuengz、caeglamz、laehcei、bizboz、gohingvuengz、duhguenjcauj、nywjgyongdoengz、nywjhom、lwggut gij yw neix geiq haeuj saw bae.

此外还有山獭、风狸、泽兰、荔枝、荜拔、高良姜、都管草、铜鼓草、零陵香、鹅抱等药载入文献中。

（Haj）Mingzdai Ywcuengh

（五）明代壮药

Mingzdai saedhengz aen ginghci cwngcwz yietnaiq ciengx vunz, naeuz gyoengq vunz aeu rox yiet gvaq saedceij, caemhcaiq senj vunz bae haifwz, fazcanj swnghcanj. Riengz sevei ginghci fazcanj, gohyoz vwnzva hix ndaej le fazcanj. Lij Sizcinh bien 《Bonjcauj Ganghmuz》 bonj sawyw hung neix youq Mingzdai cunggeiz okseiq lo, ndaw saw geiq miz gij yw Bouxcuengh yungh haenx 11 cungj, ndawde miz yw mizmingz samcaet. Daj Mingzdai hwnj, Guengjsae miz le difanghci, gaengawq doengjgeiq itgungh geiq miz gij yw rangh dieg Bouxcuengh canj、yungh haenx 33 cungj.

明代实行休养生息的经济政策，诏告臣民要安养生息，并移民开荒，发展生产。随着社会经济的发展，科学文化也得到发展。药学巨著《本草纲目》在明朝中期问世，书中记载有壮族使用的药物11种，其中有名贵药物三七。明代起，广西有了地方志，据统计共记载了壮族地区出产、使用的药物33种。

（1）Batgak. Mingzdai Lij Sizcinh gangj: "Guengjsae Dahyougyangh Dahcojgyangh miz batgak. Gyoengq beksingq cungj daiq riengz ndang, nyaij gwn. Yw rongznyouh heiq nit foeg get、gaij gijdoeg ndaw bya noh."

（1）八角茴香。明代李时珍说："广西左右江有之。俚俗多怀之衿祍咀嚼，治膀胱冷气肿痛、杀鱼肉毒。"

（2）Samcaet（doz 11-2-13）. Youh heuh guh "dienzcaet", dwg cungj yw mizmingz youh dijbauj ndeu, dwg cojcoeng Bouxcuengh sien rox yungh gonq. "Yiengh lumj dojbwzsuz, feihdauh lumj caem, dwg go ywdoj, baez giz sieng oklwed lai, yawj bakdeng coq yw, haemh ndeu song haemh couh hwnj gip lumj noh gaeuq; youh yw ndaej rueg lwed daengj gak cungj bingh." Lij Sizcinh gangj: "Guengjsae Nanzdanh gak aen cou miz, bingdoih baihnamz yungh gij yw neix daeuj yw sieng." Bouxcuengh yungh samcaet, miz gij daegdiemj de: Seng ndaej cij lwed sanq lweddai、dingz in, cug ndaej bouj lwed hab lwed.

（2）三七（图11-2-13）。又称"田七"，是壮族先民首先发现使用的一种名贵药物。"状似土白术，味甘如人参而厚，草本生者，惟重伤流血处，量疮附之，一二宿即痂脱如故；又可治吐血等诸病。"明代李时珍言："产广西南丹诸州峒，南人军中用为金疮要药。"壮族使用三七，有其特点：生用为止血散瘀定痛，熟用则补血和血。

Doz 11-2-13   Gij samcaet Guengjsae canj haenx（Doz swix dwg daengx go，doz gvaz dwg raggoek guh yw）

图11-2-13   广西出产的三七（图左是整株，图右是根茎）

（3）Sagieng. Bouxcuengh gyaez ndaem youq henz suen. 《Bonjcauj Ganghmuz》gangj: "gyang Guengjsae miz，vunz ciengz ndaem，Vunzdoj gwn ragde lumj gwn hing. Rag goek hom，raeuj，fouz doeg，gwn raeuj ndang，baex mokdoeg、heiq yak，yw sim dungx cengx，heiq in."

（3）山奈。壮族习称"沙姜"，种于菜园边。《本草纲目》中言："生广中，人家栽之，土人食其根如食姜。根辛温无毒，温中，辟瘴疠恶气，治心腹冷气痛。"

（4）Makhaeuq. Makhaeuq dwg boiqliuh hom，youh dwg goyw. Yungh daeuj yw dungx raeng aek ciengq in，mbwkmbwen，rueg，gwn mbouj siu. Mingzdaih Gyahgying《Guengjsae Dunghci》geiq miz go yw neix.

（4）草果。草果既是香料又是药品。用于脘腹满冷痛，反胃，呕吐，食积。明代嘉靖的《广西通志》中已记有本品。

（5）Duhmakmou. Mingzcauz Lij Sizcinh gangj: "Duhmakmou hwnj youq Liujcouh，gaeu giet faek，ndaw faek ceh hung，lumj makmou，yiengh gig doxsiengq，raez sam seiq conq，saek gyaemq ndaem，noh saed. Vunz giz de aeu guh laex，soengq hawj Cunghyenz. Yw gak cungj baezdoeg、naq sieng."

（5）猪腰子。明代的李时珍言："猪腰子生柳州，蔓生结荚，内子大若猪之内肾，状酷似之，长三四寸，色紫而肉坚。彼人以充土宜，馈送中土。主治一切疮毒及箭伤。"

（6）Go'ngaenzdoek. Mingzcauz Lij Sizcinh gangj: "ok Guengjsae Ging'yenj（Yizcouh seizneix）ndaw geh bya. Cin'anh、Gveihswn、Liujcouh cungj miz. Gij goek de lumj gvenou，vunz dangdieg maqhuz yawjnaek，dawz guh laex soengq vunz. Yw gak cungj mokdoeg、deng doeg，aeu rag ndip muz laeuj soengq gwn."

（6）锦地罗。明代李时珍言："出广西庆远（今宜州市）山岩间。镇安、归顺、柳州皆有。根似草薢及括楼根状，彼人颇重之，以充方物。主治山岚瘴毒并中诸毒，以根研生酒服。"

（7）Goromj. Mingzcauz Lij Sizcinh gangj："Vunz namz vat namh guh gumz，aeu goromj cimq raemx gvaq haemh，dwk hoi bae ndau baenz cien baez，do raemx okbae，ndaej daenh saek heu ndaem，cawz nyumx baengz bik heu liux，lij yungh ma yw ngazgvanmou，baeng gvaq rog geij ngoenz couh ndei."《Bonjcauj Ganghmuz》caemh geiq miz "Gej gak cungj doeg，yw baez ndat."

（7）蓝靛。明代的李时珍言："南人掘地作坑，以蓝靛浸水一宿，入石灰搅至千下，澄去水，则青黑色，用染青碧布用外，还用于治腮腺炎，外敷数日即好。"《本草纲目》也有·"解诸毒，傅热疮"的记载。

Linghvaih，lijmiz gaeu mehgim、gaeunaenggim、moegbiet、diendoeng、godaezmax、lauxbaegraemx、gobonya、beggib、gosipraemx、ceh oenmeuzhau、hazsien、mbawngaih、maensimhoengz、naeng deihgoek、ngaihdinbit、ndaekdan、ceugoeg、hingmaxlaeuz、lwgcengq、cehgaeugij、mehnaeuh、gizgwngj daengj，gij yw neix yungh ndaej gig gvangq.

此外还有忆金藤、勾金皮、木鳖子、天冬、车前草、水萝卜、半夏、白及、石菖蒲、石莲子、仙茅、艾叶、红大戟、地骨皮、刘寄奴（奇蒿）、何首乌、皂角、骨碎补、枳实、枸杞子、莪术、桔梗等广为应用。

（Roek）Cinghdai Ywcuengh

（六）清代壮药

Cinghdai cunggeiz，bouh sawyw《Bonjcauj Ganghmuz Sizyiz》sij okdaeuj，gij yw dingzlai dwg gwnzbiengz yungh haenx，ndawde gij yw Bouxcuengh yungh haenx miz 5 cungj. Cinghdai《Gvangjsih Dunghci》《Ging'yenj Fujci》《Cinbenh Fujci》《Swh'wnh Fujci》daengj saw sou miz gij yw Bouxcuengh yungh haenx 14 cungj. Linghvaih gij yw cojcienz haenx haujlai cungj.

清代中期，药学专著《本草纲目拾遗》问世，绝大部分品种是民间使用的药物，其中收载壮族使用的药物5种。清代的《广西通志》《庆远府志》《镇边府志》《思恩府志》等中收载壮族使用的药物又有14种。另有祖传秘药多种。

（1）Gobaucim（doz 11-2-14）. Cinghdai《Bonjcauj Ganghmuz Sizyiz》geiq："Gobaucim daj Gyauhcij daeuj，ceiqgaenh daj Guengjsae gak aen yienh daeuj，bouxgeq miz binghfungheiq ceiq hab gwn cungj yw neix." Cinghdai Gyahging Se Gijgunh《Gvangjsih Dunghci》geiq："Ging'yenj Fuj gak aen dieg miz，Yungjsun（seizneix dwg Yizcouh Si）yw haemq ndei."

（1）千年健（图11-2-14）。清代的《本草纲目拾遗》中云："千年健出交趾，近产于广西诸上郡，风气痛老人最宜食此药。"清代谢启昆的《广西通志》中亦载："出庆远府各土司，永顺（今宜州市）颇佳。"

Doz 11-2-14　Gobaucim

图11-2-14　千年健

（2）Buswjcauj. Cinghdai 《Bonjcauj Ganghmuz Sizyiz》 geiq: "Liujcouh miz, sang cik ndeu song cik, yiengh lumj haz. Gwn le ndaej gyaeu, seizhah coq ndaw buenz, gij gwn mbouj naeuh, youh ndaej caenh nengznyaen."

（2）不死草。清代的《本草纲目拾遗》中记载："出柳州，高一二尺，状如茅。食之延年，暑时置盘中，食物不腐，并可辟蝇。"

（3）Gimlamz（doz 11-2-15）. Cinghdai Yunghcwng Ginh Hungz sij 《Gvangjsih Dunghci》 gangj: "Bingzan Dujcouh（seizneix dwg Dasinh Yen）miz, vunzdoj vat ma, yw hoz get heuj get daengj, hix gaij mokdoeg ndawbya."

（3）金果榄（图11-2-15）。其又名"九牛胆"，主治急慢性扁桃体炎、咽喉炎、口腔炎、腮腺炎、肠炎和痈疽疔疮。药性清热解毒。清代金琪的《广西通志》中记载："平安土州（今大新县）出，土人掘取，治咽喉齿口等症，亦解岚瘴。"

Doz 11-2-15　Gimlamz
图11-2-15　金果榄

（4）Vacenjgim. Cinghdai Ndaw《Guengjsae Dunghci》geiq miz："Vacenjgim couh dwg Vaciengzcin, yiengh lumj aen cenj, seiq seiz mbouj duenh, mbaw ndaej yw baezgyoenj ok lwed. Daiqbingz Fouj miz."

（4）金盏草。清代的《广西通志》中记载："金盏草即长春花，状如盏子，四时不绝，其叶可治肠痔血症。出太平府。"

（5）Caujsiz. Cinghdai Yunghcwng《Guengjsae Dunghci》geiq："Nadi Dujcouh（seizneix dwg Nanzdanh）miz. Cij miz diuz ganj ndeu, mbaw baenz doiq, yiengh lumj daengdaiz, rag lumj sisinh. Gaij doeg, yaugoj lumj sizgoz."

（5）草犀。清代的《广西通志》中记载："那地土州（今南丹县）出。独茎，对叶，形若灯台，根若细辛。解毒，功若犀角。"

Cawz neix liux lij miz：ceh gogoeg、makdomq、go'nguxcauj、goreux、bwzsuz、dancaz、soqmoeg、gofiengz、maenzndaeu、mbawgokyiengz daengj, gij yw neix cungj dauqcawq miz vunz yungh.

此外还有千张纸、山楂、五加皮、木棉、白术、红花茶、苏木、杨桃、金不换、淫羊藿等药广为应用。

（Caet）Minzgoz Seizgeiz Ywcuengh

（七）民国时期壮药

Aen seizgeiz neix, Gozminzdangj cwngfuj mbouj maij yungh cunghyihyoz, hoeng gyoengqvunz lajmbanj vanzlij yungh ywdoj daeuj yw bingh, rangh dieg Bouxcuengh daegbied dwg yienghneix. Minzgoz seizgeiz, daj diegcomz Bouxcuengh gak dieg yenci, cobouh dungjgi ndaej gij yw Bouxcuengh ciengz yungh haenx gungh miz 68 cungj, lingh miz cungj ndeu bak cienz. Lajneix dwg mbangj ywcuengh miz daibyaujsing de.

这一时期，国民党政府对中医药持敌视政策，然而广大农村仍然使用中草药治病，壮族地区尤其如此。民国时期，从壮族聚居地的各地县志中，初步统计有壮族使用的药物共68种，另口传1种。下面列举一些具有代表性的壮药。

（1）Govahenj（cenhlijgvangh, doz 11-2-16）. Minzgoz 《Lungzcinh Yenci》《Swhloz Yenci》（seizneix dwg Ningzmingz Yen）cungj geiq miz. Mbaw heu, va henj, yw nyan. Baeznduj geiq youq Cinghdai 《Bonjcauj Ganghmuz Sizyiz》, ndaw saw heuhguh "cenhlijgvangh", dwg gij yw sieng gig ak.

（1）九里明（千里光）（图11-2-16）。民国《龙津县志》《思乐县志》（今宁明县）中均有载。叶青，花黄，能治疮疥。始载于清代的《本草纲目拾遗》中，称"千里光"，为外科圣药。

Doz 11-2-16　Govahenj
图11-2-16　九里明

（2）Giujniuzcauj. Miz geu ganj ndeu, sang cik ndeu, mbaw lumj mbaw ngaih, nduen youh raez, laeng miz bwnhau, najmbaw saek heu, haemz, miz di doeg. Yw fungheiq, yw ndokndang get. Minzgoz 《Vujmingz Yenci》 miz geiq.

（2）九牛草。独茎，高一尺，叶似艾叶，圆而长，背有白毛，面青，味苦，有小毒。解风劳，治身体痛。民国的《武鸣县志》中有载。

（3）Lwgheujbya. Minzgoz《Vujmingz Yenci》geiq. Cujyau yw baezding, gej doeg byoengq naeng, yw gak cungj doeg lumj gujdoeg、deng ngwz haeb、non rad、ma bag haeb daengj.

（3）山慈姑。民国的《武鸣县志》中有载。主治疗肿，攻毒破皮，解诸毒蛊毒、蛇虫狂犬伤。

（4）Gofaexaen. Minzgoz《Lungzcinh Yenci》geiq："Gofaexaen Niuzveijmuz, go sang bet gouj cik, yiengh lumj rieng vaiz, mbaw lumj mbaw maknganx, yw mehmbwk sieng cij roxnaeuz hwnj baez."

（4）牛尾木（菜豆树）。民国的《龙津县志》中记载："牛尾木，高八九尺，状似牛尾，叶如龙眼果叶，妇人乳伤或生疮可以医愈。"

（5）Bahsanhhuj. Minzgoz《Lungzcinh Yenci》geiq："Bahsanhhuj, maj youq gwnz byarin, byaij loh din foeg, aeu mbaw cawj raemx swiq le couh ndei." Cinghdai《Bonjcauj Ganghmuz Sizyiz》geiq："Bahsanhhuj, couh dwg raggoek nauyangzvah. Gyoengqvunz heuhguh Bahsanhhuj."

（5）巴山虎。民国的《龙津县志》中记载："巴山虎，缘生于石山之上，行路足肿，以其叶煎水洗之即消。"清代的《本草纲目拾遗》中记载："巴山虎，即闹羊花根也。众炒方名巴山虎。"

（6）Gaeulwed. Minzgoz《Lungzcinh Yenci》geiq："Gogaeu, raemj goenq gaeu cix miz ieng lae ok, saek ieng lumj lwed. Gwn le ndaej bouj lwed."

（6）血藤，俗称"鸡血藤"。民国的《龙津县志》中记载："藤本，横断其藤有汁流出，色红如血。服之可以补血。"

（7）iethoux. Bouxcuengh gyaez yungh iethoux caeuq dinmou caez aeuq, naeuz neix gwn bouj ndok nyinz.《Sinznungz Bonjcaujgingh》lied guh yw ndei, cujyau yw hwet get gyaeujhoq get, bouj heiq, ndok nyinz ndongj. Minzgoz《Vujmingz Yenci》miz geiq.

（7）杜仲。壮族群众喜用杜仲与猪圆蹄炖食，言可强筋骨。其被《神农本草经》列为上品，主治腰膝痛，补中益精气，坚筋骨。民国的《武鸣县志》中有载。

（8）Lwgvengj. Minzgoz《Vujmingz Yenci》《Sanglinz Yenci》cungj geiq miz. Yw ndaej nyouh yaet nyouh lai, laeuh rae、rae conh vaiq, okhoengz lailai, dungxsiq okleih.

（8）金樱子。民国的《武鸣县志》《上林县志》中均收载。可用于遗尿尿频，遗精滑精，崩漏带下，久泻久痢。

（9）Gaeusoengnyinz. Minzgoz《Lungzcinh Yenci》geiq："Miz song cungj, go ndeu heuhguh yinzdungz, lingh go ndeu heuhguh gaeufueng, boux deng nyinz sup nanz iet de, youh gwn youh sab couh ning ndaej lumj doenghbaez."

（9）松根藤。民国的《龙津县志》中记载："有二种，一俗名叫云桐，一名四方藤，有患筋缩艰于屈伸者，内服外洗即能活动如故。”

（10）Rumgiuhsih. Minzgoz《Lungzcinh Yenci》 geiq："Rumgiuhsih, youh heuhguh gimsienqdiuqfouzyungz, fanz miz baezdoeg, cuk nyug coq giz in, lai yw ndaej ndei."

（10）虎耳草。《龙津县志》中记载："虎耳草，一名金线吊芙蓉，凡有疮毒，捣烂以敷患处，甚效。”

（11）Hujyenjmungz. Minzgoz《Lungzcinh Yenci》 geiq："Mbaw lumj da guk, fanz dwg boux dengliengz roxnaeuz daeujhoengz doengzfuengz rox hwet get, saz ganj, daj gwnz mbaq cat daengz hwet, lienzdaemh cat couh ndei."

（11）虎眼蒙。《龙津县志》中记载："叶似虎眼，凡患伤寒或夹色觉腰骨疼痛者，取其茎煨火，自肩部搽至腰部，连搽之即愈。”

（12）Condeihfung. Minzgoz《Vujmingz Yenci》 miz geiq. Cungj neix gizsaed dwg godenhhuzsuih. Daengx go yungh yw dungx get.

（12）钻地风。民国的《武鸣县志》中有载。本品实为伞形科植物肾叶天胡荽。全草用于胃脘痛。

（13）Condeihlungz. Minzgoz《Lungzcinh Yenci》 geiq："Dwg go daz hwnj, mbaw mben, rag saeq lumj riengmou daz roeng namh, ciemq laeuj gwn le ndok ndongj hwet ndei, vahgeq gangj：Hwet get, liz mbouj ndaej condeihlungz."

（13）钻地龙。民国的《龙津县志》中记载："草本蔓生，叶椭扁，根细如猪尾入地，浸酒服之能壮腰骨，故谚云：腰气痛，不离钻地龙。”

（14）Go'nyaebnyaez（doz 11-2-17）. Minzgoz《Lungzcinh Yenci》《Leizbingz Yenci》 cungj miz geiq. Yungh youq deng sieng、deng liengz、danngoz suengngoz（conghhoz hwnj bop fatak）、ndaenggoemh.

（14）鹅不食草（图11-2-17）。民国的《龙津县志》《雷平县志》中皆有载。用于跌打、伤风、单双蛾喉（急性咽喉炎）、慢性鼻炎。

（15）Naeng gviq（doz 11-2-18）. Yw singq bouj feiz coh yangz, sanq nit daengx in, vaij lwed doeng ging, yw veiz unq、saejva caep、mak haw、yiengz haw daengj.

（15）肉桂（图11-2-18）。药性补火助阳，散寒止痛，活血通经，用于治疗阳痿、宫冷、肾虚、阳虚等症。

（16）Gaeuroekfueng（doz 11-2-19）. Yw fungheiq, vaij lwed sanq gyaemxnaeuh, doiq fungheiq hoh ndok in、hwet in、laemx sieng ndok in daengj miz yauq.

（16）六方藤（图11-2-19）。药性祛风除湿，散瘀活血，治疗风湿性关节炎、腰肌劳损、跌打损伤等症。

（17）Guenjsamcongh（doz 11-2-20）. Yw singq liengz, gej doeg, doiq dungx in haex conh、ok haex mug、okleih gig miz yungh, baiz nong baez doeg.

（17）三洞管（图11-2-20）。药性清热解毒，治疗急性肠胃炎、细菌性痢疾、疮疖解毒。

Doz 11-2-17　Go'nyaebnyaez

图11-2-17　鹅不食草

Doz 11-2-18　Go'gviq

图11-2-18　肉桂

Doz 11-2-19　Gaeuroekfueng

图11-2-19　六方藤

Doz 11-2-20　Guenjsamcongh

图11-2-20　三洞管

（18）Siujlangzsanj（doz 11-2-21）. Youh heuh "yiuhmboujcoemj"，yw singq sanq gyaemxnaeuh，gej doeg leih caep，yw laemx sieng、fungheiq、ndang maz in、baenz foeg、nyouh doengq daengj.

（18）小郎伞（图11-2-21）。又名"鹰不扑"，药性散瘀祛风，利湿解毒，治疗跌打损伤、风湿痹痛、淋浊水肿。

（19）Byaeknda（doz 11-2-22）. Yw bingh mehmbwk、doiq dungx in haex conh、bop rah、ngwz haeb daengj miz yauq ndei.

（19）半边莲（图11-2-22）。主治妇科疾病、急性胃炎、带状疱症、蛇咬伤等。

Doz 11-2-21　Siujlangzsanj
图11-2-21　小郎伞

Doz 11-2-22　Byaeknda
图11-2-22　半边莲

（20）Goraghenj（doz 11-2-23）. Cawj yw bwzhezbing，lwed noix，goek heuj ok lwed，saej fat yak，nyouh niuj.

（20）黄根（图11-2-23）。主治白血病，再生障碍性贫血，牙龈出血，肠炎，尿路感染等症。

（21）Meh naeuh（doz 11-2-24）. Yw singq vaij lwed daengx in，hengz heiq gej aek ndaet，leih aen mbei，doiq vuengzdamj.

（21）广莪术（图11-2-24）。药性活血止痛，行气解郁，清心凉血，利胆退黄。

（22）Gomanhbya（doz 11-2-25）. Youh heuh "Cazladgyaj"，ndaw gwn ndaej voij lwed、daengx in，doiq ndat gej doeg. Rog yungh yw laemx sieng foeg in，ndaej yungh daeuj daezlienh yw gyang hezyaz.

（22）罗芙木（图11-2-25）。又名"假辣椒"，内服活血止痛，清热解毒。外用治疗跌打损伤，可提炼成降血压药。

（23）Makga（doz 11-2-26）. Yw sim dungx liengz in, aek moen dungx ciengq, ndaw liengz rueg laex, haex conh, myaiz niu lai.

（23）草豆蔻（图11-2-26）。治疗心腹冷痛，痞满食滞，寒湿吐泻，痰饮积聚。

Doz 11-2-23　Goraghenj

图11-2-23　黄根

Doz 11-2-24　Mehnaeuh

图11-2-24　广莪术

Doz 11-2-25　Gomanhbya

图11-2-25　罗芙木

Doz 11-2-26　Makga

图11-2-26　草豆蔻

Ngeih. Ndaem Goyw

二、药物的人工栽培

Daj gij swhliu seizneix daeuj yawj, Bouxcuengh ndaem yw daj Mingzdai guh hwnj, binjcungj cujyau miz samcaet、batgak、go'gviq、fuzlingz、cazlad、sagieng daengj geij cungj.

从现在查到的资料看，壮族人工栽培药物始于明代，品种主要有三七、八角、肉桂、茯苓、茶辣、山柰等几种。

（It）Samcaet（Dienzcaet）

（一）三七（田七）

Vunz ndaem samcaet, coengz Mingzdai guh hwnj. Gij swhliu ceiq romh geiq naeuz, Samcaet ndaem ok youq Nanzdanh、Dunghlanz、Nadi daengj cou. Ciuq swhliu geiq naeuz, Mingzdai Gyahcing 33 bi（1554 nienz）, Vajsi Fuhyinz daiq 5000 vunz dwk vunzdig. Ciuq moix vunz gag daiq samcaet bueng gaen（0.25 ciengwz）daeuj sueng, aen bingdoih neix couh miz samcaet 1250 ciengwz, gij bingdoih louz youq Guengjsae haenx hix itdingh bouxboux gag daiq samcaet riengz. Daiq ndaej baenzneix lai, samcaet ndoeng haengjdingh mbouj miz baenz lai, neix dwg aenvih gij vanzging hwnj samcaet haenx iugouz haemq sang, samcaet ndoeng gig noix. Youz neix doi ndaej, gij samcaet dangseiz yungh haenx, daih bouhfaenh wngdang dwg vunz ndaem daeuj. Daengz Mingzdai Vanliz seiz, Denzcouh ndaem samcaet hix ndaem ndaej baenz lo, vanzlij cizlieng engqgya ndei, yienghneix Mingzdai Vanliz 《Gvangjsih Dunghci》（1599 nienz）geiq miz "samcaet, dieg Nanzdanh、Dienzcou miz, Dienzcou samcaet daegbied ndei". Daengz Cinghdai Genzlungz seiz, Dwzbauj Yen ndaem samcaet hix ndaem ndaej baenz lo. Cin'anh Fuj（seizneix heuhguh Dwzbauj）hakdaeuz Cau Yi 《Yiemz Dak Cabgeiq》 sij miz: "miz yw 'samcaet', yw sieng ceiq ndei, mboengq neix miz vunz dawz ceh samcaet ndaem youq Denhbauj Yen（seizneix heuhguh Dwzbauj）Lungjdung、Mudung, youh raemj faex cw hwnjdaeuj, mbouj hawj raen ndit, aeu neix daeuj yw sieng miz yauq, cawz Lungjdung、Mudung, giz dieg wnq ndaem mbouj baenz." Cau dwg Genzlungz 31 bi（1766 nienz）daengz Dwzbauj dang guen. Minzgoz codaeuz, Dwzbauj noengzhoh ndaem samcaet menhmenh lai hwnjdaeuj, hoeng aenvih guenj mbouj dojdangq, daengz Minzgoz 35 bi（1946 nienz）caengzging yaek raeg caez. Yinznanz vwnzsanh gak beixnuengx Bouxcuengh, hix senq caeux couh ndaem samcaet lo, danhseih daj seizlawz ndaem, lij caj gaujcwng.

三七的人工栽培，始于明代。最早的资料记载，三七出于南丹、东兰、那地等州。明代嘉靖三十三年（1554年），瓦氏夫人率领的抗倭部队有5000人，按每人自带三七半斤（0.25千克）计，这支部队就有三七1250千克，留在广西的部队也必然人人自带三七。如此巨大的数量，绝非野生三七能解决，这是因为三七的生长环境要求颇高，野生三七极为有限。由此推论，当时所用三七，其大部分应是由人工栽培而来。到了明代万历年间，田州种植三七也成功了，而且质量更好，因而明代万历的《广西通志》（1599年）中才有"三七，出南丹、田州，田州尤妙"的记载。到了清代乾隆年间，今德保县人工栽培三七也成功了。镇安府（今德保）知府赵翼在其《檐曝杂记》中写道："有名草'三七'，为治血之上药，近有人采其子种于天保县（今德保）之陇峒、暮峒，亦伐木蔽之，不使见天日，以之治血有效，非陇、暮两峒不能种也。"赵是在乾隆三十一年（1766年）赴任的。民国初年，德保种植三七农户渐多，但由于缺乏科学管理，到了民国三十五年（1946年）曾几乎绝迹。云南文山的壮族同胞也早已人工种植三七，但始于何年代待考。

Gij ginghnen ndaem samcaet Bouxcuengh dwg：①Senj dieg hai byongj：Senj gij dieg namh biz youh mbo haenx, seizhah byailaeng cei ndaej le hai byongj, bu nyap daengj youq gyang byongj, diemj feiz, yienghneix bae gaj binggin、nonhaih, yienzhaeuh caiq dwk bwnhgiek, hab yungh bwnhdaeuh（mbouj hab dwk bwnh haex nyouh）；②byongjreih humxsuen, gaq bungzraemh：Aeu gocuk humx baenz suen, doekceh le youq ndaw suen ciengx ma、meuz, yienghneix fuengz nou、doenghduz daeuj gwn, caemhcaiq youq gwnz reih gaq bungzraemh, yienghneix mbouj hawj ndit dak caeuq deng roeg dot；③senj ceh dajndaem：10~11 nyied ndaw neix, senj goceh gaeng miz 3~4 bi maj youh ndei haenx, youq ngoenzbumz aeu gij ceh ndei youh raeng haenx dangngoenz couh doek, mbouj hab yo nanz；ndaem ndaej le dwk bwnhdaeuh coq, moek namh laeg miz 1.7 lizmij baedauq ceiq hab, gwnz byongj caiq goemq caengz nyap ndeu, yienghneix ndaej baujciz namh mbaeq, coi ngaz dup；④dinghndaem：Bi daihsam 1~2 nyied vat golwg, ndaem coq aen suen yaek aeu ndaem de. Vat golwg seiz gaej deng rag sieng, mbaet mbaw goek bae；⑤guenjleix：Ndaem ndaej le, cawz bae youq ndaw suen ciengx meuz、ma, fuengz deng nou、doenghduz gwn, dinghndaem baezlaeng aeu louzsim ciemz rum、dwkbwnh、baiz raemx、dwkraemx. Samcaet ceiq lau seizfwn rag naeuh, yienghneix, seizfwn aeu daegbied louzsim baiz raemx；itbuen nonhaih miz duznyaenh、duzgyau daengj, linghvaih miz bingh mbaw raiz、mbaw roz, wngdang gibseiz dwk yw. Samcaet seizdoeng mbouj maj, ndaej youq 10~11 nyied raed go gwnz, hawj raggo youq lajnamh gvaq seizdoeng；⑥vih daezsang samcaet cizlieng, itdingh aeu dawz ndei moix bi hai geijlai va、giet geijlai ngveih, yienghneix baujcwng raggoek ndaej gwn bwnh engq lai, coicaenh samcaet cizlieng ndaej daezsang. Guengjsae samcaet aenvih guenj mbouj gaeuq ndei, cizlieng doekroengz, mbouj gaeuq riengz vunz doxengq, dingq gangj seizneix gaenq noix ndaem lo, neix cig ndaej louzsim.

壮族同胞种植三七的经验是：①择地起畦：选肥黑而疏松的沙质壤上，于夏末深耕后做畦，取草皮等铺在畦上，引火燃烧，以消灭病菌、害虫，然后施以基肥，宜用草皮肥（不宜用人粪尿）；②畦地围园，搭阴棚：以竹木密围地成园，播种后在园内养狗、猫，以防鼠、兽为害，并在畦地上盖阴棚，以防日晒与鸟类危害；③选种播种：十至十一月间，选3~4年生的健壮母株，于阴天摘取无病害而饱满的种子当天播种，不宜久藏；播种后施以草皮灰，覆土厚1.7厘米左右为宜，畦面再盖草一层以保持经常湿润，促进发芽；④定植：第三年1~2月起苗定植于选定的园地上。起苗时勿伤其根，除去基叶；⑤管理：除播种后，在园内养猫、狗，以防鼠兽为害外，定植后要注意除草、施肥、排水、灌溉。三七最严重的病害是雨季的腐根病，因此，在雨季要特别注意做好排水工作；一般虫害有蚜虫、红蜘蛛等，另有斑叶病、叶焦病，应随时喷射药物。三七冬季停止生长，可于十至十一月间剪去地上部分，让其根部在地下过冬；⑥为提高三七的质量，必须适当控制每年所生花、子的数量，以保证根茎获得更多的养料，促进三七质量的提高。广西三七由于缺乏科学管理，质量下降，缺乏竞争力，据说现在已经很少种植了，这是值得注意的。

（Ngeih）Batgak
（二）八角

Cinghdai, Guengjsae Bwzswz、Denhbauj（seizneix heuhguh Dwzbauj）couh miz vunz ndaem batgak lo. Ciuq《Cin'anh Fujci》geiq, Cinghcauz Gvanghsi gvaqlaeng, hakdaeuz dajciengj hawj boux ndaem batgak. Senhdungj yenznenz（1909 nienz）, Denhbauj Yen Baujdingz Donz（seizneix heuhguh Gingdwz Cin）donzcungj Luz Hungzyiz、Dungzswngh Donz（seizneix heuhguh Duh'anh Yangh）donzcungj Dangz Sunhsan cijdauj gak guenj deihfueng ndaem batgak, ndaem baenz 10 fanh go doxhwnj, ginggvaq hakdaeuz bauq hawj Guengjsae Fujbu Yen faenbied hawj Luz、Dangz song boux vunz seiqbinj、hajbinj guen dang caeuq ciengj doxgaiq hawj dem. Minzgoz 2 bi（1913 nienz）Luz Yungzdingz youq swngj cwngfuj laeb sizyezgoh, cienmonz fucwz ndaem doenghgo daengj saeh. Minzgoz 3 bi（1914 nienz）, youq Hwngzyen cujciz Baujvaz Linzyez Youjhan Gunghswh, Gvak Nanzsanh, ndaem batgak cien lai go（《Hwngzyen Yenci》1989 nienz banj, daih 280 yieb）. Minzgoz 26 bi（1937 nienz）, Denhbauj canj batgak 1651 rap, youzbatgak 892 rap, caez bi ndeu Gingdwz canj batgak 810 rap, youzbatgak 309 rap. Minzgoz 29 bi（1940 nienz）, Denhbauj canj youzbatgak 1067 rap, Gingdwz canj youzbatgak 532 rap.

清代，广西百色、天保（今德保）就已有人工种植八角。据《镇安府志》中记载，清光绪以后，知府、知县对栽培八角有功者实行嘉奖。宣统元年（1909年），天保县保亭团（今敬德镇）团总陆鸿一、同声团（今都安乡）团总唐孙善指导所属地方人民大种八角，成活株数10万株以上，经知府、知县报广西抚部院分别授陆、唐二人以四品、五品顶戴及奖品作鼓励。民国二年（1913年）陆荣廷在省政府内设立实业科，专门负责造林等实业事务。民国三年（1914年），在横县组织宝华林业有限公司开垦南山，种上八角数千株（《横县县志》1989年版，第280页）。民国二十六年（1937年），天保产八角1651担，茴油892担，同年敬德产八角810担，茴油309担。民国二十九年（1940年），天保产茴油1067担，敬德产茴油532担。

Baenzlawz ndaem：Senj diegnamh bien sonhsing, doek ceh ndaem, mak ndaej sou le couh sou couh doek, roxnaeuz yungh sa'mbaeq moek daengz bilaeng 1~2 nyied doek ceh dinq golwg, hangz dem hangz gvangq 17~20 lizmij, go dem go gvangq daihgaiq 3 lizmij, moek namh laeg daihgaiq 3 lizmij. 15~30 ngoenz ok golwg, go sang gvaq 0.7 mij ciuq hangz gvangq 4 mij daeuj ndaem. Ganq golwg seiz baek nyefaex roxnaeuz gaq bungz dangj ndit. Ndaem roengz 3 bi ndawde yungh gofaex daeuj dangj bumz, doeklaeng cugbouh raemj di nyefaex. Gvaq 8 bi le deng aeu dak ndit liux. Gobatgak gyaez dieg cumx, lau rumzlaux. Yienghneix, dieg ndaem aeu senj ndei gonq.

种植方法：选微酸性土壤，以种子繁殖，成熟果随采随播，或用湿沙贮至翌年1~2月条播育苗，行距17~20厘米，株距约3厘米，覆土约3厘米。15~30天出苗，苗高超0.7米按行距4米定植。苗期扞树枝或搭棚以遮阴。定植后3年内用天然荫蔽树遮阴，以后逐步伐疏荫蔽树。8年后要求全光照。八角树喜湿润环境，怕强风袭击。因此，种植地要选择好。

（Sam）Go'gviq
（三）肉桂

Yinzgungh ndaem go'gviq launaeuz daj Cinghdai ndaem hwnj. Minzgoz cogeiz, Song Gvangj sinzyezsij Luz Yungzdingz couh youq dieg moh cojcoeng de ndaem go'gviq, aenvih namh mbouj hab, mbouj miz doxgaiq dangj bumz, yienghneix maj mbouj ndei. Minzgoz 3 bi（1914 nienz）, Hwngzyen Baujvaz Youjhan Gunghswh youq Nanzsanh ndaem go'gviq fanh lai go, ndaem ndaej baenz 70% doxhwnj（《Hwngzyen Yenci》 1989 nienz banj, daih 280 yieb）.

肉桂的人工种植或许也始于清代。民国初年，两广巡阅使陆荣廷已在其祖坟地种植了肉桂，因土壤不宜，疏于荫蔽，故长势不佳。民国三年（1914年），横县宝华林业有限公司开垦南山种植桂树一万多株，成活率达70%以上（《横县县志》1989年版，第280页）。

Go'gviq hab ndaem coq dieg namhsa. Aeu ndaej ceh le coq haeuj ndaw loz bae, yungh din caij dawz byak deuz, swiq seuq, cij louz ngveih, bingzciengz heuhguh "cehgviq". Aenvih fat ngaz geiz de dinj, hab seiz aeu seiz ndaem. Yungh aen fap reh ceh baenz coij ndaem, hangz dem hangz gyae daihgaiq 12 lizmij, moek namh 1~1.3 lizmij, baihgwnz cw haz, daihgaiq 20 ngoenz couh ndaej cienzbouh dup ngaz liux. Did ngaz liux cix biengj haz deuz, gaq bungz dangj ndit, caemhcaiq louzsim coq raemx ciemz rum. Gvaq sam bi le go sang miz 0.3~0.7 mij, couh ndaej dingh ndaem youq diegndaem ndawbya. Diegndaem wngdang coemh gij haz gij nywj, cienzbouj cae liux cij hawj ndaem. Go dem go gvangq 1.7 mij×2 mij ceiq hab. Dinghndaem seiz vihliux daezsang ndaem baenz beijlwd, wngdang sien aeu boengz gyuj goek. Dinghndaem liux moix bi ciemz rum moek namh mbat roxnaeuz song mbat, gvaq haj roek bi le couh ndaej raemj go bok aeu naeng go'gviq. Raemj go liux, henz goek did ngaz gig lai, ndaej hawj de maj, moix bi ciuqyiengh ciemz nywj moek namh, gvaq 3~4 bi le youh ndaej raemj go bok naeng go, gij go youq namh ndei haenx ndaej maj bak lai bi, namh mbouj ndei hix ndaej miz 20 bi.

肉桂宜种于沙质土壤之山腹地。将采得之种子放入竹箩中，用脚踏去外皮，洗净，只留其核，俗称"桂米"。因其发芽力及保存期甚短，宜即采即播。用条播法育苗，行距约12厘米，覆土1~1.3厘米，上盖茅草，约20天即可全部发芽。发芽后揭除盖草，搭棚遮阳，并注意淋水除草。三年后苗高可达0.3~0.7米，即可定植于山腹之地。定植地宜烧掉其杂草灌木，进行全垦后方可定植。株行距以1.7米×2米为宜。定植时为提高成活率，应行浆根。定植后每年除草培土一两次，五六年后可砍树剥取桂皮。砍树后，树根边萌芽很多，可让其生长，每年照例除草培土，3~4年后又可砍伐取皮，土壤好的可延续百余年，差者也可达20年。

（Seiq）Fuzlingz

（四）茯苓

Sihcin Nanzbwzcauz seiz, vunzciuhgonq Bouxcuengh couh rox raemj gocoengz ndaem fuzlingz lo. Dauz Gingjhungz gangj: "Fuzlingz daj Yicouh daeuj, vunz doj haenx raemj gocoengz guh baenz." Danhseih gidij baenzlawz guh mbouj geiq roengzdaeuj. Mbouj rox daj seizlawz hwnj, gyoengqvunz aeu ganj faexcoengz guh yenzliu bae gang. Bi daih'it 10~11 nyied, raemj gocoengz roengzdaeuj, raemj nye seuq bae, gvat seuq byakfaex, dak youq baihrog youzcaih rumz ci ndit dak, daengz bi daihngeih 2~3 nyied cix daet baenz faexgyaengh 0.7~1 mij raez, doi coq yiengq daengngoenz, laebdaeb youzcaih rumz ci ndit dak, daengz 5 nyied, senj haeuj gij yiuz saehgonq couh vat ndei haenx, moix aen yiuz coq 2~5 diuz, moix gyaenghfaex song gyaeuj, nem gingeiqseng hwnj bae, baihgwnz moek namh mbo, daengz bi daihsam 6 nyied, namh gwnz yiuz dek hai yiengh lumj raizduzbeuq, couh miz fuzlingz maj hwnjdaeuj, seizdoeng cix vat. Aen gingeiqseng ndaej daj gij fuzlingz cingzsug haenx aeu daeuj, ronq baenz gaiq mbang couh baenz, hix ndaej daj gij gocoengz moek haeuj ndaw yiuz gaenq cingzsug roek cingz haenx aeu 10~17 lizmij daeuj guh yinjswj.

西晋南北朝时，壮族先人就知道砍松使生茯苓了。陶弘景说："茯苓今出郁州，彼土人砍松作之。"然其具体方法未记载下来。不知始何年代，人们取松树干为原料进行培植。头一年的十至十一月间，把松树砍下，将树干除去树枝，刮净表皮，露天任其风晒，至次年二至三月将之锯成0.7~1米长材段，堆放在向阳地方，继续任其风晒，至五月，移于预先挖好的坑窖内，每窑2~5条，每材段两端，贴上寄生菌，上盖松土，至第三年六月，其窖面之土，呈龟裂状豹纹，即有茯苓生长，冬季采挖。寄生菌可取自成熟的茯苓，切成薄片，亦可将过去埋入坑内已有六成熟的松木，取其10~17厘米作为引子。

（Haj）Cazlad

（五）茶辣（吴茱萸）

Cazlad dwg gofaex mbaw doek ndeu, lai ndaem youq henz suen. Miz seiq cungj ganq fap:（1）Aen fap baek gyaenghfaex: Haicin ngaz caengz did seiz, gaet gij nye bi ndeu maj baenz youh hung haenx（itbuen gij nye bi ndeu maj baenz haenx gyaengh laj haemq hung, wngdang caez gaet bouhfaenh hung de roengzdaeuj）, gaet baenz 26~40 lizmij raez, bakgaet aeu yungh boengzhenj duz gvaq, moek haeuj ndaw namh, aeu laeuh namh daihgaiq 1.6 lizmij ceiq hab;（2）Aen fap aeu ceh ganq baenz: Youq mak daj saekheu yaek bienq saek hoengz seiz aeu ceh（mbouj ndaej dak ndit roxnaeuz feiz riengq, ndwi cix mbouj miz ngaz did）, cix hai rongh dajndaem, rongh gvangq 3.3 lizmij, rongh laeg 1.6 lizmij, rongh dem rongh gvangq 16 lizmij, moek namh na daihgaiq lizmij ndeu, caiq cw caengz haz ndeu, caj did ngaz le caiq biengj haz deuz. Go sang daihgaiq 33 lizmij seiz cix ndaej senj bae ndaem;（3）Aen fap raggoek did ngaz：Seizdoeng guh sieng raggoek（hawj de did ngaz ngaih）, caiq moek gij namh gyaux miz haexvaiz haenx, na daihgaiq 1~1.3 lizmij, caj ngaz raez miz 7~10 lizmij seiz, caiq cw caengz namh gyaux miz haexvaiz ndeu, caj ngaz raez miz 33 lizmij seiz, couh raemj guh go ceh, ndaem roengz couh ndaej；（4）Aen fap ciep nye：Senj gij nyefaex maj miz 2 bi youh ndei haenx, youq giz liz byai nge 33 lizmij, buek naeng nye gien ndeu, vang 1.3~1.7 lizmij（gaej dat bae nohfaex bouhfaenh）, duz boengzhenj mbaeq, bau fiengznyap caiq bau baengzvaih dem, ciengzseiz coq raemx, baujciz namh mbaeq, caj did rag le, yungh cax gvej roengzdaeuj cix dawz bae ndaem. Go dem go gvangq 3.3 mij ceiq hab, ndaem seiz, congh laeg 0.3 mij, gvangq 0.5 mij. Diegndaem lingq lai mbouj ndei, Dingjbya mbouj hab ndaem. Mbaw cazlad homfwdfwd, gig yungzheih deng nyaenh gwn, daegbied dwg 5~6 nyiedfaenh, wngdang gibseiz gajnon.

　　茶辣为落叶小乔木，多种于园边。栽培方法有以下四种：（1）扦条法：在早春尚未抽芽前，剪取一年生粗壮的枝条（一般一年生枝条下端较肥大，肥大部分应一起剪下），截成26~40厘米长段，切口要用黄泥浆过，埋入土中之深度以露土约为1.6厘米为宜；（2）采种育苗法：在果实由青变茶红时采取种子（不能日晒或火烧，否则失去发芽力），用条播法播种，沟宽3.3厘米，深1.6厘米，条距16厘米，覆土厚约1厘米，再盖一层草，待发芽后揭去盖草，苗高约33厘米即可移去定植；（3）根株萌芽法：冬季使根皮擦伤（使之容易萌芽），然后盖上牛粪拌和的泥土，厚1~1.3厘米，待幼芽长7~10厘米，可再盖一层牛粪泥土，至芽条长33厘米时，便砍作插穗，取之种植；（4）接枝法：选生长良好的2年生枝条，距枝端33厘米处，将皮剥去一圈，宽1.3~1.7厘米（勿削去木质部），涂上黄泥浆，包上稻草后再包上烂布，经常淋水，保持湿润，待发根后，用利刀割下，取去种植。株距以3.3米为宜，种植时，坑深0.3米，宽0.5米。种植地坡度不宜太大，山顶不宜种植。茶辣叶味芳香，极易受蚜虫为害，尤其是五至六月间，宜及时防治。

（Roek）Sagieng
（六）山柰（壮族俗称"沙姜"）

　　Cungj go neix hab ndaem youq gij dieg namh biz、namh mbo haenx, ndit haenq caeuq bumz lai cungj mbouj leih rag maj. Beixnuengx Bouxcuengh ciengzciengz ndaem di coq ndaw suenbyaek、suenmak gag ranz. Yungh gij raggoek did miz ngaz haenx daeuj ganq, 2~3 nyiedfaenh ndaem. Bwnh dwg bwnhnyouh ceiq ndei. Bi ndeu coq 3~4 mbat bwnh cix hwnj ndei dangqmaz, coi raggoek hwnj ndei, dangbi couh miz raggoek, hoeng mbouj lai, langhnaeuz guenj ndaej ndei, gvaq 5 bi le raggoek moix go miz 10~15 ciengwz.

　　本品适宜于肥沃、疏松的土壤，过强的阳光与太阴湿都不利于其地下茎的生长。壮族同胞常少量种于自家的菜园、果园边。采用带有顶芽之山柰的地下茎，于二至三月间进行繁殖。肥料以尿水肥为好。一年中能放3~4次肥则生长茂盛，促进地下茎的成长，当年就有地下茎，但不多，若管理好，五年后每株地下茎有10~15千克。

Camgauj Vwnzyen　参考文献

［1］《壮族百科辞典》编委会.壮族百科辞典［M］.南宁：广西人民出版社，1993.

［2］黄汉儒，黄冬玲.发掘整理中的壮医［M］.南宁：广西民族出版社，1994.

［3］陈士奎，蔡景峰.中国传统医药概览［M］.北京：中国中医药出版社，1997.

［4］甄志亚.中国医学史［M］.上海：上海科学技术出版社，1984.

［5］班秀文.壮族医药简介［M］//中国少数民族科技史研究（3）.呼和浩特：内蒙古人民出版社，1998.

［6］梁庭望.壮族风俗志［M］.北京：中央民族学院出版社，1987.

［7］叶浓新.马头古墓出土铜针为医具试论证［J］.广西民族研究，1986.

［8］钟以林.九针从南方来的实物例证［J］.广西中医药，1987（3）.

［9］钟以林.广西贵县出土银针考［M］//中国少数民族科学技术史研究（3）.呼和浩特：内蒙古人民出版社，1998.

［10］杨成志.宁明县发现珍贵的僮族古代崖壁画［N］.广西日报，1956-10-07.

［11］覃保霖.僮族陶针医术的初步研究［N］.广西日报，1957-11-29.

［12］覃保霖.壮医陶针考［J］.中医杂志，1958（3）.

［13］林蔚文.古越人医药卫生略论［J］.中华医史杂志，1990（4）.

［14］黄汉儒，等.关于壮族医学史的初步探讨［J］.民族医药研究（1），1987.

［15］黄汉儒，黄景贤，殷昭红.壮族医学史［M］.南宁：广西科学技术出版社，1998.

［16］洪武娌.中国少数民族科学技术史丛书·医学卷［M］.南宁：广西科学技术出版社，1996.

［17］覃保霖.壮医源流综论［J］.中华医史杂志，1981（4）.

［18］覃保霖.壮医学术体系综论［J］.内蒙古中医药，1986（1）.

［19］黄汉儒.壮医理论体系概述［J］.中国中医基础医学杂志，1996（6）.

［20］奇玲，罗达尚.中国少数民族传统医药大系·壮医药［M］.呼和浩特：内蒙古科学技术出版社，2000.

［21］黎莹.中国传统食品大全·广西传统食品［M］.北京：中国食品出版社，1988.

Daih Cibngeih Cieng　Gij Denhvwnz、Ligfap、
Dulienghwngz Caeuq Diyoz Bouxcuengh

第十二章　壮族天文、历法、度量衡和地学

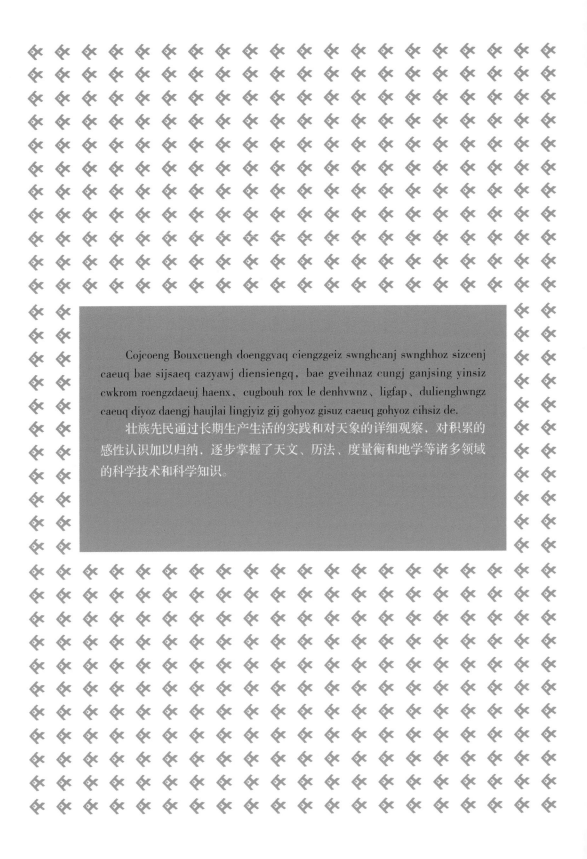

Cojcoeng Bouxcuengh doenggvaq ciengzgeiz swnghcanj swnghhoz sizcenj caeuq bae sijsaeq cazyawj diensiengq, bae gveihnaz cungj ganjsing yinsiz cwkrom roengzdaeuj haenx, cugbouh rox le denhvwnz、ligfap、dulienghwngz caeuq diyoz daengj haujlai lingjyiz gij gohyoz gisuz caeuq gohyoz cihsiz de.

壮族先民通过长期生产生活的实践和对天象的详细观察，对积累的感性认识加以归纳，逐步掌握了天文、历法、度量衡和地学等诸多领域的科学技术和科学知识。

Daih'it Ciet   Gij Denhvwnzyoz Bouxcuengh Gig Miz Minzcuz Daegsaek
第一节   富有民族特色的壮族天文学

Bouxcuengh dwg gij minzcuz ndaemnaz ceiq geqlaux ndawde aen ndeu. Gij denhvwnzyoz Bouxcuengh ndaej daengz fazcanj, dwg vih guhhong reihnaz fuzvu. Vihneix, cojcoeng Bouxcuengh nyinhcaen sijsaeq bae cazyawj daengngoenz、ronghndwen、ndaundeiq daengj denhdij yienhsiengq, hai coh hawj ndaundeiq, caemhcaiq dawz gij ganjsing yinsiz mizgven gwnzmbwn lajdeih cazyawj daengz haenx, cungjgez gveihnaz ok gij gwzgvanh gveihliz de, caiqlij dawz gyoengqde yungh youq swnghcanj caeuq swnghhoz fuengmienh, hawj doenghgij denhvwnz cihsiz neix mboujdanh daejyienh ok minzcuz daegsaek gig mingzyenj, caemhcaiq miz mbangj daengz seizneix lij miz itdingh saedyunghsingq dem.

壮族是古老的稻作民族之一。壮民族天文学的发展，是为农业稻耕作的活动服务的。为此，壮族先民认真地对日、月、星等天体现象进行了详细的观察，给星座定名，并将观察所得的有关宇宙的感性知识，总结归纳出其客观规律，应用于生产和生活方面，使这些天文学知识不仅体现出鲜明的民族特色，而且有些至今仍具有一定的实用性。

Cazyawj caeuq nyinhrox daengngoenz. Daengngoenz, gij eiqsei Vahcuengh "daeng" dwg "灯", "ngoenz" dwg "gyangngoenz", doxgyoeb couh dwg "aen daeng gwnzmbwn" "aen daeng gyangngoenz". Miz mbangj heuh daengngoenz guh "gyangngoenz", rox heuhguh "da'ngoenz", couh dwg "giz gyang mbwn" roxnaeuz "lwgda mbwn". Sizcenj ndawde, Bouxcuengh cazyawj daengngoenz gaenq siengdang ciengzsaeq. Vahsug dajndaem naeuz："Ndit ndat haeux cij fat"；"Va nding baengh daengngoenz", gangjmingz le cojcoeng Bouxcuengh nyinhrox daengz daengngoenz dwg gwnz digiuz gij cujyau goekgaen nditndat. Bouxcuengh gaengawq raemhngaeuz bienqvaq mbouj doengz, aeu de dangguh gij baengzgawq geiq seiz, yawhbienh miz gonqlaeng、mizyauq bae swnghcanj caeuq swnghhoz, ndaej daengz gij seizgan gainen gig youqgaenj, lumjbaenz "haet"（gyanghaet）、"doengxngoenz"（banringz）、"fuemx"（banhaemh）、"haemh"（doengxhaemh）daengj. Linghvaih, gaengawq daengngoenz mbangjdi gij bienqvaq iqet de, vunzlai ndaej sien naeuz dienheiq baenzlawz bienqvaq, doenghgij neix fanjyingj youq vahsug ndawbiengz gig lai. Lumj vahsug dajndaem naeuz："Gyangngoenz doek sae fwj wenj hoengz, mbouj roengz fwnhung cix rumzhung". Youh lumjnaeuz "Daengx biengz fwj henj gyangngoenz doek, mbouj ok sam ngoenz fwn doek raq". Lumj gijneix, cienzbouh dwg Bouxcuengh cazyawj daengngoenz bienqvaq cix guh'ok gohyoz liuhyawj. Aenvih daengngoenz doiq swnghcanj caeuq swnghhoz gig youqgaenj, youq gwnz lizsij Bouxcuengh caengzging miz gij gvanhnen coengzbaiq daengngoenz de, gyoengqvunz aeu hingzsiengq daengngoenz veh coq gwnz gak cungj doenghyiengh, lumj Gvangjsih Ningzmingz gij veh gwnz dat de, couh veh miz gij dozsiengq saxbaiq daengngoenz; youq cingq gyang gwnz aen nyenz（dwg dox gaiq dajcawj、aen bauj、aenlaex, youh dwg yozgi）ciuhgeq, conz couq miz daengngoenz 8~16 sai rongh ronghsagsag（doz 12-1-1）. Haujlai gij saw ciuhgeq, ndaw de geiqsij miz gij fungsug siujsoq minzcuz Baihnamz（baugvat Bouxcuengh）caeq daengngoenz de.《Gyauznanz Sojgi》 caeuq 《Gvangjdungh Sinhyij》 cungj geiq miz gij fungsug Yezyinz（baugvat Bouxcuengh）youq 2 nyied 13 ngoenzseng Cu Yungz seiz, roq nyenz hawj saenz angq de, ngoenzseng Cu Yungz couh dwg ngoenzseng daengngoenz. Couhcinj dwg ciuhgyawj, youq ndawbiengz Bouxcuengh hix ciuqgaeuq miz gij fungsug coengzbaiq daengngoenz cienz roengzdaeuj. Doenghgij minzcuz fungsug neix, dangyienz miz fuengmienh ndeu dwg maezsaenq, hoeng mbouj ndaej mbouj cingznyinh ndawde cangz miz aen saedsaeh cojcoeng Bouxcuengh ciengzgeiz cazyawj daengngoenz neix.

对日的观察和认识。日即太阳，新壮文为"daengngoenz"（下同）；壮语"daeng"是"灯"，"ngoenz"是"天""白天"的意思，合在一起就是"天灯""白天的灯"。有的把太阳称作"g'yangngoenz"，或叫"da'ngoenz"，即"天的中心"或"天的眼睛"。实践中，壮人对太阳的观察已相当详细。农谚有云："Nditndat haeux cij fat"（意思是日照猛烈禾苗长）；"Va nding baengh daengngoenz"（意思是花红靠太阳），说明了壮族先民认识到太阳是地球上热量的主要来源。壮民根据日光投影的变化不同，把它作为纪时的依据，以便有序、有效地进行生产和生活，得到了非常重要的时间概念，如"haet"（早）、"doengx ngoenz"（中午）、"fuemx"（傍晚）、"haemh"（晚）等。另外，根据太阳的某些微妙的变异，人们可以预告天气的变化，这些反映在民谚中尤为突出。如农谚云："Gyangngoenz doek sae fwj wenj hoengz, mbouj roengz fwnhung cix rumz hung"，即"日落西天胭脂红，要不下雨也刮风"。又如"Daengz biengz fwj henj gyangngoenz doek, mbouj ok samngoenz fwn doek raq"，即"太阳下山满地黄，不出三天雨汪汪"。如此等等，都是壮民观察太阳变异而作出的科学预见。由于太阳对于生产和生活如此重要，历史上壮族人民曾产生崇拜太阳的观念，人们把太阳的形象刻画在各种器物上，如广西宁明的崖壁画中，就画有礼拜太阳的图像；在古代所铸造的铜鼓（既是炊器、重器、礼器，又是乐器）鼓面中央，就铸有 8~16 个闪耀着光芒的太阳（图12-1-1）。不少古籍记载有南方少数民族（包括壮族）祀日的习俗，《峤南琐记》和《广东新语》中都记载粤（越）人（包括壮族）于二月十三祝融生日时，敲击铜鼓以乐神的风俗，祝融生日就是太阳的生日。即使是近代，在壮族民间也依然有崇拜太阳的遗风。这些民族风俗，当然有迷信的一面，但不得不承认它蕴藏着壮族先民对太阳进行了长期观察这一事实。

Doz 12-1-1   Gvangjsih oknamh gij nyenz Mazgyanghhingz de gwnz naj nyenz lai gaek miz sai rongh daengngoenz caeuq 12 sengsiu, yungh daeuj geiq seiz

图12-1-1   广西出土的麻江型铜鼓鼓面多雕刻有太阳纹和十二生肖以示计时

Cazyawj caeuq nyinhrox ronghndwen. Ronghndwen, "rongh" couh dwg "rongh", "ndwen" couh dwg "aen ndwen". Youq ndaw gij vah gak dieg Bouxcuengh, miz mbangj heuh ronghndwen guh "bajboengq", "baj" couh dwg fwj, "bajboengq" couh dwg aen ronghndwen gyang fwj, miz mbangj heuhguh "longhmangx", "longh" dwg "rongh" sing'yaem cienj doeg, "mangx" eiqsei de dwg "rim", "longhmangx" ceij "aen ndwen rim" "aen ndwen luenz". Daj Bouxcuengh baenzlawz heuh ronghndwen ndaej yawj ok, Bouxcuengh mboujdanh gig caeux couh cazyawj ronghndwen, caemhcaiq gaengawq ronghndwen okdaeuj、roengzbya、vauh、luenz mbouj doengz bienqvaq biucinj daeuj dingh seizsaenz, "ndwen ndaep" "ndwen laep" ("ronghndwen ndaep" lo、 "ronghndwen laep" lo) couh dwg gij eiqsei "yawj mbouj raen ronghndwen". Lijmiz rimndwen、buenqndwen、ndwen roi、ndwen liemz⋯⋯ gak cungj mbouj doengz heuhfap, gangjmingz cojcoeng Bouxcuengh cazyawj ronghndwen gig sijsaeq. Bouxcuengh nyinhnaeuz, gwnz aenndwen youq gwnzmbwn byaij gag miz gveijdau caeuq gvilwd, giz de youq mbouj doengz, biujsiq mbouj doengz seizsaenz, ronghndwen okyienh youq baihsae, dwg ndawco aen ndwen de, gvaq le cibhaj, de couh daj baihdoeng okdaeuj lo, ronghndwen youq banhaemh mboujnanz couh okdaeuj, caemhcaiq gig luenz, haenx couh dwg gyang ndwen. Linghvaih, Bouxcuengh doenggvaq cazyawj cungjgez, gaengawq ronghndwen bienqvaq cingzgvang, ndaej yawhcaek mbwn bienqvaq. Vahsug dajndaem naeuz: "Aen ndwen miz bwn, raemx hung doemq giuz; Aen ndwen daenj mauh, fwn hung ij dauq; Aen ndwen gang liengj, bingz deih raemx rongz". Lij miz "Aen ndwen gang liengj raemx noix" "Aen Ndwen daenj mauh ringz fan rumz" "Aen ndwen miz sai fwn daeuj vaiq" "Aen ndwen gang liengj, miz fwn doek rihrih" "Aen ndwen henz miz saek heu lumj beiz loek mbwn couh rengx" daengj, cienzbouh dwg naeuz baenzlawz leihyungh gij fwj henz ronghndwen bienqvaq daeuj duenq mbwn baenzlawz bienqvaq de.

对月亮的观察和认识。月光，壮文为"ronghndwen"，"rongh"就是"亮"，"ndwen"就是"月球"。在壮族方言中，有的把月亮叫做"bajboengq"，"baj"就是"云朵"，"bajboengq"即是云层里的月亮；有的叫做"longhmangx"，"longh"是"rongh"的音转，"mangx"意思是"满"，"longhmangx"指"满月""圆月"。从壮民族对月亮的称呼中可以看出，壮人不仅很早就开始观察月亮，而且根据月亮的出没、盈缺变化的不同为标准来定时辰，"ndwen ndaep""ndwen laep"（"月灯熄"了、"月黑"了）即"看不见月亮"的意思。还有满月、半边月、梳子月、手镰月……种种不同的叫法，说明壮族先民对月亮的观察是很详细的。壮人认为，月球在天上运行自有它的轨道与规律，其所在位置不同，表示不同的时辰，月亮出现在西方，是该月的月初，望月过后，它就从东方升起了，月亮晚上不久即上来，而且很圆，那就是月中了。另外，壮人通过观察总结，根据月亮的变异情况，可以预测天气的变化。农谚有云："Aen ndwen miz bwn, raemx hung doemq gyiuz; Aen ndwen daenj mauh, fwn hung ij dauq; Aen ndwen gang liengj, bingz deih raemx rongz"，汉意是"月边有毛，大水冲断桥；月亮载帽，大雨将到；月亮扛伞，平地水涨"。还有"月亮撑伞雨水疏""月晕午时风""月亮披带雨来快""月晕如伞，有雨落纷纷""月亮清芒像水车叶片就干旱"等，都是讲如何利用月亮周围云彩环绕的景观变化，预测气候晴雨变化的。

Cazyawj caeuq nyinhrox ndaundeiq. Ndaundeiq, eiqsei dwg gij rongh iqet giz gyae. Bouxcuengh ciuhgeq gig caeux couh cazyawj ndaundeiq caemhcaiq nyinhrox mbangj di. Hoeng aenvih gohyoz gisuz seizhaenx gig mbouj fatdad, gihbwnj cawqyouq yenzsij gaihdon, couh dwg mbouj miz gijmaz gij yizgi bae cazyawj, cijndaej baengh lwgda bae yawj. Gyoengq cojcoeng nyinhnaeuz, dingzlai ndaundeiq gij siengdoiq diegyouq de dwg ciengxlwenx mobuj bienq, yawj hwnjdaeuj gig iq, hix mbouj rongh, doenghgij ndaundeiq neix dwg "hwngzsingh". Gyanghaemh seizhah, danghnaeuz ngiengxyawj gwnzmgmbwn, ndaej yawjraen haujlai hwngzsingh doxlienz, lumj diuz dah ndeu, Bouxcuengh heuh de guh "dah mbwn", roxnaeuz heuh guh "dahhaij", roxnaeuz heuh guh "lohnag". Gwnzmbwn giz hwngzsingh comzyouq ceiqlai de dwg henzgyawj Bwzgiz, cojcoeng Bouxcuengh heuh gizdieg neix guh "ndaundeiq rongz", eiqsei dwg "aen rongz ndaundeiq". Youq gizdieg neix miz caet aen ndaundeiq daegbied rongh（couh dwg baekdaeuj caetsing）, aenvih dwg lumj aen songz gyaeng lwgmou de, Bouxcuengh couh heuh de guh "ndaundeiq songz mou", gij eiqsei vahgun dwg "猪笼星". De youq ndawsim cojcoeng Bouxcuengh dwg gig youqgaenj, hix dwg aen singhco ceiq sug ndeu, doengciengz aeu de guh fueng'yiengq caeuq dingh seizsaenz. Gvendaengz gij yinhhengz gvilwd de, vahcuengh miz "Caet cingq bet ngeng, gouj vang cib doek" gij gangjfap neix, couh dwg youq lauxlig ndwencaet, seiz aen singhco neix yinhhengz daengz gwnz gyaeuj, mbwn couh rongh lo; cix ndwenbet aen singhco neix yinhhengz bien coh baihsae mbwn cij rongh; daengz ndwen gouj mbwn rongh seiz, de gaenq doek daengz raeb bya baihsae lo; ndwencib, mbwn rongh seiz de gaenq doekroengz laj namh baihsae bae, vunz caiq mbouj raen de okyienh youq gwnzmbwn lo. Cojcoeng Bouxcuengh lij gaengawq "ndaundeiq songz mou" (couh dwg baekdaeujsing) gaiq gaenz de vix mbouj doengz fueng'yiengq bae doekdingh geiqciet. Gaenz de vix baihbaek dwg seizdoeng, vix baihnamz dwg seizhah, vix baihdoeng dwg seizcin, vix baihsae dwg seizcou daengj. Seizgan gonqlaeng faen ndaej cingcing—cujcuj, gaengawq de daeuj anbaiz swnghcanj caeuq saedceij, gawq gohyoz, youh fuengbienh.

对星星的观察和认识。星星，壮文为"ndaundeiq"，意思是遥远细小的亮点。古代壮民很早就开始了对星星的观察并有所认识。但由于当时的科学技术不发达，基本上是处于原始阶段，即没有什么观察仪器，只能靠肉眼进行。先民认为，绝大部分星星的相对位置是永恒不变的，看上去显得很小，也不很亮，这些星星是为"恒星"。夏季的夜晚，如果仰望星空，可以看见众多的恒星连在一起，像一条河一样，壮人称它为"dah mbwn"（天河），或称"dahhaij"（天上的海河），或称"lohnag"（银河）。天上恒星聚集最多的地方是北极附近，壮族先民称这个区域为"ndaundeiq rongz"，意思是"星星窝"。在这个区域有七颗小行星特别明亮（即"北斗七星"），由于它像装猪仔的竹笼子，壮族人便称它为"ndaundeiq songz mou"，汉意是"猪笼星"。它在壮族先民心目中是非常重要，也是最为熟悉的一个星座，通常是当做测方向和测时辰的星座。关于它的运行规律，壮语有"七正八歪，九斜十没"（Caet cingq bat ngeng, gouj vang cib doek）的说法，即在农历七月，当这个星座运转到正头顶的时候，天就亮了；而八月份这个星座转到偏西的方位天才亮；到了九月天亮时，它已降落西边横斜在地平线上；十月，天亮时它已运行到地平线之下，人们再也看不到它出现在天空上了。壮族先民还根据"猪笼星"（即北斗星）斗柄指向的不同确定季节。斗柄指北是冬天，斗柄指南是夏天，斗柄指东是春天，斗柄指西是秋天等。时序分清，据此安排生产和生活，既科学，又方便。

Bouxcuengh hawj aen ndaundeiq ndeu an coh guh "ndaundeiq dingjgung", de couh dwg Gimsing. De youq gwnzmbwn mboujduenh senj gizyouq, mbouj doengz seizgan okyienh youq mbouj doengz fueng'yiengq: Gyanghaet okyienh youq baihdoeng, sawcuengh dwg "ndaundeiq haet", couh dwg "Gijmingzsingh"; laepmomj de okyienh youq baihsae, sawcuengh dwg "ndaundeiq haemh", couh dwg "Cangzgwnghsingh". Lij miz aen ndaundeiq ndeu yawj bae baez yeb baez yeb, lumj ronghrib neix, Sawcuengh heuhguh "ndaundeiq ronghrib", de couh dwg aen Hojsingh gig mizmingz haenx. Youq gizneix, Bouxcuengh hix dwg aeu singhsuz hingzsiengq daeuj an coh hawj singhco.

　　壮人对一颗行星命名为"ndaundeiq dingjgung"的，就是金星。它在天空不断地变换位置，不同的时间出现在不同的方向：早上出现在东方，壮文为"ndaundeiq haet"，即"启明星"；黄昏出现在西方天上，壮文为"ndaundeiq haemh"，即"长庚星"。还有一颗肉眼看上去总是一闪一闪的，像萤火虫一样，壮文为"ndaundeiq ronghrib"，它就是有名的火星。在这里，壮人也是以星宿形象作为星座定名的。

　　Cigndaej ceijok de dwg, ciuhgeq Bouxcuengh caux le cungj gaiqdawz geiqsuenq ligfap ndeu, lumj gaiqdawz geiqsuenq ligfap bouxmo Bouxcuengh Yinznanz Swngj Vwnzsanh Couh sawjyungh haenx, de dwg aeu heujciengh roxnaeuz ndoksej duzvaiz cauxbaenz, daj ciuhgeq itcig cienzciep daengz seizneix. Gaiq gaiqdawz de raez 6~8 conq, Vahcuengh dangdieg heuhguh "sw'ndukmbaek" "ndukcangjvaiz", cien'gya heuh de guh "sawndok". Gij hongdawz neix miz cingqfanj song mienh, gwnz de gaek miz cungj dozanq doisuenq ligfap、yawj ndokgaeq、seizhong dajndaem、aeuyah haqsau、guhsang、ok ranz、se'gyauh、dwkciengq daengj dwg ndei dwg yaez. Gaengawq yenzgiu, cungj "sawndok" neix —— lizsongi gvaq Handai cij miz, daengz seizneix mboujmiz vwnzyen geiqsij, hoeng daj aeu lizson'gi daeuj doisuenq ligfap dazyinx seizhong dajndaem gij cozyung neix daeuj yawj, de miz itdingh saedyungh denhvwnz ligsuenq goengnaengz, dwg cojcoeng Bouxcuengh ciuhgeq youq denhvwnzyoz fuengmienh cungj dajcauh ndeu. Cienznaeuz, caenhguenj bouxmo Bouxcuengh ciuhneix gaenq gig noix miz vunz rox yungh de lo, hoeng vanzlij wngdang bae haengjdingh gij dajcauh eiqngeih de.

　　值得提出的是，古代壮族民间创造了一种历算工具，如云南文山州壮族巫师（bouxmo）从古至今传承使用的象牙片或牛肋骨制的历算器。该器长6~8寸，当地壮语叫"甲巴克""甲长歪"，专家称之为"骨书"。此物正反分两面，上面刻有推算历法、鸡卜、农时栽培、婚姻、丧葬、出行、社交、战争等凶吉祸福的图案。据研究，这种"骨书"——历算器产生于汉代以后，至今没有文献记载，但从历算器用以推算历法以指导农时栽种的作用来看，它具有一定实用的天文历算功能，是古时壮族先民在天文学上的一种创造。据说，尽管当今壮族巫师已很少有人会用了，但其创造意义还是应该给予肯定的。

　　Danghnaeuz Cinzcauz gaxgonq cojcoeng Bouxcuengh bae cazyawj diensiengq dingzlai dwg ndawbiengz hozdung, yienghde Cinzcauz doengjit Lingjnanz le, Bouxcuengh gaepsou le Bouxgun gij vwnzva senhcin haenx, ndawbiengz cazyawj caeuq guenfueng gvanhcwz dox giethab, diensiengq geiqloeg engqgya gohyoz、engqgya fungfouq lo, caemhcaiq lij okyienh le mbangj gij denhvwnzyozcej miz mingz de dem.

　　如果说秦以前壮族先民对天象观察多属于民间活动的话，秦统一岭南之后，壮族人吸收了汉族先进的文化，民间观察与官方观测相互结合，天象记录的资料更科学、更丰富了，而且还出现了一些知名的天文学者。

　　Mbanj Bouxcuengh Lingjnanz youq giz veijdu daemq, cungqvunz yawjraen gwnzmbwn yaek gvangq gvaq giz diegyouq veijdu sang haujlai, dwg giz gvanhcwz denhvwnz gig mizleih de.

Caeux youq gunghyenzcenz 2514 nienz, couh miz boux vuengzdaeq seizhaenx heuhguh Conhhih bae baihnamz daengz Gyauhcij（raen《Sijgi》）, caiqlij miz gij geiqloeg "Yauz baij Hihsuz bae cap Nanzgyauh" gaihcanj gunghcoz cazyawj diensiengq（raen《Sangsuh Yauzdenj》）. Gyauhcij caeuq Nanzgyauh couh dwg dieg Bouxcuengh ciuhgeq. Daenz Cibroek Guek seizgeiz Hangoz 318 nienz, Gvangjsih dieg Bouxcuengh gaenq hwnq miz gij gihdi gvanhcwz denhvwnz de. Gaengawq Cinghdai Dungzci《Canghvuz Yen Ci》geiqsij: Han Beimuzvangz daihcaet daih lan Liuz Yau guh Canghvuz daisouj seiz, gingciengz binbya ngiengxyawj gwnzmbwn. Youh gaengawq《Sinzcouhfuj Ci》geiqsij, Sam Guek seizgeiz boux ciengqlingx Vuzgoz heuhguh Luz Ciz, youq seiz dang Yilinz daisouj de, mboujdanh gingciengz cazyawj denhvwnz, lij caux "vwnzdenhduz" dem, hojsik gaenq saetcienz. Dunghcin Yungjhoz 5 bi（349 nienz）, Ciujcinh daisouj Gvan Sui caengzging bae daengz baihnamz mbanj Bouxcuengh ciuhgeq ceiq henz（dangseiz nyinhnaeuz dwg bwzveij 13°, saedsaeh dwg 17° 05′ caeuq 19° 35′, couh dwg henz Yeznanz Sunva seizneix）, fatyienh "Dangseiz ndwenngux laeb biuj, daengngoenz youq baihbaek aen biuj, ngaeuz de youq baihnamz aen biuj gouj conq it faen……ndigah（vunz dangdieg）hai dou youq baihbaek coh daengngoenz"; aen Sunggoz seiz Nanzbwzcauz Yenzgyah 22 bi（445 nienz）, Hoz Cwngzdenh youq Gyauhcouh（Yeznanz Hoznei seizneix）caeuq Linzyi doengzseiz dag ndaej ngaeuz daengngoenz dohraez, gouz ok moix gek 1000 leix（500 goengleix）ngaeuz doxca 3.56 conq（11.85 lizmij）; Dangzyenzcungh seizgeiz（721~725 nienz）Nanzgungh Yez caeuq Swngh Yizhingz daiqlingx gaujcazdui, daj Veicouh（ndaw dieg Sanhsih Lingzgiuh ngoenzneix）daengz baihnamz mbanj Bouxcuengh ceiq henz Linzyi, riengz saenj Swjvujsen raez 7973 leix（3986.5 goengleix）de aeu Betcikbiuj doengzseiz bae rau ngoenz doengceiq hahceiq ngaeuz daengngoenz miz geijlai raez, miz mbangj aen cwzcan couh laeb youq Lingjnanz.《Giudangzsuh》naeuz: Aen Laujyinzsingh haemq sang caeuq gizyawz gij ndaundeiq youq baihnamz engq gyae youq gizneix gvanhcwz raen de, doenghbaez lijcaengz deng hai coh caeuq veh haeuj ndaw doz gvaq（gij swhliu gwnzneix raen bonjsaw《Cunghgoz Gohyoz Gisuz Sij》boux vunz Yinghgoz Lij Yozswz raiz haenx）. Aen Nanzbwzcauz Liengzgoz Dadungz 5 bi （539 nienz）, lauxlig ndwencib ngoenz sinhcouj, youq Gvangjsih mbanj Bouxcuengh Laizbinh yawj raen ndaundeisauqbaet Hahleiz okyienh youq Nanzdouj. Dangzvwnzcungh Gaihcwngz 2 bi（837 nienz）ndwensam, dieg Laizbinh youh gvanhcwz daengz ndaundeisauqbaet Hahleiz youq gwnzmbwn gizdieg "cangh" de okyienh, rieng de raez "bet ciengh lai"（daengjndaej 27 mij）. Song baez cienzbouh caeux gvaq gij fatyienh Hahleiz. Bwzsung Donhgungj 2 bi（989 nienz）lauxlig ndwenbet, youh youq Gvangjsih Canghvuz raen daengz ndaundeisauqbaet Hahleiz dauqma（Gij swhliu gwnzneix cienzbouh youq gwnz《Gvangjsih Dunghci·Gohgi Ci》banj moq caeuq Minzgoz banj《Laizbinh Yen Ci》）. Gij hozdung gwnzneix gangj de, doiq dieg Bouxcuengh denhvwnz gohyoz yenzgiu fouz ngeiz dwg yingjyangj laegdaeuq.

　　岭南壮乡是中国的低纬度地区，人们所看到的星空区域比高纬度地区所看到的星象多得多，是天文观测很有利的地区。早在公元前2514年，在位的帝颛顼南至交趾（见《史记》），而且有"尧命羲叔宅南交"开展天象观察工作的记录（见《尚书尧典》）。交趾和南交就是古代的壮乡。到了十六国时期汉国的318年，广西壮乡已建有天文观测的基地。据清代同治的《苍梧县志》中记载：汉沛慕王七世孙刘曜任苍梧太守时，常登山仰观星历。又据《浔州府志》中记载，三国吴将陆绩在任玉林太守时，不仅常观天文，还作"浑天图"，可惜已失传。东晋永和五年（349年），九真太守灌邃曾深入古代壮乡的南缘（当时认为是北纬13°，实际上是17°05′和19°35′，即今越南顺化附近），发现"时五月立表，日在表北，影在表南九寸一分……故（该地居民）开北户以向日"；南北朝的宋元嘉二十二年（445年），何承天在交州（今越南河内）和林邑同时测得日影长度，求出每隔一千里影长差3.56寸；唐玄宗时期（721~725年）南宫说和僧一行率领考察队，从蔚州（今山西灵丘境）到壮乡南缘林邑，沿长达7973里的子午线以八尺表同时进行了冬夏二至的日影长度测量，有些测站就设在岭南。《旧唐书》中称：在这里观测到了较高的老人星和更南的其他星，以前从未被命名和绘入图中（以上资料见于英国人李约瑟的《中国科学技术史》）。南北朝梁大同五年（539年），农历十月辛丑日，在广西壮乡来宾看到哈雷彗星出现在南斗。唐文宗开成二年（837年）三月，来宾一带又观察到哈雷彗星在于"张"的天区出现，尾长"八丈余"。两次都早于哈雷的发现。北宋端拱二年（989年）农历八月，又在广西苍梧观察到哈雷回归（以上均见新版的《广西通志·科技志》和民国版的《来宾县志》）。上述活动，无疑对壮族地区的天文科学研究产生了深刻影响。

Daengz Cinghdai, denhvwnz vunzcaiz youq Gvangjsih okyienh engq lai lo. Gaengawq Cinghdai Gyahging 《Gvangjsih Dunghci》 geiqsij："Lij Swsui, saw Feihfanz, vunz Canghvuz Cangzhingz, raiz miz denhvwnz seiq gienj." Ndaw 《Gujginh Gvangjsih Yinzmingz Gen》 （Hangzcouh Gujciz Suhden yingjyinbwnj） geiqsij："Lij Gingyinz, saw Yigingh, Cinghdai cinsw, vunz Luzconh, danggvaq hubu cawjsaeh, sug denhvwnz dilij ligsuenq, caengzging caenfwngz caux vwnzdenhyi." 《Laizbinh Yen Ci》 miz：Diz Fuvwnz, saw Liyenh, Gvanghsi 10 bi （1884 nienz） gijyinz, raiz miz 《Ligsiengq》 bonj saw neix, geiqsij le aen yen haenx daj Dangzgauhcungh Genzfungh 2 bi laeb yen doxdaeuj daengz byai Mingzcauz gaenh cien bi ndawde gij diensiengq swhliu de, geiq daengngoenz doxgwn 376 baez, okyienh ndaundeiqsauqbaet 58 baez, daengngoenz hwzswj 4 baez, ndaundeiq moq 2 baez, yingzyouzgiz （gizgvangh） baez ndeu.

到了清代，在广西出现的天文人才就更多了。据清代嘉庆的《广西通志》中记载："李士瑞，字非凡，苍梧长行人，著有天文四卷。"《古今广西人名鉴》（杭州古籍书店影印本）中记载："李庆云，字郁卿，清进士，陆川人，历官户部主事，娴习天文地理历算，尝手制浑天仪。"《来宾县志》记载：翟富文，字丽轩，光绪十年（1884年）举人，著有《历象》一书，记载了该县自唐高宗乾封二年建县至明末近千年间的天象资料，计日食凡376次，出现彗星58次，太阳黑子4次，新星2次，萤尤旗（极光）1次。

Gaengawq mbouj vanzcienz dungjgi, daengz 1949 nienzdaej gaxgonq, Gvangjsih dieg Bouxcuengh miz gij saw geiqsij lwnhgangj denhvwnz de 30 bouh. Ndawde, Mingz Cingh seizgeiz gij denhvwnz ligsuenq cucoz couh miz caet bet bouh, lumj Mingzdai Cinz Bangh《Euqgangj Daigizduz》（cezbwnj）caeuq《Sonciz》；Cinghdai Gvanghsi cinsw Cungh Canghyenz（vunz Yilinz seizneix）gyahganh《Denhvwnz Cenjlwn》caeuq《Singhming Sam Saw》；Luz Yenjyinz（vunz Gveibingz seizneix）《Denhvwnzsuh》（conhganh）；seiz Dungzci Lij Sisui（vunz Canghvuz seizneix）《Denhvwnz Cazci》（gyahganh）；seiz Daugvangh Vangz Veizsinh《Denhyoz Cenzcauh》（gyahganh）caeuq Dangz Cigiz《Cwngzdangz Damz Denhlozsuh》（cezbwnj）daengj. Linghvaih, gaengawq ndaw《Daibingzginh Gvangjsih Soujyi Sij》geiqsij："Cingh Hanzfungh 2 bi（1852 nienz），bouxdaeuz Daibingz Denhgoz Fungz Yinzsanh deng cuengq le gietsim guh gijyi riuz di, de youq ndaw lauz caegcaeg gag caux ok yiengh ligfap moq ndeu, couh dwg gij denhliz doeklaeng Daibingz Denhgoz gaij yungh haenx, yawj ndaej ok de youq ndaw lauz, gij giva cietsaed gijyi caeuq laeb guek daihsaeh de ngoenzhwnz maeuzveh haenx, cengdi yienghyiengh ciuqgoq daengz lo."

据不完全统计，到1949年底以前，广西壮乡天文著述多达30部。其中，明清时期的天文律算著作有七八部，如明代陈邦的《太极图辩解》（绝本）和《算集》；清代光绪进士钟章元（今玉林人）家刊的《天学浅论》和《星命三书》；陆显仁（今桂平人）的《天文书》（专刊）；同治年间李世瑞（今苍梧人）的《天文杂志》（家刊）；道光年间王维新的《天学钤钞》（家刊）及唐致曲的《诚堂谈天乐书》（绝本）等。另外，据《太平军广西首义史》中记载："清咸丰二年（1852年），太平天国首领冯云山被释后决心赶快起事，盖其在狱中暗自创造新历，即后来太平天国改用的天历，可知其在铁窗之内，日夕筹谋切实举事的计划与建国大计，几乎无微不至矣。"

Gyaebhab baihgwnz soj gangj, gij gapbaenz sijliu denhvwnzyoz Bouxcuengh de daihgaiq ndaej baen baenz song bouhfaenh, couh dwg bouhfaenh denhvwnzyoz Bouxgun fazcanj yingjyangj de caeuq bouhfaenh denhvwnzyoz ndaw dieg mbanj Bouxcuengh gak minzcuz daegmiz、fouq miz minzcuz daegsaek de；song yiengh dox yungzhab、dox coicaenh.

综上所述，构成壮族天文学史料的大致可分为两部分，即汉族天文学发展影响的部分和壮乡境内各民族自己特有的、富有民族色彩的天文学部分，两者互相交融，互相促进。

Gvangjsih mbanj Bouxcuengh gij swhliu gvanhcwz diensiengq de hix gig fungfouq. Gaengawq dungjgi, youq ndaw Gvangjsih difanghci, geiqloeg veisingh okyienh lai daengz 192 baez（ndawde geiqloeg Hahleiz Veisingh dauqma 12 baez），geiqloeg daengngoenz doxgwn 397 baez, geiqloeg daengngoenz hwzswj 6 baez, geiqloeg ndaundeiq moq okyienh 6 baez, geiqloeg ndwen cw ndaundeiq 6 baez, ronghndwen doxgwn baez ndeu, geiqloeg vangzdaugvangh okyienh 3 baez, geiqloeg gizgvangh okyienh 23 baez, geiqloeg rin gwnzmbwn daeuj roengzdaeuj 4 baez, geiqloeg raq ndaundeiq baeyouz okyienh 68 baez, geiqloeg raemxhaij hwnj mboek 3 baez. Linghvaih, lijmiz gij geiqloeg cungj diensiengq mbouj mingz caengz doekdingh de 55 baez. Doenghgij diensiengq gvanhcwz geiqloeg neix cungj gig ciengzsaeq, miz yenzgiu gyaciz gig sang.

广西壮乡观测天象的资料甚为丰富。据统计，在广西的地方志中，出现彗星的记录多达192次

（其中哈雷回归记录12次），日食记录397次，太阳黑子记录6次，新星出现的记录6次，月掩星的记录6次，月食记录1次，黄道光出现的记录3次，极光出现的记录23次，陨石降落的记录4次，流星雨出现的记录68次，潮汐的详细记录3次。此外，还有尚未确定的不明天象记录55次。这些天象观测的记录都十分详细，有很高的研究价值。

Gij swhliu vunz biengz yawj diensiengq caemh miz haujlai. "Hai da'mbwn", hix heuhguh "hai doumbwn" roxnaeuz "mbwn haidou". youq ndaw gij denhvwnz swhliu Bouxgun ciuhgeq Cungguek hix geiq miz haujlai, Gvangjsih hix geiq miz. Lumj ndaw 《Hozcizcouh Ci》 caeuq 《Ging'yenjcouh Ci》 geiqsij："Ganghhih 21 bi（1682 nienz）ndwencieng coit, vunzmbanj Hozciz Luz Lenzgiz okranz bae cang yieng, nyi miz sing'yaem goksa, ngiengx yawj sawqmwh raen mbwn ronghsag, gwnzmbwn miz ranz miz laeuz, vix hawj vunzlai caemh yawj." Ndaw 《Bwzliuyen Ci》 geiq miz："Minzgoz 26 bi（1937 nienz）9 nyied 30 hauh gyanghwnz, fatyienh baihdoengbaek gwnzmbwn miz gij rongh geizgvaiq de, raez geij cib ciengh, myigmyagmyag, gvaq seiq aen seizsaenz cij ndaep, anqciuq fungsug heuhguh 'hai da'mbwn'." Doiq gijneix aen yen wnq hix miz di geiqloeg. Dajneix ndaej rox, lumj "haij si sin louz" cungj daihheiq gvanghyoz yienhsiengq neix, bingq mbouj hanh youq laj sahmoz、henzhaij cungj dilij diuzgienh neix cij miz. Mbanj Bouxcuengh ndawbiengz cungj gvanhcwz caeuq geiqloeg neix, vih denhvwnzyoz yenzgiu daezgungh le yiengh swhliu dijbauj de.

民间观测天象的资料也很丰富。"天开眼"，也叫"天开门"或"天门开"。在中国古代汉族的天文资料里屡有记载，广西也有记载。如《河池州志》及《庆远州志》中记载："康熙廿一年（1682年）正月朔旦，河池村民卢联吉出门烧香，闻声响亮，抬头忽见天开，内有楼台物象，指与人行同看。"《北流县志》中记载："民国二十六年（1937年）9月30日夕三更，东北方天空发现奇光，亘长数十丈，光灿耀目，历时始息，按俗谓'天开眼'。"对此别的县志也有一些记载。由此可知，类似"海市蜃楼"的大气光学现象，并不限于沙漠、海边这种地理条件下才出现。壮乡民间的这些观测和记录，为天文学的研究提供了宝贵的资料。

Daihngeih Ciet　Gij Ligfap Caeuq Geiqseiz Bouxcuengh Ciuhgeq
第二节　壮族古代的历法与纪时

It. Vuzhou caeuq seizlingh
一、物候与时令

Bouxcuengh dwg aen nungzyez minzcuz ndeu, hix caengzging doenggvaq cazyawj singhsieng caeuq vuzhou daeuj gaemdawz seizlingh, aeu de daeuj dazyinx nungzyez swnghcanj, anbaiz saedceij, fatsanj daihlaeng.

壮族是个农业民族，也曾经通过观察星象和物候来把握时令，以指导农业生产，安排生活，繁衍后代。

Soujsien, cojcoeng Bouxcuengh aeu vuzhou bienqvaq daeuj dingh seiqgeiq. Lumj nya heu nya roz, va hai vai loenq, cengx ndat doxvuenh daengj yienhsiengq, ndawde doxgek geij nanz, couh dwg aen seizgan gainen ndeu, lumj "nienz" Vahcuengh heuh guh "bi", bonjeiq dwg doenghyiengh daj moux giz bibuengq caiq dauqdaengz giz nduj, ngamj dwg aen "hopgeiz" ndeu, aen hopgeiz ndeu couh dwg "bi" ndeu.

首先，壮族先民以物候变化定岁时。如草荣草枯、花开花谢、寒暑交替等现象，其中间隔的距离，就是一个时间的概念，像 "年" 壮话叫 "bi"，本意是物体从某一位置摆动再回复到原位的意思，刚好一个 "周期"，一周期即是一 "bi"。

Cojcoeng Bouxcuengh ciuhgeq saenq "duzbyaj", gijneix caeuq dajndaem haeuxnaz mizgven. Ndaw bonjsaw vunz Cinghcauz Giz Daginh《Gvangjdungh Sinhyij》daih 1 gienj ceijok："Lingjnanz ngoenzngoenz byaj cungj raez," youh naeuz："feiz daj ndaw byaj seng okdaeuj", byajmyig byajraez, dawz feiz daeuj hawj vunzloih, doiq cojcoeng Bouxcuengh daeuj gangj, "feiz" myig fwn doek, raemx daengz ndaej dajndaem, ndaej guh reihnaz, fanh yiengh hix baengh de ndaej didnyez sengmaj. Linghvaih, hix aenvih byajmyig byajraez, raemxrongz bauqfat, dongj laemx ranz, cung laemx gohaeux, demx dai vunz caeuq doihduz; hoeng byaj mbouj raez, mbwnrengx mbouj doekfwn, raemxdah hawq, go gyaj roz, cien leix roz ndoq, fanhfaed deng feiz coemh liux, cainanh mbouj dingz mbouj duenh. Gvaiq mbouj ndaej ndawbiengz Bouxcuengh miz fwen naeuz："Byaj doengh vanq haeux, byaj sou feiz gyemz". "Fwen" cuengh ciengq naeuz："Byaj cek myig myanzmyanz, Dub denz doek haeux ceh; byaj ndaep ndoj Bya ceh, couh gvej haeux gvaq nienz."

古代壮族先民信奉 "雷神"，这与禾稻耕作相关。清人屈大钧的《广东新语》卷一中指出 "岭南无日无雷"，又说 "火生于雷"，电闪雷鸣，给人类带来了火，对壮族先民来说，"火" 闪雨落，水来可耕，农业得以进行，万物也因之萌发生长。另外，也因电闪雷鸣，山洪暴发，洪水滔滔，冲倒房舍，冲倒庄稼，吞噬人畜；而天雷不响，久旱无雨，河水断流，禾稻枯焦，赤地千里，万物被火焚烧，灾难无穷。难怪壮族民谣有云："Byaj doengh vanq haeux, byaj sou feizg yemz"，意思是 "雷神叫，植禾稻；雷神收，物焚焦"。壮 "欢"（即山歌）唱曰："Byaj cek myig myanzmyanz, Dub denz doek haeux ceh; byaj ndaep ndoj Byacwx, couh gvej haeux gvaq nienz." 此歌意译为："开年雷吼电火闪，拍打棉胎播谷天；雷停火灭躲明山，收割禾谷好过年。"

Doenghgij yenyij caeuq fwen neix, sengdoengh miuzsij le cojcoeng Bouxcuengh ciuhgeq doiq "byajsaenz" canjseng gawq docih youh lau gij simleix cangdai caeuq coengzbaiq fungsug haenx. Bouxcuengh nyinhnaeuz gwnzbiengz "byajsaenz ceiq hung", heuh de guh "diensaenz", youq ndaw ukgyaeuj Bouxcuengh ciuhgeq, byajsaenz、feizsaenz、diensaenz doxdoeng, gingq feiz couh dwg gingq byaj, caeq byaj hix dwg caeq mbwn, "byaj" "feiz" "mbwn" sam vih it daej. Linghvaih, cojcoeng Bouxcuengh gig caeux couh aeu singhsieng bienqvaq daeuj caekdingh seizlingh, lumj souj fwen 《Ngeihcib Seiq Cietheiq Go》 Gvangjsih Hwngzyen Feihlungz Yangh Bouxcuengh ginzcung daj ciuhgeq daengz seizneix lij ciengq de couh dwg cwngmingz：

这些谚语和歌谣，生动地描写出古代壮族先民对"雷神"产生的既感谢又恐惧的心理状态和崇拜习俗。壮人认为世上"雷神最大"，称之为"天神"，在古代壮人的头脑中，雷神、火神、天神相通，敬火即敬雷，祭雷亦即祭天，"雷""火""天"三位一体。另外，壮族先民很早就以星象变化来测定时令，如广西横县飞龙乡壮族群众从古至今所传唱的《二十四节气歌》就是证明：

Ndwencieng laebcin youh hawxsij, gwed faggvak bae saek dwngjnaz；moix ciet cibhaj fanhfaed fat, longh lungz sae sat bae guhhong.

正月立春又雨水，扛锄去塞田头隆；每节十五春争日，龙狮舞罢务田工。

Ngeihnyied gingcig cinfaen ciet, beksingq youq doengh ndaem reihnaz；duhdoem haeuxfiengj hix aeu ndaem, ndaek biek laj congz did nyez nding.

二月惊蛰春分节，百民播秧在垌中；花生粟米也要种，床底芋头爆苗红。

Samnyied cingmingz youh goekhawx, ranz ranz dauqcawq baiq cojcoeng；gva byaek duh loih gibseiz vanq, cagaenj ndaemnaz heuloegloeg.

三月清明又谷雨，到处人家拜祖宗；瓜菜豆类及时播，抓紧插秧绿满垌。

……

Giz dieg wnq Bouxcuengh, hix riuzcienz miz haujlai cungj fwen neix. Lumj Gvangjsih Vujmingz 《Bouxcuengh Geiqciet Fwenroeg》《Bouxcuengh Cibngeih Ciet Fwenva》, Majsanh、Duh'anh 《Fwen Seizlingh》《Fwen Seizlingh Hongnaz》 daengj, cungj dwg Bouxcuengh beksingq youq gwnz giekdaej ciengzgeiz gvanhcwz seizlingh, gatsat dawz gyoengqde gyonjgyoeb leixswnh, bienbaenz fwen, daih ciep daih cienz roengzdaeuj.

壮乡其他地区，也都流传着不少同类的歌谣。如广西武鸣的《壮族季节鸟歌》《壮族十二节花歌》，马山、都安的《时令歌》《时令农活歌》等，都是壮族人民在长期观测时令的基础上，最终把它们汇成系统，编成歌谣代代相传。

Ngeih. Gij ligfap ciuhgeq Bouxcuengh

二、壮族古历法

Cojcoeng Bouxcuengh youq nungzyez swnghcanj hozdung ndawde, louzsim gvanhcwz diensiengq, cwkrom le mbangj di ligfap cihsiz. Daj vwnzvuz gaujcwng swhliu ndaej rox, cojcoeng Bouxcuengh caeux youq gunghyenz 1 sigij codaeuz couh roxndeq aeu bi ndeu baen baenz 12 ndwen. Daj gij nyenz Bouxcuengh gaenq oknamh de daeuj yawj, aen nyenz cojcoeng Bouxcuengh caux de, cingq gyang de cungj miz aen luenz ronghgywg ndeu, daiqbiuj daengngoenz, hopheux aen luenz miz ronghgywg ciuq coh seizhenz. Seizcaeux caux aen luenz ronghgywg, itbuen miz 8、10、12、14、16 sai mbouj daengj, gijneix couh dwg sojgangj gij "raizdaengngoenz" de, de geiqsij le cojcoeng Bouxcuengh ciuhgeq doiq daengngoenz coengzbaiq caeuq saenqyiengj. Doeklaeng, dang mwh caux nyenz gisuz fazcanj daengz Lwngjsuijcungh hingz seiz de, couh dwg gunghyenz 1 sigij Dunghhan cogeiz daengz 12 sigij Bwzsung aen gaihdon neix, 12 sai rongh couh dingh roengzdaeuj lo. 12 sai rongh neix couh siengcwngh bi miz 12 ndwen. Gijneix dwg cojcoeng Bouxcuengh gaenq dawzndei baen bi ndeu baenz 12 ndwen cungj caenhuq baengzgawq de.

壮族先民在农业生产活动中，注意天象的观测，积累了一些历法知识。从文物考证资料可知，壮族先民早在公元1世纪初就知道把一年划分为12个月。从现在出土的壮族铜鼓来看，壮族先民所制造的铜鼓，其鼓面中心都有一个圆圆的光芒，代表着太阳，光体四周有向外辐射的道道光芒。早先制成的光芒，一般有八、十、十二、十四、十六道不等，这就是所谓的"太阳纹"，它记载了古代壮族先民对太阳的崇拜和信仰。后来，当铜鼓的铸造发展到冷水冲型铜鼓时，即公元1世纪的东汉初期至12世纪的北宋年间，十二道光芒就成为定格了。这十二道光芒就是象征着一年中的12个月。这是壮族先民已掌握划分一年为12个月的实物证据。

Ndaw gujciz hix miz haujlai gij cienznaeuz caeuq geiqloeg gvendaengz ligfap fuengmienh de, Sungdai Gvangjsih Yougyangh gij Sanhliuz (Bouxcuengh) baihrog Hihdung, couh miz aeu 12 seizsaenz daeuj geiq geiqciet daengx bi de. Gaengawq Sungdai 《Gveihaij Yizhwngz Ci》 geiqsij："Sanhliuz, mbouj miz bi'ndwen caeuq mingzcoh, aen mbanj ndeu gawj boux miz naengzlig ndeu heuhguh Langzhoj, bouxwnq dandan heuhguh Hoj, haicieng aeu cenjnamh gyaeng raemx, riengz vih seizsaenz nda ndei, Langzhoj couh bae gouz saenz lo. Yienzhaeuh vunzlai ropcomz bae yawj, danghnaeuz Yinz vih miz raemx cix Mauj vih hawq, couh roxndeq ndwencieng miz fwn ndwenngeih rengx. Gag nyinhnaeuz dengcinj." Ndaw bonj saw 《Lingjvai Daidaz・Fungsug Bouxmanz》 caemh aen seizdaih hix miz gij geiqloeg caeuq gijneix doxlumj de. Bouxcuengh "sueng bi", yungh le "12" aen soq neix, caeuq bi ndeu baen baenz 12 ndwen doxhab, ndij gij liggaeuq youq ndaw ligfap ciuhgeq Bouxgun Cunghyenz doxlumj raixcaix.

古籍中也有不少关于历法方面的传说或记载，宋代广西右江溪峒之外的山僚（壮族），就有以十二时辰记岁时的。据宋代的《桂海虞衡志》中记载："山僚，无年甲姓名，一村中推有事力者曰郎火，余但称火，岁首以土杯贮水，随辰位布列，郎火祷焉。乃集众往视，若寅有水则卯涸，则知正月雨二月旱。自以不差。"同时代的《岭外代答・蛮俗》中也有类似记载。壮人"卜岁"，用了"十二"这个数字，与一年划分为12个月相吻合，跟中原汉族在古历法中的夏历极为相似。

Danhseih, gij ligfap cojcoeng Bouxcuengh hix miz gij caeuq Bouxgun dawz ndwencieng guh gyaeuj bi mbouj doengz, cixdwg aeu aen ndwen wnq guh gyaeuj bi de. Lumj dieg Bouxcuengh Yinznanz Vwnzsanh gyoengqde yungh gij ligfap haenx couh dwg aeu ndwencib guh gyaeuj bi; danhseih Bouxcuengh dieg Gveicouh Cungzgyangh, cix aeu ndwenlab guh gyaeuj bi, ndwenlab coit guh "cieng Bouxcuengh". Baihsae Gvangjsih benq dieg gvangq neix Bouxcuengh ciuhgeq saedhengz cungj "lig cibngeih nyaen" ndeu, couh dwg aeu bi ndeu vehbaenz 12 ndwen, aeu cibngeih cungj doenghduz daeuj boiq, aeu duzlungz guh gyaeuj, gijwnq ciuq gonqlaeng baizlied dwg fungh、max、ngwz、vunz、gaeq、ma、mou、roeglaej、vaiz、guk、yiengz. Bi miz 12 ndwen, hoeng moix ndwen cungj miz 30 ngoenz, mbouj baen laux iq, cungj baen ndwen neix miz di genjdanh. Hoeng youq ciuhgeq, cojcoeng Bouxcuengh naengzgaeuq gig caeux couh nyinhrox bi ndwen, caemhcaiq bae vehfaen dem, cungj ligfap ciuhgeq neix youq dangseiz daeuj gangj, suenq dwg cinbu、gohyoz lo.

但是，壮先民的历法，也有与汉族以正月为岁首不同，而是以其他月份为岁首的。如云南文山壮族地区所使用的历法便是以十月为岁首；而贵州从江一带的壮族，则以十二月为岁首，十二月初一为"壮年"。桂西广大壮族地区古时候实行一种"十二兽历"，就是把一年划分为12个月，各配以一种动物名称，以龙为岁首，其余依次排列为凤、马、蛇、人、鸡、狗、猪、雀、牛、虎、羊。一年为12个月，但每个月的天数都是30天，不分大小，这样的纪月简单了一些。但在古代，壮族先民能很早就认识年月，并加以划分，这种古代历法，在当时来说，是进步的、科学的。

Sam. Gij geiqnienz geiqnyied geiqngoenz fuengfap Bouxcuengh ciuhgeq
三、古代壮族纪年、纪月、纪日法

（It）Geiqnienz fuengfap
（一）纪年法

Gij fuengfap geiqnienz Bouxcuengh ciuhgeq, gaengawq gij biucinj caeuq geiqsuenq fuengfap de mbouj doengz, ndaej baen baenz song cungj: Cungj ndeu dwg aeu diensiengq bienqvaq guh gaengawq, cujyau dwg ciuq singhsuz hopgeiz sinzvanz gij fuengfap neix daeuj geiqnienz de. Lumj youq bingzciengz saedceij ndawde, ronghndwen ok daeuj roengz bya luenz vauq gig yungzheih hawj vunz roxndeq, ndigah aeu ronghndwen luenz baez ndeu dingh guh ndwen ndeu, 12 ndwen couh dwg bi ndeu. Youh lumjbaenz gaenz Bwzdoujsingh baenq hop ndeu, gyangde seizgan doxgek guh bi ndeu. Lingh cungj dwg aeu dajndaem hopgeiz daeuj geiqnienz. Bouxcuengh aeu ndaem haeuxnaz guh cawj, ganq haeuxnaz iugouz hab seiz bae vanqceh caeuq ndaemnaz, cawz nya guenjleix, gibseiz sou gvej, mboujne couh gojnaengz genjcanj engqlij mboujmiz soucingz. Gungganq haeuxnaz giengzvaq le beksingq gij geiqseiz eiqsik de, ndigah, cungqvunz couh aeu gohaeux baenz baez ndeu couh guh bi ndeu（Bouxcuengh ciuhgeq dingzlai bi ndaem sab ndeu）. Doengzseiz, gak cungj doenghgo va hai va loenq、nya heu nya roz, gyang de hix aeu itdingh hopgeiz, aen hopgeiz neix cojcoeng Bouxcuengh couh heuh de guh "doiq hop", hix couh dwg bi ndeu.

古代壮族纪年的方法，就其所依据的标准及计算方法的不同，可分为两种：一种是以天象变化为依据，主要是按星宿周期循环的方法来纪年的。例如在日常生活中，月亮的出没、盈缺很容易为人们所感知，因此以旺月1次为1个月，12个月就是1年。又如北斗星斗柄转动1周，其中所间隔的时间即为1年。另一种是以种植周期来纪年。壮民族以种稻为主，水稻栽培要求适时播种和插秧，耘田管理，及时收割，否则就可能减产甚至颗粒无收。水稻的栽培强化了人们的纪时意识，因此，人们就以禾稻成熟1次即为1年（古代壮人多种1造）。同时，各种植物的花开花谢、草长草枯，其间也要一定的周期，这个周期壮族先民便称之为"doiq hop"，也即1年。

（Ngeih）Geiqnyied fuengfap
（二）纪月法

"Nyied" Sawcuengh dwg "ndwen". Cojcoeng Bouxcuengh dwg aeu ronghndwen bienq luenz bienq vauq hopgeiz guh gihcinj daeuj geiqnyied. Caeux youq Sungdai, Gvangjsih Yougyangh Hihdung Sanhliuz（Bouxcuengh）, couh gaenq roxndeq yinhyungh 12 seizsaenz daeuj geiqseiz, cij mboujgvaq cungj fuengfap neix bingzciengz sawjyungh gig noix ajmah. Gij geiqnyied fuengfap cojcoeng Bouxcuengh bingzciengz ceiq gingciengz yungh de dwg aeu cihsoq daeuj geiqnyied, couh dwg bae doekdingh moix bi ndwen lawz dwg gyaeuj bi（gak dieg Bouxcuengh gij gyaeuj bi mbouj doxdoengz geijlai）gonq, Sawcuengh dwg "cieng" roxnaeuz "ndwencieng", dwg ndwencieng roxnaeuz ciengnyied, gijwnq ciuq gonqlaeng dwg ndwenngeih, couh dwg ngeihnyied；ndwensam, samnyied；ndwenseiq, seiqnyied；ndwenngux, hajnyied；ndwenloeg, loegnyied；ndwencaet, caetnyied；ndwenbet, betnyied；ndwengouj, goujnyied；ndwencib, cibnyied, ndwenit；cib'it nyied；ndwenlab, cibngeih nyied. Ndwen cibngeih youh aenvih dwg byaibi, miz geiq nyied gietsat eiqsei, miz mbangj couh heuhguh ndwensat, dwg "ndwen byai". Danghnaeuz dwg ndwennyinh, couh heuhguh "nyinh ndwen lawz", mbouj linghvaih an mingzcoh hawj ndwen neix.

"月"壮文为"ndwen"。壮族先民是以月亮盈亏变化的周期为基准以纪月的。早在宋代，广西右江溪峒山僚（壮）就已经懂得运用十二辰来记时，只是此法平常极少使用而已。壮族先民日常最常用的纪月法是用序数纪月法，即先确定一年中哪个月为岁首（各地壮人的岁首有所不同），壮文为"cieng"或"ndwencieng"，是元月或一月，其余依次为ndwenngeih，即二月；ndwensam，三月；ndwenseiq，四月；ndwenngux，五月；ndwenloeg或ndwenroek，六月；ndwencaet，七月；ndwenbat或ndwenbet，八月；ndwengouj，九月；ndwencib，十月；ndwenit，十一月；ndwen cibngeih，十二月。十二月又因是年尾，有纪月结束的意思，有的就叫ndwensat，是为"末月"。如果是闰月，即叫"闰何月"，不另设置月名。

Mbanj Bouxcuengh hix miz aeu vuzhou daegcwng daeuj hai mingzcoh de. Lumjbaenz《Fwen Va Cibngeih Ndwen》couh dwg aeu va hai daeuj hai mingzcoh moix ndwen. Ndaw fwen ciengq naeuz："Cienghyied hai vabug, ronghswg youq gwnz go；Ngeihnyied hai vadauz, lumj lwgsau hoengz oiq；Samnyied hai vavengj, seiqlengq rongh sizsiz……" Genjdanh daeuj gangj, itnyied dwg vabug hai, ngeihnyied vadauz hai, samnyied vavengj hai, seiqnyied vagva hai, hajnyied va'gveiq hai, loegnyied va'ngaeux hai, caetnyied vamauxdan hai, betnyied vahaeux hai, goujnyied va byaekmbungj hai, cibnyied vahing hai, cib'it nyied vagut hai, cibngeih nyied vamaenj hai. Cungj aeu vuzhou daegcwng daeuj heuh nyiedfaenh neix youq bingzciengz wngqyungh ndaej gig gvangq, gak dieg cungj gaengawq bonjdieg gij vuzhou daegcwng de, bien gij "fwen" Bouxcuengh ginzcung gig angqcoux de, ndei ciengq ndei geiq, daih daih doxcienz.

壮乡也有以物候特征来命名的。如壮"欢"《十二月花歌》就是以花的开放来命月名。歌中唱道："Ciengnyied hai vabug, ronghswg youq gwnz go（正月柚花开，满树皆新白）；Ngeihnyied hai vadauz, lumj lwgsau hoengz oiq（二月桃花开，红嫩赛姑娘）；Samnyied hai vavengj, seiqlengq rongh sizsiz（三月开金樱，亮遍满山岭）……"简单来说，正月是柚花月，二月桃花月，三月金樱花月，四月瓜花月，五月桂花月，六月荷花月，七月牡丹花月，八月稻花月，九月蘿菜花月，十月姜花月，十一月菊花月，十二月李花月。这种以物候特征为月份别称在日常中应用得十分广泛，各地都根据本地的物候特征，编有群众喜闻乐见的壮"欢"，朗朗上口，形象易记，世代相传。

（Sam）Geiq ngoenz fuengfap
（三）纪日法

"Yiz" Vahcuengh heuhguh "ngoenz" miz daengngoenz caeuq doengxngoenz daengj eiqsei, "nyied" heuhguh "ndwen". Bouxcuengh nyinhnaeuz, dangngoenz、ronghndwen okdaeuj roengzbya、ngoenz hwnz doxvuenh aen hopgeiz ndeu couh dwg "ngoenz" ndeu. Bingzciengz gij geiq ngoenz fuengfap de cujyau dwg gaengawq ronghndwen youq ndaw ndwen bienq luenz bienq vauq mbouj doengz canggvang daeuj geiq ngoenz. Ndwen miz 30 ngoenz, 10 ngoenz guh "sinz", ndwen ndeu 3 sinz, moix sinz gag miz mingzcoh, lumj "ndwenco", couh dwg "nyiedco、ndawcib", "ndwen gyang", couh dwg "gacib"; "laj ndwen", couh dwg "ndawnyieb". Caiq gangj daengz moix sinz geiq ngoenz, cix aeu cihsoq bae geiq, 1 daengz 10 ngoenz, haidaeuz aeu "co" bae an hwnjbae, couh dwg "co it"（it hauh）daengz "co cib"（10 hauh）. Gacib ndawnyieb cix cienj aeu "ngoenz" coq baihnaj, couh dwg "ngoenz cibit" daengz "ngoenz samcib" "ngoenz sam'it". Gyonj hwnjdaeuj gangj, 3 aen gaihdon gij geiqngoenz de dwg gig saeqnaeh cingcinj.

"日"壮语叫"ngoenz"（太阳），"月"叫"ndwen"（月光）。壮人认为，太阳、月亮升落、昼夜循环交替的周期是为一"日"。日常的纪日法主要是根据月光在1个月中之盈缺变化不同状况来作纪日的。1个月30日，10天为一旬，1月3旬，每旬自有专名，如"ndwenco"，即为"月初、上旬"；"ndwen gyang"，即"中旬"；"laj ndwen"，即"下旬"。至于每旬的纪日，则以序数记之，1至10日，开头贯以"co"字，即"co it"（初一）至"co cib"（初十）。中下旬则转以"ngoenz"（日）为词头，即"ngoenz cibit"（11日）至"ngoenz samcib" "ngoenz sam'it"（30日、31日）。总之，3个时段的纪日是十分细致精确的。

Linghvaih, Bouxcuengh lij miz gij aeu "hophaw" daeuj geiq ngoenz daegbied haenx. Sung Yenz gvaqlaeng, gaenriengz nungzyez、soujgunghyez、yejginhyez ngoenz beij ngoenz fazcanj, ndawbiengz doenghyiengh swnghcanj laicungj laiyiengh, sanghbinj doxvuenh hix hoenghvuengh hwnjdaeuj. Bouxcuengh gak dieg lajmbanj giz haw guh gaicawx de, youq Dangzdai gaenq miz di yienghceij, youq gwnz aen giekdaej neix, daengz Sungdai, daj gij haeujhaw guh mbouj dinghgeiz doxvuenh doenghyiengh, fazcanj baenz aen haw dingh dieg dinghgeiz guh gaicawx de，lai lai cab cab. Bouxcuengh heuh giz comzgyonj gaicawx de guh "haw"，ngoenz de couh heuhguh "ngoenzhaw". Dangz Sung seizgeiz geiqloeg le haujlai "haw". Miz mbangj 3 ngoenz haeuj baez haw ndeu，lumj Vujyenz、Cauhcouh；miz mbangj 5 ngoenz haeuj baez ndeu，lumj Yungzcouh；miz mbangj engqlij gek ngoenz ndeu couh dwg ngoenzhaw. Cigdaengz seizneix，Bouxcuengh beksingq vanzlij ciuqgaeuq ciepswnj cungj fungsug haeujhaw gaicawx neix. Aenvih "haw" doiq vunzlai swnghcanj、doxvuenh、gvaq saedceij gig youqgaenj，ndigah cojcoeng Bouxcuengh couh fatmingz le gij gijyiz fuengfap aeu "ngoenzhaw" guh biucinj、ngoenz soq haemq dinj haenx. Gaengawq gaujcaz，dieg Bouxcuengh dingzlai aeu 3 ngeonz guh haw，ngoenz haeuj haw de couh heuhguh "ngoenzhaw"，dauq gvaqdaeuj doisuenq gij ngoenz de couh dwg："ngoenz gaxgonq" ngoenzhaw，heuhguh "ngoenzlwenz"；gaxgonq ngoenzhaw song ngoenz，heuhguh "ngoenzbonz"；"ngoenzhaw gonq" couh heuhguh "haw gonq". Doi yiengq doeklaeng couh dwg：ngoenz daihngeih——ngoenzcog，ngoengz daihsam——ngoenzrawz，"ngoenzhaw laeng" cix heuhguh "haw naj"；danghnaeuz heuhguh "haw laeng"，couh dwg ceij ngoenzhaw daihcaet ngoenz de. Cungj fuengfap aeu hophaw guh biucinj daeuj gijyiz neix，caeuq swnghcanj、gyauvuenh、saedceij giethab gig gaenjmaed，laux iq cungj rox，ndei geiq saedyungh.

另外，壮族人民还有特殊的以"圩期"作为纪日的。宋元以后，随着农业、手工业、冶金业的日益发展，社会物质生产丰富多彩，商品交换也兴旺起来。壮族各地农村贸易中心的圩场，在唐代已出现雏形的基础上，到宋代从不定期的集市交换，发展成为星罗棋布的定期集市贸易。壮族人称集市交易为"圩"（haw），那天即叫"圩日"（ngoenzhaw）。唐宋时期对"圩"都有不少记载。有的3天一圩，如武缘、昭州；有的5天一圩，如容州；有的甚至隔天即圩。直到现在，壮族人民仍在沿袭这种集市贸易习俗。由于"圩"对于人们的生产、交换、生活极为重要，因此壮族先民就发明了以"圩日"为标准的、较短时日的纪日法。据考察，大多数壮族地区以3日为圩，圩日那天即叫"ngoenzhaw"，倒推日期即如：圩日的"昨天"，叫"ngoenzlwenz"；圩日的"前天"，叫"ngoenzbonz"；"上个圩日"就叫"haw gonq"。往后推即是："ngoenzcog"——明天，"ngoenzrawz"——后天，"下个圩日"则称"haw naj"；如果叫"haw laeng"，即指第七天的那个圩日了。这种以圩期为标准来纪日的方法，与生产、交换、生活结合得十分紧密，妇孺皆晓，易记实用。

Seiq. Gij fuengfap geiqseiz Bouxcuengh ciuhgeq

四、古代壮族纪时法

Cojcoeng Bouxcuengh mboujdanh gig yawjnaek geiq ndwen、geiq ngoenz，lij daegbied yawjnaek geiq seiz dem，aenvih seizsaenz doiq gyoengqvunz fuengbienh swnghcanj caeuq anbaiz saedceij miz gvanhaeh youqgaenj. Aenvih diuzgienh hanhceiq，cojcoeng Bouxcuengh ciuhgeq cijndaej hab'wngq swyenz anbaiz，"mbwn rongh cix guhhong，mbwn laep cix yietnaiq"，aeu gij gainen haemq loengxdoengj myoxmyad de daeuj hauh'ok seizhaek.

Soujsien, gyoengqvunz gaengawq daengngoenz、ronghndwen okdaeuj roengzbya caeuq rongh laep cabied guh biucinj, aeu ngoenz ndeu gyoeb guh song aen gaihdon, couh dwg gyangngoenz （doengx ngoenz roxnaeuz ngoenz）caeuq gyanghaemh （doengx haemh、doengxhwnz roxnaeuz haemh、hwnz）. Daihngeih, vehfaen gyangngoenz caeuq gyanghaemh le, gaenriengz gyoengqvunz saedceij sizcenj fazcanj caeuq aeuyungh, gyoengqvunz youh dawz gyangngoenz caeuq gyanghaemh gidij vehfaen baenz：It dwg aeu gyangngoenz baen baenz 3 aen gaihdon laux, couh dwg banhaet （roxnaeuz doengxhaet、haet、gyanghaet）、banringz （gyajngoenz、daengzvaenz）caeuq banringzgvaq （banhaemh）. Ngeih dwg caiq aeu gyangngoenz moux aen seizduenh, caiq vehfaen baenz seizduenh iq, caemhcaiq gvidingh le mbangj gij cienyungh mingzcwngh daeuj biujsiq aen seizduenh haenx, lumjbaenz daengngoenz lijcaengz okdaeuj, mbwn baihdoeng ngamqngamq hai, cingqciengz lwgda cij ngamqngamq yawj cingcuj gij doxgaiq sam haj yamq de, Sawcuengh dwg "buemxsuemj" roxnaeuz "sunghmonq", "monj"; daengz banhaet caet bet diemjcung seiz heuhguh "banngaiz" —— gijneix dwg aeu gij seizgan gwnngaiz de daeuj dinghseiz; daengz le 12 diemjcung baedauq wnggai gwnringz seiz, couh heuhguh "banringz"; daengz banringzgvaq haj roek diemjcung wnggai gwncaeuz seiz, couh heuhguh "bancaeuz". Youq mboengq banringzgvaq caeuq gyanghaemh doxgyau de, hix miz haujlai seizduenh iq：Daengngoenz roengzbya, aen seizduenh iq mbwn laepmomj de, heuhguh "fuemx"; daengngoenz roengzbya, mbwn gig amq lo, mboengq seizduenh neix heuhguh "raizda" "laizda" roxnaeuz "aizlah"; seiz mbwn laep liux, caemrwgrwg de heuhguh "laep dingh". Gij fuengfap loengxdoengj geiqseiz neix daj de canjseng le, itcig ciuq yungh daengz seizneix, gig habyungh.

壮族先民不仅很重视纪月、纪日,还特别重视纪时,因为时辰和人们的生产和生活安排很有关系。由于条件所限,古代壮族先民只能适应自然的安排,"日出而作,日落而息",用较笼统模糊的概念来标志时刻。首先,人们根据太阳、月亮的出没及光亮度差别,把一天合为两个大时段,即白昼（doengx ngoenz或ngoenz）和黑夜（doengx haemh、doengx hwnz或haemh、hwnz）。其次,有了白昼和黑夜的划分之后,随着人们生活实践的发展和需要,人们又把白昼和黑夜进行具体的划分:一是先将白昼分为3个大时段,即上午（banhaet或doengxhaet、gyanghaet）、中午（banringz、gyajngoenz、daengzvaenz）和下午（banhaemh）。二是再将白昼中的某些时段,再划分为小时段,并规定了一些表示该时段的专有名称,如太阳还没有升起,东方已略为泛白,正常视力只可能约略看清三五步以内的物体时,壮文为"buemxsuemj"或"sunghmonq","monj"（黎明、拂晓）;到了早上七八点钟时叫"banngaiz"——这是以吃早饭的时间来定时的;到了12点钟左右该吃午饭时,就叫"banringz";到了下午五六点钟该吃晚饭时,就叫"bancaeuz"。在下午与黑夜交叉之时,也有许多小时段:太阳落山,天色昏黄这一小时段叫"fuemx";太阳下山,天色昏暗这一小时段叫"raixda" "laizda"或"aizlah";时入黑夜,人定物静的时刻叫"laep dingh"。笼统纪时法自产生之后,一直沿用至今,有很强的适用性。

Cinzsijvangz doengjit Lingjnanz le, caijyungh yizminz caeuq haifat Lingjnanz cwngcwz, cienzboq gij senhcin vwnzva dieg Cunghyenz, baugvat denhvwnz、diyoz daengj, gyagiengz le

Bouxgun、Bouxcuengh vwnzva gyaulouz, coicaenh le sevei cidu Bouxcuengh bienqgwz caeuq swnghcanjliz fazcanj, hawj sevei Bouxcuengh ciuhgeq fatseng bienqvaq hungloet. Han Dangz gvaqlaeng cigdaengz Mingz Cingh, dieg Bouxcuengh baihdoeng, Bouxcuengh、Bouxgun vwnzva yungzhab haeujlaeg fazcanj, Bouxcuengh daihliengh bae yinxhaeuj haujlai gij vwnzva ndei Bouxgun Cunghyenz, lumjbaenz ganhcih geiqseiz fuengfap cienzhaeuj, cojcoeng Bouxcuengh dawz de caeuq bonj minzcuz gij geiqseiz fuengfap loengxdoengj de dox giethab, hag gij ndei bouj gij yaez, itcig yungh daengz seizneix. Mbanj Bouxcuengh vanzlij yinxhaeuj le Cunghyenz gij doenghduz sengsiu geiqseiz fuengfap geqlaux, cujyau aeu daeuj geiqsij hungmbwk saehgienh hozdung, lumjbaenz geiqsij "gij seizsaenz seng dai" boux vunz, hoeng hix dandan dwg youq seiz aeu cihsaw geiqloeg cij yungh daengz de, gij wnq couh yungh daengz de gig noix lo. Vihliux bangcoh ndaejgeiq caeuq saedyungh, gyoengq cojcoeng Bouxcuengh aeu gyoengqde bienbaenz 《Fwen Cuengh Cibngeih Seizsaenz》 bae cienzciengq. Lumj fwen ceijseiz dwg: "Ceijseiz seiz duznou, goxdou bae guh rug; laeuqnaeuz daeng ndaepbyub, daz lwg bei cimhgwn." Cungj fwen Cuengh doenghduz seizsaenz neix, hingzsiengq sengdoengh, ndei boih ndei geiq, ranzranz cungj rox, saedyungh fuengbienh.

　　秦始皇统一岭南后，采取了移民和开发岭南的政策，传播中原地区的先进文化，包括天文、地学等，加强了汉、壮文化交流，从而有力地促进了壮族社会制度的变革和生产力的发展，使古代壮族社会发生了很大变化。汉唐以后直到明清，随着壮族东部地区壮、汉文化的交融和深入发展，壮族大量地吸收了中原汉文化的许多精髓，例如干支纪时法的传入，壮族先民把它与本民族的笼统纪时法相互结合，取长补短，一直运用到现在。壮乡还引进了中原古老的动物生肖纪时法，主要用来记述重大事件的活动，如纪述人的"生死时辰"，但也只是在作文字记载时才使用到它，其他就很少使用了。为了帮助记忆与实用，壮族先民们把它们编成《十二时辰壮欢》进行传唱。如子时歌为："Ceijseiz seiz duznou, goxdou bae guh rug; laeuqnaeuz daeng ndaepbyub, daz lwg bei cimhgwn。"汉意译为："子时属鼠相，门角去做窝；主人灯一灭，带仔去偷摸。"这种属相时辰壮欢，形象生动，易背易记，家喻户晓，实用方便。

Daihsam Ciet　Bouxcuengh Gij Dulienghwngz Ciuhgeq、Ciuhgyawj Baenzlawz Cauxbaenz Caeuq De Baenzlawz Fazcanj Yenjben
第三节　壮族古、近代度量衡的创造及其发展衍变

　　Cojcoeng Bouxcuengh caeuq gij minzcuz wnq doxlumj, vihliux gijdaenj、gijgwn、ranzyouq、gyaudoeng aeuyungh, caeuq vih gijneix cix bae guh gij swnghcanj、swnghhoz、doxvuenh aeuyungh, youq mbouj doengz seizgeiz fatmingz le haujlai gij dulienghwngz gawq fuengbienh saedyungh youh gig miz minzcuz daegsaek de, caenhguenj doenghgij dulienghwngz haenx miz di co nyauq, mbouj gaeuq cinj, hoeng gijde dauqdaej dwg gyoengq cojcoeng Bouxcuengh cungj dajcauh ndeu; doengzseiz, miz mbangj dulienghwngz ginggvaq mboujduenh gaijcin, cigdaengz ngoenzlaeng vanzlij youq ndaw saedceij laebdaeb sawjyungh, ndigah, wngdang bae haengjdingh Bouxcuengh gij dajcauh hungmbwk de.

壮族先民同其他民族一样，为了衣、食、住、行，以及为此而进行的一切生产、生活、交换的需要，先后发明了不少方便实用的颇具民族特色的度量衡，尽管那些度量衡是相当粗糙而不甚精确，但那毕竟是壮族先民的一种创造；同时，有的度量衡经过不断改进，直至日后还在生活中继续使用，因此，对壮民族的伟大创造应给予肯定。

It. Gaxgonq Senhcinz Aen Gaiduenh Cocaux Dulienghwngz Bouxcuengh
一、先秦以前壮族度量衡的初创阶段

Ciuhgeq gaxgonq daengz Senhcinz seizgeiz, cojcoeng Bouxcuengh yungh gij fuengfap "gij gyawj dag ndang, gij gyae yungh doxgaiq" daeuj dajcauh fatmingz dulienghwngz, couh dwg yiengh ndeu aeu ndang vunz moux giz guh biucinj, yiengh ndeu dwg aeu moux cungj swyenzvuz、ciengzyungh givuz guh biucinj.

从上古至先秦时期，壮族先民以"近之取身，远之取物"方法实现度量衡的初创发明，一是以人体某些部位为标准，一是以某种自然物、常用器物为标准。

（It）Gij dulienghwngz aeu ndang vunz moux giz guh biucinj
（一）以人体某些部位为标准的度量衡

Bouxcuengh aenvih mboujmiz yiengh cihsaw minzcuz doengjit lawz, ndigah cojcoeng de aeu lwgfwngz、gen guh dulienghwngz biucinj cungj fatmingz neix mboujmiz lizsij hawj raeuz gaujcwng, hoeng daj lizsij yijyenzyoz、minzcuzyoz caeuq minzsuzyoz fuengmienh bae gaujcaz, daegbied dwg gij coenzvah、vahsug bonj minzcuz lingxcingx daj ndawbiengz cienzciep roengzdaeuj daengz seizneix vanzlij wngqyungh haenx, cungj yawj ndaej ok gij lizsij rizcik cojcoeng Bouxcuengh aeu ndang vunz moux giz daeuj guh geiqliengh ciengzdoh de. Lumj Vahcuengh miz vahsug baenzneix: "Meh fwngz guh conq, it cap haj conq, song cap guh cik, iet gen guh soem, song soem baenz ciengh." Bouxvunz cingqciengz ndeu cungj miz song fajfwngz, fajfwngz ndeu miz 5 lwgfwngz, song fajfwngz itgungh miz 10 lwgfwngz; moix boux vunz cungj miz song fajdin, moix fajdin cungj miz 5 lwgdin, itgungh miz 10 lwgdin, gij lwgfwngz、lwgdin bonjndang bouxboux cungj sug, vunzloih bae hozdung, gij cihsoq ceiq ndei geiq de dangyienz couh dwg 1、5、10 doenghgij soq neix, caemhcaiq doenggvaq de daezsingj vunzloih fatmingz le cibcinci cungj fuengfap neix. Gij vahsug gwnzneix gangjmingz le cojcoeng Bouxcuengh youq ciuhgeq couh nyinhrox le gij gihbwnj gainen conq、cik、ciengh caeuq cibcinci cungj geiqsuenq fuengfap neix. Bouxcuengh vanzlij miz aeu song ga bae geiqliengh ciengzdoh de, lumj Vahcuengh miz: "It yamq sam cik, sam yamq guh ciengh". Bingzciengz, fanzdwg dagrau gij doxgaiq haemq dinj haemq gaeb yungh lwgfwngz roxnaeuz gen guh biucinj lai; dagrau gij doxgaiq haemq raez haemq gvangq cix yungh yamqdin guh biucinj lai. Lumjbaenz Gvangjsih Yizcouh dieg Bouxcuengh comzyouq de caengzging riuzhengz cungj dagrau fuengfap aeu "baij" guh biucinj ndeu, baij ndeu wg bingz iet song gen seiz ceiq raez de. Lajneix doenggvaq souj fwen ciuhgeq riuzcienz youq mbanj Bouxcuengh Vujmingz Yen Dwnggvangj、Yavangz、Cizgiz daengj dieg de bae yawjok aen daihgaiq ndeu. Souj fwen haenx dwg yienghneix：

　　壮族由于没有统一的民族文字，故其先民以手指、手臂为度量衡标准的发明创造无史可考，但从历史语言学、民族学和民俗学方面去考察，特别是从民间传承下来的至今仍在应用中的民族语言基本词语、民谚等，都可以折射出壮族先民以身体某些部位作为计量长度的史迹。如壮语民谚有："Meh fwngz guh conq, it cap haj conq, song cap guh cik, iet gen guh soem, song soem baenz ciengh。"（新壮文，下同），译成汉语的意思是：拇指为1寸，拇指与食指伸张一次为5寸，伸张两次为1尺，伸张两臂为1寻，2寻为1丈。常人都有两个巴掌，每个巴掌有5只手指，双掌合为10指；每人都有两只脚，每只脚都有5个脚趾丫，合在一起就是10个脚趾丫，自身的手指、脚趾丫是人人都熟悉的，人类从事活动，最容易记住的数字当然也就是1、5、10这些数字了，而且通过它发明了十进制计算的方法。上述壮族民谚说明了壮族先民在古代就认识了寸、尺、丈的基本概念以及十进制计算方法。壮民族还有以两腿去计量长度的，如壮语有："It yamq sam cik, sam yamq guh ciengh"，其汉语意思是"一大步为3尺，3大步为1丈"。通常，凡丈量较短较窄的东西多以手指或手臂为标准；而丈量较长较宽的东西则多以脚步为标准。如壮族聚居的广西宜州地区曾流行"摆"的丈量方法，一摆为张开双臂时的最大长度。下面可以通过流传于壮乡武鸣县邓广、夏黄、赤旗一带的古代儿歌窥见其一斑。该儿歌这样唱道：

新壮文	汉译
Bengj bengj caq, vah damz yaeng,	嗟，快板歌，
bek fwngz rek detdet;	拍拍双手闹喳喳；
goengroxdoh cang ek,	布洛陀公公装好牛轭，
mehloeggyap cauh gya;	姆六甲婆婆来造家；
byaij gvaq rungh gvaq bya,	走过千山和万水，
vih cauh naz cauh dieg;	为造田地走天下；
hanh dumz dungx cix yiek,	汗水湿衣肚子饿，
cienh gok gok rau caez。	处处丈量总不差。
caiq son beix dawz cae,	再教哥哥学犁耙，
caiq son heiz doek gyaj;	再教小姨把谷撒；
heuh goepnaz cawz nengz,	叫那青蛙帮除虫，
yungh goengrengz dwk bwnh;	努力放肥好庄稼；
gaenx guh couh miz gwn,	勤劳做工有饭吃，
gaej yungh lumz bouxgeq。	不忘他们老人家。

Souj fwen ciuhgeq neix sengdoengh geiqloeg le cojcoeng Bouxcuengh caux naz caux reih dwg yungh yamqdin bae dagrau reihnaz.

这首古老的儿歌，极其生动地记叙了古代壮族先民造田造地是用脚步去丈量土地的。

Gvendaengz doengh aen dajcaeng，song fajfwngz hix dwg gij biucinj cojcoeng Bouxcuengh aeu daeuj guh geiqliengh laux iq haenx. Youq ndaw Vahcuengh "gaem"，de gawq dwg dungswz "vaz"，youh ndaej aeu guh liengcwz "gaem" "bog" "nyup". "Bog haeux ndeu" "gaem haeux ndeu" Vahcuengh couh heuhguh "it gaem haeux" "cib bog haeux" "cib gaem haeux" Vahcuengh cix heuhguh "cib gaem haeux".

关于容积，两个手掌也是壮族先民用作计量容积的标准。在壮语基本词汇中的"gaem"，既是当成动词"抓"，又可以是量词"把""抓""束"的意思。"一把米""一抓米"壮语就叫"it gaem haeux"，"十把米""十抓米"壮语则呼之为"cib gaem haeux"。

Aeu ndang vunz moux giz guh dulieng biucinj，vunz vunz cungj miz，bouxboux gag yungh，gig fuengbienh saedyungh dahraix；dang'yienz，hix miz gizhan gig hung，couh dwg lwgfwngz vunz miz gvangq miz gaeb，gen caeuq ga miz raez miz dinj，biucinj nanzndaej doengjit、cingcinj. Danhseih，guh aen gaihdon ngamqngamq dajcaux dulienghwngz de，cungj dajcauh neix dwg vunzloih haeuj daengz vwnzmingz cungj codaeuz biujyienh ndeu，dwg gij gohyoz swhveiz biujyienh ceiq caeux de. Couh dwg youq gwnz aen giekdaej neix，cojcoeng Bouxcuengh doeklaeng cij caux ok gij geiqliengh fuengfap engqgya cingcinj de daeuj.

度量标准取之于身，人人皆有，个个自用，确实十分方便实用；当然，也有很大的局限，就是人的手指有宽有窄，手臂和腿脚有长有短，标准难以统一、准确。但是，作为度量衡的初创阶段，这种创造是人类步入文明的一种起始表现，是最早的科学思维表现。就是在这种基础上，后来的壮族先民才创造出更准确的计量办法来。

（Ngeih）Aeu moux cungj swyenzvuz、ciengzyungh givuz guh geiqliengh biucinj

（二）以某种自然物、常用器物作为计量标准

Gij givuz cojcoeng Bouxcuengh sawjyungh de，baugvat gij swyenzvuz dang hongdawz sawj de，cungjloih fungfouq，caizliuh singqcaet lai yiengh，miz mbangj vanzlij caux ndaej gig gyaqciq. Gyoengqde cawzliux saedyungh，vanzlij aeu daeuj dangguh gaiqdawz geiqliengh dem，vihneix fazcanj baenz dieg Bouxcuengh mbangj cungj geiqliengh danhvei. Lumj Sawcuengh "mbaet"（sawcuengh ciuhgeq raiz baenz "筐"），couh dwg liengswz；"song mbaet haeux". Sawcuengh "mbok"（Sawcuengh ciuhgeq raiz baenz "筴"、"箹" daengj），couh dwg swng，liengswz："song mbok haeux"，caemh dwg song swng haeux. Dieg Bouxcuengh go'ndoek gig lai，Bouxcuengh raemj go'ndoek gawq baenz mbok，laux iq raez dinj mbouj doxdoengz，aeu daeuj rau haeux、rau doxgaiq，yungh nanz le couh cienjvaq baenz geiqliengh danhvei. Sawcuengh "cenj"（Sawcuengh ciuhgeq raiz baenz "盂" "盏" "盉" daengj），bonjlaiz dwg aen cenj iq, aeu daeuj gyaeng laeuj heuhguh "cenj laeuj", aeu daeuj gyaeng haeux cix heuhguh "cenj haeux", gijwnq ciuq gij neix doi roengzbae. Sawcuengh "duix", Sawcuengh ciuhgeq raiz guh "碟" roxnaeuz "砵"；miz mbangj dieg Vahcuengh "vanj" caeuq "duix" caemhyiengh, eiqsei cungj dwg "vanj". Song de bonjlaiz dwg gaiqdawz, danghnaeuz aeu daeuj rau doxgaiq, couh baenz geiqliengh danhvei lo. Vahcuengh "yaenz"（Sawcuengh ciuhgeq raiz baenz "箇"）, de dwg aeu duk san baenz, gij yienghceij de bak luenz daej fueng, doengciengz aeu daeuj gyaeng haeuxgok roxnaeuz gijwnq；aeu aengaq ndok（Vahcuengh heuhguh "cuengx"）demh daej de le, couh bienqbaenz gij gaiqdawz rap doxgaiq de, moix aen gyaeng ndaej 25~30 goenggaen haeuxgok, ndigah, de hix baenz Bouxcuengh cungj gaiqdawz geiqliengh ndeu. Lumjnaeuz moux boux bineix sou le 1500 goenggaen haeuxgok, Vahcuengh couh heuhguh "60 yaenz". Youh lumjnaeuz Vahcuengh "beuz", eiqsei dwg "aenbeuz" "aenvad" "aendaek", miz mbangj dieg Bouxcuengh hix aeu de dangguh geiqliengh danhvei. Cojcoeng Bouxcuengh aeu gak cungj doxgaiq dangguh geiqliengh biucinj cungj laeh neix lijmiz haujlai. Aeu gangjmingz de dwg, aenvih dieg Bouxcuengh swnghcanjliz lozhou, sanghbinj ginghci mbouj fatdad, ndigah, gij dulienghwngz biucinj baihgwnz gangj de itcig mbouj ndaej doengjit, mbanj Bouxcuengh gij doxvuenh codaeuj youh dwg aeu doxgaiq vuenh doxgaiq lai, soqliengh gainen itcig haemq nyieg, cauhbaenz le gij dulienghwngz Bouxcuengh fazcanj ndaej gig menh.

　　壮族先民所使用的器物，包括用作工具的自然物，种类丰富，质地多样，有的还制作得十分精美。它们除了实用之外，往往还被用来充当计量工具，由此发展成为壮族地区的一些计量单位。如壮文"mbaet"（新壮文，其古壮字作"㿩"），即筒，量词；"song mbaet haeux"，就是两筒米。壮文"mbok"（新壮文，其古壮字作"築""簕"等），升，量词；"song mbok haeux"，即两升米。壮族地区盛产竹子，壮民把竹子砍下，锯成长短大小不一的竹筒，用以量米、量东西，用久了便转化为计量单位。壮文"cenj"（新壮文，其古壮字作"盂""盏""盉"等）本来是小杯子，用来装酒叫"cenj laeuj"，用来装米则叫"cenj haeux"，其余依此类推。壮文"duix"（新壮文，下同），古壮字作"碟"或"砵"；有的地方壮语"vanj"与"duix"同，都是"碗"的意思。这两者原是用具，如拿来量东西，就成为计量单位了。壮语"yaenz"（古壮字为"箇"），它是用竹篾编织成的，其形状略呈圆口方底，通常是装谷物或其他东西之用；当用竹架子（壮语叫"cuengx"）托其底以后，就可以变成挑担运输的工具，每只可装25~30千克谷，因此，它也成为壮家人的一种计量工具。比如某某人今年收了1500千克稻谷，壮语就叫做"60 yaenz"。又如壮语"beuz"，是"瓢""勺子""舀子"的意思，有些壮族地区也把它当作计量单位。壮族先民用各种器物作为计量标准的例子还有很多。需要说明的是，由于壮族地区生产力低下，商品经济不发达，因而，上述的度量衡标准一直得不到统一，壮乡的原始交换又是以物易物者多，数的概念一直比较薄弱，导致了壮民族度量衡的发展极其缓慢。

Ngeih. Cinzhan Daengz Mingz Cingh Seizgeiz Gij Dulienghwngz Bouxcuengh Ginglig Le Aen Seizgeiz Gaepsou Caeuq Fazcanj

二、秦汉至明清时期壮族的度量衡经历了吸收和发展时期

Gunghyenzcenz 214 nienz，Cinzsijvangz doengjit le Lingjnanz，laebnda Nanzhaij、Gveilinz、Sieng sam aen gin，youq Lingjnanz daihlig doigvangj funghgen cidu，doiq dieg Lingjnanz gij sevei ginghci fazcanj baenaj gig mizleih. Danhseih，aenvih Cinzcauz dungjci gig doegsieb，Cinzsijvangz dai mbouj nanz，Cinz Swng、Vuz Gvangj hwnjdaeuj gijyi，Cunghyenz hoenxciengq hoenqluenh，cuhhouz doxhoenx mbouj daengx. Seizneix boux guen Cinzcauz youq Lingjnanz dangsaeh heuhguh Cau Doz，de nyi vah Yin Yauh，swngzgei gatcied diuzloh Cunghyenz doeng coh Lingjnanz haenx，gag dungjci Lingjnanz，ginggvaq geij bi ceihleix，dauqdaej gag dang vuengzdaeq，laeb aen Nanzyezgoz，aeu Banhyiz（ Gvangjcouh seizneix ）guh gingsingz. Dieg Nanzyezgoz aeu Cinzcauz sam aen gin guhcawj，youh gyagvangq didi，daengx aen dieg Bouxcuengh cienzbouh deng de dungjci. Nanzyezgoz cizgiz doicaenh Cinzcauz gij funghgen cidu de，caemhcaiq ciuq yungh le gij dulienghwngz cidu Cinzcauz；Hancauz mied Nanzyezgoz le，dieg Bouxcuengh vanzlij ciuq yungh gij cidu Cinzcauz，ndigah gij dulienghwngz cidu Cinzcauz youq Lingjnanz mbanj Bouxcuengh ndaej daengz bujgiz caeuq gyalaeg. Doengh gijneix，cungj ndaej doenggvaq gij dulienghwngz givuz caenhuq daj aen moh Nanzyezvangz Gvangjcouh caeuq aen moh Handai Gvangjsih Gvei Yen（ Gveigangj Si seizneix ）Lozbwzvanh vat okdaeuj haenx ndaej daengz cwngqsaed.

公元前214年，秦始皇统一了岭南，设置了南海、桂林、象三郡，在岭南大力推广封建制度，有利于岭南地区的社会经济向前发展。但是，由于秦的统治十分残暴，秦始皇死后不久，陈胜、吴广揭竿而起，中原陷入战乱，诸侯豪杰互争雄长。这时在岭南当官的秦旧部赵佗受任嚣遗训，趁机绝秦关道，划岭而治，经营数年后，终于自立为王，建立了南越国，定都番禺（今广州）。南越王国的疆域以秦三郡为主，又有所扩展，整个壮乡均在其控制之中。南越国积极推行秦王期的封建制度，并沿用了秦王朝的度量衡制度；汉灭南越后，壮乡仍沿用秦制，因此秦的度量衡制度在岭南壮乡得到普及和深入。这些，都可以从广州南越王墓和广西贵县（今贵港市）罗泊湾汉墓出土的度量衡器实物得到证实。

（It）Du

（一）度

Aen moh Handai Lozbwzvanh 1 hauh miz vwnzvuz oknamh，ndawde miz 2 fag cikfaex、fag cik faexndoek ndeu. Ndawde miz fag cikfaex ndeu lij ndei，aeu faexsa cauxbaenz，yiengh de baenz diuz raez，baihrog de luemjndongq sohsub，baih cingq gaek baenz cib faenh，faenh faenh raez doxlumj，gyang de gaek miz aen saw 十 ndeu，ndaw reuz gaek dienz saeknding；gyaeuj ndeu miz congh luenz, aeu cag ndonj bae venj, faenh ndeu saedceiq raez 2.3 lizmij, daengjndaej 1 conq. Fag cikfaex raez 23 lizmij, gvangq 1.2 lizmij, na 0.20~0.25 lizmij（doz 12-3-1）. Fag cik faexndoek caemh oknamh de, vaih le haujlai, lij lw 7 faenh gwzdu, raez 16.1 lizmij, moix faenh gwzdu hix raez 2.3 lizmij, ndaw reuz gwzdu dienz caetnding. Gij cikfaex aen moh Handai Lozbwzvanh oknamh de aeu daeuj saedyungh, cik ndeu daengjndaej 23 lizmij, aen cihsoq neix caeuq gij cik Cujgoz Cangzsah oknamh de doxdaengj, caeuq Hozbwz Swngj Manjcwngz aen moh Handai oknamh fag cik ngaenz cab diet ndeu（cik ndeu=23.2 lizmij）yaek raez doxlumj. Bouxgaujguj nyinhnaeuz, fag cik neix dwg gij cikbiucinj Cinzsijvangz doengjit Lingjnanz le doihengz daengz daengx guek de, hix dwg gij cik Nanzyezgoz aeu daeuj guh biucinj cwzliengz de. Linghvaih, youq ndaw aen moh Handai Lozbwzvanh oknamh gij "cungzgici" miz "63 bit 3 ciengq cwngh", "7 cik nangx", youq gwnz gep faex raiz miz gij saw "cik 7 conq" daengj, cwngmingz Nanzyez Vuengzguek gij cwzliengz raezdinj danhvei dwg conq、cik、ciengh, de aeu cibcinci guh dicin danhvei, caeuq Sihhan seizgeiz dieg Cunghyenz gij ciengzdoh danhvei de doxdoengz. Daj neix roxdaengz, cojcoeng Bouxcuengh fazcanj daengz seizneix, dulieng biucinj gaenq miz gohyoz cinbu.

罗泊湾1号汉墓出土的文物中有木尺2件、竹尺1件。其中1件木尺保存完整，用杉木制成，长条形，表面光洁平整，正面刻出十等分，中间刻一十字，刻槽内填红色；一端有圆孔，穿上绳子可以系挂，每一刻度实测为2.3厘米，当为1寸。木尺全长23厘米，宽1.2厘米，厚0.20~0.25厘米（图12-3-1）。同墓出土的另一件竹尺，残存7个刻度，长16.1厘米，每一刻度也是2.3厘米，刻度内填红漆。罗泊湾汉墓出土的木尺是实用尺，1尺相当于23厘米，这个数字与长沙出土的楚尺相等，与河北省满城汉墓出土的一件错银铁尺（1尺=23.2厘米）十分接近。考古人员认为，此尺是秦始皇统一岭南后推行的全国相同的标准尺，也是南越国标准测量长度的尺。另外，在罗泊湾汉墓出土的"从器志"有"缯六十三匹三丈"，"七尺矛"，在木简上写有"尺七寸"等文字，证明南越王国的测量长度单位为寸、尺、丈，它以十进制为递进单位，和西汉时期中原地区长度单位一致。由此可知，壮族科技发展到此时，度量标准已经有了很大的进步。

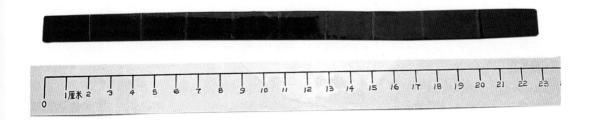

Doz 12-3-1   Cik faex daj ndaw moh Sihhan Oknamh, youq Gvangjsih Gveigangj Lozbwzvanh
图12-3-1   广西贵港市罗泊湾西汉墓出土的木尺

（Ngeih）Liengh

（二）量

Doengh aen dajcaeng gvendaengz Nanzyezgoz oknamh de haemq lai, miz aen dingjdoengz、huzdoengz、gyokdoengz、batngaenz、habngaenz、laeuqngaenz、cungdoengz daengj. Ndawde aen moh Nanzyezvangz saedceiq caekdingh le 8 yiengh doengh aen dajcaeng doengz, Gvangjsih Lozbwzvanh aen moh Handai hix saedceiq caekdingh le 8 yiengh doengh aen dajcaeng doengz, gwnz gyoengqde cungj gaek miz cihsaw. Ginggvaq mizgven bouhmonz saedceiq caekdingh caeuq vuenhsueng, aen moh Handai Lozbwzvanh 4 aen dingjdoengz gij soqbingzyaenz de dwg 1 swng=194.37 hauzswngh. Aen moh Nanzyezvangz 8 aen doengzgi soqbingzyaenz dwg 1 swng=197.655 hauzswngh. Doengh aen dajcaeng Cin Han seizgeiz dangqnaj Cungguek gaenq fatyienh haenx gij yungzlieng de dwg：Cungguek lizsij bozvuzgvanj soucangz aen dajcaeng Cinzsijvangz roengzlingh caux haenx, gij yungzlieng de moix swng dwg 210 hauzswngh；Cangoz seizgeiz Sangh Yangh gvidingh moix swng dwg 202 hauzswngh；aen dajcaeng Cinzcauz youq Huzbwz dieg Yinzmung Suigyauh oknamh haenx moix swng dwg 200 hauzswngh；Sihhan mboengqgonq yungzlieng biucinj dwg moix swng 188~200 hauzswngh, bingzciengz aeu 200 hauzswngh guh cinj. Gvangjcouh aen moh Nanzyezvangz caeuq Gvangjsih aen moh Handai Lozbwzvanh gij doengzgi yungzlieng de, caeuq gij biucinj yungzlieng baihgwnz gangj haenx dox beij, song giz neix gij doengzgi yungzlieng de faenbied dwg 197.655 caeuq 194.37 hauzswngh. Gaengawq gij gvidingh ndaw《Cinzliz Yauliz》youq Yinzmung oknamh haenx, gij yungzlieng Cinzcauz cungj cinjhawj nguhca fanveiz de dwg 5%, dajneix roxndeq, cungj doengzgi Nanzyezgoz oknamh haenx caeuq cungj doengzgi Gvangjsih Lozbwzvanh oknamh haenx, gij yungzlieng de saedceiq caekdingh nguhca cienzbouh youq ndaw gvidingh fanveiz. Baizcawz le cwzliengz nguhca caeuq dwkmyaex canjseng nguhca le, ndaej ok gij gezlun lajneix：It dwg gij yungzci Nanzyezgoz doihengz de caeuq gij yungzci biucinj Cinz Han doxdoengz, caemhcaiq aeu daeuj caeuq swng guh danhvei doengh aen dajcaeng. Ngeih dwg gwnz aen dingjdoengz aen moh Handai Lozbwzvanh gaek miz aen saw "Bu", couh dwg "Busanh" suk baenz. "Busanh" dwg giz diegyouq Nanzyezgoz Gveilinz Ginfuj, couh dwg Gveigangj seizneix. Gijneix gangjmingz dangseiz mbanj Bouxcuengh sawjyungh doengh aen dajcaeng dwg aeu gij dulienghwngz Cinz Han guh biucinj, vanzlij aiq dwg mbanj Bouxcuengh dangdieg gag caux dem （doz 12-3-2）.

有关南越国出土的容器较多，有铜鼎、铜壶、铜匜、银洗、银卮、银盒、铜盅等。其中，南越王墓实测8件自铭容量的铜器，广西罗泊湾汉墓也实测了8件自铭容量的铜器。经有关部门实测和换算，罗泊湾汉墓4件记容铜鼎平均值是1升=194.37毫升。南越王墓8件铜器平均值是1升=197.655毫升。目前中国已发现的秦汉时期容器的容量是：中国历史博物馆藏秦始皇诏铜方升每升容量为210毫升；战国时期的商鞅方升每升为202毫升；湖北云梦睡浇地出土秦陶量每升为200毫升；西汉前期容量标准是每升为188~200毫升，通常以200毫升为准。广州南越王墓和广西罗泊湾汉墓的铜器容量，与上述标准容量相比较，分别为197.655和194.37毫升。根据云梦出土的《秦律效律》中规定，秦的容量允差范围为5%，由此可知，南越国出土的铜器容量与广西罗泊湾出土的铜器容量实测误差均在规定范围之内。在排除了测量上和铜容器因生锈等产生的小误差以后，可得出如下结论：一是南越国推行的容制和秦及西汉的容制标准是相一致的，并以斗和升为容器单位。二是罗泊湾汉墓铜鼎上刻铭"布"字，即"布山"的省文。"布山"是南越国桂林郡府的所在地，就是今之贵港。这说明当时壮乡所使用的容器是以秦汉度量衡为标准，而且可能是壮乡当地自己制造的（图12-3-2）。

Doz 12-3-2 Aen dingjdoengz aen moh Handai Gvangjsih Gveigangj Lozbwzvanh oknamh haenx, gwnz dingj gaek miz saw "song daeuj noix buenq" caeuq "Bu" deihmingz

图12-3-2 广西贵港罗泊湾西汉墓出土的铜鼎，鼎身刻有"二斗少半"及"布"字地名

（Sam）Hwngz

（三）衡

Mbanj Bouxcuengh aen moh Handai giz Lozbwzvanh de oknamh 4 aen doengzgi, gwnz de gaek miz gij saw geiq naek haenx, ginggvaq saedceiq caekdingh gij doengzgi geiq naek neix moix gaen naek 256.25~268.1 gwz baedauq, soqbingzyaenz dwg 264.23 gwz. Aen moh Nanzyezvangz Gvangjcouh oknamh 7 aen geiq naek doengzgi, soqbingzyaenz dwg gaen ndeu daengjndaej 229.63 gwz. Gij naekliengh biucinj Sihhan mboengqgonq dwg gaen ndeu daengjndaej 240~250 gwz, doengciengz aeu 250 gwz guh biucinj.

壮乡罗泊湾汉墓出土的4件有记重铭文的铜器，经实测后器重每斤的重量为256.25~268.1克，平均值264.23克。广州南越王墓出土记重器7件，平均值是1斤等于229.63克。而西汉前期的重量标准是1斤为240~250克，通常以250克为准。

Gvangjsih Lozbwzvanh 1 hauh moh oknamh 《Cungzgici》, de dwg gaek youq gwnz benj, neiyungz de miz "sig" "gaen"；gij doengzgi aen moh Nanzyezvangz Gvangjcouh gwnz de gaek miz saw "gaen" "cangz", gangjmingz dangseiz hwngzlieng danhvei dwg "sig" "gaen" "cangz". Gij nyienz aen moh Lozbwzvanh 1 hauh oknamh haenx gwnz de miz gij saw geiq naek "bakngeih gaen" ， naek 30750 gwz, ciuq liengci Cinz Han, ngamj dwg "sig" ndeu. Ndigah, gij hwngzci Nanzyez vuengzguek dwg sig ndeu=120 gaen, gaen ndeu=16 cangz. Daj gizneix hix ndaej doi rox, dieg Bouxcuengh guengjdaih giz haw youq 1949 nienz gaxgonq sawjyungh gij caengh geq 1 gaen 16 cangz haenx, caeuq Cinzcauz doengjit Lingjnanz le doihengz gij doengjit hwngzci de mizgven.

在广西罗泊湾1号墓出土的《从器志》木牍和木简上有"石""斤"；广州南越王墓铜器铭文有"斤""两"，说明当时衡量单位为"石""斤""两"。罗泊湾1号墓出土的铜鼓记重铭为"百廿斤"，重30750克，按秦汉量制，刚好1"石"。因此，南越王国的衡制为1石=120斤，1斤=16两。从这里也可以推知，壮族地区广大贸易市场，在1949年前所使用的1斤16两老秤，与秦统一岭南推行的统一衡制有关。

Daengz le Sam Guek, genzhwngzgi fatseng le bengwz, gij caengh dan yungh genz ndeu de, youq gwnz hwngz geiq gaen cangz, gijneix beij denhbingzci fuengbienh di. Dangseiz cojcoeng Bouxcuengh gig angqcoux gij caengh genz ndeu de. Miz mbangj giz gyaudoeng haemq fuengbienh、sanghyez haemq fatdad de, Bouxcuengh hix cienzbouh sawjyungh gij caengh genz ndeu haenx. Nanzbwzcauz, guekgya faenmbek, cwnggenz doxvuenh deih lai, dulienghwngz cidu caengzging cabluenh. Ciengzyungh dulienghwngz danhvei gij liengciz de gyalai gig riuz, yienghneix youq daengx guek cauxbaenz dasiujci. Sojgangj siujci, couh dwg gij cidu Cinz Han, cujyau aeu daeuj diuz yozliz, caek ngaeuz, dingh yw liengh caeuq caux lijfuz、lijgi daengj. Daci couh dwg yungh youq bingzciengz saedceij, hix couh dwg sojgangj "suzci". Gaengawq sijliu geiqsij caeuq gaujguj swhliu gangjmingz, Vei Cin、Nanzbwzcauz gij dulienghwngz liengciz de beij gij Cangoz seizgeiz demgya sam seiq boix. Bwzvei dezgenz 1 gaen naek 515.3 gwz, Suiz dezgenz 1 gaen naek 693.1 gwz. Doenghgij bienqvaq neix doiq Cunghyenz yingjyangj gig daih, hoeng doiq Bouxcuengh Lingjnanz yingjyangj gig noix. Gunghyenz 581 nienz, Yangz Genh laebhwnj Suizcauz, doengjit daengx guek le, caiq doengjit dulienghwngz baez dem, aeu gij dulienghwngz cidu caeuq gij liengciz Bwzcauz dem hung de guding roengzdaeuj, caemhcaiq doiyiengq daengx guek. Seizneix 1 cik beij Hancauz raez 28%, liengh caeuq hwngz danhvei liengciz dem raez daih'iek 2 boix. Dangzdai dulienghwngz aeu gij Suizcauz de guh giekdaej, gij cidu de engqgya caezcienz. 《Dangzliz Suhyi · Cazliz Mwnz》 ndawde gvidingh, doiqcingq aen dajcaeng、aen caengh, eiciuq gij minghlingh haep haw, moix bi ndwenbet roengzlingh hawj Daibingzsw bae doiqcingq, boux mbouj youq gingsingz, gag bae aen guenfuj giz diegyouq doiqcingq, caemhcaiq gaepyaenq ciemcoh, yienzhaeuh cijndaej aeu bae yungh. Vanzlij vih boux boihfanj gvidingh haenx dingh le cawqfad cosih, caemhcaiq yiemzgimq ndawbiengz gag bae haeddoiq cauhguh gij doxgaiq dulienghwngz. Dangzdai mbanj Bouxcuengh gij dulienghwngz hix cugciemh doihengz gij cidu Dangzcauz, dulienghwngz liengciz bae lawz doengjit. Dangzcauz gij faen、conq、cik、yoz、hoz、swng、daeuj、cuh、cangz dingh ndaej haemq cingcuj, hoeng lij miz dasiujci, lumjbaenz gvidingh cik ndeu 2 conq daengjndaej cik hung ndeu, 10 cik guh ciengh; 3 daeuj daengjndaej daeuj hung ndeu, 10 daeuj guh huz; 3 cangz daengjndaej cangz hung ndeu, 16 cangz guh gaen. Mboengqbyai Dangzcauz cik ndeu raez 31 lizmij. Sungdai、Mingzcauz seiz gij dulienghwngz de ciepswnj cidu Dangzcauz, cij mbouj gvaq Sungdai mbouj dwg moixbi cix dwg bungzdaengz seiz gaij hauh seiz cij doiqcingq dulienghwngz. Yenzcauz seiz cingzgvang mbouj cingcuj.

到了三国，权衡器发生了变革，只用一权的杆秤制衡器，在衡上记斤两数，这比天平制权衡器方便一些。当时一权的杆秤颇受壮族先民欢迎。一些交通较方便、商业较发达地区的壮民，也都使用上一权的杆秤。南北朝，国家分裂，政权更迭频仍，度量衡制度一度混乱。常用度量衡单位量值急剧增加，于是在全国形成大小制。所谓小制，即秦汉之制，主要用于调乐律，测日影，定药量及制作礼服、礼器等。大制即用于日常生活，也就是所谓"俗制"。据史载和考古资料表明，魏晋、南北朝的度量衡值比战国时期增长三四倍。北魏铁权1斤重515.3克，隋铁权1斤重693.1克。这些变化对中原很有影响，而对岭南的壮族少有影响。公元581年，杨坚建立隋朝，统一全国后，再次统一度量衡，把北朝增大的度量衡制度及量值固定下来并推向全国。这时1尺长度比汉增28%，量和衡单位量值增长约两倍。唐代度量衡本于隋，其制度更加完备。《唐律疏议·杂律门》中规定，校斛斗秤度，依关市令，每年八月诣太平寺平校，不在京者，诣所在州县官校，并印署，然后听用。还对违反规定者制定了处罚措施，并严禁民间核制度量衡器。唐代壮乡度量衡也逐步推行唐制，度量衡值趋于统一。唐的分、寸、尺、龠、合、升、斗、铢、两定得比较清楚明确，但还存在着大小两制，如规定1尺2寸为大尺1尺，10尺为1丈；3斗为大斗1斗，10斗为斛；3两为大两1两，16两为1斤。唐末1尺长达31厘米。宋、明时度量衡承袭唐制，只是宋代不是每年而是遇改元时才校验度量衡。元代情况不清。

Cinghdai, mbanj Bouxcuengh giz haemq senhcin de gaenq daihliengh rupsou caemhcaiq yungh le gij dulienghwngz cidu haemq senhcin haenx. Lumjbaenz mboengqbyai Cinghdai Vuzcouh Si, gwnz haw riuzdoeng gij dulienghwngz de fukcab raixcaix, gij hwngzgi Cinghdai guenfueng dingh de aeu gubingzgaen、yingzcau gubingzcik guh biucinj. Hoeng gubingzgaen、gubingzcik youq mboengqgong caeuq mboengqbyai Cinghdai gij liengciz de hix miz cabied. Mboengqbyai Cinghdai gubingzgaen liengciz dwg 596.8 gwz（gubingz cangz ndeu dwg 37.3 gwz, gaen cangz dwg 16 cinci）, 1 yingzcaucik gij liengciz de dwg 32 lizmij. Cawzliux guenfueng dingh, ndawbiengz saedceiq yungh de dwg caenghswhmaj. Caenghswhmaj moix gaen liengciz dwg 0.6 goenggaen. Hoeng caenghswhmaj dwg lai cungj lai yiengh, miz 16 cangz、15 cangz、14 cangz daengj. Youq dugi fuengmienh lijmiz baizcenzcik（daengjndaej 37.42 lizmij）, goujhajcik（daengjndaej 35.55 lizmij）dem. Sojgangj baizcenz, dwg Gvangjdungh cauxok, aeu 16 aen dunghhauz baiz baenz coij ndeu miz geijlai raez daeuj dingh; goujhajcik youh aeu baizcenzcik 95% raez geijlai daeuj dingh. Baizcenzcik dwg canghfaex yungh lai. Youq doengh aen dajcaeng fuengmienh, miz huz（5 daeuj）、daeuj、swng、hoz. Liengqgi yungh daeuj rau gij doxgaiq baenz raemx, dingzlai yungh hwngzgi daeuj dingjlawh.

清代，壮乡比较先进的地区已大量吸收并采纳了比较先进的度量衡制度。如清末的梧州市，其市面流通的度量衡异常复杂，清代官方定的衡器以库平斤、营造库平尺为标准。但库平斤、库平尺在清初和清末其量值也有所不同。清末的库平斤量值为596.8克（每库平两为37.3克，斤两为16进制），一营造尺量值为32厘米。除官所定之外，民间实际所用的是司马秤。司马秤每斤的量值为0.6千克。而司马秤是多种多样的，有16两、15两、14两等。在度器方面还有排钱尺（合37.42厘米）、九五尺（合35.55厘米）。所谓排钱，为广东所制，以东毫16枚排列的总长度定之；九五尺又以排钱尺九五之长度定之。排钱尺多为木匠所用。在容器方面，有斛（5斗）、斗、升、合之制。量器用于液体，多以衡器代替。

Cinghdai Gvanghsi 23 bi（1897 nienz），Vuzcouh deng hai guh dunghsangh goujan，laebhwnj haijgvanh，giz gvanhgouj haeujok sawjyungh gij hwngzgi dwg gvanhbingzgaen（moix gaen daengjndaej 604.8 gwz），dugi dwg gvanhbingzcik（moix cik daengjndaej 35.8 lizmij）. Vihliux doiqrog gaicawx，dieg Bouxcuengh miz mbangj goujan lumj Lungzcouh daengj，hix caephengz gvanhbingzgaen、gvanhbingzcik. Gij gunghci gozci doengyungh de lumj goenggaen、goengdan；du dwg lij、（haijlij）、cienmij、goengcik；liengh dwg gunghswngh daengj，hix gaenriengz cienz haeujdaeuj，gwnz haw hix haidaeuz sawjyungh.

清光绪二十三年（1897年），梧州被辟为通商口岸，海关建立，出入口使用的衡器为关平斤（每斤合604.8克），度器为关平尺（每尺合35.8厘米）。为了对外贸易，壮族境内的一些口岸如龙州等，也执行关平斤、关平尺。而国际通用的公制如公斤、公担；度为里、（海里）、千米、公尺；量为公升等，也随之传入，市面也开始使用。

Gaenriengz digozcujyi ciemqhaeuj，gij dulienghwngz Yingh、Faz、Meij、Yiz、Ngoz hix foxriengz haeuj daengz goujan，honeg lij dwg aeu cungj Yinghgoz de guhcawj lai，sawjyungh cungj Yinghgoz de miz：Du dwg conq、cik、maj、ganj、lih，liengh dwg mijningz、dajlanz、angswh、gyahlunz、buzsizwj，hwngz miz cangzhwngz angswh、cangzbangz、yinghdunh、angswh. Doenghgij bienqvaq neix，yiennzaeuz sawjyungh fanveiz mizzhanh，hoeng de daiqbiuj le swnghcanj fazcanj，gaicawx cinbu，gwzgvanh fuengmienh doiq daengx dieg Bouxcuengh miz itdingh gijdiz caeuq fuzse cozyungh.

随着帝国主义的入侵，英、法、美、日、俄的度量衡也随之进入口岸，但多以英制为主，所使用的英制有：度为时、呎、码、杆、哩，量为米宁、打兰、盎司、加仑、蒲式耳，衡为常衡盎司、常磅、英吨、盎司。这些变化，虽然使用的范围有限，但它代表了生产的发展，贸易的进步，客观上对整个壮族地区起到了一定的启迪和辐射作用。

Sam. Minzgoz Geizgan Dulienghwngz Cugbouh Byaij Yiengq Doengjit
三、民国期间度量衡逐步趋于统一

Minzgoz mboengqgonq，dieg Bouxcuengh gihbwnj sawjyungh gij dulienghwngz cidu mboengqbyai Cinghcauz. Hoeng gij dulienghwngz cidu mboengqbyai Cinghcauz gaenq cabluenh raixcaix，yenzcung gazngaih le gunghsanghyez fazcanj. Daj byai 19 sigij hwnj, Cungguek minzcuz swhcanjgaihgiz couh daihrengz iugouz doengjit gij dulienghwngz cidu daengx guek. Seizneix, dieg Bouxcuengh hix okyienh le gij minzcuz swhcanjgaihgiz ngamqhwng, ndawbiengz sanghyez mouyiz mboujduenh gyadaih, daegbied dwg dieg henz dah、henz sienq（gunghlusen）、henz guek、henz haij gij gunghsanghyez fazcanj ndaej engqgya riuz, ndigah gig gij iugouz doengjit dulienghwngz cidu neix cibfaen bik haenq.

民国初年，壮族地区基本上使用清末的度量衡制度。但清末的度量衡制度已混乱不堪，严重地阻碍了工商业的发展。从19世纪末起，中国的民族资产阶级就强烈地要求统一全国的度量衡制度。这时，壮族地区也出现了新兴的民族资产阶级，民间商业贸易在不断扩大，尤其是沿江、沿线（公路线）、沿边和近海地区的工商业发展更为飞速，因此对统一度量衡制度的要求十分迫切。

Minzgoz 7 bi（1918 nienz），Bwzyangz Cwngfuj goengbouh le genzdufaz, senhbu genzdu aeu gaiq yenzgi goenggaen goengcik aeu bozyih cauxbaenz、youz gozci giliengzgiz dinghceiq haenx guh biucinj, faenbied yingzcaucik gubingzci caeuq gozcici song cungj, 1 yingzcaucik dwg 32% 1 goengcik, gubingzci 1 cangz dwg 0.037301 1 goenggaen, caemhcaiq dajcauh byauhcunjgi fat daengz daengxguek. Minzgoz 15 bi（1926 nienz）gvaqlaeng, Vuzcouh Si gonqlaeng laebhwnq le liuzsonhcangj、aen cangj dok youzgyaeuq、aen cangj cauxyw、fazdencangj、swlaizsuijcangj daengj 29 aen yendai gunghcangj, hwngzgi bujben sawjyungh le bangcwng、denhbingz、fazmaj；liengci sawjyungh swng、hauzswng daengj；faensik yungh le bijswzgi、fwnhgvanghgi daengj；fazdencangj fazdenlieng aeu kW·h（cienvaj·siujseiz）daeuj geiq；swlaizsuijcangj cou raemx soqliengh aeu gunghdunh daeuj geiq；ancang suijgvanj raezdinj miz mbangj yungh goengcik, miz mbangj yungh yinghcik, hoeng suijgvanj bakgingq aeu cidu Yinghgoz（yinghcun 吋）ceiq bujben. Vuzcouh Si doenghgij dulienghwngz daiqdaeuz ciuq gvidingh sawjyungh neix, daiqdoengh le mbanj Bouxcuengh aen hawsingz wnq lumjbaenz Nanzningz、Liujcouh daengj doxriengz ciuq guh. Hoeng guengjdaih gij dieg ginghci lozhou de, daegbied dwg diegbya, vanzlij ciuq gaeuq, gaijbienq mbouj lai, gij yienhsiengq hwngzci cabluenh de vanzlij mizyouq, hoeng de dauqdaej dwg miz le doidoengh caeuq coicaenh cozyung.

民国七年（1918年），北洋政府公布了权度法，宣布权度以国际计量局所制定的铂铱公斤公尺原器为标准，分别营造尺库平制和国际制两种，1营造尺为1公尺的32%，库平制1两为1公斤的0.037301，并制造标准器颁发全国。民国十五年（1926年）后，梧州市先后建立了硫酸厂、桐油厂、制药厂、发电厂、自来水厂等29家现代工厂，衡器普遍使用了磅秤、天平、砝码；量制使用升、毫升等；分析用了比色计、分光计等；发电厂的发电量以kW·h（千瓦·时）计；自来水厂抽水量以公吨计；安装水管长度有用公尺的，也有用英尺的，但水管直径以英制（吋）为普遍。梧州市这些率先按规定使用的度量衡，带动了壮乡其他城市如南宁、柳州等相继效仿。广大经济落后地区，特别是山区，一仍如旧，改变不多，衡制混乱的现象仍然存在，但它还是起到了推动和促进作用。

Minzgoz 18 bi（1929 nienz）, gozminzdangj cwngfuj goengbouh le dulienghwngzfaz, gvidingh gozci gunghci guh dulienghwngz biucinj, doengzseiz sawjyungh sici. Minzgoz 22 bi（1933 nienz）, Gvangjsih Swngj cwngfuj youq Vuzcouh guh gij sawqdiemj saedhengz cidu moq de. Aenvih cungjcungj yienzaen, doeklaeng doilaeng daengz Minzgoz 24 bi（1935 nienz）cij youq gwnz haw gaij yungh siyungci. Hoeng ndawbiengz vanzlij doenghengz gij cidu gaeuq: 10 faen guh conq ndeu, cik ndeu 10 conq, 10 cik guh ciengh ndeu; gaen ndeu daengjndaej 16 cangz daengj. Guengjdaih mbanj Bouxcuengh, couhlienz gij caengh、mbok faexndoek、aen siegyouz、beuzyouz seizcaeux daengj, vanzlij guh swnghcanj、saedceij gij hwngzgi doxvuenh haenx. Yawj ndaej ok, aen seizgeiz neix gij dulienghwngz de yaek yiengq doengjit fazcanj, hoeng liz cienzmienh saedyienh doengjit iugouz lij gig gyae.

民国十八年（1929年），国民党政府公布了度量衡法，规定国际公制为度量衡标准，同时使用市制。民国二十二年（1933年），广西省当局在梧州搞新制试点。由于种种原因，后来延至民国二十四年（1935年）才在市面上改用市用制。而民间仍通行旧制：10分为1寸，1尺10寸，10尺为1丈；1斤为16两等。广大壮乡，甚至旧的杆秤、竹筒、油勺、油瓢等，依然还作为生产、生活的交换衡器。可见，这个时期的度量衡有向统一发展的趋势，但距全面实现统一要求仍很远。

Daihseiq Ciet　Diyoz
第四节　地学

Beksingq Bouxcuengh youq ciengzgeiz swnghcanj sizcenj caeuq sevei hozdung ndawde, doenggvaq cazyawj gij saehfaed swyenzgai, hagrox haujlai diyoz cihsiz caemhcaiq dawz de yinhyungh daengz ndaw saedceiq saedceij. Gaenriengz sevei cinbu, cungj gohyoz lijlun moq caeuq gij senhcin gisuz cienzhaeuj mbanj Bouxcuengh le, Bouxcuengh ginggvaq hagsib daezsang le minzcuz gohyoz gisuz suijbingz, mboujduenh caux ok cingzgoj moq.

壮族民众在长期的生产实践和社会活动中，通过对自然界事物的观察，增长了地学知识并在实际生活中加以运用。随着社会的进步，新的科学理论和先进的技术传入壮乡后，壮民经过学习提高了民族科学技术水平，不断创造出新的成果。

It. Diciz Gohyoz
一、地质科学

Cojcoeng Bouxcuengh doenggvaq guhhong cazyawj gij rin caeuq gvangvuz dibyauj le, doiq digiuz yenjben caeuq diciz yienhsiengq miz le itdingh nyinhrox caeuq lijgaij, lumjbaenz meizdan dwg faex ciuhgeq haem youq lajnamh le bienqcaet baenz; gij rin hamzmiz gyapbangh de caengzging dwg aen haij doenghbaez daengj. Cojcoeng Bouxcuengh cazyawj gij rin digiuz biujmienh le, faen ndaej ok gij rin neix dwg cungj lawz caemhcaiq hai coh hawj de, lumj rinhoi、 rin'gyap、rin rep daengj. Cojcoeng Bouxcuengh cazyawj gij hingzdai lap rin dibyauj le, heuh diciz giz gat de guh dieg loem, eiqsei de dwg deihcaengz dekgat. Heuh deihcaengz hoemjdauq guh "byoenj dieg"、heuh deihcaengz soiq guh "sik dinz sanq danh" daengj, doenghgij nyinhrox neix hab gohyoz dauhleix.

壮族先民通过生产劳动观察地表岩石和矿物后，对地球演变和地质现象有了一定认识和理解，如煤炭是古代树木深埋地下后变质而成；含蚌壳化石的岩石曾是昔日的沧海等。壮族先民观察地球表面的岩石后，能分辨出岩石的种类并予以命名，如石灰石（新壮文为"rin hoi"，下同）、页岩（rin gyap）、砂岩（rin rep）等。壮族先民观察地表岩层形态后，称地质断层为"得楞"（壮语叫"dieg loem"）是地层断裂的意思。称地层倒置为"byoenj dieg"、称地层破碎为"sik dinz sanq danh"等，这些认识符合科学道理。

Bouxcuengh gyaez caeuq gij minzcuz wnq gapguh, Minzgoz geizgan, diegrog buek gohgi cien'gya ndeu youq mbanj Bouxcuengh guh diciz diucaz caeuq damqra seiz, caeuq vunz dangdieg gapguh, aeundaej haujlai ndawbiengz sienggven saenqsik, fuengbienh le gohyoz gunghcoz. Youq mboengqneix vanzlij beizyangj le Hoz Cwngzgen、Yangz Cicwngz、Lij Cujcaiz、Niuj Cauvwnz（Bouxcuengh）daengj diciz gohyoz vunzcaiz, gyoengqde cungj dwg vunz Gvangjsih.

壮族人民善于与其他民族合作，民国期间，域外一批科技专家在壮乡进行地质调查和勘探时，与当地人员合作，获得许多民间相关信息，方便了科研工作。在此期间还培育了何成鉴、杨志诚、李祖材、钮兆文（壮族）等广西籍地质科技人才。

Minzgoz 17 bi（1928 nienz）, Gvangjsih diciz yinzyenz haidaeuz bae Yunghningz daengj dieg diucaz gimgvangq, Gvangjsih Gvangcanj Dancwzdonz Niuj Cauvwnz（Bouxcuengh）daezgyau le《Fungyi Gimgvangq Baugau》. Minzgoz 22 bi（1933 nienz）, Niuj Cauvwnz daezgyau le《Cazyawj Baksaek Wnhyangz Meizgvangq Gezgoj》, doekdingh meizdenz youq daihsamgij sengbaenz, dwg hozmeiz, itgungh 8 caengz, ndaej vat 1~2 caengz；gyang meiz hamzmiz gij cwngzfwn veihfaz de gig lai, youq Cungguek daegbied noix raen. Minzgoz 36 bi（1947 nienz）, Niuj Cauvwnz raiz《Gvangjsih Gvangyez Vwndiz》, doiq Gvangjsih meizdan、sig、gim、mungj daengj swhyenz guh le cungjdaej bingzgyaq, niujcingq le haujlai gij loengloek ndaw diciz vwnzyen doenghbaez haenx. Youq dangseiz Cungguek ndaw guek gak swngj gij gvangcangz diciz yenzgiu fuengmienh, Gvangjsih mbanj Bouxcuengh aeundaej haujlai cingzcoj, yenzgiu fanveiz hix gvangq, youq baihnaj daengx guek.

民国十七年（1928年），广西的地质人员开始对邕宁等地的金矿进行调查，广西矿产探测团的钮兆文（壮族）提交了《奉议金矿报告》。民国二十二年（1933年），纽兆文提交了《视察百色恩阳煤矿结果》，确定煤田生成于第三纪，属褐煤，共8层，可采1~2层；煤内富含挥发成分，在中国殊为少见。民国三十六年（1947年），钮兆文著《广西矿业问题》，对广西的煤炭、锡、金、锰等资源进行了总评价，纠正了以往地质文献中的许多讹误。在当时中国国内各省的矿床地质研究方面，广西壮乡的成果颇丰，研究范围也广，位居前列。

Ngeih. Dilij Gohyoz
二、地理科学

Cojcoeng Bouxcuengh gig caeux couh nyinhrox le diegyouq swhgeij couh dwg Lingjnanz gak cungj yienghceij deihmienh，caemhcaiq doiq gyoengqde gag miz cwngheuh. Sawcuengh ciuhgeq heuh ndoi guh “壋”、heuh bya guh “岜”、heuh dah guh “汏”、heuh dieg bingz gyang bya guh rungh “弄”、heuh naz guh “畓”，heuh congh gamj guh “嵌” daengj. Heuh raih nazhung guh doengh “垌”，doiq deu、lueg、diegdaemq、dieg bo、bolingq、dat、nazraemx daengj cungj miz cienmonz cwngheuh，doiq yienghceij deihmienh faen ndaej gig ciengzsaeq，yienznaeuz mbouj miz cihsaw geiqloeg，dauq miz fwen bakcienz youq gwnzbiengz. Cojcoeng Bouxcuengh doiq dahraemx hidungj gig caeux couh nyinhrox，miz mboq、mieng、raiq、vaengz、rij、dah、ciuz daengj. Youq daj lienghgaep fuengmienh veh ndaej gig cingcuj，cib diuz mieng gapbaenz rij，cib diuz rij bapbaenz dah，cib diuz dah gapbaenz gyangh，cib diuz gyangh lae haeuj haij，cib aen haij dwg yangz. Mbanj Bouxcuengh moix diuz dah cungj miz mingzcoh，lumjbaenz Dahhoengz、Dahgou、Dahbakdu daengj，ndawde “hoengz”、“Dahgou”、“bakdu” daengj cienzbouh dwg Vahcuengh. Mbanj Bouxcuengh bya lienz bya，rinbya lai cungj lai yiengh，gij namh de hix gak cungj gak yiengh，gyoengqde faenbouh miz itdingh gveihlizsing. Bouxcuengh dwg aen minzcuz baengh nungzyez gwndaenj，aenvih dajndaem reihnaz，ndigah gig yawjnaek bae yenzgiu caeuq leihyungh namh，doiq namh gag miz swhgeij gij cwngheuh caeuq faenloih daegbied haenx. Vahcuengh heuh namh guh “doem” roxnaeuz “namh”，caemhcaiq ciengzsaeq faen baenz namhnaz，namhreih、namhfonx、namhhaeuxremj、namhhaexyiengz roxnaeuz namhmaenq daengj；ciuq saeknamh daeuj faen namhnding、namhcienndingz、namhmaenq、namhfonx daengj. Caemhcaiq cungj miz coh Vahcuengh caeuq de doiqwngq，vanzlij leihyungh doenghgij namh neix bae haicoh hawj dieg mbanj swhgeij. Lumj Nanzningz rog singz Nazhungz Yangh Nazhungz Cunh aen “nazhungz” neix，eiqsei Vahcuengh dwg gij namhnding gizneix，ginggvaq cojcoeng gaijcauh bienqbaenz le doengh naz ndaem ndaej haeux neix，dwg mingzcoh doengh naz. Aenvih ciuhciuh daihdaih cungj dajndaem doengh naz neix，laebhwnq le mbanj ranz，yienghneix coh naz hix couh bienqbaenz le coh mbanj. Minzgoz 25~31 bi（1936~1942 nienz），mbanj Bouxcuengh caengzging gaihcanj gunghcoz bae diucaz gij namh ndaw diegyouq，couh dwg daj gij nyinhrox neix haidaeuz. Linghvaih，cojcoeng Bouxcuengh gig caeux couh leihyungh conghgamj conghbya guh diegyouq，liujgaij daengz conghgamj loemqlak cauhbaenz veizhaih，heuh gij conghbya guh “gamj”，conghgamj loemq heuhguh “diegloem.”

壮族先民对所居岭南各种地貌形态早有认识，并有自己的命名。古壮字称岭为“壋”（新壮文“ndoi”，下同）、称石山为“岜”（bya）、称江河为“汏”（dah）、称山间平地为“弄”（rungh）、称田为“畓”（naz）、称岩洞为“嵌”（gamj）等。称大块田地为“垌”，对山坳、山谷、洼地、丘陵、陡坡、悬崖、水田等都有专门的称呼，对地形地貌区分得很详细，虽无文字记录，却有“欢歌”（fwen）口传于世。壮族先民对河川水系早有认识，称泉为“沛”（mboq）、小沟为湴（mieng）、浅滩为"濑"（raiq）、深水潭为"潢"（vaengz）、溪为"浬"（rij）、河为"汰"（dah）、海洋为"潮"（ciuz）等。在从量级上划分清楚，十沟汇为溪，十溪汇成河，十河汇为江，十江注入海，十海为洋。壮乡的每一条江河都予以命名，如红水河、打狗河、百都河等，其中"红"、"达狗"、"百都"等都是壮语的河名。壮乡山峦起伏，山岩种类各异，生成的土壤各种各样，其分布有一定的规律性。壮族是农业民族，由于从事农业生产，所以很重视土壤的研究和利用，对土壤有自己独特的命名和分类。壮语称土壤为"doem"或"namh"，并细分为水稻土、旱地土、黑泥土、锅巴田土、羊屎土或棕泥土等；按颜色又分为红壤、砖红壤、红、棕、黑色石灰土壤等。且都有对应的壮语称谓，甚至还利用这些土壤去命名自己居住的家园。如南宁郊区那洪乡那洪村的"那洪"，壮语原意是这里的红土壤，经祖先改造变成了可种植水稻的这一片田峒，属田峒名。由于世代都垦殖这块土地，建立了村落，于是田峒名也就变成了村落名。民国二十五至三十一年（1936~1942年），壮乡曾开展境内的土壤调查工作，就是从此认识开始的。此外壮族先民很早就利用岩溶地穴栖身，了解到岩溶塌陷造成的危害，称岩溶洞穴为"歮"（gamj），岩溶地陷为"击伦"（diegloem）。

Miz mbangj Bouxcuengh cihsiz fwnswj gaengawq ndaw guek dilij yenzgiu cingzgoj, gaihcanj Gvangjsih dilij yenzgiu, aeundaej cingzgoj, lumjbaenz Dangzcauz Moz Siuhfuz raiz le 《Gveilinz Funghduj Gi》（900 nienz）bonj conhcu gvendaengz gij dilij Lingjnanz mbanj Bouxcuengh neix, dwg lwnhgangj gij caenndang ginglig de, dwg gij saw lizsij gig miz gyaciz haenx, hojsik bonj saw neix vaih lai, riuzcienz mbouj gvangq. Cinghcauz Dungzci geizgan, Vangh Ginhgi（Bouxcuengh）, raiz 《Vujyenz Yen Dozging》, dwg bonj cucoz dilijyoz haemq caeux ndeu. Cinghcauz Senhdungj seizgeiz（1909~1911 nienz）, Gvangjsih daih'it sinzgingj gyaulen bien bonj gyaucaiz 《Gvangjsih Yanghduj Dilij》, doiq mbanj Bouxcuengh gij dieggyaiq、bya、vuzcanj guh le cunghab gaigoz. Minzgoz 36 bi（1947 nienz）, ndaw bonjsaw 《Gvangjsih Dilij》 Moz Yizyungh（Bouxcuengh）biensij de, doiq Gvangjsih dieggyaiq dilij gaujcwng caeuq gaisau haemq ciengzsaeq, gya'gvangq le gihyiz dilij yenzgiu gyaiqmienh. Haeujdaengz Minzgoz, gij difanghci Bouxcuengh camgya biensij de cingzgoj haemq lai, Bouxcuengh Vangz Cwngzyenz biensij 《Sanglinz Yen Ci》《Lungzanh Yen Ci》, Cinz Cujlez biensij 《Yizsanh Yen Ci》, Cinz Bwzlunz、Cinz Gijvoz biensij 《Lozyez Yen Ci》, Cinz Yicwngz biensij 《Yizbwz Yen Ci》 daengj, ndaw doenghgij saw neix doiq swyenz dilij bouhfaenh lwnhgangj ndaej daegbied ciengzsaeq, doiq bonj yen gij dilij bienqvaq caeuq hawmbanj faenbouh、mingzcwngh yienjbienq、dieg at caeuq daegdiemj daengj, guh le ciengzsaeq、cingcinj gangjmingz, vih daihlaeng yenzgiu Gvangjsih swyenz dilij、lizsij dilij gohyoz daezgoengq le haujlai swhliu dijbauj. Minzgoz 37 bi（1948 nienz）《Gvangjsih Vwnzyen》（gizganh）daengh le bien faenzcieng Moz Yizyungh《Gvangjsih Gak Aen Yensingz Laebhwnq Gauj》 de. Doenghgij cucoz faenzcieng neix vih ngoenzlaeng yenzgiu Gvangjsih deihmingz dilij caeuq lizsij dilij daezgungh le funghfu cungcuk swhliu.

一些壮族知识分子根据国内的地理研究成果，开展广西地理研究，取得成果，如唐朝莫休符著的《桂林风土记》（900年）关于岭南壮乡地理的专著，就是其亲身经历的记述，就是很有价值的史书，可惜版本残缺，流传不甚广。清朝同治年间，黄君钜（壮族），著《武缘县图经》，是较早的地理学著作。清朝宣统年间（1909~1911年），广西第一巡警教练所编的《广西乡土地理》教材，对壮乡疆界、山川、物产做出了综合概括。民国三十六年（1947年），莫一庸（壮族）编著的《广西地理》一书中，对广西疆界地理考据和介绍均较详，拓展了区域地理的研究界面。进入民国，由壮人参加编纂的地方志成果较多，壮人黄诚沅编纂的《上林县志》《隆安县志》，覃祖烈编纂的《宜山县志》，岑伯仑、岑启沃编纂的《乐业县志》，覃玉成编纂的《宜北县志》等，志书中对自然地理部分著述尤详，对本县的地理变迁及村镇分布、名称演绎、辖地及特点等，均作了详细、准确的说明，为后世研究广西自然地理、历史地理科学提供了许多珍贵史料。民国三十七年（1948年）的《广西文献》（期刊）登载了莫一庸著的《广西各县城池建置考》一文。这些著述为日后研究广西地名地理和历史地理提供了丰实资料。

Cinghcauz Daugvangh geizgan, vihliux hag gohyoz gisuz Vunz baihsae, Gvangjsih leh baij buek bouxcoz ndeu (ndawde baugvat Bouxcuengh) bae guekrog louzhag, hag rox le dauq daengz mbanjranz son gij gohyoz lijnen yienghmoq, banh hagdangz moq gungganq vunzcaiz, gaijbienq mbanjranz mienhmauh. Ndawde Cingsih Cwngh Yujgingj、Cangh Bingjcauz、Cwngh Cizcenz, Hwngzyen Guj Cinyinh daengj bienceiq sulijva gocwngz gyaucaiz gaihcanj sinhfaz gihcuj gyauyuz; ndawde Cwngh Yen cawzliux son saw, vanzlij biensij 《Suyoz Swzdenj》《Daisuyoz Gaijsiz》《Cunghdwngj Dilijyoz》《Cunghdwngj Dung'vuzyoz》《Cunghdwngj Cizvuzyoz》 daengj cunghyoz gobwnj, ndaej gyauyuzbu saemjdingh guh gobwnj daengx guek. Miz le doenghgij vunzcaiz neix, mbanj Bouxcuengh bae gaihcanj gohyoz bujgiz caeuq daezsang gohyoz cihsiz aeu'ndaej cinbu gig hung.

清光绪年间，为学习西方的科学技术，广西选派一批包括壮族在内的青年学子外出留学，学成回到家乡教授新的科学理念，办新学培育人才，改变壮乡面貌。其中靖西曾汝景、张丙朝、曾植铨、横县古济勋等编制数理化课程教材开展新法基础教育；曾彦在教学之外还编著《数学词典》《代数学解式》《中等地理学》《中等动物学》《中等植物学》等中学课本，被教育部审定为全国课本。有了这些人才，壮乡开展科学普及获得长足进步。

Sam. Deihdoengh Gohyoz

三、地震科学

Cojcoeng Bouxcuengh ciuhgeq aeu deihdoengh caihaih naeuz baenz gij saeh yak de. Lingjnanz diegmbanj Bouxcuengh dwg Cungguek giz gingciengz fatseng deihdoengh de, ndigah, moixbaez fatseng deihdoengh, dieg deihdoengh gak cuz beksingq mizmbangj aeu saehgienh ginggvaq raiz coq gwnz ciengz, mizmbangj geiqsij coq ndaw saw, lwnhgangj gig lai. Gijneix dwg yenzgiu deihdoengh gohyoz gij gihcuj caizliuh youqgaenj de.

古代壮族先民将地震灾害描述为凶兆禳祸。而岭南壮乡是中国经常发生地震的地方，因此，每当地震发生时，震区的各族人民或把经过题于墙壁上，或记于志书中，论述甚多。这是研究地震科学的重要基础材料。

（It）Deihdoengh geiqloeg

（一）地震记录

Daj Sam Guek Vuzgoz dadi Vangzvuj yenznenz（222 nienz）gaxgonq, Fuconh Cinzsanh fatseng loemqlak deihdoengh hwnj, daengz 1949 nienz seizcou, Yungzanh fatseng 3 gaep deihdoengh cij, mbanj Bouxcuengh dandan Gvangjsih aen swngj ndeu gij deihdoengh miz cihsaw geiqsij de couh miz 348 baez. Gyangde hamjgvaq seizgan 1727 bi, bingzyaenz moix bak bi 20 baez, daengjndaej moix 5 bi couh fatseng baez ndeu. Mingzdai gaxgonq, Lingjnanz mbanj Bouxcuengh dieg gvangq vunz noix, gij vwnzyen swhliu cienmonz geiqloeg deihdoengh de haemq noix, dandan yo roengzdaeuj 8 baez, hix dwg vunz ciuhlaeng ngeixdauq bae geiqloeg roxnaeuz souloeg youq ndaw cienznaeuz, roxnaeuz souloeg youq ndaw gij bitgeiq vunz ndawbiengz, mbouj rox lamq bae geijlai.

自三国吴大帝黄武元年（222年）前，富川秦山发生陷落地震起，至1949年秋，融安发生3级地震止，壮乡仅广西一省有文字记载的地震就有348起。其间跨时为1727年，平均每百年20次，相当于每5年就发生1次。明代以前，岭南壮乡地广人稀，专记的地震文献资料较少，仅存的8次也是后人追记或录于传闻或民间私人笔记所记，遗漏者不知其数。

Youq Mingzdai 276 bi geizgan（1368~1644 nienz）, Gvangjsih mbanj Bouxcuengh miz cihsaw geiqloeg deihdoengh 91 baez, bingzyaenz moix bak bi 32.8 baez, daengjndaej moix 3 bi miz baez ndeu. Hoeng deihdoengh daengjgaep cungj mbouj hung, dwg 3~4 gaep guhcawj, itgungh 65 baez, ciemq aen seizgeiz neix cienzbouh deihdoengh 71.42%. Mingzdaih youq mbanj Bouxcuengh lij fatseng le 6 baenz gij deihdoengh byarin loemqlak de. Yiennaeuz dangseiz gisuz gvanhcwz naengzlig dab mbouj daengz, hoeng mingzbeg biujyienh ok loemqlak caeuq deihdoengh mizgven, caemhcaiq miz veizhaih. Doenghgij geiqloeg neix, daezsingj ciuhlaeng bae damqdauj byarin loemqlak deihdoengh caihaih dwg baenzlawz fatseng caeuq baenzlawz bae fuengzre.

在明代276年间（1368~1644年），广西壮乡有文字记录的地震91次，平均每百年32.8次，相当于每3年有1次。但震级都不高，以3~4级为主，共65次，占这个时期地震总数的71.42%。明代在壮乡还发生了6次岩溶陷落式地震。虽然当时技术观测能力不及，但明示出陷落与地震相关，且有危害。这些记述，对后世探讨岩溶地震灾害原因和防范办法很有启示。

Youq Cinghdai 267 bi gyangde（1644~1911 nienz）, Gvangjsih mbanj Bouxcuengh geiqloeg deihdoengh 206 baez, bingzyaenz moix bak bi fatseng 69.8 baez. Deihdoengh fatseng youq dieg Yilinz lai. Ndaw gij saw fujci yenci de geiqloeg, miz 388 baez, beij Mingzcauz demlai buenq ndeu, mizmbangj saw vanzlij gaijcingq le gij saw doenghbaez giz loekloeng haenx.

在清代267年内（1644~1911年），广西壮乡有记录的地震206次，平均每百年发生69.8次。地震多发生在玉林地区。府县志书所记，有388项次，比明王朝增加一半，甚至有些编纂还订正了前志的讹误。

Youq ndaw haujlai gij deihdoengh geiqloeg neix, deihdoengh cingzhingz miuzsij ceiq lai de dwg bya bibuengq, raemx foegfed, lajnamh yiengj hunglung, ranz bi vax doek, namh dek, doihduz mbouj onj, duznuem ndoj deuz, faex laemx ranz lak. Daegbied nanz ndaej de dwg doiq fatseng deihdiemj、seizgan、yienhsiengq geiqloeg ndaej gig ciengzsaeq, mizmbangj dwg bouxsij caenndang da raen, caensaed saenq ndaej gvaq. Gaengawq gijneix, lij ndaej doidingh giz cingqgyang、daengjgaep caeuq saenqdoengh fanveiz geij hung. Lumjbaenz Senhdungj 3 bi ndwencieng cocaet（1911 nienz 2 nyied 5 hauh）geiqloeg le Gvangjsih fatseng deihdoengh cingzgvang, Vujsenh、Lingzsanh fatseng youq seizyinz, Dwngzyen seizmauj, Yungzyen seizcouj. Daj gijneix doi bae couh rox, Yungzyen saenqdoengh gonq, Dwngzyen ceiq doeklaeng, Vujsenh、Lingzsanh youq gyang, gig cingcuj, giz cingqgyang saenqdoengh wngdang youq Yungzyen. Aen yen haenx Sizlij Yangh Lungzgozcungh miz faj ciengzhoi ndeu, gwnz de geiqloeg le baez deihdoengh neix, de dwg gij geiqloeg deihdoengh gvaqlaeng geiq ndaej ceiq gibseiz de.

在众多地震记录中，震情的描述最多的是地面晃动，井水浮动，地下轰隆鸣响，屋摇瓦落，地表开裂，鸡犬不宁，大蟒逃窜，树倒房塌。尤为可贵的是对发生地点、时间、现象记录详尽，有的是笔者亲历目睹，真实可信。据之，还可以推定震中、震级和受震波动范围。如宣统三年正月初七（1911年2月5日）记录了广西发生地震的情况，武宣、灵山发生在寅时，藤县卯时，容县丑时。由此推知，容县先震，藤县最后，武宣、灵山居中，显然，震中当在容县。而该县十里乡龙角冲的一面石灰墙壁上记载了这次地震，这是震后最及时的记录。

Cinghcauz mboengqgonq, Gvangjsih mbanj Bouxcuengh hix fatseng le 6 baez loemqlak deihdoengh. Lumjbaenz Genzlungz 37 bi（1772 nienz）, baihrog Gingyenj Fuj（Yizcouh ngoenzneix）Dwzswng Cin baihsaenamz aen dou daihngeih, namh loemq geij cib congh, laeg 80 ciengh daengz 100 lai ciengh（267~333 mij）. Youh Hanzfungh 3 bi gveijcouj（1853 nienz）, Bingznanz Yen Lozmingz Cunh aen miuh Civeigujsw cungbaed gag yiengj, geij ngoenz cij daengx, dieg loemq baenz 3 congh, miz congh ndeu haemq laeg, vunzdoj aeu cag bae dag, dag mbouj daengz daej.

清代前期，广西壮乡也发生过6次陷落地震。如乾隆三十七年（1772年），庆远府（今宜州）德胜镇西南二门外，地裂陷数十穴，深八十丈至百余丈不等。又咸丰三年癸丑（1853年），平南县罗明村智慧古寺的佛钟自鸣，数夕乃止，地陷成3井，其一较深，土人以绳探之，深不可测。

Minzgoz seizgeiz, Gvangjsih mbanj Bouxcuengh geiqloeg deihdoengh 42 baez, bingzyaenz moixbi 1.1 baez. Dieg Yilinz Gveiyen（Gveigangj Si ngoenzneix）、Luzconh ceiq lai, itgungh 13 baez. Minzgoz 25 bi（1936 nienz）4 nyied 1 hauh baez Lingzsanh deihdoengh hung daengj. Ndawde,《Dagungh Bauq》《Ginzswngh Bauq》daengj meizdij cungj ciengzsaeq bauqnaeuz le baez Lingzsanh deihdoengh hung neix. Aen seizgeiz neix daihlliengh deihdoengh geiqloeg cungj gyoebcomz youq ndaw deihfueng yenzci, haujlai Bouxcuengh cungj vih biensij deihdoengh geiqloeg guh le daihlliengh gunghcoz.

民国时期，广西壮乡记录的地震有42次，平均每年1.1次。以玉林地区的贵县（今贵港市）、陆川最多，共13次。民国二十五年（1936年）4月1日灵山大地震等。其中，《大公报》《群声报》等媒体都为灵山大地震作了详细报道。这个时期的大量地震记录都汇集在地方县志内，不少壮族人士都为地震记录的编纂做了大量工作。

（Ngeih）Gencuz fuengz saenq yenzgiu

（二）建筑防震研究

Deihdoengh cauhbaenz aen ranz dek、laemx, fatseng lai baez caihaih gvaqlaeng, gyoengqvunz youq seiz hwnqranz de couh ngeixnaemj caijyungh fuengz saenq cosih. Bouxcuengh ciengzgeiz youq Lingjnanz, cwkrom le haujlai gencuzvuz fuengz saenq ginghnen.

地震造成房屋开裂、倒塌，多次灾害过后，人们在建造房屋时就考虑采取防震措施。壮族久居岭南，积累了很多建筑物防震经验。

1. Yungzyen Cinhvujgoz gencuz fuengzsaenq

1. 容县真武阁建筑防震

Ciuhgeq, Yungzyen dwg cingqgyang mbanj Bouxcuengh, dwg dieg deihdoengh haemq lai fat de, daj Mingzcauz Cwngzva 21 bi（1485 nienz）daengz Gyahcing 33 bi（1554 nienz）dinjdinj 70 bi geizgan, giz dieg haenx couh fatseng 3 baez gij deihdoengh haemq hung. Mingzcauz Vanliz yenznenz（1573 nienz）, youq gwnz aen Ginghlozdaiz Dangzdai laebhwnq Cinhvujgoz, yienghceij de dwg louzgoz, 3 caengz, hwnq youq henzdah, miz seiq cih lumj liengzdingz neix, caengz daej mbouj miz ciengz, aeu 20 go saeu faexdezliz ndongj lumj rin bae dingj daengx aen goz. Aen gencuz neix youq seiz sezgi de ngeixnaemj le geij cungj fuengzsaenq cosih lajneix: It dwg ciuq gij gezgou ganlanz gencuz Bouxcuengh, aeu dinsaeu daengj youq gwnz doenrin, goek doenrin haem daengz ndaw namhsa bae, laeg 2 mij, fatseng deihdoengh seiz, cinjhawj saeu caeuq doenrin doxnod didi; ngeih dwg 8 go saeu cigsoh doeng daengz dingj laeuz, dingj naek daengx laeuz. Youq gwnz ngeih laeuz youh miz 4 go saeuvenj（daej saeu caeuq gij benj ngeih laeuz doxliz 2~3 lizmij）, baengh de ndonj gvaq yiemhliengz（giz gungj）caeuq gij begungj、bevax daj seiq cih iet okdaeuj de doxdingj doxdep, aeu saeuyiemh cih laeuz guh gizdingj hawj cungsim bingzyaenz, miz saek ngoenz fatseng deihdoengh, cinjhawj de bienqhingz, hawj laeuzcaengz engqgya onjdingh; sam dwg giujmiuq bae leihyungh begungj gezgou, aeu giz gungj haemq raez de ndonj gvaq saeuyiemh, aeu saeuyiemh guh gizdingj, aeu mbiengj haemq raez de dingj hwnj baih roqvax haemq mbaeu hoeng gig gvangq haenx; mbiengj haemq dinj cix dingj saeuvenj、gaq liengz、cingqgyang ndoen ranz、benj laeuz daengj gij haemq naek hoeng mienhcik haemq iq de, gijneix couh siucawz ndaej gij mbouj doxdaengh seiz deihdoengh aen gencuz bibuengq yinxhwnj haenx. Seiq dwg ciuq gij gaq ranz ganlanz Bouxcuengh "Betmax" gezgou, daengx aen gozlaeuz daih'iek 3000 diuz faex laux iq mbouj doengz, mbouj yungh saenj dietding lawz, cienzbouh dwg guh binq doxhaeb；caiqlij, giz doxlienz de cungj ce gvangq di, yienghneix, gencuzvuz youq seiz deihdoengh bibuengq couh miz vanjcungh cozyung, mizdi bienqhingz hix mbouj hawj de dwkvaih saeuliengz gezgou. Cinhvujgoz caux ndei le, itgungh ginglig le 13 baez deihdoengh gaujyen, baezbaez ancienz liux, daengz seizneix vanzlij daengj gwnz gauhdaiz, hungloet maenhsaed, youq ndaw gencuzsij, deng haenh guh "gij gezgou ceiq ndei baihnamz". Gijneix dwg Gvangjsih Bouxcuengh、Bouxgun caeuq gak beixnuengx minzcuz wnq gij cangh hwnqranz de sinhoj lauzdung ndaej daeuj, hojsik mbouj rox coh gyoengqde.

古代的容县，是壮乡腹地，是地震比较活跃地区，自明代成化二十一年（1485年）至嘉靖三十三年（1554年）短短70年间，该地区就发生比较大的地震3次。明代万历元年（1573年），在唐代经略台上建成3层楼阁式的真武阁，临江而立，四角亭式，底层无墙壁，用20根质坚如石的铁梨木柱支撑全阁的重量。该建筑设计时考虑了以下几种防震措施：一是仿壮家干栏建筑的结构，将柱脚建于白石圆墩上，石墩根部植在2米深的砂土中，在地震发生时，允许柱与墩间有少量位移。二是8根圆柱直通顶楼，承接全楼重量。在二楼上又有4根不落地圆柱（柱底与二楼地板相距2~3厘米），依靠它穿过檐梁（拱身）与从四角伸出的斗拱、瓦檐互相担着，以楼角的檐柱为支点形成重心的平衡，一旦地震发生，允许它变形，增强了楼层的稳定性。三是巧妙地利用斗拱结构，将较长的拱身穿过檐柱，把檐柱当作支点，以杠杆较长的一端挑起重量轻但面积庞大的檐部屋顶；较短的一端则挑起重量较重其力点面积较小的悬柱和梁架、中部屋顶、楼板等，这就能消除地震中建筑摇晃所产生的不平衡。四是仿壮家干栏建筑屋架的"巴马"结构，全阁约3000条大小不同的木质结构用一枚铁钉，全是榫卯相吻；而且，其连接处都留有余量，这样，建筑物在地震摇晃时就起到缓冲作用，稍有形变亦不至于损毁梁柱结构。真武阁建成后，共经历了13次地震考验，均安全无恙，至今仍屹立高台，飞檐挺秀，雄隽宏伟，在建筑史中，被誉为"南天杰构"。这是广西壮、汉和其他兄弟民族建筑工匠辛勤劳动的结晶，可惜没有留下这些工匠的姓名。

2. Ganlanz gencuz fuengzsaenq

2. 干栏建筑防震

Ganlanz Bouxcuengh baen gwnz laj song caengz, dwg aeu faex caux lai, yungh 16~20 go saeufaex caeuq liengzvang doxhaeb. Saeufaex youq gwnznamh mbouj haem daengz lajnamh, cix dwg gyalaeb youq gwnz doenrin luenz roxnaeuz fueng de. It fuengmienh ndaej fuengz saeu nduk, roxnaeuz vuenh dieg de, hawj de dauq doxdaengh. Cungj saeu liengz doxhaeb neix Vahcuengh heuhguh "betmax". Hoh liengz ndonj gvaq congh saeu doed okbae de, lij ndaej caiq mbongq congh ndeu, gya gaiq siu ndeu dem, baexmienx saeu liengz aenvih deihdoengh bibuengq cix mbot, yinxhwnj daengx aen gezgou sanqdoek. Mizmbangj youq gyaeuj saeu mbongq sok ndeu, aeu gyaeuj liengz dok haeujbae. Liengz caeuq saeu hwnq ndei le caiq gaq ngeih liengz caeuq sam liengz, gwnz liengz bu danz, gwnz danz gaq gakcei caeuq naeng faexsa, cij bu vax coq gwnz de. Dingjranz naeklliengh youz daengx aen gyaq faex bae dingj, cauxbaenz aen gezgou onjmaenh ndeu. Mbangj saeu liengz bienqhingz mbouj lai, cungj mbouj yingjyangj gyaq faex onjdingh. Sojmiz gij ciengz de, mboujlwnh dwg ding、seh roxnaeuz sap, cienzbouh mbouj dingj naek, cinjhawj de bienqhingz mbouj lai hoeng doiq daengx aen gyaq faex mbouj miz saekdi yingjyangj. Vanzgyangh Yen Sinzloz Yangh, Cinghcauz Senhdungj 3 bi ndwenloeg cibbet（1911 nienz 7 nyied 13 hauh）fatseng loemqlak deihdoengh, bya lak ranz doemq, dandan lw 3 aen ranz. Hoeng geij mbanj henzgyawj gij ganlanz Bouxcuengh ciuqgaeuq ndei liux, vunz bae youq lij ndaej, mbangj aen ranz saeu de yienznaeuz ngengq le, giz saeu liengz doxciep de bienqhingz, hoeng mbouj miz yung'yiemj mbouj fuengzngaih vunz youq. Yawj ndaej ok, ganlanz gyaq faex gezgou doiq dingjgangq deihdoengh dwg caen miz yauq.

壮家干栏分上下两层，大多是木质结构，用16~20根木柱与横梁榫卯相接。木柱在地表不埋入地下，而是架立在圆柱和方形的石墩上。一方面可防木柱腐烂，或变换其位置，实现新的平衡。这种梁柱榫接壮语名为"巴马"。梁榫眼穿过柱的突出端，还可再穿1个销，以免梁柱因地震摇晃而互相脱离，引起整个结构散脱。有的将柱端凿出明槽，将梁榫头嵌入。梁上和木柱上好后再架二梁及三梁，梁上铺檩，檩上置椽子或杉皮，其上才铺小青瓦。屋顶重量由整个木构架承担，形成一副超静定结构。个别梁柱的不大变形，都不影响木架结构的稳定性。所有墙体，不论是钉、嵌木板或竹笪，均不承重，允许有不大的变形而不会对整个木构架有任何影响。环江县驯乐乡，清宣统三年六月十八日（1911年7月13日）发生陷落地震，山颓村毁，仅余3间房子。但附近村落的壮家干栏依然完好，可以继续住人，个别屋柱虽歪斜，梁柱之间接合变形，但不形成险情妨碍居住生活。可见，干栏木架结构对抵御地震是有效的。

3. Namh cuk ciengz hwnq ranz fuengzsaenq

3. 土充墙建筑防震

Bouxcuengh youq dieg bingz hwnq ranz, caenhliengh youq dangdieg aeu caizliuh. Aeu rinmban daeb ndei gonq, yienzhaeuh cuk namh guh ciengz, gwnz ciengz ndongj gaq danz（roxnaeuz hangz diuz）, gwnz de goemq haz roxnaeuz vax roxnaeuz rinmban. Vihliux fuengzsaenq, Bouxcuengh youq seiz cuk ciengz de coq gepduk. Gepduk swnh ciengz baih raez de bu, ciengz gya sang le, moix gek 50 lizmij lainoix bu di gepduk（roxnaeuz faexdiuz）. Youq giz song faj ciengz doxciep de, hix aeu gepduk（roxnaeuz faexdiuz）gyauca doxciep, yienghneix hawj ciengz engq net, ciengz caeuq ciengz ciep ndaej engq maenh, hawj aen ranz cingjdaej engqgya maenhndongj, deihdoengh seiz, fuengzre ciengz dek ciengz lak. Gijneix caeuq yendai gencuz aeu ganghginh hunningzduj guh liengz yenzlij ca mbouj geijlai, cij mbouj gvaq duk（faex）ginh daeuj dingjlawh ganghginh ajmah. Goj raen, gij cojcoeng Bouxcuengh gig miz cangcausing, gig caeux couh roxndeq mbangj gij gencuz lizyoz yenzlij de, caemhcaiq yungh daengz ndaw gencuz fuengzsaenq bae lo. Sizcenj cwngmingz, cungj "ciengz aeu namh cuk baenz" neix gij dingj saenq goengnaengz de gig mingzyenj.

壮家在平地建屋，尽量就地取材。先砌片石，后夯土为墙，土墙之上，硬山搁檩（或桁条），上铺茅草或瓦片或石板。为了防震，壮家人在夯墙时搁上竹片。竹片沿墙长度方向铺设，随墙的加高，每隔50厘米左右铺设一些竹片（或木条）。在两幅墙的交接处，也用竹片（或木条）互相交叉搭接，以此提高夯墙的抗拉强度，强化墙与墙间的连接能力，增大了房屋的整体刚度，地震时，防止山墙裂开或倒塌。这和现代建筑设计置钢筋混凝土圈梁的原理差不多，只是竹（木）"筋"替代钢筋而已。可见，富于创造性的壮族先民，很早就掌握了建筑力学的一些原理，并利用到建筑防震中去。实践证明，这种"土充墙"的抗震功能是明显的。

Camgauj Vwnzyen　参考文献

［1］《当代广西地质矿产业》编委会.当代广西地质矿产业（1949-1994）［M］；广西通志·地质矿产志（1998年）［M］.南宁：广西人民出版社，1999.

［2］广西壮族自治区地方志编纂委员会.广西通志·科学技术志［M］.南宁：广西人民出版社，1997.

［3］徐宏祖.徐霞客游记［M］.北京：商务印书馆，1986.

［4］丁文江.徐霞客年谱［M］.北京：商务印书馆，1986.

［5］张廷玉.明史［M］.北京：中华书局，1074.

［6］谢启昆，胡虔.广西通志［M］.南宁：广西人民出版社，1988.

［7］广西地震局历史地震小组.广西地震志［M］.南宁：广西人民出版社，1982.

［8］谢之雄.广西壮族自治区经济地理［M］.北京：新华出版社，1989.

［9］广西通志馆.广西手册［M］.南宁：广西人民出版社，1988.

［10］两广地质调查所.两广地质调查所便览［Z］.内部刊物，1933.

［11］莫家仁.可爱的广西——民族之光［M］.南宁：广西人民出版社，1999.

［12］陈鼎常.可爱的广西——自然之灵［M］.南宁：广西人民出版社，1999.

［13］钱宇范.可爱的广西——民族之魂［M］.南宁：广西人民出版社，1999.

［14］荣仕星，徐杰舜.人类学本土化在中国［M］.南宁：广西民族出版社，1998.

［15］蒙谷.广西科技史话［M］.广西科普作家协会编印.

［16］周光大.壮族传统文化与现代化建设［M］.南宁：广西人民出版社，1998.

［17］《梧州史志》编辑部内部资料［Z］.梧州古今（2）.

Daih Cibsam Cieng Vehdat Byaraiz Caeuq Cauh
Sawndip

第十三章　花山岩画和古壮字创造

Cojcoeng Bouxcuengh ciuhgeq youq ciengzgeiz cozux gwn caux daenj ndawde gamj guh gamj caux, 2000 bi gaxgonq veh ok le gij vehdat Byaraiz seiqgyaiq yizcanj, geiq le gij vunz lozyez dajcaeq ciengzmienh caeuq guh hong ciengzgingj, caemh caux ok liux gij sawndip bonjgeij. Neix youq gwnz gohgisij Bouxcuengh ciemq miz aen dieg youqgaenq ndeu, hab ndaej daih sij bit ndeu.

古代壮族先民在长期的生产劳动和生活实践中勇于创造，既绘出了记录距今约2000年前骆越人祭祀场面和社会生产情景的世界遗产花山岩画，又创造了壮族人民自己的文字古壮字。这些在壮族科技史上都占有重要位置，值得一书。

Daih'it Ciet   Vehdat Byaraiz
第一节 花山岩画

Gvendaengz gij dozveh gwnz dat ciuhgeq Bouxcuengh，Sungdai Lij Siz《Swnj Bozvuz Ci》gienj bet ndawde couh miz geiqloeg："Song Gvangj youq gwnz dat miz rumhraeuz duzfangz，lumj dozveh maeg saw. Vunz naengh ruz gvaqbae，ganjnaeuz dwg cojgoeng swhgeij，buizcaeq de mbouj gamj lengxcaep." Daengz vunz Mingzdai Cangh Muz《Yivwnz Luz》ndawde，gij geiqloeg de couh haemq ciengzsaeq mingzbeg："Gvangjsih Daibingz Fuj miz dat sang geij leix，raen miz bingmax gaem cax faex，roxnaeuz miz boux mbouj miz gyaeuj de. Gij vunz naengh ruz byaij gvaq de gimqcij bae vix de，danghnaeuz miz vunz gangjlwnh le，couh baenzbingh." Cinghdai Gyahging（1796~1820 nienz）《Gvangjsih Dunghci》 gienj 105 ndawde geiq baenz：Sinhningz Couh（seizneix youq ndaw dieg Gvangjsih Fuzsuih Yen）"Byaraiz，youq baihdoeng aen couh samcib leix，lingzyi bienq yienhsaed，miz gij raemhngaeuz bouxsien". Cingh Gvanghsi（1875~1908 nienz）《Ningzmingz Couh Ci》 ndawde caemh miz geiqloeg：

"Byaraiz，liz hawsingz hajcib leix，gwnz dat aeu saekhoengz veh miz gij yiengh bouxvunz，cungj mbouj daenj buhvaq，roxnaeuz hung roxnaeuz iq，roxnaeuz gaem hongdawz hoenxciengq，roxnaeuz gwih max. Mwh caengz luenh（cawqmingz：Ceij Daibingz Denhgoz Gijyi，lajneix doxdoengz）gaxgonq，saek ronghcingx，luenh gvaq le，saek haemq mong di. Youh ciuq song henz dah bae，gwnz dat miz gij dozveh lumj yienghneix de miz haujlai." Gvendaengz gij gveihmoz dozveh gwnz dat neix，Cinghdai vunz Lungzcouh Vangz Dingyiz youq ndaw《Gauj Ben Suizbiz》 de ceijok："Riengz diuz rij（ceij dah Mingzgyangh Gvangjsih）samcib roek ngozbya，cungj miz dozveh gwnz dat." Daj doenghgij geiqloeg neix，gyoengqvunz rox daengz gij dozveh gwnz dat giz Bouxcuengh lizsij gyaenanz，neix dwg cojgoeng Bouxcuengh louz ma gij "doxgaiq dijbauj lizsij vwnzva"（Doz 13-1-1）.

关于壮族古代岩画，宋代李石的《续博物志》卷八中就有记载："二广深石壁上有鬼影，如澹墨画。船人行，以为其祖考，祭之不敢慢。" 至明代人张穆的《异闻录》中，其记录就比较具体明确，该书写道："广西太平府有高崖数里，现兵马持刀杖，或有无首者。舟人戒无指，有言之者，则患病。" 清代嘉庆（1796~1820年）的《广西通志》卷一〇五中记：新宁州（今广西扶绥县境）"画山，州东三十里，灵异变现，有仙人影"。清光绪（1875~1908年）的《宁明州志》中也有记述："花山，距城五十里，峭壁中有生成赤色人形，皆裸体，或大或小，或持干戈，或骑马。未乱（注：此指太平天国起义，下同）之先，色明亮，乱过之后，色稍黯淡。又按沿江一路两岸，崖壁如此类者多有。" 关于这些岩画的规模，清代龙州黄定宜在其《考辨随笔》中指出："沿溪（指广西明江）三十六峰，皆山岩画也。" 从这些记载，人们知悉了壮乡岩画历史悠久，它是壮族先民遗留下来的宝贵科技文化遗产（图13-1-1）。

Doz 13-1-1　Vehdat byaraiz
图13-1-1　花山岩画

Diucaz biujmingz, youq giz bya heu raemx saw、funggingj lumj veh de, Gvangjsih Ningzmingz、Bingzsiengz、Lungzcouh、Dasinh、Denhdwngj、Cungzcoj、Fuzsuih daengj gij dieg Bouxcuengh, gwnz dat luengbya song hamq dah Mingzgyangh、Bingzyizhoz caeuq Cojgyangh nem giz laenzgaenh de, baujlouz miz haujlai dozveh gwnz dat ciuhgeq Bouxcuengh, dingzlai dwg youq gwnz dat giz raemxdah vangungx de, dozveh liz gwnz raemx itbuen miz 20~60 mij, ceiq sang daihgaiq 120 mij, ceiq daemq ngamqngamq 12 mij, gij gveihmoz hungloet、faenbouh fanveiz gvangqlangh、dozsiengq laidaih、saek rongh baujlouz ndaej nanz de, youq gwnz seiqgyaiq cungj noix raen. Ndawde, gij cozbinj gvihaeuj Cunhciuh geizlaeng daengz mwh Dunghhan de miz 79 mwnq 178 giz 280 cuj dozveh; gij dozveh gwnz dat gvihaeuj Mingzdai roxnaeuz Cinghdai de miz mwnq ndeu giz ndeu 3 cuj dozveh; gij dozveh gvihaeuj Cinghdai miz 4 mwnq 4 giz 5 cuj. Gyoengqvunz Bouxcuengh dangdieg cwng doengh ngozbya miz dozveh neix guh "岜莱" （Sawcuengh dwg "Byaraiz", cigsoh hoiz dwg "ngozbya najraiz"）, eiqsei Sawgun couh dwg bya miz dozveh roxnaeuz bya va. Youq Cunhciuh daengz Dunghhan seizgeiz 79 mwh dieg dozveh ndaw de, cawzliux Cungzcoj 3 giz、Fuzsuih 5 giz liz dah gyae（ceiq gyae 12 cienmij, gyawj caemh miz 2 cienmij）dwg bya dog, gizwnq dwg gyonj youq henz dah song mbiengj dat de. Dozveh gwnz dat yungh saek duz ok gyomqlomh couh baenz, dandan biujyienh ok daihgaiq, noix veh ndaej ok giz saeqiq. Neiyungz fuengmienh cujyau dwg bouxvunz, itgungh miz 2600 lai boux, ciemq cienzbouh dozsiengq cungjsoq 80% doxhwnj. Dozsiengq bouxvunz ceiq sang miz 3.5 mij, ceiq iq ngamq miz 30 lizmij, ciengzseiz cungj youq ndawgyang 60~100 lizmij. Gizyawz dozsiengq cix dwg doxgaiq、doenghduz、gij doxgaiq ndaw swhyienz caeuq di dozsiengq caengz baenz yiengh de.

调查表明，在山清水秀、风景如画的广西宁明、凭祥、龙州、大新、天等、崇左、扶绥等壮乡域内的明江、平而河和左江两岸及其附近峰林石山的断崖绝壁上，保留有大量壮族古代岩画，它们被创作在河流拐弯的悬崖绝壁上，画面距江面最高约120米，最低仅12米，一般都在20~60米之间，其规模之大、分布范围之广、图像之多、鲜艳色彩保留之久、画面之高大，都是世界所罕见的。其中，属于春秋晚期至东汉时期的作品有79个地点178处280组画；属于明代或清代的岩画有1个地点1处3组画；属于清代的岩画有4个地点4处5组。当地的壮族群众称这些有岩画的山峰为"芭莱"（壮文为"Byaraiz"，直译是"麻面山"），汉意即画山或花山。在春秋至东汉时期的79个画点中，除了崇左3个、扶绥5个画点远离江河（最远的为12千米，近的也有2千米）为独立孤峰外，基本上都集中在江河两岸的临江石壁上。岩画采用剪影式的色块平涂法画成，仅表现出轮廓，缺乏细部描绘。内容上以人物为主，共有2600多个，占全部图像总数的80%以上。人物图像最高为3.5米，最小仅30厘米，通常都在60~100厘米之间。其余的图像则为器物、动物、自然物和一些未成形的图像等。

Lingjnanz giz Bouxcuengh, ngozbya daeb ngozbya diuzdah lienz diuzdah, gyaudoeng mbouj fuengbienh, hoeng gizneix dienheiq hwngq, raemxfwn gaeuq, swyenz swhyenz gig fungfouq, sojlaiz, daj ciuhgeq doxdaeuj, gizneix itcig dwg giz dieg gwn youq caeuq fazcanj Bouxcuengh nem cojgoeng de. Youq gizneix, gyoengqde dajcauh le vuzciz vwnzva caeuq cingsaenz vwnzva fungfouq, vih cauh'ok Cunghvaz minzcuz gij lizsij gyaenanz caeuq vwnzva ronghlwenq guh'ok le gunghawj dijbauj. Aenvih Bouxcuengh mbouj miz gij saw minzcuz doengjit swhgeij, mbouj miz banhfap geiqloeg gij lizsij swhgeij, hoeng, cojgoeng Bouxcuengh ginggvaq roengzrengz, louz ma doenghgij dozveh gwnz dat neix, yiengq seiqgyaiq yienh'ok le gij rizdin lizsij gyoengqde byaij gvaq haenx. Doenghgij cwngzsizva dozveh neix bit co miz rengz, geiq eiq laegluemx, baenz le goj duenz ciennienz, siengj gej cingcuj lij deq lai gya damqcaz caeuq vat caizliuh. Gizneix, dandan daj aen gakdoh gohgi bae roi gyaz, muengh daj ndaw dozveh gwnz dat ndaej radawz di saenqsik gvendaengz gohgi cingzcik ciuhgeq. Ginggvaq gvinab caeuq cingjleix, cujyau miz lajneix geij diemj：

岭南壮乡，山重水复，交通不便，但这里气候温热，雨量充沛，自然资源十分丰富，因此，自古以来，这里一直是壮族及其先民生存发展的地方。在这里，他们创造了丰富的物质文化和精神文化，为缔造中华民族悠久历史和灿烂文化作出了宝贵的贡献。由于壮族没有自己的统一的民族文字，无法记载自己的历史，但是，壮族先民经过努力，留下这些一幅幅壮观的岩画，向世界展示了他们走过的历史脚印。这些粗犷拙朴的笔触、程式化的画面和内蕴深邃的内容，成了千古之谜，有待进一步挖掘和探讨。这里，仅从科技的角度去梳理，希望从岩画中能捕捉到一些古代科技成就的信息，经过归纳和整理，主要有如下几点收获：

（It）Boiqguh gij saekliuh veh doz daengz le suijbingz maqhuz sang
（一）绘画颜料配制达到了相当高的水平

Daj ndaw dozveh gwnz dat Byaraiz "rinyagnywx miz dozveh" caeuq "goemq fuk dozveh gij rinyagnywx neix" aeu yiengh，C^{14} caekdingh biujmingz，Gvangjsih Cojgyangh liuzyiz Bouxcuengh gij dozveh gwnz dat ciuhgeq haenx nienzdaih de siengdang dwg youq mwh Cungguek Cunhciuh daengz Dunghhan. Ginglig le aen nienzdaih gyaeraez, gij saek dozveh gwnz dat lij ronghlwenq, ndaej raen, ciuhgeq cojgoeng Bouxcuengh youq genj gij caizliuh veh doz fuengmienh gaenq dabdaengz le aen suijbingz maqhuz sang. Faensik biujmingz: Gij cingzfaenh caizliuh veh doz dwg cungj caizliuh veh doz aeu gvangqcanj diet dienyienz cujyau dwg sanhyangjva'wdez（dietgvangq hoengz）ndeu. Gij dietgvangq hoengz gizneix faenbouh gig gvangq, leihyungh fuengbienh. Bouxcuengh cungj caizliuh veh doz diuzboiq ndei neix, saek rongh, duz ndaej yinz, faensanq ndaej ndei, ndaej gig ak cwgoemq caeuq nem youq gwnz rin, mboujdanh veh doz yauqgoj ndei, doengzseiz ndaej guhbaenz caengz byuk dansonhyenz ndaej yungz youq ndaw raemx gig mbang ndeu, doiq dozsiengq miz henhoh cozyung ciengzgeiz. Cungj dinfwngz gig maenh neix, dwg gij gingniemh dijbauj cojgoeng Bouxcuengh ginggvaq ciengzgeiz sizcenj cwkrom hwnjdaeuj de, dwg nanz ndaej youh dijbauj dangqmaz. Gij doxgaiq yungh daeuj nemhuz de, gaengawq faensik vaqniemh: Aenvih hamzmiz CH、C-O roxnaeuz C-N gihdonz caeuq N（dan）yenzsu saenqsik, caeuq miz danbwz saekhenj fanjyingj gienjniemh yienhsiengq, cobouh duenqdingh dwg gij doxgaiq doxgyaux danbwzciz doenghduz cujyau aeu gau doenghduz daeuj guh de.

从花山岩画中"有画的钟乳石"和"覆盖该画的钟乳石"上取样，C^{14}测定表明，广西左江流域壮族地区的古代岩画其创作年代相当于中国春秋至东汉时期。经历了漫长年代，岩画的色彩依然鲜艳，可见，古代壮族先民在绘画颜料的选择上已达到了相当高的水平。分析表明：岩画颜料的成分是一种以三氧化二铁为主的铁系天然矿产（赤铁矿）颜料。这里的赤铁矿分布很广，矿源丰富，利用方便。壮族这种调制成功的绘画颜料，色泽光亮，颜料均匀，分散性好，对石壁的遮盖力和吸附力很强，不但绘画效果好，而且能形成一种很薄的水溶碳酸盐壳层，对画像起到了长期的保护作用。这种高超技艺，是壮族先民通过长期实践积累起来的宝贵经验，是难能可贵的。所用的黏合剂，据分析化验：由于含有CH、C-O或C-N基团和N（氮）元素信息，以及具有蛋白黄色反应检验现象，初步推断为以动物胶为主的动物蛋白质类化合物。

（Ngeih）Youq gwnz dat veh doz，nanzdoh daih，dinfwngz maenh'ak
（二）悬崖峭壁作画难度大，技艺高超

Cojgoeng Bouxcuengh baenzlawz bae gwnz dat hau lingqlaulau de veh doz, caen dwg daengz seizneix cungj siengj mbouj doeng, gyoengqvunz itcig damqra. Ginggvaq lai fuengmienh gaujcingq, nyinhnaeuz aiq miz geij cungj banhfap lajneix：①Diuq venj. Youq giz gug dah raemx lae gaenj de、daj baihlaj mbouj miz banhfap ndaej benz hwnj bae de, cojgoeng Bouxcuengh ciuhgeq daj gwnz dingjbya leihyungh diuzcag caeuq diuzgaeu nem aen lamz duk daengj hongdawz, dawz boux veh doz de venj youq gwnz dat, leihyungh gwnz dat giz geh、ndaek rin doed ok engqlij byozfaex, guh giz dieb din, guh veh doz. Cungj fuengfap neix youq giz veh doz saedniemh lai baez gvaq, genjdanh ndaej guh；②Benz dat. Leihyungh gij nga、rag go faexhung caeuq gij geh gwnz dat, daj laj daengz gwnz benz bae daengz giz yaek veh de veh doz. Gaujcaz biujmingz, lumjbaenz congh gamj sang Ningzmingz Byaraiz, liz gwnz raemx 100 lai mij, youq congh gamj neix fatyienh miz donh dingfaex cigsoh caenq haeuj geh rin ndeu（cawqmingz：Gwnz dat veh doz giz Lungzcouh Cinzyanghgoz caemh miz）, dingfaex ginggvaq C^{14} caekdingh, aen nienzdaih de liz seizneix miz 2680 bi hwnjroengz 80 bi. Vuenh diuz dingfaex moq le cug cag, ndaej baengh de benz hwnj henz congh neix gij dat miz dozveh de bae, ndaej raen, gijneix couh dwg gij doxgaiq doenghbaez cug cag daeuj benz hwnj gwnz dat veh doz louz ma de；③Dap gyaq. Couhdwg leihyungh gocuk、faex daeuj dap gyaq, cigciep youq giz sang gwnz dat veh doz. Gaujcaz ndaej rox, mbangj mwnq miz dozveh de gaeng fatyienh miz diuz dingfaex lauq ma de, aiq dwg gij doxgaiq mwh dap gyaq louz ma de；④ Youq giz raemx hwnjsang youq gwnz ruz veh. 20 sigij 60 nienzdaih gij diucaz swhliu Lij Ganhfwnh daezdaengz, daxgoeng boux deng diucaz de caenda raen gienh saeh ndeu：“Daihgaiq bi sinhsw（1821 nienz）, Cojgyangh raemxrongz hung, raemx sang. Mwhneix, aen mbanj Dozgoz miz boux vunz miz goengmingz ndeu, dwg loih gijyinz gungswngh, cwng Suh Veizliengz, de cengj song aen ruz hung bae daengz henz dat Dozgoz, youq gwnz ruz aeu aen daiz seiqfueng dap hwnj aen gyaq, yungh aen buenz ndeu gyaux ndei saek hoengz, yungh sauqbaet hung caemj saek daeuj veh doz.” Gijneix dwg aen saedlaeh leihyungh raemx hwnj youq gwnz ruz veh doz ndeu, yienznaeuz raemxrongz gig nanz ndaej roebdaengz, seizgei mbouj lai, hoeng dauqdaej caemh dwg cungj banhfap hengz ndaej doeng ndeu.

　　壮族先民如何到裸露的悬崖峭壁上去作画，可谓是千古之谜，人们一直在探索。经多方考证，至今大致认为可有如下几种操作办法：①悬吊法。在江河激流拐弯或水流较急、由下而上无法攀援的地方，壮族先民从山顶利用绳索和藤条，以及竹篮等辅助工具，把作画者悬吊于壁上，利用壁上的裂缝、凸出石坎甚至树丛，作立足之依托，进行作画。此法曾在画区多次实验，简易可行。②攀缘法。利用大树的枝、根和崖壁裂隙，由下而上攀缘至作画处作画。考察表明，如宁明花山的高洞，距离江面100多米，在该洞曾发现有一截垂直打入石缝的古代木桩（注：龙州沉香角画壁上也有），经C^{14}测定，其年代为距今2680±80年。当更换新桩系上绳索后，能依靠其缘索攀到该洞的岩画面上去，可见，这乃是当年绑系绳索靠其攀缘作画之遗物。③搭架法。就是利用竹、木搭架，直接到高空崖壁上作画。考查获悉，有些画点已发现有残存的木桩，可能是搭架的遗物。④高水位浮船法。20世纪60年代李干芬的调查资料提到，被调查者的爷爷亲眼碰到一件事：“大约辛巳年（1821年）中，左江洪水泛滥，水高。这时，驮角村有个有功名的人，属举人贡生之类的，叫苏维良，他撑出两只大船到驮角峭壁边，在船上用八仙桌搭起架来，用一个盘调好朱砂颜料，用大扫把蘸着颜料绘制的。”这是高水位浮船法的一个成功的实例，虽然洪水千载难逢，机会不可多得，但毕竟也是一种行得通的办法。

　　（Sam）Cauh'ok le gij hongdawz veh doz saedyungh haenx

　　（三）创造了实用的作画工具

　　Cojgyangh liuzyiz gij dozveh gwnz dat ciuhgeq Bouxcuengh cihsaw hungloet、seuq, heiqseiq hungmbwk, doengzseiz youq gwnz seiqgyaiq ndaw dozveh gwnz dat gag miz daegdiemj bonjfaenh, ndaej aeundaej yisuz yauqgoj baenzneix geizheih, gij hongdawz veh doz gig youqgaenj. Cungj yenzgiu yigen ndeu nyinhnaeuz: Doengh canghvehdoz Bouxcuengh ciuhgeq neix dwg daj giz gaenh aeu caizliuh, dajcauh le "bit cuk" cungj hongdawz veh doz neix. Gij guhfap de dwg genj donh faexcuk ndeu roxnaeuz donh faexcuk oiq baihndaw na ndeu, dawz gyaeuj ndeu dub soiq, leihyungh gij cenhveiz unq saeq de guhbaenz "byai bit", cungj byai bit neix ndaej caemj maeg lai, doengzseiz danzsingq ndei, youq gwnz dat veh doz, sienqdiuz hungloet, cihsaw sij dwk mizrengz, yienghceij hungloet. Aenvih bit cuk veh sienq bienqvaq mbouj lai, yienznaeuz dandiuh、naekcaem, hoeng seuq、laegcaem, ndaej miz ok gij yisuz yauqgoj lumj "douz ingj" roxnaeuz "daet ingj", sojlaiz couh bienqbaenz gij cozbinj ndei "gij yisuz ingjsiengq ndaem". Cojgyangh liuzyiz gij dozveh gwnz dat ciuhgeq Bouxcuengh lienzdaemh geij bak leix, gihbwnj cungj dwg gij dozsiengq bouxvunz hungsang yienhda de, dozsiengq hungsang bonjndang couh miz cungj heiqseiq miz vi ndeu, caiqgya diuz bit veh doz de byai bit hung, sawj dozveh yienh dwk engqgya hungmbwk mizrengz. Bit cuk youq gwnz dat veh doz guhbaenz goeng'yauq daegbied, biujyienh youq de soj veh ok gij yiengh doz bujben hungloet, diuzsienq veh doz raez、co、yinz, daegbied dwg de gyagoeng moix aen dozsiengq gij saek de noengz myox doxdoengz, aenvih mwh yinh bit gij cenhveiz saeq diuz bit cuk saenqdoengh, henz diuz sienq co ciengzseiz miz geij diemj maeg sinz okdaeuj. Dangyienz, cawzliux bit cuk, caemh mbouj baizcawz cojgoeng Bouxcuengh doengzseiz dajcauh le gizyawz hongdawz veh doz engqgya ndei yungh haenx, lumjbaenz aeu nywj daeuj guh bit, aeu bwn daeuj guh bit, engqlij leihyungh aeu lwgfwngz daeuj duz daengj gak cungj banhfap bangbouj, caeuq bit cuk doengzseiz itheij yungh, bae cawqleix mbangj giz saeq gwnz dozveh, baudaengz gij cangcaenq gwnz gyaeuj、lwgfwngz、lwgdin, diuz ceuq aen raem bouxvunz, gij bwn gep、dujrwz、diuz rieng doenghduz, caeuq gak cungj doz gijhoz daengj, sawj gij dozveh gwnz dat gyaeundei raixcaix, doxdaengh doxha.

左江流域壮族古代岩画造型粗犷、古朴、气势宏伟，并在世界岩画中独树一帜，能取得如此神奇的艺术效果，作画工具很重要。一种研究意见认为：这些古代壮族画师是就近取材，创造了"竹笔"这种绘画工具。其制法是选取一截竹枝或壁厚的嫩竹，将其一端锤碎，利用其细柔的纤维形成"笔锋"，这种笔锋含墨量多，而且富于弹性，在崖壁上作画，线条肥大，笔法苍劲，造型粗犷。因竹笔笔迹变化不多，虽单调、笨拙，但古朴、深沉，能产生近似"投影"或"剪影"的艺术效果，所以便成为"黑影艺术"的佳作。左江流域壮族古代岩画绵延数百里，基本上都是高大醒目的人物图像，图像高大本身就具有一种威严震人的气势，加上绘画工具粗犷的笔触，使画面显得更加雄壮有力。竹笔在崖壁上形成的特殊功效，表现在它所绘制出的图形普遍粗大，制作的线条硕长、粗犷、匀称，特别是用它加工的每一个图像的色块浓淡一致，由于运笔时竹笔细纤维的振动，主线条附近往往有弹溅出来的小点墨珠。当然，除了竹笔，也不排除壮族先民同时创造了其他更得心应手的绘画工具，如以草制笔，以羽毛制笔，甚至利用手指涂抹等各种辅助办法，与竹笔同时并用，去处理画面上的一些细小环节，包括人物头饰、手指、脚趾，男性生殖器，动物的毛刺饰线、耳、尾，以及各种几何图形等，使岩画的方方面面都尽善尽美，相辅相成。

（Seiq）Gij baengzgawq gohyoz genj bangxrin veh doz

（四）选择作画岩壁的科学依据

Doiq Cojgyangh gij dozveh gwnz dat ciuhgeq Bouxcuengh cazyawj doengjgeiq biujmingz, giz bangxrin veh doz de daih dingzlai dwg saek henj mong, giz bangxrin dwg lingh cungj saek de couh gig noix miz dozveh engqlij vanzcienz mbouj miz dozveh. Doengzseiz, giz bangxrin veh doz de daih dingzlai genj doengh giz hunggvangq、bingzcingj、lingq dwk ca mbouj geij dwk daengjsoh roxnaeuz baihrog giz baihgwnz doedok、baihlaj mboep haenx. Giz bangxrin ngengcoh mbwn de gwnzde mbouj raen miz dozveh. Cojgoeng Bouxcuengh ciuhgeq baenzneix genj dwg miz gohyoz dauhleix dangqmaz.

对左江壮族古代岩画观察统计表明，作画的崖壁大部分为灰黄色，其他颜色的石壁就很少有画甚至完全无画。而且，作画的崖壁大多选择那些宽大、平整、峭峻、基本垂直于地面或上部外凸、下部内凹者，倾斜面见天的崖壁上未见有画。古代壮族先民的这种选择是很有科学道理的。

Dat rin saek henj mong dwg cungj rinbya hamz miz lai cungj vuzciz（diet、meij roxnaeuz naez daengj）ndeu, gezgou de maedsaed, maqhuz geng, siengdoiq daeuj gangj, de itbuen mbouj yungzheih bienq unq. Dangyienz, cungj saek daej neix boiq ingjsiengq saek hoengz haeujbae, yawj daeuj yiemzrwdrwd, hawj vunz roxnyinh saenzmaed, gijneix caemh dwg de deng genj guh giz bangxrin veh doz aen yienzaen lingh fuengmienh.

灰黄色石壁是一种含有杂质（铁、镁或泥质等）的石灰岩，其结构致密，硬度也比较大，相对而言，它一般不容易被风化。当然，这种底色配以赭红色影像，庄严肃穆，有一种神秘感，也是它被选为作画石壁的另一方面原因。

Linghvaih, cojgoeng Bouxcuengh boux veh doz de gaenq rox daengz, aeu giz hunggvangq、bingzcingj、lingq dwk ca mbouj geij dwk daengjsoh roxnaeuz baihrog giz baihgwnz doedok、baihlaj mboep guh bangxrin veh doz, fuengbienh baizraemx. Youq Lingjnanz giz Bouxcuengh fwn doek lai de, baujciz dozveh hawqsauj mbouj deng cumx youqgaenj dangqmaz. Lingjnanz dienheiq hwngq, ndit ndat lumj feiz, doengh giz bangxrin ngengcoh gwnzmbwn de, gij dozveh gwnzde deng ndit ciuq nanz lai, yungzheih lot saek、bienq gaeuq, caemh caen dwg doiq ciengzlwenx yolouz dozveh mbouj leih. Aenvih cojgoeng Bouxcuengh ciuhgeq ciengzgeiz cwkrom le haujlai sizcen gingniemh gohyoz, ndaej gohyoz hableix dwk genj giz bangxrin veh doz, cij sawj gij dozveh gwnz dat Vahsanh cien bi mbouj nduk, ciengxlwenx moqsad.

另外，作画的壮族先民已意识到，在宽大、平整、峻峭、基本垂直于地面或上部外凸下部内凹的地方作画壁，有利于排水。在多雨的岭南壮乡，保持画面干燥不受潮，是极其重要的。岭南气候炎热，骄阳似火，那些倾斜面见天者，其崖壁的画面长时间接受阳光暴晒，容易脱落、老化，也确实对画面的长久保存不利。由于古代壮族先民长期积累了许多科学实践经验，能对作画的岩壁进行科学合理的选择，才使花山岩画千年不老，永葆青春。

（Haj）Gij dozveh gwnz dat Byaraiz yungh dozsiengq hingzsik geiqloeg le gij daihgaiq cingzgvang gohgi fazcanj Bouxcuengh

（五）花山岩画以图像形式记录了壮族社会科技发展的概况

Mwh Cunhciuh daengz Dunghhan Cojgyangh gij dozveh gwnz dat ciuhgeq Bouxcuengh（heuhguh dozveh gwnz dat Byaraiz），miz dozsiengq daihgaiq 3400 aen，ndawde：Dozsiengq bouxvunz daihgaiq 2600 lai aen，dozsiengq doxgaiq dawz（gyongdoengz、cax raez、giemq raez、fagmid、nangx、aen cung gok yiengz、aen lingz cung、mauhngeg、ruz daengj）500 lai gienh，dozsiengq doenghduz（maxloeg、duzroeg caeuq duzma duzmax duzguk duzbeuq duzngieg daengj doenghduz）daihgaiq 130 duz，dozsiengq luenz（daengngoenz、ronghndwen、aenmbwn、gyaeuj vunz roxnaeuz gizyawz）116 aen，deihhingz caeuq dozsiengq doenghgo daihgaiq 36 giz，gij dozsiengq mbouj baenz yiengh roxnaeuz nyinh mbouj ok de miz mbangj. Saenqsik baenzneix lai，daj gak aen baihhenz bae hingzsiengq fanjyingj ciuhgeq Bouxcuengh mbangj gij gohgi fazcanj cwngzgoj de，ceiqnoix，de nangqdaengz le lajneix gak aen lingjyiz.

战国至东汉时期的左江壮族古代岩画（简称花山岩画），有图像约3400个，其中：人物图像2600多个，器物图像（铜鼓、环首刀、长剑、扁茎短剑、矛、羊角钮钟、钟铃、面具、船等）500多件，动物图像（鹿、鸟和犬马虎豹鳄鱼等兽类）约130只，圆形图像（日、月、天体、人头或其他）116个，地形和农作物图像约36处，未成形或未辨的图像若干个。如此众多的信息，从各个侧面形象地反映古代壮族科技发展的某些成果，至少，它涉及了下面的一些领域。

1. Gij gisuz ceiqcauh lienhgim

1. 冶金制造技术

Cojgyangh ndaw dozveh gwnz dat Bouxcuengh ciuhgeq，itgungh miz gyongdoengz daihgaiq 260 aen，cax、giemq、nangx 200 lai gienh，aen cung（lingz）bien go lumj gok yiengz de 10 lai gienh. Gyoengqde caeuq gij doxgaiq saedceiq oknamh de dox guhcingq，cungjdwg gij doxgaiq dawz denjhingz ndawbiengz Bouxcuengh Lingjnanz. Lumjbaenz nyenz，haujlai fuk dozveh gwnzde cungj miz miuzveh，miz mbangj dozveh engqlij veh le caet bet aen baenzlai，mbouj dandan miz nyenz，doengzseiz lij miz gij dozsiengq roq nyenz. Gij saenqsik neix ceiqnoix gangjmingz liux aen nyenz dwg doxgaiq mbanj mbanj bienh miz，gak cungj doxcomz cungj noix mbouj ndaej de. Aen nyenz gwnz doz，aen laux gvangq mij ndeu doxhwnj，aen iq de ngamq miz 20 lizmij，itbuen cungj youq ndawgyang 30~60 lizmij，aen nyenz 30~50 lizmij de soqliengh ceiq lai. Doenghgij nyenz neix，hingzdai fukcab lai yiengh，miz aen gvaengx ndeu de、aen song gvaengx、aen sam gvaengx、aen saedsim caeuq aen gyoengsim gep manghsen daengj 5 loih 25 cungj. Miz mbangj miz rwz，ndaej venj；miz mbangj cang miz gij ndaej daemxcengj de，ndaej daj dangqnaj roxnaeuz bangxhenz daeuj daemxcengj aen nyenz. Doenggvaq cienzsoengq doenghgij saenqsik neix，ndaej buenqduenh giz Bouxcuengh youq Cinz Han gaxgonq，mbouj dandan miz haujlai canghsae swhgeij daeuj ceiqcauh lienhgim, doengzseiz gij dinfwngz gisuz yaeb lienh ceiqcauh gaenq dabdaengz le suijbingz maqhuz sang. Youh lumj fagcax, gij vunz ndaw doz ca mbouj geij dwg moix 10 boux couh boiq miz fag ndeu, daegbied dwg gwnz doz doengh gij vunz guh bouxdaeuz haenx, gwnz hwet cungj venj miz cax raez. Miz mbangj cax raez, raez baenz mij, caeuq Gvangjsih Gveigangj aen moh Sihhan oknamh fagcax raez de cienzbouh doxdoengz. Gizyawz lumjbaenz giemq raez、fagmid、nangx、aen cung（lingz）bien go lumj gok yiengz de daengj doxgaiq dawz mizyouq caeuq okyienh, caemh cunghab fanjyingj le giz Bouxcuengh dangseiz youq gij gohyoz gisuz yaeb lienh ceiqcauh fuengmienh miz cingzcik gig daih.

在岩画图像中，共有铜鼓约260面，刀、剑、长矛200余件，羊角钮编钟（铃）10多件。它们与出土实物相互印证，都是岭南壮族社会的典型器物，数量之多，都是壮乡自己的产品。如铜鼓，许多图幅的画面上都有描绘，有些画面甚至图上七八个之多，不仅有鼓，而且还有击鼓的图像。这些信息，至少说明了这是村村寨寨必备之物，一切集会都离不开它。画面上的铜鼓，面径大者1米以上，小者仅有20厘米，一般都在30~60厘米之间，以30~50厘米的铜鼓数量最多。这些铜鼓，形态复杂多样，有单环型、双环型、三环型、实心型和空心芒线型等5类25种。有些有耳，可以吊挂；有些有支撑装置，可以从正面或侧面对铜鼓进行垂直或侧面支撑。通过这些信息的传递，可以判断秦汉以前的壮族地区，不仅拥有众多的冶金制造工匠，而且其采冶制造工艺技术已达到了相当高的水平。又如刀器，画中人几乎是每10个人就配有一把，特别是画面上那些首领人物，腰间都横挂着环首刀。有些环首刀，长者达1米，与广西贵港西汉墓出土的环首刀完全一致。其他的如长剑、扁茎短剑、矛、羊角钮编钟（铃）等器物的存在和出现，也综合地反映了壮乡当时在采冶制造科学技术上有很大的成就。

2. Dajciengx caeuq leihyungh doenghduz

2. 动物驯养和利用

Youq ndaw dozsiengq gwnz dat gij gvihaeuj doenghduz de daihgaiq miz 130 lai aen, aenvih gij gisuz daet ingj hanhhaed, doenghgij doenghduz neix genjdanh gvaqbouh、lumj dozsiengq gvaqbouh, hoj nyinh ok dangqmaz, sojlaiz doxcwngqq caemh haemq daih, ndawde, cijmiz duz maxloeg caeuq duzroeg haemq nyinhdoengz.

在岩画图像中属于动物类的有130多个，由于剪影技术的约束，这些动物过于简化和图像化，辨认困难，因此争议也比较大，其中，只有鹿和鸟比较认同。

Maxloeg youq gwnz dozveh giz Bingzsiengz Majluzsanh、Lungzcouh Byaraiz、Fuzsuih Hozdouzsanh daengj dieg, cawzliux aen doz maxloeg giz Bingzsiengz Majluzsanh youq giz ndoklaeng daengj miz yiengh doxgaiq lumj faexdaet ndeu, dwg deng dwk deng camx civaih, gizyawz duz maxloeg cungj dwg ciengx. Doengh aen gyaeuj maxloeg neix cungj dwg bomj, miz gok, hoz raez, aenndang haemq raez, ndoklaeng gungq hwnj di ndeu, rieng dinj ndiengq hwnjdaeuj, seiq ga guh gij yiengh ndwn hwnjdaeuj, hingzsiengq caen dangqmaz, gyoengqde caeuq gyoengqvunz doxhuz caezyouq. Ciuhgeq, cojgoeng Bouxcuengh hwng gvaq cungzbai maxloeg, sojlaiz gaemhdawz de dawz daeuj ciengx.

　　鹿见于凭祥马鹿山、龙州花山、扶绥合头山等地的岩画上，除了凭祥马鹿山的鹿图其脊部立有一根棒状物，属于猎捕被刺之外，其余的鹿均是驯养之物。这些鹿头作椭圆形，有角，长颈，躯体较长，脊稍隆起，短尾上翘，四肢作站立状，形象逼真，它们与人群和谐相处。古代，壮族先民曾经盛行过鹿崇拜，因而捕之、驯养之。

Duzroeg youq gij dozveh Fuzsuih Byaraiz caeuq Ningzmingz Gauhsanh raen miz. Aen gyaeuj bomj, hoz youh hung youh dinj, aenndang raez hung, laj dungx miz song ga dinj iq, giz rieng mbehai lumj mbaw beiz. Doengh gij roeg neix cungj deng veh youq baihgwnz aen gyaeuj boux diuqfoux, yawj daeuj lumj dwg duzroeg saenz, dwg doenghduz hawj Bouxcuengh ciuhgeq buizcaeq de. Oknamh aen nyenz Sizcaisanh, gwnz naj nyenz couh miz gij roeg humx daengngoenz mbin de, couh dwg cungj dozanq neix. Gizwnq haujlai cungj dozanq, miz dingz lai dwg seiqmboujsiengq, caemh aiq dwg duzmax、duzma、duzguk、duzbeuq caeuq duzngieg, engqlij miz gizyawz doenghduz, gak boux gak gangj. Mbouj guenj de dwg cungj doenghduz lawz, youq gwnz dozveh, gyoengqde cungj daihliengh dwk sanq youq ndaw gyang gyoengqvunz, roxnaeuz hawj vunz gwih, roxnaeuz hawj bouxcawj hat, roxnaeuz byaij bae byaij dauq, gag youq dwk cwxcaih dangqmaz. Giz Bouxcuengh ciuhgeq, liglaiz yawjnaek cawqleix gij gvanhaeh swnghdai vanzging hawj doxhuz, bouxvunz caeuq doenghduz doxhuz caezyouq, doenggvaq ciengx gyauq, hawj bouxvunz ndaej yungh gyoengqde. Fungmienh neix lizsij swhliu miz geiqloeg, doengzseiz ndawbiengz caemh miz bakgangj cienz roengzma. Lumjbaenz Cinghcauz satbyai, Gvangjsih giz Bouxcuengh boux dujswh Begsan couh ciengx duzguk daeuj souj bakdou, dangq duzma ityiengh. Doenghgij yienhsiengq swnghdai doxhuz neix, youq sojmiz gij dozveh gwnz dat gwnzde cungj ra ndaej raen.

　　鸟见于扶绥岜莱山和宁明高山的岩画。头椭圆，颈粗短，躯体长大，腹下有两细短足，尾展开呈扇形。这些鸟都被绘在舞者头顶上方，看来属于神鸟，是古代壮民顶礼膜拜之物。出土的石寨山型铜鼓，其鼓面上有围绕太阳纹飞翔的神鸟，就属这种图案。至于其余大量的图案，很多都是四不像，可能是马、犬、虎、豹和鳄鱼，甚至还有其他兽类，众说纷纭。不管它是哪一种动物，在画面上，它们都大量地散布于人群之中，或为坐骑，或为主人使役，或奔走往来，安然自得。古代壮乡，历来重视生态环境的和谐关系处理，人兽和平共处，通过驯养，为人所用。这方面史料有过记载，而民间也有口碑流传。如清末，广西壮乡的白山土司就养虎守门，如同家犬。这些生态和谐现象，在所有的岩画上都可以找得到。

　　3. Gij gisuz cauh ruz

　　3. 船舶制造技术

Gij dozsiengq aenruz yawj ndaej haemq cingcuj de youq gwnz dozveh bangxrin Ningzmingz Byaraiz、Gauhsanh, Lungzcouh Nganzvaizsanh、Duconzsanh, Cungzcoj Bwzgveihsanh,

Fuzsuih Byaraiz, itgungh 13 aen. Gij vehfap aen ruz cungj haemq genjdanh, youz diuz sienq co ngaeu veh baenz, song gyaeuj diu hwnjdaeuj, miz mbangj aenruz giz gyaeuj rieng cungj cang miz doxgaiq cangcaenq. Lumjbaenz Ningzmingz Byaraiz aen doz aenruz ndeu, dwg diuz sienq co vangungj ndeu, cungqgyang mboep roengzbae, song gyaeuj diu hwnjdaeuj, giz gyaeuj aenruz lumj duzroeg ndeu, giz rieng aenruz miz gij doxgaiq lumj faexdaet de daengj hwnjdaeuj. Gwnz ruz miz 7 aen siengq dwg bouxvunz ngeng ndang, lumj dwg vad ruz, youh lumj youq gwnz ruz diuqfoux ciengqgo. Hoeng Ningzmingz Gauhsanh fuk doz ndeu 3 aen ruz couh youz 3 diuz sienq co veh baenz, song gyaeuj diuz sienq neix diu hwnjdaeuj di ndeu. Aen ruz baihgwnz de miz 8 aen siengq dwg bouxvunz ngeng ndang. Aen ruz iq cungqgyang ndwn miz 6 boux vunz, cungj dwg ngeng ndang, gyaeuj ruz venj miz nyenz, giz naj aen nyenz lumj daengngoenz. Aen ruz iq youq ceiq baihlaj de aenvih dozsiengq gaenq lot liux, ngamq daihgaiq ndaej raen 3 aen siengq dwg boux vunz cingq naj bueng maeuq yaengx fwngz, aen ndang daihgaiq sang 80 lizmij. Youh lumj Lungzcouh Nganzvaizsanh baenz aen doz daj cungqgyang daengz gyaeuj baihgvaz, sanq miz 3 diuz sienq co, song gyaeuj diuz sienq diu hwnjdaeuj sangsang, vangungj, biujsiq miz 3 aen ruz iq. Ndawde miz aen ruz ndeu, gyaeuj byai aenruz neix raez 2 mij lai, aen ruz baihgonq miz 3 aen siengq bouxvunz ngeng ndang, aen gyaeuj luenz, aenndang haemq co dinj, lwgfwngz daj dangqnaj aek iet hwnj gwnz, din yamq doxbae cengj aenruz, dungcoz doengjit hezdiuz, guh gij yiengh vad ruz. Cungqgyang aenruz song bangx venj miz aen nyenz ndeu, daihgaiq gvangq 45 lizmij, gwn nyenz veh miz gij raiz lumj daengngoenz.

比较清楚的渡船图像见于宁明花山、高山、龙州岩怀山、渡船山、崇左白龟山、扶绥岜莱山画壁上，共13只。船的画法都比较简单，由粗线条勾勒而成，两端向上翘起，有的船其头尾安装有饰物。如宁明花山的一只船图，为一条弧形粗线，中间下弯，两头上翘，船头似鸟形，船尾有竖立的棒状物。船上有7个侧身人像，似划船，又似在船上歌舞。而宁明高山一幅岩画的3只小船就由3条粗线画成，线的两端稍向上翘。上方的船有8个侧身人像。中间的小船立有6人，皆侧身，船头挂有铜鼓，鼓面为日体。最下方的小船由于图像已经剥落，只隐约可见3个举手半蹲的正面人像，身高约80厘米。又如龙州岩怀山画面的中部至右端，散布3条粗线，线两端高高翘起，呈弧形状，表示有3只小船。其中的一只船，船的首尾长2米余，船前端有3个侧身人像，圆头，躯体较粗短，手自胸前向上伸出，以足前迈蹬船体，动作统一协调，作划船状。船体中间弦边挂有一面铜鼓，直径约45厘米，鼓面有太阳纹。

《Hansuh·Yenz Cu Con》naeuz Bouxyez "sug raemx, ak yungh ruz". 《Yezgezsuh》caemh naeuz Bouxyez "aeu cauh guh ci, aeu cauh guh max, daeuj vaiq lumj rumz, bae cix nanz riengz". Lingjnanz giz Bouxcuengh, diuzdah gyauca vangvet, cojgoeng Bouxcuengh mbouj dan sug raemx, doengzseiz ndaej vat faex guh ruz, cauh ok gak cungj ruz. Gij dozveh bangxrin aen doz aenruz cingqngamj gangj dawz diemj neix le, doengh gij ruz neix yienznaeuz dinj iq, gwnzde dan cang ndaej roengz geij boux vunz ngeng ndang, hoeng de hab youq ndaw dah neiluz byaij, caen dwg gij gyaudoeng hongdawz youqgaenj ciuhgeq giz Bouxcuengh yungh daeuj byaij youq ndaw gyang gak diuzdah.

《汉书·严助传》称越人"习于水斗，便于用舟"。《越绝书》也说越人"以舟为车，以楫为马，往若飘风，去则难从"。岭南壮乡，河流纵横，壮族先民不仅习水，而且能刳木为舟，制造各种舟船。岩画中的船图刚好印证了这一点，这些船虽然短小，其上也只容得数名侧身人，但它适宜在内陆江河行驶，确实是古代往来于壮乡江河的重要交通工具。

4. Gij gisuz cauh mauhngeg

4. 面具制造技术

Cojgyangh Bouxcuengh gij dozveh gwnz dat ciuhgeq gwnzde, itgungh miz 14 aen siengq bouxvunz daiq mauhngeg, gyoengqde okyienh youq gwnz dozveh bangxrin Ningzmingz Byaraiz、Gauhsanh, Cungzcoj Dozbwzsanh, Lungzcouh Byaraiz caeuq Lungzyaz ngozbya daihseiq de, lizsij gyaeraez. Aen siengq mauhngeg miz aen luenz cungqgyang dwg hoengq, gwnzdingj cingq cungqgyang miz diuz sienq doglaeb ndeu, baihlaj caeuq aen gyaeuj doxciep nem youq ndaw gvaengxluenz gya miz geij diemj daengj laicungj biujsiq, vehfap mbouj doxdoengz, roxnaeuz gyaeuj naj mbouj duz saek, veh baenz aen luenz gyoengsim；roxnaeuz giz naj mbouj duz saek, veh song cehda caeuq bak（ndaeng）daengj. Hawj bouxvunz miz gij yienghsiengq geizheih najndaeng mbouj caezcienz de. Ciuhgeq Lingjnanz giz Bouxcuengh, "Heiqnox" couh hwng dangqmaz, gijneix saedceiq dwg cungj foux daiq mauhngeg ndeu. Gvangjsih Sihlinz Yen aen moh Hancauz oknamh gvaq mauhngeg doengz. Mwh Dangz Sung, gij mauhngeg ciengqheiq giz Bouxcuengh gaenq fazcanj daengz geij bak cungj, dingzlai dwg yungh faex dik baenz, aenvih gij saek de ronghsien、yienghsik lai、guh ndaej ndei cix gai bae daengz Cunghyenz, guhbaenz gij doxgaiq dijbauj vunzfouq gingsingz doxciengj doxcanj yolouz de. Doiq neix, haujlai Sawgun sawgeq maedmaed miz geiqloeg. Mingzdai, 《Ginhswjdangz Yizswnz Soujging》miz：

"Vunz Hwngzcouh dan saenq mo fangz, dieg neix ranz mbouj guenj hung iq, bi daengz caet、betnyied, dag rengz ak nyemq, bienh miz vaiz max yiengz gak cungj duzseng, nda youq ndaw ranz, ciu nyezfangz haj roek vunz, daiq mauhngeg gosa cauh baenz, gwnz de veh vah, sij miz fangz baed mingzhauh, baiz youq gwnz daiz. Aeu bat gang bat vax faex dwngx, caeuq gyong laz hung iq caez roq, cab ciengq fwen doj, youq gyae couh nyi, boux ndeu rox song sam boux gak dawz mauhngeg, daenj buh hoengz dinj, gaem geiz iq roxnaeuz dwngx cax, cienhgvaengz diuqfoux". Neix couh fazcanj baenz heiqsae Bouxcuengh. Gij mauhngeg Mingz Cingh seizgeiz, cawz le faex guh, caemh lij miz aeu ceijsa daeuj huz baenz de. Coenz vah ndeu, Bouxcuengh Cojgyangh gij siengq aen mauhngeg ndaw dozveh bangxrin ciuhgeq, dwg Bouxcuengh cungj sibgvenq daegbied ndeu, gij gisuz cauh mauhngeg, lizsij gig gyaenanz.

左江壮族古代岩画的画面上，共有14个佩戴面具的人像，他们出现在宁明花山、高山，崇左驮柏山，龙州花山和龙峡第四峰的岩画上，历史久远。面具画像有以中空的圆圈，顶上正中有一独立短线，下与头接和圈中加有数小点等多种表示，画法不一，或头脸部不填色，画成空心圆状；或面部不着色，画双眼和嘴（鼻）等。其表现方法与岩画普通采用的填实投影画法不同，这种人像面部不填实，留出一个空心圆圈，或者圆圈内只简单地描绘出眼鼻，可以给人以五官不全的怪诞形象。古代岭南壮乡，"傩舞"就很盛行，这实际上是一种面具舞。广西西林县的汉墓出土过铜面具。唐宋时期，壮乡的戏面（即傩面具）已发展到数百种，多用木头雕成，因其色彩鲜明、形式多样、制造精良而远销中原，成为京城阔少争相收藏的珍品。对此，许多汉文史籍屡有记载。明代，《君子堂日询手镜》有"横人专信巫鬼，其地家无大小，岁七八月间，量力厚薄，具牛马羊诸牲物，罗于室中，召所谓鬼童者五六人，携楮造绘画面具，上各书鬼神名号，以次列桌上。用陶器杖盆，大小皮鼓铜锣击之，杂以土歌，远闻可听，一人或二三人各带神鬼面具，衣短红衫，执小旗或兵杖，周旋跳舞"。这些，后来发展为壮族师公戏。明清的戏面，除了木头，也有纱纸糊制的纸壳面具。总之，左江壮族古代岩画上的面具画像，是壮人一种独特的习俗，其面具制造技术，历史十分悠久。

Gij gohgi vwnzva neiyungz ndaw dozveh gwnz dat giz Bouxcuengh mbouj gag di neix, dangguh gij dozveh douzingj, de yungh gij banhfap sij saed couhsieng haenx, yiengq cungqvunz yienh'ok le mwhhaenx gij cingsaenz seiqgyaiq caeuq vuzciz seiqgyaiq fungfouq lai yiengh giz Bouxcuengh, neiyungz nalaeg, hawj vunz doeg ndaej rox de, siengsaenq gvaqlaeng yaek miz engq lai vunz doiq de guh yenzgiu caeuq buenqduenq. Doenggvaq doiq haujlai gij dozsiengq doxgaiq swhyienz caeuq doxgaiq caengz rox de buqgej, doiq gij sezgi、cujciz、hengzguh fueng'anq caeuq banhfap buek dozveh gwnz dat hungmbwk neix guh gaujcingq, nem doiq gij gvanhaeh gyoengqde caeuq denhvwnz deihleih、nungz linz muz fu、gyaudoeng dajyinh、yaeb lienh ceiqcauh daengj gak aen yozgoh monzloih haeujlaeg bae liujgaij, gyoengqvunz itdingh yaek miz engqlai fatyienh moq caeuq yawjfap moq, gvanhgen dwg gaenxmaenx caeuqfaenh. Miz leixyouz siengsaenq, ginggvaq roengzrengz damqra caeuq naihhaemz gunggvan, engqlai gij "miz" Byaraiz doeklaeng yaek deng gejhai.

有关壮族地区岩画的科技内容远远不止这些，作为投影画，它以抽象的写实手法，向人们展示了当时壮乡丰富多彩的精神世界和物质世界，内涵深邃，可读性很强，相信今后会有更多的人对它进行研究和判读。通过对许多自然物或未明物图像的破译，对庞大的岩画群的设计、组织、实施方案和办法的考证，以及对它们与天文地理、农林牧副、交通运输、采冶制造等各个学科门类的相互关系的深入了解，人们一定会有更多的新发现和新见解，关键在于积极参与。有理由相信，经过努力探索和刻苦攻关，更多的花山之"谜"终会被解开。

Daihngeih Ciet　Dajcauh Caeuq Wngqyungh Gij Sawndip Bouxcuengh
第二节　壮族方块土俗字的创造及其应用

（It）Dajcauh Sawndip Bouxcuengh dwg lizsij aen gocwngz bietdingh ndeu
（一）创造壮族方块土俗字是历史的必然过程

Gij saw hainduj Bouxcuengh——saw gaek veh, cih saw ndij yaem saw mbouj ndaej giem goq. Sizcen sawj cojgoeng Bouxcuengh roxnyinh bietdingh aeu dajcauh cihsaw moq engqgya gohyoz de daeuj biujsiq gij swhveiz caeuq gvanhnen nyinhdoengz, yungh daeuj cienzsoengq saenqsik fukcab, gyaulouz swhsiengj fukcab. Cinz doengjit Lingjnanz gyavaiq cienzboq gij vwnzva senhcin Cunghyenz, hawj dajcauh cihsaw moq dawzhawj le diuzgienh gig miz leih.

　　壮族的原始文字——刻画文字，字型与字音不能兼备。实践使壮族先民感到必须创造更新更科学的文字以表示认同的思维和观念，传递复杂的信息，交流复杂的思想。秦统一岭南加速中原先进文化的传播，给创造新文字提供了极为有利的条件。

　　Cinz doengjit Lingjnanz gvaqlaeng, Sawgun youq Lingjnanz gyavaiq le cienzboq, gonqlaeng okyienh le buek cihsiz fwnswj sugrox Sawgun Vahcuengh ndeu. Sawgun youq giz Bouxcuengh cugbouh cienzboq, dwg "meh ciep seng" cihsaw moq Bouxcuengh, de sawj cihsaw moq Bouxcuengh——sawndip doekseng. Mwh Cinz Han, vunz Bouxcuengh wngqyungh le mbangj Sawgun daeuj geiq gij doegyaem Vahcuengh, dangguh dienzbouj gij fuengfap geiqsaeh, daeuj bouj gij mbouj gaeuq cihsaw gaek veh. Lumjbaenz Sawgun "来", Vahcuengh heuh "daeuj", Sawndip caemh sij baenz "斗", aeu gij doegyaem Sawgun；"去", Vahcuengh doeg "bae", Sawndip ciq Sawgun sij baenz "丕"；Sawgun "丈夫" youq Vahcuengh dwg "gvan", dandan fat aen yinhcez ndeu, sojlaiz Sawndip ciq Sawgun cih "关" biujsi. Ca mbouj geij dwg aeu gij doegyaem Sawgun guh cih Sawndip, gij ndei cawq de dwg baez doeg couh rox. Hoeng, youq ginggvaq hengzguh le duenh seizgan haemq raez ndeu, fatyienh le gij fuengfap vanzcenz ciuq buen cih Sawgun bae geiq gij yaem Vahcuengh caemh miz giz mbouj baenz de lai dangqmaz, gawq mbouj hingzsiengq, caemh mbouj biujsi eiqsei；daegbied dwg miz mbangj aen yaem Vahcuengh lumjbaenz ngozvayinh caeuq cunzvayinh——swnghhmuj "by、my、gy、gv、ngv", sezmenyinh、sezgwnhyinh caeuq houzyinh——swnghhmuj "ny、ng、r" daengj, cih swnghhmuj aen yaem cozswz byai linx "nd", cih swnghhmuj aen yaem cozswzyinh song naengbak "mb", caeuq cih yinmuj sou sing——"p、b, t、d, k、g" soj bingq okdaeuj gij yaem Vahcuengh, Sawgun couh mbouj miz cih doxwngq ndaej ciq daeuj yungh guh geiq yaem le, mbouj ndaej muenxcuk dangseiz Bouxcuengh gij iugouz haenq biujdab、gyaulouz swhsiengj. Yienghneix, ciqyungh gij fuengfap Sawgun cauh saw, dajcauh cungj Sawndip Bouxcuengh hingz、yaem、eiq doengjit hab'wngq gij gangjvah daegdiemj bonj minzcuz haenx couh yienghneix miz ok lo, de gawq dwg gij gwzgvanh iugouz yijyenz vwnzsw fazcanj gvilwd Bouxcuengh, caemh dwg gij gezgoj aenvih lizsij Bouxcuengh fazcanj le bietdingh aeu miz de.

　　秦统一岭南后，汉文字在岭南加速传播，先后出现了一批熟知壮汉语言文字的知识分子。汉文字在壮乡的逐步传播，是壮族新文字的"助产婆"，它推动新的壮族新文字——方块土俗字的诞生。秦汉初期，壮族人民应用了部分汉字来记壮语语音，作为原始记事方法的补充，以弥补刻画文字的不足。如汉字"来"，壮话叫"斗"，古壮字也写成"斗"，取汉字音；"去"，壮音发"bae"，古壮字借汉字写成"丕"；汉字"丈夫"新壮文为"gvan"，古壮语只发单音节，故古壮字借汉字"关"表之等。基本上取汉音作壮字，好处是一读就懂。但是，在经过一段较长时间的实践以后，发现了完全照搬汉字去记壮语壮音的方法也有很大的缺陷，既不形象，也不会意，特别是有些壮音如腭化音和唇化音——声母"by、my、gy、gv、ngv"，舌面音、舌根音和喉音——声母"ny、ng、r"等，舌尖浊塞音声母"nd"，双唇浊塞音声母"mb"，以及收声韵母——"p、b、t、d、k、g"所拼出来的壮音，汉语就没有相应的汉字可借来利用以记其音了，不能满足当时壮民表达、交流思想的强烈要求。于是借鉴汉字的造字方法，创造一种适应本民族语言特点的形、音、义统一的壮族方块土俗字（简称土俗字）便应运而生，它既是壮民族语言文字发展规律的客观要求，也是壮族历史发展的必然结果。

Gaengawq yozcej Bouxcuengh、Cunghyangh Minzcuz Dayoz fuyaucangj yienzlaiz Liengz Dingzvang gaujcingq ceijok：Sawndip "Mwh didnyez daihgaiq youq mwh Cinz Han, Dunghhan Yangz Yungz ndaw 《Fanghyenz》 couh miz Sawgun geiqloeg Vahcuengh, lumjbaenz '水牛' Vahcuengh doeg vaiz, 《Fanghyenz》 geiq baenz '犦, 牛也'. Vahcuengh 虎 doeg "guk", geiq baenz '虪, 式八切, 虎也'. '鱼', Vahcuengh doeg 'bya', geiq baenz '蚆, 鱼也'. '犦、虪、蚆' aiq dwg cih Sawndip Bouxcuengh dajcauh, gvaqlaeng, geiq haeuj ndaw 《Fanghyenz》. Daihgaiq ginggvaq 600~700 bi damqra, Sawndip ceiq nguh youq Suizdai gaenq baenz dijhi, baenz liux cungj faenzsaw ndeu". Daengz le Dangzdai, gij cujgvanh gwzgvanh diuzgienh cauh cih Sawndip Bouxcuengh hawj bouxhak beksingq goenghai wngqyungh de gaenq cugngoenz cingzsug：①Doihengz le aen cidu gihmiz（gvaqlaeng fazcanj baenz dujswh cidu）, doiq baujciz yienzlaiz gij cwngci、ginghci、vwnzva cienzdoengj Bouxcuengh miz cozyung gig daih. ②Bouxgun Cunghyenz daihliengh senj haeuj Lingjnanz, daegbied dwg sauh yizminz mwh Vei Cin Nanzbwzcauz, sawj Lingjnanz giz Bouxcuengh ginglig le Bouxcuengh Bouxgun daih yungzhab baez dem baez, vih caiq cauh Sawndip Bouxcuengh daezhawj le seizgei. ③Dangzdai dwg Cungguek funghgen sevei mwh ceiq hoenghhwd, ginghci vwnzva Bouxcuengh caemh miz fazcanj haemq vaiq, gijneix couh daihdaih gik hawj dajcauh faenzsaw moq daeuj muenxcuk gij iugouz fazcanj ginghci vwnzva Bouxcuengh. ④Ciengzgeiz doxdaeuj cojgoeng Bouxcuengh hagsib Sawgun doengzseiz leihyungh Sawgun geiqloeg gij sizcen Vahcuengh, cugbouh cwkrom le di gingniemh cauh saw ndeu. ⑤Dangz vuengzciuz yawjnaek doigvangj Cunghyenz vwnzva, dawz gohgi cidu doigvangj daengz giz Bouxcuengh, sawj daihbuek lwgsae Bouxcuengh bienqbaenz bouxdoegsaw gawq rox Vahcuengh youh sug Sawgun de, yienghneix vih Bouxcuengh dauqcungz dajcauh Sawndip daezhawj le yinzcaiz diuzgienh. Couh yienghneix, beksingq Bouxcuengh youq Dangzdai mbouj dandan caenh'itbouh caezcienz le dajcauh Sawndip nem aen dijhi de, doengzseiz bouxhak goenghai sawjyungh le doenghgij Sawndip neix. Haujlai vwnzvuz caeuq saw lizsij cungj cingqmingz le doenghgij vwndiz neix. Lumjbaenz Gvangjsih Sanglinz yienh giz Cwngzdai yangh lajdin ngozbya Gizlinzsanh, fatyienh Dangzcauz geizlaeng Yungjcunz yenznenz（682 nienz）gij saw sigbei 《Haenh Aenranz Hung Ginqmaenh Loeghab》 youz bouxdoegsaw Bouxcuengh Veiz Gingban yungh Sawgun sij saw doengzseiz dik youq gwnz bangxrin itgungh 396 cih，gij saw sigbei neix ndawde caphaeuj le "貹" "渀" "朐" "夕" "蠜" daengj Sawndip. Doenghgij Sawndip neix，sojmiz bonj sawdiemj Sawgun lawz cungj mbouj miz；de caemh mbouj dwg Vuj Cwzdenh fatmingz cih saw moq de. Ndawde cih "蠜" seizneix youq bonj saw mo Bouxcuengh aeu fwngz causij de lij ra ndaej raen，doeg "那"，gij eiqsei Vahcuengh dwg "naz". Gijneix dwg gij cingqgawq mizrengz biujmingz Sawndip youq Dangzdai bouxhak goenghai yungh. Gaengawq gaujcingq，Veiz Gingban doekseng youq Dangzdai Cwngzcouh（seizneix dwg Sanglinz Yen），de dwg bouxdaeuz aen buloz dangdieg，youh dwg bouxhak Dangz vuengzciuz.《Sanglinz Yenci》naeuz de dwg daeglwg daeuz Veiz Gez. Daengz le Sungdai，Sawndip Bouxcuengh youq ndawbiengz yungh ndaej engqgya bujben、engqgya gvangqlangh lo. Lumjbaenz Nanzsung Cunzhih 2 bi（1175 nienz），Fan Cwngzda youq ndaw 《Gvei Haij Yiz Hwngz Ci》naeuz：Giz Bouxcuengh "biengyae sibgvenq rwix，sij gaiq maz cungj dwg cienmonz yungh Sawndip，Gveilinz gak mwnq cungj dwg yienghneix." "Gou yawj gij saw doxgauq song bi，ciengzseiz raen." Ndaw saw lij cienmonz doiq di Sawndip ciengzseiz yungh de guh le biu yaem caeuq cekgej. Vunz Sungdai Cangh Canz《Bien Ndoksej Gaeq》caeuq Couh Gifeih《Lingjvai Daidaz》daengj ndaw saw neix doiq Sawndip Bouxcuengh caemh miz haujlai geiqloeg. Gyoengqde mbouj dan geiqloeg le haujlai laeh Sawndip Bouxcuengh，doengzseiz lij geiqloeg le dangseiz ndawbiengz yungh Sawndip sij mbawheiq、saw mo、saw cingz daengj saehsaed，ndaej raen Sawndip wngqyungh gvangqlangh dangqmaz. Daengz le Mingzdai，Sawndip gaenq bienqbaenz ndawbiengz Bouxcuengh cih saw suhmen vwnzyoz. Song fanh hangz 《Fwen Leux》riuzcienz youq henzdah You'gyangh giz Bouxcuengh de，couhdwg aeu Sawndip causij baenz bonj le cienz roengzdaeuj. Vunz Cinghdai Giz Daginh caemh geiqloeg le gij saeh Bouxcuengh aeu Sawndip sij go、cienz go. Cingh Daugvangh 11 bi（1831 nienz），Gvangjsih Yizsanh Yen（seizneix dwg Yizcouh Si）Anhmaj Yangh aen mbanj Gujyuz gaiq sigbei Bouxcuengh Liu Swgvanh，cienzbouh yungh Sawndip dik baenz，gwnz sigbei dwg souj fwen laeggiek ndeu，haj cih saw guh hangz，miz 120 hangz，sengdoengh ciengzsaeq biujdab le ndawranz cozcej caeuq gij cingzgvang siliengz mwh de laux. Cungj daeuj gangj，mwh Cinghdai caeuq Minzgoz，ndawbiengz Bouxcuengh cawzliux yinhyungh Sawndip daeuj sij saw mo，nem geiqloeg caeuq guh fwen、vahsug、gij gojgaeq bonj minzcuz daengj，lij okyienh le yungh Sawndip fanhoiz gak cungj gojgaeq、bonj heiq giz Cunghyenz mwnq Bouxgun riuzcienz de. Daj neix ndaej raen，dajcauh caeuq wngqyungh Sawndip Bouxcuengh，doiq baujciz caeuq fazyangz cienzdoengj vwnzva Bouxcuengh、coicaenh vwnzva Bouxcuengh Bouxgun gyaulouz daengj miz cozyung gig daih，goenglauz de mbouj ndaej mued.

据壮族学者、中央民族大学原副校长梁庭望的考证指出：古壮字"其萌芽大约在秦汉时期，东汉杨雄的《方言》中就有记录壮语的汉字，如水牛壮语念'vaiz'（新壮文），《方言》记为'犙，牛也'。壮语虎念'guk'，记为'虝，式八切，虎也'。鱼，壮话叫'bya'，记为'𤇭，鱼也'。犙、虝、𤇭可能是壮人创造的古壮字，而后，进入《方言》。大约经过600~700年的摸索，古壮字至迟在隋代已经完成体系，形成一种文字"。到了唐代，创造供官民公开应用的壮族方块土俗字的主客观条件已日臻成熟：①推行了羁縻制度（及后来发展为土司制度），对保持原来壮族的政治、经济、文化传统起了很大的作用。②中原汉人大量迁入岭南，特别是魏晋南北朝的移民浪潮，使岭南壮乡经历了一次又一次的壮汉民族大融合，为壮族方块土俗字的再创造提供了契机。③唐代是中国封建社会的全盛时期，壮族经济文化也有较快的发展，这就大大刺激了创造新文字以满足发展壮族经济文化的要求。④长期以来壮族先民学习汉文并利用汉字记录壮语的实践，逐步积累了一些造字经验。⑤唐王朝重视推广中原文化，把科举制度推广到壮乡，使大批壮族子弟成为既谙熟壮语又谙熟汉文的儒生、文人，从而为壮族重新创造方块土俗字提供了人才条件。就这样，壮族人民在唐代不仅进一步完善了古壮字的创造及其体系，而且官方公开使用了这些方块土俗字。不少文物及史籍都证明了这些问题。如在广西上林县澄泰乡境内麒麟山脚下，发现的晚唐代永淳元年（682年）由壮族文人韦敬办用汉文撰写并刻于石壁上的共396个字的《六合坚固大宅颂》碑文，该碑文中插入了"磵""漭""构""夂""畓"等土俗字。这些土俗字，任何的汉文版的字典都没有；它也不是武则天发明的新字。其中的"畓"字如今还可以在壮族巫经的手抄本上找到，读作"那"（新壮文为"naz"），壮语是水田的意思。这是壮族土俗字在唐代公开官用的有力证据。据考，韦敬办出生于唐代澄州（今上林县），他既是当地土著部落的首领，又是唐王朝的官吏。《上林县志》说他是韦阙的长子。到了宋代，壮族古壮字在民间的运用更普遍、更广泛了。如南宋淳熙二年（1175年），范成大在《桂海虞衡志》中称：壮族地区"边远俗陋，牒诉券约专用土俗字，桂林诸邑皆然。""余阅讼牒二年，习见之。"书中还专门对一些常用的古壮字做了注音和解释。宋人庄禅的《鸡肋篇》和周去非的《岭外代答》等书中对壮家土俗字亦多有记载。他们不仅记述了当时壮人创造的土俗字的很多例子，而且还记述了当时民间用土俗字写字契、巫经、诉状等事实，可见其应用何等广泛。到了明代，土俗字已成为壮族民间的书面文学用字。产生于明代，流传于右江河谷壮族地区的两万行《嘹歌》，就是以土俗字抄本传世的。清人屈大均也记述了壮人以土俗字写歌、传歌之事。清道光十一年（1831年），广西宜山县（今宜州市）安马乡古育村壮人廖士宽墓碑，全用土俗字刻成，碑上是一首120行的五言勒脚体壮歌，生动详尽地表达了作者的身世和晚年悲凉的情景。总之，清代和民国期间，壮族民间除运用土俗字来书写巫经，以及记录和创作山歌、民谚、本民族的民间故事等外，还出现了运用土俗字翻译中原汉族地区流传的各种民间故事、戏曲唱本。由此可见，壮族土俗字的创造和应用，对保持和发扬壮族传统文化、促进壮汉文化交流等起了很大的作用，其功不可没。

（Ngeih）Gij fuengfap dajcauh Sawndip Bouxcuengh
（二）壮方块土俗字的创造方法

　　Cih Sawgun seiqfueng gvihaeuj cungj faenzsaw biujsi eiqsei de, gij fuengfap cauh saw de heuh guh "roek saw", couh dwg veh yiengh、vix saeh、biuj eiq、hingzsing、cienj cawq caeuq gyaj ciq daengj. Youq ndaw roek saw, veh yiengh、vix saeh、biuj eiq、hingzsing dwg gij fuengfap cauh saw, cienj cawq caeuq gyaj ciq dwg gij fuengfap yungh cihsaw. Bouxcuengh hag rox Sawgun le, ciq yungh gij fuengfap cauh saw caeuq gij fuengfap yungh saw Sawgun, dajcauh le Sawndip，doengzseiz youq ndaw gocwngz neix youq moux fuengmienh lij miz di cauhmoq，miz minzcuz daegsaek dangqmaz. Gij fuengfap cauh saw de gvinab youq lajneix：

属于表意文字的方块汉字，其造字方法被称为"六书"，即象形、指事、会意、形声、转注和假借等。在六书中，象形、指事、会意、形声是造字法，转注和假借是用字法。壮人在学习并熟悉汉字的前提下，借鉴了汉字的造字方法和用字方法，创造了方块土俗字，而此过程中在某些方面还有所创新，很具民族特色。其造字方法归纳于下：

Gij fuengfap veh yiengh——ceij gij fuengfap aeu sienqdiuz daeuj veh yienghsiengq doxgaiq saed. Lumjbaenz Sawndip "ʃ"（Sawcuengh moq dwg "dwngx"），lumj diuz dwngx ndeu ityiengh，Sawgun eiqsei couhdwg "拐杖"；Sawndip "ʒ"（Sawcuengh moq dwg "ndwn"），Sawgun eiqsei dwg "站"；Sawndip "ʒ"（Sawcuengh moq dwg "naengh"），lumj bouxvunz naengh youq gwnz namh，Sawgun eiqsei dwg "坐"；Sawndip "ʒ·"（Sawcuengh moq dwg "aemq"），Sawgun eiqsei dwg 背；Sawndip "ʒ"（Sawcuengh moq dwg "umj"），lumj bouxvunz ndeu ndaw rungj umj miz doxgaiq，Sawgun eiqsei dwg "抱". Cungj saw neix youq ndaw Sawndip mbouj sueng lai，de gawq miz yienghsiengq，lumjnaeuz youq ndawde caemh miz vix saeh，song gaiq neix gaenq doxgiet youq itheij ndeindei le.

象形法——指用线条来描画实物形象的方法。如古壮字的"ʃ"（新壮文为"dwngx"，下同），像支拐杖的样子，其汉义就是"拐杖"；古壮字"ʒ"（ndwn），其汉义为"站"；古壮字"ʒ"（naengh），像人坐在地平线上，其汉义为"坐"；古壮字"ʒ·"（aemq），其汉义就是"背"；古壮字"ʒ"（umj），活像一个人怀中抱有东西，其汉义为"抱"。这种字在古壮字中不算很多，它既有形象，似乎也有指事在其中，两者已经有机地结合在一起了。

Gij fuengfap biuj eiq——gij fuengfap cauh saw yungh Sawgun song cih roxnaeuz song cih doxhwnj doxgap hwnjdaeuj，biujsi cungj eiqsei moq ndeu. Bouxcuengh dajcauh cihsaw biuj eiq，dwg leihyungh gij eiqsei bonjlaiz cihsaw caiq gya di fuzhau daegbied ndeu roxnaeuz dwg yungh song cih Sawgun doxgyonj baenz，daeuj biujsi eiqsei moq. Gij doegyaem cungj saw neix gaenq mbouj dwg gij doegyaem Sawgun yienzlaiz，hoeng cix baujlouz le Sawgun mbangj eiqsei yienzlaiz. Lumjbaenz Sawndip "夼"（Sawcuengh moq dwg "gwnz"），gwnzmbwn youq baihgwnz，youq baihlaj cih "天" gya cih Sawgun "上"，gij eiqsei Sawgun de dwg "上" le. Sawndip "夽"（Sawcuengh moq dwg "laj"），gij eiqsei Sawgun de dwg "下". Sawndip "朕"（Sawcuengh moq dwg "ndwen"），gij eiqsei Sawgun de dwg "月". Sawndip "昡"（Sawcuengh moq dwg "ngoenz"），gij eiqsei Sawgun de dwg "日". Sawndip "沓"（Sawcuengh moq dwg "mboq"），aenvih raemx daj conghbak roxnaeuz congh doem danh okdaeuj，gij eiqsei Sawgun de couh dwg "泉" le.

会意法——用两个或两个以上的独体汉字会合起来，表示一种新意义的造字方法，称为汉字会意造字法。壮人创造会意字，是利用汉字本体的意义再加上一些特殊的符号或者是用两个汉字汇集而成的字，以表示新的意义。这种字的读音已不是汉字的原读音，但却保留了汉字部分的本意。如古壮字“歪”（gwnz），苍天在上，在“天”的下面加上汉义的“上”，其汉义即为“上”了。古壮字“夻”（laj），其汉义即为“下”。古壮字“朊”（ndwen），其汉义即为“月”。古壮字“昿”（ngoenz），其汉义即为“日”。古壮字“沓”（mboq），因水从山洞口或地洞口中涌流出来，其汉义便为“泉”了。

Gij fuengfap hingzsing——ceij gij fuengfap cauh saw youz aen fuzhau biuj eiq caeuq aen fuzhau biuj fatyaem gapbaenz de. Bouxcuengh ciqyungh cungj fuengfap neix，leihyungh gij benhbangz busouj roxnaeuz baenz cih Sawgun，gaiq ndeu biuj yaem，gaiq ndeu biuj eiq cix gapbaenz cihsaw moq，gijneix couh dwg cungj fuengfap hingzsing. Cungj saw neix yiengh、yaem、eiqsei sam aen yausu doengjit doxgiet，doengzseiz baez yawj couh rox，cingcuj dangqmaz. Gaengawq doengjgeiq，gij saw hingzsing Sawgun ciemq cienzbouh Sawgun 85% doxhwnj，Sawndip Bouxcuengh caemh ciemq miz dingzlai doxhwnj. Mbouj guenj gij saw seiqfueng lawz，danghnaeuz dandan gauq gij fuengfap veh yiengh、vix saeh、biuj eiq daeuj cauh saw，yienghhaenx dwg mizhanh dangqmaz，cijmiz ra raen le gij fuengfap hingzsing，cij ndaej daihdaih gyavaiq dajcauh cihsaw，cij ndaej gig vaiq niujcienj gij geizmienh cauh saw doeklaeng gvaq gij gangjvah yungh saw. Cihsaw hingzsing Sawndip Bouxcuengh faen baenz haj cungj loihhingz lajneix:

形声法——指由表意符号和表音符号组合成的造字法。壮人借鉴此法，利用汉字的偏旁部首或者整个汉字，一个表示声符，一个表示意符而合成新字，这就是形声法。这种字的形、音、义三要素高度统一，并且显而易见，令人一目了然。据统计，汉字的形声字占全部汉字的85%以上，壮土俗字也占大半以上。不管什么方块字，如果只靠象形、指事、会意的方法来造字，那是十分有限的，只有找到了形声的造字法，才能大大地加速文字的创造，才能迅速地扭转造字落后于语言需求的局面。壮族方块形声字分为以下五种类型：

（1）Baihswix hingz baihgvaz sing. Baihswix dwg gij fuzhau biujsiq eiqsei；baihgvaz dwg gij fuzhau biujsiq fatyaem. Lumjbaenz，Sawndip “淰”（raemx），baihswix de “氵”，ceij “水”，baihgvaz “念” dwg doegyaem，gij eiqsei Sawgun couh dwg “水”. Sawndip “鲃”（bya），baihswix “鱼” biujsiq eiqsei，baihgvaz “巴” biujsiq doegyaem，gij eiqsei Sawgun couh dwg “鱼”. Sawndip “趶”（din），baihswix de “足” biujsiq eiqsei，baihgvaz “丁” biujsiq doegyaem，gij eiqsei Sawgun couh dwg “足” roxnaeuz “脚”. Sawndip “伝”（vunz），baihswix de “亻” biujsiq dwg bouxvunz，baihgvaz “云” biujsiq doegyaem，gij eiqsei Sawgun couh dwg “人”. Sawndip “𢫕”（fwngz），baihswix eiqsei baihgvaz doegyaem，baez yawj couh rox gij eiqsei Sawgun de dwg “手”. “豺”（sai），baihswix de biujsiq eiqsei dwg bouxsai，baihgvaz “才” biujsiq doegyaem，doeg gij yaem de caeuq Sawgun “才” doxgaenh，gij eiqsei Sawgun de couh dwg “男”.

（1）左形右声。左边表示意义，即意符；右边表示声符。例如，古壮字“淰”（raemx），其左边的“氵”，指的是“水”，右边“念”是表音，其汉义即“水”。古壮字“鲃”（bya），左边“鱼”表意，右边“巴”表音，其汉义即为“鱼”。古壮字“趶”（din），左边“足”表意，右边"丁"表音，其汉义是"足"或"脚"。古壮字"伝"（vunz），其左边"亻"表人的意思，右边"云"表音，其汉义即为"人"。古壮字"鍪"（fwngz），左形右声，一看就知道其汉义是"手"。"财"（sai），其左边表意指男性，右边"才"表音，读近汉字"才"音，其汉义即是"男"人。

（2）Baihgvaz hingz baihswix sing. Cungj saw neix, baihgvaz de biujsi eiqsei, baihswix biujsi doegyaem. Lumjbaenz：Sawndip "鸩"（roeg）, baihgvaz "鸟" biujsi eiqsei, ceij duzroeg, baihswix "六" biujsi doegyaem, gij eiqsei Sawgun de dwg "鸟". Sawndip "鹏"（bit）, baihgvaz "鸟" biujsiq eiqsei, ceij doenghduz miz fwed（duzroeg）, baihswix "必", doeg "bit", biujsiq doegyaem, gij eiqsei Sawgun de couh dwg "鸭". Sawndip "移"（lai）, baihgvaz de ciq Sawgun "多" biujsi eiqsei, baihswix "来" biujsi doegyaem, gij eiqsei Sawgun de couh dwg "多"（cihsaw neix youq mbangj mwnq caemh sij baenz "辣", yienghhaenx couhdwg baihswix biuj eiq baihgvaz biuj yaem）.

（2）右形左声。这种字，其右边表意，左边表声。例如：古壮字"鸩"（roeg），右边的"鸟"是表意，泛指鸟类，左边"六"表声，其汉义是"鸟"。古壮字"鹏"（bit），右边的"鸟"为表意，指带有翅膀的（如鸟）属类，左边的"必"，读作"bit"，表声，其汉义为"鸭"。古壮字"移"（lai），右边借汉字"多"表意，左边的"来"表音，其汉义是"多"（此字有的地方也写作"辣"，那就是左形右声了）。

（3）Baihgwnz biuj hingz baihlaj biuj sing. Baihgwnz cihsaw biuj eiqsei, bouhfaenh baihlaj biuj doegyaem, gij neix caemh dwg cungj hingzsing fuengfap cauh saw ndeu. Sawndip "岜"（bya）, baihgwnz cih "山" ciqyungh Sawgun biujsi eiqsei, baihlaj "巴" biujsi doegyaem, fatyaem caeuq cih Sawgun "巴" doxgaenh, gij eiqsei Sawgun de dwg "山". Sawndip "荟"（mbwn）, baihgwnz cih "天" ciqyungh Sawgun biujsi eiqsei, baihlaj "云" biujsi doegyaem, Vahcuengh "mbwn" caeuq "云" doxgaenh, sojlaiz Bouxcuengh baez yawj couh rox, gij eiqsei Sawgun de dwg "天". Sawndip "苝"（byaek）, baihgwnz "艹" biujsi dwg doenghgo, biuj eiqsei, baihlaj "北" biujsi doegyaem, gij eiqsei Sawgun de dwg "菜". Sawndip "窐"（ranz）, baihgwnz ciq gij busouj cih Sawgun "家" biujsi eiqsei, baihlaj "兰" biujsi doegyaem, gij eiqsei Sawgun de dwg "家". Sawndip "峷"（ndoeng）, baihgwnz ciq cih Sawgun "山" biujsi bya ndoi, baihlaj "东" biujsiq doegyaem, Bouxcuengh yawj le couh rox, gij eiqsei Sawgun de dwg "树林".

（3）上形下声。字的上部表意，下边部分表音，此乃"上形下声"的造字方法。古壮字"岜"（bya），上部的"山"借用汉字表意，下半部分的"巴"表音，发汉字"巴"的近音，其汉义是"山"。古壮字"荟"（mbwn），上面的"天"借用汉字表意，下面的"云"表音，壮语"mbwn"的音近"云"，故壮人一看即懂，其汉义是"天"。古壮字"苝"（byaek），上面的"艹"字头是植物类，表意，下面的"北"表音，其汉意是"菜"。古壮字"窐"（ranz），上借汉字"家"的部首表意，下面的"兰"表音，其汉义即"家"。古壮字"峷"（ndoeng），上借汉字"山"表山林之意，下面的"东"表音，壮人看后能懂，其汉义就是"树林"。

（4）Baihlaj biuj hingz baihgwnz biuj sing. Cihsaw gyaengh baihlaj biujsi eiqsei, baihgwnz biujsi doegyaem, gij neix caemh dwg cungj fuengfap cauh saw "hingzsing" ndeu. Lumjbaenz: Sawndip "罷"（naz）, baihlaj cih "田" ciq gij eiqsei Sawgun, baihgwnz cih "那" ciq gij sing cih Sawgun daeuj biujsi gij doegyaem Sawcuengh, gij eiqsei Sawgun de couh dwg "水田". Sawndip "型"（reih）, baihlaj cih "土" biujsi eiqsei, dwg diegdeih, baihgwnz cih "利" biujsi doegyaem, gij eiqsei Sawgun de dwg "地" "旱地". Sawndip "毻"（dai）, baihlaj biujsi eiqsei, dwg gij eiqsei mbouj miz mingh, baihgwnz cih "台" biujsi doegyaem, gij eiqsei de dwg "死". Sawndip "圣"（youq）, baihlaj biujsi eiqsei, dwg gij eiqsei daengx roengzdaeuj; mbouj byaij, baihgwnz "又" biujsiq doegyaem, gij eiqsei Sawgun de dwg "在". Sawndip "引"（hwnj）, baihlaj cih "上" ciqyungh gij eiqsei Sawgun, baihgwnz cih "引" biujsi doegyaem, "引" doegyaem caeuq "hwnj" doxgaenh, gij eiqsei de couh bienqbaenz cih dungswz Vahcuengh "上" le.

（4）下形上声。字的下面部分表意，其上表音，这就是"下形上声"造字法。例如：古壮字"罷（田）"（naz），下面的"田"借汉意表示"水田"的意思，上面的"那"借汉字音以表壮音，其汉义即"水田"。古壮字"型"（reih）下面的"土"表意，即土地，上面的"利"表音，其汉义就是"地""旱地"。古壮字"毻"（dai），下面表意，指"死去"之意，上面的"台"表音，其义是"死"。古壮字"圣"（youq），下面表意，指"在""停住"之意，上"又"表音，其汉义为"在"。古壮字"引"（hwnj），下面的"上"借用动词"上"的字义以表意，上面的"引"表音，是"引"的近音，其义便成为壮语动词"上"了。

（5）Baihrog biuj eiq baihndaw biuj sing. Gij fuengfap cauh saw neix dwg bouhfaenh baihrog biujsi eiqsei, bouhfaenh baihndaw biujsi doegyaem. Lumjbaenz: Sawndip "闘"（dou）, baihrog "门" ciqyungh gij eiqsei Sawgun, baihndaw cih "斗" biujsi doegyaem, gij eiqsei Sawgun de dwg "门". Sawndip "圙"（suen）baihrog ciq gij busouj Sawgun "口" biujsi eiqsei, ceij gij eiqsei gvaengx hwnjdaeuj, cungqgyang cih "算" biujsi doegyaem, gij eiqsei Sawgun de dwg "园子". Sawndip "圝"（luenz）, baihrog biujsi eiqsei, baihndaw cih "鸾" biujsi doegyaem, gij eiqsei Sawgun de dwg "圆形". Sawndip "閿"（rug）, baihrog cih "门" biujsi aenranz, baihndaw cih "录" biujsi doegyaem, gij eiqsei Sawgun de cienmonz ceij "卧房". Sawndip "闣"（gyaeng）, baihrog biujsi eiqsei, baihndaw dwg "曾", doegyaem caeuq "曾" doxgaenh, eiqsei Sawgun dwg "关禁" roxnaeuz "禁闭".

（5）外形内声。就是外面部分表意，内中部分表音的造字法。例如：壮土俗字（即古壮字）"闘"（dou），外面"门"借汉义以表意，内中的"斗"字表音，其汉义为"门"。古壮字"圙"（suen）外面借汉字"口"部首表意，指围圈起来的意思，中间的"算"表音，其汉义为"园子"。古壮字"圝"（luenz），外形表意，内中的"鸾"表音，其汉义是"圆形"。古壮字"閿"门（rug），外框的"门"表示房屋的意思，内中的"录"表音，其汉义专指"卧房"。古壮字"闣"（gyaeng），外形表意，内为"曾"，读"曾"的近音，汉义是"关禁"或"禁闭"。

（Sam）Ciq Sawgun

（三）借汉

Ciq Sawgun——gij gyaj ciq Sawgun, dwg ciqyungh cih Sawgun daeuj geiq cih saw Vahcuengh yaem doengz eiqsei mbouj doengz de, cungj saw neix faen baenz song daih loih：

借汉——汉语的假借，就是借用已有的汉字来表示同音而不同义的字和词，这种字分为两大类：

（1）Cihsaw ciq yaem. Couh dwg cihsaw ciqyungh gij doegyaem biucinj roxnaeuz doegyaem doxgaenh cih Sawgun daeuj geiqloeg gij eiqsei Vahcuengh de. Baez ciqyungh le, gij eiqsei Sawgun yienzlaiz de couh mbouj miz lo, dandan biujsi gij eiqsei Vahcuengh lo. Lumjbaenz：Sawndip "眉"（miz）, gij eiqsei cih Sawgun neix dwg "bwnda", hoeng gizneix gij eiqsei Vahcuengh de cix dwg "有". Sawndip "贫"（baenz）, baez ciqyungh le, gij eiqsei Vahcuengh dwg "成" roxnaeuz "成功", Vahcuengh doegyaem caeuq gij doegyaem cih Sawgun "贫" doxgaenh. Sawndip "斗"（daeuj）, Vahcuengh ciqyungh yienznaeuz vanzlij doeg "斗", hoeng gaenq mbouj dwg cih "斗" aen swz "斗争" Sawgun, cix dwg gij eiqsei "来" Vahcuengh. Sawndip "丕"（bae）ginggvaq ciqyungh gij eiqsei Sawgun yienzlaiz de gaenq mbouj miz, gij eiqsei Vahcuengh de dwg "去". Sawndip "关"（gvan）ginggvaq ciqyungh, mbouj caiq dwg cih "关" aen swz "关口" Sawgun, cix dwg bienqbaenz aen swz Vahcuengh "丈夫" lo.

（1）借音字。即借用汉字的正音或谐音来记录壮语语义的字。一经借用，其原来的汉义即不存在，仅仅表示壮语了。例如：古壮字的"眉"（miz），汉义为"眉毛"，但这里其壮义却为"有"。古壮字"贫"（baenz），一经借用，壮义为"成"或"成功"，壮语发"贫"的近音。古壮字"斗"（daeuj），壮语借用虽然仍读"斗"，但已不是"斗争"的"斗"，而是壮义"来"的意思。古壮字"丕"（bae）经借用其汉字原意已失，壮语其义为"去"。古壮字"关"（gvan）经借用，不再是汉字"关口"的"关"，而是变成壮语"丈夫"这个词了。

（2）Cihsaw ciq yaem youh ciq eiq. Couh dwg cihsaw daj Vahgun ciq doegyaem, youh ciq eiqsei de. Lumjbaenz Sawndip "灯"（daeng）, gij eiqsei caeuq doegyaem Vahcuengh de caemh dwg "灯". Sawndip "金"（gim）、"心"（sim）、"油"（youz）、"坡"（bo）daengj, gij doegyaem、eiqsei de cungj caeuq cih Sawgun doiqwngq haenx doxdoengz.

（2）借音借义字。即既是借汉音，又借汉义。例如古壮字的"灯"（daeng），壮语的汉义是"灯"，其壮音也读"灯"。古壮语"金"（gim）、"心"（sim）、"油"（youz）、"坡"（bo）等，其音、义都与对应的汉字相同。

（Seiq）Gag cauh saw moq

（四）自造新字

Gij fuengfap cauh saw gwnzneix danghnaeuz gaijgez mbouj ndaej vwndiz, beksingq couh swhgeij cauh di saw moq ndeu，ginggvaq gij yijyenz vwnzsw vunzlai wngqyungh caeuq sizcen，doeklaeng gihbwnj iekdingh baenz di Sawcuengh moq ndeu. Lumjbaenz Sawndip "□"（guh），gij eiqsei Sawgun de dwg "做". Sawndip "兀"（ndei），gij eiqsei Sawgun de dwg "好". Sawndip "肑"（daengz），gij eiqsei Sawgun de dwg "到". Lij miz baihgwnz "ʒ·" "ʒ" daengj，cungj dwg cihsaw cauh moq ndaw Sawndip，hoeng gyoengqde lainoix caeuq gij yienghsiengq doxgaiq saed miz di gvanlienz，hoeng cihsaw cauh moq gizneix mbouj cae bae gangj doenghgij daegdiemj neix.

以上造字方法如果解决不了问题，民间就自己创造一些新字，经过群众性的语言文字应用和实践，最后基本上约定俗成了一些新壮字。如古壮字 "□"（guh），其汉义是 "做" 的意思。古壮字 "兀"（ndei），其汉义为 "好"。古壮字 "肑"（daengz），其汉义为 "到"。还有前面的 "ʒ·" "ʒ" 等，都是古壮字中的新造字，但它们多少与实物象形有点关联，而这里的新造字可以不去讲究这些特点。

Gwnzneix couhdwg gij fuengfap cauh Sawndip, de dijhi caezcienz gohyoz, gig miz minzcuz daegsaek.

以上就是壮土俗字的创造方法，体系完整科学，颇具民族特色。

《Sawndip Sawdenj》 ribsou cingjleix cih Sawndip 1949 nienz gaxgonq de，couhdwg gij Vahcuengh heuhguh "sawndip" de，cungjgungh miz 10700 cih，ndawde cih sawjyungh haemq lai、gezgou haemq hableix、giz dieg yungh de haemq lai haenx miz 4918 cih. Dajcauh Sawndip，biujmingz Bouxcuengh senqsi couh yamqhaeuj vwnzmingz sevei，eiqngeih de hungnaek dangqmaz. Hoeng，aenvih aenbiengz Bouxcuengh gij hanhhaed fazcanj de caeuq deihleix vanzging faensanq cauhbaenz le Vahcuengh fukcab、miz mbouj doengz fuengyaem，caiq gya ligdaih dungjci gaihgiz hengguh aen cwngcwz yawjsiuj saujsu minzcuz、apbik saujsu minzcuz，cauh faenzsaw mbouj ndaej daengz gij cwngling cwngfuj cihciz，Sawndip itcig deng caenx deng haed，sawj cungj yienghsiengq gij yienghceij gezgou Sawndip aenvih dieg mbouj doengz cix mbouj doengz、aenvih vunz mbouj doengz cix mbouj doengz neix itcig louz daengz seizneix，sojlaiz hoj ndaej doeng'yungh. Caenhguenj yienghneix，Sawndip seizneix lij miz haujlai vunz Bouxcuengh laebdaeb yenzgiu caeuq sawjyungh. Cungj daeuj gangj，gij coengmingz Bouxcuengh dajcauh Sawndip soj biujyienh okdaeuj de mbouj bingzciengz，cigndaej Bouxcuengh najrongh.

《古壮字字典》收集整理1949年以前的古壮字，即壮语叫做 "sawndip" 的，总共有10700个，其中使用较普遍、结构较合理、流行地域较广的就有4918字。古壮字的创造，是壮族早就步入文明社会的标志，其意义是十分重大的。然而，由于壮民族社会发展的局限性、地理环境的分散性造成了壮语方言的复杂性、差异性，加上历代统治阶级执行民族歧视、民族压迫的政策，文字创造得不到政府的政令支持，古壮字一直被排斥和压制，以至古壮字的字形结构因地而异、因人而异的现象一直延续至今，因此通用性差。尽管如此，关于古壮字，当今仍有不少壮族群众在继续研究和使用。总之，壮民族创造古壮字所表现出来的智慧是不凡的，值得自豪。

Camgauj Vwnzyen　参考文献

［1］张声震.古壮字字典［M］.南宁：广西民族出版社，1989.

［2］李富强.古人类视野中的壮族传统文化［M］.南宁：广西人民出版社，1999.

［3］梁庭望.壮族文化概论［M］.南宁：广西教育出版社，2000.

［4］周光大.壮族传统文化与现代化建设［M］.南宁：广西人民出版社，1998.

［5］广东博物馆，等.广东饶平县古墓发掘简报［J］.文物资料丛刊（8）.

［6］王象之.舆地纪胜一一五［M］.粤雅堂开雕，南海伍氏校，1856（清咸丰六年）.

［7］广西壮族自治区文物工作队.广西文物考古报告集［M］.南宁：广西人民出版社，1993.

［8］梁庭望，顾有识，等.中国民族百科全书·壮族［M］.北京：北京妇女儿童出版社、香港源流出版社，2001.

［9］张声震.布洛陀经诗译注［M］.南宁：广西人民出版社，1991.

［10］陈继儒.珍珠船［M］.明代.

［11］司马光.资治通鉴［M］.北京：中华书局，1965.

［12］农冠品，曹廷伟.壮族民间故事集［M］.南宁：广西人民出版社，1984.

［13］广西壮族社会历史调查（第3册）［M］.南宁：广西民族出版社，1985.

［14］覃彩銮.壮族古代哲学思想初探［M］.南宁：广西人民出版社，1989.

［15］广西壮族自治区科学技术委员会、壮族文学史编辑室.壮族民间歌谣资料，第一集［Z］.内部资料，1959.

Fouqloeg It　Geiq Saehhung
附录一　大事记

It. Mwh Hongdawzrin Gaeuq
一、旧石器时期

Cojgoeng Bouxcuengh comz youq Nguxlingx namz baek, gizneix dieg gvangq vunz noix, ciengzgeiz miz mouduenh、muimeuz、duzciengh heuj raeh、gaeng hung gij doenghduz neix youq ndaw ndoeng haeujok. Vunz ciuhgeq vihliux re ndang caeuq gaeb duznyaen gwn noh, cix dub dek rinreq sizyingh daeuj guh baenz gaiqdub、faggvak、foujrin caeuq gaiqgvet doenghgij hongdawz neix, ndawde gaiq guh ndaej ceiq ndei de dwg foujrin, youq lueng Baksaek henz daih vat ndaej, gij dajcauh gisuz caeuq yienghsiengq de cungj riengz gij foujrin Feihcouh doxlumj raixcaix, ndaej vunz ciuhlaeng haenh ndei. Riengz foujrin caemhseiz oknamh gijj ringingq mbwn doek de, dawz bae caekdingh liux nyinhnaeuz liz seizneix miz 80 daengz 70 fanh bi, dwg hongdawzrin ceiq caeux dieg baihdoengnamz Yacouh. Aenvih gij hongdawz rin haemq hung, gyagoeng haemq lek, ndij gij foujrin youq Dieglaeg Fwnzvei caeuq Dieglueg Hansuij oknamh haenx doxgap baenz vwnzva foujrin Cungguek. Daengz mwh byailaeng Hongdawzrin gaeuq, guh hongdawzrin yungh daengz liuh ringvaekfeiz caeuq rin'gveih daengj lai yiengh, hongdawzrin lij ndaej gyagoeng song mienh, hawj hongdawz bienq iq ndei dawz ndei yungh. Gij gisuz caux hongdawzrin daezsang le, vunz ciuhgeiq caemh ndaej daezswng le bonjsaeh gvaq saedceij.

壮族先民生聚在五岭南北等地，这里地旷人稀，长期有野猪、大熊猫、剑齿象、巨猿等动物出没。古人为自身安全防护和擒捉禽兽食用，锤击石英岩类的砾石制成砍砸器、手镐、石斧、刮削器等工具，其中最出色的是在百色河谷一带出土的石斧，其制作技术、器物形态都与非洲部分石斧非常相似，为后人称誉。用与石斧同时出土的玻璃陨石测定表明，石斧距今约80万~70万年，是东南亚地区年代最早的石器。由于造型较大、加工别致，百色石斧与汾渭地堑和汉水谷地出土的石斧共同组成中国石斧文化。至旧石器晚期，石器的制作原料扩展到坚硬的燧石、硅质石等，还能两面加工石器，使器体小型化，更便于使用。石器制作技术的发展提高了古人的生存能力。

Youq ndaw Gamjdoengdien Yen Liujgyangh Gvangjsih oknamh liux rinndok Vunz Liujgyangh. Vunz Liujgyangh saek naeng henj, dwg cungj vunz baenvaq haemq caeux haemq yenzsij ndeu, dwg gij caeuxgeiz Vunzgvai mwhlaeng haenx, ndangndok de lumj vunz ciuhneix. Vunz Liujgyangh liz seizneix miz 15 fanh daengz 7 fanh bi, dwg cojcoeng Bouxcuengh, seizde lij dwg youq ndaw conghgamj youq.

在广西柳江县通天岩岩洞出土了柳江人化石。柳江人是人种分化中较原始的黄种人，是最早的晚期智人，体质形态与现代人相似。柳江人生活在距今15万~7万年前，是壮族的祖先，那时仍以穴居为主。

Ngeih. Mwh Hongdawzrin Moq

二、新石器时期

Ciuhgonq Bouxcuengh comz youq baihdoeng, baihbaek caeuq baihsaebaek Lingxnamz, senq rox dawz haeuxcwx daeuj ndaem gvaq, dangq neix baenz giz goeknduj ndaem gohaeux ndaw guek raeuz. Youq Dieggeq Gamjrienghvaiz Gvangjdungh Yinghdwz Si oknamh miz gij naed haeux gveihcizdij mbouj dwg haeuxsuen hix mbouj dwg haeuxciem haenx, liz seizneix 12000 bi. Youq Dieggeq Gamjgungqsou Huznanz Dauyen Soungan Cin, oknamh liux haeuxcwx caeuq rebhaeux, liz seizneix miz saek 10000 bi. Youq Gvangjsih Swhyenz Yen Yenzdungh Yangh, gij Dieggeq Yauhginj Mwh byailaeng Hongdawzrin Moq haenx, raen le 30000 lai naed haeuxdanqvaq, dingzlai dwg haeuxsuen diegndat, haeuxciem haemq noix, liz banneix 5000 daengz 4000 bi. Ndaem haeux hawj cojcoeng Bouxcuengh lai miz liux doxgwn, doengzseiz cojcoeng Bouxcuengh vihliux gyagoeng naedhaeux hawj de gwn ngaih, lij rox liux guh hongdawzrin, caux ok muhbuenz, rin laenh, fagcax, lwgsak lai yiengh hongdawzrin, gijneix cix hawj aen biengz daj dwkbya dwkdaeuq yiengq dajndaem byaij bae.

聚居在岭南东部、北部和西北部的壮族先民驯化野生稻取得了初步成果，这些地方成为国内重要的栽培稻起源地。今广东英德市牛栏洞遗址出土的非粳非籼类型水稻硅质体，距今12000年左右。今湖南省道县寿雁镇玉蟾岩遗址出土野生稻和栽培稻谷壳，距今10000年左右。今广西资源县延东乡的晓锦新石器晚期遗址，发现了30000多粒炭化稻米，主要是栽种的热带型粳米，籼米较少，距今约5000~4000年。栽培稻丰富了壮族先民生活的食材，同时壮族先民为了加工稻粒以便于食用，还掌握了石器研磨技术，制作出磨盘、磨棍、刀、杵等新石器，这使得社会经济逐渐从渔猎向农耕发展。

Youq ranghdieg baihsaenamz Gavngjsih caeuq baihdoeng Yinznanz banneix, oknamh liux gij hongdawzrin muz ndaej saeqnaeh haenx ndaek haemq laux, ndaek rin youh mbang youh benj, miz limq miz gak. Canjrin laux guh ndaej bingzcingj, cawzliux aeu daeuj dajndaem, lij yungh guh doxgaiq dajcaeq caeuq buenxcangq, haemq miz vwnzvaq youq ndaw.

今广西西南和滇东一带出土的细致研磨加工石器形体硕大，器身扁薄，棱角分明。制作工整的大石铲，除用于耕作外，还作为礼器供祭祀和陪葬用，有了较深的文化内涵。

Rox yungh feiz hawj cojcoeng Bouxcuengh guh ok gang'vax daeuj dajcawj caeuq yungh youq gizwnq. Gveilinz Cwnghbizyenz ndaw gamj de oknamh gij mojmeng saek gyaemxgeq gya sa aeu namh caeuq rinsizyingh baenj baenz haenx, guh ndaej haemq co, yiengh goj genjdanh, meng moj na, yungh feiz coemh mbouj cibfaen ndat, liz banneix saek 10000 bi, dwg gang'vax ceiq caeux gwnz seiqgyaiq. Gij gang'vax daengz mwh byailaeng hongdawzrin moq cauxguh haenx, cawzliux gang'vax saek gyaemxgeq gya sa, lij miz gij gang'vax mong ndaem、mong gyaemx、mong hau dem, gij gang'vax aeu namh guh haenx caemh goj miz di. Hongdawz dajcawj miz lai yiengh, miz guenq, moj, lij miz bat mboenj dem. Naj gang'vax yaenq miz raiz aenswx、raiz diuzcag、raiz gaekveh、 raiz coegcamz caeuq raiz yienz, yawj hwnjdaeuj lai gyaeundei. Gang'vax coemh feiz lai ndat, meng hongdawz cix lai ndongj, gij bonjsaeh guh gang'vax cojcoeng Bouxcuengh daezsang haemq lai.

　　对火的利用使壮族先民开始试制陶器以供炊事和其他生活使用。桂林市甑皮岩洞穴遗址发现用泥土和粗大石英粒手捏成形的加砂红褐色陶釜，制作粗糙，器形简单，器壁较厚，烧制温度低，距今约10000年，是世界最早的陶器。至新石器晚期制造的陶器除夹砂红褐陶外，还有灰黑、灰褐、灰白陶及少数泥质陶；器物种类较多，除罐、釜外，还有盆、钵等；陶器的表面压印了篮纹、绳纹、刻划纹、戳印纹、弦纹等，增加了美感；陶器烧制温度较高，提高了器物硬度，壮族先民的制陶技艺有很大提高。

Sam. Mwh Ya Sangh

三、夏商时期

　　Youq aen seizgeiz neix, gij hongdawzrin cojcoeng Bouxcuengh caux de miz fagbuen、fagcanj、fagcax caeuq fagfouj guh lai, dwg songmbaq rox miz cauz gumz, ciep ganjfaex roxnaeuz ganjcuk hwnjbae, engq ndei guh hong reih naz. Aenvih gisuz dajndaem daezsang le, doxgaiq dajndaem lai baenz le, neix doiq ciengx siengh mou、gaeq、vaiz, max gij doenghduz neix gig miz leih. Gij bonjsaeh cauxguh gang'vax de gyaed guh gyaed ndei, gij doxgaiq caux baenz haenx cawz liux aenmoj, lij miz boi, duix caeuq huz dem, fuengbienh vunz gvaq saedceij. Mwhde, cojcoeng Bouxcuengh hainduj bae damqra gij dinfwngz lienh luengz, caux ok lingz luengz caeuq boi luengz doenghgij doxgaiq neix. Gij vunz ciuhgeq Bouxcuengh byaij ok conghgamj, daengj faex guh ranz, gaijbienq liux diuzgienh ranz youq.

　　此时期壮族先民生产的石器以磨制的有双肩或凹槽的锛、铲、刀、斧为主，装配上竹木杆，更利于农耕操作。由于种植技术提高，农产品产量增加，这有助于豢养驯化野猪、野水牛、野鸡、野马等畜禽。陶器制作技术有新的发展，制成品除釜外还有杯、碗和壶等，方便了生活。在此期间，壮族先民开始探索青铜熔铸技术，制出铜铃、铜尊等器物。壮族先民走出穴居，构木为巢，改善了居住条件。

Seiq. Mwh Cunhciuh Cangoz

四、春秋战国时期

　　Deng gij vwnzva caeuq gohgi haenznden Cujgoz yingjyangj, gij bonjsaeh cauxguh doxgaiqluengz gyaed guh gyaed ndei. Gij vunqrin caeuq gij naqluengz, fagcax, fagvan ndaw aenmoh Ndoiyenzlungz Vujmingz oknamh haenx aeu daeuj dwkdaeuq, gijneix cix naeuz cojcoeng Bouxcuengh dangdieg gaenq rox lienh luengz gvaq, guh ok aenhuz, aenbuenz caeuq aenmoj doenghgij doxgaiq luengz ngoenznaengz yungh neix, doxgaiq luengz haemq miz daegsaek dangdieg. Gij gang'vax Bouxcuengh seizde aeu namhniu hamz miz namhgaulingx caeuq rinyihli baenj ngaih haenx daeuj caux ok haenx, aen laux ndaek hung, caezcingj ndei, maenh ndongj naihyungh, gij goengfou caux gang'vax ak gvaq gaxgonq.

在相邻的楚文化和科技的影响下，青铜器制造技术有了新的发展。武鸣元龙坡墓出土的石范和用其制造的铜镞、刀、斧等器物用于狩猎，表明当地壮族先民已有一定程度的青铜铸冶能力，制出了卣、盘、鼎等生活用铜器，铜器造型富有当地特色。壮族先民利用含有高岭土和伊利石成分的可塑性强的黏土制作出的陶器，器形大、完整性好，坚固耐用，陶器的制作技术达到新的水平。

Mwh Cangoz, cojcoeng Bouxcuengh hainduj caux ok aennyenz caeuq gimqmid, bak naq caeuq gvak yiengh van, doenghgij doxgaiq neix lek ndei dahraix, neix cix naeuz gij goengfou caux luengz lienh doengz mwhde youh ndei gvaq gaxgonq dem. Mwhde Bouxcuengh lij sawq caux le gvakfaz caeuq fagbuen doenghgij hongdawz neix, aeu daeuj vat naz gut reih, gyaeng raemx hai naz, hai baenz naz lueg, lij aeu feiz coemh fiengz coemh nya, dwk raemx cae naz ndai naz, gij bonjsaeh dajndaem gohaeux ngoenz ak gvaq ngoenz.

战国时期壮族先民首次制造出万家坝型铜鼓和匕首形剑、桃形箭簇、锄形钺等新颖的青铜兵器，说明当时青铜熔铸技术继续创新。此时期壮族先民还试铸铁锄、锛等农具，用于深挖农田，蓄水垦田，形成雒田，进行火耕水耨，稻作种植技术有新的发展。

Aen seizgeiz neix, cojcoeng Bouxcuengh hainduj youq gwnz gang'vax dwk you, yiennaeuz najyou dohna caeuq gij saek de mbouj daih yinz, hoeng dwg cungj bonjsaeh moq caux gang'vax ndeu. Cawz gwnz gang'vax yaenq miz raiz liux, lij gaekveh miz gij fouzhauh lumj cihsaw dem, gak mbouj doengz fouzhauh de miz 70 lai aen, daihgaiq dwg cihsaw nduj gaxgonq. Youq ndaw moh Cangoz raen aenboi、aenhab caeuq aenduix doenghgij doxgaiq mengheu de, meng bonjndang monghau saeqnaeh, dwk miz youheu. Neix dwg gwnz lizsij caux gang'vax youz meng co yiengq meng saeqnaeh byaij ok yamq hung ndeu.

这一时期，壮族先民开始给陶罐施薄釉，虽然釉面厚度和颜色不太均匀，却是陶瓷科技的又一项重大突破。陶器上除印有花纹外，还出现类似文字的刻划符号，不相同的符号多达70多个，可能为早期创造的文字。在战国墓地发现杯、盒和碗等原始的青瓷器，胎质灰白细腻，施有青釉。这是陶瓷史上由陶器向瓷器生产发展的又一巨大进步。

Mwh Cangoz, cojcoeng Bouxcuengh Bouxyaej hainduj youq gwnz dat haenz Dahcojgyangh guh veh. Vehbangxdat youq dieg gvangq, guh veh nanzdoh hung, veh ndaej gig hung gvangq, youq ndaw guek rog guek cungj noix raen, neix cix yienh ok gij bonjsaeh cojcoeng Bouxcuengh youq gwnz dat guh veh haenx ak raixcaix.

战国时期，壮族先民骆越人开始在左江岸边的山崖上绘制岩画。岩画分布之广、作画难度之大、画面之雄伟壮观，为国内外罕见，充分反映了壮族先民高超的岩画绘制技艺。

Dienheiz Lingxnamz hab ndaem go'ndaij、gofaiq, cojcoeng Bouxcuengh mwh neix hainduj mbaenq ndaij daz faiq daeuj daemj baengz guh buhvaq, gij goengfou daemjrok ndaej daezswng, ndwenngoenz gvaq ndaej engq ndei.

岭南地区气候适于苎麻、灌木棉繁育，壮族先民此时期开始用苎麻等加工成纤维并织成麻布、棉布，制成衣衫，纺织科技取得进步并改善了生活。

Haj. Mwh Cinz Han

五、秦汉时期

Cinzsijvangz dawz roengz Lingxnamz, baenz guh Nanzhaijgin、Siengggin caeuq Gveilinzgin, mbai vunz comz bing caeuq minzfou hai Dahlingzgiz, caep fai baen raemx, guenj gaem gij raemx Sienghgyangh ndij Lizgyangh, lienz doeng song diuz dah neix, caux doucab fuengbienh gvaq ruz, giem ndaej dwk raemx haeuj naz, leih daengz daihlaeng. Lingh dem, Cinzcauz coih loh hung fuengbienh gyaudoeng, hengz cwngcwz saw caemh cih、loh doengz gveij, hawj Cunghyenz gij sinhcin gisuz caeuq bakhuq gai haeuj Lingxnamz, coi hwnj liux gohgiz cinbu Bouxcuengh.

秦始皇统一岭南，设南海郡、象郡和桂林郡，派员组织兵力和民力开凿灵渠运河，砌筑分水坝面，科学调剂湘江和漓江水量，连通两江、设陡门便于船运兼收灌溉之利，泽及后代。另外，秦朝修建驿路便于交通，实行书同文、路同轨等政策，这让中原的先进生产技术和商品贸易进入岭南，促进壮族的科技进步。

Cinzcauz boek liux, Lingxnamz laeb liux Gueknamzyied, dwg Bouxgun guenj biengz. Hancauz gimq doxgaiqdiet caeuq vaiz haeuj Lingxnamz, cojcoeng Bouxcuengh cix youq bonjdieg gag lienh diet caux hongdawz, gag sanj vaiz、max, ndaem reih ndaem naz. Hanvujdi miedliux Gueknamzyied, cix baen Lingxnamz guh gouj aen gin daeuj guenjleix, laebdaeb doihengz gij cwngcwz fazcanj swnghcanj. Gvakdiet caeuq so gij hongdawz moq aen seizgeiz neix ndei vat namh、bog dwngj naz、gyaeng raemx、namh, miz diuzgienh bienq vanq ceh ndaem naz baenz doek gyaj ndaem naz, hawj haeuxmiuz demsou. Mwh Samguek byai Dunghhan, Lingxnamz aeu vaiz cae naz gig ciengzraen gvaq, ndaem haeux lai liux, haeux goj baenzsou gvaq gaxgonq. Gij aenyiuj luengzheu caeuq rinvad gyangz doxgaiq buenxcangq neix biujmingz, aen seizgeiz neix ndaw biengz miz haeux lw rom ce ndaw yiuj, saedceij gvaq ndaej engq ndei. Youq Namzhaij ndaem raemx ra ndaej gij aencaw gyapbangx haenx, saek gig rongh ndei, dwg huqbauj ndei gai.

秦朝亡后，岭南成立了汉族统治的南越国。汉王朝禁止铁器和耕牛进入岭南，壮族先民则就地自行炼铁制造农具，培育牛、马，发展农业生产。汉武帝灭南越国改岭南为九郡进行管理，继续推行发展生产政策。这一时期制造的铁锄、铁锸等新农具利于深挖土地、培育田埂、保持水土，为改撒播为育秧、插秧新耕作技术创造了条件，促进了农作物增产。东汉末年三国时期，岭南用牛犁田已较普遍，水稻种植面积扩大，水稻产量又有新的增长。出土的此时期的青铜粮仓、滑石粮困等明器表明，民间有余粮储存，经济生活有新发展。在南海潜水采收的蚌贝珍珠，色润晶莹，成为旺求的宝贵奇珍。

Aen seizgeiz neix, gij gang'vax dwk you de doxgiet ndaej maenh, najyou yinz, mbang na doxlumj, gij bonjsaeh dajcaux de daengz liux suijbingz moq. Gij doxgaiqluengz de dingzlai dwg aennyenz, bonjsaeh dajcaux de caemh daezsang ndaej hung, youq ndoirinluengz Yienh Bwzliuz, gij gisuz vat cingj aeu gvangq、 caep loz dajlienh、boz rumz gya ndat、hab vunq baenz yiengh、dikveh najnyenz、 sieng hamh doxgaiq iq、lai aen loz dajlienh caez cuengq, gij bonjsaeh caux doxgaiqluengz haenx daddaengz suijbingz moq. Daengluengz、cungluengz caeuq lazluengz gij doxgaiq neix yiengh moq ndeiyawj, gisuz ak gvaq vunz.

此时期施釉陶器的胎釉结合牢固，釉面均匀，厚薄一致，其制作技术达到新水平。以铜鼓为主的青铜器制作工艺也有较大进步，在北流县铜石岭挖矿井采铜矿、筑炉冶炼、鼓风增温、合范成形、錾刻鼓面、镶焊小铸件、多炉齐铸等技术再创青铜器制造新水平。铜灯、铜钟、铜锣等器物造型新颖，工艺先进。

Youq aen seizgeiz neix, caux ranzgyan dwg bonjsaeh gvenqsug bouxcangh, gak dieg dauqcawq cungj hwnj ranzgyan, gij dingj ranz lingq lumj bo、daengj saeu caeuq gyaq liengz aeu gaet congh doxdaep, gij goengfou guh ranzgyan moq neix hawj vunz youq ndei gvaq gaxgonq. Aeu faiq caeuq sei daeuj daz mae, caiq aeu go'gyaemq nyumx baenz saeknding, aeu gofeq nyumx baenz saeklamz, aeu mbaw goux nyumx baenz saekndaem, youq gwnz rok daemj ok mbawman raiz va, rox liux bonjsaeh daemj man. Ndaem gij laehcei、makmoiz、makseq、maknganx caeuq makgam doenghgij lwgmak dieg ndat neix, baenz liux lwgmak vunzlai gyaez gwn. Seizde gyoengq vunz aeu mbaw goruenz daeuj yw fatsa、nohndat, aeu goginqsauj yw dungxsaej hawnyieg, hawj ndang rengz ndang ndei, lij rox haujlai daegsingq caeuq guhlawz yungh de. Caemh hainduj rox liux gij cim saek yw bingh、guh ndo ngauz laeuj caeuq guh gingq haenx.

在此时期，干栏建筑已经成熟并得到广泛推广，坡面屋顶营造、立柱和梁架榫卯连接等建筑创新技术改善了居住条件。利用灌木木棉和丝经纺成纱，并用茜草、蓼草和乌桕叶分别染成红色、蓝色和黑色，在木机上织出彩色回文织锦，开创了壮锦制作技术。种植的荔枝、青梅、杨梅、龙眼、橘等热带和亚热带水果成为人们喜食佳品。时人用铁冬青医治暑季外感发热，用石斛补五脏虚弱、强阴益精，同时掌握了一些其他草药特性并应用。针刺治疗、制曲酿酒、烧制玻璃技术开始崭露头角。

Roek. Mwh Vei Cin caeuq Nanzbwzcauz
六、魏晋和南北朝期间

Youq Lingxnamz ndaem haeux ngoenz lai gvaq ngoenz, Bouxcuengh aeu duzvaiz daeu rag cae caeuq rauq, cae ndaej laeg rauq ndaej boengz, ndeindei yungh liux diegdeih, ndei ndaemgyaj youh leih gohaeux did rag. Bouxcuengh lai bi ndaem naz leh ceh, ancoh hawj doenghgij haeuxcaeux haeuxlaux haemq dingj ndaej bingh non de. Bouxcuengh gvej haeuxbidraez （haeuxcaeux）liux cix dwk raemx haeuj naz, goekhaeux did nyez moq, youh baenz sauh moq.

岭南水稻种植面积扩大，壮族人用牛牵引新制作的铁犁和铁耙，实现稻田深耕细作，较好地发挥了地力，利于稻根发育又便于插秧操作。壮族人进行了多年水稻良种培育，并对一批高产抗病的早熟和迟熟稻种冠以名称。同时壮族人在蝉鸣稻（早稻名）收割后给原田灌水，稻根萌发新苗，可再收一茬。

Bouxcuengh aeu faiq daemj baengz, raed guh buhvaq, baenz daenj ndei youq ndei yawj; gai bae daengz gak dieg, vunz heuhguh baengz Bouxcuengh, gig daej vunz gyaez, gai daengz mbouj miz huq bae. Youq gwnz cauxguh mengheu fuengmienh, Bouxcuengh dwk you heuhenj liux youh dwk geij ndik raemxyou diet dem, guh baenz liux youq gwnz najyou cix baenz raizmbangq henjgeq, gij bonjsaeh cauxguh gang'vax youh byaij bae uaj yamq ndeu. Seizgeiz de gij goengfou guh angq goj miz fazcanj, gij fuengfap baenj naez、nem diep、diugaek、 gvej gat caeuq nem va, hawj gij doxgaiq coemh baenz haenx engqgya ndei yawj, youq gwnz doxgaiq buenxcangq caeuq gij doxgaiq ngoenzyungh haenx doengj angjda lailai.

壮族人用灌木木棉纤维制成的棉布裁剪制成的衣服，身著舒适，精巧华贵；棉布输入中原各地，被称为越叠，广受青睐，难满需求。在青瓷制作上，壮族人在青黄釉上点滴高铁釉液，烧成后釉面出现褐斑彩，实现了瓷器烧造技术的又一进步。此时期陶器在制造工艺上也有突出发展，综合运用提塑、堆贴、镂刻、切割和粘贴技法，烧制的器物立体感突出，在各种明器和生活物品上都大放异彩。

Aenvih guh nyenz caeuq caux cienz yungh doengz lai, Bouxcuengh aeu sik caeuq yienz daeuj gap luengz guh habgim cuengq doxgaiq, caen guh ndaej baenz dahraix. Yienghneix yienzliuh caux doxgaiqluengz cix doh yungh, lij daezswng le gij bonjsaeh dajcaux doxgaiqluengz moq. Canghlienhdan Goz Hungz daeuj Byagouhlou gaujcaz gvaq gvangq dansa haivat cingzgvang, lij caeuq vunz dangdieg guhdoih mu gvaq gij goengfou daezlienh raemxngaenz de.

由于制作铜鼓、铜钱需求铜矿数量多，壮族人用开采的锡、铅矿探索铜锡铅三元合金铸造并取得成功。这不仅解决了青铜器原料供应不足问题，而且还提高了新青铜器加工制作技术。炼丹术家葛洪曾到勾漏山考察朱砂矿开采实况和当地人一起研究提炼水银的工艺。

Caet. Mwh Suiz Dangz

七、隋唐期间

Aenvih cwngfuj ciengj aeu vaiz cae naz reih, seizgeiz neix gij bonjsaeh caux hongdawz dajndaem cix fazcanj ndaej haemq hung. Cae gut ginggvaq suk din、 gya goz lai giz gaij ndei liux, engq ndei youq ndaw naz yungh. Vih fuengbienh ndai naz, Bouxcuengh cix caux ok faggvak caeuq fagno, aeu daeuj gvak rum、vat mieng、coih dwngjnaz, hawj gohaeux youq ndawnaz maj ndaej ndei. Baihnamz Lingxnamz ndaem ndaej baenz haeux sauh ngeih, ndaej le bi sou song baez. Bouxcuengh lij youq ndaw naz ciengx bya, ndaem haeux goengfou hwnj liux daizgai moq.

由于政府奖励牛耕政策，这一时期配套的农具制造技术有了较大发展。曲辕犁在经过缩短长度、增加弯度等多处改进后，更适应水田操作。为进行稻田中耕，壮族人制出铲锄、月刮等工具，用于除草、开沟挖渠、整理田基，改善了水稻生长环境。岭南南部水稻复种成功，实现了一年两熟。同时壮族人成功地实施了在稻田养鱼，稻作生产再创新水平。

Seizneix cauxguh doxgaiqluengz hoenghhwd hwnjdaeuj, mboujlwnh dwg aen nyenz Lwngjsuijcungh, aen Bwzliuz roxnaeuz aen Lingzsanh, cungj dwg guh aennyenz mienh hung、yienghsiengq gyaeundei、dikgaek saeqnaeh、raizcang fukcab, Bouxcuengh cix diuzcingj gij beijlaeh luengz、yienz caeuq sik, hawj aennyenz guh ndaej lai maenh lai lek, roq hwnjdaeuj sing nyenz engq gok engq maenj, gij bonjsaeh dajcaux sam cungj nyenz neix cungj daengz liux gig sang cingzdoh.

此时期的青铜器制造方兴未艾，不论冷水冲型、北流型、灵山型铜鼓都追求制作大鼓面、壮观外形、精细镌刻、复杂纹饰，为此壮族人对铜铅锡三元合金配比进行优化，保证了铜鼓体形坚固优美、敲击鼓声清澈宏亮，三种型号铜鼓的制作工艺均达到了很高的水平。

Dangzcauz Ginhcouh goeng'ak Ning Dauvu gaiq mohbei de aeu gij namhdauz ndei daeuj coq ndaw gyaqfaex gab baenz, youq gwnz bei dik miz 1400 cih saw, bei sang 90 lizmij, gvangq 60 lizmij, ginggvaq feizndat coeb liux guh baenz. Neix cix naeuz gij gezgou aenyiuz caeuq gij vwnhdu coebfeiz seizde cungj haemq ak. Gij dajcang gwnz gang'vax miz gaek va、veh va、yaenq va、faggvix camz va caeuq vat hoengq geij cungj goengfou moq, yiuzmeng gaenq daj yiengh maxdaez bienq baenz lumj duzlungz youq bangxlingq, gaemdawz aenyiuz ndat baenzlawz、diuzcingj heiqlouz riuz baenzlawz、nda gang'vax youq gizlawz geij yiengh neix cungj ndei gvaq gaxgonq, hawj gang'vax cix guh ndaej lai ndei gvaq gaxgonq.

唐朝钦州刺史宁道务的墓碑用精选淘练陶土置于木架内推压成形，雕刻碑文1400字，碑高90厘米，宽60厘米，经高温烧制而成。这说明此时陶窑结构和烧制温度控制均达到很高的技术水准。青瓷器的装饰有刻花、划花、印花、锥刺、镂空等多种新工艺，瓷窑已从马蹄形改用斜坡式龙窑，在窑温控制、气流速度调节、器物摆放位置优化方面均取得新突破，提高了瓷器成品质量。

Dangzcauz seizgeiz, Bouxcuengh ndaem oijndok, aeu gij gang'vax daegdaengq guh haenx daeuj sawq ndik aeu dangzsa, guh baenz dahraix. Bouxcuengh aeu ngwzlamz guh baenz ywlamz gej doeg, aeu aekex yw ae yw gag lwed gag myaiz, aeu mbei duznuem guh yw daeuj yw mokdoeg, ywdoj miz fazcanj moq. Youq aen seizgeiz neix, rox guhlawz ciepnga golaehcei caeuq go'nganx, caemh rox guhlawz gaj duznon caeuq guenj ganq gomak, daezsang lwgmak cizlieng caeuq canjlieng. Maklaehcei caeuq maknganx baenz liux gij lwgmak vunz Cunghyenz gig gyaez haenx. Caemhseiz, Bouxcuengh lij rox aeu go'ndoek daeuj guh ceij, goengfou ak gvaq ciuhgonq.

唐朝时期壮族人种植竹蔗，用专门制作的陶器开展滴漏工艺制取白糖试验并取得成功。壮族人用蓝蛇制成蓝药用于解毒，用蛤蚧治疗咳血、咳嗽，用南蛇胆制药用于辟瘴，中药开发应用有新的发展。这一时期，荔枝、龙眼的果树嫁接繁殖、防虫养护技术的实施，提高了水果的质量和产量。荔枝、龙眼成为中原各地钟爱名品。同时，壮族人利用竹制纸技术有了新发展。

Lingh dem, vihliux hawj Dahlizgyangh caeuq Dahliujgyangh doxdoeng, cix coih baenz Gadah Sienghswhdai; vihliux hawj ruz daj Fangzcwngzgangj ok haij lai ngaih, cix vat baenz Gadah Danzbungz.

另外，为了沟通漓江和柳江修建了相思埭运河；为了便于防城港渔船出海，挖建了谭蓬运河。

Bet. Mwh Sung Yenz
八、宋元时期

Caeuq guekrog guh gaicawx ngoenz lai gvaq ngoenz, Vunzcuengh cix yinxhaeuj faenz haeux ndei baihdoengnamz Yacouh. Vunzcuengh rox caux ok liz, ndei youq ndaw reih iq diegbya dajndaem; riengz bangx ndoi hai baenz diegbingz iq, cuk dwngj naz, gyaeng raemx rij, guh baenz nazmbaeklae, yienghneix naz ndaem haeux cix lai gvaq gaxgonq; laebdaeb gaijbienq ndaem naz hongloh, cugbouh mu ok liux cae、rauq caeuq gyaz naz gij hongloh neix, dajndaem cix lai bienh; damq ok liux oij ndij haeux doxlwnz ndaem, daezswng le fuk ndaem baez soq; caux ok loekraemx daeuj dwk raemx haeuj naz, lij cienz bae daengz Gyanghcez dem.

随着与海外继续贸易往来，壮族人引进了东南亚一些优良稻种。壮族人研制出了踏犁，利于山区小块农田耕种；沿山坡走势连成小块平地，修筑田埂，拦蓄山水，构成梯田，扩大了水稻种植面积；继续改进稻田操作，逐渐形成了水田犁、耙、耖的固定耕作程序，更利于稻作；经过探索实现了蔗与五谷轮作制，提高了复种指数；独创了竹筒水车灌田技术并外传到浙江。

Aenvih doengzgvangq noix, Vunzcuengh dwk diet roengz ndaw raemxdamj （liuzsonhdungz） bae doxvuenh, ndaej doengznamh, liux cix lienh baenz doengz, haifat fuengfap aeu raemx lienh doengz, gya lai gij yienzliuh caux doxgaiq doengz. Aen seizgeiz neix gij raiz gwnz naj aennyenz youh lingh cungj saeksiengq. louzhengz miz raiz nyauj gvej、raiz roegcauq mbin、raiz vunz mauh cap bwn gae caeuq raiz 12 sengsiu. Gij bonjsaeh cauxguh doengzcienz Bouxcuengh ndei, caux gij doengzcienz "Yenzyou Dunghbauj" de doenghengz daengx guek. Seizgeiz neix vihliux muenxcuk lienh doengz caux cienz, haivat sik、yienz caeuq sinh demlai, Hocouh caeuq Nanzdanh baenz giz gaicawx vat gvangq lienh gvangq mizmingz haenx.

由于铜矿资源枯竭，壮族人将胆水（硫酸铜）内置铁片，进行置换，获得赤煤，再锻成铜，成功开发出水冶炼铜技术，增加了制作铜器的原料。此时期铜鼓的鼓面纹别开生面，流行的有蛙趾纹、翔鹭纹、羽人纹和十二生肖纹。壮族人铜钱铸造工艺科学，所铸"元祐通宝"等铜钱通行全国。这一时期为了满足冶铸之需，锡矿和铅锌矿开采量增加，贺州和南丹成为矿产品采冶贸易胜地。

Gang'vax cawz liux gangraemx、aenbumx，duix caeuq guenq，gij doxgaiq ngoenz yungh haenx cungj deng doxgaiq mengheu lawh liux. Doxgaiq meng daengz Sungdai liux fazcanj gig hung，baengh gij youhdiemj dogdaeg、ndeiyawj caeuq saedyungh cix byaij hwnj "Roensei Gwnzhaij". Dajcaux doxgaiq meng daengz Sungdai liux couh ak raixcaix，cungj cwngzciu ndeu couh dwg meng'you vasaek lai，daegbied dwg mengheuhau，ndaw heu miz hau，ndaw hau miz heu，lij miz meng'you ndaem，gwnz meng miz ndangq bwndoq，lij miz meng'you daimau，ndaem、henj、heu sam saek doxgyaux，meng'you yiuzbienq，meng'you nding doenghgij doxgaiq neix caeuq meng Cunghyenz doxlumj. Gaiq daihngeih dwg gezgou yiuzlungz ndaej gaij ndei，ndaw yiuz baen ndaej hableix，yungh feiz cungfaen，lij daezsang liux cizlieng aenmeng. Gaiq daihsam dwg gij raiz cang gwnz meng guh ndaej gig ndei，lwgnding caemz raemx caeuq fuksouh nyup va geij yiengh neix ndei baenzmaz. Aennyag cix dwg aen yozgi meng daegsaek mizyinx ndeu，riuz doh ndawbiengz.

陶器除缸、坛、碗、罐外，日常生活用品多被青瓷器取代。宋朝时期瓷器达到空前发展，以其独特、美观和实用的优点踏上"海上丝绸之路"。宋瓷的技艺成就之一是色彩纷呈的釉瓷，特别是青中有白、白中有青的青白瓷，带兔毫斑的黑釉瓷，黑黄青三色交织的玳瑁釉瓷，窑变釉瓷，红釉瓷等产品与中原瓷器相似；成就之二是龙窑结构的改进，窑内分室科学，充分地利用了热源，还提高瓷器质量。成就之三是写实的瓷器纹饰，婴儿戏水、簇花福寿款尤为精彩。瓷腰鼓则是别具一格的瓷乐器，在民间广为流传。

Youq Sungdai，gij bonjsaeh ngauz laeuj Vunzcuengh caemh miz haujlai fazcanj moq，dakdaih bouxhek yungh gij laeujyag mbouj ngauz de、gij laeujvan aeu haeuxcid naengj cug liux aeu lwgndo fat baenz de、gij laeujbouj doiq ndang miz ik de. cungj ndaej daengz bujgiz. Lij miz dem，vunzcuengh aeu yienzndaem lienh baenz doxgaiq cangnaj "Faenjgviq"，ndei gai raixcaix.

宋朝时期壮族人制酒技术也有很多新发展，待客的非蒸馏酿造老酒、糯米蒸熟酿造的甜酒、有益健康的补酒得到普及。另外，壮族人用黑铅成功炼制出化妆品"桂粉"，其销路广泛。

Gouj. Mwh Mingz Cingh

九、明清时期

Mwhneix，gij hongloh cae naz、rauq naz、ndaem naz caeuq ndai naz gaenq baenz gveigawj，ginggvaq ciengzgeiz genj leh sanj ok gij faenzhaeux ndei gauhcanj naih bingh de miz haeuxsuen hom caeuq haeux naedraez dwngj. Cinghcauz cogeiz，Vunzcuengh yinxhaeuj haeuxdaeq，youq diegbya baihsae Gvangjsih ndaem，sawq ndaem baenz liux cix bi ndaem song sauh，youq biengz Bouxcuengh reih ndaem haeuxdaeq dan noix gvaq ndaem naz. Nazmbaeklae diegbya baihdoengbaek Gvangjsih youq seiqhenz gyae gyawj gig okmingz. Bouxcuengh aeu hoi coq naz laj ndoi hawj gij namh raemx soemj bienq ndei，caemh guh ndaej baenz.

这一时期，水稻种植的耕田、耙田、插秧、中耕技术都较成熟，经过长期优选培育出一些高产耐病的优良稻种有香粳稻、长腰稻等。清朝初期壮族人引进玉米种子，在广西西部山区种植，并由试种发展到一年两熟，其在壮乡种植面积仅次于水稻。广西东北部山区梯田开发成就远近闻名。壮族人利用石灰改良贫瘠山区酸性土壤取得成功。

Aen seizgeiz neix, aeu doiqraemx daem haeux, mbaet ok liux haujlai vun hong. Rox aeu faexndoek guh muhnamh、rox guh funggvih liux, gyanx haeux、 raeng haeux、feiq reb caeuq beiz nyap gij hong neix couh bienq soeng haujlai.

这一时期，利用水力石碓取代人力加工稻谷，节省了大量劳动力。竹制的砻、木制的风车等新式工具的发明及推广提高了水稻破壳、筛分、除壳、除杂等加工效率。

Seizde, Bouxcuengh dinq ok buek doihduz caeuq bit gaeq haemq mizmingz ndeu, lumjnaeuz vaiz Sihlinz, maxdaemq Dwzbauj, moucij Hwngzcouh, yiengz Lungzlinz, gaeqndokfonx Vwnzsanh caeuq bitraiz Cingsih, miz lai bonj saw geiq miz guhlawz ciengx. Vunzcuengh ndaem ok lai cungj caz ndei, ndawde miz cazbwzmauz, ndaem youq Byananzsanh Nayangz Hwngzyen, baengh caz de heuloeg、hom noengz、mbaw saeq、feihdauh naek, cix youq bi 1822 ndaej Bahnazmaj Guekceiq Bozlanjvei ciengjngeihdaengj, riuz mingz lajmbwn.

这一时期，壮族人培育出一批颇负盛名的家畜和家禽，如西林水牛、果下矮马、横州乳猪、隆林山羊、文山乌骨鸡、靖西大麻鸭等，其饲养技术被多部著作详述。壮族人培育的茶叶品种较多，其中横县那阳南山出产的白毛茶，以其茶色翠绿、茶味香郁、叶形纤巧、茶味浓厚等特点荣获1822年巴拿马国际农产品博览会二等奖，驰名中外。

Aen seizgeiz neix, vat ok lienh baenz gij sik、yienz、sinh, cawz liux aeu daeuj guh nyenz caeuq cungdoengz, lij aeu daeuj caux huzsik, daizlab caeuq buenz dem.

这一时期，开采冶炼的锡、铅、锌，除用于铜鼓、铜钟外，还用于铸造锡壶、蜡烛台、盘等礼器。

Gij goengfou caux gang'vax cinghvahswz de cienz haeuj biengz Bouxcuengh liux, vunzcuengh aeu gij you hamz miz guj bonjdieg daeuj guh ok gang'vax cinghvahswz. Daj gij dieg yiuz gaeuq ce daengz seizneix haenx ndaej rox seizde caux gang'vax cinghvahswz gaenq miz itdingh gveihmoz lo. Gij bingzmoiz cinghvah ce daengz seizneix de yienj ok vunzcuengh caux cinghvahswz bonjsaeh haemq ak.

青花瓷制作技术传入壮乡后，壮族人利用本地的含钴的釉料也制出青花瓷器。从遗存的窑址可知当时青花瓷烧制已有一定规模。留存后世的青花梅瓶等显示了当时壮族人卓越的青花瓷制造水平。

Mingzcauz gyanggeiz, Yungzyen aeu faex hwnj liux aen laeuz Cinhvuj sam caengz, liengz saeu gezgou gig hableix, fuengzre deihsaenq haemq miz yungh, vunz ciuhlaeng mbouj ndaej mbouj fug. Gij yaxmonz bouxsaeq Ranzsinj Gvangjnanz、Ranzmueg Yinhcwngz、Ranznoengz Anbingz, cungjdij faenbouh, gak cungj gunghnwngz cujhab, cungj miz eiq moq. Gij canghyw bouxsaeq cingjleix ok gij ywdan caeuq mingzloeg goyw de，rom gij swhliu dijbauj ywdoj roengzdaeuj. Mingzcauz Cinghcauz daihdaih cungj doxciep coih Dahlingzgiz，daegbied dwg coih fai caeuq doucab fancoih，mboujduenh miz monzdauh moq，hawj Dahlingzgiz daengz seizneix lij miz gij yunghcawq dwk raemx haeuj naz. neix.

明朝中期在容县修建三层木结构的真武阁，梁柱结构极为巧妙，预防地震灾害甚为有效，令后人折服。广南沈氏、忻城莫氏、安平侬氏土司衙门建筑群的总体布局，建筑功能组合，均有创新。土司附属的医生整理实用的医方和草药名录，积累了民族医药宝贵资料。明清历朝都延续了对灵渠的维修整治，特别是坝面结构和陡门修复不断有创新，使灵渠一直发挥着灌溉惠农的功效。

Cib. Mwh Minzgoz

十、民国时期

Saenqsik gohgi gyaulouz gyavaiq，hawj gohgi mbanjcuengh ndaej liux fazcanj moq. Haeuxnaz dinq ok geij cib cungj haeux ndei，baenzsou lai，naih bingh non，dwg haeuxceh danggya. Haeuxcidhom caeuq haeuxsuen ndaej vunz haenh，caemh ndaej daihrengz doigvangq. Haeuxcaeux gvej liux ndaem haeuxlaux，haeuxgyang gvej liux ganq haeuxraengz，hauhneix cix ndaej ndaem lai baez，ndaej sou lai baez. Vihliux hawj naz biz，fawhnit ndaem luzfeiz，youh yungh bwnh riengh，mbouj gag naz bienq biz，youh ndaej hoh seiqhenz. Ei cietheiq、mbwn raeuj caeuq fwnraemx daeuj doxgap buenqduenq，dingh seizlawz ceh faenzhaeux，coi ngaz caeuq doek gyaj cix lai ndei. Golaehcei、go'nganx、gogam caeuq gobug gij gomak neix ciepnga liux ndaem ok lwgmak ndei，riuz mingz laj mbwn.

随着科技信息交流，壮乡的科技取得了新进展。育出数十个质优、高产、耐病害的传家水稻品种；香糯和粳稻得到特别赞誉并大力推广。早稻和晚稻连作，中稻和再生稻连作得到进一步推广，提高了复种指数，增加了产量。为保持地力，进行冬种绿肥，配加人畜粪肥施用，取得了良好肥效，同时还保护了环境。根据季节、气温、水情综合判断，决定水稻浸种、催芽、育秧的选时操作更加科学化。荔枝、龙眼、柑橘、柚子等果树嫁接培育出新的优良品种，远近闻名。

Aen seizgeiz neix，ndaem go'gyaeuq dok youzdoengz gai bae guekrog，dwg gij huq ceiq dijcienz de，ndaem makgak caeuq youzcaz dwg daegcanj biengz Bouxcuengh. Godau dan youq biengz Bouxcuengh ndaem miz ndwi，gyagoeng baenz mba godau baenzgwn dahraix. Ginggvaq ciengzgeiz dinq sanj，maxdaemq Dwzbauj youq diegbya baenz daehyinh doxgaiq cujliz，rengz ak byaij riengj. Mouhom Luzconh caeuq Vanzgyangh naeng mbang noh oiq，riuz coh lajmbwn seiqgyaiq.

这一时期，培育油桐树，加工成的桐油成为外销出口主力，种植的八角和油茶成为壮乡的特产。壮乡特有的桄榔树加工成优质食品桄榔粉。经过长期的培育，德保矮马，耐力大，行动敏捷，成为山区交通运输的主力。培育的陆川和环江香猪皮薄肉嫩颇享盛名。

Aen seizgeiz neix，gij gang'vax sa'gyaemq youq Ginhcouh guh baenz haenx，yienzsaek gij boi、huz、bingz mbouj dwk you haenx，miz daegsaek dangqmaz，bi 1915，youq Meijgoz Giuginhsanh ndaej "Bahnazmaj Dabingzyangz Fanhguek Bozlanjvei Ciengjngeihdaengj"、bi 1930 youq Bijlisiz ndaej "Seiqgyaiq Caux Meng Bonjsaeh Beijsaivei Ciengjitdaengj".

这一时期，钦州烧制的紫砂陶器，原色不施釉的杯、壶、瓶，风采独特，产品获1915年美国旧金山"巴拿马太平洋万国博览会二等奖"、1930年比利时"世界陶艺展赛会一等奖"。

Aen seizgeiz neix，mbanjcuengh ciuq hingzsik gunghswh comz cienz haibanh Gvangqmoiz Habsan，aeu banhfap moq vat moiz，caep roendiet gaeb daeh moiz，ok rengz bae bang hoenx Yibwnj. Mbanjcuengh lij diuqcaz deihcaet dem，ancoh hawj deihcaengz、banhnyinh cungjloih gvangqcanj、gujsuenq soqliengh gvangqcanj、daezok bauqgauq cienhangh，baeznduj daezok gvangqcanj gimsug mizsaek mbanjcuengh cungjloih lai、caetliengh ndei、soqliengh lai，lij son ok gyoengq vunzcaiz bouxgvai ciennieb deihcaet.

这一时期，壮乡按公司形式集资兴建了合山煤矿，推行新法采煤，修筑窄轨铁路运煤，有力地支援了抗日斗争。壮乡还开展了地质调查，命名地层名称、辨认矿产种类、估算储藏量、提出专项报告，首次提出壮乡的有色金属矿产种类多、质量好、储量丰，同时培育了一批地质专业人才。

Gyoengq hagseng Bouxcuengh bae guekrog doegsaw haenx，dauq liux cix banh hagdangz moq，hoiz saw bien saw，son saw，son gij bouxcoz vunz miz caiz，ndaej liux cwngzyau hung.

一批出国的壮族留学生学成后回到家乡，创办新学、翻译、编著教材，传授科学知识，培育未来人才，取得较大成效。

Fouqloeg Ngeih　Boux Gohgi Okmingz Vunzcuengh
附录二　壮族科技名人

Gwnzbiengz Bouxcuengh miz gij vunz ak gohgi haemq haemq lai, ndaej gij gohgi cwngzgoj mbouj noix, hoeng gaxgonq Sawcuengh youq gwnzbiengz doigvangj mbouj bae, gij saedsaeh gyoengq vunz neix caeuq gij cwngzgoj ndei de cix mbouj ndaej geiq roengzdaeuj. Banneix daj ndaw gak cungj saw ciuhgeq genj aeu geij boux lai mizming daeuj guh yiengh.

壮乡科技人才辈出，科技成果丰硕，但过去壮文未能在民间普及，致使未能记述下许多卓越科技成果创造人的事迹与生平。现只能从部分文献中选择几名代表性的壮族科技名人作为典型。

1. Lu Sundwz（1777–1862）, vunz Yungzyen（seizneix dwg Yungzanh Yen）, canghyw ak Bouxcuengh. Gig rox yungh yw, daegbied doiq mbanjcuengh gij bingh ciengzseiz baenz lumj mokdoeg、fatsa、baenzguj、doegfat gij binghleix、saemjduenh、roengz yw gig miz bonjsaeh. De comz gij fuengfap ywbingh caeuq gij gingniemh bouxwnq, raiz baenz bonj saw heuhguh《Bonjmoq Yw Guj》, yingjyangj Ywcuengh haemq hung.

1. 路顺德（1777–1862），融县（今融安县）人，壮医学家。通晓医术，特别对壮乡地方多发的瘴、痧、蛊、毒发病原理、诊断、医治有专长。其总结多年治疗体会、兼收多家经验著成的《治蛊新编》，对壮医发展很有影响。

2. Cwngz Sicauh（1805–1889）, vunz Gveibingz, canghyw. Daj iq cix hag Ywcuengh, giem hag gij bonjsaeh haujlai gya dem, yw gak cungj siengndaw binghrog gig ak, riengz Daibingzginh yw bouxsieng, gingniemh yw bingh lai. Bonj saw《Singhcouh Saedloeg》de raiz haenx, sou miz gij danfueng ciengzyungh de. De son daeglwg de Cwngz Caulinz guh canghyw, yw bouxbingh bouxsieng ndaw mbanj seiqhenz, ciep dinfwngz boh de, raiz miz bonj saw《Yihcungh Canhgaujlun》.

2. 程士超（1805–1889），桂平人，医学家。自幼从壮医学习，兼收多家之长，尤擅医治外淫内伤之疾，随太平军治疗，医治经验丰富。其著《星洲实录》收录平日验方。传授其子程兆麟继续行医，服务乡里，发展壮医，并著有《医中参考论》。

3. Dangz Sunhsan（1861–1923）, vunz Dwzbauj, canghdajndaem. Bi 1882 gauj ndaej gijyinz, gvaqlaeng youq Dwzbauj Sih'anh Mbanj Yauzcangh youq, aenvih gizde hab ndaem makgak, de cix daiq vunzlai bae ndaem, gyaed ndaem gyaed lai, yienghneix de cix rom ndaej gij gisuz ndaem makgak, hawj makgak baenz daegcanj ndei Dwzbauj.

3. 唐孙善（1861–1923），德保人，种植专家。1882年中举后居于德保西安团窑庄屯，由于当地气候条件适宜八角生长，他组织民众种植，不断发展扩大，积累了一套八角种植技术，并使八角成为当地的优质特产。

4. Veiz Bwnjcuh（1865–1943）, vunz Gveibingz, canghyw. Daj iq cix youq hag Ywcuengh, yw sieng daegbied miz bonjsaeh. Aeu mbaw goriengndaem（毛冬青）dangdieg lienh baenz "Ywcing Fanh'wngq Ranzveiz", yw sieng baihrog gig ndei. Seizde vunz heuh de guh "Goengcangh Yw Sieng".

4. 韦本初（1865-1943）, 桂平人, 医学家。自幼在民间学习壮医治病经验, 掌握外伤救治的独到技艺。利用当地乌尾丁（毛冬青）草药炼制成"韦氏万应药精", 治疗外伤效果显著。时称其为"伤科圣手"。

5. Couh Lozsi（1874–1946）, vunz Yinhcwngz. Swnj lozyieng bouxgeq hag daemj rok daemj man, vunz gaenx gyaez hag, daemj najnda, najdenz gig ndei. Daemj baenz gij najdenz dozyiengh Saeceij Ringx Aengiuz, Song Duz Lungz Caemz Caw caeuq gij doz Fanh saeh hab'eiq haenx, youq Aenhoih Canjlanj Huqdinfwngz Daengxguek gij hoih Canjlanj Cobouh gwnz Vuzcouh Gvangjsih haenx ndaej ciengjgapdaengj.

5. 周罗氏（1874-1946）, 忻城人。家传纺织壮锦技艺, 勤奋好学, 擅长纺织背心、被面等成品。研发独特的狮子滚球、双龙戏珠、万事如意图案被面, 在全国手工艺展览会广西梧州初展会上获得甲等奖。

6. Guj Ciyinh（1874–1927）, vunz Hwngzyen, canghsonsaw. Bi 1905 ndaej ngaenz goenggya bae Yizbwnj louzhag, dauq liux youq Nanzningz banh hagdangziq yienghmoq, son cihsizmoq sulij, guh gyaeuj doigvangj sonsaw yienghmoq.

6. 古济勋（1874-1927）, 横县人, 教育家。1905年公费赴日本留学, 归国后在南宁创建新式小学校, 讲授数理新知识, 带头推广新式教育。

7. Cinz Gingbauj（1876–1953）, vunz Vujsenh, canghdajndaem. Ak ndaem gomak, youq mbanjranz guhgyaeuj ndaem makmaenj hoengz, ndaem baenz liux cix laebdaeb daz vunzlai dajndaem, caemhcaiq mboujduenh gaijndei gomak, gung ok gij makmaenj youh byoiq youh van haenx, gai bae daengz Guengjdoeng caeuq Yanghgangj, ndaej vunzlai haenhndei.

7. 陈庆保（1876-1953）, 武宣人, 种植专家。善于种植果树, 在家乡引进胭脂李果树苗种植, 成功后继续扩大种植, 并不断改良品种, 培育出脆口清甜的胭脂李果, 行销广东、香港, 颇受赞誉。

8. Se Ginhgij（1898–1972）, vunz Binhyangz. Ndaej ngaenz goenggya bae Fazgoz caeuq Suisi hag sulij, bi 1945 dauq guh Gvangjsih Swngj Gohyozgvanj gvanjcangj, Gunghyez Sawqniemhsoj sojcangj, cobouh laebhwnj gij giekdaej Gvangjsih gohyoz yenzgiu caeuq gohyoz bujgiz.

8. 谢君起（1898-1972）, 宾阳人。公派赴法国、瑞士学习数理, 1945年归国任广西省科学馆馆长、工业试验所长, 初步建立广西科学研究和科学普及基础。

9. Loz Gyah'anh （1901-1991）, vunz Dwzbauj, canghyw Bouxcuengh. Lij iq cix baiq sae hag Ywcuengh, aeu cim camz hezvei daeuj yw bingh gig ak, de veh baenz 《Dozgej Cim Camz Yw Fatsa》 geiq miz betcib lai cungj fuengfap yw bingh, ndawde miz ngeihcib lai cungj bingh aeu Vahcuengh an coh, lij hoiz baenz Sawgun.

9. 罗家安（1901-1991）, 德保人, 壮医学家。自幼从师学习壮医, 擅长在穴位用针挑皮肤治疗技法, 其绘制的《痧症针方图解》记述八十多种医病疗法, 其中二十种疾病用壮语命名并译成汉字。

10. Niuj Cauvwnz （1903-1975）, vunz Nanzningz, goengcangh gvang'yez. Daj Gvang'yez Diciz Conhgoh Yozyau bizyez, gyahaeuj Gvangjsih Gvangcanj Dancwzdonz, youq ndaw swngj dangq giz dangq dieg damqcaz gvangcanj, daezok moiz、gim、ngaenz、sik、gungj lai faenh diuqcaz bauqgauq. De raiz baenz bonj saw 《Gij Vwnzdiz Gvang'yez Gvangjsih》, doiq doeklaeng Gvangsih gij hong damqcaz diciz caeuq guhlawz gensez gvangsanh gig miz yunghcawq.

10. 钮兆文（1903-1975）, 南宁人, 矿业专家。矿业地质专科学校毕业, 加入广西矿产探测团进行省内大面积矿产调查, 提出煤、金、银、锡、汞等专项调查报告。特别是其撰著的《广西矿业问题》, 对日后的广西地质勘探和矿山建设有指导作用。

11. Cwng Gensenh（1904-1987）, vunz Ningzmingz, vuzlijyozgyah、cangh sonsaw. Bi 1933 daj Dayoz Mancezswhdwz Yinghgoz bizyez, dauq Cungguek liux dang gvaq Dayoz Gvangjsih gyausou, dwg boux caepgiek gij hong yenzgiu hozginh siengduz guekraeuz ndawde boux ndeu. Caekdingh ok lailai gij siengdoz song yienz, sam yienz hihduj yenzsu haenx, lij cazok gij cunghgenhsieng hihduj yenzsu lailai, doiq cunghhab leihyungh caeuq haifat gij hihduj swhyenz guekraeuz guh ok gungyen laux. Ciuhvunz okrengz sonsaw, guh gvaq Gvangjsih Dayoz fuyaucangj lailai bi, son ok gak minzcuz daih bae bouxak gohgi.

11. 郑建宣（1904-1987）, 宁明人, 物理学家、教育家。1933年英国曼彻斯特大学毕业, 归国任广西大学教授, 我国合金相图研究工作的奠基人之一。测定了大量稀土元素的二元、三元相图, 发现了大量稀土元素中间相, 对综合利用和开发我国稀土资源做出了贡献。毕生致力于高等教育事业, 曾任广西大学副校长多年, 培养了大批各民族的科技人才。

12. Ganh Vaizyi （1912-1995）, vunz Ningzmingz, goengcangh suijli. Cunghsanh Dayoz bizyez, bi 1947 bae Meijgoz louzhag, bi 1949 ndaej Vazswngdun Coulaeb Dayoz Yenzgiuyen suijli gunghcwngz sozsw yozvei, caemh dwg bi neix dauqma Cungguek. Cunghvaz Yinzminz Gunghozgoz laebbaenz liux, de guh gvaq Gvangjsih Dayoz gyausou, Gvangjsih Bouxcuengh Swcigih Suijlidingh fucungj gunghcwngzswh, Gvangjsih Suijli Yozvei fulijswcangj, Suijlibu Cuhgyangh Suijli veijyenzvei guvwn, Gvangjsih Gohyoz Gisuz Yozvei fucujsiz. Dangdaeuz guh gij gunghcwngz guenqraemx fanh moux Denzyangz caeuq Libuj, ndaej cwngzgoj gig hung.

12. 甘怀义（1912-1995）, 宁明人, 水力专家。中山大学毕业, 1947年留学美国, 1949年获华盛顿州立大学研究院水利工程硕士学位, 同年回国。中华人民共和国成立后, 历任广西大学教授、广西壮族自治区水电厅副总工程师、广西水利学会副理事长、水利部珠江水利委员会顾问、广西科学技术协会副主席。主持田阳、荔浦万亩灌溉工程建设，成果显著。

13. Veiz Cauh（1912–1940）, vunz Yungjfuz, bouxhaicaux vazsiengz yindung Cungguek. Bi 1934 deng Gvangjsih Hangzgungh Yozyau soengq bae Yinghgoz hag dajveh caeuq cauxguh feihgih. Hag baenz dauq liux cix son vunz hag guhlawz caux vazsiengzgih, lij son vunz guhlawz hai dem.

13. 韦超（1912–1940），永福人，中国滑翔运动创始人。1934年被广西航空学校选送英国学习飞机设计与制造。学成归来开展滑翔机制造与滑翔机学员培训。

14. Liengz Ciz（1917–1995）, vunz Vujmingz, dwg canghyw. Gvangjsih Boux daih'it bozswswngh daujswh. Daj Gvangjsih Yihyozyen bizyez, bi 1947 youq Meijgoz Hahfuz Dayoz caeuq Mizhezgwnh Dayoz louzhag, Meijgoz Cojciya Dayoz cingj de guh yenzgiuyenz. Dauqma liux youq Gvangjsih Yizyozyen guh lauxsae, dang gvaq gyauvucangj, gohyenzcucangj, cujyin wzgoh gyauyenzcuj caeuq gyauyenzsiz bingh hezhungzdanbwz. Yunghsim mu dicunghhaij binzhez 30 lai bi, youq gwnz seiqgyaiq baez daih'it cazok 3 cungj dicunghhaij binzhez gihyinhhingz, youq ndaw guek raeuz baez daih'it cazok 5 cungj dicunghhaij binzhez gihyinhhingz, gij naengzlig saemjduenq lwgnyez caengz seng cix caz ndaej ok baenz dicunghhaij binzhez haenx ak lumj canghyw rogguek. Daiqgyaeuj guh gij godiz yenzgiu hezhungz danbwz de, ndaej gvaq Daengxguek Gohyoz Hoihlaux ciengj caeuq guekgya gohgi cinbu ciengj samdaengjciengj. Ndaej bingz guh daengxguek senhcin gohgi cunghcozcej dieg minzcuz vunznoix, caemh bingz guh senhcin gohgi cunghcozcej hagdangzlaux daengxguek.

14. 梁徐（1917–1995），武鸣人，医学家。广西第一位博士生导师。广西医学院毕业，1947年，留学于美国哈佛大学和密歇根大学，受聘为美国佐治亚大学研究员。回国后回广西医学院任教，历任教务长、科研处长、儿科教研组和血红蛋白病研究室主任。潜心研究地中海贫血30多年，在国际上首次发现了3种地中海贫血基因型，在国内首次发现了5种地中海贫血基因型，地中海贫血产前诊断能力达到了国际先进水平。主持血红蛋白病课题研究，获全国科学大会奖、国家科技进步三等奖。被评为全国少数民族地区先进科技工作者、全国高校先进科技工作者。

Vah Satbyai
后　记

2003 nienz Gvangjsih Gohyoz Gisuz Cuzbanjse ok 《Bouxcuengh Gohyoz Gisuzsij》banj Sawgun, ndaej vunzlai bingz ndei, bonj de bingz ndaej Gvangjsih sevei gohyoz cwngzgoj ndei ngeihdaengjciengj.

2003年广西科学技术出版社出版了汉语版《壮族科学技术史》，受到广泛好评，该书曾荣获广西社会科学优秀成果二等奖。

Guekgya vih liux baujhu caeuq hungzyangz gak saujsu minzcuz lizsij vwnzva, hawj saujsu minzcuz faenzsaw laeb liux okbanj hanghmoeg swhginh, bang ok gij saw yungh saujsu minzcuz faenzsaw daeuj sij haenx. 2015 nienz, Gvangjsih Gohyoz Gisuz Cuzbanjse Yauz Gyangh cujyin ra gou, naeuz muengh sinhcingj ndaej minzcuz faenzsaw okbanj hanghmoeg swhginh, yungh Cuengh Gun song cungj vah daeuj ok 《Bouxcuengh Gohyoz Gisuzsij》. Gou dawz gienh saeh neix caeuq cawjbien Cinz Sangvwnz doxyaeng le, de angqyangz ngaek gyaeuj, hoeng vih ndang mbouj cangq, de daengq gou bau rap gienh saeh neix.

由于国家为保护和弘扬各少数民族的历史文化，设立了民族文字出版资金项目，鼓励出版少数民族文字著作。2015年，广西科学技术出版社饶江主任找到我，希望能申请到民族文字出版资金项目，将《壮族科学技术史》用壮汉双语出版。我将此事与覃尚文主编商议后，他欣然首肯，但因健康原因，他委托我负责此事。

Mbouj nanz, cuzbanjse sinhcingj ndaej saujsu minzcuz faenzsaw okbanj hanghmoeg swhginh, yienghneix gou cagaenj ndij gak cieng bouxsij doxyaeng, cingj gyoengqde coihgaij gij neiyungz gauj Sawgun (miz mbangj siuj cieng ciet vih bouxsij gvaqseiq rox ra mbouj doiq, youz gou lawh guh cawqleix); doengzseiz, gou caencingz iu liux Gvangjsih Minzcuz Dayoz Vahcuengh okmingz gyausou Mungz Yenzyau, okgyaeuj ra doih fanhoih bouh saw neix baenz Sawcuengh. De caeuq Cungyangh Minzcuz Yijvwnz Fanhyizgiz Luz Denhyouj、Lij Binz、Cinz Haijlen、Lanz Yilanz daengj doengzhangz hoih bouh saw neix baenz Sawcuengh. Vangz Dungzliengz sienseng nienz gyawj 90, de youq banj Vahgun《Bouxcuengh Gohyoz Gisuzsij》biensij ndawde guh liux mbouj noix hong, youq gij hong biensij bouh saw neix, de mboujdan coihgaij le geij aen cieng ciet gij faenzsaw neiyungz de sij haenx, lij bau liux daengx bonj saw gij capdoz senj yungh caeuq bienbaiz, caeuq gou itloh doxgap, caenhsim caenhrengz, hawj 《Bouxcuengh Gohyoz Gisuzsij》banj Cuengh Gun sueng vah gij hong biensij neix guh ndaej gyaehfwngz. Gvangjsih Gohyoz Gisuz Cuzbanjse Yauz Gyangh cujyin daj gyaeuj daengz rieng cungj buet hwnj buet roengz, seiqcawq ra vunz, gig yawjnaek bouh saw neix. Dou gaphu guh hong ndaej gig haisim.

Yauz cujyin youq cuzbanjse cingqciengz gij hong bien gyau baihrog, lij ra le Gvangjsih Minzcuz Dayoz benhciz cuzbanj conhyez bonjgohswngh Hij Danhveih、Se Gihmingz dawz bouxsij coihgaij gvaq gij gauj Sawgun de doiq vwnzyen、capdoz guh liux lai baez cazdoiq, cingj sozswswngh Lanz Swng、Lu Fwncangj doengdoeg liux gauj Sawcuengh, Caenh liux goengrengz hung daeuj baujcingq caetliengz bouh saw neix.

不久出版社成功地申请到民族文字出版资金项目，于是我抓紧与各章作者联络，请他们精简并更新中文稿内容（少数章节因作者过世或联系不上，由我代为处理）；与此同时，我热情邀请了广西民族大学壮语知名教授蒙元耀，领衔组织本书的壮文翻译工作。他跟中央民族语文翻译局覃海恋、蓝玉兰、李贫、卢天友等同行把全书译为壮文。年近九十高龄的王同良先生在汉语版《壮族科学技术史》的编纂工作中曾付出了许多努力，在本书的编纂工作中，他不但负责好几个章节的文字内容删改，而且负责全书插图的选用和编排，和我全程配合，尽心尽力，使得汉壮双语版《壮族科学技术史》编纂工作得以顺利进行。广西科学技术出版社饶江主任自始至终积极推动，主动联络，高度重视。我们合作得很愉快。饶主任在出版社例行的编校程序之外，还请了广西民族大学编辑出版专业的两位本科生许丹薇、谢基铭对作者修改过的中文稿作了文献、图片等多次专项核查，请硕士生蓝盛、卢奋长通读全书的壮文译稿，尽最大程度确保本书编校质量。

Roengzrengz geij bi giet baenz mak mbwk, danh aeu bouh saw neix guh laex yienh hawj Cunghvaz Yinzminz Gunghozgoz Laebbaenz 70 hopbi.

几年的努力终于有了硕果，仅以此书向中华人民共和国成立70周年献礼。

Van Fujbinh

万辅彬

2019年7月4日